Vorwort.

Die Alkaloidforschung in ihrem heutigen Stand stellt die großzügige Lösung eines naturwissenschaftlichen Problems dar.

Ausgehend von der Arzneiwissenschaft und Pharmazie, erhielt die Alkaloidforschung aber erst Entwicklung und weiterumfassenden Inhalt durch die organische Chemie.

Die vielseitige und vielgestaltige Wirkung der Pflanzenalkaloide ließ zunächst nicht den einheitlichen chemischen Aufbau dieser Körperklasse vermuten. Heute ist die chemische Systematik für die Alkaloide erbracht, da sich diese als stickstoffhaltige Ringgebilde erwiesen haben. Nur die Zusammensetzung und die Form der einzelnen Ringe und ihre Verknüpfung miteinander bildet den wesentlichen Unterschied der einzelnen Alkaloide. Neue, bisher unbekannte Ringsysteme wurden dabei aufgefunden, der Erkenntnis nähergebracht und in vielen Fällen durch geistvolle Forschungen der Synthese zugeführt.

Die *chemische* Erkenntnis der Alkaloide brachte aber noch über dieses engere Thema hinaus Erfolg und wurde für das größere allgemein naturwissenschaftliche Problem, das in der Alkaloidforschung liegt, von Bedeutung. Es erwies sich, daß zwischen den chemischen und den botanischen Verhältnissen der Alkaloide enge Beziehungen bestehen. Die einzelnen Alkaloide einer Pflanzenfamilie sind auch in chemischer Beziehung untereinander nahe verwandt, und andererseits zeigen die Alkaloide verschiedener Pflanzenfamilien in ihrer chemischen Konstitution prinzipielle Verschiedenheiten.

Damit war auch ohne weiteres das Verständnis für das Verhalten der verschiedenen Alkaloidpflanzen in pharmakologischer Beziehung gegeben.

So ist der große naturwissenschaftliche Zusammenhang erkannt, der das Gebiet der Alkaloide in chemischer, botanischer und physiologischer Beziehung verbindet und umfaßt.

Die beiden früheren Auflagen dieses Buches — in gleichem Verlage —, die der Verfasser in Gemeinschaft mit Herrn Professor Amé Pictet herausgegeben hat, haben die pharmakologische Seite der Forschung nicht eingehender behandeln können, weil damals der Alkaloidbegriff überhaupt, wie auch der Zusammenhang, der zwischen dem botanischen Ursprung der Alkaloide, ihrer chemischen Konstitution und der pharmakologischen Wirkung liegt, nicht so klar erkannt war, wie es heute der Fall ist.

Die jetzt notwendig gewordene pharmakologische Bearbeitung des Buches übernahm Herr Professor Johannes Biberfeld.

Es liegt in der Natur des augenblicklichen Standes der pharmakologischen Forschung über die Alkaloide daß hier ein allgemeiner Überblick von größerem Wert erscheint, als ein sich in Einzelheiten verlierendes Eingehen in die Literatur. Vielfach haben früher nicht scharf charakterisierte bzw. durch Nebenalkaloide verunreinigte Alkaloide den pharmakologischen Arbeiten zugrunde gelegen, so daß an Einzelheiten älterer Untersuchungen nicht immer ein zu strenger Maßstab gelegt werden darf.

Die Reindarstellung der einzelnen Alkaloide, die Isolierung der Nebenalkaloide bietet aber dem Pharmakologen auch aus dem Grunde ein bedeutsames Kapitel, da die Nebenalkaloide gewöhnlich zu dem Hauptalkaloid in naher chemischer Beziehung stehen und so den Zusammenhang zwischen chemischer Konstitution und pharmakologischer Wirkung besonders klar erkennen lassen.

Ein tragisches Geschick hat den Verfasser des pharmakologischen Teiles dieses Buches vor kurzer Zeit im besten Mannesalter dahingerafft. Seine Arbeit ist in diesem Werk aber genau wiedergegeben. Zusammenfassend am Ende eines jeden Kapitels der einzelnen Alkaloide findet sich ein besonderer Abschnitt mit der Überschrift „Pharmakologisches". Das sind die Beiträge, die Johannes Biberfeld diesem Buch gewidmet hat. Ich werde dem so früh entschlafenen Forscher ein dank bares Gedenken bewahren.

Berlin, im September 1922.

Der Verfasser.

DIE
PFLANZENALKALOIDE

VON

DR. RICHARD WOLFFENSTEIN
A. O. PROFESSOR AN DER TECHNISCHEN HOCHSCHULE
ZU BERLIN

DRITTE, VERBESSERTE
UND VERMEHRTE AUFLAGE

BERLIN
VERLAG VON JULIUS SPRINGER
1922

ISBN 978-3-642-90592-6   ISBN 978-3-642-92449-1 (eBook)
DOI 10.1007/ 978-3-642-92449-1

Inhaltsverzeichnis.

Erster Teil.

Die künstlichen Alkaloide.

Zweiter Teil.

Die natürlichen Alkaloide.

Abkürzungen.

A. . . . . Liebigs Annalen der Chemie.
A. ch. . . . . Annales de chimie et de physique (jetzt: Annales de chimie).
A. Pharm. . . . . . . Archiv der Pharmazie.
A.f.exp.Path. u. Pharm. Archiv für experimentelle Pathologie und Pharmakologie.
B. . . . . Berichte der deutschen chemischen Gesellschaft.
B. Pharm. . . . . . . Berichte der deutschen pharmazeutischen Gesellschaft.
Bl. . . . . Bulletin de la Société chimique de Paris.
C. . . . . Chemisches Zentralblatt.
C. r. . . . . Comptes rendus des séances de l'Académie des Sciences.
G. . . . . Gazetta chimica italiana.
J. . . . . Jahresbericht über die Fortschritte der Chemie.
J. pr. . . . . Journal für praktische Chemie.
M. . . . . Monatshefte für Chemie.
R. . . . . Recueil des travaux chimiques des Pays-Bas.
Soc. . . . . Journal of the chemical Society.
Z. physiol. . . . . . Zeitschrift für physiologische Chemie.

Zeittafel.

	A.	A. ch.	A. Path.[1]	A.Pharm.	B.	B Pharm.	Bioch. Z.	C. r.	G.	M.	R.	Soc.	Z phys.
1868	145—148	(4) 13—15	—	183—186	1	—	—	66—67	—	—	—	21	—
1870	153—156	19—21	—	191—194	3	—	—	70—71	—	—	—	23	—
1872	161—164	25—27	—	199—201	5	—	—	74—75	2	—	—	25	—
1874	171—174	(5) 1—3	2	204—205	7	—	—	78—79	4	—	—	27	—
1876	180—183	7—9	5	208—209	9	—	—	82—83	6	—	—	29—30	—
1878	190—194	13—15	8—9	212—213	11	—	—	86—87	8	—	—	33—34	1
1880	200—205	19—21	12	216—217	13	—	—	90—91	10	1	—	37—38	3
1882	211—215	25—27	15	220	15	—	—	94—95	12	3	1	41—42	6—7
1884	222—226	(6) 1—3	18	222	17	—	—	98—99	14	5	3	45—46	8
1886	232—236	7—9	20—21	224	19	—	—	102—103	16	7	5	49—50	10
1888	243—249	13—15	24	226	21	—	—	106—107	18	9	7	53—54	12
1890	256—260	19—21	26—27	228	23	—	—	110—111	20	11	9	57—58	14
1892	267—271	25—27	29—30	230	25	2	—	114—115	22	13	11	61—62	16
1894	278—283	(7) 1—3	33—34	232	27	4	—	118—119	24	15	13	65—66	18—19
1896	289—293	7—9	37	234	29	6	—	122—123	26	17	15	69—70	21—22
1898	299—303	13—15	40—41	236	31	8	—	126—127	28	19	17	73—74	24—26
1900	310—313	19—21	43—44	238	33	10	—	130—131	30	21	19	77—78	29—30
1902	320—325	25—27	47—48	240	35	12	—	134—135	32	23	21	81—82	34—36
1904	330—337	(8) 1—3	51	242	37	14	—	138—139	34	25	23	85—86	40—43
1906	344—350	7—9	54—55	244	39	16	1	142—143	36	27	25	89—90	47—50
1908	358—363	13—15	58—59	246	41	18	7—14	146—147	38	29	27	93—94	54—58
1910	371—377	19—21	62—63	248	43	20	23—29	150—151	40	31	29	97—98	64—70
1912	385—394	25—27	66—71	250	45	22	38—47	154—155	42	33	31	101—102	76—82
1914	403—406	(9) 1—2	75—76	252	47	24	58—67	158—159	44	35	33	105—106	89—93
1916	411	5—6	79	254	49	26	73—77	162—163	46	37	35	109—110	96—97
1918	415—417	9—10	82—83	256	51	28	85—92	166—167	48	39	37	113—114	101—103
1920	420—421	13—14	88—89	258	53	30	101—120	170—171	50	41	39	117—118	108—111
1922	426	17	92	260	55	32	127	174	52	43	41	121	118

[1] Arch. f. exp. Path. u. Pharm.

Einleitung.

Als Pflanzenalkaloide bezeichnen wir alle heterocyclischen Basen aus dem Pflanzenreich, die eine ausgesprochene physiologische Wirkung auf das Zentralnervensystem besitzen.

Diese Definition für Alkaloide ist in erster Linie eine chemische, aber indem sie die physiologische Wirksamkeit mit als integrierenden Teil für den Begriff der Alkaloide heranzieht, charakterisiert sie auch die Pflanzenalkaloide nach dieser Seite.

Zweifellos existiert auch ein Zusammenhang zwischen der botanischen Systematik und der chemischen Einteilung der Alkaloide, aber bis zu einer reinen Anordnung der Alkaloide auf Grund der botanischen Systematik haben unsere Erkenntnisse bisher noch nicht geführt.

Hinweise für einen derartigen Zusammenhang bestehen aber schon. Es hat sich nämlich erwiesen, daß die in ein und derselben Pflanze vorkommenden Alkaloide auch in chemischer Beziehung auf das engste miteinander verknüpft sind. So finden sich z. B. im Opiumsaft (Familie der Papaveraceen) ca. 20 verschiedene Alkaloide von verwickelter chemischer Konstitution, die aber untereinander chemische Verwandtschaft zeigen, und ferner ist die große Zahl der Alkaloide aus den Chinarinden (Familie der Rubiaceen) auch einander chemisch nahestehend.

Von den eigentlichen Alkaloiden — also den physiologisch wirksamen Basen mit einem Kohlenstoffstickstoffringsystem — müssen wir solche Basen trennen, die sich zwar auch in den Pflanzen vorfinden, sich aber in den übrigen hauptcharakteristischen Punkten von den Alkaloiden unterscheiden.

Das sind Pflanzenbasen, die keine ringförmige, aus Kohlenstoff- und Stickstoffatomen gebildete Konstitution aufweisen, sondern die den Stickstoff in einer offenen Kette besitzen, oder die physiologisch unwirksam sind und sich in den verschiedensten botanisch nicht miteinander verwandten Pflanzenfamilien vorfinden.

Diese Basen belegen wir hier zum Unterschied von den Alkaloiden mit dem allgemeinen Namen *vegetabilische Basen.*

Diese vegetabilischen Basen sind vorzugsweise Derivate der Aminosäuren, z. B. Asparagin, ferner Pflanzenbasen mit betainartiger Stickstoffbindung, z. B. das Betain, oder es sind aromatische Verbindungen mit einer stickstoffhaltigen Seitenkette, wie z. B. Hordenin.

Diese vegetabilischen Basen sind auf den beifolgenden Blättern gesondert von den Alkaloiden behandelt.

Schon frühzeitig waren Bestrebungen im Gange, die Pflanzenalkaloide in eine natürliche Klasse des chemischen Systems zu bringen. Den aussichtsreichsten Versuch hierzu unternahm im Jahre 1880 Königs[1]).

Die damaligen Untersuchungen über die Konstitution der Alkaloide hatten nämlich gezeigt, daß diese vorzugsweise als letztes Zersetzungsprodukt beim Abbau eine und dieselbe Base, das *Pyridin*, lieferten.

So schien es denn naheliegend, die Alkaloide als Abkömmlinge des Pyridins zu betrachten, ebenso wie man die Verbindungen der Fettreihe vom Methan ableitete und die der aromatischen Reihe vom Benzol.

Durch diese Definition wurde die wichtige Gruppe der Alkaloide organischer Verbindungen in streng wissenschaftlicher Weise eingeteilt, und dieser Vorteil überwog seinerzeit die Bedenken, daß man aus der Systematik der Alkaloide einige, z. B. das Caffein, streichen mußte, deren Molekül keinen Pyridinring enthielt.

Inzwischen hatten aber viele und wichtige Untersuchungen langer Jahre über die typischen Alkaloide die Zahl derjenigen, die keine Pyridinabkömmlinge sind, so bedeutend vermehrt, daß an der ursprünglichen Definition des Wortes nicht mehr festgehalten werden konnte.

Eine ganze Zahl von Ringsystemen haben sich als typische Träger von Alkaloiden erwiesen; so das *Pyrrol*, das *Purin*, das *Imidazol* und *Indol*, und eine große Reihe anderer komplizierter kondensierter stickstoffhaltiger Ringverbindungen sind dazugekommen. Im Morphin, im Protopin und anderen Alkaloiden liegen überhaupt gänzlich neue Ringsysteme und Verkettungen vor, deren Studium auf das ganze Gebiet der Chemie befruchtend einwirkten. Kurz, es hat sich erwiesen, daß der ursprünglich gefaßte chemische Begriff, die Alkaloide als Pyridinderivate aufzufassen, zwar in der Grundidee ein richtiger war, aber ein viel zu enger, daß vielmehr nach dem heutigen Stande unserer Kenntnisse die chemische Einteilung für Alkaloide auf alle stickstoffhaltigen heterocyclischen Pflanzenbasen ausgedehnt werden muß, um das Gebiet der Alkaloide richtig zu umfassen.

In diesem Sinne ist in der vorliegenden Studie über die Pflanzenalkaloide die gegenwärtige Lage der Alkaloidchemie treu zu schildern gesucht. Die betreffenden zerstreuten Veröffentlichungen sind kritisch zusammengefaßt wiedergegeben, und es ist auf die Schlüsse gedeutet, welche man sich heute von der Konstitution der Alkaloide gebildet hat.

Die Geschichte der Alkaloidchemie im heutigen wissenschaftlichen Sinne hat das Geburtsjahr 1817; sie findet ihren Ausgangspunkt in dem Studium des Morphiums durch einen deutschen Apotheker Sertürner[2]). Im Jahre 1817 veröffentlichte nämlich Sertürner eine Abhandlung unter dem Titel: „Über das Morphium, eine neue salz-

---

[1]) Königs, Studien über die Alkaloide. München 1880.
[2]) Sertürner, Trommsdorffs Journ. d. Pharmacie **13**, 1, 234; **14**, 1, 47. Vgl. Stich, B. Pharm. **17**, 500; Schelenz, B. Pharm. **18**, 275.

fähige Grundlage und die Mekonsäure, als Hauptbestandteile des Opiums"[1]).

Es war das Verdienst Sertürners, die Bedeutung des basischen Charakters dieser vegetabilischen Base erkannt zu haben!

Das Vorkommen eines spezifisch wirkenden Prinzips im Opium war zwar an sich schon früher bekannt; so gewann im Jahre 1803 Derosne[2]) in Paris aus dem Opium eine kristallisierte Substanz, welche er Opiumsalz benannte, und das ein Gemisch von Morphin und Narcotin gewesen sein muß. Im folgenden Jahr hatte Seguin[3]) das Morphin ebenfalls in 'Händen, aber auch er legte der dabei beobachteten alkalischen Reaktion seiner Präparate keine Bedeutung bei.

Sertürner wies zuerst im Jahre 1806 auf die neue Tatsache hin, daß in dem Opium eine kristallisierte Verbindung enthalten sei, die basisch reagiert, sich mit Säuren zur Salzbildung vereinigt und im Opium an eine eigentümliche organische Säure, die *Mekonsäure*, gebunden ist.

Diese Beobachtung Sertürners blieb fast unbeachtet; man interessierte sich in jener Zeit viel mehr für die Arbeiten Davys, der die Darstellung der Alkalimetalle mit ihren wunderbaren Eigenschaften zeigen konnte, als daß man der Auffindung einer anscheinend so unwichtigen Tatsache, wie es die alkalische Reaktion eines Pflanzenextraktes war, besondere Aufmerksamkeit hätte schenken sollen.

So bedurfte es einer zweiten Veröffentlichung Sertürners, um das Interesse der Chemiker auf diesen neuen Gegenstand zu lenken. Das war die obenerwähnte 1817 erscheinende Arbeit, die das Morphium endgültig als ein vegetabilisches Alkali charakterisierte und seine chemische Natur zu der des Ammoniaks in Beziehung brachte.

Diese exakten Resultate erregten Aufsehen; man dachte, daß auch andere Pflanzen, deren bemerkenswerte physiologische Eigenschaften bekannt waren, dem Morphium analoge Substanzen enthalten könnten, die das wirksame Hauptprinzip vorstellten. Mit Eifer wurden diese Untersuchungen fortgeführt und von 1817—1835 waren die wichtigsten Alkaloide aufgefunden.

Die Zeitfolge ihrer Entdeckung ist folgende:

1817	Narcotin,	von	Robiquet.
,,	Emetin,	,,	Pelletier & Magendie.
1818	Veratrin,	,,	Meißner.
,,	Strychnin,	,,	Pelletier & Caventou.
1819	Brucin,	,,	,,
,,	Piperin,	,,	Oersted.
1820	Coffein,	,,	Runge.
,,	Cinchonin,	,,	Pelletier & Caventou.
,,	Chinin,	,,	,,
,,	Solanin,	,,	Desfosses.
1825	Sinapin,	,,	Henry & Garot.

---

[1]) Sertürner, Gilberts Annalen d. Physik **55**, 56.
[2]) Derosne, A. ch. **45**, 257.
[3]) Seguin, A. ch. **92**, 225.

1826	Corydalin,	von	Wackenroder.
„	Berberin,	„	Chevallier & Pelletan.
1828	Nicotin,	„	Posselt & Reimann.
1829	Aricin,	„	Pelletier & Corriol.
„	Sanguinarin,	„	Dana.
1830	Curarin,	„	Roulin & Boussingault.
1831	Coniin,	„	Geiger.
„	Atropin,	„	Geiger & Hesse, Mein.
1832	Codein,	„	Robiquet.
„	Narcein,	„	Pelletier.
1833	Chinidin,	„	Henry & Delondre.
„	Aconitin,	„	Geiger & Hesse.
„	Colchicin,	„	„
„	Hyoscyamin,	„	„
1835	Thebain,	„	Pelletier & Thibouméry.

Die Zusammensetzung dieser Verbindungen wurde durch zahlreiche
Analysen festgestellt, von denen wir die meisten Liebig, Gerhardt,
Regnault und Laurent verdanken.

Die Zahl der neuaufgefundenen Alkaloide hat sich seitdem jährlich
und stetig vermehrt; vor allem haben sich aber auch unsere Kenntnisse
über diese heterocyclischen Basen so vertieft, daß wir jetzt von einer
großen Zahl Alkaloide den molekularen Bau kennen, und von nicht
wenigen und gerade wichtigen die vollkommene Synthese durchgeführt ist.

Nach der im Jahre 1886 durch Ladenburg bewirkten ersten
Synthese eines natürlichen Alkaloids des *Coniins* sind durch eine Reihe
hervorragender Arbeiten noch folgende Alkaloide synthetisiert worden:
das *Piperin*, das *Arecolin*, das *Nicotin*, das *Atropin*, das *Cocain*, das
Theobromin, das *Adenin*, das *Coffein*, das *Landanosin* (erste Synthese
eines Opiumalkaloids), das *Narcotin*, das *Papaverin*, das *Berberin*, das
Glaucin u. a.

Diese erfolgreichen Synthesen der Alkaloide bilden zugleich den
Prüfstein für die Richtigkeit unserer heutigen Anschauungen über die
Konstitution dieser Naturprodukte. Dadurch erhalten diese Arbeiten
einen allgemeinen, dauernden und besonderen Wert.

Die komplizierten Formeln der zuerst entdeckten Alkaloide er-
schwerten sehr die theoretischen Betrachtungen über diese Verbindungen.
Berzelius erklärte ihre basischen Eigenschaften damit, daß sie Ammoniak an eine indifferente Gruppe — an einen Kohlenwasserstoff
oder an ein organisches Oxyd — gebunden enthielten. Andere nahmen
wiederum an, daß der Stickstoff mit Sauerstoff verbunden wäre oder
daß er sich in einer dem Cyan ähnlichen Form vorfände.

Liebig war es, der die richtige Lösung fand, er betrachtete diese
Basen als Ammoniak, in dem Wasserstoff durch ein organisches Radikal
ersetzt ist.

Die klassischen Arbeiten von Wurtz und von Hofmann, die zur
Entdeckung der künstlichen organischen Basen führten (1848), bestätigten voll diese letztere Anschauung. Man erkannte, daß die künstlichen

ebenso wie die natürlichen Basen teilweise oder ganz substituierte Ammoniake wären. Man wandte auf die Alkaloide nun die Reaktionen an, durch welche Hofmann die vier Klassen der organischen Basen zu unterscheiden gelehrt hatte, und fand dabei, daß fast alle Alkaloide tertiäre Basen sind.

Diese Untersuchungen fanden von unerwarteter Seite eine mächtige Förderung und Erweiterung.

Im Jahre 1834 hatte nämlich Runge aus dem Steinkohlenteer eine basische Verbindung von der Formel C_9H_7N gewonnen, die er *Leukol* nannte, durch diesen Namen andeutend, daß die Verbindung mit Chlorkalklösung farblos blieb; im Gegensatz zu der charakteristischen blauen Färbung, die das Anilin damit gab.

Einige Jahre später (1846 — 1851) entdeckte Anderson im Dippelschen Tieröl, das bei der trockenen Destillation der Knochen entsteht, das *Pyridin*, C_5H_5N und eine Reihe homologer flüchtiger Basen. Diese Pyridinbasen fand man zu etwa derselben Zeit ebenfalls im Steinkohlenteer, worin sich auch das höhere Homologe des Leukols, das *Iridolin*, befand.

Alle diese Verbindungen boten untereinander große Ähnlichkeit; sie schienen eine besondere Gruppe von organischen Basen zu bilden, die sich von den Aminen der Fettreihe und der aromatischen Reihe scharf unterschieden.

Ein Zusammenhang zwischen diesen durch Pyrogenese erhaltenen Basen und den vegetabilischen Alkaloiden ließ sich von vornherein in keiner Weise erwarten, und doch führten sofort die ersten Untersuchungen, die zur Konstitutionsaufklärung der Alkaloide unternommen wurden, zu diesem Resultate.

Schon im Jahre 1842 hatte Gerhardt bei der Destillation des Cinchonins mit Kali eine eigentümliche Base erhalten, die er *Chinolin* nannte; Williams fand dann später (1855), daß sich hierbei auch noch andere basische Verbindungen bilden, unter anderem ein Körper von der Formel $C_{10}H_9N$, das *Lepidin*. Bei weiterem Studium dieser Basen zeigte sich nun das Chinolin identisch mit dem Leukol und das Lepidin mit dem Iridolin.

Dieser Zusammenhang der Alkaloide mit den Pyridinbasen blieb aber nicht auf die obige Beobachtung beschränkt, sondern wiederholte sich vielfach, so daß dadurch Königs, wie oben hervorgehoben, veranlaßt wurde, die Alkaloide direkt als Pyridinderivate anzusprechen.

Weiter wurden die einfachen Beziehungen zwischen den Pyridin- und Chinolinbasen teils durch die Synthese dieser Basen (Königs) 1879, teils durch den direkten Abbau des Chinolins zum Pyridin experimentell festgelegt (Hoogewerff und van Dorp). Das Studium der Pyridin- und Chinolinbasen als Grundlage für die Alkaloide wurde mit Eifer und großem Erfolg aufgenommen.

Zu der Zeit, als unter dem Einfluß der genialen Benzolhypothese Kekulés die Chemie der aromatischen Verbindungen einen mächtigen Aufschwung nahm, da sprach Körner (1869) für die Pyridinreihe eine ähnliche Auffassung aus. Danach stellt das Pyridin ein Benzol vor, in

dem eine der CH-Gruppen durch das dreiwertige Stickstoffatom ersetzt
ist. So kann man das Pyridin in jeder Weise mit dem Benzol in
Parallele stellen; ebenso weiterhin das Chinolin mit dem Naphthalin.

Diese Körnersche Hypothese wurde der Ausgangspunkt für die
weiteren Forschungen in der Pyridinreihe; eine große Reihe von Pyridin-
und Chinolinderivaten wurde dargestellt, ihre Konstitution festgelegt,
dieselben in homologe Reihen eingeordnet, ihre Isomerieverhältnisse
aufgeklärt und neue Verfahren zur Synthese derselben aufgefunden.

Die Entdeckung des Isochinolins von Hoogewerff und
van Dorp (1885) brachte einen gewissen Abschluß in diese Pyridin-
forschungen.

Heute ist der chemische Begriff für die Alkaloide viel weiter ge-
steckt und umfaßt alle Pflanzenbasen mit heterocyclischen Systemen.

Diese Definition des Begriffs der Alkaloide darf uns aber nicht ver-
gessen lassen, daß das Studium der Pyridinreihe ausschlaggebend für
die Erkenntnis der ganzen Alkaloidchemie geworden ist. Auf dieser
Basis fußend, wurde erst das Verständnis für die übrigen komplizierten
Ringsysteme der Alkaloide ermöglicht.

Die vorliegende Studie über Alkaloide umfaßt drei Teile.

Der *erste* Teil beschäftigt sich mit einer Übersicht derjenigen synthetischen Verbindungen des Pyridins, Chinolins, Isochinolins und
Pyrrols, die durch ihre Entstehungsart bzw. ihren molekularen Bau
oder in sonstiger Beziehung zu den natürlichen Pflanzenalkaloiden in
engem Zusammenhang stehen.

Der *zweite* Teil, der Hauptteil, umfaßt in systematischer Ordnung
die experimentellen Resultate, die das Studium über die chemische
Konstitution der natürlichen Alkaloide bisher ergeben hat. Die daraus
gezogenen theoretischen Schlußfolgerungen werden besprochen, und das
physiologische Verhalten der Alkaloide wird ebenfalls in diesem zweiten
Teil behandelt. Dieses Kapitel macht nicht Anspruch darauf, eine
vollständige chemische Monographie der Pflanzenalkaloide zu enthalten: es sind vorzugsweise nur diejenigen Derivate der Alkaloide herangezogen, die zur Konstitutionserforschung der Alkaloide von Wichtigkeit sind. Aus diesem Grunde ist z. B. auch auf die besonderen
Eigenschaften der Salze nicht näher eingegangen.

Der *dritte* Teil enthält diejenigen Pflanzenbasen, die wir oben als
vegetabilische Basen charakterisiert haben und die in unserem Sinne
überhaupt keine wahren Alkaloide vorstellen.

Vorkommen und Bildung der Alkaloide. Die Alkaloide finden sich im
Pflanzenreich durchaus nicht gleichmäßig verbreitet. So enthalten die
Kryptogamen überhaupt keine Alkaloide (Lykopodin ?), die Monocotyledo-
nen sind arm daran; sie enthalten vorzugsweise nur die Colchicum-
basen, während die Dicotyledonen die Hauptfundgrube der Alkaloide sind.
Hier sind es besonders die Papaveraceen, Fumariaceen, Solanaceen,
Ranunculaceen, Apocynaceen, Rubiaceen und Leguminosen, welche
an Alkaloiden reich sind.

Andererseits hat man bei den Labiaten, Rosaceen und Orchideen, die aromatisch riechende Stoffe hervorzubringen vermögen, keine Alkaloide aufgefunden.

Ein und dasselbe Alkaloid trifft man fast nie in verschiedenen Pflanzenfamilien an, oft ist ein solches direkt charakteristisch für eine bestimmte Familie, ja sogar für eine Gattung. Eine Ausnahme hiervon macht das Berberin, welches in verschiedenen nicht nahestehenden Pflanzenfamilien gefunden wurde, wie auch die Xanthinbasen in verschiedenen Pflanzenfamilien auftreten.

Die Alkaloide finden sich in allen Teilen der Pflanze, in den Samen und Früchten, auch in den Blättern (Nicotin, Theobromin) und Blüten (Coniin), in den Wurzeln (Hydrastin) und in den Rinden der Bäume (Chinin).

Die Menge der in den Pflanzen vorkommenden Alkaloide hängt wesentlich von der Jahreszeit ab. Auch durch entsprechende Pflege der Pflanzen läßt sich die Menge der darin vorkommenden Alkaloide heben, was z. B. bei der Kultur der Chinarinden in großzügiger Weise erreicht ist.

Die Alkaloide sind keine Zwischenprodukte bei der Eiweißbildung; sie stellen auch nicht die primären Zerfallverbindungen des Eiweißes oder sonstiger komplexer stickstoffhaltiger Gewebe vor, sondern die Bildung der Alkaloide in der Pflanze wird so angenommen, daß die primären stickstoffhaltigen Stoffwechselprodukte des Pflanzenorganismus in der verschiedensten Weise weiter reagieren mit anderen Gruppen, die in der Pflanze direkt vorhanden sind oder indirekt aus der Luft zum weiteren Aufbau erfaßbar sind, vornehmlich mit Formaldehyd.

So kommen neue Kondensationsreaktionen bzw. Kernsynthesen zustande, die zur Bildung der Alkaloide führen.

Diese Anschauungen der Alkaloidbildung entsprechen etwa der Hypothese von Pictet[1]), die vielfache Zustimmung gefunden hat (vgl. Winterstein und Trier, Die Alkaloide, 1910).

Durch diese Überführung in Alkaloide werden also die ursprünglichen Zerfallprodukte des Eiweißes, des Chlorophylls, Nucleins usw. verändert und vielfach auch lokalisiert, so daß sie nicht wieder in das aktive Pflanzengewebe zurückwandern können. Der pflanzenbiologische Zweck der Alkaloidbildung dürfte danach als Entgiftungsmaßnahme, zum Schutz der Pflanze vor den Sekretionsprodukten des eigenen Organismus dienen.

Nach diesen Ausführungen und nach dieser Charakterisierung unterscheiden sich demnach die eigentlichen Alkaloide auch pflanzenbiologisch von denjenigen, die wir als vegetabilische Basen in diesem Buche bezeichnet haben. Die vegetabilischen Basen bilden die Bausteine für das Pflanzeneiweiß usw., während die Alkaloide synthetische Produkte aus den pflanzlichen Sekretionsstoffen vorstellen.

Oben ist die allgemeine Rolle des Formaldehyds bei dem Alkaloidaufbau hervorgehoben. Das vielfache Auftreten methylierter Verbin-

---

[1]) Pictet u. Tsan Quo Chou, B. **49**, 376; C. r. **162**, 127.

dungen bei den Alkaloiden deutet überhaupt auf die Wichtigkeit der
Formaldehydwirkung bei den Alkaloidsynthesen hin. Die besondere
Bedeutung, die der Formaldehyd bei dem Alkaloidaufbau hat, bezeichnet
die Tatsache, daß in den Alkaloiden nie eine andere Alkylgruppe als die
Methylgruppe aufgefunden ist. In diesem Zusammenhang sei auch auf
die von Eschweiler aufgefundene besonders leichte Fähigkeit des
Formaldehyds zur Stickstoffalkylierung hingewiesen.

Die vorliegenden Ausführungen über den allgemeinen Vorgang bei
der Alkaloidbildung in der Pflanze geben uns noch keinen direkten
Hinweis über den Reaktionsmechanismus bei der Entstehung der einzelnen stickstoffhaltigen Ringe, die sich in den Alkaloiden vorfinden.

Wir dürfen wohl annehmen, daß sich diese charakteristischen Ringe
aus offenen, vorzugsweise gesättigten, stickstoffhaltigen Abbauverbin-
dungen im obigen Sinne bilden. Für diese Bildungsart spricht auch,
daß gerade die hydrierten Ringsysteme bei den Alkaloiden unverhältnis-
mäßig häufig, ja fast ausschließlich auftreten. Die Entstehung der mehr
aromatischen Charakter aufweisenden Ringsysteme, wie des Pyridins,
des Chinolins usw., verträgt sich aber auch mit der obigen Annahme,
der Bildung aus gesättigten Verbindungen, indem alkoholische Hydroxylgruppen tragende gesättigte Verbindungen, die überreich in der Natur
vorkommen, durch Wasserabspaltung in aromatische übergehen können.
Dieser Bildungsweg findet z. B. bei Verbindungen in der Chinasäure-
reihe statt, wo bei gewöhnlicher Temperatur schon ohne weitere äußere
Einwirkung der Übergang in die aromatische Reihe unter Wasserabspaltung beobachtet ist.

Die Synthese der Alkaloide aus vegetabilischen Spaltstücken, die
nicht so weit wie die oben angenommenen abgebaut sind, sondern noch
kompliziertere Ringkomplexe, z. B den Pyrrolring, enthalten, scheint
nicht so leicht zu erklären zu sein. Derartige vegetabilische Ringspalt-
stücke, die z. B. aus dem Chlorophyll entstehen, sollten gleicherweise
in allen Pflanzen vorhanden sein, und in allen Pflanzenfamilien sollten
Möglichkeiten zur unbeschränkten Produktion von Alkaloiden gegeben
sein. Wir wissen aber, daß diese Bildung nur auf bestimmte Familien
beschränkt ist. Andererseits wissen wir, daß alkaloidbildende Pflanzen
imstande sind, aus Nährböden, die nur aliphatische stickstoffhaltige
Verbindungen enthalten, Alkaloide zu synthetisieren. Auch würde die
Überführung von fertig gebildeten Ringen in andere Ringsysteme
immer die Annahme einer besonders gewalttätigen Reaktion in sich
schließen. Unsere erste Annahme der Bildung von Alkaloiden aus weit
abgebauten Spaltungsstücken scheint nach allem die ungezwungenere
zu sein; die Tropinonsynthese Robinsons bestätigt diese Theorie.

Physikalische Eigenschaften der Alkaloide. Die meisten Alkaloide
sind gut kristallisierte feste Körper. Nur wenige sind flüssig und sauerstofffrei (*Coniin, Nicotin, Spartein* u. a.). Das Arecolin ist auch flüssig,
indes sauerstoffhaltig. Hier bedingt eine Methylestergruppe die flüssige
Beschaffenheit des Alkaloids.

Die Alkaloide sind fast alle farblos; nur das Berberin ist gelb, und
einige andere bilden gefärbte Salze, z. B. das Sanguinarin (rot) und

das Harmalin (gelb). Die Chininsalze zeigen die Eigenschaft der Fluorescenz ·und die des Chelidonins der Phosphorescenz.

Eine große Zahl von Alkaloiden ist optisch aktiv.

Öfter zeigen die freien Alkaloide ein entgegengesetztes Drehungsvermögen wie ihre Salze. (Nicotin, Narcotin, Hydrastinin).

Inaktive Alkaloide sind entweder inaktiv, da sie kein asymmetrisches Kohlenstoffatom enthalten, oder durch intramolekulare Kompensation im Molekül. In beiden Fällen sind die Verbindungen unspaltbar. Falls aber die Inaktivität des Alkaloids durch Racemisierung veranlaßt ist, ist die Verbindung optisch spaltbar.

Die Absorptionsspektren von Alkaloiden sind mit Erfolg zur Entscheidung von Konstitutionsfragen mitherangezogen worden. So hat man z. B. beim Cotarnin dadurch zwischen dem Zustande der Pseudobase und der wahren Base entscheiden können (Dobbie).

Nachweis der Alkaloide. Die Alkaloide besitzen in ähnlicher Weise wie die Eiweisstoffe das Vermögen, durch bestimmte Verbindungsklassen gefällt zu werden. Dies wird zu ihrer Isolierung und Reinigung mit Vorteil benutzt. So gibt es eine Reihe von Metallhalogeniden, die mit den Alkaloiden Niederschläge geben, aus denen die Alkaloide durch Behandeln mit Schwefelwasserstoff in Form ihrer halogenwasserstoffsauren Salze gewonnen werden können. Vorzugsweise sind diese Fällungsmittel Quecksilberchlorid, Goldchlorid, Platinchlorid, Zinkchlorid, Zinnchlorür, Cadmiumjodid. Weiter entstehen charakteristische Niederschläge der Alkaloide mit Tannin, mit Jodjodkalium, mit Pikrinsäure (Hagers Reagens), mit Pikrolonsäure (Knorrs Reagens). Die Schwerlöslichkeit der Pikrolonsäurefällungen in Wasser ist hervorzuheben. Ferner können als allgemeine Fällungsreagenzien der Alkaloide noch das Tannin, das Kaliumbichromat und Ferrocyankalium erwähnt werden.

Außer den obigen Fällungsreagenzien gibt es noch eine Reihe komplexer Verbindungen, welche zur Fällung von Alkaloiden recht geeignet sind; so das Kaliumquecksilberjodid (Mayers Reagens), Kaliumwismutjodid (Dragendorffs Reagens), Kaliumcadmiumjodid (Marmés Reagens); die Phosphorwolframsäure (Scheiblers Reagens), Siliciumwolframsäure (Bertrands Reagens), Phosphormolybdänsäure (Sonnenscheins Reagens). Aus diesen Fällungen können die Alkaloide vorzugsweise durch Behandlung mit Ätzalkalihydroxyden wiedergewonnen werden.

Diese Fällungsreaktionen wie auch die Erkennung und Identifizierung der einzelnen Alkaloide durch Farbreaktionen sind in vollständiger Weise aus Mercks Reagenzienverzeichnis[1]) zu entnehmen.

Physiologisches. Die physiologische Wirkung der Alkaloide zeigt sich meist nur in funktionellen Änderungen, d. h. in Änderungen der Lebensbetätigungen, ohne daß das diesen zugehörige Substrat, das Organ selbst, in seinem Gefüge, seinem mikroskopischen Aufbau ge-

---

[1]) Mercks Reagenzien-Verzeichnis, Berlin 1913. — Über Nachweis von Alkaloiden vgl. auch Winterstein u. Trier, Die Alkaloide. 1910.

schädigt wird; nur bei wenigen unserer Substanzen ist eine solche Schädigung erkennbar, sobald die gebrauchte Dosis eben groß genug ist, um überhaupt merkbare Wirkungen hervorzubringen. — Von der Art, wie physiologische Wirkungen durch chemische Substanzen zustande gebracht werden, nahm man früher als ganz selbstverständlich an, daß es sich um eine chemische Reaktion zwischen lebendem Protoplasma und der einwirkenden Substanz handle, bei welcher das Molekül dieser eine irgendwie geartete, meist sehr lockere Verbindung mit dem Zelleiweiß eingehe und dadurch den normalen Ablauf der Funktion ändere. — Für viele Gruppen der organischen Chemie ist diese Auffassung heutzutage als unwahrscheinlich erkannt worden; so nimmt man für die indifferenten Körper der aliphatischen Reihe, die meist eine narkotische Wirkung auf nervöse Zentralorgane besitzen, an, daß diese Wirkung mehr physikalisch bedingt sei; vermöge ihrer physikalischen Eigenschaften (Lipoidlöslichkeit, Änderung der Oberflächenspannung usw.) dringen sie leicht in die Nervenzellen und dadurch werde die Permeabilität der Zellmembran, der osmotische Austausch zwischen dem Zellinhalte und der Körperflüssigkeit usw. geändert und das führe zur zeitweiligen Ausschaltung der Funktion. — Nun haben zwar einige Alkaloide, z. B. das *Morphin*, Wirkungen, die sich von den als Allgemeinnarkose bezeichneten nur graduell unterscheiden, aber trotzdem dürfen wir bei diesen nicht den gleichen Wirkungsmechanismus voraussetzen. Vielmehr ist hier aller Wahrscheinlichkeit nach eine chemische Verkuppelung, z. B. Anlagerung der Base an eine der sauren Gruppen des Eiweißmoleküls oder ähnliches, anzunehmen. Doch ist damit sicher nur der allgemeine Rahmen gegeben, in dem das eigentliche Geschehen sich abspielt; die physiologisch wirksamen Alkaloide, die heterocyclischen Verbindungen, haben fast alle im Gegensatz zu der Mehrzahl der aliphatischen und aromatischen Substanzen ganz spezifische Wirkungen, d. h. sie beeinflussen nur ein oder wenige Organsysteme. Um uns hiervon ein Bild zu machen, können wir schlechterdings nicht anders als annehmen, daß die spezielle Configuration des Alkaloidmoleküls ihm eine Anlagerung nur an ganz bestimmte, nur in bestimmten Organsystemen sich findende Eiweißbestandteile gestattet, d. h. daß die spezielle Art der Wirkung von der speziellen Konstitution des Alkaloids direkt bestimmt ist. Das bekannte Gleichnis E. Fischers vom Schlüssel und Schloß, das er für die Abhängigkeit des Abbaus bestimmter Kohlehydrate von bestimmten Fermenten formte, kann uns auch hier, wie auf anderen Gebieten der Biologie, am ehesten das Verständnis ermöglichen. — Diese Abhängigkeit einer genau begrenzten Änderung der Organfunktion von der chemischen Konstitution macht es auch andererseits begreiflich, daß den Derivaten eines Alkaloids, so verschieden sie auch chemisch unter sich sein mögen, spezielle Organwirkungen gemeinsam sind, wofern sie nur überhaupt wirken; so bringen alle Tropeine Mydriasis und Verminderung der Drüsensekretion hervor. — Wie weitgehend der chemische Aufbau die Wirkung beeinflussen kann, zeigen am besten einige optisch aktive Alkaloide, bei denen die beiden Isomeren in ihren Wirkungen nicht übereinstimmen, wo man also annehmen muß, daß die Organzellen nicht nur auf ein bestimmtes Molekül, sondern noch weiter auf die sterische Lagerung der Atome in diesem Molekül abgestimmt sind; so wirkt l-Hyoscyamin zehnmal stärker auf die Pupille als d-Hyoscyamin[1]).

So eng nun auch die Abhängigkeit physiologischer Wirkungen von der chemischen Konstitution ist, gibt es doch einige Erfahrungen, die auch auf die Bedeutung der physikalischen Eigenschaften der Alkaloide hinweisen; diese sind es ja wohl auch, die für das mehr oder weniger vollkommene Eindringen in die Zellen den Ausschlag geben. Es ist z. B. bekannt, daß man durch Umwandlung von wirksamen aliphatischen oder aromatischen Substanzen in Säuren (durch Sulfurierung oder Carboxylierung) deren Wirkung fast stets vollständig aufhebt, und daß dieses Unwirksamwerden wahrscheinlich auf die mangelnde Löslichkeit der Säuren in den Bestandteilen der Zellsubstanz zurückzuführen ist. Hierfür bieten uns nun auch die Alkaloide mehrere gute Beispiele; so sind das *Arecaidin*, die Methyltetrahydronicotinsäure, und das *Benzoylecgonin*, die Carboxylverbindung des Benzoyltropins, für den tierischen Organismus ganz harmlos, aber eine einfache Esterifizierung genügt, um außerordentlich wirksame Körper, Arecolin und Cocain, entstehen zu lassen[2]).

Wenn wir somit annehmen, daß die den Alkaloiden eigentümliche Wirkung vom spezifischen Aufbau ihres Moleküls abhängt, so hat sich doch auch andererseits durch die Erfahrung gezeigt, daß gewisse physiologische Wirkungen durch bestimmte Abänderungen des Moleküls bei fast allen Alkaloiden erzeugt werden können, ganz gleich, wie deren Konstitution sonst sein mag. Ausgehend von der Feststellung, daß das *Curarin*, eine quaternäre *Ammoniumbase*, die Endigungen der motorischen Nerven lähmt, hat man eine große Reihe derartiger, natürlich vorkommender oder aus tertiären Alkaloiden dargestellter Basen untersucht und die genannte Wirkung in mehr oder weniger hohem Maße bei fast allen gefunden. — Ist es in diesem Falle eine einzelne Stelle im Molekül, die die besondere Wirkung hervorbringt, so hat man beim *Cocain* und seinen Derivaten feststellen können, daß das diesen Alkaloiden eigene lokalanästhesierende Vermögen von drei im Cocainmolekül verwirklichten Bedingungen abhängt: einem basischen Komplex, der Benzoylgruppe und einer Estergruppe; fehlt eine davon, so verschwindet die lokalanästhesierende Wirkung, und andererseits lokalanästhesiert jeder chemisch noch so einfach gebaute Körper, der den drei Bedingungen entspricht.

---

[1]) Auch bei anderen Alkaloiden wirkt die l-Base stärker als das rechtsdrehende Isomere; doch ist dies nicht immer der Fall, z. B. nicht beim Coniin.

[2]) Auch hier zeigt sich wieder, wie fein der lebende Organismus auf bestimmte Atomgruppen eingestellt ist; es ist für die physiologische Wirkung von größter Bedeutung, ob die Deckung der OH-Gruppe durch einen Alkohol- oder einen Säurerest erfolgt. So ist die Morphinwirkung im Codein, Dionin usw. (also in den Alkoholäthern des Morphins) in ganz anderer Weise abgeändert als im Heroin, dem Diacetylmorphin.

Chemisches. Der besondere chemische Charakter der Alkaloide, als Derivate komplizierter Kohlenstoff-Stickstoffringe, hat die Ausarbeitung spezieller Untersuchungsmethoden für diese Körperklasse veranlaßt.

Die Freilegung des eigentlichen Alkaloidringsystems ist nun hierbei die erste allgemeine Aufgabe.

Für diesen Zweck erwies sich die hydrolytische Spaltung der Alkaloide oft zweckmäßig.

Die Alkaloide sind nämlich vielfach Säureester, gebildet aus Säuren mit Aminoalkoholen (z. B. Atropin, Cocain) bzw. Säureamide (z. B. Piperin) oder auch Glucoalkaloide (z. B. Solanin, Sinalbin).

Durch die Hydrolyse erfahren diese Alkaloide eine typische Spaltung einerseits in die Säuregruppe bzw. den Glucoserest, andererseits in das eigentliche Alkaloidringsystem. Das ursprüngliche große Alkaloidmolekül wird also durch die Hydrolyse in zwei kleinere systematisch geschieden, und die allgemeine Untersuchung wird so bedeutend erleichtert.

Mehrfach erfahren auch die Alkaloide, ohne Säureester oder Glucoalkaloide zu sein, durch hydrolytische Einwirkung eine Spaltung ihres Moleküls, indem zwischen zwei Kohlenstoffatomen — besonders leicht bei aliphatischer Doppelbindung — Zerfall des Moleküls in typische Gruppen eintritt (z. B. Chinen, Narcotin, Hydrastin).

Ist so erst der typische Teil des Alkaloids freigelegt, so kann die eigentliche Aufklärung zur Erkennung des Ringsystems beginnen. Anhängende Gruppen werden entfernt; vielfach sind dies Methylgruppen, die, an Sauerstoff gebunden, in Form von Oxymethylgruppen vorliegen oder von N-Methylgruppen, also Methylgruppen, die am Stickstoff haften.

Die Abspaltung dieser Oxymethyl- bzw. N-Methylgruppen geschieht durch Einwirkung von Jodwasserstoffsäure; hierbei bildet sich Jodmethyl. Diese Methode läßt sich auch zur quantitativen Bestimmung der OCH_3-Gruppe neben der NCH_3-Gruppe brauchen, indem bei niedrigeren Temperaturen sich nur die OCH_3-Gruppe loslöst und erst bei stärkerem Erhitzen sich die Methylgruppe vom Stickstoffatom trennt. Indem man das bei der Einwirkung von Jodwasserstoffsäure entstehende Jodmethyl in Silbernitrat leitet, bildet sich Jodsilber, welches als solches analytisch bestimmt werden kann.

Methylgruppen sind am Alkaloidkern außerdem vielfach als Dioxymethylengruppen vorhanden (Hydrastin). Diese lassen sich durch Alkalieinwirkung abspalten. Die obige Bestimmung der OCH_3- bzw. NCH_3-Gruppen mit Hilfe von Jodwasserstoffsäure wird durch ein etwaiges gleichzeitiges Vorliegen von Dioxymethylengruppen nicht gestört, da diese durch Jodwasserstoffsäureeinwirkung kein Jodmethyl bildet. —

Es ist bemerkenswert, daß sich in den Alkaloiden als einzige Alkylgruppe bisher nur die Methylgruppe vorfand. Das spricht für die besondere Bedeutung des Formaldehyds bei der phytochemischen Synthese von Alkaloiden.

Das Sauerstoffatom ist in den Alkaloiden in seinen verschiedenen Verbindungsformen enthalten, die nach gewohnten Methoden der organischen Chemie leicht erkennbar sind; der alkoholische Sauerstoff wird durch Veresterung oder auch durch seine Überführbarkeit in eine typische Ketogruppe nachgewiesen (Tropin; Willstätter), das Phenolsauerstoffatom durch die dadurch bedingte Alkalilöslichkeit des Alkaloids (Morphin), der Ketosauerstoff (Hygrin) durch seine Kondensationsprodukte mit den Ketoreagentien, die Sauerstoffatome der Carboxylgruppe (Ecgonin) durch die Fähigkeit zur Salz- und Esterbildung und die ätherartig gebundenen durch ihre Aufrichtung bei hydrolytischer Einwirkung (Morphin).

Eine tiefer eingreifende Methode wie die bisher besprochene, um zum eigentlichen Ringsystem des Alkaloids vorzudringen, ist die allgemein anwendbare Oxydationsmethode. Diese Methode besteht darin, möglichst alle Seitengruppen des Ringes abzuoxydieren (Coniin), ja ganze Atomkomplexe (Nicotin) in einfache Carboxylgruppen umzugestalten, die unmittelbar am Ringsystem haften. Dann bedarf es nur noch des leichten Schrittes, diese Carboxylgruppen abzuspalten, um das Ringsystem ganz freizulegen.

Eine besonders eingreifende Reaktion zur Freilegung des in den Alkaloiden vorhandenen Ringsystems ist auch die Alkalischmelze (Chinin, Cinchonin) bzw. die trockene Destillation der Alkaloide. Hier bleiben dann nur die stabilsten Ringsysteme des Alkaloids zurück.

Im allgemeinen sind die nichthydrierten Ringsysteme, wie das Pyridin, gegen chemische Eingriffe stabiler wie die reduzierten, z. B. das Piperidin. Man kann nun ein reduziertes Ringsystem durch Destillation mit Zinkstaub in den zugrunde liegenden nichtreduzierten, beständigeren Ring überführen (Coniin).

Öfter ist es aber auch umgekehrt zur Konstitutionsermittlung eines Ringsystems erwünscht, ein leicht aufspaltbares System zu erhalten, um aus den Spaltstücken desselben die zugrunde liegende Konfiguration des Ringes zu erkennen. Hierbei hat sich herausgestellt, daß die Aufspaltung des Ringes, d. h. die Trennung des Stickstoffs vom Kohlenstoffskelett am leichtesten gelingt bei reduzierten Ringen und vornehmlich bei solchen mit fünfwertigem Stickstoffatom. Aus diesen Gesichtspunkten heraus hat sich das sog. Hofmannsche Abbauverfahren entwickelt, welches bei den Alkaloiden größter Anwendbarkeit fähig ist und darin besteht, daß man die reduzierten Ringe durch erschöpfende Alkylierung mittels Jodmethyl in quaternäre Verbindungen überführt und diese durch Einwirkung der Hitze und stark alkalischer Mittel zum Aufspalten bringt. Hierbei entsteht dann schließlich einerseits Trimethylamin, andererseits das Kohlenstoffskelett des Alkaloids, aus dessen Studium man die ursprüngliche Ringkonfiguration erkennen kann (Tropin, Bendopelletirin, Morphin). —

Zur Ringaufspaltung hat es sich auch als vorteilhaft erwiesen, das Ringsystem möglichst sauer zu stellen, z. B. durch Bromeinwirkung wodurch es seine ursprüngliche Haftfestigkeit auch an den Kohlenstoffatomen verliert und nun durch Einwirkung von Barythydrat zum Aufbrechen gebracht werden kann (Nicotin). Aus den Spaltstücken lassen sich dann Rückschlüsse auf das ursprüngliche Ringsystem machen.

Auch durch Einwirkung von Wasserstoffsuperoxyd wird der hydrierte heterocyclische Ring unter Eliminierung von Stickstoff aufgespalten, und ferner erfahren heterocyclische Ringe durch Phosphorpentachlorid vollständige Stickstoffabspaltung.

Wir werden diese wichtigen Ringspaltungsmethoden zunächst beim Piperidin noch näher besprechen.

Einteilung der Alkaloide. In der vorliegenden Studie haben wir die Alkaloide nach den verschiedenen heterocyclischen Ringsystemen zusammengefaßt, und so eine systematische Anordnung des Stoffes durchgeführt.

1. *Pyrrolidinderivate* (Hygrin).

$$\begin{array}{c} H_2C\text{---}CH_2 \\ H_2C\diagdown\diagup CH_2 \\ NH \end{array}$$

Pyrrolidin.

2. *Pyridinderivate* (Coniin, Piperin, Arecolin).

$$\begin{array}{c} CH \\ HC\diagup\diagdown CH \\ HC\diagdown\diagup CH \\ N \end{array}$$

Pyridin.

3. *Pyridin-Pyrrolidinderivate* (Nicotin).

$$\begin{array}{c} CH \qquad\quad H_2C\text{---}CH_2 \\ HC\diagup\diagdown C\text{---}HC\diagdown\diagup CH_2 \\ HC\diagdown\diagup CH \qquad NCH_3 \\ N \end{array}$$

Nicotin.

4. Kondensierte *Piperidin-Pyrrolidinringe.*

a) den Tropinring enthaltend (Atropin, Cocain):

$$\begin{array}{c} H_2C\text{---}CH\text{---}CH_2 \\ N\diagup CH_3 \diagdown CH_2 \\ H_2C\text{---}CH\text{---}CH_2 \end{array}$$

Tropan.

b) ähnliche Ringsysteme enthaltend (Lupinin, Spartein, Pseudopelletierin):

$$\begin{array}{c} C \\ C\text{---}N \\ C \end{array}$$

Lupinin.

$$\begin{array}{c} H_2C \qquad\qquad CH_2 \\ HC\diagdown CH_2\text{---}CH_2\diagup N \\ H_2C \qquad\qquad CH_2 \end{array}$$

Spartein.

$$\begin{array}{c} H_2C\text{---}CH\text{---}CH_2 \\ H_2C \quad NCH_3 \quad CH_2 \\ H_2C\text{---}CH\text{---}CH_2 \end{array}$$

Pseudopelletierin.

5. *Chinolinderivate* (Chinaalkaloide, Strychnin, Brucin, Cytisin).
Diese Alkaloide enthalten außer dem Chinolinring noch andere Komplexe.

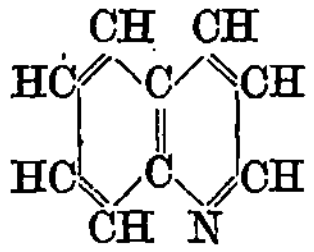

CH CH
HC C CH
HC C CH
CH N
Chinolin.

6. *Isochinolinderivate* (Opium-, Hydrastis-, Corydalis-Alkaloide,
Glaucin, Dicentrin).

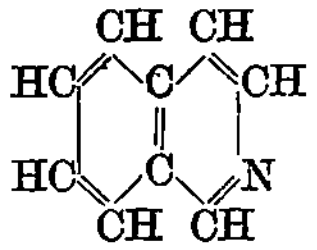

CH CH
HC C CH
HC C N
CH CH
Isochinolin.

7. *Purinderivate* (Xanthinbasen).

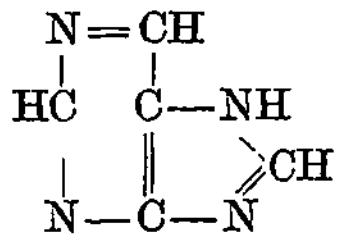

N = CH
HC C—NH
       CH
N—C—N
Purin.

8. *Imidazolderivate* (Pilocarpin, Allantoin, Ergothionin)

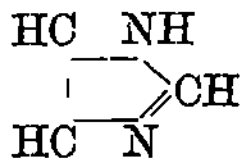

HC NH
     CH
HC N

9. *Indolderivate* (Hypaphorin); *Pyrindolderivate* (Harmalin).

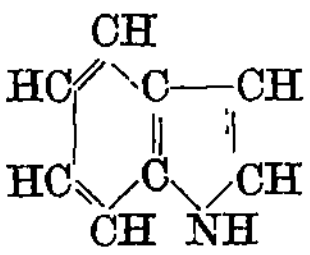

CH   CH
HC C—CH   HC C—CH
HC C CH   HC C CH
CH NH   N NH
Indol. 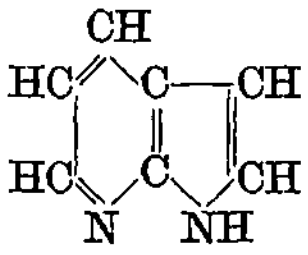   Pyrindol.

10. Alkaloide mit weniger bekannter oder unbekannter Konstitution.
11. Betaine.
12. Vegetabilische Basen (Aminosäuren, Gruppe des Cholins, aromatische Amine).

Erster Teil.
Die künstlichen Alkaloide.

I. Pyridin.

Das Pyridin wurde 1851 von Anderson[1]) im Dippelschen Tieröl
entdeckt, wo es von einer ganzen Reihe seiner höheren Homologen
begleitet ist. Außer dieser Entstehungsweise durch die trockene Destillation der Knochen bildet es sich auch bei der Destillation der Steinkohlen [Thenius[2])], der Braunkohlen, des Torfes, des Holzes und verschiedener bituminöser Schiefer [Williams[3]), Garett und Smythe[4])].
Es hat sich ferner in den ammoniakalischen Gaswässern, im Fuselöl,
im Roherdöl und im gelben Paraffinöl gefunden und ist auch im Kaffeeöl
beobachtet worden. Seine Hauptgewinnungsart ist gegenwärtig aus
dem Steinkohlenteer.

Das Pyridin entsteht auch beim Erhitzen, durch Alkalieinwirkung
oder durch Glühen mit Zinkstaub aus mehreren Alkaloiden, wie aus
Nicotin, Trigonellin, Spartein, Cinchonin, aus Derivaten des Nicotins
und aus Pseudopelletierin. Von theoretischer Wichtigkeit ist seine Darstellung aus dem Piperidin durch Oxydation. Schließlich erhält man es
auch bei der Destillation der Kalksalze verschiedener Pyridincarbonsäuren, welche die Oxydationsprodukte des Chinolins, des Isochinolins
und einer großen Zahl natürlicher Alkaloide bilden.

Das Pyridin C_5H_5N ist eine farblose Flüssigkeit von durchdringendem
Geruch, die sich in allen Verhältnissen in Wasser, Alkohol und Äther
löst. Mit Wasser bilden sich Hydrate. Kp_{760} 115,1°; erstarrt zu
Nadeln in der Kälte; Fp — 42°; $d_4^{25} = 0,978$.

Es ist eine tertiäre Base, die durch Reduktion mit Natrium quanti-
tativ in das sekundäre *Piperidin* übergeht. Beim starken Erhitzen mit
Jodwasserstoffsäure zerfällt es in Ammoniak und normales Pentan
[Hofmann[5])]:

$$C_5H_5N + 10\,H = NH_3 + C_5H_{12}\,.$$

Durch katalytische Reduktion mit Nickel entsteht unter Ringsprengung Amylamin [Sabatier und Mailhe[6])].

Gegen Oxydationsmittel ist das Pyridin hervorragend beständig.
Chromsäure, Kaliumpermanganat, Salpetersäure greifen es bei keiner
Temperatur an; konzentrierte Schwefelsäure wirkt erst bei etwa 300°
ein unter Bildung einer Pyridinsulfosäure; die Halogene liefern nur

[1]) Anderson, Transact. of the royal Society of Edinburgh **20**, 251.
[2]) Thenius, J. **1861**, 500.
[3]) Williams, J. **1854**, 492.
[4]) Garett u. Smythe, Proc. **18**, 47.
[5]) Hofmann, B. **16**, 586.
[6]) Sabatier u. Mailhe, C. r. **144**, 784.

äußerst schwierig Substitutionsprodukte. In wässeriger Lösung bewirkt Chlor Ringspaltung des Pyridins; Wasserstoffsuperoxyd in Gegenwart von Schwefelsäure und Ferrosulfat läßt neben anderem Furfurol entstehen [Neuberg[1])].

Konstitution des Pyridins. — Die große Beständigkeit des Pyridins, ferner die Analogie, die in seinen Derivaten mit den entsprechenden der Benzolreihe zutage trat und ihren besonders scharfen Ausdruck in den Isomerieverhältnissen fand, veranlaßte 1869 Körner[2]) und bald nachher auch Dewar[3]), dem Pyridin eine dem Benzol analoge Konstitution zuzuschreiben und seinen Molekülbau als einen geschlossenen Ring zu betrachten, gebildet von fünf Atomen Kohlenstoff und einem Atom Stickstoff.

Nach dieser Annahme erscheint das Pyridin als ein Benzol, in welchem die dreiwertige CH-Gruppe durch ein Stickstoffatom ersetzt ist:

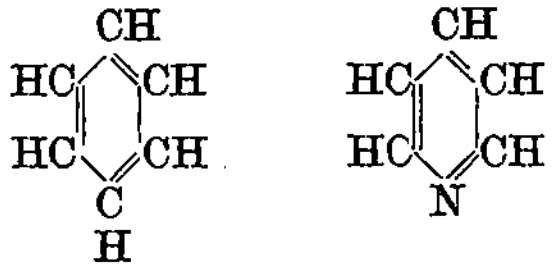

Benzol.   Pyridin.

Die Körnersche Hypothese fand durch eine große Anzahl von Synthesen in der Pyridinreihe — vor allem auch des Pyridins selber — vielfache Bestätigung und ist heute allgemein anerkannt.

Diese Pyridinformel erklärt, soweit es eben nur eine planimetrische Formel tun kann, die Reaktionen der Pyridinreihe in durchaus befriedigender Weise.

Das Pyridin ist eine ungesättigte Verbindung. Jedes der an der Ringbildung beteiligten Kohlenstoff- und Stickstoffatome besitzt noch eine freie Affinität und diese sechs freien Affinitäten müssen, falls sie nicht anderweitig gebunden sind, sich gegenseitig absättigen, — genau so wie beim Benzol. Um diesen Verhältnissen einen bildlichen Ausdruck zu geben, sind zahlreiche Formelbilder seinerzeit vorgeschlagen worden, von denen indes heute nur noch die Benzolformeln von Kekulé und von Claus zur Diskussion kommen. Hieran reiht sich für das Pyridin noch ein drittes Formelbild von Riedel[4]) an, das für den absolut symmetrischen Ring des Benzols nicht in Betracht gelangt.

Benzol   Pyridin

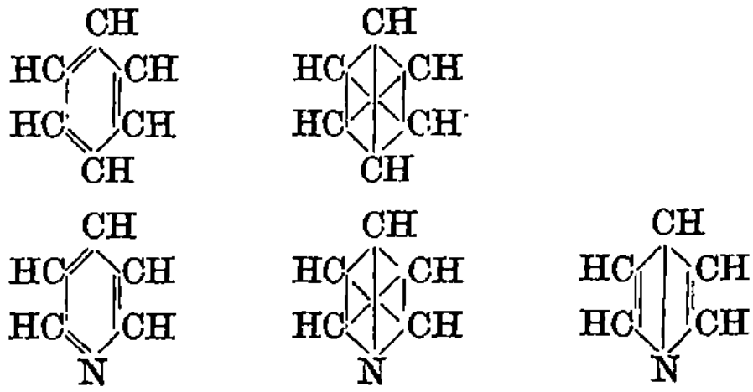

Formel von: Kekulé   Claus   Riedel.

---

[1]) Neuberg, Biochem. Z. 20, 526.
[2]) Körner, Giornale dell' Academia di Palermo 1869.
[3]) Dewar, Zeitschr. f. Chemie 1871, 117.
[4]) Riedel, B. 16, 1609.

Es liegt hier nicht in unserer Absicht, diese drei Formeln, für und gegen welche sich manches sagen läßt, zu diskutieren. Wir beschränken uns einfach in den folgenden Abschnitten darauf, den Pyridinkern durch folgende schematische Zeichnung darzustellen:

Pyridinsynthesen. — Das Pyridin ist auf den verschiedensten Wegen synthetisch erhalten, von denen wir folgende hervorheben:

1. Durch Destillation von Äthylallylamin über auf 400—500° erhitztes Bleioxyd [Königs[1]) 1879].

$$CH_3 - CH_2 - NH - CH_2 - CH = CH_2 + 3O = C_5H_5N + 3H_2O \, .$$

2. Beim Durchleiten eines Gemisches von Acetylen und Cyanwasserstoffsäure durch ein rotglühendes Rohr [Ramsay[2]), Meyer und Tanzen[3])].

$$2 \, C_2H_2 + CNH = C_5H_5N \, .$$

Diese Synthese ist analog der Benzoldarstellung aus Acetylen von Berthelot.

3. Beim Überführen eines Gemisches von Ammoniak und Alkoholdämpfen durch ein lebhaft rotglühendes Rohr [Monari[4]) 1884].

4. Aus Pyrrol durch Erhitzen desselben mit Methylenjodid und Natriummethylat auf 200° [Dennstedt und Zimmermann[5]) 1885].

$$C_4H_5N + CH_2J_2 + 2 \, NaOCH_3 = C_5H_5N + 2 \, NaJ + 2 \, CH_3OH \, .$$

Auch beim Destillieren methylierter Pyrrole durch ein schwach glühendes Rohr bildet sich Pyridin [Pictet[6])].

5. Durch Erhitzen von Glycerin mit Ammonsulfat [Stoehr[7])].

6. Aus dem Glutaraldehyd durch Behandlung des Dioxims mit Mineralsäuren [v. Braun und Danziger[8])].

Das Pyridin entsteht auch neben anderen Basen bei der Behandlung des Caseins mit Salzsäure und Methylal [Pictet und Quo Chou[9]), Maillard[10])].

Alle bekannten Pyridinsynthesen geben aber nur eine sehr schwache Ausbeute, so daß die einzige Quelle, aus der man das Pyridin reichlich beziehen kann, der Steinkohlenteer ist. Man erhält es daraus nebst seinen Homologen durch Behandlung mit Schwefelsäure, von der die

---

[1]) Königs, B. **12**, 2344.
[2]) Ramsay, B. **10**, 736; Phil. Mag. **1876**, 270; **1877**, 241.
[3]) R. Meyer u. Tanzen, B. **46**, 3183.
[4]) Monari, J. **1884**, 924.
[5]) Dennstedt u. Zimmermann, B. **18**, 3316.
[6]) Pictet, B. **38**, 1946.
[7]) Stoehr, J. pr. **43**, 153.
[8]) v. Braun u. Danzinger, B. **46**, 103.
[9]) Pictet u. Quo Chou, B. **49**, 376.
[10]) Maillard, C. r. **157**, 850; **162**, 757.

Basen aufgenommen werden und so von den Kohlenwasserstoffen leicht zu trennen sind. Aus der sauren Lösung werden dann die Pyridinbasen durch Alkalien in Freiheit gesetzt, übergetrieben, getrocknet und fraktioniert destilliert.

Etwa vorhandenes Anilin wird durch Oxydation in Anilinschwarz übergeführt und auf diese Weise von den beständigen Pyridin-verbindungen getrennt.

Die Pyridinbasen finden zur Denaturierung des Alkohols eine aus-gedehnte Verwendung.

Pharmakologisches. — *Pyridin* ist nur für Frösche ein starkes Gift; bei diesen zeigt sich zuerst nur zentrale Lähmung; die in der älteren Literatur angegebenen Erregungserscheinungen rühren von Ver-unreinigungen her[1]). Später ist auch die Peripherie betroffen: die mo-torischen Nervenendigungen zeigen eine leichte Erschöpfbarkeit, die sich bis zur vollen Unerregbarkeit steigern kann, die sensiblen sind aber nicht wesentlich betroffen. Die Muskeln selbst bleiben erregbar. An Fröschen läßt sich auch eine Wirkung des Pyridins auf die roten Blut-körperchen nachweisen; einige Stunden nach der Vergiftung sieht man in ihnen ungefärbte Kügelchen, die sich übrigens auch bei einer großen Reihe anderer Ammoniakderivate, auch anorganischen, finden. — Auch das Herz wird geschädigt, mit dem Eintritt der zentralen Lähmung steht es still. — Für Säugetiere ist dagegen das Pyridin ebenso wie für niedere Organismen, Pilze und Infusorien, sehr wenig giftig. Man kann Kaninchen und Hunde längere Zeit grammweise mit den Salzen des Pyridins füttern, ohne Vergiftungserscheinungen zu sehen zu bekommen. Daß die Base auch für den Menschen wenig giftig ist, beweist ihre jetzt obsolete Empfehlung zu Heilzwecken, z. B. gegen Asthma. Doch sind hierbei, auch bei Einatmung von Dämpfen, leichtere Vergiftungen beobachtet worden, und selbst eine tödliche Vergiftung ist in der Lite-ratur beschrieben: ein Arbeiter, der beim Abhebern eine größere Menge verschluckte, war nach ca. $^3/_4$ Stunden tot; allerdings war ein Teil des Pyridins in die Lunge gekommen.

Erwähnung verdient die Umwandlung des Pyridins im Organismus; es ist einer der wenigen Körper, die im Organismus methyliert werden. Wie His[2]) nachgewiesen, entsteht eine Ammoniumbase Methylpyridyl-ammoniumhydroxyd.

Substitutionsprodukte des Pyridins. — Durch Ersatz je eines der fünf Wasserstoffatome im Pyridinring durch ein anderes einwertiges Atom oder einen einwertigen Atomkomplex entstehen die Substitutions-derivate, deren Studium viel zur Bestätigung der Körnerschen Hypo-these beigetragen hat. Durch das Experiment ist es nämlich vollkommen bestätigt, daß in der Pyridinreihe eine Stellungsisomerie herrscht, die derjenigen in der Benzolreihe ganz analog ist.

Zur Bezeichnung der im Pyridinring vorkommenden Isomerien bedient man sich statt der bei den aromatischen Verbindungen üblichen

---

[1]) R. Heinz, Virchows Archiv **122**, 116.
[2]) His, Arch. f. experim. Pathol. u. Pharmakol. **22**, 253.

Vorsilben ortho, meta und para der ersten Buchstaben des griechischen Alphabets α, β und γ in dieser Weise:

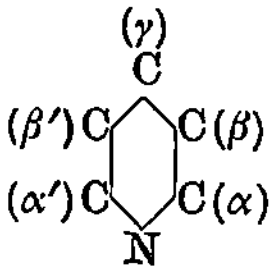

$$(\gamma)$$
$$(\beta')\,C \quad C\,(\beta)$$
$$(\alpha')\,C \quad C\,(\alpha)$$
$$N$$

Pyridin.

Seltener bezeichnet man auch den Pyridinring folgendermaßen:

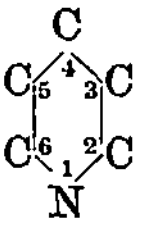

$$C$$
$$C \quad C$$
$$C \quad C$$
$$N$$

In der Pyridinreihe sind also, abweichend von der Benzolreihe, schon drei *Mono*substitutionsderivate möglich (α, β, γ). Durch Eintritt von mehreren Substituenten ergeben sich bei Gleichheit der substituierenden Gruppen:

6 Disubstituierte Derivate ($\alpha\beta$, $\alpha\gamma$, $\alpha\beta'$, $\alpha\alpha'$, $\beta\gamma$, $\beta\beta'$).

6 Trisubstituierte Derivate ($\alpha\beta\gamma$, $\alpha\beta\beta'$, $\alpha\beta\alpha'$, $\alpha\gamma\beta'$, $\alpha\gamma\alpha'$, $\beta\gamma\beta'$)

3 Tetrasubstituierte Derivate ($\alpha\beta\gamma\beta'$, $\alpha\gamma\beta'\alpha'$, $\alpha\beta\beta'\alpha'$).

1 Pentasubstituiertes Derivat ($\alpha\beta\gamma\beta'\alpha'$).

Bei Ungleichheit der substituierenden Gruppen wächst die Zahl der Isomeren rasch; so sind bei vier ungleichen Substituenten theoretisch 120 Isomerien möglich. Die Gleichwertigkeit der $\alpha\alpha'$-Stellung ist bewiesen [Scholtz und Wiedemann[1])].

Die Nitro-, Sulfo- und Halogenverbindungen des Pyridins werden durch direkte Substitution nur sehr schwer gebildet. Diese Verbindungen haben in der Pyridinreihe auch nicht die Wichtigkeit erlangt, wie die entsprechenden in der Benzolreihe, was zum Teil darauf beruht, daß dem Pyridinring die wertvollen chromophoren Eigenschaften, die den Benzolring auszeichnen, fehlen. Da diese Pyridinsubstitutionsprodukte auch nur im losen Zusammenhang mit den natürlichen Alkaloiden stehen, werden wir uns bloß kurz mit denselben beschäftigen.

Chlorpyridine. — Die drei theoretisch möglichen Monochlorpyridine sind bekannt. Zwei derselben, die α- und γ-Verbindung sind durch Einwirkung des Phosphorpentachlorids auf die entsprechenden Oxypyridine erhalten worden.

Die α-Verbindung läßt sich auch aus dem Pyridin direkt darstellen. Man führt das Pyridin in das Jodmethylat über, oxydiert dasselbe in alkalischer Lösung mit Ferricyankalium zum *N - Methylpyridon* (s. Oxypyridin) [O. Fischer[2]), Decker[3])] und chloriert letzteres mit Phosphorpentachlorid:

[1]) Scholtz u. Wiedemann, B. **36**, 845.
[2]) O. Fischer, B. **32**, 1297.
[3]) Decker, J. pr. [2] **84**. 435.

$$\text{C}_5\text{H}_5\text{N}\cdot\text{CH}_3\text{J} + \text{O} = \text{C}_5\text{H}_4(\text{CH}_3)\text{NO} + \text{HJ}$$

$$\text{C}_5\text{H}_4(\text{CH}_3)\text{NO} + \text{PCl}_5 = \text{C}_5\text{H}_4(\text{CCl})\text{N} + \text{POCl}_3 + \text{CH}_3\text{Cl}.$$

Das dritte, das β-Chlorpyridin, entsteht bei Behandlung des Pyrrolkaliums mit Chloroform oder Tetrachlorkohlenstoff·[Ciamician und Dennstedt[1])]:

$$\text{C}_4\text{H}_4\text{NK} + \text{CHCl}_3 = \text{C}_5\text{H}_4\text{ClN} + \text{KCl} + \text{HCl}.$$

Auch Di- und Trichlorpyridine sind bekannt.

Die Chloratome der Chlorpyridine sind beweglich und lassen sich austauschen z. B. gegen die Aminogruppe.

Brompyridine. — Bisher ist von den drei Isomeren nur eine Verbindung bekannt, das β-Brompyridin. Es entsteht durch Erhitzen von salzsaurem Pyridin mit Brom auf 200° [Hofmann[2])]. Die Stellung des Bromatoms in dieser Verbindung ist von Weidel und Blau[3]) bestimmt worden; durch alkoholisches Kali wird nämlich das Brompyridin in Äthoxypyridin verwandelt, das bei der Verseifung mit Jodwasserstoffsäure β-Oxypyridin liefert.

Dasselbe Brompyridin entsteht auch aus Pyrrolkalium und Bromoform [Ciamician und Dennstedt[4])]. Bei dieser Reaktion schiebt sich also das Kohlenstoffatom des Bromoforms zwischen das α- und β-Kohlenstoffatom des Pyrrols:

$$\text{C}_4\text{H}_4\text{NK} + \text{CHBr}_3 = \text{C}_5\text{H}_4\text{BrN} + \text{KBr} + \text{HBr}$$

Diese Synthese, die einen sehr interessanten Übergang von der Pyrrolreihe zur Pyridinreihe bietet, ist einer gewissen Verallgemeinerung fähig; wir sahen oben, daß wir auf demselben Wege bei Anwendung von Chloroform zum Chlorpyridin und von Methylenjodid zum Pyridin selber gelangen konnten.

Das β-Brompyridin ist eine farblose Flüssigkeit vom spez. Gew. 1,64. Kp. 169—170°.

[1]) Ciamician u. Dennstedt, B. **14**, 1153; **15**, 1172.
[2]) Hofmann, B. **12**, 984.
[3]) Weidel u. Blau, M. **6**, 651.
[4]) Ciamician u. Dennstedt, B. **14**, 1153; **15**, 1172.

Ein *Dibrompyridin* entsteht gleichzeitig mit dem β-Brompyridin bei der Bromeinwirkung auf salzsaures Pyridin (Hofmann) oder auf Piperidinchlorhydrat [Schotten[1])].

Ferner bildet es sich aus dem Dibromapophyllin — einem Zersetzungsprodukt des Narkotins — beim Erhitzen mit konzentrierter Salzsäure auf 210° [Vongerichten[2])] und aus dem bromwasserstoffsauren Tropidin durch Bromeinwirkung [Ladenburg[3])]. Dieses Dibrompyridin enthält die beiden Bromatome in der $\beta\beta'$-Stellung; es wird nämlich aus der symmetrischen Trimethylpyridin-Dicarbonsäure:

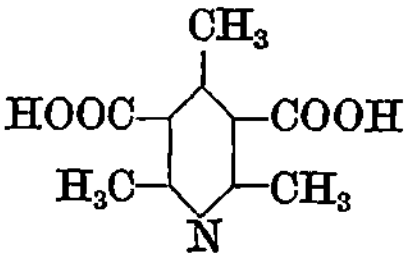

$$\text{HOOC} \overset{\displaystyle \text{CH}_3}{\underset{\displaystyle \text{N}}{\diamond}} \text{COOH} \quad \text{H}_3\text{C} \cdots \text{CH}_3$$

durch Behandlung mit Brom in neutraler Lösung dargestellt, wobei sich die Bromatome unter Eliminierung der Carboxylgruppen an deren Stelle setzen. Das so erhaltene Dibromtrimethylpyridin wird dann mit Kaliumpermanganat zur Dibrompyridintricarbonsäure oxydiert und schließlich durch Glühen mit Kalk — unter Kohlensäureabspaltung — in das Dibrompyridin übergeführt [Pfeiffer[4])].

Es ist ein fester, gut krystallisierter Körper; Fp. 110°, Kp. 222°.

Ein *Tribrompyridin* von unbekannter Konstitution, Fp. 167—168°, bildet sich nach Willstätter[5]) bei der Oxydation des Tropinons mit Brom.

Jodpyridin. — Das γ-Jodpyridin ist durch 18stündiges Erhitzen von γ-Chlorpyridin mit überschüssiger Jodwasserstoffsäure auf 145° dargestellt worden. Fp. gegen 100° [Haitinger, Lieben[6])].

Cyanpyridin. — Die drei Cyanpyridine entstehen aus den entsprechenden Säureamiden durch Wasserentziehung mittels Thionylchlorid [H. Meyer[7])] bzw. Phosphorpentoxyd [Camps[8])].

Das β-Cyanpyridin läßt sich auch durch Destillation des β-Pyridinsulfosauren Natriums mit Cyankalium erhalten.

α-Cyanpyridin (Nitril der Picolinsäure) Fp. 29°; β-Cyanpyridin (Nitril der Nicotinsäure); Fp. 50°, Kp. 240—245°; γ-Cyanpyridin (Nitril der Isonicotinsäure), Fp. 83°.

Aminopyridine. — Die Aminopyridine werden aus den Amiden der entsprechenden Pyridinmonocarbonsäuren durch Einwirkung von Brom und Alkali nach der Hofmannschen Reaktion dargestellt oder aus den entsprechenden Pyridincarbonsäureestern über die Azide nach der Curtius-Mohrschen Methode [Curtius und Mohr[9]), Meyer

[1]) Schotten, B. 15, 427.
[2]) Vongerichten, B. 14, 2834; A. 210, 79.
[3]) Ladenburg, B. 15, 1140; A. 217, 74.
[4]) Pfeiffer, B. 20, 1343.
[5]) Willstätter, B. 29, 2228.
[6]) Haitinger u. Lieben, M. 6, 319.
[7]) H. Meyer, M. 23. 437, 897.
[8]) Camps, A. Pharm. 240, 366.
[9]) Curtius u. Mohr, B. 31, 2493.

und Steffen[1])]. Auch bilden sie sich direkt aus Pyridin bzw. Pyridinderivaten durch Natriumamid [Tschitschibabin und Seide, Tschitschibabin[2])] oder auch aus Chlorpyridin durch Einwirkung von Chlorzinkammoniak auf 225° [Emmert, Dorn und Herterich[3])].
Schließlich entstehen sie aus den Aminopyridinmonocarbonsäuren
durch Erhitzen unter Kohlensäureabspaltung.

α-Aminopyridin läßt sich zum $\alpha\beta$- und $\alpha\beta'$-Aminonitropyridin nitrieren (Tschitschibabin und Rasurenow[4]).

Das α-Aminopyridin schmilzt bei 57,5° und siedet bei 204°.

„ β- „ „ „ 64° „ „ „ 250—252°.

„ γ- „ „ „ 158°.

„ $\alpha\beta'$-Diaminopyridin Fp. 107—110°.

Die Aminopyridine sind in Wasser leicht löslich; physiologisch
wirken sie stark giftig.

Im allgemeinen nähern sich die Aminopyridine — vorzugsweise die
α- und γ-Verbindungen — in ihren chemischen Eigenschaften der Fettreihe; β-Aminopyridin läßt sich aber glatt diazotieren und bildet Azofarbstoffe, α-Aminopyridin weniger leicht. [Tschitschibabin und
Rjasanzew[5])].

Thiopyridin. — Chlorpyridin wird durch alkoholische Kaliumsulf-
hydratlösung in das intensiv gelbe *α-Pyridylmercaptan* (Fp. 125°)
übergeführt, das in freiem Zustande in der tautomeren Form, dem
α-Thiopyridon vorliegt [Marckwald, Klemm und Trabert[6])].

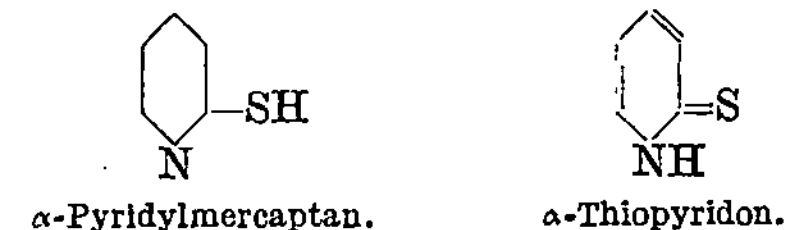

α-Pyridylmercaptan.   α-Thiopyridon.

Nitropyridin. — Die direkte Nitrierung des Pyridins ist erst in
neuerer Zeit gelungen, [Friedl[7])]. Durch Einwirkung eines Schwefel-
säure-Nitrat-Gemisches auf Pyridin bei ca. 300° entsteht *β-Nitropyridin*.

Pyridinsulfonsäuren. — Das Pyridin wird erst bei ca. 300° von
rauchender Schwefelsäure angegriffen und in die β-Pyridinsulfonsäure
übergeführt [O. Fischer[8]), Königs[9])]. Ein Zusatz von entwässertem
Aluminiumsulfat oder Vanadylsulfat erleichtert die Sulfurierung
[Weidel und Wurman, H. Meyer und Ritter[10])]. Die β-Stellung
der Sulfogruppe wird dadurch bewiesen, daß sich die Pyridinsulfonsäure
durch Schmelzen mit Cyankalium in ein Säurenitril verwandeln läßt,

[1]) Meyer u. Steffen, M. **34**, 517.
[2]) Tschitschibabin u. Seide, C. **1915**, I, 1064; Tschitschibabin, C.
1916, I, 1032.
[3]) Emmert, Dorn u. Herterich B. **48**, 687.
[4]) Tschitschibabin u. Rasurenow, C. **1916**, II, 15.
[5]) Tschitschibabin u. Rjasanzew, C. **1916**, II, 228.
[6]) Marckwald, Klemm u. Trabert, B. **33**, 1556.
[7]) Friedl, B. **45**, 428; M. **34**, 759.
[8]) O. Fischer, B. **15**, 62; **16**, 1183; **17**, 763.
[9]) Königs, B. **12**, 2342; **16**, 735; **17**, 592, 1832.
[10]) Weidel u. Wurman, M. **16**, 751; H. Meyer u. Ritter, M. **35**, 765.

das bei der Verseifung die β-Pyridincarbonsäure (Nicotinsäure) ergibt.
Die Pyridinsulfonsäure bildet glänzende Blättchen, die in Wasser leicht
löslich sind, dagegen unlöslich in Äther. Die α-Pyridinsulfonsäure entsteht aus dem α-Pyridylmercaptan durch Oxydation mit Salpetersäure.
Eine Pyridindisulfonsäure — wahrscheinlich die $\beta\beta'$-Verbindung — ist
das Reaktionsprodukt von konzentrierter Schwefelsäure auf Piperidin
[Königs und Geigy[1])].

Pyridylaldehyd. — α-Pyridylaldehyd $C_5H_4N \cdot CHO$ entsteht aus
dem α-Picolin über das Stilbazo $]C_5H_4NCH = CHC_6H_5$ durch Ozoni-
sierung und Aufsprengung an der doppelten Bindung [Lénart, Harries und Lénart[2])]. Weitere Bildungsweisen aus dem α-Picolin vgl.
Kaufmann und Valette[3]).

Dipyridyle. — $C_{10}H_8N_2 — (C_5H_4N — C_5H_4N)$.

Die Dipyridyle verhalten sich zum Pyridin, wie das Diphenyl zum
Benzol. Man erklärt die Bildung der Dipyridyle so, daß sich zwei
Moleküle Pyridin unter Austritt je eines Wasserstoffatoms miteinander
verketten. Die Dipyridyle unterscheiden sich durch den Ort der Ver-
kettungsstelle voneinander, so daß sechs Isomere ($\alpha\alpha$, $\beta\beta$, $\gamma\gamma$, $\alpha\beta$, $\alpha\gamma$, $\beta\gamma$)
theoretisch möglich erscheinen, von denen vier bisher gut bekannt sind.

1. *$\gamma\gamma$-Dipyridyl.*

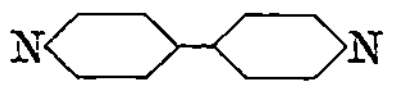

wird dargestellt durch Einwirkung von Natrium auf Pyridin bei gewöhnlicher Temperatur [Anderson[4]), Weidel und Russo[5]), vgl.
Emmert[6])]. Krystallisiert aus heißem Wasser in Nadeln; Fp. 111—112°;
Kp. 305°. Seine Konstitution folgt aus der Bildung von Isonicotinsäure bei der Oxydation.

2. *$\alpha\beta$-Dipyridyl.*

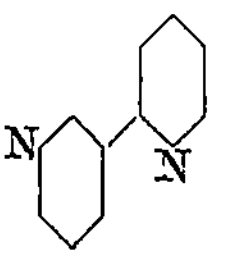

$\alpha\beta$-Dipyridyl.

Entsteht durch Destillation der Kalksalze der *$\alpha\beta$-Dipyridyldicarbon-
säure.*

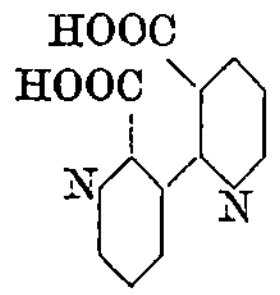

$\alpha\beta$-Dipyridyldicarbonsäure.

Die $\alpha\beta$-Dipyridyldicarbonsäure wird synthetisch dargestellt aus
m-Phenylendiamin, das bei der Skraupschen Synthese Phenanthrolin

[1]) Königs u. Geigy, B. **17**, 592.
[2]) Lénart, B. **47**, 808; Harries u. Lénart, A. **410**, 1.
[3]) Kaufmann u. Valette, B. **45**, 1736; **46**, 49.
[4]) Anderson, A. **154**, 270.
[5]) Weidel u. Russo, M. **3**, 851.
[6]) Emmert, B. **47**, 2598.

ergibt, welches sich seinerseits oxydativ zur $\alpha\beta$-Dipyridyldicarbonsäure aufspalten läßt [Skraup und Vortmann[1])].

p-Phenylendiamin   Phenanthrolin.

Öl, Kp. 287° (unc.). Seine Konstitution folgt aus der Synthese.

3. $\beta\beta$-Dipyridyl. Die Synthese erfolgt wie bei dem $\alpha\beta$-Dipyridyl, vom p-Phenylendiamin aus. Fester Körper. Fp. 68°, Kp. 291° (unc.).

4. $\alpha\alpha$-Dipyridyl. Entsteht bei der trockenen Destillation von picolinsaurem Kupfer [Blau[2])]. Fp. 70°, Kp. 272°. Bildet bei der Oxydation Picolinsäure. Die Konstitution als $\alpha\alpha$-Verbindung folgt durch Synthese und Abbau.

Die Dipyridyle addieren leicht Wasserstoff und bilden dabei je nach den eingehaltenen Versuchsbedingungen zwei Arten von Verbindungen.

So wird bei der Reduktion des Dipyridyls mit Zinn und Salzsäure von den beiden Pyridinringen nur der eine reduziert, es entsteht ein *Pyridylpiperidin*, während sich durch die stärker reduzierende Wirkung von Natrium und Alkohol aus den Dipyridylen die *Dipiperidyle* bilden, bei denen beide Pyridinkerne voll reduziert sind.

Das *Nicotimin*, ein Nebenalkaloid des Nicotins (s. dort) scheint ein Pyridylpiperidin vorzustellen.

Von *Pyridylpiperidinen* $C_{10}H_{14}N_2 - C_5H_4NC_5H_{10}N$ sind bisher nur die aus dem $\beta\beta$- und $\gamma\gamma$-Dipyridyl dargestellten bekannt.

Das $\beta\beta$-*Pyridylpiperidin* ist eine Flüssigkeit vom Kp. 287—289°, in Wasser leicht löslich und sehr giftig.

Das $\gamma\gamma$-*Pyridylpiperidin* ist ein fester Körper, der in Nadeln krystallisiert (Fp. 78°). Sein Siedepunkt liegt über 260°, in Wasser ist es leicht löslich und weniger giftig wie Nicotin, bei seiner Oxydation entsteht Isonicotinsäure.

Oxypyridine. — Durch Ersatz eines oder mehrerer Wasserstoffatome im Pyridin durch die Hydroxylgruppe entstehen die Oxypyridine, von denen mehrere bekannt sind. Sie sind entweder nach der für die Darstellung der Alkohole und Phenole allgemein gebräuchlichen Methode — Kalischmelze der Sulfonsäuren, Diazotierung der Amine, Einwirkung von alkoholischem Kali auf die Halogenverbindungen — dargestellt oder durch Erhitzen der Oxypyridincarbonsäuren.

Wir werden uns hier nur mit den drei *Monooxypyridinen* beschäftigen.

Die drei Oxypyridine besitzen nur ganz schwachbasische Eigenschaften; bei der Destillation über Zinkstaub entsteht aus ihnen Pyridin.

Das β-*Oxypyridin*

<hr />

[1]) Skraup u. Vortmann, M. **3**, 599; **4**, 591.
[2]) Blau, M. **10**, 375; **13**, 330; B **24**, 326.

krystallisiert in Nadeln vom Fp. 124,5°, läßt sich unzersetzt destillieren. Bildet mit Diazomethan den *β-Oxypyridin-O-Methyläther*.

Das α- und γ-Oxypyridin treten in tautomeren Formen auf, bald als wahre Hydroxylverbindungen (Oxypyridine), bald als Ketoverbindungen mit sekundärer Stickstoffbindung (*Pyridone*) oder auch von mehr oder minder unbestimmtem amphoteren Charakter.

Man muß in diesen Verbindungen eine besondere Beweglichkeit eines Wasserstoffatoms annehmen, welches sich bald an das Sauerstoffatom, bald an das Stickstoffatom anlagert:

$$
\begin{array}{cc}
\text{CH} & \text{CH} \\
\text{HC} \diagup \diagdown \text{CH} & \text{HC} \diagup \diagdown \text{CH} \\
\text{HC} \diagdown \diagup \text{COH} & \text{HC} \diagdown \diagup \text{CO} \\
\text{N} & \text{NH} \\
\text{α-Oxypyridin.} & \text{α-Pyridon.}
\end{array}
$$

$$
\begin{array}{cc}
\text{OH} & \text{O} \\
\text{C} & \text{C} \\
\text{HC} \diagup \diagdown \text{CH} & \text{HC} \diagup \diagdown \text{CH} \\
\text{HC} \diagdown \diagup \text{CH} & \text{HC} \diagdown \diagup \text{CH} \\
\text{N} & \text{N} \\
 & \text{H} \\
\text{γ-Oxypyridin.} & \text{γ-Pyridon.}
\end{array}
$$

Diese Tautomerie tritt auch klar hervor bei der Esterifizierung der Oxypyridine; man gelangt nämlich, je nach den Versuchsbedingungen, entweder zu den gewöhnlichen Äthern, mit der Gruppe —O—R oder zu den am Stickstoff alkylierten Verbindungen mit der Anordnung = N—R [von Pechmann[1])]. Für diese letzteren wird auch folgende Konstitution in Vorschlag gebracht [Kauffmann[2])]:

$$
\begin{array}{c}
\text{CH} \\
\text{HC} \diagup \diagdown \text{CH} \\
\text{HC} \diagdown \diagup \text{CO} \\
\text{N} \diagup \\
| \\
\text{CH}_3
\end{array}
$$

Das α-Pyridon krystallisiert in kleinen farblosen Nadeln, die bei 107° schmelzen und bei 280—281° sieden. Mit Eisenchlorid entsteht eine rote Färbung.

Das γ-Pyridon bildet hexagonale Tafeln, die ein Molekül Wasser enthalten. Wasserfrei schmilzt es bei 148,5° und siedet über 350°. Durch Eisenchlorid wird es gelb gefärbt. Katalytisch bzw. durch Natrium und Alkohol reduziert, bildet es γ-Oxypiperidin [Emmert[3]), Emmert und Dorn[3])]. Fp. 86°. Kp. 209—210°. Krystallisiert.

Wir müssen hier noch eine Bildungsweise der Pyridone aus den *Pyronverbindungen* besonders erwähnen, da sie einen gewissen Ausblick auf die Entstehung der Alkaloide im Pflanzenreich gestattet.

---

[1]) v. Pechmann, B. **24**, 3144; **28**, 1624.
[2]) Kauffmann, B. **36**, 1062.
[3]) Emmert, D. R. P. 292 456, 292 846; Emmert u. Dorn, B. **48**, 687.

Unter dem Namen Pyrone bezeichnet man eine besondere Klasse ungesättigter ketonartiger Verbindungen, die eine geschlossene Kette von fünf Kohlenstoffatomen und einem Sauerstoffatom enthalten. Je nach der Stellung dieses letzteren zur Ketogruppe unterscheidet man α- und γ-Pyrone:

$$\alpha\text{-Pyron.} \qquad \gamma\text{-Pyron.}$$

Der nahe Zusammenhang zwischen diesen Pyronen und den Pyridonen tritt bei Vergleichung ihrer Formelbilder klar hervor, und in der Tat lassen sich die Pyrone schon durch Einwirkung kalten Ammoniaks in die Pyridone überführen:

$$\alpha\text{-Pyron} + NH_3 = \alpha\text{-Pyridon.} + H_2O$$

indem ein Sauerstoffatom hierbei durch die zweiwertige NH-Gruppe ersetzt wird.

Von den bekannten zahlreichen Pyronverbindungen interessieren uns hier in erster Linie gewisse Säuren, die sich im Pflanzenreich vorfinden, wie die *Mekonsäure* (3-Oxy-γ-pyron-2,6-dicarbonsäure; Oxychelidonsäure), die im Opium vorkommt, und die *Chelidonsäure* (γ-Pyron-2,6-dicarbonsäure), die man im Schöllkraut und in der weißen Nieswurz antrifft und für die man auch eine ergiebige synthetische Darstellung kennt [Willstätter und Pummerer[1])].

$$\text{Mekonsäure.} \qquad \text{Chelidonsäure.}$$

Ein anderes Pyronderivat, das zwar noch nicht direkt im Pflanzenreich beobachtet ist, aber sich aus einer der verbreitetsten Pflanzensäuren, der Apfelsäure, durch Wasserentziehung bildet, ist die *Cumalinsäure* (x-Pyron-5-carbonsäure):

$$\text{Cumalinsäure.}$$

Wenn man nun bedenkt, daß die Pflanzen ihren Stickstoff in der Form von Ammoniak aufspeichern und wie leicht diese Pyronderivate durch Ammoniakzufuhr in Pyridinderivate übergehen, so muß man

―――――――
[1]) Willstätter u. Pummerer, B. **37**, 3733.

dieser Reaktion eine gewisse Bedeutung bei dem Alkaloidaufbau in den Pflanzengeweben einräumen.

Die Cumalinsäure (α-Pyroncarbonsäure) bildet bei der Behandlung mit Ammoniak die Oxynicotinsäure, die sich beim Erhitzen unter Kohlensäureabspaltung in α-Pyridon verwandelt [von Pechmann[1])].

$$
\underset{\text{Cumalinsäure}}{
\begin{array}{c}
\text{CH} \\
\text{HC} \diagup \diagdown \text{C} - \text{COOH} \\
\text{OC} \diagdown \diagup \text{CH} \\
\text{O}
\end{array}}
+ \text{NH}_3 =
\underset{\text{Oxynicotinsäure}}{
\begin{array}{c}
\text{CH} \\
\text{HC} \diagup \diagdown \text{C} - \text{COOH} \\
\text{OC} \diagdown \diagup \text{CH} \\
\text{NH}
\end{array}}
+ \text{H}_2\text{O} =
\underset{\alpha\text{-Pyridon.}}{
\begin{array}{c}
\text{CH} \\
\text{HC} \diagup \diagdown \text{CH} \\
\text{OC} \diagdown \diagup \text{CH} \\
\text{NH}
\end{array}}
+ \text{CO}_2
$$

Aus der Chelidonsäure (γ-Pyrondicarbonsäure) bildet sich in analoger Weise durch Ammoniakeinwirkung die Chelidamsäure (γ-Pyridondicarbonsäure)

$$
\underset{\text{Chelidamsäure.}}{
\begin{array}{c}
\text{CO} \\
\text{HC} \diagup \diagdown \text{CH} \\
\text{HOOC} - \text{C} \diagdown \diagup \text{C} - \text{COOH} \\
\text{NH}
\end{array}} ,
$$

die beim Erhitzen über den Schmelzpunkt ihre Kohlensäure abgibt und sich in γ-Pyridon umsetzt [Lieben und Haitinger[2])].

Die Chelidamsäure geht durch elektrolytische Reduktion oder durch Natriumamalgam in die *γ-Oxypiperidin-$\alpha\alpha'$-dicarbonsäure* über.

$$
\begin{array}{c}
\text{CHOH} \\
\text{H}_2\text{C} \diagup \diagdown \text{CH}_2 \\
\text{HOOC} - \text{HC} \diagdown \diagup \text{CH} - \text{COOH} \\
\text{NH}
\end{array}
$$

Stäbchenförmige Krystalle aus Alkohol. Hygroskopisch, zersetzt sich beim Erhitzen [Emmert und Herterich[3])].

Von der Chelidonsäure leitet sich unter Kohlensäureabspaltung die *Komansäure* (γ-Pyronmonocarbonsäure) ab. Diese bildet durch Ammoniakeinwirkung das entsprechende Pyridonderivat, die Oxypicolinsäure [Ost[4])]:

$$
\underset{\text{Komansäure}}{
\begin{array}{c}
\text{O} \\
\text{C} \\
\text{HC} \diagup \diagdown \text{CH} \\
\text{HC} \diagdown \diagup \text{C} - \text{COOH} \\
\text{O}
\end{array}}
+ \text{NH}_3 =
\underset{\text{Oxypicolinsäure.}}{
\begin{array}{c}
\text{O} \\
\text{C} \\
\text{HC} \diagup \diagdown \text{CH} \\
\text{HC} \diagdown \diagup \text{C} - \text{COOH} \\
\text{NH}
\end{array}}
+ \text{H}_2\text{O}
$$

Die Mekonsäure (3-Oxy-γ-pyron-2,6-dicarbonsäure) selber ist zwar noch nicht in ein Pyridinderivat umgewandelt worden, wohl aber die

---

[1]) v. Pechmann, B. **17**, 936, 2384; **18**, 317.
[2]) Lieben u. Haitinger, M. **4**, 275; **6**, 279.
[3]) Emmert u. Herterich, B. **45**, 661.
[4]) Ost, J. pr. **27**, 257; **29**, 57, 378.

durch Kohlensäureabspaltung daraus entstehende *Komensäure* (3-Oxy-γ-pyron-6-monocarbonsäure). Diese reagiert mit Ammoniak in der gewöhnlichen Weise der Pyronverbindungen zu der Komenaminsäure (Dioxypicolinsäure):

Auch die Bildung der ähnlich konstituierten Citrazinsäure $C_6H_5NO_4$:

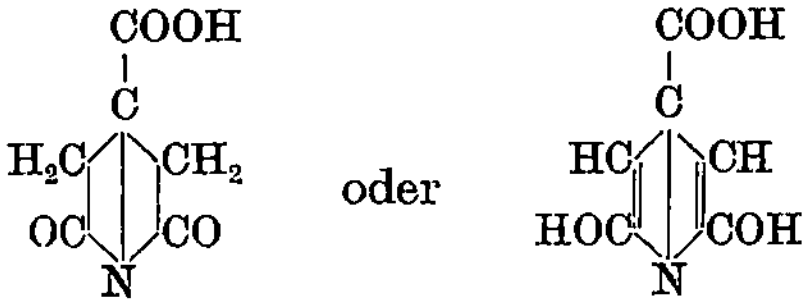

$$
\begin{array}{ccc}
\text{COOH} & & \text{COOH} \\
| & & | \\
\text{C} & & \text{C} \\
\text{H}_2\text{C}\diagup\ \diagdown\text{CH}_2 & \text{oder} & \text{HC}\diagup\ \diagdown\text{CH} \\
\text{OC}\diagdown\ \diagup\text{CO} & & \text{HOC}\diagdown\ \diagup\text{COH} \\
\text{N} & & \text{N}
\end{array}
$$

Citrazinsäure.

ist hier zu erwähnen.

Die *Citrazinsäure*, eine ziemlich starke Säure, war schon synthetisch erhalten, als von Lippmann[1]) im Jahre 1893 ihr Vorkommen auch in der Zuckerrübe auffand. Behrmann und Hofmann[2]) hatten sie 1884 durch Einwirkung von Schwefelsäure oder Salzsäure auf die Amide der Citronensäure dargestellt:

$$C_6H_5O_4(NH_2)_3 = C_6H_5NO_4 + 2\,NH_3\,.$$

Citramid

Der Mechanismus dieser Reaktion läßt sich in folgender Weise erklären:

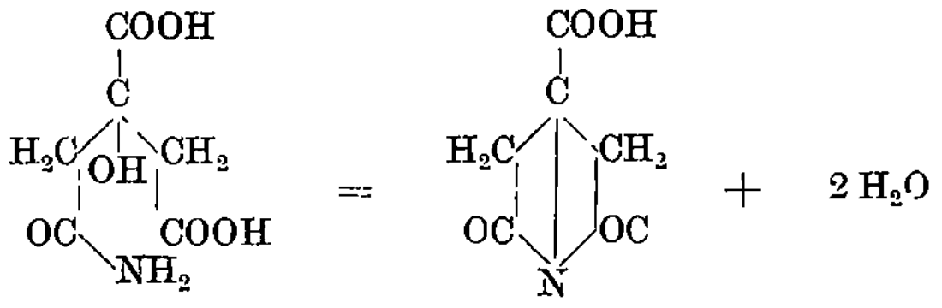

$$
\begin{array}{ccccc}
\text{COOH} & & \text{COOH} & & \\
| & & | & & \\
\text{C} & & \text{C} & & \\
\text{H}_2\text{C}\diagup\ \diagdown\text{CH}_2 & = & \text{H}_2\text{C}\diagup\ \diagdown\text{CH}_2 & + & 2\,\text{H}_2\text{O} \\
\text{OH} & & & & \\
\text{OC}\diagdown\ \diagup\text{COOH} & & \text{OC}\diagdown\ \diagup\text{OC} & & \\
\text{NH}_2 & & \text{N} & &
\end{array}
$$

Citramid   Citrazinsäure.

Die Citrazinsäure bildet sich ferner durch Behandlung des Aconitsäuretrimethylesters

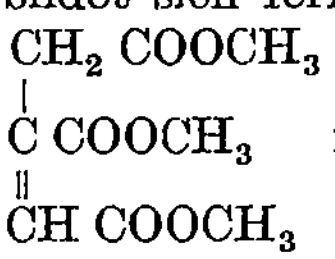

$$
\begin{array}{l}
\text{CH}_2\ \text{COOCH}_3 \\
| \\
\text{C}\ \text{COOCH}_3 \\
\| \\
\text{CH}\ \text{COOCH}_3
\end{array}
$$

mit wässerigem oder alkoholischem Ammoniak [Ruhemann[3]), Schneider[4])]:

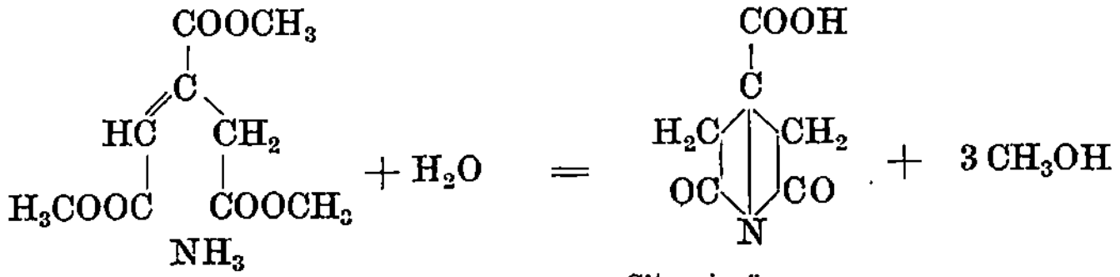

$$
\begin{array}{ccccc}
\text{COOCH}_3 & & \text{COOH} & & \\
| & & | & & \\
\text{C} & & \text{C} & & \\
\text{HC}\diagup\ \diagdown\text{CH}_2 & +\ \text{H}_2\text{O}\ = & \text{H}_2\text{C}\diagup\ \diagdown\text{CH}_2 & + & 3\,\text{CH}_3\text{OH} \\
\text{H}_3\text{COOC}\ \ \text{COOCH}_3 & & \text{OC}\diagdown\ \diagup\text{CO} & & \\
\text{NH}_3 & & \text{N} & &
\end{array}
$$

Citrazinsäure.

---

1) v. Lippmann, B. **26**, 3061.
2) Behrmann u. Hofmann, B. **17**, 2681.
3) Ruhemann, B. **20**, 799, 3366; **21**, 1247; **23**, 831; **27**, 1271.
4) Schneider, B. **21**, 670.

Diese Reaktion läßt sich umkehren, denn beim Erhitzen mit Salzsäure auf 180° wird die Citrazinsäure in Ammoniak und Aconitsäure
gespalten [Guthzeit und Dressel[1])]; durch Reduktion mit Zinn und

$$CH_2\,COOH$$
Salzsäure entsteht die Tricarballylsäure $CH\,COOH$ und Ammoniak.
$$CH_2\,COOH$$

.Bei der Behandlung der Citrazinsäure mit Phosphorpentachlorid
erhielten Behrmann und Hofmann eine Säure $C_6H_3Cl_2NO_2$, die mit
Jodwasserstoffsäure erhitzt, Isonicotinsäure liefert. Daraus folgt, daß
die Citrazinsäure eine *Dioxyisonicotinsäure* sein muß.

Eine Oxypyridincarbonsäure, die α'-Oxypyridin-α-carbonsäure wurde
aus der α-Dihydrofurandicarbonsäure durch Ammoniakeinwirkung erhalten, wobei intermediäre Ringspaltung anzunehmen ist [Fischer,
Heß und Stahlschmidt[2])]:

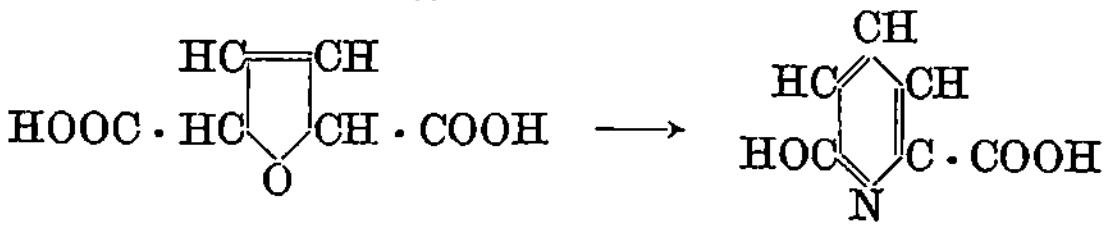

Eine Dioxypyridincarbonsäure, der $\alpha\alpha'$-Dioxydinicotinsäureester,
entsteht aus Natriummalonester durch Einwirkung von Salzsäure und
Blausäure (Cyanwasserstoffsesquichlorhydrat) [Gattermann und
Skita[3])].

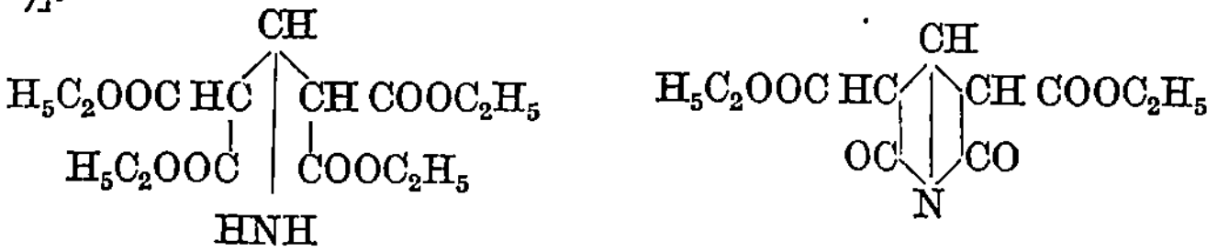

Geht durch Salzsäureeinwirkung in $\alpha\alpha'$-Dioxypyridin über.

Additionsderivate des Pyridins. — Das Pyridin liefert zwei Arten
von Additionsprodukten:

1. Die eine Art entsteht dadurch, daß das für gewöhnlich dreiwertige
Stickstoffatom fünfwertig wird und so z. B. noch ein Alkylhalogen binden
kann, wodurch Verbindungen vom Typus des Ammoniums entstehen:

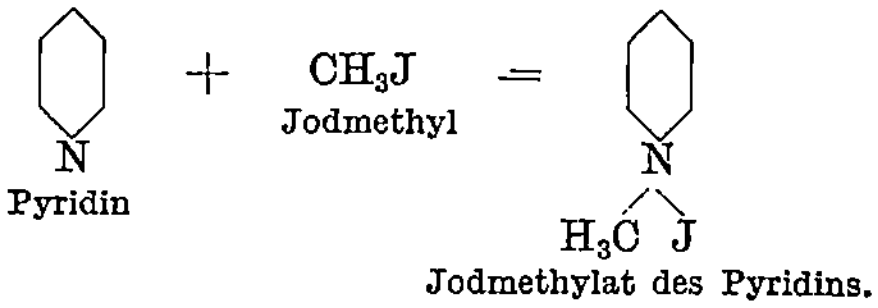

Pyridin   +   CH_3J (Jodmethyl) = Jodmethylat des Pyridins.

Diese quaternären Salze erleiden beim Erhitzen auf ca. 300° eine
ähnliche Atomumlagerung, wie sie Hofmann bei den alkylierten Ani-
linen beobachtete; das am Stickstoff gebundene Alkylradikal wandert
an ein α- bzw. γ-Kohlenstoffatom des Ringes, wodurch sich das Salz
eines Pyridinhomologen bildet.

---

[1]) Guthzeit u. Dressel, A. **262**, 89.
[2]) Fischer, Heß u. Stahlschmidt, B. **45**, 2456.
[3]) Gattermann u. Skita, B. **49**, 494.

So entsteht aus dem Pyridinjodmethylat $C_5H_5 = N\diagup_{J}^{CH_3}$ das jod-

wasserstoffsaure Salz eines Methylpyridins $CH_3 - C_5H_4 = N\diagup_{J}^{H}$.

Diese von Ladenburg entdeckte Reaktion ist für die Synthese von Pyridinhomologen sehr fruchtbar geworden.

Die quaternären Pyridiniumverbindungen liefern zuweilen einen charakteristischen Übergang in die Pseudoammoniumform, eine Reaktion, die wir auch in der Alkaloidreihe beobachten (Cotarnin). So entsteht aus dem Tribrom-m-chlorphenylpyridiniumbromid mittels Ammoniumcarbonat die Tribrom-m-chlorphenylpyridiniumpseudobase:

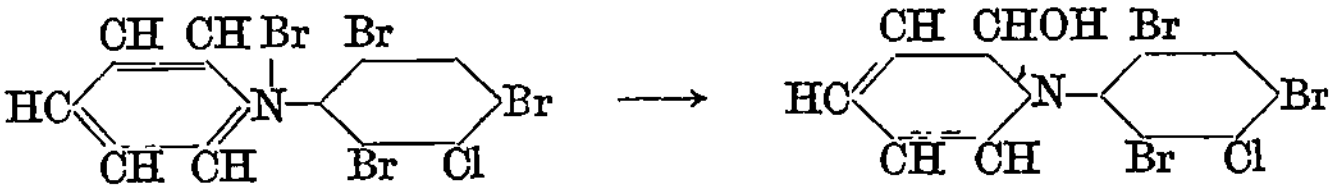

Letztere Verbindung reagiert auch tautomer:

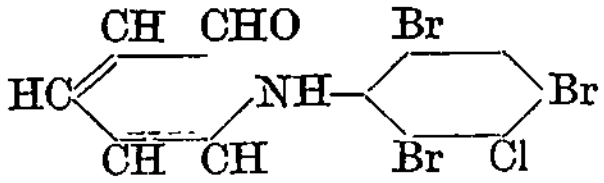

[König [1])].

2. Die zweite Art von Pyridinadditionsprodukten entsteht durch Sättigung der doppelt gebundenen Kohlenstoffatome im Pyridinring.

So nimmt das Pyridin ein, zwei oder drei Moleküle Chlor, Brom oder Wasserstoff auf. Die Halogenderivate sind im allgemeinen indes wenig beständig und auch wenig untersucht; wichtig dagegen sind die Wasserstoffadditionsprodukte.

Von diesen sind theoretisch die *Dihydrüre*, C_5H_7N, in mehreren isomeren Formen zu erwarten, doch ist überhaupt noch kein Dihydropyridin rein dargestellt, während Derivate desselben gut bekannt sind (vgl. Hantzschsche Synthese; substituierte Dihydropyridincarbonsäureester).

Die *Tetrahydrüre* (Piperideïne), C_5H_9N, sind in mehreren Isomeren denkbar. Sie lassen sich wegen ihrer starken Polymerisationsneigung nur schwierig als einheitliche Verbindungen charakterisieren.

Die Tetrahydropyridine haben für uns eine gewisse Bedeutung, weil sich mehrere Alkaloide (Coniceïne, Arecolin) als Tetrahydropyridinderivate erwiesen.

Tetrahydropyridin, C_5H_9N, wird dargestellt aus N-Chlorpiperidin [Lellmann und Schwaderer [2])], durch Salzsäureentziehung bzw. aus N-Piperidinoxyd durch Wasseraustritt [Wolffenstein [3]), Haase und Wolffenstein [4])], wie auch durch Destillation von C-piperidinsulfosaurem Kalium über Ätzkali [Paal und Hubaleck [5])].

---

[1]) König, J. pr. (2) **83**, 406.
[2]) Lellmann u. Schwaderer, B. **22**, 1318, 1328.
[3]) Wolffenstein, B. **25**, 2777.
[4]) Haase u. Wolffenstein, B. **37**, 3228.
[5]) Paal u. Hubaleck, B. **34**, 2757.

Das N-Chlorpiperidin erhält man durch Einwirkung von Piperidin
auf Chlorkalk, wobei das am Stickstoff befindliche Wasserstoffatom
durch Chlor ersetzt wird. Bei der Behandlung dieses Chlorpiperidins
mit alkoholischem Kali tritt das Chloratom mit einem Wasserstoffatom des Piperidinringes als Salzsäure aus; es entsteht ein Piperideïn.
Dieses ist eine sekundäre Base und deshalb muß zur Erklärung der
Reaktion zunächst eine Wanderung des Chloratoms in die α-Stellung
in folgender Weise angenommen werden.

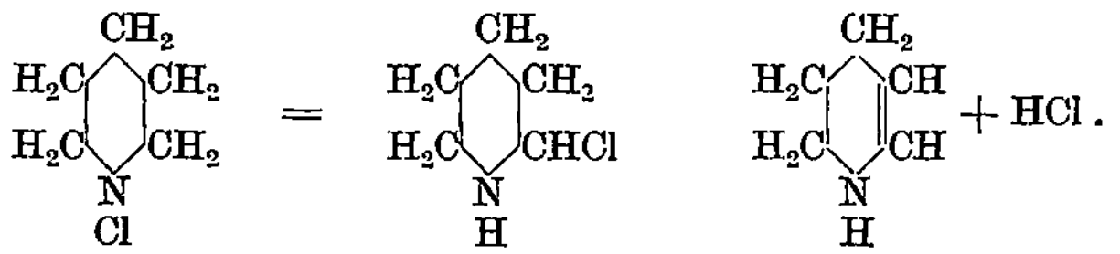

$$\text{Chlorpiperidin} = \text{Zwischenprodukt} \longrightarrow \text{Piperideïn} + HCl.$$

Das N-Piperidinoxyd erhält man aus Piperidin durch Einwirkung
von Wasserstoffsuperoxyd. Bei der Destillation desselben mit Ätzkali
findet Wasseraustritt zum sekundären Piperideïn statt.

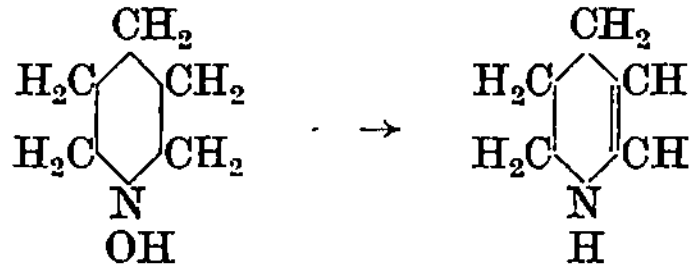

$$\text{Piperidinoxyd} \rightarrow \text{Piperideïn.}$$

Die dritte Bildungsweise des Piperideïns aus C-piperidinsulfosaurem
Kalium dürfte durch vorgängig entstandenes Oxypiperidin und darauf
folgender Wasserabspaltung zustande kommen.

Das hierbei gebildete Piperideïn ist ebenfalls sekundär, scheint aber
mit dem aus Piperidinoxyd erhaltenen nicht identisch zu sein.

Bemerkenswert ist, daß sich die Tetrahydropyridine nach der
eigentlich naheliegendsten Methode — durch partielle Hydrierung des
Pyridins mit Natrium und Alkohol — kaum bilden; die Hydrierung
führt hierbei gleich zur vollhydrierten Verbindung, zum Piperidin.
Nur bei den β-Alkylpyridinverbindungen gibt die Hydrierung ansehn-
lichere Ausbeuten an den β-Alkyl-Tetrahydropyridinverbindungen —
s. z. B. Tetrahydro-β-Äthylpyridin.

Es ist interessant und erklärt auch die vorzugsweise Bildung dieser
β-alkylierten Tetrahydropyridine, daß gerade sie sich sehr schwer
weiter hydrieren lassen; nur durch Jodwasserstoffsäure und Phosphor.

Von weiteren Homologen des Piperideïns sei hier auf die Methyl-
und Propyltetrahydropyridine — Pipecoleine und Coniceine — ver-
wiesen (vgl. dort).

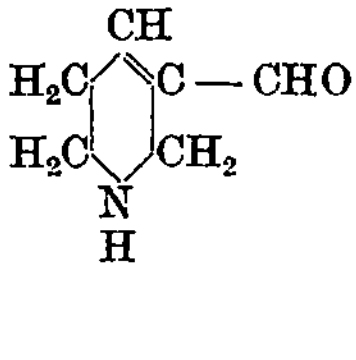

$\varDelta^\beta$-*Tetrahydropyridin-β-aldehyd*, C_6H_9NO, stellt für unsere Betrachtungen eine wichtige Verbindung vor, da sie sowohl den Ausgangspunkt zur Synthese des *Arecolins* (s. dort) bilden kann, wie auch der *Cincholoiponsäure*, eines wichtigen Abbauproduktes des Chinins (s. dort).

Die Synthese des Δ^β-Tetrahydropyridin-β-aldehyds geht aus vom Chlorpropionacetal, das durch Ammoniakeinwirkung in *Iminodipropionacetal* übergeführt wird:

$$2\ [\mathrm{ClCH_2CH_2CH(OC_2H_5)_2}] + \mathrm{NH_3} = \mathrm{NH[CH_2CH_2CH(OC_2H_5)_2]_2} + 2\,\mathrm{HCl}\ .$$

Dieses erfährt durch Hydrolyse Dialdehydbildung und durch darauf folgende Kondensation Ringschluß zum Δ^β-Tetrahydropyridin-β-aldehyd [Wohl und Losanitsch[1])].

Iminodipropionacetal. Δ^β-Tetrahydropyridin-β-aldehyd.

Der freie Aldehyd, eine sehr empfindliche Substanz, existiert bloß in polymerer Form; starke Base, reduziert Fehlingsche Lösung, bildet ein Oxim.

Das salzsaure Oxim, mit Thionylchlorid behandelt, bildet über das *γ-Chlorpiperidin-β-nitrilchlorhydrat* durch Alkalieinwirkung das freie Δ^β-*Tetrahydropyridin-β-nitril* $\mathrm{C_6H_8N_2}$:

Δ^β-Tetrahydropyridin-β-nitril.

Farblose Flüssigkeit, Kp.$_{0,2}$ 48°, in hydroxylhaltigen organischen Solventien löslich.

Piperidin. — Das Piperidin wurde zuerst von Wertheim und Rochleder[2]) (1848) bei der Destillation des Alkaloids Piperin mit Natronkalk erhalten, aber für Anilin angesehen. Einige Jahre später stellten dann Anderson[3]) und Cahours[4]) die Formel für diese neue Base als $\mathrm{C_5H_{11}N}$ fest und Cahours gab ihr den Namen Piperidin.

Das Piperidin entsteht auch bei der Spaltung des Piperins durch alkoholisches Kali (s. S. Piperin):

$$\mathrm{C_{17}H_{19}NO_3} + \mathrm{H_2O} = \mathrm{C_5H_{11}N} + \mathrm{C_{12}H_{10}O_4}\ .$$

Piperin   Piperidin   Piperinsäure.

Johnstone[5]) fand das Piperidin neben dem Piperin in kleiner Menge im Pfeffer.

[1]) Wohl u. Losanitsch, B. **40**. 4685, 4698.
[2]) Wertheim u. Rochleder, A. **54**, 255; **70**, 58.
[3]) Anderson, A. **75**, 82; **84**, 345.
[4]) Cahours, A. ch. (3) **38**, 76.
[5]) Johnstone, Chem. News **58**, 235.

Das Piperidin ist eine farblose Flüssigkeit von ammoniakalischem Geruch; löslich in jedem Verhältnis im Wasser, Alkohol, Äther und Benzol. Kp.$_{757}$ 106,2°, erstarrt bei — 17°; d_4^{20} 0,861; es ist eine sehr starke Base, die aus der Luft Kohlensäure anzieht.

Als sekundäre Base läßt sich das Imidwasserstoffatom durch die verschiedensten Atomgruppen (Alkyle, organische und anorganische Säurereste usw.) vertreten; man hat auf diese Weise eine Fülle von interessanten Verbindungen dargestellt, auf deren Einzelheiten wir hier nicht im speziellen eingehen wollen.

Die Konstitution des Piperidins und seine Beziehung zum Pyridin wurde erst ziemlich spät erkannt.

Im Jahre 1879 erhielt Hofmann[1]) aus dem Piperidin durch Erhitzen mit Brom und Wasser auf 200—220° ein Dibromoxypyridin.

Im selben Jahr gelang dann aber Königs[2]) der elegante Versuch, das Piperidin durch Erhitzen mit konzentrierter Schwefelsäure auf 300° direkt in Pyridin überzuführen. Bei dieser hohen Temperatur wirkt die Schwefelsäure oxydierend ein, indem sie selbst dabei zu schwefliger Säure reduziert wird:

$$
\underset{\text{Piperidin}}{\begin{array}{c} CH_2 \\ H_2C \diagup \quad \diagdown CH_2 \\ H_2C \diagdown \quad \diagup CH_2 \\ NH \end{array}} + 3\,O = \underset{\text{Pyridin.}}{\begin{array}{c} H \\ C \\ HC \diagup \quad \diagdown CH \\ HC \diagdown \quad \diagup CH \\ N \end{array}} + 3\,H_2O \ .
$$

Die Oxydation des Piperidins zu Pyridin läßt sich auch durch Erhitzen mit Nitrobenzol auf 250° [Lellmann und Geller[3])], mit Silberacetat auf 180° [Tafel[4])], oder mit Arsensäure auf 300° [Königs[5])] bewirken.

Die Anschauung, daß das Piperidin ein hexahydriertes Pyridin sei, ließ sich andererseits auch durch die Reduktion des Pyridins zum Piperidin beweisen. Königs[6]) führte im Jahre 1881 diesen Versuch durch Erhitzen des Pyridins mit Zinn und Salzsäure aus:

$$C_5H_5N + 6\,H = C_5H_{11}N \ .$$

Ladenburg zeigte später, daß bei Anwendung von Natrium und absol. Alkohol in der Wärme diese Reaktion quantitativ verläuft.

Piperidin bildet sich auch bei der elektrolytischen Reduktion von Pyridin [Ahrens, vgl. Pincussohn[7]), Zerbes[8])] wie bei der katalytischen [Skita und Meyer[9])].

---

[1]) Hofmann, B. **12**, 985.
[2]) Königs, B. **12**, 2341.
[3]) Lellmann u. Geller, B. **21**, 1921.
[4]) Tafel, B. **25**, 1619.
[5]) Königs, B. **30**, 1336.
[6]) Königs, B. **14**, 1856.
[7]) Ahrens, Zeitschr. f. Elektrochem. **2**, 577; Pincussohn, Zeitschr. f. anorg. Chem. **14**, 379.
[8]) Zerbes, Zeitschr. f. Elektrochem. **18**, 619.
[9]) Skita u. Meyer, B. **45**, 3589.

Wir kennen mehrere durchsichtige Synthesen für das Piperidin. Alle diese Bildungsweisen haben das Gemeinsame an sich, daß sie durch Schließung einer offenen Kette von der allgemeinen Form $x-CH_2-CH_2-CH_2-CH_2-CH_2-NH-y$ zustande kommen.

1. Die erste dieser Synthesen gelang Ladenburg[1]) im Jahre 1885 auf folgende Weise:

Das Trimethylencyanid wird durch die reduzierende Einwirkung von Natrium in alkoholischer Lösung in Pentamethylendiamin verwandelt:

$$CH_2 \Big\langle {CH_2-CN \atop CH_2-CN} + 8\,H = CH_2 \Big\langle {CH_2-CH_2-NH_2 \atop CH_2-CH_2-NH_2}$$

Diese letztere Verbindung zersetzt sich beim raschen Erhitzen ihres salzsauren Salzes in salzsaures Piperidin und Salmiak:

$$CH_2 \Big\langle {CH_2-CH_2-NH_2 \cdot HCl \atop CH_2-CH_2-NH_2 \cdot HCl} = CH_2 \Big\langle {CH_2-CH_2 \atop CH_2-CH_2} \Big\rangle NH \cdot HCl + NH_4Cl \;.$$

2. Das normale ε-Chloramylamin und ε-Bromamylamin liefern beim Erhitzen mit Alkali Piperidin [Gabriel[2])], Blank[3]), vgl. v. Braun[4]).

$$CH_2 \Big\langle {CH_2-CH_2Cl \atop CH_2-CH_2NH_2} + KOH = CH_2 \Big\langle {CH_2-CH_2 \atop CH_2-CH_2} \Big\rangle NH + KCl + H_2O \;.$$

Umgekehrt läßt sich auch der Piperidinring aufsprengen, so bei der Einwirkung von Wasserstoffsuperoxyd, wobei Zerfall in *Glutarsäure* und Ammoniak stattfindet [Wolffenstein[5])]:

Piperidin $+ 4\,O =$ Glutarsäure $+ NH_3$

Die Spaltung des Piperidins in den zugrunde liegenden Kohlenwasserstoff, das n-Pentan und in Ammoniak erreicht man durch Erhitzen der Base mit Jodwasserstoffsäure auf 300°.

Ebenso vollzieht sich der Bruch des Ringes bei den n-akylierten Piperidinderivaten durch Kaliumpermanganat. Man erhält aus dem *Benzoylpiperidin (Benzoylpiperidid)*, $C_5H_{10}N(C_6H_5CO)$, die *δ-Benzoyl-*

<hr>

[1]) Ladenburg, B. **18**, 2956, 3100.
[2]) Gabriel, B. **25**, 421.
[3]) Blank, B. **25**, 3040.
[4]) v. Braun, B. **37**, 2915.
[5]) Wolffenstein, B. **25**, 2777.

amino-n-valeriansäure, die durch Hydrolyse mit Alkali unter Benzoesäureabscheidung die *δ-Aminovaleriansäure*:

$$\begin{array}{c} CH_2 \\ H_2C \diagup \diagdown CH_2 \\ HOOC \diagdown \diagup CH_2 \\ NH_2 \end{array}$$

bildet [Schotten[1])].

Aus dem *Piperidylurethan (Carbäthoxy-piperidid)*, $C_5H_{10}NCO_2C_2H_5$, entsteht durch Oxydation mit Salpetersäure die *Carbäthoxyaminobuttersäure*, $C_4H_8NO_2\,CO_2C_2H_5$, welche durch Salzsäure in Chloräthyl, Kohlensäure und *γ-Aminobuttersäure* (Piperidinsäure), $NH_2CH_2CH_2CH_2COOH$, zerfällt [Schotten[2]), Gabriel[3])].

Bei der Oxydation des Piperylurethans wird also nicht allein der Piperidinring aufgesprengt, sondern außerdem eine der ihn bildenden CH_2-Gruppen herausgedrängt.

Eine glatte Aufspaltung des Piperidinringes vollzieht sich durch Einwirkung der Phosphorhalogenide auf Benzoylpiperidin [v. Braun[4])]. Hierbei entsteht bei 130° über das *Benzoylpiperidchlorid* (1) und *ε-Chloramylbenzimidchlorid* (2) das *Benzoyl-ε-chloramylamin* (3); Fp. 66°, destilliert im Vakuum unzersetzt.

$$1.\;\begin{array}{c} CH_2 \\ H_2C \diagup \diagdown CH_2 \\ H_2C \diagdown \diagup CH_2 \\ N \\ | \\ Cl_2CC_6H_5 \end{array} \qquad 2.\;\begin{array}{c} CH_2 \\ H_2C \diagup \diagdown CH_2 \\ ClH_2C \diagdown \diagup CH_2 \\ N \\ \| \\ ClCC_6H_5 \end{array} \qquad 3.\;\begin{array}{c} CH_2 \\ H_2C \diagup \diagdown CH_2 \\ ClH_2C \diagdown \diagup CH_2 \\ NH \\ | \\ OCC_6H_5 \end{array}$$

Benzoyl-ε-chloramylamin.

Dieses letztere zerfällt durch Einwirkung vierfacher Mengen konz. Salzsäure bei 170—180° in ε-Chloramylamin und Benzoesäure:

$$(OC\,C_6H_5)NH(CH_2)_5Cl + H_2O = NH_2(CH_2)_5Cl + C_6H_5COOH.$$

Wirken die Phosphorhalogenide bei höherer Temperatur auf Benzoylpiperidin ein, so entsteht *1,5-Dibrompentan* und *Benzonitril*

$$\begin{array}{c} CH_2 \\ H_2C \diagup \diagdown CH_2 \\ H_2C \diagdown \diagup CH_2 \\ N \\ | \\ O = C - C_6H_5 \end{array} + PBr_5 = \begin{array}{c} CH_2 \\ H_2C \diagup \diagdown CH_2 \\ BrH_2C \quad CH_2Br \end{array} + C_6H_5CN + POBr_3$$

Benzoylpiperidin   1,5-Dibrompentan   Benzonitril.

Das bei der Reaktion in glatter Weise entstehende Dibrompentan wurde auf Grund seiner reaktionsfähigen Halogenatome ein wertvolles Ausgangsmaterial für die Synthese verschiedener, den Alkaloiden bzw. Eiweißstoffen nahestehender Verbindungen, wie Cadaverin [v. Braun[5])],

[1]) Schotten, B. **16**, 643; **17**, 2545; **21**, 2235.
[2]) Schotten, l. c.
[3]) Gabriel, B. **23**, 1767.
[4]) v. Braun, B. **37**, 2915, 3210.
[5]) v. Braun, B. **37**, 3583.

Pimelinsäure [v. B r a u n [1])], Leucin [v. B r a u n [2])], Lysin [v. B r a u n [3])].

Zur Aufspaltung von n-Alkylverbindungen des Piperidins läßt sich auch Bromcyan verwenden, wodurch *ε-Bromamylcyanalkylamine* entstehen [v. B r a u n [4])]:

$$\begin{array}{ccc} & CH_2 & \\ H_2C & CH_2 & \\ H_2C & CH_2 & \\ & N & \\ & R & \end{array} \longrightarrow \begin{array}{ccc} & CH_2 & \\ H_2C & CH_2 & \\ BrH_2C & CH_2 & \\ & N-CN & \\ & R & \end{array}$$

Die Einwirkung des Bromcyans nimmt aber einen anderen Verlauf, wenn das am Stickstoff befindliche Radikal bei der Reaktion eine geringere Haftfestigkeit besitzt als die Ringfestigkeit. Dann spaltet sich bloß das Radikal in Form von Bromalkyl ab; es entsteht das Cyanid der cyclischen Base, aus dem durch hydrolysierende Mittel die Imidverbindung zu gewinnen ist. So dient dieser Weg unter Umständen zur Entalkylierung von N-Alkylpiperidinen und entsprechender konstituierter Alkaloide.

Wir haben hier noch eine besondere Art der Piperidin-Ringsprengung zu besprechen, die, von H o f m a n n gefunden, unter dem Namen des H o f m a n n schen Abbaues bekannt ist und in der ganzen Alkaloidreihe, trotz einiger Ausnahmen [v. B r a u n [5])], die wertvollsten Dienste geleistet hat und noch leistet.

Die souveräne Stellung der H o f m a n n schen Methode bei der Ringspaltung beruht darauf, daß sie das zu spaltende Molekül in seinem Grundwesen unverändert läßt und nur durch geschickte Lockerung der Haftvalenzen den Aufbruch des Ringsystems bewirkt.

Diese Lockerung der Haftfestigkeit des Ringes geschieht durch Belastung seines Stickstoffatoms mit Alkylgruppen und Überführung desselben in den fünfwertigen Zustand.

So verläuft der Aufspaltungsmechanismus beim Piperidin in folgenden Phasen.

Das Piperidin tauscht als sekundäre Base seinen Imidwasserstoff beim Erhitzen mit Jodmethyl gegen die Methylgruppe aus und bildet das *N-Methylpiperidin*, $C_5H_{10}NCH_3$, das sich auch leicht aus Piperidin und Formaldehyd bildet [E s c h w e i l e r [6])]. Dieses, als tertiäre Base, kann nun wiederum ein Molekül Jodalkyl aufnehmen und es entsteht ein Derivat vom Typus des Ammoniums, das Jodmethylat des Methylpiperidins $C_5H_{10}NHC_3 \cdot CH_3J$:

$$\begin{array}{c} CH_2 \\ H_2C \quad CH_2 \\ H_2C \quad CH_2 \\ N \\ J \quad CH_3 \quad CH_3 \end{array}$$

---

[1]) v. B r a u n, B. **37**, 3588.
[2]) v. B r a u n, B. **40**, 1834.
[3]) v. B r a u n, B. **42**, 839.
[4]) v. B r a u n, B. **42**, 2035, 2219; C. **1909**, II. 1992.
[5]) v. B r a u n. B. **42**, 2532.
[6]) E s c h w e i l e r B. **38**, 880.

Dieses wird durch Silberoxydeinwirkung in das Methylhydrat umgewandelt.

Diese quaternäre Base erleidet nun weiterhin bei der Destillation eine Ringspaltung; entsteht das sog. *Dimethylpiperidin* (Δ^4-Pentenyl-Dimethylamin).

$$\text{Methylhydrat des N-Methylpiperidins.} = \text{Dimethylpiperidin.} \ (\Delta^4\text{-Pentenyl-dimethylamin}). + H_2O$$

Haftet im Dimethylpiperidin das Stickstoffatom nur noch an einem Kohlenstoffatom, so läßt sich durch erneute Behandlung der Base mit Jodmethyl und Silberoxyd und Destillation des so erhaltenen Methylhydrats die völlige Losreißung des Stickstoffatoms vom übrigen Molekül in Form von Trimethylamin bewirken. Hierbei entsteht gleichzeitig unter Wasseraustritt das *Piperylen, 1,3-Pentadien*, statt des eigentlich zu erwartenten 1,4-Pentadiens [Thiele [1])]:

$$\text{Methylhydrat des Dimethylpiperidins.} = \text{Piperylen.} \quad \text{Trimethylamin.} + N + H_2O$$

Die oben erwähnten aus dem Piperidin durch Ringsprengung erhaltenen δ-Aminovaleriansäure und γ-Aminobuttersäure zeigen ihrerseits eine starke Tendenz, unter Wasseraustritt innere Anhydride zu bilden unter gleichzeitiger Ringschließung.

So erhält man aus der Aminovaleriansäure beim Erhitzen das α-*Piperidon*:

$$\delta\text{-Aminovaleriansäure} = \alpha\text{-Piperidon.} + H_2O$$

während die Aminobuttersäure die entsprechende Verbindung in der Pyrrolreihe gibt, das α-*Pyrrolidon* [Gabriel [2])].

$$\gamma\text{-Aminobuttersäure} = \alpha\text{-Pyrrolidon.} + H_2O$$

<hr>

[1]) Thiele, A. **319**, 226.
[2]) Gabriel, B. **23**, 1767.

Die δ-Aminovaleriansäure und die γ-Aminobuttersäure üben keine besondere physiologische Wirkung aus, während das Piperidon und das Pyrrolidon stark giftig sind. Wir haben hier einen interessanten Zusammenhang zwischen chemischer Konstitution und physiologischer Wirkung, denn offenbar hängt bei diesen Verbindungen die ringförmige Figuration aufs engste mit den physiologischen Eigenschaften zusammen.

Pharmakologisches. — Das *Piperidon* untersuchte zuerst Schotten[1]; es ist ebenso wie das *Pyrrolidon*, im Gegensatz zu der chemisch nahestehenden Aminovaleriansäure, giftig. Er rechnet es zu den strychninähnlich wirkenden, durch Erregung des Rückenmarks Krämpfe erzeugenden Giften. Später ist festgestellt worden, daß die Krämpfe von höher gelegenen Stellen des zentralen Nervensystems ausgelöst werden. C. Jacobj[2] hat auch noch folgende homologe höhere Derivate untersucht: das Hexanonisoxim, Suberonisoxim und Fenchonisoxim. Sie wirken alle prinzipiell gleich dem Piperidon, nur zeigt sich bei den höheren Gliedern neben der zentralen Krampfwirkung auch eine peripher lähmende Wirkung. — Ferner hat dieser Autor auch einige Äthylderivate der letztgenannten Isoxime untersucht.

Es sei hierbei anschließend bemerkt, daß das obenerwähnte Pentamethylendiamin, das zur Piperidinsynthese diente, sich mit dem aus verwesenden Leichen abgeschiedenen *Cadaverin* [Brieger[3]] vollständig identisch [Ladenburg[4]] und ungiftig erwiesen hat. Auch hier hängt offenbar die geringe physiologische Wirkung mit der offenen kettenförmigen Struktur der Base zusammen.

Während von verschiedenen Autoren angegeben war, daß in der Pyridinreihe die Giftigkeit mit dem H-Gehalt zunehme, fand Heinz, daß *Piperidin* nur halb so giftig wie Pyridin ist. Seine Hauptwirkung besteht, wie jetzt allgemein angenommen wird, in zentraler Lähmung, der bei kleinen Dosen eine Hyperästhesie vorausgeht. Außerdem lähmt es auch peripher die motorischen Nerven (auch Pyrrolidin wirkt ebenso). Das Herz wird weniger betroffen als bei Pyridin und arbeitet noch nach Eintritt der Lähmung. Die periphere sensible Sphäre wird nicht betroffen, ebensowenig ist Piperidin ein Lokalanaestheticum (entgegen älteren Angaben). Bei Säugetieren erfolgt der Tod nach relativ großen Dosen an Atmungslähmung, während die Zirkulation wenig beeinflußt wird. Die Wirkung auf den Blutdruck ist strittig; von einigen Autoren wird angegeben, daß Piperidin eine erhebliche Steigerung, und zwar peripher, also ähnlich wie das Adrenalin, mache. — Die Veränderungen, die nach Pyridin bei roten Blutkörperchen auftreten, sind auch hier gefunden worden.

Für den Menschen ist Piperidin wenig giftig; es wurde früher als harnsäurelösendes Mittel arzneilich empfohlen.

Für die *Alkylderivate* des Piperidins haben sich Unterschiede in der physiologischen Wirkung gezeigt, je nachdem die Substanz am N oder

---

[1] Schotten, l. c.
[2] C. Jacobj, Arch. f. experim. Pathol. u. Pharmakol. **50**, 199.
[3] Brieger, Weitere Untersuchungen über Ptomaine. Berlin 1885.
[4] Ladenburg, B. **19**, 2585; **20**, 2216.

an einem C-Atom alkyliert war; die Derivate sind sämtlich giftiger als das Piperidin selbst[1]). Im allgemeinen steigt die Giftigkeit in der Reihe an, doch kommt auch die Stellung in Betracht: so ist β-Äthylpiperidin nicht giftiger als α-Pipecolin und α-Propylpiperidin (Coniin) erheblich giftiger als die β-Verbindung. Die Körper der N-Alkylreihe sind meist giftiger als die der C-Reihe. Qualitativ ist ihre Wirkung die gleiche: bei Fröschen sieht man zentrale und periphere Lähmung, bei Warmblütern Krämpfe und Tod an Atmungslähmung; auch bei ihnen ist eine curareartige Wirkung auf die peripheren motorischen Nerven nachzuweisen. — Isopropylpiperidin ist ungefähr zehnmal weniger giftig als Coniin.

Am N acylierte Derivate zeigen hauptsächlich Krampfsymptome.

II. Homologe des Pyridins.

Die Homologen des Pyridins leiten sich von diesem durch Ersatz eines oder mehrerer Wasserstoffatome durch Alkylradikale ab. Allgemein lassen sich α- bzw. γ-Homologe des Pyridins durch höheres Erhitzen der entsprechenden Pyridinhalogenalkylate darstellen [vgl. Tschitschibabin[2]), s. S. 24]. Die Stellung dieser Seitenketten bestimmt man wie in der aromatischen Reihe durch Oxydation, wodurch die Seitenketten in Carboxyle verwandelt werden, während der Pyridinring vollständig intakt bleibt. Man gelangt so, je nach der Anzahl der Seitenketten, zu den bekannten mono- oder polycarboxylierten Säuren des Pyridins, aus deren Konstitution sich dann ein Rückschluß auf die ursprünglich vorhandenen Seitenketten an Zahl und Stellung machen läßt.

Die Pyridinhomologen begleiten die Muttersubstanz im Dippelschen Öl, im Steinkohlenteer und im schottischen Schieferöl. Anderson[3]) erhielt (1846—1851) aus dem Destillationsprodukt der Knochen folgende Basen:

$$\text{Pyridin } C_5H_5N$$
$$\text{Picolin } C_6H_7N$$
$$\text{Lutidin } C_7H_9N$$
$$\text{Collidin } C_8H_{11}N$$
$$\text{Parvolin } C_9H_{13}N$$

und andere höhere Homologen.

A. Picoline. (Methylpyridine) C_6H_7N.

Anderson beschrieb das Picolin des Dippelschen Öls als eine bei 130—140° siedende Flüssigkeit, die bei —18° noch nicht fest wird, sich in Wasser in jedem Verhältnis löst und in allen ihren Eigenschaften dem Pyridin sehr nahe kommt.

---

[1]) R. u. E. Wolffenstein, Über den Zusammenhang zwischen chemischer Konstitution und physiologischer Wirkung. Berl. Ber. **34**, 2408. — Äthylpiperidin wirkt nach Filehne (Berl. Ber. **83**, 739) ähnlich wie Coniin, aber auch auf die Zentren.

[2]) Tschitschibabin, B. **36**, 2709.

[3]) Anderson, Transact. of the Royal Society of Edinburgh **16**, 123, 463; **20**, 247; **21**, 219.

Im Jahre 1879 zeigten Weidel[1]) und später auch Ost[2]) und Lange[3]), daß das Picolin Andersons kein einheitliches Produkt sei, sondern ein Gemisch dreier isomerer Basen. Sie trennten diese drei Verbindungen mit Hilfe ihrer Platinsalze von einander und stellten ihre Konstitution durch Überführung in die drei Pyridinmonocarbonsäuren fest.

α-Picolin.
Kp. 129°; liefert bei der Oxydation: Picolinsäure.

β-Picolin.
Kp. 142—143°; liefert bei der Oxydation: Nicotinsäure.

γ-Picolin.
Kp. 144—145°; liefert bei der Oxydation: Isonicotinsäure.

Diese drei Picoline sind auch synthetisch erhalten.

1. **α-Picolin.** — Dasselbe wurde von Böttinger[4]) synthetisiert. Bei der Behandlung von Brenztraubensäure $CH_3COCOOH$ mit Ammoniak entsteht nämlich die α-Picolin-αγ-Dicarbonsäure, die sog. *Uvitoninsäure,*

$$HOOC-CO \quad CO \underset{CH_3}{\overset{COOH}{<}} \quad \left|\begin{array}{c} COOH \\ CO \\ H_3C \quad CH_3 \\ N \\ H_3 \end{array}\right| \quad = \quad HOOC-C \quad C-CH_3 + 3H_2O + CO_2 ,$$

Uvitoninsäure.

die mit Kalk destilliert unter Kohlensäureabspaltung in α-Picolin übergeht.

Die Konstitution der Uvitoninsäure ist von Altar[5]) bestimmt.

α-Picolin bildet sich auch neben γ-Picolin bei der allgemeinen Ladenburgschen Synthese durch Erhitzen des Pyridinjodmethylats auf 300° [Lange[6])].

Das α-Picolin ist von seinen beiden Isomeren durch die Fähigkeit sich mit Ketonen und Aldehyden zu verbinden charakteristisch unterschieden. Je nach den Versuchsbedingungen findet hierbei die Reaktion entweder ohne Wasseraustritt statt, es entstehen so die *Alkamine* (S. 55), oder es geht eine Kondensation unter Wasseraustritt vor sich und die entstehende Verbindung besitzt dann eine ungesättigte Seitenkette.

1. $(C_5H_4N)—CH_3 + CH_2O = (C_5H_4N)—CH_2—CH_2OH.$
α-Picolin   Formaldehyd   α-Picolylalkamin.

2. $C_5H_4N—CH_3 + OHC—CH_3 = (C_5H_4N)—CH = CH—CH_3 + H_2O.$
α-Picolin   Acetaldehyd   α-Isoallylpyridin.

---

[1]) Weidel, B. **12**, 1989; M. **1**, 46.
[2]) Ost, J. pr. **27**, 286.
[3]) Lange, B. **18**, 3436.
[4]) Böttinger, B. **10**, 362; **13**, 2032; A. **188**, 330; **208**. 122.
[5]) Altar, A. **237**, 182.
[6]) Lange, B. **18**, 3436.

Zu dieser Reaktion sind alle Pyridin- und Chinolinverbindungen geeignet, die in der α-Stellung eine Methylgruppe haben; auch die γ-Methylverbindungen sind allgemein, wenn auch weniger leicht, hierzu befähigt.

Pharmakologisches. — α-*Picolin* ist relativ wenig giftig; bei längerer Fütterung reizt es die Niere und macht Durchfall. Es wird dabei zum Teil unverändert, zum Teil als α-Pyridinursäure ausgeschieden. Subcutan eingespritzt, verursacht es bei Kaninchen Krämpfe und tötet dann durch Atmungslähmung. Auch Tauben gehen, sogar nach Einatmung der Dämpfe, an Atmungslähmung ein.

Allgemein wird von verschiedenen Autoren übereinstimmend angegeben, daß in der Reihe des Pyridins und Piperidins die Giftigkeit der Basen steigt, je höher man in der Reihe hinaufgeht. —

2. **β-Picolin.** — Das β-Picolin ist bei der Zersetzung mehrerer Alkaloide erhalten worden. So entsteht es aus dem Strychnin und Brucin beim Erhitzen mit Kalk [Stoehr[1])], aus dem Guvacin durch Destillation mit Zinkstaub [Jahns[2])].

Es hat sich ferner neben einigen anderen Basen im Tabaksrauch aufgefunden, wie es auch bei den pyrogenetischen Prozessen aus dem Nicotin selber sich bildet [Kißling[3]), Vohl und Eulenburg[4])].

Vom β-Picolin sind mehrere Synthesen bekannt.

Zuerst wurde es von Baeyer[5]) bei der Destillation des Acroleïnammoniaks dargestellt (1870). Das Acroleïnammoniak, das beim Einleiten von Acrolein in Ammoniak entsteht, besitzt wohl folgende Konstitution:

$$CH_2{=}CH{-}CH{=}N - CHOH{-}CH{=}CH_2.$$

Durch die Wirkung der Hitze tritt nun Wasser aus, die Kette schließt sich und unter gleichzeitiger Wanderung eines Wasserstoffatoms bildet sich das β-Picolin:

$$\underset{\text{Acroleïnammoniak}}{\begin{array}{c} H_2 \\ C \\ HC{\nearrow}\ CH{=}CH_2 \\ HC\ \diagdown CHOH \\ N \end{array}} = \underset{\beta\text{-Picolin.}}{\begin{array}{c} H \\ C \\ HC\ C{-}CH_3 \\ CH\ CH \\ N \end{array}} + H_2O\,.$$

Das β-Picolin bildet sich ferner beim Erhitzen von Glycerin, Phosphorsäureanhydrid mit Acetamid [Zanoni[6]), Hesekiel[7])] resp. mit Ammonsulfat oder Phosphat [Stoehr[8]), Schwarz[9]), Storch[10])].

[1]) Stoehr, B. **20**, 810, 2727; J. pr. **42**, 399, 415.
[2]) Jahns, A. Pharm. **229**, 669.
[3]) Kißling, Dinglers polyt. Journ. **244**. 64. 234.
[4]) Vohl u. Eulenburg, A. Pharm. **147**. 130.
[5]) Baeyer, A. **155**, 281.
[6]) Zanoni, Annali di chimica **74**, 13.
[7]) Hesekiel, B. **18**. 910. 3091.
[8]) Stoehr, J. pr. **43**, 153.
[9]) Schwarz. B. **24**. 1676.
[10]) Storch, B. **19**. 2456.

Bei allen diesen Bildungsweisen nehmen wir an, daß zuerst aus dem Glycerin durch Wasserentziehung Acroleïn entsteht, welches sich dann mit dem Ammoniak zum Pyridinring kondensiert. Diese Synthese gleicht also vollkommen derjenigen, die bei der Bildung der Pyridinbasen im Dippelschen Tieröl vor sich geht. Auch hierbei entsteht zuerst aus dem den Knochen anhängenden Fett Acroleïn, während als Ammoniakquelle die Knorpelsubstanz der Knochen dient.

3. γ-Picolin. — Das γ-Picolin wurde von Hantzsch[1] aus dem symmetrischen Trimethylpyridin (S. 52) durch Aboxydation der beiden Methylgruppen in $\alpha\,\alpha_1$-Stellung dargestellt. Es bildet sich ferner in größerer Menge neben der α-Verbindung beim Erhitzen des Pyridinmethyljodids durch molekulare Wanderung der Alkylgruppe [Lange[2]] an das γ-Kohlenstoffatom. Die Base entsteht auch durch Erhitzen der Cincholoiponsäure (s. dort) mit verdünnter Schwefelsäure auf 260—270° [Skraup[3]]. Die Cincholoiponsäure ist ein Oxydationsprodukt des Chinins.

γ-Picolin wurde auch im Pferdeharn gefunden [Achelis und Kutscher[4]].

Die ergiebigste und einfachste Gewinnungsweise des γ-Picolins geschieht aus den über 140° siedenden Anteilen des sog. technischen β-Picolins [Ahrens[5]); vgl. v. Braun und Schmatloch[6]]. Gleicht im allgemeinen Verhalten durchaus dem α-Picolin [C. Friedländer[7], E. Düring[8]]. Kondensiert sich mit Paraldehyd zum *γ-Isoallylpyridin* (Kp. 200—202°), das bei der Reduktion *γ-Coniïn* bildet. Kp. 178—180°.

Pipecoleïn (Tetrahydropicolin) $C_6H_{11}N$. Von den drei theoretisch möglichen isomeren α-Tetrahydropicolinen besitzen wir für eines derselben ein gutes Darstellungsverfahren, das sogar allgemeiner verwendbar ist.

Dieses α-$\varDelta^\alpha$-Tetrahydropicolin entsteht durch Einwirkung von alkoholischem Ammoniak auf das ω-Brombutylmethylketon [Lipp[9]]:

$$\begin{array}{c} CH_3 \\ | \\ CO \\ | \\ (CH_2)_3 \\ | \\ CH_2Br \end{array} + NH_3 \;=\; \begin{array}{c} H_2 \\ C \\ H_2C \diagup \diagdown CH \\ H_2C \diagdown \diagup C-CH_3 \\ NH \end{array} + H_2O + HBr\,.$$

ω-Brombutylmethylketon $\qquad$ α-$\varDelta^\alpha$-Tetrahydropicolin.

[1] Hantzsch, A. **215**. 61.
[2] Lange, B. **18**. 3436.
[3] Skraup, M. **17**, 365.
[4] Achelis u. Kutscher, Z. **52**, 91.
[5] F. B. Ahrens, B. **38**, 155.
[6] v. Braun u. Schmatloch, B. **45**, 3649.
[7] C. Friedländer, B. **38**, 159.
[8] E. Düring, B. **38**. 161, 164.
[9] Lipp, A. **289**, 173.

Bei dieser Reaktion ist als Zwischenprodukt das *δ-Aminobutyl-methylketon*:

$$\begin{array}{c} H_2 \\ C \\ H_2C \diagup \diagdown CH_2 \\ H_2C \diagdown \diagup CO - CH_3 \\ NH_2 \end{array}$$

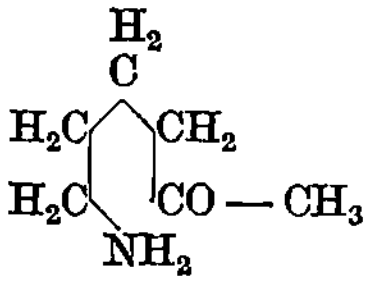

anzunehmen, aus dem dann unter Wasseraustritt das Tetrahydropicolin sich bildet. In wässeriger Lösung scheint das Tetrahydropicolin in die δ-Aminobutylmethylketonform überzugehen.

Das Tetrahydropicolin ist flüssig, Kp. $_{716}$ 131—132°; sekundäre Base.

Läßt man auf ω-Brombutylmethylketon wässerige Methylamin-lösung bei gewöhnlicher Temperatur einwirken, so entsteht das *N-Methyl-α-Δ^α-Tetrahydropicolin*:

$$\begin{array}{c} CH_3 \\ | \\ CO \\ | \\ (CH_2)_3 \\ | \\ CH_2Br \end{array} + NH_2CH_3 = \begin{array}{c} H_2 \\ C \\ H_2C \diagup \diagdown CH \\ H_2C \diagdown \diagup C - CH_3 \\ N \\ CH_3 \end{array} + HBr + H_2O .$$

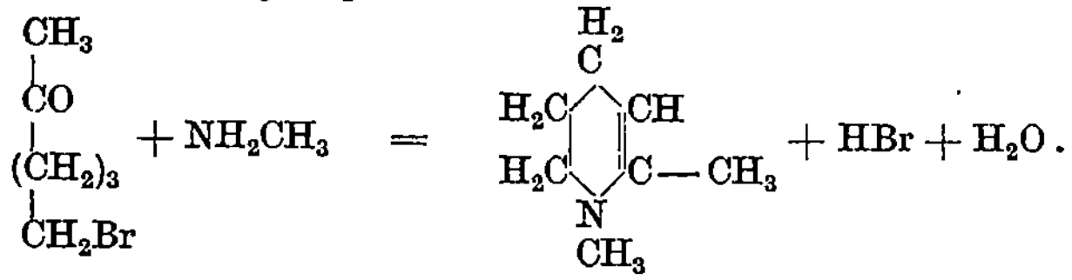

In wässeriger Lösung liegt das N-Methyl-α-Δ^α-Tetrahydropicolin als *N-Methylaminobutylmethylketon* vor, das sich sogar als Benzoylverbin-dung isolieren läßt. Bei der Behandlung mit Salzsäure bildet sich daraus unter Abspaltung von Benzoesäure das N-Methyltetrahydropicolin zurück [Lipp und Widnmann[1])].

Das Tetrahydropicolin geht durch Reduktion mit Zinn und Salz-säure in das Pipecolin über.

Pipecoline. — (Methylpiperidine, Hexahydropicoline) $C_6H_{13}N$.

Die Pipecoline werden entweder durch Reduktion der drei ent-sprechenden Picoline nach der vorzüglichen Darstellungsweise mittels Natrium und Alkohol erhalten [Ladenburg[2])]· oder durch analoge Synthesen, wie wir sie beim Piperidin besprochen [Granger[3])].

Das *α-Pipecolin* siedet bei 118—119°, das *β-Pipecolin* bei 124°, das *γ-Pipecolin* bei 127—129°. Die Siedepunkte steigen also bei den isomeren Pipecolinen etwa in derselben Weise an wie bei den ent-sprechenden Picolinen.

Das α- und das β-Pipecolin sind die ersten Verbindungen mit asymmetrischem Kohlenstoffatom, denen wir bei dieser raschen Über-sicht der Pyridinverbindungen bisher begegnet sind:

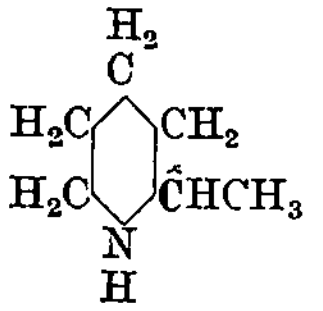

$$\begin{array}{cc} \begin{array}{c} H_2 \\ C \\ H_2C \diagup \diagdown CH_2 \\ H_2C \diagdown \diagup CHCH_3 \\ N \\ H \end{array} & \begin{array}{c} H_2 \\ C \\ H_2C \diagup \diagdown CHCH_3 \\ H_2C \diagdown \diagup CH_2 \\ N \\ H \end{array} \\ \text{α-Pipecolin.} & \text{β-Pipecolin.} \end{array}$$

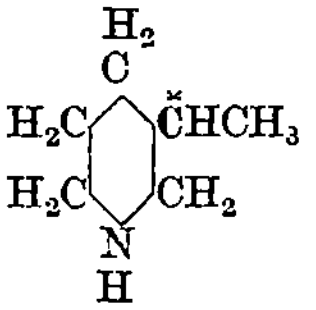

[1]) Lipp u. Widnmann, B. **38**, 2471.
[2]) Ladenburg, B. **17**, 388; **18**, 47, 910; **20**, 288; A. **247**, 1.
[3]) Granger, B. **30**, 1060.

Nach der Theorie von Le Bel und van't Hoff müssen sich diese Verbindungen in optische Antipoden spalten lassen und ist diese Spaltung auch in der Tat durch fraktionierte Krystallisation der Bitartrate durchgeführt worden [1] [Ladenburg[2]), Granger[1])]. *α-Pipecolin* $[\alpha]_D$ 37°, *β-Pipecolin* $[\alpha]_D$ 4°.

Die ganze Alkaloidreihe bietet überhaupt eine Fülle von Material, das zur Aufklärung stereoisomerer Verhältnisse von Bedeutung wurde.

B. Lutidine, C_7H_9N.

Es sind theoretisch 9 isomere Lutidine zu erwarten, und zwar 3 *Äthylpyridine* und 6 *Dimethylpyridine*. Von diesen sind bekannt alle 3 Äthyl- und 5 Dimethylverbindungen.

1. und 2. Das *α*- und das *γ-Äthylpyridin* bildet sich gleichzeitig beim Erhitzen des Pyridinjodäthylats auf 290° [Ladenburg[3])].

<table>
<tr><td align="center">α-Äthylpyridin.
Kp. 148,5° liefert bei
der Oxydation Picolinsäure.</td><td align="center">γ-Äthylpyridin.
Kp. 164—166°; liefert bei
der Oxydation Isonicotinsäure.</td></tr>
</table>

Die *α*-Verbindung wird bei der Destillation des Norhydrotropidins [Ladenburg[4])] und des Ecgonins [Stoehr[5])] über Zinkstaub gewonnen.

3. Das *β-Äthylpyridin* hat für uns besondere Wichtigkeit, weil es als Zersetzungsprodukt des Chinins und seiner Abbauprodukte gewisse Rückschlüsse auf die Konstitution dieses Alkaloids gestattet.

So erhielt es Williams[6]) 1855 bei der Destillation des Cinchonins und des Chinins mit Kali, welche Beobachtung später von Wischnegradsky[7]) und Oechsner[8]) bestätigt wurde; Königs[9]) bemerkte sein Vorkommen bei der Destillation des Merochinens über Zinkstaub; Weidel und Hazura[10]) und Skraup[11]) gewannen es in guter Ausbeute, als sie das Cincholoipon derselben Behandlung unterwarfen.

Dieses *β*-Lutidin ließ sich ferner nachweisen beim Erhitzen des Strychnins resp. des Brucins mit Kalk oder Kali [Oechsner[12]), Stoehr[13])]. Auch ist sein Vorkommen beim Leiten von Nicotindämpfen durch ein glühendes Rohr [Cahours und Etard[14])] konstatiert worden, wie auch

[1]) Granger, B. **30**, 1060.
[2]) Ladenburg, B. **26**, 854, 1069; **27**, 75, 853, 1409; A. **279**, 344.
[3]) Ladenburg, B. **16**, 1410, 2059; **18**, 2961; A. **247**, 1.
[4]) Ladenburg, B. **20**, 1647.
[5]) Stoehr, B. **22**, 1126.
[6]) Williams, Chem. News **44**, 307; J. **1855**, 594; **1864**, 437.
[7]) Wischnegradsky. B. **11**, 1253; **12**, 1480.
[8]) Oechsner, C. r. **91**, 296; **92**, 413.
[9]) Königs, B. **27**, 900.
[10]) Weidel v. Hazura, M. **3**, 770.
[11]) Skraup, M. **7**, 517; **9**, 783.
[12]) Oechsner, C. r. **95**, 298; **96**, 200, 437.
[13]) Stoehr, J. pr. **42**, 399, 415.
[14]) Cahours u. Etard, C. r. **90**, 275.

im Tabaksrauch [Vohl und Eulenburg[1])]. Eine glatte Synthese des β-Äthylpyridins

$$\text{(Pyridinring)}-C_2H_5$$

ist bisher nicht bekannt; Stoehr[2]) erhielt es in geringer Menge beim Erhitzen von Glycerin mit Ammonphosphat oder -sulfat Kp. 166°, lieferte bei der Oxydation Nicotirsäure.

Das (bei 150—160°) übergehende *Lutidin* wirkt phys'olog'sch ebenso wie das (aus Äthylidenchlorid mit NH_3 erhaltene) *Collidin* [Harnack und H. Meyer[3])].

Durch Reduktion des β-Lutidins mit Natrium und Alkohol entstehen die Tetra- [Königs[4])] bzw. die Hexahydrobase, das sog. *β-Lupetidin*[5]).

Tetrahydro-β-Äthylpyridin $C_7H_{13}N$. Öl. Kp.$_{124}$ 157—159°. Sekundäre Base. Sehr beständig gegen Reduktionsmittel. Die Doppelbindung ist in der $\beta\gamma$-Stellung anzunehmen.

Das *β-Lupetidin* $C_7H_{15}N$ wurde auch nach einer von Gabriel aufgefundenen Methode synthetisch erhalten [Günther[6])] durch Erhitzen des β-Äthyl-ε-Chloramylamins:

$$\begin{array}{c} H_2C \\ H_2C \quad CHC_2H_5 \\ ClH_2C \quad CH_2 \\ NH_2 \end{array}$$

mit Alkali, wobei die Reaktion unter Salzsäureaustritt vor sich geht.

Auch das α- und das γ-Lupetidin sind durch Reduktion der entsprechenden Lutidine bekannt geworden.

α-Lupetidin, Kp. 142—145° [Ladenburg[7])].
β-Lupetidin, „ 154—155° [Günther[6])].
γ-Lupetidin, „ 155—158° [Ladenburg[7])].

Das α- und das β-Lupetidin sind in ihre beiden optischen Isomeren mit Hilfe der Bitartrate gespalten worden [Ladenburg[8]), Günther[9])].

Die physiologische Untersuchung des β-Lupetidins hat Ehrlich[10]) vorgenommen.

Pharmakologisches. — Lupetidin (= $\alpha\alpha$-Dimethylpiperidin) ist doppelt so wirksam wie Piperidin [Gürter[11])]. Im allgemeinen nimmt

[1]) Vohl u. Eulenburg, A. Pharm. **147**, 130.
[2]) Stoehr, J. pr. **43**, 153; **45**, 20.
[3]) Harnack und H. Meyer. Arch. f. exp. Path. u. Pharmak. **12**.
[4]) Königs u. Bernhart, B. **38**, 3928; Königs, B. **40**, 3199.
[5]) Die Nomenklatur für die *hexahydrierten* Pyridinbasen wird vielfach gebildet, indem in den Namen der nichthydrierten Basen hinter die erste Silbe ein „pe" eingeschoben wird: Pyridin—Piperidin; Lutidin—Lupetidin.
[6]) Günther, B. **31**, 2134.
[7]) Ladenburg, B. **17**, 388; **18**, 2961.
[8]) Ladenburg, A. **247**, 1.
[9]) Günther, B. **31**, 2134.
[10]) Ehrlich, B. **31**, 2141.
[11]) A. Gürter, Arch. f. Physiol. **1890**, 401.

die Giftigkeit zu, wenn die Größe des substituierten Alkylradikals zunimmt. Das gilt jedoch nur bis zum Isobutyllupetidin (= $\alpha\,\alpha$-Dimethyl-γ-isobutylpiperidin). Dieses wirkt auch mehr zentral, die niederen Glieder mehr peripher lähmend. — Die Muskelerregbarkeit leidet nicht; die periphere Lähmung ist also rein curareartig. Die niederen Glieder der Reihe wirken auch nicht direkt auf das Herz, wohl aber das letztgenannte. Die Lupetidine haben auch die Wirkung auf die roten Blutkörperchen. —

Die fünf gegenwärtig bekannten *Dimethylpyridine* finden sich zusammen in der Fraktion des Dippelschen Öls, welche Anderson als Lutidin bezeichnet hatte. Den Namen *Lutidin* wählte Anderson für diese Basen weil diese sich dem *Toluidin* isomer erwiesen.

Um die Trennung dieser fünf Isomeren und der Bestimmung ihrer Konstitution haben sich besonders bemüht: Weidel und Herzig, Weidel und Hazura, Ladenburg und Roth, Lunge und Rosenberg, Schulze[1]).

Man kann diesen Lutidinen heute mit Sicherheit folgende Konstitutionsformeln beilegen:

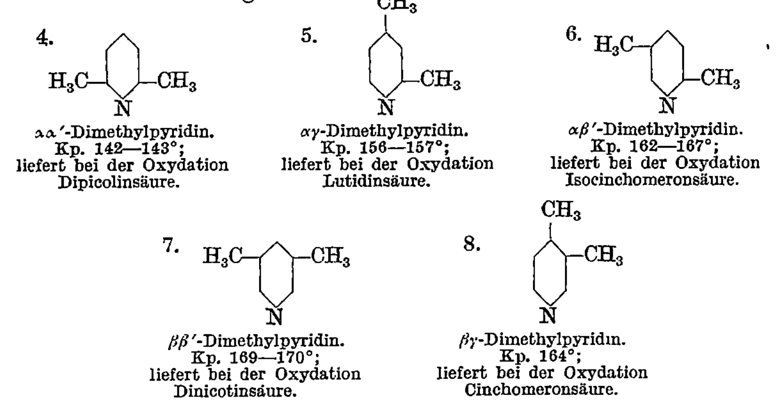

4. $\alpha\alpha'$-Dimethylpyridin.
Kp. 142—143°;
liefert bei der Oxydation
Dipicolinsäure.

5. $\alpha\gamma$-Dimethylpyridin.
Kp. 156—157°;
liefert bei der Oxydation
Lutidinsäure.

6. $\alpha\beta'$-Dimethylpyridin.
Kp. 162—167°;
liefert bei der Oxydation
Isocinchomeronsäure.

7. $\beta\beta'$-Dimethylpyridin.
Kp. 169—170°;
liefert bei der Oxydation
Dinicotinsäure.

8. $\beta\gamma$-Dimethylpyridin.
Kp. 164°;
liefert bei der Oxydation
Cinchomeronsäure.

Eine größere Zahl von Synthesen ist für diese Basen bekannt, doch verzichten wir auf eine besondere Aufzählung derselben, da diese Dimethylpyridine bisher zur Konstitutionsaufklärung der Pflanzen Alkaloide keine Wichtigkeit erlangt haben.

C. Collidine, $C_8H_{11}N$.

Die Zahl der theoretisch möglichen Collidine beläuft sich auf 22; davon kennt man:

2 Propylpyridine (normale)	— theoretisch möglich		3.
2 Isopropylpyridine	—	„	3.
4 Methyläthylpyridine	—	„	10.
2 Trimethylpyridine	—	„	6.

[1]) Weidel u. Herzig, M. 1, 1. — Weidel u. Hazura, M. 5, 656. — Ladenburg u. Roth, B. 18, 913, 1590. — Lunge u. Rosenberg, B. 20, 127. — Ahrens, B. 29, 2996. — Schulze, B. 20, 411.

1. *α-Propylpyridin*:

$$\text{(Pyridin)}-CH_2-CH_2-CH_3.$$

Dasselbe ist von Hofmann[1] auch *Conyrin* genannt, da es aus dem Coniin bei der Destillation seines salzsauren Salzes mit Zinkstaub entsteht:

$$C_8H_{17}N = C_8H_{11}N + 6\,H.$$
$$\text{Coniin} \qquad \text{Conyrin.}$$

Später fanden Ciamician und Silber[2], daß salzsaures Granatanin derselben Behandlung unterworfen, ebenfalls Conyrin liefert.

Tafel[3] erhielt das Conyrin durch Erhitzen des Coniins mit Silberacetat in essigsaurer Lösung auf 180°.

Das Conyrin ist eine farblose Flüssigkeit vom Kp. 166—168°.

Bei der Oxydation entsteht die Picolinsäure; das beweist, daß das Conyrin nur eine einzige Seitenkette und zwar in der α-Stellung besitzt. Da ferner das Conyrin mit dem von Ladenburg synthetisch erhaltenen Isopropylpyridin nicht identisch ist, so muß es das normale α-Propylpyridin vorstellen.

Aus dem Conyrin entsteht durch Reduktion mit Jodwasserstoffsäure auf 280—300° das α-Propylpiperidin [Hofmann, Ladenburg[4]]. Diese Base wurde auch durch Reduktion des α-Isoallylpyridins [Ladenburg[4]], des α-Propionylpyridins [Engler und Bauer[5]] und des γ-Coniceïns [Lellmann und Müller[6]] erhalten. Sie ist, wie wir weiter unten (s. Coniin) sehen werden, die racemische Form des Coniins.

2. *β-Propylpyridin*:

$$\text{(Pyridin)}-CH_2-CH_2-CH_3.$$

Dieses *Collidin* vom Kp. 170° entsteht beim Durchleiten von Nicotin durch ein rotglühendes Rohr [Cahours und Etard[7]]. Da es bei der Oxydation Nicotinsäure ergibt, so ist dadurch seine Konstitution bestimmt.

Ein Collidin, das mit dieser β-Verbindung wahrscheinlich identisch ist, findet sich nach Le Bon und Noel[8] und Vohl und Eulenburg[9] im Tabaksrauch.

---

[1] Hofmann, B. **17**, 825; **18**. 109.
[2] Ciamician u. Silber, B. **27**, 2850.
[3] Tafel, B. **25**, 1619.
[4] Ladenburg, B. **19**, 439, 2578; A. **247**, 1.
[5] Engler u. Bauer, B. **24**, 2530; **27**, 1775.
[6] Lellmann u. Müller, B. **23**, 680.
[7] Cahours u. Etard, C. r. **92**, 1079; **96**, 275; **97**, 1218.
[8] Le Bon u. Noël, C. r. **90**, 1538.
[9] Vohl u. Eulenburg, A. Pharm. **147**, 130.

3. *α-Isopropylpyridin:*   4. *γ-Isopropylpyridin:*

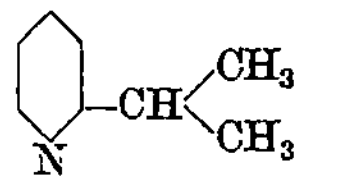

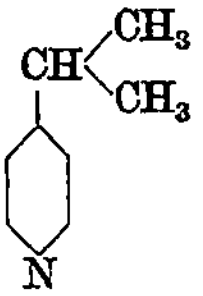

Diese beiden Basen bilden sich gleichzeitig beim Erhitzen eines Gemisches von Pyridin und Isopropyljodid auf 290° [Ladenburg[1])]. Das *α*-Isopropylpyridin siedet bei 158—159° und liefert bei der Oxydation Picolinsäure; das *γ*-Isopropylpyridin siedet bei 177—178° und liefert Isonicotinsäure.

Durch Einwirkung von normalem Propyljodid auf Pyridin bei 290° erhielt Ladenburg statt der erwarteten normalen Propylpyridine die Isopropylpyridine, da sich das Propylradikal bei der zur Reaktion nötigen hohen Temperatur in die Isopropylgruppe umsetzt.

Die sonst allgemein anwendbare Ladenburgsche Synthese zur Darstellung alkylierter *α*- und *γ*-Pyridinbasen führt demnach in diesem speziellen Fall nicht zum gewünschten Ziel.

5. *α-Collidin:*   6. *β-Collidin:*

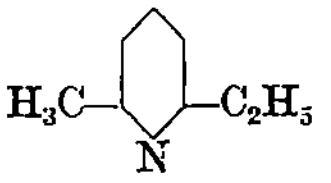

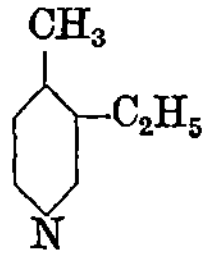

Diese beiden Collidine entstehen beim Schmelzen des Cinchonins mit Ätzkali [Williams[2]), Oechsner[3])] und werden als *α*- und *β-Collidin* unterschieden. Auch das Brucin liefert bei ähnlicher Behandlung dieselben beiden Basen [Oechsner[3])].

Das *α-Collidin* (Kp. 179—180°) wird durch Kaliumpermanganat in die Dipicolinsäure übergeführt, woraus seine Konstitution folgt.

Das *β-Collidin* (Kp.$_{715}$ 193°) liefert bei partieller Oxydation die Homonicotinsäure (*γ*-Methyl-*β*-Pyridincarbonsäure) und dann die Cinchomeronsäure (*βγ*-Pyridindicarbonsäure).

Das *β*-Collidin bildet sich auch beim Erhitzen des Merochinens mit Salzsäure auf 240° [Königs[4])] oder durch Einwirkung von Quecksilbersulfat in schwefelsaurer Lösung [Königs[5])]. Es wurde auch kernsynthetisch über das *αα,-Dioxy-β-collidin* gewonnen [Ruzicka und Fornasir[6])].

---

[1]) Ladenburg, B. **17**, 772, 1121, 1676; **18**, 1587; A. **247**, 1.
[2]) Williams, J. **1855**, 550.
[3]) Oechsner, C. r. **91**, 296; **95**, 298; **98**, 1438; **100**, 806.
[4]) Königs, B. **27**, 1501.
[5]) Königs, B. **35**, 1350.
[6]) Ruzicka u. Fornasir, Helv. chim. Acta **2**, 338.

Das β-Collidin diente Königs und Bernhart[1]) zur Synthese des β-Äthylchinuclidins

$$\beta\text{-Äthylchinuclidin.}$$

einer Base mit der typischen Konfiguration der Chinaalkaloide (siehe Chinaalkaloide).

Bei der Reduktion des β-Collidins mit Natrium und Alkohol entstehen die Tetrahydro- und Hexahydroverbindungen; beides sekundäre Basen.

Das Tetrahydro-β-Collidin, $C_8H_{15}N$, — wahrscheinlich die Δ^{β}-Verbindung — wird durch ihr Dibromid aus dem Basengemenge isoliert und mit Zink in schwefelsaurer Lösung in die Tetrahydrobase übergeführt. $Kp._{719}$ 177°. Entfärbt saure Kaliumpermanganatlösung.

Das Hexahydro-β-Collidin, $C_8H_{17}N$, bildet gut krystallisierte Salze [Königs und Bernhart[2])].

7. α-*Methyl-γ-Äthylpyridin*:

Diese Base (Kp. 169—174°) wurde von Schultz[3]) durch Erhitzen des α-Picolins mit Jodäthyl auf 280—300° dargestellt und ihre Konstitution durch die Oxydation zur Lutidinsäure erwiesen. Bei der Darstellung des α-Methyl-γ-Äthylpyridins bildet sich übrigens eine Nebenbase, die wahrscheinlich α-Collidin ist, trotzdem die Siedepunkte beträchtlich — etwa 20° — voneinander abweichen; bei der Oxydation bildet sie die Dipicolinsäure.

8. *Aldehydin oder Aldehydcollidin*:

Das *Aldehydin*, Kp. 173—174°, wurde von Ador und Baeyer[4]) dargestellt durch Erhitzen einer alkoholischen Lösung von Aldehyd-Ammoniak auf 120°:

$$4\,C_2H_7NO = C_8H_{11}N + 4\,H_2O + 3\,NH_3.$$

[1]) Königs u. Bernhart, B. **38**, 3049.
[2]) Königs u. Bernhart, B. **38**, 3042.
[3]) Schultz, B. **20**, 2720.
[4]) Ador u. Baeyer, A. **155**, 294.

Bei dieser Bildungsweise des Aldehydins nimmt man an, daß sich der Aldehydammoniak zuerst in seine beiden Komponenten dissoziiert und sich zwei Moleküle Aldehyd zum Crotonaldehyd kondensieren:

$$CH_3 - CH = CH - CHO.$$

Dieser reagiert nun weiter auf das Ammoniak unter Wasseraustritt und molekularer Wanderung eines Wasserstoffatoms (wie bei der Bildung des β-Picolins, s. S. 42):

Aldehydcollidin.

Es ist noch eine große Reihe anderer Darstellungsweisen bekannt geworden, doch fußen fast alle auf der obigen Kondensation. So sind noch besonders folgende Methoden hervorzuheben:

Einwirkung von Ammoniak auf Äthyliden-Chlorid oder -Bromid [Krämer[1]), Tawildarow[2])]; $4\,C_2H_4Br_2 + NH_3 = C_8H_{11}N + 8\,HBr$.

Einwirkung von Salmiak auf Glykol [Hofmann[3])] oder auf Paraldehyd [Plöchl[4])]: $4\,C_2H_6O_2 + NH_4Cl = C_8H_{11}NHCl + 8\,H_2O$.

Destillation von Aldolammoniak [Wurtz[5])]:

$$2\,C_4H_8O_2NH_3 = C_8H_{11}N + 4\,H_2O + NH_3.$$

Einwirkung von Phosphorsäureanhydrid auf ein Gemenge von Paraldehyd und Acetamid [Hesekiel[6])].

Kondensation von Aldehydammoniak mit Paraldehyd [Dürkopf[7])] (geeignetste Darstellungsmethode). Die Reindarstellung der Base geschieht am besten nach Angaben von Knudsen[8]). Über Bildung von Pyridinbasen aus Paraldehyd und wäßrigem Ammoniak siehe Meister Lucius und Brüning[9]).

Die Stellung der Seitenketten in diesem Aldehydin ergibt sich aus den Oxydationsprodukten; zuerst bildet sich α-Picolin-β'-Carbonsäure, dann Isocinchomeronsäure ($\alpha\beta'$-Pyridincarbonsäure) [Dürkopf[10])].

Bei der Reduktion des Aldehydins mit Natrium und Alkohol entstehen neben etwas *Tetrahydro-Aldehydcollidin* $C_8H_{15}N$ — Öl, Kp._{720} 167—168°, sekundäre Base [Königs und Bernhart[11])] — zwei stereoisomere *Methyläthylpiperidine* (*Copellidin* und *Isocopellidin*). Jedes dieser beiden inaktiven Copellidine kann durch Krystallisation der Bitartrate in die optisch aktiven Basen verwandelt werden, so daß im

[1]) Krämer, B. **3**, 262.
[2]) Tawildarow, A. **176**, 15.
[3]) Hofmann, B. **17**, 1905.
[4]) Plöchl, B. **20**, 722.
[5]) Wurtz, C. r. **95**. 263.
[6]) Hesekiel, B. **18**, 3091.
[7]) Dürkopf, B. **20**, 444.
[8]) Knudsen, B. **28**, 1759.
[9]) Oest. P. 81299.
[10]) Dürkopf, B. **18**, 920, 3432; **20**, 1650; **21**, 284.
[11]) Königs u. Bernhart, B. **38**, 3928.

ganzen sechs stereoisomere α-Methyl-β'-Äthylpiperidine bekannt sind:
zwei inaktive Formen, zwei Rechts- und zwei Linksmodifikationen
[Levy und Wolffenstein[1]]. Diese Stereoisomerie findet ihre Erklärung in der verschiedenen jeweiligen Lage der beiden Seitenketten
zur Ebene des Piperidinringes (Cis- und Transstellung).

9. *Symmetrisches Trimethylpyridin*:

$$CH_3$$
$$H_3C-\!\!\bigodot\!\!-CH_3$$
$$N$$

Diese Base, Kp. 171—172°, findet sich im Steinkohlenteer [Moh-
ler[2]), Ahrens[3])]. Synthetisch wird sie gewonnen durch Erhitzen von
Aceton mit Salmiak resp. Harnstoff [Riehm[4])] oder auch mit Aldehydammoniak [Dürkopf[5])] bzw. Acetamid [Pictet und Stehelin[6])].

Die bei weitem wichtigste Darstellungsart aber beruht auf der Einwirkung des Acetessigesters auf Aldehydammoniak. Diese Synthese
bietet uns zugleich ein typisches Beispiel für eine Reaktion, die sich
in der ganzen Pyridinreihe als ungemein fruchtbar erwiesen hat und
die wir Hantzsch[7]) verdanken.

Hantzsch[7]) bemerkte nämlich im Jahre 1882, daß Acetessigäther
und Aldehydammoniak schon bei Wasserbadtemperatur leicht aufeinander reagieren.

$$2\,CH_3COCH_2COOC_2H_5 + CH_3CHONH_3 = C_{14}H_{21}NO_4 + 3\,H_2O\,.$$
$$\text{Acetessigester} \qquad\qquad \text{Aldehydammoniak.}$$

Beim Studium des entstandenen Körpers $C_{14}H_{21}NO_4$ wurde derselbe als ein Pyridinabkömmling erkannt, als der Äthylester einer
Dihydrocollidindicarbonsäure. Einer sehr gemäßigten Oxydation unterworfen, verliert dieser Ester zwei Atome Wasserstoff und geht in
den Äthylester einer Collidindicarbonsäure über, die sich nach ihren
Reaktionen als Trimethylpyridindicarbonsäure erwies.

$$C_{14}H_{21}NO_4 + O = C_5N(CH_3)_3(COOC_2H_5)_2 + H_2O\,.$$

Dieser Ester:

$$CH_3$$
$$C_2H_5O - OC-\!\!\bigodot\!\!-CO - OC_2H_5$$
$$H_3C-\!\!\bigodot\!\!-CH_3$$
$$N$$

wurde dann weiterhin verseift und zur Darstellung des symmetrischen
Trimethylpyridins $\alpha\gamma\alpha'$ mit Kalk destilliert, wodurch die Carboxylgruppen abgesprengt wurden.

[1]) Levy u. Wolffenstein, B. **28**, 2270; **29**, 1959.
[2]) Mohler, B. **21**, 1006.
[3]) Ahrens, B. **28**, 795.
[4]) Riehm, A. **238**, 1.
[5]) Dürkopf, B. **21**, 2713.
[6]) Pictet u. Stehelin, C. r. **162**, 876.
[7]) Hantzsch, B. **15**, 2914; A. **215**, 1.

Hantzsch fand im weiteren Verlaufe seiner Untersuchung, daß die obige Reaktion sich verallgemeinern lasse, daß nicht allein der Acetaldehyd, sondern alle Aldehyde mit Acetessigester und Ammoniak Pyridinderivate liefern. Besonders die Untersuchung des Kondensationsproduktes vom Benzaldehyd mit Acetessigäther[1]) erlaubte den Mechanismus der Reaktion genauer zu erkennen und die Stellung der Seitenketten in den entstandenen Pyridinverbindungen zu bestimmen.

Benzaldehyd, Acetessigester und Ammoniak reagieren nach folgender Gleichung:

$$2\,CH_3 — CO — CH_2 — COOC_2H_5 + C_6H_5 — CHO + NH_3$$
$$= C_5H_2N(C_6H_5)(CH_3)_2(COOC_2H_5)_2 + 3\,H_2O.$$

Durch Oxydation dieser letzteren Verbindung entsteht der Phenyllutidincarbonsäureester: $C_5NC_6H_5(CH_3)_2(COOC_2H_5)_2$, der dann verseift wird und mit Kaliumpermanganat oxydiert. Hierdurch bildet sich die Tetracarbonsäure eines Phenylpyridins $C_5N(C_6H_5)(COOH)_4$, deren Kalksalz bei der Destillation Phenylpyridin $C_5H_4N\,(C_6H_5)$ ergibt.

Nun läßt sich dieses Phenylpyridin durch eine energische Oxydation in Isonicotinsäure überführen, wonach sich die Konstitution des Phenylpyridins als γ-Verbindung ergibt.

Hantzsch schloß daraus, daß die Kondensation des Benzaldehyds mit Ammoniak und Acetessigester so vor sich geht, daß das Radikal des Aldehyds in γ-Stellung zum Stickstoff tritt und die Bildung des Phenyllutidindicarbonsäureesters demnach durch folgende Formelbilder veranschaulicht wird:

$$
\begin{array}{c}
C_6H_5 \\
| \\
CHO
\end{array}
$$

$$C_2H_5O — CO — CH_2 \qquad CH_2 — CO — OC_2H_5$$
$$CH_3 — CO \qquad\qquad CO — CH_3 \qquad + \; O \; =$$
$$NH_3$$

$$
C_2H_5O — CO — \overset{\displaystyle C_6H_5}{\underset{CH_3 — C}{C}} \quad \overset{C}{\underset{C — CH_3}{C}} — CO — OC_2H_5 \quad + \; 4\,H_2O
$$

Die allgemeine Formel für das Kondensationsprodukt eines beliebigen Aldehyds ist demnach, wenn x das Aldehydradikal bedeutet:

$$
\begin{array}{c}
x \\
C_2H_5OOC— \!\!\diagup\!\!\diagdown\!\! —COOC_2H_5 \\
CH_3— \diagdown\!\!\diagup —CH_3 \\
N
\end{array}
$$

Hantzsch und seine Schüler[2]) haben weiterhin durch Kondensation der Propionaldehyde, Isobutylaldehyde, Valeraldehyde und

---

[1]) Hantzsch, B. **17**, 1512, 2903.
[2]) Michael, A. **225**, 121. — Voigt, A. **228**, 29. — Engelmann, A. **231**, 1. — Epstein, A. **231**, 137. — Weiß, B. **19**, 284, 1305.

Zimtaldehyde Verbindungen erhalten, bei welchen der Buchstabe x der allgemeinen Formel durch die Radikale C_2H_5, C_3H_7, C_4H_9, C_8H_7 ersetzt ist.

Diese Kondensationen lassen sich natürlich·weiterhin in der verschiedensten Weise variieren und diese Synthesen von Hantzsch gewannen für die ganze Pyridinchemie eine noch größere Bedeutung dadurch, daß durch teilweise oder vollständige Oxydation der Seitenketten resp. durch Abspaltung der Carboxylgruppen die Pyridinreihe um eine große Zahl neuer Derivate bereichert werden konnte.

Nach den Untersuchungen von C. Beyer[1]), die durch Arbeiten von Knoevenagel[2]) ihre Bestätigung und Erweiterung gefunden, geht die Hantzsch'sche Synthese des Dihydrocollidindicarbonsäureesters in folgenden Phasen vor sich:

In der ersten Phase der Reaktion wirkt Aldehydammoniak auf Acetessigester ein unter Bildung von Äthylidenacetessigester:

$$CH_3COCH_2COOC_2H_5 + CH_3 \cdot CH{<}^{OH}_{NH_2} = CH_3COCCOOC_2H_5 + NH_3 + H_2O.$$
$$CH \cdot CH_3$$

Äthylidenacetessigester.

In der zweiten Phase bildet sich aus dem freigewordenen Ammoniak und Acetessigester der β-Amidocrotonsäureester:

$$CH_3 \cdot C = CH \cdot COOC_2H_5 + NH_3 \quad = \quad CH_3 \cdot C{=}CH \cdot COOC_2H_5 + H_2O$$
$$OH \qquad\qquad\qquad\qquad\qquad\qquad NH_2$$

β-Amidocrotonsäureester

und in der Schlußphase entsteht aus Äthylidenacetessigester und β-Amidocrotonsäureester der Dihydrocollidindicarbonsäureester in folgender Weise:

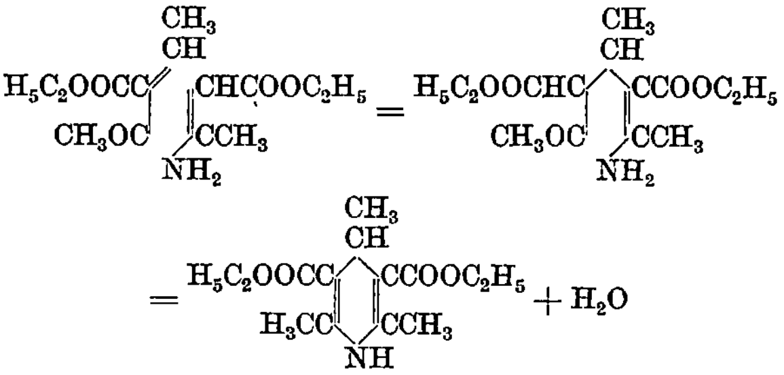

Dihydrocollidindicarbonsäureester.

10. $\alpha\gamma\beta'$-Trimethylpyridin:

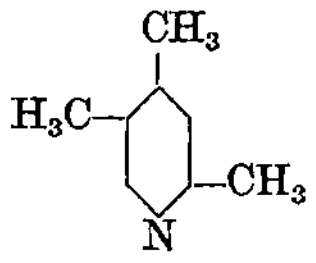

---

[1]) Beyer, B. **24.** 1662.
[2]) Knoevenagel, B. **31.** 738; **36.** 2180.

findet sich im Steinkohlenteer [Ahrens[1])]. Es siedet bei 165—168° und bildet ein in Wasser wenig lösliches Öl. Bei der Oxydation mit Kaliumpermanganat entsteht die Berberonsäure ($\alpha\gamma\beta'$-Pyridintricarbonsäure) wodurch seine Konstitution bestimmt ist.

Alkamine.

Als *Alkamine* oder *Alkine* bezeichnen wir nach Ladenburg diejenigen Verbindungen, deren Molekül sowohl eine alkoholische Hydroxyl- wie eine Aminogruppe besitzt. Diese Alkamine haben für uns ein besonderes Interesse, da sich unter den Alkaloiden solche Alkamine finden.

Die komplizierteren Alkamine, wie das *Tropin* (das Spaltungsstück des Atropins), das *Ecgonin* (das Spaltungsstück des Cocains), ferner das *Lupinin* werden wir erst bei den betreffenden Alkaloiden im Zusammenhang besprechen.

Hier interessieren uns zunächst nur die einfachen Alkamine der Pyridinreihe, zu denen das Schierlingsalkaloid *Conhydrin* gehört und zu denen auch die Alkaloide der Granatbaumrinde in Beziehung stehen.

In der Pyridinreihe versteht man unter der Bezeichnung Alkamine speziell die in einer Seitenkette hydroxylierten Derivate.

Zur Darstellung solcher Alkamine sind bisher ausschließlich zwei Verfahren benutzt:

Das erste beruht auf der Kondensation von Aldehyden mit Pyridinhomologen. Diese Reaktion vollzieht sich aber nur bei den α- und γ-substituierten Pyridinderivaten.

$$(C_5H_4N) - CH_3 + OCH - CH_3 = (C_5H_4N) - CH_2 - CHOH - CH_3.$$

α-Picolin   Acetaldehyd α-Picolylmethylalkamin.

(α-Pyridyl-(1)-propan-2-ol.)

Zur Darstellung dieses Alkamins läßt man am besten Picolin auf den Aldehyd in Gegenwart von etwas Wasser bei 150—170° einwirken.

Dieses Alkamin ist wenig beständig und geht unter Abgabe eines Moleküls Wasser in das Propenylpyridin über:

$$(C_5H_4N) - CH_3 + OCH - CH_3 = C_5H_4N - CH = CH - CH_3 + H_2O.$$

α-Picolin   Acetaldehyd α-Propenylpyridin.

Das zweite zur Darstellung der Alkamine verwandte Verfahren beruht auf der von Engler[2]) gefundenen Reduktion der entsprechenden Ketone mittels Natriumamalgam:

$$(C_5H_4N) - CO - CH_2 - CH_3 + 2H = (C_5H_4N) - CHOH - CH_2 - CH_3.$$

· Propionylpyridin α-Pyridyl-(1)-propan-1-ol.

Die Alkamine bilden teils feste, teils flüssige Verbindungen, die meistens nur unter vermindertem Druck unzersetzt destillieren. In Wasser und Alkohol sind sie leicht löslich, dagegen wenig löslich oder unlöslich in Äther. Beim Erhitzen oder unter der Einwirkung wasser-

---

[1]) Ahrens, B. **29**, 2996.
[2]) Engler, B. **24**. 2530, 2536; **27**. 1775.

entziehender Mittel verlieren sie ein Molekül Wasser. Mit Natrium in alkoholischer Lösung oder katalytisch reduziert, addieren sie Wasserstoff und gehen in die *Piperidinalkamine* über.

1. *α-Picolylalkamin* (*α-Pyridyl-(1)-äthan-2-ol*). — Durch Kondensation des α-Picolins mit Formaldehyd erhalten [Ladenburg[1]]:

$$\text{α-Picolin} \quad -CH_3 + CH_2O \;=\; -CH_2 - CH_2OH \quad \text{α-Picolylalkamin.}$$

$$\text{α-Picolin} \qquad \text{Formaldehyd} \qquad\qquad \text{α-Picolylalkamin.}$$
(α-Pyridyl-(1)-äthan-2-ol.)

Das α-Picolylalkamin bildet eine sirupöse Masse, $Kp._{25}$ 179°. Mit Natrium und Alkohol reduziert bildet sich *α-Pipecolylalkamin*, Fp. 39 bis 40°, Kp. 234,5°; sekundäre Base reagiert mit methylschwefelsaurem Kalium und bildet das tertiäre *N-Methylpipecolylalkamin* (*N-Methyl-α-Piperidyl-(1)-äthan-2-ol*) $C_8H_{17}NO$ (Kp. 233°):

$$\begin{array}{c}
CH_2 \\
H_2C \quad\quad CH_2 \\
H_2C \quad\quad CH - CH_2 - CH_2OH \\
N \\
| \\
CH_3
\end{array}$$

Es lassen sich auch zwei und drei Methylolreste in das α-Picolin einführen. So entsteht schließlich das *ω-Trimethylol-α-Picolin* $C_5H_4NC(CH_2OH)_3$ [Lipp und Zirngibl[2]].

2. *γ-Picolylalkamin* (*γ-Pyridyl-(1)-äthan-2-ol*). — Durch 20 stündiges Erhitzen von γ-Picolin mit 20 proz. Formaldehyd auf ca. 140° [Löffler und Stietzel[3]]:

$$\begin{array}{c}
CH_2 - CH_2OH \\
|
\end{array}$$

Farbloser Sirup. $Kp._{15}$ 125—126°; d_4^{15} 1,1016. Bei der Reduktion mit Natrium und Alkohol entsteht das *γ-Pipecolylalkamin* (*γ-Piperidyl-(1)-äthan-2-ol*):

$$\begin{array}{c}
CH_2 - CH_2OH \\
| \\
CH \\
H_2C \quad\quad CH_2 \\
H_2C \quad\quad CH_2 \\
N \\
H
\end{array}$$

Kp. 227—228°; d_4^{15} 1,0059; riecht spermaähnlich.

[1] Ladenburg, B. 22, 2583; 24. 1619; 26, 1060; 31. 286; A. 295, 370; 301. 117. Vgl. Königs u. Happe, B. 35, 1343.
[2] Lipp u. Zirngibl, B. 39. 1045.
[3] Löffler u. Stietzel, B. 42. 124.

Dieses Alkamin hat für uns besonderes Interesse, da es die Ausgangsverbindung für die Synthese des Chinuclidins, eines konstitutiven Bestandteils des Chinins (s. dort) bildet.

Die drei folgenden hier abgehandelten Alkamine mit einer Propanol-Seitenkette stehen in nächster Beziehung zum Conhydrin und in gewissem Zusammenhang zu einigen Alkaloiden der Granatbaumrinde (vgl. dort).

3. *α-Pyridyl-(1)-propan-2-ol.* — Durch Erhitzen von $α$-Picolin mit Acetaldehyd in Gegenwart von etwas Wasser bei 150—170°. Bildet Prismen, Fp. 32°, Kp.$_{13}$ 113,5°. Durch Reduktion entsteht das *α-Piperidyl-(1)-propan-2-ol* $C_8H_{17}NO$; Fp. 45—47°, Kp. 224—226°:

$$CH_2$$
$$H_2C \diagup \diagdown CH_2$$
$$H_2C \diagdown \diagup CH-CH_2-CHOH-CH_3$$
$$N$$
$$H$$

α-Piperidyl-(1)-propan-2-ol

das **Ladenburg**[1]) mit dem Schierlingsalkaloid Conhydrin als identisch vermutet hatte.

Der oben angegebene Fp. 45—47° für das inaktive Alkamin erwies sich übrigens als der Schmelzpunkt der beiden inaktiven diastereomeren Mischformen. Es ließ sich aus diesen durch Umkrystallisieren eine Form vom Fp. 75—76° gewinnen.

Für das rechtsdrehende (aus $β$-Conicein synthetisierte) α-Piperidyl-(1)-propan-2-ol ergab sich: Fp. 84—85°; $[α]_D$ 22,2° (s. Conhydrin) [**Löffler** und **Tschunke**[2])].

4. *α-Pyridyl-(1)-propan-3-ol.* — Dieses wurde von **Ladenburg** und **Adam**[3]) durch Erhitzen von $α$-Äthylpyridin mit einer wässerigen Lösung von Formaldehyd auf 160° erhalten. Flüssigkeit, Kp.$_{17}$ 138 bis 141°. Durch Reduktion geht es in das obengenannte *α-Piperidyl-(1)-propan-3-ol* $C_8H_{17}NO$ (Kp. 232—234°) über:

$$CH_2$$
$$H_2C \diagup \diagdown CH_2$$
$$H_2C \diagdown \diagup CH-CH_2-CH_2-CH_2OH$$
$$N$$
$$H$$

α-Piperidyl-(1)-propan-3-ol.

5. *α-Pyridyl-(1)-propan-1-ol.* — Dieses Alkin wurde gewonnen durch Reduktion des $α$-Propionylpyridins (S. 55), das durch Destillation eines Gemisches von picolinsaurem mit propionsaurem Kalk ent-

[1]) **Ladenburg**, B. **22**, 2583: **23**, 2709.
[2]) **Löffler** u. **Tschunke**, B. **42**, 929.
[3]) **Ladenburg** u. **Adam**, B. **24**, 1671.

steht. Es siedet bei 213—218° und geht bei der Reduktion in das
α-Piperidyl-(1)-propan-1-ol $C_8H_{17}NO$:

$$\begin{array}{c}
CH_2 \\
H_2C \diagup \quad \diagdown CH_2 \\
H_2C \diagdown \quad \diagup \overset{+}{CH} - \overset{+}{CH}OH - CH_2 - CH_3 \\
N \\
H
\end{array}$$

α-Piperidyl-(1)-propan-1-ol

über, das sich in zwei stereoisomeren Formen Fp. 99—100° und 70 bis
71° — bedingt durch die beiden asymmetrischen Kohlenstoffatome —
gewinnen läßt [Löffler[1]), Heß, Eichel und Munderloh[2])].

6. *β-Pipecolylalkamine.* —Das von Lipp[3]) auf synthetischem Wege
(S. 44) dargestellte N-Methyl-*α-Δ^α*-Tetrahydropicolin:

$$\begin{array}{c}
CH_2 \\
H_2C \diagup \quad \diagdown CH \\
H_2C \diagdown \quad \diagup C - CH_3 \\
N \\
| \\
CH_3
\end{array}$$

kondensiert sich ebenfalls mit Formaldehyd.

Lipp gab der so entstehenden Base $C_8H_{15}NO$ nach Analogieschlüssen die folgende Konstitution:

$$\begin{array}{c}
CH_2 \\
H_2C \diagup \quad \diagdown CH \\
H_2C \diagdown \quad \diagup C - CH_2 - CH_2OH \\
N \\
| \\
CH_3
\end{array}$$

Dieses Lippsche Alkamin ließ sich reduzieren.

Die so erhaltene Hexahydrobase sollte nun identisch sein mit dem auf
S. 56 besprochenen N-Methylpipecolylalkamin Ladenburgs, das aus
Picolin gewonnen war, und ferner sollte die durch Wasserabspaltung
daraus hervorgegangene Base sich mit dem Ladenburgschen aus
α-Picolin dargestellten N-Methylvinylpiperidin:

$$\begin{array}{c}
CH_2 \\
H_2C \diagup \quad \diagdown CH_2 \\
H_2C \diagdown \quad \diagup CH - CH = CH_2 \\
N \\
| \\
CH_3
\end{array}$$

identifizieren.

Beides war aber nicht der Fall.

[1]) Löffler, l. c.
[2]) Heß, Eichel u. Munderloh, B. 52, 964.
[3]) Lipp, B. 25. 2190. 2197; 31, 589; A. 289, 173; 294. 135.

Bei der Reduktion obiger Vinylverbindung erhielt Ladenburg[1]) vielmehr überraschenderweise das *N-Methyl-β-Äthylpiperidin*:

$$\begin{array}{c}
CH_2 \\
H_2C\diagup\diagdown CH - CH_2 - CH_3 \\
H_2C\diagdown\diagup CH_2 \\
N \\
| \\
CH_3
\end{array}$$

welches weiterhin bei der Destillation über Zinkstaub in β-Äthylpyridin überging. Diese letztere Base liefert bei der Oxydation mit Kaliumpermanganat Nicotinsäure, so daß es keinem Zweifel unterliegt, daß die von Lipp synthetisch dargestellten Alkamine ihre Seitenkette in der β-Stellung besitzen.

Die Deutung für diesen auffallenden Reaktionsverlauf geben Lipp und Widnmann[2]) an. Wie schon früher ausgeführt (S. 44), liegt das *N-Methyl-α-Δ^α-Tetrahydropicolin* in Form des N-Methylaminobutylmethylketons vor:

$$\begin{array}{ccc}
CH_2 & & CH_2 \\
H_2C\diagup\diagdown CH & & H_2C\diagup\diagdown CH_2 - CO - CH_3 \\
H_2C\diagdown\diagup C - CH_3 & \longrightarrow & H_2C\diagdown \\
N & & NH \\
| & & | \\
CH_3 & & CH_3
\end{array}$$

Bei der Einwirkung von Formaldehyd — schon bei 0° — wird nun ein Wasserstoffatom des dem Carbonyl benachbarten Methylens durch Methylol substituiert und unter Wasserabspaltung entsteht sofort das *N-Methyl-β-acetopiperidin* $C_8H_{15}NO$, von gleicher Zusammensetzung. wie das bei der Reaktion eigentlich erwartete *N-Methylpipecolylalkamin*:

$$\begin{array}{ccc}
CH_2 & & CH_2 \\
H_2C\diagup\diagdown CH - CO - CH_3 & & H_2C\diagup\diagdown CH - CO - CH_3 \\
H_2C\diagdown\diagup CH_2OH & \longrightarrow & H_2C\diagdown\diagup CH_2 \\
NH & & N \\
| & & | \\
CH_3 & & CH_3
\end{array}$$

N-Methyl-β-acetopiperidin.

In gleicher Weise läßt sich das N-Äthyl-α-Δ^α-Tetrahydropicolin in N-Äthyl-β-acetopiperidin überführen, welches die charakteristischen Ketoreaktionen zeigt. Dieses läßt sich reduzieren zum *N-Äthylβ-piperyl-methylalkin* (*N-Äthyl-β-Piperidyl-(1)-äthan-1-ol*) $C_9H_{19}NO$.

$$\begin{array}{c}
CH_2 \\
H_2C\diagup\diagdown CH - CHOH - CH_3 \\
H_2C\diagdown\diagup CH_2 \\
N \\
C_2H_5
\end{array}$$

---

[1]) Ladenburg, B. **31**, 286; A. **301**. 117.
[2]) Lipp u. Widnmann. A. **400**, 79.

III. Pyridincarbonsäuren.

Die Pyridincarbonsäuren leiten sich vom Pyridin ab, indem ein oder mehrere Atome Wasserstoff durch die Carboxylgruppe COOH ersetzt werden. Sämtliche Carbonsäuren des Pyridins sind jetzt bekannt und ihre Konstitution bestimmt. Sie entstehen allgemein bei der Oxydation aller der Verbindungen der Pyridinreihe, die Seitenketten besitzen, also aus den meisten Alkaloiden, und so ist ihre Konstitutionserkenntnis von hervorragender Wichtigkeit für die Alkaloidchemie geworden. Durch diesen oxydativen Abbau zu den Pyridincarbonsäuren läßt sich die Zahl und Stellung der Seitenketten bei den Alkaloiden bestimmen, wie wir es in den vorhergehenden Kapiteln schon wiederholt besprochen haben.

Diese Säuren sind feste Verbindungen, von gleichzeitig saurem und basischem Charakter; mit steigender Zahl der Carboxylgruppen schwächt sich der basische Charakter ab. Sie verhalten sich wie typische organische Säuren, bilden Salze, Ester, Chloride, Amide usw. Sie alle zerfallen bei der Destillation mit Kalk in Pyridin und Kohlensäure. Einige erleiden diese Spaltung schon beim Erhitzen für sich. Bei den polycarboxylierten Säuren hat es sich gezeigt, daß die Carboxylgruppe in der α-Stellung besonders leicht abspaltbar ist, so daß diese Reaktion direkt ein wertvolles Hilfsmittel zur Entscheidung der Frage abgegeben hat, ob Carboxylgruppen in der α-Stellung vorhanden sind.

Diese α-Pyridincarbonsäuren zeigen übrigens auch zum Unterschied von den anderen Pyridincarbonsäuren mit Ferrosulfat eine Rotfärbung.

A. Pyridinmonocarbonsäuren $C_6H_5NO_2 — C_5H_4N(COOH)$.

Theoretisch sind drei monocarboxylierte Verbindungen des Pyridins zu erwarten, welche auch alle drei bekannt sind. Sie entstehen entweder durch Oxydation der mit einer Seitenkette versehenen Pyridinverbindungen oder durch Erhitzen der polycarboxylierten Säuren.

1. **Picolinsäure** (α-Pyridincarbonsäure):

$$\underset{N}{\bigcirc}\!\!-COOH$$

Bildungsweisen:

1. Durch Oxydation mehrerer α-substituierter Pyridinderivate.

2. Durch Einwirkung kochender Essigsäure auf Dipicolinsäure (S. 68) [Hantzsch[1])].

3. Durch Behandlung der Dichlorpicolinsäure mit Jodwasserstoffsäure; die Dichlorpicolinsäure entsteht aus der Komenaminsäure (S. 29) mit Phosphorpentachlorid [Ost[2])].

Die α-Stellung der Carboxylgruppe in der Picolinsäure wurde von Skraup und Cobenzl[3]) bestimmt und ist dieser Beweis von funda-

[1]) Hantzsch, B. **18**, 1744.
[2]) Ost, J. pr. **27**, 257.
[3]) Skraup u. Cobenzl, M. **4**, 436.

mentaler Bedeutung für die absolute Ortsbestimmung in der Pyridinreihe geworden. Diese Beweisführung ist folgende:

Das α-Naphthylamin

liefert bei der Kondensation mit Glycerin nach der bekannten Skraupschen Chinolinsynthese das α-Naphthochinolin,

dessen Konstitution nach seiner Bildungsweise absolut sicher feststeht.
Bei der Oxydation entsteht nun aus diesem α-Naphthochinolin durch
Aufsprengung des mittleren Ringes die α-Phenylpyridindicarbonsäure

welche bei der Destillation mit Kalk die Carboxylgruppen abgibt und
ein Phenylpyridin

bildet. In diesem Phenylpyridin muß die Phenylgruppe in α-Stellung
stehen. Aus diesem Phenylpyridin wird schließlich durch energische
Oxydation die Picolinsäure erhalten, woraus deren Konstitution unmittelbar folgt.

Die Picolinsäure bildet prismatische Nadeln vom Fp. 137°, die in
Wasser und Alkohol leicht löslich sind, dagegen fast unlöslich in Äther.
Durch Kupferacetat entsteht eine violette Fällung.

Der Picolinsäureäthylester gibt bei der Grignardschen Reaktion
Dimethyl-α-pyridylalkin

das bei der Reduktion α-Isopropylpiperidin, ein Isomeres des Coniins,
liefert Kp. $_{12}$ 92,5—93° [Sobecki[1]].

2. Nicotinsäure (β-Pyridincarbonsäure):

[1] Sobecki, B. 41, 4103.

Bildungsweisen:

1. Durch Oxydation des Nicotins [Huber[1]), Weidel[2]), Laiblin[3])].
2. Durch Oxydation des Pilocarpins [Hardy und Calmels[4])].
3. Durch Oxydation des Hydrastins [Schmidt und Wilhelm[5])].
4. Durch Oxydation des Berberins [Schilbach[6])].
5. Durch Oxydation einer großen Zahl synthetisierter Pyridinverbindungen.

6. Durch Behandlung des Trigonellins mit Salzsäure [Jahns[7])].

7. Aus der β-Pyridinsulfonsäure durch Destillation mit Cyankalium und Verseifung des so gebildeten Nitrils [O. Fischer[8])].

8. Aus der Cumalinsäure durch Umwandlung derselben vermittelst Ammoniak in die Oxynicotinsäure (S. 28). Diese wird dann durch Phosphoroxychlorid in die Chlornicotinsäure übergeführt und letztere mit Jodwasserstoff reduziert [v. Pechmann und Welsh[9])].

9. Durch Erhitzen folgender Di- oder Tripyridincarbonsäuren: Chinolinsäure, Cinchomeronsäure, Isocinchomeronsäure, Dinicotinsäure, und Berberonsäure (S. 64 ff.).

Die Konstitution der Nicotinsäure als β-Pyridinmonocarbonsäure ist durch ihre Bildung beim Erhitzen der Chinolinsäure ($\alpha\beta$-Pyridindicarbonsäure) scharf bewiesen [Hoogewerff und van Dorp[10])]. Denn diejenige Säure, die durch Austritt eines Moleküls Kohlensäure aus der Chinolinsäure entsteht, muß ihr Carboxyl entweder in der α- oder β-Stellung haben. Da nun für die Picolinsäure die α-Stellung bewiesen ist, so muß ihr Isomeres, die Nicotinsäure, die β-Stellung innehaben.

10. Aus dem β-Naphthochinolin durch eine Reihe von analogen Reaktionen, wie wir sie bei der Picolinsäure besprochen haben (Skraup und Vortmann[11]):

β-Naphthylamin. $\longrightarrow$ β-Naphthochinolin. $\longrightarrow$ β-Phenylpyridindicarbonsäure.

$\longrightarrow$ β-Phenylpyridin. $\longrightarrow$ Nicotinsäure.

[1]) Huber, A. 141, 277.
[2]) Weidel, A. 165, 330.
[3]) Laiblin, A. 196, 134.
[4]) Hardy u. Calmels, C. r. 102, 1562.
[5]) Schmidt u. Wilhelm, A. Pharm. 226, 329.
[6]) Schilbach, J. 1886, 1722.
[7]) Jahns, B. 20, 2840.
[8]) O. Fischer, B. 15, 63.
[9]) v. Pechmann u. Welsh, B. 17, 2384.
[10]) Hoogewerff u. van Dorp, R. 1, 1, 107.
[11]) Skraup u. Vortmann, M. 4, 569.

Die Nicotinsäure bildet Nadeln vom Fp. 235—236° (korr.), die in kaltem Wasser wenig löslich sind, dagegen leicht löslich in siedendem Wasser und in Alkohol, unlöslich in Äther. Durch Kupferacetat entsteht eine hellblaue Fällung von nicotinsaurem Kupfer.

3. Isonicotinsäure (γ-Pyridincarbonsäure):

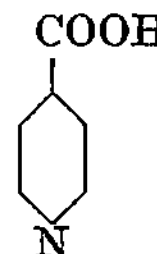

Bildungsweisen:

1. Durch Oxydation von Harmalin und einer großen Zahl γ-substituierter Pyridinderivate.

2. Durch partielle Kohlensäureabspaltung folgender di- und tricarboxylierter Pyridincarbonsäuren: Lutidinsäure, Cinchomeronsäure, Carbocinchomeronsäure, Carbolutidinsäure und Berberonsäure (S. 64).

3. Aus der Citrazinsäure $C_5H_2(OH)_2NCOOH$ (S. 29) durch nacheinanderfolgende Behandlung derselben mit Phosphorpentachlorid und Jodwasserstoffsäure [Behrmann und Hofmann[1]].

Durch die Synthese der Citrazinsäure aus dem Citramid ergibt sich zugleich, wie aus den Formelbildern leicht ersichtlich (S. 29), daß die Carboxylgruppe der Citrazinsäure die γ-Stellung innehaben muß, folglich ist damit auch der Beweis der γ-Stellung für die Isonicotinsäure erbracht.

Die Isonicotinsäure bildet Nadeln vom Fp. 306°; sie löst sich sehr schwer in Wasser, Alkohol und Äther; ihr Kupfersalz ist grün.

Die Stellung der Carboxylgruppe in der Isonicotinsäure ist sonst nur indirekt bewiesen [Ladenburg[2]]. Diese Beweisführung beruht im allgemeinen darauf, daß, da die Picolinsäure und die Nicotinsäure ihre Carboxylgruppe in der α- resp. β-Stellung haben, die dritte theoretisch mögliche Pyridinmonocarbonsäure die Carboxylgruppe in der γ-Stellung besitzen muß.

Hydrierte Pyridinmonocarbonsäuren. — Die Pyridincarbonsäuren addieren, ebenso wie das Pyridin selber, mit Leichtigkeit Wasserstoff. Eine *di*hydrierte Carbonsäure ist bis jetzt nicht bekannt.

Von den *tetra*hydrierten Verbindungen erwähnen wir hier die $\varDelta^{\beta}$-*Tetrahydro-β-Pyridincarbonsäure:*

$$\begin{array}{c} CH \\ H_2C \diagup \diagdown C - COOH \\ H_2C \diagdown \diagup CH_2 \\ NH \end{array}$$

Sie entsteht durch Verseifung des $\varDelta^{\beta}$-Tetrahydro-β-Pyridin-nitrils [Wohl und Losanitsch[3]] (S. 33). Farblose Prismen oder Nadeln, löslich in Wasser, unlöslich in absol. Alkohol. Zersetzungspunkt 309—314° (korr.).

---

[1] Behrmann u. Hofmann, B. **17**, 2681.
[2] Ladenburg, B. **18**, 2968.
[3] Wohl u. Losanitsch, B. **40**, 4698.

Das N-Methylderivat obiger Säure, die *N-Methyl-Δ^β-Tetrahydro-β-Pyridincarbonsäure*

$$\begin{array}{c} CH \\ H_2C\diagup{}^{\diagdown}C-COOH \\ H_2C\diagdown{}_{\diagup}CH_2 \\ N \\ CH_3 \end{array}$$

die von **Wohl** und **Johnson**[1]) synthetisiert wurde, erwies sich identisch mit dem Alkaloid *Arecaidin* (s. dort). Dieselbe Säure war vorher schon von **Jahns**[2]) —gleichzeitig mit der entsprechenden hexahydrierten Verbindung — bei der Reduktion des Nicotinsäurechlormethylats mit Zinn und Salzsäure erhalten worden, allerdings ohne genauere Erkenntnis über den Ort der doppelten Bindung im Molekül.

Die drei theoretisch möglichen hexahydrierten Pyridinmonocarbonsäuren oder *Piperidinmonocarbonsäuren* stellte **Ladenburg**[3]) durch Reduktion der drei Pyridinmonocarbonsäuren mit Natrium und Alkohol her. Es sind gut krystallisierte Verbindungen, die in Wasser leicht löslich sind, von teils basischem, teils saurem Charakter; mit salpetriger Säure geben sie als sekundäre Basen Nitrosamine.

α-Piperidincarbonsäure oder *Pipecolinsäure*, neutral reagierend, Fp. 258°.

β-Piperidincarbonsäure oder *Nipecotinsäure*, Fp. 261° (korr.) [**Freudenberg**[4])].

γ-Piperidincarbonsäure oder *Isonipecotinsäure*, Fp. 326° (korr.).

Über katalytische Reduktionen der Picolin- und Nicotinsäure vgl. auch **Heß** und **Leibbrandt**[5]).

B. Pyridindicarbonsäuren $C_7H_5NO_4 - C_5H_3N(COOH)_2$.

Die sechs theoretisch möglichen Pyridindicarbonsäuren sind bekannt. Ihre allgemeine Darstellungsweise beruht auf der Oxydation der Pyridinverbindungen mit zwei Seitenketten.

Bei der Destillation über Kalk liefern sie Pyridin; durch Erhitzen allein, meistens schon beim Schmelzen, gehen sie unter Verlust eines Moleküls Kohlensäureanhydrid in die Pyridinmonocarbonsäuren über.

Lange Zeit war die Konstitution dieser Säuren ein fraglicher Punkt in der Pyridinchemie; jetzt ist diese Frage dank den Arbeiten von **Hantzsch** und seinen Schülern im allgemeinen gelöst.

1. Chinolinsäure (αβ-Pyridindicarbonsäure):

$$\begin{array}{c} \diagup{}^{\diagdown}-COOH \\ {}_{\diagdown}{}_{\diagup}-COOH \\ N \end{array}$$

[1]) **Wohl** u. **Johnson**, B. **40**, 4712.
[2]) **Jahns**, A. Pharm. **229**, 669.
[3]) **Ladenburg**, B. **24**, 640; **25**, 2768.
[4]) **Freudenberg**. vgl. **Heß** u. **Leibbrandt**, B. **52**, 206.
[5]) **Heß** u. **Leibbrandt**, B. **50**, 385.

Diese Säure bildet Prismen, schmilzt bei 192° unter Zersetzung und geht dabei glatt in die Nicotinsäure über.

In Wasser, Alkohol und Äther ist sie wenig löslich; durch Eisensulfat wird ihre wässerige Lösung orange gerfäbt.

Sie entsteht bei der Oxydation des Chinolins selber [Hoogewerff und van Dorp[1])] oder der im Benzolkern substituierten Chinolinderivate. Am vorteilhaftesten wird die Chinolinsäure durch Oxydation des Alizarin-indigblaus mittels Salpetersäure dargestellt [Gräbe und Philips[2])].

Die Stellung der Carboxylgruppen in der Chinolinsäure ergibt sich unmittelbar durch ihre Entstehung aus dem Chinolin (S. 74):

Chinolin.   Chinolinsäure.

Die Chinolinsäure scheint demnach in der Pyridinreihe das direkte Analogon zur Phthalsäure in der Benzolreihe zu sein; beim Erhitzen bildet sie aber kein Anhydrid, da die Carboxylgruppe in der α-Stellung so locker gebunden ist, daß dabei sofort die Nicotinsäure entsteht.

Indes läßt sich das Chinolinsäureanhydrid gewinnen durch Behandlung der Chinolinsäure mit Essigsäureanhydrid [Bernthsen und Mettegang[3])] oder Thionylchlorid [H. Meyer[4])]. Es bildet Prismen, Fp. 134,5°, und zeigt alle dem Phthalsäureanhydrid charakteristischen Reaktionen (Fluoresceïnbildung, Kondensation mit aromatischen Kohlenwasserstoffen in Gegenwart von Aluminiumchlorid usw.).

2. Cinchomeronsäure ($\beta\gamma$-Pyridindicarbonsäure):

Die Cinchomeronsäure wird besonders als Abbauprodukt verschiedener Chinaalkaloide gewonnen; so aus dem Chinin, dem Cinchonidin, Cinchonin und Apochinin mittels Salpetersäure [Weidel[5]), Königs[6])]; durch Oxydation der Cinchoninsäure, welche aus dem Cinchonin durch Chromsäureeinwirkung entsteht [Skraup[7])]; durch Oxydation des β-Collidins, welches aus dem Merochinen dargestellt wurde [Königs[8])]. Oechsner[9]), welcher anscheinend dasselbe β-Collidin durch die Kali-schmelze des Cinchonins und des Brucins erhalten hatte, konnte dasselbe ebenfalls zur Cinchomeronsäure weiter oxydieren.

[1]) Hoogewerff u. van Dorp, R. 1, 1, 107; B. 12, 747; A. 204, 117.
[2]) Gräbe u. Philips, A. 276, 21.
[3]) Bernthsen u. Mettegang, B. 20, 1208.
[4]) H. Meyer, M. 22, 577 (1901).
[5]) Weidel, A. 173, 96; B. 12, 1146.
[6]) Königs, B. 30, 1326.
[7]) Skraup, B. 12, 1107.
[8]) Königs, B. 27, 1501.
[9]) Oechsner, B. 42, 100; 43. 106.

Andere Darstellungsweisen der Cinchomeronsäure sind:

1. Oxydation des Lepidins [Hoogewerff und van Dorp[1])].

2. Oxydation des Isochinolins [Hoogewerff und van Dorp[2])] und des Dimethoxyisochinolins, beim Abbau des Papaverins erhalten (Goldschmiedt[3])].

3. Durch Salzsäureeinwirkung auf die Apophyllensäure, einem Oxydationsprodukt des Cotarnins [v. Gerichten[4])].

4. Durch Hitzezersetzung der α-Carbocinchomeronsäure, der β-Carbocinchomeronsäure und der Berberonsäure (S. 69ff.).

Die Cinchomeronsäure krystallisiert in Prismen, wenig löslich in Wasser, unlöslich in Äther; die wässerige Lösung wird durch Eisensulfat nicht gerötet. Nach der zuverlässigen Angabe von Königs[5]) ist der Fp. 258—259°, doch schwanken die verschiedenen Angaben[6]) von 249—265°.

Beim Schmelzen der Cinchomeronsäure tritt partielle Kohlensäureabspaltung ein und der Rückstand ist dann ein Gemenge von Nicotinsäure und Isonicotinsäure. Es folgt hieraus, daß die beiden Carboxyle in der Cinchomeronsäure dieselbe Stellung innehaben wie in der Nicotinsäure und Isonicotinsäure, also die β- und γ-Stellung.

Demnach ist die Cinchomeronsäure gleich der Chinolinsäure eine Pyridin*ortho*dicarbonsäure und bildet als solche beim Erhitzen mit Essigsäureanhydrid ein Anhydrid. Dieses krystallisiert in Tafeln, schmilzt bei 77—78° und reagiert analog dem Phthalsäureanhydrid [Goldschmidt und Strache[7])].

Durch einen sehr einfachen Reaktionseingriff konnte Weidel[8]) das Stickstoffatom aus der Cinchomeronsäure eliminieren, während sonst gerade der Pyridinring sich äußerst widerstandsfähig zeigt. Bei der Behandlung mit Natriumamalgam bildet sich nämlich aus der Cinchomeronsäure die stickstofffreie Cinchonsäure:

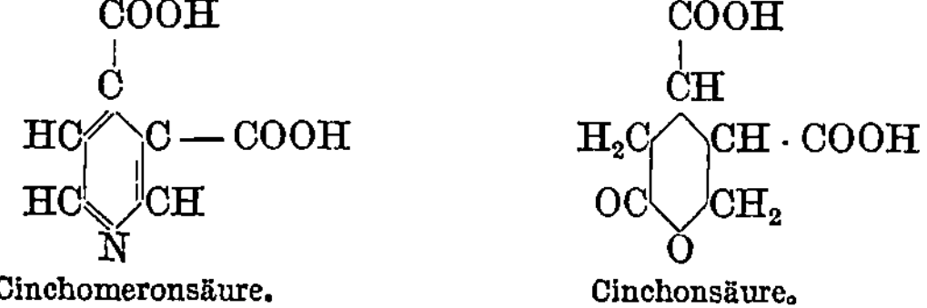

Cinchomeronsäure.   Cinchonsäure.

So erscheint die Bildung der Cinchonsäure aus der Cinchomeronsäure als die Umkehr der früher (S. 27) besprochenen Bildungsweise von Pyridinderivaten durch Einwirkung von Ammoniak auf δ-Lacton derivate [Bischoff und Rach[9])].

---

[1]) Hoogewerff u. van Dorp, R. 2, 1.
[2]) Hoogewerff u. van Dorp, R. 4, 285.
[3]) Goldschmiedt, M. 9, 327.
[4]) v. Gerichten, B. 13. 1635; A. 210, 79.
[5]) Königs, B. 27. 1501.
[6]) Weidel, B. 12, 1146. — Ahrens, B. 29, 2996.
[7]) Goldschmidt u. Strache, M. 10, 156.
[8]) Weidel, B. 12, 1146; M. 13, 578.
[9]) Bischoff u. Rach, A. 234, 54.

Durch Reduktion der Cinchomeronsäure mit Natrium und Alkohol und darauffolgendem mehrstündigem Erhitzen mit Kali auf 190° gelangte Königs[1]) zu einer *Hexahydrocinchomeronsäure* (Fp. 275°), die sich mit der aus dem Cinchonin erhaltenen inaktiven Loiponsäure identifizierte.

3. Lutidinsäure ($\alpha\gamma$-Pyridindicarbonsäure):

$$\text{COOH}$$
$$\text{—COOH}$$
$$\text{N}$$

Diese Säure wurde bei der Oxydation eines Steinkohlenteerlutidins und mehrerer anderer $\alpha\gamma$-Derivate erhalten; ist in Wasser wenig löslich, in Alkohol leicht löslich, unlöslich in Äther.

Sie krystallisiert in Blättchen mit einem Molekül Wasser und schmilzt im wasserfreien Zustande bei 239° unter gleichzeitiger Zersetzung in Kohlensäure und Isonicotinsäure. Dies beweist, daß die eine Carboxylgruppe in der γ-Stellung steht, die andere kann sich nur in der α-Stellung befinden, da die $\beta\gamma$-Stellung schon, wie oben erörtert, der Cinchomeronsäure zukommt. Mit Eisensulfat entsteht eine orange Färbung.

4. Dinicotinsäure ($\beta\beta'$-Pyridindicarbonsäure):

$$\text{HOOC—}\quad\text{—COOH}$$
$$\text{N}$$

bildet sich beim Erhitzen derjenigen Pyridintetracarbonsäure:

$$\text{HOOC—}\quad\text{—COOH}$$
$$\text{HOOC—}\quad\text{—COOH}$$
$$\text{N}$$

die durch Oxydation des Kondensationspunktes aus Acetessigester, Isobutylaldehyd und Ammoniak erhalten wird [Hantzsch und Weiß[2])].

Ferner bildet sich die Dinicotinsäure durch Erhitzen der Carbodinicotinsäure [Weber[3])]:

$$\text{HOOC—}\quad\text{—COOH}$$
$$\text{—COOH}$$
$$\text{N}$$

Nach dieser letzteren Bildungsweise kann die Dinicotinsäure nur die $\alpha\beta'$- oder $\beta\beta'$-Verbindung sein, da die $\alpha\beta$-Pyridindicarbonsäure als Chinolinsäure bekannt ist. Da nun die in α-Stellung befindlichen Carboxylgruppen sich stets am leichtesten abspalten, so ist dieser Fall auch hier anzunehmen, woraus die Konstitution der Dinicotinsäure als $\beta\beta'$-Verbindung folgt.

---

[1]) Königs, B. **30**, 1326.
[2]) Hantzsch u. Weiß, B. **19**, 284.
[3]) Weber, A. **241**, 1.

Die Säure ist in Wasser und in Äther wenig löslich; sie schmilzt bei 323° und besitzt damit den höchsten Schmelzpunkt aller Pyridindicarbonsäuren. Beim Schmelzen geht sie unter Kohlensäureverlust in die Nicotinsäure über.

5. Isocinchomeronsäure ($\alpha\beta'$-Pyridincarbonsäure):

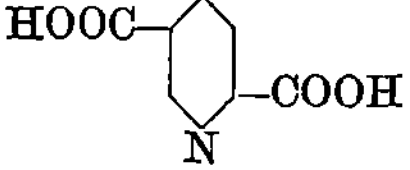

Die Isocinchomeronsäure entsteht bei der Oxydation eines Steinkohlenteerlutidins [Weidel und Herzig[1])] und des Aldehydins [Dürkopf und Schlaugk[2])]; weiterhin durch Erhitzen der Carboisocinchomeronsäure [Weiß[3])]. In kaltem Wasser ist sie fast unlöslich, wenig löslich in Alkohol, unlöslich in Äther; mit Eisensulfat tritt eine rote Färbung ein. Sie krystallisiert mit einem Molekül Wasser in Blättchen vom Fp. 236—237°; bei höherer Temperatur tritt Zersetzung in Kohlensäure und Nicotinsäure ein. Die eine Carboxylgruppe steht demnach in der β-Stellung, die andere muß die α'-Stellung innehaben, weil die drei anderen möglichen Plätze schon von der Chinolinsäure ($\beta\alpha$), der Cinchomeronsäure ($\alpha\gamma$) resp. der Dinicotinsäure ($\beta\beta'$) eingenommen sind.

6. Dipicolinsäure ($\alpha\alpha'$-Pyridindicarbonsäure):

Diese sechste und letzte Pyridindicarbonsäure bildet sich bei der Oxydation eines Steinkohlenteerlutidins [Lunge und Rosenberg[4])], des α-Collidins [Oechsner[5]), Schultz[6])] und einiger anderer $\alpha\alpha'$-Derivate. Sie zeigt sich in Form von Nädelchen, die 1 oder $1^1/_2$ Moleküle Krystallwasser enthalten und bei 236° unter Zersetzung schmelzen. Sie entsteht auch aus der Hexahydrochelidamsäure (γ-Oxypiperidin-$\alpha\alpha_1$-dicarbonsäure) durch Einwirkung konz. Schwefelsäure auf ca. 160° unter Wasserabspaltung und Oxydation [Dorn[7])]. Sie ist wenig löslich in Wasser, Alkohol und Äther; durch Eisensulfat wird sie rot gefärbt. Die Reindarstellung der Säure aus dem Oxydationsgemisch der Rohpyridinbasen geschieht auf Grund ihrer Schwerlöslichkeit in Wasser [Wolffenstein und Hartwich[8])].

Ihre Konstitution ergibt sich indirekt dadurch, daß die Konstitution der fünf vorhergehenden Säuren bewiesen ist, so daß für sie nur die $\alpha\alpha'$-Stellung übrigbleibt. Dieser indirekte Beweis findet eine

[1]) Weidel u. Herzig, M. **1**, 4; **6**, 976.
[2]) Dürkopf u. Schlaugk, B. **20**, 1660; **21**, 294.
[3]) Weiß, B. **19**, 1311.
[4]) Lunge u. Rosenberg, B. **20**, 127.
[5]) Oechsner, Bl. **42**, 100.
[6]) Schultz, B. **20**, 2720.
[7]) Dorn, Dissertation 1914. Würzburg.
[8]) Wolffenstein u. Hartwich, B. **48**. 2043.

weitere Stütze in der Tatsache, daß beim Erhitzen der Säure mit Essigsäure oder für sich nur Picolinsäure bzw. Pyridin entsteht [Hantzsch[1])].

Durch Reduktion der $\alpha\alpha'$-Pyridindicarbonsäure entsteht die Hexahydro-$\alpha\alpha'$-Pyridindicarbonsäure, deren N-Methylderivat identisch ist mit der Scopolinsäure (vgl. Scopolin) [Heß und Wissing, vgl. E. Fischer[2])].

C. Pyridintricarbonsäuren $C_8H_5NO_6$—$C_5H_2N(COOH)_3$.

Es sind theoretisch sechs isomere Pyridintricarbonsäuren zu erwarten, die auch alle bekannt sind. Ebenso wie von den Pyridindicarbonsäuren verdanken wir die Konstitutionsklarstellung dieser Pyridintricarbonsäuren Hantzsch und seinen Schülern.

Von diesen Säuren sind zwei, die α-Carbocinchomeronsäure und die Berberonsäure, Abbauprodukte natürlicher Alkaloide; die anderen sind auf synthetischem Wege erhalten.

1. α-Carbocinchomeronsäure ($\alpha\beta\gamma$-Pyridintricarbonsäure):

$$
\begin{array}{c}
\text{COOH} \\
|\\
\text{—COOH} \\
\text{—COOH} \\
\text{N}
\end{array}
$$

Diese Säure bildet sich bei der Oxydation des Cinchonins mittels Salpetersäure [Weidel[3])]. Später wurde sie auch als Oxydationsprodukt mehrerer anderer Chinalalkaloide (Chinin, Chinidin, Cinchonidin) aufgefunden [Hoogewerff und van Dorp[4]), Ramsay und Dobbie[5])], wie auch aus der Chininsäure und Cinchoninsäure erhalten (s. dort) [Skraup[6])]. Weiterhin entsteht die α-Carbocinchomeronsäure durch Einwirkung von Kaliumpermanganat auf Papaverin [Goldschmiedt[7])] und auf Lepidin [Hoogewerff und van Dorp[8])].

Diese letztere Bildungsweise bestimmt zugleich die Stellung der drei Carboxylgruppen in der α-Carbocinchomeronsäure, denn da das Lepidin γ-Methylchinolin (S. 87) ist, so muß die durch Oxydation daraus hervorgehende Säure die $\alpha\beta\gamma$-Pyridintricarbonsäure sein:

Lepidin. α-Carbocinchomeronsäure.

---

[1]) Hantzsch, B. 18, 1744.
[2]) Heß u. Wissing, B. 48, 1907; vgl. E. Fischer, B. 34, 2543.
[3]) Weidel, A. 173, 101.
[4]) Hoogewerff u. van Dorp, A. 204, 84; B. 12, 158, 1287; 13. 152.
[5]) Ramsay u. Dobbie, Soc. 35, 189.
[6]) Skraup, M. 1, 184; 2, 600; A. 201, 308.
[7]) Goldschmiedt, M. 6, 372, 954.
[8]) Hoogewerff u. van Dorp, B. 13, 1640.

Die α-Carbocinchomeronsäure krystallisiert in Tafeln mit $1\frac{1}{2}$ Molekülen aq., schmilzt wasserfrei bei 249—250° und geht hierbei unter Verlust der α-Carboxylgruppe in die Cinchomeronsäure über.

2. β-Carbocinchomeronsäure ($\beta\gamma\beta'$-Pyridintricarbonsäure):

$$\begin{array}{c}
\text{COOH} \\
| \\
\text{HOOC}-\!\!\!\bigcirc\!\!\!-\text{COOH} \\
\text{N}
\end{array}$$

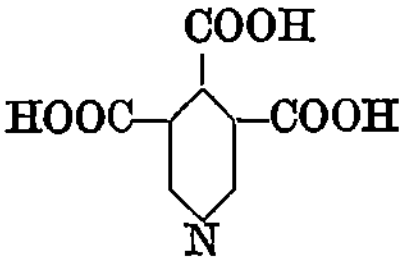

ist von Weber[1]) durch Erhitzen des dreifach sauren Kaliumsalzes der Pyridinpentacarbonsäure

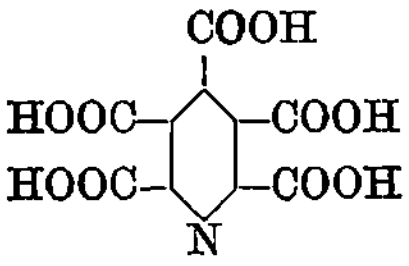

$$\begin{array}{c}
\text{COOH} \\
| \\
\text{HOOC}-\!\!\!\bigcirc\!\!\!-\text{COOH} \\
\text{HOOC}-\!\!\!\!\!\!-\text{COOH} \\
\text{N}
\end{array}$$

auf 220° erhalten. Die hierbei abgespaltenen beiden Moleküle Kohlensäureanhydrid stammen unzweifelhaft von den in α- und α'-Stellung befindlichen Carboxylgruppen der Pentacarbonsäure, woraus für die zurückbleibende Tricarbonsäure die Stellung $\beta\gamma\beta'$ folgt.

Die β-Carbocinchomeronsäure ist in kaltem Wasser wenig löslich, sie krystallisiert mit drei Molekülen Wasser in tafelförmigen Blättchen, die wasserfrei bei 261° schmelzen.

3. Carboisocinchomeronsäure ($\alpha\beta\alpha'$-Pyridintricarbonsäure)

$$\begin{array}{c}
\bigcirc\!\!\!-\text{COOH} \\
\text{HOOC}-\!\!\!\!\!\!-\text{COOH} \\
\text{N}
\end{array}$$

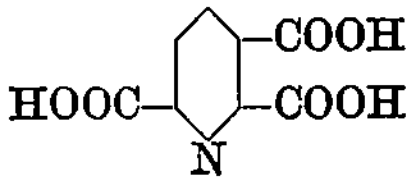

ist durch Oxydation der $\alpha\alpha'$-Dimethylnicotinsäure mit Kaliumpermanganat erhalten.

Die $\alpha\alpha'$-Dimethylnicotinsäure ist synthetisch auf folgendem Wege dargestellt [Weiß[2])]:

Durch Kondensation des Acetessigesters mit Isobutylaldehyd und Ammoniak bildet sich nach der Hantzschschen Synthese (S. 52) der Dihydroisopropyllutidindicarbonsäureäther [Engelmann[3])]:

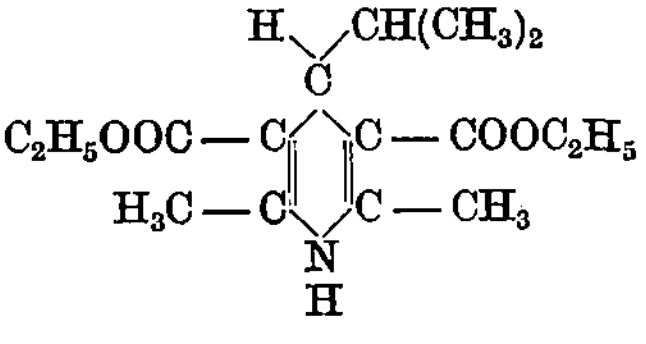

$$\begin{array}{c}
\text{H}\diagdown\!\diagup\text{CH(CH}_3)_2 \\
\text{C} \\
\text{C}_2\text{H}_5\text{OOC}-\text{C}\diagup\diagdown\text{C}-\text{COOC}_2\text{H}_5 \\
\text{H}_3\text{C}-\text{C}\diagdown\diagup\text{C}-\text{CH}_3 \\
\text{N} \\
\text{H}
\end{array}$$

Diese Verbindung verliert unter dem oxydierenden Einfluß von salpetriger Säure zwei Wasserstoffatome, während gleichzeitig die Iso-

---

[1]) Weber, A. **241**, 1.
[2]) Weiß, B. **19**, 1305.
[3]) Engelmann, A. **231**, 37.

propylgruppe in der γ-Stellung eliminiert wird und der Lutidindicarbonsäurediäthylester entsteht:

$$C_2H_5OOC\text{—}\bigcirc\text{—}COOC_2H_5$$
$$H_3C\text{—}\quad\text{—}CH_3$$
$$N$$

Durch Verseifung bildet sich daraus die freie Lutidindicarbonsäure, welche weiterhin beim Erhitzen Kohlensäure abspaltet. Die hierbei entstehende einbasische Säure muß folgende Konstitution haben:

$$\bigcirc\text{—}COOH$$
$$H_3C\text{—}\quad\text{—}CH_3$$
$$N$$

$\alpha\alpha'$-Dimethylnicotinsäure.

Diese $\alpha\alpha'$-Dimethylnicotinsäure geht schließlich durch Kaliumpermanganateinwirkung in die Carboisocinchomeronsäure über, die mithin die $\alpha\beta\alpha'$-Pyridintricarbonsäure sein muß.

Auf einem anderen Wege ist v. Miller[1]) zu demselben Resultat über die Konstitution der Carboisocinchomeronsäure gelangt, indem er dieselbe aus der Chinaldinsäure durch Oxydation mit Kaliumpermanganat darstellte:

Chinaldinsäure.   Carboisocinchomeronsäure.

Die Säure bildet feine Blättchen, die mit zwei Molekülen Wasser krystallisieren; sie ist von allen Pyridintricarbonsäuren die einzige, in Wasser leicht lösliche. In Alkohol und Äther ist sie fast unlöslich. Sie zeigt keinen festen Schmelzpunkt, da sie sich beim Erhitzen unter Kohlensäureabgabe allmählich zersetzt.

4. Carbodinicotinsäure ($\alpha\beta\beta'$-Pyridintricarbonsäure)

$$HOOC\text{—}\bigcirc\text{—}COOH$$
$$\quad\text{—}COOH$$
$$N$$

entsteht durch Oxydation der β-Chinolincarbonsäure:

$$HOOC\text{—}\bigcirc\bigcirc$$
$$N$$

β-Chinolincarbonsäure

mittels Kaliumpermanganat [Riedel[2])], durch welche Bildungsweise auch zugleich ihre Konstitution festgelegt wird.

Von Weber[3]) wurde sie aus der α-Picolin-$\beta\beta'$-Dicarbonsäure und von Dürkopf und Schlaugk[4]) aus dem $\alpha\beta\beta'$-Dimethyläthylpyridin durch Oxydation erhalten.

---

[1]) v. Miller, B. **24**, 1900.
[2]) Riedel, B. **16**, 1609.
[3]) Weber, A. **241**, 1.
[4]) Dürkopf u. Schlaugk, B. **21**, 832, 2707.

Sie krystallisiert mit zwei Molekülen Wasser in Nadeln, die in Wasser und Alkohol ziemlich schwer löslich sind. Beim Erhitzen zeigt sie keinen festen Schmelzpunkt, sondern zersetzt sich allmählich in die Dinicotinsäure.

5. Carbolutidinsäure ($\alpha\gamma\alpha'$-Pyridintricarbonsäure)

$$
\begin{array}{c}
COOH \\
| \\
HOOC-\!\!\bigcirc\!\!-COOH \\
N
\end{array}
$$

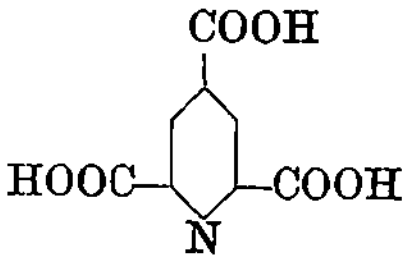

bildet sich bei der Oxydation des symmetrischen Trimethylpyridins (S. 52) [Voigt[1]], wodurch ihre Konstitution klargestellt wird. Böttinger[2] erhielt sie auch durch Oxydation der Uvitoninsäure (S. 41) mit Kaliumpermanganat.

Weiße Nadeln, die zwei Moleküle Krystallwasser einschließen und in Wasser, Alkohol und Äther wenig löslich sind. Wasserfrei schmilzt sie bei 227° unter Kohlensäureentwicklung.

6. Berberonsäure ($\alpha\gamma\beta'$-Pyridintricarbonsäure):

$$
\begin{array}{c}
COOH \\
| \\
HOOC-\!\!\bigcirc \\
\!\!-COOH \\
N
\end{array}
$$

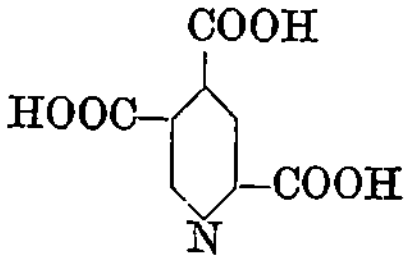

Diese Säure bildet sich als Hauptprodukt bei der Oxydation des Berberins mittels Salpetersäure [Weidel[3], Fürth[4]].

Sie kann nur die obige Formel besitzen, da die Konstitution ihrer fünf Isomeren schon bewiesen ist. In vollem Einklang mit dieser Formel steht auch ihr gesamtes Verhalten. Beim Kochen mit Eisessig geht sie unter Kohlensäureabspaltung in die Cinchomeronsäure über, beim Schmelzen (243°) zersetzt sie sich in ein Gemisch von Nicotinsäure und Isonicotinsäure und schließlich zeigt sie die α-Stellung eines Carboxyls an, indem sie mit Ferrosulfat eine Rotfärbung gibt.

Sie krystallisiert mit zwei Molekülen Wasser in Prismen, die sich in Alkohol und Wasser wenig lösen.

D. Pyridintetracarbonsäuren $C_9H_5NO_8 - C_5HN(COOH)_4$.

Alle drei Pyridintetracarbonsäuren des Pyridins sind bekannt und ihre Konstitution nachgewiesen. Sie sind indessen noch nicht beim Abbau natürlicher Alkaloide aufgefunden worden, sondern nur als Oxydationsprodukte synthetischer Pyridinderivate — nach der Hantzschschen Synthese dargestellt — erhalten.

1) Voigt, A. **228**, 29.
2) Böttinger, B. **13**, 2048; A. **229**, 48.
3) Weidel, B. **12**, 410.
4) Fürth, M. **2**, 416.

1. $\alpha\beta'$-Dicarboncinchomeronsäure ($\alpha\beta\gamma\beta'$-Pyridintetracarbonsäure)

$$\begin{array}{c} \text{COOH} \\ \text{HOOC}-\!\!\bigcirc\!\!-\text{COOH} \\ -\text{COOH} \\ \text{N} \end{array}$$

dargestellt durch Oxydation der $\alpha\gamma$-Dimethyldinicotinsäure [Weber[1]].

Durchsichtige Prismen, wasserhaltig, geht bei 160° in β-Carbocinchomeronsäure über.

2. Unsymmetrische Tetracarbonsäure ($\alpha\gamma\beta'\alpha'$-Pyridintetracarbonsäure)

$$\begin{array}{c} \text{COOH} \\ \text{HOOC}-\!\!\bigcirc \\ \text{HOOC}-\!\!\bigcirc\!\!-\text{COOH} \\ \text{N} \end{array}$$

entsteht bei der Oxydation von $\alpha\gamma\alpha'$-trimethylnicotinsaurem Kalium [Michael[2]] und von Flavenol, einem künstlichen Chinolinderivat [Fischer[3]].

Feine Nädelchen, die zwei Moleküle Wasser enthalten, schmilzt vollständig wasserfrei bei 227°.

3. $\alpha\alpha'$-Dicarbodinicotinsäure ($\alpha\beta\beta'\alpha'$-Pyridintetracarbonsäure):

$$\begin{array}{c} \text{HOOC}-\!\!\bigcirc\!\!-\text{COOH} \\ \text{HOOC}-\!\!\bigcirc\!\!-\text{COOH} \\ \text{N} \end{array}$$

Aus der $\alpha\alpha'$-Dimethyldinicotinsäure mittels Kaliumpermanganat erhalten [Hantzsch und Weiß[4]]. Glänzende Nädelchen, die mit zwei Molekülen Wasser krystallisieren.

Beim Erhitzen entsteht Dinicotinsäure.

E. Pyridinpentacarbonsäure $C_{10}H_5NO_{10}$—$C_5N(COOH)_5$.

Die einzig mögliche Pyridinpentacarbonsäure

$$\begin{array}{c} \text{COOH} \\ \text{HOOC}-\!\!\bigcirc\!\!-\text{COOH} \\ \text{HOOC}-\!\!\bigcirc\!\!-\text{COOH} \\ \text{N} \end{array}$$

ist bekannt.

Dieselbe wird durch Oxydation einer Lösung von collidindicarbonsaurem Kalium mit Kaliumpermanganat erhalten [Hantzsch[5]].

[1]) Weber, A. **241**, 1.
[2]) Michael, A. **225**, 121.
[3]) Fischer, B. **19**, 1036.
[4]) Hantzsch u. Weiß, B. **19**, 284.
[5]) Hantzsch, A. **215**, 62.

Krystallisiert mit wechselnden Mengen Wasser in mikroskopischen Nädelchen, die beim Erhitzen in β-Carbocinchomeronsäure und Kohlensäure zerfallen.

IV. Chinolin.

Im Jahre 1834 gewann Runge[1] aus dem Steinkohlenteer eine Base von der Formel C_9H_7N, die er *Leukol* nannte. Einige Jahre später (1842) erhielt Gerhardt[2] bei der Destillation des Cinchonins mit Ätzkali eine Base gleicher Zusammensetzung, die er als *Chinolein* bezeichnete.

Diese beiden Basen, — das Leukol und das Chinolein —, wurden lange Zeit wegen der verschiedenen Farbenreaktionen, die sie gaben, nur als isomer angesehen, bis sich später herausstellte, daß diese Verschiedenheiten durch Verunreinigung mit anderen Basen verursacht waren [Hofmann[3]), Hoogewerff und van Dorp[4]), Jacobsen und Reimer[5])] und daß das Leukol und das Chinolein identisch seien.

Dieses unerwartete Resultat, daß dem Steinkohlenteer und den Pflanzenalkaloiden dieselbe Basis zugrunde liegt, sollte für das Verständnis der Alkaloidchemie von hervorragender Bedeutung werden.

Das Chinolein oder wie es heute allgemein genannt wird, *Chinolin*, das in neuerer Zeit auch im Braunkohlenteer nachgewiesen wurde [Doebner[6])], ist ein farbloses öliges Liquidum, das bei —22,6° erstarrt; $Kp._{758}$ 230,5° (unkorr.). Sein Geruch erinnert an Benzaldehyd. Es besitzt das spez. Gewicht 1,0947 bei 20°; in Wasser ist es fast unlöslich, doch dabei hygroskopisch; in Alkohol löst es sich in jedem Verhältnis, ebenso in Äther und in den meisten organischen Lösungsmitteln.

In chemischer Beziehung bietet das Chinolin vielfache Übereinstimmung mit dem Pyridin und charakterisiert sich auch als tertiäre Base. Der Zusammenhang, der zwischen dem Pyridin und Chinolin herrscht, findet seinen treffendsten Ausdruck in der Hypothese, die Körner 1869 aufgestellt hat. Danach stehen diese beiden Basen in derselben Beziehung zueinander wie das Benzol zum Naphthalin; das Chinolin ist als ein Naphthalin anzusehen, in dem eine der CH-Gruppen in α-Stellung durch ein Stickstoffatom ersetzt ist:

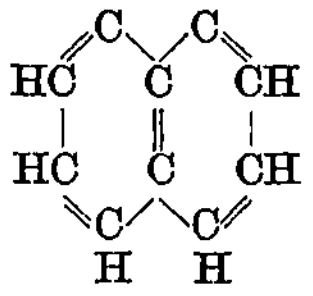

    H H   H H
    C C   C C
HC C CH   HC C CH
HC C CH   HC C CH
    C C   C N
    H H   H

Naphthalin. 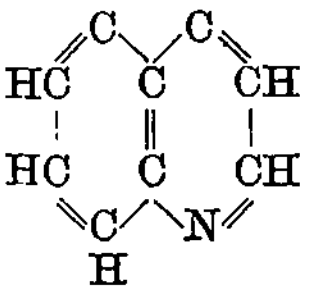   Chinolin.

<hr>

[1]) Runge, Poggend. Annalen d. Physik u. Chemie **31**, 68.
[2]) Gerhardt, A. **42**, 310; **44**, 279.
[3]) Hofmann, A. **47**, 31; **74**, 15.
[4]) Hoogewerff u. van Dorp, R. **1**, 1, 107; **2**, 41.
[5]) Jacobsen u. Reimer, B. **16**, 513, 1082.
[6]) Doebner, B. **28**, 106.

So entsteht also das Chinolinmolekül aus der Verknüpfung eines
Benzolringes mit einem Pyridinring.

Diese Hypothese hat ihre vorzüglichste Bestätigung durch die Synthesen des Chinolins gefunden, von denen wir im Gegensatz zum Pyridin
einige ausgezeichnete kennen.

Chinolinsynthesen. — Von der großen Zahl bekannter Chinolinsynthesen erwähnen wir hier nur die hauptsächlichsten:

1. Die erste Chinolinsynthese wurde 1879 von Königs[1]) durchgeführt, indem er Dämpfe von Allylanilin über rotglühendes Bleioxyd
leitete:

$$\text{Allylanilin} + 2\,O = \text{Chinolin} + 2\,H_2O .$$

2. Im selben Jahr glückte es Baeyer[2]) das Hydrocarbostyril, das
innere Anhydrid der o-Amidohydrozimtsäure:

$$C_6H_4{<}^{CH_2 \cdot CH_2}_{NH \text{---}\text{---}}{>}CO$$

in Chinolin umzuwandeln, durch aufeinanderfolgende Behandlung desselben mit Phosphorpentachlorid und Jodwasserstoffsäure:

$$\text{Hydrocarbostyril} + 4\,Cl = \alpha\beta\text{-Dichlorchinolin} + H_2O + 2\,HCl .$$

$$\text{(Dichlorchinolin)} + 4\,HJ = \text{Chinolin} + 2\,HCl + 4\,J .$$

3. Im Jahre 1880 erhielt Königs[3]) kleine Mengen von Chinolin
durch Erhitzen des Kondensationsproduktes von Anilin mit Akroleïn,
ebenso auch als er Nitrobenzol (oder Anilin) mit Glycerin und Schwefelsäure bei 180—190° aufeinander wirken ließ.

Diese letztere Darstellungsweise, die wohl durch Arbeiten von
Graebe[4]) über das Alizarinblau angeregt wurde, sollte bald von

---

[1]) Königs, B. **12**, 453.
[2]) Baeyer, B. **12**, 460, 1320.
[3]) Königs, B. **13**, 911.
[4]) Graebe, B. **12**, 1416; A. **201**. 333.

Skraup[1]) zu einer ausgezeichneten Chinolinsynthese ausgebaut werden. Er erhitzte nicht, wie es Königs getan, entweder Anilin oder Nitrobenzol, sondern beide zusammen mit Glycerin und Schwefelsäure und gelangte dadurch zu einer Ausbeute von 60% Chinolin.

So liefert uns dieses Darstellungsverfahren in einfacher und ergiebiger Weise das Chinolin, aber es beschränkt sich nicht allein darauf, sondern es läßt sich in der mannigfaltigsten Weise variieren und eine große Menge von Chinolinabkömmlingen entstehen.

Der Mechanismus der Skraupschen Synthese geht höchstwahrscheinlich folgendermaßen vor sich: in erster Linie bildet sich aus dem Glycerin durch den wasserentziehenden Einfluß der Schwefelsäure Acrolein; dieses verbindet sich mit dem Anilin und das so entstandene Kondensationsprodukt wird dann von einem Teil des Nitrobenzols oxydiert, wodurch der Pyridinringschluß zustande kommt:

$$\text{I. } CH_2OH - CHOH - CH_2OH = CH_2{=}CH - CHO + 2\,H_2O.$$
Glycerin   Akroleïn.

$$\text{II. } C_6H_5NH_2 + OCH - CH{=}CH_2 = C_6H_5N{=}CH - CH{=}CH_2 + H_2O.$$
Anilin   Akroleïn   Akroleïnanilin.

III.

Akroleïnanilin   Chinolin.

Zuerst glaubte man, daß das Nitrobenzol an der Bildung des Benzolkerns im Chinolin beteiligt wäre; das ist aber nicht der Fall; es wirkt nur als Sauerstoffquelle. Dies wurde dadurch bewiesen, daß es sich vorteilhaft durch die Nitrophenole ersetzen ließ (ohne daß hierbei etwa Oxychinoline entständen), auch durch Pikrinsäure oder durch Arsensäure [Knüppel[2])]; ja Schwefelsäure allein scheint auch schon eine gewisse oxydierende Wirkung hierbei auszuüben [Margosches[3])].

4. Nächst der Skraupschen Synthese hat sich die 1883 von Friedländer[4]) gefundene Kondensation des o-Aminobenzaldehyds mit Acetaldehyd zu Chinolin als recht ergiebig gezeigt. Diese Kondensation vollzieht sich schon durch Zusatz einiger Tropfen Natronlauge:

o-Aminobenz-   Acetaldehyd   Chinolin.
aldehyd

---

¹) Skraup, M. 1, 316; 2, 141.
²) Knüppel, B. 29, 703.
³) Margosches, I. pr. [2] 70, 129.
⁴) Friedländer, B. 15, 2572; 16, 1833.

5. **Baeyer und Drewsen**[1]) stellen das Chinolin durch Reduktion des o-Nitrozimtaldehyds $C_6H_4\diagdown^{CH\,=\,CH}_{NO_2\quad CHO}$ dar.

6. **Rügheimer**[2]) gelangte zum selben Resultate durch Einwirkung von Phosphorpentachlorid auf Anilmalonsäure $C_6H_5NHCOCH_2COOH$ und Reduktion der dabei gebildeten Chlorchinoline mit Jodwasserstoffsäure.

7. **Kulisch**[3]) gibt an, daß sich Chinolin bei der Einwirkung von Glyoxal auf Orthotoluidin bei 150° bildet.

Allgemeine Bildungsweisen für Chinolin sind ferner: Destillation der Chinolincarbonsäuren über Kalk und Reduktion der Oxychinoline mit Zinkstaub.

Die Ansichten, die wir über die Konstitution des Chinolins durch seine verschiedenen **Synthesen** gewonnen haben, werden auch voll bestätigt durch das Verhalten des Chinolins beim **Abbau**, besonders bei der Oxydation.

Behandelt man Chinolin mit Kaliumpermanganat, so entsteht daraus Oxalsäure und eine zweibasische Säure, die *Chinolinsäure* (S. 64), die weiterhin bei der Destillation über Kalk Pyridin ergibt [Hoogewerff und van Dorp):

$$\text{Chinolin} + 8\,O \;=\; \text{Oxalsäure} + \text{Chinolinsäure.}$$

Zeigt in diesem Falle der Pyridinring die größere Festigkeit, so wird andererseits, wenn man nicht das Chinolin selbst, sondern quartäre Chinoliniumverbindungen z. B. das Chinoliniumbenzylchlorid der Kaliumpermanganateinwirkung unterwirft, der Pyridinring zerstört, da in dieser Verbindung der Pyridinring durch das fünfwertige Stickstoffatom an Festigkeit verloren hat. Man erhält so ein Gemisch von Formylbenzylanthranilsäure und Benzylanthranilsäure [Claus und Glykherr[4])].

Chinoliniumbenzylchlorid.   Formylbenzylanthranilsäure.   Benzylanthranilsäure.

Entsprechend bildet sich aus dem quartären Chinolinjodmethylat die *Formylmethylanthranilsäure*. [Meister, Lucius und Brüning[5]), vgl. Decker und Kopp[6]).]

[1]) Baeyer u. Drewsen, B. **16**, 2207.
[2]) Rügheimer, B. **17**, 737; **18**, 2975.
[3]) Kulisch, M. **15**, 276.
[4]) Claus u. Glykherr, B. **16**, 1283.
[5]) Meister, Lucius u. Brüning, D. R. P. 145601.
[6]) Decker u. Kopp, B. **39**, 72.

Einen bemerkenswerten Abbau erfährt das *N-Methyltetrahydro-chinoliniumchlorid* bei der Reduktion mit Natriumamalgam zum *γ-Dimethylaminopropylbenzol* [E mde[1]), v. Braun und Aust[2])]:

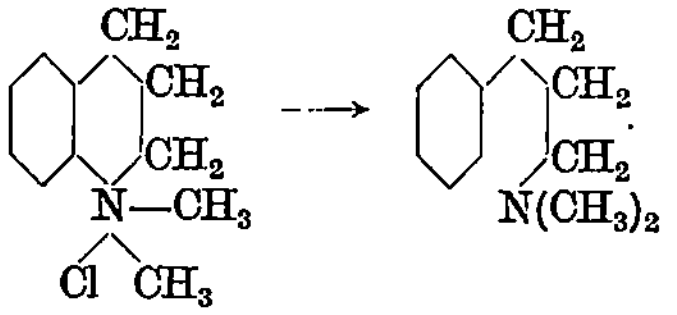

$$
\begin{array}{ccc}
& CH_2 & \\
& CH_2 & \\
& CH_2 & \\
& N{-}CH_3 & \\
& Cl\ \ CH_3 &
\end{array}
\quad \longrightarrow \quad
\begin{array}{c}
CH_2 \\
CH_2 \\
CH_2 \\
N(CH_3)_2
\end{array}
$$

Als Gegenstück zu der Chinolinsynthese aus o-Nitrozimtaldehyd (Synthese Nr. 5) sei auf die Aufspaltung des Chinolins durch Benzoylchlorid und Natronlauge zum *o-Benzoylamidozimtaldehyd* hingewiesen [Reissert[3])]:

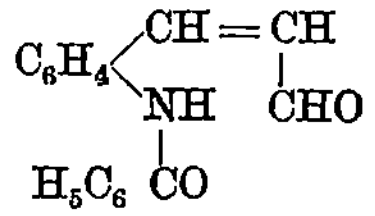

$$
C_6H_4\big\langle\begin{array}{l} CH = CH \\ NH \quad\ CHO \end{array}
$$
$$
H_5C_6\ CO
$$

Chinolin und *Isochinolin* wirken hauptsächlich zentral lähmend, durch größere Dosen leiden auch Zirkulation und Atmung; die Endigungen der motorischen werden nur schwach betroffen. Im Harn wird Chinolin z. T. als 5,6-Chinolin-Chinon ausgeschieden. — Auch nach Isochinolin tritt ein ähnliches Produkt im Harn auf. Isochinolin ist giftiger als Chinolin. — *Dekahydrochinolin* ist weniger wirksam[4]). — *Chinaldin* wirkt ebenfalls weniger als Chinolin, *α-γ-Dimethylchinolin* noch schwächer und *p-Toluchinolin* wie Chinaldin[5]).

Die früher arzneilich benutzten Chinolinderivate *Kairin* und *Thallin* haben qualitativ die gleiche Wirkung wie Chinolin.

Additionsprodukte des Chinolins.

Als ungesättigte Verbindung bildet das Chinolin mit Brom, Jod usw. Additionsprodukte. Diese Elemente treten besonders leicht in den Pyridinkern ein, seltener in den Benzolring. Auch Wasserstoff lagert sich besonders leicht an das Chinolin an. Behandelt man Chinolin mit Reduktionsmitteln, wie Zink und Salzsäure, Natrium und Alkohol, so bindet es direkt vier Atome Wasserstoff und geht in das *Tetrahydro-chinolin* $C_9H_{11}N$, eine sekundäre Base vom Kp. 244° über:

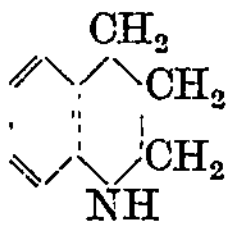

$$
\begin{array}{c}
CH_2 \\
CH_2 \\
CH_2 \\
NH
\end{array}
$$

Durch Oxydationsmittel bildet sich daraus wieder Chinolin zurück [Wischnegradsky[6]), Lellmann und Reusch[7])].

[1]) Emde, A. **391**, 88.
[2]) v. Braun u. Aust, B. **49**, 501.
[3]) Reissert, B. **38**, 3415.
[4]) R. Heinz, Virchows Archiv **122**, 116.
[5]) R. Stockmann, Journ. of physiol. **15**, 245.
[6]) Wischnegradsky, B. **12**, 1481; **13**, 2312, 2400.
[7]) Lellmann u. Reusch, B. **22**, 1389.

Ein anderes Tetrahydrochinolin gewann Oechsner[1]) aus dem Destillationsprodukt des Cinchonins und Brucins mit Ätzkali. Es zeigt den auffallend niedrigen Kp. 215°. Demnach ist es mit dem vorhergehenden nicht identisch und muß dabei eine Wasserstoffaddition auch im Benzolkern stattgefunden haben.

Bamberger und Lengfeld[2]) erhielten durch Behandlung des Tetrahydrochinolins mit Jodwasserstoffsäure und Phosphor bei 230° ein *Hexahydrochinolin* (Kp.$_{720}$ 226°) und das *Dekahydrochinolin*, welches sich auch durch katalytische Reduktion aus Chinolin bildet (Skita und Meyer[3])]; es krystallisiert in Nadeln vom Fp. 48,5° und siedet bei 204°.

$$\begin{array}{cc} CH_2 & CH_2 \\ H_2C & H & CH_2 \\ H_2C & H & CH_2 \\ CH_2 & NH \end{array}$$

Substitutionsprodukte des Chinolins.

Theoretisch sind vom Chinolin sieben *mono*substituierte isomere Verbindungen vorauszusetzen. Von *Poly*substitutionsprodukten des Chinolins sind beim Eintritt gleicher Substituenten folgende Produkte zu erwarten:

Disubstitutionsprodukte	21	Isomere
Trisubstitutionsprodukte	35	,,
Tetrasubstitutionsprodukte	35	,,
Pentasubstitutionsprodukte	21	,,
Hexasubstitutionsprodukte	7	,,
Heptasubstitutionsprodukte	1	,,

Zur Ortsbestimmung der eingetretenen Substituenten im Chinolinmolekül bedient man sich für den Pyridinkern der griechischen Buchstaben α, β, γ; für den Benzolkern der Bezeichnungen *ortho*, *meta*, *para*, *ana* und zwar in folgender Weise:

Diese Bezeichnungsweise ist übersichtlich, klar und eindeutig. Wir werden uns auf den folgenden Blättern derselben ausschließlich bedienen.

Die Literatur sieht allerdings auch die laufende Zahlenbezeichnung vor:

bzw. auch das folgende Schema:

———————
[1]) Oechsner, C. r. **94**, 87; **99**, 1077.
[2]) Bamberger u. Lengfeld, B. **23**, 1138.
[3]) Skita u. Meyer, B. **45**, 3589.

Doch haben diese Formeln den Nachteil geringerer Übersichtlichkeit, da die Zahlen der einen Formel ganz andere Stellungen ausdrücken, wie die der anderen. Je nach der Schreibweise der Autoren würden hier Verwechslungen bei der Bezeichnung eintreten.

Während also beim Benzol selber nur drei Isomere (ortho-, meta-, para-Stellung) möglich sind, tritt hier beim Benzolkern des Chinolins noch ein viertes hinzu (ana), was durch die besondere Stellung dieses Kohlenstoffatoms zum Stickstoffatom bedingt wird.

Die im *Benzol*kern substituierten Chinoline können allgemein nach der Skraupschen Synthese erhalten werden, man braucht dazu nur das Anilin durch eines seiner Substitutionsderivate zu ersetzen. Die Stellung des Substituenten bleibt im Chinolinderivat dieselbe wie in dem des Anilins; die ortho- und parasubstituierten Aniline liefern ebenfalls *ortho-* und *para*-Verbindungen des Chinolins. Betreffs der metasubstituierten Aniline lehrt ein Blick auf die folgenden Formeln, daß dabei sowohl *meta-* wie *ana*-Derivate entstehen können:

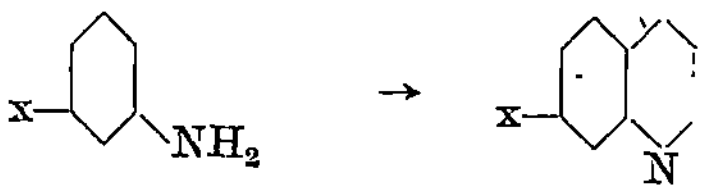

Metasubstituiertes Anilin.   Metasubstituiertes Chinolin.

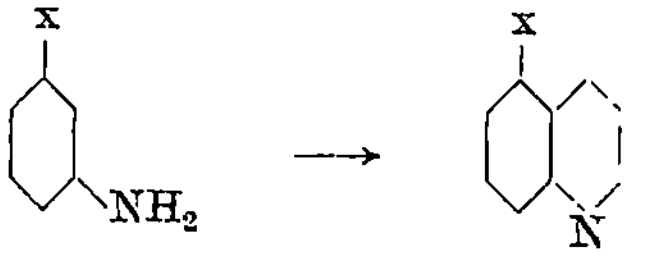

Metasubstituiertes Anilin.   Anasubstituiertes Chinolin.

Hierbei bilden sich gewöhnlich beide Isomere gleichzeitig.

Von den vielen bekannten Substitutionsprodukten des Chinolins haben vorzugsweise die Hydroxylverbindungen eine gewisse Wichtigkeit zur Konstitutionsbestimmung der natürlichen Alkaloide gewonnen.

V. Oxychinoline.

$C_9H_6(OH)N$.

Alle sieben theoretisch möglichen Monooxychinoline sind gegenwärtig bekannt.

Die vier Isomeren, welche die Hydroxylgruppe im Benzolring einschließen, auch *Chinophenole* benannt, werden dargestellt erstens von den Aminophenolen ausgehend, nach der Skraupschen Synthese [Skraup[1])], zweitens durch Schmelzen der Chinolinmonosulfosäuren mit Kali [O. Fischer[2]), Happ[3]), Lellmann[4])] und drittens über die Diazoverbindungen der Aminochinoline [Skraup[5]), Claus und Mas-

---

[1]) Skraup, M. **3**, 536.
[2]) O. Fischer, B. **14.** 443. 1366; **15**, 1979; **16.** 450, 721.
[3]) Happ, B. **17.** 193.
[4]) Lellmann, B. **20.** 2172.
[5]) Skraup. M. **5.** 532.

s a u[1])]. Die so erhaltenen Chinophenole zeigen sowohl phenolartigen wie basischen Charakter; bei der Oxydation gehen sie, wie das Chinolin selber, in die Chinolinsäure über, bei der Reduktion in das Chinolintetrahydrür.

Das *o-Oxychinolin* krystallisiert in Nadeln, Fp. 75—76°, Kp. 266°.

Das *m-Oxychinolin* bildet Nadeln, Fp. 235—238°.

Das *a-Oxychinolin* tritt in Nadeln oder Blättchen auf; schmilzt bei 224°.

Das *p-Oxychinolin*, prismatische Krystalle vom Fp. 193°, siedet über 360°. Es bildet sich auch durch Erhitzen der Xanthochinsäure (*p*-Oxy-*γ*-Chinolincarbonsäure), einem Abbauprodukt des Chinins [S k r a u p[2])].

Der Methyläther des p-Oxychinolins ist schon seit 1879 bekannt, zu welcher Zeit B u t l e r o w und W i s c h n e g r a d s k y[3]) durch Schmelzen des Chinins mit Kali eine ölige Base von der Formel $C_{10}H_9NO$ (Kp. 304 bis 305°) erhielten, welche sie *Chinolidin* nannten. S k r a u p[4]) zeigte dann 1885, daß diese Base das *p-Methoxychinolin* ist:

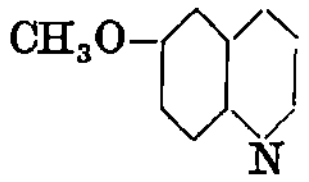

$$CH_3O-\text{(Chinolin-Ringsystem)}-N$$

Demgemäß bildet es sich auch durch Behandlung des p-Chinophenols mit Methyljodid und Kali oder direkt nach der S k r a u p schen Methode aus dem p-Amidoanisol (Anisidin):

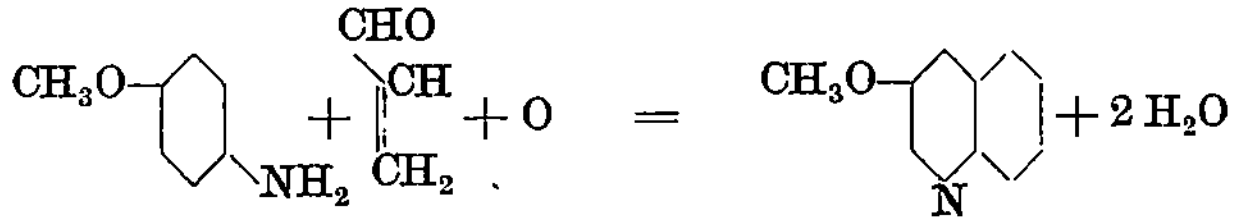

$$CH_3O-\text{(Ring)}-NH_2 + \overset{CHO}{\underset{CH_2}{CH}} + O = CH_3O-\text{(Chinolin)}-N + 2\,H_2O$$

p-Amidoanisol   p-Methoxychinolin.

Die drei Monooxychinoline, die die Hydroxylgruppe im Pyridinkern haben, sind das *α*-Oxychinolin (Carbostyril), das *β*-Oxychinolin und das *γ*-Oxychinolin (Kynurin).

Das *Carbostyril* und das *Kynurin* treten wie die entsprechenden Oxypyridine (S. 26) in zwei tautomeren Formen auf, in der Enolform (Lactim) und in der Ketoform (Lactam):

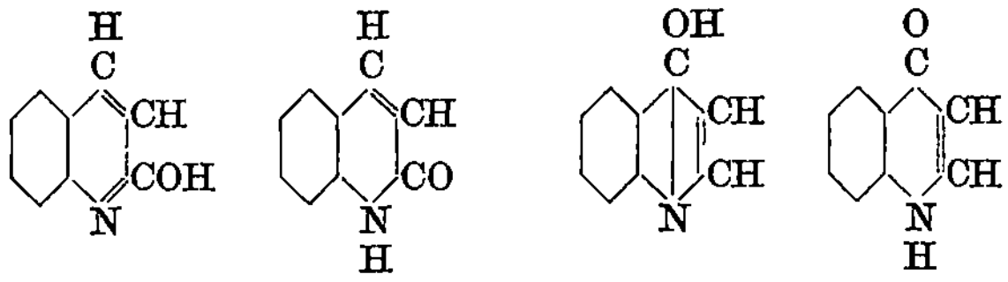

α-Oxychinolin.   α-Chinolon.   γ-Oxychinolin   γ-Chinolon.
       Carbostyril.   Kynurin.

---

[1]) C l a u s u. M a s s a u, J. pr. **48**, 107.
[2]) S k r a u p, M. **4**, 695.
[3]) B u t l e r o w u. W i s c h n e g r a d s k y, B. **12**, 2094.
[4]) S k r a u p, M. **3**, 557; **6**, 760.

Das *Carbostyril* wurde 1852 von Chiozza[1]) durch Reduktion der o-Nitrozimtsäure dargestellt und ist daher das innere Anhydrid der o-Amidozimtsäure:

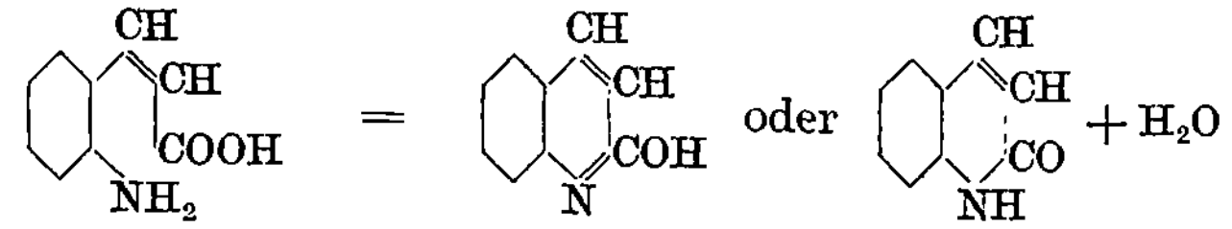

$$
\begin{array}{ccccc}
\text{CH} & & \text{CH} & & \text{CH} \\
\text{CH} & & \text{CH} & \text{oder} & \text{CH} \\
\text{COOH} & = & \text{COH} & & \text{CO} \quad + \text{H}_2\text{O} \\
\text{NH}_2 & & \text{N} & & \text{NH}
\end{array}
$$

o-Amidozimtsäure   Carbostyril.

Eine sehr glatt verlaufende Synthese des Carbostyrils besteht in der Einwirkung von Chlorkalk oder freier unterchloriger Säure auf Chinolin [Einhorn und Lauch, Erlenmeyer und Rosenhek, Roos[2])]; auch bildet es sich durch Erhitzen des α-Chlorchinolins und α-Bromchinolins bzw. der α-Chinolinsulfosäure mit Wasser [Friedländer und Ostermaier, Claus und Pollitz, Besthorn und Geisselbrecht[3])]. Ferner entsteht es durch Wasserabspaltung aus dem Acetylamino-o-benzaldehyd:

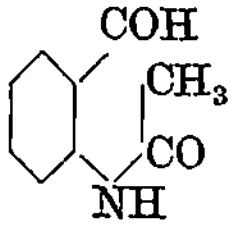

$$
\begin{array}{c}
\text{COH} \\
\text{CH}_3 \\
\text{CO} \\
\text{NH}
\end{array}
$$

mit Hilfe von Alkali [Camps[4])]. Es krystallisiert mit einem Molekül Wasser in Prismen, die wasserfrei bei 201° schmelzen.

Das *β-Oxychinolin* entsteht aus der Diazoverbindung des β-Amino-chinolins [Mills und Watson[5])] in entsprechender Weise wie das γ-Oxychinolin (s. u.). Farblose Nadeln, Fp. 198°, löslich in Säuren und Alkalien.

Das *Kynurin (γ-Oxychinolin)* wurde 1872 von Schmiedeberg und Schultzen[6]) gewonnen durch Erhitzen der Kynurensäure, welche 1853 von Liebig im Hundeharn entdeckt wurde [vgl. v. Niementowsky und Sucharda[7])]. Es entsteht auch bei der Oxydation des Cinchonins, des Allocinchonins, des Cinchonidins und der Cinchoninsäure mit Chromsäure [Skraup, Skraup und Zwerger[8])].

Das Kynurin ist ferner aus der Cinchoninsäure nach verschiedenen Methoden gewonnen worden. Die Cinchoninsäure läßt sich nämlich in glatter Reaktionsfolge zum Alkylkynurin überführen, das durch konzentrierte Salzsäure die Alkylgruppe abspaltet und das Kynurin bildet [Wenzel[9])]. Ferner läßt sich das Kynurin aus dem Cinchonin-

[1]) Chiozza, A. **83**, 118.

[2]) Einhorn u. Lauch, B. **19**, 53; A. **243**, 342. — Erlenmeyer u. Rosenhek, B. **18**, 3295; **19**, 489. — Roos, B. **21**, 619.

[3]) Friedländer u. Ostermaier, B. **15**, 335. — Claus u. Pollitz, J. pr. **41**, 41. — Besthorn u. Geisselbrecht, B. **53**, 1017.

[4]) Camps, A. Pharm. **237**, 659.

[5]) Mills u. Watson, Soc. **97**, 741.

[6]) Schmiedeberg u. Schultzen, A. **164**, 158.

[7]) v. Niementowsky u. Sucharda, J. pr. **94**, 113.

[8]) Skraup, M. **7**, 517; **9**, 783; **10**, 726. — Skraup u. Zwerger, M. **23**, 459.

[9]) Wenzel, M. **15**, 453.

säureamid durch Einwirkung von Natriumhypobromit synthetisieren, indem hierbei zunächst γ-Aminochinolin entsteht, das bei der Diazotierung in Kynurin übergeht [Claus und Howitz[1])]:

CONH$_2$ NH$_2$ OH

Cinchoninsäureamid. γ-Aminochinolin.   Kynurin.

Weiterhin läßt sich das Kynurin synthetisieren aus dem *Formyl-o-Aminoacetophenon* durch Alkalieinwirkung [Camps[2])]:

CO   CO   OH

Das Kynurin krystallisiert in Prismen mit drei Molekülen Wasser. Fp. 201°.

VI. Methylchinoline.

$$C_{10}H_9N - C_9H_6N(CH_3).$$

Alle sieben theoretisch möglichen Methylchinoline sind bekannt. Vier von diesen isomeren Basen, die die Methylgruppe im *Benzolring* des Chinolins haben, bezeichnet man gewöhnlich als *Toluchinoline.*

Die *Toluchinoline* sind von Skraup und seinen Mitarbeitern[3]) dargestellt, indem er im bekannten Chinolin-Darstellungsverfahren das Anilin durch die drei Toluidine ersetzte. Es sind Flüssigkeiten von chinolinartigem Geruch, die überhaupt in ihren Haupteigenschaften dem Chinolin sehr nahe stehen. Bei der Oxydation entstehen daraus zuerst die Chinolinmonocarbonsäuren, dann weiterhin die Chinolinsäure.

1. Das *o-Toluchinolin* siedet bei 248° (751 mm).

2. Das *p-Toluchinolin* siedet bei 257—258° (745 mm).

3. Das *m-Toluchinolin* siedet bei 259,7° (747 mm).

Diese letztere Base bildet das Hauptprodukt bei der Einwirkung von Glycerin auf m-Toluidin. Skraup bewies die meta-Stellung der Methylgruppe in dieser Verbindung dadurch, daß er sie durch Oxydation in die m-Chinolincarbonsäure überführen konnte (S. 94).

4. Das vierte *a-Toluchinolin*, stark riechende Flüssigkeit, brennender Geschmack (Kp.$_{735}$ 253—255° korr.), bildet sich als Nebenprodukt bei der Darstellung des m-Toluchinolins. Es ist von Gattermann und Kaiser[4]) synthetisiert worden, indem sie das p-Chlor-m-Toluidin der

---

[1]) Claus u. Howitz, J. pr. **50**, 232.
[2]) Camps, B. **34**, 2709.
[3]) Skraup, M. **2**, 153; **3**, 381; **7**, 139.
[4]) Gattermann u. Kaiser, B. **18**, 2602, 3245; vgl. Lellmann u. Alt, A. **237**, 307.

Skraupschen Synthese unterwarfen. In dieser Verbindung ist nur eine zur Amidogruppe stehende Nachbarstellung frei, so daß der Chinolinringschluß nach dieser Richtung hin zwangsweise verlaufen muß.

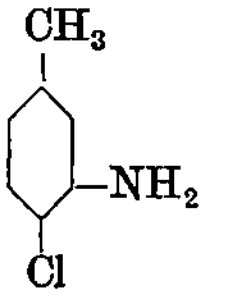

p-Chlor-m-Toluidin. 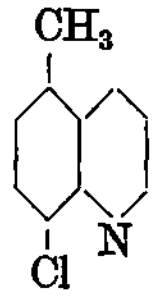   o-Chlor-a-Toluchinolin.

Beim Behandeln dieser letzteren Verbindung mit Jodwasserstoffsäure wird das Chloratom durch Wasserstoff ersetzt.

Auf demselben Bildungsprinzip beruhend wurde das m-Amino-p-Tolunitril

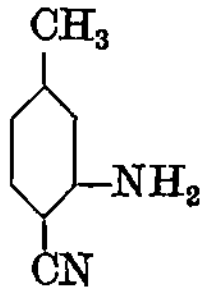

mittels der Skraupschen Synthese in die *ana-Methyl-o-Chinolincarbonsäure* übergeführt, welche bei der Destillation über Kalk unter CO_2-Entwicklung a-Toluchinolin bildet [v. Jakubowski[1])].

Das *o-p-Dimethylchinolin* steht in gewisser Beziehung zu dem Alkaloid *Cytisin* (s. dort).

Die folgenden Methylchinoline enthalten die Alkylgruppe im Pyridinring.

5. *Chinaldin* (α-Methylchinolin):

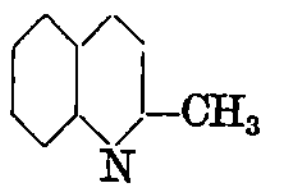

Das Chinaldin findet sich neben dem Chinolin im Steinkohlenteer [Jacobsen und Reimer[2])]. Es bildet sich auch aus Alkohol und Nitrobenzol beim langen Stehen im Sonnenlicht [Ciamician und Silber[3])]. Es ist eine Flüssigkeit vom Kp. 247°.

Doebner und v. Miller[4]) synthetisierten es 1881 nach einer Methode, die sich an die Skraupsche Chinolinsynthese (S. 76) anlehnt, indem sie das Glycerin durch Glykol ersetzten. Sie bemerkten dann aber bald, daß das Glykol hierbei vorteilhaft durch Acetaldehyd vertreten werden könnte, daß auch der Zusatz von Nitrobenzol überflüssig wäre, da der zur Reaktion nötige Sauerstoff vom Acetaldehyd geliefert würde; kurz, als beste Darstellungsmethode für Chinaldin erwies es sich, ein Gemisch von Anilin, Paraldehyd und konzentrierter Salzsäure auf dem Wasserbade zu erwärmen.

---

[1]) v. Jakubowski, B. **43**, 3026.
[2]) Jacobsen u. Reimer, B. **16**, 1082.
[3]) Ciamician u. Silber, B. **38**, 3813.
[4]) Doebner u. v. Miller, B. **14**, 2812; **15**, 3075; **16**, 2464; **17**, 1698; **18**, 1646; **24**, 1720; **25**, 2072.

Der Mechanismus dieser Reaktion ist noch nicht ganz aufgeklärt [Blaise und Maire[1])], wahrscheinlich ist er analog der Skraupschen Synthese, indem zuerst unter dem wasserentziehenden Einfluß der konzentrierten Salzsäure sich zwei Moleküle Acetaldehyd zum Crotonaldehyd kondensieren; dieser verbindet sich dann mit dem Anilin zum Crotonylenanilin, welches unter Abgabe zweier Wasserstoffatome Chinaldin bildet:

I. $2\ CH_3\!-\!CHO \quad = \quad CH_3CH\!=\!CH\!-\!CHO + H_2O$.

    Acetaldehyd.   Crotonaldehyd.

II. $C_6H_5NH_2 + CHO\!-\!CH\!=\!CH\!-\!CH_3$

    Anilin.   Crotonaldehyd

$$= \quad C_6H_5N\!=\!CH\!-\!CH\!=\!CH\!-\!CH_3 + H_2O\,.$$

                   Crotonylen-Anilin.

III. (Strukturformel Crotonylen-Anilin) $+ O = $ (Strukturformel Chinaldin) $+ H_2O$

    Crotonylen-Anilin.   Chinaldin.

Skraup[2]) konnte übrigens auch zum Chinaldin gelangen durch Erhitzen von Anilin, Crotonaldehyd, Nitrobenzol und Schwefelsäure.

Diese Synthese von Doebner und v. Miller ist ebenso wie das Skraupsche Verfahren allgemein anwendbar; beim Ersatz des Anilins durch andere aromatische Amine oder des Acetaldehyds durch andere Aldehyde oder Ketone läßt sich eine große Zahl von Chinolinderivaten darstellen.

Das Chinaldin ist ferner auf verschiedenen synthetischen Wegen dargestellt, von denen wir folgende hervorheben:

1. Durch Erhitzen der Milchsäure mit Anilin und Chlorzink oder mit einem Gemenge von Anilin, Nitrobenzol und Schwefelsäure [Wallach und Wüsten[3]), Pictet und Duparc[4])]. Diese Reaktion ist eine Modifikation der Doebner - Millerschen Synthese, da die Milchsäure hierbei in Aldehyd und Ameisensäure zerfällt.

2. Durch Kondensation des o-Amidobenzaldehyds mit Aceton [Friedländer und Gohring[5]); vgl. Drewsen[6])]. Diese Chinaldinsynthese unterscheidet sich von der Friedländerschen Chinolinsynthese nur in dem Ersatz des Aldehyds durch Aceton, d. h. durch den methylierten Aldehyd.

(Strukturformel o-Amidobenzaldehyd) $+\ CH_3\!-\!CO\!-\!CH_3 = $ (Strukturformel Chinaldin) $+ 2\,H_2O$

    o-Amido-benzaldehyd.   Chinaldin.

---

[1]) Blaise u. Maire, Bl. (4) **3**, 667.
[2]) Skraup, B. **15**, 897.
[3]) Wallach u. Wüsten, B. **16**, 2007.
[4]) Pictet u. Duparc, B. **20**, 3415.
[5]) Friedländer u. Gohring, B. **16**, 1833.
[6]) Drewsen, B. **16**, 1953.

3. Durch Erhitzen von Äthylacetanilid mit Chlorzink auf 250°
[Pictet und Bunzl[1])].

4. Durch Erhitzen des Benzylidenacetoxims mit Phosphorsäureanhydrid [Burstin[2])]:

$$\begin{array}{c} CH \\ \diagdown CH \\ \diagup C - CH_3 \\ N \\ OH \end{array}$$

5. Durch Behandlung des Bromchinaldins mit Phosphor und Jodwasserstoffsäure. Das Bromchinaldin wird aus Methylketol durch Erhitzen mit Bromoform und Natriumalkoholat erhalten, in analoger
Reaktion wie aus Pyrrol Pyridin entsteht [Magnanini[3])].

Weitere Bildungsweisen für Chinaldin sind von v. Walther[4]) und
von Heller und Sourlis[5]) angegeben.

Die Konstitution des Chinaldins wird dadurch bewiesen, daß es
bei der Oxydation mit Kaliumpermanganat Acetylanthranilsäure bildet:

$$\begin{array}{ccc} -CH = CH & & -COOH \\ -N = C - CH_3 & \longrightarrow & -NH - CO - CH_3 \end{array}$$

Chinaldin.   Acetylanthranilsäure.

Chromsäure wirkt auf Chinaldin anders ein; es entsteht Chinaldinsäure (α-Chinolincarbonsäure) [Doebner und v. Miller[6])].

Wie alle Pyridinverbindungen, die in der α-Stellung eine Methylgruppe haben, so reagiert auch das Chinaldin leicht mit Aldehyden
und Ketonen unter Bildung von Kondensationsprodukten zu Alkinen,
die leicht Wasser abspalten [Jacobsen und Reimer[7]), Wallach und
Wüsten[8]), Methner[9]), Königs[10]), Königs und Mengel[11])]:

$$-CH_3 + OCH - C_6H_5 = -CH = CH - C_6H_5 + H_2O$$

Chinaldin   Benzaldehyd   Benzylidenchinaldin.

Die α-Methylgruppe im Chinaldin reagiert auch charakteristischer-
weise mit Phthalsäureanhydrid unter Bildung von Chinophthalonen,
unterschiedlich von der dazu nicht fähigen γ-Methylgruppe im Lepidin
(γ-Methylchinolin) [Eibner[12])].

[1]) Pictet u. Bunzl, B. **22**, 1847.
[2]) Burstin, M. **34**, 1443.
[3]) Magnanini, B. **20**, 2608; **21**, 1940.
[4]) v. Walther, J. pr. (2) **67**, 504.
[5]) Heller u. Sourlis, B. **41**, 2692.
[6]) Doebner u. v. Miller, B. **15**, 3075; **16**, 2472.
[7]) Jacobsen u. Reimer, B. **16**, 513, 1082, 1892, 2602, 2942.
[8]) Wallach u. Wüsten, B. **16**, 2007.
[9]) Methner, B. **27**, 2689.
[10]) Königs, B. **32**, 223.
[11]) Königs u. Mengel, B. **31**, 1322.
[12]) Eibner, B. **37**, 3605.

6. *β-Methylchinolin*:

Das β-Methylchinolin wurde 1884 von Kugler auf folgendem Wege dargestellt. Indem bei dem Doebner-Millerschen Verfahren[1] der Acetaldehyd durch den Propionaldehyd ersetzt wurde, bildete sich zunächst das *β-Methyl-α-Äthylchinolin*:

Bei der Oxydation mit Chromsäure wird dessen Äthylgruppe zuerst angegriffen und in Carboxyl verwandelt. So entsteht eine Säure, deren Kalksalz bei der trockenen Destillation das β-Methylchinolin liefert, denn durch Oxydation bildet sich daraus die β-Chinolincarbonsäure (S. 95).

Miller und Kinkelin[2] erhielten dasselbe β-Methylchinolin direkt durch Erhitzen eines Gemenges von Anilin, Propionaldehyd, Formaldehyd (Methylal) mit Salzsäure.

Ferner bildet sich β-Methylchinolin nach der Methode von Friedländer (s. S. 76) aus o-Amidobenzaldehyd und Propionaldehyd in Gegenwart von Alkali [Königs und Bischkopff[3]]. Die beste Darstellungsart für β-Methylchinolin besteht aber durch Erhitzen dieser Komponenten auf 220° ohne Anwendung von Kali [Wislicenus und Elvert[4]].

Fernere Bildungsweisen von β-Methylchinolin vgl. Heller und Tischner[5].

Das β-Methylchinolin krystallisiert in Prismen, Fp. 10—14° Kp.$_{735}$ 252—254°.

7. *Lepidin* (γ-Methylchinolin):

Diese Base wurde 1855 von Williams aus den Destillationsprodukten des Cinchonins mit Kali isoliert. Im folgenden Jahr zog derselbe Forscher[6] aus dem Steinkohlenteer eine Base von der gleichen Zusammensetzung, die er mit dem Lepidin für isomer hielt und *Iridolin* benannte. Später wurden beide Verbindungen identisch befunden und als γ-Methylchinolin erkannt. Kp.$_{742}$ 258—260° korr.

---

[1] Doebner u. v. Miller, B. 17, 1712; 18, 1640.
[2] v. Miller u. Kinkelin, B. 20, 1916.
[3] Königs u. Bischkopff, B. 34, 4327.
[4] Wislicenus u. Elvert, B. 42, 1144.
[5] Heller u. Tischner, B. 43, 1907.
[6] Williams, J. 1855, 550; 1856, 536; 1863, 431.

Das Lepidin ist ferner erhalten worden:

1. Beim Erhitzen des Cinchonins mit Bleioxyd [Hoogewerff und van Dorp[1])].

2. Durch Erhitzen von Cinchen und Dihydrocinchen, Abbauprodukten des Cinchonins, mit Phosphorsäurelösung auf 180° oder Essigsäure auf 200° [Königs[2])]; glatte Gewinnung aus dem Cinchonin.

3. Durch Destillation der Tetrahydrocinchoninsäure (Reduktionsprodukt der Cinchoninsäure, S. 96) über Zinkstaub [Weidel[3])].

4. Bei der Destillation des α-Oxylepidins — durch Kondensation von Anilin mit Acetessigester entstanden — über Zinkstaub [Knorr[4])].

5. Bei der Kondensation des o-Aminoacetophenons mit Paraldehyd durch Natronlauge [O. Fischer[5])].

6. Durch Kondensation von Anilin, Aceton und Formaldehyd (oder Methylal) mittels Salzsäure [Beyer[6])].

7. Beim Überleiten von Acetylen und Anilindampf über Tonerde bei 360—420° [Tschitschibabin[7])].

Die beste Darstellung für Lepidin geschieht durch Erhitzen der *Lepidin-α-carbonsäure*, welche hierbei Kohlensäure glatt abspaltet [Königs und Mengel[8])]:

$$\text{Lepidin-α-carbonsäure} \longrightarrow \text{Lepidin} + CO_2$$

Die Lepidin-α-carbonsäure entsteht aus dem $\alpha\gamma$-Dimethylchinolin über das Alkin — durch Formaldehydkondensation — und Oxydation desselben mit Salpetersäure:

$$\text{$\alpha\gamma$-Dimethylchinolin} \xrightarrow{+ CH_2O} \text{α-Äthanollepidin} (-CH_2-CH_2OH)$$

α-Äthanollepidin.

Die Konstitution des Lepidins ist dadurch bestimmt, daß es bei der Oxydation mit Chromsäure Cinchoninsäure (γ-Chinolincarbonsäure, S. 96) liefert. Leichter verläuft diese Oxydation mit dem Lepidinalkin statt mit dem Lepidin selber.

Oxydiert man aber das Lepidin mit Kaliumpermanganat, so wird nicht die Methylgruppe zuerst angegriffen, sondern der Benzolring aboxydiert, und es entstehen nacheinander die Lepidinsäure (γ-Methyl-

---

[1]) Hoogewerff u. van Dorp, R. **2**, 1; B. **13**, 1639; **16**, 1381.
[2]) Königs, B. **23**, 2669; **27**, 900, 1501, 2290.
[3]) Weidel, M. **3**, 75.
[4]) Knorr, B. **16**, 2593; A. **236**, 69.
[5]) O. Fischer, J. **1885**, 1013.
[6]) Beyer, J. pr. **32**, 125; **33**, 393.
[7]) Tschitschibabin, Russ. Chem. Ges. **47**, 703.; C. **1916**, I, 921.
[8]) Königs u. Mengel, B. **37**, 1322.

chinolinsäure), die α-Carbocinchomeronsäure und die Cinchomeronsäure:

Lepidin.   Lepidinsäure. α-Carbocinchomeronsäure.   Cinchomeronsäure.

Ein *Tribromoxylepidin* von unbekannter Konstitution entsteht nach
Comstock und Königs[1]) bei der Einwirkung von Brom auf die
sirupösen Oxydationsprodukte des Cinchonins und Cinchens.

Das *p-Methoxylepidin*, krystallisiert mit einem Molekül Wasser in
Nadeln (Fp. 50—52°):

wurde von Königs[2]) durch Behandlung des Chinins mit Kali und
des Cinchens durch Erhitzen mit Phosphorsäure auf 180° erhalten
und von Pictet und Misner[3]) synthetisiert durch Kondensation von
p-Anisidin, Aceton und Methylal in Gegenwart von Salzsäure [vgl.
Königs und Mengel[4])].

Das *α-Methyllepidin* ($\alpha\gamma$-Dimethylchinolin):

entsteht aus dem Acetylacetonanilid:

durch Einwirkung konzentrierter Schwefelsäure [Combes[5])]. Bei
der Oxydation geht es in die *α-Methylcinchoninsäure* (Aniluvitonin-
säure) über. Die beiden Methylgruppen des $\alpha\gamma$-Dimethylchinolins
zeigen gegen Formaldehyd eine charakteristische verschiedene Beweglichkeit; die α-Gruppe ist hierbei reaktionsfähiger [Königs und
Mengel[4])].

[1]) Comstock u. Königs, B. **17**, 1984.
[2]) Königs, B. **23**, 2669; **27**, 900.
[3]) Pictet u. Misner, B. **45**, 1800.
[4]) Königs u. Mengel, B. **37**, 1322.
[5]) Combes, Bl. **49**, 90.

VII. Phenylchinoline.

$$C_{15}H_{11}N - C_9H_6N(C_6H_5) \,.$$

Wie alle Monosubstitutionsderivate des Chinolins in sieben isomeren Formen auftreten können, so sind auch sieben Phenylchinoline theoretisch möglich.

Von diesen sind gegenwärtig fünf bekannt, zwei, deren Phenylgruppe im Benzolring steht, und alle drei im Pyridinring phenylierte.

1. 2. Das *o-Phenylchinolin* und das *p-Phenylchinolin*:

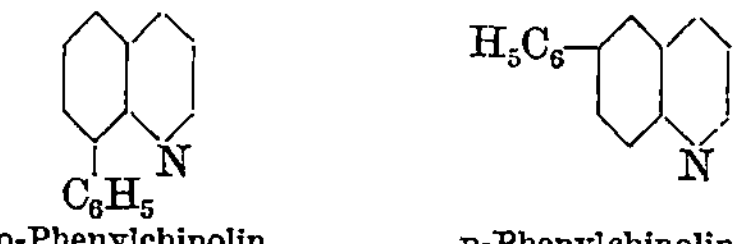

o-Phenylchinolin.   p-Phenylchinolin.

sind nach der Skraupschen Synthese vom o- resp. p-Aminodiphenyl ausgehend dargestellt worden [La Coste und Sorger[1]]. Die o-Verbindung ist eine Flüssigkeit vom Kp.$_{66}$ 270—276°, die p-Verbindung krystallisiert in Blättchen vom Fp. 110—111° und siedet bei normalem Luftdruck über 360°.

3. Das *α-Phenylchinolin*:

ist auf mehrere den Chinaldinsynthesen analoge Methoden erhalten:

Kondensation des Anilins mit Zimtaldehyd und Nitrobenzol durch Schwefelsäure [Grimaux[2]] oder durch Salzsäure [Doebner und v. Miller[3]].

Kondensation des Acetophenons mit o-Aminobenzaldehyd [Friedländer und Gohring[4]] oder mit Formanilid [Pictet und Barbier[5]].

Reduktion des o-Nitrobenzylidenacetophenons mit Salzsäure und Zinnchlorür [Goldschmidt[6]].

Es krystallisiert aus Alkohol in Nadeln (Fp. 84°, Kp. 363°). Durch Oxydation geht es in die Benzoylanthranilsäure (vgl. S. 86) über.

Das α-Phenylchinolin läßt sich auch direkt aus Chinolin mittels der Grignardschen Synthese bei der Einwirkung von Phenylmagnesiumbromid auf Chinolin gewinnen [Oddo[7]]. Läßt man Phenylmagnesiumbromid auf Chinolinjodmethylat reagieren, so bildet sich *N-Methyl-α-phenyldihydro-chinolin* [Freund[8]], welches durch Jod oxydiert das

[1] La Coste u. Sorger, B. **15**, 562; A. **230**, 1.
[2] Grimaux, C. r. **96**, 584.
[3] Doebner u. v. Miller, B. **16**, 1664; **19**, 1194.
[4] Friedländer u. Gohring, B. **16**, 1833.
[5] Pictet u. Barbier, Bl. (3) **13**, 26.
[6] Goldschmidt, B. **28**, 986.
[7] Oddo, C. **1907**, I, 1593; II, 73.
[8] Freund, B. **37**, 4668.

Jodmethylat des α-Phenylchinolins liefert [Kauffmann und Plāy Janini[1])]:

$$C_6H_5MgBr \qquad 2\,J$$

4. Das *β-Phenylchinolin*:

bildet sich bei der Kondensation des o-Aminobenzaldehyds mit Phenyl-acetaldehyd durch Natronlauge [Friedländer und Gohring[2])].

Es entsteht auch aus der *β*-Phenylcinchoninsäure durch Kohlen-säureabspaltung. Fp. 52° [Hübner[3])].

5. Das *γ-Phenylchinolin*:

interessiert uns von allen seinen Isomeren am meisten, da es sich unter den Abbauprodukten des Chinins auffand. Nadeln vom Fp. 61 bis 62°.

Das *γ*-Phenylchinolin wird durch Erhitzen der *γ*-Phenylchinaldin-säure:

über ihren Schmelzpunkt (171°) unter Abspaltung der Carboxylgruppe erhalten.

Zu der *γ-Phenylchinaldinsäure* gelangt man durch Oxydation des *γ-Phenylchinaldins*:

und dieses letztere kann leicht nach verschiedenen Methoden erhalten werden, die der Chinaldinsynthese nachgebildet sind:

[1]) Kauffmann u. Plāy Janini, B. 44, 2670.
[2]) Friedländer u. Gohring, B. 16, 1833.
[3]) Hübner, B. 41. 482.

1. Durch die kondensierende Einwirkung alkoholischen Kalis auf ein Gemenge von o-Aminobenzophenon und Aceton [Königs und Geigy[1])].

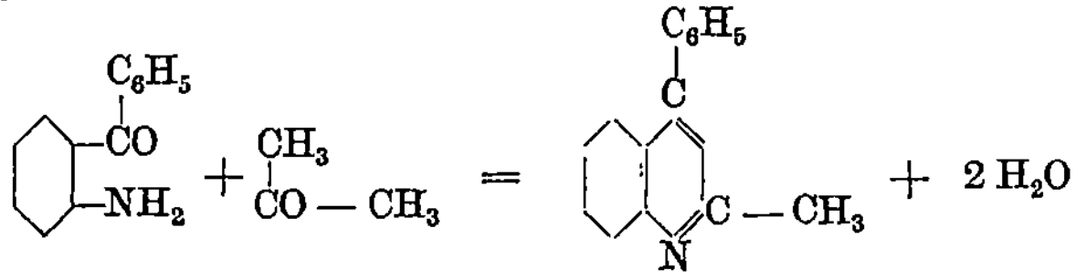

$$\text{Aminobenzophenon} + \text{Aceton} = \text{Phenylchinaldin} + 2\,H_2O$$

2. Durch Kondensation von Anilin mit Acetophenon und Paraldehyd mittels Salzsäure [Beyer[2])].

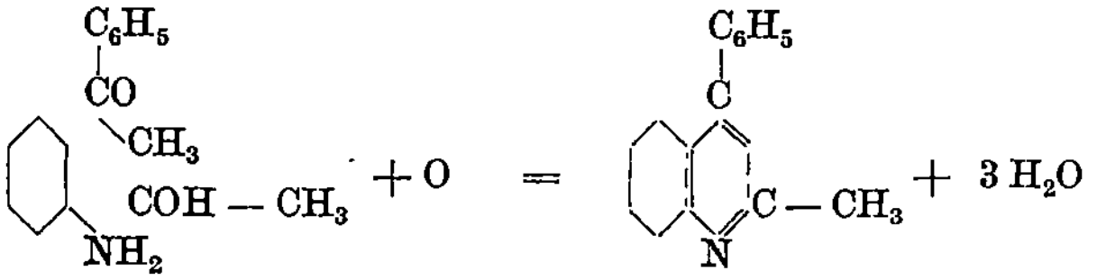

$$+ O = + 3\,H_2O$$

3. Aus dem Benzoylacetonanilid durch Schwefelsäureeinwirkung [Beyer[3])].

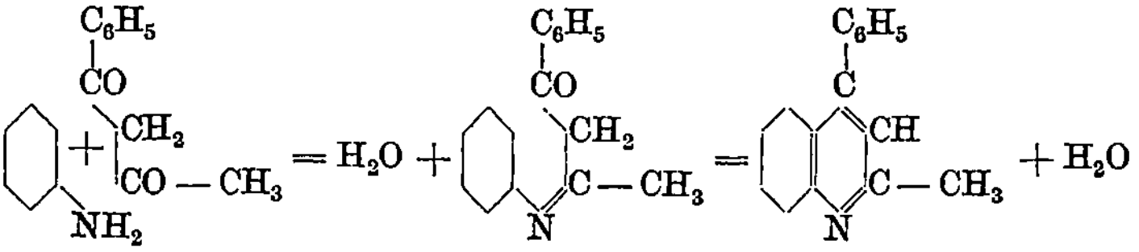

$$= H_2O + \quad = H_2O + H_2O$$

Das Phenylchinaldin krystallisiert in tafelförmigen Krystallen, die bei 100° schmelzen. Durch Chromsäureeinwirkung wird es, wie erwähnt, zur γ-Phenylchinaldinsäure (γ-Phenylchinolin-α-carbonsäure) oxydiert.

Oxyphenylchinoline oder Chinolinphenole. — Im Jahre 1893 erhielt Königs[4]) bei der trockenen Destillation des Silbersalzes der Äthyl-homoapocinchensäure (einem Zersetzungsprodukt des Cinchonins) eine Verbindung von der Formel $C_{17}H_{15}NO$ (Fp. 80—81°), die sich durch ihr Verhalten als der Äthyläther eines Phenols charakterisierte. Beim Erhitzen mit Bromwasserstoffsäure zersetzte sie sich nämlich in Äthylbromid und einen Körper $C_{15}H_{11}NO$ (Fp. 208°), der alle Eigenschaften eines Phenols besaß. Bei der Oxydation entstand aus diesem die Cinchoninsäure (γ-Chinolincarbonsäure). Aus diesen Beobachtungen folgt, daß die eine der in Frage stehenden Verbindungen das Äthoxyderivat der anderen war, und diese letztere eine Hydroxylverbindung des γ-Phenylchinolins sein mußte, ferner, daß beide substituierende Gruppen in dem Phenylradikal und nicht im Chinolinring standen.

---

[1]) Königs u. Geigy, B. **18**, 2400.
[2]) Beyer, J. pr. **33**. 393.
[3]) Beyer, B. **20**, 1767.
[4]) Königs, B. **26**, 713.

Königs legte ihnen daher folgende Formeln bei und bezeichnete sie als *γ-Chinolinphenetol* und *γ-Chinolinphenol* (oder *γ*-Phenolchinolin).

$$C_6H_4 - OC_2H_5 \qquad C_6H_4 - OH$$

Die Konstitution dieser beiden Verbindungen war lange Zeit nicht bekannt, denn jeder der obigen Formeln entsprechen drei Isomere, je nach der Stellung der OC_2H_5- resp. OH-Gruppe zum $γ$-Kohlenstoffatom des Chinolins.

In der Tat erhielten Königs und Nef ein Gemisch dieser drei Isomeren, als sie das Phenolchinolin vom Phenylchinolin ausgehend — durch Einführung einer Nitrogruppe und darauffolgendem Ersatz derselben durch Hydroxyl — synthetisieren wollten. Das eine dieser Isomeren zeigte sich auch identisch mit dem aus dem Cinchonin stammenden Phenolchinolin; aber diese Synthese, welche wohl die Richtigkeit der bisherigen Resultate bestätigte, trug nichts Neues über die Stellung der Hydroxylgruppe bei.

Diese Frage wurde indessen durch eine übersichtliche Synthese des Phenolchinolins gelöst, welche Besthorn und Jaeglé[1] durchführten, indem sie von Verbindungen ausgingen, in denen die Stellung der Hydroxylgruppen schon fest bestimmt war. Sie ersetzten nämlich in der Beyerschen Synthese (S. 92, Nr. 3) das Benzoylaceton durch das ortho-, meta- und para-Oxybenzoylaceton. Hierbei zeigte sich nun, daß das mit dem o-Oxybenzoylaceton dargestellte Phenolchinolin mit dem Zersetzungsprodukt des Cinchonins identisch war, während die meta- und para-Isomeren die beiden anderen Phenolchinoline lieferten, die Königs durch Einführung einer Hydroxylgruppe in das Phenylchinolin erhalten hatte.

Das aus dem Cinchonin stammende Phenolchinolin hat demnach folgende Konstitution:

VIII. Chinolinmonocarbonsäuren.

$$C_{10}H_7NO_2 - C_9H_6N(COOH) \, .$$

Die sieben theoretisch möglichen Chinolinmonocarbonsäuren sind bekannt.

Diejenigen Säuren, welche die Carboxylgruppe im Benzolring haben, nennt man *Chinolinbenzcarbonsäuren.* Sie werden dargestellt durch Behandlung der drei Amidobenzoesäuren mit Glycerin und

[1] Besthorn u. Jaeglé, B. **27**, 907, 3035; **28**, Ref. 400.

Schwefelsäure bzw. aus den drei Amidobenzolsulfosäuren durch Überführung derselben in die Chinolinsulfosäuren, darauffolgender Destillation dieser mit Cyankalium und Verseifung der so gebildeten Cyan-
chinoline. Ferner erhält man die Chinolinmonocarbonsäuren auch durch
Oxydation der entsprechenden Alkylchinoline mit Chromsäure [Schlos-
ser und Skraup[1]), Bedall und O. Fischer[2]), O. Fischer und Willmack[3]), O. Fischer und Körner[4]), La Coste[5]), Skraup und
Brunner[6])].

1. Die *o-Chinolincarbonsäure* bildet Nadeln, Fp. 187°.

2. Die *m-Chinolincarbonsäure* tritt ebenfalls in Nadeln auf, die bei
248—249° schmelzen. Sie ist von Skraup und Brunner[6]) durch
Oxydation des m-Toluchinolins mit Chromsäure dargestellt.

3. Die *p-Chinolincarbonsäure* krystallisiert in Blättchen und schmilzt
bei 291—292°.

4. Die *ana-Chinolincarbonsäure* bildet ein Pulver (Fp. 357°). Sie
wird aus der m-Amidobenzoesäure und aus der m-Anilinsulfosäure dargestellt. Nach dieser Darstellungsweise kann die Carboxylgruppe entweder in der meta- oder in der ana-Stellung stehen. Diese Frage ist
in geistreicher Weise von Skraup und Brunner folgendermaßen
gelöst:

Die Amidoterephthalsäure bildet mit Glycerin und Schwefelsäure
behandelt eine Chinolindicarbonsäure, welche die ortho-ana-Verbindung
sein muß:

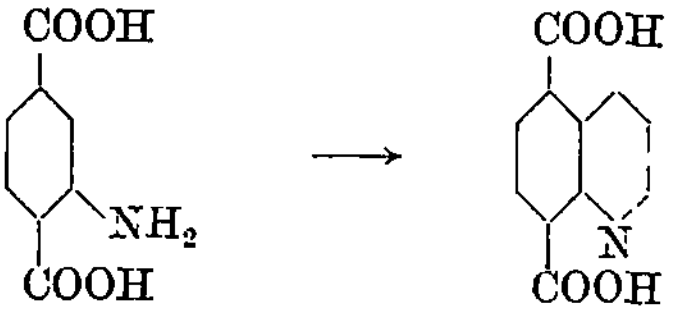

COOH   COOH
⟶
NH₂
COOH   N   COOH
Amidoterephthalsäure.   o-a-Chinolindicarbonsaure.

Nun geht diese Säure bei 270° unter Kohlensäureabspaltung in
zwei Chinolinmonocarbonsäuren über, in die ortho-Säure und in diejenige Säure, die mittels der m-Amidobenzoesäure erhalten wird.
Diese letztere muß daher die ana-Chinolincarbonsäure sein.

Die ana-Chinolincarbonsäure bildet den Ausgangspunkt einer
feineren, bisher noch nicht aufgeklärten Isomerie in der Chinolinreihe.

Die ursprünglich von Schlosser und Skraup (l. c.) aus m-Amidobenzoesäure hergestellte Säure schmilzt bei 357°; Skraup und Brunner (l. c.) bestätigten diesen Schmelzpunkt. Lellmann und Alt[7])
aber erhielten bei einer kleinen Modifikation der Arbeitsweise von
Schlosser und Skraup eine Säure vom Fp. 338°, die *Pseudo-Chinolin-
ana-carbonsäure*, und genau diese letztere Säure gewannen auch

[1]) Schlosser u. Skraup, M. 2, 519.
[2]) Bedall u. O. Fischer, B. 14, 2574; 15, 683.
[3]) O. Fischer u. Willmack, B. 17, 440.
[4]) O. Fischer u. Körner, B. 17, 765.
[5]) La Coste, B. 15, 196.
[6]) Skraup u. Brunner, M. 7, 139.
[7]) Lellmann u. Alt, A. 237, 307.

v. Jakubowski und v. Niementowski[1]) aus ana-Methylchinolin durch Chromsäureeinwirkung.

Es wäre nicht ganz ausgeschlossen, daß hier eine cis-trans-Isomerie vorliegt.

Die drei folgenden Chinolinmonocarbonsäuren enthalten die Carboxylgruppe im Pyridinring.

5. *Chinaldinsäure* (α-Chinolincarbonsäure):

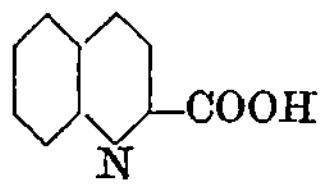

Doebner und v. Miller[2]) erhielten die Chinaldinsäure durch Oxydation des Chinaldins (s. S. 84) mittels Chromsäure; glatter verläuft diese Oxydation aus dem Chinaldinalkin, das aus dem Chinaldin durch Formaldehydeinwirkung entsteht [Besthorn und Ibele[3])]. Die Chinaldinsäure entsteht ferner durch Oxydation des α-Äthylchinolins [Reher[4])]. Auch aus dem Chinolin selber gelangt man zur Chinaldinsäure, indem man dasselbe mit Benzoylchlorid in wässeriger Cyankalilösung behandelt und das hierbei entstehende *N-Benzoyl-α-Cyan-Δβ Dihydrochinolin*

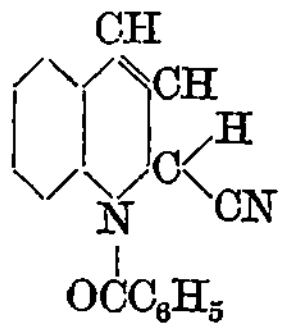

durch Mineralsäuren spaltet, wobei es in Chinaldinsäure und Benzaldehyd zerfällt [Reissert[5])].

Sie krystallisiert mit zwei Molekülen Wasser in Nadeln, die bei 157° schmelzen und sich bei höherer Temperatur in Chinolin und Kohlensäure zersetzen. Mit Kaliumpermanganat oxydiert, entsteht aus der Chinaldinsäure die Carboisocinchomeronsäure (S. 70).

6. *β-Chinolincarbonsäure.*

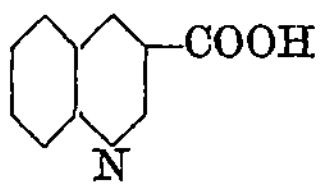

Graebe und Caro[6]) erhielten 1880 durch Oxydation des Acridins mit Kaliumpermanganat eine Dicarbonsäure des Chinolins, die *Acridinsäure*:

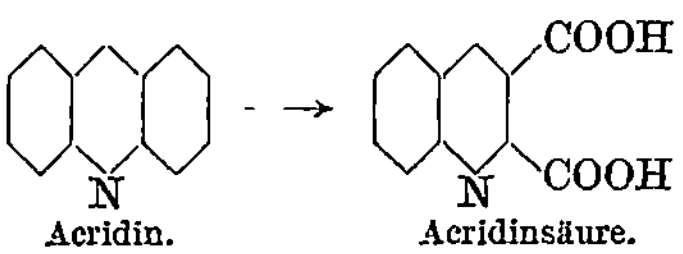

Acridin.   Acridinsäure.

[1]) v. Jakubowski u. v. Niementowski, B. **42**, 634; v. Jakubowski, B. **43**, 3026.

[2]) Doebner u. v. Miller, B. **16**, 2472; **24**, 1900.

[3]) Besthorn u. Ibele, B. **39**, 2329.

[4]) Reher, B. **19**, 2995.

[5]) Reissert, B. **38**, 1603.

[6]) Graebe u. Caro, B. **13**, 100.

Erhitzt man diese auf 120—130°, so verliert sie ein Molekül Kohlensäure und bildet eine einbasische Säure (Fp. 273°), welche die α- oder die β-Chinolinmonocarbonsäure sein muß. Da wir nun oben die Chinaldinsäure als α-Verbindung erkannt haben, so muß die von Graebe und Caro aufgefundene Säure die β-Chinolincarbonsäure sein.

Diese bildet sich ferner auch durch Oxydation des β-Methylchinolins [Doebner und v. Miller[1])] und des β-Äthylchinolins [Riedel[2])] mittels Chromsäure, wie auch durch Reduktion der α-Chlorchinolin-β-carbonsäure [Mills und Watson[3])]. Mit Kaliumpermanganat behandelt, entsteht aus der β-Chinolincarbonsäure die Carbodinicotinsäure (S. 71).

7. *Cinchoninsäure* (γ-Chinolincarbonsäure).

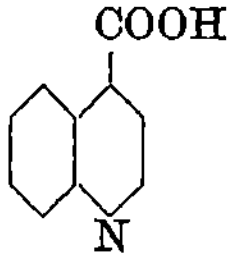

Die Cinchoninsäure wurde 1870 von Caventou und Willm[4]) in den Oxydationsprodukten des Cinchonins mit Kaliumpermanganat aufgefunden. Weidel[5]) und Königs[6]) erhielten sie ebenfalls durch Behandlung desselben Alkaloids mit Salpetersäure oder Chromsäure.

Sie entsteht auch aus anderen Chinaabkömmlingen[7]); ferner durch Oxydation des Lepidins [Weidel[8]), Hoogewerff und van Dorp[9])], des γ-Äthylchinolins [Reher[10])] und am leichtesten aus dem Lepidinalkin [Königs und Mengel[11])].

Synthetisch gewinnt man die Cinchoninsäure aus Isatinsäure und Acetaldoxim [Pfitzinger[12])].

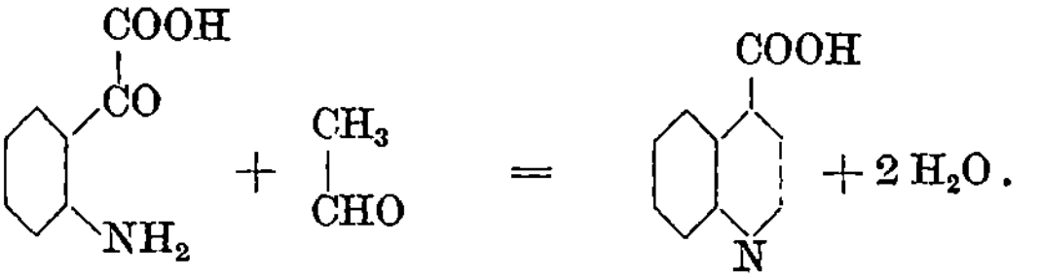

Isatinsäure   Acetaldehyd   Cinchoninsäure.

Auch aus dem Chinolin selber kann man die Cinchoninsäure folgendermaßen aufbauen. Behandelt man Chinolinjodmethylat mit Cyankalium

---

[1]) Doebner u. v. Miller, B. **18**, 1640.
[2]) Riedel, B. **16**, 1609.
[3]) Mills u. Watson, Soc. **97**, 741.
[4]) Caventou u. Willm, A. Suppl. **7**, 247.
[5]) Weidel, A. **173**, 76.
[6]) Königs, B. **12**, 97.
[7]) Skraup, B. **12**, 230; M. **10**, 220. — Forst u. Böhringer, B. **14**, 436; **15**, 519. — Königs, B. **17**, 1984; **26**, 713; **27**, 900. — Claus u. Weller, B. **14**, 1921. — Freund u. Rosenstein, A. **277**, 277. — Schniderschitsch, M. **10**, 51. — Strache, M. **10**, 642. — Skraup u. Zwerger, M. **23**, 455. — Skraup, M. **24**, 294. — Rabe, B. **41**, 62. — Rabe u. Ritter, B. **38**, 2770.
[8]) Weidel, M. **3**, 79.
[9]) Hoogewerff u. van Dorp, R. **2**, 1.
[10]) Reher, B. **19**, 2995.
[11]) Königs u. Mengel, B. **37**, 1322.
[12]) Pfitzinger, J. pr. (2) **66**, 263.

in wässeriger Lösung und läßt auf das entstehende *N-Methyl-γ-Cyan-chinolan*:

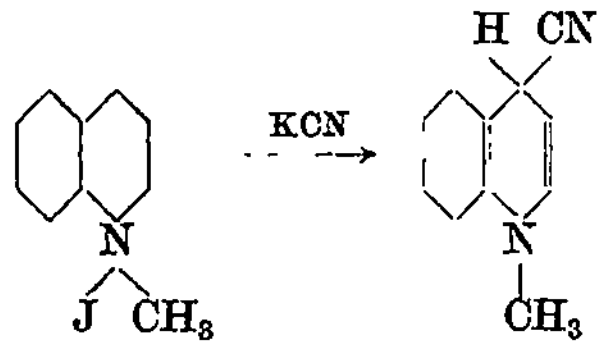

$$\text{H CN} \qquad \text{KCN} \longrightarrow$$

Jod einwirken, so bildet sich das Jodmethylat des γ-Cyanchinolins:

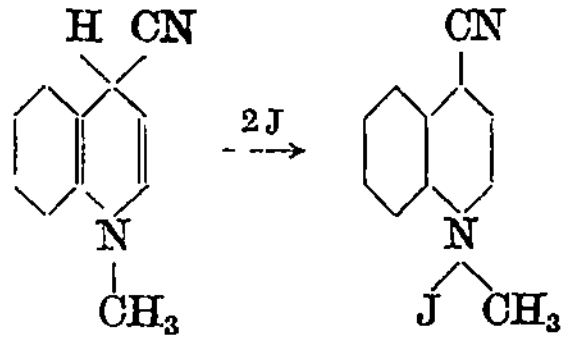

$$\text{H CN} \qquad 2\,\text{J} \longrightarrow \text{CN}$$

welches im Vakuum zerfällt in Jodmethyl und *γ-Cyanchinolin*. Dieses verseift, liefert Cinchoninsäure [Kaufmann und Mitarbeiter[1]].

Die Cinchoninsäure krystallisiert mit einem Molekül Wasser in Nadeln oder mit zwei in Prismen; Fp. 252—254°. Mit Kalk erhitzt bildet sie Chinolin; Kaliumpermanganat wandelt sie in α-Carbocinchomeronsäure um (S. 69) und Salpetersäure in Cinchomeronsäure (S. 65).

Was die Stellung der Carboxylgruppe in der Cinchoninsäure betrifft, so muß dieselbe in der γ-Stellung stehen, da die anderen Stellungen schon von den besprochenen sechs Chinolinmonocarbonsäuren eingenommen sind.

Aus der Cinchoninsäure läßt sich durch Behandlung ihres Chlorids mit Pyrrylmagnesiumchlorid eine Ketoverbindung, das *γ-Chinolyl-α-pyrrylketon* gewinnen, das sich zum Carbinol reduzieren läßt.

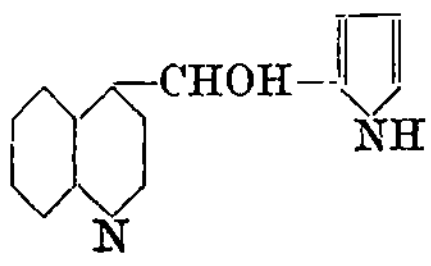

$$-\text{CHOH}-\quad\text{NH}$$

Diese Verbindung ist in ihrem molekularen Aufbau mit dem Chinin verwandt [Karrer[2]].

Ein Derivat der γ-Chinolincarbonsäure erhielt Skraup[3] 1879 bei der Oxydation des Chinins und Chinidins mit Chromsäure. Hierbei bildet sich eine einbasische Säure von der Formel $C_{11}H_9NO_3$, die er *Chininsäure* nannte.

Die Chininsäure entsteht auch aus dem Chinotoxin bzw. Methylchinotoxin durch die oxydierende Wirkung von Nitrobenzol in alkoholischer Alkalilösung [Rohde und Antonaz[4]], wie auch durch Ein-

---

[1]) Kaufmann u. Widmer, B. **44**, 2058; Kaufmann u. Albertini, B. **42**, 3775; Kaufmann, B. **51**, 116.
[2]) Karrer, B. **50**. 1499.
[3]) Skraup, M. **2**, 589; **4**, 695; B. **12**, 1106; **16**. 2684.
[4]) Rohde u. Antonaz, B. **40**, 2329.

wirkung von PCl_5 auf *Isonitrosochinotoxin* [Rabe und Milarch[1])].
Auch bildet sie sich durch Oxydation des Chininons (s. dort) mit salpetriger Säure [Rabe[2])].

Synthetisch entsteht die Chininsäure analog der Cinchoninsäure aus p-Methoxychinolin und Cyankali [Kaufmann und Peyer[3])]. Auch bildet sie sich in geringer Menge bei der Kondensation von Anilin, Aceton und Formaldehyd [Pictet und Misner[4])]. Die Chininsäure krystallisiert in Prismen, die bei 280° unter Zersetzung schmelzen. Beim Erhitzen mit Salzsäure auf 220—230° geht die Chininsäure unter Abspaltung einer Methylgruppe in die *Xanthochinsäure* über.

$$C_{11}H_9NO_3 + HCl = C_{10}H_7NO_3 + CH_3Cl \,.$$
Chininsäure   Xanthochinsäure.

Diese letztere schmilzt bei 320° unter Zersetzung und Abgabe einer Carboxylgruppe, und es entsteht eine Verbindung C_9H_7NO, die sich mit dem p-Oxychinolin identifiziert (S. 81).

Die Xanthochinsäure ist demnach das Carboxylderivat des p-Oxychinolins und die Chininsäure das des p-Methoxychinolins.

Xanthochinsäure.   Chininsäure.

Die Stellung der Carboxylgruppe ergibt sich bei diesen beiden Säuren daraus, daß die Chininsäure durch Kaliumpermanganat in die α-Carbocinchomeronsäure übergeführt wird.

Eine Oxycinchoninsäure, die vorläufig als *m-Oxycinchoninsäure* angesehen wird, entsteht bei der Oxydation der Angosturaalkaloide Cusparin und Galipin (s. dort). Weiße oder gelblichweiße Krystalle, Fp. 273° [Tröger und Mitarbeiter[5])].

IX. Isochinolin.

Das Isochinolin C_9H_7N wurde 1885 von Hoogewerff und van Dorp[6]) im Steinkohlenteer aufgefunden, wo es sich in geringer Menge neben dem isomeren Chinolin befindet. Von diesem wird es durch die Schwerlöslichkeit seines Sulfats getrennt. Auch auf Grund seiner größeren Basizität läßt es sich vom Chinolin scheiden (Ges. f. Teerverwertung[7])].

Es stellt eine farblose Flüssigkeit von chinolinartigem Geruch dar, wie es überhaupt dem Chinolin ungemein ähnlich ist. Es unter-

[1]) Rabe u. Milarch, A. **382**, 365.
[2]) Rabe, A. **365**, 353.
[3]) Kaufmann u. Peyer, B. **45**, 1805.
[4]) Pictet u. Misner, B. **45**, 1800.
[5]) Tröger u. Müller, A. Pharm. **248**, 1. — Tröger u. Kroseberg, A. Pharm. **250**, 494. — Tröger u. Beck, A. Pharm. **251**, 246.
[6]) Hoogewerff u. van Dorp, R. **4**, 125; **5**, 305.
[7]) D. R. P. 285 666.

scheidet sich von diesem besonders durch seinen höheren Schmelzpunkt, der bei ca. $+24°$ liegt; im festen Zustand bildet es tafelförmige, weiße Krystalle, Kp. 239°, Kp. $_{31}$ 133,5°; $d_4^{25} = 1{,}096$. Das Isochinolin ist wie das Chinolin aus der Verknüpfung eines Pyridinringes mit einem Benzolring entstanden und der Charakter beider Ringe ist auch im Isochinolin charakteristisch erhalten. Während beim Chinolin der Benzolring in die $\alpha\beta$-Kohlenstoffatome des Pyridins eingreift, verknüpft er sich beim Isochinolin mit den $\beta\gamma$-Kohlenstoffatomen: .

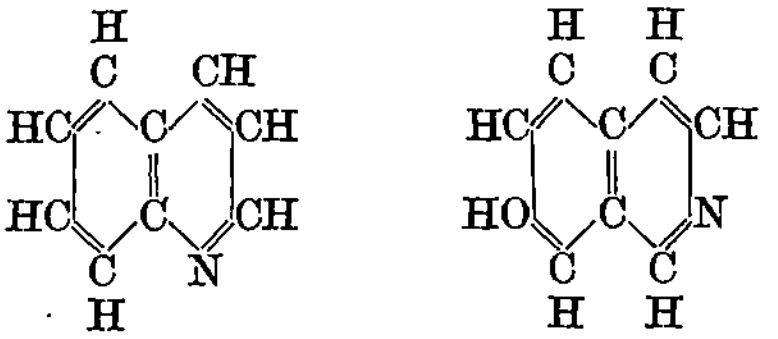

Chinolin.   Isochinolin.

Man kann also das Isochinolin als ein Naphthalin ansehen, in dem eine der in β-Stellung befindlichen CH-Gruppen durch ein Stickstoffatom ersetzt ist, wie es in der Tat auch gelungen ist, das Naphthalin in Isochinolin überzuführen [Bamberger und Lodter[1])], und Isochinolinderivate in Naphtholverbindungen (s. später).

Das Isochinolin hat für uns erhöhte Bedeutung gewonnen, seitdem es nachgewiesen ist, daß mehrere wichtige Alkaloide, vorzüglich auch aus der Opiumreihe, sich vom Isochinolin ableiten (s. S. 15).

Die Bezeichnungsweise der Isochinolinderivate geschieht zweckmäßig nach einem der beiden folgenden Schemata:

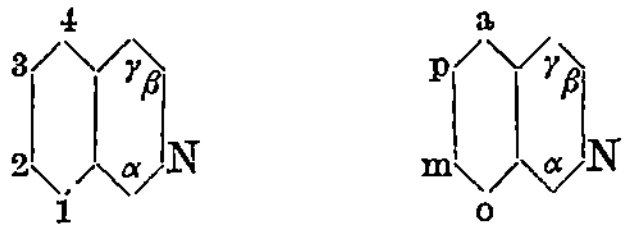

In der Literatur verwendet man zwar auch hierfür die laufenden Nummern 1—8 (vgl. Chinolin), doch führt diese Art der Nomenklatur zu Mißverständnissen und ist zu vermeiden. Einerseits werden diese Zahlennummern nämlich im Sinne des Uhrzeigers, andererseits im umgekehrten Gang verwandt, und ferner ist die Ausgangsstelle „1" bei den verschiedenen Autoren nicht konsequent durchgeführt, da hierfür sowohl das Stickstoffatom selber wie auch das diesem benachbarte — zum Benzolring hin liegende — Kohlenstoffatom gewählt wird.

Die Konstitution des Isochinolins folgt aus seinem charakteristischen Verhalten bei der Oxydation. In alkalischer Lösung mit Kaliumpermanganat oxydiert, bildet sich nämlich ein Gemenge von Phthalsäure und Cinchomeronsäure [Hoogewerff und van Dorp[2])]:

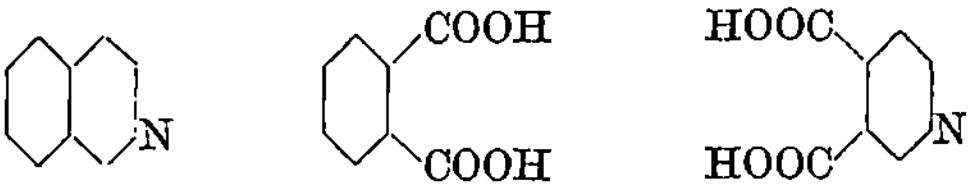

Isochinolin.   Phthalsäure.   Cinchomeronsäure.

---

[1]) Bamberger u. Lodter, B. **26**, 1833.
[2]) Hoogewerff u. van Dorp, R. **4**, 285.

Es werden also hierbei, abweichend von dem Verhalten des Chinolins, beide Ringe, der Benzolring, wie der Pyridinring, gleichzeitig angegriffen. Bei der Einwirkung von Kaliumpermanganat in neutraler Lösung bleibt der Benzolkern ganz intakt und es entsteht Phthalimid [Goldschmiedt[1])].

Die für das Isochinolin angegebene Konstitutionsformel findet ihre weitere Bestätigung durch die verschiedenen Synthesen der Base.

1. Im Jahre 1886 erhielt zuerst Rügheimer[2]) diese Base, allerdings nur in sehr geringer Menge. Durch Einwirkung von Phosphorpentachlorid auf Hippursäure entsteht ein Chlorierungsprodukt, das Oxydichlorisochinolin, welches weiterhin mit Jodwasserstoffsäure reduziert in Isochinolin übergeht:

$$\text{Hippursäure.} \longrightarrow \gamma\text{-Oxydichlorisochinolin.} \longrightarrow \text{Isochinolin.}$$

2. Im selben Jahre gelang es Gabriel[3]), ein recht ergiebiges Darstellungsverfahren für das Isochinolin zu finden; Homophthalimid — durch Destillation des homophthalsauren Ammoniaks erhalten — bildet bei der Behandlung mit Phosphoroxychlorid Dichlorisochinolin, aus dem dann mittels Jodwasserstoffsäure Isochinolin entsteht.

$$\text{Homophtalsäure.} \longrightarrow \text{Homophtalimid.} \longrightarrow$$

$$\text{Dichlorisochinolin.} \longrightarrow \text{Isochinolin}$$

Homophtalimid wird auch schon durch Destillation über Zinkstaub in Isochinolin übergeführt [Le Blanc[4])].

3. Die Isocumarincarbonsäure tauscht den Sauerstoff des Pyronringes (S. 27) leicht gegen die NH-Gruppe aus, unter Bildung der *Isocarbostyrilcarbonsäure*, welche beim Erhitzen ihre Carboxylgruppe abgibt. Es entsteht das *Isocarbostyril* — metamer dem Carbostyril — das bei der Behandlung mit Zinkstaub in Isochinolin übergeht.

$$\text{Isocumarincarbonsäure.} \longrightarrow \text{Isocarbostyrilcarbonsäure.} \longrightarrow \text{Isocarbostyril.} \longrightarrow \text{Isochinolin.}$$

[1]) Goldschmiedt, M. 9, 675.
[2]) Rügheimer, B. 19, 1169; 21. 3321.
[3]) Gabriel, B. 19, 1655, 2355.
[4]) Le Blanc, B. 21, 2299.

4. Das Isochinolin entsteht ferner durch Einwirkung konzentrierter Schwefelsäure auf Benzylaminoacetaldehyd [E. Fischer[1])]

$$\text{Benzylaminoacetaldehyd.} + \cdot O = \text{Isochinolin.} + 2\,H_2O\,.$$

oder auf Benzylidenaminoacetal $C_6H_5\!-\!CH = N\!-\!CH_2\!-\!CH\,(OC_2H_5)_2$ [Pomeranz[2])].

Diese Synthese steht im Zusammenhang zu der Synthese des Hydrohydrastinins, eines Derivates des Alkaloids Hydrastin (s. dort).

5. Aus den beiden stereoisomeren Modifikationen des Zimtaldoxims $C_6H_5\!-\!CH = CH\!-\!CH = NOH$ durch Einwirkung des wasserentziehenden Phosphorsäureanhydrids [Bamberger und Goldschmidt[3])]. Hierbei muß eine intramolekulare Umlagerung wie bei der Beckmannschen Reaktion angenommen werden:

$$C_6H_5CH = CH \cdot CH = NOH \longrightarrow C_6H_5CH = CHNHCOH\,.$$

6. *Formaminomethylphenylcarbinol* gibt unter der Einwirkung von Phosphorsäureanhydrid Isochinolin [Pictet und Gams[4]), vgl. Synthese des Papaverins).

$$= \text{Isochinolin.} + 2\,H_2O\,.$$

7. Pyrogenetisch entsteht das Isochinolin durch Überleiten von *Benzylidenäthylamin*, $C_6H_5 \cdot CH : N \cdot CH_2 \cdot CH_3$, durch ein rotglühendes Rohr [Pictet und Popovici[5])] und beim Destillieren von *n-Methylphthalimidin*, $C_6H_4{<}^{CH_2}_{CO}{>}NCH_3$, über glühenden Zinkstaub [Pictet[6])]. Isochinolin bildet sich auch aus Casein durch Hydrolyse mit Salzsäure in Gegenwart von Methylal [Pictet und Tsan Quo Chou[7])].

Derivate des Isochinolins. — Von den zahlreichen Derivaten des Isochinolins erwähnen wir hier nur diejenigen, die zu den natürlichen Alkaloiden in Beziehung stehen.

1. Das *m-p-Dimethoxyisochinolin* entsteht bei der Kalischmelze des Papaverins [Goldschmiedt[8])].

---

[1]) E. Fischer, B. **26**, 764.
[2]) Pomeranz, M. **14**, 116; **15**, 299.
[3]) Bamberger u. Goldschmidt, B. **27**, 1954, 2795.
[4]) Pictet u. Gams, B. **43**, 2384.
[5]) Pictet u. Popovici, B. **25**, 733.
[6]) Pictet, B. **38**, 1946.
[7]) Pictet u. Tsan Quo Chou, B. **49**, 376.
[8]) Goldschmiedt, M. **7**, 485; **9**, 327.

Es ist auch synthetisiert worden aus dem *Veratrylaminoacetal* durch Einwirkung konzentrierter Schwefelsäure und Arsensäureanhydrid [Rügheimer und Schön[1])].

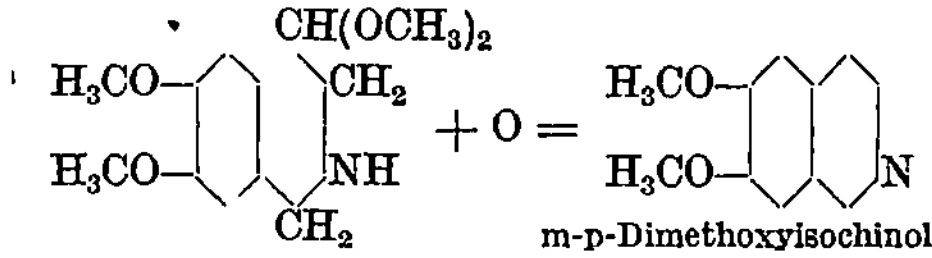

$$CH(OCH_3)_2$$

$$H_3CO-\langle\rangle\text{-}CH_2,\ H_3CO-\langle\rangle\text{-}NH,\ CH_2\ +\ O\ =\ H_3CO-\langle\rangle,\ H_3CO-\langle\rangle\text{-}N$$

m-p-Dimethoxyisochinolin.

Das m-p-Dimethoxyisochinolin zerfällt bei der Oxydation entsprechend der allgemeinen Isochinolinspaltung in Metahemipinsäure und Cinchomeronsäure:

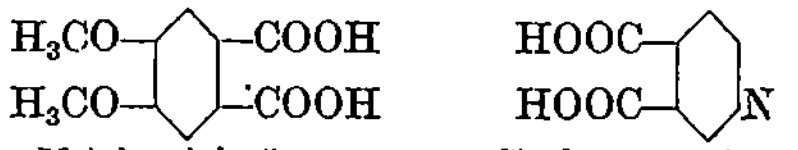

$$H_3CO-\langle\rangle\text{-}COOH,\ H_3CO-\langle\rangle\text{-}COOH \qquad HOOC-\langle\rangle,\ HOOC-\langle\rangle\text{-}N$$

Metahemipinsäure.   Cinchomeronsäure.

Ein Carboxylderivat obiger Base, die m-p-Dimethoxyisochinolin-α-carbonsäure entsteht bei der Oxydation des Papaverins mit Kaliumpermanganat [Goldschmiedt[2])].

2. Das α-*Methylisochinolin* erhielt Pomeranz[3]) durch Kondensation eines Gemisches von Aminoacetal und Acetophenon mittels Schwefelsäure nach folgender Gleichung (vgl. S. 101, Bildungsweise 4):

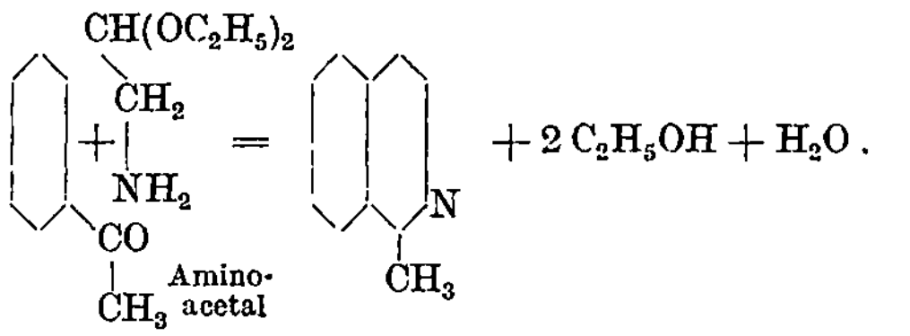

$$CH(OC_2H_5)_2$$

$$\langle\rangle\ CH_2\ +\ NH_2\ CO\ =\ \langle\rangle\text{-}N\ +\ 2\,C_2H_5OH\ +\ H_2O\ .$$

$$CH_3 \text{ (Aminoacetal)} \qquad CH_3$$

Acetophenon α-Methylisochinolin.

Das α-Methylisochinolin entsteht auch aus *Acetamidomethylphenylcarbinol* nach Bildungsweise 6.

Mit diesem Methylisochinolin ist vielleicht trotz einiger Unterschiede in den Salzen eine Base identisch, die Krauss[4]) bei der Zinkstaubdestillation des Papaverolins, eines Zersetzungsproduktes des Papaverins, auffand.

Von allen Isochinolinverbindungen zeigen die α-*Benzylisochinolin-derivate* die direktesten Beziehungen zu den Alkaloiden; das α-Benzylisochinolin selber zum Papaverin, und das *N-Methyltetrahydro-α-Benzylisochinolin* zu den Opiumalkaloiden Laudanosin, Laudanin, Laudanidin, Narcotin, Gnoskopin, dem damit verwandten Alkaloid Hydrastin, und ferner zum Berberin, Corydalin, Corybulbin und Canadin.

Das α-Benzylisochinolin, $C_{16}H_{13}N$, Fp. 56°, Kp.$_{23}$ 228°, entsteht durch Erhitzen des Isochinolins mit Benzylalkohol auf 220—240°, wobei Kondensation unter Wasseraustritt erfolgt [Rügheimer[5])].

---

[1]) Rügheimer u. Schön, B. **42**, 2374.
[2]) Goldschmiedt, M. **6**, 954; **8**, 510.
[3]) Pomeranz, M. **15**, 299; **18**, 1.
[4]) Krauss, M. **11**, 350.
[5]) Rügheimer, B. **33**, 1719; A. **326**, 264.

Es bildet sich ferner aus dem *Phenylacetylaminoäthylphenylcarbinol* durch Erwärmen mit Phosphorpentoxyd in Xylollösung [Pictet und Gams[1])]:

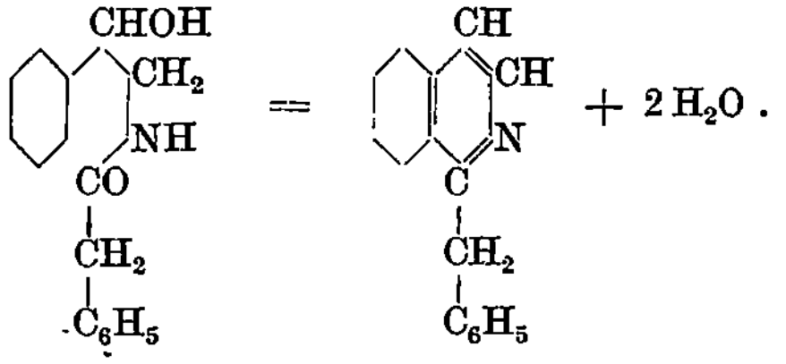

$$\text{Struktur (CHOH, CH}_2\text{, NH, CO, CH}_2\text{, C}_6\text{H}_5) \;=\; \text{Struktur (CH, CH, N, C, CH}_2\text{, C}_6\text{H}_5) \;+\; 2\,H_2O\,.$$

Auch entsteht es durch Oxydation des *α-Benzyldihydroisochinolins* mit Kaliumpermanganat in essigsaurer Lösung [Pictet und Kay[2])], wie auch durch Erhitzen seines Jodmethylats über den Schmelzpunkt (Decker und Pschorr[3])].

Das α-Benzylisochinolin zeigt in typischer klarer Weise dieselben Reaktionsvorgänge, die wir bei dem Alkaloid Papaverin wiederfinden werden.

So ist besonders interessant die auf einfache Weise zu erzielende Überführung des α-Benzylisochinolins in ein Derivat der Naphthalinreihe — in das β-Phenyl-α-Naphthol —, ein Übergang, der durch bloße Behandlung des α-Benzylisochinolinjodmethylats mit Alkali vor sich geht.

Hierbei bildet sich zunächst unter Jodwassersäureaustritt das gelbgefärbte *N-Methyl-α-benzylidendihydroisochinolin* (Decker und Pschorr).

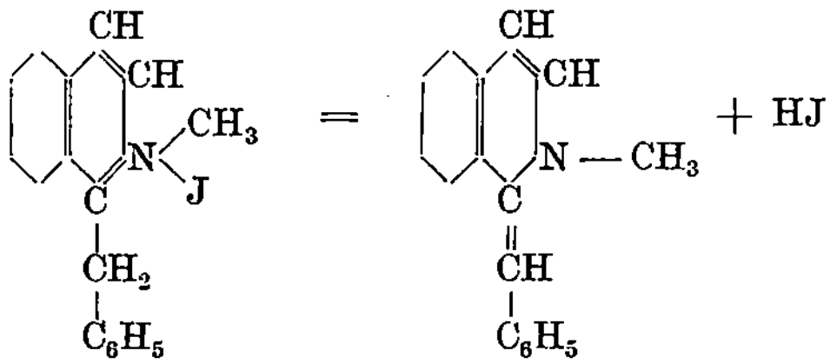

$$\text{Struktur (CH, CH, N·CH}_3\text{, J, C, CH}_2\text{, C}_6\text{H}_5) \;=\; \text{Struktur (CH, CH, N—CH}_3\text{, C, CH, C}_6\text{H}_5) \;+\; HJ$$

Der Übergang letzterer Verbindung in das β-Phenyl-α-naphthol ist dann weiter folgendermaßen anzunehmen: unter Wasseranlagerung dürfte zunächst ein Carbinol entstehen, das durch Ringsprengung und Verschiebung eines Wasserstoffatoms ein Aminoketon bildet:

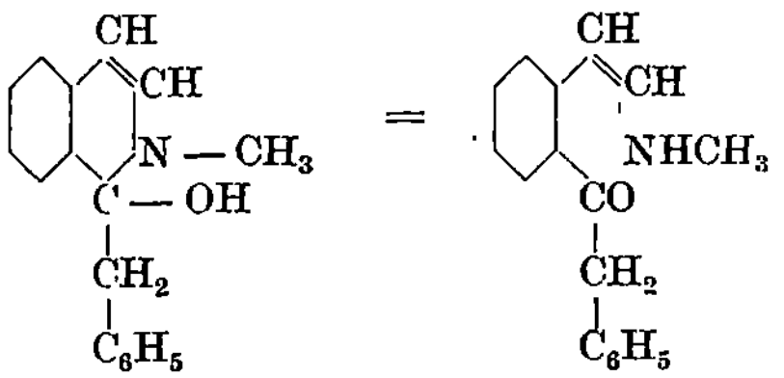

$$\text{Struktur (CH, CH, N—CH}_3\text{, C—OH, CH}_2\text{, C}_6\text{H}_5) \;=\; \text{Struktur (CH, CH, NHCH}_3\text{, CO, CH}_2\text{, C}_6\text{H}_5)$$

<hr>

[1]) Pictet u. Gams, B. **43**, 2384.
[2]) Pictet u. Kay, B. **42**, 1973.
[3]) Decker u. Pschorr, B. **37**, 3396.

Dieses Aminoketon spaltet dann — noch immer unter der Einwirkung von Alkali stehend — Methylamin ab, wodurch der Ringschluß zur stickstofffreien Verbindung zustande kommt:

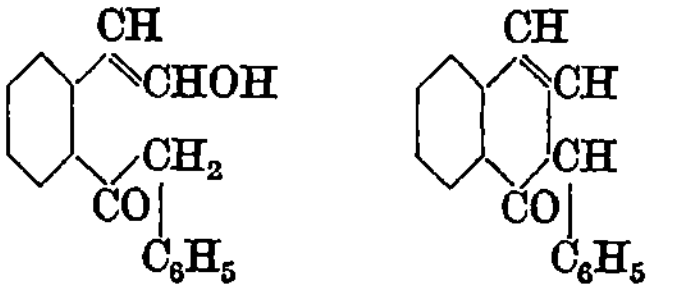

Die tautomere Form dieser letzteren Verbindung ist das schließlich entstehende β-Phenyl-α-naphthol:

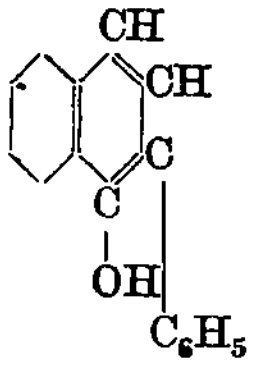

Wie oben erwähnt, zeigt das N-Methyl-α-Benzyltetrahydroisochinolin besonders nahe Beziehungen zu dem Laudanosin. So führt der Hofmannsche Abbau bei beiden Substanzen zu stickstofffreien Stilbenverbindungen.

Das N-Methyl-α-Benzyltetrahydroisochinolin ergibt hierbei über das *o-Dimethylaminoäthylstilben* das stickstofffreie *o-Vinylstilben*, braunes Öl [Freund und Bode[1])]:

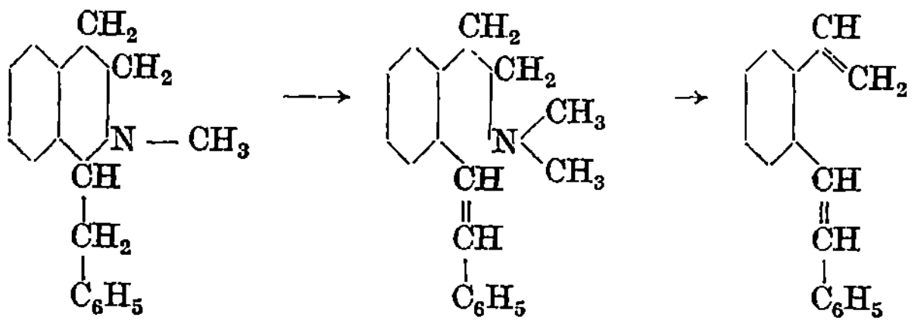

Das N-Methyl-α-Benzyltetrahydroisochinolin verhält sich auch bei der Oxydation mit Braunstein in schwefelsaurer Lösung wie das Laudanosin, indem sich der *ω-Methylamino-o-äthylbenzaldehyd* zunächst bildet, der unter der Behandlung von Jodwasserstoffsäure in das *N-Methyldihydroisochinoliniumsalz* übergeht [Pyman[2])].

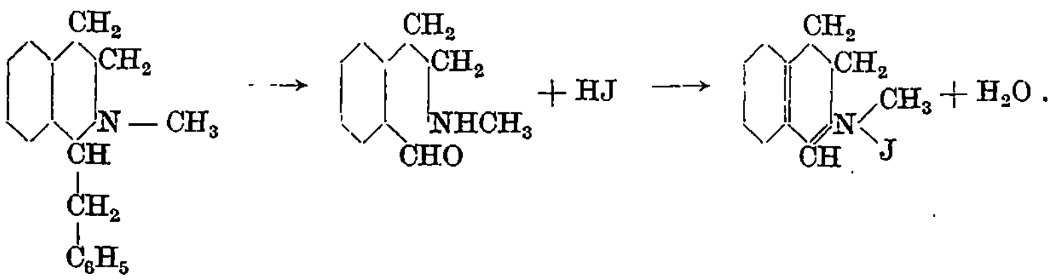

[1]) Freund u. Bode, B. 42. 1746.
[2]) Pyman, Soc. 95, 1266.

X. Pyrrol.

Das Pyrrol erhält für die vorliegende Studie eine besondere Bedeutung dadurch, daß sich eine Reihe wichtiger Alkaloide (Hygrin,
Galegin, Nicotin, Atropin, Cocain) vom Pyrrol ableiten.

Das Pyrrol, C_4H_5N:

$$\begin{array}{c} HC{-\!\!-}CH \\ HC{-\!\!-}CH \\ NH \end{array}$$

stellt eine ringförmig geschlossene Verbindung von vier Kohlenstoff-
atomen und einem Stickstoffatom vor. Es steht zum Pyridin in
Beziehungen, unterscheidet sich aber doch durch die Funktion des
Stickstoffatoms und den dadurch geänderten chemischen Charakter des
Pyrrols in mancher Beziehung wesentlich vom Pyridin.

Die NH-Gruppe des Pyrrols hat schwach sauren Charakter; das
Wasserstoffatom desselben läßt sich durch die Alkalien ersetzen und
es entstehen so wohl charakterisierte krystallinische Alkalissalze. Der
ganze Charakter des Pyrrols ist gegenüber dem des Pyridins sauer gestellt.

Das hydrierte Pyrrol dagegen ist dem hydrierten Pyridin im ganzen
Verhalten vollständig analog. Das ist hier für unsere Betrachtung von
Wichtigkeit, denn in den Alkaloiden findet sich nur der reduzierte
Pyrrolkomplex.

Bei verschiedenen Bildungsweisen des Pyrrols, vorzugsweise bei
den pyrogenetischen, entsteht das Pyrrol neben Pyridinbasen; so bei
der trocknen Destillation von Steinkohlen, von bituminösen Schiefern
und von tierischen Substanzen. Beide Basen bilden sich auch beim
Durchleiten von Acetylen und Ammoniak durch glühende Röhren
bzw. durch — über 300° — erhitzte Röhren, die Tonerde, Eisenoxyd
oder Chromoxyd enthalten. Auch aus Acetaldehyd und Ammoniak
entsteht im pyrogenetischen Prozeß Pyrrol [Tschitschibabin[1])],
wie auch bei der Destillation von Äthylallylamin über Bleioxyd.

Die Trennung des Pyrrols vom Pyridin im Steinkohlenteer bzw.
im Tieröl geschieht in erster Linie auf Grund der obenerwähnten saureren
Natur des Pyrrols. Während sich die Pyridinbasen durch Ausschütteln
des Teers mit verdünnter Schwefelsäure vollständig ausziehen lassen,
findet sich das Pyrrol vornehmlich in den zurückgebliebenen Anteilen.
Hieraus läßt es sich durch Behandeln mit Alkali gewinnen, wodurch
festes Pyrrolalkali entsteht, das sich von den Nebenbestandteilen, vorzugsweise den Kohlenwasserstoffen, abscheiden läßt. Aus dem Pyrrolalkali gewinnt man durch Zusatz verdünnter Säuren das freie Pyrrol.

Das Pyrrol bildet sich ferner durch trockene Destillation von
Succinimid mit Zinkstaub [Bell[2])].

$$\begin{array}{ccc} CH_2{-}CO & & CH{=\!=}CH \\ \qquad\qquad{>}NH & {-\!\!-\!\!\rightarrow} & \qquad\qquad{>}NH \\ CH_2{-}CO & & CH{=\!=}CH \end{array}$$

<hr>

[1]) Tschitschibabin, Journ. Russ. Ges. **47**, 703.
[2]) Bell, B. **13**, 877.

durch Erhitzen von schleimsaurem oder zuckersaurem Ammonium mit
Glycerin auf $180-270°$; ergiebigste Synthese [Schwanert; Goldschmidt; vgl. auch Khotinsky[1])];

$$CHOH-CHOH-COONH_4 \atop CHOH-CHOH-COONH_4 \quad = \quad {CH=CH \atop CH=CH} {\Large>} NH + NH_3 + 2\,CO_2 + 4\,H_2O,$$

schließlich aus Succindialdehyd durch Ammoniakeinwirkung und Essigsäure [Harries[2])].

Das Pyrrol erhält man auch bei der Destillation von Kleie mit Kalk
und von Albumin mit Barythydrat. Pyrrol findet sich frei im Pome-
ranzenöl [Erdmann[3])].

Das Pyrrol ist eine leichtbewegliche Flüssigkeit von eigentümlich
süßlichem, chloroformartigem Geruch. Kp. $131°$. d_{20} 0,9752. In
Wasser wenig löslich, in den allgemeinen organischen Lösungsmitteln
leicht löslich. An der Luft bräunt es sich; es zeigt besondere Neigung
zur Polymerisation. Schwache Base, in verdünnten Säuren löslich, durch Mineralsäuren verharzt es. Ein mit Salzsäure angefeuchteter
Fichtenspan wird durch Pyrrol feuerrot gefärbt, eine empfindliche
Reaktion, die auch zur Namensgebung des Pyrrols ($\pi\nu\varrho\varrho\acute{o}\varsigma$, feuerrot)
Veranlassung gegeben hat.

Das Pyrrol bildet Substitutionsprodukte sowohl durch Ersatz eines
Wasserstoffatoms der CH-Gruppen — C-Substitutionsprodukte — wie
der NH-Gruppe — N-Substitutionsprodukte.

Die verschiedenen C-Pyrrol-Verbindungen werden durch die Prä-
fixe $\alpha\alpha'$ und $\beta\beta'$ voneinander unterschieden:

$$\begin{array}{c} HC\underset{\beta'\ \ \beta}{\overline{\quad\quad}}CH \\ HC_{\alpha'\ \ \alpha}CH \\ NH \end{array}$$

Es sind eine große Reihe C-substituierter Pyrrolderivate erforscht,
die in ihren Bildungsweisen und in ihrer Mannigfaltigkeit den Pyridinderivaten nahestehen. So kennen wir homologe Alkylpyrrolverbin-
dungen [vgl. folgende Arbeiten: s. H. Fischer und Bartholomäus,
Oddo und Mameli, Plancher und Ravenna[4])], die verschiedensten
Halogenderivate, Pyrrolaldehyde [Tschelinzew und Terentjew;
Alessandri[5])], Ketone [Oddo und Dainotti[6])] und Pyrrolcarbon-
säuren. Diese letzteren sind saurer als die entsprechenden Pyridincarbonsäuren; sie nähern sich sowohl in ihrer Darstellung als in ihrem
chemischen Charakter mehr den Phenolcarbonsäuren.

<hr>

[1]) Schwanert, A. **116**, 278. — Goldschmidt, Z. **1867**, 280. — Khotinsky, B. **42**, 2506.
[2]) Harries, B. **34**, 1496.
[3]) E. u. H. Erdmann, B. **32**, 1217.
[4]) H. Fischer u. Bartholomäus, Z. **80**, 6. — Oddo u. Mameli, G. **43**,
II, 504. — Plancher u. Ravenna, Atti R. Accad. (5) **22**, II, 703.
[5]) Tschelinzew u. Terentjew, B. **47**, 2652. — Alessandri, Atti R.
Accad. (5) **23**, II, 65.
[6]) Oddo u. Dainotti, G. **42**, I, 346, 716, 727.

Die N-Derivate des Pyrrols entstehen aus dem Pyrrolalkali durch doppelte Umsetzung, vorzugsweise mit Halogen-alkylen und -acylen. Die N-Alkylverbindungen erfahren beim Erhitzen eine bemerkenswerte Reaktion, eine Wanderung der Alkylgruppen vom Stickstoff zum Kohlenstoff; ein Vorgang, der an die Wanderung der Alkylgruppe bei den Pyridinalkylhalogeniden zum Kohlenstoffatom hin erinnert.

Der Zusammenhang zwischen dem Pyrrol und dem Pyridin zeigt sich auch in der Überführbarkeit des Pyrrols in das Pyridin. So liefert das N-Methylpyrrol beim Hindurchleiten durch glühende Röhren Pyridin [Pictet[1])] und Pyrrolkalium geht bei der Behandlung mit Methylenjodid in Pyridin über [Dennstedt und Zimmermann[2])].

Ferner kann man auch Formaldehydpyrrol — entstanden durch Einwirkung von Formaldehyd auf Pyrrol — durch Destillation mit Zinkstaub in α-Picolin überführen.

Diese Synthesen sind zur Stütze phytochemischer Überlegungen herangezogen, um so die Bildungsmöglichkeit von Alkaloiden der Pyridinreihe aus Pyrrolverbindungen — dem Pflanzeneiweiß entstammend — und Formaldehyd zu erweisen [Pictet und Rilliet[3])].

Das Pyrrol läßt sich durch Zinkstaub und Salzsäure wie auch elektrolytisch reduzieren, indem es zunächst zwei Atome Wasserstoff aufnimmt und in das *Pyrrolin*, C_4H_7N übergeht [Ciamician und Dennstedt[4]), Knorr und Rabe[5]), Dennstedt[6])].

$$
\begin{array}{c}
HC\!-\!-\!CH \\
| \quad\quad | \\
H_2C \diagdown\!\diagup CH_2 \\
NH
\end{array}
$$

Das Pyrrolin bildet ein *N-Methylpyrrolin*; dieses wurde in den Tabakslaugen aufgefunden [Pictet und Court[7])].

Das Hauptreduktionsprodukt des Pyrrols ist die vollständig reduzierte Base, das *Pyrrolidin*, C_4H_9N .

$$
\begin{array}{c}
H_2C\ -\ -CH_2 \\
| \quad\quad | \\
H_2C \diagdown\!\diagup CH_2 \\
NH
\end{array}
$$

Dieses ist als Stammsubstanz in einer größeren Zahl wichtiger Alkaloide enthalten, im Hygrin, Nicotin, Atropin, Cocain, Galegin wie auch in den Betainen Stachhydrin, Betonicin und Tunicin. Das Pyrrolidin selber ist in den Tabakslaugen und in der Möhre beobachtet worden, auch im Mohnsaft nachgewiesen [Reutter de Rosemont[8]) Pictet und Court[7])].

Das Pyrrolidin zeigt, wie schon erwähnt, die größte Ähnlichkeit zum Piperidin. Prinzipielle Unterschiede, wie sie durch den verschie-

[1]) Pictet, B. **38**, 1946.
[2]) Dennstedt u. Zimmermann, B. **18**, 3316.
[3]) Pictet u. Rilliet, B. **40**, 1166.
[4]) Ciamician u. Dennstedt, B. **15**, 1831; **16**, 1536.
[5]) Knorr u. Rabe, B. **34**, 3491.
[6]) Dennstedt, D. R. P. 127 086.
[7]) Pictet u. Court, B. **40**, 3771.
[8]) Reutter de Rosemont, C. 1918. II. 736.

denen Charakter des Stickstoffatoms zwischen dem Pyrrol und dem Pyridin auftreten, existieren hier nicht.

Die Bildung des Pyrrolidins aus Verbindungen der Fettreihe durch Ringschluß geht leicht vor sich, leichter als bei dem sechsgliedrigen Piperidin. Das häufige Antreffen pyrrolidinartiger Alkaloide in den Pflanzen dürfte auf diese leichte Bildungsweise zurückzuführen sein.

Durch Ringschluß erfährt das Tetramethylendiamin (das sog. Putrescin) beim Erhitzen seines salzsauren Salzes die Bildung zum *Tetramethylenimin*, dem *Pyrrolidin*:

$$CH_2{-}CH_2{-}NH_2$$
$$|$$
$$CH_2{-}CH_2{-}NH_2 \qquad \longrightarrow \qquad \begin{array}{l} CH_2{-}CH_2 \\ | \qquad\quad >NH \\ CH_2{-}CH_2 \end{array}$$

Das δ-Chlorbutylamin kondensiert sich ebenfalls durch Einwirkung von Kalilauge zum Pyrrolidin [Gabriel[1])].

$$\begin{array}{l} CH_2{-}CH_2{-}Cl \\ | \\ CH_2{-}CH_2{-}NH_2 \end{array} \qquad \longrightarrow \qquad \begin{array}{l} CH_2{-}CH_2 \\ | \qquad\quad >NH \\ CH_2{-}CH_2 \end{array}$$

Ferner bildet sich das Pyrrolidin durch Reduktion fünfgliedriger Ringe, so vor allem durch Reduktion von Pyrrolin [Ciamician und Magnaghi[2]); Ciamician[3])] und von Pyrrol [Willstätter und Hatt[4]), Padoa[5])], wie auch durch Reduktion von Succinimid [Kehrmann und Sutherst[6])].

Das Pyrrolidin ist eine starke sekundäre Base, von ähnlichem Geruch wie das Piperidin, löslich in Wasser und in organischen Lösungsmitteln. Kp. 87°, $d_{22} = 0,8520$.

Der Pyrrolidinring läßt sich noch leichter aufspalten als der Piperidinring [v. Braun[7])], auch durch die Einwirkung von Bakterien [Ackermann[8])].

Durch den Hofmannschen Abbau erfährt das Pyrrolidin Eliminierung des Stickstoffs und Bildung des zugrunde liegenden Kohlenwasserstoffs des *Pyrrolylens* [Ciamician und Magnaghi[9])].

$$CH{=}CH_2$$
$$|$$
$$CH{=}CH_2$$

In analoger Weise erfährt das *β-Methylpyrrolidin* einen Abbau zu dem Kohlenwasserstoff Isopren:

$$HC{=}CH_2$$
$$|$$
$$H_3CC{=}CH_2$$

der durch seine Beziehungen zum Kautschuk Interesse verdient.

[1]) Gabriel, B. **24**, 3231.
[2]) Ciamician u. Magnaghi, B. **18**, 2079.
[3]) Ciamician, B. **34**, 3952.
[4]) Willstätter u. Hatt, B. **45**, 1471.
[5]) Padoa, Atti R. Accad. (5) **15**, I, 219.
[6]) Kehrmann u. Sutherst, B. **32**, 951.
[7]) v. Braun, B. **44**, 1252.
[8]) Ackermann, Z. Biol. **57**, 104.
[9]) Ciamician u. Magnaghi, B. **19**, 569.

Ein besonders übersichtlicher Abbau des Pyrrolidins wird durch Behandlung des N-Benzoylpyrrolidins mit Phosphorpentachlorid bewirkt, wobei sich Benzoyl-δ-Chlorbutylamin bzw. 1,4-Dichlorbutan bildet [v. Braun und Beschke[1]]:

$$\begin{array}{ccc}
H_2C\!-\!\!-\!CH_2 & & H_2C\!-\!\!-\!CH_2 \\
ClH_2C \quad CH_2 & & ClH_2C \quad CH_2Cl \\
\quad NH & & \\
\quad COC_6H_5 & &
\end{array}$$

Wir haben oben die Übergänge vom Pyrrol zum Pyridin besprochen; das Piperidin zeigt auch einen bemerkenswerten Übergang zum Pyrrolidin.

Das aus dem Piperidin entstehende Δ^4-*Pentenyl-dimethylamin* (sog. Dimethylpiperidin [s. S. 38]) bildet nämlich bei der Behandlung mit Salzsäuregas ein Additionsprodukt:

$$\begin{array}{ccccc}
& CH_2 & & & CH_2 \\
H_2C \quad CH & & & H_2C \quad CHCl \\
H_2C \quad CH_2 & +\ HCl\ = & & H_2C \quad CH_3 \\
\quad N & & & \quad N \\
H_3C \quad CH_3 & & & H_3C \quad CH_3
\end{array}$$

das sich beim Erwärmen in das Chlormethylat des *N-Methyl-α-methylpyrrolidins* umlagert.

$$\begin{array}{c}
CH_2 \\
H_2C \quad CH \\
H_2C \quad CH_3 \\
N \\
H_3C \quad Cl \\
CH_3
\end{array}$$

Beim Erhitzen spaltet sich dieses Chlormethylat in Chlormethyl und in das *N-Methyl-α-methylpyrrolidin* [Hofmann[2]), Roser[3]), Merling[4]), Ladenburg[5])].

Ein Übergang aus der Pyridin- in die Pyrrolreihe erfolgt auch bei der Behandlung des 4-Chlor-Dihydrocollidindicarbonsäureesters mit alkoholischem Cyankalium, wobei *α-Methyl-pyrryl-β'-essigsäurenitril* entsteht [Benary[6])].

Von Pyrrolidinderivaten wollen wir hier nur zwei einfache durch ihren Zusammenhang mit den Alkaloiden uns interessierende Grundsubstanzen, das *N-Methylpyrrolidin* und die *α-Pyrrolidincarbonsäure* (Prolin) hervorheben.

Das N-Methylpyrrolidin:

$$\begin{array}{c}
H_2C\!-\!\!-\!CH_2 \\
H_2C \quad CH_2 \\
N \\
CH_3
\end{array}$$

bildet sich aus dem Nicotin durch Behandlung mit Silberoxyd.

[1]) v. Braun u. Beschke, B. **39**, 4119.
[2]) Hofmann, B. **14**, 666.
[3]) Roser, A. **247**, 62.
[4]) Merling, A. **264**, 310.
[5]) Ladenburg, A. **279**, 344.
[6]) Benary, B. **53**, 2218.

Es entsteht auch aus der von dem Cocaalkaloid Hygrin sich ableitenden Hygrinsäure:

$$\begin{array}{c} H_2C\text{---}CH_2 \\ H_2C\diagdown\,/CH-COOH \\ N \\ | \\ CH_3 \end{array}$$

die beim Erhitzen ihre Carboxylgruppe abspaltet und die obige Base
bildet.

Das N-Methylpyrrolidin entsteht ferner durch Ringschluß aus dem
Methyl-n-butylamin, indem dieses durch Natriumhypobromit zunächst
in das Bromid

$$\begin{array}{c} H_2C\text{---}CH_2 \\ H_2C\diagdown\,CH_3 \\ N-Br \\ | \\ CH_3 \end{array}$$

übergeführt wird, welches dann durch konzentrierte Schwefelsäure die
Ringkondensation unter Abspaltung von Bromwasserstoffsäure erfährt
[Löffler und Freytag[1])]. Flüchtige Base, riecht piperidinartig.
Kp. 78,5—79°; $d_4^{15} = 0,7822$.

Die *α-Pyrrolidincarbonsäure*, das *Prolin*

$$\begin{array}{c} H_2C\text{---}CH_2 \\ H_2C\diagdown\,/CH-COOH \\ NH \end{array}$$

ist ein wichtiges Abbauprodukt des Hygrins (s. Hygrin) und des Stach-
hydrins (s. Stachhydrin). Über Oxyprolin siehe Betonicin und Tunicin.

Das Prolin entsteht durch Ringschluß aus der δ-Brom-α-Amino-
valeriansäure bzw. aus der δ-Benzoylamino-α-Bromvaleriansäure
[Fischer und Zemplén[2])]. Auch bildet sie sich durch Reduktion
des Pyrrolidoncarbonsäureäthylesters (Pyroglutaminsäureester) mit
Natrium und Alkohol [Fischer und Boehner[3])].

Ferner entsteht das Prolin aus dem α-δ-Dibrompropylmalonsäureester durch Ammoniakeinwirkung (vgl. Hygrinsäure).

Die Synthese der optisch aktiven Proline ist auch bewirkt, und
zwar aus dem m-Nitrobenzoylprolin, welches über das Cinchoninsalz
zunächst aktiviert wird und dann durch Kochen mit verdünnter Salzsäure unter Abspaltung der Nitrobenzoylgruppe aktives Prolin bildet.
d-Prolin $[\alpha]_D$ — 81,9°; l-Prolin $[\alpha]$ — 80,9° [E. Fischer und
Zemplén[4])].

Über einen weiteren Übergang von der Piperidin- in die Pyrrolidin-
reihe, vgl. die Überführung des *Conhydrinons* in *α-Butylpyrrolidin* [Heß[5])].

---

[1]) Löffler u. Freytag, B. **42**, 3427; **43**, 2035.
[2]) E. Fischer u. Zemplén, B. **42**, 1022.
[3]) Fischer u. Boehner, B. **44**, 1332.
[4]) E. Fischer u. Zemplén, B. **42**, 2989.
[5]) Heß, B. **52**, 1622.

Zweiter Teil.
Die natürlichen Alkaloide.
I. Hygrin.

Das Hygrin $C_8H_{15}NO$ wurde von Wöhler und Lossen[1] im Jahre 1862 in den peruanischen Cocablättern, in denen es neben dem Cocain vorkommt, aufgefunden.

Es ist in Wasser bedeutend leichter löslich als das Cocain und läßt sich auf Grund dieser Eigenschaft vom Cocain trennen. Im Gegensatz zum gutkrystallisierten Cocain stellt es eine Flüssigkeit vor ($\dot{v}\gamma\varrho\delta\varsigma$, flüssig).

Im Jahre 1889 wurde die Untersuchung des Hygrins von Liebermann und seinen Mitarbeitern[2] wieder aufgenommen. Es zeigte sich dabei, daß das schon von Lossen als Gemisch erkannte Hygrin aus zwei Alkaloiden besteht, einem niedriger siedenden Anteil, für den der Name *Hygrin* beibehalten wurde, von der Zusammensetzung $C_8H_{15}NO$, und einem höher siedenden, welches den Namen *Cuskhygrin* erhielt und sich als $C_{13}H_{24}N_2O$ erwies.

Das Hygrin siedet unter Atmosphärendruck bei 193—195°; Kp.$_{20}$ 92—94°; d_4^{17} 0,935, optisch schwach linksdrehend $[\alpha]_D$ —1,30°; mit Wasserdämpfen flüchtig; starke tertiäre Base, die Kohlensäure aus der Luft anzieht; enthält eine N-Methylgruppe. Der Sauerstoff ist in der Form eines Ketosauerstoffs vorhanden; Oximbildung.

Bei der Oxydation des Hygrins mit Chromsäure entsteht eine einbasische Säure $C_5H_{11}NCOOH$, die *Hygrinsäure*.

Diese erfährt bei der trockenen Destillation den charakteristischen Zerfall in Kohlensäure und in *N-Methylpyrrolidin*. Durch diesen Abbau erscheint die Hygrinsäure als eine N-Methylpyrrolidincarbonsäure, deren Carboxylgruppe, nach ihrer leichten Abspaltbarkeit zu schließen, in der α-Stellung steht. Das Hygrin erweist sich so als ein typisches Pyrrolidinderivat.

Die von Willstätter[3] durchgeführte Synthese der Hygrinsäure bestätigte diese Konstitutionsannahme.

---

[1] Wöhler u. Lossen, A. **121**, 374. — Lossen, A. **133**, 351.
[2] Liebermann, B. **22**, 675. — Liebermann u. Kühling, B. **24**, 407; **26**, 8581. — Liebermann u. Cybulski, B. **28**, 578.
[3] Willstätter, B. **33**, 1160. — Willstätter u. Ettlinger, A. **326**, 91.

Diese Synthese geht aus vom Trimethylenbromid, das durch Kondensation mit Natriummalonsäureester in den *Brompropylmalonsäureester* übergeführt wird:

$$\begin{array}{c}H_2C-CH_2 \\ | \quad\; | \\ Br-H_2C \quad Br\end{array} + NaCH\begin{array}{c}\diagup COOC_2H_5 \\ \diagdown COOC_2H_5\end{array} = \begin{array}{c}H_2C-CH_2 \\ | \quad\; | \\ BrH_2C \quad CH\end{array}\begin{array}{c} COOC_2H_5 \\ \diagup \\ \diagdown COOC_2H_5\end{array} + NaBr.$$

Durch weitere Bromierung bildet sich hieraus *α-δ-Dibrompropylmalonsäureester,* welcher durch Einwirkung von Methylamin das Dimethylamid der *N-Methylpyrrolidin-α_1-α_1-dicarbonsäure* entstehen läßt:

$$\begin{array}{c}H_2C-CH_2 \\ | \quad\; | \\ BrH_2C \quad CBr \\ \quad COOC_2H_5 \\ COOC_2H_5\end{array} + 3\,NH_2CH_3 = \begin{array}{c}H_2C-CH_2 \\ H_2C\diagdown\; \diagup C\diagup CONHCH_3 \\ N \diagdown CONHCH_3 \\ CH_3\end{array}$$
$$+\,2\,HBr + 2\,C_2H_5OH.$$

Dieses zerfällt schließlich durch Salzsäureeinwirkung in die *N-Methylpyrrolidin-α-carbonsäure* (*Hygrinsäure*):

$$\begin{array}{c}H_2C-CH_2 \\ H_2C\diagdown\; \diagup CH-COOH \\ N \\ \cdot \\ CH_3\end{array}$$

Hygrinsäure.

Die so synthetisch erhaltene inaktive Hygrinsäure erwies sich in ihren Eigenschaften mit der aus dem Hygrin durch Oxydation erhaltenen bis auf einen kleinen Unterschied im Schmelzpunkt identisch. Ob die aus Hygrin dargestellte Hygrinsäure optisch aktiv ist, ist nicht untersucht.

Die Aufklärung über die Konstitution der Hygrinsäure ergab nun auch die des Hygrins selber, denn dieses unterscheidet sich von der Hygrinsäure nur durch den Ersatz des Carboxyls durch eine C_3H_5O-Gruppe. So ergibt sich für das Hygrin eine der beiden folgenden Formeln:

$$CH_3N-C_4H_7-CO-CH_2-CH_3 \quad \text{oder} \quad CH_3N-C_4H_7-CH_2-CO-CH_3$$

Die für das Hygrin aufgefundene Synthese erweist für dasselbe die Richtigkeit der zweiten Formel:

$$\begin{array}{c}H_2C-CH_2 \\ H_2C\diagdown\; \diagup CH-CH_2-CO-CH_3 \\ N \\ \cdot \\ CH_3\end{array}$$

Hygrin.

Die Synthese des Hygrins erfolgt von seinem Stammkörper, dem Pyrrol. Dieses wird zunächst in *Pyrrolmagnesiumbromid* übergeführt und dann mit Propylenoxyd in das *1-α-Pyrryl-propan-2-ol* verwandelt:

$$\begin{array}{c}HC-CH \\ HC\diagdown\; \diagup CMgBr \\ NH\end{array} + \begin{array}{c}H_2C-CH-CH_3 \\ \diagdown\; \diagup \\ O\end{array} + H_2O = \begin{array}{c}HC-CH \\ HC\diagdown\; \diagup C-CH_2-CHOH-CH_3 \\ NH\end{array}$$
$$+\,MgBrOH.$$

Dieser Alkohol wird reduziert; es entsteht ein Pyrrolidinderivat, welches mit Formaldehyd behandelt Hygrin ergibt. Der Formaldehyd übt hierbei neben der N-Methylierung zugleich eine oxydierende Wirkung auf die Alkoholgruppe aus und führt diese in eine Ketogruppe über [Heß, Bayer[1])]. So entsteht das *N-Methyl-α-Pyrrolidyl-(1)-propan-2-on*, das Hygrin:

$$H_2C——CH_2$$
$$H_2C\diagdown\diagup CH — CH_2 — CO — CH_3$$
$$NCH_3$$

Hygrin.

Das bei der vorliegenden Hygrinsynthese entstehende Alkaloid ist unterschiedlich vom natürlichen optisch inaktiv.

Eine dem Hygrin isomere Base bildet sich in analoger Weise wie das Hygrin aus dem Pyrrolmagnesiumbromid durch Einwirkung von Propionylchlorid.

Über den Zusammenhang zwischen Hygrin und Tropinon vgl. dort.

Cuskhygrin.

Das Cuskhygrin $C_{13}H_{24}N_2O$, der ständige Begleiter des Hygrins, findet sich in den Cuscoblättern[2]); nach diesem Vorkommen erhielt es seinen Namen. Es bildet ein gutkristallisiertes Nitrat, wodurch es vom Hygrin getrennt werden kann.

Das Cuskhygrin stellt ein Öl vor, das nur im Vakuum unzersetzt destilliert. Kp.$_{.32}$ 185°; d$_{17}$ 0,9767; optisch inaktiv. In Wasser ist es leicht löslich; es bildet ein kristallisiertes Hydrat $C_{13}H_{24}N_2O+3^1/_2 H_2O$[3]), Fp. 40—41°.

Das Alkaloid ist zweisäurig, bitertiär; besitzt zwei N-Methylgruppen. Es bildet ein unbeständiges Carbonat. Seine Konstitution ist zweifellos der des Hygrins sehr ähnlich, denn es bildet bei der Oxydation auch Hygrinsäure und beim Erwärmen mit verdünnter alkoholischer Kalilauge spaltet es sich teilweise in Hygrin [Heß und Fink[4])]. Die ursprünglich angenommene Konstitution $C_4H_7(NCH_3)—CH_2—CO—CH_2—(CH_3N)H_7C_4$ ist nicht in Übereinstimmung mit der Tatsache, daß das Alkaloid zwar die allgemeinen Ketoreaktionen (Oxim, Hydrazon, Semicarbazon) gibt, aber nicht mit Benzaldehyd, Oxalester usw. reagiert. Die Atomgruppierung $CH_2—CO—CH_2$, wie sie die obige Formel voraussetzt, kann daher nicht vorliegen.

Heß und Fink vermuten weiter auf Grund des Verhaltens des Cuskhygrins bei der W. Traubeschen Reaktion mit Natriumalkoholat und Stickoxyd folgende Formel:

$$C_4H_7(NCH_3)—CH—(H_3CN)H_7C_4$$
$$|$$
$$CO$$
$$|$$
$$CH_3$$

---

[1]) Heß, B. **46**, 3113, 4104. Bayer & Cie. D.R.P. 287 802.

[2]) Liebermann, B. **22**, 675. — Liebermann u. Kühling, B. **24**, 407. — Liebermann u. Cybulski, B. **28**, 578; **29**, 2050.

[3]) Liebermann u. Giesel, B. **30**, 1113.

[4]) Heß u. Fink, B. **53**, 781.

Bei der Traubeschen Reaktion bildet sich nach Heß und Fink neben *Methylendiisonitramin* $CH_2\big\langle{}^{N_2O_2Na}_{N_2O_2Na}$ die *N-Methyl-α-Pyrrolidyl-essigsäure* $C_4H_7(NCH_3)—CH_2—COOH$; zerfließliche Masse, Fp. etwa 95°.

II. Alkaloide des Schierlings.

Der Schierling (Conium maculatum L., Familie der Umbelliferen) enthält hauptsächlich drei Alkaloide:

    1. Das Coniin $C_8H_{17}N$.
    2. Das γ-Conicein $C_8H_{15}N$.
    3. Das Conhydrin $C_8H_{17}NO$.

In kleinerer Menge finden sich außerdem darin:

    4. Das Pseudoconhydrin $C_8H_{17}NO$.
    5. Das N-Methylconiin $C_9H_{19}N$.

Diese Alkaloide sind in der Pflanze an Äpfelsäure und Kaffeesäure gebunden [Hofmann[1])].

Sie finden sich in allen Teilen der Pflanze, besonders in den Früchten vor ihrer vollständigen Reife; diese enthalten nach Wertheim[2]) etwa 1% Coniin und 0,01% Conhydrin. Aus frischen Blättern erhielt Dragendorff nur etwa 0,09% Coniin, während das zur selben Zeit gesammelte Kraut etwa 0,25% enthielt. Bei längerem Aufbewahren des Krautes verliert dasselbe sehr an Wirksamkeit.

1. Das Coniin.

Das Coniin wurde schon im Jahre 1827 von Giesecke[3]) als wirksames Prinzip im Schierling vermutet, aber erst Geiger[4]) isolierte es im Jahre 1831 als freie Base. Liebig[5]) teilte ihm eine Sauerstoff enthaltende Formel zu, doch enthielt wahrscheinlich die von Liebig zur Analyse verwandte Probe Wasser, denn alle späteren Untersuchungen ergaben, daß das Coniin sauerstofffrei ist. Die darauf von Gerhardt[6]) vorgeschlagene Formel $C_8H_{15}N$ wurde bis zum Jahre 1881 beibehalten. Zu dieser Zeit unternahm Hofmann eine ausgedehnte Untersuchungsreihe, in deren Verlauf er zeigte, daß das Coniin die Zusammensetzung $C_8H_{17}N$ hat.

Das Coniin bildet eine farblose, stark alkalische Flüssigkeit von durchdringendem Geruch und brennendem Geschmack; fällt die meisten Metalle aus ihren Salzlösungen: $Kp._{759}$ 165,7—165,9°, erstarrt bei —2°, d^{19} 0,8438, $[\alpha]_D^{19}$ +15,7°.

[1]) Hofmann, B. **17**, 1922.
[2]) Wertheim, A. **100**, 328.
[3]) Giesecke, A. Pharm. (1) **20**, 97.
[4]) Geiger, Magazin f. Pharmazie **35**, 72, 259.
[5]) Liebig, ibid. **36**, 159.
[6]) Gerhardt, C. r. **1849**, 373.

In Alkohol ist es in jedem Verhältnis löslich; in Äther in etwa 6 Teilen. Seine Löslichkeit in kaltem Wasser ist etwa 1%, noch geringer in heißem Wasser, so daß sich kalt gesättigte Lösungen beim Erhitzen trüben.

Das Coniin ist das erste Alkaloid, das synthetisiert werden konnte, und verdanken wir dieses hervorragende Resultat Ladenburg[1]).

Die Synthese des Coniins ließ sich aber erst ausführen, nachdem die Konstitution dieser Base absolut festgestellt war. Hofmann[2]) gebührt das Verdienst, diese Aufgabe gelöst zu haben. Den Anstoß zu dieser Untersuchungsreihe empfing Hofmann im Jahre 1884 durch die Beobachtung, daß bei der Destillation von salzsaurem Coniin über Zinkstaub sich unerwarteterweise eine große Menge Wasserstoff entwickelte unter Bildung einer Base von der Formel $C_8H_{11}N$, die den Namen *Conyrin* erhielt:

$$\underset{\text{Coniin}}{C_8H_{17}N} = \underset{\text{Conyrin.}}{C_8H_{11}N} + 6\,H.$$

Bei dieser Reaktion wirkt der Zinkstaub anscheinend katalytisch, indem er die Rolle eines Wasserstoff abspaltenden Mittels übernimmt.

Nach einer weiteren Beobachtung von Tafel[3]) läßt sich auch das Coniin durch Erhitzen mit essigsaurem Silber in Eisessiglösung in Conyrin überführen.

Diese Versuche lassen das Coniin als sechsfach hydriertes Conyrin erscheinen, so daß diese beiden Basen in dasselbe Verhältnis zueinander treten, wie das Piperidin zum Pyridin. Hofmann gelang es dann auch, das Conyrin durch Erhitzen mit konzentrierter Jodwasserstoffsäure auf 280—300° wieder in Coniin überzuführen. Dieses unterschied sich vom natürlichen Coniin nur durch seine optische Inaktivität.

Seiner Formel nach ist das Conyrin ein Homologes des Pyridins (Collidin). Näheren Aufschluß über seine Konstitution ergab die Oxydation des Conyrins; hierbei entsteht die α-Picolinsäure. Das Conyrin muß also entweder das α-Propylpyridin oder α-Isopropylpyridin sein. Nun war diese letztere Base schon früher von Ladenburg synthetisiert (siehe S. 49) und als nicht identisch mit dem Conyrin befunden. Man muß also das Conyrin als α-n-Propylpyridin auffassen und dementsprechend das Coniin als die aktive Modifikation des α-Propylpiperidins:

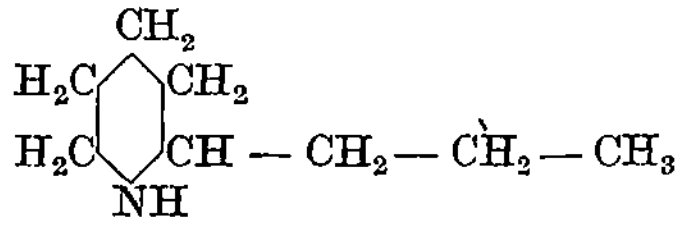

CH₂

H₂C   CH₂

H₂C CH — CH₂ — CH₂ — CH₃

NH

Coniin.

Danach erscheint das Coniin als eine sekundäre Base, und alle Reaktionen zeigen auch das Vorhandensein einer NH-Gruppe im Molekül an. So bildet es eine *Acetyl-* und *Benzoyl*verbindung, durch salpetrige Säure

[1]) Ladenburg, B. **14**, 2409; **17**, 1676; **18**, 1587; **19**, 439, 2578; **22**, 1403, 2583; **26**, 854; **27**, 3062; **28**, 163, 1991; A. **247**, 1; **279**, 344.

[2]) Hofmann, B. **14**, 705; **15**, 2313; **16**, 558; **17**, 825; **18**. 5, 109.

[3]) Tafel, B. **25**, 1619.

läßt es sich *nitrosieren*, durch Chlorkohlensäureester entsteht das *Urethan* und durch Methylierung bildet sich *N-Methylconiin* (siehe dort). Unterbromigsaures Natrium bzw. Chlorkalk verwandeln das Coniin in *Brom-* bzw. *Chlorconiin*, wobei die Halogenatome am Stickstoff haften.

Die Formel des Coniins sieht eine normale Kohlenstoffkette von 8 Kohlenstoffatomen vor, und diese hat sich auch bei verschiedenen Abbauprodukten des Alkaloids erwiesen. So geht das Benzoylconiin bei der Oxydation mit Kaliumpermanganat in die Benzoylhomoconiinsäure über, die nach Abspaltung der Benzoylgruppe die *Homoconiinsäure* (*δ-Aminooktansäure*) bildet.

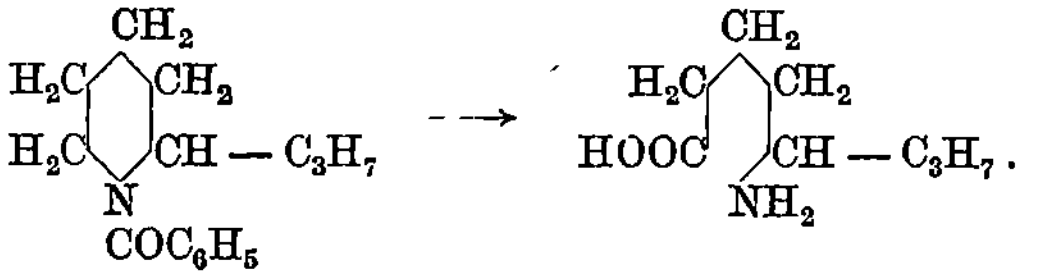

$$
\begin{array}{ccc}
\text{CH}_2 & & \text{CH}_2 \\
\text{H}_2\text{C} \diagup \diagdown \text{CH}_2 & & \text{H}_2\text{C} \diagup \diagdown \text{CH}_2 \\
\text{H}_2\text{C} \diagdown \diagup \text{CH}-\text{C}_3\text{H}_7 & \longrightarrow & \text{HOOC} \diagdown \diagup \text{CH}-\text{C}_3\text{H}_7 \;. \\
\text{N} & & \text{NH}_2 \\
\text{COC}_6\text{H}_5 & &
\end{array}
$$

Bei der Oxydation des Coniins mit Wasserstoffsuperoxyd entsteht ferner unter Stickstoffeliminierung die *Butyrylbuttersäure*:

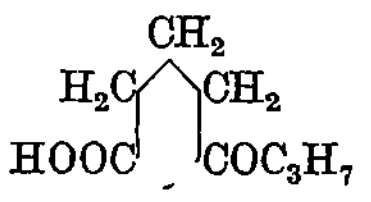

$$
\begin{array}{c}
\text{CH}_2 \\
\text{H}_2\text{C} \diagup \diagdown \text{CH}_2 \\
\text{HOOC} \diagdown \diagup \text{COC}_3\text{H}_7
\end{array}
$$

die auch eine unverzweigte Kette von 8 Kohlenstoffatomen besitzt [Wolffenstein[1])].

Durch Destillation von Benzoylconiin mit Phosphorpentachlorid bildet sich ebenfalls unter Ringsprengung und Stickstoffeliminierung eine Verbindung von acht unverzweigten Kohlenstoffatomen, das *Dichloroktan* [von Braun und Schmitz[2])]:

$$\text{ClCH}_2-\text{CH}_2-\text{CH}_2-\text{CH}_2-\text{CHCl}-\text{CH}_2-\text{CH}_2-\text{CH}_3 \;.$$

Synthese des Coniins. Die verhältnismäßig einfache Zusammensetzung des Coniins veranlaßte schon frühzeitig Versuche zu seiner Synthese. Es sei hier vor allem an die im Jahre 1871 durchgeführten aussichtsreichen Versuche von Schiff[3]) und von Michael und Grundelach[4]) erinnert, die aus Butyraldehyd bzw. Butylidenchlorid und Ammoniak zum Coniin zu gelangen suchten, die aber ihr Ziel nicht erreichen konnten, da die Zusammensetzung des Coniins damals als $C_8H_{15}N$ angesehen wurde.

Erst im Jahre 1886 gelang es Ladenburg[5]), die lange erstrebte Synthese des Coniins $C_8H_{17}N$ zu verwirklichen.

Ladenburg schlug zunächst zur Synthese den Weg ein, das α-Propylpyridin darzustellen, um dieses durch Reduktion in α-Propylpiperidin überzuführen. Hierzu wandte er ein Verfahren an, das schon

---

[1]) Wolffenstein, B. **28**, 1459.
[2]) v. Braun u. Schmitz, B. **39**, 4365.
[3]) Schiff, A. **157**, 352; **166**, 88.
[4]) Michael u. Grundelach, Amer. Chem. Journ. **2**, 172.
[5]) Ladenburg, B. **19**, 439, 2578; **22**, 1403; **27**, 858, 3062; **28**, 163, 1991; **30**, 485; A. **247**, 86.

zur Darstellung einer größeren Zahl von Substitutionsprodukten des Pyridins gedient hatte und das darin bestand, die Additionsprodukte des Pyridins mit den Jodalkylen auf 300° zu erhitzen (S. 49). Wir haben schon früher gesehen, daß sich das Verfahren in diesem speziellen Falle nicht verwenden ließ, weil bei der zur Reaktion nötigen hohen Temperatur sich die Propylgruppe in Isopropyl umlagert; man erhält so nur ein Gemenge von α- und γ-Isopropylpyridin. Dieser Weg hatte also versagt; es mußte eine ganz andere Darstellungsart eingeschlagen werden. Ladenburg übertrug dazu mit Erfolg eine Kondensationsreaktion, welche Jacobsen und Reimer in der Chinolinreihe angewandt hatten, auf die Pyridinreihe, indem α-Picolin mit Acetaldehyd zum *Allylpyridin* (*α-Propenylpyridin*) kondensiert wurde:

$$\text{(Pyridin)}-CH_3 + OCH-CH_3 \;=\; \text{(Pyridin)}-CH=CH-CH_3 + H_2O$$

$$\alpha\text{-Picolin} \qquad\qquad\qquad \alpha\text{-Propenylpyridin}$$

das weiterhin durch Reduktion das α-Propylpiperidin bildete.

$$\text{(Pyridin)}-CH=CH-CH_3 + 8\,H \;=\; \text{(Piperidin)}CH-CH_2-CH_2-CH_3$$

$$\alpha\text{-Propenylpyridin} \qquad\qquad \alpha\text{-Propylpiperidin.}$$

Die praktische Durchführung dieser wichtigen Synthese war aber äußerst mühsam. Paraldehyd und α-Picolin vereinigen sich erst bei einer Temperatur von über 250° und in recht ungenügender Ausbeute; zudem muß die Verarbeitung in Schießröhren geschehen. Diese Reaktion erfuhr später eine Vereinfachung dadurch, daß man sie in zwei Phasen durchführte; zunächst das Alkamin, das *α-Pyridyl-(1)-propan-2-ol* (Kp.$_{13}$ 116—120°) $C_5H_4N-CH_2-CHOH-CH_3$ bei niedrigerer Temperatur (150°) im *Autoklaven* darstellte [Ladenburg[1]), Löffler und Kaim[2])] und dann dasselbe durch 10stündiges Erwärmen auf 185° mit der vierfachen Menge rauchender Salzsäure in ein Gemisch von α-*Propenylpyridin* und α-*Chlorpropylpyridin* überführte.

Dieses Gemisch kann man zum α-Propylpiperidin, zum inaktiven Coniin reduzieren, indem man es mit Natrium und Alkohol behandelt. Das α-Propenylpyridin wird dadurch allerdings nicht vollständig reduziert; hierzu bedarf es eines weiteren 20stündigen Erhitzens mit rauchender Jodwasserstoffsäure und rotem Phosphor auf 100° und nachfolgender Behandlung mit Zinkstaub und Salzsäure. Eine Modifikation der obigen Methode geben Heß und Weltzien[3]) an.

Das so erhaltene α-Propylpiperidin zeigte mit dem natürlich vorkommenden Coniin jede mögliche Ähnlichkeit. Der Siedepunkt, das spezifische Gewicht, die physiologischen Eigenschaften waren genau die gleichen, ferner ergab sich bei der Destillation mit Zinkstaub eine

---

[1]) Ladenburg, B. **39**, 2486.
[2]) Löffler u. Kaim, B. **42**, 94.
[3]) Heß u. Weltzien, B. **53**, 139.

Verbindung, welche sich mit dem Conyrin identifizierte. Nur in einem Punkte unterschied sich die synthetische Base von dem natürlichen Alkaloid; sie war optisch inaktiv. Da das Coniin aber ein asymmetrisches Kohlenstoffatom besitzt,

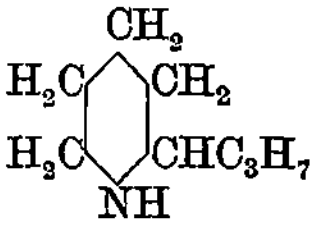

$$H_2C\underset{\underset{NH}{\diagdown\diagup}}{\overset{\overset{CH_2}{\diagup\diagdown}}{\diagup}}CH_2,\quad H_3C\diagdown CHC_3H_7$$

konnte in gewohnter Weise mit Hilfe von Weinsäure eine Spaltung in das Rechts- und Linksconiin herbeigeführt werden.

Das optische Drehungsvermögen des Coniins ist vielfach untersucht worden [Wolffenstein, Ladenburg, Scholtz, Heß und Weltzien[1]). Noch vorhandene geringe Unterschiede zwischen der natürlichen und synthetischen Base werden bei genauester Reindarstellung der synthetischen noch verschwinden.

Im Jahre 1891 gelang Engler und Bauer[2]) eine zweite Synthese des Coniins auf folgendem Wege. Ein molekulares Gemisch von propionsaurem und picolinsaurem Calcium gibt bei der trockenen Destillation α-Äthylpyridylketon:

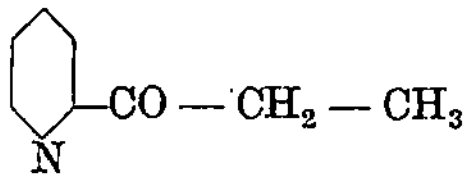

$$\underset{N}{\bigcirc}\!\!-CO-CH_2-CH_3$$

Bei der Reduktion mit Natrium und Alkohol entsteht daraus neben dem α-Äthylpiperidylalkamin (S. 57) optisch inaktives α-Propylpiperidin, welches durch fraktionierte Kristallisation des Bitartrats aktiviert werden kann.

Isoconiin. — Außer den drei Coniinen, dem racemischen und seinen beiden optisch aktiven Spaltformen glaubte Ladenburg bei der Destillation von salzsaurem Coniin über Zinkstaub noch ein viertes Coniin, das Isoconiin, erhalten zu haben, dessen Bildung auf der Asymmetrie des dreiwertigen Stickstoffatoms beruhen sollte. Insofern gewann die vorliegende Frage eine über den Einzelfall hinausgehende allgemeinere Bedeutung.

Dieses Isoconiin sollte sich vom natürlichen d-Coniin durch seine geringere optische Aktivität unterscheiden, wie auch durch dimorph auftretende Platinsalze von besonderen Löslichkeitsverhältnissen [Ladenburg[3])].

Bei der weiteren Untersuchung [Wolffenstein[4])] stellte sich aber heraus, daß die vermutlichen dimorphen Platinsalze des Isoconiins nur ein Gemisch von d- und i-Platinsalzen waren. Das diesen Platinsalzen zugrunde liegende Isoconiin war daher auch nur ein Gemisch von d- und r-Coniin, so daß die geringere optische Aktivität des Isoconiins ihre einfache Erklärung fand.

[1]) Wolffenstein, B. **27**, 2611. — Ladenburg, B. **29**. 2706. — Scholtz, B. **38**, 595. — Heß u. Weltzien, l. c.
[2]) Engler u. Bauer, B. **24**, 2530; **27**. 1775.
[3]) Ladenburg, B. **26**, 854; **27**, 853, 859; **29**, 2706; **36**. 3694.
[4]) Wolffenstein, B. **27**, 2615; **29**, 1956.

Später hielt Ladenburg[1]) selber seine Ansicht über die Existenz des vorliegenden Isoconiins mit geringerer optischer Aktivität nicht mehr aufrecht. Er erklärte vielmehr nun als Isoconiin in seinem Sinne dasjenige Coniin, das bei der bekannten Coniinsynthese aus α-Picolin und Paraldehyd entsteht und das eine etwas stärkere optische Aktivität zeigte als das natürliche Coniin. Dieses „Isoconiin" erwies sich aber bei weiterer Untersuchung auch nicht als rein; es enthielt *α-Allylpiperidin*, auf dessen Anwesenheit jedenfalls ein Teil der gefundenen stärkeren optischen Drehung zurückgeführt werden muß.

Das vorliegende experimentelle Material liefert also keinen Beweis für die Existenz eines auf Stickstoffasymmetrie begründeten Coniins [vgl. auch Heß und Weltzien[2])].

Ein Homologes des Coniins, das *Homoconiin* (*α-n-Butylpiperidin* $C_9H_{19}N$) ist aus α-Picolin und n-Propionaldehyd über das α-Butyl-pyridin und Reduktion desselben erhalten [Löffler und Plöcker[3])]. Kp. 186—189°, $[\alpha]_D$ —18,7°.

2. Coniceine.

α-Conicein. Es wurde aus dem Conhydrin durch Wasserentziehung mittels rauchender Salzsäure gewonnen [Hofmann[4])]. Tertiäre ge-sättigte bizyklische Base. Kp. 158°, $[\alpha]_D$ +18,4°, $d_4^{15,5}$ 0,891. Leicht flüchtig; in kaltem Wasser löslicher wie im warmen. Entsteht auch aus synthetischem *α-Piperidyl-(1)-propan-2-ol* [Löffler[5])].

$$
\begin{array}{c}
\mathrm{CH_2} \\
\mathrm{H_2C} \diagup \diagdown \mathrm{CH_2} \\
\mathrm{H_2C} \diagdown \diagup \mathrm{CH-CH_2} \\
\mathrm{N - - - CH - CH_3}
\end{array}
$$

Die obige Formel für das Conicein hat zur Voraussetzung, daß das Conhydrin, aus dem es entsteht, das α-Piperidyl-(1)-propan-2-ol ist.

Das α-Conicein wird durch Natriumamalgam nicht reduziert, durch Jodwasserstoffsäure bei hoher Temperatur (220°) in Coniin verwandelt.

β-Conicein (1-α-Allylpiperidin)

$$
\begin{array}{c}
\mathrm{CH_2} \\
\mathrm{H_2C} \diagup \diagdown \mathrm{CH_2} \\
\mathrm{H_2C} \diagdown \diagup \mathrm{CH - CH_2 - CH = CH_2} \\
\mathrm{NH}
\end{array}
$$

bildet sich aus Conhydrin durch Wasserabspaltung mittels Phosphor-säureanhydrid [Wertheim[6]), Löffler[7])] bzw. durch rauchende Salz-

---

[1]) Ladenburg, B. **39**, 2486; **40**, 3734.
[2]) Heß u. v. Weltzien, B. **53**, 139.
[3]) Löffler u. Plöcker, B. **40**, 1310.
[4]) Hofmann, B. **18**, 5, 109; **16**, 558.
[5]) Löffler, B. **37**, 1879.
[6]) Wertheim, A. **100**, 75.
[7]) Löffler u. Friedrich, B. **42**, 107. — Löffler u. Tschunke, B. **42**, 929.

säure [Hofmann[1])]. Sekundäre, ungesättigte Base; Fp. 40—41°, Kp. 168—169°, $[\alpha]_D^{43}$ —50,64°, d_4^{50} = 0,8519.

Man kann auch das α-Allylpiperidin — neben dem geometrisch isomeren *Isoallylpiperidin* (Kp. 169,5—170°) — aus synthetischem α-Piperidyl-(1)-propan-2-ol

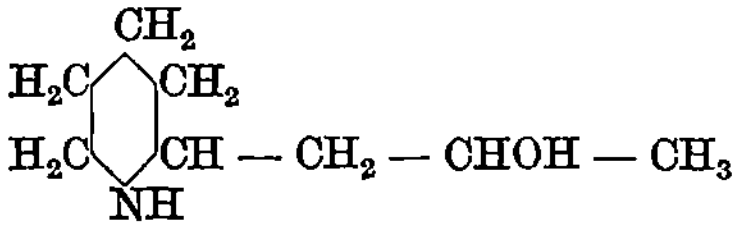

$$
\begin{array}{c}
CH_2 \\
H_2C \diagup \diagup CH_2 \\
H_2C \diagdown \diagup CH - CH_2 - CHOH - CH_3 \\
NH
\end{array}
$$

durch Phosphorsäureanhydrideinwirkung erhalten (Löffler). Die Linksmodifikation der hierbei entstehenden Base erwies sich identisch mit dem aus dem Conhydrin entstehenden β-Conicein.

Das β-Conicein läßt sich durch Natrium und Alkohol direkt nicht reduzieren, doch erhält man durch Überführung des β-Coniceins mittels Jodwasserstoffsäure in das Jodid und Reduktion desselben mit Zink aktives l-Coniin (Löffler).

γ-**Conicein** (α-Propyl-Δ^α-Tetrahydropyridin)

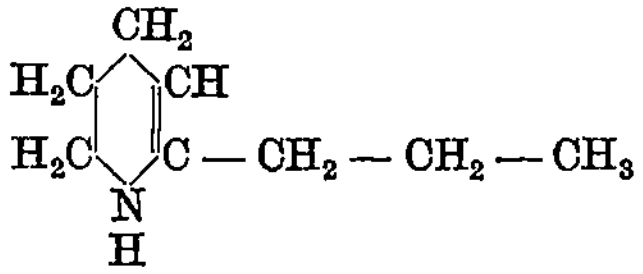

$$
\begin{array}{c}
CH_2 \\
H_2C \diagup \diagup CH \\
H_2C \diagdown \diagup C - CH_2 - CH_2 - CH_3 \\
N \\
H
\end{array}
$$

Das γ-Conicein entsteht aus dem Chlorconiin bzw. Bromconiin durch Alkalieinwirkung (Hofmann, Lellmann):

$$C_8H_{16}NCl = C_8H_{15}N + HCl.$$

Ferner bildet sich die Base aus Conhydrin durch Wasserabspaltung mittels Phosphorpentoxyd oder rauchender Salzsäure [Löffler und Tschunke[2])].

In den natürlichen Coniinbasen ist das γ-Conicein auch angetroffen [Wolffenstein[3])].

Es ist eine im Wasser sehr wenig lösliche Flüssigkeit. $Kp._{752}$ 173—174° corr.; $Kp._{14}$ 64—65°; $d_{22,5}$ 0,8724, bräunt sich langsam an der Luft. Sekundäre Base, optisch inaktiv, geht bei der Reduktion in inaktives Coniin über; bei der Zinkstaubdestillation entsteht Conyrin.

Durch diese verschiedenen Tatsachen ist seine Konstitution festgelegt.

Seine optische Inaktivität beweist, daß eines der beiden Wasserstoffatome, durch deren Mindergehalt sich die Coniceine vom Coniin unterscheiden, vom asymmetrischen Kohlenstoffatom des Ringsystems fortgenommen sein muß, also dort eine doppelte Bindung eingetreten ist.

Diese doppelte Bindung muß nun zu dem benachbarten Kohlenstoffatom und nicht zum Stickstoffatom reichen, da das γ-Conicein als sekundäre Base die Gruppe NH enthält.

---

[1]) Hofmann, B. **18**, 9, 105.
[2]) Löffler u. Tschunke, B. **42**, 929.
[3]) Wolffenstein, B. **28**, 302; **29**, 1956.

Das γ-Conicein hat ein geringeres Polymerisationsbestreben wie das Piperidein, offenbar durch das Vorhandensein der Propylgruppe. Die oben erwähnte Bildung des γ-Coniceins aus dem Chlorconiin muß in derselben Weise erklärt werden wie die Bildung des Tetrahydropyridins aus dem Chlorpiperidin. Auch hierbei ist eine atomere Verschiebung anzunehmen, indem das Chloratom zuerst in die α-Stellung wandert.

Das γ-Conicein hat in seinen allgemeinen Bindungsverhältnissen große Ähnlichkeit mit dem *Tetrahydropicolin* (S. 32), indem es unter Wasseraufnahme leicht in die Aminoketoform übergeht. So bildet sich aus γ-Conicein bei der Benzoylierung nach Schotten-Baumann das *Benzoyl-δ-aminobutylpropylketon*:

$$\begin{array}{c} CH_2 \\ H_2C \diagup \diagdown CH_2 \\ H_2C \diagdown \quad CO-CH_2-CH_2-CH_3 \\ NH \\ | \\ COC_6H_5 \end{array}$$

Beim Erhitzen dieses Ketons mit Salzsäure findet unter Wasseraustritt wieder Rückbildung von γ-Conicein statt.

Dieses Verhalten des γ-Coniceins bei der Benzoylierung kann übrigens auch zur Trennung des Coniins vom γ-Conicein verwandt werden [v. Braun und Steindorff[1])].

Die Synthese des γ-Coniceins ist Gabriel[2]) gelungen. *γ-Brompropylphthalimid* und *Kaliumbutyrylessigester* werden zunächst zum *δ-Phthalimidopropylbutyrylessigester* kondensiert,

$$\begin{array}{c} \diagup \diagdown -CO \\ |\quad\quad >N-CH_2-CH_2-CH_2\,Br+K\,HC-CO-C_3H_7 \\ \diagdown \diagup -CO \qquad\qquad\qquad\qquad | \\ COOC_2H_5 \end{array}$$

der mit verdünnter Schwefelsäure unter Kohlensäure- und Phthalsäureabspaltung über das δ-Aminobutylpropylketon:

$$H_2N-CH_2-CH_2-CH_2-CH_2-CO-C_3H_7$$

den Ringschluß zum γ-Conicein unter Wasserabspaltung erfährt.

δ-Conicein (Piperolidin)

$$\begin{array}{c} CH_2 \\ H_2C \diagup \diagdown CH_2 \\ H_2C \diagdown \diagup CH-CH_2 \\ N \diagdown \quad | \\ CH_2 \quad CH_2 \end{array}$$

entsteht aus N-Bromconiin durch Bromwasserstoffabspaltung mittels konzentrierter Schwefelsäure [Hofmann[3])]. Kp. 161°; d_4^{23} 0,897; tertiäre gesättigte Base, linksdrehend. Für dieses δ-Conicein nahm Lellmann[4]) die obige Konstitution an, die ein bizyklisches Ring-

---

[1]) v. Braun u. Steindorff, B. **38**, 3091.
[2]) Gabriel, B. **42**, 4059.
[3]) Hofmann, B. **18**, 9, 109.
[4]) Lellmann, A. **259**, 183.

system vorsieht. Diese Konstitution ist von Löffler und Kaim[1]) durch folgenden synthetischen Aufbau bestätigt worden.

Die α-Piperidylpropionsäure $C_5H_{10}NCH_2CH_2COOH$ geht unter Wasserabspaltung in das Lactim über (Piperolidon), welches durch Natrium und Alkohol zum Piperolidin reduziert wird; identisch mit dem inaktiven δ-Conicein.

Die Bezeichnung *Piperolidin* stammt von Löffler, der dieses bizyklische Ringsystem, aus einem Piperidinring und einem Pyrolidinring bestehend, dadurch im Namen charakterisierte.

ε-Conicein (Methylconidin)

$$\begin{array}{c}
CH_2 \\
H_2C \diagup \diagdown CH_2 \\
H_2C \diagdown \diagup CH \\
N \diagdown \diagup CH_2 \\
CH - CH_3
\end{array}$$

Gesättigte starke, tertiäre Base. Aus Conhydrin durch rauchende Jodwasserstoffsäure über das Jodconiin und Behandlung desselben mit Natronlauge [Hofmann[2])]. Später beschäftigte sich Lellmann[3]) mit derselben Base; weiterhin konnte Löffler[4]) zeigen, daß das sog. ε-Conicein aus zwei stereoisomeren tertiären Basen besteht, die als *Methylconidine* bezeichnet wurden. Das im ε-Conicein vorliegende bizyklische Stammringsystem erhielt den Namen *Conidin*.

Die Bildung zweier diastereomerer Formen, wie sie im ε-Conicein vorliegen, erklärt sich folgendermaßen.

Das Conhydrin, aus dem das ε-Conicein entsteht, spaltet beim Erhitzen mit Jodwasserstoffsäure intermediär Wasser ab, wodurch sich eine ungesättigte Verbindung bildet.

Diese addiert sofort die Elemente der Halogenwasserstoffsäure, übrigens in anderer Lage an:

$$\begin{array}{c}
CH_2 \\
H_2C \diagup \diagdown CH_2 \\
H_2C \diagdown \diagup CH - CH(OH) - CH_2 - CH_3 \\
NH
\end{array}$$

$$\longrightarrow \begin{array}{c}
CH_2 \\
H_2C \diagup \diagdown CH_2 \\
H_2C \diagdown \diagup CH - CH = CH - CH_3 \\
NH
\end{array} \quad \rightarrow \begin{array}{c}
CH_2 \\
H_2C \diagup \diagdown CH_2 \\
H_2C \diagdown \diagup CH - CH_2 - CHJ - CH_3 \, . \\
NH
\end{array}$$

Es entstehen hier durch Zutritt eines zweiten asymmetrischen Kohlenstoffatoms in ein System, in welchem schon ein asymmetrisches Kohlenstoffatom vorhanden ist, zwei diastereomere Formen. Bei der Behandlung dieser mit Alkali wird Jodwasserstoffsäure abgespalten; es bildet sich das sog. ε-Conicein, das sich zusammensetzt aus dem 2-Methylconidin (Kp. 151,5—154°, $[\alpha]_D$ +67,4°) und dem damit stereomeren Iso-2-Methylconidin (Kp. 143—145°, $[\alpha]_D$ —87,5°). Die optische Spaltung

---

[1]) Löffler u. Kaim, B. **42**, 94.
[2]) Hofmann, B. **18**, 9, 109.
[3]) Lellmann, A. **259**, 193.
[4]) Löffler, B. **42**, 948.

der Basen geschah durch Hindurchführung durch die Bitartrate und Umkristallisation der Quecksilbersalze.

ψ-**Conicein** entsteht beim Erhitzen von Pseudoconhydrin mit Phosphorsäureanhydrid im Wasserstoffstrom. Ungesättigte starke sekundäre Base; wird durch Natrium und Alkohol nicht reduziert. Kp. 171—172°, d_{15}^4 0,8776, $[\alpha]_D^{15}$ 122,6°.

3. Conhydrin.

Das Conhydrin wurde im Jahre 1856 von Wertheim[1]) im Schierling aufgefunden, wo es in kleiner Menge vorkommt. Es besitzt die Formel $C_8H_{17}NO$, kristallisiert aus Äther in farblosen Blättchen, Fp. 120—121°, Kp. 225—226°, ist sublimierbar, im Geruch coniinähnlich. Unterschiedlich von den sauerstofffreien Schierlingsalkaloiden stellt es einen festen Körper vor. Im Wasser ziemlich löslich; leicht löslich in Alkohol und Äther. Sekundäre Base, $[\alpha]_D$ $+10°$.

Das Sauerstoffatom im Conhydrin ist in einer Hydroxylgruppe enthalten. Diese Gruppe wird beim Erhitzen des Alkaloids mit konzentrierter Jodwasserstoffsäure auf 150° durch ein Jodatom ersetzt [Hofmann[2])].

$$C_8H_{16}(OH)N + HJ = C_8H_{16}JN + H_2O.$$

Das Hydroxyl gibt sich auch daran zu erkennen, daß es unter der Einwirkung wasserentziehender Mittel leicht austritt, wobei Coniceine (siehe S. 119) entstehen.

Der nahe Zusammenhang des Conhydrins zum Coniin ist auch daraus ersichtlich, daß das oben erwähnte Jodconiin sich bei der Reduktion mit Zinn und Salzsäure in Coniin umsetzt [Hofmann, Lellmann[3])]. Danach erscheint also das Conhydrin als ein hydroxyliertes Coniin und es bleibt zur Konstitutionsbestimmung des Conhydrins nur übrig, die vom Hydroxyl eingenommene Stellung im Molekül festzulegen.

Diese Frage ist trotz vielfachen Studiums und so einfach sie erscheinen mag, bis heute noch nicht sicher gelöst, und vor allem hat sich keine der zahlreichen isomeren Verbindungen, welche zu dem Zweck der Conhydrinsynthese dargestellt worden sind, mit dem Conhydrin identisch erwiesen.

Diese fragliche Hydroxylgruppe sollte sich in der α-Seitenkette des Conhydrins befinden, denn bei der Oxydation des Conhydrins mit Chromsäure entsteht *l-Pipecolinsäure* [Willstätter[4])].

Die Hydroxylgruppe kann nun nicht am asymmetrischen Ringkohlenstoffatom des Conhydrins stehen, da durch Wasserabspaltung bei der Bildung der Coniceine die optische Aktivität erhalten bleibt; die Hydroxylgruppe kann aber auch nicht am Ende der Propylgruppe stehen, da dann bei der Oxydation nur das letzte Glied der Propylgruppe in die Carboxylgruppe verwandelt würde. Gegen diese Stellung spricht ferner

---

[1]) Wertheim, A. **100**, 328.
[2]) Hofmann, B. **18**, 5.
[3]) Lellmann, B. **23**, 2141; A. **259**, 193.
[4]) Willstätter, B. **42**, 3166.

auch der Verlauf der Wasserabspaltung aus dem Conhydrin, da bei Endstellung der Hydroxylgruppe nur ein Conicein entstehen sollte, während zwei Verbindungen aufgefunden wurden [Löffler und Friedrich[1])]. Somit bleibt für das Hydroxyl nur die 1- oder 2-Stellung der Seitenkette in Frage. Nun ist das *Piperidyl-(1)-propan-2-ol* von Löffler und Tschunke[2]) aus aktivem β-Conicein durch Wasseranlagerung dargestellt und in zwei Formen erhalten, von denen sich aber keine mit dem Conhydrin identifizierte.

So sollte als einzige Möglichkeit für die Konstitution des Conhydrins das α-Piperidyl-(1)-propan-1-ol erscheinen. Dieses wurde von Engler und Bauer[3]), wie schon S. 57 angegeben ist, synthetisiert; weiterhin auch von Heß und Eichel[4]). Man erhält es hierbei in zwei Formen, die als die beiden möglichen diasterischen Formen anzusehen sind. Die eine dieser Formen schmilzt bei 100°, die andere zeigt einen niedrigeren und nicht scharfen Schmelzpunkt. Heß und Eichel haben nun die bei 100° schmelzende Base durch N-Methylierung und Oxydation in das d 1-N-Methyl-α-Piperidyl-(1)-propan-1-on übergeführt. Dieses erwies sich identisch mit dem N-Methylconhydrinon, das aus natürlichem Conhydrin gewonnen war. Nach diesem Befund sollte das Kohlenstoffskelett im Conhydrin auch festgelegt sein.

Diese Beweisführung bringt aber die Frage der Conhydrinkonstitution doch noch nicht zur Entscheidung, denn wenn die verglichenen Ketobasen — N-Methyl-Conhydrinon und N-Methyl-α-Piperidyl-(1)-propan-1-on — gleich sind, so müßte die eine der beiden diastereomeren Formen des Ausgangsmaterials, des α-Piperidyl-(1)-propan-1-ol mit dem Conhydrin bis auf geringfügige Unterschiede, die durch die optische Aktivität des Conhydrins bedingt sein können, identisch sein. Das ist aber nicht der Fall (vgl. Methylisopelletierin). Ferner besteht noch der ungelöste Widerspruch, daß das α-Piperidyl-(1)-propan-1-ol sich durch Natrium und Alkohol in Coniin überführen läßt (Engler und Bauer), was beim Conhydrin nicht gelingt.

4. Pseudoconhydrin.

Das Pseudoconhydrin $C_8H_{17}NO$ wurde 1891 von E. Merck[5]) im Schierling entdeckt und von Ladenburg und Adam[5]) und Engler und Kronstein[6]) untersucht.

Diese Base bildet ein kristallinisches Pulver, leicht zerfließlich, in organischen Lösungsmitteln sehr löslich. Aus trockenem Äther in Nadeln, Fp. 105—106°; aus feuchtem Äther in Blättchen, Fp. unscharf unterhalb 80°; Kp. 236—236,5°. Sekundäre Base, $[\alpha]_D$ +11°.

[1]) Löffler u. Friedrich, B. 42, 107.
[2]) Löffler u. Tschunke, B. 42, 929.
[3]) Engler u. Bauer, B. 24, 2530; 27, 1775. — Engler u. Kronstein, B. 27, 1775.
[4]) Heß u. Eichel, B. 52, 964.
[5]) Merck, B. 24, 1671. — Ladenburg u. Adam, ibid.
[6]) Engler u. Kronstein, B. 27, 1779. — Engler u. Bauer, B. 27, 1775. — Engler, B. 42, 559.

Das Pseudoconhydrin geht durch Jodwasserstoffsäure in Jodconiin über, das bei der Reduktion rechtsdrehendes Coniin liefert, während das Conhydrin bei derselben Behandlung linksdrehendes Coniin ergibt. Das Pseudoconhydrin und Conhydrin sind demnach nicht stereoisomer. Auch bei der Wasserabspaltung verhalten sie sich verschieden.

Die Stellung der Hydroxylgruppe im Pseudoconhydrin ist noch unbestimmt. Löffler[1]) vermutet für das Pseudoconhydrin folgende Formel:

$$
\begin{array}{c}
\text{CHOH}\\
\text{H}_2\text{C}\diagup\text{CH}_2\\
\text{H}_2\text{C}\diagdown\text{CH — CH}_2\text{ — CH}_2\text{ — CH}_3\\
\text{NH}
\end{array}
$$

ψ-Conhydrin.

Diese Konstitutionsannahme steht aber im Widerspruch mit einer Beobachtung von Willstätter[2]), wonach sich bei der Oxydation mit Chromsäure in schwefelsaurer Lösung Pipecolinsäure bildet. Heß und Eichel[3]) wiederum bemerkten gelegentlich des Versuches, Pseudoconhydrin durch Chromsäure in essigsaurer Lösung in das entsprechende Keton überzuführen, keine Veränderung des Alkaloids.

5. N-Methylconiine.

d-N-Methylconiin $C_8H_{16}N$—CH_3

$$
\begin{array}{c}
\text{CH}_2\\
\text{H}_2\text{C}\diagup\text{CH}_2\\
\text{H}_2\text{C}\diagdown\text{CH — CH}_2\text{ — CH}_2\text{ — CH}_3,\\
\text{N}\\
|\\
\text{CH}_3
\end{array}
$$

von dem schon Kekulé und von Planta[4]) im Jahre 1854 berichten, wurde im reinen Zustande von Wolffenstein[5]) aus den Schierlingsalkaloiden abgeschieden [vgl. von Braun[6])]. Farblose Flüssigkeit $[\alpha]_D$ +81,33°, d_{24} 0,8318, Kp. 173—174°. Es wurde auch durch Erhitzen von Coniin mit einer wässerigen Lösung von methylschwefelsaurem Kalium auf 100° erhalten [Passon[7])].

l-N-Methylconiin wurde in Coniinrückständen aufgefunden [Ahrens[8])] Kp.$_{767}$ 175,6; $[\alpha]_D$ —81,92°.

d, l-N-Methylconiin läßt sich nach Angaben von Heß[9]) aus dem *Methylisopelletierin*, einem Alkaloid der Granatbaumrinde (siehe dort),

[1]) Löffler, B. 42, 116, 960.
[2]) Willstätter, B. 34, 3166.
[3]) Heß u. Eichel, B. 52, 964.
[4]) Kekulé u. v. Planta, A. 89, 129.
[5]) Wolffenstein, B. 27, 2611.
[6]) Braun, B. 38, 3108.
[7]) Passon, B. 24, 1678.
[8]) Ahrens, B. 35, 1330.
[9]) Heß, B. 52, 1622, 53, 129.

durch Reduktion gewinnen mittels Jodwasserstoffsäure und Phosphor bezw. über das Hydrazon und Natriumäthylat.

Pharmakologisches. Über die physiologischen Wirkungen des Coniins existiert eine recht umfangreiche ältere und neuere Literatur[1]) voller Widersprüche, die auch gegenwärtig noch nicht voll aufgeklärt sind. Ein Teil dieser ist dadurch hervorgerufen worden, daß die Autoren sich unreiner, besonders methylconiinhaltiger Präparate bedienten. In einigen älteren Arbeiten ist die freie ätzende Base benutzt worden. — Als sicher festgestellt kann folgendes gelten: Coniin besitzt eine lähmende Wirkung auf die motorischen Nervenendigungen und in zweiter Reihe auch eine solche auf zentrale Organe, Rückenmark und verlängertes Mark, während das Großhirn intakt bleibt. Der Lähmung geht mehr oder weniger ausgeprägt ein Stadium erhöhter Erregbarkeit, bzw. ein Krampfstadium voraus. Beim Menschen sind als Symptome der Coniinvergiftung Kratzen im Halse, Speichelfluß, Schwindelgefühl, Schwere in den Beinen, Kältegefühl und Mattigkeit beobachtet worden. Die Intelligenz bleibt anscheinend unberührt. Der Tod erfolgt an Atmungslähmung, Krämpfe gehen meist nicht oder nur in unbedeutendem Maße voraus. Die Zirkulation wird weniger betroffen, das Herz schlägt noch nach dem Tode.

Von *Coniinderivaten* sind folgende pharmakologisch untersucht. Das natürliche *Methylconiin* wirkt sehr ähnlich dem Coniin, nur ist die Erregung stärker ausgeprägt. Die Giftigkeit ist geringer. Das isomere *Homoconiin* (= α-Isobutylpiperidin) ist bei qualitativ gleicher Wirkung etwas giftiger. *Conhydrin, Pseudoconhydrin, β- und γ-Conicein, Pseudoconicein* und *l-Coniin* sind in ihrer Wirkung dem d-Coniin ähnlich; quantitativ bestehen erhebliche Unterschiede: am giftigsten sind die Coniceine. Pseudoconicein ist erheblich weniger giftig und noch weniger Conhydrin und Pseudoconhydrin[2]). — Alle Derivate töten unter Krämpfen an Atmungslähmung, vorher Hypothermie.

III. Piperin.

Die Früchte vom Piper nigrum L. (schwarzer und weißer Pfeffer) und diejenigen vom Piper longum L. (Familie der Piperaceen) enthalten neben einem Terpen und einer geringen Menge eines *Methylpyrrolins* C_5H_9N einen ziemlich bedeutenden Anteil (5—9%) eines Alkaloids, *Piperin* genannt. Dieses wurde 1819 von Oersted[3]) isoliert. Die ersten von verschiedenen Chemikern damit ausgeführten Analysen gaben wenig übereinstimmende Resultate. Die Formel $C_{17}H_{19}NO_3$, welche Regnault[4]) dann fand, hat sich durch alle späteren Untersuchungen als die richtige erwiesen.

Das Piperin krystallisiert in Prismen, die bei 128—129° schmelzen. In kaltem Wasser ist es fast unlöslich, indes in Alkohol und Äther

[1]) Ältere Literatur z. B. bei Hadenfeldt, Dissert. Kiel 1886.
[2]) Albaharry u. Löffler, C. r. 1908.
[3]) Oersted, Schweiggers Journ. f. Chem. u. Phys. **29**, 80.
[4]) Regnault, A. **24**, 315.

leicht löslich. Die alkoholische Lösung besitzt einen äußerst scharfen Geschmack und ist ohne Wirkung auf das polarisierte Licht.

Das Piperin ist eine sehr schwache Base; es reagiert nicht alkalisch und löst sich nicht in verdünnten Säuren. Nur mit konzentrierten Mineralsäuren bildet es Salze, aber auch diese werden durch Wasser schon zerlegt.

Die erste wichtige Beobachtung über die chemische Konstitution dieses Alkaloids stammt von Wertheim und Rochleder[1]), welche im Jahre 1848 bei der Destillation des Piperins mit Kalk die Bildung einer flüchtigen Base beobachteten. Anderson[2]) und Cahours[3]) erkannten diese Base als $C_5H_{11}N$ und nannten sie *Piperidin*.

Einige Jahre später vervollständigten Babo und Keller[4]) diese Beobachtung und zeigten, daß alkoholisches Kali das Piperin spaltet, einerseits in eine Base, welche sich mit dem Piperidin identifizierte, andererseits in eine einbasische Säure, die sie *Piperinsäure* nannten:

$$C_{17}H_{19}NO_3 + H_2O = C_5H_{11}N + C_{12}H_{10}O_4$$
$$\text{Piperin} \qquad\qquad \text{Piperidin} \quad \text{Piperinsäure.}$$

Diese Reaktion zeigt, daß das Piperin betrachtet werden muß als ein Piperidin, in welchem ein Wasserstoffatom durch das Radikal der Piperinsäure ersetzt ist:

$$C_5H_{10}N - CO - C_{11}H_9O_2.$$

Wir haben das Piperidin schon ausführlich besprochen (S. 33), es erübrigt sich also für uns nur noch die Konstitution der Piperinsäure klarzulegen.

Piperinsäure, $C_{12}H_{10}O_4$. — Sie krystallisiert aus Alkohol in Nadeln vom Fp. 216—217° und sublimiert unter teilweiser Zersetzung; in Wasser ist sie fast unlöslich, in Alkohol und Äther wenig löslich.

Ihre Konstitution wurde besonders von Fittig und seinen Schülern[5]) studiert.

Sie ist eine ungesättigte Säure, welche in Schwefelkohlenstofflösung vier Atome Brom aufnimmt; bei der Reduktion addiert sie vier Wasserstoffatome und geht dabei in eine gesättigte Säure, in die *Piperhydronsäure* von der Formel $C_{12}H_{14}O_4$ über, die auch durch alkalische Spaltung des Tetrahydropiperins (s. dort) entsteht [Borsche[6]), Paal[7])].

Durch Oxydation mittels Kaliumpermanganat wird die Piperinsäure nacheinander verwandelt in

das Piperonal $\qquad C_8H_6O_3 \quad$ und

die Piperonylsäure $C_8H_6O_4$.

Das Studium dieser beiden Oxydationsprodukte hat vorzüglich zur Aufklärung der Konstitution der Piperinsäure beigetragen.

---

[1]) Wertheim u. Rochleder, A. **54**, 255; **70**, 58.
[2]) Anderson, A. **75**, 82; **84**, 345.
[3]) Cahours, A. ch. (3) **38**, 76.
[4]) v. Babo u. Keller, J. pr. **72**, 53.
[5]) Fittig, A. **152**, 35, 56; **159**, 129; **168**, 94; **216**, 171; **227**, 31.
[6]) Borsche, B. **44**, 2942.
[7]) Paal, B. **45**, 2221.

Die *Piperonylsäure* ist eine gesättigte einbasische Säure; Fp. 230°
[Thoms und Thüman[1])]. Salzsäure bei 170° oder Wasser bei 210°
zerlegt sie in Protocatechusäure und Kohle:

$$C_8H_6O_4 \;=\; C_7H_6O_4 \;+\; C$$

$$\underset{\text{Piperonyl-}\atop\text{säure}}{} \qquad \underset{\text{Protocatechu-}\atop\text{säure.}}{}$$

Durch Umkehrung dieser Reaktion bewirkten Fittig und Remsen
die Synthese der Piperonylsäure. Sie erhitzten nämlich Protocatechusäure mit Methylenjodid und Kalilauge:

$$C_7H_6O_4 + CH_2J_2 + 2\,KOH \;=\; C_8H_6O_4 + 2\,KJ + 2\,H_2O.$$

Diese Bildungsweise zeigt uns die Piperonylsäure als den Methylenäther der Protocatechusäure:

Protocatechusäure.   Piperonylsäure.

Das *Piperonal* bildet Prismen (Fp. 37°, Kp. 263°); es besitzt einen
sehr angenehmen Heliotropgeruch. Es stellt den Aldehyd der Piperonylsäure vor und gibt alle charakteristischen Reaktionen des Benzaldehyds;
durch Kaliumpermanganat wird es zur Piperonylsäure oxydiert; durch
elektrolytische Reduktion — unter Überführung der Aldehydgruppe in
die Methylgruppe — entsteht der zugrunde liegende Kohlenwasserstoff, das *Methylendioxytoluol* $CH_2{<}^{O}_{O}{>}C_6H_3CH_3$ [Schepss[2])].

Die Synthese des Piperonals wurde von Wegscheider[3]) durch Erhitzen von Protocatechualdehyd mit Methylenjodid in alkalischer
Lösung ausgeführt:

Protocatechualdehyd   Piperonal.

Die Reaktion verläuft also ganz analog der obigen Bildung von
Piperonylsäure.

Nun unterscheidet sich die Piperinsäure von der Piperonylsäure
durch das Plus einer C_4H_4-Gruppe. Diese Gruppe kann in die Formel
der Piperonylsäure nur zwischen dem Benzolring und dem Carboxyl
eingeführt werden; stünde sie an irgendeiner anderen Stelle des Moleküls, so müßte sie bei der Oxydation ein zweites Carboxyl liefern. Die
Konstitution dieser Gruppe ist fast ganz sicher durch Arbeiten von
Fittig und Weinstein über die Hydropiperinsäuren aufgeklärt.
Danach entspricht die Piperinsäure der Formel:

$$CH_2{<}^{O-}_{O-}{\bigcirc}{-}CH = CH - CH = CH - COOH.$$

[1]) Thoms u. Thüman, B. **44**, 3717.
[2]) Schepss, B. **46**, 2564.
[3]) Wegscheider, M. **14**, 382.

Die Richtigkeit dieser Formel wurde weiterhin durch eine Beobachtung von Doebner[1]) bestätigt, welcher bei der Oxydation der Piperinsäure mit kalter Kaliumpermanganatlösung Traubensäure und Piperonal erhielt:

$$CH_2\!\!<\!\!{}^{O-}_{O-}\!\!\big[\big]\!\!-CH=CH-CH=CH-COOH \quad + \; H_2O + 4\,O$$
$$\text{Piperinsäure}$$

$$= \; CH_2\!\!<\!\!{}^{O-}_{O-}\!\!\big[\big]\!\!-CHO \; + COOH-CHOH-CHOH-COOH$$
$$\text{Piperonal} \qquad\qquad\qquad \text{Traubensäure.}$$

Im Jahre 1894 gelang Ladenburg und Scholtz[2]) die Synthese der Piperinsäure. Sie gingen vom Piperonal aus, kondensierten dasselbe durch verdünnte Sodalösung mit Acetaldehyd (Claisensche Reaktion), wodurch zuerst das *Piperonylacroleïn* entstand (gelbe Blättchen, Fp.70°):

$$CH_2O_2{=}C_6H_3{-}CHO + CH_3CHO = H_2O + CH_2O_2{=}C_6H_3{-}CH{=}CHCHO$$
$$\text{Piperonal} \qquad \text{Acetaldehyd} \qquad\qquad \text{Piperonylacroleïn.}$$

Dieses letztere wurde weiterhin mit Essigsäureanhydrid und Natriumacetat erhitzt (Perkinsche Reaktion), wobei sich das Reaktionsprodukt mit der Piperinsäure als identisch erwies:

$$CH_2O_2 = C_6H_3{-}CH=CH-CHO \; + \; CH_3-COOH =$$
$$\text{Piperonylacroleïn}$$

$$CH_2O_2 = C_6H_3{-}CH=CH - CH=CH - COOH + H_2O.$$
$$\text{Piperinsäure.}$$

Man kann auch nach Angaben von Scholtz[3]) die Piperinsäure durch Kondensation des Piperonylacroleïns mit Malonsäure erhalten. Zuerst bildet sich hierbei die *Piperonylenmalonsäure*:

$$CH_2O_2 = C_6H_3 - CH = CH - CH = C(COOH)_2,$$

welche beim Erhitzen über ihren Schmelzpunkt ein Molekül Kohlensäure verliert und in die Piperinsäure übergeht.

Konstitution und Synthese des Piperins.

Die Synthese des Piperins aus seinen Spaltungsprodukten, dem Piperidin und der Piperinsäure wurde schon im Jahre 1882 von Rügheimer[4]) ausgeführt, zu einer Zeit, als weder das Piperidin noch die Piperinsäure synthetisiert waren. Rügheimer stellte zuerst das Piperinsäurechlorid dar durch Einwirkung von Phosphorpentachlorid auf Piperinsäure und erhitzte darauf dieses Säurechlorid mit Piperidin in Benzollösung. Dadurch bildete sich unter Austritt eines Moleküls Salzsäure das Piperin:

$$C_{11}H_9O_2 - COCl + C_5H_{11}N \; = \; C_{11}H_9O_2 - CO - (C_5H_{10}N) + HCl\,.$$
$$\text{Piperinsäurechlorid} \qquad \text{Piperidin} \qquad\qquad\quad \text{Piperin.}$$

[1]) Doebner, B. **23**, 2375.
[2]) Ladenburg u. Scholtz, B. **27**, 2958.
[3]) Scholtz, B. **28**, 1187.
[4]) Rügheimer, B. **15**, 1390.

Bei dieser Reaktion ist es offenbar das Imidwasserstoffatom, welches mit dem Piperinsäurechlorid reagiert, so daß dem Piperin folgende Formel zukommt:

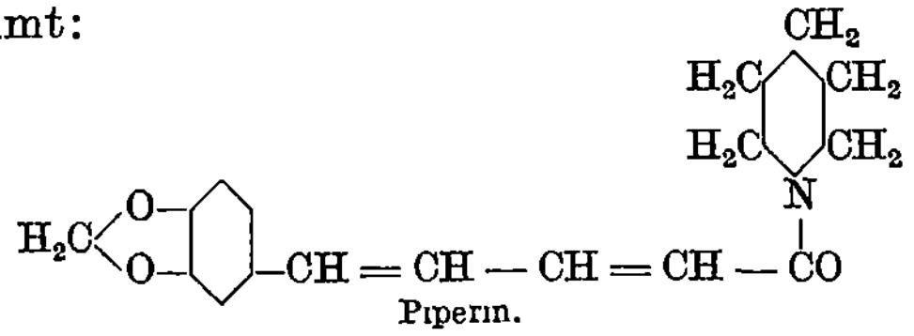

$$\text{H}_2\text{C}\underset{\text{O}}{\overset{\text{O}}{<}}\!\!\!\!\bigcirc\!\!-\text{CH}=\text{CH}-\text{CH}=\text{CH}-\text{CO}-\text{N}\!\!<\!\!\begin{matrix}\text{CH}_2\\ \text{H}_2\text{C}\quad\text{CH}_2\\ \text{H}_2\text{C}\quad\text{CH}_2\end{matrix}$$

Piperin.

Scholtz hat auch nach der Rügheimerschen Synthese homologe Piperinsäuren mit dem Piperidin zusammengebracht und dadurch die höheren Homologen des Piperins erhalten.

Durch katalytische Reduktion läßt sich das Piperin unter Aufhebung der Doppelbindungen zum *Tetrahydropiperin*, $C_{11}H_{23}NO_3$, reduzieren. Farbloses Öl, $Kp._{16}$ 280°, unangenehmer basischer Geruch [Skita und H. H. Frank, Borsche, Paal, Skita und W. Meyer[1])].

Pharmakologisches. Selbst größere Dosen des Piperins haben bei Mensch und Tier keine Wirkung, außer örtlichem Brennen an der Applikationsstelle. — Von einigen italienischen Autoren ist es als Mittel gegen Malaria empfohlen worden, hat sich aber nicht bewährt und wird jetzt nicht mehr angewendet.

IV. Alkaloide der Betelnußpalme.

Jahns[2]) isolierte in den Jahren 1888—1891 aus der Betelnuß, der Frucht von Areca Catechu L. (Familie Palmae):

1. das Arecaidin . . . . $C_7H_{11}NO_2$;
2. das Arecolin . . . . . . $C_8H_{13}NO_2$;
3. das Guvacin (Norarecaidin) $C_6H_9NO_2$.

Ferner wurden in neuerer Zeit aufgefunden von E. Merck:

4. das Guvacolin (Norarecolin) $C_7H_{11}NO_2$ [vgl. Heß[3])]

und von Emde[4]):

5. das Arecolidin . . . . . . $C_8H_{13}NO_2$.

Das von Jahns als „Arecain" bezeichnete Alkaloid erwies sich später identisch mit dem Arecaidin [Freudenberg[5])].

Die obigen Alkaloide finden sich in der Betelnuß in Verbindung mit Gerbsäure neben einer kleinen Menge Cholin.

1. Arecaidin.

Die Betelnuß wird in Westindien in ungeheuren Quantitäten zum Betelkauen verbraucht, eine Sitte, die dort ebenso eingebürgert ist, wie der Opiumgenuß in China oder das Tabaksrauchen bei uns.

[1]) Skita u. H. H. Franck, B. **44**, 2862. — Borsche, B. **44**, 2942. — Paal, B. **45**, 2221. — Skita u. W. Meyer, B. **45**, 3579.

[2]) Jahns, B. **21**, 3404; **23**, 2972; **24**, 2615; A. Pharm. **229**, 669.

[3]) Heß, B. **51**, 1004.

[4]) Emde, Apoth.-Ztg. **30**, 240.

[5]) Freudenberg, B. **51**, 1668.

Die berauschende Wirkung, die dem Betelkauen folgt, ist aber nur teilweise den in der Betelnuß vorhandenen Alkaloiden zuzuschreiben [Tschirch[1])].

Das Arecaidin $C_7H_{11}NO_2$ findet sich in der Betelnuß in kleiner Menge. Möglicherweise bildet es sich erst bei der Verarbeitung der Alkaloide aus dem Arecolin. Das Alkaloid krystallisiert mit einem Molekül Krystallwasser in vier- und sechsseitigen Tafeln; nach dem Entwässern bei 100° schmilzt es unter Zersetzung bei 223—224°; aus absolutem Alkohol umkrystallisiert bei 232° (korr.). Es ist in Wasser leicht löslich; in absolutem Alkohol sehr schwer löslich, unlöslich in Äther, Chloroform und Benzol; optisch inaktiv.

Es bildet sowohl mit Säuren wie mit Basen Salze; seine *konzentrierte* wässerige Lösung reagiert sehr schwach sauer. Dieser saure Charakter rührt von dem Vorhandensein einer Carboxylgruppe her, die sich auch durch Alkohol und Salzsäure leicht esterifizieren läßt.

Das Arecaidin besitzt am Stickstoff eine Methylgruppe; beim Erhitzen mit konzentrierter Salzsäure auf 240° spaltet sich Chlormethyl ab, durch Kalk oder Baryteinwirkung entweicht Methylamin. Man kann demnach seine Formel folgendermaßen auflösen:

$$C_7H_{11}NO_2 \;\; = \;\; CH_3{-}N{=}C_5H_7{-}COOH.$$

Es stellt also eine ungesättigte Verbindung vor. Bei der Behandlung mit Natrium und Alkohol nimmt es zwei Atome Wasserstoff auf, indem es sich in *Dihydroarecaidin*:

$$CH_3 - N = C_5H_9 - COOH \quad \text{umwandelt.}$$

Dieses bildet hygroskopische Krystalle, die ein Molekül Krystallwasser einschließen, wasserfrei bei 162—163° schmelzen, leicht löslich in Wasser, unlöslich in Äther sind und neutral reagieren.

Die Rohformel des Arecaidins resp. seines Dihydürs ließen vermuten, daß diese Verbindungen carboxylierte Abkömmlinge eines Methylpiperideïns, bzw. des Methylpiperidins wären. Das ist in der Tat der Fall; das Arecaidin erwies sich als *N-Methyltetrahydronicotinsäure* und das Dihydroarecaidin als *N-Methylnipecotinsäure*.

Jahns bewies das durch die Synthese des Arecaidins, welches bei der Reduktion des Chlormethylats der Nicotinsäure mit Zinn und Salzsäure entsteht:

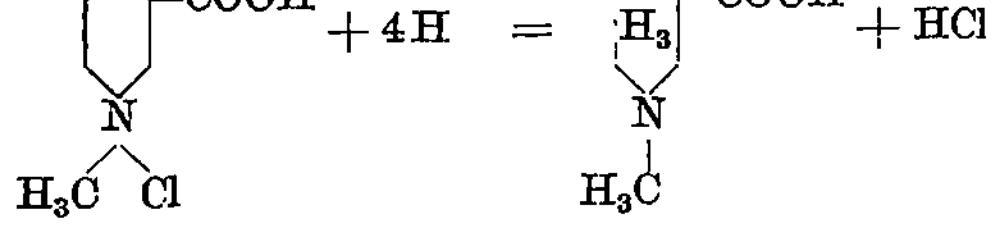

$$\text{[Pyridinring]}{-}COOH + 4H = \text{[Piperidinring]}{-}COOH + HCl$$

Chlormethylat der Nicotinsäure.   Arecaidin.

Durch die obige Synthese war zwar der Sitz der Doppelbindung im Arecaidin noch nicht festgelegt; inzwischen ist er aber wie folgt

---

[1]) Tschirch, Indische Nutz- und Heilpflanzen.

bestimmt worden, und das Alkaloid als *N-Methyl-Δ^β-Tetrahydro-β-Pyridincarbonsäure* erkannt.

$$\underset{\text{Arecaidin.}}{\begin{array}{c} CH \\ H_2C \diagup ^{\diagdown} C - COOH \\ H_2C \diagdown \diagup CH_2 \\ N \\ CH_3 \end{array}}$$

H. Meyer[1]) schloß nämlich u. a. aus dem Verhalten des Arecaidins als ungesättigte Säure, daß die Doppelbindung sich darin in der Δ^β-Stellung befinde, und die zielsichere Synthese des Arecaidins, von Wohl und Johnson[2]) durchgeführt, bestätigte weiterhin die Konstitution des Alkaloids gemäß obiger Formel.

Diese Arecaidinsynthese geht vom Acrolein aus, führt dieses durch Einwirkung von Alkohol und gasförmiger Salzsäure in *β-Chlorpropionylacetal* über und weiterhin durch Behandlung mit Methylamin in das *Methylimidodipropionacetal*:

$$
\begin{array}{ccc}
CHO & CH(OC_2H_5)_2 & (H_5C_2O)_2HC \quad CH(OC_2H_5)_2 \quad (H_5C_2O)_2HC \quad CH(OC_2H_5)_2 \\
| & | & | \quad\quad | \quad\quad\quad\quad | \quad\quad | \\
CH \longrightarrow CH_2 \longrightarrow & H_2C \quad CH_2 \longrightarrow H_2C \quad CH_2 \\
\| & | & H_2CCl \quad ClCH_2 \quad\quad H_2C \diagdown \diagup CH_2 \\
CH_2 & CH_2Cl & H - N - H \quad\quad\quad\quad N \\
& & | \quad\quad\quad\quad\quad\quad\quad | \\
& & CH_3 \quad\quad\quad\quad\quad CH_3
\end{array}
$$

Dieses Acetal erfährt durch Einwirkung kalter konzentrierter Salzsäure zunächst Spaltung in den Dialdehyd, der weiterhin intramolekular Wasser abgibt und den *N-Methyl-Δ^β-Tetrahydro-β-Pyridinaldehyd* bildet:

$$
\underset{CH_3}{\overset{CHO}{\begin{array}{c} H_2C \diagup CH_2 - CHO \\ H_2C \diagdown \diagup CH_2 \\ N \\ | \end{array}}} =
\underset{CH_3}{\overset{CH}{\begin{array}{c} H_2C \diagup ^{\diagdown} C - CHO \\ H_2C \diagdown \diagup CH_2 \\ N \\ | \end{array}}} + H_2O
$$

Dieser so erhaltene Aldehyd läßt sich nun in bekannter Weise über das Oxim und Nitril in die zugehörige Säure, in das Arecaidin, überführen.

Das Arecaidin kann auch als ein tetrahydriertes Derivat des Trigonellins (s. dort) aufgefaßt werden.

2. Arecolin.

Das Arecolin $C_8H_{13}NO_2$ ist das Hauptalkaloid der Betelnuß; es findet sich darin in einer Menge von 0,1 %. Ölige, farblose, geruchlose

---

[1]) H. Meyer, M. **21**, 913; **23**, 22; B. **41**, 131.
[2]) Wohl u. Johnson, B. **40**, 4712.

Flüssigkeit, Kp. 209°, mit Wasserdämpfen flüchtig. Es löst sich in jedem Verhältnis in Wasser, Alkohol, Äther und Chloroform. Seine Reaktion ist stark alkalisch.

Das Arecolin steht in einfachster Beziehung zum Arecaidin; es ist der Methylester des letzteren und entsteht durch Esterifizierung des Arecaidins mit Methylalkohol und Salzsäure:

$$\begin{array}{c} H \\ C \\ H_2C \diagup \diagdown C - COOCH_3 \\ H_2C \diagdown \diagup CH_2 \\ N \\ | \\ CH_3 \end{array}$$

Arecolin.

Das Arecolin kann auch als quaternäre Ammoniumbase:

$$\begin{array}{c} CH \\ H_2C \diagup \diagdown C - CO \\ H_2C \diagdown \diagup CH_2 \quad | \\ N \text{———} O \\ \diagup \diagdown \\ H_3C \quad CH_3 \end{array}$$

Arecolin.

aufgefaßt werden [Loewy und Wolffenstein[1])], wodurch sich erst seine physiologische Wirksamkeit erklärt.

Beim Erhitzen mit Säuren oder Basen wird das Arecolin verseift unter Rückbildung von Arecaidin.

Dihydroarecolin (*N - Methylhexahydronicotinsäuremethylester*) geht durch Bromeinwirkung in Arecolin über [Heß und Leibbrandt[2])].

Sowohl das Arecolin als auch das Dihydroarecolin bilden gut krystallisierte Jodmethylate [Willstätter[3])]; von letzterem sind zwei unterschiedliche Formen bekannt [Heß und Leibbrand; Wolffenstein; Winterstein und Weinhagen[4])].

Ersetzt man bei der Esterifizierung des Arecaidins den Methylalkohol durch Äthylalkohol, so erhält man das *Homarecolin* $C_9H_{15}NO_2$.

3. Guvacin (Nor-Arecaidin).

Jahns, der Entdecker des Guvacins $C_6H_9NO_2$, nahm für dieses Alkaloid eine vom Arecaidin abweichende Konstitution an und drückte das auch schon äußerlich durch Namensgebung anderer Etymologie aus.

---

[1]) Loewy u. Wolffenstein, Therap. d. Gegenw. 1920. Augustheft.
[2]) Heß u. Leibbrandt, B. **51**, 806.
[3]) Willstätter, B. **30**, 729.
[4]) Heß u. Leibbrandt, B. **51**, 806. — Wolffenstein, D. R. P. Anm. W. 53 714. — Winterstein u. Weinhagen, Z. physiol. **104**, 48.

In neuerer Zeit hat sich aber erwiesen [Freudenberg[1])], daß Guvacin die Δ^{β}-*Tetrahydronicotinsäure* ist [Freudenberg[1]), Heß und Leibbrandt[2]), Winterstein und Weinhagen[3])]:

$$\begin{array}{c} \text{CH} \\ \text{H}_2\text{C} \diagup \diagdown \text{C} - \text{COOH} \\ \text{H}_2\text{C} \diagdown \diagup \text{CH}_2 \\ \text{NH} \end{array}$$

Guvacin (Nor-Arecaidin).

Das Guvacin stellt also ein Nor-Arecaidin vor.

Das Alkaloid schmilzt bei 285° (korr.) unter Zersetzung. Optisch inaktiv. Mit Eisenchlorid rostrote Färbung. Beim Erhitzen erhält man die Fichtenspan-Reaktion.

Daß das Guvacin tatsächlich obige Konstitution hat, ließ sich durch den Identitätsbeweis mit der von Wohl und Losanitsch[4]) synthetisch erhaltenen Δ^{β}-Tetrahydronicotinsäure erbringen; ferner auch durch Überführung des Guvacins mittels N-Methylierung in das natürliche Arecaidin.

Nach dieser Klarstellung des Guvacins als Δ^{β}-Tetrahydronicotinsäure erübrigt sich für diese Verbindung ein besonderer und fremder Namen, so daß man mit der Bezeichnung „Nor-Arecaidin" das Alkaloid besser als durch das Wort Guvacin charakterisiert.

Isoguvacin $C_6H_9NO_2$ von Winterstein und Weinhagen[5]) aufgefunden, ist anscheinend ein Pyrrolderivat. Fp. 220°. Schwach saure Reaktion. Optisch inaktiv. Läßt sich reduzieren.

4. Guvacolin (Nor-Arecolin).

So wie vom Arecaidin der zugehörige Methylester, das Arecolin, in der Betelnuß aufgefunden worden ist, so ist auch vom Nor-Arecaidin (Guvacin) der zugehörige Methylester aus der Pflanze isoliert worden. Diese Verbindung $C_7H_{11}NO_2$ wurde von Merck aufgefunden und durch Verseifung in das Nor-Arecaidin übergeführt, wodurch sich zugleich ihre Konstitution als Nor-Arecolin ergibt. Der Name Guvacolin, von Heß[6]) vorgeschlagen, sollte nach der jetzigen Konstitutionserkenntnis der Verbindung durch *Nor-Arecolin* ersetzt werden. Das Alkaloid stellt ein Öl vor; es ist bisher nur in der Form des krystallisierten Bromhydrats (prismatische Krystalle), Fp. 144—145°, genauer charakterisiert.

5. Arecolidin.

Das *Arecolidin* $C_8H_{13}NO_2$ wurde in den Mutterlaugen des Arecolin-bromhydrats von Emde[7]) aufgefunden. Das Arecolidin ist dem Are-colin isomer. Zähes Öl, krystallisiert aus Äther in glasartigen Nadeln, kann durch Sublimation weiter gereinigt werden. Fp. 110°. Sehr hygro-skopisch, Salze unterscheiden sich stark in den Schmelzpunkten vom

[1]) Freudenberg, B. **51**, 976, 1668.
[2]) Heß u. Leibbrandt, B. **52**, 206.
[3]) Winterstein u. Weinhagen, Z. physiol. **104**, 48; **100**, 170; A. Pharm. **257**, 1.
[4]) Wohl u. Losanitsch. B. **40**, 4698.
[5]) Winterstein u. Weinhagen, Z. physiol. **100**, 170.
[6]) Heß, B. **51**, 1004.
[7]) Emde, Apoth.-Ztg. **30**, 240

Arecolin. Enthält anscheinend keine Carboxylgruppe. Konstitution noch unentschieden. — Jodmethylat Fp. 264° unter Zersetzung.

Pharmakologisches. — Das Arecolin hat in seiner Wirkung große Ähnlichkeit mit der des Physostigmins, mit dem es auch die hauptsächlichste Verwendungsart — als Darmmittel in der Veterinärpraxis — gemein hat [vgl. Pätz[1])]. Es wirkt stark speichel- und schweißtreibend; am Darm erregt es Nerven und Muskulatur und beschleunigt dadurch die Peristaltik. Am Herzen erzeugt Arecolin Pulsverlangsamung. Tödliche Dosen lähmen die Atmung, während kleinere diese anregen. — In den Bindehautsack eingeträufelt, bewirkt es Miosis, auf resorptivem Wege Mydriasis.

Atropin hebt sämtliche Arecolinwirkungen sofort auf. *Arecaidin* ist ungiftig, *Guvacin* (Nor-Arecaidin) ist nicht untersucht.

V. Alkaloide der Tabakspflanze.

Die Tabakspflanze, Nicotiana tabaccum L., Familie der Solanaceen, enthält:

1. das Nicotin . . . . $C_{10}H_{14}N_2$,
2. das Nicotimin . . . $C_{10}H_{14}N_2$,
3. das Nicotein . . . $C_{10}H_{12}N_2$,
4. das Nicotellin . . . $C_{10}H_8N_2$.

Das Nicotin wurde lange Zeit für das einzige in der Tabakspflanze vorkommende Alkaloid gehalten, bis durch Untersuchungen von Pictet noch mehrere Nebenalkaloide im Tabaksextrakt isoliert wurden.

Die Menge dieser Nebenalkaloide ist allerdings nur gering. Auf etwa 100 Teile Nicotin fanden sich 0,5 Teile Nicotimin, 2 Teile Nicotein und 0,1 Teil Nicotellin.

Alle diese Alkaloide sind sauerstofffrei und zeigen das gleiche atomare Verhältnis zwischen dem Kohlenstoff und Stickstoff.

Außer diesen wahren Nicotinalkaloiden finden sich noch geringe Mengen einfacher Pflanzenbasen im Tabak, das *Pyrrolidin* C_4H_9N und das *N-Methylpyrrolin* C_5H_9N (s. S. 107).

$$H_2C{-}CH_2 \qquad HC{=}CH$$
$$H_2C\diagdown{}\diagup CH_2 \qquad H_2C\diagdown{}\diagup CH_2$$
$$NH \qquad\qquad N$$
$$\qquad\qquad CH_3$$

Diese niedrig siedenden, ammoniakalisch riechenden Basen erteilen dem Rohnicotin seinen charakteristischen Geruch, den das Reinnicotin nicht besitzt.

Das Nicotin findet sich in den Tabaksblättern an Äpfelsäure und Citronensäure gebunden; seine Menge schwankt darin von 0,6—8%. Im Rauchtabak wird der Nicotingehalt auf weniger als 2% herabgedrückt.

Über weitere Nebenalkaloide des Tabaks bzw. aromatische Bestandteile desselben berichten Noga[2]) und Fränkel u. Wagrenz[3]).

[1]) Pätz, Z. f. exper. Pathol. u. Ther. **7**, 577.
[2]) Noga, Fachliche Mitteilungen der österr. Tabakregie **1914**, Heft 1 u. 2.
[3]) Fränkel u. Wagrenz, M. **23**. 236.

1. Nicotin.

Das Nicotin wurde im Jahre 1828 von Posselt und Reimann[1] aus dem Tabak isoliert; die von Melsens[2] im Jahre 1843 aufgestellte Formel für Nicotin $C_{10}H_{14}N_2$ hat sich als richtig erwiesen.

Das Nicotin kann man in vorteilhafter Weise aus der sogenannten Tabaksauce erhalten, welche zum Imprägnieren von Kautabaken gebraucht wird und die ca. 8—10% Nicotin enthält. Diese wird erst mit Wasser verdünnt, zum Entfernen von Kohlenwasserstoffen aus saurer Lösung mit Äther extrahiert, dann stark alkalisiert und das Nicotin durch wiederholte Ätherextraktion und Rektifikation gewonnen. Kleine Mengen sekundärer Base können durch Nitrosierung entfernt werden.

Das Alkaloid stellt ein farbloses Öl vor, $Kp._{730,5}$ 246,1° (cor.); d_4 1,0180; d_{20} 1,00925; es erstarrt noch nicht bei —30°. Mit Wasserdämpfen ist Nicotin flüchtig; in organischen Lösungsmitteln ist es leicht löslich. In reinem Zustande ist Nicotin fast geruchlos. Es nimmt den sogenannten Tabaksgeruch erst bei längerer Berührung mit der Luft wieder an; sein Geschmack ist scharf und brennend.

Gegen Wasser zeigt es ein eigentümliches Verhalten, indem es sich nur unterhalb 60° und oberhalb 210° in allen Verhältnissen darin löst. Dieses Verhalten ist wahrscheinlich durch eine Hydratbildung des Nicotins bedingt [Pribram[3], Hudson[4], Tsakalotos[5]], indem das Hydrat die Mischbarkeit zwischen Wasser und Nicotin zu vermitteln scheint.

Das Nicotin ist linksdrehend $[\alpha]_D^{20}$ —168,2° [Jephcott[6]]. Die Salze des Nicotins sind dagegen rechtsdrehend. Durch Erhitzen von schwefelsaurem Nicotin bei 180—250° inaktiviert sich das Nicotin. Das inaktive Nicotin ist in allen chemischen und physikalischen Eigenschaften identisch mit dem natürlichen aktiven. Das inaktive Alkaloid sollte also ein Gemenge der beiden aktiven Antipoden sein und keine racemische Verbindung.

Die Konstitution des Nicotins ist vorzugsweise durch Abbauarbeiten von Pinner[7] und durch die erfolgreiche Synthese des Alkaloids von Pictet[8] bewiesen.

Das erste Licht auf die Konstitution des Nicotins erhielt man im Jahre 1867 durch sein Verhalten bei der Oxydation mit Chromsäure, wodurch die *Nicotinsäure* $C_6H_5NO_2$, (β-Pyridincarbonsäure) entstand

[1] Posselt u. Reimann, Magazin f. Pharmazie **24**, 138.
[2] Melsens, A. ch. (3) **9**, 465; A. **49**, 353.
[3] Pribram, B. **20**, 1840.
[4] Hudson, Z. physiol. **47**, 113.
[5] Tsakalotos, Bl. (4) **5**, 397.
[6] Jephcott, Soc. **115**, 104.
[7] Pinner, B. **25**, 2807; **26**, 292, 765; **27**, 18, 1932, 2861.
[8] Pictet u. Génequand, B. **30**, 1117, 2117. — Pictet u. Crépieux, B. **28**, 1904; **31**, 2018. — Pictet, B. **33**, 2353. — Pictet u. Rotschy, B. **37**, 1225.

[Huber[1])]. Zu derselben Säure gelangte man später auch durch Einwirkung von Kaliumpermanganat und von Salpetersäure auf das Alkaloid [Weidel[2]), Laiblin[3]), Pictet und Sußdorff[4])].

Nach dieser Klarstellung ließ sich die Formel des Nicotins folgendermaßen auflösen, wonach das Nicotin als ein Pyridinderivat erschien, welches in β-Stellung eine $C_5H_{10}N$-Gruppe trägt:

$$\text{Pyridin}-C_5H_{10}N \qquad .$$

Diese $C_5H_{10}N$-Gruppe wurde zunächst für einen Piperidinring gehalten, bis die weitere Erkenntnis lehrte, daß in dieser $C_5H_{10}N$-Gruppe ein am Stickstoff stehendes Methyl enthalten sei [Blau[5]), Herzig und Meyer[6])].

Eine weitere Tatsache sprach auch gegen das Vorhandensein eines Piperidinringes im Nicotin. Das Alkaloid hätte dann ein sekundäres Stickstoffatom enthalten müssen. Aber das Nicotin ist eine bitertiäre Base [Pinner und Wolffenstein[7])].

Nach allem diesem erscheint die $C_5H_{10}N$-Gruppe des Nicotins als eine N-Methylpyrrrolidingruppe, und das Nicotin selber ergab sich nach allen weiteren Untersuchungen von folgender Konstitution:

$$\text{Nicotin.}$$

Diese Formel sieht also für das Nicotinmolekül die Verknüpfung eines Pyridinringes in β-Stellung mit einem Pyrrolidinring in α-Stellung vor.

Für diese Konstitution sprach das Verhalten des Nicotins bei der Behandlung mit Brom.

Hierbei bildet sich u. a. das sogenannte *Dibromticonin* $C_{10}H_8Br_2N_2O_2$:

$$\text{Dibromticonin.}$$

Die im Dibromticonin eingetretenen Brom- und Sauerstoffatome befinden sich im Pyrrolidinkern, denn bei der Oxydation entsteht Nicotinsäure. Der Zutritt dieser sauren Gruppen macht den Pyrrolidin-ring der Aufspaltung leicht zugänglich. So entsteht aus dem Dibrom-

[1]) Huber, A. 141, 271; B. 3. 1843. Späterhin wurde die Nicotinsäure auch im natürlichen Zustande in der Reiskleie aufgefunden (Susuki und Matsunaga C. 1913, I, 1036).

[2]) Weidel, A. 165, 328.

[3]) Laiblin, A. 196, 129; B. 10, 2136; 13, 1212, 1996.

[4]) Pictet u. Sußdorff, C. 1898, I, 677.

[5]) Blau, B. 24, 326; 26, 628; 1029, 27, 2535; M. 13, 330.

[6]) Herzig u. Meyer, B. 27, 319; M. 15, 613.

[7]) Pinner u. Wolffenstein, B. 24, 61, 1373; 25, 1428.

ticonin durch Barythydrateinwirkung einerseits Nicotinsäure, andererseits zerfällt der Pyrrolidinring in Malonsäure und Methylamin.

Diese Aufspaltung des Dibromticonins, die über ein Zwischenprodukt geht, läßt sich durch folgendes Formelbild übersehen, in dem die punktierten Linien die Spaltstücke anzeigen. Aus der Bildung der Malonsäure als Spaltstück folgt, daß drei normal aneinanderhaftende Kohlenstoffatome im Pyrrolidinring des Nicotins vorhanden sein müssen, was sich nur mit der α-Verknüpfungsstelle des Pyrrolidinringes im Nicotin verträgt.

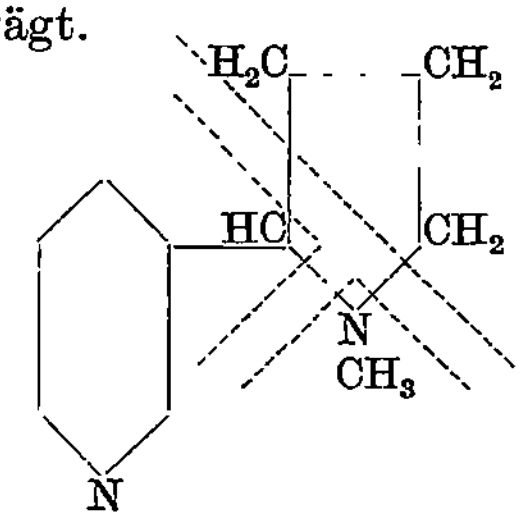

Die eben angeführte Spaltung des Nicotins durch Brom läßt den Pyrrolidinring weitgehend zerfallen.

Eine interessante Ringaufspaltung findet bei der Einwirkung von Benzoylchlorid auf Nicotin statt.

Erhitzt man Benzoylchlorid mit Nicotin, so bildet sich eine Benzoylverbindung [Etard[1])], von der Pinner nachwies, daß sie kein Benzoylderivat des Nicotins selber, sondern von einem aufgesprengten Nicotinring sei, nach folgendem Reaktionsverlauf:

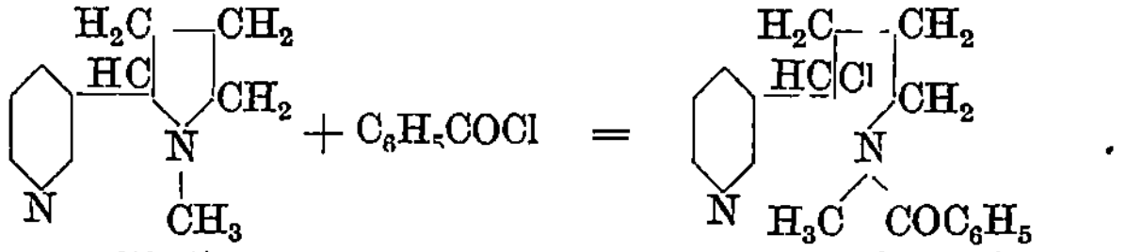

Nicotin $+ \, C_6H_5COCl \; = \;$ N-Methyl-Benzoyl-β-Pyridyl-Chlorbutylamin.

Diese Chlorbutylaminverbindung verliert durch darauffolgende Natriumäthylateinwirkung zunächst Salzsäure und läßt sich dann mit konzentrierter Salzsäure entbenzoylieren:

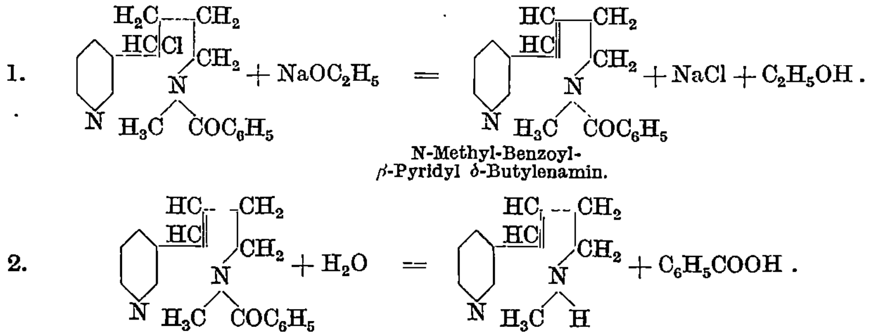

1. $+ \, NaOC_2H_5 \; = \;$ N-Methyl-Benzoyl-β-Pyridyl δ-Butylenamin $+ \, NaCl + C_2H_5OH$.

2. $+ \, H_2O \; = \;$ Metanicotin $+ \, C_6H_5COOH$.

<hr>

[1]) Etard, C. r. **97**, 1218; **117**, 170, 278.

Das so entstehende N-Methyl-β-Pyridyl-δ-Butylenamin ist dem Nicotin gleich zusammengesetzt und erhielt den Namen *Metani-cotin*.

Die Bildung des Metanicotins aus dem Nicotin, die vorhergehende Entstehung des Chlorbutylaminderivates bei dieser Reaktion sind recht bemerkenswert, da sich die ringaufspaltende Wirkung von Säurechloriden auf stickstoffhaltige Ringsysteme so erwies.

Das Metanicotin unterscheidet sich vom Nicotin durch seinen höheren Siedepunkt, Kp. 275—278°. Auch ist das Metanicotin optisch inaktiv, da das asymmetrische Kohlenstoffatom des Nicotins im Metanicotin doppelt gebunden ist, also verschwunden. Das Metanicotin ist eine sekundäre Base — unterschiedlich vom tertiären Nicotin — und läßt sich dementsprechend leicht benzoylieren.

Andererseits läßt sich aber auch das obige *N-Methylbenzoyl-β-Pyridyl-Chlorbutylamin* wieder in Nicotin zurückverwandeln, wenn man dasselbe mit Salzsäure behandelt; hierdurch wird die Benzoylchloridgruppe abgespalten und das Nicotin unter neuem Ringschluß zurückgebildet:

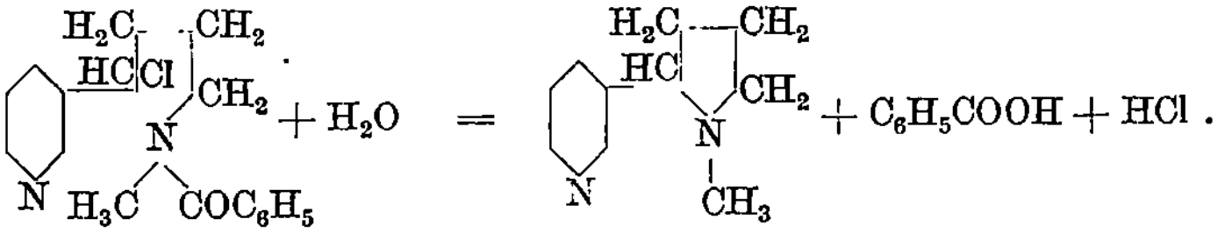

$$\text{(Chlorbutylamin-Struktur)} + H_2O = \text{(Nicotin-Struktur)} + C_6H_5COOH + HCl.$$

Nicotin.

Die so erkannte Konstitution des Nicotins läßt eine ganze Reihe von Reaktionen des Nicotins verstehen. So erhält man durch Einwirkung von Wasserstoffsuperoxyd [Pinner und Wolffenstein[1]] *Nicotinoxyd* $C_5H_4N - C_5H_{10}N = O$. Bei der Reduktion mit Jodwasserstoffsäure und Phosphor entsteht das *Dihydronicotin* $C_{10}H_{16}N_2$, welches aber durch seinen auffallend hohen Siedepunkt (263—264°) als eine Dihydroverbindung des Metanicotins erscheint, indem sich bei der Reduktion wohl der Pyrrolidinring aufgesprengt hat. Für diese Auffassung spricht auch die Tatsache, daß bei der Reduktion des Metanicotins in derselben Weise dieselbe Verbindung entsteht [Maaß und Zablinski[2]]. Bei der weiteren Reduktion dieser Dihydroverbindung mit Natrium und Alkohol entsteht das *Octohydrometanicotin* [Maaß und Hildebrand[3]), Löffler und Kober[4])], welches sich auch direkt aus dem Nicotin bildet. Kp. 258—260°.

Während wir bisher bei der Oxydation des Nicotins als Reaktionsprodukt vorzugsweise die Nicotinsäure beobachteten, lassen sich durch Einwirkung schwacher Oxydationsmittel, wie Ferricyankalium in alkalischer Lösung [Cahours und Etard[5])], durch Silberoxyd [Blau] oder

---

[1]) Pinner u. Wolffenstein, B. **24**, 61.
[2]) Maaß u. Zablinski, B. **47**, 1164.
[3]) Maaß u. Hildebrand, B. **39**, 3697.
[4]) Löffler u. Kober, B. **42**, 3431.
[5]) Cahours u. Etard, C. r. **88**, 999; **90**, 275; **92**, 1079.

durch essigsaures Silber [Tafel[1])] dem Nicotin vier Wasserstoffatome entziehen. So entsteht das *Nicotyrin* $C_{10}H_{10}N_2$:

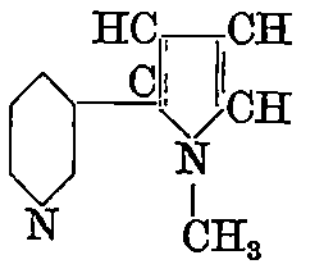

Das Nicotyrin siedet bei 280—281°; in Wasser wenig löslich, optisch inaktiv. Riecht charakteristisch nach Morcheln.

Das gesamte Verhalten des Nicotins und seiner Derivate steht im besten Einklang mit der angenommenen Konstitution des Alkaloids. Die von Pictet und seinen Mitarbeitern[2]) durchgeführte Synthese des Alkaloids wurde zum Experimentum crucis dafür. Diese Synthese hatte als erstes Ziel, zunächst das Ringskelett des Nicotins aufzubauen, also einen Pyridinring, dessen β-Stellung mit der α-Stellung eines Pyrrolringes verknüpft ist.

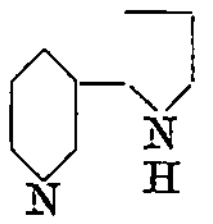

β-α-Pyridylpyrrol.

Das Pyrrol bildet sich durch trockene Destillation von schleimsaurem Ammoniak (s. Pyrrol).

$$CHOH—CHOH—COONH_4 \atop CHOH-CHOH—COONH_4 = {CH=CH \atop CH=CH} \!\!\!\!> NH + NH_3 + 4H_2O + 2CO_2 .$$

Für die vorliegende Synthese wurde zur Herstellung des nötigen Ringsystems nicht das schleimsaure Ammoniak selber gewählt, sondern das schleimsaure Aminopyridin, also eine Verbindung, welche ein Wasserstoffatom des Ammoniaks durch Pyridin ersetzt enthält. Durch Destillation dieser Verbindung entsteht analog der obigen Pyrrolsynthese das

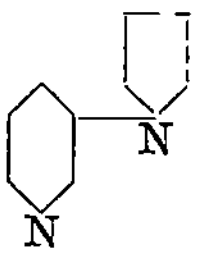

β-Pyridyl-N-Pyrrol.

Nun ist durch Arbeiten von Ciamician[3]) bekannt, daß Pyrrolabkömmlinge, die ein Kohlenstoffradikal am Stickstoff gebunden

<hr>

[1]) Tafel, B. **25**, 1619.
[2]) Pictet u. Crépieux, B. **28**, 1904; **31**, 2018. — Pictet, B. **33**, 2353. — Pictet u. Rotschy, B. **37**, 1225; C. r. **137**, 860. — Pictet, Chem.-Ztg. **1903**, 950.
[3]) Ciamician, B. **18**, 1828; **20**, 698; **22**, 659, 2518.

enthalten, bei stärkerem Erhitzen eine molekulare Umlagerung erfahren. Das Radikal verläßt dann das Stickstoffatom und wandert an ein α-Kohlenstoffatom:

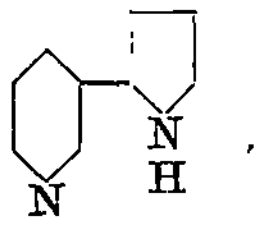

β-Pyridyl-α-Pyrrol.

Diese Reaktion auf das N-β-Pyridylpyrrol angewandt, ergab ein β-Pyridyl-α-Pyrrol. Dadurch war die von Pictet gewünschte Atomgruppierung geschaffen.

Zur Überführung in das Nicotyrin wurde das β-Pyridyl-α-Pyrrol in das Kaliumsalz verwandelt und mit Jodmethyl erhitzt. Hierdurch entsteht das Jodmethylat des β-Pyridyl-N-Methyl-α-Pyrrols:

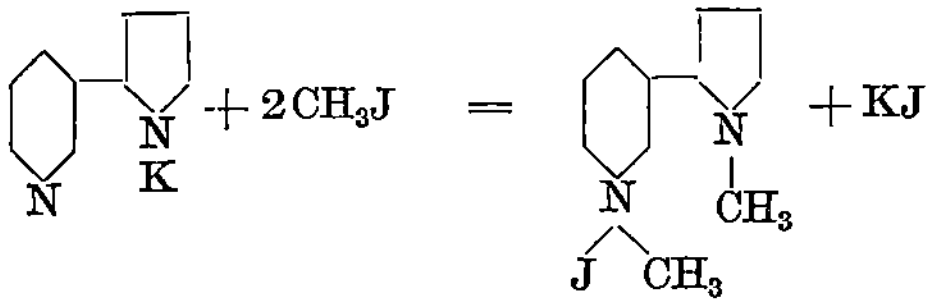

Nicotyrinjodmethylat.

welches mit dem Nicotyrinjodmethylat identisch ist (Pictet und Crépieux). Durch Erhitzen mit gebranntem Kalk wird dieses Jodmethylat in das Nicotyrin überführt (Pictet und Rotschy).

Zur Synthese des Nicotins mußte dieses Nicotyrin noch reduziert werden, und zwar mit der erschwerenden Bedingung, daß nur der Pyrrolring reduziert wird, aber nicht der Pyridinring. Hierfür wählten Pictet und Crépieux den Weg, daß sie zunächst durch Einwirkung von Jod und Alkali aus dem Nicotyrin *Jodnicotyrin* — das wahrscheinlich die untenstehende Konstitution besitzt — herstellten und dieses mittels Zinn und Salzsäure zum Dihydronicotyrin reduzierten:

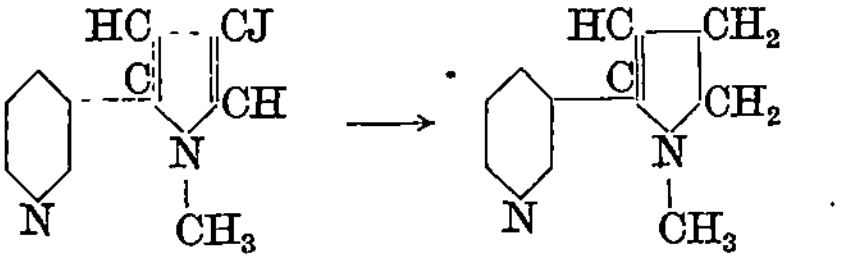

Jodnicotyrin   Dihydronicotyrin.

Die beiden letzten Wasserstoffatome wurden schließlich dem Dihydronicotyrin zugeführt, indem dieses mit Brom in Eisessiglösung behandelt und dann durch Zinn und Salzsäure reduziert wurde.

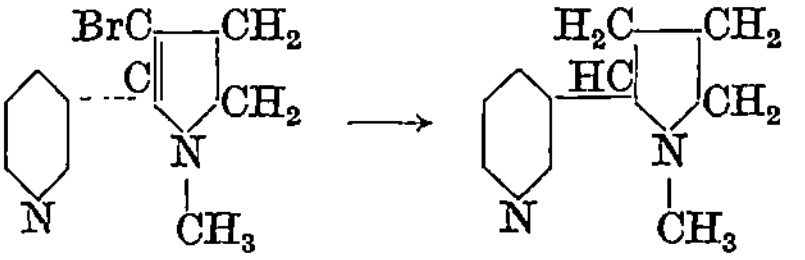

Nicotin.

So entstand das inaktive Nicotin, das sich in bekannter Weise durch die weinsauren Salze in das Links- und Rechtsnicotin spalten ließ. Das Linksnicotin erwies sich mit dem natürlichen Nicotin identisch.

2. Nicotimin.

Das Nicotimin $C_{10}H_{14}N_2$ ist dem Nicotin isomer [Pictet und Rotschy[1]]. Geruch und die übrigen physikalischen Eigenschaften sind dem Nicotin sehr ähnlich und auch der Kp. 250 bis 255° (unkorr.) liegt nur wenige Grade höher als der des Nicotins. Durch seine sekundäre Basennatur unterscheidet es sich aber vom Nicotin; es gibt eine Nitroso- und eine Benzoylverbindung. Mit Hilfe dieser konnte das Nicotimin vom Nicotin getrennt werden und durch Verseifung daraus reines Nicotimin gewonnen werden.

Das Nicotimin ist eine starke Base, von widerlichem, scharfem Geruch, in kaltem Wasser löslich, mit Wasserdämpfen flüchtig, gibt keine Pyrrolreaktion. Dadurch unterscheidet es sich vom Nicotin. Es ist eine zweisäurige Base mit sekundär-tertiärem Basencharakter.

Diese verschiedenen Tatsachen machen für das Nicotimin folgende Konstitution wahrscheinlich:

$$\begin{array}{c} CH_2 \\ H_2C \diagup \diagdown CH_2 \\ HC \diagdown \diagup CH_2 \\ N \\ H \end{array}$$

Nicotimin.

Danach besitzt das Nicotimin eine Konstitution, die man ursprünglich (s. dort) dem Nicotin selber zugeschrieben hatte.

3. Nicotein.

Das Nicotein $C_{10}H_{12}N_2$ stellt ebenso wie das Nicotin eine farblose, stark alkalische Flüssigkeit vor, die bei — 80° noch nicht erstarrt [Pictet und Rotschy[1]]. Es unterscheidet sich indes vom Nicotin durch seinen Siedepunkt, Kp. 266—267° (uncor.), — der 20° höher als der des Nicotins liegt —, durch seine etwas größere Dichte $d_4^{12} = 1,0778$ und durch sein spezifisches Drehungsvermögen $[\alpha]_D$ — 46,41°. Ein charakteristischer Unterschied gegenüber dem Nicotin ergibt sich auch im Verhalten der Salze des Nicoteins, welche ebenso wie die freie Base linksdrehend sind, während die Nicotinsalze rechts drehen. Der Geruch des Nicoteins ist nicht unangenehm, an Petersilie erinnernd; der Geschmack verdünnter wässeriger Lösungen ist brennend und bitter. Mit kaltem Wasser sowie mit organischen Lösungsmitteln ist es mischbar.

Das Alkaloid stellt eine zweisäurige, bitertiäre Base vor, die saure

---

[1] Pictet u. Rotschy, B. **34**, 696.

Kaliumpermanganatlösung entfärbt. Durch Einwirkung von Salpetersäure entsteht Nicotinsäure; die wässerigen, sauren Lösungen des
Nicoteins färben sich beim Eindampfen rot, was auf das Vorhandensein eines Pyrrolringes im Molekül hinweist.

Alle diese Eigenschaften, das Verhalten und die Zusammensetzung
des Nicoteins, lassen es demnach als ein *Dihydronicotyrin* (s. dort)
bzw., was in der Zusammensetzung dasselbe ist, als ein *Dehydronicotin*
[Pinner und Wolffenstein[1])] erscheinen. Unter der Einwirkung
von Silberoxyd isomerisiert es sich in das $\varDelta^\beta$-Dihydronicotyrin:

$$\text{HC=\!=CH}$$
$$\text{CH} \qquad \text{CH}_2$$
$$\text{N}$$
$$\text{N} \qquad \text{CH}_3$$

Dihydronicotyrin.

Hiernach bleiben für das Nicotein die Formeln:

$$\text{HC—CH}_2 \qquad\qquad \text{H}_2\text{C—CH}$$
$$\text{C} \quad \text{CH}_2 \qquad\qquad \text{HC} \quad \text{CH}$$
$$\text{N} \qquad\qquad\qquad \text{N}$$
$$\text{CH}_3 \qquad\qquad\qquad \text{CH}_3$$

Nicotein.

übrig, von denen nur die letztere ein asymmetrisches Kohlenstoffatom
enthält, also diejenige ist, welche allein für das Nicotein in Betracht
kommt.

4. Nicotellin.

Das Nicotellin $C_{10}H_8N_2$ [Pictet und Rotschy[2])] unterscheidet
sich von den übrigen Nicotinalkaloiden beträchtlich; es stellt einen
festen Körper vor, der in prismatischen Nadeln krystallisiert, rein weiß
ist, Fp. 147—148°, Kp. einige Grade über 300°. Das Alkaloid ist mit
Wasserdämpfen nicht flüchtig. In organischen Lösungsmitteln löst
es sich, in kaltem Wasser ist es wenig, in heißem beträchtlich löslich;
es zeigt etwas brennenden Geschmack. Seine wässerigen Lösungen
reagieren gegen Lackmus neutral; es zeigt keine Fichtenspanreaktion,
und beim Eindampfen seiner Lösungen mit Mineralsäuren tritt keine
Rotfärbung ein; saure Kaliumpermanganatlösung wird nicht entfärbt.

Diesem gesamten Verhalten nach, wie auch seiner Zusammensetzung,
kann es als ein Dipyridyl angesehen werden, indes ist es mit keinem
der bisher bekannten Dipyridyle identisch.

Pharmakalogisches. Die sehr zahlreichen älteren und neueren
Arbeiten über Nicotin haben folgende Tatsachen bezüglich seiner
physiologischen Wirkungen ergeben[3]).

---

[1]) Pinner u. Wolffenstein, B. **25**, 1430. — Pinner, B. **28**, 456.
[2]) Pictet u. Rotschy, B. **34**, 696.
[3]) Eine Zusammenstellung der älteren Literatur ist z. B. bei E. Harnack
u. H. Meyer, Arch. f. experim. Pathol. u. Pharmakol. **12**, 366.

Niedere, besonders wirbellose Tiere sind meist gegen Nicotin unempfindlich, dagegen ist das Alkaloid für höhere Tiere sehr giftig; für Frösche genügt schon ca. $^1/_{40}$ mg, um Vergiftungserscheinungen hervorzurufen; wenige Tropfen sind für Warmblüter (besonders empfindlich sind Katzen und Vögel) und wahrscheinlich schon für den Menschen ausreichend, um zu töten.

Die Erscheinungen, die man sieht, sind je nach der Tierart und der Dosis verschieden. Kleinste Mengen rufen bei Fröschen eine eigenartige auf Erregung bestimmter Nervenzentren beruhende Beinstellung hervor: Die Vorderbeine sind an den Körper flach angelegt, an den Hinterbeinen sind die Unterschenkel fest an den Oberschenkel angezogen und diese letzteren stehen fast senkrecht zum Becken, auf dem sich die beiderseitigen Fußwurzeln berühren. Diese Wirkung ist so sicher und charakteristisch, daß sie zur Identifizierung kleinster Mengen Nicotins verwendet werden kann, die zur chemischen Probe nicht ausreichen. — Größere Dosen erzeugen Unruhe, zentral und peripher bedingtes Muskelflimmern und dann Lähmung. Am Herzen beobachtet man zuerst eine Verminderung, dann eine Vermehrung der Pulsfrequenz, die von einer Erregung bzw. Lähmung des Herzhemmungsnerven, des Vagus, abhängen. Auch die Herzkontraktionen selbst leiden bei größeren Dosen. Auf die Gefäße wirkt das Nicotin konstringierend, und zwar sowohl zentral als auch peripher (also adrenalinähnlich), infolgedessen steigt der Blutdruck. Später werden die Gefäße gelähmt. Auf die motorischen Nervenendigungen wirkt das Nicotin in nicht zu großen Dosen erregend ein; bei Warmblütern wird auch die Atmung schwer betroffen, zuerst heftige Erregung, dann Stillstand. — Von anderen Organen, die von der Wirkung erfaßt werden, ist der Darm, das Auge und die Drüsen zu nennen. Der ganze Magendarmkanal wird durch Nicotin stark erregt, so daß Erbrechen und Stuhlentleerung eintritt. — Am Auge bewirkt Nicotin Pupillenverengerung. — Die Drüsen, z. B. die Speicheldrüsen, werden durch Nicotin erregt.

Durch chronische Vergiftung hat man bei Tieren Veränderungen gewisser Organe erzeugt, so am Herzregulierungsnerven und im Blute.

Vergiftungen des Menschen durch reines Nicotin sind selten (so der berühmte Fall Bocarmé), doch sind die bei den ersten Rauchversuchen auftretenden Vergiftungssymptome ausschließlich auf Nicotin zu beziehen, das im Tabaksrauch in reichlicher Menge nachgewiesen ist; die anderen in diesem enthaltenen Substanzen kommen nicht in Betracht. Nach diesen Symptomen wirkt das Präparat auch beim Menschen auf Gehirn (Schwindelgefühl), Herz, Magen, Darm und Drüsen (Schweißausbruch, Salivation). — Bei den wenigen schweren Vergiftungen, die genauer beobachtet werden konnten, z. B. bei der früher beliebten Anwendung eines Blätteraufgusses zu Klystieren gegen Darmparasiten, sah man Krämpfe und dann lähmungsartige Zustände. — Das reine Nicotin hat als starkes Alkali auch Ätzwirkung.

Die chronische Vergiftung ist nicht nur bei Rauchabusus, sondern auch, besonders bei jugendlichen Individuen, bei dauerndem Arbeiten

mit Tabaksblättern beobachtet worden. Am meisten treten hier Herz-
und Gefäßbeschwerden hervor, häufig sind auch Sehstörungen.

Die Nebenalkaloide: *Nicotein, Nicotellin* und *Nicotimin* sind physiologisch fast gar nicht untersucht; Nicotein soll noch giftiger als Nicotin
sein.

Das *Metanicotin* wirkt qualitativ in allen Beziehungen wie Nicotin,
quantitativ mehr als achtmal so schwach [Ringhardtz[1])].

VI. Alkaloide der Solanaceen.

Mehrere Pflanzen aus der Familie der Solanaceen sind durch den
Gehalt einiger Alkaloide ausgezeichnet, welche in ihren Eigenschaften
und ihrer chemischen Konstitution einander sehr nahe stehen. Diese
Pflanzen sind:

Die Tollkirsche (*Atropa belladonna* L.).

Das Bilsenkraut (*Hyoscyamus niger* L. und *H. albus* L.).

Der Stechapfel (*Datura stramonium* L.).

Duboisia myoporoides R. Br. und verschiedene Spezies der *Scopolia*
Gattung.

Die Solanaceenalkaloide finden sich in allen Teilen der Pflanze vor,
aber vorzugsweise in den Samen und Wurzeln. Übrigens ist die vorkommende Alkaloidmenge keine bedeutende und beträgt nie mehr
als 0,6%.

Die Basen in den Solanaceen waren lange Zeit schwer auseinander-
zuhalten, da sie sich alle sehr ähnlich verhalten und z. T. auch leicht
ineinander übergehen. Heute können wir wohl als sicher die Existenz
von folgenden sieben Alkaloiden als feststehend annehmen:

1. Atropin . . . . $C_{17}H_{23}NO_3$
2. Hyoscyamin . . . . $C_{17}H_{23}NO_3$
3. Nor-Hyoscyamin (Pseudohyoscyamin) $C_{16}H_{21}NO_2$
4. Apoatropin (Atropamin) . . . . . . $C_{17}H_{21}NO_2$
5. Belladonnin . . . . $C_{17}H_{21}NO_2$
6. Scopolamin (Atroscin, Hyoscin) . . . $C_{17}H_{21}NO_4$
7. Meteloidin . . . . $C_{13}H_{21}NO_4$.

Von diesen sieben Alkaloiden finden sich in allen obengenannten
Pflanzen das Atropin, das Hyoscyamin, das Scopolamin; das Atropin
kommt besonders in den Beeren der Tollkirsche vor, während das
Hyoscyamin und das Scopolamin sich vorzugsweise in den Samen des
Bilsenkrauts finden. Das Apoatropin und das Belladonnin sind bisher nur
aus der Tollkirsche gewonnen worden; das Pseudohyoscyamin hat man
in der Duboisia myoporoides beobachtet, das Hyoscin im Bilsenkraut.

Außer den obigen typischen Tropaalkaloiden wurde noch in einer
Hyoscyamusart, im Hyoscyamus muticus, neben dem Hyoscyamin
eine Pflanzenbase der Fettreihe gefunden (Merck), die sich als *Tetra-*

----

[1]) H. Ringhardtz, Dissert. Kiel 1895.

methyl-1-4-*Diaminobutan* $(H_3C)_2N \cdot CH_2 \cdot CH_2 \cdot CH_2 \cdot CH_2 \cdot N(CH_3)_2$ erwies [Willstätter und Heubner[1])]. Die Base entsteht synthetisch durch Methylierung von 1, 4-Diaminobutan (Putrescin).

1. Atropin.

Das Atropin wurde im Jahre 1831 fast gleichzeitig von Mein[2]) und von Geiger und Hesse[3]) in der Wurzel der Tollkirsche entdeckt. Es krystallisiert aus Alkohol und Chloroform in Prismen vom Fp. 115—116°; in diesen beiden Lösungsmitteln ist es leicht löslich, weniger leicht in Äther und Benzol und schwer löslich in kaltem Wasser. Seine Lösungen schmecken scharf und bitter und sind ohne Wirkung auf das polarisierte Licht.

Das Atropin entsteht auch, wie Will[4]) und Schmidt[5]) gefunden haben, aus seinem Stereoisomeren, dem Hyoscyamin, beim Erhitzen desselben unter Luftabschluß auf 110° oder durch Zusatz einiger Tropfen Alkali zu einer alkoholischen Lösung, wie auch schon beim längeren Aufbewahren für sich [Hesse[6])]. Diese Umwandlung ist lediglich eine Racemisierung, da die Struktur der beiden Alkaloide, wie wir weiter unten sehen werden, die gleiche ist und sie sich nach Ladenburg[7]) nur darin unterscheiden, daß das Hyoscyamin die Linksmodifikation ist, während das Atropin die racemische Form vorstellt. Die Überführung des inaktiven Atropins in das optisch aktive Hyoscyamin konnte auch dementsprechend durch optische Spaltung des Atropins erreicht werden (s. Hyoscyamin).

Die Leichtigkeit der Umwandlung des Hyoscyamins in Atropin ließ sogar Will[8]) annehmen, daß das letztere überhaupt nicht in der Pflanze ursprünglich vorkommt, sondern daß es sich erst durch die Behandlung, welche bei der Extraktion und Reinigung der Alkaloide vorgenommen wird, bildet, da es doch dabei wiederholt mit Alkali in Berührung kommt und mehr oder weniger auch erhitzt wird. In der Tat kann man wohl annehmen, daß das Hyoscyamin dabei eine teilweise Umwandlung in Atropin erfährt, aber die Untersuchungen mehrerer Chemiker wie auch insbesondere diejenigen von Schmidt und Schütte[9]) berechtigen uns doch dazu, die Existenz des Atropins neben der des Hyoscyamins in der Pflanze anzunehmen.

Das Atropin seinerseits läßt sich unter dem Einfluß verschiedener Agenzien unter Austritt eines Moleküls Wasser in andere Alkaloide umwandeln. So beobachtete im Jahre 1882 Pesci[10]), daß das Atropin durch rauchende Salpetersäure in eine Base übergeht, die er *Apoatropin*

[1]) Willstätter u. Heubner, B. **40**, 3869.
[2]) Mein, A. **6**, 67.
[3]) Geiger u. Hesse, A. **7**, 269.
[4]) Will, B. **21**, 1717, 2777.
[5]) Schmidt, B. **21**, 1829.
[6]) Hesse, A. **309**, 75.
[7]) Ladenburg, B. **21**, 3065.
[8]) Will, B. **21**, 1717, 2777.
[9]) Schmidt u. Schütte, A. Pharm. **229**, 492.
[10]) Pesci, G. **12**, 285, 329.

nannte und welche später mit dem natürlichen *Atropamin* identisch befunden wurde. Dieselbe Umwandlung findet auch nach Angaben von Hesse[1]) statt durch Behandlung mit kalter Schwefelsäure oder mit Essigsäure- und Phosphorsäureanhydrid.

Erhitzt man Atropin auf 130°, so erfährt dasselbe eine Wasserabspaltung in etwas anderer Richtung, indem sich ein gewisser Anteil in Belladonnin umwandelt [Hesse[1])]:

$$C_{17}H_{23}NO_3 \;=\; C_{17}H_{22}NO_2 + H_2O.$$

Atropin   Atropamin oder
Belladonnin.

Das Atropin ist eine tertiäre Base, es bildet gut charakterisierte Ammoniumverbindungen[2]). Es besitzt eine Hydroylgruppe [Schmidt[3])] und eine am Stickstoff befindliche Methylgruppe [Herzig und Meyer[4])]. Es ist auch gleichzeitig ein Ester, denn wie Kraut[5]) und Lossen[6]) schon im Jahre 1863 gezeigt haben, wird es durch Kali, Ätzbaryt oder Salzsäure verseift, indem es in eine Säure, in die inaktive *Tropasäure*, und in ein Alkamin, das *Tropin*, gespalten wird:

$$C_{17}H_{23}NO_3 + H_2O = C_9H_{10}O_3 + C_8H_{15}NO.$$

Atropin   Tropasäure   Tropin.

Diese Hydrolyse des Atropins ist zur Konstitutionsbestimmung der Solanaceenalkaloide von grundlegender Bedeutung geworden.

Die Synthese des Atropins:

$$\begin{array}{l}
CH_2\!-\!-CH\cdots\!-CH_2\!\diagdown \\
\;\mid\quad H_3C\!-\!N\quad\;\; \diagup\!CH\!-\!OOC\!-\!CH \\
CH_2\!-\!\quad CH\;-\!-CH_2\!\diagup
\end{array}\qquad
\begin{array}{l}
CH_2OH \\
\mid \\
CH \\
\mid \\
C_6H_5
\end{array}$$

Atropin

ist jetzt vollständig durchgeführt.

Zunächst gelang Ladenburg im Jahre 1879 eine teilweise Synthese des Atropins aus seinen Spaltstücken, der Tropasäure und dem Tropin.

Durch wiederholtes Eindampfen von tropasaurem Tropin mit verdünnter Salzsäure auf dem Wasserbad ließ sich die Bildung von Atropin nachweisen. Die Synthese des Atropins aus Tropasäure und Tropin konnte später zu einer quantitativ verlaufenden Reaktion gestaltet werden durch Kondensation von Acetyltropasäurechlorid mit salzsaurem Tropin und darauffolgender Abspaltung der Acetylgruppe aus dem zunächst entstandenen Acetylatropin [Wolffenstein und Mamlock[7])].

<hr>

[1]) Hesse, A. **277**, 290.
[2]) Scholz, A. Pharm. **237**, 200; **242**, 568. — Merck, D. R. P. 145 996. — v. Braun, B. **41**, 2113. — Einhorn u. Göttler, B. **42**, 4853.
[3]) Schmidt, A. Pharm. **232**, 409.
[4]) Herzig u. Meyer, B. **27**. 319; M. **15**, 613.
[5]) Kraut, A. **128**, 273; **133**, 87; **148**, 236.
[6]) Lossen, A. **131**, 43; **138**, 230.
[7]) Wolffenstein u. Mamlock, B. **41**, 723.

Die Synthese des Atropins wurde zu einer vollständigen, durch den Aufbau der Spaltstücke, Tropasäure und Tropin.

Die Arbeiten von Ladenburg und Rügheimer[1]) brachten die Synthese der Tropasäure, und die schönen Untersuchungen von Merling[2]) und Willstätter[3]) führten zur synthetischen Darstellung des Tropins.

2. Hyoscyamin.

Das Hyoscyamin ist das am häufigsten und in größter Menge vorkommende Tropaalkaloid. Es wurde 1833 von Geiger und Hesse[4]) aus dem Bilsenkraut (Hyoscyamus niger) erhalten. Es findet sich ferner im Hyoscyamus muticus, und zwar in besonderer Menge und Reinheit in den ägyptischen Pflanzen [Dunstan und Brown, Ransom und Henderson, und Dowzard[5])]. Auch die verschiedenen Daturaarten (Datura fastuosa, D. strammonium, D. Metel, D. meteloides, D. quercifolia, D. arborea) enthalten Hyoscyamin in wechselnden Mengen neben anderen mydriatisch wirkenden Alkaloiden [E. Schmidt, Kircher, Andrews[6])]; auch in der Mandragorawurzel ist das Vorkommen von Hyoscyamin nachgewiesen [Thoms und Wentzel[7])].

Seine Eigenschaften sind denen des Atropins sehr ähnlich.

Es krystallisiert aus Alkohol in Nadeln vom Fp. 108,5°, welche in Alkohol sehr leicht löslich sind, in Äther weniger leicht; die Löslichkeit in Wasser ist etwas größer als die des Atropins. In seinem scharfen und durchdringenden Geschmack gleicht es dem Atropin. Der Hauptunterschied beider Alkaloide beruht in der optischen Aktivität des Hyoscyamins, welches stark linksdrehend — $[\alpha]_D^{22} = {-20{,}75}$ — ist im Gegensatz zu dem inaktiven Atropin; nach Angaben von Hesse[8]) vermindert sich das Drehungsvermögen des freien Hyoscyamins aber schon beim längeren Aufbewahren.

Das Hyoscyamin ist eine wohlcharakterisierte Base. Es bildet Salze und addiert Halogenalkyle [Merck[9])]. Durch wasserentziehende Mittel wird das Hyoscyamin in Atropamin und Belladonnin übergeführt, welche Alkaloide sich mit denjenigen identifizieren, die bei der analogen Behandlung des Atropins entstehen [Hesse[10]), Schmidt[11])].

Das Hyoscyamin wird durch Barytwasser und durch Alkalien verseift. Höhn und Reichardt[12]) beobachteten im Jahre 1871, daß

---

[1]) Ladenburg u. Rügheimer, B. **13**, 376.
[2]) Merling, B. **24**, 3108.
[3]) Willstätter, B. **34**, 3163.
[4]) Geiger u. Hesse, A. **7**, 270.
[5]) Dunstan u. Brown, Soc. **75**, 72; Proc. **16**, 207. — Ransom u. Henderson, Pharm. Journ. (4) **17**, 159. — Dowzard, Amer. Journ. Pharm. **80**, 201.
[6]) E. Schmidt, Apoth.-Ztg. **20**, 669. — Kircher, A. Pharm. **243**, 309. — E. Schmidt, A. Pharm. **244**, 66. — Andrews, Soc. **99**, 1871
[7]) Thoms u. Wentzel, B. **31**, 2031.
[8]) Hesse, A. **303**, 75.
[9]) Merck, D. R. P. 145 996
[10]) Hesse, A. **277**, 290.
[11]) Schmidt, A. Pharm. **232**, 409.
[12]) Höhn u. Reichardt, A. **157**, 98.

das Hyoscyamin durch Alkalien eine Spaltung erfährt. Ladenburg[1]) konnte weiterhin diesen Reaktionsverlauf aufklären und nachweisen, daß die hierbei erhaltenen Spaltungsstücke i-Tropasäure und Tropin seien. Demgemäß erhielt er auch bei der Kondensation der Spaltstücke mit verdünnter Salzsäure kein Hyoscyamin, sondern Atropin.

Die Erklärung für diese Umwandlung des Hyoscyamins in Atropin wurde 1893 von Merck gegeben. Indem er nämlich die Verseifung des Hyoscyamins nur mit heißem Wasser vornahm, erhielt er neben dem Tropin eine aktive, nach links drehende Tropasäure. Diese linksdrehende Tropasäure ist das direkte Verseifungsprodukt des Hyoscyamins; findet aber die Verseifung in saurer oder alkalischer Lösung statt, so racemisiert sich die aktive Säure. Es ist also danach nicht mehr auffallend, daß sich dann durch ihre Vereinigung mit Tropin nur Atropin bildet.

Diese Racemisierung des Hyoscyamins zum Atropin durch physikalische und chemische Einwirkungen ist genauer von Mazzuchelli[2]) und Gadamer[3]) und Herz[4]) studiert worden.

Anderseits ließ sich das Atropin durch optische Spaltung mittels der d-Camphersulforsäure in das l- und d-Hyoscyamin überführen [Barrowcliff und Tutin[5])].

Auch die Synthese des natürlichen l-Hyoscyamins aus l-Tropasäure und i-Tropin ist gelungen.

Das Hyoscyamin enthält nämlich nur ein asymmetrisches Kohlenstoffatom, welches sich in dem Komplex der Tropasäure findet. Die l-Tropasäure konnte nun von Ladenburg und Hundt[6]) durch Spaltung der inaktiven Tropasäure mit Hilfe des Chininsalzes gewonnen werden und mit dieser l-Modifikation werde die Synthese des Hyoscyamins bewirkt.

Das dabei entstehende linksdrehende Alkaloid zeigte zwar noch einige Unterschiede gegen das natürliche Hyoscyamin, die aber, wie später Amenomiya[7]) durch sorgfältige Untersuchung nachweisen konnte; nur durch einen gewissen Gehalt des Ladenburgschen synthetischen Hyoscyamins an racemisiertem Alkaloid veranlaßt waren. Amenomiya erhielt bei seinen Versuchen eine mit dem natürlichen Hyoscyamin im wesentlichen identische Base.

3. Nor-Hyoscyamin (Pseudohyoscyamin).

Im Jahre 1892 erhielt Merck[8]) aus der Duboisia myoporoides eine Tropabase, die *Pseudohyoscyamin* genannt wurde. Diese Base wurde in ihrer Zusammensetzung als $C_{17}H_{23}NO_3$ angenommen, also für isomer mit dem Hyoscyamin gehalten. Das in Nadeln gut krystallisierte Alkaloid unterschied sich durch seinen höheren Schmelzpunkt —

---

[1]) Ladenburg, B. **13**, 109, 254 607; A. **206**, 286.
[2]) Mazzuchelli, G. **30**, 476.
[3]) Gadamer, A. Pharm. **239**, 294.
[4]) Herz, Jahresber. d. schles. Ges. f. vaterl. Kultur **1911**.
[5]) Barrowcliff u. Tutin, Soc. **95**, 1966.
[6]) Ladenburg u. Hundt, B. **22**, 2590.
[7]) Amenomiya, A. Pharm. **240**, 498.
[8]) Merck, A. Pharm. **231**, 115.

Fp. 132—134° — vom Atropin und Hyoscyamin, und auch seine Salze schmolzen höher als die entsprechenden Atropin- und Hyoscyaminsalze. Die Base erwies sich als linksdrehend. Das durch Spaltung mit Barythydrat daraus entstehende Alkamin war anscheinend dem Tropin $C_8H_{13}NO$ isomer, unterschied sich aber von demselben durch seine Eigenschaften.

Im Jahre 1901 gab Hesse[1]) an, daß er dasselbe Alkaloid in der Mandragorawurzel gefunden habe.

In einer neueren Arbeit sehen aber Carr und Reynolds[2]) das Pseudohyoscyamin als identisch mit dem von ihnen in Duboisia myoporoides, in Scopolia japonica und einigen Daturaarten aufgefundenen Norhyoscyamin $C_{18}H_{21}NO_3$ an.

Dieses Norhyoscyamin konnte vom Hyoscyamin auf Grund der Schwerlöslichkeit seines Oxalats getrennt werden.

Das Norhyoscyamin ist eine stark alkalisch reagierende Base, die eine Reihe gut krystallisierender Salze bildet. Sie ist leicht löslich in Alkohol und Chloroform. Fp. 140,5°, $[\alpha]_D = -23°$ in alkoholischer Lösung.

Das Norhyoscyamin ist also seiner Zusammensetzung nach dem Hyoscyamin nicht isomer, sondern unterscheidet sich von demselben durch den Mindergehalt einer Methylgruppe. Merck hatte in seiner obenerwähnten Arbeit bereits eine derartige Zusammensetzung des Alkaloids in Rücksicht gezogen, doch schienen ihm die Analysenresultate mehr auf die Formel $C_{17}H_{23}NO_3$ zu deuten.

Das Norhyoscyamin ist seiner Konstitution nach klargestellt. Es ist keine tertiäre Base mehr wie das Hyoscyamin, sondern es besitzt sekundären Basencharakter; Nitrosaminbildung. — Durch Einwirkung von Jodmethyl erfährt das Norhyoscyamin den charakteristischen Übergang in l-Hyoscyamin.

Durch verdünntes Alkali wird das optisch-aktive linksdrehende Norhyoscyamin zum Noratropin, Fp. 113—114°, racemisiert. Das Noratropin bildet ein Monohydrat, Fp. 73°. Durch Methylierung entsteht aus Noratropin das Atropin.

Das Norhyoscyamin erfährt durch Barythydratlösung eine charakteristische Spaltung in Tropasäure und in das bekannte Tropigenin $C_7H_{13}NO$ (Nortropin, Nortropanol):

$$C_{16}H_{21}NO_3 + H_2O = C_9H_{10}O_3 + C_7H_{13}NO$$
Norhyoscyamin   Tropasäure   Nortropin.

4. Apoatropin (Atropamin).

Das Apoatropin $C_{17}H_{21}NO_2$ wurde von Pesci[3]) bei der Behandlung des Atropins mit konzentrierter Salpetersäure erhalten.

Später, im Jahre 1891, wurde dasselbe Alkaloid von Hesse[4]) aus

[1]) Hesse, J. pr. (2) **64**, 274.
[2]) Carr u. Reynolds, Soc. **101**, 946.
[3]) Pesci, G. **11**, 538; **12**, 591, 285, 329.
[4]) Hesse, A. **261**, 87; **271**, 100; **277**, 290.

der Wurzel der Tollkirsche extrahiert. Zunächst wurde es aber für ein besonderes Alkaloid angesehen; es erhielt den Namen Atropamin, bis das weitere Studium desselben, das gleichzeitig von Hesse und Merck[1]) aufgenommen wurde, die Identität beider Alkaloide ergab.

Hesse und Schmidt zeigten weiterhin, daß es stets dieses Alkaloid ist, welches sich aus dem Atropin oder dem Hyoscyamin durch Wasserentziehung mittels Schwefelsäure oder Säureanhydriden bildet.

Das Apoatropin entsteht ferner aus dem *β-Chlorhydratropyltropein* [Wolffenstein und Mamlock[2])] folgendermaßen:

$$\underset{\underset{C_6H_5}{|}}{\overset{\overset{CH_2Cl}{|}}{C_8H_{14}NO - CO - CH}} \longrightarrow \underset{\underset{C_6H_5}{|}}{\overset{\overset{CH_2}{\|}}{C_8H_{14}NO - CO - C}}$$

Das Atropamin krystallisiert aus ätherischer Lösung in Prismen vom Fp. 62°, die in Alkohol, Äther und Chloroform sehr leicht löslich sind, ziemlich löslich in Benzol, wenig löslich in Wasser und Ligroin. Sein Geschmack ist bitter und unangenehm; das polarisierte Licht lenkt es nicht ab.

Die Base stellt eine ungesättigte Verbindung vor, denn bei der Behandlung mit Natriumamalgam nimmt sie zwei Wasserstoffatome auf und geht in eine ölige Base, das *Hydroatropin* oder *Hydroapoatropin* $C_{17}H_{23}NO_2$ über (Pesci).

Beim Erhitzen erleidet das Apoatropin eine Umlagerung in sein Isomeres, das Belladonnin. Auch beim Erwärmen mit Barythydrat oder mit Salzsäure erfolgt zuerst dieselbe Umlagerung, dann aber wird dieses weiterhin verseift; in *Atropasäure* und *Tropin*:

$$C_{17}H_{21}NO_2 + H_2O = C_9H_8O_2 + C_8H_{15}NO$$
Atropamin   Atropasäure   Tropin.

Durch Umkehrung dieser Reaktion konnte Ladenburg[3]) eine partielle Synthese des Atropamins erzielen, indem er ein Gemenge von Tropin und Atropasäure mit Salzsäure erhitzte. Das Atropamin ist also das Tropein der Atropasäure, ebenso wie das Atropin und das Hyoscyamin die Tropeine der Tropasäure sind.

5. Belladonnin.

Kraut[4]) war wohl der erste, der das Belladonnin im reinen Zustande in Händen gehabt hat (1868). Er erteilte ihm die Formel $C_{17}H_{23}NO_3$ und betrachtete es demnach dem Atropin isomer. Merling[5]) und Hesse[6]) zeigten später, daß seine Zusammensetzung der Formel

[1]) Merck, A. Pharm. **230**, 134; **231**, 110.
[2]) Wolffenstein u. Mamlock, B. **41**, 723.
[3]) Ladenburg, A. **217**, 290.
[4]) Kraut, A. **148**, 236; B. **13**, 165.
[5]) Merling, B. **17**. 381.
[6]) Hesse, A. **261**. 87; **271**, 100; **277**. 290.

$C_{17}H_{21}NO_2$ entspricht, also ein Molekül Wasser weniger enthält als zuerst angenommen, wodurch es dem Apoatropin gleich zusammengesetzt erscheint.

Es findet sich in sehr geringer Menge in der Tollkirsche (0,01—0,04%). Das Belladonnin entsteht aus dem Apoatropin durch Erhitzen oder auch durch Einwirkung von Säuren oder Ätzbaryt; es bildet sich ferner durch direkte Wasserentziehung aus dem Atropin beim Erhitzen desselben auf 130°, wobei zuerst, wie wir gesehen haben, Apoatropin entsteht [Hesse[1]), Merck[2])].

Das Belladonnin bildet eine harzige, gelbe Masse, die in verschiedenen organischen Lösungsmitteln leicht löslich ist, wenig löslich aber in Wasser. Die Salze des Belladonnins sind ebenso wie das Alkaloid selbst nur in amorphem Zustande erhalten worden [A. Bolland[3])]. Weitere Untersuchungen müssen erweisen, ob das Belladonnin ein reines selbständiges Alkaloid vorstellt.

Es liefert bei der Hydrolyse dieselben Verbindungen wie das Apoatropin, also Atropasäure und Tropin.

6. Scopolamin (Atroscin, Hyoscin).

Das Scopolamin $C_{17}H_{21}NO_4$ ist eines der am häufigsten vorkommenden Tropaalkaloide. Schmidt[4]) gewann es im Jahre 1888 aus den Wurzeln von Scopolia atropoides Bercht und Scopolia japonica Maxim, in einer Ausbeute von etwa 0,03%. Späterhin wurde das Alkaloid noch in einer Reihe anderer Solanaceen aufgefunden, so in Datura metel, D. arborea, D. fastuosa, in der Mandragorawurzel, im Hyoscyamus niger und in Atropa belladonna.

Das Scopolamin wurde auch bei der Verarbeitung der Mutterlaugen verwandter Tropaalkaloide angetroffen, dabei im nicht ganz reinen Zustande gewonnen, wodurch Verwechslungen eintraten. So fand es Ladenburg[5]) in den Mutterlaugen des Hyoscyamins, bezeichnete es als Hyoscin und legte ihm irrtümlicherweise die Formel $C_{17}H_{23}NO_3$ bei. Hesse[6]) berichtigte diese Angabe, indem er Ladenburgs Hyoscin mit dem Scopolamin $C_{17}H_{21}NO_4$ identifizierte.

Ganz geklärt ist die Scopolaminfrage aber überhaupt noch nicht; sie liegt komplizierter, als sie bisher aufgefaßt wurde, denn es ist darauf hinzuweisen, daß elf verschiedene stereoisomere Scopolamine möglich sind, während erst zwei nachgewiesen wurden [vgl. King[7])].

---

[1]) Hesse, A. **261**, 87; **271**, 100; **277**, 290.
[2]) Merck, A. Pharm. **221**, 110.
[3]) A. Bolland, M. **32**, 117.
[4]) Schmidt, A. **226**, 185; **228**, 435; **229**, 518; **230**. 207; **232**, 409; **236**, 47; B. **25**, 2601; **29**, 2009; Apoth.-Ztg. **11**, 260, 321.
[5]) Ladenburg, B. **13**, 910. 1549; **14**, 1870; **17**, 151; **20**, 1661; **25**, 2388; A. **206**, 299.
[6]) Hesse, A. **271**, 100; **303**, 149; **309**. 75.
[7]) King, Soc. **115**, 476, 974.

Das Scopolamin krystallisiert mit einem Molekül Wasser, Fp. 59°. In Wasser nicht leicht löslich, in organischen Solverzien sehr leicht löslich. Linksdrehend $[\alpha]_D — 33,1°$ [Hesse[1])]; $[\alpha]_D — 28°$ [Gadamer[2])].

Tertiäre Base, enthält eine N-Methylgruppe [Herzig und Meyer[3])].

Bei der Hydrolyse mit Alkalien, Ätzbaryt oder Salzsäure tritt Spaltung ein, in *Tropasäure* und *Scopolin* (s. dort):

$$C_{17}H_{21}NO_4 + H_2O = C_9H_{10}O_3 + C_8H_{13}NO_2$$

Scopolamin   Tropasäure   Scopolin.

Das Scopolamin charakterisiert sich dadurch als ein *Tropylscopolein*. Durch conc. Schwefelsäure wird dem Scopolamin Wasser entzogen; es entsteht eine Verbindung $C_{34}H_{40}N_2O_7$. Man hat auch mit anderen Säuren synthetische Scopoleine aufgebaut, so durch Erhitzen von Scopolin mit Salicylid auf 230°, das *Salicoylscopolein* $C_{15}H_{17}NO_4$, weiße Nadeln; aus Scopolin und Mandelsäureanhydrid das sirupöse *Homoscopolamin* $C_{16}H_{19}NO_4$. Versuche, das Scopolamin auf analoge Weise aus Tropasäureanhydrid und Scopolin zu synthetisieren, führten nicht zu dieser Base; vermutlich entsteht hierbei eine Apoverbindung [Luboldt[4])].

Das l-Scopolamin wird durch Einwirkung von Alkalien, kohlensauren Alkalien oder Silberoxyd inaktiviert [Gadamer[5])]; auch die Lösung des bromwasserstoffsauren Salzes erfährt beim Stehen eine gewisse Racemisierung. Das i-Scopolamin krystallisiert mit 1 Molekül Wasser; Fp. 56°.

Die Lösungen von bromwasserstoffsaurem Scopolamin erfahren beim Stehen keine hydrolytische Spaltung [Willstätter und Hug[6])]. Der von Straub[7]) zur Haltbarmachung dieser Lösungen angewandte Zusatz von Mannit scheint deshalb überflüssig zu sein. i-Scopolamin findet sich auch im käuflichen Scopolaminhydrobromid, wodurch dessen optische Aktivität herabgedrückt wird.

Das i-Scopolamin bildet außer dem oben erwähnten Monohydrat ein Dihydrat Fp. 37—38°, das früher für ein besonderes Alkaloid, das *Atroscin*, gehalten wurde [Hesse[8])].

Diese verschiedenen Hydrate lassen sich ineinander überführen [Gadamer[9]), Hesse[10])]; durch Animpfen einer Lösung des Dihydrats mit Krystallen des Monohydrats geht das Dihydrat in das Monohydrat über, wie sich auch der umgekehrte Vorgang abspielt.

Beide Hydrate gehen beim Lagern bzw. Erwärmen in das krystallisierte wasserfreie i-Scopolamin über, Fp. 82—83°.

---

[1]) Hesse, J. pr. **64**, 362.
[2]) Gadamer, A. Pharm. **239**, 321.
[3]) Herzig u. Meyer, M. **18**, 379.
[4]) Luboldt, A. Pharm. **236**, 40.
[5]) Gadamer, A. Pharm. **239**, 294.
[6]) Willstätter u. Hug, Z. physiol. **79**, 146.
[7]) Straub, D. R. P. 266 415. 276 554.
[8]) Hesse, A. **271**, 100; **276**, 84; **277**, 304; **303**, 149; **309**, 75; B. **29**, 1771.
[9]) Gadamer, A. Pharm. **236**, 382; J. pr. (2) **64**, 566.
[10]) Hesse, A. **309**, 89.

Scopolamin bildet in analoger Weise wie das Atropin (vgl. Atropin-schwefelsäure S. 165) durch Einwirkung von Schwefelsäure unter innerer Salzbildung eine *Scopolaminschwefelsäure*, Fp. 244°, die durch Alkali-einwirkung in Aposcopolamin $C_{17}H_{19}NO_3$ übergeht. Fp. 97°, Nadeln [W illstätter und Hug[1])].

7. Meteloidin.

Das Meteloidin $C_{13}H_{21}NO_4$ wurde von Pyman und Reynolds[2]) in Datura meteloides aufgefunden, wo es neben Atropin und Scopolamin in geringer Menge, etwa zu 0,07% vorkommt.

Es ist gut krystallisiert; aus Benzol in breiten Nadeln erhältlich, seine Salze krystallisieren auch. Fp. 141—142°. Optisch inaktiv; pharmakologisch indifferent.

Das Meteloidin erfährt durch Barythydrateinwirkung eine Spaltung in Teloidin und Tiglinsäure.

—— —— — ——

Wir sehen aus den vorangegangenen Ausführungen, daß die typi-schen Alkaloide der Solanaceenarten in ihren chemischen Beziehungen sehr nahe zueinander stehen, denn sie werden durch die Hydrolyse in Säuren, vorzugsweise vom Kohlenstoffgehalt C_9 und in gleichartige Alka-mine gespalten, wie:

Das Atropin und das Hyoscyamin in Tropasäure $C_9H_{10}O_3$ und Tropin $C_8H_{15}NO$;

das Norhyoscyamin (Pseudohyoscyamin) in Tropasäure und Nor-tropin $C_7H_{13}NO$;

das Atropamin und das Belladonnin in Atropasäure $C_9H_8O_2$ und Tropin $C_8H_{15}NO$;

das Scopolamin in Tropasäure $C_9H_{10}O_3$ und Scopolin $C_8H_{13}NO_2$.

Unsere Aufgabe besteht nun darin, die Konstitution dieser beiden Spaltungsgruppen aufzuklären.

Atropasäure, $C_9H_8O_2$. — Die Atropasäure zeigt sich in tafelförmigen Krystallen vom Fp. 106,5°; sie siedet bei 267° unter partieller Zer-setzung. Es ist eine ungesättigte, einbasische Säure, die 2 Wasserstoff-oder Bromatome aufnimmt, ebenso addiert sie die Elemente eines Moleküls Salzsäure, Bromwasserstoffsäure oder unterchloriger Säure. Mit Chromsäure oxydiert, entsteht Benzoesäure und Kohlensäure. Durch schmelzendes Kali wird sie in Phenylessigsäure und Ameisen-säure übergeführt; konzentrierte Schwefelsäure spaltet bei höherer Temperatur Kohlenoxyd ab [Bistrycki und Reintke[3])].

Ihrer Zusammensetzung nach erscheint sie der Zimtsäure isomer. Die Beziehung, welche zwischen diesen beiden Säuren besteht, kommt in folgenden Formeln zum Ausdruck:

$$C_6H_5 - CH = CH - COOH \qquad\qquad C_6H_5 - C\!\!\diagup\!\!\diagdown\begin{array}{l}CH_2\\ \\COOH\end{array}$$

Zimtsäure (*β*-Phenylacrylsäure).   Atropasäure (*x*-Phenylacrylsäure).

<hr>

[1]) Willstätter u. Hug, Z. physiol. **79**, 146.
[2]) Pyman u. Reynolds, Soc. **93**, 2077.
[3]) Bistrycki u. Reintke. B. **38**, 839.

Diese Konstitution der Atropasäure findet durch ihre Synthese Bestätigung, welche im Jahre 1880 von Ladenburg und Rügheimer[1] ausgeführt wurde und die auf den folgenden Reaktionen beruht:

1. Das Acetophenon mit Phosphorpentachlorid erhitzt tauscht seinen Sauerstoff gegen 2 Chloratome aus; es entsteht das *Dichloräthylbenzol*:

$$C_6H_5 - CO - CH_3 + PCl_5 \;=\; C_6H_5 - CCl_2 - CH_3 + POCl_3.$$

2. Behandelt man dieses letztere mit Cyankali in alkoholischer Lösung, so findet eine doppelte Reaktion statt; das eine der beiden Chloratome wird durch das Cyan-Radikal und das andere durch die Äthoxylgruppe ersetzt. Man erhält so ein Nitril, welches bei der Verseifung eine Säure ergibt:

$$C_6H_5 - CCl_2 - CH_3 + KCN + C_2H_5OH \;=\; C_6H_5 - C\underset{CN}{\overset{CH_3}{\lessgtr}}OC_2H_5 + KCl + HCl.$$

$$C_6H_5 - C\underset{CN}{\overset{CH_3}{\lessgtr}}OC_2H_5 + 2\,H_2O \;=\; C_6H_5 - C\underset{COOH}{\overset{CH_3}{\lessgtr}}OC_2H_5 + NH_3.$$

3. Die so gebildete Säure (*Äthylatrolactinsäure*) verliert beim Erhitzen mit konzentrierter Salzsäure ein Molekül Alkohol und bildet die *Atropasäure*:

$$C_6H_5 - C\underset{COOH}{\overset{CH_3}{\lessgtr}}OC_2H_5 \;=\; C_6H_5 - C\underset{COOH}{\overset{CH_2}{\lessgtr}} + C_2H_5OH.$$

Atropasäure.

Tropasäure, $C_9H_{10}O_3$. — Diese Säure krystallisiert in Prismen oder in Tafeln vom Fp. 117—118°.

Sie ist eine gesättigte Verbindung und enthält eine alkoholische Hydroxylgruppe, welche mittels Phosphorpentachlorid leicht durch ein Chloratom ersetzt wird. Durch bloßes Erhitzen für sich resp. durch wasserentziehende Mittel geht sie in Atropasäure über[2]. Nach diesem Verhalten kommt ihr eine der beiden folgenden Formeln zu:

$$C_6H_5 - C\underset{COOH}{\overset{CH_2OH}{\lessgtr}}H \qquad\qquad C_6H_5 - C\underset{COOH}{\overset{CH_3}{\lessgtr}}OH$$

I.   II.

Nun kennt man seit 1879 eine der Tropasäure isomere Säure, die *Atrolactinsäure* (II). Fittig und Wurster[3] erhielten diese aus der Additionsverbindung der Atropasäure mit Bromwasserstoffsäure beim Erhitzen mit Natriumcarbonat. Diese Atrolactinsäure ist ein krystallisierter Körper, der ein halbes Molekül Wasser enthält und nach dem Trocknen bei 94° schmilzt; durch wasserentziehende Mittel bzw.

---

[1] Ladenburg u. Rügheimer, B. **13**, 376, 2041; A. **217**, 74.
[2] Hesse, J. pr. (2) **64**, 286. — Smith, J. pr. (2) **84**, 731.
[3] Fittig und Wurster, A. **195**, 153.

schon durch Erwärmen im Vakuum [Mc Kenzie u. Wood[1])] entsteht daraus die Atropasäure.

Die Konstitution der Atrolactinsäure muß einer der beiden obigen Formeln entsprechen; bestimmt man also diese, so kennt man gleichzeitig die Konstitution der Tropasäure. Nun sind zwei Synthesen der Atrolactinsäure im Jahre 1881 fast zur selben Zeit von Böttinger[2]) und Spiegel[3]) aufgefunden.

Böttinger fand, daß die Dibrombrenztraubensäure und Benzol durch die kondensierende Wirkung von Schwefelsäure ein Additionsprodukt ergeben, welches nichts anderes ist, als die Dibromatrolactinsäure, aus der man durch Natriumamalgam die Atrolactinsäure selber gewinnen kann.

$$C_6H_6 + CO{<}^{CHBr_2}_{COOH} = C_6H_5 - COH{<}^{CHBr_2}_{COOH}$$

$$C_6H_5 - COH{<}^{CHBr_2}_{COOH} + 4H = C_6H_5 - COH{<}^{CH_3}_{COOH} + 2HBr.$$

Atrolactinsäure.

Spiegel erhielt durch Behandlung des Acetophenons mit Blausäure ein Cyanhydrin, welches das Nitril der Atrolactinsäure vorstellt. Die Säure bildet sich daraus bei der Verseifung:

$$C_6H_5COCH_3 + HCN = C_6H_5 - COH{<}^{CH_3}_{CN}$$

$$C_6H_5 - COH{<}^{CH_3}_{CN} + 2H_2O = C_6H_5 - COH{<}^{CH_3}_{COOH} + NH_3$$

Atrolactinsäure.

Nach diesen beiden Bildungsweisen der Atrolactinsäure kommt ihr die Formel II zu; ihr Isomeres, die Tropasäure, besitzt also die Formel I.

Für die Tropasäure kennt man verschiedene Synthesen.

Die Tropasäure wurde 1880 von Ladenburg und Rügheimer[4]) aus der Atropasäure synthetisiert. Behandelt man diese letztere mit einer Lösung von unterchloriger Säure, so entsteht die *Chlortropasäure,* die durch Reduktionsmittel (Zinkstaub und Natronlauge) in die Tropasäure übergeht:

$$C_6H_5 - C{<}^{CH_2}_{COOH} + ClOH = C_6H_5 - CCl{<}^{CH_2OH}_{COOH}$$

Atropasäure   Chlortropasäure.

$$C_6H_5 - CCl{<}^{CH_2OH}_{COOH} + 2H = C_6H_5 - CH{<}^{CH_2OH}_{COOH} + HCl.$$

Tropasäure.

[1]) Mc Kenzie u. Wood, Soc. 115, 828.
[2]) Böttinger, B. 14, 1236.
[3]) Spiegel, B. 14, 1353.
[4]) Ladenburg u. Rügheimer, B. 13, 376; A. 217, 74.

Dann erhielt Spiegel[1]) durch Einwirkung von Salzsäure bei 130° auf das Acetophenoncyanhydrin die *β-Chlorhydratropasäure*:

$$C_6H_5-COH{<}_{CN}^{CH_3} \rightarrow C_6H_5-C{<}_{COOH}^{CH_2} \rightarrow C_6H_5-CH{<}_{COOH}^{CH_2Cl}$$

die durch Erhitzen mit Sodalösung auf 120° die Tropasäure bildet.

Eine durchsichtige und ergiebige Synthese der Tropasäure ist die durch Reduktion des Formylphenylessigesters

$$C_6H_5-CH{<}_{COOC_2H_5}^{CHO}$$

mit Aluminiumamalgam. Der Formylphenylessigester entsteht in bekannter Weise durch Kondensation von Phenylessigsäureester $C_6H_5CH_2COOC_2H_5$ mit Ameisensäureester. Wislicenus und Bilhuber, E. Müller, Mc Kenzie und Wood, v. Braun und Naumann, v. Braun[2]).

Die Formel der Tropasäure enthält ein asymmetrisches Kohlenstoffatom. Die aus dem Atropin entstehende inaktive Säure — nach den Untersuchungen von Schloßberg[3]) kein Gemenge der beiden aktiven Säuren, sondern ein Racemkörper — sollte also in zwei aktive Modifikationen gespalten werden können. Diese Spaltung wurde von Ladenburg und Hundt[4]) mit Hilfe des krystallisierten Chininsalzes bewirkt. King[5]) fand $[\alpha]_D + 81{,}6°$ bzw. $- 81{,}2°$. Die Ester der aktiven Tropasäuren, wozu auch die Tropeine gehören, werden durch Alkalien leicht racemisiert, während die freien aktiven Säuren hierbei beständiger sind [Gadamer[6])]. Die *Rechtstropasäure* schmilzt bei 127—128°, die *Linkstropasäure* bei 123°. Diese ist mit derjenigen Linkssäure identisch, die Merck[7]) bei der Verseifung des Hyoscyamins mit heißem Wasser erhalten hat (S. 156).

Tropin. Die erste grundlegende Erkenntnis über die Konstitution des Tropins verdanken wir einer größeren Untersuchungsreihe von Ladenburg[8]).

Das Tropin $C_8H_{15}NO$, das basische Spaltungsprodukt der meisten Solanaceenalkaloide charakterisiert sich als tertiäre Base, besitzt stark alkalische Reaktion; krystallisiert in farblosen, hygroskopischen Tafeln. Fp. 63°, Kp. 233°. In Wasser, Alkohol und Äther leicht löslich. Optisch inaktiv.

[1]) Spiegel, B. **14**, 235.
[2]) Wislicenus u. Bilhuber, B. **51**, 1237. — E. Müller, B. **51**, 252. — Mc Kenzie u. Wood, Soc. **115**, 828. — v. Braun u. Naumann, B. **53**, 594. — v. Braun, B. **53**, 1409.
[3]) Schloßberg, B. **33**, 1082.
[4]) Ladenburg u. Hundt, B. **22**, 2590.
[5]) King, Soc. **115**, 476.
[6]) Gadamer, A. Pharm. **239**, 321; J. pr. (2) **87**, 312.
[7]) Merck, A. Pharm. **231**, 115.
[8]) Ladenburg, B. **12**, 942; **13**, 252; **14**, 227, 2126, 2403; **15**, 1028, 1140; **16**, 1408; **17**, 157; **20**, 1647; **23**, 1780, 2225; A. **217**, 74.

Durch Erhitzen mit einer Natriumamylatlösung in Amylalkohol geht das Tropin in das geometrisch isomere ψ-Tropin über, identisch mit der Spaltbase des Tropacocains (s. dort) [Willstätter[1])].

Das Tropin enthält ein Sauerstoffatom in Form einer alkoholischen Hydroxylgruppe. Durch organische Säuren wird diese Hydroxylgruppe esterifiziert; es entstehen Säureester, die sog. Tropeine, zu denen das Atropin in erster Linie auch gehört.

Das Tropin stellt ein Alkamin vor. Bei der Einwirkung von konzentrierter Schwefelsäure reagiert es einerseits mit seiner OH-Gruppe unter Entstehung einer Estersäure; mit seinem basischen Komplex bildet es andererseits ein inneres Salz [Willstätter und Hug[2])[3])]:

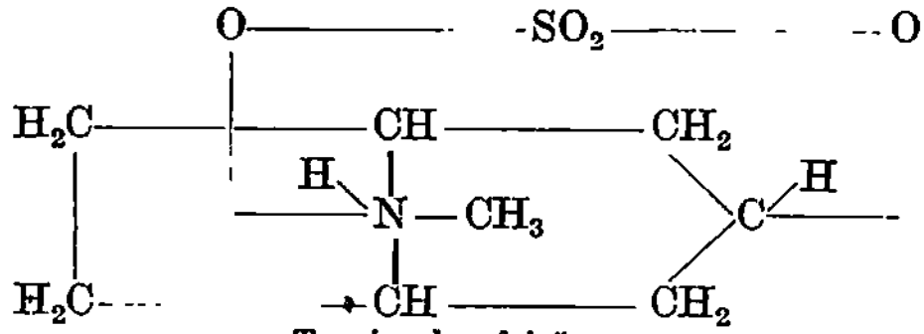

$$O \text{——} \text{-}SO_2 \text{——} \text{-}O$$

Tropinschwefelsäure.

Das Tropin besitzt eine N-Methylgruppe; es zersetzt sich bei der Destillation mit Alkalien unter vorzugsweiser Bildung von Methylamin. Das Vorhandensein einer N-Methylgruppe im Tropin ergibt sich ferner auch aus den Abbauprodukten des Tropins bei der erschöpfenden Methylierung, beim Hofmannschen Abbau.

Hier findet schon nach zweimaliger Halogenalkyleinwirkung Zerfall des Moleküls statt, einerseits in Trimethylamin, andererseits in einen Kohlenwasserstoff, das *Tropiliden* C_7H_8, in Wasser unlösliche Flüssigkeit, Kp. 117°, $d_9 = 0{,}9129$; im Geruch an Toluol erinnernd.

Neben diesem Kohlenwasserstoff bildet sich beim obigen Abbau des Tropins in geringer Menge ein sauerstoffhaltiger Körper, das *Tropilen* $C_7H_{10}O$. Das Tropilen ist in Wasser fast unlöslich, Kp. 186 bis 188°, $d_0 = 1{,}0091$; im Geruch acetonähnlich, gleichzeitig an Benzaldehyd erinnernd.

Bei der Oxydation des Tropins $C_8H_{15}NO$ mit alkalischer Permanganatlösung entsteht das *Tropigenin* $C_7H_{13}NO$ [Merling[4])]; eine sekundäre Base, bildet ein Nitrosoderivat [Oddo und Cäsaris[5])]. Das

---

[1]) Willstätter, B. **29**, 936.
[2]) Willstätter u. Hug, Z. physiol. **79**, 146. — Hoffmann - La Roche, D. R. P. 247 455, 247 456, 247 457.
[3]) *Atropin* reagiert ähnlich mit konzentrierter Schwefelsäure; nur wirkt die Schwefelsäure hier auf die Alkoholgruppe der Tropasäure ein, da die Hydroxylgruppe des Tropins im Atropin nicht mehr frei liegt.

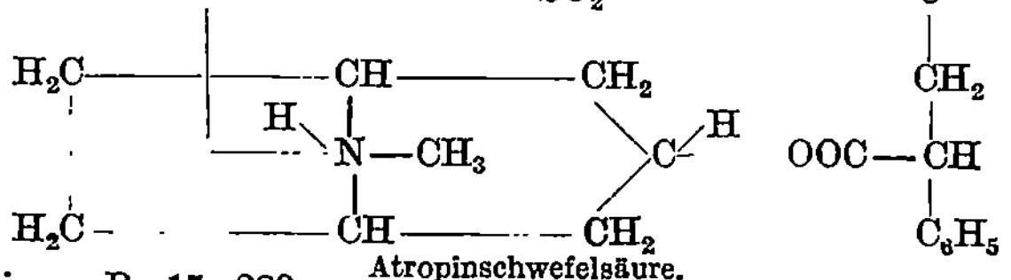

$$O \text{——} SO_2 \text{——} O$$

Atropinschwefelsäure.

[4]) Merling, B. **15**, 289.
[5]) Oddo u. Cäsaris, S. **44** (II), 209.

Tropigenin verdankt seine Bildung der Eliminierung des am Stickstoff haftenden Methyls:

$$C_7H_{12}O = N - CH_3 \longrightarrow C_7H_{12}O = NH$$
Tropin. Tropigenin.

In der Tat bildet das Tropigenin durch Jodmethyleinwirkung jodwasserstoffsaures Tropin zurück. Die Überführung des Tropins in Tropigenin gelingt auch über das *Acetylcyannortropin* durch Salzsäureeinwirkung [Chem. Werke Grenzach[1])].

Tropidin, $C_8H_{13}N$. — Einen wesentlichen Einblick in die Konstitution des Tropins ergab die Behandlung desselben mit Salzsäure oder Jodwasserstoffsäure auf 150—180° bzw. auch mit Schwefelsäure auf 220°. Hierbei verliert das Tropin ein Molekül Wasser und geht in eine sauerstofffreie Base, das *Tropidin*, über (Ladenburg).

$$C_8H_{15}NO = C_8H_{13}N + H_2O$$
Tropin. Tropidin.

Das Tropidin bildet eine Flüssigkeit vom Geruch des Coniins und ist wie dieses Alkaloid auch in kaltem Wasser löslicher als in heißem. Kp. 162—163°, $d_0 = 0,9665$. Es ist eine starke tertiäre Base, ungesättigt, addiert Brom, Bromwasserstoffsäure, unterchlorige Säure. Es kann unter bestimmten Bedingungen in Gegenwart von Bromwasserstoffsäure oder der Alkalien ein Molekül Wasser aufnehmen und das Tropin zurückbilden; durch Kaliumpermanganat nimmt es zwei Hydroxyle auf und bildet *Dihydroxytropidin* [Einhorn und L. Fischer[2])].

Aus allen diesen Reaktionen geht hervor, daß das Tropidin eine doppelte Bindung enthält und daß es aus dem Tropin durch Überführung einer $- CH_2 - CHOH$-Gruppe in eine $- CH = CH$-Gruppe entstanden ist.

Das Tropidin liefert beim Hofmannschen Abbau dieselben Reaktionsprodukte wie das Tropin, das *Tropilen* und das *Tropiliden*. Beim hohen Erhitzen mit Jodwasserstoffsäure bildet sich aus Tropidin ein Heptan, Kp. 95° [Hofmann[3])].

Das Studium der Bromeinwirkung auf Tropidin brachte einen weiteren Einblick in die Konstitution des Tropidins bzw. des Tropins selber und erwies durch Entstehung von *Methyldibrompyridin* und *Dibrompyridin* deren Zugehörigkeit zur Pyridinreihe (Ladenburg). Danach erschien das Tropidin unter Berücksichtigung seiner atomaren Zusammensetzung, des Vorhandenseins einer N-Methylgruppe und seines ungesättigten Charakters als ein vierfach hydriertes Pyridinderivat, so daß sich die Formel des Tropidins in folgender Weise auflösen schien (Ladenburg):

$$\text{(ring)} \; H_3 \;\text{—}CH = CH_2 .$$
$$N$$
$$CH_3$$

---

1) Chem. Werke Grenzach, D. R. P. 301 870.
2) Einhorn u. L. Fischer, B. **26**, 2008.
3) Hofmann, B. **16**, 586.

Fraglich in dieser Formel blieb anscheinend nur die Stellung der Seitenkette im Pyridinring. Hierüber sollten die Reduktionsprodukte des Tropidins Aufschluß geben.

Das Tropidin läßt sich zum *Hydrotropidin* $C_8H_{15}N$ reduzieren; allerdings bedarf es hierzu eines Umweges. Man muß vom Tropin ausgehen, die Hydroxylgruppe desselben gegen Jod — durch Erhitzen mit Jodwasserstoffsäure auf 140° — austauschen und diese Verbindung mit Zink und Salzsäure behandeln. Tertiäre Base, Flüssigkeit Kp. 167 bis 169°, $d_0 = 0,9366$. Bei der trocknen Destillation spaltet sich das salzsaure Hydrotropidin in Chlormethyl und *Norhydrotropidin* $C_7H_{13}N$. Das Norhydrotropidin, Fp. 60°, Kp. 161°, sollte in Ableitung von der obigen Tropidinformel die folgende Formel besitzen: $C_5H_5NH \cdot C_2H_5$.

Ladenburg unterwarf nun weiter das salzsaure Norhydrotropidin der trocknen Destillation über Zinkstaub; hierbei entstand unter Wasserstoffabgabe α-Äthylpyridin.

Damit schien die obige Konstitutionsformel des Tropidins als α-Derivat der Pyridinreihe sichergestellt zu sein und das Tropin selber sollte eine der beiden folgenden Formeln besitzen:

$$\text{[Pyridinring, } H_3 \text{]}-CHOH-CH_3 \quad \text{oder} \quad \text{[Pyridinring, } H_3 \text{]}-CH_2-CH_2OH$$

Gegen die obigen für das Tropin und seine Derivate von Ladenburg vorgeschlagenen Konstitutionsformeln wurden aber berechtigte Einwendungen laut. Es erschien auffallend, daß eine gemäßigte Oxydation' des Tropins mit Kaliumpermangant nicht zuerst die Seitenkette im Molekül angreifen sollte, sondern die am Stickstoff befindliche Methylgruppe, um so das sekundäre *Tropigenin* — Nadeln, Fp. 160° — zu bilden.

Es war ferner schwer einzusehen, warum sich das Tropidin, das nach der Ladenburgschen Annahme eine außerhalb des Ringes stehende doppelte Bindung enthalten sollte, sich gegen Reduktionsmittel so resistent verhielt, während doch z.B. das ähnlich konstituierte α-Allylpyridin sich leicht zum Coniin hydrieren läßt.

Ganz unverträglich mit der oben angenommenen Ladenburgschen Tropinformel war aber schließ'ich das Verhalten des Tropins bei der Oxydation mit Chromsäure [Merling[1])].

Hierbei entstand eine *zwei*basische Säure, die *Tropinsäure* $C_8H_{13}NO_4$, vom gleichen Kohlenstoffgehalt wie das Tropin. Die Säure ist in kaltem Wasser, Alkohol und Äther sehr wenig löslich, krystallisiert aus heißem Wasser oder Alkohol in Nadeln; Fp. 248° unter Kohlensäureentwicklung; optisch inaktiv, besitzt eine N-Methylgruppe.

Es war nicht einzusehen, wie in einfacher Weise aus dem Tropin, das nur eine Seitenkette besitzen sollte, eine zweibasische Säure entstehen

---

[1]) Merling, B. **15**, 288; A. **216**, 329.

konnte. Diese Tatsache veranlaßte Merling, sich mit der Konstitution
des Tropins weiter zu beschäftigen.

Merling erhielt aus dem Tropin durch verschiedene Abbau-
eingriffe auch Verbindungen, die anscheinend Kohlenstoffsechsringe
enthielten, deren Entstehen nach der Ladenburgschen Tetra-
hydropyridinformel des Tropins überhaupt nicht zu erklären war
[Merling[1])].

Die Unrichtigkeit der Ladenburgschen Tropinformel war also
nachgewiesen; durch eine Modifikation gelang es aber Merling, dieselbe so zu gestalten, daß sie den Resultaten seiner Untersuchungen
durchaus Rechnung trug. Merling ließ nämlich die offene Seitenkette
in der Ladenburgschen Tropinformel nicht mehr als solche frei
endigen, sondern in den Pyridinring hineinschlagen und dort mit dem
β'-Ringkohlenstoffatom in neue Verknüpfung treten:

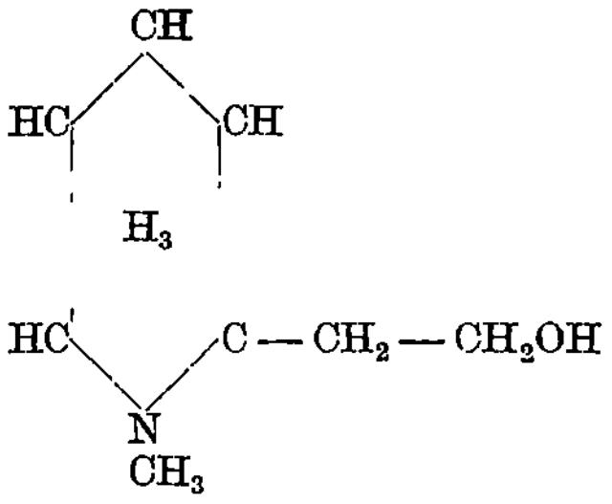

<table>
<tr><td align="center">CH
HC   CH
H₃
HC   C—CH₂—CH₂OH
N
CH₃

Ladenburgs Formel.</td><td align="center"> 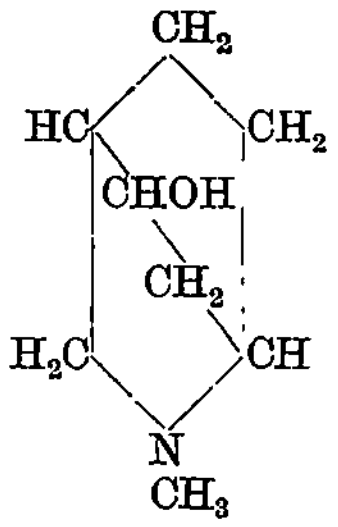CH₂
HC   CH₂
CHOH
CH₂
H₂C   CH
N
CH₃

Merlings Formel.</td></tr>
</table>

So erschien das Tropin als ein kondensiertes Ringsystem, zusammengesetzt aus einem Kohlenstoffsechsring in Verknüpfung mit zwei
Piperidinringen. Diese Konstitutionsformel gibt eine vollwertige Erklärung für das Auftreten von stickstofffreien Kohlenstoffringen beim
Abbau des Tropins und sie erklärt ferner die Bibasizität der Tropinsäure, indem man eine Aufspaltung der Brückenkohlenstoffatome bei
der Oxydation anzunehmen hat.

Bei Zugrundelegung der obigen Tropinformel erscheint das Tropin
auch nicht mehr als ein Piperideïnderivat, sondern als ein Piperidinderivat.

Der Merlingschen Formel konnte man nicht die Einwendungen
machen, die man gegen die Ladenburgsche ins Feld geführt hatte,
aber weitere Untersuchungen von Willstätter[2]) ließen die Merlingsche Auffassung doch noch nicht als den endgültigen Ausdruck für die
Tropinformel erscheinen.

Diese Willstätterschen Untersuchungen nahmen vorzugsweise
vom Tropinon ihren Ausgangspunkt.

Tropinon, $C_8H_{13}NO$. — Das Tropinon ist ein Oxydationsprodukt
des Tropins; es steht zwischen dem Tropin und der Tropinsäure. Es
bildet sich durch Einwirkung von Chromsäure aus Tropin bzw. auch

---

[1]) Merling, B. 14, 1829; 16, 1238; 24, 3108; 25, 3123.
[2]) Willstätter, B. 29, 393. 936. 1575. 1636. 2216. 2228; 30, 731, 2679; 31, 1534.

aus Pseudotropin. Es wurde fast gleichzeitig von Willstätter und von Ciamician und Silber im Jahre 1896 erhalten.

Das Tropinon ist ein fester Körper. Fp. 42°; Kp. 224—225°. In Wasser wie in gewöhnlichen organischen Lösungsmitteln sehr leicht löslich. Es wird durch Chromsäure in Tropinsäure übergeführt. Das Tropinon enthält zwei Wasserstoffatome weniger als das Tropin; es bildet mit Hydroxylamin ein Oxim, mit Phenylhydrazin ein Hydrazon; das Tropinon ist ein Keton und leitet sich vom Tropin durch Umwandlung einer CHOH-Gruppe in eine CO-Gruppe ab. Die Synthese des Tropinons und die Überführung desselben in Tropin s. S. 75.

Indem Willstätter[1]) diese Ketonverbindung mit einer so reaktionsfähigen Atomgruppe statt des Tropins, des viel indifferenteren Alkohols, zum Ausgangspunkt seiner Untersuchung nahm, gab er im Anschluß an die Merlingsche Anschauung der Tropinformel in glücklicher Weise den richtigen Ausdruck für die Konstitution der Tropinderivate.

Willstätter fand, daß im Tropinon die Ketogruppe zwischen zwei CH_2-Gruppen steht und nicht, wie Merlings Formel annahm, nur eine CH_2-Gruppe benachbart habe. Er bewies dies dadurch, daß das Tropinon mit salpetriger Säure eine Diisonitrosoverbindung gibt, mit Benzaldehyd ein Dibenzalprodukt liefert, daß es mit Diazobenzolchlorid unter Eintritt zweier Phenylhydrazinreste reagiert, und daß schließlich der Oxalester unter Bildung von Tropinonmonooxalester und Dioxalester reagiert.

Da zudem Willstätter weiter zeigen konnte, daß im Tropin und seinen Derivaten eine unverzweigte Kette von sieben Kohlenstoffatomen vorhanden ist, mußte diesen beiden Forderungen entsprechend die Merlingsche Formel modifiziert werden.

Dies geschah durch Verlegung der in der untenstehenden Tropinformel mit einem Stern versehenen CH_2-Gruppe der Merlingschen Formel in die Brückenkohlenstoffstelle, welche der CHOH-Gruppe benachbart ist:

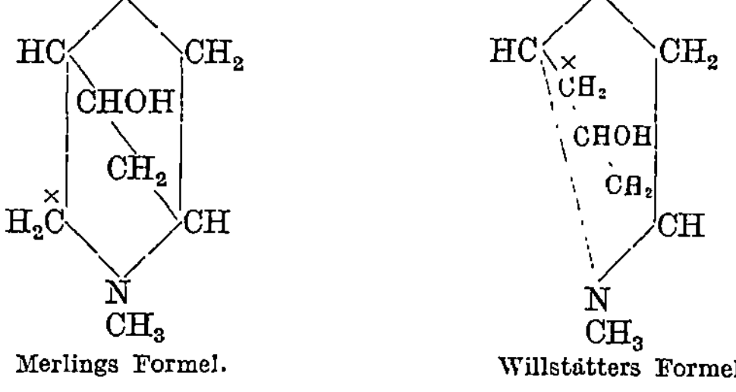

Merlings Formel.   Willstätters Formel.

Aus den obigen Formeln ersieht man, wie aus den beiden Piperidinringen der Merlingschen Formel nunmehr ein Pyrrolidinring und ein Piperidinring geworden sind. Vor allem aber gibt die vorliegende Willstättersche Formel auch eine einwandfreie Erklärung für das

---

[1]) Willstätter, B. **30**, 2679.

Auftreten von Verbindungen mit einer unverzweigten Kette von sieben Kohlenstoffatomen, die bei den Abbauderivaten des Tropins von Willstätter vielfach gefunden wurden.

Zum besseren Hervortreten des Kohlenstoffsiebenringes schreiben wir die Tropinformel zweckmäßig in folgender Weise:

$$CH_2\text{——}CH\text{——}CH_2$$
$$|\quad \langle NCH_3\quad \rangle CHOH$$
$$CH_2\text{——}CH\text{——}CH_2$$

Tropin.

Nach dieser Formel erscheint das Tropin nunmehr endgültig als ein kondensiertes Ringsystem eines Pyrrolidinringes mit einem Piperidinring, umfaßt von einem Kohlenstoffsiebenring.

Die Entstehung der Tropinsäure aus dem Tropin erklärt sich nun folgendermaßen:

$$CH_2\text{——}CH\text{——}CH_2 \qquad\qquad CH_2\text{——}CH\text{——}CH_2$$
$$|\quad \langle NCH_3\quad \rangle CHOH + 4\,O = |\quad \langle NCH_3\quad \rangle COOH + H_2O$$
$$CH_2\text{——}CH\text{——}CH_2 \qquad\qquad CH_2\text{——}CH\text{——}COOH$$

Tropin. \qquad Tropinsäure

Danach erscheint die Tropinsäure als eine *αα′-Carbonessigsäure* des *N-Methylpyrrolidins*.

Durch erschöpfende Methylierung der Tropinsäure gelang es, zu einer stickstofffreien Verbindung, einer *Diolefindicarbonsäure* zu kommen, welche bei der Reduktion mit Natriumamalgam in alkalischer Lösung die normale siebengliedrige *Pimelinsäure* liefert (Willstätter).

Dieser wichtige Abbau der Tropinsäure zur Pimelinsäure läßt sich durch folgende Formelbilder ausdrücken:

$$CH_2\text{——}CH\text{——}CH_2 \qquad\qquad CH\text{——}CH\text{——}CH_2$$
Tropinsäureesterjodmethylat. \qquad Methyltropinsäureester.

$$(H_3C)_2N\langle\,^{CH_3}_{J}$$
$$|$$
$$H_3COOC-CH-CH_2-CH=CH-CH_2-COOCH_3$$

Methyltropinsäureesterjodmethylat.

$$\longrightarrow\quad HOOC-CH=CH-CH=CH-CH_2-COOH$$

Heptadiendisäure.

$$\longrightarrow\quad HOOC-CH_2-CH_2-CH_2-CH_2-CH_2-COOH$$

Pimelinsäure.

Die Hauptverbindungen der Tropinreihe lassen sich durch folgende Formelbilder klarstellen:

$$CH_2\text{——}CH\text{——}CH_2 \qquad\qquad CH_2\text{——}CH\text{——}CH_2$$
$$|\quad \langle NCH_3\quad \rangle CH_2 \qquad\qquad |\quad \langle NCH_3\quad \rangle CO$$
$$CH_2\text{——}CH\text{——}CH_2 \qquad\qquad CH_2\text{——}CH\text{——}CH_2$$

Hydrotropidin (Tropan). \qquad Tropinon (Tropanon).

$$
\begin{array}{c}
CH_2\!-\!\!-\!CH\!-\!\!-\!CH_2 \\
\big|\quad \big\langle NCH_3 \quad \big\rangle CHOH \\
CH_2\!-\!\!-\!CH\!-\!\!-\!CH_2
\end{array}
\qquad
\begin{array}{c}
CH_2\!-\!CH\!-\!\!-\!CH_2 \\
\big|\quad \big\langle NCH_3 \quad \big\rangle CH \\
CH_2\!-\!\!-\!CH\!-\!\!-\!CH
\end{array}
$$

Tropin und ψ-Tropin (Tropanol).   Tropidin (Tropen).

$$
\begin{array}{c}
CH_2\!-\!\!-\!CH\!-\!\!-\!CH_2 \\
\big\langle NH \quad \big\rangle CHOH \\
CH_2\!-\!\!-\!CH\!-\!\!-\!CH_2
\end{array}
$$

Tropigenin (Nortropanol).

Mit den obigen Konstitutionsformeln stehen alle bisher besprochenen Umsetzungen des Tropins in bester Übereinstimmung.

So erscheint jetzt das Tropiliden, das bei der erschöpfenden Methylierung des Tropins entsteht, als ein Cycloheptatrien:

$$
\begin{array}{c}
CH\!-\!CH\!=\!\!-\!CH \\
\big\rangle CH_2 \\
CH\!-\!\!-\!CH\!-\!\!-\!CH
\end{array}
$$

Tropiliden

und seine Bildungsweise folgendermaßen:

$$
\begin{array}{c}
CH_2\!-\!\!-\!CH\!-\!\!-\!CH_2 \\
\big|\quad \begin{array}{c} CH_3 \\ N\!\!-\!CH_3 \\ OH \end{array} \quad \big\rangle CHOH \\
CH_2\!-\!\!-\!CH\!-\!\!-\!CH_2
\end{array}
\;=\;
\begin{array}{c}
CH_2\!-\!CH\!=\!CH \\
\big| \qquad\qquad \big\rangle CHOH + H_2O \\
CH_2\!-\!CH\!-\!CH \\
\big| \\
N(CH_3)_2
\end{array}
$$

Tropinmethylhydrat   α-Methyltropin.

$$
\begin{array}{c}
CH_2\!-\!\!-\!CH\!=\!CH \\
\big|\qquad\qquad \big\rangle CHOH \\
CH_2\!-\!CH\!-\!\!-\!CH_2 \\
\big|\begin{array}{c} CH_3 \\ N\!\!-\!CH_3 \\ CH_3 \end{array} \\
OH
\end{array}
\;=\;
\begin{array}{c}
CH_2\quad CH\!=\!\!-\!CH \\
\big\rangle CH + N(CH_3)_3 + 2\,H_2O \\
CH\!=\!\!-\!CH\!-\!\!-\!CH
\end{array}
$$

α-Methyltropinmethylhydrat   Tropiliden   Trimethylamin.
(Cycloheptatrien)

Neben dem Kohlenwasserstoff Tropiliden bildet sich bei dem Hofmannschen Abbau des Tropins — wie vorher ausgeführt — auch das sauerstoffhaltige Tropilen $C_7H_{10}O$. Dieses erwies sich als ein Keton als das $\Delta^{\alpha\beta}$-Cycloheptenon:

$$
\begin{array}{c}
CH_2\!-\!\!-\!CH_2\!-\!\!-\!CH_2 \\
\big|\qquad\qquad \big\rangle CO \\
CH_2\!-\!\!-\!CH\!=\!\!-\!CH
\end{array}
$$

Der Abbau des Tropans zum Stammkörper der ganzen Reihe zum Nortropan:

$$
\begin{array}{c}
CH_2\!-\!CH\!-\!\!-\!CH_2 \\
\big\langle NH \quad \big\rangle CH_2 \\
CH_2\!-\!\!-\!CH\!-\!\!-\!CH_2
\end{array}
$$

geschieht über das Cyannortropan (aus Tropan und Bromcyan) und Verseifung desselben [v. Braun[1])].

---

[1]) v. Braun, C. 1909. II, 1992.

Alle die bisherigen Konstitutionsaufklärungen über das Tropin
beruhen auf dem Studium der Abbauprodukte dieser Base. Der Beweis
für die Richtigkeit unserer Anschauungen ist aber auch durch die
Synthese des Tropins gegeben worden.

Eine partielle Synthese des Tropidins ist im Jahre 1891 durchgeführt,
ausgehend von einem seiner Abbauprodukte dem *Cycloheptadiendi-
methylamin* (α-Methyltropidin) damals als *Dihydrobenzyldimethylamin*
angesehen [Merling, Meister, Lucius und Brüning[1])]:

$$CH_2 \cdots CH \!=\!=\! CH$$
$$|\qquad\qquad\rangle CH$$
$$CH_2 \!-\!\!-\! CH \!-\!\!-\! CH$$
$$|$$
$$N(CH_3)_2$$

Die Überführung dieser Base in das Tropidin geschah folgendermaßen. Man addiert an diese ungesättigte Verbindung Salzsäure, es
entsteht das salzsaure Salz einer Hydrochlorbase, die durch Natronlauge in Freiheit gesetzt beim Erwärmen unmittelbar das Chlormethylat
des Tropidins (Tropens) liefert:

$$\begin{array}{ccc}
& Cl & \\
& | & \\
CH_2 \!-\! CH \!-\! & CH_2 & \\
& & \rangle CH \\
CH_2 \!-\!\!-\! CH \!-\! & CH & \\
& | & \\
& N(CH_3)_2 & \\
& \text{Hydrochlorbase.} &
\end{array}
\quad\longrightarrow\quad
\begin{array}{c}
CH_2 \!-\! CH \quad CH_2 \\
| \quad\diagup Cl \\
\quad N \!<\! CH_3 \quad \rangle CH \\
\quad\diagdown CH_3 \\
CH_2 \!-\! CH \!-\! CH \\
\text{Chlormethylat des} \\
\text{Tropidins (Tropens).}
\end{array}$$

Diese Merlingsche Synthese erwirkte den bedeutsamen Schritt
der Darstellung eines bicyclischen Tropanringsystems aus einem einfachen monocyclischen und wurde später von Willstätter treffend
als „intramolekulare Alkylierung" bezeichnet.

Das obige Tropidinchlormethylat zerfällt beim stärkeren Erhitzen
in Chlormethyl und Tropidin:

$$\begin{array}{c}
CH_2 \cdots CH \cdots CH_2 \\
\diagup N \!-\! CH_3 \quad \rangle CH \quad + \quad CH_3Cl \\
CH_2 \!-\!\!-\! CH \cdots \quad CH \\
\text{Tropidin.}
\end{array}$$

Das Problem der vollständigen Tropin- bzw. Tropidinsynthese
erforderte aber noch den Aufbau eines stickstoffhaltigen Kohlenstoffsiebenringes, der der intramolekularen Alkylierung fähig sein mußte,
der also ein stickstofftragendes Kohlenstoffatom besitzt und in der
4-Stellung dazu eine Ringdoppelbindung:

$$\begin{array}{c}
CH_2 \!-\! CH \!-\!\!-\! CH \\
{}_3 \qquad {}_4 \qquad {}_5\rangle CH_2 \\
CH_2 \cdots CH \cdots CH_2 \\
| \\
NX_2
\end{array}$$

---

[1]) Merling, B. **24.** 3108. — Meister, Lucius & Brüning, D. R. P. 69090.

Diese Verbindung hat Willstätter[1]) zielbewußt aufgebaut und so die vollständige Synthese der Tropaalkaloide ermöglicht.

Zum Ausgangspunkt dieser Synthese wurde das Suberon gewählt, das nach Markownikoff[2]) über das *Suberol* und *Suberyljodid* in das *Cyclohepten* übergeht:

$$\begin{array}{c}
CH_2\text{---}CH_2\text{---}CH_2 \\
| \qquad\qquad\quad \rangle CO \longrightarrow \\
CH_2\text{---}CH_2\text{---}CH_2 \\
\text{Suberon}
\end{array}
\qquad
\begin{array}{c}
CH_2\text{---}CH_2\text{---}CH_2 \\
| \qquad\qquad\quad \rangle CHOH \\
CH_2\text{---}CH_2\text{---}CH_2 \\
\text{Suberol}
\end{array}$$

$$\longrightarrow
\begin{array}{c}
CH_2\text{---}CH_2\text{---}CH_2 \\
| \qquad\qquad\quad \rangle CHJ \longrightarrow \\
CH_2\text{---}CH_2\text{---}CH_2 \\
\text{Suberyljodid}
\end{array}
\qquad
\begin{array}{c}
CH_2\text{---}CH_2\text{---}CH_2 \\
| \qquad\qquad\quad \rangle CH \\
CH_2\text{---}CH_2\text{---}CH \\
\text{Cyclohepten}
\end{array}$$

und dann von Willstätter weiter in mühseliger Synthese in das *Cycloheptatrien* umgewandelt wurde.

Dieses Cycloheptatrien diente zur Darstellung des erstrebten Δ_4-*Dimethylaminocycloheptens*.

Hierzu wurde das Cycloheptatrien in der Kälte mit Bromwasserstoffsäure behandelt, wodurch sich *Bromcycloheptadien* bildet.

$$\begin{array}{c}
CH ===CH \quad \text{-}CH \\
| \qquad\qquad\quad \rangle CH \longrightarrow \\
CH_2\text{---}CH===CH \\
\text{Cycloheptatrien} \\
\text{(Tropiliden)}
\end{array}
\qquad
\begin{array}{c}
CH =---=CH\text{---}CH \\
| \qquad\qquad\quad \rangle CH \\
CH_2\text{---}CHBr\text{---}CH_2 \\
\text{Bromcycloheptadien.}
\end{array}$$

Das Bromcycloheptadien tauscht leicht sein Bromatom gegen die Dimethylaminogruppe aus und geht in das $\Delta_{3,5}$-*Dimethylaminocycloheptadien* über:

$$\begin{array}{c}
CH ===CH\text{---}CH \\
| \qquad\qquad\quad \rangle CH \\
CH_2\text{---} CH\text{---}CH_2 \\
\qquad\quad | \\
\qquad\; N(CH_3)_2
\end{array}$$

Diese Verbindung besitzt konjugierte Doppelbindungen in den 3,5-Stellungen. Durch Reduktion mit Natrium und Alkohol löst sich eine dieser Doppelbindungen, und die übrigbleibende verschiebt sich nunmehr nach Thieles Regel in die gewünschte 4-Stellung:

$$\begin{array}{c}
CH_2\text{---}CH===CH \\
|^6 \qquad\quad {}^5 \qquad {}^4\rangle CH_2 \\
|^7 \qquad\quad {}^1 \qquad {}^2 \\
CH_2\text{---}CH\text{---}CH_2 \\
\qquad\quad | \\
\qquad\; N(CH_3)_2
\end{array}$$

Δ_4-Dimethylaminocyclohepten.

Durch Halogenwasserstoffaddition entsteht daraus die Hydrochlorbase, die die Merlingsche Umwandlung zum bicyclischen Ringsystem

---

[1]) Willstätter, B. **34**, 129; A. **317**, 204; **236**, 1.
[2]) Markownikoff, J. Russ. **27**, 284.

zum *Tropanchlormethylat* gibt. Durch Destillation desselben entsteht daraus das *Tropan*:

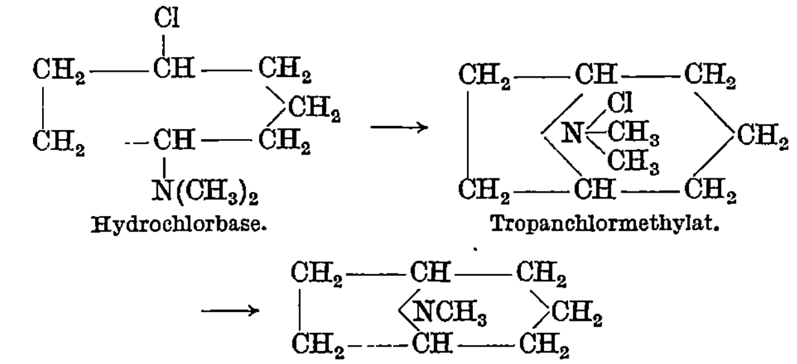

$$
\begin{array}{c}
\text{Cl} \\
|\\
\text{CH}_2\text{---CH---CH}_2 \\
|\qquad\qquad \text{>CH}_2 \\
\text{CH}_2\text{--CH---CH}_2 \\
|\\
\text{N(CH}_3)_2
\end{array}
\qquad\longrightarrow\qquad
\begin{array}{c}
\text{CH}_2\text{---CH----CH}_2 \\
\text{Cl}\\
\text{N}\text{<}^{\text{CH}_3}_{\text{CH}_3}\quad\text{>CH}_2 \\
\text{CH}_2\text{---CH----CH}_2
\end{array}
$$

Hydrochlorbase.   Tropanchlormethylat.

$$
\longrightarrow
\begin{array}{c}
\text{CH}_2\text{----CH----CH}_2 \\
|\qquad \text{<NCH}_3\ \text{>CH}_2 \\
\text{CH}_2\text{----CH----CH}_2
\end{array}
$$

Tropan (Hydrotropidin).

Ganz entsprechend der Tropanbildung bei der vorstehenden Reaktion entsteht aus dem Dibromadditionsprodukt des Δ_4-Dimethylaminocycloheptens beim Eindampfen der ätherischen Lösung *Bromtropanbrommethylat*, aus dem mit Natronlauge unter Eliminierung eines Moleküls Bromwasserstoffsäure Tropidinbrommethylat entsteht. Führt man diese Bromverbindung in die Chlorverbindung über und erwärmt, so entsteht Tropidin (Tropen):

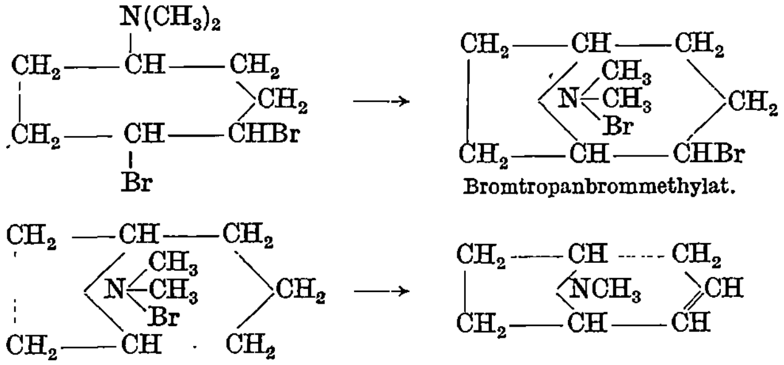

$$
\begin{array}{c}
\text{N(CH}_3)_2 \\
|\\
\text{CH}_2\text{---CH---CH}_2 \\
|\qquad\qquad \text{>CH}_2 \\
\text{CH}_2\text{--CH---CHBr} \\
|\\
\text{Br}
\end{array}
\qquad\longrightarrow\qquad
\begin{array}{c}
\text{CH}_2\text{---CH---CH}_2 \\
\text{N}\text{<}^{\text{CH}_3}_{\text{CH}_3}\quad\text{>CH}_2 \\
\text{Br}\\
\text{CH}_2\text{---CH---CHBr}
\end{array}
$$

Bromtropanbrommethylat.

$$
\begin{array}{c}
\text{CH}_2\text{---CH---CH}_2 \\
\text{N}\text{<}^{\text{CH}_3}_{\text{CH}_3}\quad\text{>CH}_2 \\
\text{Br}\\
\text{CH}_2\text{---CH}\cdot\text{CH}_2
\end{array}
\qquad\longrightarrow\qquad
\begin{array}{c}
\text{CH}_2\text{----CH-----CH}_2 \\
|\qquad \text{<NCH}_3\ \text{>CH} \\
\text{CH}_2\text{---CH---CH}
\end{array}
$$

Tropidinbrommethylat.   Tropidin (Tropen).

Die Darstellung des Tropins schließlich, die nach den Angaben von Ladenburg[1]) aus dem Tropen über das *3-Bromtropan*:

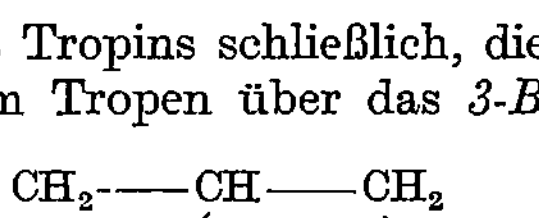

$$
\begin{array}{c}
\text{CH}_2\text{----CH----CH}_2 \\
|\qquad \text{<NCH}_3\ \text{>CHBr} \\
\text{CH}_2\text{---CH---CH}_2
\end{array}
$$

und Ersatz des Bromatoms durch die Hydroxylgruppe vor sich gehen sollte, bot noch eine unerwartete Schwierigkeit. Hierbei entsteht nämlich statt des erwarteten Tropins das *Pseudotropin*. Erst auf dem Umwege der Oxydation dieses zum Tropinon (s. dort) und Reduktion desselben mit Zink und Jodwasserstoffsäure entstand das synthetische Tropin [Willstätter[2])].

<hr>

[1]) Ladenburg, B. **23**, 1780, 2225.
[2]) Willstätter, B. **34**, 3163; A. **326**, 23.

Das Tropinon läßt sich übrigens in einfacher Weise durch Kondensation aus Succindialdehyd, Methylamin und Aceton (bzw. vorteilhafter Acetondicarbonsäureester):

$$\begin{matrix} CH_2 \!\!-\!\!-\!\! CHO & H_3C \\ | & NH_2CH_3 \quad \rangle CO \\ CH_2 \quad CHO & H_3C \end{matrix}$$

darstellen [Robinson[1])]. Diese einfache Alkaloidsynthese veranlaßte Robinson[2]) phytochemische Synthesen auf ähnlicher Grundlage anzunehmen.

Tropeïne. Das Atropin kann, wie oben berichtet, aus dem Tropin und der Tropasäure durch Einwirkung von verdünnter Salzsäure synthetisiert werden. Ladenburg[3]) ersetzte nun bei dieser Reaktion die Tropasäure durch andere aromatische Säuren und stellte auf diese Weise eine Reihe von Estern dar, welche in ihrer Konstitution dem Atropin analog sind und die er *Tropeïne* nannte. Außer von Ladenburg sind auch solche Tropeïne von anderer Seite dargestellt worden, und besonders Merck[4]) hat diese Reaktion auch auf die Säuren der Fettreihe ausgedehnt.

Die Tropeïne sind krystallisierte Körper von basischer Natur; einige nähern sich in ihren physiologischen Wirkungen dem Atropin [Jowett und Pyman[5]); Lewin und Guillery[6])]. Im folgenden zählen wir die interessantesten dieser Verbindungen auf:

1. *Benzoyltropeïn*, $C_8H_{14}N - O - CO - C_6H_5$, Blättchen vom Fp. 41—42°, giftig, aber ohne mydriatische Wirkung.

2. *Salicyltropeïn*, $C_8H_{14}N - O - CO - C_6H_4 - OH$, Blättchen vom Fp. 58—60°, auch ohne mydriatische Wirkung.

3. *Oxytoluyltropeïn*, $C_8H_{14} N - O - CO - CHOH - C_6H_5$ (*Homatropin*). Prismen vom Fp. 95—98°; dieses Homatropin wird an Stelle des Atropins pharmazeutisch benutzt, da seine Wirkung auf die Pupille etwa ebenso energisch ist, wie die des natürlichen Alkaloids und den Vorteil hat, weit rascher, in etwa 12—24 Stunden zu verschwinden, während die Atropinwirkung ca. 8 Tage anhält. Seine Giftigkeit ist auch geringer.

4. *Cinnamyltropeïn*, $C_8H_{14}N - O - CO - CH = CH - C_6H_5$. Blättchen vom Fp. 70° giftig, aber ohne mydriatische Wirkung.

5. *Atropyltropeïn*, $C_8H_{14}N - O - CO - \underset{\underset{CH_2}{\|}}{C} - C_6H_5$. Identisch mit

Atropamin, ohne mydriatische Wirkung.

---

[1]) Robinson, Soc. **111**, 762.
[2]) Robinson, Soc. **111**, 876.
[3]) Ladenburg, B. **13**, 106, 1080, 1137, 1549; **15**, 1025; **22.** 2590; A. **217**, 74.
[4]) Merck, Bl. (3) **14.** 837.
[5]) Jowett and Pyman, Relation between chemical constitution and physiological action. Proceedings of the seventh International congress of applied chemistry 1909, London.
[6]) Lewin u. Guillery, Die Wirkungen von Arzneimitteln und Giften auf das Auge, S. 209. Berlin 1905.

6. *Atrolactyltropein*, $C_8H_{14}N - O - CO - \underset{\underset{CH_3}{|}}{C}OH - C_6H_5$ (Pseudo-

atropin). Nadeln vom Fp. 119—120°. Mydriatisch.

7. *Lactyltropein*, $C_8H_{14}N - O - CO - CHOH - CH_3$, Nadeln vom Fp. 74—75°. Wirkt auf die Atmung und Herzbewegung ein.

v. Braun und Räth[1]) haben verschiedene N-Oxyalkalderivate des Nortropans und des Nortropidins hergestellt $X = N(CH_2)_xOH$ und diese verestert. Auch diese Ester sind pharmakologisch wirksam und zeigen dabei Gesetzmäßigkeiten.

Man hat auch Tropeine dargestellt, die statt des Tropins andere synthetisch erhaltene Basen von ähnlicher Konstitution — γ-Oxypiperidine — enthalten. So ist man auch zu mydriatisch wirkenden Verbindungen gelangt.

Als Grundbase dafür diente das *Triacetonamin*:

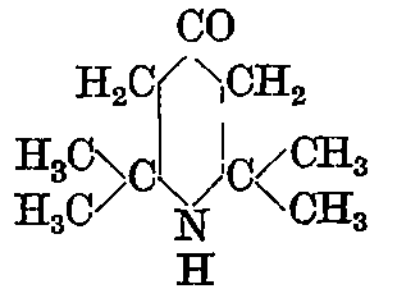

$$\begin{array}{c} CO \\ H_2C \diagup \quad \diagdown CH_2 \\ H_3C \diagdown \quad \diagup CH_3 \\ H_3C \diagup C \quad C \diagdown CH_3 \\ N \\ H \end{array}$$

das von Heinz[2]) aus Aceton und Ammoniak erhalten wurde.

Den Zusammenhang dieses Triacetonamins mit den Tropinbasen stellte E. Fischer[3]) her, indem er diese Base zuerst reduzierte, wodurch sie in das *Triacetonalkamin*:

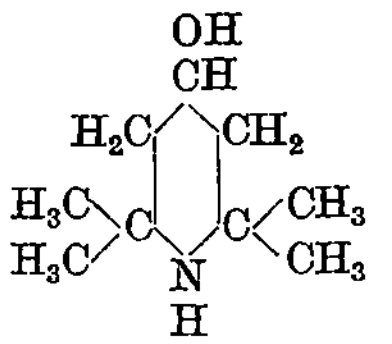

$$\begin{array}{c} OH \\ CH \\ H_2C \diagup \quad \diagdown CH_2 \\ H_3C \diagdown \quad \diagup CH_3 \\ H_3C \diagup C \quad C \diagdown CH_3 \\ N \\ H \end{array}$$

überging und dieses dann am Stickstoff methylierte. Das so synthetisierte *Triacetonmethylalkamin*, Krystalle Fp. 74°, zeigt als alkyliertes γ-Oxypiperidinderivat mit dem Tropin eine gewisse Ähnlichkeit (siehe γ-Oxypiperidin):

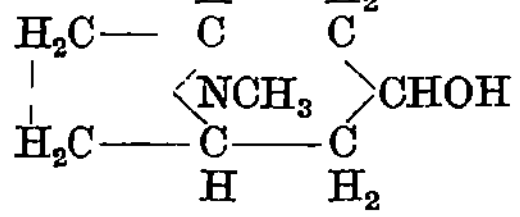

$$\begin{array}{cc}
\begin{array}{c} H \quad H_2 \\ H_2C - C \quad C \\ | \quad \diagup NCH_3 \diagdown \; CHOH \\ H_2C - C - C \\ H \quad H_2 \\ \textit{Tropin.} \end{array}
&
\begin{array}{c} CH_3 \\ H_2 \\ H_3C - - C - - C \\ \diagup NCH_3 \diagdown \; CHOH \\ H_3C - C - C \\ | \quad H_2 \\ CH_3 \\ \textit{Triacetonmethylalkamin.} \end{array}
\end{array}$$

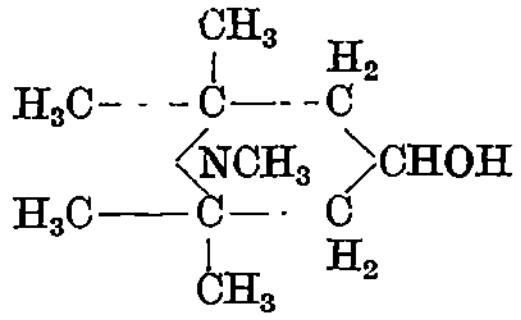

Es geht durch Austausch des Hydroxylwasserstoffatoms gegen das Radikal der Mandelsäure in ein *Amygdalyl-Triacetonmethylalkamin* über, das ausgesprochene Mydriasis zeigt und dem Homatropin analog ist.

[1]) v. Braun u. Räth, B. **53**, 601.
[2]) Heinz, A. **189**, 214; **191**, 124; **198**, 69.
[3]) E. Fischer, B. 1, **6**, 1604, 2236; **17**, 1797.

Auch das niedere Homologe des Triacetonamins, das aus Diacetonamin und Acetaldehyd dargestellte *Vinyldiacetonamin* (Heinz):

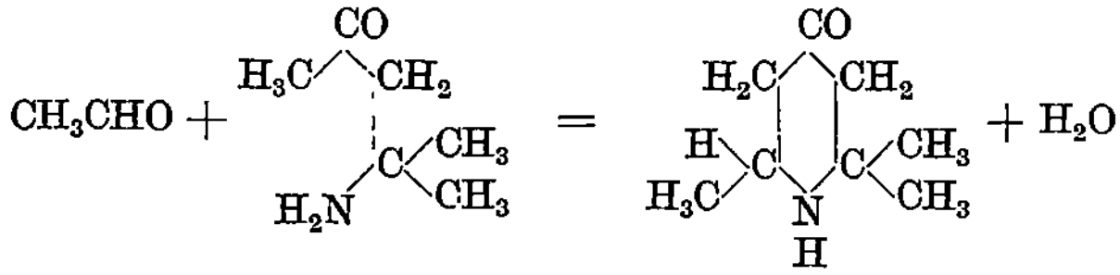

$$CH_3CHO + \begin{array}{c}CO\\H_3C\diagup\;\diagdown CH_2\\|\qquad|\\\diagup C\diagdown CH_3\\H_2N\diagup\quad\diagdown CH_3\end{array} = \begin{array}{c}CO\\H_2C\diagup\;\diagdown CH_2\\H\diagdown C|\quad|C\diagup CH_3\\H_3C\diagup\;\diagdown N\diagdown CH_3\\H\end{array} + H_2O$$

Acetaldehyd   Diacetonamin   Vinyldiacetonamin

wurde wie das Triacetonamin zur Synthese von „Tropeinen" benutzt, indem man zuerst daraus das *N-Methylvinyldiacetonalkamin*:

$$\begin{array}{c}OH\\CH\\H_2C\diagup\;\diagdown CH_2\\H\diagdown C|\quad|C\diagup CH_3\\H_3C\diagup\;\diagdown N\diagdown CH_3\\CH_3\end{array}$$

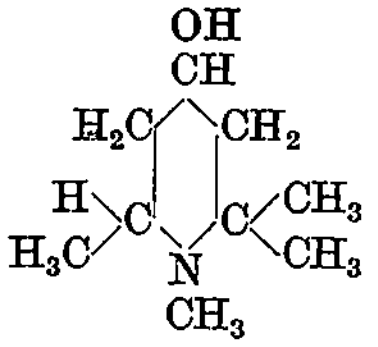

darstellte und dieses in die Amygdalylverbindung überführte [Harries[1])].
Bei der Darstellung des N-Methylvinyldiacetonalkamins bilden sich aber zwei stereoisomere Alkamine; das α- (Fp. 137—138°) und das β- (Fp. 160—161°) Alkamin.

Die Entstehung dieser beiden Stereoisomeren erklärt sich durch das Vorhandensein zweier asymmetrischer Kohlenstoffatome im Ring, wie dies auch für den Piperidinring mit zwei asymmetrischen Kohlenstoffatomen schon wiederholt beobachtet ist [Levy und Wolffenstein, Marcuse und Wolffenstein[2])].

Bei der Überführung dieser stereoisomeren Alkamine in das Mandelsäurederivat gab nur das eine, daß β-Alkamin, eine mydriatisch wirksame Verbindung, während das aus dem α-Alkamin gewonnene Tropein unwirksam ist.

Das *β-Oxytoluyl-N-Methylvinyldiacetonalkamin* $C_9H_{18}N — O — CO —$ CHOH — C_6H_5, Euphtalmin genannt[3]), reagiert basisch, bildet Prismen vom Fp. 113°.

Das *α-Oxytoluyl-N-Methylvinyldiacetonalkamin* $C_9H_{18}N — O — CO —$ CHOH — C_6H_5 ist ein zähes Öl.

Bei den Solanaceenalkaloiden finden wir denselben Fall, daß stereoisomer zusammengesetzte Alkaloide in physiologischer Beziehung verschieden wirken. So ist das Mandelsäurederivat des Tropins (Homatropin) ein starkes Mydriaticum, während das des stereoisomeren ψ-Tropins unwirksam ist.

Diese Übereinstimmung zwischen den natürlichen und synthetischen „Tropeinen" ist sehr beachtenswert.

---

[1]) Harries, A. **294**, 336; **296**, 328.
[2]) Levy u. Wolffenstein, B. **29**, 1959. — Marcuse u. Wolffenstein, B. **32**, 2525.
[3]) Harries, B. **31**, 665.

Scopolin $C_8H_{13}NO_2$ ist die Spaltbase des Scopolamins [Schmidt[1])].

Bei der Untersuchung des Scopolins wiederholten sich alle die Verwechslungen und Irrtümer, die mit dem Scopolamin selber vorgekommen. So hielt Ladenburg[2]) die Spaltbase seines Hyoscins irrtümlicherweise mit dem Tropin gleich zusammengesetzt und nannte sie Pseudotropin. Hesse[3]) nannte dieselbe Spaltbase, da er inzwischen die Identität des Scopolamins mit seinem Hyoscin erkannt hatte, *Oscin*. Schließlich führte Ladenburg[4]) dieselbe Verbindung zum zweiten Male in die Literatur ein; jetzt unter dem Namen *Oxytropin* und in richtiger Erkenntnis ihrer Zusammensetzung. Dieses Oxytropin hatte Ladenburg bei der Spaltung eines anscheinend unreinen Belladonins, das wahrscheinlich Scopolamin enthielt, beobachtet.

Das Scopolin krystallisiert aus Ligroin oder Chloroform in Prismen. Fp. 110°. In Wasser und Alkohol leicht löslich; unlöslich in Äther. Tertiäre Base. Inaktiv; läßt sich durch Bromcamphersulfonsäure spalten [α]$_D$ — 52,4° bzw. + 54,8° [King[5])]. Scopolin besitzt eine N-Methylgruppe. Diese Methylgruppe läßt sich durch Kaliumpermanganat abspalten; es bildet sich so das *Scopoligenin* $C_7H_{11}NO_2$, Prismen, Fp. 205—206°.

Bei der weiteren Konstitutionsuntersuchung des Scopolins erwies sich das eine der beiden Sauerstoffatome als Hydroxylsauerstoff; das Scopolin ist acylierbar. So erhielt man durch Einwirkung verschiedener Säureanhydride auf Scopolin die *Scopoleine*, welche den Tropeinen analog konstituiert sind [Merck[6])].

Die Konstitutionsaufklärung des zweiten Scopolinsauerstoffatoms machte mehr Schwierigkeiten. Die erste Annahme, daß hier ein Ketosauerstoffatom vorläge, erwies sich nach den Untersuchungen von Schmidt[7]) und Hesse[8]) als nicht haltbar, denn das Scopolin reagiert nicht mit den charakteristischen Ketoreagenzien.

Dieses zweite Sauerstoffatom erwies sich durch die weiteren Untersuchungen von Schmidt[9]) als ein ätherartig gebundenes. Durch Einwirkung von Bromwasserstoffsäure konnte Scopolin in *Hydrobromscopolin* übergeführt werden. Dieses enthält aber das ursprünglich ätherartig gebundene Sauerstoffatom des Scopolins zu einer Hydroxylgruppe aufgerichtet nach folgendem Formelbild:

$$O{<}\begin{array}{c} C= \\ | \\ C= \end{array} \longrightarrow \begin{array}{c} HO-C= \\ | \\ Br-C= \end{array}$$

Dementsprechend enthält das Hydrobromscopolin zwei Hydroxylgruppen, zum Unterschied gegen das Scopolin selber, das nur eine

<hr>

1) Schmidt, A. Pharm. **230**, 224.
2) Ladenburg, B. **13**, 1549; **14**, 1870; **17**, 151; **25**, 2388; A. **276**, 345.
3) Hesse, A. **271**, 114.
4) Ladenburg, B. **17**, 153.
5) King, Soc. **115**, 476.
6) Merck, D. R. P. 79 864.
7) Schmidt, A. Pharm. **243**, 559.
8) Hesse, J. pr. **64**, 353.
9) Schmidt, A. Pharm. **243**, 559; B. **49**, 164.

besitzt. Diese beiden Hydroxylgruppen des Hydrobromscopolins sind durch Acetylierung nachgewiesen. Andererseits läßt sich das Hydrobromscopolin durch Einwirkung verdünnter Salzsäure wieder in Scopolin zurückverwandeln unter Wiederherstellung der ätherartigen Sauerstoffbindung.

Durch Einwirkung von Zink und Schwefelsäure wird das Bromatom des Hydrobromscopolins durch Wasserstoff ersetzt; es entsteht das *Hydroscopolin* $C_8H_{15}NO_2$, das folgende Atomgruppierung besitzt:

$$HO - C = \qquad\qquad HO - C =$$
$$\qquad\qquad\qquad \longrightarrow$$
$$Br - \dot C = \qquad\qquad H - \dot C =$$

Ferner konnte Schmidt[1]) nachweisen, daß im Scopolin ein Pyridinring vorhanden ist, da durch Einwirkung von Chromsäure und Schwefelsäure auf Scopolin *Pyridinmethylsulfat* entsteht. Dieser sauerstofffreie Pyridinrest des Scopolinmoleküls konnte das ätherartig gebundene Sauerstoffatom also nicht enthalten. Einen noch genaueren Einblick in die Konstitution des Scopolins ergab die Oxydation des Hydroscopolins mit Chromsäure. Hierbei entstand eine Piperidindicarbonsäure, die sich als *N-Methyl-αα'-piperidindicarbonsäure* erwies und sich durch Einwirkung von Methylamin auf αα'-Dibrompimelinsäureester synthetisieren ließ [Schmidt[2])] bzw. auch durch Methylierung der Hexahydro-αα'-lutidinsäure [Heß und Wissing[3])].

Nach dieser Konstitutionsaufklärung erscheint das *Hydroscopolin* von folgender Konstitution:

$$HOHC\cdot \quad CH\cdot-\!-\!-CH_2$$
$$\qquad\qquad \langle NCH_3 \quad \rangle CH_2$$
$$HOHC- \quad \cdot CH-\!- \quad CH_2$$

die durch die Überführung in Tropan bestätigt wird [Heß[4])].

Für das Scopolin selber bleibt nur noch die Frage offen, mit welchem Kohlenstoffatom die zweite Valenz des ätherartigen Sauerstoffatoms verbunden ist. Nach einer neueren Untersuchung von Heß[5]) dürfte die folgende Formel der beste Ausdruck für die Konstitution des *Scopolins* sein:

$$HC-\!-\!-\cdot CH-\!- \quad CH_2$$
$$\quad | \quad \diagdown O \quad \rangle NCH_3 \cdot \rangle CH_2$$
$$HOHC\cdot \quad \diagdown C\cdot -\!-\!-CH_2$$

Scopolin.

Das Scopolin stellt danach ebenso wie das Tropin ein bicyclisches Ringsystem vor, das außerdem aber noch eine Sauerstoffbrücke trägt.

---

[1]) Schmidt, A. Pharm. **243**, 497; B. **49**, 164.

[2]) Schmidt, Apoth.-Ztg. **28**, 667; B. **49**, 164.

[3]) Heß u. Wissing, B. **48**, 1907. — S. auch Heß, Merck u. Uibrig, B. **48**, 1886. — Heß u. Souchier, B. **48**, 2057. — Heß, B. **49**. 2337.

[4]) Heß, B. **51**, 1007.

[5]) Heß, B. **52**, 1947.

Der dem Hydroscopolin zugrunde liegende sauerstofffreie Körper, das
Hydroscopolidin $C_8H_{15}N$:

$$CH_2 \longrightarrow CH \longrightarrow CH_2$$
$$| \qquad\quad \langle NCH_3 \;\rangle CH_2$$
$$CH_2 \;\cdot\; \cdot CH \longrightarrow CH_2$$

wurde aus dem Scopolin durch Jodwasserstoffsäure und Phosphor
erhalten [Schmidt[1]]. Diese Verbindung sollte mit dem Tropan
identisch sein, was indes noch in Frage steht.

Durch Einwirkung von Phosphorpentachlorid und Phosphoroxychlorid auf Scopolin bildet sich *Scopolylchlorid* $C_8H_{12}NOCl$. Prismen
Fp. 38°; Kp.$_8$ 102—103°; sehr beständig gegen Hydrolyse [Willstätter
und Hug[2]].

Schwefelsäure bildet aus Scopolin die *Scopolinschwefelsäure*. Fp.
109°, Kp. 241—243°; entspricht der Tropinschwefelsäure (s. dort)
(Willstätter und Hug).

Das Scopolin ist eine schwächere Base als Tropin und darauf ist
es auch zurückzuführen, daß das Scopolamin, also der Säureester
des Scopolins, keine so leichte Selbstracemisierung erleidet wie das
analog konstituierte Hyoscyamin.

Das **Teloidin**, $C_8H_{15}NO_3$, ist in seinen allgemeinen Eigenschaften
dem Tropin ähnlich; es unterscheidet sich aber in seiner Zusammensetzung von demselben durch den Mehrgehalt von 2 Sauerstoffatomen.
Es krystallisiert mit 1 Molekül Wasser in Nadeln; wasserfrei schmilzt
es bei 168—169°. Es ist nicht destillierbar; leicht löslich in Wasser,
aber nicht zerfließlich [Pyman und Reynolds[3]].

Pharmakologisches. — *Atropin*, das Alkaloid der Tollkirsche, vermag,
wie schon der Name der Pflanze besagt, das Großhirn in Erregung zu
versetzen; diese Wirkung tritt besonders beim Menschen hervor, ist
jedoch auch bei höher stehenden Tieren experimentell nachweisbar.
Interessant ist, daß — bei Mensch und Tier — die Empfindlichkeit
gegen das Gift mit der Entwicklung der Funktionen der Großhirnrinde zunimmt, junge Individuen sind weniger empfindlich als aus-
gewachsene. — Das Atmungszentrum wird durch Atropin ebenfalls
erregt, deswegen galt Atropin früher als Gegenmittel bei Morphin-
vergiftung. Große Dosen können die nervösen Zentren, besonders des
Rückenmarks, lähmen.

Am besten erforscht sind die Wirkungen des Atropins auf die
Kreislauforgane; hier tritt bei Mensch und vielen Tieren vor allem
eine Beschleunigung der Pulszahl nach Atropineinbringung in Erscheinung. Die Verlangsamung ist, wie die genauere Analyse gelehrt hat, auf
eine Lähmung des hemmenden Regulierungsnerven, des Vagus, zu beziehen. Der allgemeine Blutdruck wird, wenn auch nicht in hohem
Maße, gesteigert, und zwar hauptsächlich durch eine zentral bedingte
Zusammenziehung der peripheren Gefäße; die Herzenergie selbst wird

[1]) Schmidt, Apoth.-Ztg. **17**, 592; A. Pharm. **243**, 559.
[2]) Willstätter u. Hug, Z. physiol. **79**, 146.
[3]) Pyman u. Reynolds, Soc. **93**, 2077; Proc. **24**, 234.

nicht wesentlich beeinflußt. — Außer auf diese Organe erstreckt sich die Wirkung des Atropins noch auf fast alle die Organe, die glatte Muskulatur besitzen, und die Drüsen. Bei den ersteren sind besonders die Wirkungen auf den Magendarmkanal vielfach untersucht und diskutiert worden, da das Alkaloid bzw. die pharmazeutischen Zubereitungen der Pflanze von alters her bei den verschiedensten Affektionen dieser Organe verwertet wurden. Experimentell sichergestellt ist durch Untersuchungen an isolierten Organen, daß kleine Dosen die Darmbewegungen, zumal wenn sie pathologisch schwach sind, fördern und regularisieren. Stärkere Dosen schalten wahrscheinlich Hemmungen aus, und große Dosen können den Darm lähmen. — Auch auf andere Unterleibsorgane (Gebärmutter, Blase) wirkt Atropin, und zwar meist lähmend, ein. — An der glatten Muskulatur der Lungenbläschen können pathologische Zustände, die zur Verengerung der Bläschen und damit zu Asthma geführt haben, durch Atropin gelöst werden. — Die durch Atropin bewirkte Pupillenerweiterung (Mydriasis), deren Benutzung zu kosmetischen Zwecken zu der Benennung der Pflanze als Belladonna geführt hat, beruht auf einer Lähmung derjenigen Nervenendigungen im Auge, die eine Verengerung der Pupille bewirken (Oculomotorius). Auch die Akkommodation, die Anpassung des optischen Apparates des Auges an das Sehen in der Nähe, wird gelähmt, so daß undeutliches Sehen ein gewöhnliches Symptom bei starken Dosen von Atropin und bei Vergiftungen ist. Der intraokulare Druck wird vermehrt.

Bei den Vergiftungsfällen macht sich ferner die Lähmung von Drüsen besonders bemerkbar; fast stets wird hier über Trockenheit in Mund und Hals geklagt, die manchmal so stark wird, daß das Schlingen unmöglich wird: Atropin lähmt die Sekretionsnerven der Speichel- und Schleimdrüsen.

Es ist bekannt, daß die Pflanzenfresser große Mengen von Belladonnablättern zu sich nehmen können, ohne zu erkranken[1]); einzelne Forscher haben kleinere Tiere sogar längere Zeit ausschließlich auf diesem Wege ernährt und gutes Gedeihen beobachtet. Auch gegen das reine Alkaloid, Atropin, sind die meisten Rassen, z. B. besonders Kaninchen, außerordentlich resistent. Der Grund hierfür ist in neuerer Zeit darin gefunden worden, daß das Blut der resistenten Tiere auch in vitro die Fähigkeit besitzt, Atropin recht schnell zu zerlegen, so daß die unwirksamen Spaltungsprodukte daraus entstehen.

In der Humanmedizin wird Atropin vor allem in der Augenheilkunde, dann bei vielen Darmaffektionen und bei Asthma, manchmal auch zur Verringerung übermäßigen Schwitzens gebraucht.

Hyoscyamin. Das l-Alkaloid besitzt pharmakologisch alle Wirkungen, die man mit der r-Base, dem Atropin, gefunden hat, unterscheidet sich aber in quantitativer Beziehung von ihr; so sollen Menschen das Dreifache der für Atropin angegebenen offizinellen Maximaldosis ohne Nebenwirkungen vertragen. Bei Tieren erzeugt Hyoscyamin

---

[1]) Ob das Fleisch solcher Tiere für den Menschen giftig ist, wird verschieden angegeben. Wahrscheinlich kann man es ohne Bedenken verzehren.

Erscheinungen, bei denen die Betäubung die Erregung überwiegt. — Interessant sind folgende Feststellungen: Hyoscyamin wirkt auf die Pupille, den Herzhemmungsnerven und die Speicheldrüsen doppelt so stark wie Atropin; Cushny[1]) folgerte daraus, daß das d-Hyoscyamin auf diese drei Organe nicht einwirkt, während es sonst, z. B. auf das Zentralnervensystem, stark wirksam ist. Mit einem kleinen Quantum von d-Hyoscyamin fand Cushny seine Vermutung bestätigt.

Pseudohyoscyamin (Norhyoscyamin) besitzt ebenfalls die Atropinwirkungen auf Pupille, Vagus und Drüse, aber in stark verringertem Maße.

Apoatropin (Belladonin) erweitert die Pupille; an Hunden erzeugt es Krämpfe.

Scopolamin. Es besitzt die drei wesentlichen Atropinwirkungen: Pupillenerweiterung, Vaguslähmung und Verminderung der Drüsensekretion; bezüglich der ersteren soll es sogar stärker als Atropin wirksam sein. — Vor dem Atropin zeichnet es sich dadurch aus, daß die Großhirnwirkung auch beim Menschen mehr in Form der Betäubung als der Erregung sich äußert; es wird daher noch oft, meist zusammen mit Morphin, vor Operationen eingespritzt. — Ob es Unterschiede in der Intensität der Wirkung zwischen den optischen Isomeren des Scopolamins gibt, ist strittig.

Tropin. Lokal kann man mit Tropin keine Mydriasis erzeugen; auch sonst sind die Wirkungen, selbst großer Dosen nur sehr gering. — Einige Säurederivate, z. B. Benzoltropin erinnern in ihrer Wirkung an Atropin. — Ebensowenig wie Tropin ist das *Scopolin* wirksam.

P. Trendelenburg hat die Schwefelsäureester des Atropins, Homatropins und Scopolamins untersucht; sie erregen alle das Atemzentrum stark[2]).

VII. Alkaloide der Cocablätter (Cocaine).

Die Blätter von *Erythroxylon Coca* (Familie der Erythroxylaceen) enthalten eine ziemlich große Zahl von Alkaloiden, die fast alle in chemischer Beziehung eng miteinander verwandt sind. Man hat bis jetzt folgende isoliert:

1. Cocain . . . . . . $C_{17}H_{21}NO_4$
2. Cinnamylcocain . . $C_{19}H_{23}NO_4$
3. Truxilline . . . . $(C_{19}H_{23}NO_4)_2$
4. Benzoylecgonin . . $C_{16}H_{19}NO_4$
5. Tropacocain . . . $C_{15}H_{19}NO_2$
6. Hygrin . . . . . $C_8H_{19}NO$
7. Cuscohygrin . . . $C_{13}H_{24}NO_2$.

---

[1]) Journ. of physiol. **30**, 176. — Später hat C. festgestellt, daß die Wirkung von l- : d-Hyoscyamin sich verhält wie 14 : 1.

[2]) Trendelenburg, Arch. f. experim. Pathol. u. Pharmakol. **73**, 118.

Von Günther[1]) wird das Vorkommen eines Methylcocains in der Handelsware angegeben, was aber sonst allgemein [Merck[2]), Böhringer[3]), Zimmer & Co.[4])] bestritten wird.

Die ersten drei Alkaloide kommen bei weitem am häufigsten vor und finden sich in allen Cocavarietäten. Das sind die typischen Cocaalkaloide, auch *Cocaine* genannt; Ester einer und derselben Verbindung, des *Ecgonins*. Bei der Verseifung mit Alkali oder mit Säuren zerfallen die Cocaine in Ecgonin, Methylalkohol und eine aromatische Säure; während die beiden ersteren Komponenten gleichbleiben, wechselt die Säure in ihrer Zusammensetzung. Das Cocain enthält Benzoesäure, das Cinnamylcocain Zimtsäure und die Truxilline zwei isomere Truxillsäuren.

Die übrigen Cocaalkaloide (4 und 5) unterscheiden sich mehr oder weniger von dem Haupttypus; das Tropacocain gehört überhaupt seiner Konstitution nach zu den Tropaalkaloiden. Es wird aber doch hier am Ende des Kapitels besprochen. 6 und 7 fallen überhaupt aus dem Cocaintypus insofern heraus, als es nur einfache Pyrrolidinverbindungen sind. Sie sind schon S. 111 und 113 abgehandelt.

Außer diesen Säuren hat man bei der Verseifung des rohen Alkaloidgemenges gelegentlich auch andere Säuren erhalten (*Isozimtsäure, Allozimtsäure, Homococasäure, Homoisococasäure,* Hesse[5])]. Aus dem Vorkommen dieser Säuren darf man wohl auch auf das Vorhandensein der entsprechenden Cocaine in den Cocablättern schließen, bisher hat man aber diese noch nicht daraus isoliert.

Von allen Cocainen ist es eigentlich nur das Cocain selbst, welches einen therapeutischen Wert besitzt; die andern sind ohne besondere physiologische Wirkung. Diese Nebenalkaloide kann man aber, wie wir weiter unten sehen werden, jetzt auch nutzbar machen.

1. Cocain.

Das Cocain wurde im Jahre 1860 von Niemann[6]) isoliert und besitzt die Formel $C_{17}H_{21}NO_4$ [Lossen[7])]. Es findet sich in den Cocablättern nur in kleiner Menge (höchstens bis zu 1%). Über Trennung des Cocains von seinen Nebenalkaloiden siehe Reutter de Rosemont[8]).

Es krystallisiert aus Alkohol in Prismen vom Fp. 98°. In Wasser ist es wenig löslich; bei 100° flüchtig. Seine Lösungen schmecken bitter, reagieren alkalisch und sind linksdrehend $[\alpha]_D - 15{,}8°$.

In der Medizin wird es gewöhnlich als lokales Anaestheticum in Form seines salzsauren Salzes verwandt.

Das Cocain ist eine relativ starke tertiäre Base. Es enthält ein Methoxyl und am Stickstoff eine Methylgruppe [Herzig und Meyer[9])].

<hr>

[1]) Günther, Ber. d. deutsch. pharmazeut. Ges. **9.** 38.
[2]) Merck, Pharmaz. Ztg. **44,** 367.
[3]) Böhringer, Pharmaz. Centralhalle **40.** 393.
[4]) Zimmer & Co., Pharmaz. Ztg. **44,** 583.
[5]) Hesse, J. pr. (2) **66,** 401.
[6]) Niemann, A. **114,** 213.
[7]) Lossen, A. **133,** 351.
[8]) Reutter de Rosemont, C. **1921** I, 90.
[9]) Herzig u. Meyer, B. **27,** 319; M. **15,** 613.

Das Cocain ist ein Ester; Kochen mit Wasser genügt schon, es zu verseifen, wobei es in *Benzoylecgonin* und Methylalkohol zerfällt [Paul[1]), Einhorn[2])]:

$$C_{17}H_{21}NO_4 + H_2O = C_{16}H_{19}NO_4 + CH_3OH$$
Cocain   Benzoylecgonin   Methylalkohol.

Ersetzt man bei dieser Spaltung das Wasser durch Mineralsäuren, Barytwasser oder Alkalilaugen, so wird das Benzoylecgonin weiter zersetzt und es entsteht Ecgonin, Benzoesäure und Methylalkohol [Lossen[3]), Calmels und Gossin[4])]:

$$C_{17}H_{21}NO_4 + 2\,H_2O = C_9H_{15}NO_3 + C_7H_6O_2 + CH_4O$$
Cocain   Ecgonin   Benzoesäure   Methylalkohol.

Das Cocain stellt also ein Ecgonin vor, in dem ein Wasserstoffatom durch die Benzoylgruppe und ein anderes durch die Methylgruppe ersetzt ist:

Ecgonin . . . . $C_9H_{15}NO_3$
Benzoylecgonin . . . . $C_9H_{14}NO_3(COC_6H_5)$
Cocain, Benzoylecgoninmethylester. $C_9H_{13}NO_3(COC_6H_5)\,(CH_3)$.

Nach diesen Formeln kann man das Cocain vom Ecgonin ausgehend synthetisieren, und zwar führen mehrere Wege zu diesem Ziel.

Merck[5]) und Skraup[6]) stellten im Jahre 1885 das Cocain künstlich dar, indem sie Benzoylecgonin mit Jodmethyl erhitzten:

$$C_{16}H_{19}NO_4 + CH_3J = C_{17}H_{21}NO_4HJ$$
Benzoylecgonin   Jodwasserstoffsaures
                      Cocain.

Merck[7]) konnte dann weiterhin das Ecgonin durch eine einzige Operation in Cocain überführen, indem er das Ecgonin mit Benzoesäureanhydrid und Jodmethyl 10 Stunden im geschlossenen Rohr auf 100° erhitzte:

$$2\,C_9H_{15}NO_3 + (C_7H_5O)_2O + 2\,CH_3J = C_{17}H_{21}NO_4HJ$$
Ecgonin   Benzoësäureanhydrid   Jodwasserstoffsaures
                                Cocain

$$+ C_9H_{15}NO_3HJ + C_7H_5O_2CH_3$$
Jodwasserstoffsaures   Benzoesäure-
Ecgonin.   Methylester.

Vorteilhafter ließ sich das Cocain durch Einwirkung von Benzoesäureanhydrid auf Ecgonin in konzentrierter wässeriger Lösung erhalten. Hierbei entsteht das Benzoylecgonin und aus diesem, durch Methylierung mittels Salzsäure oder Schwefelsäure in methylalkoholischer Lösung das Cocain [Liebermann[8])]. Dieses Verfahren gewann erhöhte

---

[1]) Paul, Pharmaceutical Journ. **3**, 325.
[2]) Einhorn, B. **21**, 47.
[3]) Lossen, A. **133**, 351.
[4]) Calmels u. Gossin, C. r. **100**, 143.
[5]) Merck, B. **18**, 2264.
[6]) Skraup, M. **6**, 556.
[7]) Merck, B. **18**, 2952.
[8]) Liebermann, B. **21**, 3196; **27**, 2051.

Bedeutung dadurch, daß das in den medizinisch unbrauchbaren Coca-nebenalkaloiden enthaltene Ecgonin nutzbar gemacht und in Cocain übergeführt werden konnte. Hierdurch gewinnt man eine größere Menge reines Cocain als überhaupt ursprünglich in der Pflanze gebildet war.

Einhorn[1]) gelangte ebenfalls zum Cocain, indem er das Ecgonin erst methylierte und den so erhaltenen salzsauren Ecgoninmethylester mit Benzoylchlorid erhitzte.

Wenn man bei den vorhergehenden Reaktionen den Methylalkohol durch andere Alkohole ersetzt, so erhält man eine Reihe von höheren Cocainhomologen, die indessen keine besonderen Vorteile in therapeutischer Beziehung gegen das natürliche Alkaloid aufweisen. Das *Coc-äthylin*, von Merck zuerst erhalten, bildet Prismen vom Fp. 109°.

2. Cinnamylcocain.

Diese Base findet sich in fast allen Cocavarietäten, besonders aber in der von Java, worin es fast die Hälfte der gesamten Alkaloide ausmacht. Seine Anwesenheit wurde im Jahre 1889 von Giesel[2]) konstatiert und seine Konstitution von Liebermann[3]) untersucht, der es auch aus dem Ecgonin durch Einwirkung von Zimtsäureanhydrid und darauffolgende Behandlung mit Methylalkohol wieder aufbauen konnte.

Das Cinnamylcocain ist also ein Cocain, in dem das Radikal der Benzoesäure durch das der Zimtsäure ersetzt ist.

Das Cinnamylcocain kann krystallisiert erhalten werden beim Abkühlen seiner heißen Benzol-Ligroinlösung. Nadeln, Fp. 121°; in Wasser und Äther fast unlöslich; leicht löslich in Alkohol. Seine Lösungen sind linksdrehend. Läßt sich katalytisch reduzieren [vgl. auch Böhringer und Söhne[4])].

3. Truxilline.

Hesse[5]) gewann im Jahre 1897 von einer aus Truxillo (Peru) stammenden Coca ein amorphes Alkaloid, das er Cocamin nannte und dem er die Formel $C_{19}H_{23}NO_4$ zuerteilte. Bei der weiteren Untersuchung dieses Alkaloids zeigte Liebermann[6]), daß das sogenannte Cocamin keine einheitliche Substanz ist, sondern ein Gemenge zweier isomerer Cocaine, denen die verdoppelte Formel $C_{38}H_{46}N_2O_8$ zukommt; diese wurden α- und β-Truxilline genannt.

Das α-Truxillin ist amorph, Fp. 80°, linksdrehend, in Wasser und Ligroin wenig löslich, in anderen Lösungsmitteln leicht löslich. Es schmeckt ausgesprochen bitter.

---

[1]) Einhorn, B. **21**, 47, 3335; **22**, Ref. 619; **27**, 2960, Ref. 953. — Einhorn u. Willstätter, B. **27**, 1523.

[2]) Giesel, Pharmaz. Ztg. **34**, 516.

[3]) Liebermann, B. **21**, 3372.

[4]) Böhringer u. Söhne, D.R.P. 307 894.

[5]) Hesse, Pharmaz. Ztg. 32, 407, 668; B. **22**, 665; A. **271**, 180.

[6]) Liebermann, B. **21**, 2342; **22**, 672.

Das β-Truxillin hat ähnliche Eigenschaften; es unterscheidet sich von seinem Isomeren durch eine geringere Löslichkeit in Alkohol. Fp. 45°; $[\alpha]_D - 29,3°$.

Die hydrolytische Spaltung des α-Truxillins und des β-Truxillins mit Barythydrat ergab als Spaltungsstücke Ecgonin, Methylalkohol und zwei Säuren von der Formel $C_{18}H_{16}O_4$, die α- und β-Truxillsäure. Diese hydrolytische Spaltung verläuft nach folgender Formelgleichung:

$$C_{38}H_{46}N_2O_8 + 4\,H_2O = C_{18}H_{16}O_4 + 2\,C_9H_{15}NO_3 + 2\,CH_4O.$$

Truxillin   Truxillsäure   Ecgonin   Methylalkohol.

Die Truxilline sind also analog den anderen Cocabasen konstituiert; es sind Truxillylecgoninmethylester $(C_9H_{13}NO_3)_2(CH_3)_2C_{18}H_{14}O_2$, die sich auch nach der allgemeinen Cocainsynthese wieder aus ihren Spaltstücken aufbauen lassen [Liebermann und Drory[1])].

Truxillsäuren. Die ersten Untersuchungen über die Konstitution dieser Säuren wurden von Liebermann und seinen Mitarbeitern[2]) ausgeführt.

Die α-Truxillsäure krystallisiert aus Alkohol in Nadeln, Fp. 274°. In heißem Wasser und in allen organischen Lösungsmitteln ist sie sehr wenig löslich. Durch rauchende Schwefelsäure geht sie in Truxon $(C_9H_6O)_n$ über [Stobbe[3])].

Die Truxillsäuren $(C_9H_8O_2)_2$ sind der Zimtsäure polymer und gehen bei der Destillation in diese Säure über. Da die Truxillsäuren nicht das typische Verhalten ungesättigter Verbindungen zeigen, also keine doppelten Bindungen besitzen, schreibt Liebermann ihnen einen Tetramethylenring zu, entsprechend folgenden Formeln:

$$\begin{array}{cc} H_5C_6 \cdot CH - CH \cdot COOH & H_5C_6 \cdot CH - CH \cdot COOH \\ HOOC \cdot CH - CH \cdot C_6H_5 & H_5C_6 \cdot CH - CH \cdot COOH \\ \text{I.} & \text{II.} \end{array}$$

Da die α-Truxillsäure bei der Kalischmelze in Benzoesäure und Essigsäure zerfällt, wurde ihr Formel I beigelegt.

Michael[4]) dagegen sieht das Vorhandensein eines Tetramethylenringes in den Truxillsäuren wegen des leichten Überganges derselben in Zimtsäure nicht als wahrscheinlich an, und in der Tat spricht dies Verhalten der Truxillsäuren gegen einen Tetramethylenring. Auch die Versuche von Jessen[5]) haben das Vorhandensein eines Vierringes in den Truxillsäuren nicht erweisen können.

---

[1]) Liebermann u. Drory, B. **22**, 130, 680.

[2]) Liebermann, B. **21**, 2342; **22**, 124, 130. — Liebermann u. Drory, B. **22**, 680. — Liebermann u. Bergami, B. **22**, 782. — Liebermann, B. **22**, 2240. — Drory, B. **22**, 2256. — Herstein, B. **22**, 2261. — Liebermann u. Bergami, B. **23**, 317. — Liebermann, B. **23**, 2516. — Homans, Stelzner u. Sukow, B. **24**, 2589. — Liebermann, B. **25**. 90. — Liebermann u. Sachse, B. **26**, 834. — Lange, B. **27**, 1410. — Liebermann, B. **27**, 1416; **37**, 2095.

[3]) Stobbe, B. **52**, 1021.

[4]) Michael, B. **39**, 1910.

[5]) Jessen, B. **39**, 4086.

Die Zimtsäure geht ihrerseits sehr leicht schon durch bloße Belichtung in α- bzw. β-Truxillsäure über [Riiber[1]), Ciamician und Silber, Stobbe[2])].

Eine weitere photochemische Bildungsweise der α-Truxillsäure ist ebenfalls von Riiber aufgefunden. Gelbe Cinnamylidenmalonsäure — erhalten aus Zimtaldehyd und Malonsäure — verwandelt sich beim Belichten in *Diphenyltetramethylendimethylenmalonsäure*, welche bei der Oxydation mit alkalischer Permanganatlösung α-Truxillsäure liefert:

$$\begin{array}{c} H_5C_6 \cdot CH \\[-0.3em] \cdots \\[-0.3em] (HOOC)_2C : HC \cdot CH \end{array} \longrightarrow \begin{array}{c} H_5C_6 \cdot HC \,{-}\, CH \cdot CH : C(COOH)_2 \\[-0.3em] \qquad\quad | \qquad\quad | \\[-0.3em] (HOOC)_2C : CH \cdot HC {-} CH \cdot C_6H_5 \end{array}$$

$$\longrightarrow \begin{array}{c} H_5C_6 \cdot HC {-} CH \cdot COOH \\[-0.3em] \qquad\quad | \qquad\quad | \\[-0.3em] HOOC \cdot HC {-} CH \cdot C_6H_5 \end{array}$$
α-Truxillsäure.

Die β-Truxillsäure ist in heißem Wasser löslicher als die isomere Säure. Fp. 206. Beim Erhitzen entpolymerisiert sich auch die β-Truxillsäure leicht und bildet Zimtsäure.

Durch Oxydation mit Kaliumpermanganat entsteht Benzoesäure und Benzil:

$$\begin{array}{c} H_5C_6 {-} CO \\[-0.3em] \qquad | \\[-0.3em] H_5C_6 {-} CO \end{array}$$

Es muß daher in ihr ein Rest:

$$\begin{array}{c} H_5C_6 {-} C \\[-0.3em] \qquad | \\[-0.3em] H_5C_6 {-} C \end{array}$$

enthalten sein. Bei der Einwirkung von Essigsäureanhydrid entsteht das Anhydrid $C_{18}H_{14}O_3$, das sich mit Resorcin zu einem Fluorescein kondensiert. So weist das gesamte Verhalten der β-Truxillsäure darauf hin, daß ihr die Formel II zukommt.

Die α- und β-Truxillsäuren erscheinen geometrisch isomer. Außer diesen beiden sind noch andere stereoisomere Formen bekannt, die γ- und δ-Truxillsäuren. Durch Alkali-Einwirkung geht die α-Truxillsäure in die γ-Verbindung über (Transformen), die β-Verbindung in die δ-Truxillsäure (Cisformen). Die α- und γ-Säure geben in der Kalischmelze die ε-Truxillsäure [Stoermer und Foerster[3])]. Die δ-Truxillsäure ist von de Jong in javanischen Cocablättern aufgefunden[4]). Auch konnte de Jong[5])· zeigen, daß die Allozimtsäure durch langdauernde Belichtung in die δ-Truxillsäure übergeht. (Über Reindarstellung und Trennung der Säuren s. ebenfalls dort).

[1]) Riiber, B. **35**, 2411, 2908.
[2]) Ciamician u. Silber, B. **36**, 4266; Stobbe, B. **52**, 666.
[3]) Stoermer u. Foerster, B. **52**, 1255.
[4]) de Jong, R. **31**, 249.
[5]) de Jong, Koninkl. Akad. van Wetenschap, Amsterdam, **20**, 55; **27**, 1424. (C. 1911, I, 452; 1919, III, 1000).

Die verschiedenen photochemischen Bildungsweisen der Truxillsäuren aus Zimtsäure bzw. deren Derivaten sprechen dafür, daß auch die Truxilline in den Cocablättern durch photochemische Einwirkung aus dem Cinnamylcocain entstanden sein dürften.

4. Benzoylecgonin.

Diese Verbindung, welche bei der partiellen Verseifung des Cocains entsteht, findet sich, wenn auch in sehr kleiner Menge in den Cocablättern [Skraup[1]), Merck[2])]. Es hat die Formel $C_{16}H_{19}NO_4$ oder $C_9H_{14}NO_3(COC_6H_5)$. Es krystallisiert aus heißem Wasser in Prismen mit 4 Molekülen Wasser; der Schmelzpunkt der wasserhaltigen Substanz liegt bei 92°, nach dem Trocknen bei 195°.

Das Benzoylecgonin unterscheidet sich von den anderen Cocaalkaloiden durch seine sauren Eigenschaften; es löst sich in Alkalien In Wasser und Alkohol ist es leicht löslich, in Äther unlöslich.

Wir haben weiter oben gesehen, daß es bei der Hydrolyse in Ecgonin und Benzoesäure gespalten wird. Liebermann und Giesel[3]) erhielten es durch Umkehrung dieser Reaktion beim Erhitzen von Ecgonin mit Benzoesäureanhydrid und etwas Wasser. Bei der Esterifizierung des Benzoylecgonins mit Methylalkohol und Salzsäure entsteht Cocain.

Ecgonin, $C_9H_{15}NO_3$. — Das Ecgonin bildet das Verseifungsprodukt aller Cocaine, die demnach als seine Ester betrachtet werden müssen. Es krystallisiert mit einem Molekül Wasser in Prismen, die nach dem Trocknen bei 198—199° schmelzen; es ist linksdrehend und in Wasser leicht löslich.

Das Ecgonin bildet den typischen und wichtigsten Complex des Cocains. Das Ecgonin ist eine Verbindung mit dreifachen Funktionen; es reagiert gleichzeitig als tertiäre Base, als einwertiger Alkohol und als einbasische Säure. Seine tertiäre Basennatur bekundet sich darin, daß es sich mit einem Molekül Halogenalkyl verbindet, um quaternäre Salze zu bilden; sein Vermögen, mit Säureanhydriden und -chloriden Ester zu bilden — wie das Benzoylecgonin —, zeigt die Anwesenheit einer alkoholischen Hydroxylgruppe an; schließlich ersieht man aus seiner Löslichkeit in Alkalien, seiner Bildungsfähigkeit von Salzen, die nicht durch Kohlensäure zersetzt werden, ebenso wie aus der Leichtigkeit, mit der es sich durch Alkohol in Gegenwart von Mineralsäuren esterifizieren läßt, das Vorhandensein einer Carboxylgruppe.

Man kann also die Formel $C_9H_{15}NO_3$ auflösen in

$$HO - C_8H_{13} \equiv N$$
$$|$$
$$COOH$$

---

[1]) Skraup, M. **6**, 556.
[2]) Merck, B. **18**, 1594.
[3]) Liebermann u. Giesel, B. **21**, 3196.

Die Tatsache indessen, daß die Ecgoninlösungen gegen Lackmus neutral reagieren, veranlaßte Einhorn zu der Annahme, daß im freien Ecgonin die basischen und sauren Atomgruppen sich gegenseitig absättigen, wodurch eine betainartige Bindung entsteht:

$$\begin{array}{c} HO - C_8H_{13} \equiv NH \\ | \qquad | \\ CO \!-\!\!-\!\!-\! O \end{array}$$

Es versteht sich von selbst, daß das Ecgonin bei der Salzbildung den betainartigen Ring aufspaltet, so daß wir dann wieder auf die erste Formel zurückkommen.

Das Ecgonin besitzt eine am Stickstoff befindliche Methylgruppe. Das folgt in erster Linie aus einer Beobachtung von Merck[1]), der beim Kochen des Ecgonins mit Barytwasser Methylamin erhielt. Ferner folgt es aus einer von Einhorn[2]) gefundenen Reaktion, daß sich das Ecgonin bei einer gemäßigten Oxydation mit Kaliumpermanganat in eine Verbindung $C_8H_{13}NO_3$, in das *Norecgonin* umsetzt, dessen Ester sekundäre Basen sind. Das Norecgonin bildet Nadeln vom Fp. 233°.

Demnach kann man die Formel des Ecgonins weiterhin auflösen in:

$$HO - C_7H_{10} = N - CH_3 \qquad \text{oder} \qquad HO - C_7H_{10} = N\!\!<^{CH_3}_{\ H}$$
$$\ \ |\qquad\qquad\qquad\qquad\qquad\qquad\quad |\qquad\quad |$$
$$\ COOH \qquad\qquad\qquad\qquad\qquad\qquad CO\!-\!\!-\!\!-\! O$$

Welches ist nun die Konstitution des Atomkomplexes $C_7H_{10}NCH_3$?

Diese Frage hat in entscheidender Weise zugleich mit der Erkenntnis der Tropinstruktur ihre Lösung gefunden. Das Ecgonin steht in nächster Beziehung zum Tropin; es ist eine Carbonsäure des Tropins. Dieser Zusammenhang zwischen den beiden Alkaloiden kommt in einer sehr charakteristischen Reaktion zum Ausdruck; das Ecgonin läßt sich äußerst leicht in Tropidin überführen (vgl. dort):

$$C_9H_{15}NO_3 = C_8H_{13}N + CO_2 + H_2O.$$
$$\text{Ecgonin} \qquad\quad \text{Tropidin.}$$

Dadurch gewinnen alle Betrachtungen, die wir über die Konstitution des Tropins angestellt haben hier wieder erneute Bedeutung.

Auch die Oxydationsprodukte des Ecgonins und Tropins sind die gleichen.

Durch Chromsäureeinwirkung entsteht aus beiden Basen das *Tropinon* $C_8H_{13}NO$ (vgl. dort) [Willstätter[3])]. Wirkt die Chromsäure stärker ein, so bildet sich sowohl aus dem Tropin wie Ecgonin die Tropinsäure $C_8H_{13}NO_4$ bzw. die Ecgoninsäure $C_7H_{11}NO_3$ [Liebermann[4])]; beides Pyrrolidinderivate.

---

1) Merck, B. **19**, 3002.
2) Einhorn, B. **21**, 3029.
3) Willstätter, B. **31**, 2655.
4) Liebermann, B. **23**, 2518; **24**, 606.

Die Konstitution des Ecgonins und seiner Abbauprodukte erscheint demnach unter Zugrundelegung der beim Tropin entwickelten Formeln folgendermaßen:

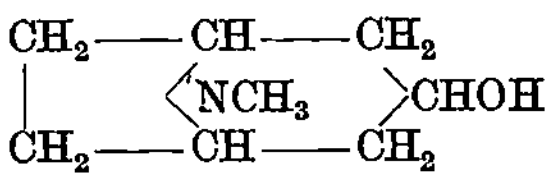

$$
\begin{array}{cc}
\mathrm{CH_2\!-\!\!-\!CH\!-\!\!-\!CH_2} & \mathrm{CH_2\!-\!\!-\!CH\!-\!\!-\!CH\!-\!COOH}\\
\Big|\quad\langle\mathrm{NCH_3}\quad\rangle\mathrm{CHOH} & \Big|\quad\langle\mathrm{NCH_3}\quad\rangle\mathrm{CHOH}\\
\mathrm{CH_2\!-\!\!-\!CH\!-\!\!-\!CH_2} & \mathrm{CH_2\!-\!\!-\!CH\!-\!\!-\!CH_2}\\
\text{Tropin.} & \text{Ecgonin.}
\end{array}
$$

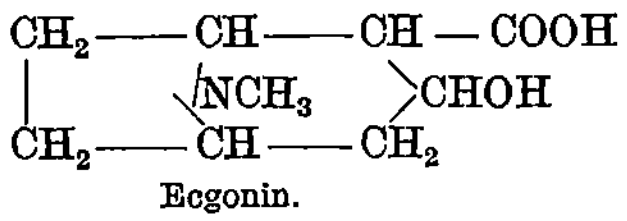

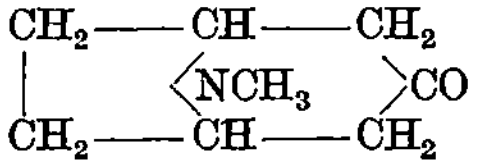

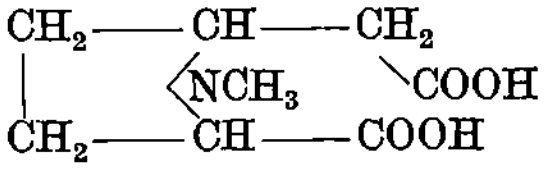

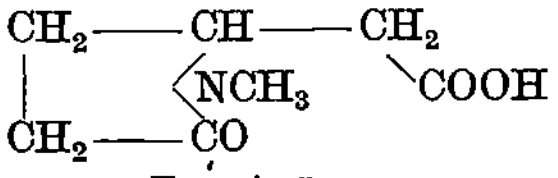

$$
\begin{array}{cc}
\mathrm{CH_2\!-\!\!-\!CH\!-\!\!-\!CH_2} & \mathrm{CH_2\!-\!\!-\!CH\!-\!\!-\!CH_2}\\
\Big|\quad\langle\mathrm{NCH_3}\quad\rangle\mathrm{CO} & \Big|\quad\langle\mathrm{NCH_3}\quad\rangle\mathrm{COOH}\\
\mathrm{CH_2\!-\!\!-\!CH\!-\!\!-\!CH_2} & \mathrm{CH_2\!-\!\!-\!CH\!-\!COOH}\\
\text{Tropinon.} & \text{Tropinsäure.}
\end{array}
$$

$$
\begin{array}{c}
\mathrm{CH_2\!-\!\!-\!CH\!-\!\!-\!CH_2}\\
\Big|\quad\langle\mathrm{NCH_3}\quad\rangle\mathrm{COOH}\\
\mathrm{CH_2\!-\!\!-\!CO}\\
\text{Ecgoninsäure.}
\end{array}
$$

Im Ecgoninmolekül ist also ebenso wie im Tropin ein Ringsystem vorhanden, das aus der Kombination eines Piperidinkerns mit einem Pyrrolidinkern gebildet wird, und dessen Peripherie einen Cycloheptanring vorstellt.

Die obigen Oxydationsversuche erlauben uns aber nicht nur beim Ecgonin die Konstitution des Atomkomplexes $C_7H_{10}NCH_3$ zu erkennen, sondern sie geben uns auch zugleich Aufschluß über die Stellung der an diesem Komplex hängenden Hydroxyl- und Carboxylgruppen.

Da nämlich Ecgonin und Tropin ein und dasselbe Tropinon ergeben und diese Reaktion doch nur auf der Überführung einer CHOH-Gruppe in eine CO-Gruppe beruht, so muß die CHOH-Gruppe des Ecgoninmoleküls dieselbe Stellung innehaben, wie im Tropin.

Die Lage der Carboxylgruppe ergibt sich aus folgender Überlegung. Das Ecgonin liefert bei der Oxydation Tropinsäure und diese ist, wie wir gesehen haben, eine $\alpha\alpha_1$-Carbonessigsäure des N-Methylpyrrolidins. Es kann also die Carboxylgruppe des Ecgonins nicht im Pyrrolidinring gestanden haben, sondern ihre Stellung muß im Piperidinring gewesen sein, da sie sonst in der Tropinsäure noch erhalten geblieben wäre.

Die Synthese des racemischen Ecgonins — rhombische Krystalle, Fp. 251° — vom Tropinon aus, ist durch Kohlensäureanlagerung und darauffolgende Reduktion von Willstätter und Bode[1]) erfolgreich ausgeführt:

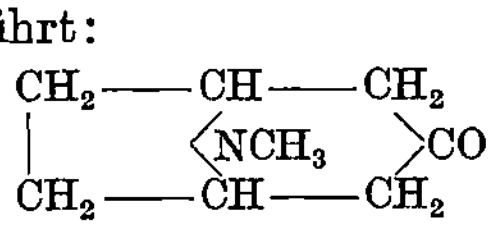

$$
\begin{array}{cc}
\mathrm{CH_2\!-\!\!-\!CH\!-\!\!-\!CH_2} & \mathrm{CH_2\!-\!\!-\!CH\!-\!\!-\!CH}\\
\Big|\quad\langle\mathrm{NCH_3}\quad\rangle\mathrm{CO} & \Big|\quad\langle\mathrm{NCH_3}\quad\rangle\mathrm{CONa}\\
\mathrm{CH_2\!-\!\!-\!CH\!-\!\!-\!CH_2} & \mathrm{CH_2\!-\!\!-\!CH\!-\!\!-\!CH_2}\\
\text{Tropinon.} & \text{Tropinonnatrium}
\end{array}
$$

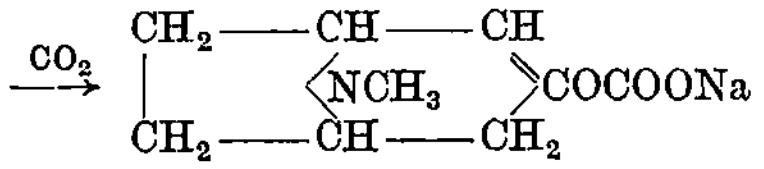

$$
\xrightarrow{\;CO_2\;}
\begin{array}{c}
\mathrm{CH_2\!-\!\!-\!CH\!-\!\!-\!CH}\\
\Big|\quad\langle\mathrm{NCH_3}\quad\rangle\mathrm{COCOONa}\\
\mathrm{CH_2\!-\!\!-\!CH\!-\!\!-\!CH_2}\\
\text{Tropinoncarbonsaures Natrium}
\end{array}
\xrightarrow{\;2\,H\;}
\begin{array}{c}
\mathrm{CH_2\!-\!\!-\!CH\!-\!\!-\!CH\!-\!COONa}\\
\Big|\quad\langle\mathrm{NCH_3}\quad\rangle\mathrm{CHOH}\\
\mathrm{CH_2\!-\!\!-\!CH\!-\!\!-\!CH_2}\\
\text{r-Ecgonin.}
\end{array}
$$

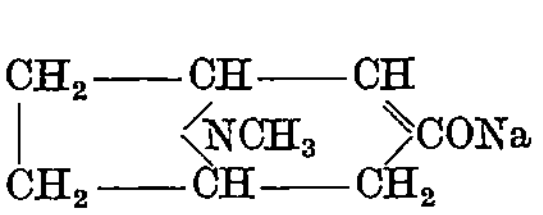

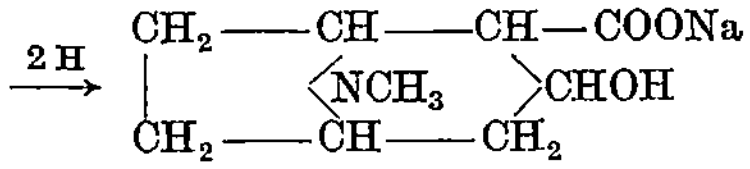

---

[1]) Willstätter u. Bode, B. **34.** 1457.

Das r-Ecgonin läßt sich durch Methylierung und Benzoylierung in r-Cocain überführen; Fp. 80°; dessen Spaltung in die optischen Antipoden bisher aber noch nicht gelungen ist [Willstätter[1])].

Die Bildung des Ecgonins aus der Tropincarbonsäure stellt eigentlich einen unregelmäßig verlaufenden Reaktionsvorgang vor, da hierbei die Enolform in die Ketoform übergeht. Das normal zu erwartende Reaktionsprodukt mit der Atomgruppierung

$$\begin{array}{c} -CH_2 \\ \qquad >CHO-COOH \\ -CH_2 \end{array}$$

bildet sich gleichzeitig.

Die *r-Ecgoninsäure* entsteht, wie oben schon angegeben, neben der Tropinsäure bei der Oxydation des Tropins bzw. Pseudotropins und des r-Ecgonins mit Chromsäure [Liebermann[2])]. Sie bildet sechsseitige Blättchen aus Essigester und Benzol, Fp. 93—95°, besitzt eine N-Methylgruppe, enthält ein Carboxyl; das dritte, im Molekül vorhandene Sauerstoffatom ergibt keine Ketoreaktion.

Die Konstitution der Ecgoninsäure wurde von Willstätter und Hollander[3]) klargestellt und auch die Synthese durchgeführt.

Die Ecgoninsäure erscheint nach ihrem gesamten Verhalten und ihrer Bildungsweise von folgender Konstitution:

$$\begin{array}{c} CH_2\!\!-\!\!-\!\!CH\!\!-\!\!-\!\!CH_2 \\ |\qquad <\!NCH_3\quad \backslash COOH \\ CH_2\!\!-\!\!-\!\!CO \end{array}$$

Ecgoninsäure.

Die Synthese geht von der $\Delta^{\beta\gamma}$-*Hydromuconsäure* aus, die durch Bromwasserstoffaddition die β-*Bromadipinsäure* bildet:

$$\begin{array}{ccc} CH=CH-CH_2 & & CH_2-CHBr-CH_2 \\ |\qquad\qquad\backslash COOH + HBr = & |\qquad\qquad\backslash COOH \\ CH_2-COOH & & CH_2-COOH \end{array}$$

$\Delta^{\beta\gamma}$-Hydromuconsäure β-Bromadipinsäure.

Durch Methylamineinwirkung verwandelt sich diese weiterhin direkt unter Wasseraustritt und Ringbildung in die Ecgoninsäure:

$$\begin{array}{ccc} CH_2\!\!-\!\!-\!\!CH\!\!-\!\!-\!\!CH_2 & & CH_2\!\!-\!\!-\!\!CH\!\!-\!\!-\!\!CH_2 \\ |\quad NHCH_3\ \backslash COOH \longrightarrow & & |\quad <\!NCH_3\ \backslash COOH \\ CH_2\!\!-\!\!-\!\!COOH & & CH_2\!\!-\!\!-\!\!CO \end{array}$$

Die sterischen Verhältnisse des Ecgonins erfordern unser Interesse.

Im Ecgonin sind 4 asymmetrische Kohlenstoffatome enthalten (mit einem Kreuz versehen):

$$\begin{array}{c} \overset{\times}{C}H_2\!\!-\!\!-\!\!\overset{\times}{C}H\!\!-\!\!-\!\!\overset{\times}{C}H-COOH \\ |\qquad <\!NCH_3\quad >\!\overset{\times}{C}HOH \\ CH_2\!\!-\!\!-\!\!CH\!\!-\!\!-\!\!CH_2 \\ \times \end{array}$$

____

[1]) Willstätter, A. **326**, 42.
[2]) Liebermann, B. **23**, 2518; **24**. 606; **25**, 87.
[3]) Willstätter u. Hollander, B. **34**, 1818; A. **326**, 79.

von denen einige bei der Oxydation des Ecgonins zur Tropinsäure bzw. Ecgoninsäure verschwinden.

Die inaktive Ecgoninsäure ließ sich bisher noch nicht optisch spalten [Willstätter[1])], während die Tropinsäure eine Zerlegung in die beiden optisch-aktiven Formen mit Hilfe des Cinchoninsalzes schon erfahren hat [Gadamer[2])].

Die vom l- und d-Ecgonin stammenden Tropinsäuren sind rechtsdrehend und identisch; ähnliche Verhältnisse liegen bei den durch Oxydation des l- und d-Ecgonins entstehenden Ecgoninsäuren vor, nur daß hier die linksdrehenden Formen entstehen; Fp. 217—218°.

Das Verschwinden des Unterschiedes in der Drehung bei den obigen Oxydationsprodukten gegenüber den Ausgangsmaterialien, dem l- und d-Ecgonin, kommt dadurch zustande, daß von den 4 asymmetrischen Kohlenstoffatomen des Ecgonins das den Unterschied der Drehung bedingende wegoxydiert ist (Gadamer).

Anhydroecgonin. $C_9H_{13}NO_2$. — Merck[3]) beobachtete im Jahre 1886, daß das Ecgonin beim Erhitzen mit Phosphorpentachlorid ein Molekül Wasser verliert und sich in eine neue Base umsetzt, die er *Anhydroecgonin* nannte:

$$C_9H_{15}NO_3 = C_9H_{13}NO_2 + H_2O.$$
$$\text{Ecgonin} \qquad \text{Anhydroecgonin.}$$

Einhorn und seine Schüler[4]) nahmen das Studium dieser Verbindung auf und machten es zum Gegenstand einer Reihe von Arbeiten, die wir jetzt näher besprechen werden.

Das Anhydroecgonin entsteht aus dem Ecgonin nicht nur durch Einwirkung von Phosphorpentachlorid, sondern auch durch andere wasserentziehende Mittel, wie Schwefelsäure, Salzsäure.

Das Anhydroecgonin krystallisiert aus Alkohol in Nadeln, Fp. 235°; in Wasser und Alkohol ist es leicht löslich, in Äther fast unlöslich; linksdrehend.

Es besitzt gleichzeitig basischen wie sauren Charakter; es enthält gerade so wie das Ecgonin eine Carboxylgruppe und läßt sich demgemäß durch Alkohol und Salzsäure esterifizieren, wie auch seine Alkalisalze durch Kohlensäure nicht zersetzt werden.

Andererseits ist im Anhydroecgonin die alkoholische Gruppe des Ecgonins verschwunden; es wird durch Säureanhydride und -chloride nicht mehr angegriffen. Dafür hat es den Charakter einer nicht gesättigten Verbindung angenommen; es addiert zwei Halogenatome oder zwei Wasserstoffatome, es nimmt ein Molekül Bromwasserstoffsäure oder zwei Hydroxylgruppen auf usw.

Es hat also die Umwandlung einer $-CH_2-CHOH-$ Gruppe in eine $-CH=CH-$ Gruppe stattgefunden, eine Reaktion, die vollkommen analog der Bildung des Tropidins aus dem Tropin ist.

---

[1]) Willstätter, B. **34**, 519.
[2]) Gadamer, A. Pharm. **239**, 663; **242**, 1.
[3]) Merck, B. **19**, 3002.
[4]) Einhorn, B. **20**, 1221; **21**, 47, 3029; **22**, 399; **23**, 1338, 2870; **25**, 1394; **26**, 324, 451, 2009; **27**, 2439, 2823; A. **280**, 96.

Das Anhydroecgonin erfährt beim Erhitzen mit Salzsäure auf
280° Zerfall in Tropidin und Kohlensäure, so daß demnach das Anhydroecgonin eine Tropidinmonocarbonsäure (Tropencarbonsäure) vorstellt
[Einhorn[1])]:

$$C_9H_{13}NO = C_8H_{13}N + CO_2.$$

Anhydroecgonin   Tropidin.

Für das Anhydroecgonin kommen demnach nur zwei Formeln in Betracht:

CH₂——CH——CH — COOH   CH₂——CH——C — COOH
  | ⟨NCH₃ ⟩CH | ⟨NCH₃ ⟩CH
CH₂——CH——CH   CH₂——CH——CH₂
     I.   Anhydroecgonin.   II.

Wir entscheiden uns nach einem Vorschlage von Willstätter[2]) für
die Formel I. Es läßt sich nämlich mittels des Hofmannschen Abbauverfahrens aus dem Anhydroecgonin eine stickstofffreie Säure, die
sogenannte *δ-Cycloheptatriencarbonsäure* $C_8H_8O_2$:

CH══CH——CH — COOH
 | ⟩CH
CH══CH——CH

δ-Cycloheptatriencarbonsäure.

gewinnen.

Diese, vom Fp. 32°, geht durch Alkalieinwirkung in eine isomere
Säure über, deren doppelte Bindung bei der Carboxylgruppe anzunehmen ist [Buchner[3])]. Daher muß bei der ursprünglichen Säure
die doppelte Bindung zwischen zwei anderen Kohlenstoffatomen ihren
Platz gehabt haben und im Anhydroecgonin selber kann keine $\varDelta^1$-
Doppelbindung vorhanden gewesen sein. Hierdurch gelangen wir für das
Anhydroecgonin zu der Formel I [vgl. Gadamer und Amenomiya[4])].

Anhydronorecgonin bildet sich aus *Cyannorcocain* (erhalten aus
Cocain durch Austausch der N-Methylgruppe gegen Cyan mittels
Bromcyan) durch Verseifung mit konz. Salzsäure. Fp. 256° [Chem.
Werke Grenzach[5])].

Hydroecgonidin. — Das Anhydroecgonin, als ungesättigte Verbindung, nimmt bei der Reduktion mit Natrium und Amylalkohol 2 Atome
Wasserstoff auf und geht in das *Hydroecgonidin* $C_9H_{15}NO_2$ über [Willstätter[6])], dessen Konstitution unzweideutig aus der des Anhydroecgonins folgt.

CH₂——CH——CH — COOH
  | ⟨NCH₃ ⟩CH₂
CH₂——CH——CH₂

Hydroecgonidin.

<hr>

[1]) Einhorn, B. **23**, 1338.
[2]) Willstätter, B. **31**, 2498, 2655.
[3]) Buchner, B. **31**, 2242.
[4]) Gadamer u. Amenomiya, A. Pharm. **242**, 1.
[5]) Chem. Werke Grenzach, D. R. P. 301 870.
[6]) Willstätter, B. **30**, 702.

Es ist ein gut krystallisierter neutral reagierender Körper; mit Mineralsäuren Salze bildend, optisch inaktiv.

Bei weiterer Reduktionseinwirkung entsteht das *Homotropin* Fp. 85° $[\alpha]_D^{10}$ 22,51°

$$CH_2\!-\!\!-\!CH\!-\!\!-\!CH\!-\!\!-\!CH_2OH$$
$$|\quad\quad \langle NCH_3 \quad \rangle CH_2$$
$$CH_2\!-\!\!-\!CH\!-\!\!-\!CH_2$$

[Chem. Werke Grenzach[1])].

Stickstofffreie Spaltungssäuren des Ecgonins. — Unsere heutige Auffassung des Ecgonins und seiner Derivate als Cycloheptanverbindungen findet eine besondere Stütze in den stickstofffreien Säuren, die sich aus den Ecgoninverbindungen mit Hilfe des Hofmannschen Abbauverfahrens gewinnen lassen.

So erinnern wir uns hier an den (S. 163) besprochenen Übergang der Tropinsäure (des Oxydationsproduktes des Ecgonins und Tropins) in die siebengliedrige normale *Pimelinsäure* $COOH - (CH_2)_5 - COOH$.

Ferner gelang es, das Hydroecgonidin bis zu dem Kohlenstoffsiebenring, dem *Suberon* $C_7H_{12}O$:

$$CH_2\!-\!\!-\!CH_2\!-\!\!-\!CH_2$$
$$|\quad\quad\quad\quad\quad\rangle CO$$
$$CH_2\!-\!\!-\!CH_2\!-\!\!-\!CH_2$$

Suberon.

abzubauen, das wir andererseits auch als Ausgangspunkt zum Aufbau des Tropins benutzt haben [Willstätter[2])].

Der Abbau des Hydroecgonidins zum Suberon geschieht nun folgendermaßen:

Bei der erschöpfenden Methylierung des Hydroecgonidinäthylesters (S. 186) entsteht zunächst das *Methylhydroecgonidinesterjodmethylat* (das $\varDelta_4$-Dimethylaminocyclohepten-4-carbonsäureäthylester-Jodmethylat), das durch Ätzkaliwirkung seinen Stickstoff eliminiert und eine ungesättigte stickstofffreie Säure, eine *Cycloheptadiencarbonsäure* $C_8H_{10}O_2$ bildet:

$$CH_2\!-\!\!-\!CH\!=\!\!=\!C - COOC_2H_5 \qquad\qquad CH_2\!-\!\!-\!CH\!=\!\!=\!CH$$
$$|\quad\quad\quad\quad\quad\rangle CH_2 \ +\ 2\,KOH\ =\ |\quad\quad\quad\quad\quad\rangle CH - COOH$$
$$CH_2\!-\!\!-\!CH\!-\!\!-\!CH_2 \qquad\qquad CH_2\!-\!\!-\!CH\!=\!\!=\!CH$$
$$|$$
$$N - J$$

Cycloheptadiencarbonsäure.

$$H_3C\ \ CH_3 CH_3$$

$\varDelta_4$-Dimethylaminocyclohepten-4-carbonsäure-
äthylesterjodmethylat des Methylhydroecgonidin-
esterjodmethylat.

$$+\ \ N(CH_3)_3 + C_2H_5OH + KJ + H_2O$$

Trimethyl-
amin

Diese Cycloheptadiencarbonsäure wird dann zur *Cycloheptancarbonsäure* $C_7H_{13}COOH$ reduziert, in α-Stellung bromiert, das Brom mittels Barytwasser durch Hydroxyl ersetzt und schließlich die so entstandene α-Oxysäure $C_7H_{12}OHCOOH$ durch Oxydation mit Bleisuperoxyd in Suberon verwandelt.

---

[1]) Chem. Werke Grenzach, D. R. P. 296 742.
- [2]) Willstätter, B. **31**, 2498.

Umgekehrt läßt sich das Suberon durch Blausäureanlagerung und Verseifung des so gebildeten Nitrils in die *Oxysuberancarbonsäure*:

$$CH_2\!\!-\!\!CH_2\!\!-\!\!CH_2$$
$$\quad\quad\quad\quad\;\;\;C\!\!<^{OH}_{COOH}$$
$$CH_2\!\!-\!\!CH_2\!\!-\!\!CH_2$$

überführen, welche durch Wasserabspaltung über die Δ_1-*Suberencarbonsäure* (*Cycloheptencarbonsäure*) (krystallinische Fp. 51—53°, Fp. des Amids 126°), und Reduktion derselben, die gesättigte *Suberancarbonsäure* (*Cycloheptancarbonsäure*) liefert. [Buchner und seine Schüler[1]), Willstätter[2])].

Rechtsecgonin. — Tafeln oder Prismen aus Alkohol. Fp. 257°. In Alkohol schwerer löslich als l-Ecgonin. Die Formel des Ecgonins, wie wir sie oben entwickelt haben, enthält 4 asymmetrische Kohlenstoffatome, was eine größere Zahl von Stereoisomeren voraussehen läßt. Bisher hat man aber außer dem inaktiven Ecgonin (S. 183) nur ein einziges optisch aktives erhalten, das unter dem Namen *Rechtsecgonin*, auch Isoecgonin, bekannt ist. Einhorn und Marquardt[3]) haben dieses gewonnen durch Erhitzen des gewöhnlichen linksdrehenden Ecgonins oder verschiedener natürlicher Cocaine mit Alkali. Der Reaktionsmechanismus dürfte hierbei der sein, daß Alkali auf ein oder einige optisch-aktive Kohlenstoffatome im Molekül racemisierend einwirkt.

Das Rechtsecgonin unterscheidet sich von seinem Isomeren, außer der Richtung des Drehungsvermögens, durch seinen höheren Schmelzpunkt (257°) und durch die Eigenschaften seiner Salze. Einhorn und seine Schüler[4]) haben mit dem Rechtsecgonin dieselben Reaktionen vorgenommen wie mit dem Linksecgonin und haben dabei eine Reihe von Derivaten erhalten, die teils mit denjenigen der natürlichen Base identisch sind, teils sich von diesen unterscheiden.

So liefert das Rechtsecgonin durch Wasserabspaltung ein Anhydroecgonin und durch Oxydation eine Tropinsäure [Liebermann[5])], die beide identisch mit den aus dem natürlichen Linksecgonin stammenden Verbindungen sind und dasselbe und gleiche Drehungsvermögen besitzen.

Das beweist, daß bei der Bildung des Rechtsecgonins aus dem Linksecgonin nur das asymmetrische Kohlenstoffatom beteiligt ist, welches die Gruppe HOH trägt.

Unterwirft man dagegen das Rechtsecgonin der Einwirkung schwächerer Reagenzien, wobei die HOH-Gruppe intakt bleibt, so gelangt

---

[1]) Buchner, B. 29, 106; 30, 632, 1949; 31, 2241; 32, 705. — Buchner u. Jacobi, B. 31, 399. — Buchner u. Lingg, B. 31, 402, 2247. — Buchner u. Braren, B. 33, 684.

[2]) Willstätter, B. 31, 1534, 2498; 32, 1635.

[3]) Einhorn u. Marquardt, B. 23, 468. — Böhringer & Söhne, D. R. P. 55 338.

[4]) Einhorn, B. 23, 468, 979; 24, 7, Ref. 435; 26, 962, 1482; 27, 1880.

[5]) Liebermann, B. 24, 606.

man zu Verbindungen, die von denen des Linksecgonins verschieden
sind. So wird das Rechtsecgonin durch Kaliumpermanganat in ein
Rechtsnorecgonin übergeführt, das vom Linksnorecgonin verschieden
ist. Auch das Rechtscocain, das aus dem d-Ecgonin durch Behandlung
des Methylesters mit Benzoylchlorid gewonnen wird, unterscheidet
sich in seinen Eigenschaften vom Linkscocain. Fp. 46—47°, HCl-Salz:
$[\alpha]_D + 4,5°$ in wässeriger Lösung.

Liebermann und Giesel[1]) haben das Rechtscocain auch als
Nebenprodukt bei der Esterifizierung des natürlichen Ecgonins erhalten.
Es ist nicht klargestellt, ob das Rechtsecgonin von vornherein vorhanden
war oder erst bei der Verarbeitung der Alkaloide durch Alkalieinwirkung
entstanden ist.

Vom Tropin aus läßt sich durch Einführung einer Carboxylgruppe
ein Isomeres des Ecgonins erhalten, welches *α-Ecgonin* benannt wurde
[Willstätter[2])].

Zur Darstellung dieser Verbindung wird das Oxydationsprodukt
des Tropins, das Tropinon (S. 161), mit Blausäure behandelt, und das
so entstehende Cyanhydrin mit Salzsäure verseift:

$$
\begin{array}{ccc}
CH_2\text{---}CH\text{---}CH_2 & & CH_2\text{---}CH\text{---}CH_2 \\
\quad\text{⟨}NCH_3\quad\text{⟩}CO & \longrightarrow & \quad\text{⟨}NCH_3\quad\text{⟩}C\text{⟨}^{CN}_{OH} \\
CH_2\text{---}CH\text{---}CH_2 & & CH_2\text{---}CH\text{---}CH_2
\end{array}
$$

Tropinon   Tropinoncyanhydrin

$$
\longrightarrow \quad
\begin{array}{c}
CH_2\text{---}CH\text{---}CH_2 \\
\quad\text{⟨}NCH_3\quad\text{⟩}C\text{⟨}^{COOH}_{OH} \\
CH_2\text{---}CH\text{---}CH_2
\end{array}
$$

α-Ecgonin.

Das α-Ecgonin unterscheidet sich also offenbar vom natürlichen
Ecgonin durch die Stellung der Carboxylgruppe, welche bei der α-Verbindung an demselben Kohlenstoff sich befindet wie die Hydroxylgruppe.

Das α-Ecgonin krystallisiert aus heißem Wasser, mit $^1/_2$ oder 1 Molekül Wasser in Tafeln vom Fp. 305°; es ist ziemlich löslich in kaltem
Wasser, sehr wenig in Alkohol und unlöslich in Äther.

Bei der Behandlung des α-Ecgonins mit Methylalkohol und Salzsäure und Erhitzen des entstandenen Produkts mit Benzoesäureanhydrid
und Wasser gelangte Willstätter zum *α-Cocain*. Dieses bildet Prismen
vom Fp. 87—88° und besitzt auffallenderweise gar keine anästhesierende
Eigenschaften.

Eucain. — Die Überführung des Tropins in ein *anästhesierend*
wirkendes Derivat war also mit der Synthese des α-Cocains nicht
geglückt. Mehr Erfolg in dieser Beziehung hatte Merling[3]). Er ging
vom *Triacetonamin* aus, das mit dem Tropinon eine gewisse Ähnlichkeit
zeigt und auch bei der Darstellung künstlicher *Tropeine* mit Erfolg
angewandt werden kann (S. 169).

---

[1]) Liebermann u. Giesel, B. **23**, 508.
[2]) Willstätter, B. **29**. 1575, 2216.
[3]) Merling, Berichte d. deutsch. pharmaz. Ges. **6**, 173.

Dieses Triacetonamin führte nun Merling in· eine Cyanhydrinverbindung über und verseifte dieselbe:

$$
\begin{array}{ccc}
\text{CH}_3 & & \text{H}_2 \\
\text{H}_3\text{C}-\text{C}\!-\!\!-\!\!-\!\text{C} & & \\
\quad\diagdown\text{NH}\quad\diagup\text{CO} & \longrightarrow & \\
\text{H}_3\text{C}-\text{C}\!-\!\!-\!\!-\!\text{C} & & \\
\text{CH}_3 & \text{H}_2 &
\end{array}
$$

Triacetonamin

$$
\begin{array}{cc}
\text{CH}_3 & \text{H}_2 \\
\text{H}_3\text{C}-\text{C}\!-\!\!-\!\!-\!\text{C} & \\
\quad\diagdown\text{NH}\quad\diagup\text{C}\diagdown^{\text{CN}}_{\text{OH}} & \\
\text{H}_3\text{C}-\text{C}\!-\!\!-\!\!-\!\text{C} & \\
\text{CH}_3 & \text{H}_2
\end{array}
$$

Triacetonamincyanhydrin

$$
\longrightarrow\quad
\begin{array}{cc}
\text{CH}_3 & \text{H}_2 \\
\text{H}_3\text{C}-\text{C}\!-\!\!-\!\!-\!\text{C} & \\
\quad\diagdown\text{NH}\quad\diagup\text{C}\diagdown^{\text{COOH}}_{\text{OH}} & \\
\text{H}_3\text{C}-\text{C}\!-\!\!-\!\!-\!\text{C} & \\
\text{CH}_3 & \text{H}_2
\end{array}
$$

Triacetonalkamincarbonsäure.

Die so entstehende Triacetonalkamincarbonsäure läßt sich analog der Überführung des Ecgonins in Cocain durch Esterifizieren und Benzoylieren in den *N-Methyl-Benzoyltriacetonalkamincarbonsäuremethylester* (Eucain)

$$
\begin{array}{cc}
\text{CH}_3 & \text{H}_2 \\
\text{H}_3\text{C}-\text{C}\!-\!\!-\!\!-\!\text{C} & \\
\quad\diagdown\text{N}-\text{CH}_3\quad\diagup\text{C}\diagdown^{\text{COOCH}_3}_{\text{O}\,\cdot\,\text{COC}_6\text{H}_5} & \\
\text{H}_3\text{C}-\text{C}\!-\!\!-\!\!-\!\text{C} & \\
\text{CH}_3 & \text{H}_2
\end{array}
$$

Eucain.

umwandeln.

Das *Eucain* ist also ein auf Grund der Cocainkonstitution dargestellter künstlicher Ersatz für Cocain.˙Es krystallisiert in glasglänzenden Prismen vom Fp. 104°.

5. Tropacocain (Benzoylpseudotropein).

Dieses Alkaloid gehört seinem Vorkommen nach zu den Cocabasen, seiner chemischen Konstitution nach ist es aber ein typisches Tropaalkaloid.

Es wurde im Jahre 1891 von Giesel[1]) in einer auf Java kultivierten Cocapflanze aufgefunden und von Liebermann[2]) untersucht. Später traf es Hesse[3]) auch in peruanischen Cocablättern an. Seine Formel ist $C_{15}H_{19}NO_2$. Es schmilzt bei 49° und krystallisiert aus Äther in Tafelr, die in Wasser unlöslich sind, sehr leicht löslich aber in Alkohol und Äther. Es ist optisch inaktiv.

Beim Erhitzen mit Salzsäure wird es in Benzoesäure und in eine Base *Pseudotropin* $C_8H_{15}NO$ gespalten; Liebermann glaubte zuerst in dieser das *Pseudotropin* von Ladenburg zu erkennen (vgl. Scopolin).

Bald aber ergab sich, daß die beiden Pseudotropine verschieden sind. Trotzdem ist der ursprünglich gegebene Name für die Spaltbase

[1]) Giesel, Pharmaz. Ztg. **1891**, 419.
[2]) Liebermann, B. **24**, 2336, 2587; **25**, 927.
[3]) Hesse, J. pr. **66**, 401.

des Tropacocains beibehalten worden und hat jetzt nachträglich eine gewisse Berechtigung insofern erlangt, als sich herausgestellt hat, daß das Pseudotropin dem Tropin stereoisomèr ist.

Das Tropacocain charakterisiert sich als ein Tropaalkaloid dadurch, daß es bei der Verseifung nur in Alkamin und Säure gespalten wird und nicht, wie die Cocaalkaloide, in Alkamin, Säure und Alkohol.

Das Tropacocain läßt sich auch aus seinen Spaltungsstücken wieder aufbauen, indem man Pseudotropin mit Benzoesäureanhydrid behandelt [Liebermann[1])]. Der so entstehende Ester, das Benzoylpseudotropeïn, ist mit dem natürlichen Tropacocain identisch. Die Konstitution des Alkaloids ist also folgende:

$$\begin{array}{l} CH_2\text{---}CH\text{---}CH_2 \\ |\quad\quad \langle NCH_3 \quad \rangle CHO - CO - C_6H_5\,. \\ CH_2\text{---}CH\text{---}CH_2 \end{array}$$

Tropacocain.

Pseudotropin. — Das Pseudotropin $C_8H_{15}NO$ scheidet sich aus seinen Benzol- oder Chloroformlösungen in Prismen vom Fp. 108° ab; es siedet bei 240—241° und löst sich leicht in Wasser, Alkohol und Äther; es reagiert alkalisch und ist optisch inaktiv.

Die ersten Untersuchungen von Liebermann über Pseudotropin (vgl. Tropacocain) ließen schon vermuten, daß das Pseudotropin dem Tropin sehr nahe stehe, denn durch Wasserentziehung entsteht aus beiden das Tropidin und bei der Oxydation die Tropinsäure.

Die weiteren Untersuchungen von Willstätter[2]) erwiesen, daß diese Basen stereoisomer sind:

$$\begin{array}{ll} CH_2\text{---}CH\text{---}CH_2 & \quad CH_2\text{---}CH\text{---}CH_2 \\ |\quad\quad \langle NCH_3\ HO\rangle C - H & \quad |\quad\quad \langle NCH_3\ H\rangle C - OH \\ CH_2\text{---}CH\text{---}CH_2 & \quad CH_2\text{---}CH\text{---}CH_2 \end{array}$$

Das Pseudotropin liefert bei der Behandlung mit Chromsäure dasselbe Tropinon, welches auch bei der Oxydation des Tropins entsteht, so daß das Hydroxyl im Pseudotropin von demselben Kohlenstoffatom getragen wird wie im Tropin.

Reduziert man Tropinon (s. dort) durch Natrium und Alkohol, so erhält man kein Tropin zurück, sondern Pseudotropin. Es hat also eine Umlagerung des einen Stereoisomeren in das andere stattgefunden. Andererseits läßt sich das Tropinon bei der elektrolytischen Reduktion bzw. mit Zink und Jodwasserstoffsäure in Tropin verwandeln [Willstätter und Iglauer[3])].

Man kann so auf dem Wege über das Tropinon Tropin in Pseudotropin und umgekehrt Pseudotropin in Tropin überführen, was auch für die Synthese des Tropins von Wichtigkeit wurde (s. dort).

Eine direkte Umlagerung des Tropins in Pseudotropin läßt sich durch Erhitzen des Tropins mit Natriumamylat erreichen.

---

[1]) Liebermann, B. **24**, 2336.
[2]) Willstätter, B. **29**, 936, 1636. 2231; **31**, 1534.
[3]) Willstätter u. Iglauer, B. **33**, 1170.

Das Pseudotropin verwandelt sich bei der Oxydation mit Kaliumpermanganat durch Abgabe der am Stickstoff hängenden Methylgruppe in eine sekundäre Base, das *Pseudotropigenin* $C_7H_{12}NO$. Diese Verbindung ist mit dem aus Tropin stammenden Tropigenin (S. 160) stereoisomer; aus beiden entsteht durch Oxydation *Nortropinon* und dieses, gleichgültig, aus welchen von beiden es erhalten wurde, bildet bei der Reduktion mit Natrium das Pseudotropigenin zurück.

Pharmakologisches. —. Durch die Berichte vieler Reisender aus Südamerika wurden die eigenartigen Wirkungen, die die Eingeborenen den Blättern der Cocapflanze zuschrieben, allgemein bekannt; es wurde angegeben, daß das Kauen dieser Blätter alle Arten von Verstimmungen und unangenehmen Empfindungen, ja das Gefühl von Hunger und Durst zu bannen vermögen, und daß die Eingeborenen imstande wären, tagelang Strapazen und schwere Arbeit ohne zu essen auszuhalten, wenn sie nur genügend Blätter zur Verfügung hätten. Als das Alkaloid aus den Blättern isoliert wurde, versuchte man, ob sich die genannten Wirkungen mit ihm erzielen ließen; alle diese Versuche blieben aber ohne rechten Erfolg. Die eigenartige lokale Wirkung des Cocains hatte schon Wöhler bemerkt, aber erst fast 60 Jahre später, lange nachdem das Alkaloid pharmakologisch genau erforscht und zur klinischen Verwendung empfohlen worden war, gab der Bericht eines Augenarztes (Koller) über seine Erfolge mit dem Mittel den Anlaß zu seinem praktischen Gebrauch.

Bei den physiologischen Wirkungen des Cocains hat man zwischen den lokalen und resorptiven zu unterscheiden[1]). Örtlich lähmt Cocain, wenn es in genügender Konzentration einwirkt, jede lebende Zelle oder Zellbestandteile, ohne daß eine Erregung vorausgeht. Diese Lähmung, die stets reversibel ist, hat dem Cocain seine therapeutische Verwertung als Lokalanaestheticum für operative Zwecke verschafft. Vom Cocain werden sowohl alle sensiblen Nervenendigungen als auch die zentral leitenden Fasern (die Nervenstämme) funktionsunfähig gemacht, so daß sie schmerzhafte, peripher von der cocainisierten Stelle einwirkende Reize nicht mehr fortleiten und zum Bewußtsein gelangen lassen. Cocain vermag aber auch die motorischen, zentrifugal leitenden Fasern zu lähmen; ob in demselben Maße wie die sensiblen oder weniger stark, ist nicht eindeutig ausgemacht. — Ebenso wie die Schmerzempfindung werden auch die Nervenleitungen, die der Tast-, Temperatur- und Geschmacksempfindung dienen, durch Cocain gelähmt. — Auf resorptivem Wege ist es nicht möglich, mit Cocain (ebensowenig übrigens mit einem der synthetischen, weniger giftigen Ersatzmittel) eine Lähmung peripherer Nerven zu erzielen, da man die dazu nötigen Mengen nicht in einen lebenden Organismus einführen kann, ohne ihn zu töten.

Die Wirkungen, die man beobachtet, wenn Cocain in den Kreislauf gelangt ist, betreffen die verschiedensten Organe. Die Großhirnrinde wird zuerst erregt, was sich bei Tieren in Unruhe mit zum Teil ganz

---

[1]) Literatur bei U. Mosso, Arch. f. d. ges. Physiol. **47**, 553.

eigenartigen, anscheinend mit Halluzinationen verknüpften Bewegungs-
formen äußert. Die Atmung wird durch Cocain zuerst stark beschleunigt. Größere Dosen führen zu Krämpfen, an die sich Lähmung anschließt; direkte Todesursache ist die an die Erregung der Atmung sich
anschließende Lähmung. — Cocain erregt auch die Nerven der Blutgefäße
und bringt diese dadurch zur Kontraktion; wenn das Gift resorptiv
einwirkt, kommt dies durch Reizung des Gefäßnervenzentrums zustande.
Aber auch lokal angewendet läßt Cocain, wenigstens in den gebräuch-
lichsten Konzentrationen, die Gefäße sich kontrahieren und bewirkt so
eine Blutleere, die dem Zwecke der Anästhesie sehr zugute kommt.
Denn anämische Nerven sind an sich leichter lähmbar und das Gift
bleibt auch wegen des Verschlusses der ableitenden Blutwege länger
an Ort und Stelle liegen und wirkt darum stärker. Diese Eigenschaft
ist es, die das Cocain für manche Zwecke als geeigneter erscheinen läßt
als die neueren synthetischen Präparate.

Am Kreislauf bewirkt Cocain eine Drucksteigerung mit Pulsbeschleu-
nigung[1]. — Durch Einträufelung in den Bindehautsack erzeugt man
mit Cocain eine Anämie der Bindehaut und Anästhesie dieser und der
Cornea; im inneren Auge werden die Gefäße ebenfalls verengert und die
Pupille erweitert; das letztere beruht auf einer Reizung des erweiternden
Irisapparates. Der intraokulare Druck wird trotz der Mydriasis verringert.

Bei Tieren steigert Cocain die Körpertemperatur. — Charakteristisch
für Cocain ist eine Vergiftungsform, die P. Ehrlich bei Mäusen durch
Fütterung mit Cocaincakes erzeugt hat; die Tiere gehen nach kurzer
Zeit an einer eigenartigen Leberdegeneration zugrunde.

Tiere an Cocain zu gewöhnen gelingt nicht, während dies mit
Morphin leicht möglich ist[2]. — Wegen seiner scheinbar erregenden
Wirkungen ist das Cocain eine Zeitlang als Mittel versucht worden,
den chronischen Morphinismus zu heilen. Die Folgen waren sehr traurig;
die betreffenden Patienten wurden von ihrer Krankheit nicht geheilt
und bekamen nur noch zu ihrer Morphinsucht eine noch schlimmere
Sucht nach Cocain dazu. Und dieser Cocainismus hat auch weiterhin
allein oder in der Kombination mit dem Morphinismus zahlreiche Opfer
gerade in den höheren Ständen gefordert; besonders gefährdet sind
Ärzte, Chemiker und andere Berufe, denen das Mittel ohne weiteres
zugänglich ist. Die Erscheinungen des Cocainismus, der noch viel
weniger heilbar ist als der Morphinismus, bestehen in schweren körper-
lichen Beschwerden (Verdauungskrankheiten, allgemeine Schwäche u. a.)
und mehr oder weniger starkem geistigen Verfall. Heilung ist sehr
selten, und die Kranken gehen in einigen Jahren an Marasmus zugrunde.
Die Toleranz, die solche Menschen gegen die akuten Wirkungen des
Giftes erwerben, ist manchmal sehr groß, so daß Fälle bekannt geworden
sind, in denen es in Mengen von mehreren Grammen täglich eingespritzt
wurde, während bei normalen Menschen schon 5 cg unter Umständen
schwere Vergiftungssymptome auslösen können.

---

[1] Am isolierten Herzen bewirkt Cocain, wie neuerdings von mehreren
Autoren festgestellt worden ist, fast allein eine Schädigung der Leistung.

[2] J. Grode, Arch. f. experim. Pathol. u. Pharmakol. **67**, 172.

Das Cocain wird gegenwärtig fast nur als Lokalanaestheticum benutzt.

Das *d - Cocain* wirkt sehr ähnlich dem l-Cocain, die lokalanästhesierende Wirkung ist etwas stärker.

Die *Norcocaine* haben die Wirkung des Cocains, sind zum Teil aber noch giftiger. — Die Frage, welches die Bestandteile sind, denen das Cocainmolekül seine therapeutisch wichtige Wirkung verdankt, ist vielfach bearbeitet worden. Daß *Ecgonin* fast völlig unwirksam ist, wurde schon zeitig festgestellt; dadurch wird die Wichtigkeit der Esterbindung im Molekül bewiesen. Im allgemeinen wird man sagen müssen, daß sowohl die Esterifizierung wie die Anwesenheit des Benzoylrestes im Molekül für die lokal anästhesierende Eigenschaft erforderlich sind. Auf diesem Prinzip sind alle modernen Ersatzmittel des Cocains aufgebaut.

Truxillin besitzt die lokalanästhesierenden Eigenschaften des Cocains nicht. Es hat Allgemeinwirkungen und schädigt besonders den Kreislauf.

Tropacocain soll noch besser lokal anästhesieren als Cocain, erzeugt aber eine örtliche Hyperämie, was seine praktische Brauchbarkeit verringert; die Giftigkeit ist sehr viel geringer als die des Cocains [Chadbourne[1])].

VIII. Spartiumalkaloide.

Im Besenginster (Spartium scoparium L.), einer Leguminose wurde das Spartein $C_{15}H_{26}N_2$ von Stenhouse[2]) 1851 aufgefunden. Es ist darin in einer Menge von etwa 0,25—0,7% enthalten; die Ausbeute ist am reichlichsten im März, am ärmsten im Herbst. Das Spartein erwies sich identisch mit dem im Samen der gelben Lupine vorkommenden *Lupinidin* (s. dort) [Willstätter und Marx[3])].

In neuerer Zeit fanden sich im Besenginster neben dem öligen Spartein das Sarothamnin $C_{15}H_{24}N_2$ und ein krystallisiertes Alkaloid, das *Genistein* $C_{16}H_{28}N_2$.

1. Spartein.

Das Spartein $C_{15}H_{26}N_2$ bildet ein farbloses Öl, Kp.$_{18}$ 188°, Kp.$_{761}$ 326° (corr.) im Wasserstoffstrom; d^{20} 1,0196; $[\alpha]_D^{21}$ — 16,42, kaum löslich in Wasser, in warmem noch schwieriger wie in kaltem, aber leicht in organischen Solvenzien, starke Base; zweisäuerig; der Stickstoff ist tertiär gebunden, trägt aber kein Alkyl.

Nach der jetzigen Erkenntnis [Willstätter und Marx[4]), Moureu und Valeur[5]), Wolffenstein und Wackernagel[6])], stellt das

[1]) Chadbourne, Therap. Monatshefte **1892**, 471.
[2]) Stenhouse, Philos. Trans. **1851**. (2) 422; A. **78**, 15.
[3]) Willstätter u. Marx, B. **37**, 2351.
[4]) Willstätter u. Marx, B. **38**, 1772.
[5]) Moureu u. Valeur, C. r. **137**, 194.
[6]) Wolffenstein u. Wackernagel, B. **37**, 3238.

Spartein ein gesättigtes, mehrwertiges bicyclisches Ringsystem vor,
denn es läßt sich weder reduzieren, noch wirkt Permanganat in schwefelsaurer Lösung darauf ein und Wasserstoffsuperoxyd bildet wie bei
allen tertiären cyclischen Stickstoffverbindungen mit einfachen Bindungen ein Oxyd.

Weiterhin sind im Spartein zwei tertiäre Kohlenstoffatome anzunehmen (Willstätter und Marx). Dies hat sich bei der Oxydation
des Sparteins mit Chromsäure in stark schwefelsaurer Lösung ergeben.
Hierbei entstehen zwei ungesättigte Verbindungen, das *Spartyrin*
$C_{15}H_{24}N_2$, Fp. 153—154°, $[\alpha]_D^{18} - 25{,}96°$, krystallisierte Verbindung,
und das *Oxyspartein* $C_{15}H_{24}N_2O$ [Ahrens[1])], Fp. 87,5°; Kp.$_{12{,}5}$ 209°;
$[\alpha]_D^{18} - 10{,}04°$, deren Bildung aus den beteiligten Atomgruppen des
Sparteins sich durch folgenden Reaktionsvorgang erklären läßt:

Spartyrinbildung:

$$HC-CH \longrightarrow (HO)C-C(OH) \longrightarrow C=C$$

Spartein.   Intermediäres Produkt.   Spartyrin.

Oxysparteinbildung:

$$HC-CH \longrightarrow (HO)C-C(OH) \longrightarrow C\underset{O}{\diagdown\diagup}C$$

Spartein.   Intermediäres Produkt.   Oxyspartein.

Die Funktion des Sauerstoffatoms im Oxyspartein ist eine oxyd-
artige.

Das gesamte Verhalten des Sparteins, seine Zusammensetzung
und vor allem auch der Reaktionsverlauf, den das Spartein beim Hofmannschen Abbau erfährt, veranlaßten Moureu und Valeur[2])
dem Alkaloid folgende Formel beizulegen, der wir bis auf weiteres
folgen wollen:

CH · · · · · CH

H_2C CH_2 $CH-CH_2-HC$ CH_2
CH_2 · · · CH_2
H_2C CH_2 HC CH_2
N · · · · · N

Spartein.

Der Hofmannsche Abbau des Sparteins hat folgende Klar-
stellungen ergeben. Das Spartein bildet mit Jodmethyl zwei stereoisomere Monojodmethylate [Moureu und Valeur[3])], die α- und α'-Ver-
bindung. Bei der Behandlung der ersteren mit Silberoxyd entsteht
zunächst die quaternäre Ammoniumbase, das *α-Sparteinmethylammo-
niumhydroxyd*, das beim Erhitzen unter Sprengung einer Stickstoff-

[1]) Ahrens, B. **24**, 1095; **25**, 3607.
[2]) Moureu u. Valeur, C. r. **141**, 117, 261, 328; **145**, 815; **146**, 79; **152**, 386, 527.
— Valeur, C. r. **147**, 127, 1318. — Vgl. dagegen Valeur u. Luce, C. r. **168**, 1276.
[3]) Moureu u. Valeur, C. r. **145**, 1184, 1343.

bindung das *β-Methylspartein* bildet [Moureu und Valeur[1])]. $Kp._{16,5}$ 181—183°; $[\alpha]_D$ — 9,9°.

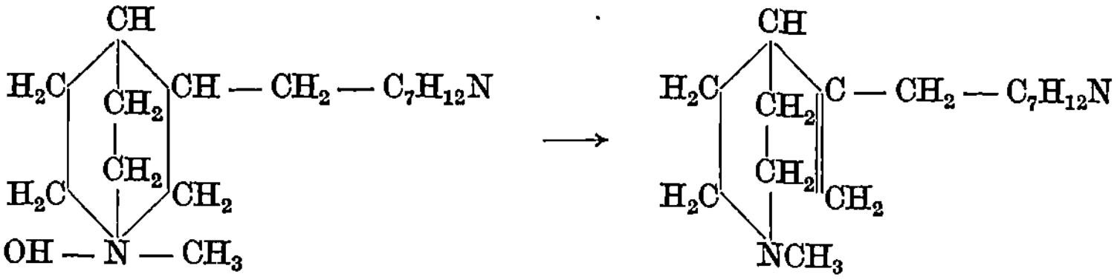

$$H_2C \diagup \overset{CH}{\underset{CH_2}{CH_2}} \diagdown CH - CH_2 - C_7H_{12}N$$

α-Sparteinmethylammoniumhydroxyd.   β-Methylspartein.

Bei weiterer Einwirkung von Jodmethyl und Wiederholung der obigen Behandlung öffnet sich auch die zweite Bindung des Stickstoffatoms; es entsteht das *des-Dimethylspartein*[2]):

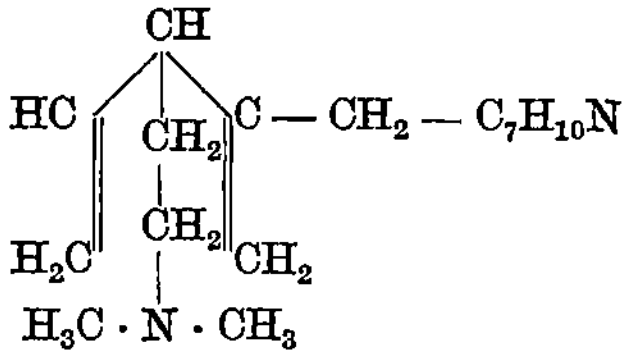

des-Dimethylspartein.

und bei nochmaliger Einwirkung von Jodmethyl spaltet sich schließlich der Stickstoff in Form von Trimethylamin ab; es verbleibt *Hemisparteïlen*:

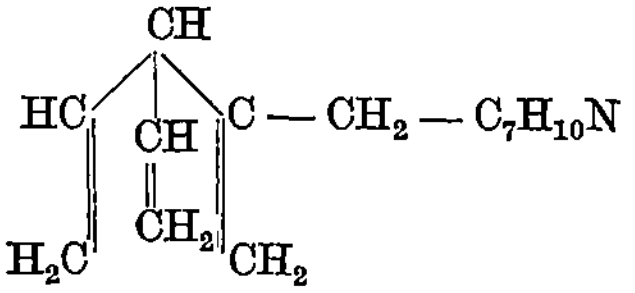

Hemisparteïlen.

Im Hemisparteïlen ist, wie aus allem Vorhergehenden ersichtlich, nur die eine Hälfte des Sparteïnmoleküls abgebaut, die andere Hälfte aber noch intakt. Dieses zweite Ringsystem des Sparteïns läßt sich aber bei weiterer erschöpfender Methylierung auch abbauen und vom Stickstoff völlig ablösen; es entsteht der Kohlenwasserstoff *Sparteïlen* $C_{15}H_{20}$ [Moureu und Valeur[3])].

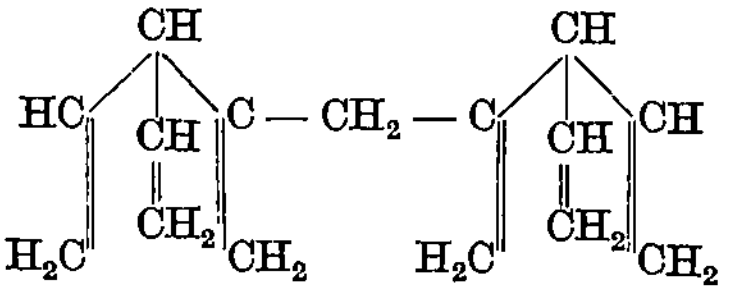

Sparteïlen.

$Kp._{18}$ 157—159°, inaktiv, addiert Brom.

---

[1]) Moureu u. Valeur, C. r. **147**, 127.

[2]) Die beim Hofmannschen Abbau erhaltenen aufgespaltenen ungesättigten N-methylierten Basen werden nach einem Vorschlage von Willstätter mit dem Präfix „des" versehen.

[3]) Moureu u. Valeur, C. r. **154**, 161.

So weit sind die Verhältnisse beim erschöpfenden Hofmannschen Abbau des α-Sparteinmethylammoniumhydroxyds klargestellt. Dieser Abbau des Moleküls kann aber noch in einer anderen Spaltrichtung des Ringsystems erfolgen. Hierbei entsteht dann aus dem Sparteinmethylammoniumhydroxyd das α-*Methylspartein* $C_{16}H_{28}N_2$ in folgender Weise:

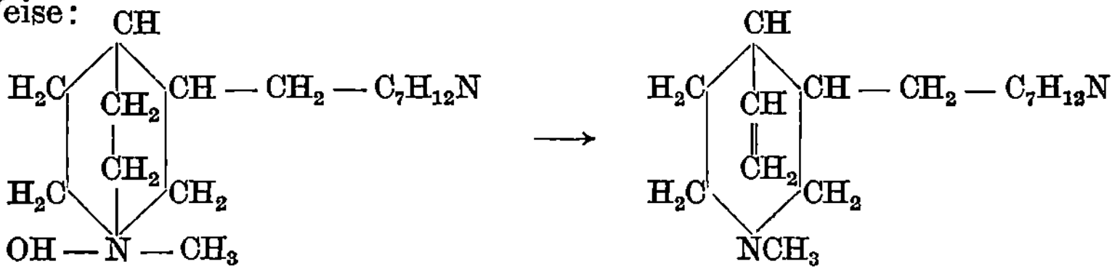

CH H_2C CH_2 CH — CH_2 — $C_7H_{12}N$ $\longrightarrow$ CH H_2C CH   CH — CH_2 — $C_7H_{13}N$

Sparteinmethylammoniumhydroxyd. α-Methylspartein.

Dieses erfährt beim Erhitzen seines jodwasserstoffsauren Salzes auf 125° eine Isomerisierung; es entsteht das *Isosparteinjodmethylat* [Moureu und Valeur[1])]:

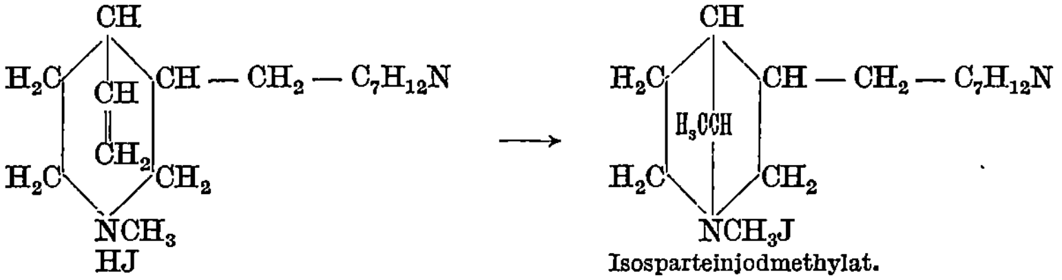

α-Methylsparteinjodhydrat.   Isosparteinjodmethylat.

Das Isospartein $C_{15}H_{26}N_2$ stellt eine gesättigte bicyclische Verbindung von Pyrrolringen vor; Öl, $Kp._{16}$ 177,5—179,5°; $[\alpha]_D$ — 25,01°.

Das Spartein, ein Piperidinderivat erfährt also bei seiner Umwandlung in das Isospartein eine Isomerisierung in ein Methylpyrrolidinderivat [Moureu und Valeur[2])]. Andererseits läßt sich das Isospartein in Form seines Methosulfats durch Erhitzen mit Baryt bei 100° im Vakuum in α-Methylspartein unter Sprengung des Pyrrolidinringes wieder zurückverwandeln[3]).

Die Pyrrolreaktion, welche das Spartein beim Erhitzen mit Zinkstaub zeigt, ist hier hervorzuheben.

Es darf nicht übersehen werden, daß die Konstitution des Starteins als solche überhaupt noch nicht feststeht. In der Beziehung ist eine Beobachtung von Germain[4]) hervorzuheben, der das Auftreten von Bernsteinsäure bei der Oxydation des Sparteins erwähnt. Das würde möglicherweise darauf hindeuten, daß zwei Methylengruppen die beiden Ringsysteme miteinander verbinden. Auch eine Beobachtung von Paterno[5]), wonach das Spartein mit Ketonen reagiert, läßt sich mit der vorliegenden Sparteinformel nicht gut erklären.

---

[1]) Moureu u. Valeur, C. r. **145**, 1184, 1343.
[2]) Moureu u. Valeur, C. r. **147**, 127, 364.
[3]) Moureu u. Valeur, C. r. **154**, 309.
[4]) Germain, G. **42**, I, 447.
[5]) Paterno, G. **44**, II, 99.

2. Sarothamnin.

Das Sarothamin $C_{15}H_{24}N_2$ sammelt sich in den Mutterlaugen des Sparteinsulfats an [Valeur[1])]. Amorph, bildet krystallisierte Additionsprodukte z. B. mit Alkohol vom Fp. 90°. $[\alpha]_D$ — 38,7° in Chloroform. Einsäurig gegen Phenolphthalein. Reduziert Kaliumpermanganatlösung.

3. Genistein.

Das Genistein $C_{16}H_{28}N_2$, aus den Mutterlaugen des Sparteinsulfats erhalten, ist eine krystallisierte, flüchtige Verbindung. Fp. 60,5° Kp.$_5$ 139,5—140,5°. Zweisäurige, gesättigte Base. Bildet ein Hydrat. $[\alpha]_D$ — 52,3° [Valeur[2])].

Pharmakologisches. — Auch über Spartein ist die ältere Literatur sehr widerspruchsvoll[3]); als gesichert kann folgendes gelten: Das Spartein wirkt so gut wie gar nicht auf die nervösen Zentren, größere Dosen töten durch Atmungslähmung. Diese ist größtenteils peripher durch Lähmung der motorischen Nervenendigungen des Zwerchfells bedingt. Ob auch die motorischen Nerven in der willkürlichen Körpermuskulatur gelähmt werden, ist strittig. Auf die Pupille wirkt Spartein mydriatisch ein. — Eine Zeitlang ist das Spartein als ein die Herzkraft verstärkendes Mittel empfohlen worden. Tatsächlich ist es dies aber nicht; in kleinen Dosen hat es gar keine Wirkung auf den Kreislauf. Bei intravenöser Einführung tritt zwar eine Steigerung des Blutdrucks auf, nicht aber wenn man es per os gibt. Außerdem sieht man eine Abnahme der Pulsfrequenz und eine Schwächung der einzelnen Herzkontraktionen. — In einem Selbstversuch hat ein Forscher gezeigt, daß 0,4 g für einen Menschen wenig giftig sind; er empfand nur Eingenommensein und Schwere des Kopfes. — Spartein sollte nach alten Angaben auch die Harnabsonderung befördern; wahrscheinlich ist auch das unrichtig.

Das *Oxyspartein* hat die Fähigkeit, die durch irgendeinen Eingriff geschwächte Herztätigkeit zu bessern. Die Pulsfrequenz nimmt zwar ab, der Blutdruck aber zu, ebenso das Pulsvolumen[4]).

Das *Sparteinjodmethylat* wirkt im wesentlichen wie Spartein[5]).

IX. Alkaloide der Lupinensamen.

Die Samen von Lupinus luteus und Lupinus niger, Familie der Leguminosen, enthalten zwei Alkaloide, das *Lupinin* $C_{10}H_{19}NO$ und das *Lupinidin* (*Spartein*) $C_8H_{15}N$. Diejenigen von Lupinus albus L. und Lupinus angustifolius L. (blaue Lupine) enthalten das *Lupanin*

[1]) Valeur, C. r. **167**, 26.
[2]) Valeur, C. r. **167**, 163.
[3]) Cushny u. Matthews, Arch. f. experim. Pathol. u. Pharmakol. **35**, 129.
[4]) Hürthle, Arch. f. experim. Pathol. u. Pharmakol. **30**, 141.
[5]) Hildebrandt, Münch. med. Wochenschr. 1906, 1327.

$C_{15}H_{24}N_2O$ (d- und r-Lupanin), und im Lupinus perennis findet sich ein viertes Lupinenalkaloid, das *Oxylupanin*, $C_{15}H_{24}N_2O$.

Außer diesen vier charakteristischen Alkaloiden — Lupinin, Lupinidin (Spartein), Lupanin und Oxylupan:n — enthalten die Lupinensamen vor und nach ihrer Keimung eine große Anzahl von Verbindungen, Säuren (Äpfelsäure, Citronensäure, Oxalsäure), ein Glukosid von der Formel $C_{19}H_{32}O_{16}$ und eine auffallend große Zahl der verschiedensten durch Eiweißabbau entstandenen Aminosäuren, wie Aminovaleriansäure, Asparagin, Leucin, Phenylalanin, Tyrosin, Arginin, Lysin [Schulze[1])].

1. Lupinin.

Das Lupinin wurde im Jahre 1835 von Cassola[2]) aufgefunden, während einer längeren Reihe von Jahren von verschiedenen Forschern [Schmidt und Mitarbeitern[3]), Baumert[4])] untersucht, aber erst im Jahre 1902 als $C_{10}H_{19}NO$ von Willstätter und Fourneau[5]) richtig erkannt. Das Alkaloid krystallisiert in rhombischen Krystallen, Fp. 68—69°, destilliert im Wasserstoffstrom unzersetzt bei 255—257°, $[\alpha]_D^{17}$ — 19°. Die Base besitzt schwachen Geruch und bitteren Geschmack, ist löslich in niedrig siedendem Ligroin.

Das Lupinin ist eine einsäuerige tertiäre Base, besitzt keine N-Methylgruppe, dagegen eine primäre Alkoholgruppe, denn bei der Oxydation mit Chromsäure entsteht aus dem Lupinin $C_{10}H_{19}NO$ eine Säure $C_{10}H_{17}NO_2$ die *Lupininsäure*, Nadeln, Fp. 255°. Die Alkoholgruppe des Lupinins spaltet leicht Wasser ab. So bildet sich aus Lupinin durch Einwirkung von Eisessig-Schwefelsäure bei 180° das *Anhydrolupinin* $C_{10}H_{17}N$; Öl, $Kp._{726}$ 216,5—217,5°. In kaltem Wasser leichter löslich als in heißem. Unangenehmer narkotischer Geruch (Willstätter und Fourneau).

Das Lupinin ist gegen schwefelsaure Kaliumpermanganatlösung beständig; es stellt also eine gesättigte Verbindung dar. Einen besonderen Aufschluß über die Ringverhältnisse im Lupinin gab der Hofmannsche Abbau (Willstätter und Fourneau). Die erschöpfende Methylierung führte hierbei erst nach dreimaliger Addition von Halogenalkyl zur Eliminierung des Stickstoffatoms aus dem übrigen Molekularkomplex. Das Stickstoffatom des Lupinins schließt also zwei Ringe.

So kann man für das Lupinin folgende Atomgruppierung annehmen:

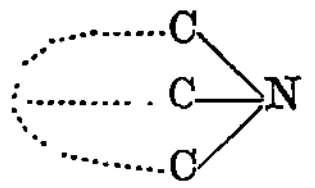

---

[1]) Schulze, Z. physiol. **28**, 465.
[2]) Cassola, A. **13**, 308.
[3]) Schmidt u. Behrend, A. Pharm. **235**, 262. — Schmidt u. Davis, A. Pharm. **235**, 192; **218**, 229. — Schmidt u. Gerhard, A. Pharm. **235**, 342.
[4]) Baumert, B. **14**, 1150, 1321, 1880, 1882; **15**, 631, 1951; A. **214**, 361; **224**, 313.
[5]) Willstätter u. Fourneau, B. **35**, 1910.

wobei die punktierten Linien über die Art der Kohlenstoffbindungen
nichts aussagen sollen. Es sind mindestens die beiden oben angedeuteten
kondensierten Ringe im Lupininmolekül vorhanden. Es liegt hier eine
dem Chinuclidin ähnliche Atomgruppierung vor.

In *physiologischer* Beziehung soll Lupinin ähnlich, aber schwächer
wie Spartein wirken.

2. Lupinidin.

Das Lupinidin $C_{15}H_{26}N_2$ erwies sich durch die Untersuchungen von
Willstätter und Marx[1]) identisch mit dem Spartein (s. Spartein),
das im Spartium scoparium L. vorkommt. Botanische Beziehungen
führen hier offenbar zu diesem chemischen Zusammenhang, denn
Spartium scoparium und Lupinus luteus gehören derselben Familie
Papilionaceae an; Kp. 311—314°. Kp.$_{18}$ 180,5°, d_D^{20} 1,023; $[\alpha]_D^{20} - 5,96$°.

3. Lupanin.

Dieses Alkaloid $C_{15}H_{24}N_2O$ findet sich in der Lupine in seiner inaktiven und in seiner optisch aktiven d-Form.

Das *inaktive Lupanin* wurde von Soldani[2]) 1892 entdeckt und
von Schmidt und Davis untersucht. Man gewinnt es aus den Mutterlaugen des Rechtslupanins; es krystallisiert aus Ligroin in Nadeln,
Fp. 99°. In Wasser und organischen Solvenzien leicht löslich; stark
alkalische Reaktion, einsäurige tertiäre Base, bildet nur ein Monojodmethylat.

Die Zerlegung in die beiden aktiven Formen ließ sich aus dem
rhodanwasserstoffsauren Salz (Fp. 188°) erzielen, indem hierbei zwei
durch ihre Hemiedrie sich voneinander unterscheidende Krystalle
entstehen, welche man mechanisch auslesen und jede für sich durch
Alkali zerlegen kann. So entstehen Rechts- und Linkslupanin, die sich
nur durch entgegengesetzte optische Drehung voneinander unterscheiden. Das Rechtslupanin erwies sich identisch mit dem natürlichen.

Das *Rechtslupanin* wurde 1885 von Hagen[3]) in der Lupine entdeckt. Seiner atomaren Zusammensetzung nach könnte das Lupanin
zur Gruppe des Sparteins gehören. Das Lupanin krystallisiert aus
Ligroin in Form von Nädelchen. Fp. 44°. In kaltem Wasser leichter
löslich als in heißem, in Alkohol, Äther, Chloroform leicht löslich. Mit
seinem Studium haben sich Soldani und Schmidt u. Siebert[4])
befaßt. Es ist eine starke einsäurige Base, Fp. 44° $[\alpha]_D^{18} + 51,48$°,
verbindet sich nur mit einem Molekül Jodmethyl; durch Einwirkung
von Brom mit darauffolgender Alkoholbehandlung entsteht das *Äthoxylupanin* $C_{15}H_{23}N_2O \cdot OC_2H_5$ [Beckel[5])]. Über Einwirkung von Oxy-

[1]) Willstätter u. Marx, B. **37**, 2351.
[2]) Soldani, A. Pharm. **230**, 61; **231**, 321, 481; G. **23**, I, 143; **25**, I, 352; **27**, II, 191.
[3]) Hagen, A. **230**, 367.
[4]) Schmidt u. Siebert, A. Pharm. **229**, 531.
[5]) Beckel, A. Pharm. **249**, 329; **250**, 691.

dationsmitteln und Halogen auf Lupanin vgl. Soldani[1]). Lupanin scheint in die Pyridinreihe zu gehören.

Die Funktion des Sauerstoffatoms im Lupanin ist noch nicht erkannt; am Stickstoff steht keine Methylgruppe. Durch Brom in alkoholischer Lösung tritt Spaltung des Moleküls in zwei Teile ein nach folgender Gleichung:

$$C_{15}H_{24}N_2O + H_2O = C_8H_{15}NO + C_7H_{11}NO.$$

Von den beiden so entstehenden Basen ist die erstere tertiär; durch Salzsäureeinwirkung erfolgt Wasserabspaltung, indem sich die Base $C_8H_{13}N$ bildet. Beide Spaltbasen enthalten je eine Hydroxylgruppe, nachweisbar durch ihre Acetylverbindungen (Schmidt und Davis). Danach wäre die Formel des Rechtslupanins aufzulösen in $C_8H_{14}N$—O—$C_7H_{10}N$.

4. Oxylupanin.

Oxylupanin $C_{15}H_{24}N_2O_2$ krystallisiert mit zwei Molekülen Wasser, Fp. 76—77°; wasserfrei Fp. 172—174°; $[\alpha]_D^{20} + 64{,}12°$ [Bergh[2])]. Leicht löslich in Wasser, Alkohol, sehr wenig löslich in kaltem Äther. Farblose rhombische Prismen. Einsäurige Base. Gesättigte Verbindung. Enthält eine alkoholische Hydroxylgruppe, *Monoacetyloxylupanin.* Bildet ein Jodmethylat. Fp. 228,5—230,5°, gelbe Krystalle. Durch 24stündiges Kochen von Jodwasserstoffsäure und Phosphor mit Oxylupaninjodhydrat entsteht Rechtslupanin [Beckel[3])].

X. Alkaloide der Granatbaumrinde.

Die Rinde des Granatbaums (Punica Granatum L., Familie der Myrthaceen) enthält verschiedene Alkaloide, denen sie ihre schon lange bekannte Wirkung als wurmtreibendes Mittel verdankt. Ch. Tanret[4]) fand eine Reihe dieser Alkaloide im Jahre 1877 auf und konnte die folgenden vier daraus isolieren:

das Pseudopelletierin . . $C_9H_{15}NO$
das Pelletierin . . . . . $C_8H_{15}NO$
das Isopelletierin . . . . $C_8H_{15}NO$
das Methylpelletierin . . $C_9H_{17}NO$.

Diese Alkaloide wurden nach dem bekannten französischen Alkaloidchemiker Pelletier benannt.

Von diesen ist das Pseudopelletierin am besten charakterisiert und eingehend erforscht.

Die übrigen Alkaloide der Granatbaumrinde sind in neuerer Zeit von Heß und Mitarbeitern weiter studiert worden. Nach den gesamten Unterlagen hat aber Heß dabei — bis evtl. auf das Isopelletierin Tanret's — andere Alkaloide in der Hand gehabt als Ch. Tanret.

[1]) Soldani, C. 1902, I, 669; 1903, I, 930; 1903, II, 839; 1905, I, 826.
[2]) Bergh, A. Pharm. 242, 416.
[3]) Beckel, A. Pharm. 248, 451.
[4]) Ch. Tanret, C. r. 86, 1270; 87, 358; 88, 716; 90, 695.

Wir werden deshalb hier vorläufig, um die Arbeiten der beiden Forscher zu respektieren und aus pharmakologischen Gründen, die Übersicht und Nomenklatur der einzelnen Alkaloide getrennt behandeln und sie so wiedergeben, wie sie ursprünglich in die Literatur eingeführt worden sind.

Daher geben wir hier die Alkaloide von He ß getrennt an.

Pelletierin (He ß) . . . . $C_8H_{15}NO$
Isopelletierin (He ß) . . . . $C_8H_{15}NO$
Methylisopelletierin (He ß) . . . . $C_9H_{17}NO$
α-N-Methyl-Piperidyl-(1)-propan-2-on . . . . $C_9H_{17}NO$.

Pseudopelletierin.

Pseudopelletierin ist das Hauptalkaloid der Granatbaumrinde; es findet sich darin zu ca. 0,18%.

Das Pseudopelletierin $C_9H_{15}NO$ bzw. nach der neueren systematischen Nomenklatur *Methylgranatonin* genannt, ist in einer Reihe von Untersuchungen von Ciamician und Silber[1]), später von Piccinini[2]) und von Willstätter und Veraguth, Willstätter und Waser[3]) in seiner Konstitution klargestellt worden.

Hiernach zeigt das Pseudopelletierin einfache Beziehungen zu den Tropaalkaloiden, insbesondere zum Tropinon; es stellt das höhere Homologe desselben vor. Es enthält zwei Piperidinringe, deren Kohlenstoffatome sich zu einem Oktanring zusammenschließen.

Seine Konstitutionsformel ist folgende:

$$\begin{array}{ccccc}
 & CH_2 & \!\!-\!\!-\!\! & CH & \!\!-\!\!-\!\! & CH_2 \\
H_2C\!\!<\!\!\!\!\! & & H_3CN & & \!\!\!\!\!>\!\!CO \\
 & CH_2 & \!\!-\!\!-\!\! & CH & \!\!-\!\!-\!\! & CH_2
\end{array}$$

Pseudopelletierin (Methylgranatonin).

Das Pseudopelletierin krystallisiert aus Ligroin in wasserfreien Prismen, die bei 48° schmelzen und bei 246° sieden. In Wasser, Alkohol, Äther und Chloroform ist es löslich, in Ligroin schwieriger; optisch inaktiv[4]).

Das Alkaloid stellt eine tertiäre ziemlich starke Base vor, sein Sauerstoffatom ist als Ketosauerstoff enthalten; es bildet ein Oxim; am Stickstoff trägt es eine Methylgruppe [Herzig und Meyer[5])].

Bei der Behandlung mit Natrium und Alkohol addiert es 2 Atome Wasserstoff; die Gruppe CO wird in die sekundäre Alkoholgruppe CHOH übergeführt; es entsteht das *Methylgranatolin* $C_9H_{17}NO$. Dieses ist ein Alkamin, durch Säuren esterifizierbar. Es bildet luftbeständige Krystalle, löslich in Wasser, Alkohol und Äther. Fp. 100°, Kp. 251° (Ciamician und Silber).

---

[1]) Ciamician u. Silber, B. **25**, 1601; **26**, 156, 2738; **27**, 2850; **29**, 481, 490, 2970.

[2]) Piccinini, Atti R. Accad. dei Lincei Roma 8, I, 392; G. **29**, II, 104, 115.

[3]) Willstätter u. Veraguth, B. **38**, 1975. — Willstätter u. Waser, B. **43**, 1176; **44**, 3423.

[4]) Piccinini, Atti R. Accad. dei Lincei Roma (5) **8**, II, 219.

[5]) Herzig u. Meyer, M. **15**, 613.

Außer diesem Alkamin entsteht bei der elektrolytischen Reduktion des Pseudopelletierins in schwefelsaurer Lösung eine stereoisomere Verbindung, scharf unterschieden von der ersteren durch ihr hygroskopisches Verhalten, durch ihren Fp. 69—70°, durch ihre leichtere Löslichkeit in Gasolin und durch leichtere Oxydationsfähigkeit mit Chromsäure (Willstätter und Veraguth).

Die Art der Stereoisomerie dieser Verbindungen entspricht derjenigen, die zwischen dem Pseudotropin und dem Tropin herrscht:

$$CH_2\!-\!\!-\!CH\!-\!\!-\!CH_2 \qquad\qquad CH_2\!-\!\!-\!CH\!-\!\!-\!CH_2$$
$$H_2C\!\!<\ H_3CN\!\!<\quad H\!\!>\!C\!-\!OH \qquad H_2C\!\!<\ H_3CN\!\!<\quad HO\!\!>\!C\!-\!H$$
$$CH_2\!-\!\!-\!CH\!-\!\!-\!CH_2 \qquad\qquad CH_2\!-\!\!-\!CH\!-\!\!-\!CH_2$$

Methylgranatoline.

Das Methylgranatolin verliert unter der Einwirkung kalter, alkalischer Permanganatlösungen die am Stickstoff befindliche Methylgruppe und bildet eine sekundäre Base, das *Granatolin*, Nadeln, krystallisiert aus Äther, Fp. 134°:

$$CH_2\!-\!\!-\!CH\!-\!\!-\!CH_2$$
$$H_2C\!\!<\qquad <\!NH\qquad >\!CHOH$$
$$CH_2\!-\!\!-\!CH\!-\!\!-\!CH_2$$

Granatolin.

Ebenso wie das Tropin durch Wasserabspaltung in Tropidin übergeht, so läßt sich auch das Methylgranatolin durch Einwirkung von Eisessig und Schwefelsäure bei 180° unter Wasserverlust in die entsprechende ungesättigte Verbindung, in das *Methylgranatenin* $C_9H_{15}N$ überführen; Kp. 186°:

$$CH_2\!-\!\!-\!CH\!-\!\!-\!CH$$
$$H_2C\!\!<\qquad <\!NCH_3\qquad >\!CH$$
$$CH_2\!-\!\!-\!CH\!-\!\!-\!CH_2$$

Methylgranatenin.

Dieses bildet bei der Reduktion mit Jodwasserstoffsäure und Phosphor das gesättigte *Methylgranatanin* $C_9H_{17}N$, Fp. 49—50°, Kp. 192 bis 193°:

$$CH_2\!-\!\!-\!CH\!-\!\!-\!CH_2$$
$$H_2C\!\!<\qquad <\!NCH_3\qquad >\!CH_2$$
$$CH_2\!-\!\!-\!CH\!-\!\!-\!CH_2$$

Methylgranatanin.

bzw. durch gleichzeitige Entalkylierung — die Stammsubstanz der ganzen Gruppe — das *Granatanin* $C_8H_{15}N$, eine starke Base. Diese nimmt mit so großer Begierde Kohlensäure aus der Luft an, daß die genaue Fixierung des Schmelzpunktes dadurch erschwert wird. Fp. 50—60°. Das Methylgranatanin läßt sich auch direkt aus dem Pseudopelletierin durch starke elektrolytische Reduktionseinwirkung bilden.

$$CH_2\!-\!\!-\!CH\!-\!\!-\!CH_2$$
$$H_2C\!\!<\qquad <\!NH\qquad >\!CH_2$$
$$CH_2\!-\!\!-\!CH\!-\!\!-\!CH_2$$

Granatanin.

Die Veranlassung, das Pseudopelletierin in Parallele zum Tropinon zu stellen, gibt sein gesamtes Verhalten.

Von besonderer Bedeutung erwies sich hierbei das Verhalten des salzsauren Granatanins bei der Destillation über Zinkstaub. Hierbei entsteht nämlich Conyrin (α-Propylpyridin; S. 48).

Diese Beobachtung entspricht der Bildung von α-Äthylpyridin, das bei der Destillation des salzsauren Norhydrotropidins über Zinkstaub entsteht, und alle die Schlußfolgerungen, die sich aus jener Reaktion ergaben, ließen sich auch hier bei der Bildung des Homologen verwerten. Der Zusammenhang des Pseudopelletierins zum Tropinon folgte dann weiter aus der Tatsache, daß auch im Pseudopelletierin die Ketogruppe zwischen zwei CH_2-Gruppen steht. So bildet das Pseudopelletierin mit Benzaldehyd das *Dibenzylidenmethylgranatonin* und mit Amylnitrit in salzsaurer Lösung entsteht das *Diisonitrosomethylgranatonin*.

Beweisschlüssig für die Konstitution des Pseudopelletierins erwies sich auch der Abbau des Alkaloids zu verschiedenen stickstofffreien Verbindungen des Cyclooktans.

So verläuft die erschöpfende Methylierung. Hierbei wird zunächst das kondensierte Ringsystem, das in den Pseudopelletierinbasen vorliegt, durch Loslösung einer Bindung des Stickstoffatoms in das monocyclische Δ_4-*Dimethylaminocyclookten* übergeführt, welches weiter durch vollständige Abspaltung des Stickstoffatoms aus dem Molekül in *Cyclooktadien* übergeht:

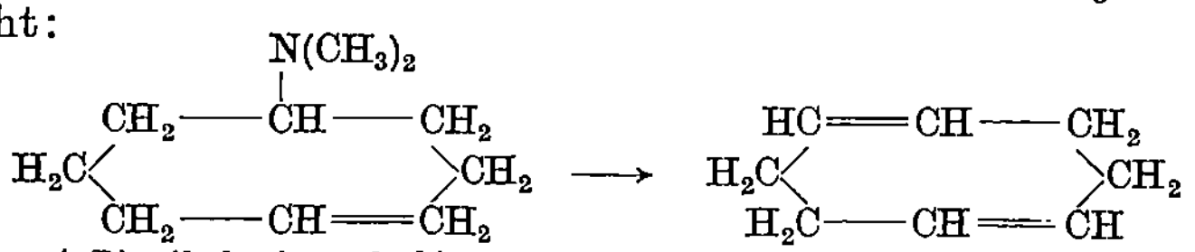

$$
\begin{array}{ccc}
& N(CH_3)_2 & \\
& | & \\
CH_2\!-\!\!-\!CH\!-\!\!-\!CH_2 & & HC\!=\!\!=\!CH\!-\!\!-\!CH_2 \\
H_2C{<}\qquad\quad{>}CH_2 & \longrightarrow & H_2C{<}\qquad\quad{>}CH_2 \\
CH_2\!-\!\!-\!CH\!=\!\!=\!CH_2 & & H_2C\!-\!\!-\!CH\!=\!\!=\!CH \\
\Delta_4\text{-Dimethylaminocyclookten.} & & \Delta_{1,5}\text{-Cyclooktadien.}
\end{array}
$$

Aus diesem erhält man durch Reduktion das Cyclooktan selber (**Willstätter** und **Waser**).

Die Analogie zwischen dem Tropin und dem Pseudopelletierin zeigt sich schließlich auch in den Oxydationsprodukten beider.

So wie sich dort durch Aufspaltung eines Ringes des kondensierten Ringsystems die Tropinsäure, eine Pyrrolidindicarbonsäure bildet, so entsteht hier die *Methylgranatsäure* $C_9H_{15}NO_4$, eine Piperidindicarbonsäure; Prismen, Fp. 240—245°:

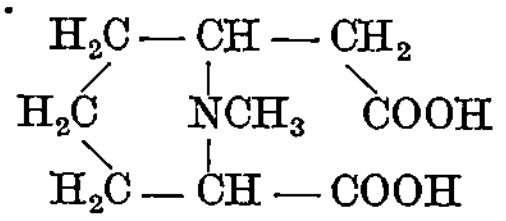

$$
\begin{array}{ccc}
H_2C\!-\!CH\!-\!CH_2 \\
H_2C\qquad NCH_3\quad COOH \\
H_2C\!-\!CH\!-\!COOH \\
\text{Methylgranatsäure.}
\end{array}
$$

Diese läßt sich durch erschöpfende Methylierung zu der zugrunde liegenden normalen Kohlenstoffkette abbauen.

Zunächst entsteht hierbei der *Dimethylgranatensäureester*, dann durch vollständige Loslösung des Stickstoffatoms als Trimethylamin aus dem Molekül die *Homopiperylendicarbonsäure*:

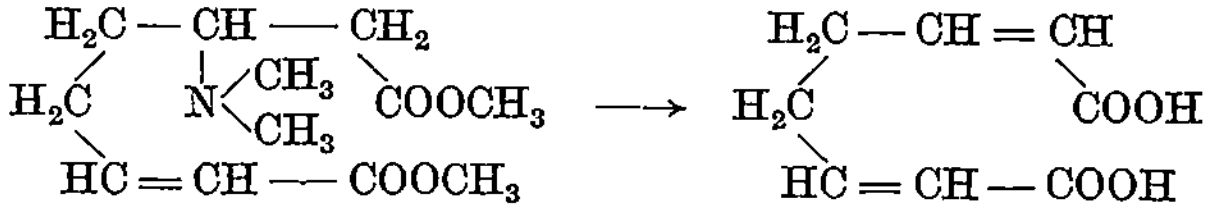

$$
\begin{array}{ccc}
H_2C\!-\!CH\!-\!\!-\!CH_2 & & H_2C\!-\!CH\!=\!CH \\
H_2C\quad N{<}^{CH_3}_{CH_3}\ COOCH_3 & \longrightarrow & H_2C\qquad\qquad COOH \\
HC\!=\!CH\!-\!\!-\!COOCH_3 & & HC\!=\!CH\!-\!COOH \\
\text{Dimethylgranatensäureester.} & & \text{Homopiperylendicarbonsäure.}
\end{array}
$$

die schließlich bei der Reduktion die Suberinsäure — das Endprodukt dieser Reihe — bildet, welche aus einer Kette von 8 unverzweigten Kohlenstoffatomen besteht:

$$HOOC(CH_2)_6CONH$$
Suberinsäure.

Pelletierin (Tanret).

Das Pelletierin $C_8H_{15}NO$ findet sich zu ca. 1 pro mille in der Rinde, ist ein farbloses, an der Luft empfindliches Öl, ziemlich löslich im Wasser, leicht löslich in organischen Solventien. Starke Base. Kp. 195°, $d_0 = 0{,}988$. Optisch rechtsdrehend; sein Sulfat ist linksdrehend $[\alpha]_D$ —30°. Freie Base $[\alpha]_D$ —27,8° (in Wasser), —31,1° (in Äther). Wird außerordentlich leicht durch Wärme oder Alkali racemisiert [G. Tanret[1])].

Isopelletierin (Tanret).

Das Isopelletierin $C_8H_{15}NO$ gleicht durchaus der vorhergehenden Base, deren Stereoisomeres es sein kann; optisch inaktiv. Möglicherweise ist das Isopelletierin von Tanret identisch mit dem Pelletierin Heß, welches ebenfalls optisch inaktiv ist.

Methylpelletierin (Tanret).

$C_9H_{17}NO$. Flüssigkeit von ähnlichem Verhalten wie das Pelletierin, aber widerstandsfähig gegen Racemisierung. Kp. 215°; Kp.$_{45}$ 106—108° $[\alpha]_D$ 27,7° [G. Tanret[1])]. Sein salzsaures Salz ist auch rechtsdrehend.

Möglicherweise verschieden von diesem Methylpelletierin ist ein Alkaloid von gleicher Zusammensetzung, das Piccinini[2]) aus der Granatwurzelrinde gezogen hat. Kp.$_{26}$ 114 — 117°; tertiäre Base, Ketoverbindung.

Pelletierin (Heß).

Das Pelletierin $C_8H_{15}NO$:

$$
\begin{array}{c}
CH_2 \\
H_2C \diagup \ \diagdown CH_2 \\
H_2C \diagdown \ \diagup CH\!-\!CH_2\!-\!CH_2\!-\!CHO \\
NH
\end{array}
$$

stellt eine luftempfindliche, leicht verharzende Substanz vor. Dieses Verhalten wird durch eine Aldehydgruppe im Molekül erklärt. Es ist eine sekundäre Base; Kp.$_{21}$ 106°. Optisch inaktiv. Die Base ist von Heß und Eichel[3]) optisch gespalten worden; das Sulfat ergab $[\alpha]_D$ + 5,39° bzw. die Linksverbindung $[\alpha]_D$ — 5,33°, also einen wesentlichen Unterschied von dem natürlichen Tanretschen Pelletierin.

Die Konstitutionsaufklärung des Pelletierins ist auf folgende Weise erbracht [Heß, Heß und Eichel[4])]. Das Pelletierin bildet ein Oxim,

---

[1]) G. Tanret, C. r. **170**, 1118.
[2]) Piccinini, Atti R. Accad. dei Lincei Roma (5) **8**, II. 176.
[3]) Heß u. Eichel, B. **51**. 749.
[4]) Heß, B. **50**. 368. — Heß u. Eichel, B. **50**, 1192. 1386.

das durch Phosphorpentachlorid in das Nitril $C_8H_{14}N_2$ übergeht und zur Pelletierinsäure $C_8H_{15}NO_2$ verseifbar ist. Die Pelletierinsäure besitzt ein Sauerstoffatom mehr als das Pelletierin; beide Verbindungen stehen im Verhältnis vom Aldehyd zur Säure. Die Pelletierinsäure ist aus früheren Arbeiten von Kaim und Löffler[1] bekannt, und erwies sich durch ihre Synthese als α-Piperidylpropionsäure. Diese Säure bildet sich bei der Kondensation von α-Picolin mit Chloral, wobei zunächst das α-Pyridyl-(1)-trichlorpropan-2-ol $C_5H_4N - CH_2$ — CHOH — CCl_3 entsteht, welches durch alkoholisches Kali unter Wasserabspaltung und Verseifung die α-Pyridylacrylsäure $C_5H_4N - CH$ $= CH - COOH$ bildet, die bei der Reduktion in die obige α-Piperidylpropionsäure übergeht.

Die Konstitution des Pelletierins erhellt auch durch die Überführung des Pelletierins in Coniin, indem sich daraus erwies, daß in beiden Verbindungen dasselbe Kohlenstoffskelett zugrunde liegt. Diese Überführung geschah nach dem Verfahren von Staudinger[2] bzw. Wolff[3], über das Pelletierinhydrazon und Natriumäthylateinwirkung (vgl. Coniin).

Eine Synthese des Pelletierins ist bisher nicht durchgeführt.

Isopelletierin (Heß).

Das Isopelletierin $C_8H_{15}NO$:

$$\begin{array}{c} CH_2 \\ H_2C \diagup \quad \diagdown CH_2 \\ H_2C \diagdown \quad \diagup CH - CO - CH_2 - CH_3 \\ NH \end{array}$$

wurde bei der Verarbeitung des Pelletierins in geringer Menge im Vorlauf desselben aufgefunden. $Kp._{11}$ 102—107°. Sekundäre Base. Es soll das α-Piperidyl-(1)-propan-1-on vorstellen, ist also ein Keton zum Unterschied von der Aldehydnatur des Pelletierins. Sein Konstitutionsbeweis ist indirekt geführt worden und gründet sich darauf, daß es mit dem α-Piperidyl-(1)-propan-2-on, welches synthetisiert worden ist, nicht identisch ist [Heß[4]] (vgl. auch Methylisopelletierin).

Methylisopelletierin (Heß).

Das Methylisopelletierin $C_9H_{17}NO$ wird als das α-N-Methylpiperidyl-(1)-propan-1-on

$$\begin{array}{c} CH_2 \\ H_2C \diagup \quad \diagdown CH_2 \\ H_2C \diagdown \quad \diagup CH - CO - CH_2 - CH_3 \\ N \\ | \\ CH_3 \end{array}$$

angesehen [Heß und Eichel[5]].

<hr>

[1] Kaim u. Löffler, B. **42**, 94.
[2] Staudinger, B. **44**, 2197.
[3] Wolff, A. **394**, 86.
[4] Heß, B. **52**, 1005.
[5] Heß u. Eichel, B. **50**, 380, 1386.

Es findet sich zu ca. 0,02% in den Rinden des Granatbaumes. Flüssigkeit $Kp._{15} = 105$—106°; wurde optisch gespalten; das Chlorhydrat ergab $[\alpha]_D$ + 9,7—9,9° [Heß und Eichel[1])].

Der Konstitutionsbeweis ist von Heß, Uibrig und Eichel und Heß, Eichel und Munderloh[2]) folgendermaßen geführt werden.

Das d-Conhydrinon:

$$
\begin{array}{c}
CH_2\\
H_2C\diagup\;\diagdown CH_2\\
H_2C\diagdown\;\diagup CH - CO - CH_2 - CH_3\\
NH
\end{array}
$$

Conhydrinon

aus natürlichem Conhydrin gewonnen (s. Conhydrin) liefert bei der N-Methylierung zwei anscheinend diastereomere Verbindungen.

Von diesen ist die eine identisch mit Methylisopelletierin, die zweite mit dem synthetisch erhaltenen N-Methyl-α-piperidyl-(1)-propan-1-on. Heß führt die vorliegende Isomerie auf die Cis- bzw. Trans-Stellung der N-Methylgruppe zur Seitenkette zurück.

Beide Verbindungen müßten strukturidentisch sein, insbesondere sollte die CO-Gruppe die 1-Stellung im Propanrest innehaben.

Diese ganze Beweisführung ist aber noch in Frage gestellt, wie es schon beim Conhydrin (S. 124) ausgeführt ist, und wird sich erst entscheiden lassen, wenn die beiden zu vergleichenden Verbindungen, Conhydrin und α-Piperidyl-(1)-propan-1-ol, auch in *optisch* gleicher Form vergleichsfähig vorliegen.

α-N-Methylpiperidyl-(1)-propan-2-on.

Das bei Gelegenheit früherer Untersuchungen in dieser Reihe von Heß[3]) herangezogene α-N-Methylpiperdyl-(1)-propan-2-on, welches aus dem von Ladenburg synthetisierten α-Piperidyl-1 propan-2-ol (S. 57) erhalten wurde, findet sich in geringer Menge in den natürlichen Pelletierinalkaloiden. $Kp._{11}$, 102—107°.

Diese letztere Base stellt also das einzige Pelletierinalkaloid vor, das bisher synthetisiert wurde. Der oben angegebene in zu weiten Grenzen liegende Siedepunkt spricht aber nicht für die Einheitlichkeit der Base.

Pharmakologisches. — Das Pelletierin (Tanret) verursacht bei Kalt- und Warmblütern resorptiv Reflexkrämpfe und ähnlich wie Strychnin eine Steigerung des Blutdrucks. — Es tötet Tänien schon in sehr geringer Konzentration ab, worauf wohl die Verwendung der Cortex granati als Anthelminthicum zu beziehen ist [v. Schroeder[4])]. —

---

[1]) Heß u. Eichel, B. **51**, 741.
[2]) Heß, Uibrig u. Eichel, B. **50**, 344, 451. — Heß, Eichel u. Munderloh, B. **52**, 964. — Heß, B. **53**, 129.
[3]) Heß, B. **52**, 1005.
[4]) W. v. Schroeder, Arch. f. experim. Pathol. u. Pharmakol. **19**, 290

Der neuerdings festgestellten nahen chemischen Verwandten des Pelletierins mit Coniin entspricht, daß Pelletierin die periphere Muskulatur lähmt.

Die übrigen Alkaloide der Granatbaumrinde, insbesonders das *Isopelletierin, Methylpelletierin, Isomethylpelletierin* und *Pseudopelletierin* sind pharmakologisch nicht untersucht.

XI. Alkaloide der Chinarinden.

Die Rinden verschiedener Bäume, die zu den beiden Gattungen *Cinchona* und *Remijia* (Familie der Rubiaceen) gehören, sind seit der Mitte des 17. Jahrhunderts in Europa als fiebervertreibende Mittel angewandt. Sie enthalten eine ganze Reihe von Alkaloiden, vor allem das Cinchonin und das Chinin, von denen das Chinin in pharmakologischer Beziehung souverän ist.

Die Heimat der Chinarinden ist Südamerika (Andeskette). Durch den starken Verbrauch, den die heilkräftige Rinde in Europa fand, waren in der zweiten Hälfte des vorigen Jahrhunderts die Chinarindenbäume in Südamerika aber schon fast ausgerottet. Da wurden sie mit bestem Erfolge zunächst nach Indien und vor allem auch nach Java übergepflanzt, wo die holländische Regierung der Chinakultur ganz besondere Pflege angedeihen ließ, so daß der Hauptbezug der Chinarinde heute von dort erfolgt.

Durch Auswahl der Sorten, besonders durch das Heranziehen einer von Ledger aufgefundenen Varietät der früher bevorzugten Chinchona Calisaya hat man es verstanden, Rinden mit besonders hohem Chiningehalt zu erhalten, wie auch durch Pflanzenkultur die Bildung der Nebenalkaloide, vor allem die des Cinchonins herabzudrücken. Auch durch andere forstwirtschaftliche Maßnahmen, wie Pfropfen, besondere Rindenbehandlung und Art der Rindenschälung, hat man weiter die Chininausbeuten gehoben.

Der Gattungsname *Cinchona* wurde zu Ehren der Gräfin von Chinchon, der Vizekönigin von Peru, gewählt, die 1638 durch diese Rinden vom Fieber geheilt wurde, wodurch die heilkräftige Wirkung der Rinde in Europa bekannt wurde.

Man kennt heute mehr als 20 gut beschriebene und charakterisierte Cinchona- bzw. Remijia-Alkaloide. Vor allem sind die Cinchona-Alkaloide genau charakterisiert und in ihrer Konstitution weitgehend erkannt.

Die Stammsubstanz der gesamten China-Alkaloide in chemischer Beziehung bildet das Cinchonin, von dem sich die übrigen bekannten Alkaloide (2—11 der folgenden Tabelle) in einfachster Weise ableiten lassen. Das Cinchonin besteht aus einem Chinolinring, der durch eine Karbinolgruppe mit einem zweiten stickstoffhaltigen kondensierten Ringsystem verknüpft ist. Dieses zweite Ringsystem, das sog. *Chinu-*

clidin, enthält noch eine β-Vinylgruppe; so daß der Typ der China-Alkaloide sich von folgender Atomgruppierung ableitet.

$$H_2C \longrightarrow CH \longrightarrow CH \longrightarrow CH = CH_2$$

Cinchonin.

Die hier betrachteten Alkaloide sind folgende:

1. Cinchonin . . . . $C_{19}H_{22}N_2O$,
2. Cinchonidin . . . . $C_{19}H_{22}N_2O$,
3. Chinin . . . . $C_{20}H_{24}N_2O_2$,
4. Chinidin (Conchinin). . . . . . . $C_{20}H_{29}N_2O_2$,
5. Hydrocinchonin (Cinchotin) . . . $C_{19}H_{24}N_2O$,
6. Hydrocinchonidin (Cinchamidin) . $C_{19}H_{24}N_2O$,
7. Hydrochinin . . . . $C_{20}H_{26}N_2O_2$,
8. Hydrochinidin (Hydroconchinin) . . $C_{20}H_{26}N_2O_2$,
9. Cuprein . . . . $C_{19}H_{22}N_2O_2$,
10. Homochinin . . . . $C_{39}H_{46}N_4O_4$,
11. Chinicin (Chinotoxin) . . . . . . $C_{20}H_{24}N_2O_2$,
12. Chinamin . . . . $C_{19}H_{24}N_2O_2$,
13. Conchinamin . . . . $C_{19}H_{24}N_2O_2$,
14. Aricin . . . . $C_{23}H_{26}N_2O_4$,
15. Cusconin . . . . $C_{23}H_{26}N_2O_4$,
16. Diconchinin. . . . . $C_{40}H_{46}N_4O_3$.
17. Paricin . . . . $C_{16}H_{18}N_2O$,
18. Dicinchonin. . . . . $C_{38}H_{44}N_4O_2$,
19. Cinchonamin . . . . $C_{19}H_{24}N_2O$,
20. Chairamin . . . . $C_{22}H_{26}N_2O_4$,
21. Chairamidin . . . . $C_{22}H_{26}N_2O_4$,
22. Conchairamin . . . . $C_{22}H_{26}N_2O_4$,
23. Conchairamidin . . . . $C_{22}H_{26}N_2O_4$,
24. Concusconin . . . . $C_{23}H_{26}N_2O_4$.

Von dieser längeren Reihe sind die ersten 11 Alkaloide die wichtigsten; sie lassen sich alle vom Cinchonin ableiten und sind in ihrer Konstitution erkannt, während wir von den übrigen Alkaloiden nur sehr mangelhafte Kenntnisse haben, noch nicht einmal wissen, inwieweit ein Zusammenhang mit den bekannten Alkaloiden besteht. Zu bemerken ist auch, daß ein großer Teil dieser wenig erkannten Alkaloide von den Remijiaarten stammt, die zwar botanisch den Cinchonaarten sehr nahe stehen, aber doch deutlich davon verschieden sind. Einige der obigen Alkaloide finden sich sowohl in Cinchona- wie in Remijiarinden.

Die einzelnen China-Alkaloide zeigen in typischer Weise die Fähig-keit, eine Fülle von Stereoisomeren bzw. Isomeren zu bilden, die in einer fast sinnverwirrenden Zahl auftreten. Erschwert wird die Übersicht über diese ersteren noch dadurch, daß sie in ihrer Konfiguration wenig erkannt sind. ʻ

Die Erklärung für die Bildung stereoisomerer Verbindungen, in die die einzelnen China-Alkaloide durch einfachste chemische Maß-nahmen übergehen können, ist darin zu finden, daß schon der Stamm-körper dieser Reihe, das Cinchonin, vier asymmetrische Kohlenstoff-atome hat, so daß also von dieser einen Verbindung 16 Stereoisomere entstehen können. Dann kommen die verschiedenen Stereoisomere hinzu, deren Bildung durch Cis-, Trans-Isomerie der in den China-Alkaloiden vorhandenen Seitenkette (Vinyl bzw. Äthyl) erklär-bar ist (vgl. analoge Stereoisomerie verhältnisse beim Copellidin, S. 51).

Außer diesen Stereoisomeren entstehen aber weiter aus den ein-zelnen Chinabasen durch leichteste Ringspaltung des kondensierten Ringsystems neue Isomere, die sogenannten *Toxine*.

Diese kurzen Ausführungen lassen verstehen, wieviele Bildungs-möglichkeiten stereoisomerer und isomerer Verbindungen bei den China-Alkaloiden vorhanden sind. Die Annahme liegt vor, daß unsere Kennt-nis über die Zahl derartiger Derivate noch bedeutend wachsen wird, deren Isolierung nur dadurch eine Grenze finden wird, daß die scharfe Trennung solcher nahe verwandter Substanzen sich schließlich bis zur Unmöglichkeit steigern kann.

Die Chemie der eigentlichen China-Alkaloide (Nr. 1—11 der obigen Übersicht) ist heute gut erforscht. Sogar in der Synthese der Alkaloide dieser Gruppe sind gute Fortschritte gemacht worden; wichtige Spalt- und Abbaustücke sind synthetisiert (Chinuclidin, Cincholoiponsäure) und bedeutungsvolle Übergänge in dieser Gruppe gefunden (Überführung der Chinotoxine in die China-Alkaloide); wichtige Partialsynthesen sind durchgeführt (Hydro-Alkaloide aus den zugrunde liegenden Alkaloiden, Chinin aus Cuprein).

Diese synthetischen Bemühungen haben durch Arbeiten von Rabe und Kindler[1]) sogar einen gewissen Abschluß gefunden, als es diesen Forschern gelang, das dem Cinchonin bzw. Chinin zugrunde liegende Molekulargefüge aufzubauen (s. S. 227).

Außer den Alkaloiden findet sich noch eine große Zahl stickstoff-freier Verbindungen in den Chinarinden:

1. Säuren (Chinasäure, Chinovasäure, Chinagerbsäure, Chinova-gerbsäure, Kaffeegerbsäure, Oxalsäure).
2. Neutrale Stoffe (Chinovin, Chinarot, Chinovarot, Cinchol, Cu-preol, Quebrachol, Cholestol, Cinchocerotin). [Thoms[2])].

---

[1]) Rabe u. Kindler, B. **51**, 466, 1360; **52**, 1842.
[2]) Thoms, A. Pharm. **235**, 39.

1. Cinchonin.

Das Cinchonin wurde 1820 von Pelletier und Caventou[1]) aus der grauen Chinarinde gewonnen. Es ist nächst dem Chinin das verbreitetste China-Alkaloid und findet sich in den meisten *Cinchona-* und *Remijia*-Rinden. Es wird aus den Mutterlaugen der Chininfabikation gewonnen.

Das Cinchonin $C_{19}H_{22}N_2O$ kristallisiert aus Alkohol in wasserfreien rhombischen Prismen. Fp. 264° $[\alpha]_D^{17}$ + 223° in Alkohol. Im Wasserstoffstrom, oder noch besser im Vakuum sublimiert es unzersetzt. In Wasser und in Alkalien fast unlöslich, besser löslich in Äther und noch mehr in Alkohol. Das beste Lösungsmittel für das Cinchonin ist ein Gemisch von Alkohol und Chloroform. Mit Ammoniak und Chlor gibt es zum Unterschied vom Chinin keine Grünfärbung.

Das·Cinchonin enthält keine N-Methylgruppe [Freund und Rosenstein[2])] und kein Methoxyl; Salzsäure ist zum Unterschied gegen das Chinin bei 150° ohne Einwirkung. Sein Sauerstoffatom ist in einer alkoholischen Hydroxylgruppe enthalten (*Acetylcinchonin, Benzoylcinchonin*) [Schützenberger; Hesse[3])]. Diese Hydroxylgruppe ist sekundär; sie läßt sich durch Oxydation in eine Ketogruppe überführen und andererseits durch Reduktion in die CH_2-Gruppe; es entsteht so das *Desoxycinchonin*, auch *Cinchonon* genannt [Heidelberger und Jacobs[4])].

Isomere Umwandlungen des Cinchonins. Das Cinchonin verwandelt sich durch die verschiedensten chemischen Agenzien in eine große Zahl stereoisomerer und isomerer Verbindungen.

Durch 15stündiges Kochen des Alkaloids mit ätzalkalischer Amylalkohollösung wird ein Teil des Cinchonins, ca. 5%, in das stereoisomere *Cinchonidin* übergeführt [Königs und Husmann[5])].

Ein anderes Isomeres, das *Cinchotoxin (Cinchonicin)*, bildet sich beim Erhitzen des Cinchonins mit Essigsäure oder mit sehr verdünnter Schwefelsäure auf 130° [Pasteur[6])]; dieses entsteht noch leichter durch Erhitzen der schwefelsauren oder weinsauren Cinchoninsalze.

Die Überführung des Cinchonins in Cinchotoxin ist ein Isomerisierungsprozeß, der indes eine wesentliche molekulare Änderung mit sich bringt, auf die wir noch später einzugehen haben. Das Cinchonicin bildet Krystalle, Fp. 49—50° $[\alpha]_D$ + 47°13'. In Benzol, Alkohol und Chloroform leicht löslich, wenig löslich in Wasser und Äther, reagiert stark alkalisch und ist eine sekundäre Base.

Außer dem Cinchonidin und Cinchotoxin sind noch eine große Reihe weiterer Isomeren des Cinchonins bekannt, die durch Einwirkung verschiedener Mittel, von Alkalien, von Halogenwasserstoffsäuren, bzw. von

---

[1]) Pelletier u. Caventou, A. ch. (2) **15**, 291, 337.
[2]) Freund u. Rosenstein, B. **25**, 880; A, **277**, 277.
[3]) Schützenberger, C. r. **47**, 233; Hesse, A. **205**, 321.
[4]) Heidelberger u. Jacobs, Amer. Soc. **42**, 1489. C. 20. III. 550.
[5]) Königs u. Husmann, B. **29**, 2185.
[6]) Pasteur, C. r. **32**, 110.

Schwefelsäure gewisser Konzentration und bei verschiedener Temperatur entstehen. Auch beim Erhitzen des Cinchonins mit Wasser auf 140—160° bilden sich isomere Basen, wie sich auch schließlich das eine Isomere in das andere umwandeln läßt; *Apocinchonin* (synonym: *Allocinchonin, β-Cinchonin, γ-Cinchonin*), *Cinchonigin* (*β-Isocinchonin*), *Cincho-nilin* (*α-Isocinchonin*), *α-Cinchonhydrin* (*δ-Cinchonin*), Fp. 144,4° $[\alpha]_D$ 139,8°, *β-Cinchonhydrin*, Fp. 155,8° $[\alpha]_D$ +72,16°, *γ-Cinchonhydrin*, amorph $[\alpha]_D$ 140° [Hesse[1]), Skraup[2]), Comstock und Königs[3]), Jungfleisch und Léger[4]), Pum[5]), Lippmann und Fleißner[6]), Löwenhaupt[7]), v. Arlt[8]), Kaas[9])]. Wir haben schon eingangs dieses Kapitels über die Gründe und Möglichkeiten der Bildung einer so großen Anzahl von Umwandlungsprodukten der einzelnen China-Alkaloide gesprochen.

Äthylenbindung im Cinchonin. Das Cinchonin enthält eine Äthylenbindung; bei der Einwirkung von Chlor und Brom in der Kälte entstehen Additionsprodukte, die zwei Halogenatome enthalten; das Dichlorid und das Dibromid sind krystallisierte Verbindungen, die wenig beständig sind.

Die Äthylenbindung des Cinchonins gibt auch Veranlassung, daß bei der Behandlung des Alkaloids mit Halogenwasserstoffsäuren in der Kälte Salze von neuen Basen, die die Additionsprodukte des Cinchonins mit diesen Säuren vorstellen, entstehen. Dieses additionelle Säure-molekül wird durch Alkalien fortgenommen, aber das Cinchonin wird nur zum Teil regeneriert, vielmehr entstehen hierbei isomere Ver-bindungen.

Das Cinchonindibromid $C_{19}H_{22}Br_2N_2O$ geht bei der Behandlung mit alkoholischem Ätzkali unter Austritt von 2 Mol. Bromwasserstoffsäure in das *Dehydrocinchonin* $C_{19}H_{20}N_2O$ [Comstock und Königs[10])] über. Diese Verbindung schmilzt bei 202—203°; sie enthält wahrscheinlich eine Acetylenbindung — C ≡ C — statt der Äthylenbindung des Cin-chonins, denn durch Kaliumpermanganat entsteht aus beiden Basen ein und dasselbe Produkt, das *Cinchotenin* (S. 213).

Die Äthylenbindung des Cinchonins erweist sich auch in einwands-freier Form bei der katalytischen Reduktion des Alkaloids. Hierdurch wird die Doppelbindung glatt gelöst; es entsteht das *Dihydrocinchonin*, identisch mit dem natürlichen Alkaloid (s. Dihydroverbindungen der Chinaalkaloide, S. 231).

---

[1]) Hesse, A. **205**, 330; **227**, 153; **243**, 131; **260**, 213; **266**, 245; **267**, 142; **276**, 88.
[2]) Skraup u. Mitarbeiter, A. **201**, 291; B. **25**, 2909; M. **12**, 431; M. **18**, 411; **20**, 571, 585; **21**, 512, 535, 558; **22**, 171, 191, 253, 1083, 1097, 1103; **23**, 433, 455; **24**, 311; **25**, 894.
[3]) Comstock u. Königs, B. **20**, 2510.
[4]) Jungfleisch u. Léger, C. r. **105**, 1255; **106**, 357, 657, 1410; **108**, 952; **112**, 942; **113**, 651; **114**, 1192, **117**, 42; **118**, 29, 536; **119**, 1268; **120**, 325; Léger **169**, 797.
[5]) Pum, M. **12**, 582; **13**, 676; **15**, 446.
[6]) Lippmann u. Fleißner, M. **12**, 661; **13**, 429; **14**, 371; B. **24**, 2827; **26**, 2005.
[7]) v. Löwenhaupt, M. **19**, 461; **22**, 157.
[8]) v. Arlt, M. **20**, 425.
[9]) Kaas, M. **25**, 1145; **26**, 296.
[10]) Comstock u. Königs, B. **19**, 2853; **20**, 2510; **25**, 1539; **28**, 1986.

Die Äthylengruppe des Cinchonins ist auch imstande Wasser anzulagern; $- CH = CH_2 \longrightarrow - CHOH - CH_3$. So erhielten Jungfleisch und Léger[1]) durch Einwirkung von 50 proz. Schwefelsäure *Oxycinchonine* (neben der Bildung von Isomeren des Cinchonins, dem *Apocinchonin, Cinchonigin, Cinchonilin*). α-*Oxycinchonin* bildet Prismen, Fp. 252°, β-*Oxycinchonin* Nadeln, Fp. 273°. Entsprechend dem Eintritt einer neuen Hydroxylgruppe in das Cinchoninmolekül ergeben diese Oxycinchonine Diacetylverbindungen. Die Entstehung zweier Oxycinchonine (*Oxydihydrocinchonin, Oxydihydrocinchonidin*) dürfte auf Cis-trans-Isomerie der das Hydroxyl tragenden Seitenkette beruhen.

Einwirkung von Alkalien auf Cinchonin. Diese Untersuchung war eine der allerersten, die überhaupt auf dem Gebiete der Alkaloidchemie vorgenommen wurde. Es war Gerhardt[2]), der im Jahre 1842 diese Reaktion zur Aufklärung der Cinchoninkonstitution benutzte, die weiterhin vornehmlich die Entstehung von Chinolin, Lepidin (γ-Methylchinolin) und einer ganzen Reihe höherer Chinolinderivate neben Pyridinhomologen (Picolin, Collidin, Lutidin) ergab.

Auch bei der Destillation des Cinchonins über Zinkstaub entsteht Chinolin und ein wenig Picolin.

Oxydation des Cinchonins. Besondere Aufklärung der Konstitution des Cinchonins ergab die Oxydation desselben. Hierdurch wurde das Molekül in einer Weise abgebaut, daß aus den wohldefinierten Spaltstücken die ursprüngliche Konstitution des Alkaloids erkennbar wurde.

Kaliumpermanganat wirkt in der Kälte in schwefelsaurer Lösung auf Cinchonin so ein, daß von dem Alkaloid ein Atom Kohlenstoff in Form von Ameisensäure abgespalten wird, unter gleichzeitiger Bildung von *Cinchotenin*. Das Cinchotenin wurde von Caventou und Willm[3]) erhalten und ist von Skraup[4]) untersucht worden. Es bildet sich nach folgender Gleichung:

$$C_{19}H_{22}N_2O + 4\,O = C_{18}H_{20}N_2O_3 + CH_2O_2$$
Cinchonin   Cinchotenin   Ameisensäure.

Nadeln oder Blättchen, kristallisiert mit 3 Mol. Wasser, ziemlich löslich in Wasser $[\alpha]_D + 135{,}50°$, Fp. 197—198°, reagiert neutral, bitertiäre Base, löst sich sowohl in Alkalien wie in Säuren. Das Cinchotenin enthält noch das alkoholische Hydroxyl des Cinchonins (Acetylderivat). Es enthält aber zum Unterschied vom Cinchonin keine doppelten Bindungen mehr, dagegen eine Carboxylgruppe, die esterifiziert werden kann.

Dadurch wird es sehr wahrscheinlich, daß die Reaktion, welche seine Bildung veranlaßt, in der Umwandlung einer Seitenkette $- CH = CH_2$ in eine Carboxylgruppe besteht:

$$C_{17}H_{18}N_2(OH)CH = CH_2 \longrightarrow C_{17}H_{18}N_2(OH)COOH$$
Cinchonin.   Cinchotenin.

---

[1]) Léger, Bl. [4] **23**, 328; **25**, 260; **27**, 58; Jungfleisch u. Léger, A. ch. [9] **14**, 59, 129.
[2]) Gerhardt, A. **42**, 310; **44**, 279.
[3]) Caventou u. Willm, Bl. (2) **12**, 214.
[4]) Skraup, A. **197**, 376; B. **28**, 12; M. **16**, 159.

Bei energischerer Oxydation ergibt das Cinchotenin dieselben Verbindungen wie das Cinchonin.

Die Oxydation des Cinchonins mit Chromsäure ergab weiter bedeutungsvolle Aufschlüsse, indem hierbei ca. 50% *Cinchoninsäure* (γ-Chinolinkarbonsäure, s. S. 96) entsteht [Königs[1]), Skraup[2]), Königs und Lossow[3])]:

$$C_{10}H_{16}NO \qquad\qquad COOH$$

Cinchonin.   Cinchoninsäure.

Die Cinchoninsäure ist stets das normale Einwirkungsprodukt aller starken Oxydationsmittel (heiße Kaliumpermanganatlösung, Salpetersäure) auf das Cinchonin. Daraus folgt, daß das Cinchonin ein Chinolinderivat ist, das in der γ-Stellung eine Seitenkette besitzt, welche bei der Oxydation in eine Carboxylgruppe übergeht.

Diese Seitenkette enthält das Hydroxyl des Cinchonins; dieses kann sich nicht in dem Chinolinkern befinden, da sonst bei der Oxydation eine Oxycinchoninsäure statt Cinchoninsäure entstehen würde.

Wir sahen oben, daß bei der Oxydation des Cinchonins mittels Chromsäure nur eine solche Menge Cinchoninsäure entsteht, die etwa der Hälfte des Gewichts vom Alkaloid entspricht. Der Rest des Reaktionsproduktes stellt eine syrupöse Masse vor, die zur Kristallisation keinerlei Neigung zeigt und offenbar die Oxydationsprodukte der Gruppe $C_{10}H_{15}(OH)N$ enthält. Die Untersuchung dieses Teils war die schwierigste des Cinchoninstudiums und lange Zeit gewann man nicht den richtigen Einblick in diese sog. zweite Hälfte des Cinchonins.

Die Bemühungen von Skraup und von Königs brachten hierin Licht. Skraup[4]) konnte aus diesem Oxydationsteil zwei Säuren isolieren:

1. die *Loiponsäure* $C_7H_{11}NO_4$, eine zweibasische Säure;

2. die *Cincholoiponsäure* $C_8H_{13}NO_4$, ebenfalls eine zweibasische Säure; und Königs[5]) gewann eine Verbindung:.

3. das *Merochinen* $C_9H_{15}NO_2$, eine einbasische Säure.

Die Loiponsäure, die Cincholoiponsäure und das Merochinen bilden die wahren Oxydationsprodukte des Atomkomplexes $C_{10}H_{16}NO$ vom Cinchonin. Wir werden dieselben jetzt näher betrachten, von denen die Loiponsäure die am weitesten abgebaute Verbindung vorstellt.

Die *Loiponsäure* $C_7H_{11}NO_4$; Prismen, aus heißem Wasser; Fp. 259 bis 260° unter Zersetzung; zweibasische Säure; enthält eine NH-Gruppe (Acetylverbindung). Nach Eigenschaften und Zusammensetzung er-

<hr>

[1]) Königs, B. **12**, 97.
[2]) Skraup, B. **12**, 230; A. **201**, 291.
[3]) Königs u. Lossow, B. **32**, 717.
[4]) Skraup, M. **7**, 517; 9, 783; **10**, 39, 220; **16**, 159; **17**. 365; B. **28**, 12.
[5]) Königs, B. **27**, 900; 1501, **28**, 1986, 3143, 3148; **35**, 1357. — Königs u. Höppner, B. **31**, 2358.

scheint die Loiponsäure als eine hydrierte Pyridin-dicarbonsäure; sie hat sich in der Tat mit der Hexahydrocinchomeronsäure (S. 67) identisch erwiesen [Königs[1])].

$$CH — COOH$$
$$H_2C\diagup\diagdown CH — COOH$$
$$H_2C\diagdown\diagup CH_2$$
$$NH$$
Loiponsäure.

Die Hexahydrocinchomeronsäure kommt als Cis- und Trans-Verbindung in zwei stereoisomeren Formen vor, von denen die eine, die labile, durch Kalieinwirkung in die stabile Form umgewandelt wird. Die Loiponsäure erwies sich nun als diese labile Modifikation, Fp. 275°, im kalten Wasser ziemlich schwer löslich.

Die *Cincholoiponsäure* $C_8H_{13}NO_4$ unterscheidet sich von der Loiponsäure nur durch den Mehrgehalt einer CH_2-Gruppe; sie ist das nächst höhere Homologe derselben. Durch Kaliumpermanganateinwirkung in alkalischer Lösung baut sich die Cincholoiponsäure zur Loiponsäure ab.

Die wasserfreie Säure schmilzt bei 225—226°; aus wäßriger Lösung scheidet sie sich in Prismen ab, die 1 Mol. Kristallwasser enthalten; Fp. 126—127° $[\alpha]_D$ + 37,96°. Zweibasische Säure, vereinigt sich aber auch mit Säuren; sekundäre Base (Nitrosamin-, Acetylbildung); gesättigte Verbindung von großer Beständigkeit. Beim Erhitzen des Cincholoiponsäurechlorhydrats mit Schwefelsäure auf 260—270° erhält man γ-Picolin. Danach erscheint die Cincholoiponsäure als eine substituierte Piperidindicarbonsäure:

$$CH — CH_2 — COOH$$
$$H_2C\diagup\diagdown CH — COOH$$
$$H_2C\diagdown\diagup CH_2$$
$$NH$$
Cincholoiponsaure.

deren Konstitution durch die folgende Synthese Bestätigung gefunden.

Die Synthese dieser für die Konstitutionsbestimmung des Cinchonins bedeutungsvollen Verbindung ist Wohl gelungen [Wohl und Losanitsch[2])].

Als Ausgangspunkt für die Synthese diente das S. 33 beschriebene $\varDelta^\beta$-*Tetrahydropyridin-β-Nitril*:

$$CH$$
$$H_2C\diagup\diagdown C — CN$$
$$H_2C\diagdown\diagup CH_2$$
$$NH$$

Durch Kondensation desselben mit Natriummmalonsäureester — der sich an die Stelle der doppelten Bindung anlagert — und Verseifung dieses Additionsproduktes mit wenig Baryt entsteht unter gleichzeitiger

---

[1]) Königs, B. **30**, 1326; **35**, 1357.
[2]) Wohl u. Losanitsch, B. **40**, 4698.

Abspaltung von Kohlensäure die Cincholoiponsäure. Diese bildet sich hierbei in zwei stereoisomeren Formen (α und β), wobei sich die unstabilere, höher schmelzende β-Verbindung vom Zersetzungspunkt 248—249° (korr.) als racemische Cincholoiponsäure erwies. Sie bildet eine Nitrosoverbindung, Fp. 157—158°, läßt sich durch konz. Schwefelsäure zum γ-Methylpyridin abbauen. Die Überführung dieser racemischen Cincholoiponsäure in die aktive Form geschah über die *Acetylcincholoiponsäure*, die mit Hilfe des Brucinsalzes gespalten und mit 20 proz. Salzsäure in das *d-Cincholoiponsäurechlorhydrat* verwandelt wurde. Fp. 192—194°, $[\alpha]_D^{20} + 38,04°$ [Wohl und Maag[1])], wobei sich in jeder Beziehung Identität mit der aus Cinchonin erhaltenen Verbindung zeigte.

Bei der Oxydation der zweiten Hälfte des Cinchonins bildet sich außer der Loiponsäure und Cincholoiponsäure das weniger abgebaute Merochinen, das daher den besten Einblick in die Konstitution des Cinchonins gibt.

Das *Merochinen* $C_9H_{15}NO_2$ krystallisiert aus Methylalkohol in Nadeln, Fp. 222°, $[\alpha]_D + 27,5°$ in Wasser, gegen Lackmus neutral. Es ist eine sekundäre Base (Nitrosamin-Acetyl-Verbindung), enthält eine Carboxylgruppe. Durch Salzsäure- oder Bromwasserstoffeinwirkung wird diese Carboxylgruppe abgespalten.

Das Merochinen steht im engen Zusammenhang zur Cincholoiponsäure, denn durch Oxydation mit Kaliumpermanganat erfährt das Merochinen Spaltung in Cincholoiponsäure und Ameisensäure.

Diese Reaktion erinnert an die Umwandlung des Cinchonins in Cinchotenin, wobei ebenfalls die $CH = CH_2$-Gruppierung in Ameisensäure und in eine Carboxylgruppe übergeführt wird.

Da die Konstitution der Cincholoiponsäure klargestellt ist, ergibt sich dementsprechend für das Merochinen folgendes Formelbild:

$$CH - CH_2 - COOH$$
$$H_2C\diagup\diagdown CH - CH = CH_2$$
$$H_2C\diagdown\diagup CH_2$$
$$NH$$

Merochinen.

Im Zusammenhang mit der obigen Betrachtung erfährt das Merochinen bei der Behandlung mit Salzsäure auf 250° Abbau zum *β-Collidin* $C_8H_{11}N$ (γ-Methyl-β-Äthylpyridin, S. 49), (Königs).

Bei der Betrachtung der Oxydationsprodukte des Cinchonins, der Piperidinderivate Merochinen, Cincholoiponsäure und Loiponsäure erscheint vor allem auffallend, daß diese Verbindungen sekundäre Basen sind, während das Cinchonin selber eine bitertiäre Base ist. Da das Cinchonin auch keine N-Methylgruppe enthält (S. 209), so kann die tertiäre Natur des Stickstoffatoms in der zweiten Hälfte des Cinchonins nur dadurch zustande gekommen sein, daß der Stickstoff die Ringverbindungshaftstelle in einem kondensierten System bildet.

---

[1]) Wohl u. Maag, B. **42**, 627; B. **43**, 3280.

Offenbar wird nun bei der Bildung des Merochinens, dieser Iminocarbonsäure, das ursprünglich vorhandene kondensierte Ringsystem an der Stickstoff-Kohlenstoffhaftstelle aufgespalten; das dort befindliche Kohlenstoffatom wird in eine Carboxylgruppe verwandelt und das Stickstoffatom in eine Iminogruppe.

Dieser im Cinchonin vorkommende Ring erhielt den Namen *Chinuclidin*; er findet sich im Cinchonin als β-Vinylverbindung.

β-Vinylchinuclidin.

Das Ringsystem des Chinuclidins hat sich der Synthese zugänglich erwiesen, und zwar wurde zunächst von Königs und Bernhart[1]) das *β-Äthylchinuclidin*, also ein Chinuclidin, das eine Äthylgruppe enthält — wie es in den *Hydrochina*-Alkaloiden (vgl. Nr. 5—8 der Einteilung) tatsächlich vorliegt — synthetisiert.

Diese Äthylchinuclidinsynthese geht aus vom γ-Methyl-β-Äthylpyridin — welches andererseits von Königs, auch unter den Spaltstücken des Chinuclidins gefunden wurde — und Kondensation desselben mit Formaldehyd. So entsteht das *Methylol-β-Collidin*, das mit Natrium und Alkohol reduziert die hexahydrierte Base ergibt:

Methylol-β-Collidin.   Methylolhexahydro-β-Collidin.

Diese ersetzt durch 9stündiges Kochen mit 70proz. Jodwasserstoffsäure und Phosphor auf 130—135° die Hydroxylgruppe durch Jod und die so erhaltene Jodbase erfährt in ätherischer Lösung von selber die molekulare Umlagerung in das *β-Äthylchinuclidinjodhydrat*:

Jodbase. β-Äthylchinuclidinjodhydrat.

Das *optisch aktive* β-Äthylchinuclidin stellte Königs aus optischaktivem Cincholoipon (vgl. Merochinen, S. 216) dar, das durch Abbau

---

[1]) Königs u. Bernhart, B. **38**, 3049.

aus Chinabasen (Hydrocinchonin) gewonnen war. Dieses Cincholoipon geht mittels Natrium und Alkohol in das aktive Methylol-Hexahydro-β-Collidin über

$$\begin{array}{ccc}
\begin{array}{c} CH-CH_2-COOH \\ H_2C\diagup\diagdown CH-C_2H_5 \\ H_2C\diagdown\diagup CH_2 \\ NH \end{array}
& \longrightarrow &
\begin{array}{c} CH-CH_2-CH_2OH \\ H_2C\diagup\diagdown CH-C_2H_5 \\ H_2C\diagdown\diagup CH_2 \\ NH \end{array} \\
\text{Cincholoipon.} & & \text{Methylolhexa-hydro-}\beta\text{-Collidin.}
\end{array}$$

und dieses weiter in das optisch aktive Äthylchinuclidin, rechtsdrehende Base, tertiär, Kp.$_{720}$, 190—192°, beständig gegen Kaliumpermanganat.

Das Chinuclidin selber wurde vom γ-*Piperidyl*(1)*äthan-2-ol* in gleicher Weise über das Jodid hergestellt. Tertiäre Base, Kp. 140—141, d_4^{23} 0,9139; gegen Kaliumpermanganat beständig [Löffler und Stietzel[1])].

Quaternäre Verbindungen des Cinchonins. Das Cinchonin kann als bitertiäre Base Additionsprodukte mit zwei Mol. Halogenalkyl geben. Bei gewöhnlicher Temperatur entstehen aber nur Monoalkylate, während die Dialkylverbindungen erst beim Erwärmen auf 150° entstehen [Stahlschmidt[2]), Claus[3])]. Die Monoalkylderivate treten in zwei isomeren Formen auf, je nachdem ob die Alkylgruppe an das eine oder an das andere der beiden Stickstoffatome getreten ist.

Bringt man das Jodäthyl direkt mit Cinchonin zusammen, so tritt es an das stärker basische Stickstoffatom des Chinuclidinringes, bringt man es aber mit dem jodwasserstoffsauren Cinchonin zusammen und erwärmt, so ist das Jodäthyl gezwungen, an das schwächer basische Stickstoffatom des Chinolinrestes zu treten, da das stärker basische schon durch Jodwasserstoffsäure gesättigt ist. So entsteht ein Salz $C_{19}H_{22}N_2O \cdot HJ \cdot C_2H_5J$, das mit Ammoniak versetzt ein Jodäthylat bildet (gelbe Kristalle), Fp. 184°, verschieden von dem direkt erhaltenen, das farblos ist und bei 259—260° schmilzt.

Aus diesem Verhalten des Cinchonins gegen Halogenalkyl zeigt sich übrigens auch, daß in den neutralen Salzen des Cinchonins die Säure am Chinuclidinrest haftet.

Die durch direkte Vereinigung erhaltenen Monohalogenalkylate werden durch Alkalien bzw. Säuren zersetzt; es entstehen sog. *Alkylcinchonine* [Claus[3])], deren Bildung aber mit einer Chinuclidinringsprengung verbunden ist, so daß in der Tat *Alkylcinchotoxine* vorliegen. *Methylcinchotoxin*, Fp. 74—75° $[\alpha]_D^{20}$ + 35,3° [Rabe und Denham, Rabe[4])]:

$$C_{19}H_{22}NO = N\diagdown{}^{CH_3}_{J} + KOH = C_{19}H_{21}NO = N-CH_3 + H_2O + KJ$$

$$\text{Monojodmethylat des Cinchonins} \qquad\qquad \text{Methylcinchonin.}$$

[1]) Löffler u. Stietzel, B. **42**, 124.
[2]) Stahlschmidt, A. **90**, 218.
[3]) Claus u. Mitarbeiter, B. **13**, 2286, 2290, 2294.
[4]) Rabe, A. **350**, 180; **365**, 366. Rabe u. Denham, B. **37**, 1674.

Cinchen. — Das *Cinchen* und sein Abbauprodukt, das *Apocinchen* behandelten König s und Mitarbeiter[1]) in einer interessanten Untersuchungsreihe, wobei das Cinchoninchlorid als Ausgangsprodukt dient.

Das Cinchoninchlorhydrat bildet bei der Einwirkung eines Gemisches von Phosphorpentachlorid und Phosphoroxychlorid das *Cinchoninchlorid* $C_{19}H_{21}N_2Cl$, rechtsdrehend, kristallisiert, Fp. 72°, das an Stelle der Hydroxylgruppe im Cinchonin ein Chloratom besitzt:

$$C_9H_6N - CHOH - Chinucl. \qquad C_9H_6N - CHCl - Chinucl.$$
Cinchonin.   ·   Cinchoninchlorid.

Das Cinchoninchlorid liefert bei der Reduktion mit Eisen und Schwefelsäure das *Desoxycinchonin* $C_{19}H_{22}N_2$, Fp. 90—92°. Bei der Behandlung mit alkoholischem Kali entsteht unter Salzsäureaustritt das *Cinchen* $C_{19}H_{20}N_2$. Krystallisiert in Blättchen. Fp. 123 bis 125°.

Das Cinchen ist eine ungesättigte Verbindung, es addiert Brom und bildet Cinchendibromid.

Das Cinchen selber erleidet beim Erhitzen mit Phosphorsäure Hydrolyse in Lepidin (γ-Methylchinolin) und Merochinen, eine Spaltung, welche das Cinchonin bei ähnlicher Einwirkung auch erfährt.

Eine besonders typische Reaktion erfährt das Cinchen beim Erhitzen mit den Halogenwasserstoffsäuren auf 180 bis 190°, indem hierdurch das Stickstoffatom des Chinuclidinrestes eliminiert wird und ein phenolartiger Körper, das *Apocinchen* $C_{19}H_{19}NO$ entsteht; es löst sich in den Ätzalkalien, wird durch Kohlensäure gefällt und bildet mit Alkylhalogenen und Ätzkali erhitzt Ester. Es ist also aus dem Chinuclidin durch eine Art intramolekularer Kondensation der stickstofffreien Reste ein aromatischer Ringschluß entstanden.

Diese Reaktion erscheint uns vor allem aus dem Grunde interessant, weil die in den Chinarinden stark verbreitete Chinasäure eine hydroaromatische stickstofffreie Verbindung vorstellt, deren Zusammenhang mit den China-Alkaloiden so eine gewisse Erklärung finden kann, während anscheinend zwischen der Chinasäure und den China-Alkaloiden kein konstitutioneller Zusammenhang besteht.

Die gesamten vorliegenden Ausführungen lassen die Konstitution des Cinchonins erkennen.

Das Cinchonin besitzt einen Chinolinkern, der in γ-Stellung mit dem übrigen Rest des Moleküls verbunden sein muß, da bei der Aufspaltung des Moleküls durch Oxydation oder Hydrolyse die Cinchoninsäure (γ-Chinolincarbonsäure) entsteht.

---

[1]) Comstock u. Königs, B. **13**, 286; **14**, 103, 1854; **17**, 1984; **18**, 1219, 2379; **19**, 2853; **20**, 2510, 2674; **25**, 1539. — Königs u. Nef, B. **20**, 622. — Königs u. Heymann, B. **21**, 1424. — Königs, B. **23**, 2660, 3144; **26**, 713; **27**, 900; **28**, 3143. — Königs u. Höppner, B. **31**, 2355. — Königs, J. pr. (2) **61**, 146.

Der zweite stickstoffhaltige Teil des Cinchoninmoleküls besteht aus einem kondensierten Ringsystem, dem Chinuclidin, das in β-Stellung eine Vinylgruppe besitzt.

Die Art, wie diese beiden stickstoffhaltigen Ringsysteme miteinander verknüpft sind, ersehen wir aus der Rolle, die das Sauerstoffatom im Cinchoninmolekül spielte. Dieses Sauerstoffatom ist in einer sekundären Alkoholgruppe enthalten, welche durch vorsichtige Oxydation in eine charakteristische Ketogruppe übergeht. Das Sauerstoffatom ist also in einer Carbinolgruppe enthalten, und diese muß brückenartig die beiden stickstoffhaltigen Ringe verbinden, da beide an sich sauerstofffrei sind. So ergibt sich für das Cinchonin folgende Konstitution (S. 209):

$$H_2C - CH - CH - CH = CH_2$$
$$CH_2$$
$$CH_2$$
$$HOCH - HC - N - CH_2$$

Cinchonin.

Es ist wiederholt erwähnt, daß die Carbinolgruppe des Cinchonins in eine Ketogruppe überzuführen ist. Diese Umwandlung geht durch Einwirkung von Chromsäure in 33 proz. Schwefelsäurelösung bei 30 bis 35° vor sich [Rabe[1])].

Das so entstehende *Cinchoninon* $C_{19}H_{20}N_2O$, Fp. 126—127°, $[\alpha]_D^{20} + 68{,}8°$ hat amphoteren Charakter; es reagiert als Keton wie als Alkohol, starke Base, die sich aber auch etwas in Alkali löst.

Das Cinchoninon bildet als Ketoverbindung ein Oxim $C_{19}H_{21}N_3O$ Fp. 105—110°; in tautomerer Form aber reagiert es als Alkohol und führt zu einer Benzoylverbindung Fp. 131°.

Durch Reduktion geht das Cinchoninon teilweise in Cinchonin zurück [Zimmer & Cie., Rabe[2])], durch weitere Oxydation mit Chromsäure tritt Zerfall in Cinchoninsäure und Merochinen ein.

Eine leichtere Aufspaltung als durch Oxydation erfährt das Cinchoninon aber durch hydrolisierende Vorgänge, und diese Reaktion gibt einen um so wertvolleren Einblick in die Konstitution des Moleküls, weil hierbei der Chinuclidinring unversehrt bleibt und nicht erst, wie bei der oxydativen Spaltung des Cinchonins aus den Bruchstücken rekonstruiert werden muß [Rabe[3])].

Diese Spaltung des Cinchoninons erfolgt — vermöge des aktiven Wasserstoffatoms der der CO-Gruppe benachbarten CH-Gruppe — mit Amylnitrit in Natriumäthylatlösung, wobei fast 90% Cinchoninsäure

---

[1]) Rabe, B. **40**, 3655.
[2]) Zimmer & Cie., D. R. P. 330 813; Rabe, B. **41**, 62.
[3]) Rabe, B. **41**, 62.

und 75% der Chinuclidinverbindung (α'-*Oximino-β-Vinylchinuclidin*) entstehen:

$$
\begin{array}{l}
\text{H}_2\text{C} \longrightarrow \text{CH} \longrightarrow \text{CH} - \text{CH} = \text{CH}_2 \\
\qquad\qquad\quad | \;\text{CH}_2 \qquad\qquad | \\
\qquad\qquad\quad \;\,\text{CH}_2 \qquad\qquad\qquad\qquad + \;\; \text{HNO}_2 \\
\text{C}_9\text{H}_6\text{N} - \text{CO} - \text{HC} \longrightarrow \text{N} \longrightarrow \text{CH}_2 \\
\qquad\qquad\qquad\qquad\text{Cinchoninon}
\end{array}
$$

$$
= \text{C}_9\text{H}_6\text{N} - \text{COOH} \;\; +
\begin{array}{l}
\text{H}_2\text{C} \longrightarrow \text{CH} \longrightarrow \text{CH} - \text{CH} = \text{CH}_2 \\
\qquad\qquad\quad | \;\text{CH}_2 \qquad\qquad | \\
\qquad\qquad\quad \;\,\text{CH}_2 \\
\text{HONC} \longrightarrow \text{N} \longrightarrow \text{CH}_2
\end{array}
$$

Cinchoninsäure
α'-Oximino-β-Vinylchinuclidin.

Dieser Zerfall des Cinchoninons bildet einen direkten Beweis für die Stellung des Sauerstoffatoms auf der Cinchoninbrücke.

Durch weitere Hydrolyse der *Chinuclidin*verbindung erfolgte Zerlegung in *Merochinen* (S. 216) und *Hydroxylamin*. ·

Außer dem Cinchoninon erfährt aber auch das Cinchonin selber in mehrfacher Richtung hydrolytische Spaltungen.

Schon das bloße Erhitzen der wässerigen Lösungen von Cinchoninsalzen führt eine Ringaufspaltung herbei; es entsteht das isomere *Cinchotoxin* $\text{C}_{19}\text{H}_{22}\text{N}_2\text{O}$, Nadeln, Fp. 58—59°, $[\alpha]_\text{D} + 47,1°$. Die Überführung des Cinchonins in Cinchotoxin findet durch Säuren mit geringer Dissoziationskonstante (Essigsäure) leicht statt, während starke Säuren (Salzsäure) nur sehr gering in dieser Richtung wirken [v. Miller und Rohde[1]), Rabe und Mc. Millan[2]), Biddle[3]), Biddle und Rosenstein[4])].

Die Überführung des Cinchonins in Cinchotoxin ist tiefeingreifend, trotzdem der Umwandlungsvorgang nur eine Isomerisation vorstellt.

Das Cinchotoxin ist eine sekundäre Ketobase im Gegensatz zum Cinchonin, das tertiäre Basennatur hat und eine Alkoholgruppe besitzt:

$$
\begin{array}{l}
\text{H}_2\text{C} \longrightarrow \text{CH} \longrightarrow \text{CH} - \text{CH} = \text{CH}_2 \\
\qquad\qquad\quad | \;\text{CH}_2 \qquad\qquad | \\
\qquad\qquad\quad \;\,\text{CH}_2 \qquad\qquad\qquad | \\
\text{NH}_6\text{C}_9 - \text{CHOH} - \text{HC} \longrightarrow \text{N} \longrightarrow \text{CH}_2 \\
\qquad\qquad\qquad\qquad\quad\text{Cinchonin.}
\end{array}
$$

$$
\begin{array}{l}
\text{H}_2\text{C} \longrightarrow \text{CH} \longrightarrow \text{CH} - \text{CH} = \text{CH}_2 \\
\qquad\qquad\quad | \;\text{CH}_2 \qquad\qquad | \\
\qquad\qquad\quad \;\,\text{CH}_2 \qquad\qquad\qquad | \\
\text{NH}_6\text{C}_9 - \text{CO} - \text{H}_2\text{C} \qquad \text{NH} \longrightarrow \text{CH}_2 \\
\qquad\qquad\qquad\qquad\text{Cinchotoxin.}
\end{array}
$$

---

[1]) v. Miller u. Rohde, B. **27**, 1279; **28**, 1256; **33**, 3214.
[2]) Rabe, A. **365**, 366. — Rabe u. Mc. Millan, B. **43**, 3308; **45**, 1147.
[3]) Biddle, B. **45**, 526, 2832.
[4]) Biddle u. Rosenstein, Am. Soc. **35**, 418.

Bei dieser Cinchotoxinbildung aus dem Cinchonin nehmen Rohde und Antonaz[1]) intermediäre Wasseranlagerung und -abspaltung an im folgenden Sinne:

$$H_2C - CH \cdots \qquad H_2C - CH \cdots$$
$$CH_2 \qquad CH_2$$
$$CH_2 \qquad CH_2$$
$$NH_6C_9 - CHOH - HOHC \quad NH \cdots \longrightarrow NH_6C_9 - C(HO) = HC \quad NH \cdots$$

Das Cinchotoxin erfährt nun weiter über das *Isonitrosocinchotoxin* (erhalten durch Einwirkung von Natriummethylat und Amylnitrit auf Cinchotoxin) [Miller und Rohde[2]), Rohde und Schwab[3])]

$$H_2C - CH - CH - CH = CH_2$$
$$CH_2$$
$$CH_2$$
$$NH_6C_9 - CO - (HON)C \quad NH - CH_2$$
Isonitrosocinchotoxin.

Spaltung (durch Phosphorpentachlorid in Chloroformlösung und darauffolgende Hydrolyse mit wäßrigem Alkali) in Cinchoninsäure und in das Nitril des Merochinens, Flüssigkeit, $Kp._{12}$ 147—150° [Rabe und Ritter[4])]:

$$H_2C - CH - CH - CH = CH_2$$
$$CH_2$$
$$CH_2$$
$$NC \quad NH - CH_2$$
Merochinennitril.

Die obige Spaltung mittels Phosphorpentachlorid auf das *Oxim des N-Methyl-Cinchotoxins* angewandt, gibt durch die Beckmannsche Umlagerung γ-*Aminochinolin* $NH_6C_9 - NH_2$ (S. 83).

$$NH_6C_9 - CNOH - CH_2 - CH_2 - C_8H_{14}N \longrightarrow$$
$$NH_6C_9 - NH - CO - CH_2 - CH_2 - C_8H_{14}N .$$

[Bernhart und Ibele[6])].

Die Isomerisation des Cinchonins in Cinchotoxin geht öfter in unerwünscht leichter Weise vor sich; es ist aber auch Rabe[5]) gelungen, das Cinchotoxin in Cinchoninon zurückzuführen und damit den Chinuclidinring aufzubauen.

Diese Synthese führt das Cinchotoxin durch Einwirkung von unterbromigsaurem Natrium zum *N-Bromcinchotoxin*, welches durch Ein-

[1]) Rohde u. Antonaz, B. **40**, 2329.
[2]) Miller u. Rohde, B. **33**, 3214.
[3]) Rohde u. Schwab, B. **38**, 306.
[4]) Rabe u. Ritter, A. **350**, 180; B. **38**, 2770.
[5]) Rabe, B. **44**, 2088.
[6]) Bernhart u. Ibele, B. **40**, 648.

wirkung von Natriumäthylat intramolekular Bromwasserstoff verliert
und so *Cinchoninon* bildet,

$$H_2C - CH$$
$$| \quad\quad CH_2$$
$$| \quad\quad CH_2$$
$$NH_6C_9 - CO - H_2C \quad NH$$
Cinchotoxin.

$$H_2C - CH \quad\quad\quad\quad H_2C - CH$$
$$| \quad\quad CH_2 \quad\quad\quad\quad | \quad\quad CH_2$$
$$| \quad\quad CH_2 \quad\longrightarrow\quad | \quad\quad CH_2$$
$$NH_6C_9 - CO - H_2C \quad NBr \quad\quad NH_6C_9 - CO - HC - N$$
Cinchoninon.

das sich, wie wir gesehen haben (S. 220, vgl. auch 228), zum Cinchonin
selber reduzieren läßt. Dadurch ist der Übergang vom Cinchotoxin zum
Cinchonin gegeben. Vgl. Chinin.

2. Cinchonidin.

Das Cinchonidin $C_{19}H_{22}N_2O$ wurde 1848 von Winckler[1]) entdeckt.
Pasteur[2]) gab dem Cinchonidin seinen Namen und zeigte seine Isomerie mit dem Cinchonin, die, wie sich weiterhin ergab, eine Stereoisomerie ist.

Das Cinchonidin findet sich in vielen Chinarinden, in *C. succirubra*,
C. officinalis und *C. lacifolia*. Es sammelt sich bei der Darstellung
der Alkaloide besonders in dem Chinidin an, aus dessen salzsaurer
Lösung es mit weinsaurem Natrium gefällt werden kann. Es krystallisiert aus Alkohol in Prismen, Fp. 207°, in Wasser sehr wenig löslich.
Seine Lösungen sind linksdrehend, $[\alpha]_D - 111°$ in Alkohol. Mit Chlorwasser und Ammoniak gibt es keine Färbung und seine Salzlösungen
fluorescieren nicht. Hierdurch unterscheidet es sich vom Chinin, während es von Cinchonin durch seine Linksdrehung und die Schwerlöslichkeit des Tartrats verschieden ist.

Das Cinchonidin ist dem Cinchonin stereoisomer; Königs und
Husmann[3]) gelang es, das Cinchonin durch längeres Kochen mit
einer alkalischen amylalkoholischen Lösung teilweise in Cinchonidin
umzulagern. Die einfache Beziehung, welche zwischen diesen beiden
Alkaloiden besteht, zeigt sich in der Gleichartigkeit ihrer Reaktionen.
So wandelt sich das Cinchonidin beim Erhitzen mit Glycerin auf 200°
oder mit verdünnter Schwefelsäure auf 130° in dasselbe *Cinchonicin*
(Cinchotoxin) um, in das das Cinchonin unter ähnlichen Bedingungen
übergeht (Pasteur). Durch Kaliumpermanganateinwirkung bildet das
Cinchonidin neben Ameisensäureabspaltung das dem Cinchotenin iso-

---

[1]) Winckler, Rep. der Pharmacie **85**, 392; **98**, 384; **99**, 1.
[2]) Pasteur, Journal de pharm. (3) **23**, 123.
[3]) Königs u. Husmann, B. **29**, 2185.

mere *Cinchotenidin* $C_{18}H_{20}N_2O_3$ (Prismen, Fp. 256°, $[\alpha]_D - 201,4°$, in Alkalien und in Säuren löslich, liefert bei weiterer Oxydation dieselben Produkte wie Cinchotenin (Skraup und Vortmann, Schniderschitsch[1])]. Durch Phosphorpentachlorid erhielten Königs und Comstock[2]) *Cinchonidinchlorid* $C_{19}H_{21}N_2Cl$, in dem die Carbinolgruppe des Cinchonidins durch Chlor ersetzt wird — isomer mit dem Cinchoninchlorid — Fp. 108—109°; durch alkoholisches Kali entsteht aus beiden Verbindungen dasselbe Cinchen. Das aus dem Cinchonidin durch Oxydation entstehende Keton ist mit dem *Cinchoninon* identisch. Das Cinchonidinchlorid geht bei der Reduktion mit Eisen und verdünnter Schwefelsäure, indem Chlor durch Wasserstoff ersetzt wird, in das *Desoxycinchonidin* über $C_{19}H_{22}N_2$, Fp. 61, linksdrehend, verschieden von Desoxycinchonin [Königs[3])]. Das Methyldesoxycinchonin und Methyldesoxycinchonidin sind indes identisch [Königs[4])]; wahrscheinlich liegen hier die Toxinformen vor, ebenso wie sich das sog. *Methylcinchonidin* identisch erwies mit *Methylcinchotoxin* aus Cinchonin erhältlich [Rabe und Braasch[5])].

Das Cinchonidin bildet durch Einwirkung von Alkalien bzw. Säuren usw. eine Reihe linksdrehender Isomerer, deren genauerer Bildungsmechanismus aber noch nicht aufgeklärt ist (β-Cinchonidin, Fp. 240 bis 241°, $[\alpha]_D^{25} - 181,5$ [Léger[6])]), γ-Cinchonidin, Apo-Cinchonidin, Isocinchonidin; das als *Homocinchonidin* angesprochene Isomere scheint nur reines Cinchonin zu sein [Hesse[7]), Skraup[8]), Neumann[9]), Paneth[10])].

Das Cinchonidinsulfat bildet durch 50 proz. Schwefelsäure neben den obigen Isomeren des Cinchonidins das *Oxydihydrocinchonidin* $C_{19}H_{24}N_2O_2$, Fp. 243°, $[\alpha]_D^{23} - 135°$, entstanden durch Wasseranlagerung an die Vinylgruppe; isomer dem *Oxydihydrocinchoninen* [Léger[11])].

3. Chinin.

Das Chinin ist das pharmakologisch wichtigste Chinarindenalkaloid. Es wurde im Jahre 1820 gleichzeitig mit dem Cinchonin von Pelletier und Caventou[12]) isoliert. Seine Zusammensetzung 1854 von Strecker[13]) bestimmt, entspricht der Formel $C_{20}H_{24}N_2O_2$.

Das Chinin fällt aus seinen Salzlösungen durch Alkali amorph und wasserfrei aus, aber es geht bald in den krystallisierten Zustand über

---

[1]) Skraup u. Vortmann, A. **197**, 226. — Schniderschitsch, M. **10**, 51.
[2]) Königs u. Comstock, B. **17**, 1984.
[3]) Königs, B. **29**, 372.
[4]) Königs, B. **31**, 2355.
[5]) Rabe u. Braasch, A. **365**, 366.
[6]) Léger, Bl. [4] **25**, 571.
[7]) Hesse, A. **205**, 196, 327; **243**, 131; **258**, 133; **276**, 125.
[8]) Skraup, B. **25**, 2909.
[9]) Neumann, M. **13**, 651.
[10]) Paneth, M. **32**, 257.
[11]) Léger, C. r. **169**, 67.
[12]) Pelletier u. Caventou, A. ch. (2) **15**, 291, 337.
[13]) Strecker, C. r. **39**, 58.

und bildet ein Hydrat mit drei Molekülen Krystallwasser. Unter bestimmten Bedingungen kann es auch Hydrate mit einem oder zwei, wie auch mit acht oder neun Molekülen Wasser bilden [Hesse[1])]. Das Chinin läßt sich in wasserfreiem Zustand auch krystallisiert, und zwar in kleinen Nädelchen, erhalten, wenn man die warme Lösung eines seiner Salze mit Soda fällt [Hesse[2])]; wasserfreies Chinin schmilzt bei 177°, das Trihydrat bei 57°.

In Wasser und in Ligroin ist die Base sehr wenig löslich, in Alkohol und Äther löst sie sich gut, ziemlich löslich ist sie in Chloroform, schwierig in Benzol. Die Chininlösungen schmecken bitter, reagieren alkalisch und sind linksdrehend; $[\alpha]_D^{15}$ — 158,2°.

Einige seiner Salze, besonders das schwefelsaure Salz besitzen in wässeriger Lösung eine blaue Fluorescenz. Die freie Base gibt mit Ammoniak und Chlorwasser eine charakteristische Grünfärbung.

Das Chinin ist eine zweisäurige und bitertiäre Base; es liefert ein Dijodäthylat [Strecker[3]), Claus und Mallmann[4])] und zwei isomere Monojodmethylate [Skraup und Konek von Norwall[5])].

Es besitzt eine Hydroxyl- und eine Methoxylgruppe. Die Anwesenheit einer Hydroxylgruppe wird durch die Bildung eines *Monobenzoylchinins* [Schützenberger[6])] und eines *Monoacetylchinins* [Hesse[7])] bewiesen; die Methoxylgruppe gibt sich durch die Entwicklung von Chlor- oder Jodmethyl beim Erhitzen des Chinins mit konzentrierter Salzsäure oder Jodwasserstoffsäure auf 140—150° zu erkennen [Hesse[7]), Lippmann und Fleißner[8])]; bei dieser Reaktion entsteht gleichzeitig das *Apochinin*, $C_{19}H_{22}N_2O_2 + 2\,H_2O$, Nadeln, Fp. 210°, $[\alpha]_D$ — 178°, gibt noch mit Chlor und Ammoniak die Chininreaktion, aber seine Salzlösungen fluorescieren nicht (s. oben).

Das Apochinin ist in Alkali löslich und liefert eine Diacetylverbindung; das zeigt, daß es zwei Hydroxylgruppen enthält, von denen die eine Phenolnatur hat. Die Zersetzung des Chinins durch Salzsäure läßt sich also durch folgende Gleichung ausdrücken:

$$C_{19}H_{20}N_2(OH)(OCH_3) + HCl = C_{19}H_{20}N_2(OH)_2 + CH_3Cl$$
Chinin   Apochinin.

Das Apochinin ist dem Cuprein (S. 234) isomer; es bildet sich auch, wenn man das Cuprein mit Salzsäure auf 140° erhitzt [Hesse[9])]. Sehr wahrscheinlich ist das erste Einwirkungsprodukt der Salzsäure auf Chinin in der Tat das Cuprein, das sich dann weiterhin isomerisiert.

Das Chinin ist eine ungesättigte Verbindung; durch katalytische Reduktion bildet sich daraus in glatter Weise das gesättigte *Dihydro-*

---

[1]) Hesse, A. **135**, 325.
[2]) Hesse, B. **10**, 2153.
[3]) Strecker, C. r. **39**, 58.
[4]) Claus u. Mallmann, B. **14**, 76.
[5]) Skraup u. Konek von Norwall, B. **26**, 1968; M. **15**, 37.
[6]) Schützenberger, C. r. **47**, 81, 233.
[7]) Hesse, A. **205**, 314.
[8]) Lippmann u. Fleißner, M. **16**, 34.
[9]) Hesse, A. **230**, 55.

chinin $C_{20}H_{26}N_2O_2$ (S. 231), [sonstige Reduktionsprodukte vgl. Schützenberger[1]), Lippmann und Fleißner[2]), Konek von Norwall[3])].

Es addiert zwei Atome Brom oder ein Molekül Halogenwasserstoffsäure [Comstock und Königs[4])].

Die Verbindungen mit den Halogenwasserstoffsäuren werden durch Alkali zerlegt, aber das Chinin wird dabei nur zum Teil wiedergewonnen; die größere Menge davon wird in isomere Basen umgewandelt (*Isochinin, Pseudochinin*), [Hesse[5]), Skraup[6]), Comstock und Königs[4]), Lippmann und Fleißner[7])].

Durch gemäßigte Oxydation des Chinins mittels Kaliumpermanganat bei niedriger Temperatur oder Wasserstoffsuperoxyd [Nierenstein[8])] wird ein Atom Kohlenstoff in der Form von Ameisensäure abgespalten und es entsteht so das *Chitenin*, $C_{19}H_{22}N_2O_4 + 4\,H_2O$ [Kerner[9]), Skraup[10])]; Prismen, die bei 110° ihr Krystallwasser verlieren und beim raschen Erhitzen bei 286° schmelzen. Schwache Base, linksdrehend, löslich in Alkali; durch Alkohol und Salzsäure esterifizierbar: mit Jodwasserstoffsäure bildet es keine Additionsprodukte mehr. Man muß ihm daher eine, dem Cinchotenin ähnliche Konstitution beilegen und annehmen, daß es durch Überführung einer —CH = CH$_2$-Gruppe in eine Carboxylgruppe entstanden ist [Skraup[11])]. Beim Erhitzen des Chitenins mit Jodwasserstoffsäure wird es in Jodmethyl und *Chitenol*, $C_{18}H_{20}N_2O_4$ gespalten; dieses steht in demselben Verhältnis zum Chitenin wie das Apochinin zum Chinin.

Das Chinin liefert durch eine stärkere Oxydation (Salpetersäure oder Kaliumpermanganatlösung in der Hitze) wie das Cinchonin die Cinchomeronsäure und α-Carbocinchomeronsäure [Ramsay und Dobbie[12]), Weidel und Schmidt[13])].

Bei der Oxydation des Chinins mit Chromsäure, erhielt Skraup[14]) die *Cincholoiponsäure* und eine Säure von der Formel $C_{11}H_9NO_3$, die *Chininsäure*. Wie wir Seite 97 sahen, ist diese letztere Säure das p-Methoxyderivat der Cinchoninsäure.

Phosphorpentachlorid wirkt auf Chinin unter Bildung von Chlorderivaten ein, die denen des Cinchonins analog sind [Comstock und Königs[15]), Königs[16])]. Es entsteht unter Ersatz der alkoholischen

---

[1]) Schützenberger, A. **108**, 347.
[2]) Lippmann u. Fleißner, M. **16**, 630.
[3]) Konek von Norwall, B. **29**, 801.
[4]) Comstock u. Königs, B. **20**, 2510; **25**, 1539.
[5]) Hesse, A. **276**, 125.
[6]) Skraup, M. **12**, 667; **14**, 428; B. **25**, 2909.
[7]) Lippmann u. Fleißner, B. **24**, 2827; M. **12**, 327; **13**, 429; **14**, 553.
[8]) Nierenstein, Biochem. Journ. 14, 572 (C. **21**, I, 27).
[9]) Kerner, Zeitschrift für Chemie, **5**, 593.
[10]) Skraup, B. **12**, 1104; A. **199**, 348; M. **10**, 39.
[11]) Skraup, B. **28**, 12.
[12]) Ramsay u. Dobbie, Soc. **35**, 189.
[13]) Weidel u. Schmidt, B. **12**, 232, 1104, 1146.
[14]) Skraup, M. **2**, 591; **4**, 695; **10**, 39, 220.
[15]) Comstock u. Königs, B. **17**, 1984; **18**, 1219; **20**, 2510. 2674.
[16]) Königs, B. **23**, 2669; **27**, 900; **29**, 372.

Hydroxylgruppe durch Chlor *Chininchlorid*, $C_{20}H_{23}N_2OCl$ (Krystalle Fp. 151°), welches durch alkoholisches Kali in *Chinen*, $C_{20}H_{22}N_2O$ (Fp. 81—82°) übergeht. Letzteres ist die Paramethoxyverbindung des Cinchens; durch Einwirkung von Phosphorsäure wird es in Merochinen und p-Methoxylepidin gespalten; durch Behandlung mit Bromwasserstoffsäure auf 180° entsteht das *Apochinen* (para-Oxyapocinchen), $C_{19}H_{19}NO_2$.

Aus diesem ganzen Verhalten sieht man, daß das Chinin und das Cinchonin in der „zweiten Hälfte" ihres Moleküls im Chinuclidinring vollständig gleich sind. Die vorzugsweise hydrolysierenden Spaltungen, die beim Cinchonin genauer besprochen wurden, sind beim Chinin die gleichen; so läßt sich das Chininon (analog dem Cinchoninon) $C_{20}H_{22}N_2O_2$, Fp. 108°, $[\alpha]_D^{23}$ +73,8° [R a b e und Mitarbeiter [1]], spalten in *Chininsäure* und *α'-Oximino-β-Vinylchinuclidin* [R a b e [2]] (S. 221) und das *Chinotoxin* (analog dem Cinchotoxin) in Chininsäure und das Nitril des *Merochinens* [R a b e und M i l a r c h [3]] (S. 222). Der Unterschied beruht nur in der ersten Hälfte, die beim Cinchonin durch ein Chinolylradikal gebildet wird, während beim Chinin dasselbe Radikal mit einer in Parastellung befindlichen $O-CH_3$-Gruppe vorhanden ist. Die Abspaltung der Chininsäure aus dem Chinin läßt sich *qnantitativ* über das Chinotoxin bewirken, indem eine alkoholische Lösung von Natriumäthylat und Chinotoxin mit Nitrobenzol behandelt wird [R o h d e und A n t o n a z [4]]. Entsprechend verläuft diese Reaktion beim Cinchonin und führt dort quantitativ zur Cinchoninsäure. Das Chinin ist also ein *Paramethoxycinchonin*.

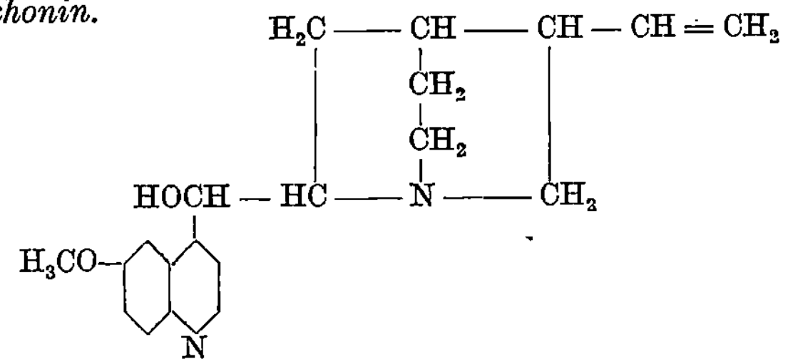

$$
\begin{array}{c}
H_2C \!-\!\!-\!\!- CH \!-\!\!-\!\!- CH - CH = CH_2 \\
| \qquad\quad | \qquad\qquad\qquad | \\
| \qquad\quad CH_2 \qquad\qquad\quad | \\
| \qquad\quad | \qquad\qquad\qquad | \\
| \qquad\quad CH_2 \qquad\qquad\quad | \\
| \qquad\quad | \qquad\qquad\qquad | \\
HOCH - HC \!-\!\!- N \!-\!\!-\!\!- CH_2
\end{array}
$$

H_3CO- (Chinolinring)

Chinin.

Synthesen in der Reihe der Chinaalkaloide. — Der klare Einblick in die Konstitution der verschiedenen Chinaalkaloide hat, wie schon eingangs dieses Kapitels erwähnt wurde, zu sehr bemerkenswerten synthetischen Erfolgen in dieser Reihe geführt.

Den hierfür so wichtigen Schritt der Überführung des Cinchotoxins, des einfachen Piperidinderivates — über das Bromcinchotoxin — zum Cinchoninon und Cinchonin, den komplizierten Chinuclidinderivaten, haben wir schon S. 223 genauer besprochen. In analoger Weise wurde auch aus dem Hydrocinchotoxin das Hydrocinchonin bzw. das Hydrocinchonidin gewonnen (S. 232).

Ebenso läßt sich das Chinotoxin über das Chininon und Reduktion

---

[1]) R a b e, N a u m a n n und K u l i g a, A. **364**, 330.
[2]) R a b e, A. **365**, 353.
[3]) R a b e u. M i l a r c h, A. **382**, 365.
[4]) R o h d e u. A n t o n a z, B. **40**, 2329.

desselben in das Chinin verwandeln. Diese Reduktion findet in alkoholischer Lösung mit Aluminiumpulver in Gegenwart von Natriumäthylat statt, wodurch nur die Ketogruppe in die Alkoholgruppe übergeführt wird, während die Vinylseitenkette unberührt bleibt [R a b e und K i n d l e r[1])]. Ferner läßt sich durch *katalytische* Reduktion aus dem Chininon das Hydrochinin gewinnen. —

Nachdem so die Chinabasen aus den Toxinbasen hergestellt waren, blieb zur vollständigen Synthese der Chinabasen nur noch der Aufbau der Toxine übrig. Dieser Konfigurationsaufbau wurde von R a b e und K i n d l e r[2]) unter Benutzung des *Homocincholoipons*,

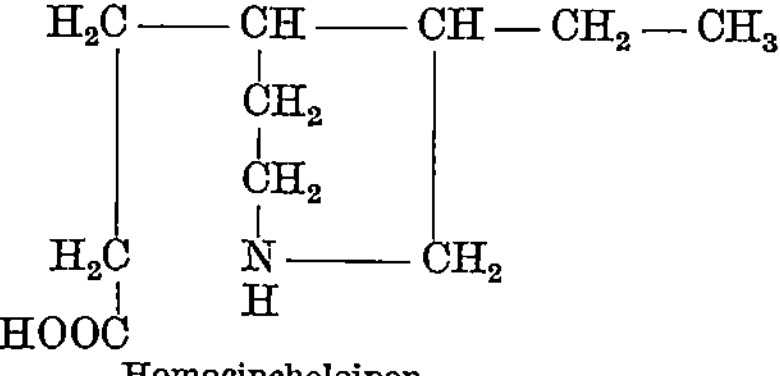

Homocincholoipon.

eines oxydativen Spaltstückes des Dihydrocinchotoxins [K a u f m a n n, R o t h l i n und B r u n n s c h w e i l e r[3])] durchgeführt.

N-Benzoylhomocincholoiponester und *Chininsäureester* werden hierzu in Benzollösung durch Natriummethylat kondensiert:

$$\begin{array}{c}\text{H}_2\text{C}\underline{\hspace{1em}}\text{CH}\underline{\hspace{1em}}\text{CH}-\text{CH}_2-\text{CH}_3\\ |\quad\quad\text{CH}_2\quad\quad|\\ |\quad\quad\text{CH}_2\quad\quad|\\ (\text{H}_3\text{CO})\text{NH}_5\text{C}_9-\text{CO}-\text{HC}\quad\text{N}\underline{\hspace{1em}}\text{CH}_2\\ |\quad\quad\quad|\\ (\text{RO}_2\text{C})\quad(\text{OCC}_6\text{H}_5)\end{array}$$

Carbäthoxy-N-Benzoyl-Dihydrochinotoxin.

Dieses spaltet durch Kochen mit 17 proz. Salzsäure die Ester (Carbäthoxy-) und Benzoylgruppe ab, wodurch das *Dihydrochino-toxin* entsteht, das nach der oben angegebenen Methode in *Dihydrochinin* überzuführen ist.

Erfolgt die Kondensation des *N-Benzoylhomocincholoiponesters* mit *Cinchoninsäureester*, so läßt sich in gleicher Weise das *Dihydrocinchonin* gewinnen [R a b e und K i n d l e r[4])].

Das Homocincholoipon ist eine *β-Äthyl-γ-Piperidylpropionsäure*. Der Stammkörper dieser Säure, die *γ-Piperidylpropionsäure* $C_5H_{10}N-CH_2-CH_2-COOH$, ist inzwischen von R a b e und K i n d l e r[2]) synthetisiert analog einer in der α-Pyridinreihe schon bekannten Methode (S. 122). γ-Picolin mit Chloral kondensiert bildet *Trichlor-γ-picolylmethylalkin* $C_5H_4N \cdot CH_2 \cdot CHOH \cdot CCl_3$ und hieraus entsteht durch Wasserabspaltung mittels alkoholischem Kali die *Pyridylacrylsäure* $C_5H_4CH = CH \cdot COOH$, die reduziert die *γ-Piperidylpropionsäure* ergibt.

[1]) R a b e und K i n d l e r, B. **51**, 466.
[2]) R a b e und K i n d l e r, B. **52**, 1842.
[3]) K a u f m a n n, R o t h l i n u. B r u n n s c h w e i l e r, B. **49**, 2299.
[4]) R a b e u. K i n d l e r, B. **51**, 1360.

Das Homocincholoipon selber ist neuerdings auf demselben Wege vom β-Äthyl-γ-Methylpyridin aus durch Kondensation mit Chloral erhalten worden [Königs und Ottmann[1])].

Stereoisomerie und Konstitution der Chinaalkaloide. — Beim Studium der Chinaalkaloide fällt die große Zahl stereoisomerer Verbindungen auf. Schon vor Jahren hatten sich Skraup und Königs in folgerichtigen Überlegungen bemüht, die Stereoisomerieverhältnisse des Cinchonins und Cinchonidins zur Erkennung der wirklichen Atomlagerung dieser Alkaloide heranzuziehen. Das war aber damals noch nicht möglich, da die Alkaloide noch nicht richtig erkannt waren. Jetzt aber haben Rabe und Mitarbeiter[2]) diese Aufgabe vorzugsweise bei den Paaren Chinin-Chinidin und Cinchonin-Cinchonidin von neuem bearbeitet und Kaufmann und Huber[3]) haben sich auch mit dieser Frage beschäftigt. Rabe geht dabei von dem bekannten Spaltprodukt der obigen vier Chinaalkaloide, dem *Vinylchinuclidin* (Oximinoverbindung)

$$\begin{array}{ccccc} & (2) & (1) & & \\ H_2C \!\!-\!\!-\!\!-\!\! CH \!\!-\!\!-\!\!-\!\! CH \!\!-\!\! CH = CH_2 \\ | & | & | \\ & CH_2 & \\ & | & \\ & CH_2 & \\ | & | & | \\ HONC \!\!-\!\!-\!\! N \!\!-\!\!-\!\! CH_2 \\ (3) \end{array}$$

Oximinovinylchinuclidin

aus. Dieses erwies sich ganz gleich, von welchem der vier Chinaalkaloide es auch erhalten; also muß die räumliche Anordnung der Kohlenstoffatome 1 und 2 die gleiche sein.

Die tatsächliche Verschiedenheit der beiden Alkaloidpaare kann also nicht durch den Chinuclidinrest mit seinen asymmetrischen Kohlenstoffatomen 1 und 2 veranlaßt sein, da dieser Atomkomplex bei allen vier Alkaloiden identisch ist, sondern es müssen die asymmetrischen Kohlenstoffatome 3 bzw. 4 des Chinins (resp. Cinchonins) hierzu die Veranlassung geben.

$$\begin{array}{ccccc} & (2) & (1) & & \\ H_2C \!\!-\!\!-\!\!-\!\! CH \!\!-\!\!-\!\!-\!\! CH \!\!-\!\! CH = CH_2 \\ | & | & | \\ & CH_2 & \\ & | & \\ & CH_2 & \\ (4) & | & | \\ HOCH \!\!-\!\! HC \!\!-\!\!-\!\! N \!\!-\!\!-\!\! CH_2 \\ (3) \end{array}$$

Chinin.

Diese Frage ließ sich entscheiden durch Heranziehen der Desoxybasen der beiden obigen Alkaloidpaare — also durch Überführung der asymmetrischen Carbinolgruppe 4 in die symmetrische CH_2-Gruppe.

---

[1]) Königs u. Ottmann, B. **54**, 1343.
[2]) Rabe u. Mitarbeiter, A. **373**, 85.
[3]) Kaufmann u. Huber. B. **46**, 2913.

Trotzdem blieb in den Alkaloidpaaren die Isomerie bestehen; es trat keine Identität ein. Daher muß die Stereoisomerie der Paare Cinchonin-Cinchonidin und Chinin-Chinidin durch spiegelbildliche Änderung am Kohlenstoff 3 verursacht sein.

Die obigen Ausführungen geben auch eine Aufklärung darüber, daß Cinchonin und Cinchonidin das gleiche Cinchotoxin bilden, wie auch Chinin und Chinidin nur ein Chinotoxin liefern. Diese Bildung von nur je einer Verbindung aus den verschiedenen Stereoisomeren erklärt sich dadurch, daß die Asymmetrie der Kohlenstoffatome 3 und 4 bei der Bildung der Chino- bzw. Cinchotoxine verschwindet und da die Kohlenstoffatome 1 und 2, wie beim Chinuclidin ausgeführt, auch keine Stereoisomerie hier geben, so muß also Gleichheit eintreten.

4. Chinidin.

Im Jahre 1833 von Henry und Delondre[1]) entdeckt, wurde das *Chinidin* $C_{20}H_{24}N_2O_2$ von Pasteur[2]) näher charakterisiert; später besonders von Hesse[3]) untersucht, der es *Conchinin* benannte.

Dieses Stereoisomere des Chinins ist in Alkohol und Äther leicht löslich; schwer löslich in Chloroform und sehr wenig in Wasser. Es krystallisiert aus Wasser, Alkohol oder Äther in Verbindung mit diesen Lösungsmitteln; ebenso aus Benzol wie das Chinin; Fp. 171,5°, $[\alpha]_D$ + 243,5°. Das Chinidin ist im Gegensatz zum Chinin rechtsdrehend. Es gibt dieselben Farbenreaktionen wie das Chinin, unterscheidet sich von diesem aber durch seine optische Rechtsdrehung, durch die leichte Löslichkeit seines einbasischen schwefelsauren Salzes in Wasser, wie die Schwerlöslichkeit des jodwasserstoffsauren Salzes.

Die Base enthält eine Äthylenbindung, die durch katalytischen Wasserstoff leicht gesättigt wird. Es enthält ferner ein Hydroxyl und eine Methoxylgruppe; konzentrierte Salzsäure spaltet es bei 140—150° in Chlormethyl und in *Apochinidin* $C_{19}H_{22}N_2O + 2\,H_2O$, amorph, rechtsdrehend, enthält zwei Hydroxylgruppen.

Verdünnte Schwefelsäure oder Glycerin verwandeln das Chinidin bei 180° in *Chinotoxin* (Pasteur); durch Lösen von Chinidinsulfat in Schwefelsäure entsteht *Isochinidin* [Pfannl[4]), Paneth[5])]; Phosphorpentachlorid und darauffolgend alkoholisches Kali verwandeln das Chinidin in *Chinen* [Comstock und Königs[6])]; Chromsäure in *Chininon* [Rabe, Naumann und Kuliga[7])] und weitergehend in Chininsäure und Cincholoiponsäure [Skraup[8])].

Alle diese Verbindungen sind mit denen identisch, die das Chinin auch liefert.

---

[1]) Henry u. Delondre, Journal de Pharmacie (2) **19**, 623; **20**, 157.
[2]) Pasteur, C. r. **32**, 110; **36**, 26; **37**, 110.
[3]) Hesse, A. **146**, 357; **166**, 232; **205**, 318; **243**, 131.
[4]) Pfannl, M. **32**, 241; Pfannl u. Wölfel, M. **34**, 963.
[5]) Paneth, M. **32**, 257.
[6]) Comstock u. Königs, B. **18**, 1219.
[7]) Rabe, Naumann u. Kuliga, A. **364**, 330.
[8]) Skraup, M. **2**, 587; **10**, 65, 220.

5. Hydrocinchonin.

Dihydroverbindungen der Chinaalkaloide. — Die bisher besprochenen Chinaalkaloide (Cinchonin, Cinchonidin, Chinin, Chinidin) lassen sich katalytisch leicht zu Dihydroverbindungen (Hydrocinchonin, Hydrocinchonidin, Hydrochinin, Hydrochinidin) reduzieren, die statt der Vinylgruppe die Äthylgruppe enthalten [Zimmer & Cie.[1]), Skita und Franck[2])]. Dadurch wird ihr chemischer Charakter stark geändert; aus den ungesättigten Verbindungen werden gesättigte. Das äußert sich vornehmlich auch in ihrer Beständigkeit gegen Kaliumpermanganat in saurer kalter Lösung, im Gegensatz zu den nicht reduzierten China-Alkaloiden, die hierbei zerstört werden. Dieses Verhalten wird vorteilhaft zur Erkennung und Gewinnung der Dihydroverbindungen benutzt.

Die katalytische Reduktion zur Bildung der vorliegenden Dihydroverbindungen ist deshalb besonders wertvoll, weil die anderen üblichen Reduktionsmethoden, wie die mit Natrium und Alkohol, die elektrolytische, einen unregelmäßigen Verlauf bei den China-Alkaloiden nehmen [Tafel[3]), Freund und Bradenberg[4])], indem dadurch auch der Chinolinkern reduziert wird, bzw. die Carbinolgruppe in die Methylengruppe übergeführt wird.

Die Hydroalkaloide lassen sich nitrieren, wobei die Nitrogruppe in die ana-Stellung eintritt. Die daraus erhaltenen Aminoverbindungen bilden Azofarbstoffe [Jacobs und Heidelberger[5])].

Durch Salpeterschwefelsäure gehen die Hydroalkaloide in Nitrosulfosäurederivate über, deren Nitrogruppe in der ana-Stellung des Chinolinkerns steht [Giemsa und Halberkann[6])].

Das *Hydrocinchonin (Cinchotin)* $C_{19}H_{24}N_2O$ wurde 1869 von Caventou und Willm[7]) isoliert. Es findet sich im Rohcinchonin, aber nur in kleinerer Menge; die ergiebigste Ausbeute daran liefert das aus den Rinden von *Remijia purdieana* stammende Cinchonin [Hesse[8])]. Die Isolierung des Hydrocinchonins vom Cinchonin geschieht nach der oben gegebenen Methode mittels Kaliumpermanganat. Auch das schwer lösliche jodwasserstoffsaure Salz des Hydrocinchonins dient zur Reindarstellung [Pum[9])].

Das Hydrocinchonin erwies sich identisch mit dem *Pseudocinchonin* von Hesse[10]) und mit dem *Cinchonifin* [Léger[11])], die aus dem

---

[1]) Zimmer & Cie., D. R. P. 234 137.
[2]) Skita u. Franck, B. **44**, 2262.
[3]) Tafel, B. **34**, 3299.
[4]) Freund u. Bradenberg, A. **407**, 43.
[5]) Jacobs u. Heidelberger, Am. Soc. **42**, 1481, 1489, 2278.
[6]) Giemsa u. Halberkann, B. **53**, 732; B. **52**, 906.
[7]) Caventou u. Willm, A. Suppl. **7**, 245.
[8]) Hesse, A. **300**, 42.
[9]) Pum, M. **16**. 68.
[10]) Hesse, A. **276**, 106.
[11]) Léger, Les alcaloides des Quinquinas, Paris, Société d'éditions scientifiques, 1896.

Cinchonin durch Einwirkung verschiedener Reagentien gewonnen waren und die man für Isomere desselben gehalten hatte [v. Arlt; Skraup[1])].

Das Hydrocinchonin krystallisiert in Prismen, Fp. 277°, $[\alpha]_D + 190°$. Das Alkaloid sublimiert im Vakuum; es ist weniger löslich in Chloroform als Cinchonin. Es ist eine gesättigte Verbindung; seine Salze bilden keine Additionsprodukte mit Halogenwasserstoffsäuren [Skraup, Hesse[2])].

Der Zusammenhang des Dihydrocinchonins zum Cinchonin ergibt sich aus der einfachen Bildungsweise aus dem letzteren (s. oben) [Zimmer & Cie.[3]), Skita und Franck[4])].

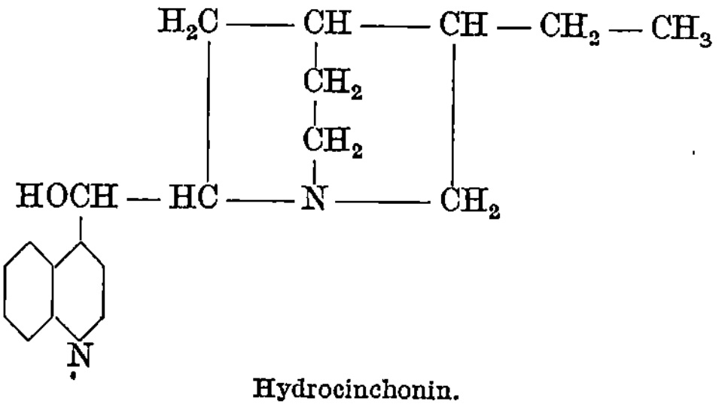

$$H_2C \longrightarrow CH \longrightarrow CH \longrightarrow CH_2 \longrightarrow CH_3$$

Hydrocinchonin.

Hydrocinchonin und Cinchonin zeigen im gesamten chemischen Verhalten den weitgehendsten Parallelismus; den verschiedenen Umsetzungsprodukten des Cinchonins entspricht eine Reihe von analogen Derivaten des Hydrocinchonins, die sich nur durch den Mehrgehalt von zwei Wasserstoffatomen unterscheiden.

So bildet sich mit Phosphorpentachlorid zunächst ein Chlorid $C_{19}H_{23}ClN_2$, das durch alkoholisches Kali in *Dihydrocinchen* $C_{19}H_{22}N_2$, Krystalle, Fp. 145° übergeht.

Die Isomerisation des Hydrocinchonins in die Toxinbase, in das *Hydrocinchotoxin*, erfolgt leicht [Rabe[5])]. Bei der Oxydation entsteht ein Keton, das *Hydrocinchoninon* $C_{19}H_{22}N_2O$, Fp. 138°, $[\alpha]_D$ 76°. Das Hydrocinchoninon bildet sich auch aus dem Hydrocinchotoxin analog dem Cinchoninon (S. 223) [Rabe, Naumann und Kuliga[6])]; gibt bei katalytischer Reduktion ca. 50% *Hydrocinchonin* und 10% *Hydrocinchonidin* [Kaufmann und Huber[7])].

Hydrocinchonin erleidet durch Phosphorsäure Spaltung in Lepidin und Cincholoipon [Königs[8])].

Das Cincholoipon $C_9H_{17}NO_2$, Krystalle, Fp. 236°, linksdrehend, hat den Charakter einer sekundären Base, wie auch den einer ein-

[1]) v. Arlt, M. **20**, 425. — Skraup, M. **20**, 571.
[2]) Skraup, B. **28**, 12. — Hesse, B. **28**, 1298.
[3]) Zimmer & Cie., D. R. P. 234 137.
[4]) Skita u. Franck, B. **44**, 2262.
[5]) Rabe, B. **45**, 2927.
[6]) Rabe, Naumann u. Kuliga, A. **364**, 330.
[7]) Kaufmann u. Huber, B. **46**, 2913. — Kaufmann u. Mitarbeiter, B. **46**, 1823; **50**, 702.
[8]) Königs, B. **27**, 1501, 2290.

basischen Säure; durch Alkohol und Salzsäure wird es esterifiziert [Skraup[1])]; entspricht dem bei der analogen Spaltung des Cinchonins entstehenden *Merochinen*:

$$CH - CH_2 - COOH$$
$$H_2C\diagdown CH - CH_2 - CH_3$$
$$H_2C\diagup CH_2$$
$$NH$$
Cincholoipon.

$$CH - CH_2 - COOH$$
$$H_2C\diagdown CH - CH = CH_2$$
$$H_2C\diagup CH_2$$
$$NH$$
Merochinen.

Analog der Bildung des *Merochinennitrils* aus dem *Cinchotoxin* (s. S. 222) entsteht hier aus dem *N-Methylhydrocinchotoxin* das *N-Methylcincholoiponnitril*:

$$CH - CH_2 - CN$$
$$H_2C\diagdown CH - CH_2 - CH_3$$
$$H_2C\diagup CH_2$$
$$NCH_3$$

Ol. Kp.$_{90-95}$ 186—187° [Rabe und Ackermann[2])].

6. Hydrocinchonidin (Cinchamidin).

Das Hydrocinchonidin $C_{19}H_{24}N_2O$ wurde 1881 von Forst und Böhringer sowie von Hesse[3]) aus *Cinchona Ledgeriana* isoliert; es fand sich weiterhin auch in anderen Cinchona-Arten. Man gewinnt es aus den Laugen des Cinchonidinsulfats durch fraktionierte Fällung mit weinsaurem Natrium. Es ist leicht von dem Cinchonidin durch seine Beständigkeit gegen Kaliumpermanganat zu trennen, wobei das Cinchonidin zerstört wird. Krystallisiert in sechsseitigen Blättchen; Fp. 229°, $[\alpha]_D - 98{,}5°$, zweisäurige Base. Die Lösungen der Salze fluorescieren nicht und geben keine Thalleiochininreaktion.

7. Hydrochinin.

Das *Hydrochinin* $C_{20}H_{26}N_2O_2$ wurde im Jahre 1882 von Hesse[4]) bei der Darstellung des Chinins aus *Cinchona Ledgeriana* gewonnen; es ist der gewöhnliche Begleiter des Chininsulfats, in dem es auch in etwas größeren Mengen vorkommt. Seine Trennung vom Chinin geschieht durch Kaliumpermanganat, wodurch das Hydrochinin unzersetzt bleibt.

Das Hydrochinin krystallisiert mit 2 Mol. Krystallwasser, schmilzt wasserfrei bei 172°; $[\alpha]_D - 142°$ in Alkohol. Das Hydrochinin ist eine zweisäurige Base; es bildet zwei Reihen von Salzen, die denen des Chinins ähneln. Erfährt leicht Isomerisation zur Toxinbase, die in bekannter Weise in das *Hydrochininon* überzuführen ist [Kaufmann und Huber[5])].

---

[1]) Skraup, M. **16**, 159.
[2]) Rabe u. Ackermann, B. **40**, 2013.
[3]) Forst u. Böhringer, B. **14**, 1266. — Hesse, B. **14**, 1683.
[4]) Hesse, A. **241**, 255; B. **15**, 854; **28**, 1298.
[5]) Kaufmann u. Huber, B. **46**, 2913.

Durch katalytische Reduktion des ungesättigten Chinins bildet sich das gesättigte Hydrochinin; der Zusammenhang zum Chinin ist dadurch festgestellt:

$$H_2C \underline{\quad\quad} CH \underline{\quad\quad} CH - CH_2 - CH_3$$
$$| \quad\quad\quad\quad CH_2 \quad\quad\quad |$$
$$| \quad\quad\quad\quad CH_2 \quad\quad\quad |$$
$$(OCH_3)NH_5C_9 - CHOH - HC \underline{\quad\quad} N \underline{\quad\quad} CH_2$$

Hydrochinin.

Hydrochinin liefert beim Erwärmen mit Salzsäure auf 150° unter Chlormethylabspaltung *Hydrocuprein* $C_{19}H_{22}N_2(OH)_2$, identisch mit der Base, die durch katalytische Reduktion des Cupreins entsteht [Giemsa und Halberkann[1])] (S. 235).

Hydrochinin läßt sich mit rauchender Salpetersäure bei 0° nitrieren zum *ana-Nitrodihyrochinin* $C_{20}H_{25}N_3O_4$, zersetzt sich bei 220—222° [Jacobs und Heidelberger[2])]. Durch Reduktion mit Ferrosulfat und Alkali entsteht das ana-*Aminohydrochinin*, Fp. 218° [Böhringer und Söhne[3])]. Über Einwirkung von Brom auf Dihydrochinin s. Weller[4]).

Die wichtige Synthese des Hydrochinins ist S. 228 angegeben.

8. Hydrochinidin (Hydroconchinin).

Dieses Alkaloid $C_{20}H_{26}N_2O_2$ findet sich im käuflichen Chinidin, von dem es durch Behandlung mit Permanganat geschieden werden kann. Es wurde im Jahre 1881 von Forst und Böhringer[5]) isoliert. Tafeln oder prismatische Nädelchen mit $2^1/_2$ Mol. Krystallwasser. Fp. 166 bis 167°, rechtsdrehend. Salzsäure wirkt bei 150° unter Abspaltung von Chlormethyl auf dasselbe ein. Durch Oxydation mit Chromsäure bildet sich die Chininsäure.

9. Cuprein.

Das Cuprein $C_{19}H_{22}N_2O_2$ wurde 1884 von Paul und Cownley[6]) in der Rinde von *Remijia pedunculata* entdeckt; es findet sich darin in molekularer Verbindung mit dem Chinin. Das Cuprein erhielt seinen Namen nach der kupferblau gefärbten Rinde — Cuprea-Rinde — in der es vorkommt. Es krystallisiert mit 2 Mol. Krystallwasser in Prismen, die wasserfrei bei 201—202° schmelzen; sehr wenig löslich in Äther und in Chloroform; leichter löslich in Alkohol. Es ist eine bitertiäre und zweisäurige Base; $[\alpha]_D^{17} - 174{,}4°$ in Alkohol [Giemsa und Halberkann[1])] $[\alpha]_D -163{,}4°$ [Howard und Chick[7])]; mit Chlor

---

[1]) Giemsa u. Halberkann, B. **51**, 1325.

[2]) Jacobs u. Heidelberger, Amer. Soc. **42**, 1481, 1489. C. **20**, III, 549, 550.

[3]) Böhringer u. Söhne, Patentanmeldung 12. p. 89370.

[4]) Weller, B. **54**, 230.

[5]) Forst u. Böhringer, B. **14**, 1954; **15**, 519, 1656.

[6]) Paul u. Cownley, Pharmac. Journal (3) **15**, 221, 401.

[7]) Howard u. Chick, C. 1909. I. 1013.

und Ammoniak gibt es die Chininreaktion; die schwefelsauren Lösungen fluorescieren aber nicht.

Die Bildung eines *Diacetylcupreins* [Hesse[1])] zeigt, daß die beiden Sauerstoffatome des Cupreins als Hydroxyle in der Base enthalten sind. Das eine dieser Hydroxylgruppen hat Phenolcharakter, denn von allen China-Alkaloiden ist das Cuprein das einzige, das sich in den Ätzalkalien löst und damit Salze bildet. In Ammoniak ist Cuprein unlöslich. Cuprein läßt sich nitrieren.

Beim Erhitzen mit Salzsäure auf 140° geht das Cuprein in ein Isomeres, in das *Apochinin* (Hesse) über. Dasselbe Apochinin bildet sich auch aus dem Chinin bei der gleichen Behandlung; beim Chinin entwickelt sich daneben Chlormethyl.

Dieser Reaktionsverlauf gestattet zwischen dem Cuprein und Chinin das Verhältnis eines Phenols zu seinem Ester anzunehmen:

$$\text{Cuprein } C_{19}H_{20}N_2(OH)_2$$
$$\text{Chinin } \quad C_{19}H_{20}N_2(OH)\,(OCH_3).$$

Diese einfache Beziehung der beiden Alkaloide zu einander hat durch die im Jahre 1891 ausgeführten Arbeiten von Grimaux und Arnaud[2]) ihre sichere Bestätigung gefunden; durch Erhitzen einer methylalkoholischen Cupreinlösung mit Natriummethylat und Methyljodid konnte das Chinin dargestellt werden:

$$C_{19}H_{20}N_2(OH)(ONa) + CH_3J = C_{19}H_{20}N_2(OH)(OCH_3) + NaJ$$
Cupreinnatrium.   Chinin.

Durch Einwirkung homologer Alkylierungsmittel auf Cuprein bzw. Cupreinnatrium entstehen homologe Chinine (*Chinäthylin* usw.).

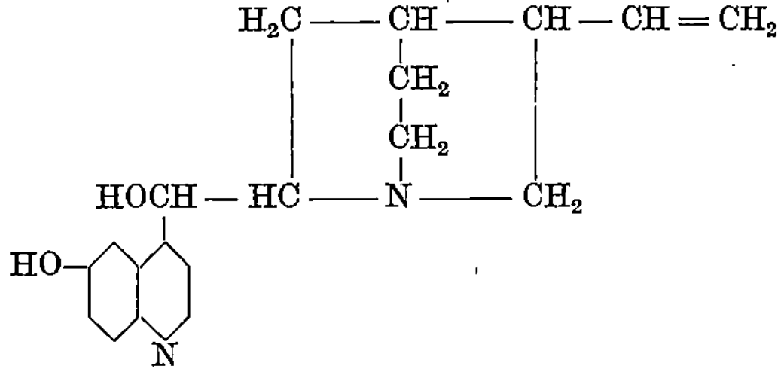

Cuprein.

Hydrocuprein. Das Cuprein bildet bei der katalytischen Reduktion durch Überführung der Vinylseitengruppe in die Äthylgruppe das *Hydrocuprein* $C_{19}H_{24}N_2O_2$. Dieselbe Verbindung entsteht auch aus dem *Hydrochinin* durch Abspaltung der Alkylgruppe (S. 234). Nädelchen, leicht löslich in Alkohol, Benzol, Chloroform. Fp. 204° $[\alpha]_D^{20}$ —154,8°. Gegen Kaliumpermanganat unbeständig; hierdurch unterscheidet es sich von den übrigen Dihydrochinaalkaloiden [Giemsa und Halberkann[3])].

---

[1]) Hesse, A. **230**, 57.
[2]) Grimaux u. Arnaud, C. r. **112**, 766, 1364; **114**, 548, 672; **118**, 1800.
[3]) Giemsa u. Halberkann, B. **51**, 1325.

Hydrocuprein (ebenso wie Cuprein) kondensiert sich mit Diazonium-salzen zu *ana*-substituierten *Azoverbindungen*. Durch reduktive Spaltung dieser entsteht *ana-Aminohydrocuprein* $C_{19}H_{25}N_3O_2$, Fp. 179°; $[\alpha]_D^{20}$ —24° in Alkohol (Aminocuprein $C_{19}H_{23}N_3O_2$, Fp. 195°; $[\alpha]_D^{20}$ —18,4° [Giemsa und Halberkann[1])]). Zu denselben Aminoverbindungen gelangt man auch auf dem Wege der Nitrierung der Cupreinbasen und darauffolgender Reduktion. Hydrocuprein und Hydrochininbasen lassen sich durch Salpeterschwefelsäure in die entsprechenden Nitro-sulfosäuren überführen [Giemsa und Halberkann[2])]. *Äthyldihydro-cupreinchlorhydrat* stellt das *Optochin* vor, *Isoamyldihydrocuprein* das *Eucupin* und das *Isoctyldihydrocuprein* das *Vuzin* (S. 242).

Über *Hydrocupreidin* und *Cupreidin* siehe Jacobs und Heidelberger[3]).

10. Homochinin.

Findet sich in der Rinde von *Remijia pedunculata*, in der es Paul und Cownley[4]) entdeckten; es wurde von Hesse[5]) untersucht. Dieser zeigte, daß das Homochinin aus molekularen Mengen Chinin und Cuprein besteht, $C_{20}H_{24}N_2O_2$; $C_{19}H_{22}N_2O_2$. Bildet sich durch Fällen eines molekularen Gemenges von Chinin und Cuprein mit Ammoniak. Durch Behandlung mit Alkali läßt sich aus dem Homochinin das Cuprein ausziehen.

Das Homochinin krystallisiert aus Äther in Blättchen mit 2 Mol. Wasser oder in Prismen mit 4 Mol. Fp. 177° wasserfrei; $[\alpha]_D$ — 235° in salzsaurer Lösung. Leicht löslich in Chloroform und Alkohol.

11. Chinicin (Chinotoxin).

Das Chinicin $C_{20}H_{24}N_2O_2$, isomer dem Chinin, wurde von Howard[6]) in einigen Chinarinden aufgefunden. Es war schon früher durch Pasteur[7]) bekannt geworden, der es im Jahre 1853 beim Erhitzen des Chinins mit sehr verdünnter Schwefelsäure auf 120—130° erhalten hatte. Auch aus dem Chinidin wurde es von Hesse[8]) in ähnlicher Weise wie aus dem Chinin gewonnen. Gelbes, bitter schmeckendes Öl. $[\alpha]_D$ + 38,40° in Chloroformlösung [Howard und Chick[9])] bzw. 44,1° (Léger). Zur Reinigung wurde das Alkaloid durch das Oxalat geführt; in Alkohol und Äther leicht löslich.

Das Chinicin erwies sich identisch mit dem durch hydrolytische Spaltung aus dem Chinin erhaltenen *Chinotoxin* [Miller und Rohde[10])]. (Vgl. *Cinchotoxin* S. 221.)

---

[1]) Giemsa u. Halberkann, B. **52**, 906.
[2]) Giemsa u. Halberkann, B. **53**, 732.
[3]) Jacobs u. Heidelberger, Amer. Soc. **41**, 817, 2131; **42**, 1481 (C. **19**, III, 612; **20**, III, 549).
[4]) Paul u. Cownley, Pharmac. Journal **12**, 599; **15**, 221, 279.
[5]) Hesse, B. **15**, 854; A. **225**, 95; **226**, 240, 230, 55.
[6]) Howard, Soc. **24**, 61; **25**, 101.
[7]) Pasteur, C. r. **37**, 110, 166.
[8]) Hesse, A. **178**, 245; **243**, 148.
[9]) Howard u. Chick, C. 1909, I, 1013.
[10]) Miller u. Rohde, B. **33**, 3214.

12. Chinamin.

Das Chinamin $C_{19}H_{24}N_2O_2$ wurde 1872 von Hesse[1] in verschiedenen Cinchonarinden, vorzugsweise in *C. Ledgeriana*, aufgefunden; es krystallisiert aus Alkohol in Prismen, Fp. 172°, $[\alpha]_D + 104,5°$ in alkoholischer Lösung, löslich in Äther, bildet ein schwer lösliches Nitrat, das zur Reindarstellung des Alkaloids dient.

Das Chinamin geht durch Einwirkung verschiedener Säuren bzw. durch Erhitzen des schwefelsauren Salzes für sich in ebenfalls rechtsdrehende Isomere über, in das *Chinamidin, Chinamicin* bzw. *Protochinamicin* [Hesse[2]].

Durch Einwirkung heißer Salzsäure und Schwefelsäure spaltet das Chinamin Wasser ab; es entsteht *Apochinamin* $C_{19}H_{22}N_2O$, schwache Base, in Blättchen oder in Prismen krystallisierend, Fp. 114°. In neutraler Lösung inaktiv, in saurer linksdrehend. Essigsäureanhydrid entzieht dem Chinamin Wasser und bildet *Acetapochinamin* $C_{21}H_{24}N_2O_2$, amorphe Substanz. Danach sollte das Chinamin zwei Hydroxylgruppen enthalten.

13. Conchinamin.

Diese Base $C_{19}H_{24}N_2O_2$ begleitet das isomere Chinamin in der Rinde von *Cinchona succirubra*, aus der es Hesse[3] 1877 gewann. Es wird durch sein schwer lösliches Oxalat vom Chinamin getrennt. Es krystallisiert und bildet auch krystallisierte Salze, in organischen Solventien leicht löslich, leicht oxydierbar, ähnelt in seinen Reaktionen dem Chinamin. Fp. 123° [Oudemans[4]], $[\alpha]_D + 204°$.

Die beiden folgenden Alkaloide Aricin und Cusconin, die gleich zusammengesetzt sind, stammen aus der Cuscorinde (*Cinchona pubescens*).

14. Aricin.

Das Aricin $C_{23}H_{26}N_2O_4$ wurde von Pelletier und Corriol[5] aufgefunden; seine Formel wurde von Gerhard bestimmt. Hesse[6] beschreibt auch sein Vorkommen in der Cuprearinde. Krystallisiert in Prismen, Fp. 188°, in neutraler Lösung linksdrehend, — 58,3° in Alkohol, in salzsaurer inaktiv. Das essigsaure und oxalsaure Salz unlöslich in Wasser.

15. Cusconin.

$C_{23}H_{26}N_2O_4 + 2\,H_2O$. In der Cuscorinde [Leverköhn[7]] neben Aricin. Prismen, Fp. 110°, $[\alpha]_D — 54,3°$ in Alkohol.

[1] Hesse, A. **166**, 266; **207**, 288.
[2] Hesse, A. **207**, 299.
[3] Hesse, A. **209**, 62.
[4] Oudemans, A. **209**, 38.
[5] Pelletier u. Corriol, Journal de pharm. **15**, 575; A. ch. (2) **51**, 585.
[6] Hesse, A. **166**, 259; **181**, 58; **185**, 310.
[7] Leverköhn, Rep. d. Pharm. **33**, 353.

16. Diconchinin.

$C_{40}H_{46}N_4O_3$ findet sich in allen Chinaarten und bildet die Hauptmenge des *Chinoidins*, des Gemisches der amorphen China-Alkaloide, die sich nach der Abscheidung der krystallisierten Sulfate im Rückstande anhäufen; diese sind rechtsdrehend [Hesse[1])].

17. Paricin.

$C_{16}H_{18}N_2O \cdot \frac{1}{2} H_2O$. Wurde von Hesse[2]) aus *Cinchona succirubra* isoliert; findet sich auch neben Cinchonamin in Remijia Purdieana. Fp. 130°, amorph, optisch inaktiv; die Salze zeigen bitteren Geschmack.

18. Dicinchonin.

$C_{83}H_{44}N_4O_2$ findet sich nach Hesse[3]) in den Rinden von *Cinchona rosulenta* und *C. succirubra*. Die freie Base wie auch die Salze sind amorph.

Alkaloide von Remijia Purdieana. — Die folgenden sechs Alkaloide (*Cinchonamin, Chairamin, Chairamidin, Conchairamin, Conchairamidin, Concusconin*) finden sich neben *Cinchonin* und *Hydrocinchonin* in der Rinde von *Remijia Purdieana*, die der Remijia pedunculata (s. Cuprein) nahesteht.

19. Cinchonamin.

Das Cinchonamin $C_{19}H_{24}N_2O$ wurde 1881 von Arnaud[4]) gewonnen. Krystallisiert in Nadeln, Fp. 185°, $[\alpha]_D + 120°$ in alkoholischer Lösung, enthält ein Hydroxyl (Acetylverbindung), aber keine Methoxylgruppe. Durch Salpetersäureeinwirkung entsteht *Dinitrocinchonamin*.

Die Salze des Cinchonamins sind triboluminiszent [Tschugaeff[5])]; Cinchonamin bildet keine Thalleiochininreaktion, auch fluorescieren seine schwefelsauren Salzlösungen nicht. Das Alkaloid bildet ein Jodmethylat, aus dem durch Silberoxyd *Methylcinchonamin* erhalten wird.

Charakteristisch für das Cinchonamin ist die Schwerlöslichkeit seines salpetersauren Salzes [Howard und Perry[6]), Howard und Chick[7])], die zum Nachweis von Salpetersäure dienen kann. Auch wird das Nitrat zur Reindarstellung des Alkaloids benutzt.

Das Cinchonamin besitzt dieselbe Zusammensetzung wie das Hydrocinchonin und Hydrocinchonidin, unterscheidet sich aber von diesen charakteristisch durch seine Unbeständigkeit gegen kalte Kaliumpermanganatlösungen. Die Base bildet eine Reihe gut charakterisierter Doppelsalze [Boutroux und Genvresse[8])].

---

[1]) Hesse, B. **10**, 2155; **16**, 58.
[2]) Hesse, A. **166**, 263.
[3]) Hesse, A. **227**, 154.
[4]) Arnaud, C. r. **93**, 593; **97**, 174; **98**, 1488; **99**, 190; A. ch. (6) **19**, 93.
[5]) Tschugaeff, B. **34**, 1824.
[6]) Howard u. Perry, C. 1906, I, 564.
[7]) Howard u. Chick, C. 1909, I, 1013.
[8]) Boutroux u. Genvresse, C. r. **125**, 467.

20. Chairamin.

$C_{22}H_{26}N_2O_4 + H_2O$, Nadeln oder Prismen, die wasserhaltig bei 140°, wasserfrei bei 233° schmelzen. Rechtsdrehend.

21. Chairamidin.

$C_{22}H_{26}N_2O_4 + H_2O$. Amorph, Fp. 126—128°, $[\alpha]_D + 7,3°$ in Alkohol.

22. Conchairamin.

$C_{22}H_{26}N_2O_4 + H_2O$, Prismen, sehr schwache Base, schmilzt wasserfrei bei 120°. $[\alpha]_D + 68,4°$ in Alkohol.

23. Conchairamidin.

$C_{22}H_{26}N_2O_4 + H_2O$. Das Conchairamidin ist mit den drei vorhergehenden Alkaloiden isomer und wurde wie diese auch im Jahre 1884 von Hesse[1]) gewonnen. Schmilzt wasserfrei bei 114—115°, $[\alpha]_D — 60°$ in Alkohol.

24. Concusconin.

$C_{23}H_{26}N_2O_4 + H_2O$. ? In der Rinde von Remijia aufgefunden [Hesse[2])]; Fp. 206—208°, schwer löslich in kaltem Alkohol, leicht in Chloroform, bildet monokline Nadeln; die Salze sind amorph; $[\alpha]_D + 19,34°$ in Alkohol [Howard und Chick[3])]. Enthält zwei OCH_3-Gruppen.

Chinasäure.

Chinasäure. Von den vielen nicht stickstoffhaltigen Verbindungen, welche sich in den Chinarinden finden (S. 210), kommt die Chinasäure in größter Menge darin vor (5—8%). Sie ist auch die einzige dieser Verbindungen, deren Konstitution erkannt ist.

Die Chinasäure wurde im Jahre 1790 von F. C. Hofmann[4]) in den Chinarinden entdeckt; sie entsteht auch bei der erschöpfenden Methylierung des *Cevins* [Freund[5])] (s. dort).

Ihre Formel ist $C_7H_{12}O_6$ [Liebig[6])]; sie krystallisiert in monoklinen Prismen, sehr leicht löslich in Wasser, Fp. 161,6°, linksdrehend. Sie ist eine einbasische α-Oxysäure [Bistrzycki und Siemiradski[7])], enthält vier alkoholische Hydroxyle, ihre Ester liefern bei der Einwirkung von Acetylchlorid vierfach acetylierte Verbindungen [Fittig

---

[1]) Hesse, A. **225**, 211.
[2]) Hesse, B. **16**, 58; A. **225**, 211.
[3]) Howard u. Chick, C. 1909, I, 1013.
[4]) F. C. Hofmann, Crells Annalen **2**, 314.
[5]) Freund, Z. ang. Chem. **22**, 2469.
[6]) Liebig, Annalen der Physik und Chemie **21**, 1; A. **6**, 14.
[7]) Bistrzycki u. Siemiradski, B. **41**, 1665.

und Hillebrand[1]), Erwig und Königs[2])]. Man kann daher ihre Formel folgendermaßen auflösen:

$$C_6H_7(OH)_4COOH.$$

Die Chinasäure stellt das Derivat eines hexahydrierten Benzols vor. Alle ihre Zersetzungsprodukte sind in der Tat aromatische Verbindungen.

Bei der trockenen Destillation wird sie in Hydrochinon, Phenol, Benzol, Benzoesäure und Salicylaldehyd zerlegt [Wöhler[3])]. Beim Erhitzen ihrer Salze entsteht Chinon [Woskresensky[4])]; ebenso durch Oxydation mit Mangansuperoxyd und Schwefelsäure. Mit Salzsäure gekocht bildet die Chinasäure Hydrochinon und p-Oxybenzoesäure [Hesse, Echtermeyer, Knöpfer[5])]. In der Kalischmelze, durch Einwirkung von Jodwasserstoffsäure und Bromwasserstoffsäure, durch Brom in Gegenwart von Wasser, oder bei der Vergärung entstehen aus der Chinasäure Protacatechusäure und Benzoesäure [Emmerling, Beijerinck[6]).

Endlich wird die Chinasäure durch Phosphorpentachlorid in das m-Chlorbenzoylchlorid verwandelt [Graebe[7])].

Nach diesem gesamten Verhalten zeigt sich die Chinasäure als eine *Hexahydrotetraoxybenzoesäure.*

Pharmakologisches. — *Chinin.* Die Wirkung des Chinins, des wichtigsten Alkaloids der Chinarinde, ist in sehr zahlreichen Untersuchungen erforscht worden, die zum größten Teil aber nur historisches Interesse haben[8]). Als gesichert kann man folgendes ansehen.

Chinin wirkt hemmend auf manche durch reine Fermente eingeleitete Spaltungen; so hebt es den autolytischen Abbau der Kaninchenleber in der Konzentration von 0,5% auf, andere Fermentwirkungen werden umgekehrt durch Chininzusatz gefördert. — Die fäulniswidrige, antibakterielle Wirkung des Chinins ist ziemlich stark, wenn sie auch hinter der vieler Antiseptica der Phenolreihe zurückbleibt; Schimmelpilze können sich z. B. in Chininlösungen entwickeln. — Für die meisten niedrigsten tierischen Organismen ist Chinin, wie zuerst Binz erkannt hat, ein schnell abtötendes Gift[9]), eine Wirkung, die erst später nach Entdeckung der Malariaplasmodien in ihrer Bedeutung gewürdigt worden ist. — Bei höheren Tieren wird vor allem das Zentralnervensystem beeinflußt, und zwar sind hier hauptsächlich Lähmungserscheinungen beobachtet worden. Praktisch wichtig ist die Wirkung auf das Wärmeregulationszentrum, der das Chinin seine Brauchbarkeit als symptomatisches Fiebermittel verdankt, während seine Bedeutung

---

[1]) Fittig u. Hillebrand, A. **193**, 197.
[2]) Erwig u. König, B. **22**, 1457.
[3]) Wöhler, A. **45**, 354; **51**, 146.
[4]) Woskresensky, A. **27**, 257.
[5]) Hesse, A. **200**, 238; Echtermeyer, A. Pharm. **244**, 37; Knöpfer, ibid. **245**, 77.
[6]) Emmerling, C. **1903**, 1190; Beijerinck, C. **1911**, 1232.
[7]) Graebe, A. **138**, 197; **146**, 66.
[8]) Die ältere Literatur ist z. B. bei C. Binz, Das Chinin, Berlin 1875, zu finden.
[9]) Chinin lähmt auch die Bewegungen der Leukocyten des Blutes.

als Spezifikum gegen Malaria und einige andere Infektionskrankheiten wohl mit seiner antiparasitären und zelltötenden Wirkung in Zusammenhang zu bringen ist. — Von praktischer Bedeutung ist auch die Schädigung der Sinnesorgane (Taubheit und Sehstörungen), die manchmal schon bei den höheren therapeutischen Dosen beobachtet wird.

Von alters her hat das Chinin einen besonderen Ruf als allgemeines und Herztonicum; doch hat die genaue experimentelle Analyse gezeigt, daß das bezüglich des Kreislaufs nicht richtig ist: Dosen, die überhaupt wirken, schädigen stets Herz und Gefäße. Neuerdings hat sich Chinidin gegen Herzflimmern wirksam erwiesen. Dagegen kann man als sicher annehmen, daß sowohl beim gesunden wie beim fiebernden Menschen die Stickstoffbilanz des Stoffwechsels positiv wird, Chinin also in gewissem Sinne ein Sparmittel für den Organismus ist. — Dem Chinin kommt auch eine Wirkung auf die willkürliche Muskulatur zu, die sich in mancher Beziehung der des Coffeins nähert. — Auf die glatte isolierte Muskulatur von Darm, Gefäßen und Gebärmutter wirkt Chinin lähmend.

Viel ist über die Frage gearbeitet worden, mit welchem Teile des Chininmoleküls seine Wirkungen und speziell die antiparasitäre verknüpft seien. Volle Klarheit ist darüber nicht geschaffen worden, doch ist es sicher, daß die Wirkung selbst durch relativ einschneidende chemische Eingriffe nicht verloren zu gehen braucht. So schädigt die Aufhebung der doppelten Bindung an der Vinylkette die Wirksamkeit nicht sehr; ferner tötet auch *Cinchotoxin* Infusorien noch ungefähr ebenso gut wie Chinin. Andererseits besitzen die reinen Chinolinderivate zwar meist eine antipyretische und narkotische Wirkung, beeinflussen aber die Infusorien nicht spezifisch.

Die höheren *Homologe* des Chinins sind viel giftiger als Chinin; *Chinpropylin* z. B. viermal so giftig, während das *Cuprein* viel weniger wirksam ist.

Von den weiteren Alkaloiden der Chinarinde sind folgende pharmakologisch untersucht worden.

Cinchonin. Es wirkt in den meisten Richtungen wie Chinin, aber nicht so stark und seine therapeutische Brauchbarkeit wird durch eine gewisse Unsicherheit seiner Wirkungen eingeschränkt. — Bei Tieren erzeugt das Cinchonin leichter Krämpfe als Chinin, bei welchem die Lähmungserscheinungen vorwiegen; für einzelne Spezies ist es giftiger als Chinin. — Auch eine Reihe[1]) von Isomeren des Cinchonins, Cinchonidin, Cinchonigin, Cinchonifin) ist untersucht worden; sie sind meist weniger giftig als Cinchonin.

Conchinin wirkt ganz ähnlich, nur schwächer als Chinin und ist früher viel therapeutisch verwertet worden.

Cinchonamin hat außer den Chininwirkungen noch die, daß es die Blutgerinnung stört.

Chinotoxin und *Cinchotoxin* besitzen ebensowenig wie Chinin die den Kreislauf fördernde Wirkung, die ihnen zugeschrieben worden ist. Chinotoxin ist wenig, Cinchotoxin stark giftig[2]).

---

[1]) Langlois u. Varigny, Journ. de l'anat. et de la phys. 1891, 273.
[2]) Joh. Biberfeld, Arch. f. exp. Path. u. Pharmak. 79, 361.

Von synthetischen Chininderivaten sind die folgenden medizinisch wichtig.

Das *Aristochin* (Dichininkohlensäureester $C_{20}H_{23}N_2O \cdot O \cdot CO \cdot O \cdot C_{20}H_{23}N_2O$) und das *Euchinin* (Chininkohlensäureäthylester) $\left(CO\!\!<^{OC_2H_5}_{OC_{20}H_{23}N_2O}\right)$, die beide wasserunlöslich sind, werden als geschmacklose Präparate empfohlen; die Dosen müssen größer als die des Chinins sein. Die Geschmacklosigkeit der obigen Präparate beruht in der Hauptsache auf ihrer Schwerlöslichkeit.

Vom *Cuprein* leiten sich folgende Substanzen ab [Morgenroth[1])]:

Optochin (Äthylhydrocupreinchlorhydrat) ist im Tierexperiment ein Spezifikum gegen Pneumokokkeninfektion; über seinen Wert in der Behandlung der menschlichen Pneumonie (Lungenentzündung) gehen die Meinungen sehr auseinander. Bei unvorsichtiger Anwendung ist relativ häufig Blindheit beobachtet worden. *Optochin* wird auch in der Augenheilkunde (bei Ulcus corneae serpens) verwendet.— *Eucupin* (Isoamylhydrocuprein) wird äußerlich als Desinfiziens und auch innerlich (z. B. bei Grippe) empfohlen; *Vuzin* (Isoctylhydrocuprein) soll als Antiseptikum dienen.

XII. Alkaloide der Strychnosarten.

Die Strychnosarten (Familie der Loganiaceen) enthalten: das *Strychnin*, das *Brucin* und mehrere *Curare*-Alkaloide.

Die Brechnuß, der Samen von Strychnos Nux vomica L., enthält ca. 1,5% Strychnin und etwas mehr Brucin; die falsche Angostura, die Rinde desselben Baumes zeigt, etwa denselben Alkaloidgehalt, ebenso wie die Ignatiusbohne, der Samen von Strychnos Ignatii Berg. Auch in der holzigen Wurzel von Strychnos colubrina L. und in der von Strychnos Tieuté Lesch. sind diese beiden Alkaloide enthalten. In den Samen von Strychnos Querqua findet sich Brucin spurenweise [Sievers[2])].

1. Strychnin.

Das Strychnin wurde im Jahre 1818 von Pelletier und Caventou[3]) in der Ignatiusbohne entdeckt. Seine Zusammensetzung von Regnault[4]) festgestellt, entspricht der Formel $C_{21}H_{22}N_2O_2$. Es krystallisiert aus Alkohol in Prismen. Fp. 269°, in Wasser fast unlöslich, schwer löslich in gewöhnlichen organischen Solventien; linksdrehend. Schmeckt metallisch äußerst bitter.

Das Strychnin zeigt alkalische Reaktion; es ist eine tertiäre, einsäurige Base [Scholtz[5])], bildet also trotz seiner zwei Stickstoffatome Salze mit nur einem Molekül Säure.

<hr>

[1]) Morgenroth, B. Pharm. **29**, 233.
[2]) Sievers, C. 1911; II. 292.
[3]) Pelletier u. Caventou, A. ch. (2) **10**, 142; **26**, 44.
[4]) Regnault, A. ch. **26**, 17.
[5]) Scholtz, B. **31**, 1700.

Schon die atomare Zusammensetzung des Strychnins weist darauf hin, daß eine Reihe von Ringen darin enthalten sind. Von diesen muß einer aromatisch sein; Nitro-Bromderivate [Leuchs und Ritter[1])], Chinonbildung des Brucins (s. dort).

In der Kalischmelze entstehen aus dem Strychnin Chinolinbasen, Buttersäure und Indol [Goldschmidt[2]), Loebisch und Schoop[3])]; mit Kalk destilliert bildet das Strychnin Ammoniak, Äthylamin, Äthylen, β-Picolin, β-Lutidin, Skatol und Carbazol [Stöhr[4]), Loebisch und Malfati[5])]. Bei der Destillation über Zinkstaub hat man ähnliche Produkte erhalten: Ammoniak, Äthylen, Acetylen, Lutidin, Carbazol [Scichilone und Magnanini[6]), Loebisch und Schoop[7])].

Die Konstitutionserkenntnis des Strychnins ist besonders durch das Studium der hydrolytischen Einwirkung bedeutend gefördert worden. Beim Erhitzen des Strychnins mit alkoholischem Natron addiert das Strychnin ein Molekül Wasser [Loebisch und Schoop[7])]; es entsteht die *Strychninsäure* $C_{21}H_{24}N_2O_3$ [Tafel[8])], schwache Säure, löst sich in Alkali, wird aber schon durch Kohlensäure aus der Lösung gefällt. Die Strychninsäure unterscheidet sich charakteristisch von dem Strychnin durch das Vorhandensein einer Carboxylgruppe und einer Imidogruppe; die Strychninsäure ist eine Imidocarbonsäure. Den Übergang des Strychnins in die Strychninsäure erklärt Tafel so, daß das

Strychnin mit der cyclischen Säureanilidgruppierung $(C_{20}H_{22}NO){<}{\begin{smallmatrix}CO\\N\end{smallmatrix}}$

durch Wasseraufnahme in die Strychninsäure mit der Gruppierung $(C_{20}H_{22}NO){<}{\begin{smallmatrix}COOH\\NH\end{smallmatrix}}$ übergeht.

Die Strychninsäure enthält ein sekundäres Stickstoffatom, sie bildet ein Nitrosamin. Durch Einwirkung von Säuren erfährt die Strychninsäure wieder Anhydrisierung und geht in Strychnin zurück. Diese leichte Rückbildung der Strychninsäure zum Strychnin gibt auch Veranlassung, daß sich die Strychninsäure in Gegenwart von Mineralsäuren nicht esterifizieren läßt. So versagt der Nachweis einer Carboxylgruppe in der Strychninsäure; dagegen gibt das *Jodmethylat der Methylstrychninsäure*:

$$\begin{smallmatrix}J\\H_3C\end{smallmatrix}{>}N \equiv (C_{20}H_{22}O){<}\begin{smallmatrix}COOH\\NCH_3\end{smallmatrix}$$

das beständiger ist, mit Methylalkohol und Salzsäure einen Ester.

Die Bildung der Strychninsäure erfolgt, wie oben angegeben, aus dem Strychnin durch Hydrolyse mittels alkoholischen Natrons. Ge-

---

[1]) Leuchs u. Ritter, B. **52**, 1583.
[2]) Goldschmidt, B. **15**, 1977.
[3]) Loebisch u. Schoop, M. **7**, 75.
[4]) Stöhr, B. **20**, 810, 1108, 2727; J. pr. **42**, 399.
[5]) Loebisch u. Malfati, M. **9**, 626.
[6]) Scichilone and Magnanini, G. **12**, 444.
[7]) Loebisch u. Schoop, M. **7**, 609.
[8]) Tafel, B. **23**, 2731; **34**, 3291; A. **264**, 33; **268**, 229; **301**, 285; **304**, 49.

schieht die Hydrolyse des Strychnins aber mit Barytwasser bei 140°,
so entsteht vorzugsweise die *Isostrychninsäure*, die von Gall und Etard[1])
aufgefunden, von Tafel untersucht und als $C_{21}H_{24}N_2O_3 + H_2O$ aufgefaßt
wurde. Sie ist danach der Strychninsäure isomer. Die Isostrychninsäure
zeigt sich in ihrem Verhalten der Strychninsäure durchaus ähnlich; sie
besitzt ebenfalls eine Carboxyl- und eine NH-Gruppe, zeigt aber nicht
die leichte Rückbildung zum Strychnin, wie die Strychninsäure.

Durch Erhitzen des Strychnins mit Wasser auf 160—180° oder mit
Barythydrat bildet sich — wahrscheinlich durch Verschiebung einer
Doppelbindung — das *Isostrychnin*, kleine glänzende Nadeln, Fp. 214
bis 215° [Bacovescu und Pictet[2])].

Einen weiteren Einblick in das Konstitutionsverhältnis des Strychnins zur Strychninsäure zeigt die Einwirkung der Alkylhaloide auf beide
Verbindungen [Tafel[3]), Moufang und Tafel[4])].

Das Strychnin bildet als tertiäre einsäurige Base mit Jodmethyl
nur ein Monojodmethylat $C_{21}H_{22}N_2O_2 \cdot CH_3J$. Behandelt man dieses
mit Silberoxyd (oder besser noch läßt man Baryt auf die entsprechende
methylschwefelsaure Verbindung einwirken), so erhält man nicht hierbei, wie· eigentlich zu erwarten wäre, Strychninmethylhydroxyd

$$\underset{OH}{\overset{H_3C}{\diagdown}}N \equiv (C_{20}H_{22}O)\underset{N}{\overset{CO}{\diagup|}}$$

sondern das Silberoxyd wirkt auf diese wohl intermediär entstehende
Verbindung sofort weiter ein, indem es die ringförmig geschlossene

Atomgruppe $\overset{CO}{\underset{N}{\diagup|}}$ aufsprengt und das Methylhydrat der Strychninsäure

bildet; dieses verliert unmittelbar die Elemente eines Moleküls Wasser,
wie das gewöhnlich bei quaternären Säurehydraten der Fall ist, und es
entsteht so eine betainartige Verbindung, das *Methylstrychnin* $C_{22}H_{26}N_2O_3$:

$$\underset{H_3C}{\overset{HO}{\diagdown}}N \equiv (C_{20}H_{22}O)\underset{N}{\overset{CO}{\diagup|}} \longrightarrow \underset{H_3C}{\overset{HO}{\diagdown}}N \equiv (C_{20}H_{22}O)\underset{NH}{\overset{COOH}{\diagup}}$$

Methylstrychniniumhydroxyd   Strychninsäuremethylhydroxyd

$$\longrightarrow \quad \underset{H_3C}{\overset{O\text{———}}{\diagdown}}N = (C_{20}H_{22}O)\underset{NH}{\overset{CO}{\diagup}}$$

Methylstrychnin.

Die Konstitution des Methylstrychnins (*Strychninsäure-Methylbetain*)
folgt einerseits aus seinem sekundären Basencharakter (Nitrosaminbildung), andererseits daraus, daß es bei der Behandlung mit Jodwasserstoffsäure *Strychninsäurejodmethylat*

$$\underset{H_3C}{\overset{J}{\diagdown}}N \equiv C_{20}H_{22}O\underset{NH}{\overset{COOH}{\diagup}}$$

bildet, und daß aus dieser letzteren Verbindung durch Silberoxydeinwirkung das Methylstrychnin auch wieder zurückentsteht.

[1]) Gall u. Etard, Bl. (2) **31**, 98.
[2]) Bacovescu u. Pictet, B. **38**, 2787.
[3]) Tafel, A. **264**, 33.
[4]) Moufang u. Tafel, A. **304**, 49.

So erscheint also das Methylstrychnin nicht als ein Derivat des Strychnins, sondern als ein Abkömmling der daraus durch Ringspaltung leicht entstehenden Strychninsäure.

Das sekundäre Methylstrychnin nimmt noch eine CH_3-Gruppe auf und bildet das tertiäre *Dimethylstrychnin* $C_{23}H_{28}N_2O_3$ (*N-Methylstrychninsäure-Methylbetain*).

Das Dimethylstrychnin hat tertiären Basencharakter und zeigt in seinem ganzen Verhalten, besonders gegen Benzaldehyd, gegen salpetrige Säure und in der Bildung von Farbstoffen die größte Ähnlichkeit mit dialkylierten Anilinen, im speziellen mit dem *N*-Methyl-Tetrahydrochinolin. Tafel zieht daraus den Schluß, daß der dreiwertige Stickstoff des Dimethylstrychnins, also der nicht basische amidartig gebundene Stickstoff des Strychnins aus der Gruppe $\left\langle\!\!\begin{array}{c} CO \\ | \\ N \end{array}\right.$ direkt mit einem aromatischen Ring in Form eines Chinolinringes verbunden ist.

Das Vorhandensein eines Chinolinringes im Strychninmolekül zeigt sich auch im Verhalten dieses Alkaloids gegen Salpetersäure, wobei sich *Dinitrostrychol* $C_9H_3N(NO_2)_2(OH)_2$, Fp. 284°, erhalten läßt, das Tafel als ein *Dinitrodioxychinolin* ansieht. Nach dieser Auffassung enthält das Strychnin einen Chinolinring mit folgender Atomgruppierung:

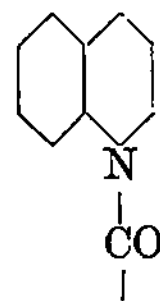

Der im Strychnin angenommene Chinolinring muß reduziert sein, denn durch Einwirkung von Wasserstoffsuperoxyd auf Strychnin bildet sich eine Verbindung vom Aminoxydcharakter, das *Strychninoxyd* $C_{21}H_{22}N_2O_3 + 3 H_2O$ [Pictet und Mattisson[1])]. Fp. wasserfrei 216 bis 217°, $[\alpha]_D^{21}$ —1,75°. Bei der Bildung des Strychninoxyds durch peroxydischen Sauerstoff kommt die Lactamgruppe nicht in Frage; das aktive Sauerstoffatom muß vielmehr auf das andere Stickstoffatom des Strychninmoleküls eingewirkt haben:

$$O = N = C_{20}H_{22}O\!\!\left\langle\!\!\begin{array}{c} CO \\ | \\ N \end{array}\right.$$

Da weiterhin die Aminoxydbildung nur bei Verbindungen eintritt, die ihren Stickstoff an drei verschiedenen Kohlenstoffatomen gebunden enthalten, so muß dieses Stickstoffatom also zwei Ringsystemen angehören.

Das zweite Stickstoffatom im Strychnin ist säureamidartig gebunden, wodurch auch zugleich ein Sauerstoffatom funktionell bestimmt ist. Das zweite Sauerstoffatom im Strychnin ist in der Form einer sekundären Alkoholgruppe enthalten [Leuchs[2])]. Ferner ist im Strychnin ein Carbazolkomplex anzunehmen.

---

[1]) Pictet u. Mattisson, B. **38**, 2782.
[2]) Leuchs, B. **41**, 1711.

Perkin jun. und Robinson[1]) stellten folgendes Konstitutionsbild für das Strychnin auf, das zwar über das genau experimentell Festgestellte hinausgehen mag, aber trotz dieser hypothetischen Form einen wertvollen Beitrag zum Verständnis der Strychninreaktionen abgibt (vgl. hierzu Strychninolonbildung).

Strychnin.

Der Ring 1 stellt einen Benzolring vor, 1 und 2 den reduzierten Chinolinring, 3, 4, 5 den Carbazolring, während das 6. Ringgebilde die säureamidartige Bindung enthält.

Die Bildung der Strychninsäure bzw. der damit durch Verschiebung einer Doppelbindung mit ihr isomeren Iso-Strychninsäure aus dem Strychnin läßt sich durch Aufsprengung des letzterwähnten Ringes verstehen.

Strychninsäure.

Die Oxydationsprodukte des Strychnins geben nach verschiedenen Richtungen hin weiteren Einblick in die Konstitution des Alkaloids.

Durch Oxydation des Strychnins mit Kaliumpermanganat in Acetonlösung entsteht die *Strychninonsäure* $C_{21}H_{20}N_2O_6 + 2\,H_2O$; wasserfrei, Fp. 265—267°, $[\alpha]_D^{20}$ ca. —43,3°, für die Perkin und Robinson folgende Formel vorschlagen:

Strychninonsäure.

Wahrscheinlich sind die beiden Carboxyle dieser Säure durch Sprengung einer Doppelbindung entstanden; gleichzeitig ist die alkoholische Hydroxylgruppe des Strychnins in eine Ketongruppe übergegangen

---

[1]) Perkin jun. u. Robinson, Soc. 97, 305.

(Oximbildung) [Leuchs und Reich[1]), Leuchs; vgl. auch Leuchs
und Schwäbel].

Durch schwächere Oxydation des Strychnins entsteht zunächst die
Dihydrostrychninonsäure $C_{21}H_{22}N_2O_6$, die noch die alkoholische Gruppe
des Strychnins unverändert enthält. Fp. 315°, $[\alpha]_D^{20}$ +4,3°.

Die Strychninonsäure ihrerseits läßt sich reduzieren zur *Strychninolsäure* $C_{21}H_{22}N_2O_6 + 3\,H_2O$, Fp. 238° [Leuchs und Schneider[2])], welche
wieder eine alkoholische Gruppe besitzt und mit der obigen Dihydro:
strychninonsäure — nach dem analogen Verhalten beim Brucin zu
schließen — stereoisomer ist.

Die Strychninolsäure erfährt nun Spaltung durch verdünntes Alkali:
in *Glykolsäure* und in das neutrale *Strychninolon* $C_{19}H_{18}N_2O_3$, Fp. 228
bis 231°, $[\alpha]_D^{20}$ —112,4°.

Die Bildung des *Strychninolons* ist durch einen etwas seltsamen
Reaktionsverlauf auf Grund der bisher erörterten Konstitutionsformeln
unserem Verständnis näherzubringen. Zunächst ist nämlich hierbei
nach Abspaltung der Glykolsäure (aus der Gruppe CO — CH₂) folgende
Atomgruppierung intermediär anzunehmen:

In dieser Atomgruppierung herrscht zwischen den Carboxylgruppen
und den Stickstoffatomen wechselseitige Anziehung, so daß eine Drehung
der beiden stickstoffhaltigen Atomkomplexe um die zwischen denselben
befindliche Achse erfolgt zu der stabileren Lage.

Durch Wasserabspaltung entsteht schließlich daraus das Strychninolon.

Strychninolon.

[1]) Leuchs u. Reich, B. **43**, 2417.
[2]) Leuchs u. Schneider, B. **42**, 2494.

Es spricht für die Perkinsche Strychninformel, daß der komplizierte Reaktionsvorgang der Strychninolonbildung hierdurch seine Deutung finden kann.

Das vorliegende Strychninolon neigt zur Bildung isomerer *Strychninolone* [Leuchs und Schwaebel, Leuchs und Bendixsohn[1])]. Das Strychnin läßt sich leicht reduzieren.

Die katalytische Reduktion des Strychnins mit Palladium führt bei einer Atmosphäre zum *Dihydrostrychnin* $C_{21}H_{24}N_2O_2$, Nadeln, Fp. 209 bis 210°, bei 3 Atmosphären und 70° bildet sich ausschließlich *Tetrahydrostrychnin* $C_{21}H_{26}N_2O_2$ [Skita und Franck[2])], das auch bei der elektrolytischen Reduktion bei niedriger Temperatur entsteht; zweisäurige sekundäre Base, Fp. 202°, Prismen.

Bei höherer Temperatur entsteht durch Wasserabspaltung aus dem Tetrahydrostrychnin das *Strychnidin* $C_{21}H_{24}N_2O$, zweisäurige Base, Fp. 256,6°, Kp. 290—295° [Tafel[3]), Tafel und Naumann[4])].

Die Beziehungen des Tetrahydrostrychnins zum Strychnidin lassen sich in folgender Weise auffassen:

$$N \equiv (C_{20}H_{22}O){<}^{CH_2OH}_{NH} \longrightarrow N \equiv (C_{20}H_{22}O){<}^{CH_2}_{N}|$$

Tetrahydrostrychnin   Strychnidin.

Das Strychnin läßt sich zu verschiedenen Sulfosäuren sulfurieren; bei der gewöhnlichen Art der Sulfurierung entsteht aber nur ein Gemisch verschiedener Sulfosäuren, dagegen gelangt man zu einheitlichen isomeren Sulfosäuren durch Einwirkung von schwefliger Säure und Braunstein auf Strychnin.

So wurden 4 isomere *Strychnin-Monosulfosäuren* erhalten [Leuchs und Schneider[5]), Leuchs und Wutke[6])]:

1. $C_{21}H_{22}N_2O_5S + 4 H_2O$, Fp. 350—360°, unter Zers.,
   $[\alpha]_D^{20}$ —233°.

2. $C_{21}H_{22}N_2O_5S + 2 H_2O$, Fp. ca. 370°, $[\alpha]_D^{20}$ —138°.

3. $C_{21}H_{22}N_2O_5S + 3 H_2O$, Fp. 268—269° unter Zers.,
   $[\alpha]_D^{20}$ +163,3°.

4. $C_{21}H_{24}N_2O_6S + 2 H_2O$, Fp. 275° unter Zers., $[\alpha]_D^{20}$ +18,3°.

Bei der Einwirkung von Halogenen auf Strychnin entsteht eine Reihe von Substitutionsprodukten. So kennt man: *Mono-, Di-, Tri-* und *Tetrabromstrychnine* [Buraczewski und Dziurzynski[7]), Ciusa und Scagliarini[8]), Leuchs und Ritter[9])].

<hr>

[1]) Leuchs u. Schwaebel, B. **47**, 1552; **48**, 1009. — Leuchs u. Bendixsohn, B. **52**, 1443.

[2]) Skita u. Franck, B. **44**, 2862.

[3]) Tafel, B. **33**, 2216.

[4]) Tafel u. Naumann, B. **34**, 3291.

[5]) Leuchs u. Schneider, B. **41**, 4393; **42**, 2681.

[6]) Leuchs u. Wutke, B. **45**, 3686.

[7]) Buraczewski u. Dziurzynski, C. 1909, II, 988.

[8]) Ciusa u. Scagliarini, C. **20**, II, 201; Atti (5) **19**, I, 555.

[9]) Leuchs u. Ritter, B. **52**, 1583.

Je nach der Eintrittstelle des Broms in das Strychninmolekül entstehen verschiedene Bromstrychnine.

Verschiedene Chlorderivate, *Tetrachlorstrychnin* $C_{21}H_{18}N_2O_2Cl_4$ und *Octochlorstrychnin* $C_{21}H_{14}N_2O_2Cl_8 + 3\,H_2O$, sind von Ciusa und Scagliarini[1]) durch Einwirkung von Kaliumchlorat auf Strychnin in salzsaurer Lösung dargestellt.

Dijodstrychnine $C_{21}H_{22}N_2O_2J_2$ haben Buraczewski und Kozniewski[2]) erhalten, und Krauze[3]) gelangte zu *Strychninperjodiden.*

Eine *Strychninperoxyd*verbindung $C_{21}H_{22}N_2O_4$ wurde von Moßler[4]) durch Einwirkung von Wasserstoffsuperoxyd auf Strychnin dargestellt. Fp. 178—183°, $[\alpha]_D^{20}$ +9,5°.

Pharmakologisches. Strychnin ist nicht nur für höhere, sondern auch für niedere Organismen, z. B. manche einzellige Tiere, ein heftiges Gift. Die hauptsächlichste Wirkung, die man bei allen Tierklassen wiederfindet, besteht in einer Erregung nervöser Zentralorgane. Wenn Strychnin bei höheren Tieren resorptiv einwirkt, tritt eine Änderung von Großhirnfunktionen nicht hervor, durch lokales Aufbringen kann man aber nachweisen, daß auch die motorischen Zonen der Großhirnrinde erregt werden. — Die Sinnesempfindungen des Menschen werden durch Strychnin verfeinert (Gefühl, Gesicht, Geschmack und Geruch). Im verlängerten Mark steigert Strychnin die Erregbarkeit des Atmungs- und vor allem die des Gefäßnervenzentrums; die so entstehende Gefäßverengerung führt zu einer Blutdrucksteigerung. — Am stärksten äußert sich die Strychninwirkung am Rückenmark bei Mensch und Tier; es ruft in kleinen Dosen eine Steigerung der Erregbarkeit der dort gelegenen Zentren hervor, so daß eine motorische Reaktion schon durch sonst insensible Reize ausgelöst wird. Vergrößerung der Dosis läßt diese Steigerung der Erregbarkeit so anwachsen, daß die normal vorhandenen Hemmungen ausgeschaltet werden, daher die durch selbst minimale Reize gesetzten Erregungen ausstrahlen und so zu einer allgemeinen motorischen Aktion der gesamten Körpermuskulatur führen; diese erscheint in Form von Streckkrämpfen, da die Strecker bei Mensch und Tier gegen die Beuger an Masse und Kraft überwiegen. Der Strecktetanus ist bei Warmblütern und den Menschen meist die direkte Todesursache, denn die andauernde Contractur auch der Atemmuskeln verhindert das Eindringen von Luft in die Lungen, so daß Erstickung eintritt. — An Fröschen kann man besonders gut zeigen, daß Strychnin, wenn es in großer Dosis angewendet wird, das Rückenmark nach der typischen Reizung vollkommen lähmt. Welche Zentren es sind, die im Rückenmark primär erregt werden, ob nur die sensiblen oder auch die motorischen, ist noch strittig. Theoretisch interessant ist die Feststellung, daß Strychnin auch in größerer Dosis das Rückenmark nicht eigentlich unmittelbar erregt, sondern

---

[1]) Ciusa u. Scagliarini, Atti (5) **20**, II, 201; C. 1911, II, 1815.
[2]) Buraczewski u. Kozniewski, C. 1908, II, 1872.
[3]) Krauze, C. 1911, II, 1940.
[4]) Moßler, M. **31**, 329.

nur dessen Erregbarkeit und Empfindlichkeit ins Ungeheure steigert; sorgt man nämlich dafür, daß ein vergifteter Frosch vor jeder Reizeinwirkung geschützt bleibt, dann geht er an Lähmung zugrunde, ohne die Krämpfe zu zeigen. Wirksam sind alle taktilen oder chemischen Reizungen peripherer Nerven der Haut oder Schleimhaut. Durch künstliche Atmung kann man die Krämpfe beheben und die Tiere manchmal vor dem Tode retten.

Die peripheren Endigungen der motorischen Nerven in der Muskulatur werden durch große Dosen von Strychnin, wie von Curare, gelähmt. Auch eine, wenn auch relativ geringe, lähmende Wirkung auf periphere sensible Nerven besitzt Strychnin, wenn es direkt auf diese aufgebracht wird. Die quergestreifte und glatte Muskulatur wird durch Strychnin wenig oder gar nicht beeinflußt.

Auf das Herz wirken kleine Dosen von Strychnin wenig ein (Pulsverlangsamung), größere schädigen es; trotzdem ist Strychnin ein Mittel, mit dem man unter Umständen Kreislaufstörungen beseitigen kann, da es das Gefäßnervenzentrum im verlängerten Mark erregt und dadurch einen pathologisch niedrigen Blutdruck zu erhöhen vermag.

Strychnin gehört zu den Giften, bei denen man von einer Kumulationswirkung spricht; hat ein Tier sich von einer krampfmachenden Dosis erholt und erhält dann eine kleinere, sonst unwirksame Dosis, dann brechen Krämpfe aus. Eine Gewöhnung an das Gift ist nicht zu erzielen.

Methylstrychnin wirkt ebenso wie die meisten anderen Ammoniumbasen nur peripher lähmend; der Lähmung gehen keine Krämpfe voraus. — Amido-, Nitro- und Monobromstrychnin wirken wie Strychnin.

2. Brucin.

Das Brucin $C_{23}H_{26}N_2O_4$ wurde 1819 von Pelletier und Caventou[1] aus der falschen Angosturarinde gewonnen. Es krystallisiert gewöhnlich mit 4 Mol. Wasser in monoklinen Prismen, die wasserfrei bei 178° schmelzen, $[\alpha]_D^{20}$ ca. —127°; in Chloroform leicht löslich, ebenso in Alkohol, fast unlöslich in Äther; stärker basisch wie Strychnin [Veley[2]].

Das Brucin enthält zwei Methoxyle [Zeisel[3], Shenstone[4], Hanssen[5]]. Das Vorhandensein dieser zwei Methoxyle bildet den einzigen Unterschied des Brucins vom Strychnin. Das drückt sich auch schon in der atomaren Zusammensetzung aus, wie im ganz analogen chemischen Verhalten der Alkaloide.

Unter Zugrundelegung der Perkin-Robinsonschen Formel, die wir

---

[1] Pelletier u. Caventou, A. ch. (2) 12, 113; 26, 53.
[2] Veley, Soc. 93, 2114.
[3] Zeisel, M. 6, 989.
[4] Shenstone, Soc. 43, 101.
[5] Hanssen, B. 17, 2266, 2849; 18, 777, 1917; 20, 451.

beim Strychnin diskutierten, würde dem Brucin folgende Formel zu-
kommen:

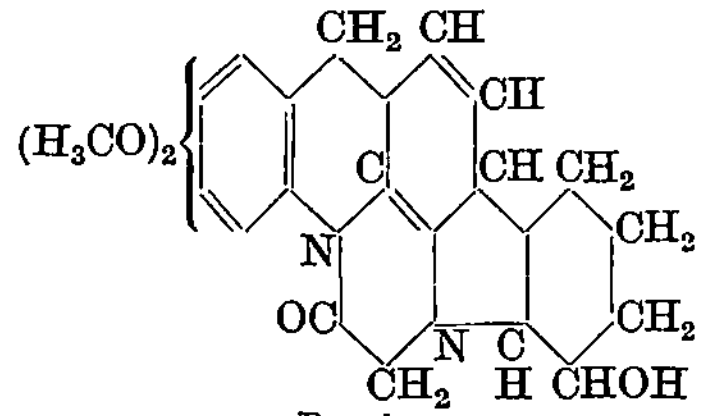

CH₂ CH · · · CH · C · CH CH₂ · N · OC · N C · CH₂ H CHOH · CH₂ · CH₂ · (H₃CO)₂

Brucin.

Die Stellung der OCH_3-Gruppen in e i n e m aromatischen Ring ergibt
sich aus der Chinonbildung (s. unten), die das Brucin leicht eingeht.
Ferner spricht dafür, daß bei der Oxydation des Brucins und Strychnins
mit Chromsäure ein und dieselbe Säure $C_{16}H_{18}N_2O_4$ sich bildet, Fp. 263
bis 264°, die offenbar aus beiden Alkaloiden dadurch entstanden ist,
daß der aromatische Rest, welcher im Brucin die beiden OCH_3-Gruppen
trägt, wegoxydiert wurde [Hanssen].

Die charakteristische Reaktion, durch die sich das Brucin vom
Strychnin unterscheidet, die bekannte intensivrote Färbung, die allein
Brucin mit Salpetersäure gibt, kommt dadurch zustande, daß Salpetersäure das Brucin unter Eliminierung der beiden Methylgruppen zu
einem rot gefärbten Chinon oxydiert. Diese charakteristische Reaktion
wird auch von Derivaten des Brucins gegeben [Leuchs und Geiger[1]),
Leuchs und Hintze[2])].

Es ist noch nicht festgestellt, ob hier ein o- oder p-Chinon vorliegt.
Perkin und Robinson nehmen zwar ein p-Chinon an, aber Leuchs
und Geiger[1]) neigen nach Versuchen von Tafel zu dem Schluß eines
o-Chinons[3]).

Da ferner OCH_3-Gruppen, aus denen sich hier das Chinon bildet,
sonst stets in ortho-Stellung in der Alkaloidreihe vorkommen, möchten
wir auch hier die ortho-Stellung annehmen.

Das Chinon $C_{21}H_{20}N_2O_4 \cdot H_2O$ bildet dunkelrote Nadeln; es entsteht
vorteilhaft durch Einwirkung fünffach normaler Salpetersäure bei 0°
auf Brucin. Aus dieser Oxydationslösung kann man durch Einwirkung
von schwefliger Säure die entsprechende Hydrochinonverbindung, das
Bisapomethylbrucin $C_{21}H_{22}N_2O_4$ ausscheiden. Schmilzt nicht bei 305°,
schwach gelbliche Substanz, die an der Luft rot wird [Leuchs und
Anderson[4])].

Dieses Hydrochinon läßt sich durch Entmethylierung aus dem
Brucin nicht direkt darstellen; auch läßt sich das Hydrochinon nicht

---

[1]) Leuchs u. Geiger, B. **42**, 3067.
[2]) Leuchs u. Hintze, B. **52**, 2195.
[3]) Diese Beweisführung gründet sich darauf, daß Säureanilide — zu denen
das Brucin zählt —, deren para-Stellung zu dem N tragenden mobilisierenden
Kohlenstoffatom unbesetzt ist, bei der Behandlung mit Chromsäure Färbungen
geben. Strychnin gibt dabei Färbungen, dagegen Brucin nicht, so daß diese Stelle
im Brucin durch eine OCH_3-Gruppe besetzt sein sollte. Die zweite OCH_3-Gruppe
kann dann nur noch in ortho-Stellung zur ersten stehen.
[4]) Leuchs u. Anderson, B. **44**, 2136.

in Brucin zurückverwandeln. Durch konz. Salpetersäure wird das Bis-apomethylbrucin in das *Nitro-Bisapomethyldehydrobrucin* $C_{21}H_{19}N_3O_6$ übergeführt, welches weiter mit 10proz. Salpetersäure in der Wärme das *Kakothelin* $C_{21}H_{21}N_3O_7$ liefert, das zuerst von Tafel[1] beobachtet wurde [Leuchs und Anderson[2]]. Das Kakothelin zeigt Diketo-charakter; es bildet ein Dioxim [Ciusa und Vecchiotti[3]]. Über *Methylkakothelin* s. Leuchs und Hintze[4].

Oxydationsversuche verlaufen beim Brucin analog wie beim Strych-nin. So entsteht durch Oxydation des Brucins mit Kaliumpermanganat in Acetonlösung die *Brucinonsäure* $C_{23}H_{24}N_2O_8$ (analog der Strychninon-säure). $[\alpha]_D^{20}$ ca. —48,5°, Fp. ca. 260°, wasserfrei; zweibasische Säure, Ketoverbindung, enthält zwei OCH_3-Gruppen; ein O ist in einer N—CO-Gruppe enthalten. Durch Salzsäureeinwirkung entsteht *Brucinonsäure-hydrat* $C_{23}H_{22}N_2O_9$, durch n-Natronlauge bei 0° tritt Spaltung ein in Glykolsäure und in eine dem Brucinolon entsprechende Verbindung. Durch Natriumamalgam verwandelt sich die Brucinonsäure in die *Brucinolsäure* $C_{23}H_{26}N_2O_8$) analog der Strychninolsäure), eine Alkohol-säure, Fp. 250—251° [Leuchs und Weber[5]]. Außer der Brucinol-säure bildet sich bei schwächerer Oxydation des Brucins die *Dihydro-brucinonsäure* $C_{23}H_{26}N_2O_8$ (analog der Dihydrostrychninonsäure) [Leuchs[6]], optisch aktiv. Fp. ca. 315° unter Zersetzung.

Die Brucinolsäure und die Dihydrobrucinonsäure sind stereoisomer; beide enthalten noch die sekundäre Alkoholgruppe des Brucins, und auf der verschiedenen Stellung dieser beruht die Stereoisomerie der Verbindungen. Hierfür spricht, daß durch hydrolytische Spaltung mit Alkalien die Dihydrobrucinonsäure in Glykolsäure und *Isobrucinolon* zerfällt, während die Brucinolsäure dabei das gleich zusammengesetzte *Brucinolon* $C_{21}H_{22}N_2O_5$ liefert.

$$C_{23}H_{26}N_2O_8 + H_2O = C_2H_4O_3 + C_{21}H_{22}N_2O_5 + H_2O.$$

Das Brucinolon ist farblos, Fp. 207° $[\alpha]_D^{20}$ —37° [Leuchs und Rauch[7]], enthält eine sekundäre Alkoholgruppe, bildet ein *Acetyl-brucinolon* $C_{23}H_{24}N_2O_6$, Fp. 253—254° [Leuchs und Peirce[8]].

Aus dem Brucinolon entsteht durch warme konz. Salzsäure das *Brucinolonhydrat* $C_{21}H_{24}N_2O_6$, Fp. 267—268°, bei dem die ursprüng-liche =N—CO—Gruppe zur =NH·HOOC—Gruppe aufgespalten ist. Die Imidogruppe hierbei ist festgestellt, da beim Erhitzen unter Rück-bildung des Brucinolons Wasser abgespalten wird, wie auch mit Phenyl-isocyanat eine Phenylureidsäure entsteht. Die Carboxylgruppe ist durch Veresterung nachgewiesen.

[1] Tafel, A. **340**, 30.
[2] Leuchs u. Anderson, B. **44**, 3040. — Leuchs, B. **51**, 1375; vgl. Leuchs u. Geiger, B. **42**, 3067.
[3] Ciusa u. Vecchiotti, Atti R. Ac. (5) **23**, II, 480 (C. 1915, I, 747).
[4] Leuchs u. Hintze, B. **52**, 2204.
[5] Leuchs u. Weber, B. **42**, 770.
[6] Leuchs, B. **41**, 1711.
[7] Leuchs u. Rauch, B. **47**, 370.
[8] Leuchs u. Peirce, B. **45**. 2653.

Auch das Brucinolon bildet durch Einwirkung von $^5/_1$ n-Salpeter-säure ein Chinon $C_{19}H_{16}N_2O_5$, Fp. ca. 295° unter Zersetzung, leuchtend rote Prismen; verwandelt sich durch Einleiten von schwefliger Säure in die Suspension des Chinons bei 0° in die Hydrochinonverbindung (*Bis-Desmethylbrucinolon*) $C_{19}H_{18}N_2O_5$, gelbe Blättchen [Leuchs und Weber[1])].

Außer dem Brucinolon ist auch *Isobrucinolon* $C_{21}H_{22}N_2O_5$, Fp. 308°, $[\alpha]_D^{24}$ +26,9°, bekannt, welches sich, wie oben erwähnt, aus der Dihydro-brucinonsäure durch Spaltung mit heißer Natronlauge neben Glykol-säure bildet [Leuchs und Brewster[2])].

Brucinolon wie Isobrucinolon liefern durch Salpetersäure nitrierte Chinone [Leuchs[3])].

Das Verhalten des Brucins bei der Reduktion ist dem des Strychnins auch sehr ähnlich. Bei der elektrolytischen Reduktion entsteht das *Tetrahydrobrucin* $C_{23}H_{30}N_2O_2$, welches beim Erhitzen über 200° Wasser abspaltet und in *Brucidin* $C_{23}H_{28}N_2O$ übergeht [Tafel und Naumann[4])].

Die Einwirkung der Halogene auf Brucin liefert in ähnlicher Weise wie beim Strychnin eine größere Reihe von Substitutionsprodukten, die sich je nach der Stelle des Eintritts des Halogens in das Brucin-molekül voneinander unterscheiden [Minnuni und Ciusa[5]), Bura-czewski und Dziurzynski[6]), Ciusa und Scagliarini[7]), Bura-czewski und Zbijcuski[8])].

Brucin bildet durch Einwirkung von Braunstein und schwefliger Säure vier gut charakterisierte, teils stereoisomere, teils strukturisomere *Brucinsulfosäuren* von der Zusammensetzung $C_{23}H_{26}N_2O_7S$, 1. Fp. über 300°, $[\alpha]_D^{20}$ —241,3°; 2. Fp. ca. 260°, $[\alpha]_D^{20}$ +29,2°; 3. Zersetzungspunkt 245°, $[\alpha]_D^{20}$ +156,9°; 4. krystallisiert mit 4 H_2O, $[\alpha]_D^{20}$ —122,2° [Leuchs und Geiger[9])].

Pharmakologisches. Brucin wirkt qualitativ wie Strychnin, erzeugt also am zentralen Nervensystem Steigerung der Erregbarkeit, Krämpfe und bei großen Dosen nachher zentrale und periphere Lähmung; beim Brucin tritt aber die periphere Lähmung gegenüber der zentralen mehr in den Vordergrund. Der Kreislauf wird durch Brucin stark geschädigt.

3. Curarealkaloide.

Roulin und Boussingault[10]) untersuchten im Jahre 1830 das *Curare*, das Pfeilgift der Einwohner Südamerikas, und gewannen daraus ein sehr giftiges Alkaloid, das sie *Curarin* nannten.

[1]) Leuchs u. Weber, B. **42**, 3703.
[2]) Leuchs u. Brewster, B. **45**, 201. — Leuchs, B. **51**, 1375.
[3]) Leuchs, B. **51**, 1375.
[4]) Tafel u. Naumann, B. **34**, 329.
[5]) Minnuni u. Ciusa, G. **34**, II, 361.
[6]) Buraczewski u. Dziurzynski, C. 1909, II, 989.
[7]) Ciusa u. Scagliarini, Atti R. Ac. (5) **20**, II, 201; C. 1911, II, 1815.
[8]) Buraczewski u. Zbijcuski, C. 1911, II, 1941.
[9]) Leuchs u. Geiger, B. **42**, 3067; **44**, 3049.
[10]) Roulin u. Boussingault, A. ch. (2) **39**, 24.

Das Curare besteht vorzugsweise aus Alkaloiden der Strychnosarten, und Labesse[1]) berichtet nach Forschungen von de Tiremois, daß die Rinde von *Strychnos Gubleri* ein besonders starkes Gift enthalte.

Die für das Curarin aufgestellten Formeln waren indes widersprechend [Preyer[2]), Sachs[3])], und weitere Untersuchungen von Boehm[4]) ergaben, daß im Curare überhaupt kein einheitlicher Körper, sondern eine Reihe von giftigen Alkaloiden vorhanden ist.

Eine irgendwie tiefere chemische Erkenntnis für diese Basen liegt bisher nicht vor; und auch neuere Arbeiten ergeben darüber sehr wenig [Ohm, Boehm, Buraczewski und Zbijewski[5])]. Es scheinen jedoch sicher quaternäre Ammoniumbasen vorzuliegen.

So wenig ist das Curare in seiner chemischen Systematik erforscht, daß man es nur nach der Original-Verpackungsart unterscheidet als *Tubo-Curare* (in Bambusröhren verpackt, von unbekannter botanischer Herkunft), als *Calebassen*-Curare (in Flaschenkürbissen verpackt) und als *Topf*-Curare (in ungebrannten Tontöpfen verpackt).

Boorsma[6]) berichtet über ein in Borneo verwandtes Pfeilgift *Strychnicin* aus *Strychnos nux vomica* von unbekannter Zusammensetzung aber gut charakterisierten physikalischen Eigenschaften; farblose Nadeln bräunen sich bei ca. 240°; verhältnismäßig geringe Giftigkeit, geschmacklos, Salze aber bitter.

Pharmakologisches. — In der älteren Literatur[7]) findet man naturgemäß nur Angaben über die physiologischen Wirkungen des Extraktes; doch sind diese fast ausschließlich auf das Curarin zu beziehen. — Das Alkaloid ist für wirbellose Tiere so gut wie unwirksam und auch bei den niederen Wirbeltieren ist die Wirkung zum Teil sehr gering; so sind Fische sehr resistent. Die wichtigste Wirkung ist die auf die motorische Peripherie; Claude Bernard stellte als erster fest, daß die nach Injektion des Extraktes eintretende Lähmung dadurch zustande kommt, daß das Gift die Endigungen der motorischen Nerven in der quergestreiften Muskulatur lähmt[8]); der Tod der Warmblüter erfolgt an Erstickung (Lähmung der Atemmuskeln) und kann durch künstliche Atmung verhindert werden. Der Muskel selbst wird in seiner Erregbarkeit nicht geschädigt, ebensowenig wie der Nervenstamm. Ein Teil der glatten Muskeln (z. B. die der Gefäße und der Bronchien) wird durch Curare in größeren Dosen gelähmt. Ob auch die Herzmuskulatur betroffen wird, ist fraglich; die Endigungen des Herzhemmungsnerven, des Vagus, werden gelähmt. — Strittig ist auch, ob Curare

---

[1]) Labesse, C. 1907, I, 125.
[2]) Preyer, C. r. **60**, 1346.
[3]) Sachs, A. **191**, 254.
[4]) Boehm, A. Pharm. **235**, 660; Pflügers Archiv **136**, 203.
[5]) Ohm, Apoth.-Ztg. **23**, 113. — Boehm, Pflügers Archiv **136**, 203. — Buraczewski u. Zbijewski, C. 1910, II, 1930.
[6]) Boorsma, C. 1902, II, 469.
[7]) Literatur s. bei J. Tillie, Arch. f. experim. Pathol. u. Pharmakol. **27**, 1.
[8]) Bringt man Curarin direkt ins Rückenmark, so sieht man Erregung der nervösen Zentralorgane (Tillie).

die Drüsen- und Lymphsekretion beeinflußt. — Von den meisten Autoren wird angegeben, daß das Alkaloid eine Zuckerausscheidung im Harn hervorruft. — Die periphere Lähmung der quergestreiften Muskeln kann durch verschiedene Alkaloide aufgehoben werden, so besonders durch Injektion von Physostigmin[1]). — Curarin ist sehr stark wirksam; zur völligen Lähmung eines Kilogramms Frosch genügt schon 28^{-8} g (Tillie).

Tubocurarin lähmt die periphere Muskulatur weniger als Curarin, schädigt aber den Kreislauf mehr als Curarin. (Vgl. R. Boehm, Ber. d. sächs. Akad. d. Wissensch. Bd. 22 u. 24).

Quaternäre Basen der Alkaloide. Vom Curarin war zeitig festgestellt worden, daß es eine quaternäre Base ist; von vielen Forschern, zuerst von Brown und Fraser[2]), wurde eine Reihe von synthetischen derartigen Basen daraufhin untersucht, ob ihnen ebenfalls die peripher lähmende Wirkung zukomme. Für die meisten dieser Basen wurde das, wenn auch in sehr verschiedenem Grade, als zutreffend gefunden. (Vgl. Muscarin.)

XIII. Cytisin.

Die Samen des Goldregens Cytisus Laburnum L. enthalten ein Alkaloid, dessen Vorhandensein im Jahre 1862 von Scott Gray[3]) erkannt wurde. Im Jahre 1865 wurde das Alkaloid von Husemann und Marmé[4]) rein dargestellt und Cytisin benannt.

Das Cytisin $C_{11}H_{14}N_2O$ findet sich in einer größeren Anzahl von Leguminosen vor, so in verschiedenen Arten von Cytisus, Ulex, Genista, Sophora, Baptisia und Euchresta. In der Genista monosperma wurde der hohe Alkaloidgehalt von 1,9% angetroffen.

Mit der Aufklärung der chemischen Eigenschaften des Cytisins haben sich besonders Plugge[5]), Partheil[6]), Buchka und Magalhaes[7]) beschäftigt, und seine Konstitution ist in neuerer Zeit durch Arbeiten von Freund und Mitarbeitern[8]), Ewins[9]) und Späth[10]) schon weitgehend erkannt.

Das Cytisin krystallisiert aus Alkohol in Prismen, Fp. 153°, Kp.$_2$ 218°. Das spezifische Drehungsvermögen des Alkaloids wird verschieden angegeben $[\alpha]_D^{17}$ — 119° 57' bzw. — 127° 40'. In Wasser und Chloroform ist das Cytisin leicht löslich; man benutzt diese Chloroformlös-

---

[1]) Pflügers Arch. **87**, 117.

[2]) Transact. of the Roy. Soc. Edinbourgh **25**, 708.

[3]) Scott Gray, Edinb. Med. Journ. **7**, 908, 1025.

[4]) Husemann u. Marmé, Zeitschr. f. Chem. **1**, 161; **5**, 677.

[5]) Plugge, A. Pharm. **229**, 48, 561; **232**, 444; **233**, 294, 430, 441. — Plugge u. Rauwerda, A. Pharm., **234**, 685.

[6]) Partheil, B. **23**, 3201; **24**, 634; A. Pharm. **230**, 448; **232**, 161, 486; Apothek.- Zeitg. **10**, 903.

[7]) Buchka u. Magalhaes, B. **24**, 253, 674.

[8]) Freund u. Friedmann, B. **34**, 605; Freund, B. **37**, 16. — Freund u. Horkheimer, B. **39**, 814. — Freund u. Gauff, A. Pharm. **256**, 33.

[9]) Ewins, Soc. **103**, 97.

[10]) Späth, M. **40**, 15, 93.

lichkeit des Alkaloids zu seiner Darstellung. In Äther und Benzol ist es sehr wenig löslich. Die Salze des Cytisins krystallisieren gut. Sein Geschmack ist bitter.

Das Cytisin ist eine starke zweisäuerige Base, die die beiden Stickstoffatome in tertiär-sekundärer Bindung enthält.

Der sekundäre Basencharakter wird durch die Bildung einer Nitroso- (Nadeln Fp. 174°), einer Monoacetyl- (Fp. 208°) und einer Benzoylverbindung (Fp. 116°) angezeigt; ebenso entsteht ein Dithiocarbaminat [Maass[1])]. Cytisin enthält keine N-Methylgruppe; mit Jodmethyl entsteht das bitertiäre Methylcytisin $C_{11}H_{13}NO = NCH_3$ (Fp. 134°), das weiterhin ein Monojodmethylat liefert $C_{11}H_{13}NON(CH_3)_2J$, das beim Erhitzen mit Kali in eine neue tertiäre Base übergeht, in das *Dimethylcytisin*.

$$(C_{11}H_{13}NO)N(CH_3)_2J + KOH = (C_{11}H_{12}NO)N(CH_3)_2 + KJ + H_2O$$

Jodmethylat des Methylcytisins   Dimethylcytisin.

Dieses letztere bildet wiederum ein Jodmethylat, das seinerseits durch Behandlung mit Kali zerfällt in Trimethylamin, Formaldehyd und eine amorphe Base von der Zusammensetzung $C_{10}H_{13}NO_2$, deren Konstitution noch nicht feststeht.

Bei der Einwirkung des Jodmethyls auf das Cytisin ist also nur das eine sekundäre Stickstoffatom beteiligt, während das andere Stickstoffatom sich dagegen passiv verhält. Die unten angegebenen Formeln für das Cytisin bringen dieses Verhalten auch zum Ausdruck. Das Cytisin $C_{11}H_{14}N_2O$ geht bei der Behandlung mit Phosphor und Jodwasserstoffsäure unter Ammoniakaustritt in das *Cytisolin* $C_{11}H_{11}NO$ über; Nadeln, Fp. 199°.

Einen weitgehenden Einblick in die Konstitution des Cytisolins gewährte die Behandlung desselben mit Natrium und Alkohol. Hierbei entsteht unter Sauerstoffeliminierung das *β-Cytisolidin* $C_{11}H_{11}N$ (neben dem *α-Cytisolidin* $C_{11}H_{15}N$), welches sich als ein Dimethylchinolin erwies, und zwar — durch Vergleich mit den verschiedenen synthetisch dargestellten Dimethylchinolinen — als die o-p-Verbindung (Freund, Ewins).

β-Cytisolidin.

Durch diese Erkenntnis ist zugleich die Konstitution des um ein Sauerstoffatom reicheren Cytisolins $C_{11}H_{11}NO$ gegeben. Dieses erscheint dadurch als ein *Oxydimethylchinolin*. Die Oxygruppe steht in der α-Stellung des Pyridinringes (α-Pyridon):

Cytisolin.

---

[1]) Maass, B. **41**, 1635.

Die Synthese des Cytisolins geht aus vom o-p-Dimethylchinolin, führt dasselbe zunächst nach der Methode von Decker und O. Fischer[1] — durch Dimethylsulfat in alkalischer Lösung in Gegenwart eines Oxydationsmittels — in das *N-Methyl-o-p-dimethyl-α-chinolon*.

über (Fp. 71—72°).

Dieses mit Phosphorpentachlorid behandelt (vgl. Chlorpyridin), liefert *o-p-Dimethyl-α-chlorchinolin*, das beim Austausch des Chlors gegen die OH-Gruppe Cytisolin ergibt. Fp. 201—202° [Späth 1. c.].

Das Cytisin schließlich unterscheidet sich vom Cytisolin, wie oben angegeben, nur durch den Mehrgehalt von NH_3, so daß für das Vorhandensein eines reduzierten Pyrazolringes im Cytisin viel Wahrscheinlichkeit besteht (Ewins).

Cytisin (Ewins).

Späth glaubt aus der Cytisolinbildung auf folgende Formel für das Cytisin schließen zu dürfen:

Freund und Gauff halten für das Cytisin auch die folgende Formel für möglich:

Cytisin (Freund u. Gauff)

die statt des stickstoffhaltigen Fünfringes (Pyrazolring) einen Sechsring enthält und keine Alkylgruppe im Molekül trägt. Die Veranlassung

---

[1] O. Fischer, B. **32**, 1247.

zur Änderung der Formel von Ewins war für Freund und Gauff das Verhalten des *Nitronitrosocytisins* bei der Oxydation mit Chromsäure. Hierbei entsteht nämlich keine Säure, die von einer alkyltragenden Verbindung zu erwarten gewesen wäre. Freund und Gauff nehmen vielmehr an, daß diese Alkylgruppe sich erst bei dem brutalen Abbau des Cytisins zum Cytisolin bildet, indem hierbei eine CH_2-Gruppe aus dem Ring abgesprengt wird und als p-Methylgruppe im Cytisolin erscheint.

Pharmakologisches. Die Wirkungen des Cytisins sind nach neueren Arbeiten[1]) in den meisten Beziehungen denen des Nicotins sehr ähnlich; auch nach Cytisin sieht man am zentralen und peripheren Nervensystem erst Erregung und dann, wenn die Dosen groß genug sind, Lähmung. Der Tod erfolgt an Atmungslähmung. Am Kreislauf wird nach kurzer Schädigung eine starke Steigerung des Blutdrucks erzeugt, die hauptsächlich auf einer Verengerung der peripheren Gefäße beruht. Einige Drüsen (Speichel) zeigen erhöhte Erregbarkeit. Auf die Darmbewegungen wirkt Cytisin erregend, bei brechfähigen Tieren tritt Erbrechen ein.

Vergiftungen durch Cytisin sind relativ häufig bei Kindern nach Kauen von Blüten und Schoten des Goldregens beobachtet worden. Die Symptome entsprachen den experimentell festgestellten Wirkungen: Störungen des Verdauungstractus (Speichelfluß, Erbrechen, Koliken), psychische Erregung, Delirien, Zuckungen, dann Bewußtlosigkeit und Zirkulationsschwäche, in seltenen Fällen erfolgte der Tod an Atmungslähmung.

XIV. Opiumalkaloide.

Das Opium ist der eingedickte Milchsaft der von verschiedenen Mohnarten gelieferten Samenkapseln, besonders des Schlafmohns (*Papaver somniferum L.*, Familie der Papaveraceen). Dieser Milchsaft enthält die verschiedenartigsten Verbindungen, wie Kautschuk, Fette, Harze, Gummi, Zuckerarten, Pektinstoffe, Eiweißsubstanzen, Mineralsalze, gewisse organische Säuren (Milchsäure, Essigsäure, Mekonsäure), einige neutrale Derivate derselben (Mekonin, Mekonoiosin, Opionin) und eine große Zahl von Alkaloiden.

Die große Gruppe der Opiumalkaloide zeigt in sinnfälliger Weise die ganze Mannigfaltigkeit und den trotzdem vorhandenen engen organischen Zusammenhang der einzelnen Alkaloide in der Pflanze. Die neueren Forschungen über die Opiumalkaloide haben in dieser Reihe darüber wichtige Ergebnisse geliefert.

Die Opiumalkaloide können in folgende Gruppen eingeteilt werden.

---

[1]) Dale u. Leidlaw, Journ. of pharm. and expr. ther. 6, 147.

I. Derivate des Tetrahydroisochinolins.

$$CH_2$$
$$CH_2$$
$$NH$$
$$CH_2$$

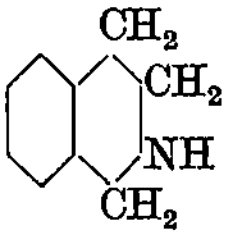

1. Hydrocotarnin.

II. Derivate des α-Benzylisochinolins.

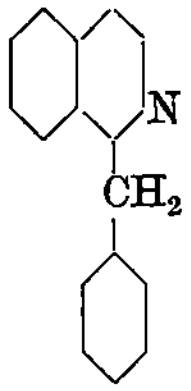

$$N$$
$$CH_2$$

2. Papaverin.
3. Xanthalin.

III. Derivate des α-Benzyl-Tetrahydroisochinolins.

$$CH_2$$
$$CH_2$$
$$NH$$
$$CH$$
$$CH_2$$

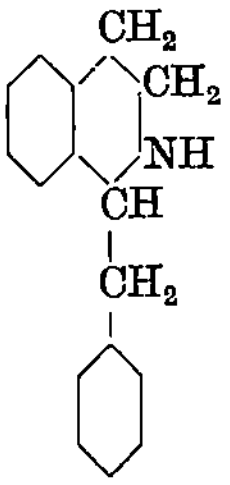

4. Laudanin.
5. Laudanidin.
6. Laudanosin.
7. Narcotin.
8. Narcein (enthält aufgespaltenen Isochinolinring).
9. Gnoscopin.
10. Tritopin.
11. Oxynarcotin.

IV. Alkaloide, die in Phenanthrenderivate übergehen. Der Zusammenhang dieser Phenanthrenderivate mit den Benzylisochinolinverbindungen läßt sich in der Art verstehen, daß Bindung zwischen zwei Benzolringen, entsprechend der punktierten Linie, eintritt:

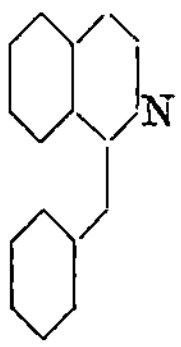

$$N$$

12. Morphin.
13. Pseudomorphin.
14. Codein.
15. Thebain.

17*

V. Diisochinolinderivate, deren Zusammenhang mit den Benzylisochinolinverbindungen durch Bildung einer Kohlenstoffbrücke
im Sinne der punktierten Linien ersichtlich ist:

16. Cryptopin.
17. Protopin.

VI. Verbindungen noch nicht genauer erforschter Konstitution.
18. Papaveramin.
19. Lanthopin.
20. Mekonidin.
21. Codamin.
22. Rheadin.
23. Aporhein.

Die Mengenverhältnisse der im Opium hauptsächlich vorhandenen
Verbindungen werden annähernd in folgender Tabelle angegeben:

Morphin	9%
Narcotin	5%
Papaverin	0,8%
Thebain	0,4%
Codein	0,3%
Narcein	0,2%
Cryptopin	0,08%
Pseudomorphin	0,02%
Laudanin	0,01%
Lanthopin	0,006%
Protopin	0,003%
Codamin	0,002%
Tritopin	0,0015%
Laudanosin	0,0008%
Mekonsäure	4%
Milchsäure	1,2%
Mekonin	0,3%

1. Hydrocotarnin $C_{12}H_{15}NO_3$.

Das Hydrocotarnin entsteht bei der hydrolytischen Spaltung des
Narcotins (siehe dort) durch Wasser bei 140°, wie auch aus dem
inaktiven Narcotin, dem Gnoscopin (siehe dieses) bei derselben Behandlung [Rabe und Mc Millan[1])]. Es krystallisiert mit einem halben
Molekül Wasser in Prismen; ·Fp. 55°, destilliert fast unzersetzt; in
organischen Lösungsmitteln leicht löslich, unlöslich in Wasser und in
Alkalien; optisch inaktiv.

---

[1]) Rabe u. Mc Millan, B. **43**, 800.

Die Konstitution des Hydrocotarnins folgt aus seiner leichten Bildung durch Reduktion des Cotarnins mittels Zink und Salzsäure oder durch Elektrolyse [Beckett und Wright[1]), Bandow und Wolffenstein[2])]. Umgekehrt geht auch das Hydrocotarnin bei der Oxydation in Cotarnin über.

Das Hydrocotarnin ist eine tertiäre Base. Es mag auf den ersten Blick seltsam·erscheinen, daß eine sekundäre Base wie das Cotarnin bei der Reduktion eine tertiäre bildet. Dieser Vorgang läßt sich nur durch weitgehende Konstitutionsänderungen bei der Bildung des Hydrocotarnins erklären. Das Cotarninchlorid, aus dem man das Hydrocotarnin gewinnt, stellt nun ein quaternäres Salz vor, während Hydrocotarnin tertiär ist. Der Übergang verläuft folgendermaßen:

$$\text{Cotarninchlorid} + 2\,H = \text{Hydrocotarnin}$$

Das Hydrocotarnin erscheint danach als ein Derivat des *N-Methyltetrahydroisochinolins.*

Das Hydrocotarnin geht durch OCH_3-Abspaltung in Hydrastinin über; so werden durch diese wichtige Reaktion die Opiumalkaloide mit den Hydrastisbasen verbunden [Pyman und Roufry[3])]. Das Hydrocotarnin steht auch mit dem Narcein in Beziehung; es wurde aus diesem durch Spaltungsreaktionen gewonnen (s. Narcein) [Freund und Oppenheim[4])].

Formaldehyd bildet mit Hydrocotarnin ein Kondensationsprodukt, das *Methylendihydrocotarnin* [Freund und Daube, Bandow[5])], wobei die Kondensation mit dem ana-Kohlenstoffatom erfolgt.

Das Hydrocotarnin ist leicht aufspaltbar. Bei der Behandlung mit konzentriertem Alkali entsteht das *N-Methyl-deshydrocotarnin* [Freund und Oppenheim[6])]

Auch durch Einwirkung von Bromcyan findet eine Aufspaltung zu folgender Verbindung statt [v. Braun[7])]:

[1]) Beckett u. Wright, Soc. **28**, 577.
[2]) Bandow u. Wolffenstein, B. **31**, 1577.
[3]) Pyman u. Roufry, Soc. **101**, 1595.
[4]) Freund u. Oppenheim, B. **42**, 1084.
[5]) Freund u. Daube, B. **45**, 1183. — Bandow, B. **30**, 1745.
[6]) Freund u. Oppenheim, l. c.
[7]) v. Braun, B. **49**, 2624.

2. Papaverin.

Das Papaverin wurde 1848 von Merck[1]) isoliert und als $C_{20}H_{21}NO_4$ erkannt. Es krystallisiert aus Benzol oder aus einem Gemisch von Alkohol und Äther in Prismen, Fp. 147°; in Wasser und Alkalien ist es unlöslich, wenig löslich in Alkohol, Äther und Benzol, etwas löslicher in Chloroform. Das Papaverin ist eine schwache tertiäre einsäurige Base, reagiert nicht auf Lackmus; optisch ist es inaktiv. Verbindet sich zu quaternären Verbindungen z. B. mit Bromacetonitril [v. Braun[2])].

Die Konstitution dieses Alkaloids wurde durch umfassende Arbeiten von Goldschmiedt[3]) erkannt, wonach sich das Papaverin als ein Derivat des *Isochinolins* erwies. Das war von besonderem Interesse, da man diesen stickstoffhaltigen Ring bis dahin in keinem natürlichen Alkaloid nachgewiesen hatte.

Seine Konstitution entspricht folgendem Formelbild:

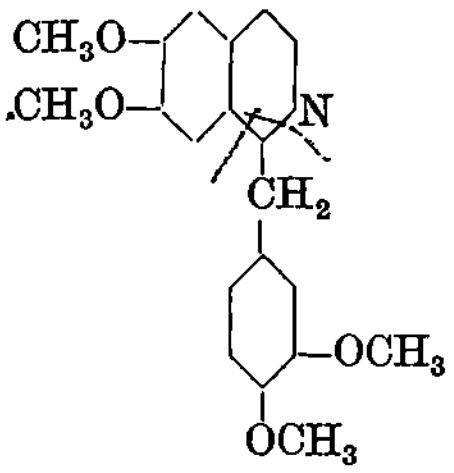

Papaverin.

Danach besitzt das Alkaloid auch eine Benzylgruppe, der man die Wirkung des Papaverins auf die glatte Muskulatur zuschreibt [Macht[4])].

Die Tatsachen, die zu der obigen Formel geführt haben, sind folgende:

1. Die vier Methoxylgruppen im Papaverin lassen sich dadurch nachweisen, daß es beim Erhitzen mit Jodwasserstoffsäure vier Moleküle Jodmethyl abgibt, wodurch eine Verbindung von der Formel $C_{16}H_{13}NO_4$, das *Papaverolin*, entsteht. Dieses ist in Alkalien löslich und leicht oxydabel. Auf Grund dieses Verhaltens und der obigen Papaverinformel hat das Papaverolin folgende Konstitution:

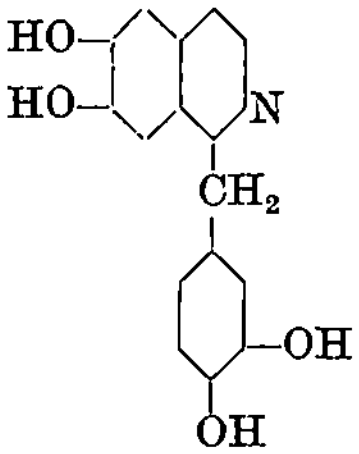

Papaverolin.

[1]) Merck, A. 66, 125; 72, 50.
[2]) v. Braun, B. 41, 2113.
[3]) Goldschmiedt, M. 4, 704; 6, 667; 8, 510; 9, 42, 778; 10, 156. — Goldschmiedt u. Strache, M. 10, 673.
[4]) D. J. Macht, C. 1919. III. 24, 202.

2. Beim Erhitzen mit sehr konzentrierter Salzsäure auf 130° zersetzt sich das Papaverin unter Bildung von Chlormethyl und Homobrenzcatechin $C_6H_3CH_3(_1)(OH)_2(_{3,4})$.

3. Beim Schmelzen mit Alkali wird das Papaverin gespalten, einerseits in eine stickstoffhaltige Verbindung $C_{11}H_{11}NO_2$, das *m-p-Dimethoxyisochinolin* [Goldschmiedt[1])]:

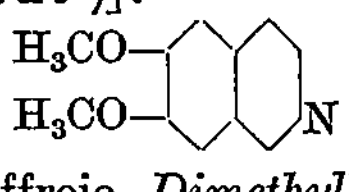

$$H_3CO-\quad H_3CO-\quad N$$

andererseits in das stickstofffreie *Dimethylhomobrenzcatechin*:

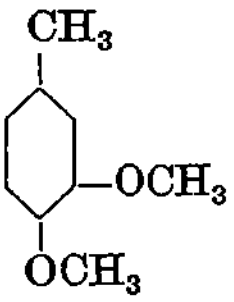

$$CH_3 \quad -OCH_3 \quad OCH_3$$

Dimethylhomobrenzcatechin.

Diese letztere Reaktion interessiert uns hier vornehmlich.

Außer dem Dimethylhomobrenzcatechin entstehen bei der Kalischmelze die Abbau- resp. Oxydationsprodukte des letzteren, das *Homobrenzcatechin*, die *Veratrumsäure* und die *Protocatechusäure*:

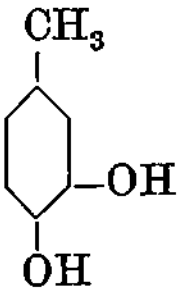

$$CH_3 \quad -OH \quad OH \qquad COOH \quad -OCH_3 \quad OCH_3 \qquad COOH \quad -OH \quad OH$$

Homobrenzcatechin 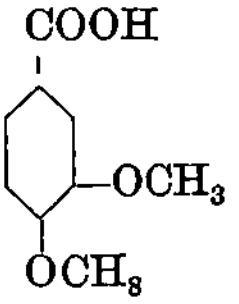　　　Veratrumsäure 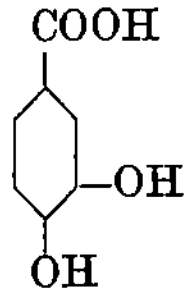　　　Protocatechusäure.

Die ursprünglichen Spaltungsstücke des Papaverins sind aber das Dimethoxyisochinolin und das Dimethylhomobrenzcatechin.

Welche Konstitution haben nun diese?

Das Dimethoxyisochinolin erwies sich durch seine Oxydationsprodukte als ein Isochinolinderivat. Bei der Oxydation entstehen nämlich zwei Säuren, die *Metahemipinsäure* und die *Cinchomeronsäure* (S. 65).

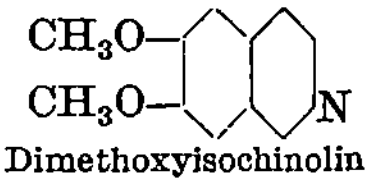

$$CH_3O-\quad CH_3O-\quad N$$

Dimethoxyisochinolin

$$CH_3O-\quad -COOH \quad CH_3O-\quad -COOH \qquad HOOC-\quad HOOC-\quad N$$

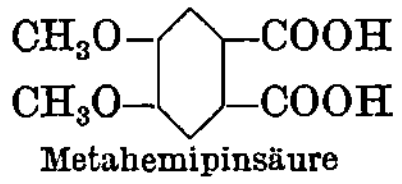

Metahemipinsäure 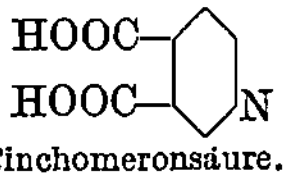　　　　　　　Cinchomeronsäure.

Dieses Verhalten des Dimethoxyisochinolins bei der Oxydation ist durchaus entsprechend dem des Isochinolins, welches dabei in Phthalsäure und Cinchomeronsäure zerfällt.

Das Papaverinmolekül wird also gebildet durch Zusammentritt des Dimethoxyisochinolins:

$$CH_3O-\quad CH_3O-\quad N$$

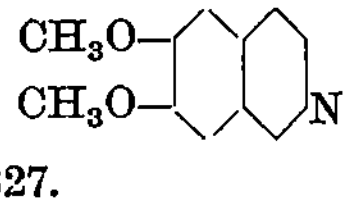

[1]) Goldschmiedt, M. **9**, 327.

mit dem im Dimethylhomobrenzcatechin enthaltenen Atomkomplex:

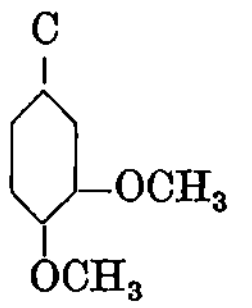

$$\text{C}-\underset{\underset{\text{OCH}_3}{|}}{\bigcirc}-\text{OCH}_3$$

In welcher Weise diese beiden Gruppen miteinander verbunden sind, ist auch von Goldschmiedt aufgeklärt. Das Papaverin besitzt vier Methoxylgruppen, die beiden Spaltungsstücke enthalten aber noch je zwei intakt, daher können die Methoxylgruppen nicht zur Verknüpfung verwandt worden sein; es bleibt somit für das Dimethylhomobrenzcate:hin nur die Bindung vermittelst eines Kohlenstoffs des Benzolkerns oder der durch die Methylgruppe übrig; für die letztere Bindungsweise sprechen die Arbeiten von König und Nef[1] und auch die leichte Aufspaltbarkeit des Papaverins.

Mit welchem Kohlenstoffatom des Isochinolinringes findet aber diese Verknüpfung statt? Diese Frage wird durch das Verhalten des Papaverins bei der Oxydation mit Kaliumpermanganat beantwortet. Dabei entsteht außer einer größeren Zahl gut charakterisierter Verbindungen (Veratrumsäure, Metahemipinsäure, Metahemipinimid, *Papaveraldin* $C_{20}H_{19}NO_5$, *Papaverinsäure* $C_{16}H_{13}NO_7$) die *α-Carbocinchomeronsäure* und eine einbasische Säure von der Zusammensetzung $C_{11}H_{10}NO_2(COOH)$, die sich als die α-Carboxylverbindung des Dimethoxyisochinolins erwies. Diese zerfällt weiterhin bei der Oxydation in Metahemipinsäure und *α-Carbocinchomeronsäure* (S. 69):

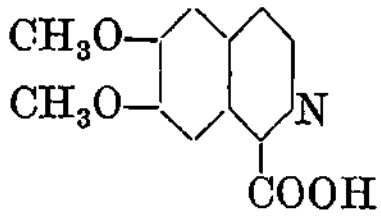

Dimethoxyisochinolin-
α carbonsäure.

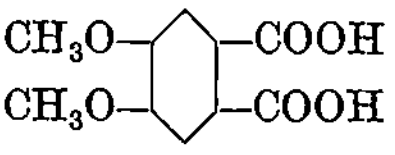

Metahemipinsäure.

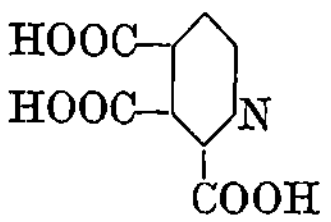

α-Carbocinchomeron-
säure.

Das Auftreten der Dimethoxyisochinolincarbonsäure wie der α-Carbocinchomeronsäure zeigt deutlich die Verknüpfungsstelle an, wo der Isochinolinring mit dem Dimethylhomobrenzcatechin zur Bildung des Papaverinmoleküls zusammentritt.

Als Konstitutionseigentümlichkeit des Papaverins sei erwähnt, daß das Wasserstoffatom in der ana-Stellung besonders leicht beweglich ist [Freund und Fleischer[2]].

Von den oben erwähnten Oxydationsprodukten des Papaverins wollen wir hier das Papaveraldin [Goldschmiedt[3])] und die Papaverinsäure [Goldschmiedt und Mitarbeiter[4])] besonders besprechen.

---

[1]) König u. Nef, B. **20**, 622.

[2]) Freund u. Fleischer, B. **48**, 406.

[3]) Goldschmiedt, M. **6**, 954; **7**, 485; **9**, 349.

[4]) Goldschmiedt, M. **6**, 372, 954. — Goldschmiedt u. Ostersetzer, M. **9**, 762. — Goldschmiedt u. Strache, M. **10**, 692. — Goldschmiedt u. Schramhofer, M. **13**, 697. — Goldschmiedt u. Kirpal, M. **17**, 491.

Das *Papaveraldin* $C_{20}H_{19}NO_5$ bildet farblose Krystalle (Fp. 210°), während seine Salze gelb gefärbt sind. Es stellt eine schwache, tertiäre Base vor; die Salze werden durch Wasser dissoziiert. Das Papaveraldin unterscheidet sich nur dadurch vom Papaverin, daß es an Stelle der CH_2-Brückenbindung des Papaverins eine CO-Gruppe enthält und so ein *Tetramethoxybenzoylisochinolin* vorstellt:

Papaveraldin.

In der Kalischmelze erfährt das Papaveraldin wie das Papaverin eine einfache hydrolytische Spaltung in Veratrumsäure und Dimethoxy-isochinolin. [Dobson und Perkin jun.[1])].

Das Papaveraldin zeigt Ketocharakter und verbindet sich mit Hydroxylamin zum Oxim [vgl. Pictet und Kramers[2])], und zwar zum α-Oxim (Fp. 235°) und dem stereoisomeren β-Oxim (Fp. 254°) [Hirsch[3])]. Das α-Oxim geht durch Reduktion in das entsprechende Amin, in das *Papaveraldylamin* $C_{20}H_{19}NO_4 \cdot NH_2$ über.

Das Papaveraldin gewinnt dadurch eine gewisse Bedeutung, daß es sich mit dem Opiumalkaloid Xanthalin identisch erwiesen hat [Dobson und Perkin[4])] (s. S. 270).

Bei der Reduktion mit Zink- und Essigsäure wird die Ketogruppe des Papaveraldins in die sekundäre Alkoholgruppe übergeführt; es entsteht das *Papaverinol* $C_{20}H_{21}NO_5$ [Stuchlik[5])]. Farblose, monokline Säulen. Fp. 137°. Esterifizierung desselben gelang bisher nicht.

Die *Papaverinsäure* $C_{16}H_{13}NO_7$ krystallisiert mit einem Molekül Wasser in kleinen Täfelchen, Fp. 233°, besitzt ebenso wie das Papaveraldin Ketocharakter, bildet ein Oxim und Phenylhydrazon. Es enthält zwei Methoxylgruppen und zwei Carboxyle, aus deren leichter Anhydrisierung die Orthoständigkeit derselben folgt. Aus diesem gesamten Verhalten, der Zusammensetzung und der Bildungsweise der Papaverinsäure durch Oxydation des Papaverins ist folgende Konstitution für dieselbe abzuleiten:

Papaverinsäure.

Hiernach erscheint die Papaverinsäure als eine *Dimethoxybenzoyl-β-γ-Pyridindicarbonsäure.*

---

[1]) Dobson und Perkin jun., Soc. **99**, 139.
[2]) Pictet u. Kramers, Arch. Sc. phys. nat. Genève (4) **15**, 121 (vgl. Chem. Centralbl. 1903 I, 844).
[3]) Hirsch, M. **16**, 830.
[4]) Dobson u. Perkin, Soc. **99**, 135.
[5]) Stuchlik, M. **21**, 813.

Die Papaverinsäure läßt sich mit Methyljodid in ein Methylbetaiñ überführen [Goldschmiedt und Hönigschmid[1])].

Das Papaverin bildet mehrere Reduktionsprodukte, die im Pyridinkern reduziert sind, ein *Dihydropapaverin* $C_{20}H_{23}NO_4$ und ein *Tetrahydropapaverin* $C_{20}H_{25}NO_4$ [Goldschmiedt[2]), Pyman[3])]; letzteres entsteht auch bei der elektrolytischen Reduktion des Papaveraldins [Freund und Beck[4])].

Das *Dihydropapaverin* (Fp. 200—201°) läßt sich in die optisch aktiven Formen mittels Rechtsbromcamphersulfosäure spalten [Pope und Peachey[5])].

Das Dihydropapaverin, für das Pyman und Reynolds[6]) den Namen *Pavin* vorschlagen, hat nach Pyman[7]) folgende Konstitution:

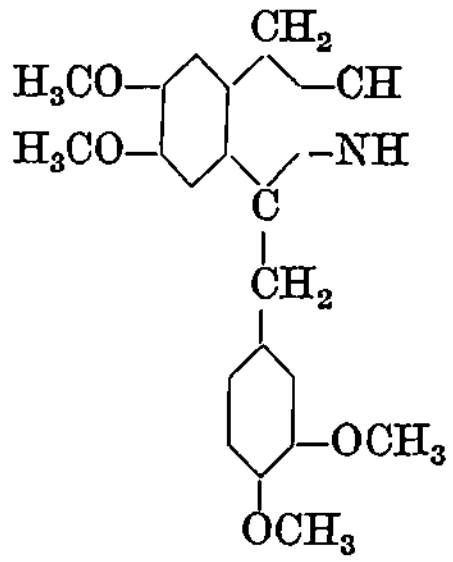

$$\text{Pavin.}$$

Eine Doppelbindung zwischen dem Stickstoffatom und einem benachbarten Kohlenstoffatom ist des sekundären Basencharakters wegen ausgeschlossen und aus weiteren theoretischen Gründen nimmt Pyman die obige α-β-Brückenbindung an. Das Pavin läßt sich durch den Hofmannschen Abbau über das *N-Methylpavinmethohydroxyd* in interessanter Weise zum N-Methylpavinmethin, einem *Inden*derivat, abbauen [Pyman[8])].

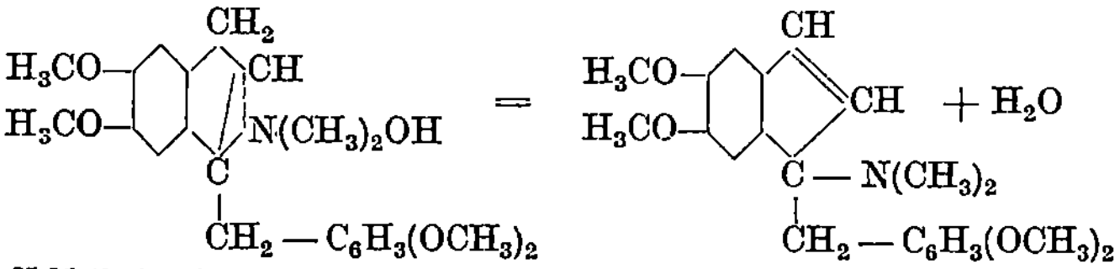

$$\text{N-Methylpavinmethohydroxyd} = \text{N-Methylpavinmethin.} + H_2O$$

Die Konstitution des Papaverins ist, wie vorliegend ausgeführt, durch sein gesamtes Verhalten und seine Abbauprodukte festgestellt. Danach besteht das Papaverin aus zwei Komplexen, einem Isochinolinring und einem Benzolring, verbunden durch eine CH_2-Gruppe.

---

[1]) Goldschmiedt u. Hönigschmid, M. **24**, 681.
[2]) Goldschmiedt, M. **7**, 485; **19**, 321.
[3]) Pyman, Soc. **95**, 1610.
[4]) Freund u. Beck, B. **37**, 3326.
[5]) Pope u. Peachey, Soc. **73**, 893.
[6]) Pyman u. Reynolds, Soc. **97**, 1320.
[7]) Pyman, Soc. **107**, 176.
[8]) Pymann, Soc. **107**, 176.

Die Synthese des Papaverins, von Pictet und Gams[1]) ausgeführt, geschah dementsprechend durch Aufbau aus diesen entsprechenden Bausteinen, indem das *ω-Aminoacetoveratron* mit dem *Homoveratroylchlorid* zum *Homoveratroyl-ω-aminoacetoveratron* kondensiert wurde.

ω-Aminoacetoveratron wird erhalten aus Veratrol, Überführung desselben mittels Acetylchlorid und Aluminiumchlorid in das Acetoveratron, das weiterhin durch Amylnitrit und Natriumäthylat die ω-Isonitrosoverbindung bildet, die schließlich durch Reduktion ω-Aminoacetoveratron ergibt, welches mit Homoveratroylchlorid kondensiert *Homoveratroyl-ω-aminoacetoveratron* liefert.

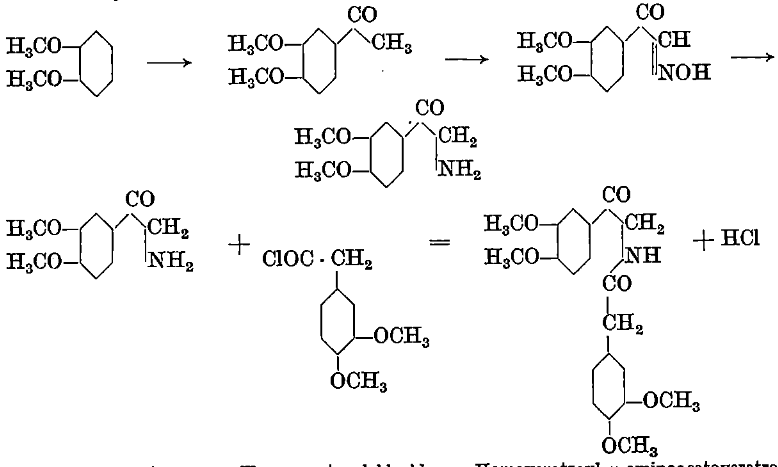

ω-Aminoacetoveratron   Homoveratroylchlorid   Homoveratroyl-ω-aminoacetoveratron.

Dieses mit Natriumamalgam reduziert liefert *Homoveratroyl-oxyhomoveratrylamin*, welches beim Erwärmen mit Phosphorsäureanhydrid in Xylollösung den typischen Isochinolinringschluß unter Verlust von 2 Mol Wasser erfährt, wobei sich das Papaverin [m, p, m′ p′ Tetramethoxy-α-benzylisochinolin[2])] bildet.

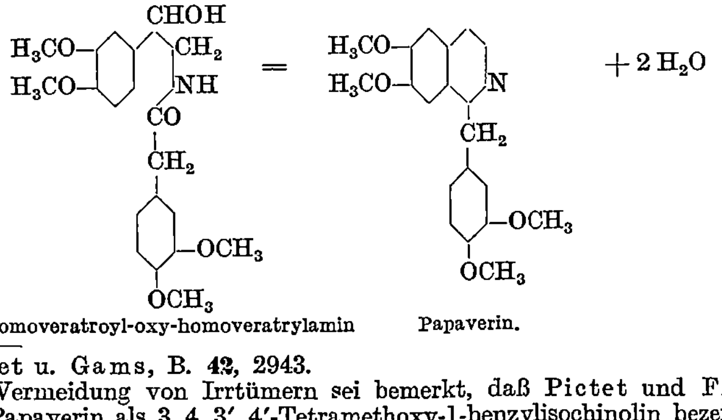

Homoveratroyl-oxy-homoveratrylamin   Papaverin.

---

[1]) Pictet u. Gams, B. **42**, 2943.

[2]) Zur Vermeidung von Irrtümern sei bemerkt, daß Pictet und Finkelstein das Papaverin als 3, 4, 3′, 4′-Tetramethoxy-1-benzylisochinolin bezeichnen. Im Sinne der hier durchgeführten einheitlichen Nomenklatur der Isochinolinverbindungen (vgl. S. 99) ist die obige Bezeichnungsweise gewählt.

Erwähnenswert ist noch das Verhalten des Papaverins gegen Halogenalkyle, z. B. Jodmethyl [Decker und Dunant[1])]. Hierbei entstehen Halogenalkylate, die durch **verdünntes** Alkali Verseifung einer Methoxylgruppe des Isochinolinringes erfahren unter gleichzeitiger Entstehung von Phenolbetainen:

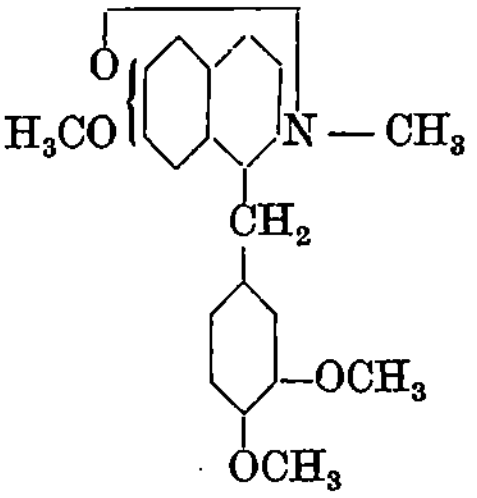

Dieses Phenolbetain des N-Methylnorpapaveriniums bildet mit Halogenalkyl wieder das ursprüngliche Papaverinjodmethylat zurück.

Durch Behandlung mit **konzentriertem** Alkali geht das Papaverinjodmethylat unter Halogenwasserstoffabspaltung und unter Verschiebung der doppelten Bindung in *Methylisopapaverin*, Fp. 129—131° [Decker[2]), Decker und Koch[3])] über.

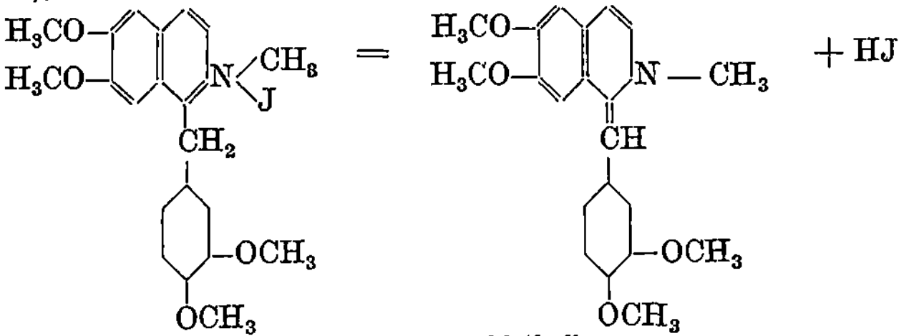

Papaverinjodmethylat   Methylisopapaverin.

Schließlich erleiden die Papaverinhalogenalkylate durch **alkoholisches** Kali eine tiefgreifende Veränderung ihres Moleküls, indem der Stickstoff hierbei eliminiert wird und ein Naphtholderivat, das *6, 7, 3′, 4′-Tetramethoxyl-2-Phenyl-1-naphthol* entsteht, ein Reaktionsvorgang, der bei der Stammsubstanz des Papaverins, dem α-Benzylisochinolin, schon früher genauer behandelt wurde (vgl. dort, S. ~~120~~).

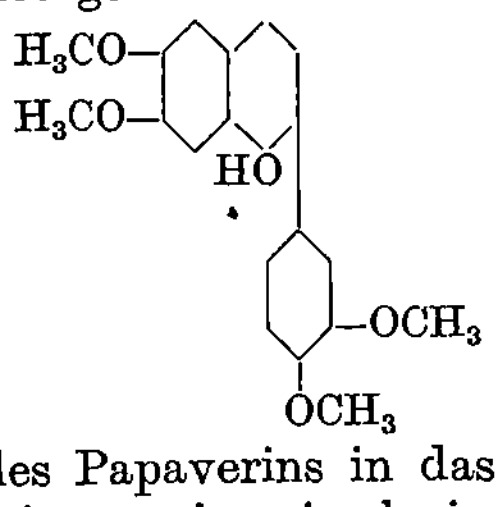

Dieser Übergang des Papaverins in das stickstofffreie Ringsystem des Naphthalins zeigt eine gewisse Analogie mit dem vorher erwähnten Übergang des Pavins in eine Indenverbindung.

[1]) Decker u. Dunant, A. **358**, 288.
[2]) Decker, A. **362**, 305.
[3]) Decker u. Koch, B. **37**. 520; vgl. auch B. **38**, 1739.

Ein interessanter Übergang der Papaverinalkaloide zu anderen Opiumalkaloiden vom Apomorphincharakter ist durch eine Untersuchung von Pschorr, Stählin und Silberbach[1]) gegeben. Das *o-Nitropapaveraldin* läßt sich nämlich durch Schwefelammonium in das *Aminopapaveraldin* überführen, dessen Chlormethylat durch Reduktion *o-Aminotetrahydro-N-methylpapaverin* (*Aminolaudanosin*) bildet:

o-Nitropapaveraldin   o-Aminotetrahydro-N-methylpapaverin.

Letztere Verbindung erfährt in bekannter Weise über die Diazoverbindung und Kupferpulvereinwirkung den Phenanthrenringschluß zu dem *Phenanthreno-N-methyltetrahydropapaverin*. Dieses erwies sich mit dem Alkaloid r-Glaucin (s. dort) identisch [Gadamer[2])].

Glaucin.

Über einen anderen Ringschluß des Papaverins, der zu dem Typ der quaternären *Corydalisalkaloide* führt, berichten Schneider und Schröter[3]) (S. 341).

Das Papaverin erfährt diese Umwandlung zum *Coralyn* durch die kondensierende Einwirkung von Essigsäureanhydrid in Gegenwart von Schwefelsäure (Sulfoazetat), vermutlich über das *Acetopapaverin* (ψ-Coralyn), Fp. 140—141°:

ψ-Coralyn.   Coralyn.

1) Pschorr, Stählin u. Silberbach, B. **37**, 1926.
2) Gadamer, A. Pharm. **249**, 680.
3) Schneider u. Schröter, B. **53**, 1459.

Die Ketobase ist nur in festem Zustande oder in hydroxylfreien Lösungsmitteln beständig; in hydroxylhaltigen Lösungen tritt Isomerisation in die Ammoniumform ein.

3. Xanthalin.

T. und H. Smith[1]) gewannen im Jahre 1893 das Xanthalin aus dem Opium. Das Xanthalin $C_{22}H_{19}NO_5$ erwies sich mit dem Papaveraldin, einem Oxydationsprodukt des Papaverins, identisch (s. Papaveraldin). Unlöslich in Wasser und Alkalien, wenig löslich in siedendem Alkohol, leichter löst es sich in Benzol und·Chloroform.

4. Laudanin.

$C_{20}H_{25}NO_4$ oder $C_{17}H_{15}N(OH)(OCH_3)_3$. Entdeckt im Jahre 1870 von Hesse[2]), krystallisiert aus Alkohol oder aus Chloroform in Prismen vom Fp. 166°. Leicht löslich in Benzol, Chloroform und in Alkalien, wenig löslich in Alkohol und Äther. Optisch inaktiv. Wässerige Eisenchloridlösung gibt grüne Färbung.

Es enthält eine Hydroxylgruppe und drei Methoxyle und gibt bei der Oxydation mit Kaliumpermanganat Metahemipinsäure [Goldschmiedt[3])].

Die Hydroxylgruppe läßt sich durch Diazomethan methylieren [E. Späth[4])], und es entsteht so r-Laudanosin, wodurch der nahe Zusammenhang beider Alkaloide klargestellt ist [Kauder[5]), Hesse[6])].

Decker und Eichler[7]) erhielten durch Reduktion des Phenolbetains des N-Methylnorpapaveriniums (s. S. 268) das *Pseudolaudanin* $C_{20}H_{25}NO_4$, Fp. 112°, das sich vom Laudanin durch die Stellung der freien OH-Gruppe unterscheidet. Diese Hydroxylgruppe muß sich nach der Bildungsweise des Pseudolaudanins im Isochinolinring befinden:

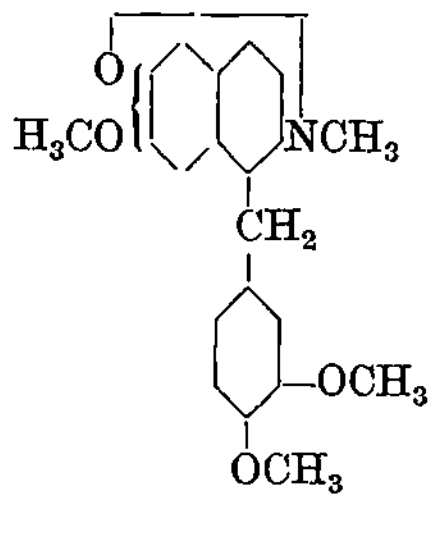

Phenolbetain. 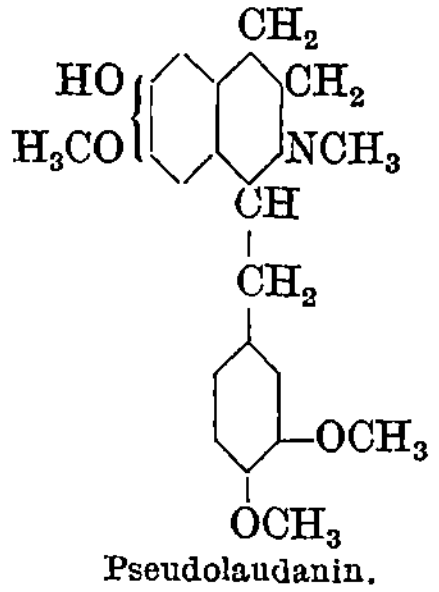   Pseudolaudanin.

Decker und Eichler vermuten im Laudanin den Sitz der freien Hydroxylgruppe im Benzolring, und Späth[4]) konnte durch oxydativen Abbau des

[1]) T. u. H. Smith, Pharmaceutical Journ. 52, 793.
[2]) Hesse, A. 153, 53; Suppl. 8, 272; 282, 208.
[3]) Goldschmiedt, M. 13, 691.
[4]) Späth, M. 41, 297.
[5]) Kauder, A. Pharm. 228, 419.
[6]) Hesse, A. 282, 208; J. pr. 65, 42.
[7]) Decker u. Eichler, A. 395, 377.

Äthyllaudanins zur *Äthylisovanillinsäure* $C_6H_3OCH_3(4)OC_2H_5(3)COOH(1)$
zeigen, daß das Laudanin folgende Formel besitzt:

$$CH_2$$
$$H_3CO-\overset{}{\bigcirc}\overset{}{\bigcirc}CH_2$$
$$H_3CO-\overset{}{\bigcirc}\overset{}{\bigcirc}NCH_3$$
$$CH$$
$$|$$
$$CH_2$$
$$\bigcirc OH$$
$$OCH_3$$

Laudanin.

Das Laudanin hat außer dem Pseudolaudanin noch ein zweites
Isomeres, das *Isolaudanin*. Dieses wurde von Pictet und Kramers[1]
aus dem *Trimethylpapaverolin* (vgl. Papaverolin S. 262) durch Reduktion mit Zinn und Salzsäure erhalten. Fp. 76°.

5. Laudanidin.

$C_{20}H_{25}NO_4$ oder $C_{17}H_{15}N(OH)(OCH_3)_3$. 1894 von Hesse[2] entdeckt.
Fp. 177°. Linksdrehend. Enthält drei Methoxyle. Eigenschaften und
Reaktionen in allen Punkten denen des Laudanins ähnlich, von dem
es wahrscheinlich die Linksmodifikation darstellt.

6. Laudanosin.

Das Laudanosin $C_{21}H_{27}NO_4$ findet sich in nur geringer Menge im
Opium; es wurde darin von Hesse[3] im Jahre 1871 aufgefunden.

Das Laudanosin hat eine gewisse historische Bedeutung erlangt als
erstes Opiumalkaloid, das synthetisch erhalten werden konnte (Pictet
und Finkelstein).

Das Alkaloid krystallisiert in Nadeln, ist in den gewöhnlichen
organischen Lösungsmitteln löslich, aber unlöslich in Wasser und in
Alkali; Fp. 89°. Die alkoholische Lösung reagiert alkalisch, schmeckt
bitter, auch die Salze des Alkaloids zeigen bitteren Geschmack.

Das Laudanosin enthält, wie das Papaverin, vier Methoxylgruppen und
steht überhaupt zu demselben in nächster Beziehung; es ist N-Methyltetrahydropapaverin.

$$CH_2$$
$$H_3CO-\overset{}{\bigcirc}\overset{}{\bigcirc}CH_2$$
$$H_3CO-\overset{}{\bigcirc}\overset{}{\bigcirc}NCH_3$$
$$CH$$
$$|$$
$$CH_2$$
$$\bigcirc-OCH_3$$
$$OCH_3$$

Laudanosin.

<hr>

[1] Pictet u. Kramers, C. 1903 I, 844.
[2] Hesse, A. 282, 208.
[3] Hesse, A. Suppl. 8, 318.

Durch Oxydation mit Mangandioxyd und Schwefelsäure [Pyman[1])]
bzw. Quecksilberacetat [Gadamer und Kondo[2])] erleidet das Laudanosin eine Spaltung in *Veratrumaldehyd* und in *4, 5-Dimethoxy-2-β-
methylaminoäthylbenzaldehyd*:

Veratrumaldehyd.

Dimethoxy-methylaminoäthylbenzaldehyd.

Letztere Verbindung ist dem Cotarnin (s. S. 275) nahe verwandt; die
gefärbten Salze dieser Base sprechen für die Ableitung von einer tautomeren Chinoliniumsalzform (vgl. S. 277).

Der nahe konstitutionelle Zusammenhang des Papaverins mit dem
Laudanosin führte auch zur Bildung des Laudanosins aus dem Papa-
verin. Papaverinchlormethylat, mit Zinn- und Salzsäure reduziert,
führt direkt zum N-Methyltetrahydropapaverin, dem racemischen
Laudanosin, Fp. 115°. Dieses r-Laudanosin läßt sich weiter durch
Spaltung mittels des chinasauren Salzes in die aktiven Formen über-
führen, von denen sich die Rechtsmodifikation bis auf eine geringe
Abweichung im optischen Drehungsvermögen mit dem natürlichen
Laudanosin identisch erwies [Pictet und Athanasescu[3])]. Das
Laudanosin enthält im Gegensatz zum Papaverin ein asymmetrisches
Kohlenstoffatom.

Die Totalsynthese des Laudanosins wurde von Pictet und Finkelstein[4]) in ähnlicher Weise bewirkt, wie für das Papaverin. Durch
Kondensation von *Homoveratrylamin* mit *Homoveratroylchlorid* wurde
zunächst das *Homoveratroylhomoveratrylamin* gebildet:

Homoveratrylamin   Homoveratroylchlorid   Homoveratroylhomoveratrylamin.

---

[1]) Pyman, Soc. **95**, 1266.
[2]) Gadamer u. Kondo, A. Pharm. **253**, 274.
[3]) Pictet u. Athanasescu, B. **33**, 2346.
[4]) Pictet u. Finkelstein, B. **42**, 1979.

welches bei der Behandlung mit Phosphorsäureanhydrid unter Wasser-
abgabe den Ringschluß zum *3, 4-Dihydropapaverin* (farbloses Öl,
krystallisiert schwierig, Fp. gegen 90°) erfährt:

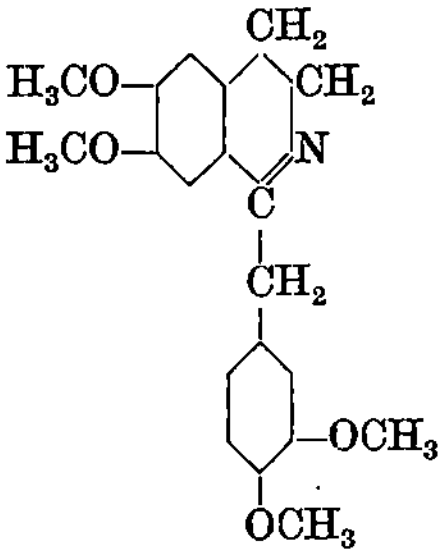

$$CH_2$$
$$H_3CO-\bigcirc\diagup^{CH_2}\diagdown CH_2$$
$$H_3CO-\bigcirc\diagdown N$$
$$C$$
$$CH_2$$
$$\bigcirc -OCH_3$$
$$OCH_3$$

3, 4-Dihydropapaverin.

Das so erhaltene Dihydropapaverin geht schließlich über das Chlormethylat und Reduktion desselben mit Zinn und Salzsäure in das
r-Laudanosin über.

r-Laudanosin bildet sich auch neben Glaucin (s. S. 348) bei der
Zersetzung des Diazolaudanosinsulfats. Daneben bilden sich *r-Hydroxy-
laudanosin*, Fp. 189—190° und *r-Dilaudanosin* (geringes Krystallisations-
vermögen) [Gadamer[1])].

7. Narcotin.

Das Narcotin wurde im Jahre 1817 von Robiquet[2]) isoliert. Es
findet sich im Opium im freien Zustande und kann daraus durch einfache Ätherextraktion gewonnen werden (0,75—9,6%). Nach Angaben
von Kerbosch[3]) ist es dasjenige Alkaloid, das sich zuerst in der
Pflanze bildet.

Seine von Matthiessen und Foster[4]) bestimmte Zusammensetzung entspricht der Formel $C_{22}H_{23}NO_7$.

In kaltem Wasser ist es unlöslich, sehr wenig löslich in heißem,
etwas mehr in Alkohol und Äther; in Benzol und Chloroform löst es
sich leicht. Prismen, Fp. 176°.

Es ist eine schwache tertiäre Base; in Chloroform ist es linksdrehend,
$[\alpha]_y$ —207,35°, in saurer Lösung lenkt es das polarisierte Licht nach
rechts ab, +47° in verdünnter Salzsäure. Das Narcotin geht leicht
in seine Racemform, in das *Gnoscopin* über (s. Gnoscopin).

Es enthält eine N-Methylgruppe. Ferner besitzt es drei OCH$_3$-Gruppen,
die sich durch Jodwasserstoffsäure nacheinander abspalten lassen; so entsteht das phenolartige *Nornarcotin* $C_{19}H_{14}NO_4(OH)_3$ [Matthiessen[5])].
In der Kälte in Alkali löslich; stark sauerstoffbegierig.

Das Narcotin ist in der Kälte in Alkalien unlöslich, in der Hitze
aber löst es sich auf und bildet unbeständige Salze, *Narcotate* [Wöhler[6]),

<hr>

1) Gadamer, A. Pharm. **249**, 680.
2) Robiquet, A. ch. (2) **5**. 575.
3) Kerbosch, A. Pharm. **248**, 536.
4) Matthiessen u. Foster, A. Suppl. **1**, 339; **2**, 337, 5, 332,
5) Matthiessen, A. Suppl. **7**, 59.
6) Wöhler, A. **50**, 25.

Hesse[1])]. Diese Salze, welche bei der Einwirkung von Säuren oder schon von heißem Wasser das Alkaloid regenerieren, entstehen aus dem Narcotin durch Wasseraufnahme unter Aufhebung einer lactonartigen Bindung. Das Narcotin hat keine Hydroxylgruppe; es wird weder von Essigsäureanhydrid noch von Acetylchlorid angegriffen [Beckett und Wright[2]), vgl. Knoll[3])].

Als Ausgangspunkt für die Narcotinforschung diente der Zerfall des Alkaloids beim Erhitzen mit Wasser auf 140°, bzw. mit Schwefelsäure oder Barytwasser, wobei eine stickstofffreie Säure, die *Opiansäure*, und eine Base, das *Hydrocotarnin* [Beckett und Wright[4])] entstehen:

$$C_{22}H_{23}NO_7 + H_2O = C_{10}H_{10}O_5 + C_{12}H_{15}NO_3$$

Narcotin   Opiansäure   Hydrocotarnin.

Durch reduzierende Mittel, wie Zink und Salzsäure, Natriumamalgam, wird eine ähnliche Spaltung erzielt; nur entsteht hier an Stelle der Opiansäure das Reduktionsprodukt derselben, das *Meconin* [Beckett und Wright[4])]:

$$C_{22}H_{23}NO_7 + 2H = C_{10}H_{10}O_4 + C_{12}H_{15}NO_3 \qquad .$$

Narcotin   Meconin   Hydrocotarnin.

Bei der Hydrolyse des Narcotins durch Salpetersäure, Eisen- oder Platinchlorid, Chromsäure, Kaliumpermanganat oder Braunstein in schwefelsaurer Lösung entsteht *Opiansäure* und *Cotarnin* [Wöhler[5]), Blyth[6]), Anderson[7]), Matthiessen und Wright[8]), Kerstein[9])]:

$$C_{22}H_{23}NO_7 + H_2O + O = C_{10}H_{10}O_5 + C_{12}H_{15}NO_4$$

Narcotin   Opiansäure   Cotarnin.

Außer der Opiansäure bildet sich dabei auch oft *Hemipinsäure* $C_{10}H_{10}O_6$, die durch weitere Oxydation der Opiansäure entsteht.

Das Molekül des Narcotins besteht also aus zwei Atomgruppen: die eine stickstoffhaltige ist in dem Cotarnin $C_{12}H_{15}NO_4$ und Hydrocotarnin $C_{12}H_{15}NO_3$ enthalten; die andere stickstofffreie findet sich in den Verbindungen: Meconin $C_{10}H_{10}O_4$, Opiansäure $C_{10}H_{10}O_5$, Hemipinsäure $C_{10}H_{10}O_6$.

Die Synthese des Narcotins aus seinen Spaltstücken, dem Cotarnin und Meconin, läßt sich sehr leicht durchführen, schon durch mehrstündiges Erwärmen der beiden Komponenten in methylalkoholischer Lösung [Perkin und Robinson[10])]. Hierbei entsteht die Racemform des Narcotins, das sog. Gnoscopin (s. dort), das durch Bromcampher-

[1]) Hesse, A. 176, 192.
[2]) Beckett u. Wright, Soc. 29, 167.
[3]) Knoll, D. R. P. 188 055.
[4]) Beckett u. Wright, Soc. 28, 583.
[5]) Wöhler, A. 50, 1.
[6]) Blyth, A. 50, 29.
[7]) Anderson, A. 86, 44, 163.
[8]) Matthiessen u. Wright, A. Suppl. 7, 63.
[9]) Kerstein, J. 1889, 2000.
[10]) Perkin u. Robinson, Soc. 99, 775.

sulfonsäure in das optisch aktive Alkaloid übergeführt wird; $[\alpha]_D$ —199,8°. Auch die Rechtsmodifikation wurde dabei erhalten.

Da ferner das Cotarnin und das Meconin synthetisiert worden sind, ist die vollständige Synthese des Narcotins gelungen.

Wir werden jetzt die verschiedenen Spaltungsprodukte des Narcotins besprechen.

Cotarnin. — Im Jahre 1844 erhielt Wöhler[1]) zuerst diese Verbindung durch Behandlung des Narcotins mit Braunstein und Schwefelsäure; noch einfacher erhält man Cotarnin durch Einwirkung verdünnter Salpetersäure auf Narcotin [Anderson[2])].

Das Cotarnin hat die Zusammensetzung $C_{12}H_{15}NO_4$; seine Salze aber entstehen durch Austritt eines Moleküls Wasser, so daß sie zusammengesetzt sind, z. B. $C_{12}H_{13}NO_3$, HCl [Roser[3])].

Das Cotarnin krystallisiert aus Benzol in Nadeln, Fp. 132—133°; in Wasser und Alkalien fast unlöslich, leicht löslich in Alkohol und Äther, schwache, sekundäre Base; durch Einwirkung von Benzoylchlorid und Natronlauge entsteht eine Benzoylverbindung. Das Cotarnin besitzt eine Aldehydgruppe, was sich sowohl im Verhalten gegen Hydroxylamin erweist [Roser[4])], wie auch durch Bildung von Kondensationsprodukten mit Aceton bzw. mit anderen aktive Methylengruppen enthaltende Verbindungen [Liebermann und Kropf, Liebermann und Glawe[5])]. Das Cotarnin enthält eine Methoxylgruppe, denn beim Erhitzen mit Jodwasserstoffsäure auf 140° entwickelt sich Jodmethyl [Matthiessen und Foster[6])]. Ferner haben sich im Cotarnin doppelte Bindungen erwiesen; mit Zink und Salzsäure reduziert entsteht aus dem Cotarnin *Hydrocotarnin*.

Den Haupteinblick in die Konstitution des Cotarnins gewährte der Abbau der Base, vor allem mittels der Oxydation, wobei die *Apophyllensäure* entsteht, die ihren Namen wegen der Ähnlichkeit ihrer Krystallform mit dem Apophyllit erhielt. Die Apophyllensäure erwies sich als das *Methylbetain der Cinchomeronsäure* [v. Gerichten[7])]. Die Entstehung der Cinchomeronsäure beim Abbau des Cotarnins läßt von vornherein auf das Vorhandensein eines Isochinolinringes im Cotarnin schließen, denn Isochinolinverbindungen erfahren bei der Oxydation den bekannten Zerfall in Cinchomeronsäure und Phthalsäure.

COOH · COOH · HOOC · HOOC · N

Isochinolin   Phthalsäure   Cinchomeronsäure.

[1]) Wöhler, B. **30**, 1745.
[2]) Anderson, A. **86**, 187.
[3]) Roser, A. **249**, 156.
[4]) Roser, A. **254**, 334.
[5]) Liebermann u. Kropf, B. **37**, 2744. — Liebermann u. Glawe, B. **37**, 211. 2738.
[6]) Matthiessen u. Foster, A. Suppl. **1**, 330.
[7]) v. Gerichten, A. **210**, 79.

Ein Phthalsäurederivat, die *Cotarnsäure* (s. unten), wurde auch bei der Oxydation des Cotarnins mit Kaliumpermanganat erhalten [Freund und Wulff[1])].

Die Cotarnsäure ließ sich unter den Abbauprodukten des Cotarnins noch anderweitig nachweisen. Das Cotarnin geht nämlich beim Hofmannschen Abbau in das *Cotarnmethin* über, das durch Natronlauge eine Spaltung in Trimethylamin und in einen stickstofffreien Körper, das *Cotarnon* $C_{11}H_{10}O_4$ (Blättchen, Fp. 78°), erfährt.

Dieses läßt sich nun durch Oxydation mit Kaliumpermanganat in die obige zweibasische *Cotarnsäure* (Blättchen, Fp. 178°) überführen, die von Roser als eine *Oxymethyldioxymethylenphthalsäure* erkannt wurde. Der Phthalsäurecharakter der Cotarnsäure geht aus der Anhydridbildung derselben hervor, und ihre weitere Konstitution ließ sich durch den Abbau beim Erhitzen mit Jodwasserstoffsäure und Phosphor zur *Gallussäure*

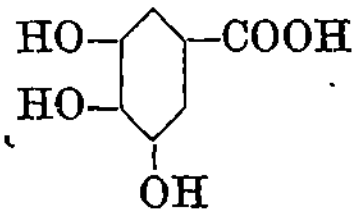

$$HO{-}\langle\bigcirc\rangle{-}COOH,\ HO{-},\ OH$$

nachweisen.

Auch die Synthese der Cotarnsäure ist gelungen, so daß über ihre Konstitution keinerlei Zweifel mehr besteht. Diese Synthese erreichten Perkin, Robinson und Thomas[2]) vom *5, 6-Methylendioxy-1-Hydrindon* (I) aus, indem dasselbe durch Nitrierung, Überführung in die Aminoverbindung und weiter in die Oxyverbindung in das *7-Oxy-5, 6-Methylendioxy-1-Hydrindon* (II) übergeführt wurde. Der Eintritt der OH-Gruppe in benachbarter Stellung zur CO-Gruppe ist dadurch dokumentiert, daß die Verbindung mit Eisenchlorid Salicylreaktion gibt. Die weitere Überführung zur Cotarnsäure geschieht durch Methylierung der OH-Gruppe und geeignete Oxydation derselben (über die Piperonylverbindung (III) zur Cotarnsäure (IV).

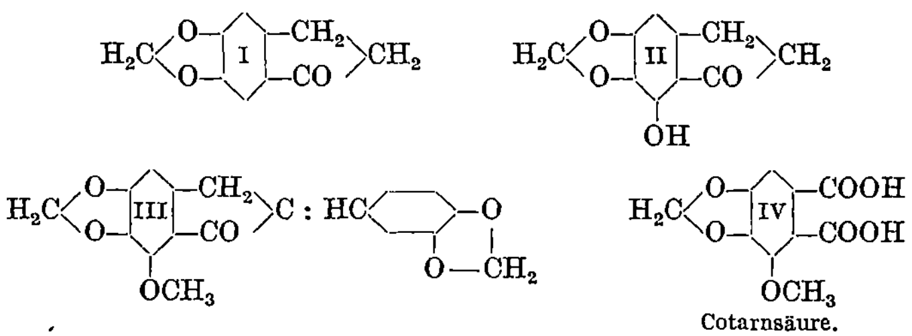

$$H_2C\big\langle{}^{O-}_{O-}\big[\ I\ \big]{}^{-CH_2}_{-CO}\big\rangle CH_2 \qquad H_2C\big\langle{}^{O-}_{O-}\big[\ II\ \big]{}^{-CH_2}_{-CO}\big\rangle CH_2,\ OH$$

$$H_2C\big\langle{}^{O-}_{O-}\big[\ III\ \big]{}^{-CH_2}_{-CO}\big\rangle C\ {:}\ HC\big\langle\ \big\rangle{-}O,\ O{-}CH_2,\ OCH_3 \qquad H_2C\big\langle{}^{O-}_{O-}\big[\ IV\ \big]{}^{-COOH}_{-COOH},\ OCH_3$$

Cotarnsäure.

Aus der Konstitutionserkenntnis der Cotarnsäure folgt ohne weiteres die des oben erwähnten Cotarnons, das durch den Hofmannschen Abbau aus dem Cotarnin entstanden ist. Das Cotarnon besitzt eine Aldehydgruppe (Oximbildung) und eine ungesättigte Bindung (Addition von 2 Atomen Brom). In der Cotarnsäure sind diese charakte-

---

[1]) Freund u. Wulff, B. **35**, 1737.
[2]) Perkin, Robinson u. Thomas, Soc. **95**, 1977.

ristischen Gruppen verschwunden; daraus ergibt sich für das Cotarnon folgende Formel:

$$\text{Cotarnon.}$$

Da das Cotarnon das stickstofffreie Endspaltungsprodukt beim Hofmannschen Abbau des Cotarnins ist, so ergibt sich für das Cotarnin selber folgendes Formelbild:

$$\text{Cotarnin} \qquad \text{Cotarninchlorid.}$$

Nach diesen Formelbildern erscheint das Cotarnin in Form der freien Base als eine offene Aminoaldehydverbindung, während bei der Salzbildung unter Wasseraustritt Ringschluß zu einem *Dihydroisochinolin*derivat eintritt.

Auf das Vorhandensein einer offenen Kette im Cotarnin deutete schon der Verlauf des Hofmannschen Abbaues hin, der uns zum Cotarnon führte. Das Cotarnin als sekundäre Base vereinigt sich nämlich hierbei mit zwei Molekülen Jodmethyl zur Bildung des Jodmethylats des *Cotarnmethins*. Diese Verbindung wird beim Erhitzen mit Natronlauge in Trimethylamin und in das stickstofffreie Cotarnon gespalten. Die Bildung des Trimethylamins nach der Aufnahme von zwei Molekülen Jodmethyl zeigt, daß das Cotarnin schon eine am Stickstoff befindliche Methylgruppe besessen haben muß. Da das Cotarnin eine sekundäre Base ist, hat es demnach die Atomgruppierung $NH{-}CH_3$ und keinen Pyridinring.

Der Übergang des Cotarnins von der Aminoaldehydform in die Dihydroisochinolinform findet äußerst leicht statt; schon Lösungsmittel wirken hierbei als Katalysatoren. Das Studium des Absorptionsspektrums des Cotarnins in verschiedenen Lösungsmitteln hat hierzu wichtige Einblicke gegeben [Dobbie, Lauder und Tinkler[1])]. Das Cotarnin zeigt in Öl- oder Ätherlösungen mit dem Hydrocotarnin übereinstimmende Spektra, während in wässeriger oder alkoholischer Lösung sofort Veränderung eintritt. Da das Hydrocotarnin zweifellos ein Isochinolinderivat ist, so liegt das Cotarnin ursprünglich in der Isochinolinform vor und geht durch ionisierende Lösungsmittel in die Aminoaldehydform über. Die Aminoaldehydbase hat starke Tendenz zum Wasseraustritt, die durch Anwesenheit von Mineralsäuren noch gesteigert wird, und so erscheinen die Salze als quaternäre Isochinolinderivate.

---

[1]) Dobbie, Lauder u. Tinkler, Soc. **83**, 598.

Durch Einwirkung von ganz schwachen Säuren wie Blausäure ist es aber auch gelungen, die Wasserabspaltung bei der Salzbildung zu vermeiden und von der Aminoaldehydform eine tautomere, eine Pseudo- oder Carbinolform zu gewinnen. Hiervon leitet sich z. B. das Cyanid ab [Hantzsch und Kalb[1]), Hantzsch[2]), Freund und Preuß[3]), Decker[4]), Gadamer[5])].

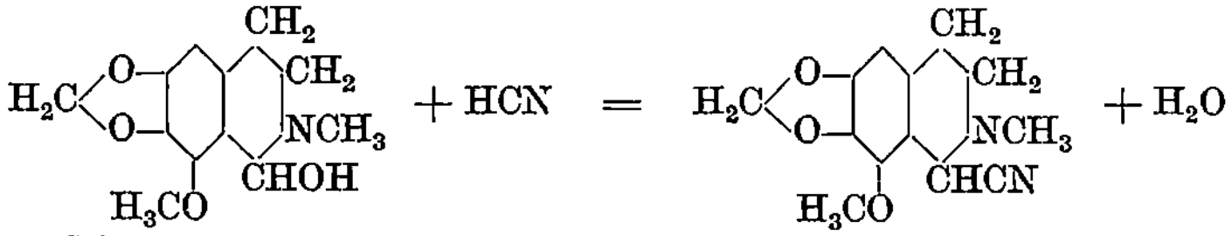

$$H_2C\langle\begin{smallmatrix}O-\\O-\end{smallmatrix} \quad \begin{smallmatrix}CH_2\\CH_2\\NCH_3\\CHOH\end{smallmatrix} \quad H_3CO \quad + HCN \; = \; H_2C\langle\begin{smallmatrix}O-\\O-\end{smallmatrix} \quad \begin{smallmatrix}CH_2\\CH_2\\NCH_3\\CHCN\end{smallmatrix} \quad H_3CO \quad + H_2O$$

Cotarnin (Pseudoform).   Cotarnincyanid.

Aus obiger Cotarninformel erklärt sich auch die Bildung des bei der Grignardierung entstehenden *α-Methylhydrocotarnins* [Freund[6])].

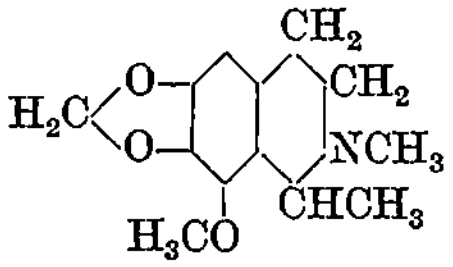

$$H_2C\langle\begin{smallmatrix}O-\\O-\end{smallmatrix} \quad \begin{smallmatrix}CH_2\\CH_2\\NCH_3\\CHCH_3\end{smallmatrix} \quad H_3CO$$

α-Methylhydrocotarnin.

Es sei hier noch auf einen Reaktionsvorgang hingewiesen, den Freund und Becker[7]) zur Ortsbestimmung der Methylendioxy- und der Oxymethylgruppe im Cotarnin:

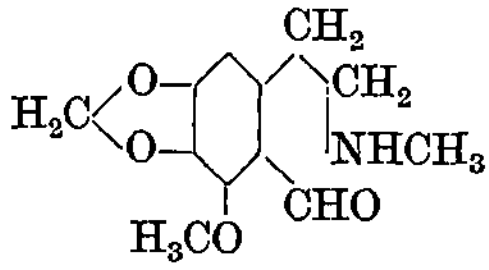

$$H_2C\langle\begin{smallmatrix}O-\\O-\end{smallmatrix} \quad \begin{smallmatrix}CH_2\\CH_2\\NHCH_3\\CHO\end{smallmatrix} \quad H_3CO$$

heranzogen.

Das Cotarnin als Benzaldehydverbindung bildet mit Anilin ein Anil. Dieses zeigt beim Hofmannschen Abbau einen unregelmäßigen Reaktionsverlauf, indem hierbei auch die Oxymethylgruppe ihr Alkyl verliert und in ein Phenol, in das *Norcotarnon*

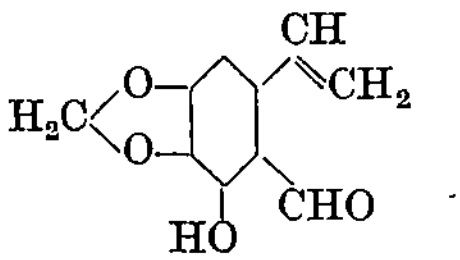

$$H_2C\langle\begin{smallmatrix}O-\\O-\end{smallmatrix} \quad \begin{smallmatrix}CH\\CH_2\\CHO\end{smallmatrix} \quad HO$$

übergeht. Diesen Verlauf der Alkylabspaltung beim Hofmannschen Abbau zeigt von den drei möglichen Methoxybenzaldehyden nur das

---

[1]) Hantzsch u. Kalb, B. **32**, 3109; **33**, 2201.
[2]) Hantzsch, B. **33**, 3885.
[3]) Freund u. Preuß, B. **33**, 380.
[4]) Decker, B. **33**, 2273.
[5]) Gadamer, A. Pharm. **246**, 89.
[6]) Freund, B. **36**, 4257.
[7]) Freund u. Becker, B. **36**, 1521.

Anil des *Orthomethoxybenzaldehyds*. Hierdurch erscheint auch im Cotarnin die OCH_3-Gruppe orthoständig, und da die Methylendioxygruppe von Roser schon früher als benachbart zur OCH_3-Gruppe bestimmt war, so ist auf diese Weise die Stellung aller Substituenten im Cotarnin festgelegt.

Synthese des Cotarnins. — Die übersichtlichste Cotarninsynthese verläuft nach einer von Decker[1]) angegebenen Modifikation der Salvayschen[2]).

Man geht hierzu vom *Myristicin*, dem *Allyl-3, 4, 5-trioxybenzolmethylmethylenäther*

$$H_2C{<}^{O-}_{O-} \underset{OCH_3}{\bigcirc}{-}CH_2 - CH = CH_2$$

aus, oxydiert denselben zum *Myristicinaldehyd* $C_6H_2(CH_2O_2)(OCH_3)CHO$ und bildet daraus mittels der Perkinschen Reaktion die *3-Methoxy-4, 5-methylendioxyzimtsäure* $C_6H_2(CH_2O_2)(OCH_3)CH = CH - COOH$. Diese wird zur entsprechenden Phenylpropionsäure

$$H_2C{<}^{O-}_{O-} \underset{H_3CO}{\bigcirc}{-}CH_2 - CH_2 - COOH$$

reduziert, die weiter über das Amid in das Amin

$$H_2C{<}^{O-}_{O-} \underset{H_3CO}{\bigcirc}{-}CH_2 - CH_2 - NH_2$$

3-Methoxy-4, 5-dioxymethylenphenyläthylamin.

verwandelt wird. Das Formylderivat dieses liefert durch Kondensation mit Phosphorpentoxyd oder den Phosphorchloriden das *Norcotarnin*:

$$H_2C{<}^{O-}_{O-} \underset{H_3CO}{\bigcirc}{<}^{CH_2}_{NH}{\overset{CH_2}{<}} \quad = \quad H_2C{<}^{O-}_{O-} \underset{H_3CO}{\bigcirc}{<}^{CH_2}_{N}{\overset{CH_2}{<}}_{CH} \quad + H_2O$$

Norcotarnin.

Das Chlormethylat dieser Base ist identisch mit Cotarninchlorid.

Konstitution des Narcotins. — Das Narcotin bildet sich, wie wir S. 274 sahen, durch Kondensation von Cotarnin und Meconin, deren Synthese wir schon besprochen. Es erübrigt sich für uns nur noch, den Kondensationsmechanismus bei der Narcotinbildung zu betrachten. Selbstverständlich werden hierbei die reaktionsfähigsten Atomgruppen benutzt werden; das ist vom Cotarnin die Aldehydgruppe und vom

---

[1]) Decker u. Becker, A. 395, 328. — Decker, D. R. P. 245 095.
[2]) Salvay, Soc. 97, 1208.

Meconin die Methylengruppe, so daß eine Kondensation zum Narcotin in folgendem Sinne erfolgt:

$$\text{Cotarnin} \quad \text{Meconin} \longrightarrow \text{Narcotin.}$$

Im Narcotin sind die aktiven Gruppen der Ausgangsmaterialien verschwunden; das Narcotin enthält keine Aldehydgruppe und stellt eine tertiäre Base vor.

Durch Kondensation von Hydrocotarnin und Opiansäure mittels konzentrierterer Schwefelsäure gelangt man zu einem *Isonarcotin*, Fp. 194° [Liebermann[1])]. Dieses ist in seiner Konstitution von Freund und Fleischer[2]) erkannt worden:

$$\text{Isonarcotin.}$$

Die Bildung des Isonarcotins vollzieht sich dadurch, daß das in ana-Stellung befindliche reaktionsfähige Wasserstoffatom des Hydrocotarnins zur Kondensation herangezogen wird. Dieses ana-Wasserstoffatom zeichnet sich überhaupt im Narcotin durch besondere Beweglichkeit aus [Freund[3])]; so tritt damit z. B. Kondensation mit Formaldehyd ein; es entsteht *Methylendinarcotin* $C_{45}H_{46}N_2O_{14}$, woraus die Spaltbase *Methylendicotarnin* $C_{25}H_{50}N_2O_8$ zu erhalten ist.

Opiansäure $C_{10}H_{10}O_5$ entsteht bei der hydrolytischen Spaltung des Narcotins. Krystallisiert in Prismen, Fp. 150°, wenig löslich in kaltem Wasser, leicht löslich in Alkohol und Äther; charakterisiert sich als einbasische normale Aldehydsäure [H. Meyer[4])]; enthält zwei Methoxylgruppen. Die Stellung der beiden Methoxylgruppen in bezug auf die

[1]) Liebermann, B. **29**, 183, 2040.
[2]) Freund u. Fleischer, B. **45**, 1171.
[3]) Freund, D. R. P. 245 622.
[4]) H. Meyer, M. **26**, 1295.

Aldehydgruppe ergibt sich aus der Bildung des *Methylvanillins* bei der Destillation der Opiansäure mit Natronkalk [Liebermann und Chojnacki[1])], wobei die Carboxylgruppe der Opiansäure abgespalten wird.

$$H_3CO-\langle\rangle-CHO$$
$$H_3CO-$$

Methylvanillin.

Der ursprüngliche Sitz dieser abgesprengten Carboxylgruppe wird dadurch erkennbar, daß die Opiansäure bei der Oxydation mit Bleioxyd, Salpetersäure usw. die bekannte zweibasische *Hemipinsäure* (s. dort) bildet.

Bei der Reduktion mit Natriumamalgam oder Zink und Schwefelsäure wird die Opiansäure in *Meconin* umgewandelt.

Die Hemipinsäure, Opiansäure und das Meconin stehen zueinander in dem Verhältnis von Säure, Aldehyd und Alkohol.

Hemipinsäure   Opiansaure   Meconin.

Die Opiansäure reagiert auch vielfach in ihrer tautomeren Form als *Oxyphthalidverbindung* [Liebermann[2])]:

Opiansäure.

Die **Hemipinsäure** $C_{10}H_{10}O_6$ entsteht, wie angegeben, beim oxydativen Abbau des Narcotins und auch bei der Oxydation der Opiansäure. Prismen, die eine wechselnde Menge Krystallwasser — $1/2$ bis $2\,1/2$ Moleküle — enthalten. Fp. 180°, sublimierbar, in Wasser wenig löslich, ziemlich löslich in Alkohol, sehr leicht in Äther.

Die Hemipinsäure ist ein Phthalsäurederivat, eine Dimethoxyphthalsäure, die beim Erhitzen in ihr Anhydrid übergeht [Prinz[3])]. Diese Tatsache im Zusammenhang mit den obigen, die die Stellung von drei Substituenten in der Opiansäure bestimmten, läßt für die Hemipinsäure nur noch die Wahl zwischen den beiden folgenden Formeln:

Hemipinsäure,

---

[1]) Liebermann u. Chojnacki, B. 4, 197: A. 162, 323.
[2]) Liebermann, B. 19, 765, 2288.
[3]) Prinz, J. pr. (2) 24, 370.

Diese Frage hat Wegscheider[1]) in eleganter Weise gelöst: Es ist augenscheinlich, daß eine Verbindung der ersten Formel zwei verschiedene Estersäuren liefern kann, während eine solche der zweiten Formel nur eine einzige ergibt, da die beiden Carboxyle in bezug auf das übrige Molekül ganz symmetrisch gelagert sind. Nun ist es Wegscheider gelungen, zwei Monomethylester der Hemipinsäure zu erhalten, den einen, den α-Ester, durch Oxydation des Opiansäuremethylesters, den anderen, den β-Ester, durch Behandlung einer methylalkoholischen Hemipinsäurelösung mit Salzsäuregas.

Demnach kommt der Hemipinsäure die erste der beiden obigen Formeln zu.

Diese Strukturbestimmung der Hemipinsäure ist auch durch folgende Beobachtung von Largodzinski[2]) bestätigt worden. Dieser erhielt Alizarin durch Kondensation des Hemipinsäureanhydrids mit Benzol in Gegenwart von Aluminiumchlorid und Behandlung dieses Produktes mit konzentrierter Schwefelsäure.

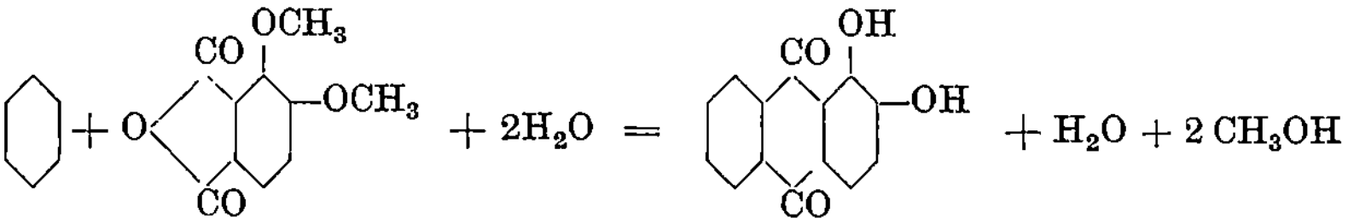

$$\text{Hemipinsäureanhydrid} + 2\,H_2O = \text{Alizarin} + H_2O + 2\,CH_3OH$$

Das Meconin $C_{10}H_{10}O_4$, das Reduktionsprodukt der Opiansäure, ist in kleiner Menge (0,05—0,08%) im Opium enthalten, wo es im Jahre 1832 von Dublanc[3]) entdeckt wurde. Es findet sich auch in der Wurzel von Hydrastis canadensis L. (s. S. 321) [Freund[4])].

Das Meconin entsteht direkt beim Erhitzen des Narcotins auf 220° in der Harnstoffschmelze [Frerichs[5])].

Bildet Prismen, sublimiert unzersetzt, Fp. 102,5°, in den gewöhnlichen organischen Solventien leicht löslich, wenig löslich in Wasser, optisch inaktiv. Mit den Alkalien bildet das Meconin leicht lösliche Salze unter Bildung einer einbasischen Säure, der *Meconinsäure* $C_{10}H_{12}O_5$; die Säure selbst ist nicht beständig und bildet das Meconin sofort zurück, wenn man sie aus ihren Salzen in Freiheit setzen will [Hessert[6])].

Diese Eigenschaften lassen die Meconinsäure als den zur Opiansäure gehörigen Alkohol erscheinen und das Meconin als das entsprechende Lacton von der Art des Phthalids:

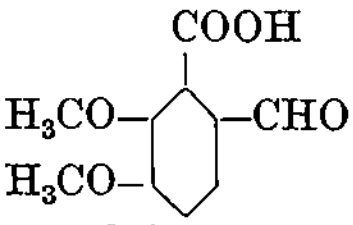

Opiansäure 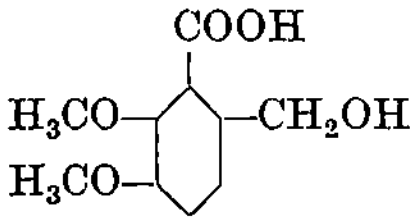 — Meconinsäure 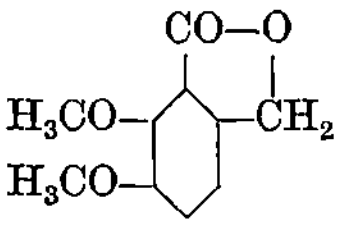 — Meconin.

[1]) Wegscheider, M. **3**, 348; **4**, 262.
[2]) Largodzinski, B. **28**, 1427.
[3]) Dublanc, A. ch. (2) **49**, 17.
[4]) Freund, B. **22**, 456; A. **271**, 311.
[5]) Frerichs, A. Pharm. **241**, 259.
[6]) Hessert, B. **11**, 240.

Das Meconin ist in origineller Weise von Fritsch[1] synthetisiert worden: Durch Kondensation molekularer Mengen von *2, 3-Dimethoxybenzoesäuremethylester* und *Chloralhydrat* mittels konzentrierter Schwefelsäure entsteht das *5, 6-Dimethoxytrichlormethylphthalid*:

$$\text{2, 3-Dimethoxybenzoesäuremethylester} + CCl_3CH(OH)_2 = \text{5, 6-Dimethoxytrichlormethylphthalid} + CH_3OH + H_2O$$

Dieses liefert bei der Verseifung mit Natronlauge die *2-Carboxy-3, 4-Dimethoxymandelsäure*

welche beim Erhitzen unter Abspaltung von Wasser und Kohlensäure das Meconin bildet.

Pseudomeconin $C_{10}H_{10}O_4$. — Das *Pseudomeconin* ist dem Meconin isomer, es entsteht bei der Reduktion des Hemipinsäureanhydrids mit Zink und Essigsäure [Salomon[2]]:

Pseudomeconin.

Von dem Pseudomeconin leitet sich auch eine *Pseudomeconinsäure* ab, die aus dem Tetrahydronarcotin beim Hofmannschen Abbau entsteht [Finci und Freund[3]].

Außer der obigen Opiansäure, die aus dem Narcotin stammt, sind der Theorie nach noch zwei isomere Opiansäuren zu erwarten; die eine, die *Metaopiansäure*, ist aus dem Alkaloid Cryptopin, die andere, die *Pseudoopiansäure*, aus dem Alkaloid Berberin erhalten (s. dort).

8. Narcein.

Das Narcein $C_{23}H_{27}NO_8 + 3\,H_2O$ wurde im Jahre 1832 von Pelletier[4] im Opium entdeckt. Es findet sich auch in beträchtlichen Mengen in Diervilla Florida [Dawson[5]].

[1] Fritsch, A. **301**, 352.
[2] O. Salomon, B. **20**, 883.
[3] Finci u. Freund, B. **45**, 2223.
[4] Pelletier, A. ch. (2) **50**, 252.
[5] Dawson, Chem. News **106**, 18.

Das Narcein entsteht aus dem Narcotin durch Erhitzen des Narcotinchlormethylats mit Alkali [Roser[1]), Frankforter und Keller[2])].

$$C_{22}H_{23}NO_7 \cdot CH_3Cl + NaOH = C_{23}H_{27}NO_8 + NaCl$$

Narcotinchlormethylat Narcein.

Mit der Konstitutionsaufklärung des Narceins haben sich vorzugsweise Freund und seine Mitarbeiter beschäftigt.

Das Narcein krystallisiert aus Wasser oder Alkohol in prismatischen Nadeln, die in wasserhaltigem Zustand bei 170—171°, wasserfrei bei 145° schmelzen. In Wasser und organischen Lösungsmitteln ist es bei gewöhnlicher Temperatur wenig löslich. Schwache tertiäre Base, optisch inaktiv [Hesse[3])].

Es enthält drei Methoxylgruppen [Freund und Frankforter[4])] und zwei N-Methylgruppen. Diese letztere Beobachtung [Herzig und Meyer[5])] ist deshalb von Wichtigkeit, weil danach das Narcein keinen Pyridinring enthalten kann; das Stickstoffatom muß in einer offenen Kette stehen. Das Narcein ist in Alkalien löslich; durch Alkohol und Salzsäure wird es esterifiziert, wodurch das Vorhandensein einer Carboxylgruppe angezeigt ist. Außerdem schließt es eine Ketogruppe ein, denn es reagiert mit Hydroxylamin und Phenylhydrazin (Freund und Frankforter). Es besitzt ferner den reaktionsfähigen Komplex CO—CH_2, denn mit Äthylnitrit bildet sich eine Isonitrosoverbindung [Freund und Oppenheim[6])].

Das Konstitutionsbild des Narceins wird weiter durch seine einfache Bildungsweise aus dem Narcotin aufgeklärt.

So ergibt sich folgende Konstitutionsformel:

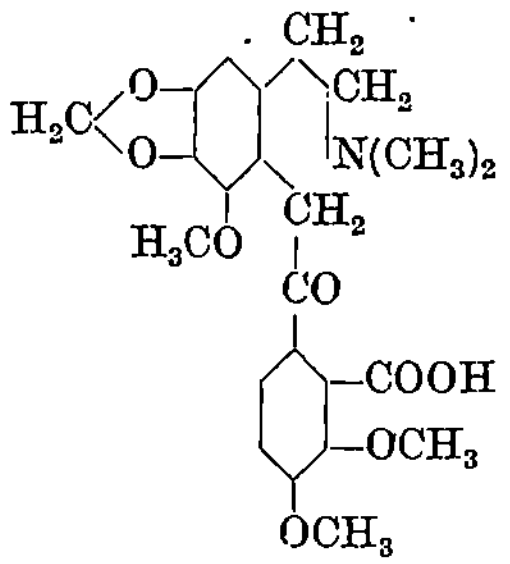

Narcein.

Die Anhäufung reaktionsfähiger Atomgruppen, wie sie im Narcein durch die Keto-, Methylen-, Carboxyl- und Dimethylaminogruppen vorliegen, beeinflussen die verschiedenen Reaktionen des Alkaloids.

Bei der Alkylierung des Narceins alkyliert sich in erster Linie die Carboxylgruppe, indem Säureester entstehen [vgl. dagegen Knoll & Co.[7])].

1) Roser, A. **247**, 167; B. **32**, 2974.
2) Frankforter u. Keller, Amer. Chem. J. **22**, 61.
3) Hesse, A. **176**, 198.
4) Freund u. Frankforter, A. **277**, 20.
5) Herzig u. Meyer, M. **16**, 599.
6) Freund u. Oppenheim, B. **42**, 1084.
7) Knoll & Co., D. R. P. 174 380, 183 589, 186 884.

Die so entstehenden Alkylnarceine haben betainartige Bindung, sind gegen Alkali unbeständig und werden hierdurch in *Narceonsäure* (Fp. 217°) und tertiäre Amine gespalten [Freund[1]), vgl. Tambach und Jäger[2])].

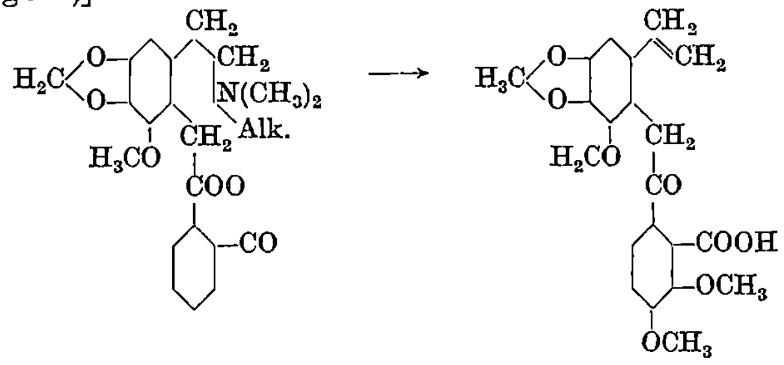

Narceonsäure.

Das Narcein erfährt durch Phosphoroxychlorideinwirkung unter Wasserabspaltung den Übergang in ein Lacton, in das *Lactonarcein* (*Aponarcein*), Fp. 112—115°:

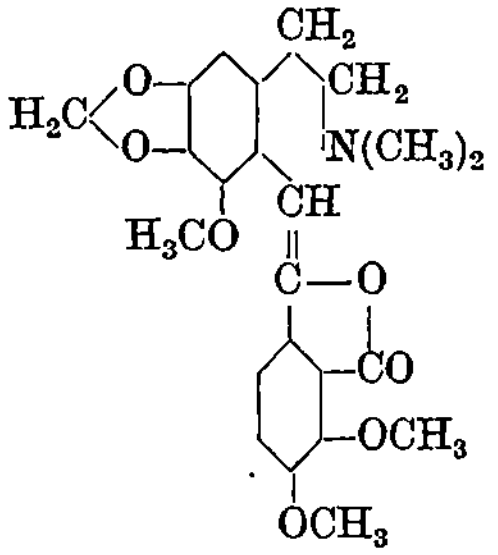

Lactonarcein.

welches mit Natriumäthylat unter Verschiebung einiger Bindungen das *Narcindonin*, Fp. 168—169° liefert (Freund):

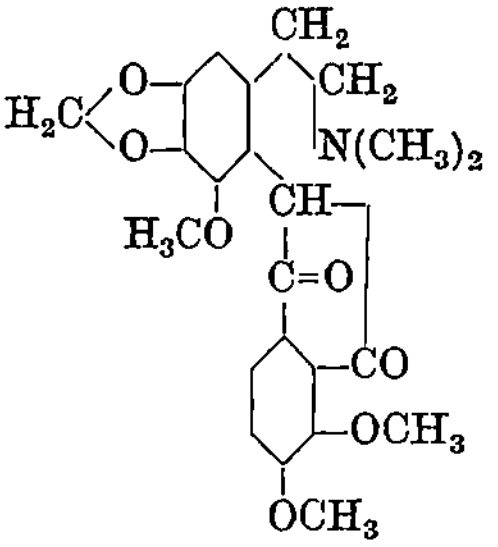

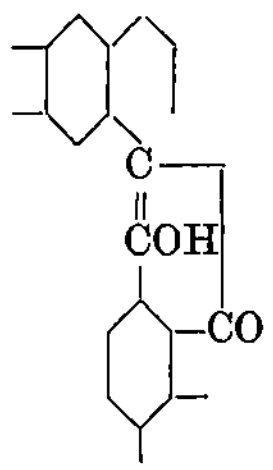

Narcindonin (Ketoform)　　　Narcindonin (Enolform).

Der Übergang des Narceins über das Lactonarcein zum Narcindonin verläuft analog dem Übergang der entsprechenden Stammkörper der

---

[1]) Freund, B. **40**, 194.
[2]) Tambach u. Jäger, A. **349**, 185.

Desoxybenzoinorthocarbonsäure über das Benzylidenphthalid zum *Phenylindandion* [Eibner, vgl. Gabriel[1])].

Das Narcindonin reagiert in tautomeren Formen, der Keto- und Enolform; die Ketoform bildet mit Säuren weiße Salze, die Enolform rotgefärbte Natriumsalze.

Das Narcein erfährt weiterhin durch verschiedene Reaktionen einen charakteristischen Zerfall einerseits in die stickstofffreie Hemipinsäure, andererseits in den stickstoffhaltigen Teil des Narceinmoleküls.

So erleidet das Isonitrosonarcein $(CO—C—NOH)$ beim längeren Erhitzen auf 115—120° eine Spaltung in *Hemipinsäure* und in das *1-Dimethylaminoäthyl-2-cyan-3-methoxy-4, 5-methylendioxybenzol*:

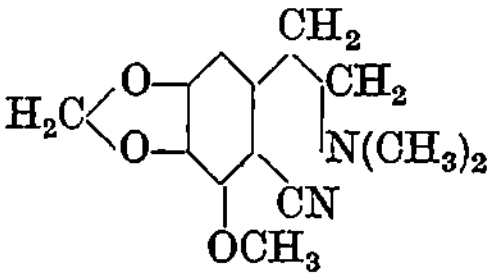

$$\begin{array}{c}\text{CH}_2 \\ \text{H}_2\text{C}\langle{}^{\text{O}—}_{\text{O}—}\rangle \overset{\overset{\text{CH}_2}{|}}{\underset{\overset{|}{\text{OCH}_3}}{\underset{\text{CN}}{\bigcirc}}}{}^{\text{CH}_2}\!\!\diagdown\text{N(CH}_3)_2 \end{array}$$

und das Narcindonin zerfällt durch Bromeinwirkung in besonders leichter und instruktiver Weise in Hemipinsäure und Hydrocotarninbrommethylat. Hierbei bildet sich durch Bromeinwirkung zunächst ein bromiertes Narcindonin (I), welches sich durch intramolekulare Alkylierung in ein Brommethylat einer Verbindung (II) umlagert, die hydrolytisch zerfällt in *Hemipinsäure* und *Hydrocotarninbrommethylat* (II):

I.

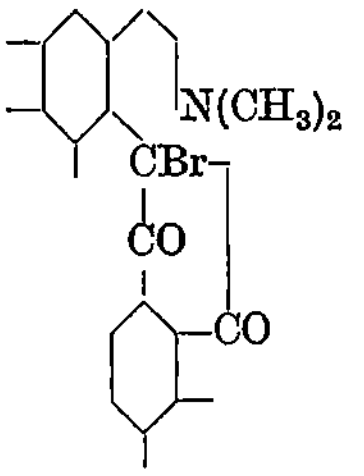

II.

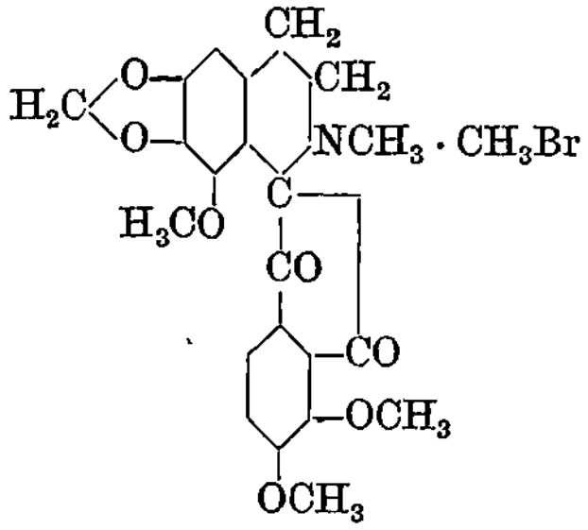

III.

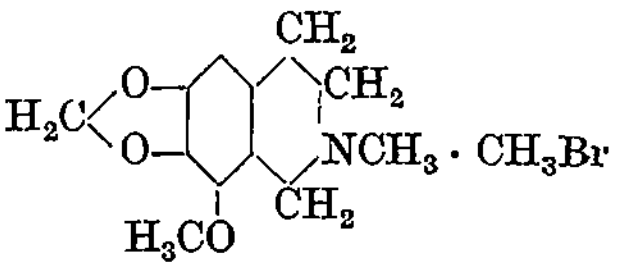

Hydrocotarninbrommethylat

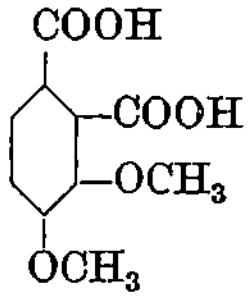

Hemipinsäure.

---

[1]) Eibner (vgl. Gabriel), B. **39**, 2202.

Der Bildungsweg des Narceins aus dem Narcotinchlormethylat ist analog der Bildungsweise des Methylcinchotoxins aus Cinchoninjodmethylat. Hier wie dort der Übergang eines geschlossenen Ringes zu einer offenen Aminoketobase. Dieses analoge Verhalten, das uns zwischen den Opium- und Chinaalkaloiden entgegentritt, zeigt sich auch weiter in dem Verhalten des Narcotins gegen verdünnte Essigsäure, wobei unter Ringöffnung *Nornarcein* entsteht, genau so, wie aus *Cinchonin* bei der gleichen Behandlung sich *Cinchotoxin* bildet [Rabe[1])].

9. Gnoscopin.

Das Gnoscopin $C_{22}H_{23}NO_7$ wurde im Jahre 1878 von T. und H. Smith[2]) aus dem Opium gewonnen. Wahrscheinlich ist es im Opium ursprünglich nicht vorhanden, sondern bildet sich erst bei der Aufarbeitung der Alkaloide aus dem Narcotin durch Racemisierung desselben [Rabe und Mc Millan[3])].

Alle Untersuchungen bestätigen, daß das Gnoscopin die d,1-Form des optisch aktiven Narcotins ist, denn man kann einerseits das Gnoscopin durch Spaltung mit Bromcamphersulfonsäure in die beiden optisch aktiven Narcotine überführen [Perkin und Robinson[4])], als auch andererseits Narcotin· sehr leicht zum Gnoscopin racemisieren. Es genügt hierzu schon mehrstündiges Kochen mit Alkohol bzw. verdünnter Essigsäure bei 130°.

Das Gnoscopin krystallisiert aus Alkohol in Nadeln vom Fp. 232 bis 233°; es ist sehr schwer löslich in Alkohol, schwer löslich in Benzol, leicht in heißem Chloroform. Reaktionen und Zerfallprodukte des Gnoscopins und Narcotins sind genau die gleichen, wie auch die Absorptionsspektra beider identisch sind [Dobbie und Lauder[5])]. So erfährt z. B. das Gnoscopin [Rabe[6])] durch 7stündiges Kochen mit verdünnter Essigsäure — neben der Bildung einer gewissen Menge Nornarcein — Spaltung in Meconin und Cotarnin, und das Gnoscopinjodmethylat gibt ebenso wie Narcotinjodmethylat Narcein [Frerichs[7])].

Das Gnoscopin ist durch eine sehr durchsichtige Synthese erhalten worden; es entsteht durch Kondensation von Cotarnin und Meconin durch ca. 6stündiges Kochen derselben in methylalkoholischer Lösung oder durch längeres Stehenlassen bei gewöhnlicher Temperatur (Perkin und Robinson).

Das Gnoscopin stellt, wie im Vorhergehenden mitgeteilt, eine d,1-Form des Narcotins vor. Das Narcotin besitzt nun zwei asymmetrische Kohlenstoffatome und ist daher in zwei inaktiven Formen zu erwarten. In dem folgenden β-Gnoscopin scheint die zweite Form vorzuliegen.

---

[1]) Rabe, B. **40**, 3280.
[2]) T. u. H. Smith, Pharmaceutical Journ. (3) **8**, 415; **9**, 81; **52**, 794.
[3]) Rabe u. Mc Millan, A. **377**, 223.
[4]) Perkin u. Robinson, Soc. **99**, 775.
[5]) Dobbie u. Lauder, Soc. **83**, 605.
[6]) Rabe, B. **40**, 3280.
[7]) Frerichs, A. Pharm. **241**, 259.

β-**Gnoscopin.** Aus Nitromeconin und Cotarnin entsteht ein Nitrognoscopin, das nach Entfernung der Nitrogruppe ein stereoisomeres Gnoscopin, das β-Gnoscopin, liefert [Hope und Robinson[1])]. Farblose Prismen, Fp. 180°. Läßt sich durch Erwärmen mit wässerigem Alkohol teilweise in Gnoscopin (α-Verbindung) umlagern. Das β-Gnoscopinjodmethylat gibt ebenso wie das β-Gnoscopinmethosulfat beim Kochen mit Kalilauge und Ansäuern mit Eisessig Narcein.

10. Tritopin.

$C_{42}H_{54}N_2O_7$ oder wahrscheinlich $(C_{21}H_{27}NO_3)_2O$. Im Jahre 1890 von Kauder[2]) entdeckt. Krystallisiert aus Alkohol in Prismen oder aus Äther in Täfelchen vom Fp. 182°, leicht löslich in Alkalien und in Chloroform, wenig löslich in Äther und in Ligroin. Es ist eine zweisäurige Base, in Ammoniak auch im Überschuß unlöslich.

Nähert sich in seinen Reaktionen und auch in seiner Konstitution den drei vorher besprochenen Alkaloiden.

11. Oxynarcotin.

Dieses Alkaloid, im Jahre 1875 von Beckett und Wright[3]) entdeckt, besitzt die Formel $C_{22}H_{23}NO_8$, es bildet ein krystallinisches Pulver, das in Alkohol und in heißem Wasser sehr wenig löslich ist; fast unlöslich in Äther, Chloroform und Benzol.

In seiner Konstitution steht es dem Narcotin fraglos sehr nahe; es unterscheidet sich von diesem auch nur durch ein Atom Sauerstoff. Mit Eisenchlorid behandelt zerfällt das Oxynarcotin in Cotarnin und Hemipinsäure:

$$C_{22}H_{23}NO_8 + H_2O + O = C_{12}H_{15}NO_4 + C_{10}H_{10}O_6,$$

Oxynarcotin   Cotarnin Hemipinsäure.

während das Narcotin unter denselben Bedingungen in Cotarnin und Opiansäure, $C_{10}H_{10}O_5$, gespalten wird.

Nach Angaben von Rabe und Mc Millan[4]) ist Oxynarcotin identisch mit Nornarcein. Möglicherweise bildet es sich erst bei der Aufarbeitung der Opiumalkaloide.

12. Morphin.

Das Morphin $C_{17}H_{19}NO_3$ ist, wie wir es schon S. 2 gesehen haben, die erste basische Verbindung, die aus dem Pflanzenreich gewonnen wurde und ihrer basischen Natur wegen besondere Beachtung fand. Das Morphin wurde im Jahre 1806 von Sertürner[5]) isoliert. Seine Zusammensetzung, die von Laurent[6]) bestimmt wurde, entspricht der Formel $C_{17}H_{19}NO_3$.

<hr>

[1]) Hope u. Robinson, Soc. **105**, 2085.
[2]) Kauder, A. Pharm. **228**, 419.
[3]) Beckett u. Wright, Soc. **29**, 461.
[4]) Rabe u. Mc Millan, A. **377**, 223.
[5]) Sertürner, Trommsd. Journ. d. Pharmazie **13**, 1, 234; **14**, 1, 47; **20**, 99.
[6]) Laurent, Journ. de Pharmacie (3) **14**, 302.

Von allen Opiumalkaloiden kommt das Morphin in der größten Menge vor (bis zu 23% in verschiedenen Proben). Man hat es auch in einigen anderen Pflanzen aufgefunden, so im *Argemone mexicana* L. (Familie der Papaveraceen) und im wilden amerikanischen Hopfen (*Humulus lupulus* L., Familie der Cannabinaceen) [Ladenburg[1])].

Das Morphin krystallisiert aus verdünntem Alkohol in Prismen mit 1 Mol. Wasser, das es bei 100° verliert. Wasserfrei schmilzt es bei 254° unter Zersetzung.

In Wasser, Äther, Benzol und Chloroform ist es sehr wenig löslich; ziemlich leicht löst es sich in Alkohol. Seine Lösungen sind linksdrehend, $[\alpha]_D^{23}$ —130,9°. Es zeigt bitteren Geschmack.

Das Morphin ist eine tertiäre Base. Das Stickstoffatom ist mit einer Methylgruppe verbunden [Herzig und Meyer[2])], die sich durch Einwirkung von Bromcyan eliminieren läßt [Hoffmann la Roche[3])].

Das Morphin geht durch Einwirkung von Wasserstoffsuperoxyd in Morphinoxyd über [Freund und Speyer[4])].

Von den drei Sauerstoffatomen ist das eine indifferent ätherartig gebunden, das zweite als Phenolhydroxyl enthalten und das dritte liegt in Form einer sekundären Alkoholgruppe vor.

Die Phenolgruppe zeigt sich im Morphin dadurch, daß das Alkaloid in Alkali unter Bildung von Salzen, die ein Atom Alkali enthalten, löslich ist; diese Salze werden durch Kohlensäure zersetzt. Die Phenolgruppe im Morphin äußert sich auch durch die blaue Färbung, welche Eisenchlorid mit Morphinsalzen ergibt. Durch Einwirkung von Halogenalkyl in Gegenwart von Ätzkali verestert sich die Phenolgruppe.

Das alkoholische Hydroxyl läßt sich in typischer Weise mittels der Halogenwasserstoffsäure bzw. Halogenphosphor durch die Halogene ersetzen; so entstehen die Halogenmorphide, *Chloromorphid* und *Bromomorphid* [Schryver und Lees[5])].

Die Anwesenheit zweier Hydroxyle befähigt das Morphin, Diacetyl- und Dibenzoylverbindungen zu bilden [Beckett und Wright[6]), Hesse[7]), Merck[8])].

Das Morphin ist sehr leicht oxydierbar. Schon in der Kälte reduziert es Gold- und Silbersalze sowie Jodsäure. Ferner wird es durch den Luftsauerstoff in alkalischer Lösung oxydiert, ebenso durch salpetrige Säure, Kaliumpermanganat, Ferricyankalium, ammoniakalische Kupferlösung, durch Fermente oder bei der Elektrolyse.

Es bildet sich bei allen diesen Reaktionen ein ungiftiger, in Alkali löslicher Körper, identisch mit dem im Opium vorkommenden *Pseudo-*

---

[1]) Ladenburg, B. **19**, 783.
[2]) Herzig u. Meyer, M. **18**, 379.
[3]) Hoffmann la Roche, D. R. P. 286743.
[4]) Freund und Speyer, B. **48**, 497.
[5]) Schryver u. Lees, Journ. **77**, 1024.
[6]) Beckett u. Wright, Soc. **27**, 1038; **28**, 23, 315.
[7]) Hesse, A. **222**, 203.
[8]) E. Merck, Jahresber. 1898.

morphin [Schützenberger[1]), Mayer[2]), Nadler[3]), Polstorff[4]), Hesse[5]) und Bourquelot[6]) Kollo[7])].

Seine Zusammensetzung darf nach den Arbeiten von Polstorff als $C_{34}H_{36}N_2O_6$, d. h. $(C_{17}H_{18}NO_3)_2$ angesehen werden. Demnach findet die Einwirkung schwacher Oxydationsmittel auf Morphin nach folgender Gleichung statt:

$$2\,C_{17}H_{19}NO_3 + O = (C_{17}H_{18}NO_3)_2 + H_2O$$

　　　　Morphin　　　　　　　　　　Pseudomorphin.

Durch stärkere Oxydationsmittel, mittels verdünnter Salpetersäure, wird das Morphin in eine zweibasische Säure von der Formel $C_{10}H_9NO_9$ übergeführt [Chastaing[8])], welche durch rauchende Salpetersäure in Pikrinsäure verwandelt wird.

In der Kalischmelze liefert das Morphin nach Barth und Weidel[9]) Protocatechusäure, deren Bildung auf Orthoständigkeit zweier Sauerstoffatome hinweist.

Die Destillation des Morphins über Zinkstaub ergibt Phenanthren, eine wichtige Beobachtung, die das Morphin als Phenanthrenderivat erscheinen läßt [Vongerichten und Schrötter[10])].

Schwefelsäure, Salzsäure, Phosphorsäure, Oxalsäure, die Alkalien, das Chlorzink üben auf das Morphin eine doppelte Wirkung aus [Matthiessen und Wright[11]), Wright[12]), Mayer[13]), Mayer und Wright[14]), Beckett und Wright[15])]. Bald wirken sie kondensierend (*Trimorphin, Tetramorphin*), bald wasserentziehend, nach der Gleichung:

$$C_{17}H_{19}NO_3 = C_{17}H_{17}NO_2 + H_2O\,.$$

Das Produkt dieser letzten Reaktion, das *Apomorphin*, erscheint gewöhnlich als amorphe Substanz, kann aber auch, vorzugsweise aus Äther, krystallisiert erhalten werden; farblose Prismen. Es ist leicht oxydierbar, wenig löslich in Wasser; löslich in Alkohol, Äther und Chloroform. Sein Geschmack ist kaum bitter. Abweichend vom Morphin erleidet das Apomorphin durch Bromcyan Ringspaltung [v. Braun und Amt[16])]; es ist kein Narkoticum, sondern wirkt brechenerregend.

Entwicklung der Morphinformel s. Codein.

---

[1]) Schützenberger, Bl. (2) **4**, 176.
[2]) Mayer, B. **1**, 121.
[3]) Nadler, Bl. (2) **21**, 326.
[4]) Polstorff, B. **13**, 86 u. flg.; **19**, 1760.
[5]) Hesse, A. **141**, 87; Suppl. **8**, 267.
[6]) Bourquelot, Journ. Pharm. et Chim. (6) **30**, 101.
[7]) Kollo, C **1920**, III, 387.
[8]) Chastaing, C. r. **94**, 44.
[9]) Barth u. Weidel, M. **4**, 700.
[10]) Vongerichten u. Schrötter, A. **210**, 396.
[11]) Matthiessen u. Wright, A. Suppl. **7**, 172, 364.
[12]) Wright, Soc. **25**, 653.
[13]) Mayer, B. **4**, 121.
[14]) Mayer u. Wright, Soc. **26**, 215, 1082.
[15]) Beckett u. Wright, Soc. **28**, 698.
[16]) v. Braun u. Amt, B. **50**, 42.

13. Pseudomorphin.

Dieses Alkaloid wurde im Jahre 1835 aus dem Opium von Pelletier und Thibouméry[1]) gewonnen. Hesse[2]) teilte ihm zuerst die Formel $C_{17}H_{19}NO_4$ zu und bewies seine Identität mit der Verbindung, die bei gemäßigter Oxydation des Morphins entsteht und von Schützenberger erhalten war. Polstorff[3]) zeigte dann später, daß die Zusammensetzung des Pseudomorphins $C_{34}H_{36}N_2O_6$ d.h. $(C_{17}H_{18}NO_3)_2$ ist (S. 290), eine Ansicht, die Hesse[4]) dann auch annahm [Bertrand und Meyer[5])].

Das Pseudomorphin krystallisiert in Täfelchen, die sich beim Erhitzen ohne zu schmelzen zersetzen; in Wasser, Alkohol, Äther ist es unlöslich; es ist linksdrehend, geschmacklos. In Ätzalkalien und warmem Ammoniak löst es sich; dagegen unlöslich in kohlensauren Alkalien. Es hat einen schwach basischen Charakter und ist bitertiär. Sein Molekül enthält vier Hydroxylgruppen, wie Danckwortt[6]) durch Darstellung einer Tetraacetylverbindung $C_{34}H_{32}N_2O_6(C_2H_3O)_4$ zeigte.

14. Codein.

Das Codein wurde im Jahre 1892 von Robiquet[7]) aus dem Opium isoliert. Es findet sich darin in geringerer Menge wie das Morphin (0,2—0,8%). Seine Formel wurde im Jahre 1843 von Gerhardt[8]) als $C_{18}H_{21}NO_3$ bestimmt. Das Codein krystallisiert entweder wasserfrei oder mit einem Molekül Wasser und schmilzt bei 155°; in Wasser ist es wenig löslich, dagegen leicht löslich in Alkohol, Chloroform und Äther; in den· Alkalien fast unlöslich. Es ist eine einsäurige Base; seine Lösungen reagieren alkalisch, schmecken bitter und sind linksdrehend $[\alpha]_D$ —137,7°.

In physiologischer Beziehung wirkt das Codein dem Morphin $C_{17}H_{19}NO_3$ sehr ähnlich. In der Tat steht es demselben auch chemisch sehr nahe, denn das Codein ist der Monomethylester des Morphins [Herzig und Meyer[9])]. Es herrscht zwischen den beiden Alkaloiden dieselbe einfache Beziehung wie zwischen dem Anisol und Phenol.

$$\text{Morphin } C_{17}H_{17}NO(OH)_2$$
$$\text{Codein } \quad C_{17}H_{17}NO(OH)(OCH_3).$$

Da das Codein kein freies Phenolhydroxyl besitzt, liefert es mit Eisenchlorid keine charakteristische Färbung mehr. Die beiden übrigen Sauerstoffatome des Codeins sind genau gleich wie die des Morphins konstituiert; das eine davon ist ätherartig gebunden, das andere ist

---

[1]) Pelletier u. Thibouméry, Journ. de Pharmacie (2) **21**, 569; A. **16**, 49.
[2]) Hesse, A. **141**, 87: Suppl. **8**, 267.
[3]) Polstorff, B. **19**, 1760.
[4]) Hesse, A. **235**, 229.
[5]) Bertrand u. Meyer, C. r. **148**, 186.
[6]) Danckwortt, A. Pharm. **228**, 572.
[7]) Robiquet, A. ch. (2) **51**, 259; A. **5**, 106.
[8]) Gerhardt, A. ch. (3) **7**, 253.
[9]) Herzig u. Meyer, M. **15**, 613.

in einer alkoholischen Hydroxylgruppe enthalten, was auch durch Bildung einer Monoacetylverbindung zum Ausdruck kommt [Wright[1])].

Durch verdünnte Schwefelsäure wird das Codein in ein Isomeres, in das Pseudocodein, verwandelt. Fp. 180° [Merck[2]), Schmidt und Göhlich[3])].

Dieses Pseudocodein $C_{18}H_{21}NO_3$ ist kein Analogon zu dem ganz anders konstituierten und zusammengesetzten Pseudomorphin $[C_{17}H_{18}NO_3]_2$ (s. S. 290). Eine diesem entsprechend konstituierte Verbindung ist beim Codein überhaupt nicht bekannt, was Vongerichten[4]) damit erklärt, daß die Bildung des Pseudomorphins aus Morphin durch das freie Phenolhydroxyl des Morphins zustande kommt, während dieses im Codein alkyliert ist. Diese Annahme steht allerdings im Widerspruch mit der Bildung der beim Pseudomorphin angegebenen Tetraacetylverbindung.

Bei der Behandlung mit wasserentziehenden Mitteln (Chlorzink, konzentrierter Schwefelsäure, Oxalsäure, Phosphorsäure) verhält es sich wie das Morphin, indem es entweder verschiedene Kondensationsprodukte bildet (*Dicodein, Tricodein, Tetracodein*) [Wright[5])] oder durch Wasseraustritt in *Apocodein* $C_{18}H_{19}NO_2$ übergeht [Matthiessen und Burnside[6])].

Der nahe Zusammenhang des Codeins zum Morphin wurde durch eine Untersuchung, die Matthiessen und Wright[7]) im Jahre 1869 ausführten, wahrscheinlich gemacht. Diese Forscher ließen konzentrierte Salzsäure bei einer Temperatur von 100° auf Codein einwirken und erhielten so durch den Eintritt eines Chloratoms für eine Hydroxylgruppe das *Chlorocodid*:

$$C_{18}H_{21}NO_3 + HCl = C_{18}H_{20}ClNO_2 + H_2O.$$
$$\text{Codein} \qquad\qquad \text{Chlorocodid}$$

Diese Verbindung (Blättchen, Fp. 148°) zersetzt sich beim Erhitzen mit Salzsäure auf 150° in Chlormethyl und *Apomorphin*:

$$C_{18}H_{20}ClNO_2 = C_{17}H_{17}NO_2 + CH_3Cl$$
$$\text{Chlorocodid} \qquad \text{Apomorphin.}$$

Die Einwirkung der Salzsäure auf Codein läßt sich also nach den obigen beiden Formeln dahin zusammenfassen, daß eine Methylgruppe und ein Molekül Wasser aus dem Codein austreten. So ergibt diese Zersetzung des Codeins dasselbe Produkt, das Apomorphin, das bei der Wasserentziehung aus dem Morphin direkt entsteht.

Die Überführung des Morphins in Codein gelang zuerst Grimaux 1881 durch Alkylierung desselben mit Jodmethyl und Ätzkali oder Natriummethylat:

$$C_{17}H_{17}NO(OH)_2 + CH_2N_2 + KOH = C_{17}H_{17}NO(OH)(OCH_3) + 2\,N.$$
$$\text{Morphin} \qquad \text{Diazomethan} \qquad\qquad\qquad \text{Codein.}$$

[1]) Wright, Soc. **27**, 1031.
[2]) E. Merck, A. Pharm. **229**, 161.
[3]) Schmidt u. Göhlich, A. Pharm. **231**, 235.
[4]) Vongerichten, A. **294**, 206.
[5]) Wright, Soc. **25**, 506.
[6]) Matthiessen u. Burnside, A. **158**, 131.
[7]) Matthiessen u. Wright, A. Suppl. **7**, 364.

Später wurden auch andere Alkylierungsmethoden hierbei mit Erfolg angewandt, so mit methylschwefelsaurem Kali [Knoll[1])], mit Dimethylsulfat [Merck[2])], mit Diazomethan [Bayer[3])].

Die fast vollständige Unlöslichkeit des Codeins in Alkalien, im Gegensatz zu der des Morphins, zeigt, daß von den beiden Hydroxylgruppen des Morphins das Phenolhydroxyl hierbei alkyliert wird.

Ganz analog der Darstellung des Codeins aus dem Morphin läßt sich durch Äthylierung das *Codäthylin* $C_{17}H_{17}NO(OH)(OC_2H_5)$. gewinnen; Fp. 83°.

Das Morphin und das Codein haben also, wie aus der bisherigen Betrachtung ersichtlich, eine gemeinsame Atomgruppe $C_{17}H_{17}NO$ und alle weiteren Untersuchungen zielten darauf hin, dieses Spaltungsstück zu erkennen.

Der Ausgangspunkt dieser Untersuchungen war eine auffallende Beobachtung, die Vongerichten und Schrötter[4]) im Jahre 1881 machten. Diese Forscher erhielten nämlich bei der Destillation des Morphins über Zinkstaub als Hauptprodukt *Phenanthren*; daneben bildete sich außerdem Ammoniak, Trimethylamin, Pyrrol, Pyridin, wenig Chinolin (?) und eine Base von der Formel $C_{17}H_{17}N$ (Phenanthrenchinolin (?).

Nach dieser Beobachtung erschien das Morphin als Phenanthrenderivat; indes war es nötig, eine weitere Bestätigung hierfür durch Reaktionen zu finden, die sich bei niedrigerer Temperatur abspielten, da die Zinkstaubdestillation ein pyrogenetischer Prozeß ist, der nicht nur zersetzend wirkt, sondern gerade oftmals auch unerwartete Synthesen zutage fördert, wodurch neue sekundäre Produkte entstehen.

Vongerichten und Schrötter fanden hierfür dann auch einen Weg in der stets bewährten Hofmannschen Abbaumethode (s. S. 37). Sie verwandten aber nicht dafür das Morphin selber, sondern den Monomethyläther desselben, das Codein.

Das Codeinmethylhydrat liefert bei der Destillation, wie schon Grimaux[5]) gezeigt hatte, eine tertiäre Base, das *Methocodein*, später von Hesse[6]) *Methylmorphimethin*, jetzt *α-Methylmorphimethin* benannt (S. 303).

$$(OH)(CH_3O)C_{17}H_{17}O \equiv N{<}^{CH_3}_{HO} = (OH)(CH_3O)C_{17}H_{16}O{=}N{-}CH_3 + H_2O$$

Codeinmethylhydrat   Methylmorphimethin.

Dieses ist eine gut krystallisierte Verbindung, Fp. 118,5°, $[\alpha]_D$ —208,6 in Alkohol; es enthält noch die Hydroxylgruppe des Codeins, denn es bildet eine Monoacetylverbindung.

Das α-Methylmorphimethin ist ein wesentlicher Ausgangspunkt für die Morphin- und Codeinforschung geworden. Es erleidet beim Erhitzen mit Salzsäure oder Essigsäureanhydrid eine charakteristische

---

[1]) Knoll, D. R. P. 39 887.

[2]) E. Merck, D. R. P. 102 634.

[3]) Bayer, D. R. P. 92 789, 95 644.

[4]) Vongerichten u. Schrötter, A. **210**, 396; B. **15**, 1484, 2179.

[5]) Grimaux, A. ch. (5) **27**, 276; C. r. **93**, 591.

[6]) Hesse, A. **222**, 203.

Spaltung in einen stickstofffreien [Vongerichten[1])] und in einen stickstoffhaltigen Teil [Knorr[2])].

$$\frac{OH}{CH_3O}\Big\rangle C_{17}H_{16}O = N—CH_3 \;=\; \frac{OH}{CH_3O}\Big\rangle C_{14}H_8 + HO—C_2H_4—N(CH_3)_2$$

$(C_{19}H_{23}NO_3)$ $(C_{15}H_{12}O_2)$ $(C_4H_{11}NO)$

Methylmorphimethin   3-Methoxy-4-Oxyphenanthren   Oxäthyldimethylamin
(Methylmorphol.)

Wir werden diese beiden Spaltungsstücke jetzt nacheinander besprechen.

Die stickstofffreie Verbindung $C_{15}H_{12}O_2$ ist ein Phenol und erwies sich durch Zusammensetzung und allgemeine Eigenschaften durch Abbau bis zum Phenanthren, wie auch andererseits durch erfolgreiche Synthesen (s. Morphol) als der *3, 4-Dioxyphenanthrenmonomethylester*. Das zugrunde liegende 3, 4-Dioxyphenanthren $C_{14}H_{10}O_2$ wird kurz *Morphol* bezeichnet; lange Nadeln, Fp. 143°.

Das Morphol ist nicht das einzige phenanthrenartige stickstofffreie Spaltungsprodukt des Morphins und Codeins, sondern es läßt sich aus dem Methylmorphimethin noch ein zweites Derivat, das *Morphenol* $C_{14}H_8O_2$ gewinnen, das sich durch den Mindergehalt von zwei Wasserstoffatomen vom Morphol unterscheidet, sonst demselben aber sehr ähnlich ist und sich durch Reduktion auch in das Morphol verwandeln läßt.

Zur Darstellung des Morphenols wird das α-Methylmorphimethin mit Essigsäureanhydrid erhitzt, wodurch einerseits — zur Hälfte etwa — die oben erwähnte Spaltung in Methoxy-Oxyphenanthren (Methylmorphol) und Oxäthyldimethylamin stattfindet, die andere Hälfte aber keine Spaltung, sondern nur eine Umlagerung in eine stereoisomere Verbindung, in das β-Methylmorphimethin erfährt [Knorr[3])].

Die Methylhydroxydverbindung des β-Methylmorphimethins spaltet sich beim Erhitzen in Trimethylamin und *Morphenolmethylester*, aus dem das Morphenol unmittelbar gewonnen wird [Vongerichten[4])].

Dieses krystallisiert in Nadeln, ist in Alkohol und Äther wie auch in Natronlauge leicht löslich; Fp. 145°.

Die Konstitution des Morphenols muß derjenigen des Morphols ganz ähnlich sein, da, wie oben erwähnt, das Morphenol durch Reduktion in das Morphol übergeht:

$$C_{14}H_7O \cdot OH + H_2 = C_{14}H_8(OH)_2.$$

So ergibt sich für das Morphenol folgende Konstitution:

Morphenol.

---

[1]) Vongerichten, B. **29**, 65; **30**, 2439; **31**, 51. 3198.
[2]) Knorr, B. **22**, 181, 1113; **27**, 1147; **37**, 3494.
[3]) Knorr, B. **27**, 1144.
[4]) Vongerichten, B. **33**, 352; **34**, 2322; **38**, 1851.

Durch Ätzkalieinwirkung bei 250° geht Morphenol in *3, 4, 5-Trioxy-phenanthren* über [Vongerichten und Dittmer[1])].

Die Konstitution des Morphols

als 3, 4-Dioxyphenanthren steht durch synthetische Versuche fest [Pschorr und Sumuleano[2])], indem sich das 3, 4-Dimethoxyphen-anthren mit dem aus Morphol durch Methylierung erhaltenen Dimethyl-morphol identisch erwies [Vongerichten[3])].

Das *3, 4-Dimethoxyphenanthren* wird erhalten aus der *2-Amino-3, 4-dimethoxy-α-phenylzimtsäure* durch Behandlung der Diazoverbin-dung mit molekularem Kupfer:

Diese Konstitutionsaufklärung über das Morphol gibt uns zugleich einen weiteren Einblick in die Konstitution des Morphins bzw. des Codeins selber. Wie eingangs erwähnt, unterscheidet sich das Codein vom Morphin nur dadurch, daß es eine Phenolhydroxylgruppe, die im Morphin frei liegt, als Methoxylgruppe enthält. Der Sitz dieser Methoxylgruppe im Codein muß nun der 3-Stellung im Morphol ent-sprechen, denn Codein läßt sich über das Methylmorphimethin durch Essigsäurespaltung in die Acetylverbindung des 3-Methoxy-4-oxy-phenanthrens überführen, in das *Acetylmethylmorphol*:

Dieses Abbauprodukt geht durch Oxydation in das Acetylmethyl-morpholchinon [Vongerichten[4])] über, das seinerseits synthetisch erhalten wurde. Diese Synthese wurde auf folgende Weise von Pschorr und Vogtherr[5]) bewirkt. Durch Kondensation des o-Nitroisovanillins

[1]) Vongerichten u. Dittmer, B. **39**, 1718.
[2]) Pschorr u. Sumuleano, B. **33**, 1810.
[3]) Vongerichten, B. **33**, 1824.
[4]) Vongerichten, B. **31**, 52.
[5]) Pschorr u. Vogtherr, B. **35**, 4412.

mit Phenylessigsäure bildet sich die α-Phenyl-2-amino-3-oxy-4-methoxyzimtsäure:

die auf dem üblichen Wege in das Phenanthrenderivat verwandelt wird.

Das *Morpholchinon* selbst wurde später von Schmidt und Söll[1]) aus dem Phenanthren direkt erhalten.

Durch die Aufklärung dieser Verhältnisse ist also die Haftstelle der Oxymethylgruppe im Codein in 3-Stellung bewiesen.

Im Codein bzw. Morphin ist, wie früher ausgeführt, auch eine alkoholische Hydroxylgruppe enthalten. Diese alkoholische Gruppe — die bei der Morpholbildung als Wasser abgesprengt wird — hat sich als in 6-Stellung befindlich erwiesen. Ihre Stellung wurde auf folgende Weise aufgeklärt. Das Codein als Alkohol läßt sich durch Chromsäureeinwirkung in ein Keton, in das Codeinon $C_{18}H_{19}NO_3$ überführen; Fp. 185—186° $[\alpha]_D$ —205° [Ach und Knorr[2])]. Das Codeinon seinerseits läßt sich durch Essigsäurespaltung zu dem *3, 4, 6-Trimethoxyphenanthren*, dem sog. *Methylthebaol*, abbauen [Knorr[3])]:

welches nach der üblichen Phenanthrensynthese synthetisiert wurde [Pschorr, Seydel und Stöhrer[4])], wodurch seine Konstitution sichergestellt ist.

Durch diese verschiedenen Untersuchungen und Synthesen sind die Haftstellen und Funktionen der Sauerstoffatome im Morphin und Codein festgelegt; das alkoholische Sauerstoffatom steht in Stellung 6, das Phenolhydroxyl in 3 und das ätherartig gebundene bildet die Brücke von 4 nach 5.

Wir wenden uns jetzt zu dem stickstoffhaltigen Spaltungsstück,

[1]) Schmidt u. Söll, B. **41**, 3696.
[2]) Ach u. Knorr, B. **36**, 3067.
[3]) Knorr, B. **36**, 3074.
[4]) Pschorr, Seydel u. Stöhrer, B. **35**, 4400.

welches beim Erhitzen des Methylmorphimethins mit Essigsäureanhydrid entsteht und die Formel $C_4H_{11}NO$ hat (S. 294).

Diese Verbindung identifizierte Knorr im Jahre 1889 mit dem
schon früher von Ladenburg durch Einwirkung von Chlorhydrin auf
Dimethylamin gewonnenen *Oxyäthyldimethylamin* (*Äthanoldimethylamin*)
(Flüssigkeit, Kp. 128°)

$$CH_2OH$$
$$|$$
$$CH_2N(CH_3)_2.$$

Aus der Bildung des Oxyäthyldimethylamins nahm Knorr im
Morphin das Vorhandensein eines *Oxazin*ringes an und die nach dieser
Anschauung dem Morphin und Codein zugrunde liegende Base:

$$\begin{array}{c} O \\ H_2C\diagup\quad\diagdown CH_2 \\ H_2C\diagdown\quad\diagup CH_2 \\ NH \end{array}$$

nannte er *Morpholin* [Knorr und Mathes[1]), Knorr[2])].

Diese Anschauung über einen im Morphin zugrunde liegenden
Morpholinring hat auf die Synthesen derartiger Körper seinerzeit sehr
befruchtend gewirkt.

Das Morphin und Codein erschienen so als Ringsysteme gebildet aus
Phenanthren und Morpholin, und Knorr[3]) stellte dementsprechend
für das Morphin eine Formel auf, die aus einem Phenanthrenring mit
beigefügtem Oxazinring besteht:

$$\begin{array}{l} CH_2 \\ HOHC\diagup\quad\diagdown CH_2 \\ H_2C-N-HC \\ \quad|\quad\ CH_3 \\ H_2C-\!-\!-\!-O- \\ \quad HO- \end{array}$$

Nach dieser Formel ist der stickstoffhaltige Ring durch ein Sauerstoffatom mit dem Phenanthrenrest verbunden.

Bei dem Studium des Apomorphins — das durch Schwefelsäureeinwirkung aus dem Morphin entsteht — fand aber Pschorr, daß der stickstoffhaltige Ring nicht durch die Vermittlung des Sauerstoffatoms an den
Phenanthrenrest gebunden ist, sondern daß Kohlenstoffbindung vorliegt.

Diese Tatsache ergibt sich aus der Überführung des Apomorphins

$$\begin{array}{l} CH_2 \\ \diagdown CH_2 \\ N-CH_3 \\ CH \\ CH_2 \\ HO- \\ HO- \end{array}$$

Apomorphin.

---

[1]) Knorr u. Mathes, B. **32**, 736.
[2]) Knorr, B. **32**, 742; A. **301**, 1; **307**, 171.
[3]) Knorr, B. **36**, 3074.

in die *3, 4-Dimethoxyphenanthren-8-carbonsäure* beim Hofmannschen Abbau [Pschorr[1])]:

Der Bildungsweg zu dieser Dimethoxyphenanthrencarbonsäure geht über das *Dimethylapomorphin* zum aufgespaltenen *Dimethylapomorphimethin*:

Dimethylapomorphimethin.

und weiter zum *Vinylderivat*:

das schließlich durch Oxydation die oben erwähnte 3, 4-Dimethoxyphenanthren-8-carbonsäure bildet.

Diese Säure hat für uns deswegen besondere Bedeutung, weil ihre Konstitution durch synthetische Versuche erhärtet werden konnte und dadurch einen sicheren Rückschluß auf die Konstitution des Apomorphins gab.

Die 3, 4-Dimethoxyphenanthren-8-carbonsäure selbst ist zwar noch nicht durch synthetischen Aufbau gewonnen worden, wohl aber ein ihr nahestehendes Abbauprodukt, das *3, 4, 8-Trimethoxyphenanthren*.

3, 4, 8-Trimethoxyphenanthren.

Die Synthese desselben geschah aus o-Nitrovanillinmethyläther und o-Methoxyphenylessigsäure durch Kondensation zum Zimtsäurederivat.

---

[1]) Pschorr, B. **39**, 3124.

Dieses bildet bei der Reduktion die 'Aminoverbindung, die über das
Diazoderivat die *3, 4, 8-Trimethoxyphenanthrencarbonsäure* liefert.

$$\text{H}_2\text{N}\quad\begin{array}{l}-\text{OCH}_3\\ -\text{COOH}\end{array}\qquad \text{H}_3\text{CO}-\ \text{H}_3\text{CO}-\qquad\longrightarrow\qquad \begin{array}{l}-\text{OCH}_3\\ -\text{COOH}\end{array}\qquad \text{H}_3\text{CO}-\ \text{H}_3\text{CO}-$$

, Letztere verliert beim Erwärmen mit Eisessig Kohlensäure und bildet
so das obige 3, 4, 8-Trimethoxyphenanthren, welches auch aus dem
Morphin durch Abbau erhalten werden kann [Pschorr und Busch[1])].

Dieser Morphinabbau geschah aus der früher besprochenen 3, 4-Di-
methoxyphenanthren-8-carbonsäure durch Verwandlung dieser mittels
der Curtiusschen Reaktion über das Hydrazid und Azid in das Urethan,
aus dem das Amin und durch Alkoholeinwirkung schließlich das 3, 4, 8-
Trimethoxyphenanthren erhalten werden konnte [Pschorr, Einbeck
und Spangenberg[2])].

Durch die bisherigen Ausführungen beim Morphol und Apomorphin
sind die Stellungen und die Funktionen der Hydroxylgruppen im
Phenanthrenrest des Apomorphins klargestellt; es ist ferner dadurch
festgelegt, daß der stickstoffhaltige Ring in direkter Bindung mit
dem Phenanthrenrest steht, und auch der Sitz dieser Bindung ist
fest bestimmt. Hierbei bleibt aber die auffallend leichte Abspaltbarkeit des stickstoffhaltigen Ringes, welche zur Oxyäthylaminbildung
führt, doch noch höchst auffallend. Über die Verknüpfung des Stickstoffatoms des stickstoffhaltigen Ringes mit dem Phenanthrenrest ist
bisher aber noch nichts ausgesagt worden. Wir werden weiter sehen,
daß die 9-Stellung hierfür die maßgebende ist.

Durch die Entwicklung der Apomorphinformel schien die Konstitution des Morphins, vor allem auch die Kohlenstoffhaftstelle zwischen
dem stickstoffhaltigen Ring und dem Phenanthrenrest bestimmt
[Pschorr, Jäckel und Fecht[3])].

Bald aber erhielt diese Anschauung über die Morphinkonstitution
eine Änderung, indem sich hierbei die Haftstelle des stickstoffhaltigen
Ringes mit dem Phenanthrenrest nicht in 8-Stellung, wie es im Apomorphin tatsächlich der Fall ist, aufrechterhalten ließ.

Veranlassung hierzu gab das Studium eines Isomeren des Codeins,
des *Pseudocodeins*. Das Pseudocodein hat eine alkoholische Gruppe
in 8-Stellung, während sie beim Codein in 6-Stellung ist, wie sich
aus dem Abbauprodukt des Pseudocodeins zum 3, 4, 8-Trimethoxy-
phenanthren ergibt [Knorr und Hörlein[4])], dessen Konstitution
durch die Synthese festgelegt ist (s. oben). Es findet also bei der
Bildung des Pseudocodeins aus Codein eine Verschiebung der alko-

---

[1]) Pschorr u. Busch, B. **40**, 2001.
[2]) Pschorr, Einbeck u. Spangenberg, B. **40**, 1998.
[3]) Pschorr, Jäckel u. Fecht, B. **35**, 4377.
[4]) Knorr u. Hörlein, B. **40**, 3341.

holischen Hydroxylgruppe von 6 nach 8 tatsächlich statt. Die Haftstelle des *Kohlenstoffatoms* des stickstoffhaltigen Ringes im Pseudocodein ist dagegen nicht verschoben, denn sowohl Codein wie Pseudocodein geben bei der Reduktion — wobei die 6- bzw. 8-Hydroxylgruppe eliminiert wird — das gleiche *Desoxycodein* $C_{18}H_{21}NO_2$.

Daraus folgt, daß für Codein weder die 8- noch die 6-Stellung als Haftstelle des Kohlenstoffatoms des stickstoffhaltigen Ringes in Betracht kommen kann, da diese Stellungen im Codein bzw. Pseudocodein durch sekundäre alkoholische OH-Gruppen besetzt sind. Die Stellung 7 kann aber nicht als Kohlenstoffhaftstelle in Frage kommen, da dort eine CH_2-Gruppe durch die Claisensche Reaktion festgestellt ist; es bleibt also als einzige Haftstelle die Stellung 5 übrig.

Codein (nach Knorr-Hörlein).

Die Haftstelle des Stickstoffatoms an dem Phenanthrenrest, die nun noch zu bestimmen übrig bleibt, wurde aus der Untersuchung des *Oxycodeins* $C_{18}H_{21}NO_4$, Fp. 207—208°, welches durch milde Oxydation mittels Chromsäure aus dem Codein entsteht, abgeleitet. Das Oxycodein:

Oxycodein.

ist dem Codein nahe verwandt. Die Stellung der neu hinzugetretenen Oxygruppe wurde folgendermaßen bestimmt.

Das Oxycodein ergibt beim Hofmannschen Abbau *Oxymethylmorphimethin*:

Oxymethylmorphimethin.

Dieses erleidet durch Essigsäureanhydrid eine weitere Zersetzung; die alkoholische Hydroxylgruppe in 6-Stellung wird abgespalten, das ätherartige Sauerstoffatom zur Hydroxylgruppe aufgerichtet — wie es auch bei dem Übergang von Morphin in Apomorphin geschieht — und die den Stickstoff tragende Seitenkette wird vom Phenanthrenring abgespalten. So entstehen einerseits Oxäthyldimethylamin und andererseits das Diacetat des Methoxy-dioxyphenanthrens:

Die Konstitution dieses Dioxyphenanthrenderivates läßt sich durch Oxydation desselben zu dem bekannten *3-Methoxy-4-acetoxyphenanthrenchinon:*

nachweisen [Knorr und Hörlein[1])].

Die Entstehung des vorliegenden Chinonderivates gibt uns den gewünschten Aufschluß über die Stellung der neu hinzugetretenen Hydroxylgruppe im Oxycodein. Diese alkoholische Hydroxylgruppe muß sich an der Phenanthrenbrücke befinden, weil sie bei dem Chinonderivat verschwunden ist.

Das Oxycodein ist also gut erkannt, und der oben erwähnte Übergang desselben beim Hofmannschen Abbau in das Oxymethylmorphimethin dient dazu, die wichtige Frage nach der Stickstoffhaftstelle des stickstoffhaltigen Ringes an den Phenanthrenrest zu lösen.

Das Oxymethylmorphimethin reagiert nämlich mit der CH_2—CO-Gruppierung in der Enol- und Ketoform (Semicarbazonbildung). Der bei dem Übergang des Oxycodeins in das Oxymethylmorphimethin stattfindende Wasseraustritt muß an dieser Gruppierung erfolgt sein. Somit ist die Haftstelle des Stickstoffatoms am Phenanthrenring für alle Morphinderivate an der Phenanthrenbrücke (9-, 10-Stellung) festgelegt, wobei mit größter Wahrscheinlichkeit 9 angenommen werden darf.

Nach dieser Festlegung der Morphinkonstitution ersieht man, daß das Apomorphin (S. 297), das den Ausgangspunkt der vorliegenden Betrachtung bildet, durchaus nicht durch einfache Wasserabspaltung aus dem Morphin entstanden ist, sondern daß hier ein Komplex von Reaktionen vorliegt. Außer der Abspaltung der alkoholischen Hydroxylgruppe findet Aufrichtung der ätherartigen Sauerstoffbindung zu einem Phenol statt; gleichzeitig verwandelt sich der eine reduzierte Ring im

---

[1]) Knorr u. Hörlein, B. **39**, 3252.

Morphin zu einem wirklichen aromatischen und die Kohlenstoffhaftstelle des stickstoffhaltigen Ringes wandert von der 5-Stellung des
Phenanthrenringes zur 8-Stellung.

Unsere bisherigen Betrachtungen zeigen uns, in wie leichter und
unvermuteter Weise im Molekül des Morphins und Codeins Konfigura-
tionsänderungen stattfinden, die die Konstitutionsbestimmung er-
schweren. In ganz besonders leichter Weise entstehen eine Reihe von
Isomeren des Morphins und Codeins durch Hydrolyse der halogeni-
sierten Alkaloide, der sog. *Halogenomorphide* bzw. *Halogenocodide.*

Bei der Behandlung des Morphins oder Codeins mit Halogenwasserstoffsäuren bzw. mit Phosphorhalogeniden bilden sich durch Ersatz
des alkoholischen Hydroxyls durch Halogene das *α-Chloromorphid*
[Schryver und Lees[1]] (Fp. 204°; $[\alpha]_D$ —375°) und das *β-Chloro-
morphid* (Fp. 188°; $[\alpha]_D$ —5°) [Ach und Steinbock[2]]. Durch Einwirkung auf Codein entstehen das *α-Chlorocodid* (Fp. 152—153°;
$[\alpha]_D$ —380°) und das *β-Chlorocodid* (Fp. 152—153°; $[\alpha]_D$ —10°). Durch
Einwirkung von Bromwasserstoffsäure entstehen das *Bromomorphid*
(Fp. 169—170°; $[\alpha]_D$ +66°) und das *Bromocodid* (Fp. 162°; $[\alpha]_D$ +56°).
Schließlich bildet das Chlorocodid durch Jodkaliumeinwirkung ein
Jodocodid (Fp. ca. 200°) [Knorr und Hartmann[3]]. Alle obigen
α- und β-Halogenoverbindungen entstehen gleichzeitig nebeneinander
und sind stereoisomer. Bei der Hydrolyse durch Wasser liefern sie
den Ausgangsalkaloiden isomere Basen, nicht die Ausgangsalkaloide
selber. So erhält man z. B. aus α-Chlorocodid das *Isocodein* zu ca. 25%,
das *Pseudocodein* zu ca. 45% und das *Allopseudocodein* zu ca. 15%,
während das *β-Chlorocodid* 55% *Isocodein*, ca. 10% *Pseudocodein* und
20% *Allopseudocodein* ergibt.

Das Codein und das Isocodein (Fp. 172°; $[\alpha]_D$ —152°) [Knorr
und Hörlein[4]] unterscheiden sich nur stereochemisch voneinander,
ebenso das Pseudocodein (Fp. 181°; $[\alpha]_D$ —94°) [Knorr und Hörlein[5]] von dem Allopseudocodein (Öl; $[\alpha]_D$ —228°) [Knorr, Hörlein und Grimme[6]]. Dagegen beruhen die Unterschiede zwischen
dem Codein und Isocodein einerseits und dem Pseudocodein und Allopseudocodein andererseits auf Ortsisomerie der alkoholischen Hydroxylgruppe im Codeinkomplex. Das ließ sich dadurch nachweisen, daß
das Codein und das Isocodein sich zum 3, 4, 6-Trimethoxyphenanthren
überführen ließen, während Pseudocodein und Allopseudocodein zum
3, 4, 8-Trimethoxyphenanthren führten. Dieser Abbau der Codeine zu
den Trimethoxyphenanthrenen geschah durch Oxydation zu den zugehörigen Ketonen — dem Codeinon bzw. Pseudocodeinon — und
Spaltung der letzteren durch Essigsäureanhydrid.

Der nahe Zusammenhang des Codeins zum Morphin gestattet weiterhin auch die Klarstellung bei den entsprechenden Isomeren des Morphins.

[1]) Schryver u. Lees, Soc. **77**, 1024.
[2]) Ach u. Steinbock, B. **40**, 1428.
[3]) Knorr u. Hartmann, B. **45**, 1350.
[4]) Knorr u. Hörlein, B. **40**, 4883.
[5]) Knorr u. Hörlein, B. **39**, 4409.
[6]) Knorr, Hörlein u. Grimme, B. **40**, 3844.

Vom Morphin sind ebenfalls drei Isomere bekannt, das *α-Isomorphin* (Fp. 247°; [α]$_D$—167°), das *β-Isomorphin* (Fp. 182°; [α]$_D$—216°) und das *γ-Isomorphin* (Fp. 278°; [α]$_D$ —94°). Das *α-Isomorphin* entspricht nun dem Isocodein, das β-Isomorphin dem Allopseudocodein und das γ-Isomorphin dem Pseudocodein [Schryver und Lees, Lees, Knorr und Hörlein, Oppé, Lees und Tutin[1])]. Es sind dementsprechend Morphin und α-Isomorphin nur stereochemisch voneinander verschieden, ebenso β- und γ-Isomorphin; dagegen unterscheiden sich das Morphin und α-Isomorphin einerseits vom β- und γ-Isomorphin andererseits durch Ortsisomerie.

Es ist schon früher erwähnt (s. S. 293), daß sich das Codein durch den Hofmannschen Abbau in das *α-Methylmorphimethin* (Fp. 119°; [α]$_D$—214°) überführen läßt. Die Isomeren des Codeins liefern beim obigen Abbau verschiedene der α-Verbindung isomere Methylmorphimethine. So geht das *Isocodein* dabei in das *γ-Methylmorphimethin* [Knorr und Hörlein[2])] (Fp. 166°; [α]$_D$ +65°) über, das *Allopseudocodein* in das *ζ-Methylmorphimethin* (Öl; [α]$_D$ —178°), das *Pseudocodein* in das *ε-Methylmorphimethin* (Fp. 130°; [α]$_D$ —120°)[3]).

Die α- und γ-Methylmorphimethine ihrerseits bilden durch einfache chemische Eingriffe wieder neue Isomere. So liefert das α-Methylmorphimethin durch Einwirkung von Essigsäureanhydrid [Knorr[4])] bzw. Alkali oder schon durch bloßes Erhitzen [Pschorr, Roth und Tannhäuser[5])] das β-Methylmorphimethin (Fp. 134°; [α]$_D$ +438°) und das γ-Methylmorphimethin ergibt unter denselben Bedingungen das δ-Methylmorphimethin (Fp. 113°; [α]$_D$ +284°) [Knorr und Hörlein[2])]. Die ε- und ζ-Methylmorphimethine sind dagegen unter diesen Verhältnissen beständig und geben keine Isomeren [Knorr und Hörlein[6]), Knorr, Hörlein und Grimme[3])].

Diese gesamten Isomerienverhältnisse sind in beifolgender Tabelle zusammengestellt:

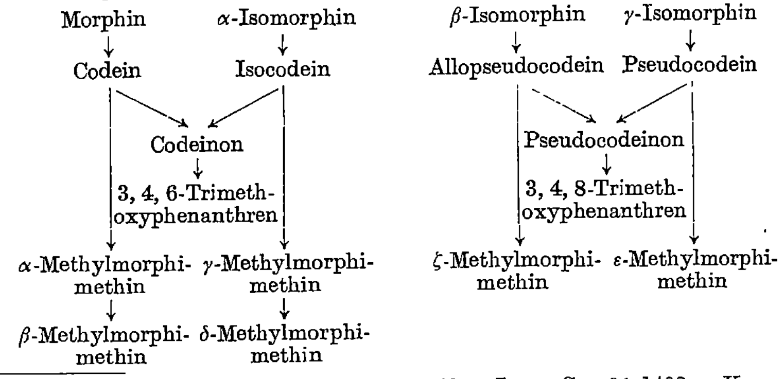

[1]) Schryver u. Lees, Soc. **77**, 1024; **79**, 563. — Lees, Soc. **91**, 1408. — Knorr u. Hörlein, B. **40**, 4889; **41**, 969. — Oppé, B. **41**, 975. — Lees u. Tutin, Soc. **22**, 253.
[2]) Knorr u. Hörlein, B. **39**, 4412.
[3]) Knorr, Hörlein u. Grimme, B. **40**, 3844.
[4]) Knorr, B. **22**, 1113; **27**, 1144.
[5]) Pschorr, Roth u. Tannhäuser, B. **39**, 19.
[6]) Knorr u. Hörlein, B. **40**, 2032.

Die gesamten vorliegenden Ausführungen über die Konstitution des Morphins und seiner Abbauprodukte erweisen, daß nur die Konstitution des Apomorphins, die auch durch die Synthese unmittelbarer Abbauprodukte erhärtet ist, feststeht. Für das Morphin selber besitzen wir wohl eine anschauliche Einsicht in seine Konstitution, aber Unterlagen für die Synthese eines derartig komplizierten und gespannten Ringsystems sind auch noch nicht andeutungsweise bekannt.

Es kann daher nicht wundernehmen, daß für das Morphin verschiedene Formeln zur Diskussion gestellt sind, von denen wir hier außer der Knorr-Hörleischen Formel — die zur Grundlage der ganzen vorliegenden Betrachtung genommen ist — noch die wichtigstenanderen erwähnen wollen.

Den vollkommensten Ausdruck für die Konstitution des Morphins scheint uns die Formel von Freund[1]) zu geben, welche eine Schwäche der Knorr-Hörleischen Formel vermeidet, nämlich die Annahme einer aliphatischen Doppelbindung, während sich das Morphin in der Tat gegen Reduktionsmittel sehr widerstandsfähig verhält:

Morphin (Freund).

Weiterhin bietet diese Freundsche Formel den Vorteil, daß sie für die Verknüpfung der Kohlenstoffatome des stickstoffhaltigen Ringes mit dem Phenanthrenskelett eine verständlichere Vorstellung gibt und die so leichte Verschiebung derselben beim Abbau von der Haftstelle 5 nach 8 leicht erklärt. Auch sieht Freund[1]) in der Entstehung zweier strukturisomerer *Tetrahydrodesoxycodeine* eine Stütze für die Richtigkeit seiner Formel gegenüber der Knorr-Hörleischen (S. 300), welche hierfür absolut keine Erklärung gibt.

Sodann haben Wieland und Kappelmeier[2]) eine Morphinformel zur Diskussion gestellt,

---

[1]) Freund, B. **38**, 3234. — Freund u. Speyer, B. **49**, 1287.; J. pr. **94**, 135. — Freund, B. Pharm. **29**, 110. — Freund, Melber u. Schlesinger, J. pr. [2] **101**, 1.
[2]) Wieland u. Kappelmeier, A. **382**, 306.

die keinen stickstoffhaltigen Ring enthält, sondern eine offene Vinyl-
amingruppe.

Diese Formel umgeht allerdings die Schwierigkeit der Erklärung
für die eigentümliche hydrolytische Sprengung zweier Kohlenstoffatome, aber sie berücksichtigt die tatsächlichen Verhältnisse insofern
nicht, als sich überhaupt eine Vinylgruppe im Morphin bisher nicht
nachweisen ließ. Auch die gespannten Bindungsverhältnisse des stickstoffhaltigen Ringes im Morphin finden in dieser Formel keinen Ausdruck.

Dann wurde von v. Braun[1]) auf Grund des Verhaltens stickstoffhaltiger Ringsysteme gegen Bromcyan eine Morphinformel aufgestellt,
die sich der Knorr - Hörleinschen anschließt, sich von ihr indes dadurch unterscheidet, daß sie im dritten Phenanthrenring eine Brücken
bindung statt einer Doppelbindung annimmt:

$$H_2C \cdots \cdots N-CH_3$$
$$CH_2$$
$$HOC \cdots CH$$
$$H_2C \cdots C \quad CH$$
$$O \quad CH \quad CH$$
$$CH_2$$
$$HO$$

Gadamer und Klee[2]) entscheiden sich für die folgende Morphinformel:

$$H_2C \cdots N-CH_3$$
$$CH_2$$
$$HOHC \quad CH$$
$$H_2C \quad C \quad C$$
$$O \quad C \quad CH_2$$
$$CH_2$$
$$HO$$

Die obige Formel hat, wie man sieht, die Stickstoffhaftstelle
in 8-Stellung, unterscheidet sich also von den übrigen Morphin-
formeln, welche die 9-Stellung vorsehen. Gadamer wählte die
vorliegende Formel, weil er den Beweis der Stickstoffbindung in
9-Stellung, der mit Hilfe des Oxycodeins geführt wird, nicht als
sicher gelten lassen will, da schon bei der Bildung des Oxycodeins
aus dem Codein die Verschiebung nach 9 stattgefunden haben
könne.

---

[1]) v. Braun, B. 47, 2312; 52, 1999.
[2]) Gadamer u. Klee, Z. angew. Ch. 26, 625.

Bucherer[1]) gibt eine Morphinformel an, die von Knorr und Hörlein[2]) in gewisser Weise modifiziert wurde:

Letzthin schlägt Faltis[3]) eine Morphinformel vor, die die leichte Wanderung des alkoholischen Hydroxyls von Stellung 6 nach 8 erklären soll.

15. Thebain.

Das Thebain wurde im Jahre 1835 von Pelletier und Thibouméry[4]) entdeckt. Seine Zusammensetzung entspricht der Formel $C_{19}H_{21}NO_3$. Es krystallisiert aus Alkohol in dünnen Blättchen vom Fp. 193°, ist linksdrehend $[\alpha]_D = -208°$, unlöslich in Wasser und in Alkalien, wenig löslich in Äther, dagegen leicht in Alkohol, Chloroform, Benzol.

Das Thebain ist eine einsäurige tertiäre Base; es besitzt zwei Methoxylgruppen (Howard[5]).

Das Thebain bildet in schwefelsaurer Lösung durch Hydrolyse *Codeinon* [Knorr und Hörlein, vgl. auch Freund[6])]:

[1]) Bucherer, J. pr. (2) 76, 428.
[2]) Knorr u. Hörlein, B. 40, 4889.
[3]) Faltis, A. Pharm. 255, 85.
[4]) Pelletier u. Thiboumery, Journ. de Pharmacie (2) 21, 569; A. 16, 49.
[5]) Howard, B. 17, 527; 19, 1596.
[6]) Knorr u. Hörlein, B. 39, 1409. — Freund, B. 39, 844.

Da dieses bei der Reduktion in Codein übergeht [Ach und Knorr[1])],
so ist der Zusammenhang vom Thebain zum Codein gegeben.

Das Thebain ist also dem Codein nahe verwandt; es erscheint als
der Methyläther der Enolform des Codeinons und seine Konstitution
ist nach den beim Codein entwickelten Ausführungen folgende:

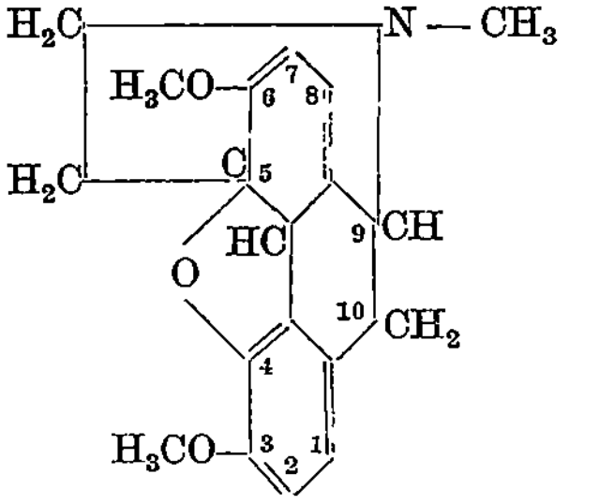

Thebain (K n o r r u. H ö r l e i n) Thebain (F r e u n d).

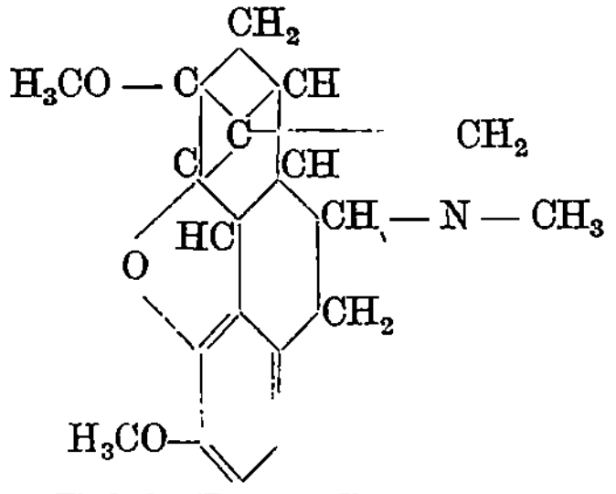

Bei der Formel des Thebains ist zu beachten, daß sie sich (nach
K n o r r und H ö r l e i n) von einem tetrahydrierten Phenanthrenring
ableitet im Gegensatz zu dem hexahydrierten, der dem Morphin und
Codein zugrunde liegt.

Einen entscheidenden Versuch für den Zusammenhang des Thebains
mit dem Morphin und Codein ergab die Einwirkung von Essigsäureanhydrid. Hierbei tritt sehr leicht Spaltung ein, einerseits in ein stick-
stofffreies Produkt, das sog. *Thebaol*, andererseits in ein stickstoff-
haltiges Spaltungsstück, das *Oxäthylmethylamin.*

Das Thebaol, Krystalle vom Fp. 94°, erwies sich als das
3, 6-Dimethoxy-4-oxyphenanthren. Der Identitätsnachweis des Thebaols
mit dieser Verbindung wurde durch die Überführung des Thebaols
in das synthetisch erhaltene Methylthebaol erbracht [V o n g e r i c h t e n[2])].
Durch diesen Nachweis ergab sich gleichzeitig die Übereinstimmung
der Haftstellen der Hydroxylgruppe bzw. der Methoxylgruppen mit
denen im Morphin und Codein, und andererseits zeigte die Entstehung des oben erwähnten Oxäthylmethylamins den gleichartigen Aufbau beider Alkaloide:

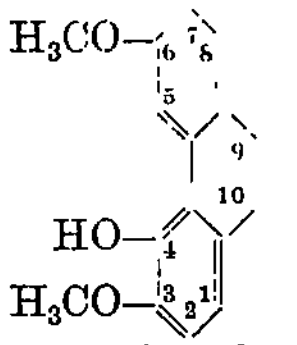

Thebaol.

Durch Essigsäureanhydrideinwirkung tritt also beim Thebain eine
vollständige Trennung der stickstoffhaltigen Gruppe vom Phenanthrenrest ein. Es läßt sich aber auch eine bloße Loslösung des Stickstoffatoms vom benachbarten Kohlenstoffatom bewirken, wenn man das

---

[1]) Ach u. Knorr, B. **36**, 3067.
[2]) Vongerichten, B. **35**, 4410.

Thebain mit verdünnter Salzsäure kurz erwärmt. So entsteht das *Thebenin*, eine sekundäre Base:

$$\text{H}_2\text{C}\!-\!\!-\!\!-\!\!-\!\text{NH}\cdot\text{CH}_3$$

Thebenin.

im Gegensatz zum tertiären Thebain.

Die Konstitution des Thebenins läßt sich durch den Abbau desselben, der dem des Methylmorphimethins analog durchgeführt wurde, erweisen. Hierbei entsteht eine 3, 4, 8-Trimethoxyphenanthrencarbonsäure, die sich durch Abspaltung der Carboxylgruppe zum *3, 4, 8 Trimethoxyphe-nanthren* — das seinerseits synthetisch erhalten wurde (S. 299) — ab-bauen läßt [Pschorr, Rettberg und Löwen[1])]. Die Bildung der obigen Säure erweist, daß bei der Entstehung des Thebenins aus dem Thebain außer der Ringspaltung, die die Hauptreaktion hierbei vorstellt, eine Methoxylgruppe von 6 nach 8 gewandert ist unter gleichzeitigem Verlust des Methyls, und daß das ätherartig gebundene Sauerstoffatom im Thebain sich zu einer Phenolhydroxylgruppe aufgerichtet hat. Die Entstehung des Thebenins zeigt recht charakteristisch, in wie labiler Weise die Atomgruppen im Thebain haften und wie Schlüsse aus den einzelnen Reaktionen mit äußerster Vorsicht gezogen werden müssen.

Die Ähnlichkeit des Thebains mit dem Morphin wie auch die leichte Verschiebung der Atomgruppen im Molekül zeigt sich noch weiter. Wir haben beim Morphin die Überführung desselben in Apomorphin kennengelernt und die dabei eintretenden Verschiebungen.

Genau dieselben Atomwanderungen sehen wir beim Übergang des Thebains in das *Morphothebain*:

$$\text{CH}_2$$

Morphothebain.

die durch Einwirkung konzentrierter Salzsäure stattfindet. Die Konstitution des Morphothebains ergibt sich aus seinem Abbau, der dem beim Apomorphin durchgeführten (S. 298) analog verläuft und über die *3, 4, 6-Trimethoxyphenanthren-8-carbonsäure* [Pschorr, Rettberg

---

[1]) Pschorr, Rettberg u. Löwen, A. **373**, 51.

und Löwen[1])] zum synthetisch erhaltenen *3, 4, 6, 8-Tetramethoxyphenanthren* führt [Pschorr und Knöffler[2])].

Bemerkenswert bei der Überführung des Thebains in das Morphothebain ist die Entstehung eines rein aromatischen Ringes aus dem einen dihydrierten Sechsring.

Das Morphothebain krystallisiert aus Benzol in Tafeln vom Fp. 190 bis 191°, es ist eine tertiäre Base, unlöslich in Alkohol und Äther, wenig löslich in Wasser, aber leicht in Alkalien.

Charakteristisch für den Thebainring ist die Leichtigkeit, mit der sich der stickstoffhaltige Ring vom Phenanthrenrest trennt, eine Reaktion, die beim Thebain schon durch Essigsäureanhydrid bewirkt wird, die das Codeinon ebenso erfährt [Knorr[3])], die aber beim Morphin und Codein erst durch den Hofmannschen Abbau erreicht wird. Diese besondere leichte Aufspaltbarkeit darf wohl auf die verschiedenen Hydrierungsverhältnisse des die Haftstelle tragenden Sechsringes zurückzuführen sein.

Durch Oxydation des Thebains mit Wasserstoffsuperoxyd oder Chromsäure entsteht *Hydroxycodeinon* $C_{18}H_{19}NO_4$, das mit Natriumamalgam in alkoholischer Lösung reduziert *Dihydroxycodeinon* Fp. 218—220°, $[\alpha]_D^{20}$ —125,2° liefert [Freund und Speyer[4])]:

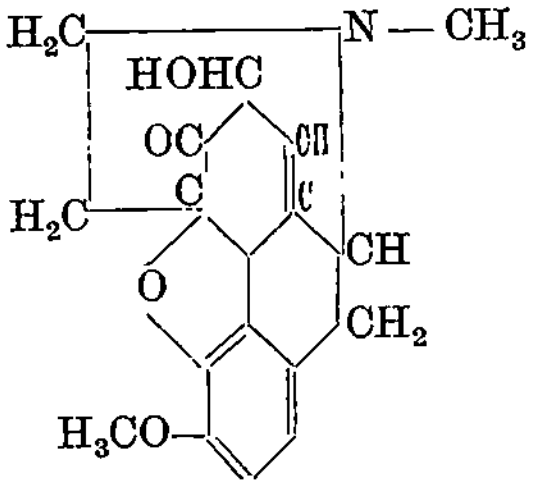

Hydroxycodeinon. 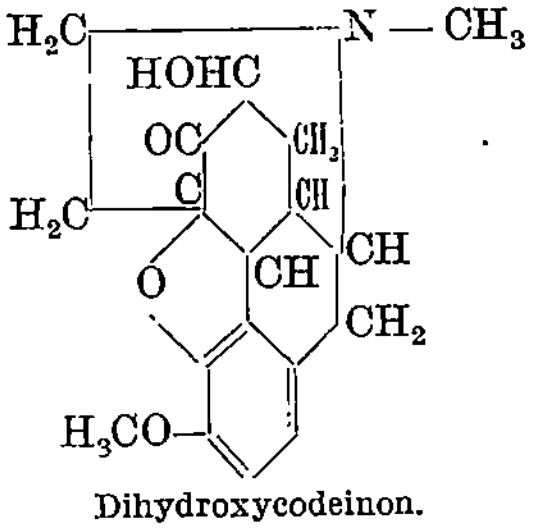 Dihydroxycodeinon.

Das salzsaure Salz des letzteren ist unter dem Namen *Eucodal* in die Therapie eingeführt [Freund u. Speyer[5])].

Über Reduktionsprodukte des Thebains berichten Freund, Speyer und Guttmann; Skita und Mitarbeiter[6]) (s. Nachtrag).

Schließlich seien noch einige Umwandlungen des oben erwähnten Thebenins angeführt.

Das Thebenin läßt sich unter Eliminierung seines Stickstoffes in ein neues sauerstoffhaltiges Ringsystem überführen, in das Thebenol $C_{17}H_{14}O_3$ [Freund, Michaels und Göbel[7])]. Das *Thebenol* bildet sich aus dem Thebenin unter der Einwirkung des Hofmannschen Abbaues. Seine Bildung ist so anzunehmen, daß die zunächst ent-

---

[1]) Pschorr, Rettberg u. Löwen, A. **373**, 51.
[2]) Pschorr u. Knöffler, A. **382**, 50.
[3]) Knorr, B. **36**, 3074.
[4]) Freund u. Speyer, J. pr. Ch. [2] **94**, 135.
[5]) Freund u. Speyer, Münch. med. Wochenschr. **64**, 380.
[6]) Freund u. Mitarb. B. **53**, 2250; Skita u. Mitarb. B. **54**, 1560.
[7]) Freund, Michaels u. Göbel, B. **30**, 1357.

stehende quaternäre Ammoniumbase Dimethylamin und Wasser abspaltet, wodurch der Thebenolringschluß zustande kommt.

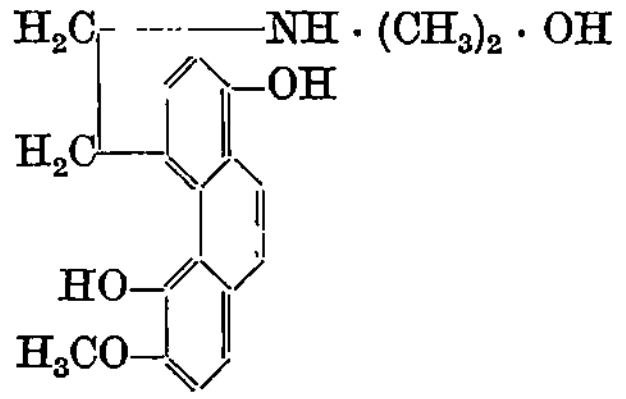

$$H_2C-\text{----}NH \cdot (CH_3)_2 \cdot OH$$

Methylhydrat des Thebenins 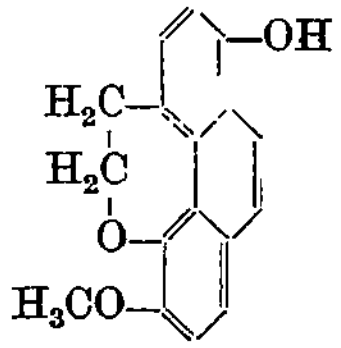   Thebenol.

Dieser Thebenolringschluß muß mit dem in 4-Stellung stehenden Hydroxyl zustande gekommen sein, da das *Äthebenin* [Freund und Holthoff[1])] — das in 8-Stellung äthylierte Thebenin — beim Hofmannschen Abbau denselben Ringschluß ergibt. Man kann sogar aus der Thebenolbildung weiterschließen, daß die Seitenkette im ursprünglich angewandten Thebenin, welche den Ringschluß bildet, in nächster Nähe zum 4-Hydroxyl des Phenanthrenringes steht, wodurch also auch durch diese Reaktion eine gewisse Stütze für die 5-Stellung der Seitenkette im Thebenin gegeben ist.

Ähnliche Ringgebilde, wie sie im Thebenol vorliegen, lassen sich bei der Destillation des Thebenins und Thebenols über Zinkstaub erhalten. Hier konnten Freund, Michaels und Göbel[2]) und Freund[3]) die Entstehung von *Pyren* beobachten, während Vongerichten[4]) das *Thebenidin* erhielt.

Über phytochemische Umbildung des Thebains in Isothebain s. dort.

16. Cryptopin.

Das *Cryptopin* $C_{21}H_{23}NO_5$ wurde im Jahre 1857 von Smiles in der Fabrik von T. und H. Smith[5]) im Opium entdeckt, wo es sich in sehr geringer Menge findet. Krystallisiert aus Alkohol oder Äther in Prismen vom Fp. 218—219°, unlöslich in Wasser und in Alkalien, wenig löslich in Alkohol, Äther und Benzol. Optisch inaktiv und unspaltbar. Es wurde zuerst von Hesse[6]) untersucht, dann von Pictet und Kramers[7]) bearbeitet. Das Cryptopin bedingt eine Reihe von Farbreaktionen, die im käuflichen Papaverin beobachtet waren und dem Papaverin zugeschrieben wurden, die aber dem Cryptopin eigentümlich sind. Es ist eine gesättigte Base, in Alkali unlöslich. Bildet beim oxydativen Abbau Metaopiansäure und Metahemipinsäure.

[1]) Freund u. Holthoff, B. **32**, 168.
[2]) Freund, Michaels u. Göbel, B. **30**, 1357.
[3]) Freund, B. **43**, 2128.
[4]) Vongerichten, B. **34**, 767.
[5]) Smith, Pharmaceutical Journ. (2) **8**, 595, 716.
[6]) Hesse, A. Suppl. **8**, 299; **176**, 200.
[7]) Pictet u. Kramers, B. **43**, 1329.

Die aus dem Cryptopin entstehende *Metaopiansäure* $C_{10}H_{10}O_5$ [vgl.
die aus dem Narcotin und Berberin stammenden isomeren Opiansäuren
(S. 280, 329)]

$$H_3CO-\!\!\langle\ \rangle\!-CHO$$
$$H_3CO-\!\!\langle\ \rangle\!-COOH$$

bildet Nadeln, Fp. 183—184°, liefert bei der Reduktion durch Natriumamalgam m-Meconin.

Die m-Opiansäure ist von Perkin jr.[1]) synthetisiert worden.
Hierzu wurde der *Homobrenzcatechindimethyläther* durch Acetylchlorid
in das *4, 5-Dimethoxy-o-tolylmethylketon* übergeführt und dieses mit
Kaliumpermanganat in die *6-Carboxyl-3, 4-Dimethoxyphenylglyoxylsäure*.
Durch Kochen mit Natriumbisulfit verliert letztere eine CO_2-Gruppe
und geht in die m-Opiansäure über. Die folgenden Formeln erklären
den Gang dieser Reaktion.

$$H_3CO-\!\!\langle\ \rangle\!-CH_3 \quad \cdots\rightarrow \quad H_3CO-\!\!\langle\ \rangle\!-COCH_3 \quad \longrightarrow \quad H_3CO-\!\!\langle\ \rangle\!-COCOOH \quad \longrightarrow$$

$$H_3CO-\!\!\langle\ \rangle\!-CHO$$
$$H_3CO-\!\!\langle\ \rangle\!-COOH$$

Metaopiansäure.

Metahemipinsäure $C_{10}H_{10}O_6$. — Durch Oxydation der Metaopiansäure entsteht die *Metahemipinsäure*:

$$H_3CO-\!\!\langle\ \rangle\!-COOH$$
$$H_3CO-\!\!\langle\ \rangle\!-COOH$$

Metahemipinsäure.

Die m-Hemipinsäure ist beim Abbau des Emetins, des Trimethylbrasilins und vornehmlich des Papaverins aufgefunden worden.

Die Metahemipinsäure (Fp. 195°) ist ebenso wie die Hemipinsäure
ein Phthalsäurederivat, bildet leicht ein Anhydrid und eine Imidverbindung. In der Kalischmelze bildet sie Brenzcatechin. Danach
muß die Metahemipinsäure eine der beiden folgenden Formeln besitzen:

$$COOH$$
$$H_3CO-\!\!\langle\ \rangle\!-COOH \qquad\qquad H_3CO-\!\!\langle\ \rangle\!-COOH$$
$$H_3CO-\!\!\langle\ \rangle \qquad\qquad\qquad H_3CO-\!\!\langle\ \rangle\!-COOH$$

Metahemipinsäure.

Die erstere dieser Formeln gehört, wie oben bewiesen, der Hemipinsäure an; folglich kommt der Metahemipinsäure die zweite Formel zu.

Die m-Hemipinsäure ist von Luff, ·Perkin jr. und Robinson[2])
synthetisiert.

---

[1]) Perkin jr., Soc. **109**, 828.
[2]) Luff, Perkin jr. u. Robinson, Soc. **97**, 1131.

Ausgehend vom Kreosol erfuhr dasselbe eine Reihe durchsichtiger Reaktionen, die zur m-Hemipinsäure führten, entsprechend den folgenden Formelbildern:

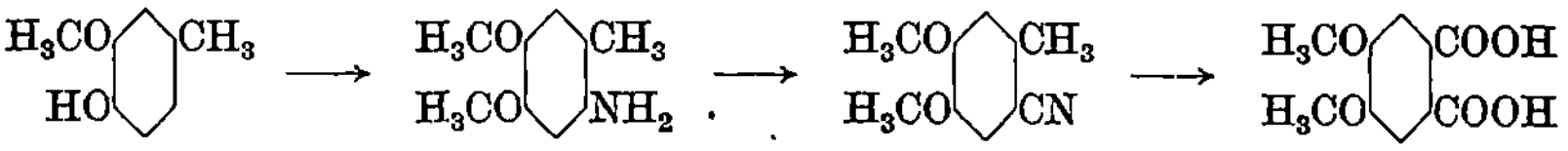

[chemical formula scheme: Kreosol → m-Hemipinsäure derivatives]

Metameconin $C_{10}H_{10}O_4$. — Das Metameconin ist ein Abbauprodukt des Cryptopins und Trimethylbrasilins (Fp. 207°), ist dem Meconin isomer und entspricht der m-Opiansäure.

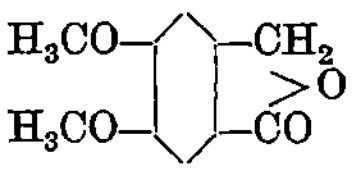

Metameconin.

Das Cryptopin besitzt eine N-Methylgruppe, zwei Methoxylgruppen und eine Dioxymethylengruppe. Vier Sauerstoffatome sind danach im Molekül festgelegt. Durch Natriumamalgam in saurer Lösung trat Reduktion des Alkaloids ein [Danckwortt[1])].

Neuere eingehende Untersuchungen von Perkin[2]) haben in die Konstitution des Cryptopins genauen Einblick ergeben. Durch oxydative Spaltung eines Abbauproduktes des Cryptopins, des *Anhydrotetrahydromethylcryptopins*, wurden zwei charakteristische Spaltstücke erhalten, einerseits der *4, 5-Dimethoxy-2-β-Dimethylaminoäthylbenzaldehyd*, andererseits das *Methylpiperonal*:

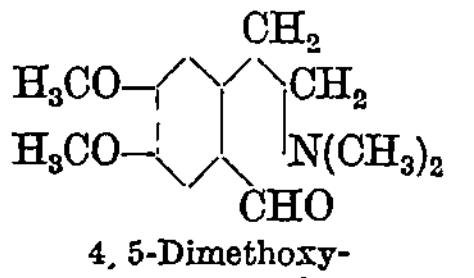

4, 5-Dimethoxy-
2-β-Dimethylaminoäthylbenzaldehyd.

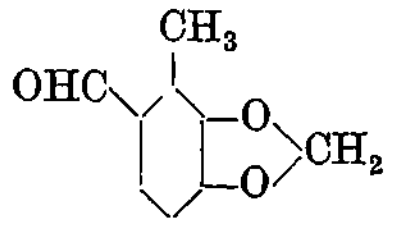

Methylpiperonal.

Unter der Annahme, daß die beiden Aldehydgruppen der Spaltungsstücke aus einer Äthylenbindung stammen, würde für die zugrunde liegende Stammsubstanz des Anhydrotetrahydromethylcryptopins folgende Konstitution anzunehmen sein, wonach es als ein Stilbenderivat erscheint:

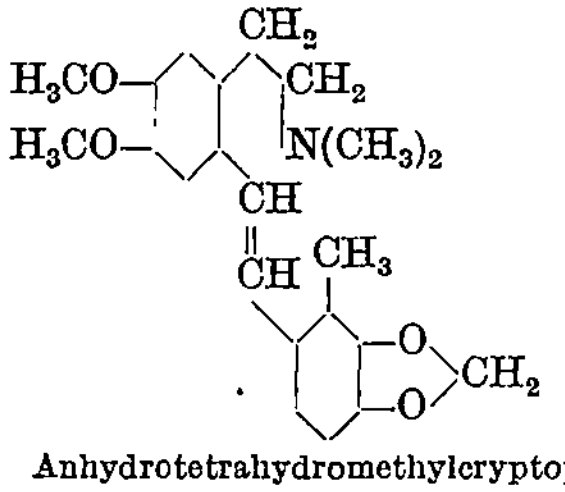

Anhydrotetrahydromethylcryptopin.

[1]) Danckwortt, A. Pharm. **250**, 590.
[2]) W. H. Perkin jr., Soc. **109**, 815.

Charakteristische Spaltungsstücke, die mit der Cryptopinformel im Einklang stehen, die *5,6-Methylendioxy-2-toluylsäure* und der *4,5-Dimethoxy-2-vinylbenzaldehyd* wurden von Perkin jr.[1] erhalten.

Die Konstitutionsaufklärung des Anhydrotetrahydromethylcryptopins gewann für die Erschließung des Cryptopins selber besondere Bedeutung, weil es ein einfaches Abbauprodukt des Cryptopins ist.

Das Cryptopin liefert nämlich mit Dimethylsulfat zunächst *Cryptopinmethosulfat*

$$C_{20}H_{20}O_5 - N \overset{O - SO_2 - OCH_3}{\diagup} (CH_3)_3$$

Nadeln, Fp. 235—238°, welches durch Reduktion in *Tetrahydromethylcryptopin* $C_{22}H_{29}NO_5$, Prismen, Fp. 106—107° und dann durch Wasserabspaltung — mittels Acetylchlorideinwirkung — in das oben besprochene Anhydrotetrahydromethylcryptopin $C_{22}H_{27}NO_4$ übergeht:

Tetrahydromethylcryptopin.

Aus diesem Reduktionsprodukt des Cryptopins folgt für das Cryptopin selber folgende Formel:

Cryptopin.

Danach besitzt das Cryptopin ein kompliziertes Ringsystem mit einem Zehnring. Bei dem Übergang in die obigen Reduktionsprodukte ist dieser Ring aufgespalten.

Vor allem aber erfährt das Ringsystem des Cryptopins durch Salzsäureeinwirkung sehr leicht unter Wasseraustritt durch innere Kondensation eine fundamentale Änderung, indem dadurch der Isochinolinringschluß zustande kommt. So entsteht das *Isocryptopinchlorid* $C_{21}H_{22}NO_4Cl$:

$$C_{21}H_{23}NO_5 + HCl = C_{21}H_{22}NO_4Cl + H_2O$$

Isocryptopinchlorid.

—————

[1] Perkin jr., Soc. **115**, 713.

Dieses ist eine Diisochinolinbase mit quaternärem Stickstoffatom; sie enthält vier charakteristische Sechsringe und steht in ihrer Konstitution dem Berberin ungemein nahe (S. 334).

Die hier angenommene Konstitutionsformel des Cryptopins entspricht auch darin dem experimentellen Befund, als sie kein asymmetrisches Kohlenstoffatom enthält; sie ist vor allem aber auch von Perkin durch eine Fülle von Derivaten und eine große Folge entsprechender Reaktionen belegt worden.

Charakteristisch für das Cryptopin bzw. Isocryptopinchlorid ist die Stellung des Stickstoffatoms zwischen zwei CH_2-Gruppen und die leichte Abspaltbarkeit desselben bald von der einen, bald von der anderen CH_2-Gruppe. So findet eine derartige Ringöffnung bei der oben angegebenen Reduktion des Cryptopins zum Tetrahydromethylcryptopin statt und eine weitere ebenfalls sehr leichte Ringspaltung mit der anderen benachbarten CH_2-Gruppe erfährt das Isocryptopinchlorid durch methylalkoholisches Kali, wobei das *Anhydrocryptopin* $C_{21}H_{21}NO_4$, Prismen, Fp. 110—111°, entsteht.

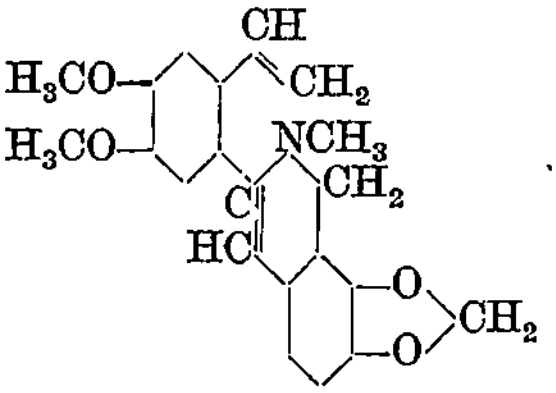

$$H_3CO,\ H_3CO,\ CH,\ CH_2,\ NCH_3,\ CH_2,\ C,\ HC,\ O,\ CH_2,\ O$$

Anhydrocryptopin.

Von den anderen Derivaten des Cryptopins seien hier noch das *Dihydrocryptopin* $C_{21}H_{25}NO_5$ (Fp. 187—188°) erwähnt, welches sich aus dem Cryptopin durch Überführung der CO-Gruppe in die CHOH-Gruppe — durch Natriumamalgam in saurer Lösung — bildet. Dieses erfährt durch Acetylchlorid einen ebenso leichten Übergang zum *Isodihydrocryptopinchlorid* $C_{21}H_{24}NO_4Cl$, wie das Cryptopin selber zum Isocryptopinchlorid.

Ein positiver Nachweis der Funktionsbestimmung des im Cryptopin bzw. seinen Derivaten vorhandenen fünften Sauerstoffatoms als Ketobzw. Alkoholsauerstoff ließ sich nicht erbringen, da bei allen Reaktionen, die hierzu dienen sollten, Wasserabspaltung eintrat.

17. Protopin.

Das Protopin $C_{20}H_{19}NO_5$ wurde von Hesse[1]) aus dem Opium gewonnen. Es krystallisiert aus Äther oder Chloroform in monoklinen Krystallen, Fp. 208°, unlöslich in Wasser und in Alkalien, wenig löslich in Alkohol, Äther und Benzol.

Das Protopin findet sich in einer auffallend großen Anzahl von papaverähnlichen Pflanzen [Schmidt, Gadamer u. a.[2])]. Es ist auf-

---

[1]) Hesse, A. **153**, 47; Suppl. **8**, 261.
[2]) Schmidt, A. Pharm. **239**, 395. — Gadamer, A. Pharm. **249**, 224; Apoth.-Ztg. **16**, 621.

gefunden worden in *Bocconia cordata, Adlumia cirrhosa, Fumaria offi-cinalis, Sanguinaria canadensis, Eschscholtzia californica, Glaucium lu-teum, Chelidonuim majus, Diclytra spectabilis, Argemone mexicana*, in *Dicentra-* wie auch in *Corydalis*-Arten.

Das Protopin enthält keine Methoxylgruppe, sondern Methylendioxydgruppen; es ist eine tertiäre, optisch inaktive Base [Hopfgartner[1])].

In neuerer Zeit ist es besonders von Danckwortt[2]) und von Perkin[3]) untersucht worden. Hiernach steht es zu dem Cryptopin in nächstem Zusammenhang und unterscheidet sich von demselben nur dadurch, daß es statt der Oxymethylgruppen eine Dioxymethylengruppe enthält. So läßt sich die Formel des Cryptopins nach Perkin auf das Protopin übertragen.

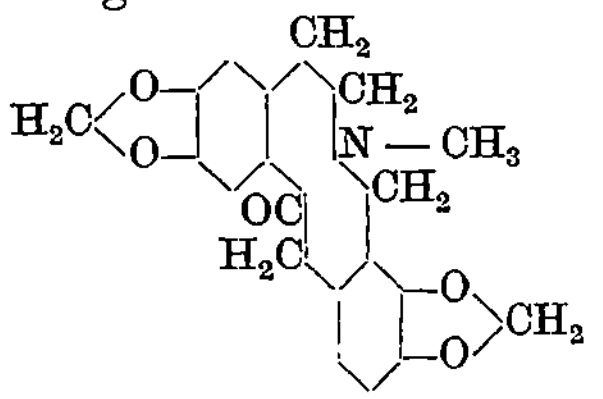

Protopin.

Für diese Formel sprechen dieselben Gründe wie für das Cryptopin, die optische Inaktivität des Alkaloids, vor allem aber auch seine Abbauprodukte, so die Überführung des Protopins in das *Isoprotopinchlorid* $C_{20}H_{18}NO_4Cl$ (Fp. 215°), in das *Anhydroprotopin* $C_{20}H_{17}NO_4$ (Fp. 114—115°) und andere Verbindungen.

18. Papaveramin.

$C_{21}H_{25}NO_6$. Im Jahre 1886 von Hesse[4]) entdeckt, findet sich neben Papaverin und Pseudopapaverin [Hesse[5])]. Prismen, Fp. 128 bis 129°. Gibt mit konzentrierter Schwefelsäure blauviolette Färbung. Unlöslich in Wasser und Alkalien, löslich in Alkohol.

19. Lanthopin.

$C_{23}H_{25}NO_4$. Im Jahre 1870 von Hesse[6]) entdeckt. Krystallisiert aus Chloroform in kleinen Prismen, die gegen 200° schmelzen. Sehr wenig löslich in Alkohol, Benzol und Äther; löslicher in Chloroform. Wird von Alkalien gelöst.

20. Meconidin.

$C_{21}H_{23}NO_4$. Im Jahre 1870 von Hesse[6]) entdeckt. Amorph. Fp. 58°. Unlöslich in Wasser, leicht löslich in den gewöhnlichen organischen Solventien und in Alkalien.

---

[1]) Hopfgartner, M. **19**, 179.
[2]) Danckwortt, A. Pharm. **250**, 590.
[3]) Perkin, Soc. **109**, 815.
[4]) Hesse, J. **1886**, 1721.
[5]) Hesse, J. pr. (2) **68**, 190.
[6]) Hesse, A. **153**, 47; Suppl. **8**, 261.

21. Codamin.

$C_{20}H_{25}NO_4$ oder $C_{18}H_{18}NO(OH)(OCH_3)_2$. Es wurde im Jahre 1870 von Hesse[1]) entdeckt. Es krystallisiert aus Äther in Prismen vom Fp. 121°, die in Wasser wenig löslich sind; leicht löslich in den organischen Lösungsmitteln.

Es enthält eine Hydroxylgruppe, die Phenolcharakter hat, da das Alkaloid in Alkali löslich ist. Nach der Zeiselschen Methode ließen sich zwei Methoxyle nachweisen. Mit Eisenchloridlösung entsteht eine grüne Färbung.

22. Rheadin.

Das *Rheadin* $C_{21}H_{21}NO_6$ wurde von Hesse[2]) im Mohn (Papaver Rhoeas) aufgefunden, kommt in sehr kleiner Menge im Opium vor. Prismen, Fp. 232°. Pavesi[3]) beschreibt das Rheadin in der Form dünner, doppelbrechender Nadeln, Fp. 245—247°. Reagiert alkalisch, bildet aber nicht leicht Salze. Durch Salzsäureeinwirkung geht das isomere Rheadin in *Rheagenin* über, Fp. 223° [Hesse; Fp. 235—237° (Pavesi)]. Starke Base, bildet weiße Prismen.

23. Aporhein.

Das Aporhein $C_{18}H_{16}NO_2$ findet sich im Papaver dubium. Es krystallisiert aus Ligroin in Prismen, Fp. 88—89°. Durch verdünnte Salzsäure geht es in Aporheidin über, Fp. 176—178° Tafeln. Aporheidin scheint auch im Papaver dubium vorzukommen [Pavesi[4])].

Pharmakologisches. — *Morphin.* Die in zahlreichen Untersuchungen festgestellten Wirkungen des Morphins[5]) äußern sich bei den verschiedenen Tierklassen sehr verschieden. Auf die meisten Wirbellosen wirkt es wenig oder gar nicht ein. Beim Frosch steigert es die Erregbarkeit der nervösen Zentren nach kurzer Betäubung; es kommt infolgedessen bei geeigneter Dosierung zu Streckkrämpfen, die denen nach Strychnin entsprechen und vom Rückenmark her ausgelöst werden. — Bei Warmblütern überwiegen die Betäubungserscheinungen, doch nicht bei allen. So sieht man bei der Katze fast nur Erregung; die Tiere geraten nach einigen Zentigramm in vollkommene Raserei und gehen so zugrunde. Bei Hunden sieht man als erstes Symptom Erbrechen (auch beim Menschen reagieren viele Individuen auf Morphin zuerst mit Erbrechen) und Defäkation; dann folgt bei genügender Dosis Narkose; durch ganz große Dosen werden später Krämpfe ausgelöst, denen das Tier erliegt. Bei Tieren kann man meist die Narkose durch geeignete Dosierung so leiten, daß sie dasselbe leistet wie die z. B.

---

[1]) Hesse, A. **153**, 53; Suppl. **8**, 272; **282**, 208.
[2]) Hesse, A. Suppl. **4**, 50; **140**. 145: **149**, 35.
[3]) Pavesi, C. **1906** I, 690.
[4]) Pavesi, G. **37** I, 629 (C. **1907** II, 820); G. **44** I, 398 (C. **1914** II, 837)
[5]) Ältere Literatur z. B. bei L. Wittkowski, Arch. f. exp. Path. u. Pharm. **7**, 247, neuere bei Biberfeld, Ergebn. d. Physiol. XVII, 1. 1919.

durch Äther oder Chloroform erzeugte, d. h. man kann an den Tieren operieren, ohne Schmerzreaktion auszulösen. Beim Menschen gelingt das nur in seltenen Fällen und dann auch meist nur da, wo es sich um nicht zu ausgedehnte Operationen handelt, denn die zu einer solchen Betäubung nötigen Mengen Morphin würden vor Eintritt der Narkose lebenswichtige Zentren (vor allem die Atmung) lähmen. Auch würde es nicht möglich sein, mit Morphin die unwillkürlichen Abwehrreaktionen (die Reflexe) auszuschalten. — Dagegen gelingt es fast stets mit Morphin, die durch irgendeine krankhafte Reizung der sensiblen Peripherie (Neuralgie, schmerzhafte Wunden usw.) hervorgebrachte Schmerzempfindlichkeit zu beheben. Diese Wirkung ist rein zentral, so daß es gleichgültig ist, ob man das Alkaloid in der Nähe der schmerzenden oder irgendeiner anderen Körperstelle injiziert; eine lokalanästhesierende Wirkung besitzt Morphin nicht. — Auf die Herabsetzung der Funktionen der Großhirnrinde ist auch die Eigenschaft zu beziehen, der das Alkaloid seinen Namen und eine seiner häufigsten therapeutischen Verwendungen verdankt; Morphin bewirkt Schlaf, indem es die Empfänglichkeit für alle die inneren und äußeren Reize und Erregungen, die für das Wachsein nötig sind, vermindert oder aufhebt.

Durch Einwirkung auf Zentren im verlängerten Mark wird die Pulsfrequenz und die Atmung beeinflußt. Die erstere wird herabgesetzt, doch ist diese Verminderung ohne Bedeutung für die praktische Verwendung, ebenso wie die auch beim Menschen fast konstant gefundene geringe Senkung des allgemeinen Blutdruckes. Sehr wesentlich ist die Änderung, die die Atmung durch Morphin erfährt; schon recht kleine Dosen des Alkaloids verringern die Zahl der Atemzüge und damit die Menge der in der Zeiteinheit die Lunge passierenden Luft; der einzelne Atemzug wird dabei meist tiefer. Der Grund der Verminderung ist, daß Morphin die Erregbarkeit des Atemzentrums herabsetzt; dieses Zentrum, das normal so eingestellt ist, daß es das arterielle Blut stets mit Sauerstoff fast gesättigt hält, reagiert unter Morphineinfluß schwächer auf die Reize der im Stoffwechsel entstehenden Kohlensäure, was man dadurch nachgewiesen hat, daß die Reaktion auf einen Zuwachs von CO_2 in der Atmungsluft nicht so wie in der Norm erfolgt. Wenn nun auch deshalb der Arterialisationsgrad des Blutes sinkt, so bedeutet dies keineswegs, daß die Oxydationen im Körper vermindert werden. Diese gehen ganz ungehindert vor sich. Zu große Dosen Morphin werden jedoch beim Menschen gerade durch die tiefe Schädigung der Atmung gefährlich; die Atmung wird dann periodisch (Gruppen von Atemzügen wechseln mit längeren Pausen), immer schwächer und hört schließlich ganz auf.

Viel untersucht worden ist die Wirkung des Morphins (und des Opiums) auf den Magendarmkanal, das Organ, dessen günstige Beeinflussung durch Morphin schon seit sehr langem bekannt ist. Im Magen bewirkt Morphin eine Vermehrung des sezernierten Magensaftes und einen ziemlich lange anhaltenden Verschluß des Magenausganges, des Pylorus, so daß der Inhalt viel länger zum Bleiben gezwungen ist. Für die klinisch so sichere Beruhigung der vermehrten Darmbewegungen

und die dadurch erfolgende Beseitigung von Durchfall und ähnlichem
haben die experimentellen Untersuchungen keinen ganz klaren Grund
ergeben; es scheint sicher zu sein, daß die Zurückhaltung der Speisen
im Magen hieran wesentlich mitbeteiligt ist. Außerdem kommt jedenfalls beim Menschen die allgemeine, die Empfindlichkeit gegen pathologische Reize herabsetzende Wirkung in Betracht. Über die Wirkung
am isolierten Darm herrscht unter den Autoren noch keine Einigkeit.
Die einen nehmen an, daß Morphin, wie die übrigen Phenanthrenderivate unter den Opiumalkaloiden, die Muskulatur errege, diese
werde nur von den Isochinolinderivaten gelähmt; andere sprechen
auch den ersteren eine im wesentlichen lähmende Wirkung zu.

Die Körpertemperatur wird durch Morphin nicht spezifisch beeinflußt.

Zum biologischen Nachweis sehr kleiner Morphinmengen kann man
folgende Reaktion (Straub) benutzen: Spritzt man einer Maus Morphin
subcutan ein, dann erhebt sie bald den Schwanz und legt ihn längs
über den Rücken. Die Reaktion ist noch bei 0,01 mg positiv. Bei
Heroin ist die Probe noch etwas empfindlicher, bei den anderen Opiumalkaloiden viel weniger.

Die therapeutische Anwendung des Morphins ist vor allem die als
bestes Mittel zur Linderung irgendwelcher akuter oder chronischer
Schmerzen und Reizzustände, z. B. des Hustens. Von der spezifischen
Wirkung auf die Atmung wird z. B. gegen die Atemnot bei gewissen
Kreislaufstörungen, ferner bei Asthma Gebrauch gemacht. Gegen
manche Formen von Magendarmaffektionen und Durchfällen ist Morphin, bzw. Opium das einzig brauchbare Mittel. Ebenso bei manchen
Zuständen von Schlaflosigkeit, auch wenn diese nicht auf Schmerzen
zurückzuführen ist. Doch ist bei seiner Anwendung stets und ganz
besonders, wenn es sich um Krankheitszustände von subchronischem
oder chronischem Charakter handelt, auf die Gefahr der Gewöhnung
Rücksicht zu nehmen; Morphin darf wegen dieser Gefahr immer nur
dann angewendet werden, wenn die modernen Ersatzmittel (die sog.
Antineuralgica, Hypnotica usw.) versagen. — Die Gewöhnung an Morphin, der Morphinismus, zeigt sich darin, daß die Patienten un-
gewöhnlich hohe, häufig sonst letale Dosen ohne Vergiftungserscheinungen vertragen, was meist auf eine erhöhte Zerstörungsfähigkeit des
gewöhnten Organismus zurückgeführt wird. Außerdem, und das ist
das einzig Gefährliche, zeigen die Patienten einen unüberwindlichen
Hang, sich andauernd unter Morphineinfluß zu halten. Die fortschrei-
tende Gewöhnung verführt dazu, die Dosis immer weiter zu steigern
und als Folge davon treten schwere körperliche Störungen auf, die
hauptsächlich in Abmagerung und allgemeiner Schwäche bestehen;
daran schließt sich meist geistiger Verfall. Der Verlauf der Krankheit
kann sich über Jahrzehnte erstrecken; volle Heilung, die nur in Anstalten
zu erreichen ist, kommt selten vor.

Von synthetischen Morphinabkömmlingen sind die folgenden pharmakologisch untersucht worden: *Diacetylmorphin*. Über die
praktische Brauchbarkeit dieses Körpers ist in neuerer Zeit viel ge-

stritten worden; als gesichert kann man annehmen, daß ihm die sedative Wirkung des Morphins auf die Atmung in viel höherem Maße als diesem zukommt. Demgegenüber tritt die allgemein schmerzstillende und hypnotische Wirkung zurück. Es wird jedenfalls nur in viel kleineren Dosen gegeben, hauptsächlich bei Erkrankungen der Atmungsorgane. — Prinzipiell ebenso wie das Diacetylmorphin, das jetzt Heroin genannt wird, wirken das Monoacetyl- und das Tri- und Tetraacetylderivat und andere Säureabkömmlinge, z. B. Propionylmorphin. Neuerdings wird angegeben, daß *Dihydromorphin* und *Diacetyldihydromorphin* brauchbare Ersatzmittel des Morphins sein sollen (Berl. klin. Wochenschr. 53, 590).

Auch bei verschiedenen *Chlorsubstitutionsprodukten* des Morphins tritt besonders die Atmungswirkung hervor.

Die Alkylester der *Morphinkohlensäure* (Methyl-, Äthyl-, Propyl- und Amylester) wirken ähnlich, bei einzelnen Tierarten noch stärker als Morphin[1]).

Apomorphin. Durch die Umwandlung hat das Morphinmolekül seine sedativen Eigenschaften verloren; Apomorphin wirkt fast nur erregend auf die verschiedenen nervösen Zentren ein. Bei Tieren sieht man allgemeine Unruhe, bei Kaninchen z. B. einen sehr verstärkten Nagetrieb, manchmal auch Krämpfe. Ferner wird das Atmungszentrum und das Brechzentrum im verlängerten Mark schon durch kleine Dosen erregt. Therapeutisch gebraucht wird vor allem die letztgenannte Wirkung. Am besten und schnellsten emetisch wirkt Apomorphin, wenn man es subcutan einspritzt. In kleinen, nicht Brechen erregenden Mengen dient Apomorphin als Expectorans.

Ob *Oxydimorphin* pharmakologische Wirkungen besitzt, ist nicht mit Sicherheit zu sagen, da es nur in Laugen löslich ist.

Codein. Die auch bei Morphin im Tierexperiment erkennbare erregende Wirkung, die dem Morphin neben seiner sedativen eigen ist, tritt beim Codein im Experiment noch viel stärker hervor: Frösche und Warmblüter zeigen in gleicher Weise nach einigermaßen größeren Dosen Übererregbarkeit und Krämpfe. Durch kleine Dosen wird aber trotzdem die Atmung beruhigt, wenn auch keineswegs in dem Maße wie durch Morphin. Beim Menschen wird das Codein fast ausschließlich als Mittel gegen Husten benutzt. Besonders günstig für seine therapeutische Verwertung ist, daß eine Gewöhnung an Codein nicht eintritt[2]).

Wie Codein wirken seine höheren Homologen: Äthyl-, Propyl-, Isobutyl- und Amylmorphin; praktisch gebraucht wird hiervon das Äthylcodein, das sog. *Dionin,* das manchmal den Husten noch günstiger als Codein beeinflußt. Eigenartig ist eine Verwendung des Dionins in der Augenheilkunde; es wird in Pulverform in den Bindehautsack gebracht und erzeugt dort eine exsudierende Reaktion, durch die manche sonst schwer beeinflußbare Prozesse zur Heilung gebracht werden. —

---

[1]) Die Morphinätherschwefelsäure ist sehr viel weniger wirksam als Morphin, die Wirkung soll mehr codeinartig sein. — Die Morphoxylessigsäure ist unwirksam, ihre Ester dagegen stark giftig.

[2]) J. Bouma, Arch. f. exp. Path. u. Pharm. 50, 353.

Das *Benzylmorphin*, das eine Zeitlang unter dem Namen Peronin empfohlen wurde, wird jetzt nicht mehr gebraucht, es schädigt das Herz.

Parakodin = Dihydrocodein wirkt etwas stärker sedativ auf die Atmung als Codein, sonst wie dieses.

Eucodal (Dihydroxycodeinon), das neuerdings aus dem Thebain dargestellt worden ist, besitzt nach den bisher vorliegenden Angaben die allgemein narkotische und schmerzstillende Wirkung des Morphins in erheblichem Maße.

Hydroxycodein wirkt ebenfalls wie Codein, aber erheblich schwächer[1]).

Apocodein unterscheidet sich pharmakologisch sehr erheblich von seiner Muttersubstanz. Es wirkt beruhigend auf das Großhirn; die peripheren Blutgefäße, besonders die der Eingeweide, erweitern sich infolge einer Lähmung der zugehörigen Ganglienzellen. Die Atmung wird nur für kurze Zeit erregt, dann bald geschwächt. Die Todesursache ist Atmungslähmung. Apocodein wirkt nicht emetisch, der Puls wird beschleunigt. Die Darmmuskulatur wird erst erregt, dann gelähmt.

Narcein. Das Alkaloid ist ganz unwirksam; ältere Autoren hatten ihm fast die gleiche Wirkung wie dem Morphin zugeschrieben; wahrscheinlich hatten sie stark mit Morphin verunreinigte Präparate in Händen.

Thebain. Die beim Codein schon hervortretende Erregung überwiegt im Tierexperiment nach Thebaininjektion derart, daß dieses Alkaloid als ein reines, dem Strychnin ähnlich wirkendes Krampfgift anzusehen ist; *Thebenin* wirkt im Gegensatz hierzu fast rein lähmend, ebenso *Thebaizin* und *Methylthebenin.*

Narcotin ist relativ schwach wirksam; es erzeugt bei allen Tieren erst zentrale Erregung (Krämpfe), an die sich bei sehr großen Mengen eine Lähmung anschließt. Die Atmung wird von diesem Opiumalkaloid erregt, die Herztätigkeit geschwächt. Narcotin bringt die glatte Muskulatur des Darmes zur Erschlaffung. (*Cotarnin* und Derivate S. 336.)

Papaverin. Bei Tieren erzeugt Papaverin in nicht zu kleinen Dosen erst Erregung, dann Lähmung; manchmal geht der Erregung ein Narkosestadium voraus. Beim Menschen sieht man selbst nach großen Dosen keine Allgemeinerscheinungen. Sehr stark ist im Tierexperiment die Wirkung des Papaverins auf isolierte Organe mit glatter Muskulatur; vor allem wird der Darm schon durch kleine Dosen gelähmt, ebenso auch die Gebärmutter, Blase und Gefäße. — *Papaverinol* wirkt wie Papaverin, *Tetrahydropapaverin* erzeugt eine starke Nierenentzündung, *Tetrahydropapaverolin* wirkt auf die glatte Muskulatur ähnlich wie Papaverin. — Papaverin anästhesiert lokal.

Laudanin und *Laudanosin* wirken beide ganz ähnlich wie Thebain und Strychnin, also Erregbarkeit steigernd auf die meisten nervösen Zentralorgane; primäre Lähmungserscheinungen sieht man bei keiner Tierklasse. Die Herzkraft soll durch kleine Dosen von Laudanin gesteigert werden.

Cryptopin bewirkt bei Fröschen in kleinen Dosen zentrale Narkose, größere lähmen die peripheren Nerven; Warmblüter zeigen hauptsächlich Unruhe und Krampferscheinungen. Der Kreislauf wird durch größere Mengen geschädigt. — Ähnlich wirkt *Tritopin.*

---

[1]) Greenless, Journ. of pharmacol. and exp. therapeutics 4, 109.

Protopin ruft bei Fröschen hauptsächlich Lähmung (zentral und peripher) hervor; bei Säugetieren sieht man mehr Erregungserscheinungen. Auch die Zirkulation wird geschädigt[1]).

Praktisch und theoretisch von großem Interesse ist die Frage, inwieweit die Morphinwirkung im Opium durch die anderen Alkaloide abgeändert wird. Daß auch in der Droge die Wirkung des Morphins vorwiegt, folgt ja schon aus den quantitativen Verhältnissen der einzelnen Alkaloide, doch kann man auch beim Menschen die Wirkungen beider nicht ganz gleichsetzen. Im Tierexperiment findet man nach Opium die Erregungssymptome noch viel stärker vorherrschend als nach Morphin allein. Beim Menschen wird Opium seit alters her bei den Magendarmaffektionen bevorzugt, aber es wird auch gelegentlich für alle anderen Morphinindikationen verwendet. *Morphinfreies Opium* ist zwar bei einzelnen Tierspezies noch gut wirksam, bei anderen und beim Menschen aber so gut wie gar nicht. — Die Frage, wie die Morphinwirkung durch Kombination mit den einzelnen anderen Opiumalkaloiden geändert wird, und die damit zusammenhängende, welches der jetzt als Opiumersatz empfohlenen Präparate die beste Lösung des sog. Opiumproblems darbietet, ist neuerdings vielfach bearbeitet worden, doch kann hier darauf nicht eingegangen werden. — Auch die *Meconsäure* soll pharmakologisch nicht indifferent sein[2]).

XV. Alkaloide von Hydrastis canadensis.

Die Wurzel von *Hydrastis canadensis* L. (Familie der Ranunculaceen) enthält mehrere Alkaloide, das *Hydrastin* (1,5%), das *Berberin* (4%) und das *Canadin* neben einer kleinen Menge Mekonin.

Das Berberin ist auch in der Berberitze, *Berberis vulgaris* L. (Familie der Berberidaceen) neben dem *Oxyacanthin* und dem *Berbamin* aufgefunden (1,3%). Die Familien von Berberis vulgaris wie Hydrastis canadensis gehören zu derselben Ordnung: *Ranales*, und so werden wir gleichzeitig in diesem Kapitel die Alkaloide von Berberis vulgaris abhandeln, besonders da auch die Basen beider Pflanzen einander chemisch nahe stehen.

Das Berberin findet sich auch in einigen anderen Berberidaceen, wie in der *Nandina domestica Thumb.*, welch letztere außerdem noch das *Nandinin* einschließt.

Wir haben in diesem Kapitel also folgende Alkaloide zu besprechen:

1. Das Hydrastin . . . . . . $C_{21}H_{21}NO_6$.
2. „ Berberin . . . . . . $C_{20}H_{19}NO_5$.
3. „ Canadin . . . . . . $C_{20}H_{21}NO_4$.
4. „ Nandinin . . . . . . $C_{19}H_{19}NO_4$.
5. „ Oxyacanthin . . . . . $C_{19}H_{21}NO_3$ oder $C_{18}H_{19}NO_3$.
6. „ Berbamin . . . . . . $C_{18}H_{19}NO_3$.

---

[1]) R. v. Engel, Arch. f. exp. Path. u. Pharm. **27**, 419.
[2]) Barth, Arch. f. exp. Path. u. Pharm. **70**, 258.

1. Hydrastin.

Das Hydrastin wurde zum ersten Male im Jahre 1851 von Durand[1]) beobachtet, aber erst im Jahre 1862, von Perrins[2]) im reinen Zustande gewonnen.

Seine Zusammensetzung ist $C_{21}H_{21}NO_6$ [Mahla[3]), Freund und Will[4]), Eykman[5])].

Das Hydrastin findet sich im Hydrastisrhizom, teils im freien, teils im gebundenen Zustande [Linde[6])]; es setzt sich aus seinen alkoholischen Lösungen in Prismen ab, Fp. 132°, die unlöslich in Wasser, ziemlich löslich in Alkohol und Äther, leicht löslich in Benzol und Chloroform sind; $[\alpha]_D$ —49,8° in absolutem Alkohol [Freund und Will[4]), Carr und Reynolds[7])]. Die Drehungswerte ändern sich aber in stärkster Weise nach Art und Konzentration der Lösungsmittel; schon in verdünntem Alkohol wurden ganz andere Werte gefunden. Dieses Verhalten ist durch die katalytische Einwirkung der Lösungsmittel auf das Alkaloid bedingt, welches, wie wir weiter unten sehen werden, eine Gruppe enthält, die desmotrop reagiert. Die Salze des Hydrastins zeigen im Gegensatz zu der Base Rechtsdrehung.

Das Spektrum ist identisch mit dem des Narkotins [Dobbie und Lauder[8])], wie überhaupt Hydrastin und Narkotin sehr nahe verwandt sind.

Die erste Beobachtung über die Molekularstruktur des Alkaloids rührt von Power[9]) aus dem Jahre 1884 her; dann folgte eine längere Reihe von Arbeiten von Freund und seinen Schülern[10]) und von E. Schmidt[11]), die zur Konstitutionserkenntnis dieses Alkaloids geführt haben.

Wesentliche Hinweise für die Konstitutionserkenntnis des Hydrastins ergab seine sehr nahe Beziehung zum Narkotin; dieses letztere ist ein Methoxyhydrastin. Es ist auch gelungen, aus der Narkotinreihe durch Abspaltung der OCH_3-Gruppe direkt in die Hydrastinreihe zu kommen (s. Hydrohydrastinin).

Das Hydrastin besitzt 2 Methoxyle; es enthält weder eine aldehydische noch eine Ketogruppe, auch enthält es keine Äthylenbindung.

Bei seiner Oxydation entstehen fast dieselben Verbindungen wie bei der des Narkotins; verdünnte Salpetersäure wandelt es in die Apophyllensäure (Betain der Cinchomeronsäure) um, durch Kaliumpermanganat wird es zur Hemipinsäure (Dioxymethylphthalsäure)

[1]) Durand, Amer. journ. of pharm. **23**, 112.
[2]) Perrins, Pharmaz. Journ. (2), **3**, 546.
[3]) Mahla, Amer. journ. of the med. science **86**, 57.
[4]) Freund u. Will, B. **19**, 2797; **20**, 88.
[5]) Eykman, R. **5**, 291.
[6]) Linde, A. Pharm. **236**, 696.
[7]) Carr u. Reynolds, Soc. **97**, 1328.
[8]) Dobbie u. Lauder, Proc. **19**, 7.
[9]) Power, Pharm. Journ. (3) **15**, 297.
[10]) Freund, B. **19**, 2797; **20**, 88, 2400; **22**, 456, 1156, 2322, 2329; **23**, 404, 2897, 2910; **24**, 2730; **25**, Ref. 234; **26**, 2488; A. **271**, 311.
[11]) Schmidt, A. Pharm. **224**, 974; **226**, 239; **228**, 49, 221, 596; **231**, 541; **232**, 136.

oxydiert, und beim Erhitzen für sich — in der Harnstoffschmelze —
bildet sich Meconin [Frerichs[1])].

Den Haupteinblick in die Konstitution des Hydrastins ergab die
Hydrolyse; Schwefelsäure und Mangandioxyd spalten hierbei unter
gleichzeitiger Oxydationswirkung das Hydrastin in Opiansäure und in
eine Base $C_{11}H_{13}NO_3$ das *Hydrastinin,*

$$C_{21}H_{21}NO_6 + H_2O + O = C_{10}H_{10}O_5 + C_{11}H_{13}NO_3$$

Hydrastin   Opiansäure   Hydrastinin.

welches dem Kotarnin vollständig entspricht und sich nur durch den
Mindergehalt einer Oxymethylgruppe von demselben unterscheidet.

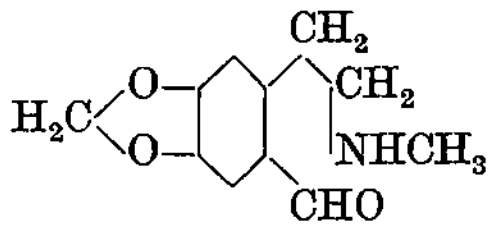

Hydrastinin.

Das Hydrastinin, dessen Synthese durchgeführt ist, krystallisiert
aus Ligroin in Nadeln, Fp. 116—117°, sehr leicht löslich in organischen
Solvenzien, recht wenig löslich in Wasser. In Äther bildet es farblose
Lösungen, in hydrolysierenden Lösungsmitteln gelb fluorescierende
Lösungen. Optisch inaktiv. Enthält eine N-Methylgruppe. Reagiert
als starke sekundäre Base, bildet Acetyl- und Benzoylverbindungen,
besitzt eine Aldehydgruppe, worauf die Oximbildung und die Entstehung
von Kondensationsprodukten mit Aceton bzw. anderen reaktionsfähige
Methylengruppen enthaltende Verbindungen hinweist.

Das Hydrastinin bildet ebenso wie das Kotarnin Salze unter Austritt
von 1 Molekül Wasser.

$$C_{11}H_{13}NO_3 + HCl = C_{11}H_{12}NO_2Cl + H_2O$$

Hydrastinin   Hydrastininchlorid.

Das Hydrastinin erweist sich auch dadurch dem Kotarnin in seinem
Verhalten gleich, daß es wie jenes tautomer reagiert [Dobbie und
Tinkler[2)]: als Aminoaldehyd, als Pseudobase eines Tetrahydroiso-
chinolins bzw. als quaternäre Base eines Dihydroisochinolins:

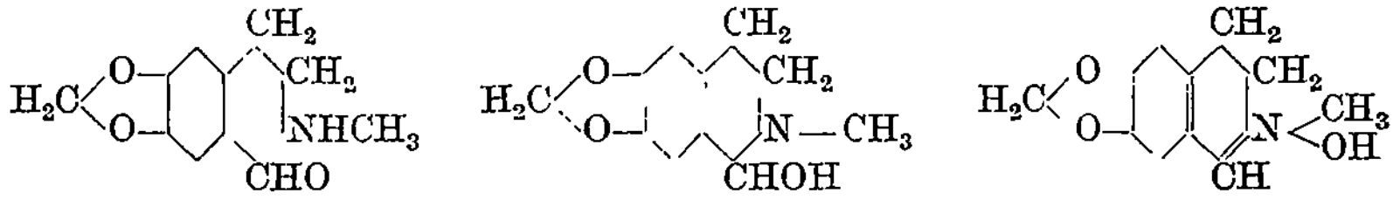

Aminoaldehyd   Pseudobase   Quaternäre Base.

Es liegt hier also der eigentümliche Fall vor, daß dieselbe Verbindung
als sekundäre, tertiäre und quaternäre Base reagieren kann.

Die Konstitution des Hydrastinins läßt sich aus dem Hofmannschen Abbau klar ersehen. Das Hydrastinin reagiert als sekundäre
Base mit Jodmethyl und bildet das *Jodmethylat des Methylhydrastinins,*
welches beim Erhitzen mit Alkali in Trimethylamin und in eine stick-

---

[1]) Frerichs, A. Pharm. **241**, 259.
[2]) Dobbie u. Tinkler, Soc. **85**, 1005.

stofffreie aldehydische Verbindung in das *Hydrastal* $C_{10}H_8O_3$-Tafeln, Fp. 78—79° zerfällt.

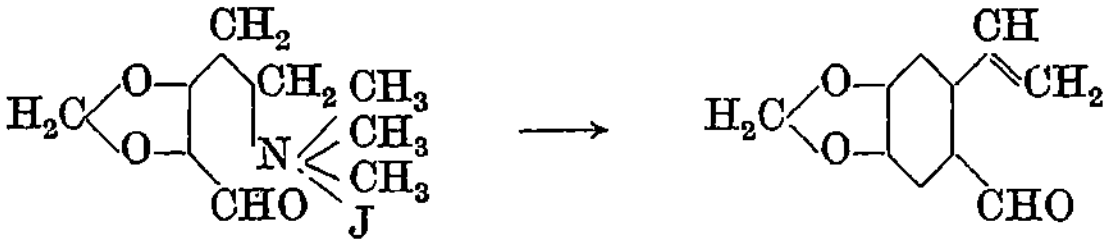

Hydrastal.

Die Konstitution des Hydrastals folgt aus seiner Überführbarkeit durch Kaliumpermanganateinwirkung in die *Hydrastsäure* $C_9H_6O_6$, (*Methylenäther der 4,5-Dioxyphthalsäure*)

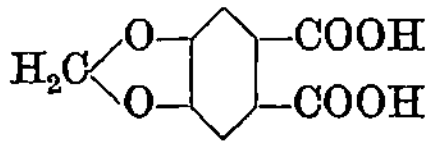

Hydrastsäure

deren Konstitution sich aus dem Übergang durch Erhitzen für sich auf 160° oder mit Jodwasserstoffsäure in die *Normetahemipinsäure*:

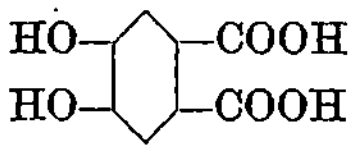

erwies.

Eine zweckmäßige Synthese des Hydrastinins ist Decker[1] — nach der Reaktion von Bischler und Napieralski[2] — zur selben Zeit etwa gelungen, als Salvay die entsprechende Synthese des Kotarnins fand.

Diese Synthese beruht darauf, daß *Formylhomopiperonylamin*

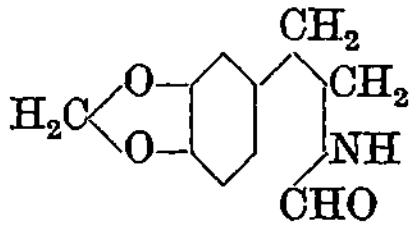

mit Phosphorpentoxyd bzw. -pentachlorid oder -oxychlorid in Toluol oder derartigen Lösungsmitteln erwärmt wird, wobei sich die Kondensation zum *m-p-Methylendioxy-β-γ-dihydroisochinolin*, dem *Norhydrastinin*

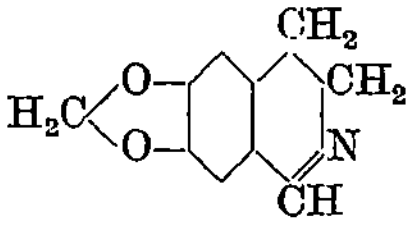

vollzieht. Farblose Nadeln, Fp. 90—91°. Es liefert bei der Behandlung mit Halogenmethyl die entsprechenden Hydrastininsalze.

Die obige Hydrastininsynthese läßt sich durch Verwendung von beliebigen Acylverbindungen verallgemeinern; die Verwendung von alkylierten Phenyläthylaminen führt zu homologen Hydrastinen.

---

[1] Decker, D. R. P. 234850, 245095; Decker, Kropp, Hoyer u. Becker A. **395**, 299; Decker, A. **395**, 321; Decker u. Becker, A. **395**, 328, 342.

[2] Bischler u. Napieralski, B. **26**, 1903.

Rosenmund[1]) benutzt zur Synthese des Hydrastinins folgenden damit verwandten Weg. *Piperonylaminomethanol*:

$$H_2C \underset{O-}{\overset{O-}{<}} \quad CH_2 / CH_2 \backslash NH \underset{CH_2OH}{}$$

Piperonylaminomethanol

wird durch Erwärmen in salzsaurer Lösung in das *Norhydrohydrastinin* übergeführt, das durch Methylierung und darauffolgender Oxydation Hydrastinin ergibt.

Hydrohydrastinin. Bei der Reduktion des Hydrastinins mit Natriumamalgam, mit Zink- und Salzsäure oder durch Elektrolyse wird das Hydrastinin in *Hydrohydrastinin* $C_{11}H_{13}NO_2$ übergeführt; tertiäre Base Fp. 66°; bildet bei der Oxydation Hydrastinin zurück.

$$H_2C \underset{O-}{\overset{O-}{<}} \quad CH_2 / CH_2 \backslash NH{-}CH_3 \underset{CHO}{} \quad + 2H = \quad \overset{CH_2}{} / CH_2 \backslash N{-}CH_3 \underset{CH_2}{} \quad + H_2O$$

Hydrastinin   Hydrohydrastinin.

Beachtenswert ist der Übergang des sekundären Hydrastinins bei der Reduktion in das tertiäre Hydrohydrastinin.

Das Hydrohydrastinin entsteht auch durch Abspaltung der Methoxylgruppe aus dem Hydrokotarnin mittels Natrium und Alkohol. Diese einfache Reaktion vermittelt den wichtigen und direkten Übergang der Opiumalkaloide (Narkotins) zu den Hydrastisalkaloiden [Pyman und Remfry[2])]. Diese Reaktion von Pyman und Remfry bietet auch einen Weg, um das weniger verwertbare Kotarnin in das wertvolle Hydrastinin überzuführen, da das Hydrohydrastinin durch oxydierende Mittel wie Chromsäure und Jod [Freund und Will[3]), Bayer[4])] Hydrastinin bildet.

Das Hydrohydrastinin entsteht ferner beim Erhitzen des Hydrastinins mit Ätzkali neben dem *Oxyhydrastinin* $C_{11}H_{11}NO_3$, schwache Base Fp. 97—98°:

$$H_2C \underset{O-}{\overset{O-}{<}} \quad CH_2 / CH_2 \backslash N{-}CH_3 \underset{CO}{}$$

Oxyhydrastinin.

Dieser Zerfall entspricht der bekannten Aldehydspaltung in Alkohol und Säure. Die Entstehung des Hydrohydrastinin ist hierbei durch

---

[1]) Rosenmund, B. Pharm. **29**, 200.
[2]) Pyman u. Remfry, Soc. **101**, 1595.
[3]) Freund u. Will, B. **20**, 2403.
[4]) Bayer, D. R. P. 267 272.

Wasserabspaltung aus dem entsprechenden Alkohol (I) und die Bildung des Oxyhydrastinins aus der Säure (II) anzunehmen.

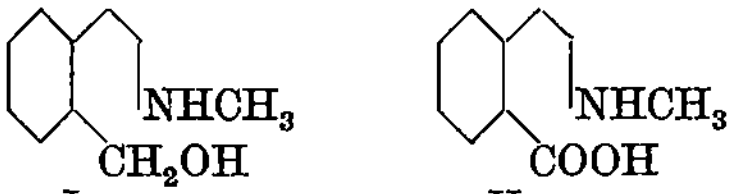

$$\text{I} \qquad \text{II}$$

Die Synthese des Hydrohydrastinins ist schon vor längeren Jahren gelungen; sie war die erste aller Synthesen in der Reihe der Hydrastisalkaloide.

Diese Synthese lehnt sich an die von Pomeranz durchgeführte Isochinonlinsynthese (s. S. 101) an und wurde von Fritsch[1] folgendermaßen durchgeführt.

Durch Einwirkung des Piperonals auf Aminoacetal bildet sich unter der kondensierenden Einwirkung von 76 proz. Schwefelsäure das *Methylendioxyisochinolin*:

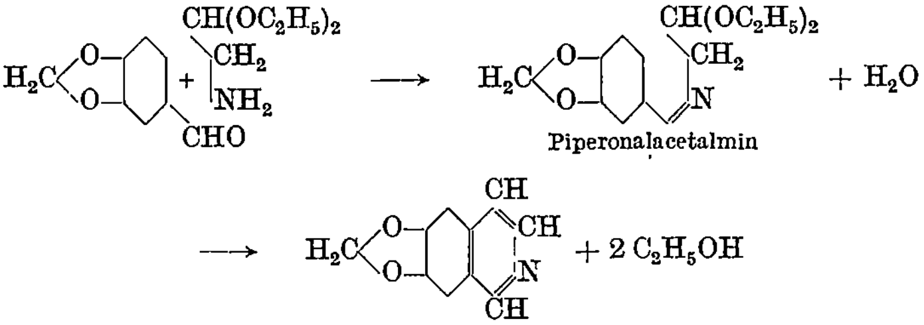

$$+ H_2O$$

Piperonalacetalmin

$$+ 2\,C_2H_5OH$$

Methylen-Dioxyisochinolin.

Das Jodmethylat dieser letzteren Base bildet bei der Reduktion mit Zinn und Salzsäure das *Methylendioxymethyltetrahydroisochinolin*, identisch mit dem Hydrohydrastinin. Da wir oben gesehen haben, daß sich das Hydrohydrastinin durch Oxydation in Hydrastinin überführen läßt, ist durch diese Synthese auch die des Hydrastinins gegeben. α-Alkylderivate des Hydrohydrastinins

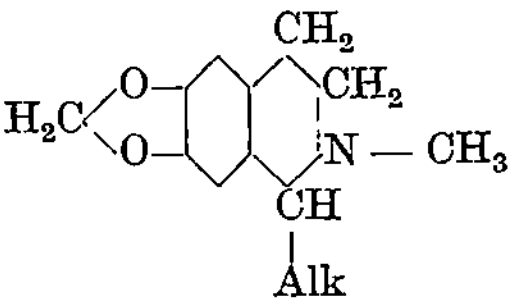

lassen sich durch Grignardierung des Hydrastinins erhalten. Die Bildung dieser ist unter Zugrundelegung der Pseudoform des Hydrastinins zu erklären [Freund und Lederer[2]].

Konstitution des Hydrastinins. Die Entstehung des Hydrastins aus seinen Komponenten dem Hydrastinin und dem Meconin ist in gleicher Weise anzunehmen wie bei dem Narkotin.

---

[1] Fritsch, A. **286**, 1.
[2] Freund u. Lederer, B. **44**, 2356.

So erhält man für das Hydrastin folgendes Formelbild

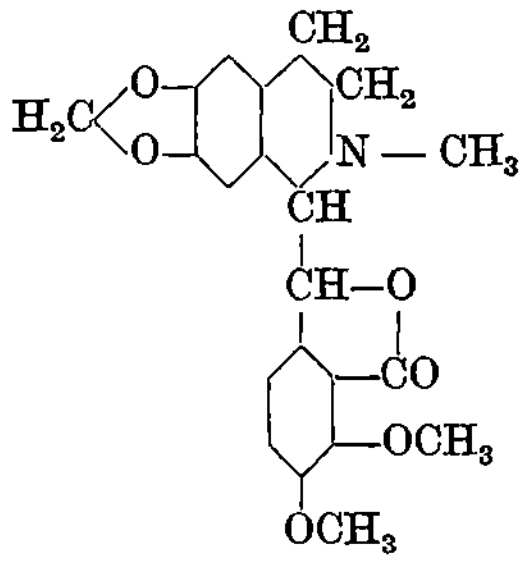

$$CH_2$$

$$H_2C\underset{O}{\overset{O}{<}}\quad CH_2 \quad N-CH_3 \quad CH \quad CH-O \quad CO \quad OCH_3 \quad OCH_3$$

Hydrastin.

Das Hydrastinin steht, wie wir gesehen haben, in gewissem Zusammenhang mit dem Kotarnin. Wir haben auch einen Weg angegeben, um es aus diesem zu gewinnen. Das Hydrastinin steht aber ferner im Zusammenhange mit dem jetzt zu besprechenden Berberin, aus welchem es auch zu erhalten ist. Die Darstellung des Hydrastinins aus dem Kotarnin und aus dem Berberin sind von technischer Bedeutung, da sie beide das wertvollere Hydrastinin aus geringerwertigen Materialien zu gewinnen gestatten.

2. Berberin.

Das Berberin ist eines der wenigen Alkaloide, die sich in mehreren Pflanzen zugleich finden. Es wurde im Jahre 1826 von Chevalier und Pelletan[1]) in der Rinde von *Xanthoxylum Clava Herculis* L. (Familie der Xanthoxylaceen) entdeckt und unter dem Namen: *Xanthopikrit* — seiner gelben Farbe wegen — beschrieben. Büchner[2]) beobachtete im Jahre 1835 sein Vorkommen in der Berberitzenwurzel (*Berberis vulgaris* L., Familie der Berberidaceen). Es findet sich darin in einer Menge von 1,3% und ist das färbende Prinzip derselben; findet sich auch im *Berberis aginfolia*. Perrins[3]) gewann es auch aus der Wurzel von *Hydrastis canadensis* L. (Familie der Ranunculaceen), (4%) und aus der von *Coptis Teeta* Wall (dieselbe Familie), (8—9%). Eykman[4]) fand es mit dem Nandinin zusammen in *Nandina domestica Thumb* (Familie der Berberidaceen). Schließlich wurde es noch von andern Beobachtern in *Coptis trifolia* und *Xanthorriza aquifolia* und in verschiedenen Pflanzen angetroffen, welche zu den Gattungen: *Coscinium, Coeloclin, Cocculus, Orixa, Podophyllum, Geoffroya* usw. gehören [Gordin[5])].

Die Formel des Berberins ist $C_{20}H_{19}NO_5$; seine Konstitution ist jetzt sicher erkannt und durch die Synthese bestätigt.

Das Alkaloid krystallisiert in Prismen oder Nadeln von gelber Farbe mit wechselnden Mengen Krystallwasser (4—6 Mol.); wenigstens

[1]) Chevalier u. Pelletan, Journ. d. chim. et méd. **2**, 314.
[2]) Büchner, A. **24**, 228.
[3]) Perrins, A. Suppl. **2**, 172.
[4]) Eykman, R. **3**, 197.
[5]) Gordin, A. Pharm. **240**, 146.

schwanken darüber die Angaben der verschiedenen Autoren. Mit Chloroform und mit Aceton bildet es krystallisierte additionelle Verbindungen, welche zu seiner Reindarstellung benutzt werden können. Das Berberin ist in kaltem Wasser und Chloroform wenig löslich; auch in Benzol löst es sich schwer (unterschiedlich vom Hydrastin); leicht löslich in kochendem Wasser und in Alkohol; in Äther unlöslich; optisch inaktiv, schwache Base. Seine Salze sind gelb gefärbt; schmecken bitter. Die Konstitution des Berberins ist vorzugsweise durch Perkin jun. erkannt und seine Synthese durch Pictet und Gams bewirkt.

Durch Oxydationseingriffe in das Berberinmolekül gelangte man zunächst zu einem gewissen Einblick in seine Konstitution. So erhielt Schmidt[1]) durch Kaliumpermanganateinwirkung in alkalischer Lösung zwei Säuren, die sich auch bei der Oxydation des Hydrastins bilden — die *Hemipinsäure* und die *Hydrastsäure* — und Weidel[2]) stellte ferner durch Einwirkung von konzentrierter Salpetersäure auf Berberin die *Berberonsäure*, $\beta\gamma\alpha'$-Pyridintricarbonsäure (S. 72) dar.

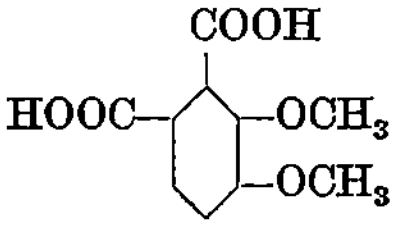

$$\underset{\text{Hemipinsäure.}}{\text{HOOC}-\underset{\text{OCH}_3}{\overset{\text{COOH}}{\bigcirc}}-\text{OCH}_3} \qquad \underset{\text{Hydrastsäure.}}{\overset{\text{HOOC}}{\underset{\text{HOOC}}{\bigcirc}}\overset{-\text{O}}{\underset{-\text{O}}{>}}\text{CH}_2} \qquad \underset{\text{Berberonsäure.}}{\text{COOC}-\underset{\text{N}}{\overset{\text{COOH}}{\bigcirc}}-\text{COOH}}$$

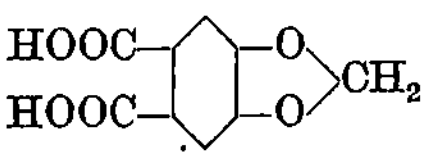

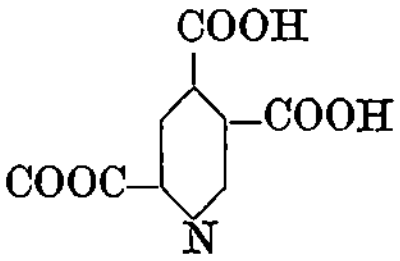

Betrachtet man die Formeln dieser drei Oxydationsprodukte, so ersieht man, daß das Berberin **mindestens** drei Ringe enthalten muß, einen Pyridinring und zwei Benzolringe, von welchen der eine dimethoxyliert ist, während der andere die zweiwertige Atomgruppe CH_2O_2 trägt. Weiterhin erwies sich noch das Vorhandensein eines vierten aromatischen Ringes im Berberin.

Mit der Verknüpfung dieser Ringe beschäftigten sich die Untersuchungen von Perkin jun.[3]) und Perkin und Robinson[4]).

Das weitere Studium der Einwirkung von Kaliumpermanganat auf Berberin förderte diese Arbeiten. Es ließen sich hierbei eine Reihe von Oxydationsprodukten isolieren [vgl. auch Pyman[5])], von denen das *Oxyberberin* $C_{20}H_{17}NO_5$ (richtiger *Dehydroberberin* zu benennen, vgl. Nomenklatur bei den Hydroberberinen), vor allem aber das *Berberal* $C_{20}H_{17}NO_7$ hervorgehoben werden soll, da es zur Konstitutionsaufklärung des Alkaloids am meisten beigetragen hat.

Das Berberal kommt in Tafeln vor, Fp. 150°; es zeigt Aldehydcharakter und ist in der Kälte in Alkalien unlöslich. Beim Kochen mit verdünnter Schwefelsäure, durch alkoholisches Kali wird es in eine Säure und in eine stickstoffhaltige Verbindung nach folgender Gleichung gespalten:

$$\underset{\text{Berberal.}}{C_{20}H_{17}NO_7} + H_2O = C_{10}H_{10}O_5 + C_{10}H_9NO_3$$

[1]) Schmidt, B. **16**, 2589; A. Phar. **225**, 141; **228**, 596.
[2]) Weidel, B. **12**, 410.
[3]) Perkin jun., Soc. **55**, 63; **57**, 991.
[4]) Perkin u. Robinson, Soc. **97**, 305.
[5]) Pyman, Soc. **99**, 1690.

Die so entstehende Säure $C_{10}H_{10}O_5$, Nadeln, Fp. 121—122° erwies sich mit der Opiansäure, die aus dem Narkotin stammt, isomer und wurde deshalb von Perkin *Pseudoopiansäure* genannt. Wir haben schon eine mit der Opiansäure isomere *Metaopiansäure* bei dem Alkaloid Cryptopin kennengelernt (S. 311); die hier vorliegende Pseudoopiansäure stellt die letzte der drei theoretisch möglichen Opiansäuren vor:

CHO   COOH

HOOC—⬡—OCH₃   OHC—⬡—OCH₃

Pseudoopiansäure   Opiansäure.

Die Isomerie der Pseudoopiansäure mit der Opiansäure erwies sich dadurch, daß ihr Oxim beim Erhitzen dasselbe Hemipinimid wie die Opiansäure liefert und die Konstitution der Pseudosäure folgt weiter aus der Bildung von Pseudomekonin bei der Reduktion mit Natriumamalgam:

O—CH₂

OC—⬡—OCH₃

Pseudomekonin.

Das bei der obigen Spaltung des Berberals entstehende stickstoffhaltige Produkt $C_{10}H_9NO_3$ krystallisiert aus heißem Wasser in Tafeln, Fp. 181—182°. Es nähert sich in seinen Eigenschaften dem Oxyhydrastinin, von dem es in seiner Zusammensetzung sich auch nur durch den Mindergehalt einer CH_2-Gruppe unterscheidet.

Perkin betrachtet es als *Noroxyhydrastinin*

CH₂

H₂C⟨O—⬡CH₂ / O—⬡NH

CO

Noroxyhydrastinin

und konnte es auch in der Tat in Oxyhydrastinin umwandeln [Perkin[1])]

Wir sahen oben, daß das Berberal unter Wasseraufnahme in Pseudoopiansäure und Noroxyhydrastinin zerfällt. Diese Reaktion ist umkehrbar, und so läßt sich das Berberal aus der Pseudoopiansäure und Noroxyhydrastinin unter Wasserabspaltung synthetisieren:

$C_{10}H_{10}O_5$ + $C_{10}H_9NO_3$ = $C_{20}H_{17}NO_7 + H_2O$

ψ-Opiansäure   Noroxyhydrastinin   Berberal.

Perkin und Robinson nehmen bei dieser Synthese — nach dem Analogiefall der Kondensation primärer und sekundärer Basen mit Opiansäure, wobei die Opiansäure als Oxyphtalid reagiert — an,

<hr>

[1]) Perkin, Soc. **57**, 991.

daß die Pseudoopiansäure auch in dieser Form die Kondensation zum Berberal eingeht:

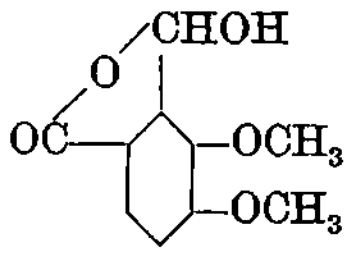

ψ-Opiansäure 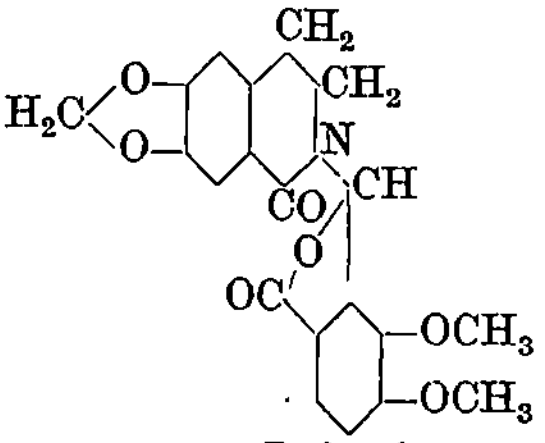   Berberal.

Nach dieser Konstitution des Berberals läßt sich dem sauerstoffärmeren Berberin folgende Formel zuschreiben:

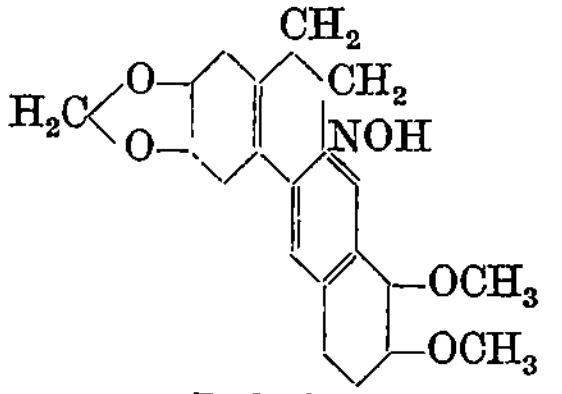

Berberin.

Eine ähnliche Formel ist schon früher von Gadamer durch Überlegungen phytochemischer Natur angenommen worden [Gadamer[1])].

Seiner allgemeinen Basennatur nach erscheint das Berberin in nahem Zusammenhang mit dem Kotarnin bzw. Hydrastinin. Es erscheint als quaternäre Ammoniumbase, seine Salze entstehen daraus unter Austritt von Wasser; es reagiert aber auch in der Aminoaldehyd- und in der Pseudoform:

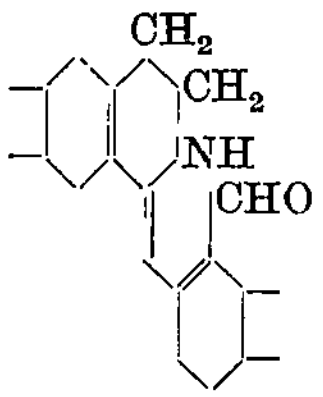

Aminoaldehydform 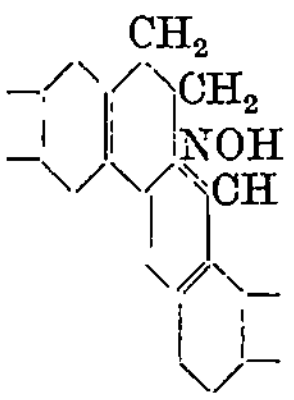   Quaternäre Base
(gewöhnliche Form). 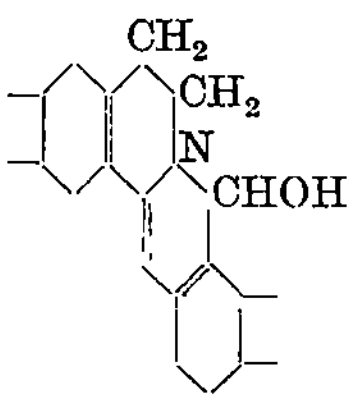   Pseudobase
(Carbinolform).

Gewöhnlich dürfte das Berberin wie auch seine Salze in der quaternären Form vorliegen, wofür die gleichen Absorptionsspektren beider sprechen [Tinkler[2])]. Im Cyanid liegt nach demselben Autor die Pseudoform vor und in ätherischer Lösung reagiert das Berberin als Aminoaldehyd, denn hier bildet es mit Hydroxylamin ein Oxim, Fp. 168—169° [Gadamer[3])].

Die desmotropen Formen, in denen das Berberin reagiert, gaben Veranlassung, dieselben sogar mit besonderen Namen zu charakteri-

[1]) Gadamer, A. Pharm. **239**, 648.
[2]) Tinkler, Soc. **99**, 1340.
[3]) Gadamer, A. Pharm. **243**, 31.

sieren [Gadamer[1]), Perkin[2])]. Aus Gründen der Übersichtlichkeit können wir uns dazu nicht entschließen, da es auch im allgemeinen nicht üblich ist, desmotrope Formen durch besondere Namen zu bezeichnen.

Die verschiedenen Erscheinungsformen des Berberins erklären die mannigfachen Reaktionen, die das Alkaloid eingeht.

So erklärt sich aus der obigen Pseudoform das Verhalten des Berberins bei der Grignardierung. Hierbei entstehen in ähnlicher Weise, wie wir es beim Kotarnin und Hydrastin gesehen haben, *Alkyldihydroberberine.* Die Alkylgruppe tritt dabei an das α-Kohlenstoffatom [Freund[3]), Freund und Beck[4])]; so entsteht z. B. das α-*Methyldihydroberberin* Fp. 134°.

α-Methyldihydroberberin.

Die vorliegenden Dihydroverbindungen lassen sich durch Reduktion in die Tetrahydroverbindungen überführen.

Auch das Berberin selber läßt sich in das Dihydro- und Tetrahydroberberin überführen. Diese sind optisch inaktiv. Durch Spaltung mit o-Bromcamphersulfonsäure entstehen Links- und Rechts-Tetrahydroberberin, von denen die Linksmodifikation sich mit dem Canadin identisch erwies.

Die Grignardierung des Berberins benutzte Faltis[5]) auch zur Darstellung des *Phenyldihydroberberins,* Fp. 196°, das bei mäßiger Oxydation die 2-*Benzoyl-3-4-dimethyloxybenzoesäure,* Fp. 190—191°

liefert, die zur Konstitutionserkenntnis des Berberins aus dem Grunde von Wichtigkeit wurde, weil sich hieraus die Stellung der beiden Oxymethylgruppen im Berberin, wie wir sie oben in der Formel schon angenommen hatten, mit Sicherheit ergab.

Die bei der Grignardierung erhaltenen R-substituierten Dihydroberberine enthalten bemerkenswerter Weise noch ein weiteres reaktionsfähiges Wasserstoffatom. So läßt sich das *l-Benzyldihydroberberin*

---

[1]) Gadamer, Chem. Ztg. **26**, 291.
[2]) Perkin, Soc. **113**, 492.
[3]) Freund, B. **37**, 3334.
[4]) Freund u. Beck, B. **37**, 4673.
[5]) Faltis, M. **31**, 557.

in 50 proz. Essigsäure mit Benzoldiazoniumsulfatlösung behandelt in
4-*Benzolazo-benzyldihydroberberin*, Fp. 185°

Berberubin.

überführen [**Freund** und **Fleischer**[1])] s. Anm.[2]).

Eine eigentümliche Umwandlung erfährt das Berberinchlorid beim
Erhitzen auf 190°, es entsteht hierbei unter Austritt von 1 Mol. Chlor-
methyl das *Berberubin* $C_9H_{15}NO_4$, ein Phenolbetain der quartären
Oxybase, dunkelrote Blättchen, Fp. 285° [**Frerichs**[3])].

Berberubin.

Das Berberin erfährt durch Reduktion mit Zink und Schwefelsäure den Übergang zum *Tetrahydroberberin* $C_{20}H_{21}NO_4$ [**Hlasiwetz**
und **Gilm**[4]); vgl. **Pictet** und **Gams**[5])]. Tertiäre Base, Fp. 168°, bildet
durch Oxydation Berberin zurück.

Bei der Einwirkung von Alkali auf Berberin erfährt dasselbe einerseits
Reduktion zum Dihydroberberin [**Gadamer**[6]); vgl. **Faltis**[7])], anderer-
seits Oxydation zum Oxyberberin, das bei der direkten Oxydation des
Berberins sich auch bildet:

Berberin   Dihydroberberin   Oxyberberin

---

[1]) **Freund** u. **Fleischer**, A. **409**, 188; **411**, 1.
[2]) Die Dihydroalkylberberine müßten ihrer Zusammensetzung nach richtiger
als *Desoxyalkylberberine* bezeichnet werden und die betreffenden Stammkörper
statt Dihydro- bzw. Tetrahydroberberine als *Desoxy-* bzw. *Desoxydihydroberberin*.
Die vorliegende irrige, in die Literatur übergegangene Nomenklatur rührt davon
her, daß dem Berberin früher die fälschliche Zusammensetzung $C_{20}H_{17}NO_4$ zugeschrieben wurde, statt $C_{20}H_{19}NO_5$ (vgl. dazu **Perkin**, Soc. **113**, 492).
[3]) **Frerichs**, A. Pharm. **248**, 276; **Frerichs** u. **Stöpel**, A. Pharm. **251**, 321.
[4]) **Hlasiwetz** u. **Gilm**, A. **122**, 256; Suppl. **2**, 191; J. **1864**, 407.
[5]) **Pictet** u. **Gams**, B. **44**, 2480.
[6]) **Gadamer**, Chem. Ztg. **26**, 291.
[7]) **Faltis**, M. **31**, 557.

Das Oxyberberin erlangte eine erhöhte Wichtigkeit als seine Synthese gelang [Pictet und Gams[1])], die sich bis zum Berberin weiter führen ließ [Perkin jun.[2])].

Die Synthese des Oxyberberins geht vom *Homopiperonylamin* aus, das durch Einwirkung konzentrierter Salzsäure *Norhydrohydrastinin*, $Kp._{50}$ 197—199° liefert:

$$H_2C \big\langle \begin{matrix} O \\ O \end{matrix} \big| \begin{matrix} CH_2 \\ CH_2 \\ NH \\ CH_2 \end{matrix}$$

Norhydrohydrastinin

Das *Norhydrohydrastinin* wird weiter zum Schutz des freien Stickstoffatoms in die *o-Nitrobenzoylverbindung*, Fp. 103—105° übergeführt, diese mit *Opiansäuremethylester* kondensiert und durch Alkalikondensation zum *Oxyberberinringschluß* veranlaßt.

$$H_2C \big\langle \begin{matrix} O \\ O \end{matrix} \big| \begin{matrix} CH_2 \\ CH_2 \\ N-COC_6H_4NO_2 \\ CH_2 \end{matrix} \qquad HCO \begin{matrix} COOCH_3 \\ -OCH_3 \\ -OCH_3 \end{matrix}$$

$\longrightarrow$

$$H_2C \big\langle \begin{matrix} O \\ O \end{matrix} \big| \begin{matrix} CH_2 \\ CH_2 \\ N-COC_6H_4NO_2 \\ |COOCH_3 \end{matrix} \quad HC \begin{matrix} -OCH_3 \\ -OCH_3 \end{matrix}$$

$\longrightarrow$

$$H_2C \big\langle \begin{matrix} O \\ O \end{matrix} \big| \begin{matrix} CH_2 \\ CH_2 \\ N \\ CO \end{matrix} \begin{matrix} -OCH_2 \\ -OCH_3 \end{matrix}$$

Oxyberberin

Das Oxyberberin läßt sich weiterhin zum Tetrahydroberberin reduzieren, welches, wie wir oben sahen, zum Berberin führt. Die vorliegende Synthese gibt auch eine weitere Bestätigung für die von uns angenommene Stellung der beiden OCH_3-Gruppen. Auch noch auf einem anderen direkteren Wege ist von Pictet und Gams[3]) die Synthese des Berberins durchgeführt.

Aus *Homoveratrumsäurechlorid* und *Homopiperonylaminchlorhydrat* durch Kondensation mit Alkali wird zunächst das *Homoveratroylhomopiperonylamin* (I), Fp. 136° dargestellt, welches durch Einwirkung von Phosphorsäureanhydrid den Isochinolinringschluß zum

[1]) Pictet u. Gams, C. r. **152**, 1102, B. **44**, 2036.
[2]) Perkin jun., Soc. **115**.
[3]) Pictet u. Gams, B. **44**, 2480; Arch. Phys. et Nat. Genève (4) **32**, 373.

α-Veratryl-2,3-methylendioxy-βγ-dihydroisochinolin (II), Fp. 68—70° erfährt.

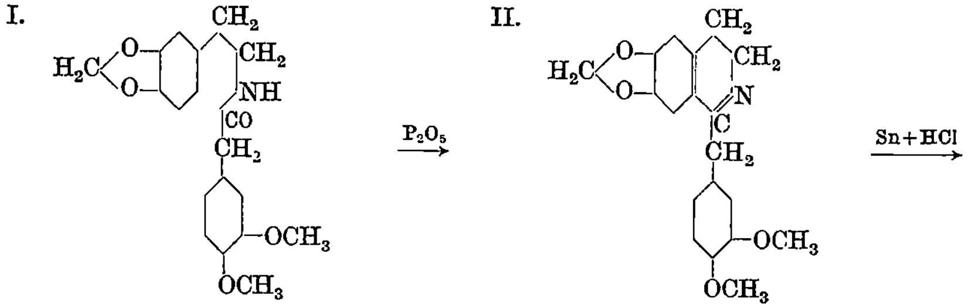

I. $\xrightarrow{\text{P}_2\text{O}_5}$ II. $\xrightarrow{\text{Sn+HCl}}$

Durch Reduktion mit Zinn und Salzsäure entsteht das *α-Veratrylnorhydrohydrastinin* (III), Fp. 208—210°, welches schließlich mit Methylal in salzsaurer Lösung *Tetrahydroberberin* und weiter Berberin liefert.

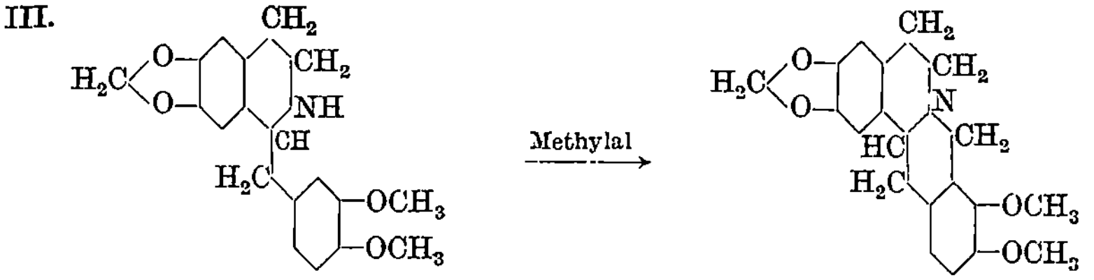

III. $\xrightarrow{\text{Methylal}}$

Tetrahydroberberin

Die vorliegende Reaktion, die zum Tetrahydroberberin führt, ist das erste Beispiel des Übergangs eines Alkaloids der Papaveringruppe (Opiumalkaloid) in eines der Berberingruppe.

Das Berberin zeigt ferner einen bemerkenswerten Zusammenhang zum Cryptopin [Perkin jun.[1])]. Ausgehend vom Isocryptopinchlorid durch Abspaltung von Chlormethyl entsteht ein berberinartiger Körper, der sich vom entsprechenden Berberinderivat nur dadurch unterscheidet, daß die Methoxylgruppen und die Dioxymethylengruppe miteinander vertauscht sind (*Epiberberin*derivate), s. auch *β-Homochelidonin*.

Der Übergang des Berberins zum technisch wichtigeren Hydrastinin ist von Freund und Mitarbeitern[2]) aus den vorher besprochenen Alkyltetrahydroberberinen erreicht. Diese werden durch Jodmethyl in quaternäre Salze übergeführt, welche mit Alkali gekocht, unter Ringsprengung des Basen bilden. So entsteht z. B. aus dem *Benzyltetrahydroberberin*:

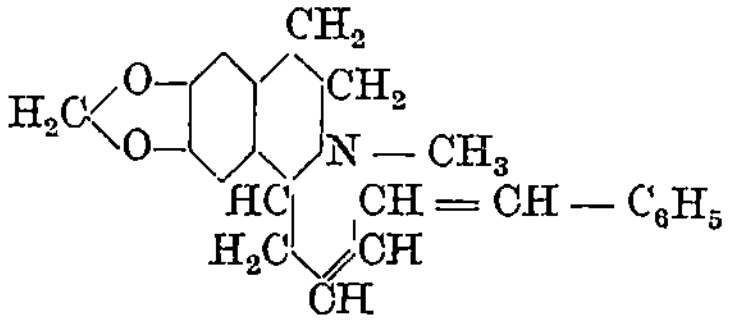

eine des-Base, durch deren Oxydation unter Absprengung der Seitenkette die Überführung in Hydrastinin gelingt.

[1]) Perkin jun., Soc. **113**, 722.
[2]) Freund, D. R. P. 241 136, 242 217; Freund u. Mitarbeiter, A. **397**, 1

3. Canadin.

Dieses Alkaloid, welches sich in kleiner Menge in der Wurzel von *Hydrastis canadensis* und zu ca. 1,8% in der Rinde von *Xanthoxylon brachyacanthum* [Jowett und Pyman[1])] findet, wurde zuerst im Jahre 1894 von E. Schmidt[2]) untersucht. Seine Formel ist $C_{20}H_{21}NO_4$. Es krystallisiert in Nadeln, Fp. 132,5°.

Das Canadin ist demnach ein *Tetrahydroberberin* (vgl. Anm. S. 332), aber nicht mit demjenigen Hydroberberin identisch, das bei der direkten Reduktion des Berberins entsteht (S. 332).

Das Canadin ist l-Tetrahydroberberin, erhalten durch Spaltung des dl-Tetrahydroberberins (s. Berberin) mittels Bromcamphersulfonsäure; l-Canadin, Fp. 132—133° $[\alpha]_D$ —298,2°; d-Canadin, Fp. 139—140° $[\alpha]_D$ 297,4° [Gadamer[3])].

Dobbie und Lauder[4]) geben an, daß das Spektrum des Canadins mit dem des Tetrahydroberberins identisch ist.

Durch Oxydation wird das Canadin in Berberin übergeführt [Gadamer[5])].

Das Canadin bildet mit Alkylhaloiden quaternäre Salze, deren Ammoniumbasen beim Eindampfen im Vakuum unter Wasserabspaltung in des Basen übergehen. Da bei dieser Ringspaltung die Trennung des Stickstoffs bald von dem einen, bald von dem anderen benachbarten Kohlenstoff geschieht, treten hierbei Isomere auf [Pyman[6])].

4. Nandinin.

Das Nandinin wurde im Jahre 1885 von Eykman[7]) aus der Wurzel von *Nandina domestica* gewonnen, wo es sich neben dem Berberin findet. Seine Formel ist $C_{19}H_{19}NO_4$; es ist eine amorphe Base, unlöslich in Wasser, aber leicht löslich in den organischen Solvenzien. Es wirkt giftig.

5. Oxyacanthin.

Das Oxyacanthin wurde im Jahre 1836 in der Wurzel der Berberitze von Polex[8]) entdeckt, der ihm die Formel $C_{16}H_{23}NO_6$ gab und es als eine amorphe Substanz vom Fp. 139° beschrieb. In Alkalien ist es löslich, unlöslich in Wasser.

Hesse[9]) beschäftigte sich weiterhin mit diesem Alkaloid und fand, daß es sich in der Pflanze in zwei Formen findet, die eine ist amorph und schmilzt bei 139°, wie es Polex beobachtet hatte; die andere

[1]) Jowett u. Pyman, Soc. **103**, 290.
[2]) Schmidt, A. Pharm. **232**, 136.
[3]) Gadamer, A. Pharm. **239**, 648.
[4]) Dobbie u. Lauder, Soc. **83**, 605.
[5]) Gadamer, A. Pharm. **253**, 274.
[6]) Pyman, Soc. **103**, 817.
[7]) Eykman, R. **3**, 196.
[8]) Polex, A. Pharm. (2), **6**, 271.
[9]) Hesse, B. **19**, 3190.

krystallisiert in Prismen und schmilzt bei 210°. Für diese beiden Modifikationen nimmt Hesse die Formel $C_{18}H_{19}NO_3$ in Anspruch; sie sind rechtsdrehend $[\alpha]_D + 174{,}5°$ in alkoholischer Lösung, und lösen sich nur sehr schwer in den Alkalien. Durch Ätzkali oder Ätzbaryt wird das Oxyacanthin in eine isomere Base übergeführt, in das *β-Oxyacanthin*, welches sich durch größere Löslichkeit in den Alkalien unterscheidet; es kommt auch in zwei Formen vor, von denen die eine amorph ist (Fp. 150°), die andere krystallisiert (Fp. 213—214°).

Weiterhin ist das Oxyacanthin auch in anderen Berberisarten von Rüdel[1]) und Pommerehne[2]) aufgefunden, sie haben teilweise von Hesse abweichende Resultate erhalten. Sie teilen ihm die Formel $C_{19}H_{21}NO_3$ zu. Pommerehne gibt an, daß es eine Hydroxylgruppe enthält (Benzoylverbindung) und ein oder zwei Methoxyle.

6. Berbamin.

Dieses Alkaloid gewann Hesse[3]) aus der Wurzel der Berberitze und gab ihm die Formel $C_{18}H_{19}NO_3$. Es krystallisiert in Blättchen mit zwei Molekülen Krystallwasser und schmilzt wasserfrei bei 156°. Möglicherweise stellt es das niedere Homologe des Oxyacanthins vor.

Pharmakologisches. — *Hydrastin*[4]). Das Alkaloid hat in kleinen Dosen eine erregende Wirkung auf das Zentralnervensystem, die in manchen Beziehungen an die des Strychnins erinnert; in großen Dosen tötet es nach Krämpfen durch Lähmung. Wertvoll ist die nach seiner Einbringung zu konstatierende Steigerung des allgemeinen Blutdrucks, die zum größten Teile von einer zentral ausgelösten Verengerung der Blutgefäße abhängt. Man hat von dieser Gefäßkonstriktion besonders in der Frauenheilkunde Gebrauch gemacht, um Blutungen zu stillen. Die meisten Autoren halten in dieser Richtung das *Hydrastinin* für viel wirksamer, das außerdem auch auf das Herz besser wirken soll als Hydrastin. Vom Hydrastinin ist auch nachgewiesen, daß es die Gebärmutter direkt erregen kann.

Neuerdings werden häufig Salze des *Cotarnins* (Methoxyhydrastinin) benutzt, und als besonders gut gegen Blutungen aus den weiblichen Genitalorganen empfohlen (Stypticin, Styptol). Im Tierexperiment wirkt Cotarnin ähnlich wie Hydrastinin, nur überwiegen bei ihm die Lähmungserscheinungen (S. 275 u. 320).

Hydrocotarnin bewirkt zuerst Narkose; dann schließen sich an diese Erregungszustände an.

R. Heinz (B. **39**, 2235; 40, 2614; 45, 1182 u. 1186) hat folgende synthetische Derivate untersucht: *α-Äthylhydrocotarnin* erzeugt bei Fröschen Krämpfe, dann zentrale und periphere Lähmung und schädigt das Herz. Auch für Warmblüter ist es ein Krampfgift. Das *Propylderivat* wirkt genau so, dagegen das *Phenyl-* und *Benzylderivat* viel schwächer.

---

[1]) Rüdel, A. Pharm. **229**, 631.
[2]) Pommerehne, A. Pharm. **233**, 127.
[3]) Hesse, B. 19, 3190.
[4]) J. de Vos, Arch. internat. de pharm. et de thér. **2**, 5 (Literatur).

Berberin lähmt zentral; durch Lähmung des Vagus erzeugt es Pulsbeschleunigung. Die Fähigkeit, Gefäße zur Konstriktion zu bringen, geht ihm ab. Im Darm bewirkt es Durchfall. *α-Methyltetrahydroberberin* hat keine Wirkung, *α-Äthyldihydroberberin* reizt lokal, sonst ohne Wirkung.

Methylendicotarnin lähmt Frösche vollkommen, macht bei Kaninchen Krämpfe und schädigt die Zirkulation (keine Drucksteigerung).

Canadin. Das Alkaloid reizt bei Kalt- und Warmblütern zuerst, um dann zu lähmen; die Wirkung auf die Blutgefäße und die Gebärmutter geht ihm ebenfalls ab.

XVI. Corydalisalkaloide.

Die Wurzeln von Corydalis cava und anderen Corydalis-Arten (Familie der Fumiariaceen) enthalten neben dem Hauptalkaloid, dem Corydalin, eine größere Reihe von Basen, die jetzt, vorzugsweise durch die Arbeiten von Dobbie und Lauder und Gadamer und seinen Schülern, in eine übersichtliche Systematik von drei Gruppen gebracht werden können.

Gruppe I (Alkaloide mit dem Ringsystem des Berberins):

    1. Corydalin . . . . $C_{22}H_{27}NO_4$
    2. Dehydrocorydalin . . . . $C_{22}H_{25}NO_5$
    3. Corybulbin . . . . $C_{21}H_{25}NO_4$
    4. Isocorybulbin . . . . . . $C_{21}H_{25}NO_4$

Gruppe II (Alkaloide mit dem Ringsystem des Apomorphins):

    5. Corytuberin . . . . $C_{19}H_{21}NO_4$
    6. Corydin . . . . $C_{20}H_{23}NO_4$
    7. Bulbocapnin . . . . $C_{19}H_{19}NO_4$

Gruppe III (Alkaloide mit weniger gut erforschten Ringsystemen, möglicherweise vom Protopincharakter):

    8. Corycavin . . . . $C_{23}H_{23}NO_6$
    9. Corycavamin . . . . . . $C_{21}H_{21}NO_5$
   10. Corycavidin . . . . $C_{22}H_{25}NO_5$

Außer den obigen Alkaloiden wurde vielfach Protopin und eine größere Zahl weniger erforschter Basen in den Corydalis-Arten nachgewiesen [Haars[1]), Makoshi[2]), Heyl[3])].

Betr. der Mengenverhältnisse der Alkaloide in den Corydalisknollen werden etwa 5—6% angegeben. Ziegenbein[4]) fand in 10 kg Knollen: 57 g Corydalin, 41 g Bulbocapnin, 6 g Corycavin und 4 g Corybulbin. Diese Alkaloide sind in der Pflanze an Äpfel- und Fumarsäure gebunden.

---

[1]) Haars, A. Pharm. **243**, 154.
[2]) Makoshi, A. Pharm. **246**, 381, 401.
[3]) Heyl, Apoth.-Ztg. **25**, 36.
[4]) Ziegenbein, A. Pharm. **234**, 492.

1. Corydalin.

Das Corydalin wurde von Wackenroder[1]) im Jahre 1826 aufgefunden; seine Zusammensetzung erkannten Freund und Josephi[2])
als $C_{22}H_{27}NO_4$, eine Formel, die jetzt allgemein angenommen wird.

Das Corydalin findet sich im *Corydalis cava* und *C. ambigua.* Krystallisiert aus Alkohol in Prismen, Fp. 134—135°, $[\alpha]_D^{20}$ +317° in Chloroformlösung. In Wasser und in Alkalien ist es unlöslich; leicht löslich
in Äther, Chloroform, Benzol und in heißem Alkohol. Seine Lösungen
schmecken bitter.

Es ist eine tertiäre Base, besitzt vier Methoxyle, welche beim Erhitzen mit Jodwasserstoffsäure abgespalten werden. Es enthält keine
N-Methylgruppe.

Das Corydalin zeigt das gleiche Absorptionsspektrum wie das Tetrahydroberberin [Dobbie und Lauder[3])]. Durch schwache Oxydationsmittel wird das Corydalin in das um vier Wasserstoffatome ärmere,
dem Berberin konstitutionell gleiche *Dehydrocorydalin* (s. S. 341) übergeführt. Auch mit den Columboalkaloiden (s. dort) scheinen konstitutionelle Zusammenhänge zu bestehen. [Feist u. Sandstede[4])].

Die Konstitution des Corydalins hat sich als folgende ergeben
[Dobbie und Lauder[5]), vgl. Dobbie und Fox[6])]:

Corydalin.

Hierbei ist die Stellung der beiden OCH_3-Gruppen in dem mit
Zahlen bezeichneten Benzolring noch fraglich, da hierfür außer der
4, 5-Stellung die 2, 3-Stellung in Frage kommt [Gadamer[7]), vgl. auch
Pictet und Malinowski[8])].

Die vorzüglichste Aufklärung zur Konstitution des Corydalins hat
die Oxydation desselben ergeben. Hierbei entstehen unter der Einwirkung von Kaliumpermanganat die Hemipinsäure, die Metahemipinsäure und das stickstoffhaltige *Corydaldin* $C_{11}H_{13}NO_3$.

Die Bildung der Hemipinsäure wie auch der Metahemipinsäure
deutet auf das Vorhandensein von zwei verschiedenen Benzolringen

[1]) Wackenroder, Berzelius' Jahresber. 7, 220.
[2]) Freund u. Josephi, B. 25, 2411; A. 277, 1.
[3]) Dobbie u. Lauder, Soc. 83, 605.
[4]) Feist u. Sandstede, A. Pharm. 256, 1.
[5]) Dobbie u. Lauder, Soc. 61, 244, 605; 62, 485; 65, 57; 67, 17, 25, 71;
657; 75, 670; 81, 145; 83, 605.
[6]) Dobbie u. Fox, Soc. 105, 1639.
[7]) Gadamer, A. Pharm. 240, 81; 241, 630.
[8]) Pictet u. Malinowski, B. 46, 2688.

im Corydalin hin. Hierbei war von vornherein anzunehmen, daß die
Metahemipinsäure aus einem im Alkaloid ursprünglich vorhandenen
Isochinolinring entstanden wäre, da die Metahemipinsäure das ge-
wöhnliche Oxydationsprodukt des Isochinolins ist. Darüber mußte die
Untersuchung des stickstoffhaltigen Teils, des Corydaldins, Auskunft
geben und hat es in der Tat auch getan.

Das Corydaldin, Fp. 175°, erwies sich in seinem ganzen Verhalten
sehr ähnlich mit dem aus dem Berberin erhaltenen *Noroxyhydrastinin*
$C_{10}H_7NO_3$ und in seiner Zusammensetzung unterscheidet es sich davon
auch nur durch den Mehrgehalt von CH_4. Da ferner das Noroxyhydrastinin keine O—CH_3-Gruppe besitzt, das Corydaldin indessen
zwei, so lag die Vermutung sehr nahe, daß das Corydaldin sich vom
Noroxyhydrastinin nur durch den Ersatz der in diesem befindlichen
Dioxymethylengruppe durch zwei Oxymethylgruppen unterscheidet.

Noroxyhydrastinin.   Corydaldin.

Das Corydaldin bildet ebenso wie das Noroxyhydrastinin eine
Nitroseverbindung, welche durch Natronlauge dieselben Umwandlungen erfährt wie das Noroxyhydrastinin, indem der Stickstoff dabei
eliminiert wird, und *ω-Oxyäthylveratrumsäureanhydrid*, Fp. 138—139°

entsteht.

Durch weitere Oxydation dieses Anhydrids mit Kaliumpermanganat
bildet sich Hemipinsäure.

Neben der Metahemipinsäure entsteht bei der Oxydation des Corydalins, wie schon erwähnt, aus einem zweiten Benzolring die Hemipinsäure.

Außer dem Isochinolinring und Benzolring muß aber noch ein
Pyridinringsystem im Alkaloid vorhanden sein, denn die Oxydation des
Corydalins führte auch zu einer Methyl-Pyridincarbonsäure, die von
D o b b i e und M a r s d e n [1]) als *α-Methyl-β-γ-α'-Pyridintricarbonsäure* an-
gesprochen wurde.

Diese konnte nicht aus dem bisher besprochenen Isochinolinring
entstanden sein, da dieser keine Methylgruppe umfaßt. Da aber andererseits das Corydalin nur ein Stickstoffatom enthält, so muß dieses eine
Stickstoffatom zwei Ringen angehören und durch Zertrümmerung des
zweiten dieser Ringe muß die obige Methyl-Pyridintricarbonsäure entstanden sein.

Hierüber wurde weitere Klarheit gebracht durch andere Zwischenprodukte, die ebenfalls bei der Oxydation des Corydalins teils durch
Kaliumpermanganat teils durch Salpetersäure aufgefunden wurden.

---

[1]) D o b b i e u. M a r s d e n, Soc. **71**, 657.

Das war zunächst die sog. *Corydylsäure* $C_{17}H_{15}NO_8 + 2 H_2O$, Nadeln, Fp. 228°, dreibasische Säure, tertiärer Basencharakter. Diese Corydylsäure zerfällt bei der Oxydation in die obige Methyl-Pyridintricarbonsäure und in Metahemipinsäure. Danach muß die Corydylsäure folgende Formel haben:

$$
\begin{array}{c}
\text{COOH} \\
H_3CO-\!\!\!\!\bigcirc\!\!\!\!-\!\!\!N\!\!-\!\!CH_3 \\
H_3CO \qquad\quad -\!COOH \\
\text{COOH}
\end{array}
$$

Corydylsäure.

wobei wir für dieselbe einer gewissen Modifikation von Haars[1]) folgen. Schließlich gewährt uns ein weiteres, nicht so weit abgebautes Oxydationsprodukt des Corydalins, die sog. *Corydinsäure*, genaueren Einblick in die Konstitution des Corydalins selber.

Die *Corydinsäure*, $C_{18}H_{17}NO_6$, gelbe Blättchen, Fp. mit 1 aq. 224°, mit 2 aq. 218°, stellt eine zweibasische Säure vor, enthält zwei OCH_2-Gruppen; das Stickstoffatom ist tertiär. In dieser Corydinsäure tritt uns das Stickstoffringsystem des Corydalins unversehrt entgegen.

$$
\begin{array}{c}
\text{CH}_2 \\
H_3CO-\!\!\!\!\bigcirc\!\!\!\!\diagdown\text{CH}_2 \\
H_3CO-\!\!\!\!\bigcirc\!\!\!\!\diagup N\!\!-\!\!CH_3 \\
-\!COO \\
\text{COOH}
\end{array}
$$

Corydinsäure

Aus allen diesen Abbauprodukten des Corydalins ergibt sich ungezwungen die Konstitution für das Alkaloid, das danach dem Tetrahydroberberin sehr ähnlich ist.

Synthetische Darstellungsversuche für Corydalin nahmen Pictet und Malinowski[2]) vor, indem sie Tetrahydropapaverin mit Acetal kondensierten. Diese Reaktion nahm folgenden Verlauf:

$$
\begin{array}{ccc}
\begin{array}{c}
\text{CH}_2 \\
H_3CO-\!\!\bigcirc\!\!\diagdown\text{CH}_2 \\
H_3CO-\!\!\bigcirc\!\!\diagup\text{NH} \\
\text{HC} \\
H_2C \\
\bigcirc\!-\!OCH_3 \\
\text{OCH}_3
\end{array}
& + (OH)_2CH - CH_3 = &
\begin{array}{c}
\text{CH}_2 \\
H_3CO-\!\!\bigcirc\!\!\diagdown\text{CH}_2 \\
H_3CO-\!\!\bigcirc\!\!\diagup N \\
\text{HC} \;\; CH - CH_3 \\
H_2C \\
-\!OCH_3 \\
\text{OCH}_3
\end{array}
\;\; + 2 H_2O
\end{array}
$$

und führte so zu einem isomeren Corydalin, welches *Coralydin* genannt wurde (S. 269).

<hr>

[1]) Haars, A. Pharm. **243**, 165.
[2]) Pictet u. Malinowski. B. **46**, 2688.

Dieses Coralydin, $C_{22}H_{27}NO_4$, welches die OCH_3-Gruppe sicher in anderer Stellung wie das Corydalin trägt, da es bei der Oxydation nur Hemipinsäure liefert, ist in zwei stereoisomeren Formen aufgefunden; α-Form (Fp. 148°) und β-Form (Fp. 115°).

2. Dehydrocorydalin.

Das *Dehydrocorydalin* $C_{22}H_{25}NO_5$ wurde von E. Schmidt[1] aus den Knollen von Corydalis cava, aus C. ambigna [Makoshi[2]] und anderen Corydalis-Arten isoliert. Gelbes, krystallinisches Pulver, Fp. 112—113°. Es enthält vier Wasserstoffatome weniger wie Corydalin und steht zu diesem im selben Verhältnis wie das Berberin zum Canadin [Freund und Mayer[3]]; überhaupt entspricht es dem Berberin [Dobbie und Lauder[4]]. Schon äußerlich ähnelt es dem Berberin durch seine gelbe Farbe, die es bei der Reduktion zum Corydalin verliert; die Salzbildung findet auch wie beim Berberin unter Austritt eines Moleküls Wasser statt.

Das Dehydrocorydalin entsteht aus dem Corydalin durch leichte Oxydation, z. B. mit Mercuriacetat, Jod in alkoholischer Lösung usw. [Dobbie und Marsden[5]), Ziegenbein[6]), Gadamer[7])].

Das Alkaloid verhält sich in Salzen und in seiner wässerigen Lösung wie eine echte, quartäre Base (I), in freiem Zustande dagegen erscheint es in tautomerer Form als Ketobase (II), (Oximbildung, Fp. 165°), verhält sich also auch hierin wie das Berberin.

Dehydrocorydalin.

Durch Reduktion mit Zink und Schwefelsäure geht das Dehydrocorydalin in *i-Corydalin*, Fp. 134—135°, über. Daneben entsteht ein isomeres *r-Mesocorydalin*, Fp. 158°, das auch in seiner optisch aktiven Form unterschiedlich vom Corydalin ist [Martindale[8]), Gadamer, Ziegenbein und Wagner[9]), Gadamer und Klee[10]), Gadamer[11])].

[1]) E. Schmidt, A. Pharm. **246**, 575.
[2]) Makoshi, A. Pharm. **246**, 381.
[3]) Freund u. Mayer, B. **40**, 2604.
[4]) Dobbie u. Lauder, Soc. **83**, 605.
[5]) Dobbie u. Marsden, Soc. **91**, 657.
[6]) Ziegenbein, A. Pharm. **234**, 492.
[7]) Gadamer, A. Pharm. **253**, 274.
[8]) Martindale, A. Pharm. **236**, 214.
[9]) Gadamer, Ziegenbein u. Wagner, A. Pharm. **240**, 19.
[10]) Gadamer u. Klee, A. Pharm. **254**, 295.
[11]) Gadamer, A. Pharm. **243**, 147.

3. Corybulbin.

Corybulbin, $C_{21}H_{25}NO_4$, gefunden in Corydalis ambigua [Makoshi[1])], Fp. 237—238°, $[\alpha]_D^{20}$ +303,3°, enthält drei Methoxyle, eine OH-Gruppe, bildet eine Monoacetylverbindung, Fp. 160°. Mit konz. Jodwasserstoffsäure entsteht dasselbe Phenolderivat wie aus Corydalin.

Die Beziehungen des Corybulbins zum Corydalin sind demnach sehr nahe; das Corybulbin besitzt noch eine freie Phenolgruppe, die im Corydalin methyliert ist. Das Corybulbin wird auch durch Jodmethyl und Kalilauge in methylalkoholischer Lösung in Corydalin übergeführt [Dobbie, Lauder und Paliatseas[2])]; andererseits entsteht aus beiden Alkaloiden durch Einwirkung konz. Jodwasserstoffsäure dasselbe Phenolderivat $C_{18}H_{15}N(OH)_4 \cdot HJ$, Fp. 270°.

Das Corybulbin erfährt, analog dem Corydalin, mit Jod in alkoholischer Lösung Oxydation zum *Dehydrocorybulbin* $C_{21}H_{21}NO_4$, Fp. 175 bis 178°. Dieses bildet durch Reduktion mit Zink und Schwefelsäure *i-Corybulbin*, Fp. 220° [Gadamer und Bruns[3]), Bruns[4])]. Dehydrocorybulbin aus seinen Salzen durch Alkali in Freiheit gesetzt, erscheint in der Phenolbetainform.

Im Corybulbin ist die Stellung der freien OH-Gruppe noch unbestimmt.

4. Isocorybulbin.

Das Isocorybulbin, $C_{21}H_{25}NO_4$, wurde im *Corydalis cava* von Gadamer[5]) aufgefunden. Weiße, voluminöse, sehr lichtempfindliche Blättchen, Fp. 179—180°, $[\alpha]_D^{20}$ +299,8°, enthält drei Methoxyle.

Das Isocorybulbin und Corybulbin liefern bei der Entmethylierung mit Jodwasserstoffsäure das gleiche *Apocorydalin*, so daß der Unterschied zwischen Isocorybulbin und Corybulbin bloß auf der Stellungsverschiedenheit der freien OH-Gruppe zu den Methoxylen beruht.

Das Isocorybulbin bildet bei der Oxydation ein *Dehydro-Isocorybulbin* $C_{21}H_{21}NO_4$. Braune Krystallmasse, die mit Zink und Schwefelsäure *i-Isocorybulbin*, Fp. 165—167°, liefert.

Möglicherweise ist das Isocorybulbin nicht in der Pflanze vorhanden, sondern entsteht erst bei der Aufarbeitung der Alkaloide [Bruns[4])].

5. Corytuberin.

Das Corytuberin $C_{19}H_{23}NO_4 + 5 H_2O$ findet sich in den Knollen von *Corydalis cava* [E. Schmidt[6])]. Es krystallisiert in seidenglänzenden Nadeln, Fp. 240°, $[\alpha]_D^{20}$ +282,65°, unlöslich in Benzol, Chloroform; löslich in Alkohol und in Alkalien.

Der Apomorphincharakter des Corytuberins ließ sich durch den von Gadamer durchgeführten Hofmannschen Abbau erweisen. Hierzu wurde das Alkaloid mit Dimethylsulfat vollständig methyliert und das so entstehende Dimethylsulfat des *Corytuberindimethyläthers*, mit Natron-

[1]) Makoshi, A. Pharm. **246**, 381.
[2]) Dobbie, Lauder u. Paliatseas, Soc. **79**, 87.
[3]) Gadamer u. Bruns, A. Pharm. **239**, 39.
[4]) Bruns, A. Pharm. **241**, 634.
[5]) Gadamer, A. Pharm. **240**, 19.
[6]) E. Schmidt, A. Pharm. **246**, 575.

lauge in die Methinbase verwandelt. Diese erfuhr mit Natronlauge die charakteristische Spaltung in Trimethylamin und in ein *Tetramethoxy-8-Vinylphenanthren*, Fp. 69°, das von Gadamer als die 3, 4, 5, 6-Tetramethoxyverbindung:

$$H_3CO-\ /\ CH\ \backslash\ CH_2$$
$$H_3CO-$$
$$H_3CO-$$
$$H_3CO-$$

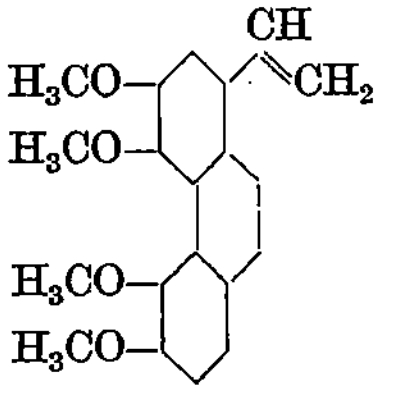

angesehen wird.

Diese Tetramethoxyverbindung spaltet bei der Zinkstaubdestillation die Methylgruppen ab, die Vinylgruppe wird zur Äthylgruppe reduziert und man gelangt so zum Stammkörper des Apomorphins, dem *8-Äthyl-phenanthren*, also zu derselben Verbindung, die Pschorr und Karr aus dem Apomorphin erhalten hatten.

Ist so einerseits der Konstitutionsbeweis des Corytuberins als Apomorphinderivat erbracht, so ist andererseits die Stellung der Seitengruppen noch nicht ganz festgestellt. Gadamer[1]) nimmt zur Erkenntnis dieser Bezug auf das Opiumalkaloid Glaucin, dessen Konstitution durch die Synthese sichergestellt ist (S. 269, 348).

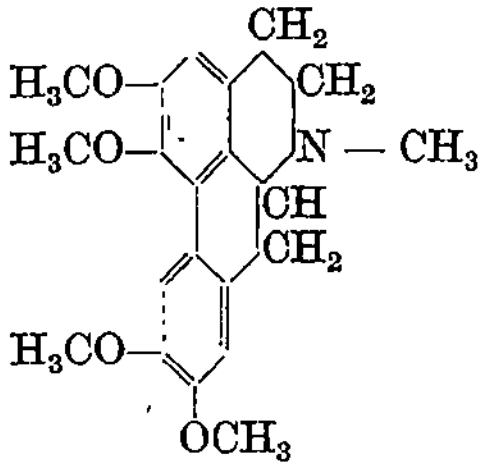

Glaucin.

Corytuberin unterscheidet sich vom Glaucin in der allgemeinen Konstitutionsanordnung nur durch den Mindergehalt von zwei Methylgruppen, so daß Corytuberindimethyläther bei genau gleicher Konstitutionsanordnung mit dem Glaucin identisch sein müßte. Dies ist aber nicht der Fall. Daher nimmt Gadamer für das Corytuberin die Stellung der OCH₃-Gruppen — statt der 2, 3-Stellung im Glaucin — in der 3, 4-Stellung an:

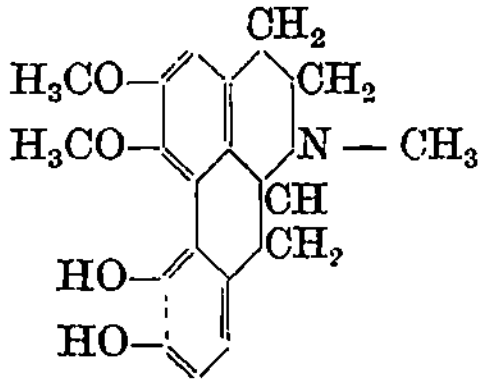

Corytuberin.

Über den nahen Zusammenhang zwischen Corytuberin und Corydin s. Corydin.

---

1) Gadamer, A. Pharm. **240**, 19, 81; **248**, 204; **249**, 503, 641, 680; **253**, 266.

6. Corydin.

Das *Corydin* ist der Monomethyläther des Corytuberins und läßt sich auch aus dem Corytuberin durch Alkylierung mit Diazomethan gewinnen.

Seine Konstitutionsformel ist nach Gadamer[1]:

$$\text{CH}_2$$
$$\text{H}_3\text{CO} \quad \text{CH}_2$$
$$\text{H}_3\text{CO} \quad \text{N} - \text{CH}_3$$
$$\text{CH}$$
$$\text{HO} \quad \text{CH}_2$$
$$\text{H}_3\text{CO}$$

Corydin.

Das Corydin $C_{20}H_{23}NO_4$ krystallisiert aus Alkohol mit $^1/_2$ Mol. Krystallalkohol, Fp. 124—125°, ohne Krystallalkohol Fp. 149°. $[\alpha]_D^{20}$ +204,3°.

Das Corydin charakterisiert sich durch sein Verhalten beim Hofmannschen Abbau und der Bildung von 8-Äthylphenanthren als ein Apomorphinderivat (s. Corytuberin). Alkoholische Jodlösung oxydiert das Corydin zum *Dehydrocorydinjodid* $C_{20}H_{19}NO_4 \cdot HJ$, das mit Zink und Schwefelsäure zum *r-Corydin* reduziert wird. Fp. 165—167°. Dieses läßt sich optisch spalten. Die Linksform gleicht, bis auf das entgegengesetzte Drehungsvermögen, $[\alpha]_D^{20}$ —206,2° in Chloroform, dem natürlichen Corydin.

Bei der Bildung des Corydins durch Alkylierung des Corytuberins entsteht eine isomere Nebenbase, das *Isocorydin*, Fp. 185°. Dieses unterscheidet sich vom Corydin durch die verschiedene Stellung der hinzutretenden Methylgruppe.

Für das Corydin sieht Gadamer den Ort der freien Hydroxylgruppe in der 3-Stellung vor, beim Isocorydin in der 4-Stellung. Zu dieser Konstitutionsauffassung wird Gadamer durch das verschiedene Verhalten der beiden Alkaloide bei der Oxydation veranlaßt [Gadamer[2])].

7. Bulbocapnin.

Das *Bulbocapnin* $C_{19}H_{19}NO_4$ wurde von Freund und Josephi[3]) in den *Corydalis*-Wurzeln aufgefunden; auch aus dem Kraut von *C. cava* und *C. solida* wurde es gewonnen [Haars[4])]. Das Bulbocapnin erwies sich durch den Hofmannschen Abbau als zur Apomorphingruppe ge-

[1]) Gadamer, A. Pharm. **248**, 204; **249**, 498, 503, 669.
[2]) Gadamer, A. Pharm. **249**, 503.
[3]) Freund u. Josephi, A. **277**, 1.
[4]) Haars, A. Pharm. **243**, 154.

hörend und besitzt nach Gadamer und Gadamer und Kuntze[1]) folgende Konstitution:

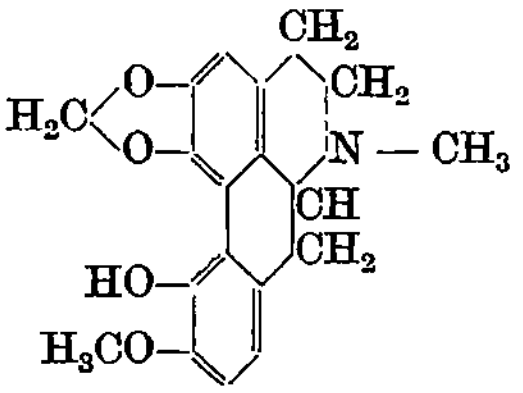

CH₂

H₂C <O— / CH₂

O— N — CH₃

CH

CH₂

HO—

H₃CO—

Bulbocapnin.

Das Bulbocapnin krystallisiert in rhombischen Nadeln, Fp. 199°, $[\alpha]_D^{20}$ +237,1° in Chloroformlösung. Es besitzt eine freie Phenolgruppe, löst sich in Alkali und läßt sich methylieren. Weiterhin ist im Bulbocapnin ein N-Methyl und eine Dioxymethylengruppe vorhanden. Der stickstoffhaltige Ring des Alkaloids muß in reduzierter Form vorliegen, denn durch Essigsäureanhydrid bzw. Benzoylchlorid wird er leicht aufgespalten (vgl. Nicotin-Metanicotin). Beim Hofmannschen Abbau, der wie beim Corytuberin durchgeführt wurde, gelangt man zum *8-Äthylphenanthren*. Das Ringgebilde des Bulbocapnins als Apomorphinderivat steht demnach fest, die Stellung der Seitengruppen dagegen ist noch nicht fest erwiesen. Der *Bulbocapninmethyläther* geht durch oxydative Einwirkung von alkoholischer Jodlösung in den um 4 Wasserstoffatome ärmeren *Dehydrobulbocapninmethyläther* über, der bei der Reduktion mit Zink und Schwefelsäure *i-Bulbocapninmethyläther* ergibt.

Die Ähnlichkeit des Bulbocapnins zum Isothebain (s. S. 347) erweist sich ferner bei der Aufsprengung des stickstoffhaltigen Ringes beim Hofmannschen Abbau, indem diese Stickstoffabsprengung das eine Mal mit dem einen der beiden benachbarten Kohlenstoffatome stattfindet, das andere Mal mit dem anderen.

So entstehen zwei Verbindungen:

I.

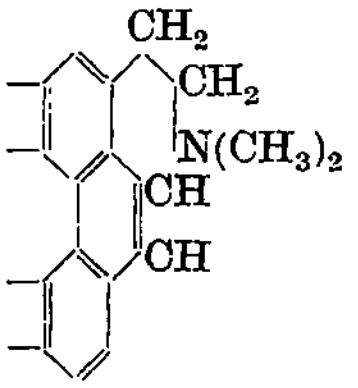

CH₂

CH₂

N(CH₃)₂

CH

CH

II.

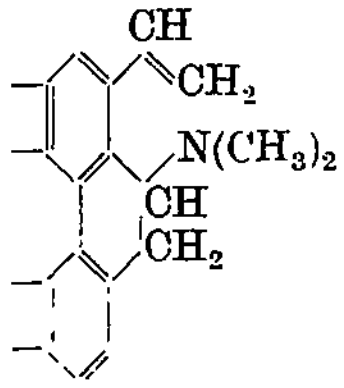

CH

CH₂

N(CH₃)₂

CH

CH₂

von denen die erstere optisch inaktiv, die zweite optisch aktiv, $[\alpha]_D^{20}$ —270° ist. Dieses Verhalten bestimmt zugleich ihre Konstitution nach obigen Formeln.

---

[1]) Gadamer, A. Pharm. **240**, 81; **243**, 154; **248**, 204; **249**, 503; **253**, 266. — Gadamer u. Kuntze, A. **249**, 598; **253**, 274.

8. Corycavin.

Das Corycavin $C_{23}H_{23}NO_6$ findet sich im *Corydalis cava*, krystallisiert aus heißem Alkohol in rhombischen Tafeln, Fp. 215—216°, optisch inaktiv, indifferent gegen Jodeinwirkung [Gadamer[1])], enthält weder OH- noch OCH_3-Gruppen, dagegen zwei Dioxymethylen- und eine N-Methylgruppe.

Bei dem Hofmannschen Abbau des Alkaloids entsteht schon nach zweimaliger Einwirkung von Jodmethyl durch Natronlauge Spaltung in eine Methinbase und Trimethylamin, woraus sich ergibt, daß hier ein monocyclischer Ring vorliegt, dessen Stickstoffatom tertiär ist und eine Methylgruppe trägt.

Das Corycavin scheint mit dem Protopin verwandt zu sein [Gaebel[2])]

9. Corycavamin.

Das Corycavamin $C_{21}H_{21}NO_5$, in *Corydalis cava* aufgefunden, wurde von Gadamer, Ziegenbein und Wagner[3]) mit Hilfe des Rhodanids isoliert; rhombische Säulen, Fp. 149°, $[\alpha]_D^{20}$ +166,6°, enthält keine OCH_3-Gruppe, dagegen zwei Dioxymethylengruppen, inaktiviert sich durch Erhitzen auf 180° in *r-Corycavamin*, Fp. 216 bis 217°, ähnelt dem Cryptopin [Gadamer und Mitarbeiter[4])].

10. Corycavidin.

Das Corycavidin $C_{22}H_{25}NO_2$ wurde bei der Verarbeitung der sog. amorphen Corydalisalkaloide erhalten [Gadamer[5])]. Farblose, etwas lichtempfindliche Krystalle, Fp. 212—213°, $[\alpha]_D^{20}$ +203,1° in Chloroformlösung, enthält zwei Methoxyle, eine Methylenoxydgruppe und ein N-Methyl. Beim Erwärmen über 200° tritt Inaktivierung ein und das so entstehende *r-Corycavidin* zeigt den Fp. 193—195°.

Das Corycavidin kann als ein Corycavamin aufgefaßt werden, in dem die Dioxymethylengruppe durch zwei Methoxyle ersetzt ist. Alkoholische Jodlösung ist ohne Einwirkung auf die Base.

Pharmakologisches. *Corydalin*[6]) narkotisiert den Frosch zentral, den Warmblüter aber nicht; die Zirkulation wird geschädigt. Ebenso wirkt *Corybulbin*. Corytuberin ruft im Gegensatz zum Corydalin hauptsächlich Erregungserscheinungen (Übererregbarkeit, Krämpfe) hervor. Corydin erzeugt zuerst Erbrechen, Speichelfluß, dann Stupor und Atmungsstillstand. Nach *Bulbocapnin* sieht man an Kalt- und Warmblütern erst Schwäche, dann Krampferscheinungen, die aber schnell vorübergehen. Corycavamin und Corycavin lösen ebenfalls hauptsächlich Krampfsymptome aus. Die Zirkulation ist geschädigt.

---

[1]) Gadamer, A. Pharm. **240**, 81; **241**, 630.
[2]) Gaebel, A. Pharm. **248**, 207.
[3]) Gadamer, Ziegenbein u. Wagner, A. Pharm. **240**, 19.
[4]) Gadamer, Legerlotz u. Winterfeld, A. Pharm. **258**, 148.
[5]) Gadamer, A. Pharm. **249**, 30.
[6]) F. Peters, Arch. f. exp. Pathol. u. Pharmak. **51**, 130.

XVII. Corydalisähnliche Alkaloide.

Die folgenden Alkaloide schließen sich den Corydalisalkaloiden an:

1. Isothebain,
2. Dicentrin,
3. Glaucin,
4. Laurotetanin,
5. Chelidoniumalkaloide,
6. Columbowurzelalkaloide.

Diese Pflanzenbasen finden sich bis auf das Laurotetanin und die Columboalkaloide in den Papaveraceen.

1. Isothebain.

Papaver orientale, eine Pflanze, die zwischen den Papaver- und Corydalisarten steht, zeigt ein interessantes phytochemisches Verhalten [Gadamer und Klee[1])].

Diese Pflanze bildet im Frühjahr das morphinähnliche Thebain, $C_{19}H_{21}NO_3$, das im Herbst in das isomere Apomorphinderivat Isothebain umgewandelt ist.

Das *Isothebain* ist rechtsdrehend, enthält zwei Methoxyle, eine N-Methylgruppe und ein Phenolhydroxyl. Der Hofmannsche Abbau führt nach Gadamer zum *3, 4, 5-Trimethoxyphenanthren*. Es scheint danach im Isothebain eine ähnliche Konfiguration wie im Glaucin und Dicentrin vorzuliegen (s. unten).

2. Dicentrin.

Das Dicentrin $C_{20}H_{21}NO_4$ wurde von Heyl[2]) im Rhizom von *Dicentra formosa* aufgefunden. Auch in *D. pusilla* kommt es neben Protopin vor, wie sich überhaupt das Protopin in den Dicentraarten auch findet.

Das Alkaloid kristallisiert in stark doppeltbrechenden Prismen, Fp. 168—169°, α_D^{20} ca. +62° in Chloroform. Es besitzt zwei OCH_3-Gruppen [Asahina[3])], liefert ein N-Acetylderivat, dessen Bildung aber erst durch Ringaufspaltung zustande kommt. Gadamer[4]) nimmt für Dicentrin wegen seiner Ähnlichkeit mit dem Glaucin folgende Formel an:

Dicentrin.

[1]) Gadamer und Klee, Zeitschr. f. angew. Chemie. **26**, 625.
[2]) Heyl, A. Pharm. **241**, 313.
[3]) Asahina, A. Pharm. **247**, 201.
[4]) Gadamer, A. Pharm. **249**, 498, 680.

Pharmakologisches. — Dicentrin[1]) bewirkt bei Fröschen schon in kleiner Dosis (einige mg) Narkose, größere erzeugen Krämpfe, die ausschließlich von einer Erregung des verlängerten Halsmarks herrühren; ähnlich sind die Wirkungen bei Mäusen und Kaninchen, doch ist das Alkaloid für letztere wenig giftig; auch Hunde vertragen ziemlich große Dosen. — Das Atmungszentrum wird erst erregt, dann gelähmt; größere Dosen schädigen auch die Zirkulation (Herz und Gefäße).

3. Glaucin.

Im Kraut von *Glaucium luteum* wurde das Glaucin von Probst[2]) aufgefunden; rein dargestellt wurde es von R. Fischer[3]). Neben dem Glaucin trifft man in der Pflanze auch das Protopin.

Glaucin, $C_{21}H_{25}NO_4$, schwachgelbe, rhombische Prismen, lichtbrechend, Fp. 119—120°, α_D^{21} ca. $+114°$ in verdünntem Alkohol. Wenig löslich in kaltem, aber leichter löslich in heißem Wasser; es ist sehr leicht löslich in Alkohol. Glaucin ist geschmacklos; die Salze schmecken bitter; tertiäre Base, enthält vier Methoxyle. Nach den Untersuchungen von Gadamer[4]) erwies sich das Glaucin identisch mit der l-Form des *Phenanthreno-N-Methyltetrahydropapaverins,*

$$\begin{array}{c} CH_2 \\ H_3CO \diagdown \diagup CH_2 \\ H_3CO \diagdown \diagup N\!-\!CH_3 \\ CH \\ CH_2 \\ H_3CO \diagdown \diagup \\ OCH_3 \end{array}$$

Glaucin.

dessen racemische Form, Fp. 137—139°, schon von Pschorr, Stählin und Silberbach[5]) synthetisiert war (s. S. 269).

4. Laurotetanin.

Das Laurotetanin $C_{19}H_{21}NO_4$ wurde von Greshoff[6]) in *Litsaea chrysocoma Bl.*, einer ostindischen Lauracee entdeckt; Filippo[7]) untersuchte das Alkaloid. Sternförmig gruppierte Nadeln, leicht löslich in Chloroform; enthält ein Molekül Kristallwasser, das erst im Vakuum über Phosphorsäureanhydrid fortgeht. Fp. 134° (Filippo) $[\alpha]_D^{25} + 98,5°$. Sekundäre Base, enthält 3 OCH_3-Gruppen und ein Phenolhydroxyl; in Alkali löslich, in kohlensauren Alkalien aber unlöslich.

[1]) Iwakawa, Arch. f. experim. Pathol. u. Pharmakol. **64**, 369.
[2]) Probst, A. **31**, 241.
[3]) R. Fischer, A. Pharm. **239**, 426.
[4]) Gadamer, A. Pharm. **249**, 680.
[5]) Pschorr, Stählin und Silberbach, B. **37**, 1926.
[6]) Greshoff, B. **23**, 3546.
[7]) Filippo, A. Pharm. **236**, 601.

Durch alkalische Kaliumpermanganateinwirkung wird das Laurotetanin zur *1, 2-Dimethoxybenzol-3, 4, 5-tricarbonsäure* oxydiert, die bei 250° unter Kohlensäureabspaltung in *Metahemipinsäureanhydrid* übergeht.

Das Laurotetanin bildet durch Alkylierung mit Diazomethan *N-Methyllaurotetanin*, dessen Methyläther $C_{21}H_{25}NO_4$ isomer ist mit dem Dimethyläther des Corytuberins und auch mit dem Glaucin (siehe oben und S. 343), daher *Isoglaucin* benannt. Das Isoglaucin kristallisiert mit 1 aq., Fp. 63°, wasserfrei 90°, $[\alpha]_D^{27} + 109°$; in chemischer und physiologischer Beziehung dem Glaucin sehr ähnlich.

Aus dem ganzen obigen Zusammenhang ergibt sich die Konstitution des Isoglaucins und des Laurotetanins. Da nämlich die Konstitution des Glaucins bekannt ist und auch die des Corytuberins festgelegt erscheint (S. 348), bleiben für das Isoglaucin und für das Laurotetanin nur die folgenden Konstitutionsformeln übrig [Gorter[1])].

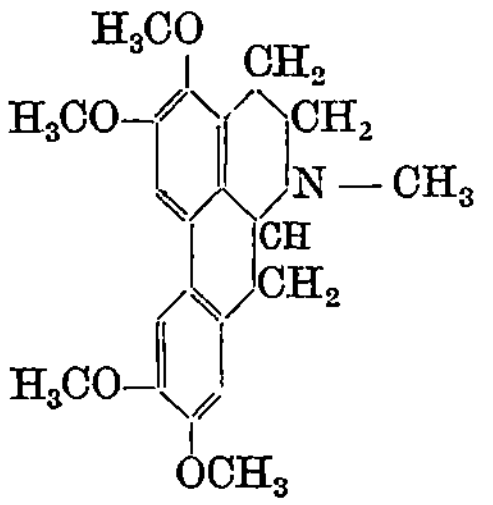

Isoglaucin. 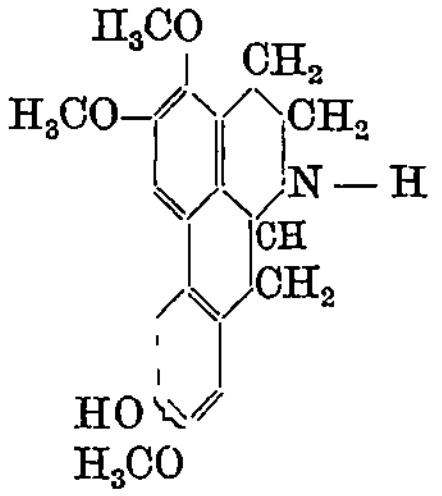   Laurotetanin.

Das Laurotetanin wirkt schwach strychninartig, krampferregend.

5. Chelidoniumalkaloide.

Im *Chelidonium majus L.* (Schöllkraut), einer *Papaveracee* sind — neben der *Chelidonsäure* (S. 27) — mehrere Alkaloide aufgefunden:

1. Chelidonin . . . . $C_{20}H_{19}NO_5$
2. α-Homochelidonin . . . . $C_{21}H_{23}NO_5$
3. Chelerythrin . . . . $C_{21}H_{17}NO_4$
4. β-Homochelidonin (Allocryptopin) . . . $C_{21}H_{23}NO_5$
5. γ-Homochelidonin . . . . $C_{21}H_{23}NO_5$.

Dank den Untersuchungen von Gadamer[2]) lassen sich die obigen Alkaloide in eine gewisse Systematik bringen; die ersten drei dürften der Apomorphinreihe angehören, während die beiden letzten, deren Konstitution am besten erforscht ist, berberinartig konstituiert sind. Dadurch nähern sich die Chelidoniumalkaloide im ganzen Typ der Corydalisgruppe.

---

[1]) Gorter, Bull. du Jardin Botan. de Buitenzorg, (3) 3, 180. (C. 1921, III 344.)

[2]) Gadamer, A. Pharm. 257, 298; Gadamer, Legerlotz und Winterfeld, A. Pharm. 258, 148.

1. Chelidonin.

Das *Chelidonin* $C_{20}H_{19}NO_5 + H_2O$ findet sich auch im *Stylophorum diphyllum* [Schlotterbeck und Watkins[1])]. Es wurde 1824 von Godefroy[2]) entdeckt, später von Probst[3]) rein dargestellt; seine Zusammensetzung erkannten Henschke[4]) und Schmidt u. Selle[5]). Tafeln oder Nadeln Fp. 135—136° $[\alpha]_D + 115,4°$. Leicht löslich in Alkohol und Äther, unlöslich in Wasser. Tertiäre Base, enthält 1 NCH₃-, 2 CH_2O_2- und eine alkoholische Hydroxyl-Gruppe, die sich durch Essigsäureanhydrid bei mäßiger Wärme acetylieren läßt [Tyrer, Wintgen, Henschke, Gadamer[6])].

Findet dagegen die Essigsäureanhydrideinwirkung in der Hitze statt, so tritt Aufspaltung des stickstoffhaltigen Ringes ein und die Acetylgruppe lagert sich an das so sekundär gewordene Stickstoffatom an. Im übrigen tritt noch aus der Verbindung 1 Mol. Wasser aus.

Die O-acetylierte Verbindung ist, wie das Chelidonin optisch aktiv, die N-acetylierte inaktiv.

Bei der Oxydation mit Quecksilberacetat verliert das Chelidonin 2 Wasserstoffatome, wodurch eine neue Doppelbindung entsteht. Das so gebildete *Didehydrochelidonin* stellt eine quartäre Base vor, die leicht — schon durch Ammoniakeinwirkung — die Umwandlung in die farblose Carbinolform erfährt; die gelb gefärbten Salze sind quartär. Optisch aktiv. Durch Reduktion bildet sich aus dem Didehydrocholidonin das Chelidonin zurück.

Beim Hofmannschen Abbau verhält sich das Chelidonin wie das apomorphinartige Bulbocapnin (siehe Corydalisalkaloide). Gadamer schließt aus diesem Verhalten des Chelidonins wie aus dem oben erwähnten bei der Oxydation mit Quecksilberacetat, daß das Chelidonin Apomorphincharakter besitzt. Die beim Hofmannschen Abbau entstehenden Spaltprodukte, die dementsprechend Phenanthrenderivate sein müssen, bedürfen zur Feststellung ihrer Konstitution aber noch näherer Erforschung.

2. α-Homochelidonin.

Das *α-Homochelidonin* $C_{21}H_{23}NO_5$ kommt in geringerer Menge in der Pflanze vor wie das Chelidonin. Prismen Fp. 182°; leichtlöslich in Chloroform und Alkohol, schwerer löslich in Äther. Es unterscheidet sich vom Chelidonin nur dadurch, daß an Stelle einer CH_2O_2-Gruppe zwei OCH_3-Gruppen stehen. Ferner enthält das Alkaloid wie das Chelidonin eine CH_2O_2-Gruppe, ein NCH₃ und ein alkoholisches OH. Der Zusammenhang des Chelidonins zum α-Homochelidonin erweist sich

[1]) Schlotterbeck und Watkins, B. **35**, 1.
[2]) Godefroy, Journal de pharm.-Dec. 1824.
[3]) Probst, A. **29**, 113.
[4]) Henschke, A. Pharm. **226**, 624.
[5]) Schmidt und Selle, A. Pharm. **228**, 96.
[6]) Tyrer, Apoth.-Ztg. **1897**, 442; Wintgen, A. Pharm. **239**, 438; Henschke, l. c.; Gadamer, l. c.

ferner durch das gleichartige Verhalten beider Alkaloide bei der Acetylierung, bei der Oxydation mit Quecksilberacetat und bei dem Hofmannschen Abbau (siehe oben).

So läßt sich die Konstitution der beiden Alkaloide durch folgende Formelbilder ausdrücken:

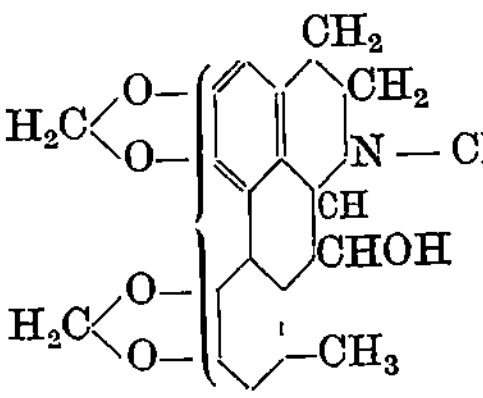

Chelidonin. 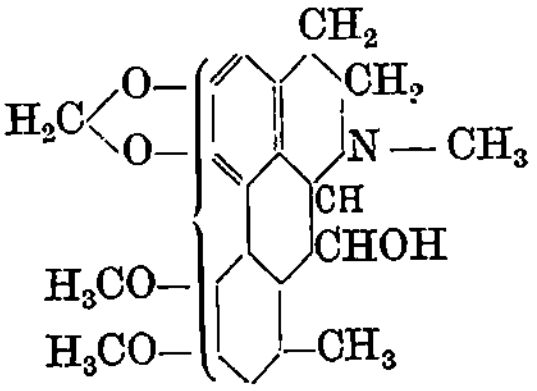   α-Homochelidonin.

3. Chelerythrin.

Das *Chelerythrin* $C_{21}H_{17}NO_4$ kommt außer im Chelidonium majus in einer größeren Reihe von Papaveraceen vor, in *Bocconia cordata*, in *Eschscholtzia californica*, in *Sanguinaria canadensis*, *Glaucium luteum*. Das Chelerythrin bildet farblose Rhomboeder, schwer löslich in Alkohol, leicht in Chloroform. Fp. 207°. Die Bindungsverhältnisse der im Chelerythrin enthaltenen Alkylgruppen sind noch nicht sichergestellt [Bauer und Hedinger[1]), Gadamer]. Das Chelerythrin enthält nach Karrer[2]) eine aktive Carbonylgruppe, die mit Methylengruppen Kondensationsprodukte liefert. Es scheint also somit im Chelerythrin eine Aldehyd- oder Ketongruppe enthalten zu sein; (Phenylhydrazon Fp. 158—160°). (Vgl. dagegen Gadamer.) Ferner scheint im Chelerythrin ein Atomkomplex $C_{16}H_{12}NO_3$, über dessen Konstitution sonst nichts Näheres bekannt ist, in festerer Bindung vorzuliegen. Durch Reduktion mit Zink und Salzsäure bildet sich *Dihydrochelerythrin* $C_{21}H_{19}NO_4$. Fp. 160—162°. Das Chelerythrin bildet gelb gefärbte quartäre Salze, die freie Ammoniumbase ist nicht existenzfähig und geht sofort in die durch Ammoniak fällbare farblose Carbinolbase über.

Das Chelerythrin scheint im engen Zusammenhang zum α-Homochelidonin zu stehen. Gadamer[3]) konnte nämlich das O-Acetyl-α-Homochelidonin durch Behandlung mit Mercuriacetat in das Dihydrochelerythrin überführen.

4. β-Homochelidonin.

Das *β-Homochelidonin* $C_{21}H_{23}NO_5$ ist das am besten erkannte Chelidoniumalkaloid (Gadamer). Es findet sich außer in *Chelidonium* auch in *Bocconia cordatae* und in *Sanguinaria canadensis*. Es ist in Chloroform, Essigester leicht löslich. Monokline Prismen, Fp. 159—160°, als quartäre Base durch Ammoniak aus seinen Salzlösungen nicht fällbar

---

[1]) Bauer und Hedinger, A. Pharm. 258, 167.
[2]) Karrer, B. 50, 212. Helv. chim. Acta 4, 703.
[3]) Gadamer l. c.

[Selle[1])]. Das β-Homochelidonin enthält zwei OCH_3-Gruppen, ferner ein NCH_3 und ein CH_2O_2 [Jowett und Pyman[2])].

Es ist dem Cryptopin (S. 310) isomer und unterscheidet sich von diesem nur dadurch, daß die Stellungen der CH_2O_2- und der OCH_3-Gruppen in beiden Alkaloiden miteinander vertauscht sind (vgl. S. 310). Daher charakterisiert Gadamer das β-Homochelidonin als *Allocryptopin*:

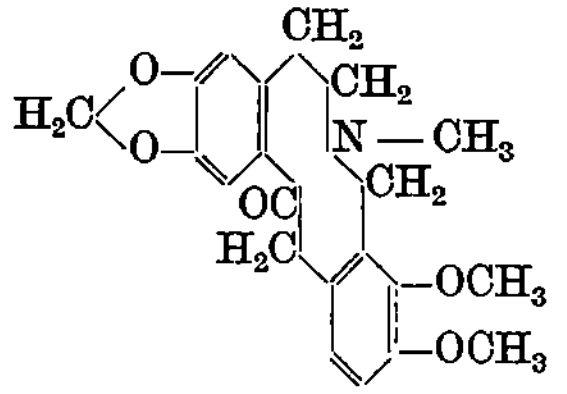

$$H_2C \underset{O}{\overset{O}{<}} \quad CH_2 \; CH_2 \; N{-}CH_3 \; CH_2 \quad OC \; H_2C \; {-}OCH_3 \; {-}OCH_3$$

β-Homochelidonin.

Das β-Homochelidonin steht nach seiner Konstitution in allernächster Beziehung zu den Berberisalkaloiden, ein Zusammenhang, der in entscheidender Weise auch experimentell bewiesen ist. Das β-Homochelidonin läßt sich nämlich durch Phosphoroxychlorid in das *Dihydroberberinmethochlorid* (S. 331) [Gadamer, Perkin[3])] überführen, und ebenso läßt sich das *Dihydro-β-Homochelidonin*, — das durch Reduktion des β-Homochelidonins mittels Natriumamalgam in saurer Lösung entsteht, — in das *Tetrahydroberberinmethochlorid* verwandeln (Gadamer, Perkin).

5. γ-Homochelidonin.

Das γ-*Homochelidonin* $C_{21}H_{23}NO_5$ ist dem β-Homochelidonin stereoisomer. Es findet sich vorzugsweise in *Sanguinaria canadensis* [König und Tietz; Fischer[4])], wurde auch in *Chelidonium majus* [Wintgen[5])] und *Xanthoxylum brachyacanthum* [Jowett und Pyman[6])] beobachtet.

Farblose Blättchen, Fp. 170—171°, optisch inaktiv, kristallisiert aus Alkohol mit $^1/_2$ C_2H_6O, wenig löslich in Äther, leicht löslich in Chloroform. Tertiäre Base, enthält eine Methylendioxy-, zwei OCH_3-, eine NCH_3-Gruppe. Das Goldsalz (Fp. 187°) ist mit dem β-*Homochelidoninsalz* identisch.

Pharmakologisches. — Bei Fröschen sieht man nach Chelidonin[7]) rein narkotische Zustände; auch beim Warmblüter überwiegen meist die narkotischen Symptome, doch sieht man hier auch Reizerscheinungen (Zuckungen, Krämpfe). Große Dosen lähmen die Atmung und Zirkulation. — Chelidonin besitzt auch eine lokal anästhesierende

[1]) Selle, A. Pharm. **228**, 443.
[2]) Jowett und Pyman, Soc. **103**, 290.
[3]) Gadamer, Chem.-Ztg. **26**, 291; Perkin, Soc. **113**, 722.
[4]) König und Tietz, A. Pharm. **231**, 145; Fischer, A. Pharm. **239**, 409.
[5]) Wintgen, l. c.
[6]) Jowett und Pyman, Soc. **103**, 290.
[7]) H. Ley, Dissertat. Marburg, 1890.

Wirkung und setzt, wie angegeben wird, resorptiv die sensible Empfindlichkeit herab. — Die quergestreifte und glatte Muskulatur wird durch Chelidonin gelähmt.

α-Homochelidonin[1]) stimmt in seiner physiologischen Wirkung mit dem Chelidonin fast ganz überein: allgemeine Betäubung, Lähmung der motorischen Herzganglien, lokalanaestherierende Wirkung; bei direktem Aufbringen werden die quergestreiften Muskeln starr. Der Vagus wird nicht erregt.

Chelerythrin besitzt fast nur peripher lähmende Wirkung.

β-Homochelidonin bewirkt bei Säugetieren keine allgemeine Narkose, sondern motorische Reizerscheinungen (kampherartige Krämpfe) ohne Steigerung der Reflexerregbarkeit. Kleinere Dosen beeinflussen die Zirkulation nicht wesentlich, größere lähmen das vasomotorische Zentrum. — Die kokainartige Wirkung auf die sensiblen Nervenendigungen ist ziemlich stark.

γ-Homochelidonin ist nicht untersucht.

6. Alkaloide der Columbowurzel.

Die Columbowurzel (bzw. Columbawurzel), aus *Jateorrhiza columbo*, einer Menispermacee, enthält neben einigen Bitterstoffen drei Alkaloide, die dem *Dehydrocorydalin* und dem *Berberin* (S. 341) sehr nahe stehen:

1. Palmatin.
2. Jateorrhizin.
3. Columbamin.

Diese Alkaloide sind mit Erfolg untersucht worden von Gordin[2]), Gadamer[3]), Gadamer und Günzel[4]), Feist[5]) und Feist u. Sandstede[6]). *[...]*

Die Columboalkaloide sind quartäre Basen; sie sind als freie Basen noch nicht isoliert worden, und da die Salzbildung unter Wasseraustritt aus den Basen zu erfolgen scheint, so sind die Formeln der freien Basen — im Gegensatz zu den wohl definierten Salzen — noch nicht ganz sichergestellt. Die Salze sind gefärbt und charakterisieren sich durch besondere Schwerlöslichkeit. Bei der Reduktion entstehen farblose tertiäre Tetrahydroverbindungen, ebenso wie wir es beim *Berberin* bzw. *Dehydrocorydalin* kennen gelernt haben.

Palmatin. Das Palmatin ist das am besten untersuchte Columbowurzelalkaloid; es ist dem Berberin ganz besonders ähnlich. Es wurde in Form des schwer löslichen kristallisierten *Palmatinjodids* $C_{21}H_{22}NO_4J$ $\cdot$ 2 H_2O isoliert. Goldgelbe Nadeln, Fp. 238—240°. Enthält 4 OCH_3-

---

[1]) H. Meyer, Arch. f. exp. Path. u. Pharmak. **29**, 397.
[2]) Gordin, A. Pharm. **240**, 146.
[3]) Gadamer, A. Pharm. **240**, 450; **244**, 255.
[4]) Gadamer und Günzel, A. Pharm. **244**, 257.
[5]) K. Feist, Apoth.-Ztg. **22**, 823.
[6]) Feist und Sandstede, A. Pharm. **256**, 1.

Gruppen, bildet analog dem Berberin mit Chloroform bzw. Aceton schwer lösliche Additionsverbindungen. Bei der Oxydation mit Kaliumpermanganat entsteht *Corydaldin* (S. 338) und *o-Hemipinsäure*, durch Reduktion Tetrahydropalmatin, Fp. 145°.

Nach dem ganzen Verhalten und seiner Zusammensetzung unterscheidet sich das Palmatin vom Dehydrocorydalin nur dadurch, daß es eine Methylgruppe weniger als dieses enthält: *Dehydrocorydalin* ist daher *Methylpalmatin*, und Corydalin selber *Tetrahydromethylpalmatin*. $C_{22}H_{27}NO_4$, Fp. 145°.

Jateorrhizin, als Jodid $C_{20}H_{20}NO_5J$ durch Versetzen des Pflanzenauszuges mit Jodkaliumlösung isoliert, rötlichgelbe Nadeln, Fp. 208—210°, enthält 3 OCH_3- und 2 OH-Gruppen. Die OH-Gruppen lassen sich verestern, wobei das Jateorrhizin und Columbamin identische Verbindungen ergeben. Der Zusammenhang zwischen den beiden Alkaloiden ist also der, daß das Columbamin der Methyläther des Jateorrhizins ist.

Tetrahydrojateorrhizin $C_{20}H_{23}NO_5$ farblos, Fp. 206°.

Columbamin $C_{21}H_{22}NO_5J$, enthält 4 OCH_3- und 1 OH-Gruppe. Der Zusammenhang des Columbamins und des Jateorrhizins ist schon oben erwähnt. Bei der Oxydation des Methyläthers entsteht *Corydaldin* und *Trimethoxy-o-phtalsäure*, entsprechend der Dehydrocorydalinnatur des Columbamins (vgl. Palmatin).

Columbaminmethyläther bildet durch Schütteln einer konz. wässerigen Lösung des Nitrates mit Chloroform und 30 proz. Natronlauge ein schwer lösliches Chloroform-Additionsprodukt. Kriställchen, Fp. 182°; analog bildet sich eine Acetonverbindung. — *Tetrahydrocolumbamin* $C_{21}H_{25}NO_5$, Fp. 144°.

Pharmakologisches. — Die drei Alkaloide der Colomborinde wirken ziemlich gleichartig; hauptsächlich lähmen sie zentral. Palmatin beeinflußt besonders die Atmung stark. Die periphere muskellähmende Wirkung der meisten Ammoniumbasen besitzen die Alkaloide nur in sehr geringem Maße[1]).

Die drei folgenden Papaveraceenalkaloide fügen wir wegen des botanischen Zusammenhanges und ihres allgemeinen Charakters mit in dieses Kapitel ein, wenn auch ihre chemische Konstitution noch nicht entsprechend aufgeklärt ist.

Alkaloide von Adlumia cirrhosa.

Im kletternden Erdrauch (*Adlumia cirrhosa*) findet sich

1. das *Adlumin* $C_{39}H_{41}NO_{12}$. Krystallisiert ortho-rhombisch, Fp. 188°, enthält 2 OCH_3-Gruppen und 1 OH-Gruppe. $[\alpha]_D + 39,41°$ [Schlotterbeck[2])].

---

[1]) Joh. Biberfeld, Zeitschr. f. exp. Pathol. u. Ther. **7**, 569.
[2]) Schlotterbeck, Am. Chem. Journ. **24**, 249 (C. 1900, II 576); Pharm. Archives **6**, 17 (C. 1903, **I** 1142).

2. Das *Adlumidin* $C_{30}H_{29}NO_9$. Blättchen, Fp. 234°.

Ferner ist noch ein drittes unbenanntes Alkaloid vom Fp. 176—177° in Adlumia enthalten, und auch *Protopin* und *β-Homochelidonin* sind darin aufgefunden.

Alkaloide von Stylophorum diphyllum.

Diese Papaveracee enthält nach Angaben von Schlotterbeck und Watkins[1] zwei Alkaloide:

Stypolin $C_{19}H_{19}NO_5$. Farblose Blättchen. Fp. 202°, tertiäre Base, $[\alpha]_D - 315,12°$. Gibt ein Jodäthylat.

Diphyllin von unbekannter Zusammensetzung, kristallisiert, Fp. 216°.

In Stylophorum sind außer den obigen Alkaloiden *Chelidonin*, *Protopin* und *Sanguinarin* aufgefunden.

Alkaloide von Sanguinaria canadensis.

Das *Sanguinarin* $C_{20}H_{15}NO_4$, das Hauptalkaloid von *Sanguinaria canadensis* (Blutwurz) wurde von Dana[2] entdeckt. Es findet sich darin nach dem Abblühen der Pflanze bis zu 6,5% [Homerberg und Beringer, Bauer und Hedinger[3]]. Es ist ferner auch in einer Reihe von Pflanzen angetroffen worden, welche Chelidoniumalkaloide enthalten; in *Chelidonium majus*, *Stylophorum diphyllum*, *Escholtzia californica* und *Bocconia cordata* [Kozniewski[4]].

Farblose Nadeln, Fp. 212°. Salze tiefrot gefärbt, löslich in den allgemeinen organischen Lösungsmitteln.

Pharmakologisches. — Sanguinarin erzeugt fast nur Reizerscheinungen (Zwangsbewegungen und Krämpfe). Die Krämpfe gehen später in Lähmung über.

XVIII. Gruppe des Xanthins.

Wir fassen unter dieser Benennung eine Reihe von sieben Alkaloiden zusammen, die das physiologisch wirksame Prinzip einer Anzahl von Pflanzen bilden, welche heute allgemein wegen ihrer nervenerregenden Wirkung angewandt werden und die sich vornehmlich im Tee, im Kaffee, im Kakao, im Paraguaytee, in der Guarana und in der Kolanuß finden.

Diese Alkaloide sind:

1. Das Xanthin	. . . .	$C_5H_4N_4O_2$
2. Das Caffein	. . . .	$C_8H_{10}N_4O_2$
3. Das Theobromin	. . . .	$C_7H_8N_4O_2$
4. Das Theophyllin	. . . .	$C_7H_8N_4O_2$
5. Das Hypoxanthin	. . . .	$C_5H_4N_4O$
6. Das Guanin	. . . .	$C_5H_5N_5O$
7. Das Adenin	. . . .	$C_5H_5N_5$.

---

[1]) Schlotterbeck u. Watkins, B. **35**, 7.

[2]) Dana, Berz. Jahresber. **9**, 221.

[3]) Homerberg u. Beringer, Amer. Journ. pharm. **85**, 394; Bauer u. Hedinger, A. Pharm. **258**, 167.

[4]) Kozniewski, C. 1910 II, 1932.

Diese Xanthinbasen kommen in folgender Verteilung im Pflanzenreiche vor:

Die Teeblätter enthalten die ganze Reihe dieser Alkaloide mit Ausnahme des Theobromins und des Guanins; die größte Menge bildet darin das Caffein (2—2,5%).

Die Kakaosamen sind durch ihren Gehalt an Theobromin charakterisiert (1—2,2%); außerdem ist noch eine kleine Menge Caffein darin enthalten. Junge Kakaoblätter enthalten ca. 0,5% Theobromin.

Das Caffein findet sich als einziges Alkaloid in den Samen (0,5—2,2%) und den Blättern (1,3 %) des Kaffeebaumes, im Paraguaytee (1,2 %) und in der Guarana (bis 5%).

Die Kolanuß enthält Caffein (2,3%) und wenig Theobromin (0,02%).

Die letzten vier Alkaloide der obigen Reihe finden sich in den Samen, Keimen und Wurzeln einer großen Zahl von Pflanzen; ihr Vorkommen erklärt man damit, daß sie Zersetzungsprodukte des Nucleins sind, welches den Hauptbestandteil der Zellen im Pflanzen- wie im Tierreich bildet.

Alle diese Xanthinbasen sind durch die umfangreichen Arbeiten von E. Fischer[1]) synthetisch erhalten worden und werden auch nach der klaren kernsynthetischen Methode von W. Traube[2]) in technischen Ausbeuten dargestellt.

Die Xanthinbasen sind Abkömmlinge eines stickstoffhaltigen bicyclischen Ringsystems des *Purins* $C_5H_4N_4$:

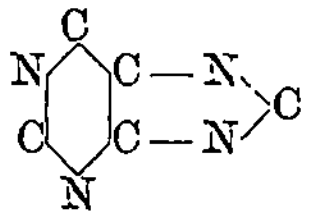

$$\text{N} \overset{\text{C}}{\underset{\text{N}}{\bigcirc}} \overset{\text{C}-\text{N}}{\underset{\text{C}-\text{N}}{}}{>}\text{C}$$

Das Purin bildet ebenfalls das typische Ringsystem der im tierischen Stoffwechsel überall auftretenden *Harnsäure*.

Die Harnsäure ist ein *Trioxypurin*, aus dem sich auch das Purin (S. 358) synthetisieren läßt.

Harnsäure $C_5H_4N_4O_3$ ist auf verschiedene Weise synthetisch erhalten worden. Die beiden wichtigsten geben wir hier an:

Ach u. Fischer[3]) und E. Fischer[4]) vereinigten Harnstoff und Malonsäure unter der Einwirkung von Phosphoroxychlorid zum *Malonylharnstoff*:

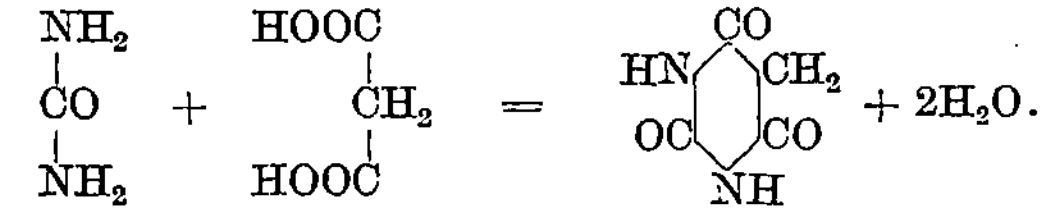

$$\begin{array}{ccccc}
\text{NH}_2 & & \text{HOOC} & & \text{CO} \\
| & & | & & \\
\text{CO} & + & \text{CH}_2 & = & \text{HN} \diagup \diagdown \text{CH}_2 \\
| & & | & & \text{OC} \diagdown \diagup \text{CO} \\
\text{NH}_2 & & \text{HOOC} & & \text{NH}
\end{array} \quad + 2\text{H}_2\text{O}.$$

Harnstoff   Malonsäure   Malonylharnstoff (Barbitursäure).

[1]) W. Traube, B. **33**, 1343, 3035.

[2]) E. Fischer, B. **32**, 435. Diese Literaturstelle enthält eine Gesamtübersicht der Arbeiten E. Fischers über die Puringruppe; vgl. auch Hösch: Emil Fischer B. **54**, Sonderheft.

[3]) Ach u. Fischer, B. **28**, 2473.

[4]) E. Fischer, B: **30**, 559.

· Dieser gibt mit salpetriger Säure die Isonitrosoverbindung (*Violur-säure*), welche bei der Reduktion Amidomalonylharnstoff (*Uramil*) bildet; das sich durch Kaliumcyanat in die *Pseudoharnsäure* verwandelt:

$$
\begin{array}{ccc}
\underset{\text{Violursäure}}{\overset{\displaystyle HN\overset{CO}{\diagup}\diagdown C = NOH}{OC\diagdown\diagup CO}}
& \xrightarrow{\quad} &
\underset{\text{Uramil}}{\overset{\displaystyle HN\overset{CO}{\diagup}\diagdown CH - NH_2}{OC\diagdown\diagup CO}}
\quad\xrightarrow{\ HCNO\ }\quad
\underset{\text{Pseudoharnsäure.}}{\overset{\displaystyle HN\overset{CO}{\diagup}\diagdown CH - NH}{OC\diagdown\diagup CO\ H_2N}>CO}
\end{array}
$$

Die Pseudoharnsäure geht schließlich unter Wasserabspaltung, durch Erwärmen mit verdünnter Salzsäure, in *Harnsäure* über.

Traube benutzte zur Harnsäuresynthese folgenden Weg.

Das *4, 5-Diamino 2, 6-Dioxypyrimidin*:

$$
\overset{CO}{HN\underset{1\ \ 5}{\diagup}\diagdown C - NH_2}\atop{OC\underset{2\ \ 4}{\diagdown}\underset{3}{\diagup}C - NH_2}\ \ \overset{}{NH}
$$

wird durch *chlorkohlensaures Äthyl* zum Harnsäureringschluß veranlaßt:

$$
\underset{\text{Harnsäure.}}{
\overset{CO}{HN\diagup\diagdown C - NH}\atop{OC\diagdown\diagup C - NH}{>}CO \quad NH}
\qquad bzw. \qquad
\begin{array}{l}
NH\text{---}CO \\
\ |\qquad\ | \\
CO\qquad C - NH \\
\ |\qquad\ \| \qquad\quad >CO \\
NH\text{---}C - NH
\end{array}
$$

Wir verwenden die linksstehende Formelschreibweise für die Harn-säure, trotzdem die rechtsstehende sich im Laufe der Zeit durch geneti-sche Verhältnisse entwickelt, eingebürgert hat. Eine besondere Be-rechtigung hat dieselbe aber heute nicht mehr, denn das Purinmolekül setzt sich aus einem Sechsring (*Pyrimidin*ring) mit einem orthokon-densierten Fünfring (*Imidazol*ring) zu einem ähnlichen Ringsystem zu-sammen wie es z. B. im Indol bzw. Pyrindol (s. Hypaphorin, Eserin, Harmalin) vorkommt, so daß die dortige Konstitutionsgruppierung hier auch in gewohnter Weise Anwendung finden soll.

Außer dieser „Lactam"-Form der Harnsäure ist auch eine desmo-trope „Lactim"-Form berechtigt:

$$
\underset{\text{Harnsäure (Trioxypurin).}}{
\overset{OH}{\underset{C}{|}}\atop
N\diagup\diagdown C - NH \atop
HO - C\diagdown\diagup C - N}{>}C - OH
$$

Es sind auch Harnsäurederivate bekannt, die sich von dieser letzteren Formel ableiten. In unserer Betrachtung werden wir gewöhnlich die erstere Form anwenden, weil das ganze Verhalten der Oxypurinverbin-dungen mehr einem nicht festgefügten Ringsystem mit einfachen

Bindungen entspricht. In diesem Zusammenhang kann man auch zugunsten der Lactamform, — also der hydrierten *Oxo*form — das Verhalten der Purinverbindungen heranziehen, deren Wasserlöslichkeit mit der Zahl der eintretenden Sauerstoffatome sinkt, während gewöhnlich eintretende Hydroxylgruppen eine erhöhte Wasserlöslichkeit der zugrunde liegenden Verbindungen herbeiführen.

Purin. Für alle *Purin*derivate ist das folgende Ringsystem charakteristisch:

$$\begin{array}{c}
\text{C} \\
\text{N}_1{}^6\text{C} - \overset{7}{\text{N}} \\
_5\quad{}_8\text{C} \\
\text{C}_2{}^4\text{C} - \text{N} \\
\text{N}_3\quad{}_9
\end{array}$$

in dem die einzelnen Kohlenstoff- resp. Stickstoffatome durch die beigefügten Zahlen bestimmt werden.

Das Purin krystallisiert in farblosen Nädelchen, Fp. 216° (korr.), sublimiert z. T. unzersetzt. In Wasser sehr leicht löslich, in Äther schwer. Reagiert neutral. Bildet Metallsalze. Ziemlich beständig gegen Oxydation.

Die wichtige eingangs erwähnte Überführung der Harnsäure in das *Purin*:

$$\begin{array}{c}
\text{CH} \\
\text{N}\diagup\text{C} - \text{NH} \\
\diagdown\text{CH} \\
\text{HC}\diagdown\text{C} - \text{N} \\
\text{N}
\end{array}$$

Purin

vollzieht sich in folgender Weise [E. Fischer[1])]:

Durch Chlorierung des harnsauren Kaliums mit Phosphoroxychlorid entsteht das *8-Oxy-2, 6-Dichlorpurin* $C_5H_2N_4OCl_2$, das durch weiteres vierstündiges Erhitzen mit Phosphoroxychlorid auf 150° in das *Trichlorpurin* übergeführt wird [E. Fischer[2])].

$$\begin{array}{ccc}
\begin{array}{c}
\text{CCl} \\
\text{N}\diagup\text{C} - \text{NH} \\
\diagdown\text{CO} \\
\text{ClC}\diagdown\text{C} - \text{NH} \\
\text{N}
\end{array}
& \longrightarrow &
\begin{array}{c}
\text{CCl} \\
\text{N}\diagup\text{C} - \text{NH} \\
\diagdown\text{CCl} \\
\text{ClC}\diagdown\text{C} - \text{N} \\
\text{N}
\end{array}
\end{array}$$

Das Trichlorpurin wird weiter durch Einwirkung von Jodwasserstoffsäure und Jodphosphonium bei 0° in das *2, 6-Dijodpurin*:

$$\begin{array}{c}
\text{CJ} \\
\text{N}\diagup\text{C} - \text{NH} \\
\diagdown\text{CH} \\
\text{JC}\diagdown\text{C} - \text{N} \\
\text{N}
\end{array}$$

[1]) E. Fischer, B. **17**, 1780; E. Fischer u. Ach, B. **30**, 2208.
[2]) E. Fischer, B. **30**, 2220.

verwandelt, das schließlich durch Reduktion mittels Zinkstaub und
Wasser Purin bildet:

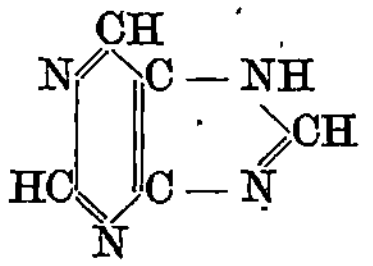

$$\begin{array}{c}
\text{CH} \\
\text{N}\diagup\text{C} - \text{NH} \\
\qquad\qquad\diagdown\text{CH} \\
\text{HC}\diagdown\text{C} - \text{N} \\
\text{N}
\end{array}$$

Purin.

Eine direkte Synthese des Purins ist von Isay[1]) durchgeführt aus
4, 5-Diaminopyrimidin:

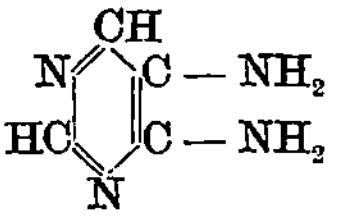

$$\begin{array}{c}
\text{CH} \\
\text{N}\diagup\text{C} - \text{NH}_2 \\
\text{HC}\diagdown\text{C} - \text{NH}_2 \\
\text{N}
\end{array}$$

durch Kochen mit Ameisensäure und Erhitzen des so erhaltenen
4-Amino-5-formylaminopyrimidins:

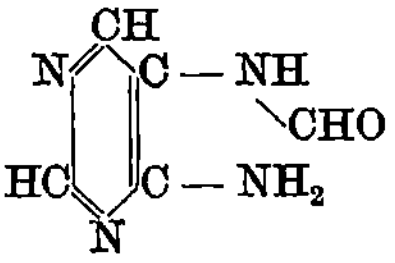

$$\begin{array}{c}
\text{CH} \\
\text{N}\diagup\text{C} - \text{NH} \\
\qquad\qquad\diagdown\text{CHO} \\
\text{HC}\diagdown\text{C} - \text{NH}_2 \\
\text{N}
\end{array}$$

auf 200° C.

Außer der obigen Formel für das Purin ist auch die folgende mit
andern Bindungsverhältnissen möglich:

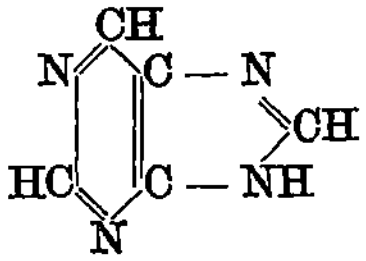

$$\begin{array}{c}
\text{CH} \\
\text{N}\diagup\text{C} - \text{N} \\
\qquad\qquad\diagdown\text{CH} \\
\text{HC}\diagdown\text{C} - \text{NH} \\
\text{N}
\end{array}$$

Purin.

Man kennt auch Derivate beider Formen [E. Fischer[2])]. Vgl.
dagegen Caffein (S. 364).

Das *Purin*, Fp. 216 (korr.), ist in Wasser sehr leicht löslich, in Äther
schwer löslich. Aus Alkohol umkristallisiert, bildet es kleine Nädelchen.
Es reagiert nicht auf Lackmus, verflüchtigt sich z. T. unzersetzt.

1. Xanthin.

Das Xanthin wurde im Jahre 1817 von Marcet in einem Blasen-
stein entdeckt. Man traf es auch in den Muskeln, in der Leber, in der
Pankreasdrüse mehrerer Tiere wie im Guano. Es entsteht bei der
Hydrolyse der Nucleine mit Wasser und bildet auch einen normalen
Bestandteil des menschlichen Harnes. Sein Vorkommen im Pflanzen-
reich wurde von Baginsky[3]) gezeigt, der es aus Teeblättern gewann.

[1]) Isay, B. **39**, 250.
[2]) E. Fischer, B. **32**, 448.
[3]) Baginsky, Z. physiol. **8**, 395.

Ferner findet es sich im Rübensaft [v. Lippmann, Bresler[1]] in den Keimlingen der Lupine und der Gerste [Salomon[2]], in den Schoten von *Aralia cordata* [Miyake[3]], im Fliegenpilz [Buschmann[4]], im Weißklee [Kiesel[5]].

Das Xanthin $C_5H_4N_4O_2$ erwies sich sowohl durch Abbau wie durch Synthese als das *2, 6-Dioxypurin*:

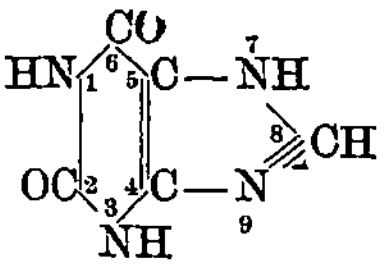

$$\begin{array}{c} \text{Xanthin} \end{array}$$

Xanthin

Die Konstitution des Xanthins als 2, 6-Dioxypurin läßt sich aus seiner sehr charakteristischen Spaltung, durch Einwirkung von chlorsaurem Kali und Salzsäure ersehen. Hierbei tritt unter Erhaltung des Pyrimidinringes eine Spaltung in *Alloxan* und *Harnstoff* ein:

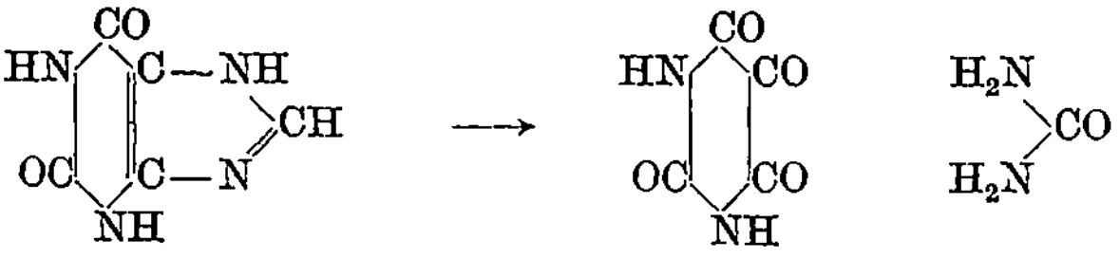

Xanthin   Alloxan   Harnstoff

Der Zusammenhang der Harnsäure zum Xanthin erweist sich schon durch den einfachen Übergang der Harnsäure in Xanthin beim Erhitzen mit wasserfreier Oxalsäure und Glycerin (wodurch sich Ameisensäure bildet) in einer Ausbeute von ca. 33% [Sundwik[6]].

Das *Xanthin* scheidet sich als weißes Pulver aus alkalischer Lösung beim Ansäuern mit Essigsäure ab. In kaltem Wasser fast unlöslich, sehr wenig löslich in heißem. Gegen heißes Barythydrat ist Xanthin beständig; heiße konz. Salzsäure spaltet es. Beim Erhitzen zersetzt es sich ohne zu schmelzen unter Entwicklung von Kohlensäure, Ammoniak, Blausäure. Das Xanthin bildet mit konz. Salzsäure ein kristallisiertes salzsaures Salz, das durch Wasserzusatz hydrolysiert wird; das Alkaloid besitzt andererseits auch saure Eigenschaften; es verbindet sich mit Basen zu Salzen, die ein bzw. zwei Äquivalente Metall enthalten. Diese Salze werden schon durch Kohlensäure zerlegt. Das primäre Natriumsalz ist ziemlich schwerlöslich und kann zur Isolierung dienen. Das im Xanthin in 8-Stellung befindliche Wasserstoffatom ist beweglich, durch Halogene substituierbar und kuppelt mit Diazoverbindungen.

Der oben erwähnte Zusammenhang des Xanthins mit der Harnsäure zeigt sich in zwei weiteren Synthesen des Xanthins vom *Tri-*

<hr>

[1]) v. Lippmann, B. **29**, 2645; Bresler, C. **1904**, II, 458.
[2]) Salomon, J. **1881**, 1012.
[3]) Miyake, C. **1915**, II, 713.
[4]) Buschmann, C. **1912**, II, 613.
[5]) Kiesel, C. **1910**, II, 894.
[6]) Sundwik, Z. physiol. **76**, 486; C. **1911**, I, 1411; **1912**, I, 1550.

chlorpurin (S. 358) aus, das aus der Harnsäure durch Chlorphosphorverbindungen gewonnen wird.

Dieses *Trichlorpurin* wird durch dreistündiges Erhitzen auf 100° mit einer konzentrierten alkoholischen Natriumalkoholatlösung in das *2, 6-Diäthoxy-8-chlorpurin*, Nädelchen, Fp. 205°, verwandelt:

$$
\begin{array}{ccc}
\text{CCl} & & \text{COC}_2\text{H}_5 \\
\text{N}\diagup\text{C}-\text{NH} & & \text{N}\diagup\text{C}-\text{NH} \\
\qquad\qquad\diagdown\text{CCl} & \longrightarrow & \qquad\qquad\diagdown\text{CCl} \\
\text{ClC}\diagdown\text{C}-\text{N} & & \text{H}_5\text{C}_2\text{OC}\diagdown\text{C}-\text{N} \\
\text{N} & & \text{N}
\end{array}
$$

Trichlorpurin.

das unter der reduzierenden und gleichzeitig verseifenden Wirkung von Jodwasserstoffsäure bei gewöhnlicher Temperatur in das Xanthin übergeht [E. Fischer[1])]. Auch kann das Trichlorpurin über das *2, 6-Dijodpurin* (S. 358) durch Erhitzen mit konzentrierter Salzsäure im Druckrohr auf 100° in Xanthin übergeführt werden [E. Fischer[2])].

Der obige Übergang der Harnsäure über das Halogenpurin und die Äthoxyverbindung, aus der durch Verseifung das Xanthin gewonnen wird, stellt eine grundlegende Synthese von allgemeiner Gültigkeit für Xanthinverbindungen dar.

Theoretisch und technisch gleich wichtig ist die Xanthinsynthese von W. Traube[3]), nach der auch die Darstellung homologer Xanthine gelingt. Diese Xanthinsynthese verläuft folgendermaßen:

Harnstoff und *Cyanessigsäure* kondensieren sich unter der Einwirkung von Phosphoroxychlorid zum *Cyanacetylharntoff*:

$$
\begin{array}{ccc}
\text{COOH} & & \text{CO} \\
\text{H}_2\text{N}\ \diagdown\text{CH}_2 & & \text{HN}\diagup\diagdown\text{CH}_2 \\
\text{OC}\diagdown\ \text{CN} & \longrightarrow & \text{OC}\diagdown\ \text{CN} \\
\text{NH}_2 & & \text{NH}_2
\end{array}
$$

der durch Alkalieinwirkung eine Umlagerung erfährt in das *4-Amino-2, 6-Dioxypyrimidin*:

$$
\begin{array}{c}
\text{CO} \\
\text{HN}\diagup\diagdown\text{CH}_2 \\
\text{OC}\diagdown\diagup\text{C}=\text{NH} \\
\text{NH}
\end{array}
$$

Dieses wird in die Isonitrosoverbindung übergeführt und durch Schwefelammonium reduziert:

$$
\begin{array}{ccc}
\text{CO} & & \text{CO} \\
\text{HN}\diagup\diagdown\text{C}=\text{NOH} & & \text{HN}\diagup\diagdown\text{C}-\text{NH}_2 \\
\text{OC}\diagdown\diagup\text{C}=\text{NH} & \longrightarrow & \text{OC}\diagdown\diagup\text{C}-\text{NH}_2 \\
\text{NH} & & \text{NH}
\end{array}
$$

---

[1]) E. Fischer, B. **30**, 2132.
[2]) E. Fischer, B. **31**, 2562.
[3]) W. Traube, B. **33**, 1373, 3043.

Die so erhaltene Diaminoverbindung erfährt durch Ameisensäureeinwirkung den Ringschluß zum Xanthin.

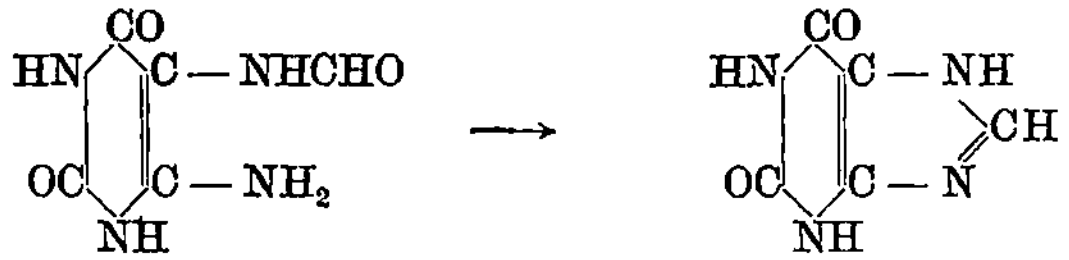

Xanthin.

Bei der obigen Xanthinsynthese läßt sich der Harnstoff durch homologe Harnstoffe ersetzen, wodurch homologe Xanthine von genau vorgesehener Konstitution entstehen. Diese Homologen lassen sich auch darstellen durch Methylierung des Xanthins; so entsteht das *Theobromin* (3, 7-Dimethylxanthin) durch Erhitzen des Xanthinbleisalzes mit Jodmethyl auf 100°:

$$\underset{\text{Xanthinblei.}}{C_5H_2N_4O_2Pb} + 2\,CH_3J = \underset{\text{Theobromin.}}{C_5H_2N_4O_2\,(CH_3)_2} + PbJ_2$$

und das *Caffein* (1, 3, 7-Trimethylxanthin) bildet sich durch Methylierung in wässerig alkalischer Lösung[1]):

$$\underset{\text{Xanthin}}{C_5H_4N_4O_2} + 3\,CH_3J + 3\,KOH = \underset{\text{Caffein.}}{C_5HN_4O_2\,(CH_3)_3} + 3\,KJ + 3\,H_2O.$$

Durch elektrolytische Reduktion wird das Xanthin — wie auch seine N-Methylderivate — in die *Desoxybasen*:

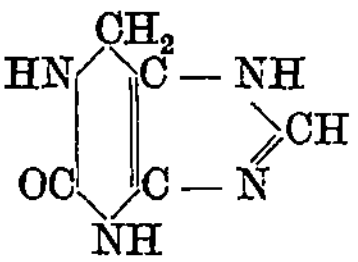

Desoxyxanthin

übergeführt [Tafel und Herterich, Zerbes[2])].

Desoxyxanthin wird durch Einwirkung warmer Säuren leicht zersetzt, dagegen sind die in 3-Stellung methylierten Desoxyxanthine (vom *Theobromin, Theophyllin, Coffein*) viel beständiger [Tafel und Meyer[3])].

2. Caffein.

Das Caffein (*Coffein, Thein*) wurde im Jahre 1820 von Runge[4]) im Kaffee, den Samen von *Caffea arabica* L. (Familie der Rubiaceen) aufgefunden; es ist darin an Citronensäure und Kaffeegerbsäure gebunden. Auch in den Blättern derselben Pflanze hat man es nachgewiesen [Stenhouse[5])].

---

1) E. Fischer, B. **31**, 2563.

2) Tafel u. Herterich, B. **44**, 1033; Zerbes, Z. Elektr. **18**, 619 (vgl. auch frühere Arbeiten von Tafel).

3) Tafel u. Meyer, B. **41**, 2546.

4) Runge, Schweiggers Journal für Chemie und Physik **31**, 308.

5) Stenhouse, A. **89**, 244.

Es kommt ferner in mehreren anderen Pflanzen vor, die in den verschiedenen Erdteilen sich als Genußmittel eingebürgert haben. So gewann es im Jahre 1827 Oudry[1]) aus dem Tee, den Blättern von *Camellia Thea* L. (*Thea chinensis*), Familie der Ternstrenmiaceen; 1840 Martins[2]) aus der Guarana, einem Genußmittel, welches von den Eingeborenen in Argentinien aus den Samen von *Paullinia sorbilis* Mart. (Fam. der Sapindaceen) bereitet wird; 1843 Stenhouse[3]) aus dem Paraguaytee, den Blättern von *Ilex paraguariensis* St. Hilaire (Fam. der Ilicineen), der in Südamerika als Genußmittel dient; 1865 Attfield[4]) aus der in Westafrika gebrauchten Colanuß, dem Samen von *Cola acuminata* R. Br. (Fam. der Sterculiaceen); endlich 1883 E. Schmidt[5]) aus den Samen von *Theobroma Cacao* L. (Fam. der Sterculiaceen).

Das Caffein $C_8H_{10}N_4O_2$ krystallisiert aus heißem Wasser in seidenglänzenden Nadeln mit einem Molekül Krystallwasser; es schmilzt wasserfrei bei 236,5° (korr.); sublimiert und destilliert ohne Zersetzung. Das Caffein ist wenig löslich in kaltem Wasser, Alkohol und Äther; dagegen löst es sich in Chloroform und Benzol. Schwache Base von neutraler Reaktion. Seine Salze mit Säuren werden durch Wasser und auch beim Erwärmen zersetzt. Gewöhnlich verhält es sich als einsäuerige Base. Mit Basen bildet das Caffein keine Salze, da keine vertretbare NH-Gruppe im Coffein mehr vorhanden ist. Sehr unbeständig gegen Alkalieinwirkung, wird aber von Säuren erst bei höherer Temperatur angegriffen. Es besitzt einen schwach bitteren Geschmack.

Das Caffein ist *1, 3, 7-Trimethyl-2, 6-Dioxypurin*.

Die drei Methylgruppen sind direkt nachweisbar und lassen sich in bekannter Weise hydrolytisch durch Einwirkung von Jodwasserstoffsäure oder auch fermentativ — durch Rindsleberfermente — zur Abspaltung bringen [Kotake[6])].

$$CH_3N{<}\begin{matrix}CO\\C-NCH_3\\ \\ \\C-N\end{matrix}{>}CH$$
$$OC \qquad N \qquad CH_3$$
Caffein.

Die nahe Beziehung des Caffeins zur Harnsäure zeigt sich durch die Natur ihrer Oxydationsprodukte. Ebenso, wie sich die Harnsäure durch chlorsaures Kali und Salzsäure in *Alloxan* und *Harnstoff* spalten läßt:

$$HN{<}\begin{matrix}CO\\C-NH\\ \\C-NH\end{matrix}{>}CO + H_2O + O \;=\; HN{<}\begin{matrix}CO\\CO\\ \\CO\end{matrix} + {>}CO\begin{matrix}NH_2\\ \\NH_2\end{matrix}$$
Harnsäure   Alloxan   Harnstoff.

[1]) Oudry, Magazin für Pharmacie **19**, 49.
[2]) Martins, A. **36**, 93.
[3]) Stenhouse, A. **45**, 366; **46**, 227.
[4]) Attfield, Pharmaceutical Journal (2) **6**, 457.
[5]) Schmidt, A. **217**, 306.
[6]) Kotake, Z. physiol. **57**, 378.

so gibt das Caffein bei derselben Behandlung *Dimethylalloxan* und
Monomethylharnstoff [Rochleder[1]), Maly und Andreasch[2])]:

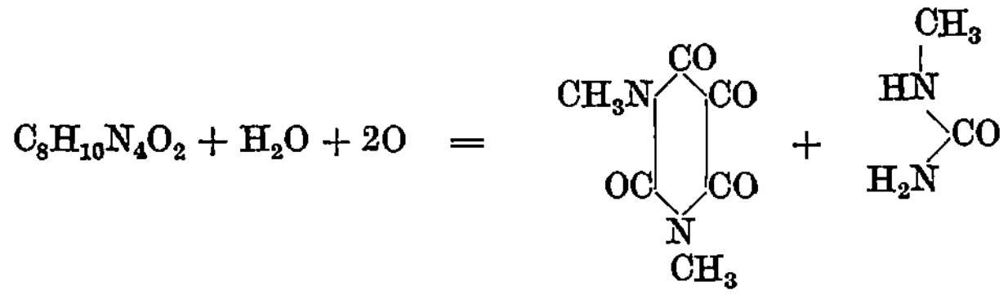

$$C_8H_{10}N_4O_2 + H_2O + 20 =$$

Caffein   Dimethylalloxan   Monomethylharnstoff.

Die bisherige Formelentwicklung für das Caffein läßt die Wahl
zwischen den beiden folgenden Formeln noch offen:

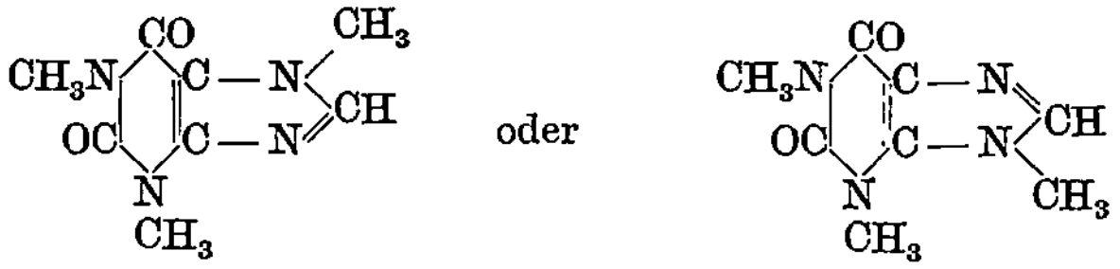

oder

Diese Frage beantwortet sich aus der Bildung eines Zersetzungsproduktes des Caffeins, des *Dimethyloxamids*,

$$CH_3—NH—CO—CO—NH—CH_3 .$$

Betrachtet man nämlich die beiden obigen Konstitutionsschemata,
so sieht man, daß nur das erstere eine Atomgruppierung besitzt, in der
die Kette des Dimethyloxamids enthalten ist.

Die obige Formel des Caffeins findes außer durch den Abbau auch
durch eine Reihe von Synthesen ihre Bestätigung.

Synthesen des Caffeins. Das Caffein entsteht durch Methylierung
des *Xanthins* [Fischer[3])], des *Theophyllins* (S. 369) (1, 3-Dimethyl-
xanthin) [Kossel[4])] und des *Theobromins* (S. 367) (3, 7-Dimethylxanthin)
[Strecker[5]), Schmidt und Preßler[6])]. Das Caffein ist auch nach
der Traubeschen Xanthinsynthese (S. 361), unter Verwendung von
Dimethylharnstoff und *Cyanessigsäure* als Ausgangsmaterial synthetisiert
worden. Hierbei entsteht das *1, 3-Dimethylxanthin (Theophyllin)*, das
bei weiterer Methylierung in *Caffein* übergeht.

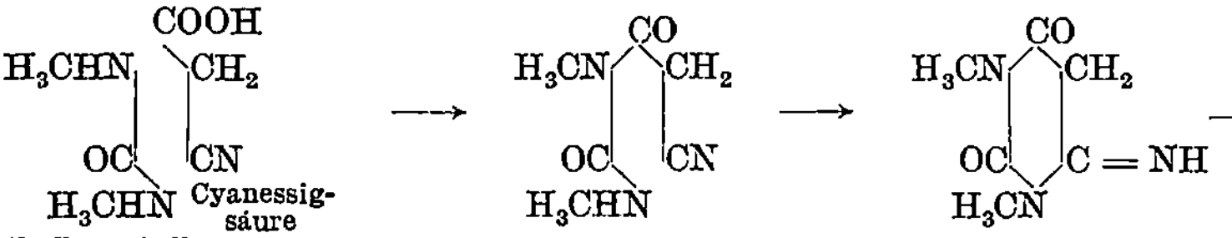

Dimethylharnstoff

---

[1]) Rochleder, A. **50**, 231; **63**, 201; **69**, 120; **71**, 1.
[2]) Maly u. Andreasch, M. **3**, 92.
[3]) E. Fischer, B. **31**, 2563.
[4]) Kossel, Z. physiol. **13**, 305.
[5]) Strecker, A. **118**, 151.
[6]) Schmidt u. Preßler, A. **217**, 294.

$$H_3CN \diagup CO \diagdown C = NOH \qquad OC \diagdown \diagup C = NH \qquad \underset{CH_3}{N}$$

$$H_3CN \diagup CO \diagdown C - NH_2 \qquad OC \diagdown \diagup C - NH_2 \qquad \underset{CH_3}{N} \longrightarrow$$

$$H_3CN \diagup CO \diagdown C - NHCHO \qquad OC \diagdown \diagup C - NH_2 \qquad \underset{CH_3}{N} \longrightarrow$$

$$H_3CN \diagup CO \diagdown C - NH \diagdown CH \qquad OC \diagdown \diagup C - N \qquad \underset{CH_3}{N}$$

Theophyllin ·
(1, 3-Dimethylxanthin)

$$H_3CN \diagup CO \diagdown C - NCH_3 \diagdown CH \qquad OC \diagdown \diagup C - N \qquad \underset{CH_3}{N}$$

Caffein.
(1, 3, 7-Trimethylxanthin)

Ferner dient auch das oben erwähnte Spaltungsstück des Caffeins, das *Dimethylalloxan*, zum Wiederaufbau des Alkaloids:

Dimethylalloxan und neutrales schwefligsaures Methylamin vereinigen sich zu einem Additionsprodukt, welches durch konzentrierte Salzsäure unter Bildung von *Trimethyluramil* zersetzt wird.

$$CH_3N \diagup CO \diagdown CO \qquad OC \diagdown \diagup CO \qquad \underset{CH_3}{N} \longrightarrow CH_3N \diagup CO \diagdown CH - NH \, CH_3 \qquad OC \diagdown \diagup CO \qquad \underset{CH_3}{N}$$

Dimethylalloxan   Trimethyluramil.

Dieses gibt beim Erhitzen mit einer wässerigen Lösung von cyansaurem Kalium die *1, 3, 7-Trimethylpseudoharnsäure,*

$$H_3CN \diagup CO \diagdown CH --- N \diagdown CO \diagdown CH_3 \qquad OC \diagdown \diagup CO \quad H_2N \diagup \qquad \underset{CH_3}{N}$$

1, 3. 7-Trimethylpseudoharnsäure.

welche beim Kochen mit verdünnter Salzsäure, unter Wasseraustritt, in die *1, 3, 7-Trimethylharnsäure* (Trimethyltrioxypurin) oder das *Hydroxycaffein* übergeht:

$$H_3CN \diagup CO \diagdown C - N \diagdown CO \diagdown CH_3 \qquad OC \diagdown \diagup C - N \diagup H \qquad \underset{CH_3}{N}$$

Hydroxycaffein.

Das Hydroxycaffein ist eine in Nadeln krystallisierende Verbindung; sehr wenig löslich in kaltem Wasser, Alkohol und Äther. Fp. gegen 345°.

Durch Phosphorpentachlorid wird es in *Chlorcaffein* (*1, 3, 7-Trimethyl-8-Chloroxypurin*) verwandelt,

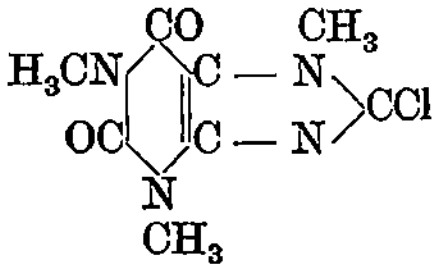

$$\begin{array}{c}
\text{CO}\qquad\text{CH}_3\\
\text{H}_3\text{CN}\diagup\ \ \diagdown\text{C}-\text{N}\diagdown\\
\qquad\qquad\qquad\qquad\diagup\text{CCl}\\
\text{OC}\diagdown\ \ \diagup\text{C}-\text{N}\diagup\\
\qquad\text{N}\\
\qquad\text{CH}_3
\end{array}$$
Chlorcaffein.

das durch Reduktion mit Zink und Salzsäure Caffein bildet.

Das Caffein erfährt einige Abbau- und Spaltreaktionen, die für die Xanthinreihe überhaupt typisch sind.

So läßt sich das Caffein auf folgendem Wege entalkylieren. Man chloriert es zunächst, wodurch auch die N-Methylgruppen eine Chlorierung erfahren ($XNCH_3 \rightarrow XNCH_2Cl - XNCCl_3$). Die so entstehenden Chloralkylverbindungen sind leicht hydrolysierbar und erfahren schon durch Erhitzen mit Wasser eine Trennung vom Xanthinbasenkomplex $XNCH_2Cl + H_2O = XNH + CH_2O + HCl$. [E. Fischer und Ach[1])].

Auf diese Weise läßt sich das Caffein zum Theophyllin bzw. Xanthin abbauen.

Hier sei noch besonders der Abbau alkylierter Xanthine und Harnsäuren zum *Hydantoin* (s. dort) $\begin{array}{c}\text{H}_2\text{C}----\text{HN}\diagdown\\ \ |\qquad\qquad\ \diagup\text{CO}\\ \text{OC}----\text{HN}\diagup\end{array}$ erwähnt, der von

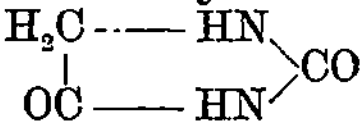

Biltz[2]) in systematischer Reaktionsfolge durchgeführt wurde.

Dieser Abbau vollzieht sich z. B. aus der *1, 3, 7-Trimethylharnsäure* — die auch aus dem Caffein entsteht — in folgenden Phasen: Zunächst bildet sich durch oxydativen Eingriff eine Glykolverbindung:

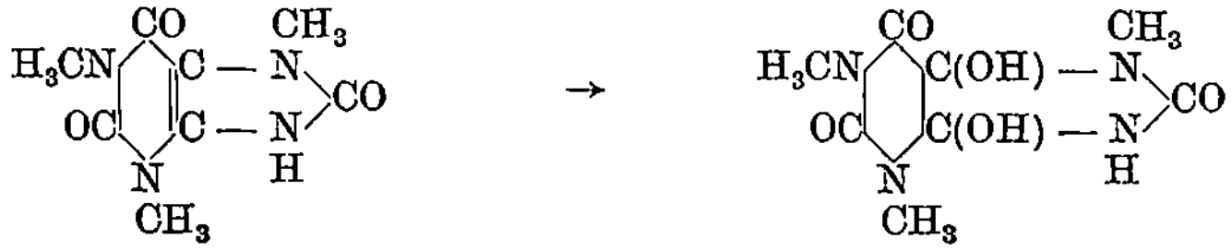

$$\begin{array}{c}
\text{CO}\qquad\text{CH}_3\\
\text{H}_3\text{CN}\diagup\ \ \diagdown\text{C}-\text{N}\diagdown\\
\qquad\qquad\qquad\qquad\diagup\text{CO}\\
\text{OC}\diagdown\ \ \diagup\text{C}-\text{N}\diagup\\
\qquad\text{N}\qquad\ \text{H}\\
\qquad\text{CH}_3
\end{array}
\qquad\rightarrow\qquad
\begin{array}{c}
\text{CO}\qquad\quad\text{CH}_3\\
\text{H}_3\text{CN}\diagup\ \ \diagdown\text{C(OH)}-\text{N}\diagdown\\
\qquad\qquad\qquad\qquad\qquad\diagup\text{CO}\\
\text{OC}\diagdown\ \ \diagup\text{C(OH)}-\text{N}\diagup\\
\qquad\text{N}\qquad\qquad\ \text{H}\\
\qquad\text{CH}_3
\end{array}$$
1, 3, 7-Trimethylharnsäure.   Glykolverbindung.

Diese erfährt beim Erhitzen mit Wasser Isomerisierung unter Ringsprengung:

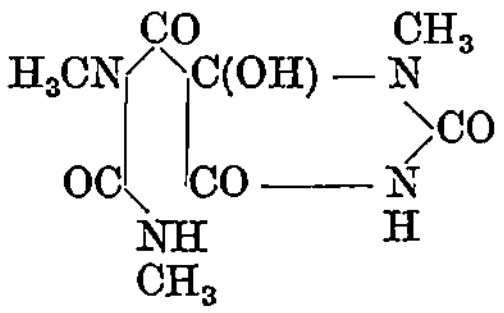

$$\begin{array}{c}
\text{CO}\qquad\qquad\text{CH}_3\\
\text{H}_3\text{CN}\diagup\ \ \diagdown\text{C(OH)}-\text{N}\\
\qquad\qquad\qquad\qquad\qquad\diagdown\text{CO}\\
\text{OC}\diagdown\ \ |\ \text{CO}----\text{N}\diagup\\
\qquad\text{NH}\qquad\qquad\ \text{H}\\
\qquad\text{CH}_3
\end{array}$$

<hr>

[1]) E. Fischer u. Ach, B. **39**, 423; vgl. Boehringer u. Söhne D. R. P. 151133.

[2]) Biltz, B. **43**, 1600, 1618; Biltz u. Topp, B. **24**, 1524; Biltz u. Mitarbeiter A. **413**, 1; Biltz u. Strufe A. **404**, 142.

und weiterhin durch Alkalieinwirkung unter Methylaminabspaltung Verseifung zur Säure, die unter Wasseraustritt das *Apocaffein* Fp. 154° mit einem Oxazolring bildet:

$$\begin{array}{cc}
\text{H}_3\text{CN} \overset{\text{CO}}{\diagdown} \text{C(OH)} - \text{N} \overset{\text{CH}_3}{\diagdown\,\text{CO}} & \text{H}_3\text{CN} \overset{\text{CO}}{\diagdown} \text{C} - \text{N} \overset{\text{CH}_3}{\diagdown\,\text{CO}} \\
\text{HOOC} \quad \text{CO} - - - \text{NH} & \text{OC} \quad \text{O} \quad \text{CO} - \text{NH}
\end{array}$$

Apocaffein

Der Stammkörper des *Apocaffeins* wird von **Biltz** *Caffolid* benannt, so daß das Apocaffein als *1,7-Dimethylcaffolid* erscheint. Durch Hydrolyse dieses bildet sich die sog. *Caffursäure*

$$\text{H}_3\text{CHN} \overset{\text{CO}}{\diagdown} \text{C} - \text{N} \overset{\text{CH}_3}{\diagdown\,\text{CO}}$$
$$\text{HO} \quad \text{CO} - \text{NH}$$

Caffursäure

und durch Reduktion mit Jodwasserstoffsäure weiter die *Hydrocaffursäure*

$$\text{H}_3\text{CHN} - \text{OC} - \text{CH} - \text{N} \overset{\text{CH}_3}{\diagdown\,\text{CO.}}$$
$$\text{CO} - \text{NH}$$

Hydrocaffursaure.

Aus dieser entsteht schließlich durch Barytwasserverseifung *Methylhydantoïn*.

Die vorliegenden „Caffolide" usw. enthalten den bicyclischen Purinring nicht mehr, so daß die Nomenklatur hier engere Beziehungen zum Caffein schafft, als sie konstitutionell vorhanden sind.

Abbau des Caffeins zum Hydantoin über das Allantoin (s. dort).

3. Theobromin.

Das Theobromin $C_7H_8N_4O_2$ wurde im Jahre 1842 von **Woskresensky**[2]) aus dem Kakao gewonnen; es ist darin an Äpfelsäure gebunden. Nach den Angaben von **Heckel** und **Schlagdenhaufen**[1]) findet es sich auch in geringer Menge in der Colanuß; vorzugsweise in den jungen Blättern [**Decker**[2])].

Es krystallisiert ohne Krystallwasser in mikroskopischen Nadeln, die bei gewöhnlicher Temperatur in Wasser und Alkohol sehr wenig löslich sind; in Äther fast unlöslich. Es sublimiert, ohne zu schmelzen, bei 290—295°; in zugeschmolzenen Röhrchen schmilzt es indes bei 351° (korr.) [**Michael**[3]), **Kempf**[3])].

Schwache, einsäuerige Base; reagiert neutral; bildet Salze mit Säuren wie mit Basen, die beide durch Wasser zerlegt werden; mit Jodalkyl geht es keine Verbindung ein. Es besitzt abweichend vom

---

[1]) **Woskresensky**, A. **41**, 125.
[2]) **Heckel** u. **Schlagdenhaufen**, Bl. (2) **38**, 250; **Decker**, C. **1903**. I, 237.
[3]) **Michael**, B. **28**, 1629; **Kempf**, J. pr. (2) **78**, 201.

Caffein stärkere Acidität; seine Metallsalze sind einbasisch; sie bilden leicht lösliche Doppelsalze mit Salzen organischer Säuren.

Das Theobromin hat sich nach allen Untersuchungen sowohl durch seine Spaltungsprodukte wie durch seine Synthese als *3, 7-Dimethyl-2, 6-Dioxypurin (3, 7-Dimethylxanthin)*:

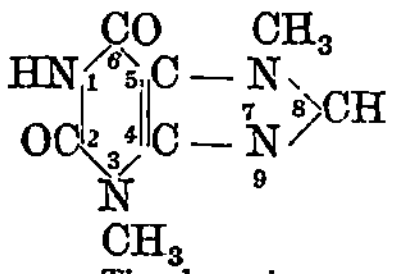

$$
\begin{array}{c}
\text{CO} \qquad \text{CH}_3 \\
\text{HN} \diagdown \text{C} - \text{N} \diagdown \\
\qquad \| \qquad \qquad \rangle \text{CH} \\
\text{OC} \diagup \text{C} - \text{N} \diagup \\
\qquad \text{N} \\
\text{CH}_3
\end{array}
$$

Theobromin.

erwiesen [E. Fischer[1]), Maly und Andreasch[2]), E. Fischer und Ach[3]), W. Traube[4])].

Das Theobromin enthält zwei N-Methylgruppen; es entsteht direkt aus dem Xanthin (Bleisalz) durch Einwirkung von Jodmethyl. Sein Kali- oder Silbersalz bildet beim Erhitzen mit Jodmethyl Caffein [Strecker[5])], das auch durch Behandlung des Theobromins mit Dimethylsulfat in alkalischer Lösung entsteht.

Danach erweist sich das Theobromin als ein Caffein, in dem eine Methylgruppe durch ein Wasserstoffatom ersetzt ist.

Dieser Ersatz muß an einem Stickstoffatom des *Pyrimidin*kernes stattgefunden haben. Bei der Spaltung des Theobromins nämlich, welche Fischer durch chlorsaures Kali und Salzsäure ausführte, zerfällt das Theobromin in *Monomethylalloxan* und *Monomethylharnstoff*, während das Caffein unter denselben Bedingungen Dimethylalloxan und Monomethylharnstoff bildet (siehe Caffein).

Weitere Untersuchungen von Fischer[1]) bestimmten den Sitz dieser Methylgruppe in der „3"-Stellung, so daß das *Theobromin* wie oben angegeben als *3, 7-Dimethylxanthin* erscheint.

Es kann auch dementsprechend — sogar technisch — gewonnen werden durch Methylierung des *3-Methylxanthins* (erhalten aus *Monomethylharnstoff* und *Cyanessigsäure* nach dem Darstellungsverfahren von W. Traube[6]) [S. 361]).

Das Theobromin läßt sich auch aus der Harnsäure synthetisieren [E. Fischer und Ach[7])]. Diese bildet durch direkte Methylierung die *3-Methylharnsäure*, welche unter der Einwirkung von Phosphoroxychlorid in *3-Methylchlorxanthin* übergeht.

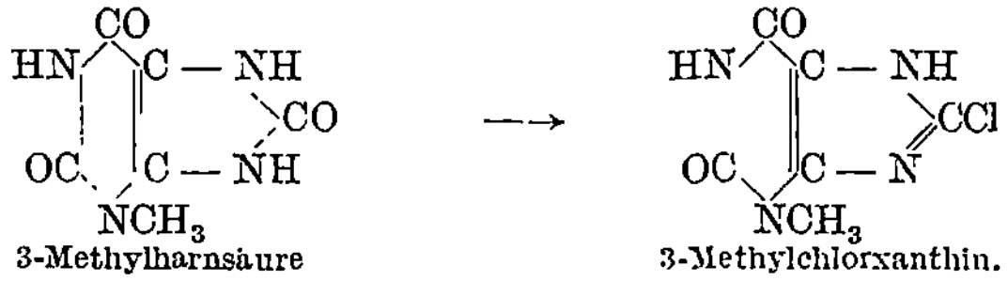

$$
\begin{array}{ccc}
\begin{array}{c}
\text{CO} \\
\text{HN} \diagup \diagdown \text{C} - \text{NH} \\
\quad \| \qquad \qquad \rangle \text{CO} \\
\text{OC} \diagdown \diagup \text{C} - \text{NH} \\
\quad \text{NCH}_3
\end{array}
& \longrightarrow &
\begin{array}{c}
\text{CO} \\
\text{HN} \diagup \diagdown \text{C} - \text{NH} \\
\quad \| \qquad \qquad \rangle \text{CCl} \\
\text{OC} \diagdown \diagup \text{C} - \text{N} \\
\quad \text{NCH}_3
\end{array}
\end{array}
$$

3-Methylharnsäure   3-Methylchlorxanthin.

[1]) E. Fischer, B. **15**, 32, 453; B. **32**, 435.
[2]) Maly u. Andreasch, M. **3**, 107.
[3]) E. Fischer u. Ach, B. **31**, 1980.
[4]) W. Traube, B. **33**, 3050.
[5]) Strecker, A. **118**, 151.
[6]) W. Traube, B. **33**, 3050.
[7]) E. Fischer u. Ach, B. **31**, 1980.

Dieses methyliert ergibt das *Chlortheobromin*, das durch Reduktion mittels Jodwasserstoff *Theobromin* bildet. — Dieser Übergang aus der Harnsäurereihe in die Xanthingruppe mittels der Chlorphosphorverbindungen hat allgemeinere synthetische Bedeutung gewonnen (S. 361).

Durch Verwendung des Silbersalzes bei dieser Reaktion entsteht neben dem Theobromin das isomere *Pseudotheobromin*. Zeigt Löslichkeitsunterschiede gegen Theobromin; sublimiert bei höherer Temperatur; liefert durch Chromsäureeinwirkung u. a. *Methylparabansäure*, woraus auf ein Methyl im Harnstoffrest des Pseudotheobromins zu schließen ist. Weiteres ist über die Stellung der Methylgruppen nicht bekannt [Pommerehne, Schwabe[1])]. Pseudotheobromin stärker basisch wie seine drei Isomere *Theobromin, Theophyllin* (siehe unten), *Paraxanthin (1, 7-Dimethylxanthin)*. Synthese des Paraxanthins aus Guanin (S. 372) siehe Traube und Dudley[2]).

4. Theophyllin.

Dieses Alkaloid $C_7H_8N_4O_2$, isomer mit dem Theobromin, wurde im Jahre 1888 von Kossel[3]) aus den Teeblättern erhalten. Krystallisiert in Tafeln, Fp. 268°; aus Wasser erhält man es mit einem Molekül aq. In Alkohol wenig löslich, leicht löslich in kochendem Wasser. Es ist wie das Theobromin eine schwache, einsäuerige Base.

Beim Erhitzen seines Silbersalzes mit Jodmethyl entsteht Caffein (Kossel). Das Theophyllin ist daher wie das Theobromin ein Caffein, in dem eine Methylgruppe durch ein Wasserstoffatom ersetzt ist.

Bei der Behandlung des Theophyllins mit feuchtem Chlor entsteht nun dasselbe *Dimethylalloxan*, wie aus dem Caffein. Die beiden Methylgruppen des Pyrimidinringes sind also auch im Theophyllin enthalten, während im Glyoxalinring keine Methylgruppe vorhanden ist. Nach diesem gesamten Verhalten erscheint das Theophyllin als *1, 3-Dimethyl-2, 6-Dioxypurin*:

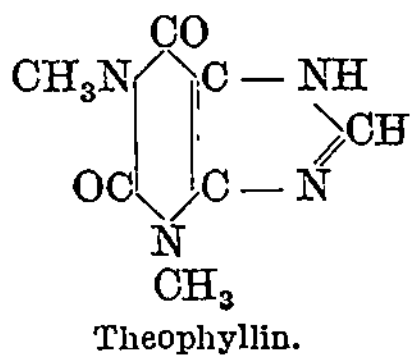

$$\begin{array}{c} CO \\ CH_3N \diagup \diagdown C - NH \\ | | \diagdown CH \\ OC \diagdown \diagup C - N \diagup \\ N \\ CH_3 \end{array}$$

Theophyllin.

Fischer und Ach[4]) bewirkten im Jahre 1895 die vollständige Synthese des Theophyllins, die wir schon beim Caffein hervorhoben (S. 365).

---

[1]) Pommerehne, A. Pharm. **234**, 367; **236**, 105; Schwabe, A. Pharm. **245**, 398.
[2]) Traube u. Dudley, B. **46**, 3839.
[3]) Kossel, B. **21**, 2164; Z. physiol. **13**, 298.
[4]) Fischer u. Ach, B. **28**, 3135.

Diese Theophyllinsynthese nimmt ihren Ausgangspunkt von der *1, 3-Dimethylbarbitursäure* (aus *Dimethylharnstoff* und *Malonylchlorid*)

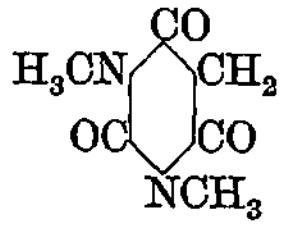

$$\begin{array}{c}
CO \\
H_3CN \diagup \diagdown CH_2 \\
OC \diagdown \diagup CO \\
NCH_3
\end{array}$$

1, 3-Dimethylbarbitursäure.

und führt diese in *1, 3-Dimethylharnsäure* über (genau so wie Barbitursäure in Harnsäure).

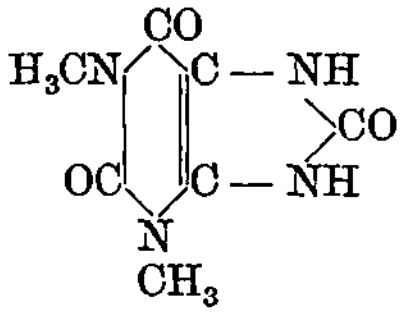

$$\begin{array}{c}
CO \\
H_3CN \diagup \diagdown C - NH \\
\qquad\qquad >CO \\
OC \diagdown \diagup C - NH \\
N \\
CH_3
\end{array}$$

1, 3-Dimethylharnsäure.

Diese geht beim Erhitzen mit Phosphorpentachlorid und Phosphoroxychlorid in *8-Chlortheophyllin* über,

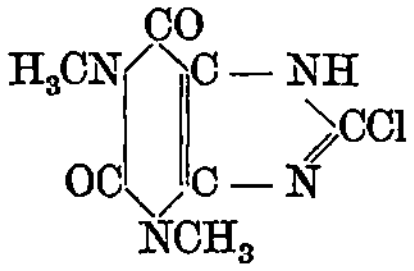

$$\begin{array}{c}
CO \\
H_3CN \diagup \diagdown C - NH \\
\qquad\qquad >CCl \\
OC \diagdown \diagup C - N \\
NCH_3
\end{array}$$

8-Chlortheophyllin

aus dem sich durch Einwirkung von Jodwasserstoffsäure bei 100° *Theophyllin* bildet.

Ein weiterer technischer Bildungsweg des Theophyllins aus der Harnsäure führt über das *8-Methylxanthin* [Boehringer[1])].

Das Theophyllin (*1, 3-Dimethylxanthin*) läßt sich ferner in glatter Reaktionsfolge nach dem Verfahren von Traube — von Dimethylharnstoff und Cyanessigsäure ausgehend — erhalten (S. 361). Vgl. Bayer & Cie[2]).

5. Hypoxanthin.

Das *Hypoxanthin* oder *Sarkin* $C_5H_4N_4O$ wurde im Jahre 1850 von Scherer[3]) in der menschlichen und tierischen Milz aufgefunden; seitdem hat man es in einer großen Zahl anderer tierischer Organe und Flüssigkeiten angetroffen (Drüsen, Muskeln, im Ochsenmark, im Blut, Harn), ebenso auch in der Pflanze, in den Samen der Lupine, der Gerste, des Senfs, des schwarzen Pfeffers, des Kürbis, der Wicke, der Luzerne, des Klees, in der Weizenkleie, Kartoffel, Zuckerrübe, im Tee.

[1]) Boehringer & Söhne, D. R. P. 151 133.
[2]) Bayer & Cie, D. R. P. 138 444; 148 208.
[3]) Scherer, A. 73, 328.

Das Hypoxanthin entsteht in den Pflanzen wie im tierischen Organismus durch Spaltung der Nucleinsäuren. Salomon[1]) und Kossel[2]) zeigten, daß das Nuclein bei der Fäulnis Hypoxanthin liefert, ebenso wie durch Bierhefeeinwirkung.

Das Hypoxanthin tritt in mikroskopischen Nadeln auf, die sich bei 150° ohne vorheriges Schmelzen zersetzen; in kaltem Wasser ist es wenig löslich; es zeigt sowohl saure wie basische Eigenschaften und verbindet sich mit einem Äquivalent einer Säure oder zwei Äquivalenten einer Base.

Das Hypoxanthin ist dem Xanthin (*2, 6*-Dioxypurin) sehr ähnlich; es ist das *6-Oxypurin*:

$$\begin{array}{c} CO \\ HN \diagup \backslash C - NH \\ | \quad | \quad \diagdown CH \\ HC \backslash \diagup C - N \diagup \\ N \end{array}$$

Durch Einwirkung von Kaliumchlorat und Salzsäure erhält man von dem Hypoxanthin dieselben Verbindungen wie aus dem Xanthin, also Alloxan und Harnstoff. Aus dieser Reaktion ersieht man die einfache Beziehung des Xanthins zum Hypoxanthin. Da sich das Hypoxanthin vom Xanthin nur durch den Mindergehalt eines Sauerstoffatoms unterscheidet, so muß man dem Hypoxanthin eine der beiden folgenden Formeln beilegen:

$$\begin{array}{c} CO \\ HN \diagup \backslash C - NH \\ | \quad | \quad \diagdown CH \\ HC \backslash \diagup C - N \diagup \\ N \end{array} \qquad oder \qquad \begin{array}{c} CH \\ N \diagup \backslash C - NH \\ | \quad | \quad \diagdown CH \\ OC \backslash \diagup C - N \diagup \\ NH \end{array}$$

Hypoxanthin.

Die weitere Untersuchung des Hypoxanthins von E. Fischer[3]) führte zur Annahme der ersteren Formel, was auch aus den beiden folgenden Synthesen folgt.

1. Das *Trichlorpurin* (S. 358) (aus der Harnsäure erhalten)

$$\begin{array}{c} CCl \\ N \diagup \backslash C - NH \\ | \quad | \quad \diagdown CCl \\ ClC \backslash \diagup C - N \diagup \\ N \end{array}$$

verliert bei längerem Kochen mit Alkali das in Stellung 6 haftende Chloratom und verwandelt sich in das *6-Oxy-2,8-Dichlorpurin* (*Dichlorhypoxanthin*):

$$\begin{array}{c} CO \\ HN \diagup \backslash C - NH \\ | \quad | \quad \diagdown CCl \\ ClC \backslash \diagup C - N \diagup \\ N \end{array}$$

<hr>

1) Salomon, Z. physiol. **2**, 190.
2) Kossel, Z. physiol. **5**, 152, 167.
3) E. Fischer, B. **30**, 2228.

24*

welches durch Einwirkung von Jodwasserstoffsäure die Chloratome gegen Wasserstoff ersetzt und so das Hypoxanthin bildet.

2. Das *Adenin*, dessen Struktur als:

$$\begin{array}{c} \mathrm{CNH_2} \\ \mathrm{N} \diagup\; \mathrm{C-NH} \\ \mathrm{|} \qquad \diagdown\mathrm{CH} \\ \mathrm{HC} \diagdown\; \mathrm{C-N} \diagup \\ \mathrm{N} \end{array}$$

erkannt ist, geht durch Einwirkung von salpetriger Säure in das Hypoxanthin über:

$$\begin{array}{c} \mathrm{CO} \\ \mathrm{HN} \diagup\; \mathrm{C-NH} \\ \mathrm{|} \qquad \diagdown\mathrm{CH} \\ \mathrm{HC} \diagdown\; \mathrm{C-N} \diagup \\ \mathrm{N} \end{array}$$

Hypoxanthin.

Das Hypoxanthin kann man auch direkt aus dem Xanthin durch Erwärmen mit Chloroform und Natronlauge auf 60—70° erhalten [Sundwik[1])].

Das im Hypoxanthin in 7-Stellung befindliche Wasserstoffatom ist beweglich und bildet mit Diazoverbindungen gefärbte *Diazoaminoverbindungen* [Burian[2])].

Carnin. Wurde im Jahre 1871 von Weidel[3]) im amerikanischen Fleischextrakt entdeckt. Es findet sich auch in der Bierhefe [Schützenberger[4])] und in den Zuckerrüben [v. Lippmann[5])]. Das Carnin erscheint durch die Untersuchungen von Haiser und Wenzel[6]), Levene und Jacobs[7]), [vgl. Neuberg und Brahm[8])] als ein molekulares Gemisch von Hypoxanthin mit einem *Hypoxanthinpentosid*, dem *Inosin*, seidenartige Nadeln, Fp. 215° $[\alpha]_D$ — 49,2°, leicht wasserlöslich. Zerfällt bei der Hydrolyse mit verd. Schwefelsäure in *Hypoxanthin* und *d-Ribose*. Die Ribose greift in das Hypoxanthinmolekül in 7-Stellung ein.

6. Guanin.

Das Guanin wurde im Jahre 1844 von Unger[9]) im Guano entdeckt und ist inzwischen in verschiedenen tierischen Geweben und Exkrementen aufgefunden worden. Es scheint auch im Pflanzenreich ziemlich verbreitet zu sein; so fand es Schulze[10]) in den Samenkörnern mehrerer

---

[1]) Sundwik, Z. physiol. **76**, 486.
[2]) Burian, B. **37**, 696.
[3]) Weidel, A. **158**, 353.
[4]) Schützenberger, Bl. (2) **21**, 204.
[5]) v. Lippmann, B. **29**, 2645.
[6]) Haiser u. Wenzel, M. **29**, 157; **30**, 147, 377; **31**, 357.
[7]) Levene u. Jacobs, B. **42**, 335, 1198, 2102, 3247.
[8]) Neuberg u. Brahm, Biochem. Zeitschr **17**, 293.
[9]) Unger, A. **51**, 395; **58**, 18; **59**, 58.
[10]) Schulze, Z. physiol. **9**, 420; **10**, 80; 326, J. pr. (2) **32**, 433.

Leguminosen (Wicke, Luzerne, Klee) und in denen des Kürbis; Ullik[1]) gewann es aus gekeimter Gerste, M. v. Lippmann[2]) aus der Zuckerrübe und Shorey[3]) im Rohrzucker.

Das Guanin, C_5H_5NO, krystallisiert aus Ammoniak in Nadeln oder in Täfelchen, die unlöslich in Wasser, Alkohol und Äther sind. Es reagiert neutral und löst sich sowohl in Säuren wie in Alkalien auf, indem es damit Salze bildet, in welchen es teils als eine zweisäurige Base, teils als eine zweibasische Säure fungiert.

Das Guanin ist 2-Amino-6-Oxypurin:

$$\begin{array}{c}
CO \\
HN \diagup \diagdown C - NH \\
\qquad \qquad \diagdown CH \\
H_2NC \diagdown \diagup C - N \\
N
\end{array}$$

Guanin.

Seine Konstitution folgt aus folgenden Tatsachen:

Es steht in nächster Beziehung zum Xanthin (2, 6-Dioxypurin) (S. 360), das sich durch salpetrige Säure daraus bildet. Ferner wird das Guanin durch Kochen mit 25 proz. Salzsäure zu Xanthin und Ammoniak hydrolysiert, wie es sich auch fermentativ in Xanthin umwandelt. Die Synthese des Guanins läßt sich auch bewirken nach der Xanthinmethode von W. Traube aus *Guanidin* und Cyanessigsäure [Strecker[4]) E. Fischer[5]), Schittenhelm[6])].

Durch weitere Arbeiten von E. Fischer[7]), der die erste Formel bevorzugt, wurde die Synthese des Guanins aus dem *6-Oxy-2, 8-Dichlorpurin* (Dichlorhypoxanthin S. 371) bewirkt, das durch alkoholisches Ammoniak Chlorguanin und weiterhin bei der Reduktion mit Jodwasserstoff Guanin bildet.

In neuerer Zeit hat auch Traube[8]) das Guanin auf einem ganz anderen Wege (von Cyanessigsäure und Guanidin ausgehend) synthetisiert. Guanin läßt sich durch Chlormethyl in 7-Methylguanin bzw. 1, 7-Dimethylguanin methylieren [Traube und Dudley[9])].

Vernin. $C_{10}H_{13}N_5O_5 + 2 H_2O$, ein *Guaninpentosid* wurde aus verschiedenen indifferenten Pflanzen — vorzugsweise aus *Cucurbita Pepo* — isoliert. Krystallisiert in Nadeln oder flachen Prismen. Löslich in Alkalien und verdünnten Säuren. Reagiert als zweibasische Säure. Das Glucosid wird durch Hydrolyse — 1 proz. Schwefelsäure — gespalten [v. Lippmann, Schulze, Ullik[10])].

[1]) Ullik, C. 1887, 829.
[2]) Lippmann, B. **29**, 2645.
[3]) Shorey, Jour. Americ. Chem. Soc. **27**, 609.
[4]) Strecker, A. **108**, 141; **118**, 151.
[5]) E. Fischer, A. **215**, 309; B. **43**, 805.
[6]) Schittenhelm, Z. physiol. **63**, 1248.
[7]) E. Fischer, B. **30**, 2251.
[8]) Traube, B. **33**, 1371, 3035.
[9]) Traube u. Dudley, B. **46**, 3839.
[10]) v. Lippmann, B. **29**, 2645; Ullik, C. 1887, 820; Schulze, Z. physiol. 9, 420; 10, 80, 226; 41, 455; 66, 128; J. pr. (2) **32**, 433.

7. Adenin.

Das Adenin, $C_5H_5N_5$, wurde im Jahre 1885 von Kossel[1]) aus dem Ochsenpankreas dargestellt. Es findet sich im Tee, im Zuckerrübensaft, im Hopfen, im Steinpilz, in den Maulbeerblättern, in der Reiskleie und in anderen Pflanzen und entsteht bei der Zersetzung des Nucleins durch verdünnte Schwefelsäure. Es krystallisiert aus Wasser oder Ammoniak in langen Nadeln mit drei Molekülen Krystallwasser und schmilzt beim raschen Erhitzen unter Zersetzung bei 360—365°. In heißem Wasser leicht löslich, wenig löslich in kaltem Wasser und in Alkohol, unlöslich in Äther und Chloroform. Reagiert neutral und bildet Salze mit einem Äquivalent einer Base oder Säure.

Das Adenin wird durch Brom in eine Monobromverbindung übergeführt, die durch chlorsaures Kali und Salzsäure in Alloxan, Harnstoff und Oxalsäure gespalten wird.

Durch salpetrige Säure wird das Adenin in Hypoxanthin übergeführt. Die gleiche Umwandlung findet auch nachweisbar fermentativ statt [Schittenhelm[2])]. Es besteht also zwischen diesen beiden Verbindungen dieselbe Beziehung wie zwischen Guanin und Xanthin. Das Adenin ist demnach *6-Aminopurin*:

$$
\begin{array}{c}
NH_2 \\
| \\
C \\
N \diagup \quad \diagdown \quad C - NH \\
\qquad \qquad \qquad \diagdown CH \\
HC \diagdown \quad \diagup C - N \diagup \\
N
\end{array}
$$

Adenin.

Das Adenin findet seine einfachste Synthese durch die reduzierende Einwirkung der Jodwasserstoffsäure auf *6-Amino-2, 8-Dichlorpurin*. Dieses letztere wurde aus dem Trichlorpurin durch Ammoniakeinwirkung gewonnen [E. Fischer[3])].

Pharmakologisches. — Die Alkaloide der Purinreihe haben, soweit sie untersucht und physiologisch überhaupt wirksam sind, qualitativ die gleichen Wirkungen, nur sind diese bei den einzelnen Substanzen nicht in dem gleichen Maße ausgeprägt. — Man kann die Wirkungen in 4 Gruppen zusammenfassen: Beeinflussung zentraler nervöser Apparate, des Kreislaufes, der Harnausscheidung und der Muskeltätigkeit und -zusammensetzung.

Von dem am meisten untersuchten Caffein ist folgendes sichergestellt. Caffein erregt das Gehirn und das Rückenmark; so hat man in Versuchen am Menschen festgestellt, daß verschiedene psychische Funktionen durch Caffein, besonders, wenn es in Form von Kaffee oder Tee genossen wird, verstärkt werden. Die Versuchspersonen können z. B. Tastempfindungen besser differenzieren; ebenso steigt die Fähigkeit und Schnelligkeit der Aufnahme äußerer Eindrücke und deren

---

[1]) Kossel, Z. physiol. **10**, 250; **12**, 241; B. **18**, 79; **19**, 28; **20**, 3356.
[2]) Schittenhelm, Z. physiol. **63**, 248.
[3]) E. Fischer, B. **30**, 2238.

assoziative Verwertung — alles im Gegensatz zu den Wirkungen des Alkohols[1]). Außer der spezifischen Wirkung kommt vielleicht hierbei noch eine bessere Durchblutung des Gehirns, infolge einer Erweiterung der dort verlaufenden Gefäße, in Betracht. Auf die Zentren des verlängerten Markes (Gefäßnerven. Atmung) wirkt Caffein ein, aber relativ schwach; stärker ist die erregende Wirkung auf das Rückenmark, die sich bei geeigneter Dosierung bei Warm- und Kaltblütern in einem Streckkrampf äußert; an den Krampf schließt sich eine Lähmung an. — Am Herzen des Menschen erzeugt Caffein in den üblichen Dosen eine Pulsverlangsamung, trotzdem ist die Leistung vermehrt, wahrscheinlich als Folge einer besseren Durchblutung des Herzens. — Eine energische Wirkung hat Caffein auf die Nieren. Es bewirkt eine stärkere Absonderung von Harn und zwar werden nicht nur die Harnmenge, sondern auch die festen Bestandteile in größerer Menge abgesondert.

Die Muskelwirkung zeigt sich darin, daß die Muskeln eines Tieres, das Caffein erhalten hat, nicht nur eine gesteigerte Erregbarkeit haben, sondern auch mehr Arbeit leisten und eine höhere absolute Kraft entfalten können. Das gilt auch für den Menschen, wie durch die sog. ergographische Methode nachgewiesen ist. — Läßt man Caffein, selbst in dünnen Lösungen, im Tierexperiment auf freigelegte Muskeln oder einzelne Muskelfasern einwirken, so sieht man, daß der betreffende Muskel weiß und starr wird. Unter dem Mikroskop läßt sich erkennen, daß es sich um eine schwere Veränderung der contractilen Elemente, der quergestreiften Substanz des Muskels, handelt; diese wird in einen der Gerinnung ähnlichen Zustand versetzt.

Von den anderen Körpern der Purinreihe sind folgende zu erwähnen:

Purin ist wenig wirksam, man kann aber nachweisen, daß es die Muskelwirkung des Caffeins besitzt.

Xanthin. Hier treten die zentral erregenden Wirkungen zurück. so daß man nur Lähmungserscheinungen sieht; dagegen ist die direkte Beeinflussung der Muskulatur sehr stark, stärker als bei Caffein. Das Herz wird stark geschädigt.

Von den *Monomethylxanthinen* sind das 3- und das 7-Derivat untersucht; sie wirken sehr stark auf den quergestreiften Muskel, das erstere auch auf die Nierensekretion.

Hydroxycaffein wirkt qualitativ wie Caffein, ist aber wenig wirksam und wenig giftig.

Beim *Äthoxycaffein* ist eine narkotische Wirkung beobachtet worden; sonst wirkt es sehr wenig.

Theobromin steht in seinen Wirkungen zwischen Xanthin und Caffein; die zentral erregende Wirkung ist schwächer, die diuretische und Muskelwirkung stärker als beim Caffein.

Paraxanthin wirkt noch stärker diuretisch.

Theophyllin besitzt eine noch stärkere diuretische Wirkung als

---

[1]) An dieser Wirkung sind neben dem Caffein andere Bestandteile der Getränke, z. B. das Coffeon, wesentlich mitbeteiligt.

Theobromin. Die zentral erregende Wirkung ist schwächer als beim Caffein.

Caffolid ist sehr wenig wirksam.

Vicin.

Das Vicin als Pyrimidinderivat schließt sich den Xanthinbasen an.

Das *Vicin* wurde mit dem *Convicin* zusammen aus verschiedenen Wickenarten, aus *Vicia sativa*, und aus den Saubohnen *V. Faba* erhalten [Ritthausen, vgl. Schulze & Trier[1])]. Die Basen sind auch in den Runkelrüben gefunden.

Das Vicin $C_{10}H_{16}N_4O_7$ Fp. 239—242° unter Zersetzung $[\alpha]_D^{15} - 8,7°$ (in schwefelsaurer Lösung). Löslich in Wasser und Methylalkohol, unlöslich in Äthylalkohol [Winterstein[2])].

Das Vicin ist ein Glucosid; bei der Schwefelsäurehydrolyse zerfällt es in *Glucose* und in eine Spaltbase das *Divicin*. Die genaueren Bindungsverhältnisse im Glucosid sind noch nicht festgelegt.

Die Spaltbase, das Divicin $C_4H_6N_4O_2$ ist nach Levené[3]) das *4, 5-Diamino-2, 6-Dioxypyrimidin* [vgl. E. Fischer; Johnson und Johns[4])]:

$$\begin{array}{c} CO \\ HN\diagup\diagdown C-NH_2 \\ OC\diagdown\diagup C-NH_2 \\ NH \end{array}$$

Divicin

Dieses läßt sich, wie wir S. 362 sahen, leicht in Xanthin überführen.

Das oben erwähnte *Convicin* ist nach Johnson[5]) das Aminoglucosid der *Dialursäure* (*Alloxanderivat*) (S. 360).

XIX. Gruppe des Imidazols (Glyoxalin).

In diese Gruppe gehören:
1) Die *Jaborandialkaloide*,
2) Verschiedene Alkaloide des *Mutterkorns* (*Claviceps purpurea*).
3) Das Allantoin.

---

[1]) Ritthausen, J. pr. **1**, 336; **7**, 374; **24**, 202; **29**, 359; **59**, 480. Schulz & Tier, Z. physiol. **70**, 143.
[2]) Winterstein, Z. physiol. **105**, 258.
[3]) Levené, C. 1914, II. 646.
[4]) E. Fischer, B. **47**, 2611; Johnson u. Johns, J. Amer. Chem. Soc **36**, 545; (C. 1914, I. 1582).
[5]) Johnson, J. Amer. Chem. Soc. **36**, 337 (C. 1914, I. 1254).

Glyoxalin (Imidazol).

Das Glyoxalin (Imidazol) besteht aus einem 5-Ring mit zwei m-ständigen Stickstoffatomen:

$$(\beta)\ HC\text{——}NH(n) \qquad\qquad HC\text{====}N$$

Glyoxalin (Imidazol),

Der Glyoxalin-(Imidazol-)Ring wird entweder durch laufende Zahlen oder durch Buchstaben in der oben angegebenen Weise bezeichnet.

Das Glyoxalin wurde 1858 von Debus[1]) aus Glyoxal gewonnen und erhielt danach seinen Namen. Später wurde es aus Gründen einer systematischen Nomenklatur „Imidazol" benannt.

Seine Bedeutung für die Pflanzenalkaloide ist erst in neuerer Zeit erkannt.

Das Imidazol krystallisiert in gut ausgebildeten Prismen, Fp. 90°; es besitzt den auffallend hohen Kp. 256°. In Wasser und Alkohol sehr leicht löslich. In seinem allgemeinen chemischen Verhalten ähnelt es den Purinbasen. Es bildet einerseits mit Säuren wohl charakterisierte Salze, andererseits liefert es ein Silbersalz und kuppelt mit aromatischen Diazokörpern. Die hydrierten Imidazole lassen sich nicht durch direkte Reduktion, sondern nur auf synthetischem Umwege erhalten.

Das Imidazol bildet die Stammsubstanz einer großen Zahl und Reihe von Derivaten, in derselben Art, wie wir es beim Pyrrol und beim Pyridin kennengelernt haben.

Die Darstellung des Imidazols geschah durch Einwirkung von Glyoxal auf Ammoniak in Gegenwart von Formaldehyd. [Ljubawin[2]), Radziszewski[3]), Behrend und Schmitz[4])]:

$$\begin{array}{cc} OHC & H_3N \\ | & \\ OHC & H_3N \end{array} \quad CH_2O \quad = \quad HC\text{====}N\ \ \rangle CH_2 \ \ HC\text{====}N$$

Ergiebiger als aus dem Glyoxal selber gelingt die Darstellung des Glyoxalins aus dem carboxylierten Glyoxal — aus der in der Form

als *Dioxyweinsäure* $\begin{array}{c} CO\text{——}COOH \\ | \\ CO\text{——}COOH \end{array}$ reagierenden *Dinitroweinsäure* — wobei sich die *4, 5-Glyoxalin-dicarbonsäure*:

$$HOOC — C\text{——}NH \\ \|\qquad \rangle CH \\ HOOC — C\text{——}N$$

bildet, die beim Erhitzen unter Kohlensäureabspaltung Glyoxalin liefert [Maquenne[5]), Dedichen[6]), Pauly und Gundermann[7])].

[1]) Debus, A. **107**, 204.
[2]) Ljubawin, B. **15**, 1448.
[3]) Radziszewski, B. **15**, 2706.
[4]) Behrend u. Schmitz, A. **277**, 336.
[5]) Maquenne, A. Ch. (6) **24**, 528.
[6]) Dedichen, B. **39**, 1831.
[7]) Pauly u. Gundermann, B. **41**, 3999.

Ein anderer Darstellungsweg für das Imidazol geht aus vom *Imidazolyl-2-mercaptan*:

$$HC{-}{-}NH$$
$$\|\qquad{>}CSH,$$
$$HC{-}{-}N$$

das mit 10 proz. Salpetersäure auf dem Wasserbade erwärmt, unter Abspaltung von Schwefel als Schwefelsäure, Imidazol ergibt.

Das obige Imidazolyl-2-mercaptan erhält man aus *rhodanwasserstoffsaurem α-Aminoacetal* durch Erhitzen auf ca. 140°, wodurch zunächst Bildung des *Thioharnstoffes* und weiter unter Alkoholaustritt Ringschluß zum *Imidazol-2-mercaptan* erfolgt [Wohl und Marckwald[1], Marckwald[2])]:

$$(H_5C_2O)_2 - CH \qquad\qquad (H_5C_2O)_2 - CH \quad H_2N$$
$$\qquad|\qquad\qquad\qquad -\;\rightarrow\qquad\qquad|\qquad\qquad{>}CS$$
$$CH_2 - NH_2 \cdot CSNH \qquad\qquad\qquad CH_2 {-}{-} NH$$

Thioharnstoff.

Dieser Darstellungsweg des Glyoxalins über die Thioverbindung hat für die Glyoxalinderivate allgemeinere Bedeutung gewonnen (s. *β-Imidazolyläthylamin*).

Pharmakologisches. — Imidazol ist von Anwermann (Arch. f. exp. Path. u. Pharmak. 84, 156) untersucht worden; die allgemeine Wirkung war im Tierexperiment gering, dagegen wird die glatte Muskulatur des Uterus, Darmes und der Gefäße erregt, der Blutdruck steigt. — Benzimidazol lähmt Darm und Uterus.

1. Jaborandi-Alkaloide.

Die Jaborandiblätter (*Pilocarpus pennatifolius Lemaire*, Familie der Rutaceen) wie auch die Blätter verwandter Pilocarpusarten (P. microphyllos, P. spicatus, P. trachylophus) enthalten mehrere Alkaloide:

- . 1. das Pilocarpin . . . . $C_{11}H_{16}N_2O_2$,
- 2. „ Isopilocarpin . . . . . $C_{11}H_{16}N_2O_2$,
- 3. „ Pilocarpidin . . . . . $C_{11}H_{14}N_2O_2$,
- 4. „ Pilosin . . . . $C_{16}H_{18}N_2O_3$ (Carpilin).

Außer diesen wird das α-Pilocarpin und das α-Jaborin angeführt [Petit und Polonowski[3])], abgesehen von einigen anderen Nebenalkaloiden, deren Einheitlichkeit aber nicht sichergestellt ist. Das Pilocarpin ist von allen diesen Alkaloiden das Hauptalkaloid und kommt in den Blättern der Pflanze zu etwa 0,6% vor.

1. Pilocarpin.

Das Pilocarpin $C_{11}H_{16}N_2O_2$ wurde 1875 von Hardy[4]) entdeckt, dann im Laufe längerer Jahre weiter untersucht, aber erst durch Arbeiten

---

[1]) Wohl u. Marckwald, B. **22**, 568, 1353.
[2]) Marckwald, B. **25**, 2354.
[3]) Petit u. Polonowski, C. **1897**, 1126.
[4]) Hardy, B. (2), **24**, 497 (1875).

von Pinner und seinen Mitarbeitern und von Jowett in seiner Konstitution sehr erheblich aufgeklärt und unzweifelhaft als ein Glyoxalinderivat erkannt.

Das Pilocarpin erhält man gewöhnlich als einen öligen Sirup, der im reinsten Zustand zwar krystallisiert (Fp. 34°), aber sehr zerfließlich ist. In Wasser, Alkohol ist es leicht löslich, in Äther wenig löslich, $Kp._5$ 260°; $[\alpha]_D$ + 100,5°. Das Pilocarpin bildet gut charakterisierte Salze mit Mineralsäuren, von denen das Nitrat sich durch seine Luftbeständigkeit auszeichnet. Es ist eine einsäurige tertiäre Base. Auch in verdünnten Alkalien löst es sich, da es eine Lactongruppe enthält, die sich hierbei zu einer Oxycarbonsäure aufspaltet und so ein lösliches Alkalisalz bildet. Durch Neutralisieren der Alkalilösung tritt Wiederrückbildung zum Pilocarpin ein. Aus der wasserlöslichen Alkaliverbindung kann man durch Zusatz von Pottasche das Pilocarpin in Form einer öligen Schicht wieder abscheiden.

Das Pilocarpin ist sehr leicht isomerisierbar, vorzugsweise zum Isopilocarpin, welches sich auch in der Pflanze als solches vorfindet. Es enthält eine N-Methylgruppe.

Auch beim Pilocarpin, wie bei vielen anderen Alkaloiden, läßt sich der stickstoffhaltige Atomkomplex von dem stickstofffreien trennen und durch die Untersuchung der beiden Spaltstücke die Konstitutionserkenntnis des Alkaloids erleichtern. Einzelne Spaltstücke bei der Oxydation des Pilocarpins, wie das Entstehen von Methylharnstoff, deuteten für die Konfiguration des stickstoffhaltigen Teils im Pilocarpinmolekül auf einen Glyoxalinring hin [Pinner und Schwarz[1])]. Dann konnte weiter Jowett[2]) alkylierte Glyoxaline aus dem Pilocarpin direkt erhalten, indem das Alkaloid mit Natronkalk destilliert, vorzugsweise 1-Methylglyoxalin, 1,4- beziehungsweise 1,5-Dimethylglyoxalin bildet. Pyman[3]) bewies nun durch direkten Vergleich mit synthetisch hergestelltem Dimethylglyoxalin, daß das von Jowett erhaltene Dimethylglyoxalin die 1,5-Verbindung war, wonach sich also das Pilocarpin, falls keine Isomerisierung bei der Natronkalkbehandlung stattfand, als ein 1,5 substituiertes Glyoxalinderivat charakterisiert.

Somit war der stickstoffhaltige Teil des Pilocarpins aufgeklärt. In dem stickstofffreien Atomkomplex erhielt man auf folgendem Wege Aufklärung.

Das Pilocarpin liefert bei der Oxydation mit Kaliumpermanganat die *Homopilopsäure* [Jowett[4])] $C_8H_{12}O_4$. Diese mit Ätzkali verschmolzen, bildet die α-Äthyltricarballylsäure

$$H_5C_2 - CH - CH - CH_2$$
$$\quad\quad\; | \quad\quad | \quad\quad |$$
$$\quad\; COOH\; COOH\; COOH$$

Diese ist nun aus der Homopilopsäure durch Überführung einer CH_2OH-Gruppe in die COOH-Gruppe entstanden. Die Homopilopsäure ist eine

---

[1]) Pinner u. Schwarz, B. **35**, 192, 2441.
[2]) Jowett, Proc. Ch. Soc. **19**, 54.
[3]) Pyman, Soc. **97**, 1814.
[4]) Jowett, Soc. **83**, 438.

Lactonsäure, so daß sich für diese durch ihren Zusammenhang mit
der α-Äthyltricarballylsäure als wahrscheinlichster Konstitutionsaus-
druck eine der beiden Formeln ergibt:

$$\begin{array}{ll}
H_5C_2-CH\!-\!\!-\!\!-\!\!-CH-CH_2 & H_5C_2-CH\!-\!\!-\!\!-\!\!-CH-CH_2 \\
\quad\; CH_2-O-CO\quad COOH & \quad\; CO-O-CH_2\quad COOH \\
\qquad\qquad I. & \qquad\qquad II. \\
& \text{Homopilopsäure.}
\end{array}$$

von denen wir uns für die Formel II entscheiden, weil die Homopilopsäure sehr beständig ist, bis 200° unverändert erhitzt werden kann,
während von einer Säure der Konstitution Nr. I eine leichte Abspaltbarkeit der Carboxylgruppe zu erwarten ist.

Die Homopilopsäure stellt ein zähflüssiges Öl vor, Kp. 235—237°;
$[\alpha]_D +45,4°$. Charakteristisch für den Lactoncharakter der Säure
ist das Verhalten gegen Barytwasser, mit welchem bei gewöhnlicher
Temperatur ein einbasisches Bariumsalz der Zusammensetzung
$(C_8H_{11}O_4)_2Ba$ entsteht, während beim Kochen mit Barytwasser das
Salz einer 2-Oxycarbonsäure $C_8H_{12}O_5Ba$ entsteht.

$$\begin{array}{ll}
H_5C_2-CH\!-\!\!-\!\!-CH-CH_2 & H_5C_2-CH\!-\!\!-CH\!-\!\!-CH_2 \\
\quad\; CO-O-CH_2\quad COO\!\diagdown & \quad\; COO\qquad CH_2OH\;\; COO \\
\quad\; CO-O-CH_2\quad COO\!\diagup Ba & \qquad\qquad\diagdown\!\!\!\diagup \\
H_5C_2-CH\!-\!\!-\!\!-CH-CH_2 & \qquad\qquad\quad Ba
\end{array}$$

Die Homopilopsäure steht in nahem Zusammenhang zu ihrem
nächstniederen Homologen, der *Pilopsäure* $C_7H_{10}O_4$, die sich bei der
Oxydation des Isopilocarpins mit Kaliumpermanganat neben der
Homopilopsäure bildet. Beide Säuren können durch fraktionierte
Destillation ihrer Äthylester voneinander getrennt werden, da der
Homopilopsäureäthylester höher wie der Pilopsäureester siedet. Durch
Verseifung der niedrigeren Esterfraktion erhält man die freie Pilop-
säure, Fp. 104° $[\alpha]_D +36,1°$, die sich gegen Bariumhydrat wie die
Homopilopsäure verhält. Die Pilopsäure ist offenbar ein weitergehendes
Oxydationsprodukt der Homopilopsäure, so daß ihr folgende Formel
zukommt:

$$\begin{array}{l}
H_5C_2-CH\ \text{-}\!\text{-}\text{-}\ CH-COOH \\
\quad\; CO-O-CH_2 \\
\qquad \text{Pilopsäure.}
\end{array}$$

Das Pilocarpin selber bildet sich nun aus der Verknüpfung der Homopilopsäure mit dem Glyoxalin. Aus der Erkenntnis, daß der Glyoxalin-
rest im Pilocarpinmolekül das 1,5-Derivat vorstellt, kann man für das
Pilocarpin selber folgende Formel annehmen:

$$\begin{array}{l}
\qquad\qquad\qquad\qquad\qquad\qquad CH_3 \\
\qquad\qquad\qquad\qquad\qquad\qquad\; | \\
H_5C_2-CH\!-\!\!-\!\!-\!\!-CH-CH_2-C\cdot\quad N\diagdown \\
\quad\; CO-O-CH_2 \qquad\qquad\quad \|\quad\;\; \diagup\!\!\!>CH \\
\qquad\qquad\qquad\qquad\qquad\quad CH-N \\
\qquad\qquad\text{Pilocarpin.}
\end{array}$$

2. Isopilocarpin.

Das Isopilocarpin $C_{11}H_{16}N_2O_2$ findet sich im *Pilocarpus pennatifolius*
und P. microphyllos neben dem Pilocarpin [Pinner und Schwarz[1])
Jowett[2])]. Das Pilocarpin verwandelt sich sehr leicht in sein Isomeres,
das Isopilocarpin, schon durch Erhitzen seines salzsauren Salzes oder
auch durch Kochen seiner alkoholischen Alkalilösung. Die Einwirkung
alkoholischen Alkalis ist reversibel, denn durch dasselbe Reagens kann
man auch Isopilocarpin in Pilocarpin überführen. Es ist noch nicht
klargestellt, ob die Beziehungen des Pilocarpins zum Isopilocarpin
auf Stereoisomerie oder auf Isomerie beruht, durch leicht ver-
schiebbare Atomgruppen bedingt. Jedenfalls verhalten sich das Pilocarpin und das Isopilocarpin bei der Oxydation und auch bei der Bromeinwirkung nicht gleich, was bei bloß rein stereoisomerer Verschiedenheit nicht zu erwarten wäre.

Isopilocarpin bildet, ebenso wie das Pilocarpin, ein konsistentes Öl,
$Kp._{10}$ 261° [α_D] +42,8°, in Wasser und in den organischen Solvenzien
leicht löslich; seine Salze sind gut krystallisiert.

Nach allem Obigen ist die Konstitution des Isopilocarpins noch
nicht genau bestimmt; seine Konstitution kann aber nicht sehr von
der des Pilocarpins abweichen.

Oben ist die Bildung des Isopilocarpins durch Erhitzen von salzsaurem Pilocarpin erwähnt worden. Wenn man dieses Erhitzen mehrere
Stunden auf 225—235° durchführt, bildet sich ein neues Isomeres,
das *Metapilocarpin*, das sich durch seine Chloroformunlöslichkeit und
durch Bildung leichter löslicher Salze vom Isopilocarpin unterscheidet.

3. Pilocarpidin.

Das Pilocarpidin $C_{10}H_{14}N_2O_2$ findet sich im *Pilocarpus jaborandi*.
Es wurde 1887 von Harnack[3]) entdeckt. Die Salze des Pilocarpidins
sind löslicher als die des Pilocarpins; im übrigen ähnelt es als solches,
wie in seinen Salzen, dem Pilocarpin. Es ist eine tertiäre einsäurige
Base, die sich aber auch mit den Alkalien unter Salzbildung verbindet.
Die Salze werden durch Kohlensäure zersetzt. Mit Kali auf 200° erhitzt, entwickelt das Pilocarpidin Dimethylamin [Merck[4])]. Das
Pilocarpidin ist das niedere Homologe des Pilocarpins; das Pilocarpidin
besitzt keine N-Methylgruppe. Der Unterschied zum Pilocarpin ist
noch nicht sichergestellt.

4. Pilosin (Carpilin).

Das Pilosin (Carpilin) $C_{16}H_{18}N_2O_3$ findet sich in ziemlich geringer
Menge in den Mutterlaugen der Alkaloide aus *Pilocarpus microphyllos*
nach Abtrennung des salpetersauren Pilocarpins. Farblose Tafeln

[1]) Pinner u. Schwarz, B. **35**, 2441. — Pinner, B. **38**, 2560.
[2]) Jowett, Proc. Ch. Soc. **21**, 172.
[3]) Harnack, A. **238**, 228.
[4]) Merck, Bericht für das Jahr 1896.

Fp. 187° $[\alpha]_D$ +40,2°; in Chloroform, heißem Wasser und heißem Alkohol löslich. Das Alkaloid wurde ziemlich gleichzeitig in diesen Mutterlaugen von Léger und Roques[1]) und von Pyman[2]) aufgefunden und von den ersteren als Carpilin, von dem letzteren als Pilosin bezeichnet.

Das Pilosin enthält eine N-Methylgruppe, eine Laktongruppe und eine alkoholische Hydroxylgruppe — die entweder sekundär oder tertiär ist — denn man kann das Pilosin leicht in das *Anhydropilosin* $C_{16}H_{16}N_2O_2$ überführen.

Durch Behandeln mit Kalilauge erfährt das Pilosin eine charakteristische Reaktion, indem es sich hierbei in Benzaldehyd und eine Base das *Pilosinin* $C_9H_{12}N_2O_2$ spaltet. Seiner Zusammensetzung nach ist das Pilosinin ein niederes Homologes des Pilocarpins, so daß man seine Formel folgendermaßen auffassen kann:

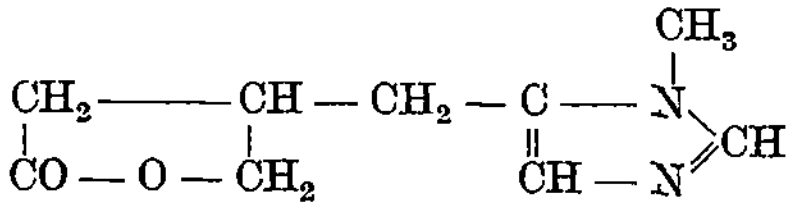

$$\begin{array}{ccccccc}
 & & & & & & CH_3 \\
 & & & & & & | \\
CH_2 & \!\!\!-\!\!\! & CH & \!\!-\! CH_2 -\! & C & \!\!\!-\!\!\! & N \\
| & & | & & \| & & \diagdown CH \\
CO & \!\!-\! O -\! & CH_2 & & CH & \!\!-\! & N \diagup
\end{array}$$

Pilosinin.

Das Pilosin stellt wahrscheinlich ein Pilocarpin vor, dessen Äthylgruppe durch eine $C_6H_5CH(OH)$-Gruppe ersetzt ist.

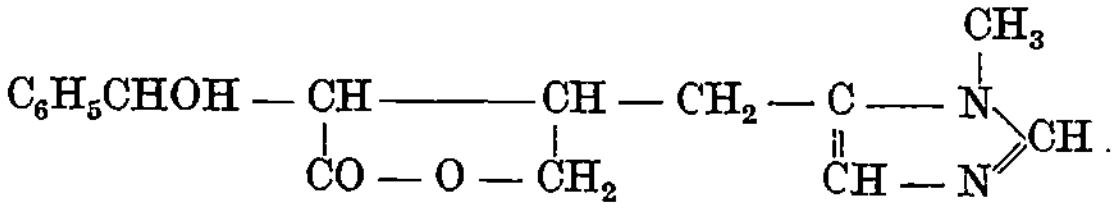

$$\begin{array}{ccccccc}
 & & & & & & CH_3 \\
 & & & & & & | \\
C_6H_5CHOH -\! & CH & \!\!\!-\!\!\! & CH -\! CH_2 -\! & C & \!\!\!-\!\!\! & N \\
 & | & & | & & \| & \diagdown CH\, . \\
 & CO -\! O -\! & CH_2 & & & CH & \!\!-\! N \diagup
\end{array}$$

Pilosin.

Das Anhydropilosin $C_{16}H_{16}N_2O_2$, Stäbchen, Fp. 133—134° $[\alpha]_D$ +66,2° (in 95 proz. Alkohol) ist eine ungesättigte Verbindung.

Pharmakologisches. — Von den drei Jaborandi-Alkaloiden Pilocarpin, Isopilocarpin und Pilocarpidin sind hauptsächlich die Wirkungen des ersteren experimentell bestimmt worden[3]).

Im Tierexperiment fallen neben Erregung des Zentralnervensystems die Wirkung des Pilocarpins auf den Kreislauf, die Drüsen und den Darmkanal ins Auge. Die Zahl der Herzschläge wird vermindert, und zwar, wie genaue Untersuchungen gezeigt haben, hauptsächlich durch Erregung des hemmenden Herzregulierungsnerven, des Vagus. Der Blutdruck sinkt zu Anfang etwas, erholt sich aber bei nicht zu großen Dosen bald wieder. Pilocarpin erhöht die Absonderung aus fast allen Drüsen des Körpers[4]), daher bewirkt es Speichelfluß, starke Tränen- und Nasensekretion und allgemeines Schwitzen, während die Harnmenge nicht vermehrt wird. Die Verstärkung der Drüsentätigkeit ist Folge einer Reizung der peripheren, in den Drüsen endenden Nerven. Auch die Schilddrüse, also eine Drüse mit innerer Sekretion, soll durch Pilocarpin beeinflußt werden.

---

[1]) Léger u. Roques, C. R. **155**, 1088; **156**, 1687.
[2]) Pyman, Soc. **101**, 2160.
[3]) Literat. bei Harnack - Meyer, Arch. f. exp. Path. u. Pharmak. 12, 366.
[4]) Physiologisch interessant ist, daß Pilocarpin die Sauerstoffausscheidung in die Schwimmblase des Hechtes vermehrt, wie Dreser gefunden hat.

Die Bewegungen des Darmkanals werden durch Pilocarpin sehr verstärkt, daher beobachtet man vermehrte Peristaltik und Defäkation. Wie die genauere Analyse gezeigt hat, handelt es sich um eine Erregung sowohl der in der Darmwandung befindlichen Nerven als auch der Darmmuskulatur selbst. Die erregende Darmwirkung wird durch Adrenalin aufgehoben.

Ebenso wie den Darm erregt Pilocarpin auch andere Organe mit glatter Muskulatur; hier ist praktisch am wichtigsten die Erregung des Pupillenverengerers, die durch Einträufeln von Pilocarpin in den Bindehautsack leicht zu erzielen ist. Durch die Myosis wird der intraokulare Druck herabgesetzt. Die glatte Muskulatur der Lungenbronchiolen wird ebenfalls durch Pilocarpin zur Konstriktion gebracht, die Tätigkeit der Gebärmutter, besonders der graviden, wird verstärkt.

Alle Pilocarpinwirkungen werden durch Atropininjektion sofort aufgehoben.

Pilocarpidin wirkt qualitativ wie Pilocarpin, aber viel schwächer. Das gleiche gilt vom *Isopilocarpin.*

Durch Aufhebung der Lactonbindung im Pilocarpinmolekül verschwindet die Wirkung [Marshall[1])].

Therapeutisch beim Menschen gebraucht wird das Pilocarpin in der Augenheilkunde und manchmal zur Anregung der Schweißsekretion bei gewissen Nierenerkrankungen, um das Organ zu entlasten.

2. Alkaloide von Claviceps purpurea.

Die Dauermycelien von *Claviceps purpurea*, als Mutterkorn, *Secale cornutum* bezeichnet, finden sich vorzugsweise bei den Gramineen.

Das Mutterkorn enthält eine größere Reihe von Basen. Aus den drei folgenden setzt sich die eigenartige physiologische Wirksamkeit des Mutterkorns zusammen. Bemerkenswert ist, daß zwischen den Basen 1 und 2 kein engerer chemischer Zusammenhang erkennbar ist, als daß sie beide in Beziehung zu den Proteinen stehen. Das Alkaloid 3 ist in seiner Konstitution noch unaufgeklärt.

1. β-Imidazol-4(bzw. 5)-äthylamin (Histamin) . $C_5H_9N_3$
2. p-Hydroxyphenyläthylamin (Tyramin) . . . $C_8H_{11}NO$
3. Ergotoxin . . . . $C_{35}H_{41}N_5O_6$.

Diesen Alkaloiden schließen sich an die physiologisch unwirksamen Basen:

4. Ergotinin . . . . $C_{35}H_{39}N_5O_5$
5. Ergothionin . . . . $C_9H_{15}N_3O_2S \cdot 2\,H_2O$

Das Ergothionin deutet schon durch seinen Schwefelgehalt auf einen Zusammenhang zu den Proteinen hin.

Ferner sind im Secale nachgewiesen *Cholin* (s. dort), *Betain* (s. dort), *Uracil*, einige Aminosäuren und aliphatische Amine.

---

[1]) Journ. of phys. 34, proc. 30. Die Lactopyridinsäure (β-Pyridin-α-Milchsäure) soll qualitativ wie Pilocarpin wirken.

1. β-Imidazolyl-4 (bzw. 5) -äthylamin. (β-Amino-äthylglyoxalin) (Histamin).

Dieses Alkaloid wurde im Jahre 1910 von Ackermann und Kutscher[1]) aus Secaleextrakten gewonnen, und bald darauf von Barger und Dale[2]) als *β-Imidazolyl-4 (bzw. 5)-äthylamin*:

$$\begin{array}{c} HC{-}{-}NH \\ \| \qquad \rangle CH \quad \text{charakterisiert.} \\ H_2N - H_2C - H_2C - C{-}{-}N \end{array}$$

β-Imidazolyl-4(5)-äthylamin.

Diese Imidazolbase war einige Jahre früher aus der synthetisch erhaltenen *β-Imidazolyl-4 (bzw. 5)-propionsäure*:

$$\begin{array}{c} HC{-}{-}NH \\ | \qquad \rangle CH \\ HOOC - H_2C - H_2C - C{-}{-}N \end{array}$$

β-Imidazolyl-4(5)-propionsäure.

mittels der Curtius'schen Reaktion über das Azid:

$$\begin{array}{c} HC{-}{-}NH \\ | \qquad \rangle CH \\ N_3OC - H_2C - H_2C - C{-}{-}N \end{array}$$

gewonnen worden [Windaus und Vogt[3])].

Eine neuere Synthese des β-Imidazolyl-4 (bzw. 5)-äthylamins stammt von Pyman[4]) unter Benutzung einer vorzugsweise von Gabriel und seinen Mitarbeitern ausgearbeiteten Methode zur Gewinnung von Aminoimidazolderivaten. [Gabriel und Pinkus, Gabriel und Posner, Künne, Kolshorn[5])].

Hierzu wird *Diaminoacetonhydrochlorid* und *Kaliumrhodanid* zum *2-Thiol-4 (5)-aminomethylglyoxalin*

$$\begin{array}{c} HC{-}{-}NH \\ \|\cdot \qquad \rangle CSH \\ H_2N - H_2C - C{-}{-}N \end{array}$$

kondensiert und durch Salpetersäure entschwefelt (S. 378). Die hierbei aus der Salpetersäure entstehende salpetrige Säure ersetzt die Aminogruppe durch die Hydroxylgruppe und führt zum *Oxymethylimidazol*, das weiter über das Cyanid und Reduktion desselben mit Natrium und Alkohol zum β-Imidazolyl-4 (bzw. 5)-äthylamin führt.

Farblose Plättchen, Fp. 83—84°; Kp._{18} 209—210°, in Wasser leicht löslich, löst sich kaum in Äther.

[1]) Ackermann u. Kutscher, Zeitschr. f. Biol. **54**, 387 (C. **1910**. II. 755).
[2]) Barger u. Dale, Soc. **97**, 2592.
[3]) Windaus u. Vogt, B. **40**, 3691.
[4]) Pyman, Soc. **99**, 668.
[5]) Gabriel u. Pinkus, B. **26**, 2197; Gabriel u. Posner, B. **27**, 1037; Künne, B. **28**, 2036; Kolshorn, B. **37**, 2474.

Das β-Imidazolyl-4 (bzw. 5)-äthylamin steht zum *Histidin*, einer in Keimpflanzen häufig vorkommenden Aminosäure:

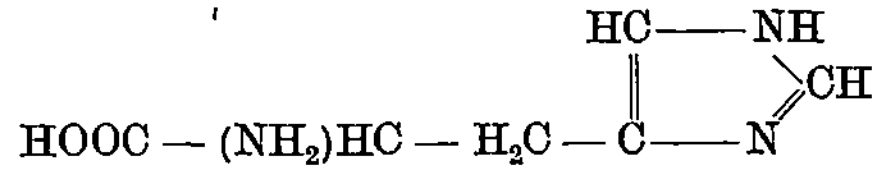

$$\text{HOOC} - (\text{NH}_2)\text{HC} - \text{H}_2\text{C} - \text{C} \underset{\|}{\overset{\text{HC}\text{------}\text{NH}}{}} \text{N} \diagdown \text{CH}$$

Histidin (β-Imidazolylalanin).

in enger Beziehung und läßt sich durch Abspaltung von Kohlensäure daraus gewinnen.

Diese Kohlensäureabspaltung gelingt durch Erhitzen des Histidins mit Mineralsäuren auf ca. 270° [Ewins und Pyman[1])] und noch leichter durch fermentative Einwirkung [Ackermann[2])]. Der nahe Zusammenhang des β-Imidazol-4 (bzw. 5) -äthylamins zum Histidin (β-Imidazolylalanin) gab Veranlassung das Imidazol auch als Histamin zu bezeichnen.

2. p-Oxyphenyläthylamin.

Diese Base ist im Zusammenhang bei den aromatischen Aminbasen abgehandelt (S. 474).

3. u. 4. Ergotoxin und Ergotonin.

Das *Ergotoxin* $C_{35}H_{41}N_5O_6$ und das *Ergotinin* $C_{35}H_{39}N_5O_5$ stehen in einfachem Verhältnis zueinander. Das Ergotoxin stellt eine Säure vor, während das Ergotinin das dazu gehörige Lacton bzw. Lactam ist [Barger und Ewins[3])].

Beide Alkaloide lassen sich ineinander überführen [Barger und Dale[4])]: das Ergotoxin aus dem Ergotinin durch Einwirkung verdünnter Phosphorsäure [Barger und Ewins[5])], andererseits das Ergotinin aus dem Ergotoxin durch Wasserabspaltung mittels siedendem Methylalkohol oder durch Essigsäureanhydrid [Barger und Carr[6])].

Das Ergotoxin ist seiner Säurenatur entsprechend in Alkali löslich, während das indifferente Ergotinin darin unlöslich ist. Beide Alkaloide enthalten eine Alkylgruppe, ziemlich sicher in Stickstoffbindung. Das Ergotoxin gibt eine Benzoylverbindung. Sonst ist die Konstitution beider Alkaloide sehr wenig erkannt; es ist nur sichergestellt, daß beide bei der trockenen Destillation *Isobutyrylformamid* $(\text{CH}_3)_2\text{CHCOCONH}_2$ liefern [Barger und Ewins[7])].

Das Ergotoxin stellt ein weißes amorphes Pulver vor. Fp. 162—164°. Rechtsdrehend, löslich in Alkohol, nur wenig in Äther.

Das Ergotinin ist krystallisiert, bildet lange Nadeln; die Salze sind amorph. Fp. 229° bei raschem Erhitzen. $[\alpha]_D + 338°$ (in Alkohol).

---

[1]) Ewins u. Pyman, Soc. **99**, 339.
[2]) Ackermann, Z. physiol. **65**, 504.
[3]) Barger u. Ewins, Soc. **97**, 284.
[4]) Barger u. Dale, A. Pharm. **244**, 550.
[5]) Barger u. Ewins, Soc. **113**, 235.
[6]) Barger u. Carr, A. Pharm. **245**, 235.
[7]) Barger u. Ewins, Soc. **97**, 284.

Barger und seinen Mitarbeitern gebührt vorzugsweise das Verdienst, das Ergotoxin und das Ergotinin in einheitlicher und wohl definierter Form hergestellt und charakterisiert zu haben. Weiter zeigten diese Untersuchungen, daß eine größere Zahl von Secalealkaloiden, die in der Literatur gesondert angeführt sind, sich auf das Ergotoxin reduzieren lassen. So erwies sich, das *Picrosclerotin*, das *Chrysotoxin*, das *Secalintoxin*, ferner Tanrets „*amorphes Ergotinin*", Koberts „*Cornutin*" [Barger und Carr[1])], Krafts „*Hydroergotinin*" in der Hauptsache als Ergotoxin [Kraft[2]), Barger und Dale[3])], während Jacobis „*Secalin*" sich mit dem Ergotinin identifizierte [Barger und Dale[4])]. Eine weitere Reihe von Secaleextrakten, die besondere Namen führen, enthalten nur ein Gemisch von Auszügen.

5. Ergothionin.

Das Ergothionin $C_9H_{15}N_3O_2S \cdot 2\,H_2O$ wurde von Tanret[5]) im Mutterkorn in einer Menge von 0,1 Prozent aufgefunden.

Es ist neben dem schon oben besprochenen *4 (5)-β-Imidazolyläthylamin* das zweite im Mutterkorn gut erkannte Imidazolderivat. Nadeln oder Lamellen, Fp. 290° unter Zersetzung. $[\alpha]_D + 110°$, löslich in Wasser, unlöslich in Alkohol, reagiert neutral, ist geruchlos und physiologisch unwirksam.

Das Ergothionin erfährt durch konzentriertes Alkali eine charakteristische Spaltung in *Trimethylamin* und *β-2-Thiolimidazolyl-4-(5)-acrylsäure*

$$\text{HOOC}-\text{CH}=\text{CH}-\text{C}\overset{\displaystyle \text{HC}-\text{NH}}{\underset{\displaystyle \text{N}}{\big|}}\!\!\!\!>\!\!\text{CSH,}$$

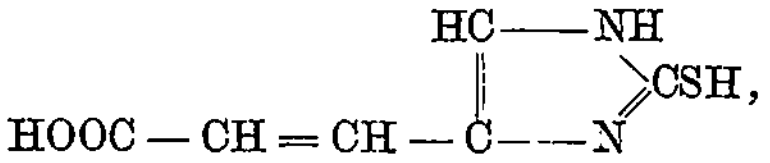

die beim Erhitzen mit verdünnter Salpetersäure unter Abgabe von Schwefel in die *β-Imidazolyl-4- (5)-acrylsäure* übergeht [Barger und Ewins[1])].

Diese bildet durch Reduktion mit Natrium und Alkohol die bereits bekannte *β-Imidazolylpropionsäure*:

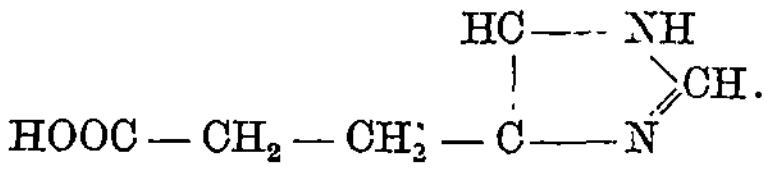

$$\text{HOOC}-\text{CH}_2-\text{CH}_2-\text{C}\overset{\displaystyle \text{HC}-\text{NH}}{\underset{\displaystyle \text{N}}{\big|}}\!\!\!\!>\!\!\text{CH.}$$

Nach diesem Abbau erscheint das Ergothionin als *β-2-Thiolimidazolyl-4 (5)-propiobetain*:

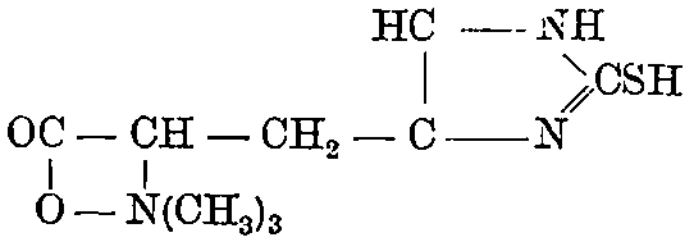

$$\underset{\displaystyle \big|\;\;\;\;\;\;\big|}{\text{OC}-\text{CH}-\text{CH}_2-\text{C}}\overset{\displaystyle \text{HC}-\text{NH}}{\underset{\displaystyle \text{N}}{\big|}}\!\!\!\!>\!\!\text{CSH}$$
$$\text{O}-\text{N(CH}_3)_3$$

Ergothionin.

---

[1]) Barger u. Carr. C. **1907**, I, 52.
[2]) Kraft, A. Pharm. **244**, 336.
[3]) Barger u. Dale, A. Pharm. **244**, 550.
[4]) Barger u. Dale, C. **1907**. II, 922.
[5]) Tanret, C. R. **149**, 222.
[6]) Barger u. Ewins, Soc. **99**, 2336.

Das Ergothionin geht durch Eisenchlorideinwirkung unter Schwefel-abspaltung in ein Betain des Histidins (S. 385), in das *Trimethylhistidin-betain* (*Hercynin*) über, das sich auch natürlich im *Steinpilz* und *Champignon* findet:

$$OC-CH-CH_2-C \overset{\displaystyle OC-NH}{\underset{\displaystyle O-N(CH_3)_3}{\Big|\quad\quad}} N{>}CH$$

Hercynin.

Aminosäuren und Amine. Im Secale sind eine Reihe von α-Amino-fettsäuren, die ebenso wie das *Histamin* und *Tyramin* zu den Proteinen in naher Beziehung stehen, aufgefunden worden [Barger und Dale[1])].

α-*Aminoisovaleriansäure* (*Valin*):

$$\frac{H_3C}{H_3C}{>}CH \cdot CH(NH_2) \cdot COOH$$

α-*Aminoisobutyrylessigsäure* (*Leucin*):

$$\frac{H_3C}{H_3C}{>}CH \cdot CH_2 - CH \cdot (NH_2) - COOH$$

und die *Asparaginsäure* $HOOC-CH(NH_2)-CH_2-COOH$.

Die obigen Säuren stellen das sog. *Clavin* von Vahlen[2]) vor.

Ferner wurden aus dem Secale einige Basen isoliert.

Isoamylamin $C_5H_{13}N$. — Unterscheidet sich vom Leucin (S. 463) nur durch den Mindergehalt einer CO_2-Gruppe [Barger und Dale[3])]:

$$\frac{H_3C}{H_3C}{>}CH - CH_2 - CH_2 - NH_2$$

Isoamylamin.

Agmatin $C_5H_{14}N_4$. Engeland und Kutscher[4]) identifizierten eine im Secale aufgefundene Base mit dem *Agmatin*, das Kossel[5]) bei dem hydrolytischen Aufschluß von Heringssperma gewonnen hatte.

Das Agmatin charakterisiert sich als *Aminobutylenguanidin*:

$$H_2NCH_2(CH_2)_3HNC : NH(NH_2).$$

Dementsprechend wurde es aus Tetramethylendiaminchlorhydrat und Cyanamidsilber dargestellt [Kossel[6])].

Nach diesen Feststellungen erscheint das Agmatin mit dem *Arginin* (S. 464) in nahem Zusammenhang; sie unterscheiden sich voneinander nur durch eine Carboxylgruppe.

$$(H_2N)CH_2-CH_2-CH_2-CH_2-HN-C : NH(NH_2) \quad \text{Agmatin}$$
$$HOOC(H_2N)CH-CH_2-CH_2-CH_2-HN-C : NH(NH_2) \quad \text{Arginin.}$$

---

[1]) Barger u. Dale, C. **1909**. II, 1761.
[2]) Vahlen, C. **1906**. II, 690, 1696; **1909**, I, 556; Arch. f. exp. Pathol. u. Pharm. **55**, 136; **60**, 42.
[3]) Barger u. Dale, l. c.
[4]) Engeland u. Kutscher, C. **1910**, II, 1394, 1762.
[5]) Kossel, Z. physiol. **66**, 257 (C. **1910**, II, 232).
[6]) Kossel, C. **1910**, II, 1041.

. *Uracil* $C_4H_4N_2O_2$ (*2, 6-Dioxypyrimidin*) wurde von Engeland und Kutscher[1]) im Secale aufgefunden:

$$\begin{array}{c}
\text{CO}\\
\text{HN} \diagup\ \diagdown \text{CH}\\
\text{OC} \diagdown\ \diagup \text{CH}\\
\text{NH}
\end{array}$$

Uracil.

Das Uracil zeigt den für die Secalebasen charakteristischen nahen Zusammenhang zu den Proteinen (*Nucleinsäuren*).

Pharmakologisches. Der dauernde Genuß von Roggenbrot, das aus einem mit Secale cornutum verunreinigtem Mehle gebacken war, hat in früheren Zeiten überall in Europa, in neuerer noch in Rußland Vergiftungsepidemien verursacht, die man als Ergotismus bezeichnet. Man hat zwei Formen der Erkrankung unterschieden, eine gangränöse und eine konvulsivische. Bei der ersteren erscheinen, oft schon nach Tagen, an den Zehen (seltener den Fingern, der Nase, den Ohren) Blasen, aus denen sich brandige, mehr oder minder ausgebreitete Herde entwickeln; es kann zur Abstoßung ganzer Extremitäten kommen und der Tod tritt oft an allgemeiner Sepsis ein. Meist sind die befallenen Stellen schmerzhaft, bevor sie vollkommen nekrotisch werden. — Bei der nervösen Form tritt als erstes Zeichen das Gefühl von Kribbeln und Taubsein in den Fingern, dann auch an anderen Stellen auf (Kribbelkrankheit), später kommt es zu Krämpfen, besonders im Vorderarm mit überwiegender Beteiligung der Beuger, die zu Dauercontractur führen können. Auch das Zentralnervensystem wird direkt betroffen, so daß es zu einer tabesähnlichen Degeneration des Rückenmarks und zu Geistesstörungen kommen kann.

Von den aus der Droge isolierten Basen, von denen es aber nicht sicher ist, ob sie in ihr praeformiert vorhanden sind, sind folgende pharmakologisch untersucht.

1. *Ergotoxin*[2]). Erzeugt im Tierexperiment, ebenso wie die Droge selbst, Gangrän (Hahnenkamm), bringt durch Erregung der Vasoconstrictoren allgemeine, lange anhaltende Blutdrucksteigerung und Kontraktion der Uterusmuskulatur hervor; bei großen Dosen folgt auf die Erregung der Constrictoren eine Lähmung dieser.

2. *β-Imidazolyläthylamin* (Histamin)[3]). Das Histamin wirkt hauptsächlich auf die glatte Muskulatur; bei den meisten Tierspezies erweitern sich die Blutgefäße, so daß der Druck sinkt. Die Uterusmuskulatur wird zu energischer Kontraktion gebracht, ebenso die des Darms. — Histamin erzeugt Asthma durch Kontraktion der Lungengefäße und der Bronchialmuskulatur.

3. *Para-Oxyphenyläthylamin* (S. 476).

---

[1]) Engeland u. Kutscher, C. **1910**, II, 1394, 1762.
[2]) Dale, J. o. physiol. **34**, 163.
[3]) Literatur bei Guggenheim, Biogene Amine. Berlin, Springer 1920, 191.

4. *Agmatin.* Soll den Katzenuterus zur Kontraktion bringen (Zentralbl. f. Physiol. 24, 479); auch auf Blutdruck und Atmung soll es schwach wirksam sein.

3. Allantoin.

Das *Allantoin* $C_4H_6N_4O_3$ ist den Basen der Xanthingruppe verwandt; es entsteht auch aus der Harnsäure bei verschiedentlichen Oxydationen (Bleisuperoxyd, Braunstein, Kaliumpermanganat, Wasserstoffsuperoxyd, Luft) durch Aufspaltung des Pyrimidinringes [Venable[1]), Claus[2]), E. Fischer und Ach[3]), Behrend[4]), Behrend und Schultz[5]); vergl. Biltz S. 366].

$$
\begin{array}{ccc}
& \mathrm{CO} & \\
\mathrm{HN}\!<\!\!\!\begin{array}{c}\ \\ \ \end{array}\!\!\!\mathrm{C-NH} & & \\
\ \ \ \ \ \ \ \ \ \ \ \ \ >\!\mathrm{CO} \\
\mathrm{OC}\!<\!\!\!\begin{array}{c}\ \\ \ \end{array}\!\!\!\mathrm{C-NH} & & \\
& \mathrm{NH} &
\end{array}
\quad\longrightarrow\quad
\begin{array}{c}
\mathrm{H_2N} \\
\mathrm{OC}\qquad\mathrm{OC}\!\!-\!\!\mathrm{NH} \\
\qquad\qquad\qquad\qquad>\!\mathrm{CO} \\
\mathrm{HN}\!-\!\mathrm{HC}\!-\!\mathrm{NH}
\end{array}
$$

Harnsäure   Allantoin

Das Allantoin wurde im Jahre 1800 in der Amniosflüssigkeit der Kühe von Vauquelin und Buniva[6]) entdeckt und später aus dem Harn verschiedener Tiere gewonnen. Das Allantoin ist auch im Pflanzenreich verbreitet; Schulze und Barbieri[7]) gewannen es aus den Platanenknospen (*Platanus orientalis* L.) (0,5—1%); es findet sich auch in den Ahornknospen und in der Rinde der indischen Kastanie [Schulze und Boßhard[8])], in den Weizensamen [Richardson und Crampton, Power und Salway[9])], in der Erbse und Schote, im Rhizom der Wallwurz (*Symphytum officinale*) (ca. 0,7%), [Titherley und Coppin[10])], in den Samen von Datura Metel L. [De Plato[11])], in den Tabaksamen [Scurti und Perciabosco[12])], in der Zuckerrübenmelasse [v. Lippmann, Smolenski[7])], in Reisschalen nach hydrolytischer Behandlung derselben [Funk[13])].

Das Allantoin $C_4H_6N_4O_3$ bildet sechsseitige Prismen; Fp. 238—240° (korr.) beim raschen Erhitzen; in kaltem Wasser wenig löslich, in kochendem zu etwa 10%. Reagiert neutral, zeigt Eigenschaften einer einsäurigen Base und einer einbasischen Säure, bildet ein Silbersalz.

[1]) Venable, C. 1918, II, 711.
[2]) Claus, B. 7, 226.
[3]) A. Fischer u. Ach, B. 32, 2721.
[4]) Behrend, A. 333, 144.
[5]) Behrend u. Schultz, A. 365, 27.
[6]) Vauquelin u. Buniva, A. chim. 33, 260.
[7]) Schulze u. Barbieri, B. 14, 1602, 1834.
[8]) Schulze u. Boßhard, Z. physiol. 9, 425.
[9]) Richardson u. Crampton, B. 19, 1130; Power u. Salway, C. 1913, II. 1232.
[10]) Titherley u. Coppin, C. 1912, I, 732.
[11]) De Plato, C. 1910, I, 1622.
[12]) Scurti u. Perciabosco, C. 1907. I, 282.
[13]) Funk, C. 1912, II, 1669.

Die Konstitution des Allantoins ist durch Abbau und Synthese festgelegt.

So führt der hydrolytische Abbau des Allantoins mittels Wasser Alkalien oder Säuren über die *Allantoinsäure* zur Glyoxylsäure OHC—COOH und Harnstoff.

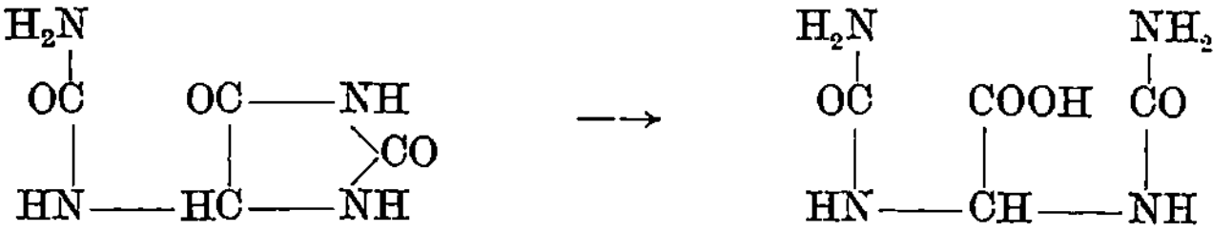

$$
\begin{array}{ccc}
H_2N & & \\
| & & \\
OC \quad OC\!-\!NH & & H_2N \qquad NH_2 \\
| \quad | \;\;\rangle CO & \longrightarrow & | \qquad\qquad | \\
HN\!-\!HC\!-\!NH & & OC \quad COOH \quad CO \\
& & | \qquad | \qquad | \\
\text{Allantoin} & & HN\!-\!CH\!-\!NH \\
& & \text{Allantoinsäure.}
\end{array}
$$

Die Synthese des Allantoins wurde im Jahre 1877 von Grimaux[1]) (vgl. Michael, Simon, Chavanne) durch Erhitzen von Glyoxylsäure mit Harnstoff auf 100° durchgeführt bzw. auch aus Glyoxylsäureäthylester und Harnstoff unter dem Einfluß von Salzsäure.

$$2\,CO(NH_2)_2 + C_2H_2O_3 = C_4H_6N_4O_3 + 2\,H_2O\,.$$

Die obige Formel des Allantoins enthält ein asymmetrisches Kohlenstoffatom, während das natürlich vorkommende Allantoin stets inaktiv erhalten wird. Daher zieht man für das Allantoin auch die desmotrope Form bzw. eine bicyclische in Betracht:

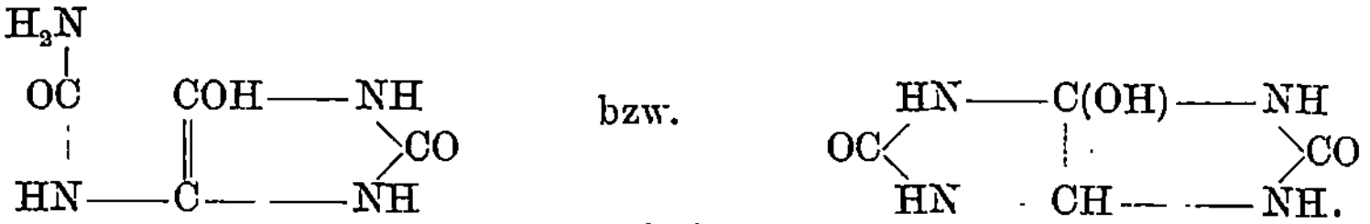

$$
\begin{array}{ccc}
H_2N & & \\
| & & \\
OC \quad COH\!-\!NH & & HN\!-\!C(OH)\!-\!NH \\
| \quad \| \;\;\rangle CO & \text{bzw.} & OC\langle \qquad | \qquad \rangle CO \\
HN\!-\!C\!-\!NH & & HN\;\;\cdot\;CH\!-\!NH. \\
\text{Allantoin.} & &
\end{array}
$$

Das Allantoin steht in naher Beziehung zum *Hydantoin*. Das erweist sich sowohl durch seinen Zerfall mittels Jodwasserstoffsäure in Harnstoff und Hydantoin:

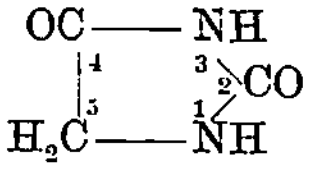

$$
\begin{array}{c}
OC\!-\!NH \\
|^4 \quad {}^3\!\rangle_2 CO \\
H_2C\!-\!{}_1\!NH \\
\text{Hydantoin}
\end{array}
$$

wie auch durch die von Biltz und Giesler[2]) durchgeführte Überleitung des Allantoins zum 5-Aminohydantoin:

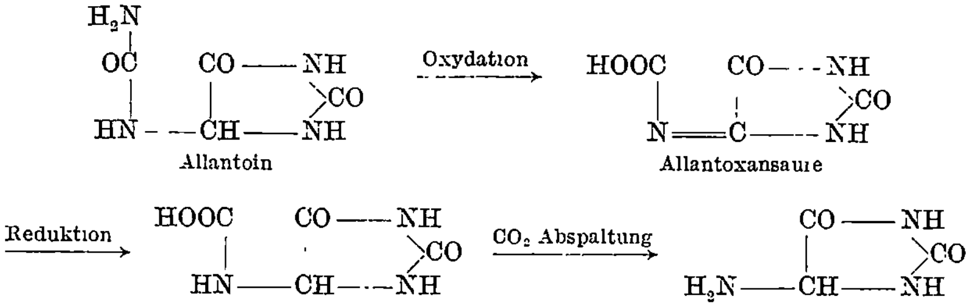

$$
\begin{array}{ccc}
H_2N & & \\
| & & \\
OC \quad CO\!-\!NH & \xrightarrow{\text{Oxydation}} & HOOC \quad CO\!-\!NH \\
| \quad | \;\;\rangle CO & & | \qquad | \;\;\rangle CO \\
HN\!-\!CH\!-\!NH & & N\!=\!C\!-\!NH \\
\text{Allantoin} & & \text{Allantoxansäure}
\end{array}
$$

$$
\begin{array}{ccc}
HOOC \quad CO\!-\!NH & & CO\!-\!NH \\
\xrightarrow{\text{Reduktion}} \quad | \qquad \rangle CO & \xrightarrow{CO_2\text{ Abspaltung}} & | \qquad \rangle CO \\
HN\!-\!CH\!-\!NH & & H_2N\!-\!CH\!-\!NH \\
\text{Hydroxonsäure} & & \text{Aminohydantoin.}
\end{array}
$$

[1]) Grimaux, A. Ch. (5) **11**, 389; vgl. Michael, Americ. chem. Journ. **5**, 198; Simon u. Chavanne, C. R. **143**, 51.
[2]) Biltz u. Giesler, B. **46**, 3410.

Das Aminohydantoin gibt durch Einwirkung von cyansaurem Kali wieder Allantoin.

Das Allantoin erscheint danach als ein *5-Ureidohydantoin*.

XX. Gruppe des Indols.

In diese Gruppe gehören:
1. Das Hypaphorin.
2. Die Alkaloide von Peganum Harmala.

1. Hypaphorin.

Die Samen von *Erythrina Hypaphorus Boerl.* enthalten nach Untersuchungen von Greshoff[1]) ein krystallisiertes Alkaloid $C_{14}H_{18}N_2O_2$.

Dieses, Hypaphorin genannt, wurde von Romburgh und von Romburgh und Barger[2]) untersucht, krystallisiert mit einem Mol. Wasser. Fp. 255° unter Zersetzung. $[\alpha]_D + 91-93°$.

Das Hypaphorin erfährt beim Erhitzen mit wässerigem Alkali einen charakteristischen Zerfall in *Trimethylamin* und *Indol.* Danach und durch seine Zusammensetzung erscheint das Hypaphorin als *α-Trimethylamino-β-Indolpropionsäurebetain*:

$$\text{C} - \text{CH}_2 - \text{CH} \text{------} \text{CO}$$
$$\text{CH}$$
$$\text{NH} \qquad \text{N(CH}_3)_3 - \text{O}$$

Hypaphorin.

So tritt das Hypaphorin in Zusammenhang mit dem *Tryptophan* (S. 396) (*α-Amino-β-Indolpropionsäure*) $C_{11}H_{12}N_2O_2$, einem Spaltstück vieler Eiweißverbindungen [Ellinger und Flammand[3])]. In der Tat läßt sich das Hypaphorin auch aus dem Tryptophan synthetisieren (van Romburgh und Barger): Tryptophan in methylalkoholischer Lösung mit Jodmethyl unter Zusatz von etwas Alkali alkyliert, bildet *α-Trimethylamino-β-Indol-propionsäuremethylesterjodid*,

$$\text{C} - \text{CH}_2 - \text{CH} - \text{COOCH}_3$$
$$\text{CH}$$
$$\text{NH} \qquad \text{N(CH}_3)_3\text{J}$$

das beim kurzen Erwärmen mit 1 proz. Natronlauge in das Betain, in das Hypaphorin, übergeht.

2. Alkaloide von Peganum Harmala.

Die Samen der in den südrussischen Steppen vorkommenden Steppenraute (Peganum Harmala L, Rutaceae) enthalten drei Alkaloide, die chemisch einander sehr nahe stehen:

---

[1]) Greshoff, Meded. uit's Lands Plantentuin **7**, 29 (1890); **25**, 54 (1898).
[2]) van Romburgh, Akad. Wetensch. **13**, 1177 (C. **1911**, I, 1548); van Romburgh u. Barger, Soc. **99**, 2068.
[3]) Ellinger u. Flammand, B. **40**, 3029.

1. das Harmalin . . . $C_{13}H_{14}N_2O$, im Jahre 1837 von Goebel[1] aufgefunden;
2. das Harmin . . . . $C_{13}H_{12}N_2O$, von Fritzsche[2] entdeckt;
3. das Harmalol . . . $C_{12}H_{12}N_2O$, ebenfalls von Goebel in der Pflanze bemerkt und als Harmalarot bezeichnet.

Diese Basen finden sich vorzugsweise als Phosphate in den Samenhüllen; ihre Menge beträgt etwa 4% vom Gewicht dieser; das Harmalin bildet davon etwa $^1/_3$, das Harmin $^1/_3$. Die Auszüge von Peganum Harmala werden im Orient vielfach zum Rotfärben benutzt. Das Harmalin und das Harmalol sind wahre Farbstoffe und gehören zu den ganz wenigen Alkaloiden, die diesen Charakter zeigen.

Die Harmala-Alkaloide sind in neuerer Zeit besonders von O. Fischer und seinen Mitarbeitern[3] eingehend untersucht worden, wie auch von Perkin und Robinson[4].

1. Harmalin.

Das Harmalin krystallisiert aus Methylalkohol in farblosen, glänzenden Täfelchen, Fp. 238° unter Zersetzung. In Wasser ist es fast unlöslich, schwer löslich in kaltem Alkohol, leicht löslich in heißem, optisch inaktiv. Es schmeckt schwach bitter. Seine Salze sind gelb gefärbt, in Lösung zeigt es blaue Fluorescenz.

Als sekundäre Base bildet das Harmalin ein Methylderivat, das *Methylharmalin*, farblose Kryställchen, Fp. 162°, und eine Acetylverbindung, das *Acetylharmalin*, Fp. 204—205°. Das Harmalin ist eine einsäurige Base. Es liefert Disazofarbstoffe, wie es von Pyrrolverbindungen auch bekannt ist. Das Alkaloid ist ungesättigt, bei der Reduktion mit Natrium und Amylalkohol oder mit Zink und Salzsäure werden zwei Wasserstoffatome addiert unter Bildung des *Dihydroharmalins* $C_{13}H_{16}N_2O$, Fp. 199°.

Das Harmalin enthält eine Methoxylgruppe; beim Erhitzen desselben mit rauchender Salzsäure auf 140° wird Chlormethyl abgespalten. So entsteht eine Hydroxylverbindung mit Phenolcharakter, das *Harmalol*, welches sich, wie oben erwähnt, als Alkaloid in der Pflanze auch vorfindet.

$$C_{12}H_{11}N_2(OCH_3) + HCl = C_{12}H_{11}N_2(OH) + CH_3Cl .$$
Harmalin   Harmalol.

Der Haupteinblick in die Konstitution des Harmalins wurde durch die Oxydation mit starker Salpetersäure gewährt.

Hierbei erfährt das Molekül eine Aufspaltung einerseits in die *Harminsäure*, welche die beiden Stickstoffatome des Harmalins noch enthält, andererseits in eine nitrierte Anissäure (m-Nitranissäure).

[1] Goebel, A. **38**, 363.
[2] Fritzsche, A. **64**, 360; **68**, 351; **72**, 306; **88**, 327; **92**, 330.
[3] O. Fischer u. Täuber, B. **18**, 400. — O. Fischer, B. **22**, 637; **30**, 2481; C. **1901**, I. 959. — O. Fischer u. Buck, B. **38**, 329. — O. Fischer u. Boesler, B. **45**, 1930.
[4] Perkin u. Robinson, Soc. **101**, 1775; **103**, 1973; **115**, 933, 967; Kermack, Perkin jun. u. Robinson, Soc. **119**, 1602.

Die m-*Nitranissäure* entsteht hierbei aus zuerst gebildeter *Methoxy-nitrophthalsäure* durch Kohlensäureabspaltung.

$$\underset{\text{Nitranissäure}}{H_3CO-\langle\;\rangle\genfrac{}{}{0pt}{}{-COOH}{NO_2}}\qquad\qquad \underset{\text{Methoxynitrophthalsäure.}}{H_3CO-\langle\;\rangle\genfrac{}{}{0pt}{}{-COOH}{-COOH}\quad\text{oder}\quad H_3CO-\langle\;\rangle\genfrac{}{}{0pt}{}{\overset{COOH}{-COOH}}{NO_2}}$$

Die Bildung des obigen Methoxyphthalsäurekomplexes zeigt, daß im Harmalin ein Anisolrest vorhanden sein muß, an welchem zwei Kohlenstoffatome — die bei der Oxydation Carboxylgruppen liefern — die Verknüpfung mit dem stickstoffhaltigen Atomkomplex des Moleküls, mit der Harminsäure vermitteln.

Die Harminsäure $C_{10}H_8N_2O_4$, Fp. 345°, ist ebenfalls eine zweibasische Säure, deren Carboxylgruppen an benachbarten Kohlenstoffatomen (Fluoresceinbildung) stehen.

Durch Erhitzen bis zum Schmelzpunkt verliert die Harminsäure ihre Carboxyle und geht in das *Apoharmin* $C_8H_8N_2$ über. Das Apoharmin ist eine sekundäre Base von cyclischem Charakter, bildet ein Nitroderivat und zeigt in mancher Beziehung große Beständigkeit gegen Oxydationsmittel.

So können wir die Formel des Apoharmins und der Harminsäure auflösen in

$$\underset{\text{Harminsäure}}{\genfrac{}{}{0pt}{}{HOOC-C}{HOOC-C}\!\!>\!\!C_6H_6N_2}\qquad\qquad\qquad \underset{\text{Apoharmin.}}{\genfrac{}{}{0pt}{}{HC}{HC}\!\!>\!\!C_6H_6N_2}$$

O. Fischer[1]) zeigte nun, daß dieser Atomkomplex $C_8H_6N_2$ einen Pyridinring enthält, denn durch Einwirkung von mäßig verdünnter Salpetersäure auf 180—200° entstand aus der Harminsäure die *γ-Pyridincarbonsäure*. Damit sind von den acht Kohlenstoffatomen des Harminsäurekomplexes fünf als im Pyridinring befindlich erkannt und ebenso die Funktion eines Stickstoffatoms damit festgelegt. Ein sechstes Kohlenstoffatom ließ sich durch die Untersuchungen von Perkin und Robinson und O. Fischer als in einer Methylgruppe befindlich bestimmen, indem Harmalin mit Benzaldehyd ein Kondensationsprodukt, das *Benzyliden-Diharmalin* $C_{33}H_{32}N_4O_4$ liefert. Diese Reaktion ist typisch für das Vorhandensein einer im Pyridinring in benachbarter Stellung zum Stickstoff befindlichen aktiven Methylgruppe.

Nach dieser Auflösung des Atomkomplexes $C_8H_8N_2$ bleiben nur noch zwei Kohlenstoffatome und ein Stickstoffatom zu gruppieren übrig, die notwendigerweise wegen des dazugehörigen geringen Wasserstoffgehalts ringförmig am Pyridinkern in pyrrolartiger Bindung stehen müssen.

---

[1]) O. Fischer, B. **47**, 99.

Die Harminsäure erscheint so als o-Dicarbonsäure eines *Pyrindols,* das eine Methylgruppe trägt.

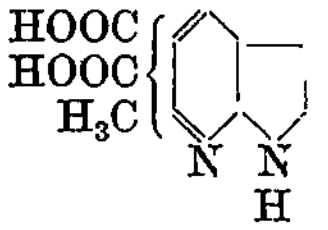

$$\text{HOOC}\;\; \text{HOOC}\;\; \text{H}_3\text{C}$$

Harminsaure.

Für das Harmalin selber gaben Perkin und Robinson zunächst Formel 1, O. Fischer Formel 2 an, indem sie ein dihydriertes Pyrindol mit kondensiertem Benzolring zugrunde legten:

I.
Perkin u.
Robinson

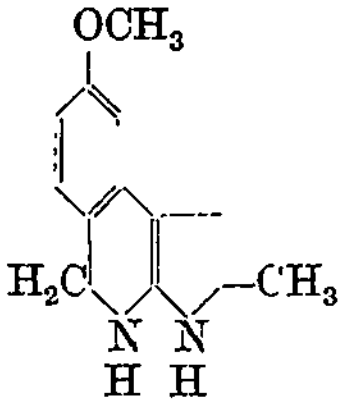

II.
O. Fischer

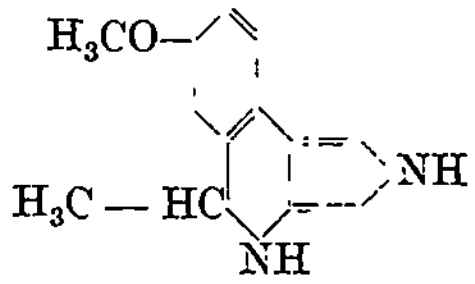

Harmalin.

In neueren Arbeiten verändern Perkin jun. und Robinson[1]) die Konstitutionsanordnung für das Harmalin insofern, als der Pyrrolring in die Mitte des Ringsystems gruppiert wird und so zweiseitig kondensiert erscheint.

III.
Perkin u.
Robinson

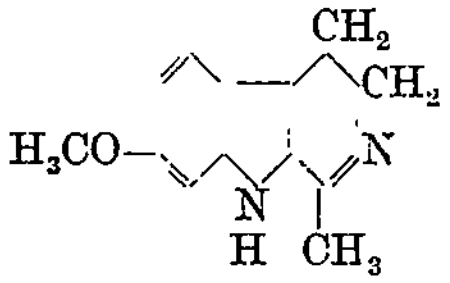

Harmalin.

Diese Atomgruppierung, die in weitgehendem Maße durch synthetische Versuche (s. Harman S. 395) gestützt erscheint, bietet gegenüber den ersteren (Formel 1 und 2) den Vorteil, daß die Bildung der Isonicotinsäure bei der Oxydation des Alkaloids ungezwungener erscheint, indem keine Kohlenstoffbindungen zu lösen sind, wie es bei den anderen Formeln der Fall ist. Es muß aber hervorgehoben werden, daß diese letzte Formel im Widerspruch steht mit der Angabe von O. Fischer, wonach bei der Oxydation des Harmalins auch Phthalsäurederivate entstehen sollen. Ein vergleichender Blick auf die Harmalinformeln 1 und 2 gegenüber 3 zeigt diesen Widerspruch, der noch der Klärung bedarf.

Unentschieden bleibt auch noch in allen obigen Formeln der Sitz der Oxymethylgruppe im Harmalin, wie auch vor allem die Stellung der beiden Dihydrowasserstoffatome.

---

[1]) Perkin jun. u. Robinson, Soc. **115**, 933; Kermack, Perkin jun. u. Robinson, Soc. **119**, 1602.

2. Harmin.

Das Harmin $C_{13}H_{12}N_2O$ krystallisiert aus Alkohol in prismatischen, rhombischen Nadeln, es ist in kaltem Alkohol und Äther wenig löslich, fast unlöslich in Wasser. Fp. 256—257°, leicht sublimierbar, optisch inaktiv, verhält sich ebenso wie das Harmalin als einsäurige sekundäre Base.

Das Harmin ist zum Harmalin in nächster Beziehung; es entsteht durch Oxydation des Harmalins, wie auch beide Alkaloide durch Reduktion in dasselbe *Tetrahydroharmin* (*Dihydroharmalin*) übergehen. Unter Zugrundelegung der beim Harmalin gegebenen Ausführungen leiten sich für das Harmin folgende Formeln ab.

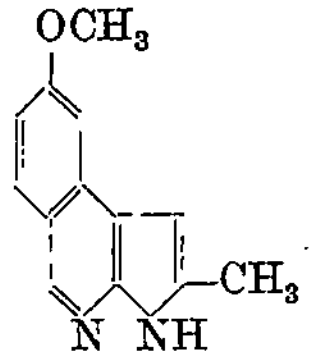

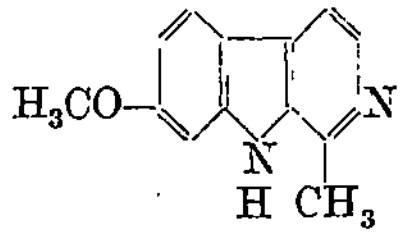

Harmin.

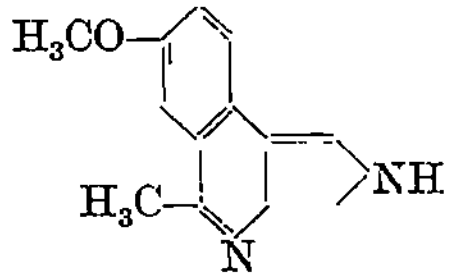

Einige Unterschiede, die offenbar durch die verschiedenen Ringbindungsverhältnisse hervorgerufen sind, machen sich zwischen dem Harmalin und Harmin geltend; so bildet sich aus Harmin nicht die Nitranissäure und das Harmin bildet mit Diazoniumverbindungen keine Farbstoffe wie das Harmalin, auch sind die Salze des Harmins farblos; sie zeigen in wäßriger Lösung eine schöne indigblaue Fluorescenz. Die Farblosigkeit der Harminsalze im Gegensatz zu der gelben Farbe der Harmalinsalze ist bemerkenswert.

Das Harmin besitzt, wie es die obigen Formeln auch angeben, einen Anisolkomplex. Durch Salzsäure wird daraus unter Abspaltung von Chlormethyl eine phenolartige Verbindung, das *Harmol* $C_{12}H_{10}N_3O$ gebildet. Nadeln Fp. 321° löslich in Ätzalkalien; es wird aus diesen Lösungen durch Kohlensäure wieder gefällt. Die Phenolhydroxylgruppe des Harmols läßt sich in bekannter Weise über die Aminoverbindung durch Chlorzinkammoniak und Salmiak und darauffolgende Diazotierung eliminieren; so entsteht das *Harman* $C_{12}H_{10}N_2$. Für dieses steht die Wahl zwischen den drei folgenden Formeln offen

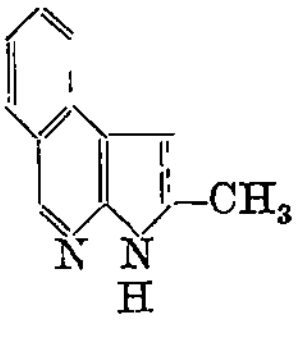

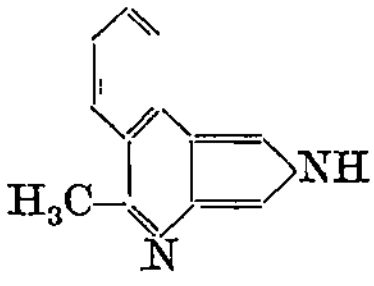

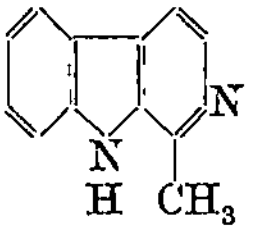

Harman.

von denen wir uns nach der neueren *Harman*-Synthese von Kermack, Perkin und Robinson[1]) für die letzte entscheiden. Hierzu

---

[1]) Kermack, Perkin jun. u. Robinson, l. c.

wird *Tryptophan* (S. 391) in verdünnter schwefelsaurer Lösung mit *Acetaldehyd* kondensiert und durch Chromsäure oxydiert:

Harman.

In analoger Weise gelangt man aus Tryptophan und Formaldehyd zum *Norharman* $C_{11}H_8N_2$. Nadeln. Fp. 198,5°. Leicht löslich in Alkohol, wenig löslich in Benzol. Die verdünnten sauren Lösungen zeigen blaue Fluorescenz. Reagiert nicht mit Diazoniumsalzen.

Perkin und Robinson[1]) gelangten auch zu einem unterschiedlichen *Isoharman:*

Nach Angaben von Späth[2]) ist Harman identisch mit dem *Aribin* von Rieth[3]) und mit *Loturin,* einem Alkaloid aus der Loturrinde [Späth[4])].

3. Harmalol.

Die Bildung des Harmalols aus dem Harmalin durch Salzsäureeinwirkung ist schon beim Harmalin angegeben. Das Harmalol besitzt einerseits basischen Charakter, andererseits ist es ein typisches Phenol. Es löst sich in Alkali; aber nicht in Soda.

Braune, grünlich schimmernde Prismen aus Alkohol; durch Fällen aus salzsaurer Lösung durch Soda erscheint es in roten Nadeln. Es zersetzt sich beim Erhitzen bei 212°. In Wasser wenig löslich mit gelber Farbe und grüner Fluorescenz; löslich in heißem Wasser, wenig löslich in Benzol, ziemlich leicht in Chloroform und in Aceton. An der Luft oxydabel.

Pharmakologisches. *Harmalin* wirkt auf Frösche rein lähmend; auf Warmblüter erst allgemein erregend (Halluzinationen und Krämpfe), dann ebenfalls lähmend; die Atmung ist zuerst dyspnoisch, durch große Dosen wird sie gelähmt. Die Speichelsekretion wird vermehrt. *Harmin* wirkt schwächer. Man kann Tiere leicht an die Alkaloide gewöhnen; diese werden von dem gewöhnten Tierorganismus schnell zerstört[5]).

---

[1]) Perkin u. Robinson, Soc. **103**, 1973.
[2]) Späth, M. **40**, 351.
[3]) Rieth, A. **120**, 247.
[4]) Späth, M. **41**, 401.
[5]) Flury, Arch. f. exp. Path. u. Pharm. **64**, 104.

XXI. Ricinin.

Das *Ricinin* $C_8H_8N_2O_2$ wurde 1864 von Tuson[1]) in den Samen von *Ricinus communis* L. (*Euphorbiaceae*) entdeckt; es findet sich in allen Organen der Pflanze, vorzugsweise in etiolierten jungen Pflänzchen, ca. 2,5% [Schulze[2])].

Das Ricinin untersuchten zunächst Soave[3]), Evans[4]), dann besonders Maquenne und Philippe[5]).

Das Alkaloid krystallisiert in Prismen, Fp. 201,5°, optisch inaktiv, sublimiert bei 20 mm bei 170—180°. In Alkohol löslich, in Äther unlöslich. In kaltem Wasser löst es sich schwer, in heißem leicht. Die Lösungen reagieren neutral, ihr Geschmack ist bitter.

Bei der Zinkstaubdestillation des Ricinins entsteht Pyridin, durch Bariumpermanganat bilden sich Fettsäuren. Das Ricinin läßt sich durch katalytische Reduktion in das *Tetrahydroricinin*, $C_8H_{12}N_2O_2$. überführen.

Der Haupteinblick in die Konstitution des Ricinins erfolgte durch die Untersuchung von Maquenne und Philippe, wobei diese Forscher fanden, daß ein *Pyridin*komplex dem Ricinin zugrunde liegt.

Erwärmt man nämlich das Ricinin (bzw. die *Ricininsäure*, s. unten) mit 57 proz. Schwefelsäure [Winterstein, Keller und Weinhagen[6])], so tritt hydrolytische Spaltung ein unter gleichzeitiger Entwicklung von Kohlensäure und Ammoniak:

$$C_8H_8N_2O_2 + 2\,H_2O = C_7H_9NO_2 + CO_2 + NH_3\,.$$
Ricinin.

Die so entstehende Verbindung $C_7H_9NO_2$ stellt den *Methyläther* eines *N-Methyloxypyridons* vor, Fp. 112—114° wasserfrei; wasserhaltig 55—57°:

der sich weiter durch Salzsäureeinwirkung bei ca. 150—170° entalkylieren läßt und ein *N-Methyloxypyridon* $C_6H_7NO_2$ bildet; Nadeln, Fp. 170°.

Die Stellung der Substituenten in diesem N-Methyloxypyridon ist von Späth und Tschelnitz[7]) auf folgende Weise ermittelt:

[1]) Tuson, J. **1864**, 457; **1870**, 877.
[2]) Schulze, B. **30**, 2197.
[3]) Soave, B. **14**, 835.
[4]) Evans, Amer. chem. Soc. **22**, 39.
[5]) Maquenne u. Philippe, C. r. **138**, 506; **139**, 840.
[6]) Winterstein, Keller u. Weinhagen, A. **255**, 513.
[7]) Späth u. Tschelnitz, M. **42**, 251.

Das *α-γ-Dioxypyridin* bildet einen Dimethyläther, dessen Jodmethylat:

$$OCH_3$$

$$-OCH_3$$

$$H_3C-N-J$$

unter Abspaltung des Jodatoms vom Stickstoff und einer Methylgruppe
von einer der Methoxygruppen ein *N-Methyl-Methoxypyridon* ergibt, das
eine der beiden folgenden Formeln haben muß:

I.

$$OCH_3$$
$$=O$$
$$H_3C-N$$

N-Methyl-γ-Methoxy-
α-Pyridon

II.

$$O$$
$$-OCH_3$$
$$H_3C-N$$

N-Methyl-α-Methoxy-
γ-Pyridon

Nach gewissen Analogieschlüssen entscheiden sich Späth und
Tschelnitz für Formel I. Das synthetisch erhaltene *N-Methyl-γ-Meth-
oxy-α-pyridon* erwies sich nun identisch mit dem von Maquenne und
Philippe durch Spaltung aus dem Ricinin erhaltenen *N-Methyl-Oxy-
pyridon* $C_7H_9NO_2$, dessen Konstitution dadurch zugleich klargestellt
ist. Weiter ergab sowohl die synthetisch erhaltene Verbindung $C_7H_9NO_2$
wie die aus dem Ricinin gewonnene durch Abspaltung einer Methylgruppe dasselbe *N-Methyl-Oxypyridon* $C_6H_7NO_2$.

Nach diesem Befund läßt sich auf Grund des oben angegebenen
leichten Abbaues des Ricinins durch Salzsäure zum N-Methyl-γ-Methoxy-
α-pyridon, Ammoniak und Kohlensäure folgende Formel für das Ricinin
aufstellen:

$$C(OCH_3)$$

$$HC \qquad CH$$

$$C \qquad C$$

$$N$$
$$CH_3$$
$$OC-----N$$

Ricinin.

Diese Formel berücksichtigt vor allem auch die auffallende Tatsache, daß
das Ricinin $C_8H_8NO_2$ bei seinem glatten Übergang in den Methyläther
des N-Methyloxypyridons $C_7H_9NO_2$ Kohlensäure entwickelt (s. obige
Formelgleichung), trotzdem das Ricinin nur dieselbe Sauerstoffmenge
besitzt, wie das entstehende Pyridonderivat. Daraus ist zu schließen,
daß eine CO_2-Gruppe im Ricinin nicht vorgebildet ist, sondern daß dieselbe erst durch hydrolytische Spaltung eines weiteren Ringes entsteht.

Die obige Ricininformel trägt auch Rechnung der Bildung der
Ricininsäure $C_7H_6N_2O_2$ (Fp. 296—298°), die aus dem Ricinin durch
Alkalieinwirkung — neben gleichzeitiger Abspaltung von Methylalkohol —,
entsteht.

Die Ricininsäure besitzt noch die beiden Stickstoffatome des Ricinins; sie steht aber auch mit dem weitergehenden Abbauderivat, dem *N-Methyl-γ-Oxy-α-Pyridon* $C_6H_7NO_2$:

$$\text{OH}$$

in naher Beziehung, da sie noch leichter wie das Ricinin durch hydrolysierende Mittel in dieses übergeht [Böttcher[1])]:

$$C_7H_6N_2O_2 + 2\,H_2O = C_6H_7NO_2 + CO_2 + NH_3$$

Ricininsäure.   N-Methyl-Oxy-Pyridon.

Weiterhin charakterisiert sich die Ricininsäure dadurch, daß das eine der beiden Stickstoffatome durch Kalilauge in Form von Ammoniak entfernt werden kann, und der ungesättigte Charakter der Verbindung erweist sich durch die Überführung mittels Natriumamalgam in *Dihydroricininsäure* $C_7H_8N_2O_2$, Fp. 245°.

Nach diesem Gesamtverhalten erscheint die Ricininsäure als:

$$\text{COH}$$

Danach sollte ihre Zusammensetzung $C_7H_8N_2O_3$ sein, da dieselbe aber als $C_7H_6N_2O_2$ angegeben ist, scheint unter Austritt eines Moleküls Wasser lactonartige Bindung vorzuliegen:

Ricininsäure.

Die Salze der Ricininsäure, die bisher noch nicht genügend untersucht sind, sollten sich von der Säure $C_7H_8N_2O_3$ ableiten, so daß die analytische Bestimmung dieser Salze Ausschlag für die Konstitution der Ricininsäure geben dürfte.

XXII. Alkaloide mit teilweise erkannter Konstitution.

Alkaloide der Aconitumarten.

Die *Aconitum*gattung (*Ranunculacee*) enthält eine ziemlich große Zahl von Alkaloiden, die durch ihre Zusammensetzung bzw. ihre Eigenschaften so voneinander abweichen, daß die einheitliche Konstitution, welche diesen Alkaloiden zugrunde liegt, zunächst nicht recht erkennbar war.

---

[1]) Böttcher, B. **51**, 673.

Jetzt sind die Aconitine als *Alkamin*säureester erkannt, die sich von einem Alkamin, dem *Aconin* $C_{25}H_{39}NO_9$, bzw. damit eng verwandten Aconinen ableiten.

Diese Aconine sind Alkamine mit mehreren Hydroxylgruppen, von denen zwei durch Säuregruppen in den Aconitinen verestert sind, die eine durch eine Acetylgruppe, die andere durch einen aromatischen Säurerest, die Benzoyl- bzw. Veratroylgruppe.

Durch den Eintritt dieser beiden verschiedenen aromatischen Säuren entstehen verschieden zusammengesetzte Aconitine, wodurch der Überblick in dieser Reihe von vornherein erschwert war.

Dann aber wurde das Aconitingebiet noch aus einem anderen Grunde weniger übersichtlich und die Forschung erschwert. Die Aconitumarten finden sich nämlich in den verschiedenen Erdteilen zerstreut vor, in Europa, in Amerika und in Asien, und die aus den verschiedenen geographischen Standorten stammenden Aconitumpflanzen unterscheiden sich voneinander und enthalten Alkaloide, die auch voneinander Unterschiede zeigen. Hierdurch entsteht eine Fülle verschiedener Aconitalkaloide; mancher Widerspruch kam dadurch in die Aconitinliteratur, daß die einzelnen Forscher verschiedene Aconitine in Händen hatten.

Selbst die in Europa wachsenden Aconitumalkaloide zeigen analytisch kleinere Unterschiede und sonstige Verschiedenheiten. So ist das Aconitin aus *Aconitum Napellus*, in Deutschland gezogen ($C_{34}H_{45}NO_{11}$) [Freund und Beck[1]), Schulze[2])], von dem Aconitin verschieden, welches aus derselben Pflanze in England entsteht ($C_{33}H_{45}NO_{12}$) [Dunstan[3]), Dunstan und Henry[4])]. Im übrigen sind die Formeln der Aconitine bei dem hohen Molekulargewicht derselben etwas unsicher, besonders im Wasserstoffgehalt.

Die künftige Alkaloidforschung in der Aconitumreihe wird sich vorzugsweise mit der Konstitutionsaufklärung des den Aconitinen zugrunde liegenden, noch ganz unerforschten Alkamins, des *Aconins*, beschäftigen müssen. Im Verhältnis dazu ist die Erforschung allgemeiner bzw. stereochemischer Unterschiede der einzelnen Aconitine voneinander von geringerer Bedeutung.

Über das *Aconin* läßt sich nur sagen, daß dasselbe keinen rein aromatischen Ring enthält, da bei Oxydationen kein derartiges Abbauprodukt entsteht. Das schließt indes nicht aus, daß ein hydroaromatisches System darin vorliegen kann.

Die Aconitumalkaloide können wir nach den obigen Ausführungen in folgende Hauptgruppen einteilen, die in erster Linie durch ihren Herkunftsort bedingt sind, dadurch aber auch botanisch zusammenhängen und sich chemisch klassifizieren.

1. *Aconitin* (*Acetylbenzoylaconin*) $C_{21}H_{27}NO_3(OAc)(OBz)(OCH_3)_4$.

2. *Japaconitin*(*Acetylbenzoyljapaconin*)$C_{21}H_{29}NO_3(OAc)(OBz)(OCH_3)_4$.

---

[1]) Freund u. Beck, B. **27**, 433.

[2]) Schulze, Apoth.-Ztg. **18**, 783 (1904); **20**, 368 (1905); A. Pharm. **244**, 169; **246**, 281.

[3]) Dunstan, Soc. **87**, 1653. — Dunstan u. Andrews, Soc. **87**, 1622.

[4]) Dunstan u. Henry, Soc. **87**, 1655.

3. *Pseudaconitin*
   (*Acetylveratroylpseudaconin*) $C_{21}H_{27}NO_2(OAc)(OVer)(OCH_3)_4$.
4. *Indaconitin*
   (*Acetylbenzoylpseudaconin*) $C_{21}H_{27}NO_2(OAc)(OBz)(OCH_3)_4$.
5. *Bikhaconitin*
   (*Acetylveratroylbikhaconin*) $C_{21}H_{27}NO(OAc)(OVer)(OCH_3)_4$.

Diese obigen fünf Hauptalkaloide erfahren durch hydrolytische Spaltung Entfernung der Acetylgruppen, und so entstehen Spaltbasen, die nicht mehr die Giftigkeit der ursprünglichen Aconitine besitzen: 1. Benzoylaconin, 2. Benzoyljapaconin, 3. Veratroylpseudaconin, 4. Benzoylpseudaconin, 5. Veratroylbikhaconin.

Aus diesen Spaltbasen läßt sich durch weitere Hydrolyse die letzte saure Gruppe auch entfernen und es bleibt das reine Alkamin zurück. Die so klargestellten Aconine enthalten gemeinsam das Atomverhältnis $C_{21}N$; die Zahl der Hydroxylgruppen schwankt bei den einzelnen Alkaloiden, wie aus der obigen Zusammenstellung ersichtlich, und die Bestimmung der Zahl der Wasserstoffatome ist überhaupt noch etwas unsicher.

An diese Hauptgruppe der Aconitumalkaloide reiht sich das *Jesaconitin* (*Anisoylbenzoyljesaconin*) $C_{21}H_{27}NO_3(OAc)(OBz)(OCH_3)_4$ an, das sich von den Hauptalkaloiden durch den Ersatz der Acetylgruppe durch die Anisoylgruppe unterscheidet.

Ferner kennt man noch einige Aconitine, das *Lycaconitin*, das *Lappaconitin*, *Cynoctonin*, das *Septentrionalin*, welche sich durch den Gehalt von zwei Stickstoffatomen im Molekül von den anderen Aconitinen grundsätzlich unterscheiden. Weiter kommt das *Atisin* hinzu. Diese letzteren Aconitine sind weniger erforscht, zeigen auch andere physiologische Wirkungen wie die Hauptaconitine.

Die Alkaloide der Aconitarten sind in der Pflanze an die Aconitsäure gebunden.

1. Aconitin.

Das *Aconitin* $C_{34}H_{45}NO_{11}$ wurde im Jahre 1833 von Geiger und Hesse[1]) in der Wurzel und in den Blättern von *Aconitum Napellus* (blauer Eisenhut) als wirksames Prinzip der Pflanze aufgefunden. Krystallisiert in rhombischen Prismen. Fp. 197—198°, leicht löslich in Chloroform, in Benzol, fast unlöslich in Wasser und auch in Benzin. $[\alpha]_D = +14,6°$ in Chloroformlösung. Die Salze sind linksdrehend und gut krystallisiert. Enthält 4 Methoxylgruppen und eine N-Methylgruppe. Durch Acetylchlorideinwirkung entsteht ein Triacetylderivat. Fp. 208°.

Aconitin wird durch Übermangansäure zum *Oxonitin* $C_{23}H_{29}NO_9$, Fp. 276—277°, abgebaut. Es ist vielleicht $C_{10}H_9NO_2(CH_3)(O_2C \cdot C_6H_5)$ $(O_2C \cdot CH_3)(OCH_3)_4$ [Carr[2])]. Vgl. Barger und Field[3]).

Über Einwirkungsprodukte von Salpetersäure auf Aconitin berichtet Brady[4]).

---

1) Geiger u. Hesse, A. **7**, 276.
2) Carr, Soc. **101**, 2241.
3) Barger u. Field, Soc. **107**, 231.
4) Brady, Soc. **103**, 1827.

Die hydrolytische Spaltung des Aconitins läßt sich in zwei Stufen verfolgen, indem zuerst beim Erhitzen mit Wasser unter Druck eine Acetylgruppe abgespalten wird unter Entstehung einer neuen Base, des *Benzoylaconins*, das sich weiterhin unter Abspaltung der Benzoylgruppe in Aconin umwandelt.

$$C_{34}H_{45}NO_{11} + H_2O = C_{32}H_{43}NO_{10} + CH_3COOH$$
$$\text{Aconitin.} \qquad\qquad \text{Benzoylaconin.} \quad \text{Essigsäure.}$$

$$C_{32}H_{43}NO_{10} + H_2O = C_{25}H_{39}NO_9 + C_6H_5COOH$$
$$\text{Benzoylaconin.} \qquad\qquad \text{Aconin.} \quad \text{Benzoesäure.}$$

Das Benzoylaconin wie das Aconin finden sich auch in der Pflanze.

Das *Benzoylaconin* (*Benzaconin*, früher auch *Picraconitin*, *Isaconitin* genannt) ist amorph. Fp. 130°. $[\alpha]_D = +5,4°$; die Salze sind linksdrehend und krystallisieren.

Das *Aconin* $C_{25}H_{39}NO_9$, Fp. 132°, leicht löslich in Wasser, krystallisiert nicht. $[\alpha]_D = +23°$ in Wasser. Auch hier sind die Salze linksdrehend; enthält ein N-Methyl und vier Methoxylgruppen, bildet ein *Tetracetylaconin*. Oxydation mit Chromsäure führt zu einer Verbindung $C_{24}H_{35}NO_8$. Fp. 157—160° [Schulze[1]].)

Aconitin, längere Zeit im Wasserstoffstrom auf ca. 200° erhitzt, verliert 1 Molekül Essigsäure und geht über in *Pyraconitin* $C_{32}H_{43}NO_9$. Fp. 171°. $[\alpha]_D = —112°$ [Schulze und Liebner[2]]. Diese Reaktion ist noch nicht einwandfrei aufgeklärt. Das Pyraconitin wird durch Alkali oder durch Erhitzen der schwach essigsauren Lösung unter Druck in *Pyraconin* und Benzoesäure gespalten.

2. Japaconitin.

Das *Japaconitin* $C_{34}H_{49}NO_{11}$ (bzw. $C_{34}H_{47}NO_{11}$ oder $C_{34}H_{45}NO_{11}$) wird gewonnen aus *Aconitum Fischeri*, japanischen Ursprungs [Makoshi[3], E. Schmidt[4])]. Das Japaconitin wurde zunächst von Wright und Luff[5]), dann von Mandelin, Freund und Beck[6]) untersucht, weiterhin von Makoshi, Pope, Schwandtke, Schulze und Liebner[7]).

Das Japaconitin ist dem Aconitin ähnlich, möglicherweise isomer. Nadeln, Fp 204,5°. $[\alpha]_D = +20,3°$ in Chloroformlösung; enthält vier Methoxylgruppen. Durch Acetylchlorid wird es in *Triacetyljapaconitin*, Fp. 189°, und weiter in *Tetracetyljapaconitin*, Fp. 236—237°, umgewandelt. Jodmethyl bildet ein Jodmethylat, das durch Alkali in *Methyljapaconitin* übergeführt wird.

Die hydrolytische Spaltung des Japaconitins — am besten durch alkoholisches Kali — führt zum *Benzoyljapaconin* $C_{32}H_{47}NO_{10}$, Fp. 183°,

[1]) Schulze; A. Pharm. **246**, 281.
[2]) Schulze u. Liebner, A. Pharm. **251**, 453; **254**, 567.
[3]) Makoshi, A. Pharm. **247**, 243.
[4]) E. Schmidt, A. Pharm. **247**, 233.
[5]) Wright u. Luff, Soc. **35**, 387.
[6]) Mandelin, A. Pharm. **223**, 97, 129, 161; Freund u. Beck, B. **27**, 723.
[7]) Makoshi, l. c. — Pope, Soc. **77**, 49. — Schwandtke, A. Pharm. **247**, 242; Schulze u. Liebner, l. c.

und weiter zum *Japaconin* $C_{25}H_{43}NO_9$, Fp. 99—100°. Löslich in Wasser und Alkohol. $[\alpha]_D = +10,8°$ in wässeriger Lösung.

Das Japaconitin geht beim Erhitzen unter Abspaltung eines Moleküls Essigsäure in genau dieselbe *Pyro*verbindung über, die das Aconitin liefert. Das *Pyrojapaconitin* erfährt durch Alkali eine weitergehende Spaltung in Benzoesäure und *Pyrojapaconin* $C_{25}H_{41}NO_8$, Fp. 123—128°. $[\alpha]_D = -73,9°$ [Schulze und Liebner[1])].

3. Pseudaconitin.

Das Pseudaconitin $C_{36}H_{51}NO_{12}$, vorzugsweise aus *Aconitum ferox* gewonnen, farblose Nadeln, Fp. 201—202°, wurde von Wright und Luff, von Dunstan und Carr, von Freund und Niederhofheim und E. Schmidt[2]) untersucht. Wenig löslich in Wasser, leicht in Alkohol und Chloroform. $[\alpha]_D = +18,4°$ in Alkohol. Die Salze sind linksdrehend. Bei der Hydrolyse entsteht neben Essigsäure *Veratroylpseudaconin* $C_{34}H_{49}NO_{11} \cdot H_2O$. Das Alkaloid ist linksdrehend, bildet krystallisierte Salze. Durch alkoholisches Alkali zerfällt es in *Veratrumsäure* und in dasselbe *Pseudaconin*, das bei der Hydrolyse des Indaconitins entsteht:

$$C_{34}H_{49}NO_{11} + H_2O = C_{25}H_{41}NO_8 + C_6H_3(OCH_3)_2COOH$$

Veratroylpseudaconin. Pseudaconin. Veratrumsäure.

Das *Pseudaconin* $C_{25}H_{41}NO_8$ ist amorph; $[\alpha]_D = +39,1°$ in Wasser, leicht löslich in Wasser; die Salze krystallisieren.

Das Pseudaconitin verliert beim Erhitzen über den Schmelzpunkt Essigsäure unter Bildung von *Pyropseudaconitin* $C_{34}H_{47}NO_{10}$, bildet einen in Wasser unlöslichen Firnis.

4. Indaconitin.

Das Indaconitin $C_{34}H_{47}NO_{10}$ aus *Aconitum Chasmanthum* und *A. Napellus* [Cash und Dunstan[3])] wurde von Dunstan und Andrews[4]) untersucht. Nadeln oder hexagonale Prismen, Fp. 202—203°. $[\alpha]_D = +18,2°$. Enthält vier Methoxyle. Zerfällt bei der Hydrolyse in Benzoesäure und *Indaconin* $C_{25}H_{41}NO_8$, Fp. 86—87°. Identisch mit Pseudaconin. Als Zwischenprodukt bei der Spaltung tritt *Indbenzaconin* $C_{32}H_{45}NO_9$ auf (*Benzoylpseudaconin*). Farbloser Firnis, Fp. 130—133°. $[\alpha]_D = +33,4°$. Die Salze sind linksdrehend.

Indaconitin liefert bei dem Erhitzen über den Schmelzpunkt *Pyroindaconitin* $C_{32}H_{43}NO_8$.

5. Bikhaconitin.

Das Bikhaconitin $C_{36}H_{51}NO_{11} \cdot H_2O$ aus *Aconitum ferox* und *A. spicatum* (Indien), Fp. 118—123°, leicht löslich in organischen Solventien, unlöslich in Wasser. Krystallisiert schwierig, weiße Körner.

---

[1]) Schulze u. Liebner, l. c.
[2]) Wright u. Luff, Soc. **33**, 153. — Dunstan u. Carr, Soc. **71**, 350. — Freund u. Niederhofheim, B. **29**, 852. — E. Schmidt, A. Pharm. **247**, 200.
[3]) Cash u. Dunstan, C. **1905**, II, 1376.
[4]) Dunstan u. Andrews, Proc. Soc. **21**, 233.

$[\alpha]_D = +12{,}2°$ in Alkohol, enthält 6 Methoxyde. Bei der Hydrolyse wird zunächst eine Acetylgruppe abgespalten unter Bildung von *Veratroylbikhaconin* $C_{34}H_{49}NO_{10}$, Fp 120—123°; dieses geht weiter über in Veratrumsäure und *Bikhaconin* [Dunstan und Andrews[1]]. Das *Bikhaconin* $C_{25}H_{41}NO_7$, ist amorph. $[\alpha]_D = +33{,}8°$, zeichnet sich vor den anderen Aconinen durch Ätherlöslichkeit aus.

Das Bikhaconitin verwandelt sich beim Erhitzen auf 180° in *Pyrobikhaconitin* $C_{34}H_{47}NO_9$, Firnis, bildet amorphe Salze.

6. Jesaconitin.

Das *Jesaconitin* $C_{40}H_{51}NO_{12}$ wurde aus einer Abart von *Aconitum Fischeri* in Jeso (Japan) gefunden und von Makoshi[2] beschrieben. Gelblicher Firnis; durch Hydrolyse erfährt das Alkaloid Spaltung in *Aconin, Benzoesäure* und *Anissäure*. Das hier entstehende Aconin ist identisch mit der Spaltbase des Aconitins von Aconitum Napellus. Acetylchlorid bildet ein krystallisiertes Acetylderivat, Fp. 213°; möglicherweise ein *Triacetyljesaconitin* $C_{40}H_{48}(C_2H_3O)_3NO_{12} \cdot 2\,H_2O$ [Makoshi[2]].

Aconitum Lycoctonum.

Im *Aconitum Lycoctonum* findet sich das *Lycaconitin* $C_{36}H_{46}N_2O_{10}$. Dieses unterscheidet sich von den bisher besprochenen Aconitinen durch seinen hohen Stickstoffgehalt. Bei der Hydrolyse durch Wasser entsteht *Lycaconin* (Dragendorff) und Bernsteinsäure, bei der Verseifung durch Natronlauge *Lycoctonin* $C_{25}H_{41}NO_8$ und *Lycoctoninsäure* $C_{11}H_{11}NO_5$.

Das *Lycoctonin* bildet weiße Nadeln, Fp. 131—133°, verliert bei 100° im Vakuum ein Molekül Wasser, hat vier Methoxylgruppen, eine N-Methyl-, mindestens zwei OH-Gruppen. Starke tertiäre Base, wird aus seinen Salzlösungen durch Ammoniak nur unvollständig gefällt.

Die *Lycoctoninsäure* ist zweibasisch und wird durch siedende Salzsäure unter Wasseraufnahme in *Anthranilsäure* und *Bernsteinsäure* gespalten. Sie ist also *Succinanil-o-Carbonsäure*:

$$\mathrm{COOH \cdot C_6H_4 \cdot NH \cdot CO \cdot CH_2 \cdot CH_2 \cdot COOH}\,.$$

Dem Lycaconitin dimer ist das *Myoctonin*, das bei der Hydrolyse dieselben Produkte wie das Lycaconitin liefert.

Lycaconin-Dragendorff $C_{32}H_{44}N_2O_8$ enthält vier Methoxyle, eine N-Methylgruppe, zerfällt durch Natronlauge in Lycoctonin und Anthranilsäure und ist als *Anthranoyllycoctonin* zu bezeichnen [Schulze und Bierling[3]].

Aconitum Septentrionale.

Die Wurzeln von *Aconitum Septentrionale* enthalten drei Alkaloide, die zwei Atome Stickstoff enthalten [Rosendahl[4]].

Lappaconitin $C_{34}H_{48}N_2O_8$. Prismen, Fp. 205°. Rechtsdrehend.

Cynoctonin $C_{36}H_{55}N_2O_{13}$. Amorph. Fp. 129°.

Septentrionalin $C_{31}H_{48}N_2O_9$. Amorph. Fp. 129°.

---

[1] Dunstan u. Andrews, Proc. Chem. Soc. **21**, 234.
[2] Makoshi, l. c.
[3] Schulze u. Bierling, A. Pharm. **251**, 8.
[4] Rosendahl, C. **1896**, 2, 1109.

Aconitum Heterophyllum.

In der Wurzel von *A. heterophyllum* entdeckte Broughton 1893
das *Atisin* $C_{22}H_{31}NO_2$, das besonders von Jowett[1]) untersucht wurde.
Farbloser Firnis. Wenig löslich in Wasser, leicht löslich in organischen
Lösungsmitteln. Base linksdrehend, Salze rechtsdrehend.

Aconitsäure.

Die *Aconitsäure*, an die alle oben erwähnten Alkaloide in der Pflanze
gebunden sind, wurde im Jahre 1828 von Peschier[2]) aus dem Eisenhut gewonnen und hat sich inzwischen noch in mehreren anderen
Pflanzen aufgefunden.

Die Aconitsäure $C_6H_6O_6$ ist eine dreibasische Säure:

$$CH_2-COOH$$
$$|$$
$$C-COOH$$
$$\|$$
$$CH-COOH$$

Aconitsäure.

Die Aconitsäure bildet durch Acetylchlorid zwei Anhydridverbin-
dungen, von denen die eine:

$$CH=C(OH)$$
$$|\qquad >O$$
$$C---CO$$
$$\|$$
$$CH-COOH$$

die *Aconitoxyanhydrosäure* (Fp. 135°)·die labile Form vorstellt, die sich
bei 140° in die gewöhnliche stabile Form, in die Anhydrosäure (Fp. 76°)
umwandelt. Aus beiden Formen erhält man die entsprechenden Aconit-
säuren [Bland und Thorpe[3])].

Die Konstitution der Aconitsäure geht aus folgenden Reaktionen
hervor:

1. Sie zersetzt sich beim Erhitzen bis zu ihrem Schmelzpunkt
(187—188°) in *Itaconsäureanhydrid* und Kohlensäure.

2. Bei der Reduktion mit Natriumamalgam geht sie in *Tricarballylsäure* über.

3. Sie entsteht aus der Citronensäure durch Wasserabspaltung —
beim raschen Erhitzen für sich, durch Einwirkung von Salzsäure und
Jodwasserstoffsäure oder von Phosphortrichlorid.

Der Zusammenhang der Aconitsäure mit der Itaconsäure, der Tricarballylsäure und Citronensäure ist aus folgenden Formeln ersichtlich:

CH_2-COOH	CH_2-COOH	CH_2-COOH	CH_2-COOH
$\|$	$\|$	$\|$	$\|$
$C-COOH$	$CH-COOH$	$C(OH)-COOH$	$C-COOH$
$\|$	$\|$	$\|$	$\|$
CH_2	CH_2-COOH	CH_2-COOH	$CH-COOH$
Itaconsäure.	Tricarballylsäure.	Citronensäure.	Aconitsäure.

[1]) Jowett, Soc. **69**, 1518.
[2]) Peschier, Trommsdorfs Journ. d. Pharmaz. **5**, 1, 93; **8**, 1, 266.
[3]) Bland u. Thorpe, Soc. **101**, 1490.

Die besonders durchsichtige Aconitsäuresynthese von Claisen und Hori[1]) verläuft in folgender Weise [vgl. Lovén, Buchner, Conrad[2])]:

Oxalessigester kondensiert sich in Gegenwart von Kaliumacetat zum *Oxalcitronensäureester* [Wislicenus und Beckh[3]) :

$$
\begin{array}{cc}
CO-COOC_2H_5 & COOC_2H_5 \\
| & | \\
CH_2 \quad + \quad CO-CH_2 \\
| & | \\
COOC_2H_5 & COOC_2H_5
\end{array}
\quad = \quad
\begin{array}{c}
CO-COOC_2H_5 \qquad COOC_2H_5 \\
| \qquad\qquad\qquad\qquad | \\
CH\text{------------}C(OH)-CH_2 \\
| \qquad\qquad\qquad\qquad | \\
COOC_2H_5 \qquad COOC_2H_5
\end{array}
$$

Oxalcitronensäureester.

der weiterhin unter Austritt von Alkohol Oxalylcitronensäurelacton-ester bildet:

$$
\begin{array}{c}
CO-COOC_2H_5 \qquad COOC_2H_5 \\
| \qquad\qquad\qquad\qquad | \\
CH\text{------------}C(OH)-CH_2' \\
| \qquad\qquad\qquad\qquad | \\
COOC_2H_5 \quad COOC_2H_5
\end{array}
\quad = \quad
\begin{array}{c}
CO\text{------------}CO \\
| \qquad\qquad\qquad >O \\
CH\text{------------}C-CH_2-COOC_2H_5 \\
| \qquad\qquad\qquad | \\
COOC_2H_5 \quad COOC_2H_5
\end{array}
$$

Oxalcitronensäurelactonester.

| ' Beim Erwärmen mit alkoholischem Kali zerfällt dieser letztere in Aconitsäure und Oxalsäure:

$$
\begin{array}{c}
CO\text{------------}CO \\
| \qquad\qquad\qquad >O \\
CH\text{------------}C-CH_2-COOC_2H_5 \quad + \quad 4H_2O \\
| \qquad\qquad\qquad | \\
COOC_2H_5 \quad COOC_2H_5
\end{array}
\quad = \quad
\begin{array}{c}
CH\!=\!=\!=\!=C-CH_2-COOH \\
| \qquad\qquad | \\
COOH \qquad COOH
\end{array}
$$

Aconitsäure.

$$+ \quad C_2H_2O_4 \quad + \quad 3C_2H_5OH$$

Oxalsäure.

Es ist bemerkenswert, daß bei dieser Synthese die Aconitsäure von der Essigsäure und der Oxalsäure aus aufgebaut wird, ein Vorgang, der die pflanzenphysiologische Bildung der Aconitsäure leicht verstehen läßt, besonders da wir das Vorkommen der Essigsäure bei den Aconitum-alkaloiden stets beobachtet haben.

Pharmakologisches. — Die Alkaloide, die man aus dem Aconitum Napellus und verwandten Arten isoliert hat, unterscheiden sich zwar pharmakologisch in manchen Beziehungen voneinander, doch ist das Grundbild der Wirkung bei allen das gleiche. Man findet bei allen eine Schädigung zentraler nervöser Apparate, der Atmung, der Zirkulation, der peripheren sensiblen und motorischen Nerven; außerdem besitzen alle eine lokal reizende Wirkung[4]). Im einzelnen ist folgendes festgestellt: Bei Fröschen sieht man nach Injektion von Aconitin Schwäche und Bewegungs- und Atmungslähmung; eigenartig ist, daß, wenn die Vergiftung nach nicht zu großen Dosen tagelang andauert, bei den Tieren sich eine allgemeine Wassersucht des ganzen Körpers entwickelt. An Warmblütern erkennt man zuerst den lokal hervor-

<hr>

[1]) Claisen u. Hori, B. **24**, 120.
[2]) Lovén, B. **22**, 3059. — Buchner, B. **22**, 2929. — Conrad. B. **32**, 1005.
[3]) Wislicenus u. Beckh, A. **295**, 339.
[4]) Eine ausführliche Darstellung der Aconitinwirkungen und Literatur ist bei Cash u. Dunstan, Phil. transact. der Londoner Ak. **190**, 239 zu finden.

gerufenen Schmerz, dann wird die Atmung mühsam und unregelmäßig, Zuckungen und Krämpfe treten auf und der Tod erfolgt an Lähmung der Atmung oder Zirkulation. Die Schädigung der letzteren besteht hauptsächlich in einer Schädigung des Herzens selbst; nach Fühner[1] kann man das zum toxikologischen Nachweis des Aconitins benutzen, da schon $1/_{100}$ mg genügt, um die charakteristischen Erscheinungen am isolierten Froschherzen hervorzurufen.

Die peripheren motorischen und sensiblen Nerven werden vom Aconitin nach anfänglicher Erregung, wie erwähnt, gelähmt, und zwar nicht nur, wenn sie lokal mit dem Alkaloid in Berührung kommen, sondern auch, wenn dieses resorptiv einwirkt. Auf dieser Wirkung auf die sensiblen Nerven beruht die jetzt nur wenig benutzte Verwendung pharmazeutischer Präparate der Aconitknollen in der Therapie bei manchen Neuralgien. — Bei den vergifteten Tieren steigt anfangs die Körpertemperatur, später sinkt sie unter die Norm. — Die einzelnen Aconitinsorten sind verschieden giftig; am giftigsten ist das sog. französische, krystallinische, dann das deutsche und am schwächsten das englische Aconitin.

Auch über die *Spaltungsprodukte des Aconitins* sind ausführliche Untersuchungen angestellt worden[2]. Das Benzaconin ist sehr viel weniger giftig als das Mutteralkaloid; es lähmt hauptsächlich die peripheren Nerven und schädigt auch das Herz. Das Methylbenzaconin ist giftiger und auch Pyraconitin ist erheblich giftiger als Benzaconin. — Aconin ist etwa 5—6 mal schwächer wirksam als Benzaconin; es beeinflußt die Zirkulation nur sehr wenig und lähmt hauptsächlich peripher.

Pseudaconitin besitzt die gleiche Wirkung wie Aconitin auf Atmung und Zirkulation; bei ihm tritt die Lähmung der nervösen Zentren gegenüber der peripheren Wirkung hervor. — Pseudaconin wirkt ähnlich wie Aconin.

Auch die aus den verschiedenen anderen Aconitarten isolierten Alkaloide: *Japaconitin, Indaconitin, Lykaconitin, Myoctonin, Lappaconitin, Septentrionalin* und *Cynoctonin* besitzen die Aconitinwirkungen in mehr oder weniger ausgesprochenem Maße, sind aber sämtlich viel weniger giftig. Aticin, nicht giftig, wirkt aconinartig.

Alkaloid von Colchicum Autumnale.

Die Herbstzeitlose *Colchicum autumnale* (Liliaceae) enthält das *Colchicin*, das im Jahre 1819 von Pelletier und Caventou[3] darin aufgefunden und für Veratrin gehalten wurde.

Geiger und Hesse[4] erkannten jedoch darin ein neues Alkaloid, dem sie den Namen Colchicin gaben. In reinem Zustand gewann es aber erst im Jahre 1864 Hübler[5].

---

[1] Fühner, Arch. f. exp. Path. u. Pharm. **66**, 178.
[2] Diacetylaconitin wirkt wie Aconitin, ist aber nicht so giftig.
[3] Pelletier u. Caventou, A. ch. (2) **14**, 69.
[4] Geiger u. Hesse, A. **7**, 274.
[5] Hübler, A. Pharm. **121**, 193.

Das Colchicin kommt vorzugsweise in den Zwiebelknollen der Herbstzeitlose zu 0,2% und in den Samen zu 0,4% vor.

Es ist in einer größeren Reihe von Colchicumarten angetroffen.
Auch in *Gloriosa superba* ist es neben *Methylcolchicin* beobachtet
[Clever, Green, Tutin[1])]. Das Colchicin ist besonders von Zeisel[2])
und Windaus[3]) untersucht.

Das Colchicin $C_{22}H_{25}NO_6$ bildet eine amorphe hellgelbe, gummiartige
Masse, in kaltem Wasser in jedem Verhältnis löslich, in heißem (82°)
etwa zu 12%, löslich auch in Alkohol, kaum in Äther. Durch weitergehende Oxydation entsteht aus dem Colchicin Bernsteinsäure und
Oxalsäure. Sekundäre Base, die durch Jodmethyl in *Methylcolchicin*
übergeht. Reagiert neutral, linksdrehend, bitterer Geschmack, giftig.

Das Colchicin erfährt durch Mineralsäuren schon bei gewöhnlicher
Temperatur eine Hydrolyse, indem es sich dabei in *Colchicein* $C_{21}H_{23}NO_6$
und Methylalkohol spaltet:

$$C_{22}H_{25}NO_6 + H_2O = C_{21}H_{23}NO_6 + CH_3OH.$$
Colchicin.   Colchicein.

Das so entstehende Colchicein krystallisiert in prismatischen Nädelchen, die $1/_2$ Mol. Wasser einschließen [Oberlin[4])]. Fp. 140°, wasserfrei 172°. Reagiert neutral. In Wasser sehr wenig löslich, sehr leicht
in Alkohol; in Äther unlöslich. In Säuren mit gelber Farbe löslich.
Seine Löslichkeit in Ätzkali und Alkalicarbonat weist auf das Vorhandensein einer sauren Gruppe im Molekül hin; zeigt Linksdrehung;
ungiftig.

Das Colchicein läßt sich durch Jodmethyl und Natriummethylat
wieder in Colchicin überführen.

Das Colchicin erfährt durch eine stärkere Hydrolyse — durch Einwirkung von Salzsäure in der Hitze — Abspaltung von drei weiteren
fester haftenden Methoxylen und Eliminierung einer Acetylgruppe, die
am Stickstoff haftet und durch deren Fortgang das Stickstoffatom
primär wird. Hiernach erscheint die Konstitution des Colchicins folgendermaßen auflösbar: $C_{15}H_9(OCH_3)_3(COOCH_3)(NHCOCH_3)$ (Zeisel).
Nach Anschauungen von Windaus ist aber im Colchicin überhaupt
keine Carboxylgruppe vorhanden, und diejenige OCH_3-Gruppe, die beim
Übergang des Colchicins zum Colchicein abgespalten wird, liegt vielmehr
in Form einer Enol-Methyläthers vor:

$$C_{16}H_9O(OCH_3)_3(OCH_3)NH(COCH_3) \ .$$

Das Colchicein ist dementsprechend: $C_{16}H_9O(OCH_3)_3(OH)NH(COCH_3)$
und die sog. daraus entstehende *Trimethylcolchicinsäure*:

$$C_{16}H_9O(OCH_3)_3(OH)NH_2 \ .$$

<hr>

[1]) Clever, Green, Tutin, Soc. **107**, 835.
[2]) Zeisel, M. **4**, 162; **7**, 557; **8**, 870; **9**, 1, 865. — Zeisel u. Friedrich,
M. **34**, 1181. — Zeisel u. Stockart, M. **34**, 1327, 1339.
[3]) Windaus, Sitzgsber. d. Heidelberg. Akad. d. Wissensch. **1910**, 1 (C. 1911,
I, 1637); **1911**, 1. (C. 1911, I, 1638); **1914**, 18. Abhdlg. (C. 1914, II, 1455); Chem.-
Ztg. **20**, 160.
[4]) Oberlin, A. ch. (3), **50**, 108.

Die Annahme von Windaus, die Colchicinverbindungen als Enol-
derivate anzusehen, stützt sich auf zwei Gründe: 1. das Colchicein
gibt mit Eisenchlorid eine für Phenole und Enole charakteristische
grüne Farbenreaktion, während das Colchicin selber hierbei farblos
bleibt, und 2. das Colchicein gibt durch Einwirkung von Benzoylchlorid
und Natronlauge in leichter Weise eine Benzoylverbindung, während
bei Annahme einer Carboxylgruppe eine solche leichte Benzoylierung
unwahrscheinlich ist.

Ein weiterer Einblick in die Colchicinkonstitution, vornehmlich in
die $C_{16}H_9O$-Gruppe, wurde durch Oxydation des Colchicins in alkalischer
Lösung geliefert, wodurch der Abbau bis zur *Trimethoxygallussäure*:

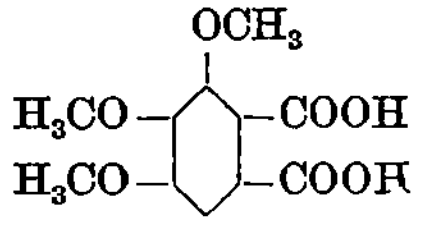

$$\text{OCH}_3$$
$$\text{H}_3\text{CO}-\text{C}_6\text{H}-\text{COOH}$$
$$\text{H}_3\text{CO}-\text{C}_6\text{H}-\text{COOH}$$

una weiter bis zur *Gallussäure* gelang.
Danach erscheint

  das Colchicin: $(H_3CO)_3C_6H$: $C_{10}H_8O(OCH_3)$ $(NHCOCH_3)$,
  das Colchicein: $(H_3CO)_3C_6H$: $C_{10}H_8O(OH)$, $(NHCOCH_3)$,
  die *Trimethylcolchicinsäure*: $(H_3CO)_3C_6H$: $C_{10}H_8O(OH)$ (NH_2) .

Die Trimethylcolchicinsäure läßt sich ebensogut wie das Colchicein
benzoylieren. Hierbei entsteht zunächst eine Dibenzoylverbindung,
bei der die eine Benzoylgruppe am Stickstoff, die andere am
Sauerstoff haftet. Die letztere läßt sich durch Behandlung mit verdünntem Alkali eliminieren, so daß die *N-Benzoyltrimethylcolchicin-
säure* $(H_3CO)_3C_6H$: $C_{10}H_8O(OH)$ $(NHCOC_6H_5)$ dann vorliegt.

Diese diente nun zum weiteren Abbau des Colchicins. Durch Oxydation mit Kaliumpermanganat entstand daraus unter Verlust von
drei Kohlenstoffatomen das *N-Benzoylcolchid* $C_{23}H_{23}NO_6$, dem Windaus
folgende Konstitution zuspricht:

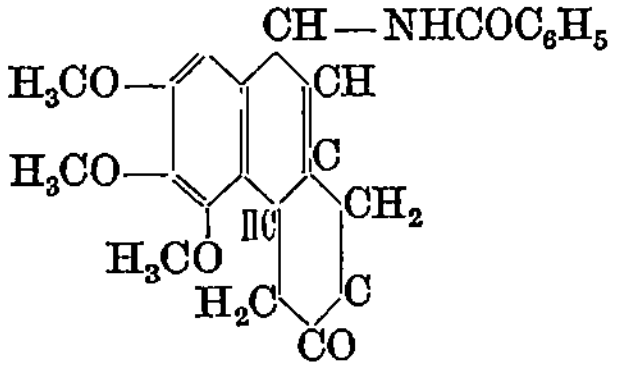

$$\text{CH}-\text{NHCOC}_6\text{H}_5$$

Durch Erhitzen im Vakuum spaltet dieses Colchid Benzamid ab,
und die so zurückbleibende Verbindung *Trimethoxyhomonaphthid* $C_{16}H_{16}O_5$
wird als ein Naphthalinderivat betrachtet. Das Colchicin selber aber
wird als ein Phenanthrenderivat angesehen, da bei den verschiedenen
Abbaureaktionen, Oxydationen und Kalischmelze, drei verschiedene
aromatische Ringe nachgewiesen werden konnten, und zwar in der
Form als *1, 2, 3-Trimethoxy-o-phthalsäure*, als *4-Methoxy-o-phthalsäure*
und als *Terephthalsäure*, die sich zum Phenanthrensystem im Colchicin
vereinigen.

So gibt Windaus als wahrscheinlichsten Ausdruck für das Colchicin folgende Formel:

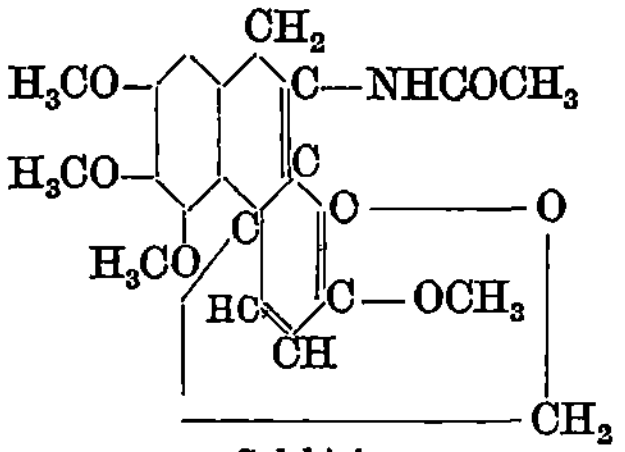

$$H_3CO-\text{...}\quad CH_2\quad C-NHCOCH_3\quad H_3CO-\text{...}\quad H_3CO\text{...}\quad C-O-O\quad HC\text{...}C-OCH_3\quad CH\quad CH_2$$

Colchicin.

Bei dieser Konstitutionsannahme muß es auffallend erscheinen, daß das Colchicin, als ein Phenanthrenderivat mit indifferenten Atomgruppen, in kaltem Wasser in jedem Verhältnis löslich ist. Dieses Verhalten bedarf um so mehr der Klärung, da das Colchiceïn, das sich nur durch die OH- statt der OCH_3-Gruppe vom Colchicin unterscheiden soll, in Wasser sehr schwer löslich ist, während bekanntlich der Eintritt von Hydroxylgruppen sonst Wasserlöslichkeit bewirkt. Die Annahme einer tiefergreifenden Konstitutionsänderung beim Übergang vom Colchicin in Colchiceïn steht auch im Einklang mit dem physiologischen Verhalten beider, denn das ungemein giftige Colchicin verliert seine Wirksamkeit im Colchiceïn.

Es scheint danach, daß beim Übergang des Colchicins zum Colchiceïn weit schwerwiegendere Konstitutionsänderungen stattfinden als die bloße Abspaltung einer Methylgruppe.

Diese Verhältnisse erinnern an die Ringverschiebungen und Umgestaltungen, die wir beim Morphin (S. 301) wie auch beim Cryptopin (S. 313) durch Säureeinwirkung — wie hier — kennengelernt haben.

Es erscheint uns daher die Möglichkeit vorliegend, daß im Colchiceïn Konstitutionsverhältnisse vorliegen, wie sie die obige Formel zum Ausdruck bringt, daß aber gerade das wirksame Colchicin einen anderen konstitutionellen Aufbau besitzt.

Pharmakologisches. — Im Tierexperiment sieht man nach Colchicin[1] vor allem schwere Magendarmerscheinungen (Erbrechen und Durchfälle), die aber erst, auch nach subcutaner und intravenöser Injektion, mehrere Stunden nach der Einführung einsetzen und nach einem längeren Intervall zum Tode führen. Auffallend war den Experimentatoren, daß durch Steigerung der letalen Dosis eine Abkürzung des Vergiftungsverlaufes nicht erreicht werden konnte. Das führte zu der Auffassung, daß nicht das Colchicin selbst, sondern ein im Organismus bestehendes Umwandlungsprodukt, das Oxydicolchicin, die Vergiftung auslöse. Doch ist dieses Umwandlungsprodukt, wenn es eingespritzt wird, nicht giftiger als Colchicin. — Außer auf den Magendarm wirkt Colchicin besonders

---

[1]) Lit. bei C. Jacobj, Arch. f. exp. Pathol. u. Pharmakol. **27**, 119. — Fühner, Arch. f. exp. Pathol. u. Pharmakol. **72**, 228. — Fühner u. Rehbein, Arch. f. exp. Pathol. u. Pharmakol. **79**, 1.

auf die Nieren; ganz kleine Dosen sollen die Sekretion vermehren, große schädigen das Organ stark. — Colchicumpräparaten wird eine spezifische Wirkung auf die *Harnsäureausscheidung* zugeschrieben; sie dienen daher manchmal als Gichtmittel. — Ferner vermag das Alkaloid das Zentralnervensystem, die Zirkulation und die Atmung zu schädigen. — Die isolierte glatte Muskulatur wird durch Colchicin gelähmt.

Alkaloide von Corynanthe Johimbe.

Die Rinde und Blätter des *Yohimbehe-* oder *Yumbehoabaumes* (*Corynanthe Johimbe*) (*Rubiaceae*)[1]) eines in Westafrika (Kamerun) einheimischen Baumes, enthalten einige Alkaloide, vorzüglich das Yohimbin $C_{22}H_{28}N_2O_3 \cdot H_2O$, welches von Spiegel[2]) 1896 daraus gewonnen wurde. Über die Darstellung des Yohimbins liegen von Thoms[3]) nähere Angaben vor.

Das Yohimbin kommt nach Fourneau[4]) auch in *Quebracho blanco*, einer *Apocynacee*, vor, also in einer anderen Pflanzenfamilie. Das gleichzeitige Auftreten eines und desselben Alkaloids in zwei Familien ist beachtenswert und eine weitere Sicherstellung dieses Befundes wäre von Interesse [vgl. Spiegel[5]), Filippi[6]), Cow[7])].

Außer dem Yohimbin sind in der Yohimbeherinde noch einige Nebenalkaloide enthalten:

Das *Yohimbenin* $C_{35}H_{45}N_3O_6$, krystallinische Substanz, Fp. 135°. Das *Mesoyohimbin* $C_{21}H_{26}N_2O_3$, aus 50 proz. alkoholischer Mutterlauge des Yohimbins gewonnen; schöne Nadeln aus Benzol oder Alkohol, Fp. 247°; rechtsdrehend [Spiegel[8])]. Sehr ähnlich dem Yohimbin; bildet sich auch aus Yohimbin durch Einwirkung von alkoholischem Kali neben Yohimboasäure.

Über weitere Nebenalkaloide des Yohimbins vgl. Siedler[9]).

Das Yohimbin krystallisiert in farblosen Nadeln, Fp. 234,5°. $[\alpha]_D = +50,9°$ in alkoholischer Lösung, einsäurige tertiäre Base, enthält eine OH-Gruppe (Acetylderivat) und eine OCH_3-Gruppe. Bildet ein Jodmethylat. Durch Bromeinwirkung entsteht ein Mono- und ein Dibromsubstitutionsderivat.

Die Salzbildung des Yohimbins findet unter Wasseraustritt statt, wie auch das Yohimbin selber leicht durch Erhitzen auf 120—130° oder beim Eindampfen der absolut alkoholischen Lösung *Anhydroyohimbin* $C_{22}H_{28}N_2O_3$ bildet.

---

[1]) Brandt, D'e Stammpflanze der Yohimbeherinde gehört anscheinend in die der Gattung Corynanthe verwandte Gattung *Pansinystalie* (vgl. A. Pharm. 260, 49).

[2]) Spiegel, Chem.-Ztg. 20, 970 (1896); 21, 833 (1897); 23, 59, 81 (1899); B. 36, 169.

[3]) Thoms, B. Pharm. 7, 279.

[4]) Fourneau u. Page, C. 1914, I, 986. — Fourneau u. Fiore, Bl. (4) 9, 1037, l. c.

[5]) Spiegel, B. 48, 2084.

[6]) Filippi, l. c. C. 1917, I, 1019.

[7]) Cow, Journ. of pharmac. and exp. Therapeutics 5, 341.

[8]) Spiegel, B. 48, 2077.

[9]) Siedler, Pharm. Z. 47, 797 (1902).

Die Untersuchung des Yohimbins geschah vorzugsweise durch Spiegel[1]) und Barger und Field[2]).

Das Yohimbin erfährt durch Einwirkung von Alkali Spaltung in Methylalkohol und in die *Yohimboasäure* $C_{20}H_{26}N_2O_4$, Fp. 259—260°; rechtsdrehend. Die Säure bildet mit Basen wie mit Säuren Salze, [Winzheimer[3])]. Umgekehrt läßt sich auch die Yohimboasäure zum Yohimbin durch Methylalkohol und Salzsäure esterifizieren.

Die Yohimboasäure selber zeigt ein etwa nur halb so großes Molekulargewicht wie Yohimbin, was auf die Zusammensetzung $C_{10}H_{13}NO_2$, $C_9H_{12}\diagdown\!\!\diagup^{COOH}_{N}$ schließen läßt. Die Säure aber, von der sich die Salze der Yohimboasäure ableiten, ist dimolekular und dürfte folgende Formel besitzen:

$$N\equiv C_9H_{12}-CO-O-NH\equiv C_9H_{12}-COOH,$$

die aus der monomolekularen Säure durch betainartige Bindung entstanden ist. Bei weiterer Bestätigung dieser einfachen und symmetrischen Formel wäre auch das Molekulargefüge des Yohimbins ein verhältnismäßig einfaches, was für die Konstitutionserkenntnis desselben von Bedeutung sein würde.

Einwirkung von Silberoxyd auf Yohimbinjodmethylat bildet die *Methylyohimboasäure* $C_{21}H_{26}N_2O_3$, Fp. 304° [Spiegel und Corell[4])].

Einen gewissen weiteren Einblick in die Konstitution des Alkaloids haben die Arbeiten von Barger und Field[5]) ergeben. Bei der Destillation des Yohimbins mit Natronkalk im Wasserstoffstrom entsteht ein *Äthyl-* oder *Dimethylindol* und ein *Dimethylchinolin*. Das basische Stickstoffatom gehört demnach wohl einem mit einem Benzolkern kondensierten Pyridinring an, während das zweite Stickstoffatom in einem Indolring enthalten sein dürfte.

Corynanthin. Das Corynanthin $C_{21}H_{26}N_2O_3$, aus *Pseudocinchona Africana*, von Fourneau und Fiore[6]) gewonnen, ist dem Yohimbin bzw. dem Quebrachin nahe verwandt oder isomer. Sicher sind die diesbezüglichen Verhältnisse nicht festgestellt. Hexagonale Tafeln, Fp. 241—242°. $[\alpha_D] = -120°$ in alkoholischer Lösung. Die Salze sind krystallisiert. Das Alkaloid hält das Krystallwasser bemerkenswert fest.

Pharmakologisches. — Yohimbin[7]) wirkt schon in kleinen Mengen erweiternd auf die Blutgefäße der Körperperipherie (Augenbindehaut, Kaninchenohr), besonders auf die Genitalsphäre; zugleich wird deren Zentrum erregt. — Es erzeugt bei Hunden allgemeine Erregungs-

---

[1]) Spiegel u. Auerbach, **37**, 1759; Spiegel u. Kaufmann, **38**, 2825; Spiegel, B. **48**, 2077, 2084.

[2]) Barger u. Field, Soc. **107**, 1025.

[3]) Winzheimer, B. Pharm. **12**, 292, 391.

[4]) Spiegel u. Corell, B. **49**, 1086.

[5]) Barger u. Field, l. c.

[6]) Fourneau u. Fiore, C. R., **148**, 1770; **150**, 876; Bl. (4) **9**, 1037.

[7]) Fr. Müller, Über die Wirkung des Yohimbins. Arch. internat. de pharmacodyn. et de thérapie **17**, 81. — A. Loewy u. S. Rosenberg, Arch. f. exp. Path. u. Pharmak. **78**, 108.

zustände und eine Beschleunigung der Atmungstätigkeit. In noch größerer Dosis schädigt es das Herz. — Seine therapeutische Verwendung als Aphrodisiacum verdankt es, abgesehen von der durch Gefäßerweiterung bedingten größeren Blutfülle der Genitalorgane, der schon genannten Erregung des Zentrums der Genitalsphäre im Lendenmark. — Yohimbin hat auch lokalanästhesierende Wirkung auf die Schleimhäute wie auf die Nervenstämme. — Auf die glatte Muskulatur wirkt es in kleinen Dosen erregend, in größeren Dosen lähmend. Von dieser Wirkung hat man bei Behandlung gewisser Formen des Asthmas therapeutisch Gebrauch gemacht (s. Quebrachin).

Yohimbenin wirkt in der Art des Yohimbins, nur viel schwächer.

Alkaloide von Galipea Cusparia.

Die Rinde von *Galipea cusparia*, Angosturarinde (*Cusparia febrifuga*) (*Diosmeae*), die in Westindien vielfach als Fiebermittel angewandt wird, enthält 3 Alkaloide, deren Einheitlichkeit feststeht:

1. Cusparin $C_{19}H_{17}NO_3$
2. Galipin $C_{20}H_{21}NO_3$
3. Galipoidin $C_{19}H_{15}NO_4$.

Außer den obigen Alkaloiden sind in der Literatur noch angegeben das *Cusparidin*, das *Galipidin* und das *Cusparein* [Beckurts[1])], die sich aber nach den Untersuchungen von Troeger und Kroseberg und Troeger und Boenicke[2]) als Gemische der anderen Alkaloide herausgestellt haben.

Das *Cusparin* wurde 1883 von Körner und Böhringer[3]) in der Angosturarinde entdeckt. Fp. 92°. Die Salze des Cusparins zeichnen sich von den anderen Angosturabasen durch ihre Schwerlöslichkeit in Wasser aus. Cusparin enthält eine Methoxylgruppe, aber keine Hydroxylgruppe; tertiäre Base. In der Kalischmelze entsteht Protocatechusäure. Das Cusparin ist ein Chinolinderivat; durch Oxydation mit Salpetersäure entsteht eine *Oxychinolincarbonsäure* $C_{10}H_7NO_3 \cdot H_2O$, die bei der Zinkstaubdestillation Chinolin liefert [Troeger und Beck[4])].

Cusparinjodmethylat mit Alkali erhitzt, liefert nicht Methylcusparin, sondern unter Abspaltung von Jodmethyl ein Isomeres des Cusparins, das *Isocusparin* $C_{19}H_{17}NO_3$; Fp. 194°. Die Entstehung des Isocusparins ist auf die Verschiebung der Methylgruppe vom Sauerstoff zum Stickstoff zurückzuführen [Troeger und Müller[5])]. Das Cusparin, über den Schmelzpunkt erhitzt, liefert *Pyrocusparin* $C_{18}H_{15}NO_3$, hat keine abspaltbaren Methylgruppen.

Das *Galipin* krystallisiert aus Alkohol oder Äther in Prismen. Fp. 115°, enthält 3 OCH_3-Gruppen. Die Salze sind gelb gefärbt. Bei der Oxydation mit Chromsäure bzw. Kaliumpermanganat entsteht

<hr>

[1]) Beckurts, A. Pharm. **229**, 591; **233**, 410; **243**, 470; Apoth.-Ztg. **18**, 697 (1903).
[2]) Troeger u. Kroseberg, A. Pharm. **250**, 494. — Troeger u. Boenicke, A. Pharm. **258**, 250.
[3]) Körner u. Böhringer, B. **16**, 2305.
[4]) Troeger u. Beck, A. **251**, 246.
[5]) Troeger u. Müller, A. Pharm. **252**, 459.

Veratrumsäure und *Anissäure* [Troeger und Müller[1])] und wahrscheinlich eine *Methoxychinolincarbonsäure*, wonach für das Galipin auf folgende Konstitution geschlossen wurde [Troeger und Kroseberg[2])]:

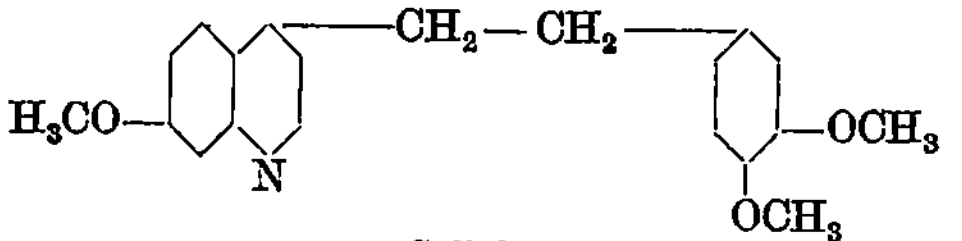

$$H_3CO-\underset{N}{\bigcirc\!\!\bigcirc}\!\!-CH_2-CH_2-\bigcirc\!\!\overset{-OCH_3}{\underset{OCH_3}{}}$$

Galipin.

Das Galipin läßt sich durch trockene Salzsäure entmethylieren. Beim Durchleiten von Jodmethyldämpfen durch geschmolzenes Galipin bei 190—200° entsteht durch Verschiebung der Methylgruppe vom Sauerstoff zum Stickstoff ein Isomeres. Fp. 165° [Troeger und Boenicke[3])].

Das *Galiopidin*, Fp. 233°, enthält anscheinend eine OCH_3-Gruppe. Charakterisiert sich durch seine Schwerlöslichkeit in den meisten organischen Lösungsmitteln. Bildet krystallisierte Doppelsalze [Troeger und Beck[4])].

Alkaloide von Nectandra Rodioei, Buxus sempervirens und Cissampelos Pareira.

Rodie fand im Jahre 1834 in der Rinde von *Nectandra Rodioei* (Lauraceae) ein Alkaloid, *Bebirin* (*Beberin*), das von Maclagan[5]) 1843 genauer untersucht wurde.

Dieses Bebirin wurde von Walz mit dem *Buxin* aus Buxus sempervirens (Euphorbiaceae) identisch gehalten.

Fläckiger konnte weiterhin die Identität des Bebirins mit dem *Pelosin* von Wiggers[6]) aus der Pareirawurzel von *Cissampelos Pareira* und *Chondodendron tomentosum* (Menispermaceae) feststellen.

Nach diesem gesamten Befund würde das Bebirin in drei Pflanzenfamilien vorkommen. Scholtz[7]) hält jedoch die Identität des Bebirins mit dem Buxin nicht für erwiesen; vgl. Faltis.

Das Bebirin $C_{18}H_{21}NO_3$ wurde vorzugsweise von Scholtz[8]) und in neuerer Zeit von Faltis[9]) untersucht. (S. auch Nachtrag).

Das Bebirin stellt ein amorphes gelbliches Pulver vor. Fp. 180°.

Aus Methylalkohol krystallisiert das aus anderen Lösungsmitteln amorph herauskommende Alkaloid in kleinen Prismen, Fp. 214°, die in Alkohol schwerer löslich sind als die amorphe Form.

Das Bebirin besitzt eine OH-Gruppe von typischem Phenolcharakter (Alkalilöslichkeit, Benzoylverbindung), eine OCH_3- und NCH_3-Gruppe. Fp. 139—140°. Tertiäre Base $[\alpha]_D$ — 298°

[1]) Troeger u. Müller, Apoth.-Ztg. **24**, 678 (1909).
[2]) Troeger u. Kroseberg, l. c.
[3]) Troeger u. Boenicke, l. c.
[4]) Troeger u. Beck, l. c.
[5]) Maclagan, A. **48**, 106; **55**, 185; vgl. v. Planta. A. **77**, 333.
[6]) Wiggers, A. **33**, 81.
[7]) Scholtz, B. **29**, 2054.
[8]) Scholtz, A. Pharm. **236**, 530; **237**, 199; **244**, 555; **250**, 684; **251**, 136. — Scholtz u. Koch, A. Pharm. **252**, 513.
[9]) Faltis, M. **33**, 873; **42**, 311.

Das Bebirin findet sich in Form der beiden optischen Antipoden in der Pflanze wie auch als racemisches Alkaloid. Fp. 300°.

Die Formel des Bebirins läßt sich nach Obigem auflösen in $C_{16}H_{14}O$ · OH · OCH_3 · NCH_3. Bebirin bildet, über Zinkstaub destilliert, o-Kresol und Methylamin, Salpetersäure wirkt substituierend ein, so daß ein aromatischer Ring, wahrscheinlich in Isochinolinbindung (s. Isobebirin), vorliegt.

Neben dem Bebirin isolierte Scholtz[1]) aus der Pareirawurzel das *Chondrodin* $C_{18}H_{21}NO_4$ amorph. Fp. 218—220°, $[\alpha]_D$ — 75°, enthält zwei Phenolhydroxyle, eine OCH_3- und eine NCH_3-Gruppe. Es kann als ein *Oxybebirin* aufgefaßt werden. Bildet gelblich krystallisierte Salze.

Faltis gewann aus Bebirinum sulfur. (Par.-Wurzel) drei weitere Alkaloide, das *β-Bebirin (β-Chondodrendin)*, amorph optisch aktiv. Fp. 142 bis 150°, das krystallisierte *Isobebirin (Isochondodrendin)*, Fp. 290°, und ein weniger genau untersuchtes *Alkaloid B*, gelb, krystallisiert, Fp. 220° (unscharf), optisch aktiv. Diese Nebenalkaloide scheinen mit dem Bebirin gleiche Zusammensetzung zu besitzen. Sie spielen überhaupt neben dem Bebirin eine wichtige Rolle, wie das β-Bebirin sich sogar zuweilen als Hauptalkaloid in der Pareirawurzel vorfindet. Das Bebirin scheint auch für sich beim längeren Aufbewahren in die amorphe β-Bebirinform überzugehen.

Das Isobebirin bildet ein *Triacetyl-* und ein *Dibenzoyl*-Derivat unter Aufspaltung des stickstoffhaltigen Ringes. Das Isobebirin geht bei der Methylierung in *Methylisobebirin*, Fp. 225°, über, welches sich beim Hofmannschen Abbau wie ein Isochinolinderivat verhält.

Pharmakologisches. — Bebirin ist eine Zeitlang als Ersatzmittel des Chinins angewendet worden[2]); jetzt wird es wohl kaum mehr gebraucht. In seiner Wirkung auf Infusorien und andere lebende Zellen hat es große Ähnlichkeit mit dem Chinin. Im Tierexperiment sah man nach großen Dosen Erbrechen, Durchfall und Tod an allgemeiner Lähmung.

Alkaloide von Physostigma venenosum.

Die Samen dieser Pflanze (Papilionaceae), *Calabar*-Bohnen genannt, enthalten eine Reihe von Alkaloiden, vorzugsweise das *Eserin* (*Physostigmin*) und das *Geneserin*.

Außerdem sind daraus isoliert worden das *Eseridin*, das *Eseramin*, das *Isophysostigmin* und das *Physovenin*.

Das *Eserin* $C_{15}H_{21}N_3O_2$ wurde von Jobst und Hesse[3]) entdeckt. Sie erhielten es im amorphen Zustand und bezeichneten es als Physostigmin. Später gewann es Vee[4]) in krystallisierter Form; er bezeichnete es als Eserin.

Das Eserin scheint in zwei stereoisomeren Formen vorzukommen, die eine beständigere, Prismen, schmilzt bei 103—105°, die andere bei 86—87°. Leicht löslich in Alkohol, Äther und Chloroform; $[\alpha]_D$ —75,8°

---

[1]) Scholtz, A. Pharm. **249**, 408.
[2]) S. bei Conzen, Dissert. Bonn 1868.
[3]) Jobst u. Hesse, A. **129**, 115; **141**, 913.
[4]) Vee, J. **1865**, 459.

in Chloroform. Das Eserin ist eine einsäurige tertiäre Base, ungesättigt, entfärbt Kaliumpermanganat in saurer Lösung und läßt sich katalytisch reduzieren.

Das Alkaloid erfährt durch Einwirkung von Alkalien, ja schon durch Erhitzen für sich im Vakuum einen typischen Zerfall in *Eserolin* $C_{13}H_{18}N_2O$, Methylamin und Kohlensäure; die beiden letzteren offenbar als Zerfallsprodukte des ursprünglich vorliegenden Urethans [Salway[1]), Strauß[2])]. Die Urethangruppe im Eserin zeigt sich auch bei der Behandlung des Eserins mit Natriumäthylat in alkoholischer Lösung, wobei sich neben dem Eserolin Methylurethan $CO{<}^{NHCH_3}_{\ OC_2H_5}$ bildet. Wird Eserin über seinen Schmelzpunkt erhitzt, so tritt bei 150—160° Entwicklung von Methylisocyanat $CONHCH_3$ auf.

. Umgekehrt ist es auch gelungen, Eserolin in Eserin überzuführen durch Behandlung von Eserolin mit molekularer Menge Methylisocyanat in ätherischer Lösung in Gegenwart von etwas Natrium [Polonowski und Nitzberg[3])].

Nach allen diesen Reaktionen erscheint das Eserin als ein substituiertes Urethan, in welchem das Eserolin die alkoholische Komponente vertritt: $CO{<}^{NHCH_3}_{\ O}$ (Eserolinrest).

Das Eserolin bildet farblose Nadeln aus Benzol; Fp. 129°, $[\alpha]_D$ —107° in methylalkoholischer Lösung; enthält 2 $N(CH_3)$-Gruppen; einsäurige tertiäre Base.

Das Eserolin — wie auch das Eserin — enthalten den Indolring. Bei der Destillation über Zinkstaub bildet sich nämlich α- und *N-Methylindol*. Man kann wohl allgemeinen Regeln zufolge annehmen, daß die N-Methylverbindung hierbei das ursprüngliche Reaktionsprodukt ist [Ehrenberg[4]), Petit und Polonowsky[5]), Salway[6]), Strauß[7]), Polonowsky[8])].

Nach dieser Erkenntnis läßt sich die Formel für das Eserin weiter auflösen in:

$$CO{<}^{NHCH_3}_{\ O}{-\!-\!-} > C_3H_7NCH_3$$
$$NCH_3$$

wobei es dahingestellt bleibt, mit wieviel Valenzen der $C_3H_7NCH_3$-Rest am übrigen Molekül haftet. Wahrscheinlich bildet derselbe einen neuen Ring.

Der Rest $C_3H_7NCH_3$ ist in seiner Konstitution noch nicht erkannt, während das allgemeine Gefüge des Moleküls durch die vorstehende Atomgruppierung schon eine gewisse Aufklärung erfahren hat.

<hr>

[1]) Salway, Soc. **99**, 2148; **101**, 978.
[2]) Strauß, A. **401**, 350; **406**, 332.
[3]) Polonowsky u. Nitzberg, Bl. (4) **19**, 27.
[4]) Ehrenberg, C. **1893**, II, 102.
[5]) Petit u. Polonowsky, Bl. (3) **9**, 1008.
[6]) Salway, Soc. **101**, 978.
[7]) Strauß, l. c.
[8]) Polonowsky, Bl. (4) **17**, 235.

Das Eserolin erfährt beim Hofmannschen Abbau die Bildung von *Physostigmol* $C_{10}H_{11}NO$, weiße Nadeln, Fp. 107—108°; gibt mit Eisenchlorid Grünfärbung, sehr schwache Base, optisch inaktiv, löslich in Alkali, durch Kohlensäure daraus fällbar. Das Physostigmol ist ein Phenol und besitzt die OH-Gruppe im Benzolkern des Indolringes.

Das Eserolin wird durch Bromäthyl und Natriumäthylat in absolutem Alkohol in den Äthyläther, in das *Eserethol* $C_{15}H_{22}N_2O = C_{13}H_{17}N_2OC_2H_5$ übergeführt. Flüssigkeit Kp. 308—310°, starke Base, bildet mit Säuren neutrale Salze.

Das *Geneserin* $C_{15}H_{21}N_3O_3$, orthogonale Krystalle, Fp. 128—129°. $[\alpha]_D = -175°$ in alkoholischer Lösung, einsäurige schwache Base. Das Geneserin steht zum Eserin im nächsten Zusammenhang, es enthält nur ein Sauerstoffatom mehr wie das erstere. Dieses Sauerstoffatom steht am fünfwertigen Stickstoff. Das Geneserin ist ein Aminoxyd des Eserins und zeigt alle typischen Reaktionen dieser Körperklasse [Polonowsky[1])]. Das Eserin läßt sich auch durch Wasserstoffsuperoxyd in Geneserin überführen, wie sich umgekehrt durch Reduktion des Geneserins das Eserin bildet. Das gesamte chemische Verhalten des Geneserins entspricht auch weiterhin dem des Eserins; alle die Reaktionen, die wir beim Eserin besprochen haben, finden sich beim Geneserin wieder. So kennen wir ein *Geneserolin* $C_{13}H_{18}N_2O_2$, Krystalle, Fp. 150°, $[\alpha]_D = -176°$ in Alkohol; ein *Geneserethol* $C_{15}H_{22}N_2O_2$, Blättchen aus Petroläther, Fp. 83°. $[\alpha]_D = -182°$ in Alkohol. Reduktion des Geneserins mit Zink und Schwefelsäure führt bis zum *Hydroeserin*, das sich auch aus Eserin bei gleicher Behandlung bildet. Die Formel des Geneserins läßt sich entsprechend der Eserinformel folgendermaßen auflösen:

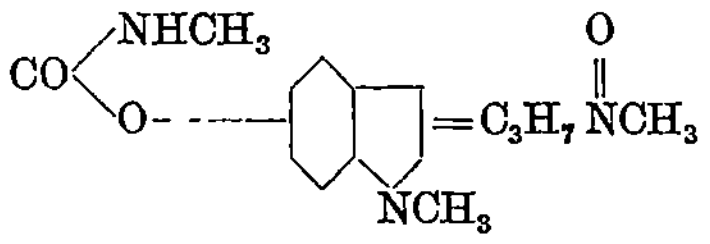

$$CO\Big\langle {}^{NHCH_3}_{\ O} \text{----} \bigcirc\!\!\!\!\bigcirc_{NCH_3} = C_3H_7 \ \overset{O}{\overset{\|}{N}}CH_3$$

Geneserin.

Der Hofmannsche Abbau in der Eserin- und Geneserinreihe ist von Polonowsky[2]) und Stedman[3]) studiert worden.

Eseredin, $C_{15}H_{23}N_3O_3$, erhalten von Böhringer und Söhne[4]), Fp. 132°. Wenig untersucht [Eber[5]), Salway[6])], geht beim Erhitzen mit verdünnter Mineralsäure in Eserin über.

Eseramin, $C_{16}H_{25}N_4O_3$, wurde von Ehrenberg[7]) erhalten, farblose Nadeln, schwache Base, Fp. 245°, kaum löslich in Äther und Chloroform, aber leicht in heißem Alkohol [vgl. Salway[8])].

[1]) Polonowsky u. Nitzberg, Bl. (4) 17, 244, 290; 19, 27. — Polonowsky, (4) 19, 46; Bl. des sc. Pharm. 25, 129; Bl. (4) 23, 356.
[2]) Polonowsky, Bl. (4) 23, 335.
[3]) Stedman, Soc. 119, 891.
[4]) Böhringer u. Söhne, Pharm. Post 21, 363 (1888).
[5]) Eber, Pharm. Ztg. 37, 483 (1892).
[6]) Salway, Soc. 99, 2148.
[7]) Ehrenberg, Verh. Ges. Deutsch. Naturf. u. Ärzte 1893; C. 1911, 102.
[8]) Salway, l. c.

Isophysostigmin, $C_{15}H_{21}N_3O_2$, von Ogui[1]) aufgefunden, Fp. 200 bis 202°; liefert ein krystallisiertes Sulfat.

Physovenin, $C_{15}H_{12}N_8O_3$, von Salway 1911 erhalten, farblose Prismen, Fp. 123°. Unlöslich in Wasser, leicht löslich in organischen Lösungsmitteln außer in Benzin. Die Salze werden durch Wasser dissoziiert.

Pharmakololologisches. — Das Physostigmin[2]) ruft in größeren Dosen Erregungszustände des Zentralnervensystems hervor, auf die dann Lähmung folgt; als direkte Todesursache wird Atmungslähmung angesehen. — Außer den Zentralorganen vermag Eserin auch das periphere motorische Muskelsystem zu erregen, so daß man mit seiner Hilfe die durch das bekannte Pfeilgift Curare gesetzte Lähmung der Endigungen der Bewegungsnerven überwinden kann. — Am Herzen verursacht Physostigmin eine Erregung des Regulierungsnerven, des Vagus, und dadurch Pulsverlangsamung; trotzdem steigt der allgemeine Blutdruck, wahrscheinlich infolge einer Kontraktion der peripheren Gefäße.

Die *Darmperistaltik* wird durch Physostigmin in hohem Maße verstärkt; es handelt sich um eine Erregung der Nerven und der Darmmuskulatur selbst; durch diese Wirkung kommt es zu Durchfall. — Ebenso werden die glatten Muskeln anderer Organe erregt; praktisch am wichtigsten ist von diesen die Erregung des Sphincters der Pupille. Hier handelt es sich, wie die genaue Analyse gezeigt hat, bei den kleinen Dosen um eine Verstärkung der Tätigkeit der Oculomotoriusendigungen in der Iris.

Die meisten drüsigen Sekretionen werden durch Physostigmin verstärkt, so die Speichel- und Tränensekretion.

In der Humanmedizin wird Physostigmin seiner großen Giftigkeit wegen fast ausschließlich in der Augenheilkunde verwendet; in der Veterinärpraxis dient es besonders als Mittel gegen die sog. Koliken der Pferde. — Alle Physostigminwirkungen werden, ebenso wie die des in seiner Wirkung verwandten Pilocarpins, durch Atropin sofort aufgehoben.

Eseridin und *Isophysostigmin* wirken qualitativ wie Physostigmin, ersteres schwächer, letzteres stärker.

Alkaloide von Psychotria Ipecacuanha.

Die Wurzeln von *Psychotria Ipecacuanha*, Brechwurzel genannt (Rubiaceae), enthalten eine Anzahl von Alkaloiden, deren Beziehungen zueinander jetzt besser bekannt geworden sind, während die eigentliche Konstitution der einzelnen noch unaufgeklärt ist, wie auch die Zusammensetzung noch nicht ganz sicher steht.

Emetin $C_{29}H_{40}N_2O_4$ (Karrer)[3]) wurde 1817 von Pelletier und Magendie[4]) aufgefunden. Es bildet das Hauptalkaloid der Brech-

---

[1]) Ogui, Apoth.-Ztg. **19**, 891 (1904).
[2]) Die ältere Literatur ist z. B. bei Schmeder, Diss. Dorpat 1889, zu finden.
[3]) Karrer, B.**49**, 2057.
[4]) Pelletier u. Magendie, Chem.-Ztg. **44**, 199. (1920)

wurzel, findet sich neben andern indifferenten Stoffen und der gerb-
säureartigen Ipecacuanhasäure. Rein dargestellt wurde das Emetin
von Kunz - Krause[1]) und Paul und Cownley[2]). Das Emetin stellt
ein weißes Pulver vor, amorph lichtempfindlich. Fp. 68°, in Wasser
sehr schwer löslich, in organischen Lösungsmitteln löslich; optisch inaktiv; bildet krystallisierte Salze; reagiert auf Lackmus alkalisch; zweisäurige, tertiär-sekundäre Base [Keller[3])]; bitterer, kratzender Geschmack. Es enthält eine OH-, vier OCH_3-Gruppen. Der oxydative
Eingriff mit Kaliumpermanganat gibt einen ersten Einblick in die Konstitution des Emetins, indem sich hierbei *6, 7-Dimethoxyisochinolin
1-Carbonsäure* und *m-Hemipinsäure* bildet (Carr und Pyman).

Cephaelin $C_{28}H_{38}N_2O_4$ (Karrer) steht mit dem Emetin in nahem
Zusammenhang, denn das Emetin hat sich als der O-Methyläther des
Cephaelins ergeben. Durch Behandlung des Cephaelins mit Diazomethan entsteht Emetin [Meister Lucius und Brüning[4])]. Die
nahen Beziehungen des Cephaelins zum Emetin kommen auch dadurch zum Ausdruck, daß ihre Spektra identisch sind [Dobbie und
Fox[5])].

Das Cephaelin krystallisiert in Nadeln, Fp. unscharf 93—104°, unlöslich in Wasser, löslich in organischen Lösungsmitteln, auch in alkalischen, wässerigen Lösungen, lichtempfindlich; die Salze sind amorph;
enthält drei Methoxyle (Karrer).

Psychotrin $C_{28}H_{36}N_2O_4$ geht bei der Aufnahme von zwei Wasserstoffatomen in Cephaelin über [Carr und Pyman[6])]. Krystallisiert in
citronengelben Prismen. Fp. 140°.

Emetamin $C_{29}H_{36}N_2O_4$ oder $C_{30}H_{36}N_2O_4$, farblose Nadeln, Fp. 155
bis 156°, $[\alpha]_D + 11,2°$ [Pyman[7])].

O-Methylpsychotrin, dickes Öl, $[\alpha]_D + 43,9°$, entsteht auch aus Emetin,
durch Behandlung mit Jod. Durch weitere Jodbehandlung oder Einwirkung von Eisenchlorid bildet sich *Rubremetin,* das mit dem *De-
hydroemetin* von Karrer wohl identisch ist.

Pharmakologisches. — Die meisten pharmakologischen Untersuchungen über die Ipecacuanhaalkaloide sind mit dem früher „Emetin" genannten Gemisch dieser angestellt[8]); da die einzelnen Alkaloide in ihren
Wirkungen relativ wenig differieren, sind die so erhaltenen Resultate
einwandfrei. Frösche und Säugetiere werden allgemein gelähmt, man
sieht dann am Magen und Darm Erscheinungen, die denen nach Arsen-
und Schwermetallvergiftung ähneln: Gefäßerweiterung, evtl. Blutungen
und Schädigung der Schleimhaut. — Die glatte Muskulatur verschiedener
Organe (Blutgefäße, Bronchiolen, Magen und Darm) wird durch Emetin

[1]) Kunz - Krause, A. Pharm. **225**, 461; **232**, 466.
[2]) Paul u. Cownley, B. **28**, IV, 226.
[3]) Keller, A. Pharm. **249**, 512; **255**, 75.
[4]) Meister Lucius u. Brüning, D. R. P. 296 678.
[5]) Dobbie u. Fox, Soc. **105**, 1639.
[6]) Carr u. Pyman, Soc. **105**, 159.
[7]) Pyman, Soc. **111**, 419; **113**, 222.
[8]) Litter. s. b. C. Lowin, A. internat. d. pharmacodyn. et de thér. 11,9.

gelähmt. — Auf die Reizung des Magen- und des Darmkanals sind die Brechwirkung und die manchmal beobachteten Durchfälle zu beziehen. — Von den einzelnen Alkaloiden wirkt Cephaelin am stärksten, Psychotrin am schwächsten.

Alkaloide der Quebrachorinden.

Die Rinde von *Quebracho blanco* (*Aspidosperma Quebracho* Schlecht), einer Apocynacee, die in Argentinien als Chininersatzmittel gegen Fieber und Malaria in Anwendung kommt, wurde zuerst von Fraude[1] untersucht, der darin ein Alkaloid, das Aspidospermin, fand. Hesse[2] konnte in den Rinden ferner noch die untenstehenden fünf Alkaloide nachweisen, die aber nach den Untersuchungen von Ewins[3] und Spiegel[4] nicht alle im reinen Zustand bei Hesse vorlagen, so daß die Angaben darüber noch Änderungen erfahren können. In neuerer Zeit ist auch das Vorkommen von Yohimbin in der Quebrachorinde erwiesen worden (s. unten Quebrachin).

In jungen Bäumen befinden sich ca. 1,4% Alkaloide, während bei alten Bäumen der Alkaloidgehalt bis auf 0,3% zurückgeht. Im allgemeinen schwankt der Alkaloidgehalt in den Rinden in qualitativer und quantitativer Beziehung stark.

1. *Aspidospermin*, $C_{22}H_{30}N_2O_2$, farblose Prismen, Fp. 205—206°. $[\alpha]_D = -83,6°$ in Chloroform, reagiert neutral und bildet wegen seines schwachen Basencharakters nur schwierig Salze. Sehr schwer löslich in Wasser, leicht löslich in Benzol und Chloroform. Das Alkaloid besitzt bitteren Geschmack. Enthält eine OCH_3-Gruppe. Nach Untersuchungen von Ewins ist im Aspidospermin eine Acetylgruppe enthalten, die durch heiße verdünnte Salzsäure abgespalten wird, wodurch das *Desacetylaspidospermin* $C_{20}H_{28}N_2O$ entsteht. Dieses läßt sich wieder zum Aspidospermin acetylieren. Wahrscheinlich enthält das Alkaloid einen reduzierten Chinolinkern.

2. *Aspidosamin* $C_{22}H_{28}N_2O_2$, von Hesse als amorphes Isomeres des Aspidospermatins charakterisiert, ist möglicherweise ein unreines Zersetzungsprodukt des Aspidospermins (Ewins).

3. *Aspidospermatin* $C_{22}H_{28}N_2O_2$ krystallisiert, Fp. 162°, leicht löslich in organischen Solventien, wenig löslich in Wasser. $[\alpha]_D = -73,3°$ in Alkohol, stark basisch, zeigt bitteren Geschmack.

4. *Quebrachin* $C_{21}H_{26}N_2O_2$, farblose Nadeln; in Wasser unlöslich, löslich in organischen Solventien, reagiert alkalisch.

Die Schmelzpunktsangaben für das Alkaloid wechseln bei den einzelnen Autoren von 230—248° [vgl. Spiegel[5])] und die Angaben des optischen Drehungsvermögens von 51—62,5° (in Alkohol).

Die Gründe für diese wechselnden Angaben sind, wie oben schon

---

[1] Fraude, B. **11**, 2189; **12**, 1560.
[2] Hesse, A. **211**, 249.
[3] Ewins, Soc. **105**, 2738.
[4] Spiegel, B. **48**, 2084.
[5] Spiegel, B. **48**, 2084.

erwähnt, in dem nicht ganz einwandfreien Reinheitsgrad des untersuchten Alkaloids zu suchen.

Fourneau[1]) hat das Quebrachin mit dem Yohimbin in engste Beziehung gebracht und sieht beide Alkaloide als identisch an. Das scheint aber nach Zusammensetzung, nach dem allgemeinen Verhalten und den physikalischen und pharmakologischen Eigenschaften [Filippi[2])] beider Alkaloide nicht der Fall zu sein. Spiegel nimmt vielmehr an, daß sich im Quebracho blanco neben dem Quebrachin auch Yohimbin findet, so daß nach dem gegenwärtigen Stand der Forschung — wie man sich auch zu der Identität des Yohimbins mit dem Quebrachin stellen mag — das Vorkommen des Yohimbins auch in der Quebrachorinde erwiesen scheint.

5. *Hypoquebrachin* $C_{21}H_{26}N_2O_2$, Firnis, bildet amorphe Salze, Fp. 80°, stark alkalisch, in organischen Lösungsmitteln löslich; bitterer Geschmack. Stellt möglicherweise nur ein Zersetzungsprodukt des Aspidospermins vor (Ewins).

6. *Quebrachamin*, Zusammensetzung nicht bestimmt, krystallisiert in Blättchen. Fp. 142°.

Den vorstehenden Quebrachoalkaloiden reiht sich das *Paytin* an. Das Paytin ist in der *Paytarinde* enthalten, die von einem Baume der Gattung *Aspidosperma* stammt.

Paytin $C_{21}H_{24}N_2O$. Prismen, Fp. 156° wasserfrei, $[\alpha]_D$ —49,5° in Alkohol, reagiert alkalisch, bitterer Geschmack.

Ein Umwandlungsprodukt des Paytins ist das *Paytamin* $C_{21}H_{24}N_2O$, amorph. Gibt in neutraler Lösung mit Kaliumjodid zum Unterschied von Paytin keine Fällung [Hesse[3])].

Pharmakologisches. — Die einzelnen Alkaloide der Quebrachorinde wirken ziemlich gleichartig[4]), von den untersuchten (Quebrachin, Aspidospermin, Aspidospermatin, Aspidosamin und Quebrachamin) am stärksten das erstgenannte. Therapeutisch am wichtigsten von ihren Wirkungen ist die Beeinflussung der Atmung, die auf einer Erregung des Atmungszentrums beruht; es wächst sowohl die Frequenz wie die Tiefe der Atemzüge. — Auch das Brechzentrum wird erregt, aber nicht so spezifisch wie z. B. vom Apomorphin. Zu große Dosen lähmen im Tierexperiment die Atmung. — Die Zirkulation wird von kleinen Mengen unbeeinflußt gelassen, größere schädigen die Herzkraft, ganz große lähmen die Gefäßperipherie vollständig. — Quebrachin und Yohimbin besitzen einen pharmakologisch ähnlichen Typus, zeigen aber nicht identische Wirkungen [Filippi[5])]. — Ob die fieberwidrige Wirkung der Quebrachorinden auf den Alkaloidgehalt derselben zurückzuführen ist, bleibt noch fraglich.

---

[1]) Fourneau u. Fiore, Bull. (4) **9**, 1037; C. **1912**, I, 356. — Fourneau u. Page, C. **1914**, I, 986.
[2]) Filippi, 1917.
[3]) Hesse, A. **154**, 287; **166**, 272; **196**, 272; **211**, 280.
[4]) Lit. z. B. bei Eloy u. Huchard, Arch. de phys. norm. et path. **8**, 233.
[5]) Filippi, Arch. de Farmacol. sperim. **23**, 107, 129.

Alkaloide der Solanumarten.

Die *Solanumarten* (Solanaceae) enthalten ein Glucoalkaloid, das *Solanin*, das bei der Hydrolyse in Zuckerarten und in das Alkaloid *Solanidin* zerfällt.

Das *Solanin* ist 1820 in den Beeren des Nachtschattens, *Solanum nigrum*, von Defosses[1]) aufgefunden. Eine große Reihe anderer Solanumpflanzen, S. dulcamara, S. verbascifolium enthält ebenfalls Solanin; vor allem die Kartoffel *Solanum tuberosum* und *Solanum sodomaeum*.

Das Solanin findet sich in allen Organen der Pflanze; bei den Kartoffeln vorzugsweise in den Keimlingen.

Die Zusammensetzung und die Eigenschaften des Solanins aus den einzelnen Solanumpflanzen werden verschieden angegeben.

Diese Verschiedenheit kann außer durch Unterschiede im basischen Bestandteil des Glucoalkaloids auch durch Unterschiede in der Zuckergruppe bedingt sein. Deshalb wird hierbei die Solaninforschung zweckmäßig die Zuckergruppe, die zur Komplikation der Forschungsergebnisse führt, zunächst ausschalten und vor allem das hydrolytische basische Spaltungsprodukt des Solanins, das Solanidin, bearbeiten.

Von den verschiedenen Solaninen ist das Solanin aus *Solanum sodomaeum* durch Oddo und Mitarbeiter[2]) — wenigstens im allgemeinen Konfigurationsaufbau — am besten aufgeklärt.

Dieses Solanin, $C_{54}H_{96}N_2O_{18}$, als *Solanin S.* bezeichnet, krystallisiert mit 1 Mol. Wasser, Fp. 275—280°, aus Methylalkohol. Schwache sekundäre Base, zweisäurig: beim Erwärmen mit verdünnten Mineralsäuren tritt Hydrolyse in Zuckerarten und Solanidin S. ein.

Das *Solanidin S.*, $C_{18}H_{31}NO$, krystallisiert mit Wasser $(C_{18}H_{31}NO)_2 \cdot H_2O$. Das Solanidin S. krystallisiert in weißen Schuppen Fp. 200° $[\alpha]_D$ —81°23′ im Benzol; wenig löslich in Äther. Die Salze krystallisieren, zweisäurige Base; enthält eine OH-Gruppe und ein sekundäres Stickstoffatom; liefert eine Diacetylverbindung. Das salzsaure Salz bildet in alkoholischer Lösung beim Einleiten von Salzsäure den Äther $(C_{18}H_{30}N)_2O$.

Der Zerfall des Solanins in Solanidin und in verschiedene Zuckerarten, wie auch der Aufbau aus diesen ist jetzt aufgeklärt. Ein Molekül Solanin zerfällt in 2 Moleküle Solanidin und in je 1 Molekül *d-Galaktose*, *d-Glucose* und *d-Rhamnose* [Oddo und Cesaris[3]); s. auch Zeisel und Wittmann[4]), vgl. dort Votocek, F. Schulz, Votocek und Won-

---

[1]) Defosses, Berz, Jahresber. **1820**, 2, 114.

[2]) Oddo u. Mitarbeiter, G. **35**, I, 28 (C. **1905**, I, 1251); **36**, I, 310 (C. **1906**, II, 127); **36**, II, 522 (C. **1907**, I, 169); **41**, I, 534 (C. **1911**, II, 757). — Oddo u. Cesaris, G. **41**, I, 490 (C. **1911**, II, 757); **44**, I, 680 (C. **1914**, II, 1155); **44**, I, 690 (C. **1914**, II, 1156).

[3]) Oddo u. Cesaris, G. **44**, II, 181, 191 (C. **1915**, I, 144, 431).

[4]) Zeisel u. Wittmann, B. **36**, 3554 (vgl. dort Votoček, F. Schulz, Votoček u. Wondraček).

draček]. Da ferner im Solanin keine aktive CO-Gruppe ·mehr vorhanden ist, so muß die Verknüpfung der Spaltzucker mit dem Solanidin zum Solanin in folgender Weise stattfinden:

$$HN <C_{18}H_{29}-O-CH-O-CH-O-CH-O-C_{18}H_{29}> NH$$

$$\underbrace{\hspace{2cm}}_{\text{Solanidin.}} \qquad (\overset{|}{C}HOH)_4 \quad (\overset{|}{C}HOH)_4 \quad (\overset{|}{C}HOH)_4 \qquad \underbrace{\hspace{2cm}}_{\text{Solanidin.}}$$

$$\overset{|}{C}H_2OH \qquad \overset{|}{C}H_3 \qquad \overset{|}{C}H_2OH$$

d-Glucose.   Rhamnose.   Galaktose
(Methylpentose.)
Solanin S.

Zu der Hydrolyse des Solanins S. genügt schon das Molekül Krystallwasser desselben, so daß der hydrolytische Spaltungsvorgang folgendermaßen formuliert werden kann:

$$HN <C_{18}H_{29} \overset{H}{\underset{\text{Solanidin.}}{\vdots}} O \vdots CH-O \vdots \overset{O}{C}H-O-CH \vdots \overset{H}{O}-C_{18}H_{29}> NH$$

$$(\overset{|}{C}HOH)_4 \quad (\overset{|}{C}HOH)_4 \quad (\overset{|}{C}HOH)_4 \qquad \text{Solanidin.}$$

$$\overset{|}{C}H_2OH \qquad \overset{|}{C}H_3 \qquad \overset{|}{C}H_2OH$$

d-Glucose.   Rhamnose.   d-Galaktose.

Außer dem Solanin S. aus S. sodomaeum ist das *Solanin* aus *Solanum tuberosum* untersucht. Diese Untersuchung geht sogar zeitlich der ersteren voran. Dieses Solanin unterscheidet sich schon von dem Solanin S. durch seine Zusammensetzung $C_{52}H_{93}NO_{18} \cdot 4^1/_2 \, H_2O$ [Firbas[1])]. Diese Formel wird von Wittmann[2]) bestätigt; andere Formeln sind von Cazeneuve und Breteau[3]), von Davis[4]) und von Colombano[5]) vorgeschlagen.

Das *Solanin* bildet Nadeln. Der Schmelzpunkt wird von Firbas zu 244° angegeben, ist jedoch ziemlich unscharf und hängt wohl auch von der Schnelligkeit des Erwärmens ab, was bei den verschiedenen Zuckergruppen, die im Molekül vorhanden sind, zu erwarten ist. $[\alpha]_D$ —42°44′ in schwefelsaurer Lösung. Das Solanin bildet amorphe Salze; es reagiert gegen Lackmus alkalisch, schmeckt bitter; gegen Alkalieinwirkung beständig; durch heiße Säuren (2 proz. Salzsäure) erfährt es Hydrolyse in *Solanidin* und in dieselben Zuckerarten wie das Solanin S.

Das Solanidin ist nach Firbas $C_{40}H_{61}NO_2$; Heiduschka und Sieger[6]) $C_{34}H_{57}NO_2$; vgl. ferner die ganz unterschiedlichen Angaben von Davis und Colombano. Fp. ca. 214° bzw. 207° (H. und S.). Nadeln; die Salze krystallisieren nicht gut. Leicht löslich in Äther, wodurch es sich vom Solanidin S. unterscheidet. $[\alpha]_D$ —42°16′. Die Hydrolyse des Solanins zum Solanidin verläuft nach Heiduschka und Sieger so, daß sich nur ein Molekül Solanidin hierbei bildet, also anders wie beim Solanin S. (s. oben).

---

[1]) Firbas, M. **10**, 541.
[2]) Wittmann, M. **26**, 445.
[3]) Cazeneuve u. Breteau, C. r. **128**, 887.
[4]) Davis, C. **1902**, II, 804.
[5]) Colombano, G. **38**, I, 19 (C. 1908, I, 858); **42**, II, 101 (C. 1912, II, 1663).
[6]) Heiduschka u. Sieger, A. Pharm. **255**, 18.

Das Solanicin $C_{34}H_{55}NO$ entsteht aus dem Solanidin durch Wasserabspaltung (Heiduschka und Sieger), z. B. durch konzentrierte Salzsäure [vgl. Zwenger und Kind[1])].

Das *Solanein* $C_{52}H_{83}NO_{13} \cdot 3^3/_4 H_2O$ (Firbas) findet sich in Kartoffelkeimlingen und im S. dulcamara neben dem Solanin in geringer Menge. Krystallisiert nicht. Es unterscheidet sich vom Solanin durch einen Mindergehalt von 5 Molekülen Wasser. Weniger löslich in heißem Alkohol wie Solanin. Fp. 208°. Erfährt Hydrolyse in Solanidin und Zucker.

Pharmakologisches. Die Lösungen der Solaninsalze reizen lokal stark; bei direktem Kontakt lösen sie die roten Blutkörperchen auf. — Die Wirkungen bei Tieren sind je nach der Einbringungsart sehr verschieden; gibt man Solanin in den Magen, dann bewirkt es Erbrechen, und dadurch wird das Gift größtenteils entfernt. Verhindert man diese Entfernung, dann folgen Durchfälle und Darmentzündung. Die Darmentzündung sieht man auch nach subcutaner und intravenöser Injektion; hier rührt sie von der Reizung durch das in den Darm ausgeschiedene Solanin her. Auch die Nieren werden durch das Solanin gereizt und zeigen unter Umständen schwere Entzündung. Nach intravenöser Injektion wird auch Hämoglobin infolge der Auflösung der roten Blutkörperchen im Harn ausgeschieden. — Außerdem wirkt Solanin noch auf das Zentralnervensystem (Krämpfe, dann Lähmung); die Atmung wird besonders stark affiziert; in der Frequenz vermindert, dabei dyspnoisch. — Auch Herz und Gefäße werden in Mitleidenschaft gezogen.

Alkaloide der Veratrumarten.

Von den zahlreichen, die Gattung Veratrum bildenden Arten sind besonders Veratrum Sabadilla und Veratrum album wegen ihres Alkaloidgehaltes hervorzuheben.

A. Alkaloide des Sabadillsamens.

Das Veratrin, das wirksame Prinzip des Sabadillsamens, *Veratrum Sabadilla* Retz. Syn. *Sabadilla officinalis* Brandt (Melanthioidae) wurde im Jahre 1818 von Meißner[2]) und von Pelletier u. Caventou[3]) isoliert. Das „käufliche Veratrin" ist ein weißes, amorphes Pulver, das gegen 150°schmilzt. Indes ist es keine einheitliche Substanz, sondern wie aus den Arbeiten von Schmidt und Köppen[4]), Wright und Luff[5]) und Bosetti[6]) hervorgeht, ist dieses Veratrin ein Gemisch und enthält mindestens drei verschiedene, gut charakterisierte Alkaloide:

1. das *krystallisierte Veratrin* (Cevadin) $C_{32}H_{49}NO_9$
2. das *Veratridin* (amorphes Veratrin) $C_{37}H_{53}NO_{11}$
3. das *Sabadillin* (Cevadillin) . . . . $C_{34}H_{55}NO_8$.

---

[1]) Zwenger u. Kind, A. **123**, 341.
[2]) Meißner, Schweiggers Journ. f. Chem. u. Phys. **25**, 377.
[3]) Pelletier u. Caventou, A. ch. (2) **14**, 69.
[4]) Schmidt u. Köppen, B. **9**, 1115.
[5]) Wright u. Luff, Soc. **33**, 338.
[6]) Bosetti, A. Pharm. **221**, 81.

Hierzu kommt noch das aus dem Sabadillsamen von Merck[1] später aufgefundene.

4. *Sabadin* . . . . $C_{29}H_{51}NO_8 \cdot$

Das sog. *Sabadinin* erwies sich mit dem *Cevin* $C_{27}H_{43}NO_8$, der Spaltbase des Cevadins, identisch [Heß und Mohr[2]].

Aus 10 kg Sabadillsamenkörnern konnten Wright und Luff[3] 60—70 g basische Verbindungen gewinnen und daraus 8—9 g reines krystallisiertes Veratrin, 5—6 g Veratridin und 2—3 g Sabadillin.

Die Alkaloide sind in der Pflanze an *Cevadinsäure* (Pelletier und Caventou), die sehr wahrscheinlich mit der *Tiglinsäure* identisch ist, und an die *Veratrumsäure* gebunden.

Im weißen Sabadillsamen konnte Tschirch[4] keine Raphiden nachweisen.

1. Krystalisiertes Veratrin (Cevadin).

Dieses Veratrin, $C_{32}H_{49}NO_9$, wurde besonders von Merck[5], Bosetti, Wright und Luff untersucht und ist meistens unter dem Namen „Cevadin" bekannt. Es krystallisiert aus Alkohol mit einem Molekül des Lösungsmittels [Freund und Schwarz[6]] in Nädelchen, die nach dem Trocknen bei 205° schmelzen. In heißem Wasser und in Alkalien ist es unlöslich, wenig löslich in Äther, leicht löslich in Alkohol. Optisch inaktiv [Buignet[7]].

Das Cevadin schmeckt scharf und brennend, ist geruchlos, aber es reizt, auf die Nasenschleimhaut gebracht, in intensivster Weise zum Niesen.

Das Cevadin ist tertiär, es enthält keine Methoxyl- und keine N-Methylgruppe, ist ungesättigt, addiert zwei und vier Atome Brom.

Nach der Bestimmungsmethode von Zerewitinoff enthält das Cevadin vier OH-Gruppen (vgl. Cevin). Bei der Acylierung entstehen Monoacylverbindungen, so das *Benzoylcevadin*, Fp. 257°.

Bei der Oxydation des Cevadins mit Kaliumpermanganat bzw. Chromsäure ergaben sich keine typischen Spaltstücke; der Abbau ging bis zum Acetaldehyd, bzw. zur Essigsäure und Oxalsäure.

Das Cevadin ist ein Ester, der durch alkoholische Kalilauge in *Cevin* und *Tiglinsäure* (Methylcrotonsäure) gespalten wird [Wright und Luff]:

$$C_{32}H_{49}NO_9 + H_2O = C_{27}H_{43}NO_8 + C_5H_8O_2$$

Veratrin.   Cevin   Tiglinsäure.

Das *Cevin* $C_{27}H_{43}NO_8$, das sich auch bei den Veratrumalkaloiden in freiem Zustande findet, krystallisiert mit $3\,^1/_2$ Molekülen Krystallwasser, sintert beim Erhitzen zusammen, Fp. 195—200° und ver-

[1] Merck, A. Pharm. **229**, 164; Merck's Jahresberichte Jan. 1891.
[2] Heß u. Mohr, B. **52**, 1984.
[3] Wright u. Luff, Soc. **33**, 338.
[4] Tschirch, C. **1918**, II 918.
[5] Merck, A. **95**, 200.
[6] Freund u. Schwarz, B. **32**, 800.
[7] Buignet, J. **1861**, 49.

wandelt sich in ein durchsichtiges Harz (Freund und Schwarz). Es ist löslich in verdünnten Säuren und in überschüssigen Ätzalkalien, mit denen es Salze bildet.

Das Cevin ist ein tertiäres Alkamin; bildet mit Wasserstoffsuperoxyd *Cevinoxyd* $C_{27}H_{43}NO_9$, das in typischer Weise krystallisiert. Fp. 275 bis 278°. Die glatte Bildung dieses Cevinoxyds zeigt das Vorhandensein eines hydrierten kondensierten Ringsystems — mit einfachen Stickstoffbindungen — im Cevin an [Freund[1])]. Cevin enthält 6 OH-Gruppen nach der Bestimmungsmethode von Zerewitinoff, doch steht diese Angabe nicht im Einklang mit dem übrigen Verhalten des Cevins, so daß darüber noch eine gewisse Unsicherheit herrscht. Bei der Benzoylierung bildet sich *Benzoylcevin*, amorphe Flocken, unscharfer Schmelzpunkt [Heß], bzw. *Dibenzoylcevin*, Fp. 195—196° [Freund]; ebenso ist ein *Diacetylcevin* bekannt. Das *Cevinjodmethylat* liefert beim Hofmannschen Abbau *Des-N-Methylcevin* $C_{28}H_{45}NO_8$, H_2O.

Bosetti, Stransky[2]) u. a. haben die leichte Verseifbarkeit des Veratrins unter dem Einfluß von Alkalien (Ätzalkali, Ammoniak, Barythydrat) und auch schon durch Wasser bei 200° beobachtet. Sie fanden dabei, daß das saure Spaltungsprodukt *Angelicasäure* sei, und daß sich diese im Laufe ihrer Bearbeitung in ihre isomere Verbindung, in die Tiglinsäure umlagert; Freund und Schwarz beobachteten bei der Spaltung des Cevadins ein Gemisch dieser beiden Säuren.

Bei der trockenen Destillation des Veratrins soll nach Ahrens Tiglinsäure und β-Picolin entstehen, welch letzteres aber hierbei von anderer Seite nicht gefunden werden konnte; beim Erhitzen des Alkaloids mit Kalk entstehen nach demselben Autor β-Picolin, β-Pipecolin und ein ungesättigter Kohlenwasserstoff, C_4H_8, *Isobutylen*, $(CH_3)_2 = C$ $= CH_2$, der aber nach der Konstitution der Tiglinsäure symmetrisches Butylen, CH_3—$CH = CH$—CH_3 sein dürfte.

Angelicasäure und Tiglinsäure. — Diese beiden Säuren, die man aus einer großen Zahl von Pflanzen bzw. Pflanzenstoffen, u. a. aus *Datura Meteloides*, *Convulvulus Scammonia*, *Sumbulwurzel*, *Sapogenin*, isolieren konnte [Pyman und Reynolds[3]), Power und Rogerson[4]), Heyl und Hart[5]), Asahina und Momoya[6])] haben die Formel $C_5H_8O_2$ und sind einander geometrisch isomer (Cis-trans-Isomerie).

Die *Angelicasäure* (cis-Form) krystallisiert in Prismen, Fp. 45,5°, Kp. 185°. Beim längeren Kochen wandelt sie sich in die Tiglinsäure (trans-Form) um, auch konzentrierte Schwefelsäure bzw. Alkali[7]) wirkt bei 100° in derselben Weise.

Die *Tiglinsäure* zeigt sich in tafelförmigen Krystallen, Fp. 64,5°, Kp. 198°.

---

[1]) Freund, B. **37** 1946; J. pr. (2) **96**, 236.
[2]) Stransky, M. **11**, 482.
[3]) Pyman u. Reynolds, Soc. **93**, 2077.
[4]) Power u. Rogerson, Soc. **101**, 398.
[5]) Heyl u. Hart, Am. Soc. **38**, 432. (1916.)
[6]) Asahina u. Momoya, A. Pharm. **252**, 56.
[7]) Wallach, Festschrift S. 313.

Die Konstitution dieser beiden Säuren

$$\underset{H_3C}{\overset{H}{>}}C=C\underset{COOH}{\overset{CH_3}{<}} \quad \text{bzw.} \quad \underset{H}{\overset{H_3C}{>}}C=C\underset{COOH}{\overset{CH_3}{<}}$$

wurde durch folgende Reaktionen bestimmt:

1. Aus beiden Säuren entsteht durch Bromaddition dieselbe *Dibrom-valeriansäure* (*Dibrom-Methyläthylessigsäure*)

$$CH_3 - CHBr - CBr\underset{COOH}{\overset{CH_3}{<}}$$

und durch Addition von Bromwasserstoffsäure dieselbe *Bromvalerian-säure* (*Brom-Methyläthylessigsäure*) [Pagenstecher[1])]:

$$CH_3 - CH_2 - CBr\underset{COOH}{\overset{CH_3}{<}}$$

2. Die beiden Säuren geben bei der Reduktion eine und dieselbe *Valeriansäure* (*Methyläthylessigsäure*) [Schmidt und Berendes[2])]:

$$CH_3 - CH_2 - CH\underset{COOH}{\overset{CH_3}{<}}$$

3. Der Tiglinsäureester entsteht bei der Einwirkung von Phosphor-trichlorid auf den *Methyläthyloxyessigsäureäthylester* [Frankland und Duppa[3])]:

$$CH_3 - CH_2 - COH\underset{COOC_2H_5}{\overset{CH_3}{<}}$$

4. Die Tiglinsäure bildet sich ferner bei der Destillation der α-Methyl-β-Oxybuttersäure [Rohrbeck[4])]:

$$CH_3 - CHOH - CH\underset{COOH}{\overset{CH_3}{<}}$$

Dieses ganze Verhalten verbietet uns, zwei *verschiedene* Konstitutionsformeln für die beiden Säuren aufzustellen; es sind vielmehr stereoisomere *α-Methylcrotonsäuren*.

Die Veratrinformel läßt sich also nach diesen allerdings noch recht unvollständigen Angaben folgendermaßen auflösen:

$$C_{27}H_{42}NO_7 - O - CO - C\underset{CH-CH_3}{\overset{CH_3}{<}}$$

2. Veratridin.

$C_{37}H_{53}NO_{11}$. [Wright und Luff[5])]. Es wurde im Jahre 1876 von Schmidt und Köppen[6]) isoliert. Amorph (amorphes Veratrin),

[1]) Pagenstecher, A. **195**, 109.
[2]) Schmidt u. Berendes, A. **191**, 94.
[3]) Frankland u. Duppa, Soc. (2) **3**, 133; A. **136**, 9.
[4]) Rohrbeck, A. **188**, 235.
[5]) Wright u. Luff, Soc. **33**, 353.
[6]) Schmidt u. Köppen, B. **9**, 1115.

Fp. 180°, in Wasser ziemlich löslich. Durch Kochen mit alkoholischem Natron wird es verseift und in *Verin* und *Veratrumsäure* gespalten:

$$C_{37}H_{53}NO_{11} + H_2O = C_{28}H_{45}NO_8 + C_9H_{10}O_4$$
Veratridin.   Verin.   Veratrumsäure.

Das *Verin* $C_{28}H_{45}NO_8$ bildet eine gelbe, amorphe Verbindung, Fp. 130°. Es ist dem Cevin sehr ähnlich, dessen höheres Homologes es nach Wright und Luff ist; möglicherweise sind die beiden Basen aber auch identisch miteinander.

Die Veratrumsäure $C_9H_{10}O_4$. — Sie bildet sich nicht allein bei der Zersetzung des Veratridins, sondern auch beim Abbau mehrerer anderer Alkaloide (Papaverin, Berberin, Pseudaconitin, Galipin, Xanthalin).

Die Veratrumsäure findet sich in kleinen Mengen im Sabadillsamen, wo sie 1839 von E. Merck[1]) entdeckt wurde.

Sie entsteht bei der Oxydation des *Veratrumaldehyds* durch Brom und Alkali [v. Kostanecki und Tambor[2])].

In *heißem* Wasser ziemlich löslich, krystallisiert sie daraus beim Erkalten in Prismen mit 1 Mol. Krystallwasser. Fp. 181°. In Alkohol und Äther sehr löslich.

Die Veratrumsäure ist als der *Dimethyläther* der *Protocatechusäure* (*3, 4-Dimethoxybenzoesäure*) anzusehen:

$$CH_3O{-}\langle\rangle{-}COOH$$
$$CH_3O{-}$$
Veratrumsäure.

Die Richtigkeit dieser Formel wird durch folgende drei Reaktionen der Veratrumsäure bewiesen:

1. Die Säure geht in der Kalischmelze oder durch Jodwasserstoffsäureeinwirkung bei 560° in Protocatechusäure über [Körner[3])].

2. Bei der Destillation mit Baryt bildet sie Dimethylbrenzcatechin (*Veratrol*) [Merck[4])].

3. Die Veratrumsäure entsteht durch Esterifizierung der Protocatechusäure und ihrer beiden *Mono*methylester (der *Vanillinsäure* und der *Isovanillinsäure*) mit Jodmethyl und Ätzkali [Kölle[5])].

Das Veratridin ist also *Veratroylverin*:

$$CH_3O{-}\langle\rangle{-}CO{-}O{-}C_{28}H_{44}NO_7$$
$$CH_3O{-}$$

Ein von Bosetti als Veratridin $C_{32}H_{49}NO_8$ bezeichnetes Sabadillalkaloid ist offenbar mit dem hier besprochenen Veratridin nicht identisch.

3. Sabadillin.

Diese Base wurde im Jahre 1834 von Couerbe[6]) aus dem käuflichen Veratrin gewonnen.

[1]) E. Merck, A. **29**, 188.
[2]) v. Kostanecki u. Tambor, B. **39**, 4022.
[3]) Körner, B. **9**, 582.
[4]) Merck, A. **108**, 60.
[5]) Kölle, A. **159**, 241.
[6]) Couerbe, A. ch. (2) **52**, 352.

Nach den Angaben von Couerbe besitzt das Sabadillin die Formel $C_{21}H_{27}N_2O_7$; krystallisiert aus Benzol in Nadeln oder in Blättchen, die in Äther unlöslich, dagegen in Alkohol und in heißem Wasser leicht löslich sind. Das Sabadillin soll weder Niesen verursachen noch brechenerregend wirken.

Wright und Luff haben als *Cevadillin* ein Alkaloid beschrieben, das sie mit dem Sabadillin von Couerbe als identisch ansehen, obgleich sie es nicht krystallisiert erhalten konnten und ihm auch eine ganz andere Formel $C_{34}H_{53}NO_8$ beilegen. Durch Kalieinwirkung haben sie es in *Cevillin* und *Tiglinsäure* gespalten:

$$C_{34}H_{53}NO_8 + H_2O = C_{29}H_{47}NO_7 + C_5H_8O_2$$

Cevadillin.   Cevillin.   Tiglinsäure.

4. Sabadin.

Das *Sabadin* $C_{29}H_{51}NO_8$ krystallisiert aus Äther in kurzen Nadeln, in Alkohol und Aceton leicht löslich, Fp. 238—240°. Das Sabadin, ebenso wie auch das *Sabadinin* (s. unten) werden durch Alkalien bzw. Ammoniak erst in der Wärme als Flocken gefällt; die Salze krystallisieren gut (Merck, s. S. 425).

Wirkt viel weniger Niesen erregend als Veratrin.

Alkaloide der weißen Nieswurz.

Die Wurzeln der weißen Nieswurz (*Veratrum album* L.) und verwandter Arten (*Veratrum viride* Ait. und *Veratrum Lobelianum* Bernh.) enthalten neben einer geringen Menge des oben besprochenen Veratrins [Pelletier und Caventou [1])] mehrere Alkaloide, unter denen die folgenden fünf ziemlich gut charakterisiert erscheinen:

1. Jervin . . . . $C_{26}H_{37}NO_3$
2. Rubijervin . . $C_{26}H_{43}NO_2$
3. Pseudojervin . $C_{29}H_{43}NO_7$
4. Protoveratrin . $C_{32}H_{51}NO_{11}$
5. Protoveratridin $C_{26}H_{45}NO_8$

Diese Basen sind in der Pflanze an eine Säure gebunden, die Pelletier und Caventou für Gallussäure hielten, die Weppen [2]) aber als eine besondere Säure ansah; er gab ihr den Namen *Jervasäure* und die Formel $C_{14}H_{10}O_{12} + 2 H_2O$. Schmidt [3]) hält diese Säure mit der *Chelidonsäure* (S. 27) für identisch.

1. Jervin.

Das Jervin wurde 1837 von Simon [4]) entdeckt. Es krystallisiert aus Alkohol in Prismen, deren Zusammensetzung der Formel $C_{26}H_{37}NO_3$ + 2 H_2O entspricht [Wright und Luff]. Es verliert bei 100° sein

---

[1]) Pelletier u. Caventou, A. ch. (2) **14**, 69.
[2]) Weppen, A. Pharm. **202**, 101, 193.
[3]) Schmidt, A. Pharm. **224**, 513.
[4]) Simon, A. ch. (2) **24**, 214.

Krystallwasser und schmilzt dann bei 241°. Über Reinigung und Isolierung liegen genauere Angaben vor [Salzberger[1]), Bredemann[2])].

In Wasser ist das Jervin fast unlöslich, sehr wenig löslich in Äther, mehr in Alkohol; es wird durch alkoholisches Kali nicht zerlegt.

2. Rubijervin.

$C_{26}H_{43}NO_2$ [Wright und Luff[3])]. Krystalle vom Fp. 234° (W.u.L.), 240—246° (S.) ungiftig.

3. Pseudojervin.

$C_{29}H_{43}NO_7$ [Wright und Luff]. Sechsseitige Tafeln, Fp. 304°, in Alkohol wenig löslich, fast unlöslich in Äther. Ungiftig. Wird von alkoholischem Kali nicht zerlegt.

4. Protoveratrin.

Das Protoveratrin $C_{32}H_{51}NO_{11}$ [Salzberger] bildet das wirksame Prinzip der weißen Nieswurz. Es krystallisiert in Täfelchen, Fp. 245 bis 250°, in fast allen Lösungsmitteln schwer löslich; löst sich am besten in Chloroform und heißem Alkohol; Lösungen reagieren alkalisch. Reizt zum Niesen. Die Lösungen sind geschmacklos.

5. Protoveratridin.

$C_{26}H_{45}NO_8$ (Salzberger). Krystalle, Fp. 265°; nur in Chloroform und Alkohol löslich. Stark bitterer Geschmack. Nicht giftig.

Protoveratridin kommt wahrscheinlich nicht ursprünglich in der Pflanze vor, sondern entsteht erst bei der Einwirkung von Bariumhydroxyd auf Protoveratrin.

Es mag hervorgehoben werden, daß alle Veratrumalkaloide vom Kohlenstoffgehalt C_{32} bedeutend giftiger sind als diejenigen mit C_{26}. Anscheinend sind diese letzteren die Spaltbasen der ersteren.

Pharmakologisches. — *Veratrin* vermag eine große Reihe von zentralen und peripheren Organen und Organteilen in ganz eigenartiger Weise zu beeinflussen[4]). Kaltblüter zeigen schon nach sehr kleinen Mengen Schwäche, Ungeschicklichkeit der willkürlichen Bewegungen, später krampfartige Zustände; bei letalen Dosen hört dann die Atmung auf und der Tod tritt an allgemeiner und Herzlähmung ein. — Bei Warmblütern sieht man zuerst Unruhe (eine Folge des Injektionsschmerzes, da Veratrin lokal reizt), Speichel und Erbrechen. Dann sieht man Störungen der Atmung: sie wird seltener, unregelmäßig und dabei dyspnoisch. Hieran schließt sich eine motorische Schwäche, die von Krämpfen unterbrochen wird, und der Tod erfolgt in der Erschöpfung an Atmungs- und Herzlähmung. Besonders schwer wird das Herz vom Veratrin geschädigt; die Pulsfrequenz nimmt infolge einer Erregung der Hemmungsnerven ab, die einzelnen Pulse erfolgen

[1]) Salzberger, A. Pharm. **228**, 462.
[2]) Bredemann, Apoth.-Ztg. **21**, 41, 53. (1906).
[3]) Wright u. Luff, Soc. **35**, 405.
[4]) Lit. s. z. B. bei C. Hartung, Arch. f. exp. Path. u. Ther. **66**, 1.

nicht normal, weil die normale Reizbildung und Reizleitung im Herzen, die für das Zusammenarbeiten der einzelnen Herzabschnitte notwendig ist, gestört wird. Gelegentlich bleibt das Herz in Systole, im Zustand der Kontraktion stehen. — Trotz der starken Herzschädigung kann der Blutdruck zeitweilig noch hoch sein.

Eine ganz spezifische Wirkung besitzt Veratrin auf die willkürliche Muskulatur; spritzt man einem Frosch Veratrin ein, dann verfallen seine Muskeln in eine Art von Starre, die sich aber durchaus von der durch Coffein bewirkten unterscheidet. Die genauere Analyse der Erscheinung hat ergeben, daß die Art der Zusammenziehung und besonders der Erschlaffung eines unter Veratrineinfluß stehenden Muskels anders erfolgt als die eines normalen. Registriert man eine normale einmalige Zuckung graphisch, so sieht man, daß die beiden Phasen — Zusammenziehung und Erschlaffung — annähernd in gleicher Schnelligkeit und gleicher Form aufeinander folgen. Bei einem auch mit kleinen Mengen Veratrin vergifteten Frosch aber folgt auf die normale oder etwas verstärkte Kontraktion keine schnelle Erschlaffung, sondern sie zieht sich oft von einer oder mehreren sekundären Erhebungen unterbrochen länger hin.

Auch auf die glatte Muskulatur des Darmes und anderer Organe wirkt Veratrin, wie behauptet wird, erregend ein.

Ferner beeinflußt Veratrin die peripheren Nerven; die motorischen Nervenendigungen werden von größeren Dosen gelähmt, die sensiblen werden auch von kleinen Dosen zuerst gereizt. Daher erzeugt subcutane Injektion heftigen Schmerz an der Injektionsstelle, und Aufbringen einer Lösung auf eine Schleimhaut erzeugt dort einen Reizzustand, der sich z. B. durch Niesen (Niespulver), Tränenfluß usw. äußern. Auf das Stadium der sensiblen Reizung folgt eines der Lähmung, also der lokalen Anästhesie. Dieser Eigenschaft verdankt das Veratrin seine therapeutische Verwertung, die meist in Salbenform, z. B. bei Gesichtsneuralgien, geschieht. Die früher beliebte Anwendung des Veratrins als Antipyreticum ist vollkommen obsolet. — Zwischen dem amorphen und dem krystallisierten Veratrin (Cevadin) besteht kein wesentlicher Unterschied bezüglich der physiologischen Wirkung.

Sabadillin wirkt ähnlich wie Veratrin, ist aber nicht so giftig; im Vergiftungsbilde treten die Krämpfe mehr hervor. — Ähnlich auch Cevin (*Sabadinin*). Sabadillin reizt lokal sehr wenig, Sabadinin (Cevin) gar nicht.

Jervin ist relativ wenig giftig.

Protoveratrin ist außerordentlich stark giftig für das Herz; es verursacht ferner eine Steigerung des allgemeinen Blutdruckes durch Verengerung peripherer Gefäße. Nerv und Muskel werden nicht so stark beeinflußt wie vom Veratrin[1]).

R. Heinz hat einige synthetische Veratrinderivate untersucht[2]); Acetyl- und Benzoylcevadin haben, wenn auch abgeschwächt, die typische Veratrinwirkung, Dibenzoylcevadin nicht mehr.

---

[1]) R. Böhm, Arch. f. exp. Path. u. Pharm. **71**, 269.
[2]) Freund u. Heinz, B. **37**, 1946.

XXIII. Alkaloide mit unbekannter Konstitution.

Alkaloid der Achilleaarten.

In der Schafgarbe *Achillea millefolium* (Compositae) wurde von Zanon[1] das *Achillein* $C_{20}H_{38}N_2O_{15}$ aufgefunden, das auch in der verwandten *Achillea moschata* vorkommt [v. Planta[2]]. Amorphe, zerfließliche braunrote Masse, nicht sicher definiert. Das Achillein stellt ein Glucoalkaloid vor; durch Kochen mit verdünnter Schwefelsäure entsteht neben Zucker und Ammoniak vorzugsweise das *Achilletin*, amorphe Base von der Zusammensetzung $C_{11}H_{17}NO_4$, bitterer Geschmack.

Im A. moschata ist anscheinend noch ein zweites Glucoalkaloid, das *Moschatin* $C_{21}H_{27}NO_7$, enthalten (v. Planta).

Alkaloide der Alstoniarinden.

Aus den Rinden verschiedener *Alstonia*arten (Apocynaceae) wurde eine Reihe von einsäurigen Alkaloiden isoliert, die aber wenig untersucht sind. Hier seien die Alkaloide angegeben, deren Zusammensetzung wenigstens bekannt ist.

A. constricta enthält das *Porphyrin* $C_{21}H_{25}N_3O_2$, amorph, Fp. 97°, und das *Alstonin* (*Chlorogenin*) $C_{21}H_{20}N_2O_4 + 3^1/_2 H_2O$. Braune Masse, amorph, in Wasser löslich. Fp. wasserfrei bei etwa 195° [Hesse[3]].

Die Lösungen dieser beiden Alkaloide zeigen blaue Fluorescenz.

Die Rinden von *A. spectabilis* und *A. scholaris* (*Dita*rinde) enthalten das *Ditamin* $C_{16}H_{19}NO_2$, amorph, Fp. 75°, stark alkalisch, bitterer Geschmack, das *Echitenin* $C_{20}H_{27}NO_4$, amorph, Fp. ca. 120°, und das *Echitamin* $C_{22}H_{28}N_2O_4 + 4 H_2O$, Prismen, Fp. des wasserfreien Echitamins 206° unter Zersetzung. Das Echitamin ist leicht löslich in Wasser, sehr stark basisch; $[\alpha]_D$ −28,8°. Es verliert bei 80° drei Moleküle Wasser, während das vierte bei 105° fortgeht [Gorup-Besanez[4], Jobst und Hesse[5]), Hesse[6]]. Das Echitamin wirkt lähmend und setzt den Blutdruck herab. Die Alstoniarinden werden im allgemeinen als Fiebermittel angewandt.

Alkaloide von Anagyris foetida.

Die Samen von *Anagyris foetida* (Papilionaceae) enthalten neben dem *Cytisin* (S. 255) das *Anagyrin*, das von Partheil und Spassky[7] 1895 aufgefunden wurde. Weiterhin untersuchten es Schmidt, Litterscheid und Klostermann[8] und Goessmann[9].

<hr>

1) Zanon, A. **58**, 21.
2) Planta, A. **155**, 153.
3) Hesse, A. **205**, 360.
4) Gorup-Besanez, A. **176**, 326.
5) Jobst u. Hesse, A. **178**, 49.
6) Hesse, A. **203**, 147, 162.
7) Partheil u. Spassky, Apoth.-Ztg. **10**, 903 (1895).
8) Schmidt, Litterscheid u. Klostermann, A. Pharm. **238**, 184, 191, 227.
9) Goessmann, A. Pharm. **244**, 20.

Die Formel des Anagyrins $C_{15}H_{22}N_2O$ ist fraglich. Firnisähnliche hygroskopische Masse, Kp $_{30}$ 245°, in Chloroform löslich, linksdrehend, bitertiäre Base. Läßt sich vom sekundären Cytisin durch Phenlysenföl (schwerlösliche Phenylsulfoharnstoffverbindung des Cytisins) trennen.

Base von Anamirta cocculus.

Die Schalen der Kokkelskörner *Anamirta cocculus* (Menispermaceae) enthalten eine Base, das *Menispermin* $C_{18}H_{24}N_2O_2$ [Pelletier und Courbé[1])]. Dieses ist physiologisch bedeutungslos und bildet nicht den wirksamen Bestandteil der giftigen Pflanze.

Alkaloid von Arachis hypogaea.

Die Erdnuß *Arachis hypogaea* (Caesalpinaceae), die in heißen Erdgegenden kultiviert wird, enthält neben dem Cholin und Betain das *Arachin* $C_5H_{14}N_2O$. Sirup, leicht löslich in Wasser oder Alkohol, unlöslich in Äther. Bildet krystallisierte Platin- und Golddoppelsalze. Wirkt vorübergehend narkotisch und lähmend [Mooser[2])].

Alkaloid von Arariba rubra.

In der Rinde von *Arariba rubra* (Brasilien; Rubiaceae) fanden Rieth und Wöhler[3]) 1861 das *Aribin* $C_{23}H_{20}N_4 \cdot 8\,H_2O$. Krystallisiert aus trockenem Äther ohne Krystallwasser. Fp. 229°, sublimiert unzersetzt. Wenig löslich in Wasser, leicht löslich in Alkohol oder Äther. Inaktiv. Starke, zweisäurige Base; bitertiär.

Alkaloide von Argemone mexicana.

Das Argemonin im Stachelmohn *Argemone mexicana* erwies sich als unreines Protopin (S. 315). Daneben wurde in der Pflanze Berberin gefunden [Schlotterbeck[4])].

Alkaloide der Aristolochiaarten.

Eine größere Reihe von *Aristolochia*arten (Aristolochiaceae) wird medizinisch verwandt, doch ist ein Alkaloid nur in den Wurzeln in *A. rotunda* und *A. longa* bzw. in den reifen Samen von *A. clematis* angetroffen [Pohl[5])]. Dieses Alkaloid, das *Aristolochin* $C_{32}H_{22}N_2O_{13}$, bildet orangefarbene Nadeln, löslich in heißem Wasser, unlöslich in Benzol; ist in Alkali löslich; zersetzt sich bei 215°. Sehr giftig, bei intravenöser Injektion entsteht starke Blutdrucksenkung.

Aus *Aristolochia argentina* wurden ferner von Hesse[6]) die folgenden Verbindungen mit ausgeprägt saurem Charakter isoliert: 1. die *Aristinsäure* $C_{18}H_{13}NO_7$, gelbgrüne Nadeln oder Blättchen, Fp. 275°, bildet ein Kaliumsalz und einen Methylester Fp. 250°; 2. *Aristidinsäure*,

---

[1]) Pelletier u. Courbé, A. **10**, 198.
[2]) Mooser, C. **1905**, I, 118.
[3]) Rieth u. Wöhler, A. **120**, 247.
[4]) Schlotterbeck, Amer. Soc. **24**, 238 (C. 1902, I, 1171).
[5]) Pohl, B. **25**, (2), 635.
[6]) Hesse, B. **29**, (2), 38; A. Pharm. **233**, 684.

Fp. 260°, isomer der obigen, enthält eine OCH_3-Gruppe; 3. *Aristol-säure* $C_{15}H_{11}NO_7$ (?) Orangerote Nadeln, Fp. 260—270°.

Alkaloid von Artemisia abrotanum.

Das Abrotin $C_2{}_?H_{22}N_2O$ wurde aus der Wurzel von *Artemisia abro-tanum* L. (*Compositae*) von Giacosa[1]) erhalten. Weiße Nadeln, in heißem Wasser leicht löslich. Bitertiäre Base. Die Lösungen zeigen blaue Fluorescenz.

Alkaloid von Atherosperma· moschatum.

Atherospermin $C_{30}H_{40}N_2O_5$ (?), aus *Atherosperma moschatum* (Monimiaceae) von Zeyer[2]) erhalten. Fp. 128°. Amorph, reagiert alkalisch, unlöslich in Wasser, bildet amorphe Salze; scheint keine physiologische Bedeutung zu haben.

Alkaloid von Buphana disticha.

Buphanin. Aus der Zwiebel von *Buphana disticha* (Südafrika; Amaryllidaceae) durch Alkohol extrahiert. Amorph. Bildet amorphe Salze; physiologisch ähnlich dem Hyoscin [Tutin[3])]. Durch Hydrolyse entsteht *Buphanitin* $C_{23}H_{24}N_2O_6$. Fp. 240°. Krystallisiert. — Im Buphana findet sich neben Buphanin auch *Narcissin* (s. dort).

Hämantin $C_{18}H_{23}NO_7$. Dieses Alkaloid wurde aus Buphana disticha ebenfalls durch Alkoholextraktion isoliert [L. Lewin[4])]. Fp. 161°. Anscheinend eine tropinartige Substanz. Tutin[5]) vermutet in dem Hämantin zwei Alkaloide.

Alkaloid von Calycanthus glaucus.

Aus dem Samen von *Calycanthus glaucus* (Calycanthaceae) wurden zwei isomere Alkaloide gewonnen, das *Calycanthin* und das *Isocalycanthin.*

1. *Calycanthin* $C_{11}H_{14}N_2$, von Eccles[6]) aufgefunden und von Gordin[7]) untersucht.

Krystallisiert mit $^1/_2 H_2O$, Fp. 216—218°, wasserfrei 243—244°, orthorhombische Pyramiden. Schwer löslich in Wasser, leicht löslich in Äther, schmeckt bitter, bildet krystallisierte Salze. Sekundär-tertiäre Base, bildet ein Nitrosamin, enthält eine NCH_3-Gruppe.

Das Calycanthin ist nach Cushny der Träger der giftigen strychninartigen Wirkung der Pflanze.

2. *Isocalycanthin* $C_{11}H_{14}N_2 + ^1/_2$ aq, orthorhombische Krystalle, wurde von Gordin identisch befunden mit einem schon früher von Willy im Calycanthus beobachteten Alkaloid [vgl. Gordin[8])]; Fp. 235—236°,

---

1) Giacosa, J. **1883**, 1356.
2) Zeyer, J. **1861**, 769.
3) Tutin, Soc. **99**, 1240.
4) L. Lewin, Arch. f. exp. Path. u. Pharm. **68**, 333; **69**, 314.
5) Tutin, Soc. **69**, 314.
6) Eccles, Proc. Am. Pharm. Ass. **84**, 382 (C. **1888**, 1281).
7) Gordin, Am. Soc. **27**, 144 (C. **1905**, I, 1029), 1418 (C. **1906**, I, 59); **31**, 3015 (C. 1910, I, 661); **33**, 1626 (C. 1911, II, 1816).
8) Gordin, Am. Soc. **31**, 1305 (C. **1910**, I, 661).

wasserfrei, löslich in Chloroform. Bildet Nitrosamin, Fp. 106—107°. Zeigt bei der Einwirkung von Jodmethyl einen unregelmäßigen Reaktionsverlauf, indem hierbei Ammoniakaustritt beobachtet wurde.

Alkaloid von Carica papaya.

In den Blättern des Melonenbaumes *Carica papaya* (Passifloraceae) wurde von Greshoff 1890 das *Carpain* aufgefunden, das später auch Wester[1]) in *Vascancellea hastata* antraf.

Das Carpain $C_{14}H_{25}NO_2$ wurde von Merck[2]) und van Ryn[3]) beschrieben, weiterhin von Barger[4]) untersucht, der vorzugsweise in die konstitutionellen Bindungsverhältnisse des Alkaloids Einblick zu gewinnen suchte.

Carpain krystallisiert in monoklinen Prismen, Fp. 121°, destilliert unzersetzt im Vakuum; unlöslich in Wasser, löslich in den organischen Lösungsmitteln. $[\alpha]_D$ +21°55′ in Alkohol. Enthält ein Hydroxyl. Sekundäre Base (Nitrosoverbindung, Fp. 144—145°, bildet N-Alkylverbindungen); bitterer Geschmack.

Das Carpain stellt das Lacton der *Carpainsäure* $C_{14}H_{27}NO_3$ vor. Dieser Übergang des Carpains in die Carpainsäure unter Wasseraufnahme findet durch Einwirkung verdünnter Mineralsäuren bzw. durch Natriumalkoholat statt. Die Carpainsäure bildet Nadeln, Fp. 224°, sublimiert im Hochvakuum unzersetzt, destilliert bei Atmosphärendruck unter geringer Zersetzung, bildet mit Alkalien und Mineralsäuren Salze. Mit Alkohol und Salzsäure esterifiziert bildet sie denselben Äthylester, der aus Carpain selber bei gleicher Behandlung gewonnen wird.

Durch Oxydation des Carpains, vorzugsweise mit Salpetersäure, entsteht nach Barger vermutlich ein Gemisch zweier stereoisomerer $\alpha \cdot \delta$-*Dimethyladipinsäuren* $HOOC — CHCH_3 — CH_2 — CH_2 — CHCH_3 — COOH$. Aus deren Bildung wird auf das ursprüngliche Vorhandensein eines *Dimethylcyclohexanringes* im Carpain geschlossen.

Pharmakologisches. — Das Alkaloid wirkt hauptsächlich auf das Herz ein. Es vermindert die Pulsfrequenz und die Herzenergie, so daß die gelegentlich geschehene Empfehlung als Herztonicum keine experimentell gesicherte Grundlage besitzt[5]). — Außerdem lähmt das Alkaloid auch das Zentralnervensystem des Frosches.

Alkaloide von Casimiroa edulis.

Im Samen von *Casimiroa edulis* (Rutaceae).

Casimiroin $C_{24}H_{20}N_2O_5$. Fp. 196—197°; farblose Nadeln, in Äther löslich, enthält zwei Methoxyle; optisch inaktiv.

Casimiroedin $C_{17}H_{24}N_2O_5$. Nadeln, in Äther unlöslich. Fp. 222 bis 223°; rechtsdrehend; enthält kein Methoxyl [Power und Callan[6])].

---

[1]) Wester, B. Pharm. **24**, 123.
[2]) Merck, Jahresber. **1891**, 30.
[3]) van Ryn, A. Pharm. **231**, 184; **235**, 332.
[4]) Barger, Soc. **97**, 466.
[5]) N. Alcock u. H. Meyer, Arch. f. Phys. **1903**, 225.
[6]) Power u. Callan, Soc. **99**, 1993.

Alkaloide von Cheiranthus cheiri.

Der Goldlack, *Cheiranthus cheiri* (Cruciferae) enthält das *Cheirinin* $C_{18}H_{35}N_3O_{17}$, Fp. 73—74°, von chininähnlicher Wirkung, und ein Glucosid, das *Cheiranthin*, mit Digitaliseffekt [Reeb[1])].

Das von Wagner[2]) gefundene *Cheirolin* $C_5H_9NO_2S_2$, das chininartig wirken sollte, erwies sich nach den Untersuchungen von Schneider[3]) als eine senfölartige Verbindung, als *γ-Thiocarbiminopropylmethylsulfon*
$$SCN - (CH_2)_3 - SO_2 - CH_3 .$$

Alkaloid von Chloroxylon swietenia.

Chloroxylonin $C_{22}H_{23}NO_7$. Aus dem ostindischen Seidenholz (*Chloroxylon swietenia*). Das Alkaloid bildet wahrscheinlich die wirkungsvolle Substanz des in der Dermatologie angewandten Seidenholzes. Krystallisiert mit einem Molekül Chloroform. $[\alpha]_D^{18} = -9° 18'$. Enthält vier Methoxyle, kein alkoholisches Hydroxyl; schwache einsäurige Base [S. J. Manson Auld[4])].

Alkaloide von Daucus carota.

Die Blätter der Mohrrübe, *Daucus carota* (Umbelliferae) enthalten neben *Pyrrolidin* das *Daucin* [Pictet und Court[5])].

Das *Daucin* $C_{11}H_{18}N_2$ ist eine farblose ölige Flüssigkeit, destilliert unzersetzt bei 240—250°, stark alkalisch, in Wasser und organischen Lösungsmitteln leicht löslich.

$[\alpha]_D +7,74°$ in Äther. Die salzsaure Lösung ist ebenfalls rechtsdrehend. Das Daucin zeigt gewisse Beziehungen zum Nicotin, scheint aber einen Pyrrolring nicht zu enthalten.

Die Samen der Mohrrüben enthalten ein besonderes vom Daucin verschiedenes Alkaloid, dessen Zusammensetzung nicht bestimmt ist.

Alkaloide der Dephiniumarten.

In mehreren Delphiniumarten (Ranunculaceae) findet sich eine Anzahl von Alkaloiden, deren Einheitlichkeit und Reinheit aber nicht sichergestellt ist und die auch sonst wenig untersucht sind [Kara-Stojanow[6]), Keller[7])].

Delphinin $C_{31}H_{49}NO_7$ (?), neuerdings als $C_{34}H_{17}NO_9$ erkannt [Walz[8])], in dem Samen der Stephanskörner, *Delphinium staphisagria*, 1819 von Brandes aufgefunden. Tertiäre Base. Enthält eine OH — vier OCH_3 — und eine an O gebundene Benzoyl-Gruppe. Dürfte aconitartige Konstitution besitzen. Aconitartig wirkend.

Delphisin krystallisiert, Fp. 189°. *Delphinoidin.* Amorph. Fp. 110 bis 120°.

[1]) Reeb, Arch. f. exp. Path. u. Pharm. **41**, 302; **43**, 130.
[2]) Wagner, Chem.-Ztg. **32**, 76 (1908).
[3]) Schneider, B. **41**, 4466; **42**, 3416; A. **375**, 207.
[4]) S. J. Manson Auld, Soc. **95**, 964.
[5]) Pictet u. Court, B. **40**, 3771.
[6]) Kara-Stojanow, Chem.-Ztg. **1891**, 6.
[7]) Keller, A. Pharm. **248**, 468.
[8]) Walz, A. Pharm. **260**, 9.

Staphisagroin $C_{40}H_{46}N_2O_7$. Amorph. Fp. 275—277° [Ahrens[1])].
Das Alkaloid ist, unterschiedlich von den vorhergehenden, unlöslich in
Chloroform und in organischen Lösungsmitteln.

Aus den Samen von *D. consolida* gewann Keller mehrere Alkaloide,
besonders eine in hexagonalen Prismen krystallisierte, stark basische
Verbindung, Fp. 195—197°.

Aus mehreren anderen Delphiniumarten, *D. bicolor, D. scopulorum* u. a.
ließ sich aus den Samen bzw. Wurzeln ein Gemisch curareartig wirkender
Alkaloide abscheiden, als *Delphocurarin* charakterisiert [Heyl[2])]. Das
Hauptalkaloid hiervon, $C_{23}H_{33}NO_7$ (?), läßt sich in Nadeln krystallisiert
erhalten. Fp. 184—185°. Enthält die OCH_3-Gruppe (18%). Salze amorph.

Pharmakologisches. — Die leicht zersetzlichen Alkaloide besitzen fast
alle die lokal reizende Wirkung des Aconitins und Veratrins.

Delphinin. Vermöge seiner Reizwirkung erzeugt es beim Menschen
bei Einbringung per os Speichelfluß, Erbrechen und ähnliches. — An
Fröschen sieht man hauptsächlich zentral und peripher bedingte Lähmung, dabei Muskelflimmern. Bei Säugetieren erfolgt der Tod an allgemeiner und Atmungslähmung, der manchmal Krämpfe vorausgehen. —
Besonders schwer wird das Herz getroffen; es wird vor allem der nervöse
Herzapparat geschädigt. Auch das Gefäßnervenzentrum wird gelähmt.

Delphisin wirkt fast ebenso wie Delphinin; für einzelne Tierarten
ist es giftiger; dagegen ist *Delphinoidin* weniger giftig.

Delphocurarin wirkt curareartig [Lohmann[3])].

Alkaloid von Dioscorea hirsuta.

Dioscorin $C_{13}H_{19}NO_2$. Aus den Knollen von *Dioscorea hirsuta* (Liliaceae)
von Boorsma[4]) und später auch von Schutte[5]) aufgefunden. Enthält
keine Hydroxylgruppe; tertiäre Base. Grüngelbe Plättchen, Fp. 43,5°,
destilliert unzersetzt im Vakuum, löslich in Wasser, nur wenig in Benzol;
durch Kalilauge bei 200—250° erfolgt Abspaltung von Methylamin
unter Entstehung eines phenolartigen Körpers. Verhält sich gegen
Alkali lactonartig. Auf Grund der Bildung von *Butenylcycloheptatrien*
beim Hofmannschen Abbau und weiteren Untersuchungen schreibt
Gorter[6]) dem Dioscorin folgende Formel zu:

$$\begin{array}{c}
H_2C\!-\!\!-\!\!-CH\!-\!\!-\!\!-CH_2 \\
\;|\qquad\quad \langle NCH_3 \quad \rangle CH\!-\!O\!-\!CO \\
H_2C\!-\!\!-\!CH\!-\!\!-\!\!-CH\!-\!\!-\!\!-\!\!-\!\!-\!C\!=\!C(CH_3)_2
\end{array}$$

Alkaloide der Echinopsarten.

Die Samen von *Echinops ritro* und anderen *Echinops*arten (Compositae) enthalten nach Greshoff[7]) mehrere Alkaloide.

[1]) Ahrens, B. **32**, 1581, 1669.
[2]) Heyl, C. **1903**, I, 1187.
[3]) Lohmann, Pflügers Archiv **92**, 398 (1902).
[4]) Boorsma, Meded. uit's Lands Plantentuin **1894**, 13.
[5]) Schutte, C. **1897**, II, 130.
[6]) Gorter, R. **30**, 161.
[7]) Greshoff, R. **19**, 360 (C. 1901, I, 784).

Das *Echinopsin* $C_{14}H_9NO$, rhombische Krystalle mit einem Krystallwasser, Fp. 152° (wasserfrei), löst sich leicht in Chloroform, schwieriger in Wasser (1 : 60), optisch inaktiv. Salze krystallisieren. Bei der Zinkstaubdestillation entsteht Pyridin. Schmeckt sehr bitter.

Neben dem Echinopsin findet sich in den Pflanzen das *β-Echinopsin*, Fp. 135°, und *Echinopsein*.

Das Echinopsin ist giftig, brucin-strychninartig.

Alkaloid von Erythrophleum guineense.

In der Wurzel von *Erythrophleum guineense* (Leguminosae) wurde von Gallois und Hardy[1]) das *Erythrophlein* $C_{28}H_{43}NO_7$ (?) gefunden. Amorph, löslich in Alkohol, Amylalkohol, auch in Äther. Wird durch konzentrierte Salzsäure in Methylamin und *Erythrophleinsäure* $C_{27}H_{38}O_7$ gespalten [Harnack[2])].

In der Pflanze findet sich neben dem Alkaloid der gelbe Flavonfarbstoff Luteolin [Power und Salway[3])].

Physiologisch sehr wirksam, digitalisartig und lokalanästhesierend.

Alkaloide von Eschscholzia californica.

In der Wurzel von *Eschscholzia californica* fanden R. Fischer[4]) und R. Fischer und Tweeden[5]) *Protopin, β-* und *γ-Homochelidonin, Sanguinarin, Chelerythrin* (S. 351) und noch zwei andere nicht genauer bestimmte Basen.

Gegenüber diesem Befund gibt Brindejonc[6]) an, daß nur *ein* Alkaloid $C_{11}H_{25}N_4O_4$, *Ionidin* genannt, in der Pflanze vorhanden sei. Ionidin bildet luftbeständige Prismen, Fp. 154—156°, in Wasser sehr schwer löslich; in Äther zeigt es auch nur geringe Löslichkeit. Starke Base. Aus seinen Salzen frisch abgeschieden löst sich das Alkaloid in Wasser und in Äther.

Zusammensetzung und Verhalten des Ionidins bieten danach viel Ähnlichkeit mit den Chelidoniumbasen; vor allem sei darauf aufmerksam gemacht, daß offenbar genau wie das Chelerythrin (s. dort) auch Ionidin als Ammoniumbase nicht beständig ist und alsbald in die wasserunlösliche Carbinolform übergeht.

Alkaloide von Evodia rutaecarpa.

Die Früchte von *Evodia rutaecarpa* enthalten nach Untersuchungen von Asahina und Fujita[7]) zwei Alkaloide, das *Evodiamin* und das *Rutaecarpin*.

1. Das *Evodiamin* $C_{19}H_{17}N_3O$, Fp. 278°, bildet beim Erhitzen mit alkoholischer Salzsäure unter Wasseraufnahme das *Isoevodiamin* $C_{19}H_{17}N_3O \cdot H_2O$. Gibt violette Fichtenspanreaktion. Durch Ein-

---

[1]) Gallois u. Hardy, Bl. **26**, 39.
[2]) Harnack, A. Pharm. **234**, 561.
[3]) Power u. Salway, Amer. Journ. Pharm. 84, 337 (C. **1912**, II, 1736).
[4]) R. Fischer, A. Pharm. **239**, 426.
[5]) R. Fischer u. Tweeden, C. **1903**, I, 345.
[6]) Brindejonc, Bl. [IV] **9**, 97 (1911).
[7]) Asahina u. Fujita, C. **1922**, I, 357.

wirkung von Essigsäureanhydrid geht das Isoevodiamin in das Evodiamin zurück.

Alkoholisches Kali liefert aus dem Isoevodiamin zwei charakteristische Abbaustücke, die *N-Methylanthranilsäure* und ein *Aminoäthylindol*:

$$\text{Indol}\!-\!CH_2\!-\!CH_2\!-\!NH_2.$$

2. Das *Rutaecarpin* $C_{18}H_{13}N_3O$, Fp. 258°, ist dem Evodiamin ähnlich konstituiert, denn es zerfällt durch amylalkoholisches Kali in Anthranilsäure und in eine Aminosäure, Fp. 257°, die durch Salzsäureeinwirkung unter Kohlensäureabspaltung in das obige Aminoäthylindol übergeht.

Aus den obigen Abbaustücken, dem *Aminoaethylindol* und der *Anthranilsäure* leiten Asahina und Fujita genauere Konstitutionsformeln für die Alkaloide ab (s. Nachtrag).

Alkaloid von Fritillaria imperialis.

Aus den Zwiebeln der Kaiserkrone, *Fritillaria imperialis* (Liliaceae), gewann Fragner[1]) das *Imperialin* $C_{35}H_{60}NO_4$ durch Extraktion der alkalisierten Masse mit Chloroform und Hindurchführung durch das weinsaure Salz. Nadeln Fp. 254°; $[\alpha]_D - 35,4°$ in Chloroform. Schmeckt sehr bitter. Herzgift [Yagi[2])].

Alkaloid von Galega officinalis.

Das Galegin $C_6H_{13}N_3$ findet sich im Samen vom Geisklee *Galega officinalis* (Papilionaceae) zu ca. 0,5%. Es ist eines der wenigen sauerstofffreien Alkaloide, zeigt bitteren Geschmack, hygroskopische Krystalle, Fp. 60—65°, optisch inaktiv, bildet gut definierte Salze, schwach alkalisch gegen Lackmus, neutral gegen Phenolphthalein, zieht aber Kohlensäure an; bildet eine Dibenzoylverbindung. Fp. 95—96°. Beim Erhitzen auf 180—190° tritt Zersetzung ein unter Bildung von *Methyl-3-pyrrolidin*. Dieses entsteht auch, wie Tanret[3]) fand, beim Erwärmen mit Barytwasser im Rohr bei 100° neben Harnstoff.

Aus diesem Verhalten schließt Tanret vorzugsweise auf folgende Formel:

$$\begin{array}{c} H_2C\!\!-\!\!CH\!-\!CH_3 \\ (NH_2)_2C\!:\!C\diagdown_{NH}\diagup CH_2 \end{array}$$

Die Bindungsverhältnisse, wie auch die Funktionen der einzelnen Stickstoffatome im Galegin bedürfen noch der Bestätigung.

Alkaloide von Geissospermum Vellosii.

Die Rinde von *Geissospermum vellosii* (Apocynaceae), Pereirorinde genannt, dient in Brasilien als Fiebermittel.

Drei Alkaloide sind darin vorzugsweise enthalten:

---

[1]) Fragner, B. **21**, 3284.
[2]) Yagi, Arch. internat. de pharmac. et de thér. **20**, 117.
[3]) Leprince, C. r. **145**, 940.

Geissospermin $C_{19}H_{24}N_2O_2 \cdot H_2O$. Prismen. Gibt das Krystallwasser bei 100° ab. Fp. 160°. $[\alpha]_D$ — 93,4° in Alkohol. Einsäurige Base. Schwer löslich in Wasser und Äther [Hesse[1])].

    Pereirin $C_{19}H_{24}N_2O$ (?). Amorph; Fp. 124°, einsäurige Base (Hesse).

    Vellosin $C_{23}H_{28}N_2O_4$. Tafeln. Fp. 189°, einsäurige tertiäre Base. $[\alpha]_D$ +22,8° in Chloroform, enthält zwei Methoxyle, löslich in organischen Lösungsmitteln. Giftig ähnlich dem Brucin [Freund und Fauvet[2])].

Alkaloide von Gelsemium sempervirens.

    Die Charakterisierung einheitlicher Alkaloide aus dem gelben Jasmin, *Gelsemium sempervirens* (Loganiaceae), die lange Zeit Schwierigkeiten machte, ist bis zu einem gewissen Maße gelöst [Morre[3])].

    In der Pflanze befinden sich das krystallisierte *Gelsemin* und das amorphe *Gelsemium*, das aus zwei amorphen Alkaloiden besteht.

    Das Gelsemin wurde von Wormley[4]) aufgefunden, von Gerrard[5]), Spiegel[6]) und Göldner[7]) untersucht und von Moore rein dargestellt.

    Das Gelsemin $C_{20}H_{22}N_2O_2$ krystallisiert aus Aceton mit einem Molekül Krystallaceton, das bei 120° fortgeht. Fp. 178°, $[\alpha]_D$ 15,9° in Chloroform; leicht löslich in organischen Lösungsmitteln.

    Enthält eine Hydroxylgruppe (Acetylverbindung).

    Bei der Einwirkung von heißer Salzsäure bildet es unter Wasseraufnahme das *Apogelsemin* $C_{20}H_{24}N_2O_3$ (amorph, starke Base), das *Isoapogelsemin* (Krystalle, Fp. 310°), und das *Chlorisoapogelsemin* $C_{20}H_{23}ClN_2O_2$ (Moore).

    Gelseminin, amorph, wurde von Thomson[8]) aufgefunden. Moore stellte fest, daß es zwei amorphe Alkaloide gibt, von denen das mehr basische dem von Thomson aufgefundenen entspricht.

Pharmakologisches. — Die reinen Alkaloide *Gelsemin* und *Gelseminin* wirken in manchen Beziehungen ähnlich wie Strychnin; so erzeugt das im allgemeinen wenig giftige Gelsemin[9]) bei Fröschen Krämpfe und lähmt in großen Dosen die motorische Peripherie. Für Säugetiere ist Gelsemin nicht giftig. — Gelseminin lähmt Frösche zentral und tötet Säugetiere durch Atmungslähmung. Lokal am Auge angewendet bewirkt es, ähnlich wie Atropin, Mydriasis und Akkommodationslähmung.

Alkaloid der Holarrhena-Arten.

    Haines[10]) fand 1858 in der ostindischen *Conessi*rinde, der Rinde von *Wrightia antidysenterica* (*Holarrhena antidysenterica* (Apocynaceae) das *Conessin*. Unabhängig von dieser ersten Untersuchung beobachtete

---

[1]) Hesse, A. **202**, 141.
[2]) Freund u. Fauvet, B. **26**, 1084.
[3]) Moore, Soc. **97**, 2223; **99**, 1231.
[4]) Wormley, J. **1870**, 884.
[5]) Gerrard, J. **1883**, 1354.
[6]) Spiegel, B. **26**, 1054.
[7]) Göldner, B. Pharm. **5**, 330.
[8]) Thomson, J. **1887**, 2218.
[9]) A. Cushny, Arch. f. exp. Path. u. Pharm. **31**, 49.
[10]) Haines, J. **1865**, 460.

Stenhouse[1]) das Vorkommen des Alkaloids auch in den Samen von Wightia. Polstorff und Schirmer[2]) konnten das Conessin aus *H. africana* gewinnen.

Conessin $C_{12}H_{20}N$ krystallisiert in seidenglänzenden Nadeln oder Tafeln; Fp. 123—124°; $[\alpha]_D^{20}$ +21,7° (in Alkohol). Sublimierbar. Wenig löslich in Wasser; leicht löslich in organischen Lösungsmitteln. Bitertiäre zweisäurige Base; schmeckt bitter. Bildet ein Jodmethylat, das durch Silberoxyd Methylconessin gibt. Conessin enthält vier Alkylgruppen [Ulrici[3]), Giemsa und Halberkann[4])].

Pharmakologisches. — Das Conessin, dem früher eine zentral narkotische Wirkung zugeschrieben war, besitzt diese bei Warmblütern nicht. Es soll die peripheren Gefäße zur Kontraktion bringen können, das Herz wird durch das Alkaloid stark geschädigt [Burn[5])].

Alkaloid von Hymenodictyon excelsum.

In der Rinde von *Hymenodictyon excelsum* (Ostindien; Rubiaceae) fand Naylor[6]) 1883 das *Hymenodictin* $C_{23}H_{40}N_2$, Nadeln, Fp. 66°. Zweisäurige, bitertiäre Base. Löslich in Wasser und in organischen Lösungsmitteln. Die Rinde wirkt fieberwidrig.

Alkaloide von Laurelia novae Zealandiae.

Die Rinde von *Laurelia novae Zealandiae*, in ihrer Heimat „*Pukatea*" bezeichnet, enthält drei Alkaloide: das Pukatein, das Laurelin und das Laurepukin, die von Aston[7]) 1910 aufgefunden wurden.

Das *Pukatein* $C_{17}H_{17}NO_3$. Krystalle. Fp. 200°; $[\alpha]_D^{15}$ — 220° in Alkohol, unlöslich in Wasser, schwer löslich in Alkohol, leicht löslich in Chloroform. Bildet Salze mit Säuren und mit Alkalien. Die Alkalisalze sind durch Kohlensäure zersetzbar. Die Salze zeigen in physiologischer Beziehung allgemein Alkaloidwirkungen [Malcolm[7])].

Laurelin $C_{19}H_{21}NO_3$. Nur in den Salzen bekannt, die krystallisieren. Die Salze, selbst das salzsaure, sind wenig löslich in kaltem Wasser.

Laurepukin (?) $C_{16}H_{19}NO_3$, amorph, Fp. ca. 100°.

Alkaloid von Lobelia inflata.

Lobelia inflata (Campanulaceae), in Nordamerika einheimisch, enthält das krystallisierte Lobelin $C_{23}H_{29}NO_2$ [Wieland[8])]. Breite, farblose Nadeln, Fp. 130—131°, wenig löslich in Wasser, löslich in organischen Lösungsmitteln, $[\alpha]_D$ — 42,85° in Alkohol; reagiert neutral. Die beiden Sauerstoffatome stehen wahrscheinlich in ätherartiger Bin-

[1]) Stenhouse, J. **1864**, 456.
[2]) Polstorff u. Schirmer, B. **19**, 78.
[3]) Ulrici, A. Pharm. **256**, 57.
[4]) Giemsa u. Halberkann, A. Pharm. **256**, 201.
[5]) Burn, Journ. of pharmacol. a. exp. ther. **6**, 305.
[6]) Naylor, J. **1883**, 1414; **1884**, 1397.
[7]) Aston, Soc. **97**, 1381; vgl. Malcolm ibidem.
[8]) Wieland, B. **54**, 1784.

dung, vermutlich tertiäre Base, beständig gegen Kaliumpermanganat in saurer Lösung. Durch Einwirkung von Wasser bei 110° findet Abspaltung von *Acetophenon* statt (vgl. Propiophenonbildung beim ps. Ephedrin). Das salzsaure Salz ist in Wasser löslich, durch Chloroform usw. daraus extrahierbar, während die Nebenalkaloide in Wasser schwerlösliche Salze bilden, durch Chloroform nicht extrahierbar [Böhringer und Sohn[1]); vgl. Byk[2])].

Ein Nebenalkaloid, das *Lobelidin* $C_{20}H_{25}NO_2$ [Merck[3])], bildet kleine Prismen, Fp. 106°.

Auch nichtkrystallisierte Nebenalkaloide — β- und γ-Lobelin — scheinen in Lobelia vorzukommen.

Pharmakologisches. — In seiner physiologischen Wirkung erinnert das Lobelin an die Wirkungen des Nicotins[4]). Es verursacht nervöse Erregungen, besonders der Atmung, weswegen es auch gegen gewisse Krankheitszustände der Lunge gebraucht wurde; jetzt nur selten. Auch auf das Herz wirkt es ähnlich wie das Nicotin.

Alkaloid von Lycopodium complanatum.

Lycopodin $C_{32}H_{52}N_2O_3$ aus *Lycopodium complanatum* (Lycopodiaceae) von Bödeker[5]) isoliert, monokline Prismen, Fp. 114—115°, ziemlich löslich in Wasser, Alkohol und Äther. Zweisäurige Base. Bitterer Geschmack.

Alkaloid von Lycopodium Saururus.

Adrian[6]) fand im Jahre 1886 in der in Brasilien wachsenden Lycopodiumart *Pillijan* (Lycopodiaceae) ein Alkaloid. Dieses *Pilijanin* $C_{15}H_{24}N_2O$ wurde von Arata und Canzoneri[7]) rein erhalten. Farblose Nadeln, Fp. 64—65°, coniinartiger Geruch. Sehr giftig, erregt Krämpfe, Brechreiz, Pupillenverengerung.

Alkaloide von Lycoris radiata.

Das *Lycorin* $C_{16}H_{17}NO_4$ [Asahina und Sugii[8])], aus den Zwiebeln von *Lycoris radiata* (Japan; Liliaceae), isoliert 1897 von Morishima[9]). Krystallisiert in farblosen Polyedern, kaum löslich in Wasser und organischen Lösungsmitteln. Wahrscheinlich identisch mit *Narcissin* (siehe dort). Fp. 275° unter Zersetzung, $[\alpha]_D$ — 128,7° in Alkohol. Tertiäre Base. Enthält eine Dioxymethylengruppe und eine N-Methylgruppe. Zeigt im Verhalten Ähnlichkeit mit Hydrastin [Gorter[10])].

Giftig, brechenerregend, wirkt lähmend auf das Zentralnervensystem.

Sekisamin $C_{34}H_{36}N_2O_9$(?), Nadeln, Fp. 200°. In organischen Lösungsmitteln, außer in Alkohol, schwer löslich.

<hr>

[1]) Böhringer u. Sohn, D. R. P. 336 335, 340 116.
[2]) Byk, D. R. P. 267 219, 279 553.
[3]) Mercks Jahresber. **1917**, 104.
[4]) Vgl. Dreser, Arch. f. exp. Path. u. Pharm. **26**, 237.
[5]) Bödeker, A. **208**, 363.
[6]) Adrian, C. r. **102**, 1322.
[7]) Arata u. Canzoneri, G. **22**, 149.
[8]) Asahina u. Sugii, A. Pharm. **251**, 357.
[9]) Morishima, Arch. exp. Path. u. Pharm. **40**, 221.
[10]) Gorter, C. **20**, III, 842, 846.

Alkaloide von Mitragyne speciosa.

Field[1]) gewann aus den Blättern von *Mytragyne speciosa* das *Mitragyrin* $C_{22}H_{31}NO_5$. Fp. 102—106°. Amorph. Die Formel läßt sich auflösen in $C_{17}H_{22}N(OCH_3)$ $(COOCH_3)_2$; wahrscheinlich liegt ein Indolderivat vor.

In *Mytragyne diversifolia* wurde das krystallinische *Mitraversin* $C_{22}H_{26}N_2O_4$ (?), Fp. 297°, gefunden.

Alkaloid von Narcissus pseudonarcissus.

Narcissin $C_{16}H_{17}NO_4$. Gerrard fand 1878 in der Zwiebel der Narzisse, *Narcissus pseudonarcissus* (Amaryllidaceae), ein Alkaloid, das von Ewins[2]) rein dargestellt und Narcissin benannt wurde. Wahrscheinlich identisch mit *Lycorin* (s. dort). Prismen 266—267° (Zersetzung), $[\alpha]_D$ — 95,8° in Alkohol. Unlöslich in Wasser, schwer löslich in organischen Lösungsmitteln. Wirkt drastisch.

Alkaloid von Nuphar luteum.

Das Rhizom der gelben Seerose, *Nuphar luteum* (Nymphaceae), enthält das *Nupharin* $C_{18}H_{44}N_2O_2$, amorph, inaktiv [Grüning[3])].

Alkaloide von Ormosia dasycarpa.

Die Früchte von *Ormosia dasycarpa Jacks* (Papilionaceae) enthalten nach der Untersuchung von E. Merck[4]) das *Ormosin* $C_{20}H_{33}N_3$, das weiter von Hess und F. Merck[5]) erforscht wurde. Krystallisiert mit 3 Mol. Wasser in Nadeln. Fp. 85—87°. Wasserfrei stellt es eine zähe Masse vor, unlöslich in Wasser, leicht löslich in Chloroform. — Zeigt hynotische morphinartige Wirkung.

Neben dem Ormosin findet sich das isomere *Ormosinin* $C_{20}H_{33}N_3$ Fp. 203—205°; zum Unterschied vom Ormosin in absolutem Alkohol schwer löslich.

Alkaloid von Pentaclethra macrophylla.

In der Pauconuß, der Frucht von *Pentaclethra macrophylla* (Leguminosae) findet sich das *Paucin* $C_{27}H_{39}N_5O_5$ + $6^1/_2$ aq. [Merck[6])]. Gelbe Blättchen, in heißem Wasser und in Alkalien löslich. Fp. 126°. — Zweisäurige Base. Bei hydrolytischer Spaltung entsteht Dimethylamin neben Pyridinbasen. Wirkt giftig.

Alkaloid von Pilocercus Sargentianus.

Pilocerein $C_{30}H_{44}N_2O_4$, amorph, Fp. 82—86°, bildet keine krystallisierten Salze, giftig [Heyl[7])].

[1]) Field, Soc. **119**, 887.
[2]) Ewins, Soc. **97**, 2406.
[3]) Grüning, J. **1882**, 1156.
[4]) E. Merck, Mercks Jahresber. **1888**, 42.
[5]) Heß u. F. Merck, B. **52**, 1976.
[6]) Merck, J. **1894**, 11.
[7]) Heyl, A. Pharm. **239**, 451.

Alkaloid von Piper ovatum.

Im *Piper ovatum* (Piperaceae) findet sich das *Piperovatin* $C_{16}H_{21}NO_2$. Nadeln, Fp. 123°, löslich in Alkohol, wenig in Äther. Sehr schwache Base, bildet keine Salze, inaktiv. Liefert beim Erhitzen auf 160° eine Pyridinbase [Dunstan und Garnett[1])].

Lähmt motorische und Nervenendigungen, wirkt auch krampferregend.

Das Piperovatin soll identisch sein mit dem *Pyrethrin*, einem Alkaloid aus *Anacyclus Pyrethrum*.

Alkaloid von Quebrechia Lorentzii (Loxopterygium Lorentzii).

Das *Loxopterygin* $C_{26}H_{34}N_2O_2$ (?) [Hesse[2])] wird gewonnen aus der sog. „roten Quebracho Rinde", die von *Loxopterygium Lorentzii* (Anacardiaceae; Südamerika) stammt.

Amorph, Fp. 81°, schwer löslich in Wasser, leicht löslich in organischen Lösungsmitteln. Einsäurig; zersetzt sich bei höherer Temperatur, anscheinend unter Chinolinbildung. Bitterer Geschmack.

Alkaloid von Retama sphaerocarpa.

Retamin $C_{15}H_{26}N_2O$ aus *Retama sphaerocarpa* (Papilionaceae) erhalten [Battandier und Malosse[3])]. Nadeln. Fp. 162°, $[\alpha]_D$ 43,15°, stark alkalisch, zweisäurig, löslich in Wasser und organischen Lösungsmitteln. Steht dem Spartein nahe; stellt in seiner Zusammensetzung ein Oxyspartein vor. Physiologisch unwirksam.

Alkaloide der Senecioarten.

In den *Senecioarten* (Compositae) sind einige wirksame Alkaloide enthalten.

Senecio vulgaris, das Kreuzkraut, enthält das *Senecionin* $C_{18}H_{25}NO_6$ [Grandval und Lajoux[4])]. Krystallisiert rhombisch. $[\alpha]_D - 80,50°$. Löslich in organischen Lösungsmitteln. Salze amorph.

Senecio latifolius enthält zwei Alkaloide, das *Senecifolin* und das *Senecifolidin* [Watt[5])].

Senecifolin $C_{18}H_{27}NO_8$. Rhombische Tafeln, Fp. 194—195°, $[\alpha]_D^{22} +28°8'$. Wird durch alkalische Hydrolyse gespalten in *Senecifolinin* $C_8H_{11}NO_2$ — nur in Salzen bekannt — und *Senecifolsäure* $C_{10}H_{16}O_6$, rhombische Tafeln, Fp. 198—199°, $[\alpha]_D + 28,31°$, wahrscheinlich eine zyklische Hydroxydicarbonsäure.

Senecifolidin $C_{18}H_{25}NO_7$, rhombische Tafeln, Fp. 212°, $[\alpha]_D^{20} - 13,9°$, weniger löslich in organischen Lösungsmitteln als Senecifolin.

[1]) Dunstan u. Garnett, Soc. **67**, 94.
[2]) Hesse, A. **211**, 274.
[3]) Battandier u. Malosse. C. r. **125**, 360, 450.
[4]) Grandval u. Lajoux, C. r. **120**, 1120.
[5]) Watt, Soc. **95**, 466.

Pharmakologisches. — Diese beiden Alkaloide aus Senecio latifolius erzeugen Lebercirrhose; auch *Senecio Jacobaea* (Kanada) zeigt gleiches physiologisches Verhalten [C u s h n y[1])].

Durch Fütterung mit Senecioarten sind in verschiedenen außereuropäischen Ländern Epizootien entstanden, bei denen hauptsächlich schwere Leberschädigungen nachgewiesen wurden. Die reinen Alkaloide Senecifolin und Senecifolidin sind von A. C u s h n y[1]) untersucht worden: Nach Einbringung der Gifte sieht man ein kurzdauerndes Stadium akuter Vergiftung (Erbrechen, Krämpfe), das bald vorübergeht. Danach ist das Tier scheinbar normal, aber nach einiger Zeit, manchmal erst nach Tagen, treten Zeichen von Magendarmerkrankung auf, die immer stärker werden und schließlich durch allgemeine Schwäche töten.

Alkaloid von Skimmia japonica.

Skimmia japonica (Rutaceae) enthält vorzugsweise in den Blättern das *Skimmianin* $C_{32}H_{29}N_3O_9$, gelbliche vierseitige Säulen, Fp. 175,5°. reagiert neutral, fast geschmacklos, Salze bitter, Krampf- und Herzgift [H o n d a[2])].

Alkaloid von Sophora angustifolia.

Sophora angustifolia (Leguminosae) — in Japan *Matari* genannt — enthält in der Wurzel das *Matrin* $C_{15}H_{24}N_2O$ [N a g a i, P l u g g e[3])]. Fp. etwa 80°, rechtsdrehend, leicht löslich in Wasser. Einsäurige, bitertiäre Base.

Durch Reduktion entsteht das *Desoxymatrin* $(C_{15}H_{24}N_2)_2$ Fp. 162° und weiter das *Bismatridin* $(C_{15}H_{26}N_2)_2$, Nadeln Fp. 160°. [K o n d o und S a t o; K o n d o, K i s h i, A r a k i[4])].

Matrin besitzt dieselbe Zusammensetzung wie *Lupanin* [G u a r e s c h i, K u n z - K r a u s e[5])].

Alkaloide von Tabernanthe iboga.

Die Wurzeln von *Tabernanthe iboga* (Apocynaceae; Afrika, Kongo), dort als Anregungsmittel bekannt und *Ibogo* bezeichnet, enthalten das *Ibogain* $C_{52}H_{66}N_6O_2$ [D y b o w s k i und L a n d r i n[6])]. Bernsteingelbe Prismen, $[\alpha]_D$ — 48,3° in Alkohol, Fp. 152°, leicht löslich in organischen Mitteln. Verharzt an der Luft. Wirkt anästhesierend; in größeren Mengen Krampfgift.

Das sog. *Ibogin* ist wahrscheinlich mit Ibogain identisch [H a l l e r und H e c k e l[7]), L a m b e r t und H e c k e l[8])].

---

[1]) Journ. of pharmacol. a. exp. ther. **2**, 351 (C. 1911, II, 976, 1254.
[2]) H o n d a, Arch. f. exp. Path. u. Pharm. **52**, 83.
[3]) P l u g g e, A. Pharm. **233**, 441.
[4]) K o n d o u. S a t o, C. **1921**, III, 1427; K o n d o, K i s h i, A r a k i C. **1922**, I, 695.
[5]) G u a r e s c h i, K u n z - K r a u s e, Alkaloide 1896, S. 470.
[6]) D y b o w s k i u. L a n d r i n, C. r. **133**, 748.
[7]) H a l l e r u. H e c k e l, C. r. **133**, 850.
[8]) L a m b e r t u. H e c k e l, C. r. **133**, 1236.

Alkaloide von Taxus baccata.

Das *Taxin* $C_{37}H_{51}NO_{10}$ findet sich neben Melitose in den Blättern, Stengeln und Früchten und Samen (0,16%) des Eibenbaumes *Taxus Baccata*. Es wurde daraus im Jahre 1856 von Lucas[1] gewonnen.

In der Folge beschäftigten sich mit seiner Untersuchung Marmé, Hilger und Brande, Amato und Cappareli, Thorpe und Stubbs, Kochs, schließlich Winterstein und Jatrides[2].

Das Taxin ist bisher krystallisiert nicht erhalten worden; es kann in fein glitzernden Lamellen gewonnen werden, Fp. 105—110°, $[\alpha]_D$ +53,5° in schwefelsaurer Lösung. Das Taxin ist in organischen Lösungsmitteln löslich, in Wasser unlöslich, ebenfalls in Benzin. Das Alkaloid zeigt einen bitteren Geschmack und keinen Geruch. Durch hydrolytische Säurespaltung entsteht u. a. Zimtsäure und Essigsäure; durch Kaliumpermanganateinwirkung bildet sich Benzamid bzw. Benzoesäure. Der Stickstoff ist im Taxin wahrscheinlich nicht heterocyclisch gebunden.

Pharmakologisches. — Taxin wirkt hauptsächlich auf die Atmung lähmend ein, doch wird auch der Kreislauf geschädigt. — Man kann Tiere leicht an das Gift gewöhnen[3].

Alkaloid von Viscum album.

Die Mistel *Viscum album* enthält eine flüchtige Base, $C_8H_{11}N$, von nicotinähnlichem Geruch. Das Alkaloid wurde als Chlorhydrat isoliert; hygroskopisches Salz. Beim Erhitzen mit Zinkstaub entstehen Pyrroldämpfe. Wirkt Blutdruck senkend, lähmend; die physiologischen Eigenschaften gehen bei jeder energischen Behandlung des Alkaloids verloren [Leprince[4]), Barbieri, Fubini u. Antonini[5])].

Alkaloide von Xanthoxylum ochroxylum.

Die Rinde dieses in Zentral- und Südamerika einheimischen Baumes (Rutaceae) enthält zwei Alkaloide.

α-*Xantherin* $C_{24}H_{23}NO_6$. Fp. 186—187°, farblose Krystalle, färbt sich an der Luft gelb, unlöslich in Wasser, auch wenig löslich in organischen Lösungsmitteln. Zeigt im äußeren Verhalten Ähnlichkeit zum Berberin (S. 327).

β-*Xantherin* unterscheidet sich von der α-Verbindung vorzugsweise durch die größere Löslichkeit seines salzsauren Salzes [Maurice Leprince[6])].

---

[1]) Lucas, J. **1856**, 550.
[2]) Marmé, Bl. (2) **26**, 417. — Hilger u. Brande, B. **23**, 464. — Amato u. Cappareli, C. **1880**, 820. — Thorpe u. Stubbs, Soc. **81**, 1874. — Kochs, C. **1917**, I, 442 — Winterstein u. Jatrides, Z. physiol. **117**, 240.
[3]) Jensen, Diss. Rostock 1914.
[4]) Leprince, C. r. **140**, 940.
[5]) Barbieri, C. **1912**, II, 1479 (Arch. d. Farmol. sperim.). — Fubini u. Antonini, C. **1912**, I, 592 (Arch. d. Farmol. sperim.).
[6]) Maurice Leprince, C. **1912**, I, 586.

Alkaloid von Xanthoxylum senegalense.

Das *Artarin* $C_{21}H_{23}NO_4$ findet sich in der Rinde von *Xanthoxylum senegalense (Xanthoxyleae)* [Giacosa[1])]. Amorphes Pulver von rötlich grauer Farbe. Fp. 240° unter Zersetzung, in Wasser schwer löslich; bildet gelbe Salze.

XXIV. Betaine.

Das im *Betain* enthaltene fünfwertige Stickstoffatom in typischer ringförmiger Bindung

$$\begin{array}{c} H_2C\text{------}CO \\ | \qquad | \\ (H_3C)_3N\text{------}O \end{array}$$

findet sich auch im Molekül einer ganzen Reihe anderer Pflanzenbasen.

Durch die „Betainisierung" verlieren die Pflanzenbasen jede ausgesprochene physiologische Wirksamkeit; möge auch das Molekül, in das die Betaingruppe eingetreten ist, an und für sich physiologisch bedeutungsvoll sein.

Von derartigen Betainen haben wir schon das *Hypaphorin* (Indolring, S. 391) kennengelernt, das im Secale vorkommende *Ergothionin* und *Hercynin* (Imidazolring, S. 386, 387) und weiter das Cocaalkaloid *Benzoylecgonin* (Tropanring, S. 181), während wir hier, außer dem *Betain* selber, die einfacheren Pyridin- und Pyrrolidinderivate des Betains, das *Trigonellin*, das *Stachydrin*, das *Betonicin* und *Turicin* im Zusammenhang besprechen wollen.

1. Betain.

Das *Betain* $C_5H_{13}NO_3$ wurde von Husemann und Marmé 1863 im Lycium barbarum entdeckt. Scheibler[2]) fand es 1869 in der Runkelrübe (*Beta vulgaris*), wo es sich neben einer großen Zahl anderer Pflanzenstoffe findet; in der Melasse häuft es sich bis zu 3% an und kann daraus gewonnen werden.

Trotz dieses häufigen Vorkommens im Pflanzenstoffwechsel scheint das Betain weniger wichtig für denselben zu sein [Schulze und Trier; Stanèk[3])]. Auch in einer großen Reihe anderer Pflanzen findet sich das Betain, vielfach vom Cholin und Trigonellin begleitet. Man hat es aus dem Baumwollsamen, aus der Gerste, aus Hafer, Hopfen, Wicke, *Chenopodium album, Artemisia Cina*, aus den Kartoffel- und Tabaksblättern, aus *Scopolia atropoides*, aus der Wurzel von *Althaea officinalis*, aus Waldstachys, aus den Kolanüssen, aus Heliantus, aus Weizenkeimen und Reisschalen gewonnen.

Das Betain krystallisiert aus Alkohol in großen, sehr hygroskopischen Krystallen, die süßlich und erfrischend schmecken. In Wasser

---

[1]) Giacosa, G. **17**, 362; **19**, 303.
[2]) Scheibler, B. **2**, 292; **3**, 156; Z. f. Chem. **9**, 279.
[3]) Schulze und Trier, Z. physiol. **67**, 46; Stanek, Z. physiol. **75**, 262.

und Alkohol ist es sehr leicht löslich, unlöslich in Äther. Schwache Base mit neutraler Reaktion, optisch inaktiv; physiologisch unwirksam.

Das Betain leitet sich vom *Dimethylglykokoll* $(H_3C)_2NCH_2COOH$ ab. Das Methylhydroxyd dieses verliert sehr leicht ein Molekül Wasser — durch Erwärmen oder durch Stehenlassen über Schwefelsäure — und geht in das Betain über:

$$HOOC-CH_2 \quad \quad \longrightarrow \quad \quad OC-CH_2$$
$$. \ HO-\overset{}{N}(CH_3)_3 \quad\quad\quad\quad O---\overset{}{N}(CH_3)_3$$

Betain.

Die Konstitution des Betains ist durch eine Reihe von Synthesen sichergestellt:

1. Das Betain wird erhalten durch Oxydation des Cholins mit Chromsäure oder Kaliumpermanganat [Liebreich[1]].

$$HOH_2C--CH_2 \quad\quad\quad\quad OC-CH_2$$
$$HO-\overset{}{N}(CH_3)_3 \ + 2\,O \ = \ O-\overset{}{N}(CH_3)_3 \ + 2\,H_2O.$$

Cholin.   Betain.

Das Cholin steht also zum Betain im Verhältnis des Alkohols zur Säure. Bemerkenswert ist dabei, daß durch diesen Übergang das Cholin physiologisch unwirksam wird.

2. Das *Betainchlorhydrat* entsteht durch Vereinigung des Trimethylamins mit Monochloressigsäure [Liebreich[2]].

$$HOOC-CH_2 \quad\quad\quad\quad HOOC-CH_2$$
$$\overset{}{C}l \ + N(CH_3)_3 \ = \ Cl-\overset{}{N}(CH_3)_3$$

Betain-Chlorhydrat.

3. Das Betain wird gebildet durch Einwirkung von Jodmethyl auf Glycocoll unter Kalizusatz [Grieß[3]].

4. Der *Dimethylaminoessigsäuremethylester* lagert sich durch Erhitzen über den Kochpunkt (135° korr.) im Einschlußrohr in Betain um [Willstätter[4]]; vgl. auch Klages und Magolinsky; Köppen[5]).

$$H_3COOC-CH_2 \quad\quad\quad\quad OC-CH_2$$
$$\overset{}{N}(CH_3)_2 \quad \cdot\longrightarrow \quad O-\overset{}{N}(CH_3)_3$$

Dimethylaminoessigsäuremethylester.   Betain.

Umgekehrt wandelt sich das Betain durch Erhitzen auf ca. 293° in den Ester zurück.

2. Trigonellin.

Dieses Alkaloid wurde im Jahre 1885 von Jahns[6]) in den Samen des Bockshorns (Trigonella foenum graecum L.), Familie der Leguminosen, gefunden. Es findet sich darin in sehr kleiner Menge (0,13%

---

[1]) Liebreich, B. **2**, 12, 167; **3**, 761.
[2]) Liebreich, l. c.
[3]) Grieß, B. **8**, 1406.
[4]) Willstätter, B. **35**, 584.
[5]) Klages und Magolinsky, B. **36**, 4186; Köppen, B. **38**, 167.
[6]) Jahns, B. **18**, 2518.

vom Gewicht der Körner) neben einem ätherischen Öl, einem Bitterstoff und Spuren von Cholin. Inzwischen ist das Trigonellin noch in den verschiedensten Pflanzen angetroffen. So hat Schulze[1]) das Trigonellin auch im Samen des Hanfs (Canabis sativa L.), der Erbse (Pisum sativum L.) und des Hafers (Avena sativa L.) aufgefunden, ferner in den Weizenkörnern. Thoms[2]) wies sein Vorkommen in den Samen von Strophanthus hispidus und Strophanthus Kombé Oliv. nach. Es wurde weiter im Kaffee nachgewiesen [Gorter[3]), Polstorff[4])], im Stachys sylvatica, in Dahlienknollen und in den Schwarzwurzeln [Schuber und Trier[5])].

Seine Zusammensetzung entspricht der Formel $C_7H_7NO_2$. Es krystallisiert aus Alkohol in farblosen Prismen; beim Erhitzen zersetzt es sich unter Schwärzung und zeigt keinen scharfen Schmelzpunkt.

Das Trigonellin ist ausnehmend leicht in Wasser löslich, etwas weniger löslich in Alkohol und unlöslich in Äther. Seine Lösungen reagieren gegen Lackmus neutral. Es besitzt keinerlei bemerkenswerte physiologische Eigenschaften.

Bald nach der Entdeckung des Trigonellins beschäftigte sich Hantzsch[6]) mit dem Studium der Betaine der Pyridincarbonsäuren (S. 60). So stellte er u. a. die Methylbetaine der Picolin- und der Nicotinsäure dar (s. unten). Diese beiden Verbindungen besitzen dieselbe Zusammensetzung wie das Trigonellin; Hantzsch machte auf diese Übereinstimmung aufmerksam, aber er beschäftigte sich nicht weiter damit.

Im folgenden Jahre konnte Jahns[7]), der inzwischen größere Mengen des Trigonellins dargestellt hatte, das Studium dieser Base fortsetzen. Durch Einwirkung von Barythydrat wurde aus derselben Methylamin abgespalten; beim Erhitzen mit Salzsäure auf 260—270° erlitt das Alkaloid eine charakteristische Spaltung in Chlormethyl und Nicotinsäure:

$$C_7H_7NO_2 + HCl = CH_3Cl + C_6H_5NO_2.$$

Die weitere vergleichende Untersuchung des Trigonellins bewies unzweifelhaft die Identität des Trigonellins mit dem Methylbetain der Nicotinsäure. Die Konstitution des Trigonellins wird demnach durch folgende Formel ausgedrückt:

—CO
|
N—O
|
CH₃
Trigonellin.

---

[1]) Schulze, B. **27**, 769; **29**, Ref. 34.
[2]) Thoms, B. **31**, 271, 408.
[3]) Gorter, A. **372**, 237.
[4]) Polstorff, C. **1909**, II, 2015.
[5]) Schuber u. Trier, Z. phys. **76**, 258; **81**, 53.
[6]) Hantzsch, B. **19**, 31.
[7]) Jahns, B. **20**, 2840.

Das Trigonellin läßt sich nach den Versuchen von Hantzsch synthetisch erhalten beim Erhitzen von nicotinsaurem Kali und Jodmethyl auf 150° und darauffolgender Behandlung mit Silberoxyd [vgl. E. Merck[1])]:

$$\text{(Pyridin)} - \text{COOK} + 2\,CH_3J = \text{(Pyridin)} - COOCH_3 + KJ.$$

Nicotinsaures Kali.   Jodmethylat des Nicotinsäuremethylesters.

$$\text{(Pyridin)} - COOCH_3 + AgOH = \text{(Pyridin)} - CO + AgJ + CH_3OH$$

Trigonellin.

Pictet und Genequand[2]) konnten das Nicotin (S. 136) in Trigonellin umwandeln durch Oxydation eines Methylhydrats des Nicotins mit Kaliumpermanganat:

$$\text{Methylhydrat des Nicotins} \longrightarrow \text{Methylhydrat der Nicotinsäure} \longrightarrow \text{Trigonellin.}$$

3. Stachydrin.

Das Stachydrin $C_7H_{13}NO_2 \cdot H_2O$ wurde zuerst von v. Planta und E. Schulze[3]) in den Wurzelknollen von Stachys tuberifera Bunge (Labiatae) aufgefunden; später von Jahns[4]) in den Blättern von Citrus aurantium L. (Hesperidae) bemerkt. Ferner kommt es vor, in verschiedenen Chrysanthemumarten, sowie in Betonica officinalis, in Galeopsis grandifl. und in Alfalfa [Schulze und Trier[5]), Yoshimura und Trier[6]), Yoshimura[7]), Steenbock[8])].

Das Vorkommen des Stachydrins in so vielen verschiedenen Pflanzen, besonders auch das Antreffen in einer Labiate (Stachys), einer Familie, die überhaupt keine spezifischen Alkaloide enthält, deutet darauf hin,

---

[1]) E. Merck, Kl. 12p, M. 69 319.
[2]) Pictet u. Genequand, B. **30**, 2117.
[3]) von Planta und E. Schulze, B. **23**, 1690; **26**, 939.
[4]) Jahns, B. **29**, 2065.
[5]) Schulze und Trier, Z. physiol. **76**, 258; **81**, 53.
[6]) Yoshimura und Trier, Z. physiol. **77**, 290.
[7]) Yoshimura, Z. physiol. **88**, 334.
[8]) Steenbock, Journ. Biol. Chem. **35**, 1.

daß hier kein typisches Alkaloid vorliegt, sondern ein Abbauprodukt von Pflanzeneiweißstoffen. Hierfür spricht auch, daß es sich neben anderen Pflanzenabbauprodukten, wie dem Glutamin, Arginin und Tyrosin, vorfindet.

Das Stachydrin ist in Wasser und Alkohol spielend leicht löslich, dagegen nicht in Äther und Chloroform; es schmeckt unangenehm süßlich. F. p. 235°, reagiert neutral. Es findet sich sowohl in der optisch-aktiven wie inaktiven Form.

Die chemische Untersuchung des Stachydrins ist zunächst von Jahns, dann besonders von E. Schulze und Trier[1]) und Trier[2]) durchgeführt.

Das Alkaloid enthält zwei N-Methyle; da es durch konzentriertes Alkali unter Dimethylaminentwicklung zersetzt wird. Es gibt die charakteristische Pyrrolfichtenspanreaktion (Rotfärbung), was von vornherein für seine Zugehörigkeit zur Pyrrolreihe spricht. Bei genauerer Untersuchung erwies er sich als ein Derivat der Hygrinsäure, und zwar als das Methylbetain derselben:

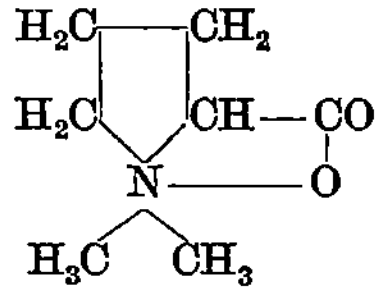

$$\begin{array}{c} H_2C \text{---} CH_2 \\ H_2C \quad CH \text{---} CO \\ N \text{-------} O \\ H_3C \quad CH_3 \end{array}$$

Stachydrin.

Der Zusammenhang des Stachydrins mit der Hygrinsäure zeigte sich bei der Destillation des Stachydrins, wobei eine Umlagerung in den isomeren *Hygrinsäuremethylester*

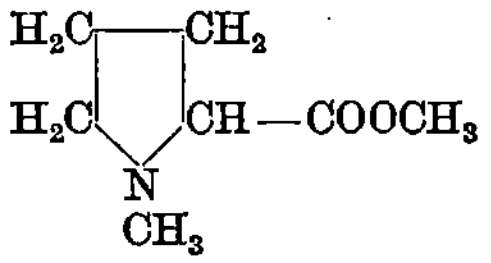

$$\begin{array}{c} H_2C \text{---} CH_2 \\ H_2C \quad CH \text{---} COOCH_3 \\ N \\ CH_3 \end{array}$$

Hygrinsäuremethylester.

stattfindet und weiterhin auch bei der Behandlung des Stachydrins mittels Äthylalkohol und Salzsäure. Hierbei entsteht das Chlormethylat des Hygrinsäureäthylesters:

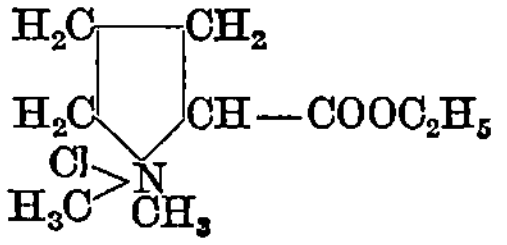

$$\begin{array}{c} H_2C \text{---} CH_2 \\ H_2C \quad CH \text{---} COOC_2H_5 \\ Cl \text{---} N \\ H_3C \quad CH_3 \end{array}$$

Hygrinsäureäthylester-Chlormethylat.

Dieses Chlormethylat läßt sich durch Erhitzen auf 235° unter Abspaltung von Chlormethyl in den *Hygrinsäureäthylester* überführen.

---

[1]) Schulze und Trier, Z. physiol. **59**, 233; **67**, 46, 59; **69**, 326. B. **42**, 4654.
[2]) Trier, Z. physiol. **67**, 324.

Die Synthese des Stachydrins geht auch von dem Hygrinsäureäthylester aus, indem derselbe mit Jodmethyl und dann mit Silberoxyd behandelt wird:

$$
\begin{array}{ccc}
\begin{array}{c}
H_2C\!-\!-\!CH_2 \\
H_2C\diagdown\;\diagup CH-COOC_2H_5 \\
N \\
| \\
CH_3
\end{array}
&
\longrightarrow
\quad
\begin{array}{c}
H_2C\!-\!-\!CH_2 \\
H_2C\diagdown\;\diagup CH-COOC_2H_5 \\
N-OH \\
H_3C\quad CH_3
\end{array}
&
\longrightarrow
\quad
\begin{array}{c}
H_2C\;-\!CH_2 \\
H_2C\diagdown\;\diagup CH-CO \\
N-\!\!-\!\!-O \\
H_3C\quad CH_3 \\
\text{Stachydrin.}
\end{array}
\end{array}
$$

Diese Synthese verläuft also analog der Bildung des Trigonellins (s. dort) aus Nicotinsäureester.

Die Identifizierung des so synthetisierten Stachydrins mit dem natürlichen geschah durch Vergleich der Goldsalze.

Das in den Blüten von Chrysanthemum cinerariaefolium vorkommende *Chrysanthemin* erwies sich bei neuerer Untersuchung als ein Gemisch des Stachydrins und Cholins. Der Name Chrysanthemin ist inzwischen einer stickstoffreien Verbindung, einem *Anthocyan* beigelegt.

4. Betonicin.

Das Betonicin $C_7H_{13}NO_3$ findet sich in *Betonica officinalis* und in *Stachys sylvatica..* Es krystallisiert ohne Krystallwasser in Pyramidenform. Reaktion neutral, besitzt süßen Geschmack, bildet gut krystallisierte Salze. Zersetzungspunkt 243—244°, linksdrehend $(\alpha)_D^{15} - 36{,}0°$. In Alkohol ist es schwer löslich.

Seine chemische Untersuchung wurde besonders von E. Schulze und Trier[1]), Küng und Trier[2]) und Küng[3]) durchgeführt.

Durch die Fichtenspanreaktion erwies sich das Betonicin zur Pyrrolreihe gehörig. Es ist ein nahes Derivat des Oxyprolins (s. S. 110). Dieses stellt nach Leuchs und Brewster[4]) die *β'-Oxypyrrolidin-α-Carbonsäure* vor, die sich in ihren verschiedenen stereoisomeren Formen erhalten läßt [Leuchs und Bormann[5])].

$$
\begin{array}{c}
HOHC\!-\!-\!CH_2 \\
H_2C\diagdown\;\diagup CH-COOH \\
NH \\
\text{Oxyprolin.}
\end{array}
$$

Durch vollständige Methylierung des Oxyprolins entsteht unter gleichzeitiger Betainisierung das *Betonicin* (*Oxyprolindimethylbetain*):

$$
\begin{array}{c}
HOHC\!-\!-\!CH_2 \\
H_2C\diagdown\;\diagup CH-CO \\
N-\!\!-\!\!-O \\
H_3C\quad CH_3 \\
\text{Betonicin.}
\end{array}
$$

<hr>

[1]) E. Schulze und Trier, Z. physiol. **76**, 258; **79**, 235.
[2]) Küng und Trier, Z. physiol. **85**, 209.
[3]) Küng, Z. physiol. **85**, 217.
[4]) Leuchs und Brewster, B. **46**, 986.
[5]) Leuchs und Bormann, B. **52**, 2086.

Bei dieser Synthese des Betonicins bildet sich gleichzeitig eine stereoisomere Verbindung, das *Turicin* (s. unten).

Auch aus der *β'-Oxyhygrinsäure* (*N-Methyloxyprolin*) $C_6H_{11}NO_3$, Zersetzungspunkt 242° $[\alpha]_D$ — 85,4°, die sich in der Rinde von *Croton gubonga* natürlich findet, entstehen durch Alkylierung Turicin und Betonicin [Goodson und Clewer[1])].

5. Turicin.

Das *Turicin* $C_7H_{13}NO_3 \cdot H_2O$ findet sich neben dem stereoisomeren Betonicin und entsteht auch gleichzeitig bei der Synthese jenes (s. Betonicin). Das Turicin läßt sich vom Betonicin trennen, da es in Alkohol noch schwerer löslich ist wie letzteres.

Das Alkaloid reagiert neutral, schmeckt süß; Prismen, krystallwasserhaltig; verwittern rasch. Fp. 249° unter Zersetzung $[\alpha]_D$ + 36,26° [Küng[2])].

Das Turicin ist kein Spiegelbildisomeres des Betonicins, da es in seinen Eigenschaften von demselben verschieden ist. Dagegen beruht seine Stereoisomerie wahrscheinlich auf der Racemisierung des einen der beiden asymmetrischen Kohlenstoffatome.

XXV. Die vegetabilischen Basen.

Die folgenden vegetabilischen Basen, die wir von den eigentlichen Alkaloiden getrennt behandeln, da sie kein heterozyklisches Ringsystem enthalten und physiologisch ohne Bedeutung auf das Zentralnervensystem sind, teilen wir in die folgenden drei Gruppen ein:

1. Aminosäuren; 2. Gruppe des Cholins; 3. Aromatische Aminbasen.

I. Aminosäuren.

Im Pflanzenreich findet sich eine Gruppe schwach basischer Substanzen, die sich als *a-Aminofettsäuren*

$$-CH{\Large\langle}{}^{NH_2}_{COOH}$$

charakterisieren, deren Stickstoff also in keinem ringförmigen Gebilde enthalten ist. Physiologisch sind diese Verbindungen ohne besondere Wirkung.

Wir zählen hierzu folgende:

1. Asparaginsäure . . . . $C_4H_7NO_4$.
2. Asparagin . . . . $C_4H_8N_2O_3$.
3. Glutaminsäure . . . . $C_5H_9NO_4$.
4. Glutamin . . . . $C_5H_{10}N_2O_3$.
5. Alanin . . . . $C_3H_7NO_2$ und seine Derivate.
   a) Phenylalanin . . . . $C_9H_{11}NO_2$.
   b) Tyrosin . . . . $C_9H_{11}NO_3$.
   c) Surinamin (N-Methyltyrosin) . $C_{10}H_{13}NO_3$.

---

[1]) Goodson und Clewer, Soc. **115**, 923.
[2]) Küng, Z. physiol. **85**, 209 und 217.

6. Leucin . . . . $C_6H_{13}NO_2$.
7. Arginin . . . . $C_6H_{14}N_4O_2$.
8. Agmatin . . . . $C_5H_{14}N_4$.
9. Sarkosin. . . . . $C_3H_7NO_2$.

Diese Substanzen stellen nicht die Endprodukte in der Vegetationsperiode vor, sondern es sind Zwischenverbindungen; sie erscheinen vorzugsweise zur Zeit der Keimung und häufen sich dann in der Pflanze (besonders bei der Keimung im Dunklen) oft in beträchtlichen Mengen an; so hat man in Lupinenkeimen bis zu 30% Asparagin gefunden. Zur Zeit der Blüte verschwinden sie wieder vollkommen. Durch dieses transitorische Vorkommen unterscheiden sich diese Pflanzenstoffe von den bisher behandelten Alkaloiden.

Diese Aminoverbindungen dienen der Pflanze durch ihren hohen Stickstoffgehalt als Nährstoffe zur weiteren Entwicklung, besonders zum Aufbau des Protoplasmas. Andererseits entstehen diese Aminofettsäuren aber auch durch Hydrolyse der Proteine. Die Aminofettsäuren sind im ganzen Pflanzenreich verteilt; während wir bei den bisher besprochenen Alkaloiden fast ausnahmslos beobachtet haben, daß jedem Alkaloid gerade eine bestimmte Pflanzenspezies zukommt.

In besonders großer Fülle trifft man die Aminofettsäuren in den großen Familien der Leguminosen und Cruciferen, der Alkaloidbildner, an. Sie sind darin nicht allein in den jungen Keimen vorhanden, sondern auch in den Wurzeln, Wurzelknollen, Stengeln, Knospen, kurz in allen Organen, in welchen sich die Reservestoffe, die zur weiteren Ernährung der Pflanze während ihrer Entwicklungsperiode dienen, aufspeichern.

Zweifellos entstehen diese Substanzen, zum größeren Teil wenigstens, durch Zerfall von Proteinstoffen (Legumin, Conglutin, Globulin usw.), die sich in den Samenkörnern in großer Menge anhäufen. Man hat sie in der Tat durch direkte Spaltung von Albuminen verschiedenster Herkunft erhalten, entweder durch Faulenlassen oder durch hydrolysierende (s. oben) rein chemische Mittel, wie Einwirkung von Mineralsäuren, Alkalien oder Barythydrat. So lassen sich die Aminosäuren auch bei der Hydrolyse der Hefe gewinnen [Meisenheimer[1])]. Die in der jungen Pflanze aus dem Reservealbumin gebildeten Aminofettverbindungen erhalten sich aber nur sehr begrenzte Zeit. Sobald das Chlorophyll sich zu bilden beginnt und in Wirkung tritt, die Pflanze durch Kohlensäureassimilierung Kohlenhydrate bildet, treten die Aminofettsäuren wieder in den Stoffwechselkreislauf ein und verschwinden dann rasch, indem sie zur Bildung von Eiweißstoffen und lebendem Protoplasma verwandt werden. Sie bilden also, wie oben erwähnt, nur ein Zwischenprodukt im Haushalt der Pflanze.

Die tierischen Albumine liefern beim Faulen und bei der hydrolytischen Spaltung dieselben Produkte wie die vegetabilischen Albumine; es ist das eine interessante Verknüpfungsstelle zwischen dem Pflanzenund Tierreiche.

---

[1]) Meisenheimer, Z. physiol. **114**, 205.

1. Asparaginsäure.

Die *l-Asparaginsäure*, $C_4H_7NO_4$ (*Aminobernsteinsäure*) findet sich im jungen Zuckerrohr und in der Rübenmelasse [Scheibler[1])], in *Secale*-Extrakten und bildet sich auch verschiedentlich als Eiweißspaltungsprodukt. Sie entsteht durch Kochen des l-Asparagins mit Alkalien oder mit Mineralsäuren [Plisson[2])]. Prismen, in kaltem Wasser und in Alkohol wenig löslich, in heißem Wasser leichter löslich.

Die natürliche Asparaginsäure ist linksdrehend in alkalischer Lösung, rechtsdrehend in wäßriger und in saurer Lösung. Beim Erhitzen mit Wasser oder mit Ammoniak auf 150° racemisiert sie sich, ebenso wie durch Einwirkung von Salzsäure bei 170 bis 180° und geht so in die *inaktive Asparaginsäure* über [Michael und Wing[3])]. Diese letztere entsteht auch durch Vereinigung von l- und d-Asparaginsäure. Andererseits läßt sich die inaktive Asparaginsäure aktivieren (E. Fischer[4])].

Die Konstitution der Asparaginsäure als *Aminobernsteinsäure*:

$$COOH-CH_2-CH{<}^{NH_2}_{COOH}$$

folgt

1. Aus der Umwandlung der Asparaginsäuren durch salpetrige Säure in die betreffenden Äpfelsäuren [Piria[5])]:

$$\begin{array}{l} CH(NH)_2-COOH \\ | \\ CH_2-COOH \end{array} + HNO_2 \;=\; \begin{array}{l} CH(OH)-COOH \\ | \\ CH_2-COOH \end{array} + N_2 + H_2O.$$

Asparaginsäuren.   Äpfelsäuren.

Die natürliche Asparaginsäure bildet Links-Äpfelsäure, die inaktive Asparaginsäure die inaktive Äpfelsäure.

2. Aus mehreren Synthesen der inaktiven Asparaginsäure, insbesondere aus der von Piutti[6]) ausgeführten Überführung der Oximidobernsteinsäure mittelst Natriumamalgam in Asparaginsäure:

$$\begin{array}{l} C(NOH)-COOC_2H_5 \\ | \\ CH_2-COOC_2H_5 \end{array} + 4\,H + 2\,NaOH \;=\; \begin{array}{l} CH(NH_2)-COONa \\ | \\ CH_2-COONa \end{array}$$

Oximidobernsteinsäureester.   Asparaginsaures Natrium.

$$+\;2\,C_2H_5OH + H_2O.$$

2. Asparagin.

Man hat in den verschiedensten Pflanzen das Asparagin, $C_4H_8N_2O_3$ aufgefunden [Stieger, Smolenski, Power, Tutin und Rogerson, Tutin und Clever[7])], wo es sowohl als Links- wie als Rechtsasparagin auftritt.

[1]) Scheibler, J. 1866, 399.
[2]) Plisson, A. ch. (2) 35, 175; 37, 81; 40. 303; 45, 304.
[3]) Michael und Wing, B. 17, 2984.
[4]) E. Fischer, B. 32, 2451.
[5]) Piria, A. ch. (3) 22, 160.
[6]) Piutti, *Atti della reale Academia dei Lincei*, 1887, (2), 300.
[7]) Stieger, Z. physiol. 86, 245; Smolenski, C. 1912, II, 768; Power, Tutin und Rogerson, Soc. 103, 1267; Tutin und Clever, Soc. 105, 559.

Das *Links-Asparagin* wurde im Jahre 1805 von Vauquelin und Robiquet[1]) in jungen Spargelkeimlingen (*Asparagus officinales* L, Familie der Liliaceen) entdeckt. In kaltem Wasser ist es nur wenig löslich, durch heißes Wasser wird es reichlich gelöst und scheidet sich aus diesen Lösungen beim Erkalten in Form großer Prismen ab, die ein Molekül Krystallwasser enthalten und wasserfrei bei 234—235° schmelzen [Michael[2])].

Es ist fast unlöslich in Alkohol und Äther, reagiert schwach sauer und hat einen faden, ziemlich unangenehmen Geschmack. Wie oben angegeben, ist es linksdrehend und behält diese Drehungsrichtung auch in alkalischer Lösung bei; in saurer Lösung ist es aber rechtsdrehend.

Das *Rechts-Asparagin* wurde im Jahre 1886 von Piutti[3]) aus Wickenkeimlingen (*Vicia sativa* L., Familie der Leguminosen) gewonnen. Es ähnelt in jeder Beziehung seinem Isomeren, nur daß es zum Unterschied von ersterem angenehm süß schmeckt. Dieses Asparagin dreht in neutraler oder alkalischer Lösung nach rechts, in saurer nach links.

Es ist bisher noch nicht gelungen, durch Vereinigung der beiden aktiven Modifikationen das inaktive Asparagin zu erhalten; in den Pflanzen ist es auch noch nicht beobachtet worden. Immerhin ist ein inaktives Asparagin (a-Asparagin) bekannt, und zwar hat man es synthetisch von der inaktiven Asparaginsäure aus dargestellt (s. folgende Seiten).

Die Asparagine sind die Monoamide der Asparaginsäuren; beim Erhitzen mit Wasser in geschmolzenen Röhren wandeln sie sich in asparaginsaures Ammonium um [Boutron und Pelouze[4]) und Ravenna und Bosinelli[5])], durch Einwirkung von Säuren und von Alkalien werden sie in Asparaginsäuren und Ammoniak gespalten [Plisson[6])].

$$(C_2H_5N){<}^{COOH}_{CO-NH_2} + H_2O \quad = \quad (C_2H_5N){<}^{COOH}_{COOH} + NH_3$$

Asparagin.   Asparaginsäure.

Durch Umkehrung der Reaktion konnte Piutti[7]) die Synthese der Asparagine von der inaktiven Asparaginsäure aus ausführen. Die Überführung dieser Säure in ihren Monoäthylester und Erhitzen desselben mit alkoholischem Ammoniak läßt neben dem inaktiven Asparagin ein Gemisch der beiden aktiven Asparagine entstehen, welche mechanisch durch Auslesen der entgegengesetzt hemiedrischen Krystalle getrennt werden können:

$$(C_2H_5N){<}^{COOH}_{COOC_2H_5} + NH_3 \quad = \quad (C_2H_5N){<}^{COOH}_{CO-NH_2} + C_2H_5OH$$

Asparaginsäuremono-äthylester.   Asparagin.

<hr>

[1]) Vauquelin und Robiquet, *Annales de chimie*, **57**, 88.
[2]) Michael, B. **28**, 1629.
[3]) Piutti, C. r. **103**, 135.
[4]) Boutron und Pelouze, A. ch. **52**, 90.
[5]) Ravenna und Bosinelli, G. 50. I. 281.
[6]) Plisson, l. c.
[7]) Piutti, G. **17**, 126.

Der Beweis, daß die Asparagine die Monoamide der Asparaginsäuren sind, genügt indes noch nicht, ihre Konstitution absolut sicher festzulegen. Denn die Asparaginsäuren können zwei isomere Monoamide geben, entsprechend den beiden folgenden Formeln:

$$NH_2—CH—COOH \qquad und \qquad NH_2—CH—CO—NH_2$$
$$CH_2—CO—NH_2 \qquad\qquad\qquad CH_2—COOH$$
$$I. \qquad\qquad\qquad\qquad II.$$

Welche dieser Formeln kommt nun den Asparaginen zu?

Diese Frage ist durch die Arbeiten von Piutti[1]) gelöst worden. Es gelang ihm durch Reduktion des Oximidooxalessigesters

$$NOH=C—COOC_2H_5$$
$$CH_2—COOC_2H_5$$

mittels Natriumamalgam und partieller Verseifung der so entstandenen Verbindung zwei verschiedene Monoäthylester der Asparaginsäure zu erhalten; der eine schmilzt bei 165°, der andere bei 200°.

In der Tat lassen sich zwei derartige Verbindungen erwarten, je nachdem, ob das eine oder das andere der Äthylradikale bei der Verseifung eliminiert wird:

Ebert[2]) hatte nun vorgängig durch Zerlegung des Succinylobernsteinsäureesters einen Monoäthylester der *Oximinobernsteinsäure* erhalten, welcher zweifellos folgende Formel:

$$NOH=C—COOC_2H_5$$
$$CH_2—COOH$$

haben muß; denn durch Kohlensäureabspaltung entsteht aus ihm der Oximinopropionsäureester:

$$NOH=C—COOC_2H_5$$
$$CH_3$$

Nun fand Piutti, daß der obige Oximinobernsteinsäuremonoäthylester bei der Behandlung mit Natriumamalgam den bei 165° schmelzenden Asparaginsäuremonoäthylester bildet. Dieser entspricht also der Asparaginformel II und dieses Asparagin erwies sich inaktiv.

Der bei 200° schmelzende Ester gab im Gegenteil ein Gemenge von Rechts- und Links-Asparagin, für die, die durch die Formel II ausgedrückte Konstitution folgt.

Das inaktive oder α-Asparagin ist daher mit den aktiven oder β-Asparaginen nicht strukturidentisch.

Die Asparagine sind ohne besondere physiologische Wirkung.

3. Glutaminsäure.

Die Glutaminsäure $C_5H_9NO_4$ wurde 1866′ zuerst von Ritthausen[3]) bei der Hydrolyse von Pflanzenalbuminaten erhalten. Sie findet sich

[1]) Piutti, G. **18**, 457.
[2]) Ebert, A. **229**, 45.
[3]) Ritthausen, J. pr. **99**, 6, 454.

in der Rübenmelasse [Scheibler[1])] und in den Wicken- und Kürbis-
keimlingen [Gorup - Besanez[2])] in rechtsdrehender Form.

Sie bildet Krystalle, in kaltem Wasser wenig löslich, unlöslich in
Alkohol und in Äther; Fp. 208° unter Zersetzung. In neutraler und
saurer Lösung rechtsdrehend; in alkalischer linksdrehend.

Beim Erhitzen mit Baryt auf 150° wandelt sie sich in die *inaktive
Glutaminsäure* um, Fp. 198°. Diese läßt sich durch wiederholte Um-
krystallisation aus Wasser in die beiden aktiven Komponenten wieder
spalten [Menozzi und Appioni[3])]; leichter vollzieht sich diese Spaltung durch Krystallisation des *benzoylglutaminsauren* Strychnins
[E. Fischer[4])].

Die inaktive Glutaminsäure läßt sich durch gärende Hefe in die
Linksverbindung überführen [F. Ehrlich[5])].

Durch Behandlung der Glutaminsäure mit salpetriger Säure entsteht die *γ-Hydroxyglutarsäure* $C_5H_8O_5$, die mit Jodwasserstoffsäure
reduziert, in die Glutarsäure:

$$COOH—CH_2—CH_2—CH_2—COOH$$

übergeht [Ritthausen[6])].

Danach erscheint die Glutaminsäure als ein Aminoderivat der
Glutarsäure:

$$CH_2 {<}^{CH<^{NH_2}_{COOH}}_{CH_2—COOH} \quad oder \quad {}^{CH_2—COOH}_{CH—NH_2}{}^{}_{CH_2—COOH}$$

Glutaminsäure.

Die Glutaminsäure als optisch aktive Säure muß die erste der beiden
Formeln besitzen, da diese allein ein asymmetrisches Kohlenstoffatom hat.

Diese Formel der Glutaminsäure wird auch durch die Synthese der
Glutaminsäure bestätigt [Wolff[7])]:

Glyoxylpropionsäure bildet mit Hydroxylamin ein Dioxim (*γ-δ-
Diiosonitrosovaleriansäure*):

$$CH_2{<}^{CO—CHO}_{CH_2—COOH} + 2\,NH_2OH = CH_2{<}^{C(NOH)—CH(NOH)}_{CH_2—COOH} + 2\,H_2O$$

das bei aufeinanderfolgender Behandlung mit konzentrierter Schwefelsäure und kalter Natronlauge die Isonitrosocyanbuttersäure:

$$CH_2{<}^{C(NOH)—CN}_{CH_2—COOH}$$

liefert.

Diese verseift, geht in die Isonitrosoglutarsäure über, welche bei
der Reduktion die inaktive Glutaminsäure bildet:

$$CH_2{<}^{C(NOH)—COOH}_{CH_2—COOH} + H_4 = CH_2{<}^{CH(NH_2)—COOH}_{CH_2—COOH} + H_2O$$

Isonitrosoglutarsäure.   Glutaminsäure.

[1]) Scheibler, B. **2**, 296.
[2]) Gorup - Besanez, B. **10**, 780.
[3]) Menozzi und Appioni, *Atti della reale Academia dei Lincei*, **1891**, (1) 33.
[4]) E. Fischer, B. **32**, 2451.
[5]) F. Ehrlich, Biochem. Z. **63**, 379
[6]) Ritthausen, J. pr. **103**, 239.
[7]) Wolff, A. **260**, 79.

4. Glutamin.

Das Glutamin $C_5H_{10}N_2O_3$ wurde im Jahre 1877 von Schulze und Urich[1]) in der Runkelrübe entdeckt. Es ist im Pflanzenreich auch recht verbreitet und scheint in gewissen Familien das Asparagin, das sein niederes Homologes ist, zu vertreten, so besonders bei den Cruciferen. Es krystallisiert in feinen Nadeln; in Wasser ziemlich leicht löslich; unlöslich in Alkohol; in neutraler Lösung inaktiv; in saurer rechtsdrehend.

Beim Kochen mit Barytwasser wird das Glutamin in Glutaminsäure und Ammoniak gespalten (Schulze und Urich); es erscheint danach als das Monoamid dieser Säure und hat nach neueren Untersuchungen von Thierfelder[2]) folgende Konstitution:

$$CH_2\Big\langle{}^{CH\big\langle{}^{NH_2}_{COOH}}_{CH_2-CO-NH_2}$$

5. Alanin.

Das Alanin $C_3H_7NO_2$ (α-*Aminopropionsäure*) tritt als Spaltungsprodukt vieler Eiweißkörper auf; aus der Pflanze ist es nur einmal als hydrolytisches Spaltungsprodukt des in den Erbsensamen enthaltenen Legumins erhalten worden [Bleunard][3]). Auch findet es sich unter den autolytischen Spaltprodukten der Hefe [Meisenheimer, Neuberg[4])].

Als Muttersubstanz der in den Pflanzen sehr verbreiteten Basen *Phenylalanin* und *Tyrosin* hat es für uns hier eine gewisse Bedeutung.

Das Alanin krystallisiert in Nadeln, optisch inaktiv, löst sich leicht in Wasser, schwieriger in Alkohol; in Äther ist es unlöslich, Fp. 293° unter Zersetzung.

Das Alanin läßt sich optisch aktivieren; die aktiven Alanine, Fp. 297°, zeigen nur sehr schwache Drehung; in salzsaurer Lösung wird aber das Polarisationsvermögen bedeutend erhöht $[\alpha]_D+27°$ [Fischer[5])].

Die Konstitution des Alanins:

$$CH_3CH\big\langle{}^{NH_2}_{COOH}$$

ergibt sich durch seine Überführung in α-Milchsäure mittels salpetriger Säure und ferner aus folgenden beiden Synthesen:

1. Aus α-Chlorpropionsäureester mittels Ammoniak [Kolbe[6])]:

$$CH_3-CH\big\langle{}^{Cl}_{COOH} + NH_3 = CH_3-CH\big\langle{}^{NH_2}_{COOH} + HCl$$

[1]) Schulze und Urich, B. **10**, 85; Schulze und Boßhard, B. **16**, 312; E. Schulze, B. **29**, 1882.
[2]) Thierfelder, Z. physiol. **114**, 192.
[3]) Bleunard, A. ch. [5] **26**, 47.
[4]) Meisenheimer, C. **1915** II, 1259; Neuberg, C. **1916** I, 163.
[5]) Fischer, B. **32**, 2451.
[6]) Kolbe, A. **113**, 220.

2. Aus Aldehydammoniak und Blausäure durch Einwirkung von Salzsäure [Strecker[1])]:

$$CH_3-CH\big\langle{}^{NH_2}_{OH} + HCN \;=\; CH_3-CH\big\langle{}^{NH_2}_{CN} + H_2O$$

Nitril der
α-Aminopropionsäure.

$$CH_3-CH\big\langle{}^{NH_2}_{CN} + 2\,H_2O \;=\; CH_3-CH\big\langle{}^{NH_2}_{COOH}$$

Alanin.

a) **Das Phenylalanin** $C_9H_{11}NO_2$ wurde von Schulze und Barbieri[2]) aus den Lupinenkeimlingen gezogen; findet sich als l-Verbindung in den Schößlingen der Zuckerrübe [v. Lippmann[3])]. Krystallisiert in Prismen oder in Blättchen, die in kaltem Wasser wenig löslich sind, wodurch es sich von den bisher besprochenen Asparaginderivaten unterscheidet; sehr wenig löst es sich in Alkohol, unlöslich ist es in Äther. Fp. 263—265° unter Zersetzung.

Das Phenylalanin stellt die *Phenyl-α-Aminopropionsäure* vor, was aus folgenden Synthesen hervorgeht.

1. Phenylacetaldehyd und Blausäure vereinigen sich unter Bildung des Nitrils der α-Phenylmilchsäure:

$$C_6H_5-CH_2-CHO + CHN \;=\; C_6H_5-CH_2-CH\big\langle{}^{OH}_{CN}$$

Dieses geht durch Ammoniakeinwirkung in das Nitril der Phenyl-α-Aminopropionsäure

$$C_6H_5-CH_2-CH\big\langle{}^{NH_2}_{CN}$$

über, das zum *Phenylalanin* verseift wird [Erlenmeyer und Lipp[4])].

$$C_6H_5-CH_2-CH\big\langle{}^{NH_2}_{COOH}.$$

2. Benzaldehyd und Hippursäure kondensieren sich unter Einwirkung von Natrium und Natriumalkoholat zum Benzoylamidozimtsäureester:

$$C_6H_5-CH\big\langle{}^{ONa}_{OC_2H_5} + H_2C\big\langle{}^{NH-COC_6H_5}_{COOC_2H_5} \;=\; C_6H_5-CH=C\big\langle{}^{NH-COC_6H_5}_{COOC_2H_5}$$

$$+ C_2H_5OH + NaOH$$

Durch Reduktion mit Natriumamalgam entsteht daraus die α-*Benzoylamidophenylpropionsäure*, welche beim Erhitzen mit konzentrierter Salzsäure auf 150° gespalten wird und Phenylalanin bildet [Erlenmeyer jun.[5])]:

$$C_6H_5-CH_2-CH\big\langle{}^{NHCOC_6H_5}_{COOC_2H_5} + 2\,H_2O \;=\; C_6H_5-CH_2-CH\big\langle{}^{NH_2}_{COOH}$$

Phenylalanin.

$$+ C_6H_5COOH + C_2H_5OH.$$

---

[1]) Strecker, A. **75**, 29.
[2]) Schulze und Barbieri, B. **12**, 1924; **14**, 1785; **16**, 1711.
[3]) v. Lippmann, B. **49**, 106.
[4]) Erlenmeyer und Lipp, A. **219**, 170.
[5]) Erlenmeyer jun., A. **275**, 13.

3. *2-Thio-3-benzoylhydantoin* liefert bei der Behandlung mit Benzaldehyd und Natriumacetat *2-Thio-3-benzoyl-4-benzalhydantoin*:

$$\begin{array}{ccc}
\text{OC}\!-\!\!-\!\text{NH} & & \text{OC}\!-\!\!-\!\text{NH} \\
\ \ |\qquad\ \ \text{\textbackslash CS} & \longrightarrow & \ \ |\qquad\ \ \text{\textbackslash CS} \\
\text{H}_2\text{C}\!-\!\!-\!\text{N} & & \text{H}_5\text{C}_6\cdot\text{HC}=\text{C}\!-\!\!-\!\text{N} \\
\qquad\ \ |\quad & & \qquad\qquad\qquad\ \ | \\
\qquad\ \ \text{CO}\cdot\text{C}_6\text{H}_5 & & \qquad\qquad\qquad\text{CO}\cdot\text{C}_6\text{H}_5
\end{array}$$

Letztere Verbindung verliert durch Salzsäureeinwirkung die Benzoylgruppe und geht durch Reduktion mit Zinn und Salzsäure in alkoholischer Lösung in Phenylalanin über:

$$\begin{array}{ccc}
\text{OC}\!-\!\!-\!\text{NH} & & \text{COOH} \\
\ \ |\qquad\ \ \text{\textbackslash CS} & \longrightarrow & \qquad\ | \\
\text{H}_5\text{C}_6\cdot\text{HC}=\text{C}\!-\!\!-\!\text{NH} & & \text{H}_5\text{C}_6\cdot\text{H}_2\text{C}\!-\!\text{CH}\!-\!\!-\!\text{NH}_2
\end{array}$$
Phenylalanin.

[Johnson und O. Brien[1])].

b) **Tyrosin** $C_9H_{11}NO_3$ (*p-Oxyphenylalanin*) wurde im Jahre 1846
von Liebig[2]) beim Schmelzen von Käse mit Kali aufgefunden; von
Schulze und Barbieri[3]) wurde es aus den Kürbis- und Lupinenkeimlingen gezogen, von V. Lippmann[4]) aus der Zuckerrübenmelasse;
es ist auch in Secale-Extrakten nachgewiesen [Fränkel und Rai-
ner[5])], in den Blättern von *Ficus carica* [Deleann[6])] und findet sich
auch im Torf [Jodidi[7])].

Es bildet seidenglänzende Nadeln, Fp. 235°, $[\alpha]_D - 8{,}6°$, löst sich
schwer in kaltem Wasser (wie das Phenylalanin), ziemlich leicht in
heißem; in Alkohol ist es fast unlöslich; ganz unlöslich in Äther. Es
ist in neutraler und saurer Lösung linksdrehend.

Das Tyrosin ist die para-Hydroxylverbindung des Phenylalanins:

$$\text{HO}\!-\!\!\!\bigcirc\!\!\!-\text{CH}_2\!-\!\text{CH}\!\!<\!\!\genfrac{}{}{0pt}{}{\text{COOH}}{\text{NH}_2}$$
Tyrosin.

In der Kalischmelze wird es in p-Oxybenzoesäure, Essigsäure und
Ammoniak gespalten [Barth[8])]; durch Wasserstoffsuperoxyd erfolgt
Abbau zum *p-Oxyphenylacetaldehyd* [Neuberg[9])]; auch Bacterium coli
wirkt abbauend auf Tyrosin [Rhein[10])].

Das Tyrosin als Phenyläthylaminderivat läßt sich in eine Isochinolinverbindung, in die *m-Oxytetrahydroisochinolin-β-carbonsäure*:

$$\text{HO}\!-\!\!\!\bigcirc\!\!\!\genfrac{}{}{0pt}{}{\text{CH}_2}{\text{CH}_2}\!\!\genfrac{}{}{0pt}{}{\text{CH}\!-\!\text{COOH}}{\text{NH}}$$

---

[1]) Johnson und O. Brien, C. **1912** II, 1207.

[2]) Liebig, A. **57**, 127.

[3]) Schulze und Barbieri, B. **11**, 710;, 1234; **12**, 1574.

[4]) V. Lippmann, B. **17**, 2835.

[5]) Fränkel und Reiner, Biochem. Z. **74**, 167.

[6]) Deleanu, C. **1916** II, 498.

[7]) Jodidi, C. **1910** I, 1468.

[8]) Barth, A. **136**, 110.

[9]) Neuberg, Biochem. Z. **20**, 531.

[10]) Rhein, Biochem. Z. **87**, 123.

durch Einwirkung von Methylal in Gegenwart von Salzsäure überführen [Pictet und Spengler[1])]. (Ringschluß zu Isochinolinderivaten.)

Erlenmeyer und Lipp[2]) synthetisierten es durch Nitrierung des
Phenylalanins, Reduktion zur Aminoverbindung und darauffolgender
Diazotierung.

Erlenmeyer jun. und Halsey[3]) gelangten auch zum Tyrosin,
indem sie in der Phenylalanin-Synthese aus Hippursäure und Benzaldehyd den letzteren durch den p-Oxybenzaldehyd ersetzten.

c) **Surinamin** (Methyltyrosin) $C_{10}H_{13}NO_3$ wurde 1824 von Hütten-
schmid[4]) in der Rinde von *Geoffroya surinamensis* Murr. (Familie der
Leguminosen) aufgefunden und als wurmtreibendes Mittel angewandt.
Später wurde es aus verschiedenen anderen Pflanzen gewonnen und mit
verschiedenen Namen bezeichnet: *Ratanhin* [Ruge[5]), Kreitmair[6])],
Angelin [Peckolt[7])], *Geoffroyin* [Winckler[8])], *Andirin* [Hiller[9])].

Das Surinamin krystallisiert aus heißem Wasser in Nadeln, Fp.
257° unter Zersetzung. In kaltem Wasser und Alkohol ist es wenig
löslich, unlöslich in Äther, $[\alpha]_D - 18{,}6°$. Das Surinamin hat den Charakter einer einsäurigen Base und einer zweibasischen Säure, besitzt
also, da es nur drei Sauerstoffatome enthält, wahrscheinlich eine Phenolgruppe. Es ist nach den Untersuchungen von Goldschmidt[10]) *β-p-
Oxyphenyl-α-methylaminopropionsäure*

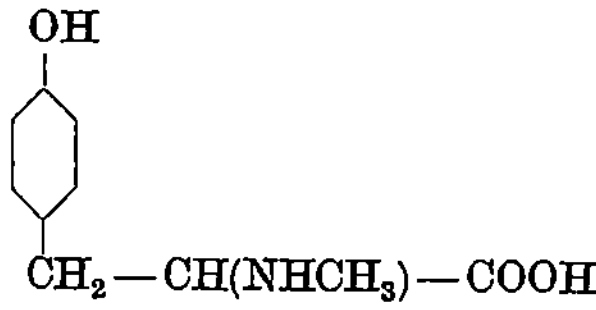

stellt also das *N-Methyltyrosin* vor. Es wurde auch durch Methylierung von l-Tyrosin erhalten [E. Fischer und Lipschitz[11])].

Die inaktive Form des N-Methyltyrosins ist auch kernsynthetisch
gewonnen [Friedmann und Guthmann[12])].

1. Hierzu wird *Anisaldehyd*

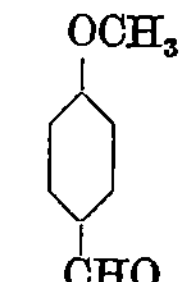

---

[1]) Pictet und Spengler, B. **44**, 2030.
[2]) Erlenmeyer und Lipp, A. **219**, 170.
[3]) Erlenmeyer jun. und Halsey, B. **30**, 2981; A. **307**, 138.
[4]) Hüttenschmid, Mag. f. Pharm. **7**, 287.
[5]) Ruge, J. **1862**, 493.
[6]) Kreitmair, A. **176**, 64.
[7]) Peckolt, Z. d. österr. Apoth.-Ver. **1868**, 513.
[8]) Winckler, Jahrb. d. Pharm. **2**, 159.
[9]) Hiller, A. Pharm. **230**, 513.
[10]) Goldschmidt, M. **33**, 1379; **34**, 659.
[11]) E. Fischer und Lipschitz, B. **48**, 360.
[12]) Friedmann und Guttmann, Biochem. Z. **27**, 491.

durch Kondensation mit Malonsäure in die *Anisalmalonsäure*

$$H_3CO-C_6H_4-CH=C\diagup^{COOH}_{\diagdown COOH}$$

übergeführt, diese zur *Hydroanisalmalonsäure* reduziert und durch Bromwasserstoffeinwirkung in die *p-Methoxyphenyl-α-Brompropionsäure*

$$H_3CO-C_6H_4-CH_2-CHBr-COOH$$

verwandelt. Diese liefert durch Methylamineinwirkung die *p-Methoxy-phenyl-α-Metylaminopropionsäure*

$$H_3CO-C_6H_4-CH_2-CH(NHCH_3)-COOH.$$

Durch Entmethylierung der Methoxygruppe entsteht hieraus N-Methyltyrosin.

2. Eine zweite Synthese des i-Methyltyrosins stammt von Johnson und Nicolet[1]), *Anisalhydantoin*:

wird in 1,3-*Dimethylanisalhydantoin* übergeführt; durch Jodwasser-stoffsäure wird die doppelte Bindung reduziert und zugleich die Methyl-gruppe von der OCH_3-Gruppe entfernt. Bei der darauffolgenden Ver-seifung mit Barythydrat entsteht entsprechend der punktierten Linie im Formelbild hydrolytische Aufspaltung zum *Methyltyrosin*.

6. Leucin.

Das Leucin $C_6H_{13}NO_2$ (*α-Aminoisobutylessigsäure*) wurde 1818 von Proust[2]) aus dem Glutin und aus Käse durch Faulenlassen derselben gewonnen. Es ist im Tierreich sehr verbreitet; Röhmann[3]) stellte es aus Casein durch Trypsineinwirkung dar.

Im Pflanzenorganismus trifft man es vielfach, u. a. im Fliegen-schwamm (*Amanita muscaria* Pers.), in den Keimlingen der Wicke,

---

[1]) Johnson und Nicolet, Amer. Chem. J. **47**, 459 (1912).
[2]) Proust, A. ch. (2) **10**, 40.·
[3]) Röhmann, B. **30**, 1978.

Lupine und des Kürbis, in der Rübenmelasse, in den Kartoffeln, im Mutterkorn (S. 383).

Es krystallisiert in glänzenden Blättchen, Fp. 170°, wenig löslich in kaltem Wasser und Alkohol, leicht löslich in heißem. In neutraler Lösung ist es linksdrehend; in salzsaurer rechtsdrehend. Beim Erhitzen mit Barytwasser auf 150—160° verwandelt es sich in *inaktives Leucin* [Schulze[1])]. Durch Salpetersäureeinwirkung wird es zur *Oxycapronsäure* $C_5H_{10}(OH)(COOH)$ oxydiert.

Das Leucin ist die α-Aminoverbindung der Isocaprylsäure oder der Isobutylessigsäure. Schulze und Likiernik[2]) haben in der Tat das inaktive Leucin

$$CH_3\!\!\diagdown CH-CH_2-CH\!\!\diagup NH_2$$
$$CH_3\!\!\diagup \qquad\qquad\qquad \diagdown COOH$$

Leucin.

durch aufeinanderfolgende Behandlung des Isovaleraldehyd-Ammoniaks mit Blausäure und Salzsäure erhalten, genau der Alaninsynthese entsprechend. (Siehe dort.)

Das inaktive Leucin wird durch *Penicillium glaucum* in die Rechts-Modifikation verwandelt; aber man hat bisher noch nicht die Links-Verbindung erhalten können, die mit dem natürlichen Leucin identisch sein müßte.

Das nächst niedrigere Homologe des Leucins, die α-*Aminoisopropylessigsäure* ist im Secale aufgefunden (S. 383), Steiger, Schulze und Trier[3]).

7. Arginin.

Das Arginin $C_6H_{14}N_4O_2$ wurde von Schulze, Steiger und Schulze in den Kürbis- und besonders in den Lupinenkeimlingen aufgefunden. wo es durch Zerfall der Pflanzeneiweißstoffe entsteht. Es ist vielfach ein Begleiter des Asparagins. Man wies es auch in der Runkelrübe[4]) und in mehreren Coniferen nach. Es bildet ferner ein häufiges Zersetzungsprodukt des tierischen und pflanzlichen Albumins [Kossel; Fischer und Suzuki[5])].

Das Arginin ist bisher nur in seinen Salzen bekannt, deren Lösungen rechtsdrehend sind; es ist ohne besondere physiologische Wirkung.

Durch Einwirkung salpetriger Säure entwickelt sich Stickstoff (primäre Base). Durch Dimethylsulfat werden 4 Alkylgruppen aufgenommen [Engeland und Kutscher[6])]. Beim Erhitzen mit Barytwasser zerfällt das Arginin vorzugsweise in Ornithin und Harnstoff [Schulze und Likiernik[7]), Schulze und Winterstein[8])].

[1]) Schulze, Z. physiol. **9**, 108; **10**, 135.
[2]) Schulze und Likiernik, B. **24**, 669; **25**, 56.
[3]) Schulze und Steiger, B. **19**, 1177; Schulze, B. **24**, 1098; Schulze und Trier, Z. physiol. **81**, 53.
[4]) Kossel, B. **34**, 3214; Fischer und Suzuki, B. **38**, 4187.
[5]) V. Lippmann, B. **29**, 2645.
[6]) Engeland und Kutscher, Z. f. Biol. **59**, 415.
[7]) Schulze und Likiernik, B. **24**, 2701.
[8]) Schulze und Winterstein, B. **30**, 2880; **32**, 3191.

Das *Ornithin* ist nach den Untersuchungen von Ellinger[1]) $\alpha\delta$-*Di-aminovaleriansäure* $NH_2CH_2-CH_2-CH_2-CH(NH_2)-COOH$, da es sich durch bakterielle Spaltung in Kohlensäure und in das bekannte *Tetra-methylendiamin* (*Putrescin*) zerlegen läßt:

$$(NH_2)CH_2-CH_2-CH_2-CH(NH_2)-COOH = (NH_2)CH_2-CH_2-CH_2-CH_2(NH_2)+CO_2$$

Ornithin.   Tetramethylendiamin.

Weiterhin konnten Schulze und Winterstein das Arginin syn-thetisieren, indem sie in Umkehrung der obigen Argininspaltung mole-kulare Mengen Ornithin und Cyanamid in wässeriger Lösung bei ge-wöhnlicher Temperatur aufeinander reagieren ließen:

$$\begin{array}{c} NH_2 \\ / \\ CN \end{array} + \underset{\text{Ornithin.}}{(NH_2)CH_2-CH_2-CH_2-CH(NH_2)-COOH} =$$

Cyanamid

$$\begin{array}{c} NH_2 \\ / \\ C=NH \\ \backslash \\ NH-CH_2-CH_2-CH_2-CH(NH_2)-COOH \end{array}$$

Arginin.

Das Arginin wird auch fermentativ in den Pflanzen zu Ornithin und Harnstoff abgebaut [Kiesel[2])].

Das Arginin erscheint nach obiger Formel auch als *α-Amino-δ-guaninovaleriansäure*. (Vgl. Agmatin S. 387.)

An dieser Stelle wollen wir noch daran erinnern (S. 38), daß die ringförmigen Piperidone und Pyrrolidone aus den offenen Amino-carbonsäuren durch Wasserabspaltung entstehen, und da wir hier nun gesehen, daß diese Aminocarbonsäuren die Spaltungsprodukte der Pflanzeneiweißstoffe sind, so scheint ein gerader einfacher Weg vor-zuliegen, der die Bildung der Alkaloide aus den Eiweißstoffen der Pflanze erklärt.

Sarkosin.

An die vorstehenden Aminosäuren schließen wir das *Sarkosin* an.

Das Sarkosin $C_3H_7NO_2$ wurde 1847 von Liebig[3]) als Zersetzungs-produkt des *Kreatins*, das im tierischen Stoffwechsel vorkommt, auf-gefunden; später wurde es von Rosengarten und Strecker[4]) beim Erhitzen von Caffein mit Barythydrat erhalten. Rhombische Säulen, in Wasser leicht löslich, in Alkohol schwer löslich. Fp. 210—215° unter Zersetzung. Zerfällt durch Natriumhypochlorit in Formaldehyd und Methylamin [Langheld[5])].

Die Konstitution des Sarkosins als Methylglycocoll

$$HOOC-CH_2-NHCH_3$$

---

[1]) Ellinger, B. **31**, 3183; **32**, 3542.
[2]) Kiesel, Z. physiol. **75**, 169.
[3]) Liebig, A. **62**, 310.
[4]) Rosengarten und Strecker, A. **157**, 1.
[5]) Langheld, B. **42**, 2360.

folgt sowohl aus seiner einfachen Darstellungsweise aus Chloressigsäure und Methylamin [Volhard[1])], wie auch aus seiner Bildung bei der Methylierung von Glycocoll [Loeb[2])].

Ferner erhält man das Sarkosin durch Kondensation von Formaldehyd mit salzsaurem Methylamin und Kaliumcyanid über das Nitril und Verseifung desselben [Heimrod[3]), Baumann[4])].

Das Sarkosin bildet sich, wie oben erwähnt, aus dem Kreatin. Bei dieser hydrolytischen Spaltung entsteht neben dem Sarkosin Harnstoff. Umgekehrt läßt sich das Kreatin $C_4H_9N_3O_2$ aus dem Sarkosin durch Einwirkung von Cyanamid synthetisieren. (Vgl. die analoge Synthese des Arginins aus dem Ornithin.)

$$\underset{\text{Sarkosin.}}{\overset{\text{COOH}}{\underset{|}{\text{CH}_2}}\text{——NH(CH}_3)} \;+\; \underset{\text{Cyanamid.}}{\overset{\text{H}_2\text{N}}{\diagdown}\text{CN}} \;=\; \underset{\text{Kreatin.}}{\overset{\text{COOH}}{\underset{|}{\text{CH}_2}}\text{——}\overset{\text{H}_2\text{N}}{\text{N(CH}_3)}\diagup\text{C}=\text{NH}}$$

Interessant ist der Ringschluß des Kreatins unter der Einwirkung von Mineralsäuren zum Glyoxalinderivat *Kreatinin* $C_4H_7N_3O$:

$$\underset{\text{Kreatinin.}}{\overset{\text{OC——NH}}{\underset{|}{\text{H}_2\text{C}}\text{——N(CH}_3)}\diagup\text{C}=\text{NH}}$$

II. Gruppe des Cholins.

Diese Gruppe umfaßt vier Pflanzenbasen, die durch ihre quaternäre Basennatur in enger Beziehung zueinander stehen.

Die physiologische Wirkung dieser Base folgt allein aus diesem quaternären Charakter, denn ihre übrige Konstitution weist sie in das Gebiet indifferenter Fettamine.

1. Cholin	$C_5H_{15}NO_2$
2. Sinapin	$C_{16}H_{25}NO_6$
3. Sinalbin	$C_{30}H_{42}N_2S_2O_{15}$
4. Muscarin	$C_5H_{15}NO_3$

1. Cholin.

Das Cholin (*Sinkalin, Bilineurin, Amanitin*) wurde von Babo und Hirschbrunn[5]) im Jahre 1851 durch Spaltung des Sinapins mit Barythydrat gewonnen und unter dem Namen Sinkalin beschrieben.

Im Jahre 1875 erhielten Schmiedeberg und Harnack[6]) das Cholin aus dem Fliegenschwamm (*Amanita muscaria* Pers.) und nannten es *Amanitin*; es findet sich darin neben dem Muscarin.

[1]) Volhard, A. **123**, 261.
[2]) Loeb, Biochem. Z. **51**, 116.
[3]) Heimrod, B. **47**, 338.
[4]) Baumann, C. **1915** II, 821.
[5]) Babo und Hirschbrunn, A. **84**, 10.
[6]) Schmiedeberg und Harnack, C. **1875**, 629.

Seinen jetzigen Namen erhielt das Cholin von Strecker[1]), der es auch in der tierischen Galle ($\chi o \lambda \acute{\eta}$) auffand. Von allen Basen findet sich das Cholin im Pflanzenreich am häufigsten; es bildet sich unterschiedslos in den verschiedensten Pflanzengattungen, die botanisch gar keine Beziehungen zueinander haben. Es ist also offenbar eine für die Biochemie der Pflanzenzelle wichtige Verbindung.

So hat man das Cholin in den Samen folgender Pflanzen beobachtet: der Erbse, des Hafers, Sesams, Hanfes, der Lupine, der Gerste, des Kürbis, der Wicke, Linse, Bohne, Baumwolle, des Kakaos, des Bockshorns und Strophantus; in den Früchten der Rotbuche, in der Arecanuß, in den bitteren Mandeln, in der Kartoffel, Runkelrübe, Morchel und in anderen Pilzen, im Hopfen, in der Rinde der Brechwurzel und der Cascarilla, des Calmus und der Scopolia, in den Blättern der Tollkirsche, des Bilsenkrautes, des Klees, von Cytisus und mehrerer Gramineen, im Hirtentäschelkraut, im Tee usw.; endlich auch im Wein und Bier [s. ferner Yoshimura und Trier, Schulze und Trier, Yoshimura[2])].

Das Cholin ist eine nicht krystallisierbare, syrupöse Substanz, an der Luft zerfließlich, in Wasser in jedem Verhältnis löslich. Es reagiert stark alkalisch.

Es ist eine quaternäre Base. Die Bildung seiner Salze findet unter Wasseraustritt statt:

$$C_5H_{14}O \equiv N - OH + HCl = C_5H_{14}O \equiv N - Cl + H_2O$$
Cholin.　　　　　　　　　Cholinchlorid.

Das zweite Sauerstoffatom des Cholins ist in einer alkoholischen Hydroxylgruppe enthalten, die sich durch Acetylierung bzw. Benzoylierung nachweisen läßt [Baeyer[3])].

Die Konstitution des Cholins als *Oxäthyltrimethylammoniumhydroxyd*:

$$\begin{array}{l} CH_2OH \\ | \\ CH_2N(CH_3)_3OH \end{array}$$
Cholin.

wird durch folgende Synthesen bestimmt:

1. Durch Erhitzen des Trimethylamins mit Glycolchlorhydrin [Würtz[4])]:

$$CH_2OH - CH_2Cl \ + \ (CH_3)_3 \equiv N \ = \ \begin{array}{l} CH_2OH \\ | \\ CH_2N(CH_3)_3Cl \end{array}$$
Glycolchlorhydrin.　　　　Trimethylamin.　　Salzsaures Cholin.

2. Aus Trimethylamin und Äthylenoxyd durch Stehenlassen in wässeriger Lösung bei gewöhnlicher Temperatur [Würtz[4])]:

$$\begin{array}{c} CH_2 - CH_2 \\ \diagdown O \diagup \end{array} + \ (CH_3)_3 \equiv N \ + H_2O \ = \ \begin{array}{l} CH_2OH \\ | \\ CH_2N(CH_3)_3OH \end{array}$$
Äthylenoxyd.　　　Trimethylamin.　　　　　　　Cholin.

---

[1]) Strecker, A. **123**, 353; **148**, 76.
[2]) Yoshimura und Trier, Z. physiol. **77**, 290; Schulze und Trier, **81**, 53; Yoshimura, Z. physiol. **88**, 334.
[3]) Baeyer, A. **142**, 325.
[4]) Würtz, C. r. **65**, 1015.

Diese zweite Synthese verläuft schon bei gewöhnlicher Temperatur, geht also noch leichter von statten wie die erste, bei der Erhitzen nötig ist.

3. Aus Trimethylamin mit Äthylenbromid und Behandlung des so entstehenden quaternären Salzes mit Silbernitrat [Bode, Krüger und Bergell[1])] (ähnliche Bildungsweise wie Synthese 1).

$$CH_2Br-CH_2Br \; + \; (CH_3)_3\equiv N \; = \; \begin{matrix} CH_2Br \\ | \\ CH_2N(CH_3)_3Br \end{matrix}$$

$$\begin{matrix} CH_2Br \\ | \\ CH_2N(CH_3)_3Br \end{matrix} + 2\,AgNO_3 + H_2O \; = \; \begin{matrix} CH_2OH \\ | \\ CH_2N(CH_3)_3NO_3 \end{matrix} + 2\,AgBr + HNO_3$$

Cholinnitrat.

4. Durch Methylierung von *Aminoäthylalkohol* [Trier[2])].

Die Konstitution des Cholins folgt auch aus seinen Spaltungsprodukten; eine konzentrierte wässerige Cholinlösung wird beim Kochen in Trimethylamin und Glycol gespalten (Schmiedeberg und Harnack).

Beachtenswert und hier hervorzuheben ist ein gewisser Zusammenhang zwischen dem Cholin und Morphin. Das Morphin liefert nämlich bei seiner Zersetzung (S. 297) *Oxyäthyldimethylamin*: $(CH_3)_2N-CH_2-CH_2-OH$, das bei der Behandlung mit Jodmethyl Cholin ergibt.

Das oben erwähnte *Acetylcholin* findet sich im *Secale cornutum* und in *Herba Capsellae Bursae Pastoris* [Boruttau und Cappenberg[3])].

Durch Wasserabspaltung geht das Cholin in das *Trimethylvinyl-ammoniumhydroxyd*

$$\begin{matrix} CH_2 \\ \| \\ CHN(CH_3)_3OH \end{matrix}$$

über. Die Wasserabspaltung läßt sich durch Behandlung des Cholinjodids mit feuchtem Silberoxyd bewirken.

Die so entstehende Vinylverbindung ist identisch mit dem *Neurin*, einer außerordentlich giftigen Base, die im Jahre 1865 von Liebreich gleichzeitig mit dem Cholin bei der Behandlung des Rinderhirns mit Barythydrat entdeckt wurde (Bayer[4])].

Durch Einwirkung oxydierender Mittel (Salpetersäure, Chromsäure, Kaliumpermanganat) geht das Cholin in Betain über (S. 447).

Das Cholin läßt sich, wie oben erwähnt, auch aus dem tierischen Organismus gewinnen. Gewöhnlich stellt man es aus dem Eidotter dar, indem man diesen mit Ätzbaryt kocht.

Diese verschiedenen Tier- wie Pflanzenstoffe enthalten das Cholin ursprünglich nicht als solches, sondern in Form komplizierterer Verbindungen, die *Lecithine* genannt werden; basische Körper, in Wasser, Alkohol und Äther löslich.

---

[1]) Bode, A. **267**, 271; A. Pharm. **229**, 469, Krüger und Bergell B. **36**, 2901.
[2]) Trier, Z. physiol. **73**, 383; **80**, 409.
[3]) Boruttau und Coppenberg, A. Pharm. **259**, 33.
[4]) Bayer, A. **140**, 311.

Die Konstitution dieser ergibt sich aus ihrer Zersetzung bei der
Einwirkung von Säuren oder Alkalien, wobei sie zunächst in *Cholin*
und *Glycerylphosphorsäureester*:

$$C_3H_5 \begin{cases} O-R \\ O-R' \\ O-PO \begin{cases} OH \\ OH \end{cases} \end{cases}$$

und weiter in Cholin, Glycerin, Phosphorsäure und höhere Fettsäuren
zerfallen. Danach gibt man ihnen folgende allgemeine Formel:

$$C_3H_5 \begin{cases} O-R \\ O-R' \\ O-PO \begin{cases} OH \\ O-C_5H_{14}NO \end{cases} \end{cases}$$

Hierin bedeuten R und R' die Radikale der Stearin-, Palmitin- oder
Ölsäure.

Die Lecithine spielen im Pflanzenorganismus eine wichtige Rolle,
und steht die Synthese des Lecithins in der Pflanze in Beziehung zur
Kohlensäureassimilation.

2. Sinapin.

Das Sinapin $C_{16}H_{25}NO_6$ wurde 1825 von Henry und Garot[1]) im
schwarzen Senf, *Sinapis nigra L.* (Fam. der Cruciferen) entdeckt. Man
gewinnt es aus den Senfsamen in Form seiner schwerlöslichen Sulfo-
cyanverbindung, $C_{16}H_{24}NO_5 \cdot SCN + H_2O$, indem man den alkoholischen Senfsamenextrakt mit alkoholischer Rhodankaliumlösung versetzt.

Im schwarzen Senf ist außerdem ein Glycosid: das myronsaure
Kalium (*Sinigrin*) $C_{10}H_{16}NS_2KO_9 + H_2O$ enthalten, das bei der Verseifung in Allylsenföl, Glucose und Kaliumbisulfat zerfällt.

Nach den Angaben von Gadamer[2]) kommt das Sinapin nur im
schwarzen Senf, nicht im weißen Senf vor; dieser enthält vielmehr nur
Sinalbin, das allerdings unter Bildung von Sinapin leicht zerfällt.

Das Sinapin ist wegen seiner Zersetzlichkeit im freien Zustand nicht
bekannt. Gut charakterisiert ist indes das schwerlösliche Jodid, Fp.
185—186°, das aus einer Sinapinrhodanidlösung durch Jodkali fällt.

Das Sinapin stellt einen Säureester vor, der durch wäßriges Alkali
leicht Hydrolyse erfährt in *Cholin* und *Sinapinsäure* [v. Babo und
Hirschbrunn[3])]:

$$C_{16}H_{25}NO_6 + H_2O = C_5H_{15}NO_2 + C_{11}H_{12}O_5$$
$$\text{Sinapin.} \qquad\qquad \text{Cholin.} \qquad \text{Sinapinsäure.}$$

Die Konstitution des Cholins kennen wir bereits; die *Sinapin-*
säure wurde von Remsen und Coale[4]) studiert, von Gadamer in
ihrer Konstitution sicher erkannt und von Späth[5]) synthetisiert.

[1]) Henry und Garot, Journ. de pharm. (2), **20**, 63; **42**, 1.
[2]) Gadamer, A. Pharm. **235**, 44, 81; B. **30**, 2322, 2330.
[3]) Babo und Hirschbrunn, A. **84**, 10.
[4]) Remsen und Coale, Americ. chem. Journ. **6**, 50 (1884).
[5]) Späth, M. **41**, 271.

Die Sinapinsäure krystallisiert aus Alkohol in Prismen, Fp. 191 bis 192°; in kaltem Alkohol wenig löslich, noch weniger in Wasser und in Äther.

Die Sinapinsäure enthält zwei Methoxyle und eine Hydroxylgruppe (Monoacetylderivat). Bei der Behandlung mit Jodmethyl in alkalischer Lösung entsteht der *Methylsinapinsäuremethylester* (Schmelzpunkt 91°) (Gadamer):

$$C_8H_4(OCH_3)_2(OH)(COOH) + 2\,NaOH + 2\,CH_3J = C_8H_4(OCH_3)_3COOCH_3$$

Sinapinsäure.   Methylsinapinsäure-
methylester.

$$+\ 2\,NaJ + 2\,H_2O$$

Dieser Ester bildet bei der Verseifung mit alkoholischem Kali die *Methylsinapinsäure*, $C_8H_4(OCH_3)_3COOH$; Nädelchen, Fp. 124°.

Den Einblick in die Konstitution der Sinapinsäure selber ergab die Oxydation der Methylsinapinsäure mit Kaliumpermanganat in alkalischer Lösung. Hierbei entsteht die *Trimethylgallussäure* (Gadamer):

$$CH_3O\text{—}\underset{\underset{OCH_3}{|}}{\overset{}{\bigcirc}}\text{—}COOH \quad (CH_3O\text{—})$$

woraus sich für die Sinapinsäure eine der beiden folgenden Formeln ableitet.

$$\underset{\text{I.}}{CH_3O\text{—}\bigcirc\text{—}CH{=}CH\text{—}COOH} \qquad oder \qquad \underset{\text{II.}}{CH_3O\text{—}\bigcirc\text{—}CH{=}CH\text{—}COOH}$$

Sinapinsäure.

Die Entscheidung, welche von diesen Formeln der Sinapinsäure zukommt, konnte Gadamer dadurch erbringen, daß er die Sinapinsäure acetylierte und diese *Acetylsinapinsäure* mit Kaliumpermanganat oxydierte.

Bei der Verseifung der Oxydationsprodukte erhielt er eine Dimethylgallussäure, die sich mit der *Syringasäure* (Fp. 202°) identifizierte, deren Konstitution von Koerner[1] als

$$CH_3O\text{—}\underset{\underset{OCH_3}{|}}{\overset{}{\bigcirc}}\text{—}COOH \quad (HO\text{—})$$

erkannt war. Daraus folgt für die Sinapinsäure die Formel I.

Die *Synthese der Sinapinsäure* führt vom Syringaaldehyd (Carbäthoxyverbindung) durch Kondensation mit Malonsäure unter Kohlensäureabspaltung zur *Carbäthoxysinapinsäure*:

$$C_6H_4O(COOC_2H_5)(OCH_3)_2 - CHO + CH_2(COOH)_2$$
$$= C_6H_4O(COOC_2H_5)(OCH_3)_2 - CH = CH - COOH + H_2O + CO_2,$$

die durch Verseifung der Carbäthoxygruppe Sinapinsäure ergibt.

---

[1] Koerner, G. **18**, 209.

Synthese des Sinapins. — Die Synthese des Sinapins geschieht durch eine analoge Reaktionsfolge, wie wir sie schon bei dem Atropin (S. 147) kennengelernt haben. *Acetylsinapinsäurechlorid* wird mit *Oxyäthyldimethylamin* kondensiert und die Acetylgruppe vom Kondensationsprodukt abgespalten. Dieses wird durch Anlagerung von Jodmethyl in das quaternäre Jodid — in das Sinapinjodid — übergeführt (Späth):

$$H_3CO-C_6H_2(OH)(OCH_3)-CH=CH-CO-O-H_2C-CH_2-N(CH_3)_3 \cdot OH$$

Sinapin.

3. Sinalbin.

Das Sinalbin, $C_{30}H_{42}N_2S_2O_{15}$, wurde im Jahre 1879 von Will und Laubenheimer[1] im weißen Senf, *Sinapis alba* L., entdeckt. Es krystallisiert aus verdünntem Alkohol mit fünf Molekülen Krystallwasser in prismatischen Nadeln, Fp. 83—84°; wasserfrei bei 139—140° (Gadamer). In Wasser und in kaltem Alkohol ist es wenig löslich, in Äther unlöslich. Seine wässerige Lösung reagiert alkalisch, schmeckt sehr bitter und ist linksdrehend. Durch Alkali werden seine Lösungen intensiv gelb gefärbt.

Das Sinalbin ist ein Glukosid; es läßt sich durch verschiedene Agentien leicht spalten, besonders auch durch das *Myrosin*, ein Ferment, das sich in den Senfsamen vorfindet, wodurch die Hydrolyse schon eintritt, wenn man pulverisierten Senfsamen mit Wasser stehen läßt.

Das Sinalbin zerfällt dabei in Dextrose, schwefelsaures Sinapin und in eine Verbindung von der Formel C_8H_7NSO, die sich als *p-Oxybenzylsenföl* erwies:

$$C_{30}H_{42}N_2S_2O_{15} + H_2O = C_6H_{12}O_6 + C_{16}H_{24}NO_5 \cdot HSO_4 + C_8H_7NSO$$

Sinalbin.   Dextrose.   Sinapinbisulfat. p-Oxybenzylsenföl.

Die Verbindung C_8H_7NSO stellt ein gelbes Öl von sehr scharfem Geschmack vor, das die Haut stark reizt; es ist in Wasser fast unlöslich, sehr leicht löslich in Alkohol, Äther und in Alkalien.

Salkowski[2] wies seine Konstitution nach, indem er es mit dem

$$\text{p-Oxybenzylsenföl,}\quad C_6H_4 \begin{cases} CH_2-NCS\,(1) \\ OH\,(4) \end{cases}$$

identifizieren konnte, das bei der Behandlung von p-Oxybenzylamin mit Schwefelkohlenstoff entsteht.

Demnach hat das Sinalbin folgende Formel (Gadamer):

$$\begin{array}{l} O-SO_2-O-N(CH_3)_3-CH_2-CH_2-O-CO-CH=CH-C_6H_2(OCH_3)_2OH \\ C-S-C_6H_{11}O_5 \\ N-CH_2-C_6H_4-OH \\ \quad (1) \qquad\qquad (4) \end{array}$$

Sinalbin.

---

[1] Will und Laubenheimer, A. 199, 150.
[2] Salkowski, B. 22, 2137.

4. Muscarin.

Diese Base, $C_5H_{15}NO_3$, ist das giftige Prinzip des Fliegenschwammes (*Amanita muscaria* Pers.). Es wurde daraus im Jahre 1870 von Schmiedeberg und Koppe[1]) gewonnen. Es findet sich auch in einigen anderen Giftpilzen, denen es möglicherweise die Giftwirkung erteilt, ferner nach den Angaben von Marino Zucco und Vignolo[2]) in den Blüten und Früchten von *Cannabis indica*, Fam. der Cannabinaceen.

Es bildet zerfließliche Krystalle, die in Wasser und Alkohol ungemein löslich, in Äther unlöslich sind; es ist eine starke Base, besitzt weder Geruch noch Geschmack und ist ein sehr heftiges Gift. Beim Erhitzen wird es unter Trimethylaminbildung zersetzt.

Es muß ebenso wie das Cholin als eine Ammoniumhydroxydverbindung betrachtet werden; seine Salze entstehen unter Wasseraustritt durch Substitution der am fünfwertigen Stickstoff haftenden Hydroxylgruppe durch ein Säureradikal:

$$C_5H_{14}O_2{\equiv}N{-}OH + HCl = C_5H_{14}O_2{\equiv}N{-}Cl + H_2O$$

Muscarin.   Salzsaures Muscarin.

Die Konstitution des Muscarins ist noch nicht sichergestellt. Zunächst betrachtete man es als:

$$(CH_3)_3N{<}^{CH_2-CH(OH)_2}_{OH},$$

aber die zur Synthese des Muscarins ausgeführten Versuche von E. Fischer[3]) durch Methylierung des Acetalamins und diejenigen von Berlinerblau[4]) aus Trimethylamin mit Chloracetal und Kochen mit Baryt gaben eine zwar unter sich identische, aber vom Fliegenpilzmuscarin verschiedene Verbindung. Fischer konnte weiterhin auch zeigen, daß seine synthetisierte Base in der Tat die erwartete Konstitution hatte, da sie sich bei der Oxydation mit Silberoxyd in Betain überführen ließ:

$$(CH_3)_3N{<}^{CH_2-CH(OH)_2}_{OH} + O = (CH_3)_3N{<}^{CH_2-COOH}_{OH} + H_2O$$

Betain.

Zu der Annahme, das Muscarin, wie oben angegeben, als:

$$(CH_3)_3N{<}^{CH_2-CH(OH)_2}_{OH}$$

anzusehen, hatte eine Mitteilung von Schmiedeberg und Harnack[5]) beigetragen, nach der das Muscarin durch Oxydation des Cholins mit Salpetersäure entstünde:

$$(CH_3)_3N{<}^{CH_2-CH_2OH}_{OH} + O = (CH_3)_3N{<}^{CH_2-CH(OH)_2}_{OH}$$

Cholin.   Muscarin.

[1]) Schmiedeberg und Koppe, B. **3**, 281.
[2]) Marino-Zucco und Vignolo, G. **25**, 262.
[3]) E. Fischer, B. **26**, 468; **27**, 165.
[4]) Berlinerblau, B. **17**, 1139.
[5]) Schmiedeberg und Harnack, Arch. f. exp. Pathol. u. Pharm. 6, 101; J. 1876, 804.

In der Tat bildet sich aber hierbei, wie Ewins[1]) nachwies, der *Salpetrigsäureester des Cholins*, was im wesentlichen Weinhagen[2]) bestätigt. Auch die physiologische Untersuchung der von Schmiedeberg und Harnack erhaltenen Verbindung durch Nothnagel[3]) erwies die Verschiedenheit vom natürlichen Muscarin.

Pharmakologisches. — *Cholin.* Die physiologischen Wirkungen des Cholins sind auch gegenwärtig noch strittig[4]). Von den meisten Autoren wird angenommen, daß das Alkaloid, Säugetieren intravenös injiziert, Blutdrucksenkung erzeugt, die auf eine Erweiterung der peripheren Blutgefäße zurückzuführen ist. Außerdem wird die Herzpulsation verlangsamt. Die Atmung wird ebenfalls geschädigt. Die peripheren motorischen Nerven werden curareartig gelähmt.

Ähnlich wie Muscarin regt auch Cholin die Tätigkeit der Drüsen (Tränen- und Speichelfluß) und der Organe mit glatter Muskulatur (Darm, Gebärmutter usw.) an. — Alle Cholinwirkungen können durch Atropin und, wie neuerdings festgestellt worden ist, auch durch Adrenalin aufgehoben werden. — Die Giftigkeit des Cholins ist im ganzen nicht sehr groß. Vergiftungsfälle beim Menschen sind kaum beobachtet worden.

β- und γ-Homocholin wirken ähnlich, aber stärker als Cholin, sie können durch Atmungslähmung töten[5]). — Auf die glatte Darm- und Uterusmuskulatur ist besonders Acetylcholin stark wirksam[6]).

Neurin wirkt ähnlich wie Cholin erregend auf Drüsen und glatte Muskulatur, doch steigert es den Blutdruck durch Verengerung der peripheren Gefäße. Das Herz selbst wird geschwächt.[7]) — Neurin ist erheblich giftiger als Cholin, bei Fröschen bewirkt es ebenfalls periphere Lähmung.

Auch *Betain* äußert sich wie Cholin, aber quantitativ viel schwächer.

Muscarin. Über die Wirkungen des natürlichen, aus dem Fliegenpilz dargestellten Muscarins existiert eine sehr umfangreiche Literatur[8]). Das Wesentlichste daraus ist folgendes: Muscarin besitzt eine schädigende Wirkung auf das Herz, die sich vor allem in einer Abnahme der Pulzfrequenz · (und durch Abnahme des Blutdrucks) bei Warm- und Kaltblütern zeigt; von dem Entdecker des Alkaloids, Schmiedeberg, ist diese Pulsverlangsamung auf eine Erregung des Herzhemmungsnerven (Vagus) bezogen worden, andere, z. B. Gaskell, Straub, sehen darin den Ausdruck einer Schädigung der Herzmuskulatur. — Außer der Herzwirkung ist an Warmblütern noch Erregung der Drüsentätigkeit (Tränen- und Speichelfluß), Erbrechen und Erregung fast aller Organe mit glatter Muskulatur zu sehen (Speiseröhre, Magen und be-

---

[1]) Ewins, Biochem. Journ. **8**, 209 (C. **1914** II, 1036).
[2]) Weinhagen, Amer. Soc. **42**, 1670 (C. **1920** III, 819).
[3]) Nothnagel, B. **26**, 801.
[4]) Literatur bei F. Müller, Pflügers Arch. **134**, 289.
[5]) Hunt, Journ. of pharm. and exp. ther. **1**, 303; **6**, 477.
[6]) Guggenheim und Löffler, Biochem. Zeitschr. **72**, 303; **74**, 208.
[7]) Literatur bei Joteyko, Arch. int. de pharmacodynamie 4, 195.
[8]) Albahary und Löffler, C. r. 1908. Siehe z. B. Robert, Arch. f. exp. Pathol. u. Pharmak. **20**, 92.

sonders Darm, daher Durchfall, Blase). Auch die glatte Muskulatur der Lunge wird erregt und dadurch kommt es zur Verlegung der feinen Bronchiolen und Behinderung der Atmung. Der Tod erfolgt bei Säugetieren an Atmungslähmung oder durch die Herzschädigung.

Vergiftungen mit Fliegenpilzen sind früher relativ häufig vorgekommen, jetzt selten geworden; es überwiegen bei ihnen die Symptome seitens der Verdauungsorgane: Erbrechen, Durchfall. In schweren Fällen sah man auch Kreislaufstörungen und Tod im allgemeinen Kollaps. — Charakteristisch für die Muscarinwirkung ist, daß experimentell alle Erscheinungen schon durch sehr kleine Gaben von Atropin sofort beseitigt werden; dies ist daher gegebenenfalls bei Vergiftungen als Antidot anzuwenden.

Auf das periphere Nervensystem besitzt das natürliche Muscarin nur geringe Wirkung; das sog. synthetische Muscarin, das ja allerdings in neuerer Zeit als der Salpetrigsäureester des Cholins aufgefaßt wird, wirkt hauptsächlich nur curareartig, d. h. es lähmt die Endigungen der motorischen Nerven in den Muskeln und führt so völlige Lähmung herbei.

III. Aromatische Aminbasen.

Die folgenden Basen stellen keine typischen Alkaloide vor, da es keine heterocyklischen, stickstoffhaltigen Basen sind; sie enthalten vielmehr das Stickstoffatom an einen aromatischen Ring verknüpft. Diese Basen zeigen auch nicht die den eigentlichen Alkaloiden zugehörige physiologische Wirkung auf das Zentralnervensystem, sondern sie beeinflussen vor allem den Sympathicus, bezüglich die von ihm innervierte glatte Muskulatur.

Auch genetisch nehmen diese Basen eine Sonderstellung von den eigentlichen Alkaloiden ein, indem sie unmittelbar zugehörig zu den Proteinen erscheinen; so bilden sie sich zum Teil direkt bei der Fäulnis des Eiweißes und stehen auch mit anderen Eiweißabbauprodukten, wie mit dem Tyrosin im engen Zusammenhang,, während wir annehmen, daß die eigentlichen Alkaloide ihre Bausteine zwar auch aus den Proteinzerfallsprodukten nehmen, aber diese weiter benutzen, um durch phytochemische, synthetische Prozesse die Alkaloide aufzubauen. Es liegt also bei den eigentlichen Alkaloiden ein komplizierterer Entstehungsvorgang vor als bei den vorliegenden Proteinderivaten.

Wenn wir die vorliegenden Basen also auch nicht als eigentliche Alkaloide ansehen, so interessiert uns doch daran ihre starke physiologische Wirkung, die in ihrem Ausmaß, auch wenn sie anders gerichtet ist, an die der Alkaloide erinnert.

Die unten angegebenen Anhaloniumbasen bestehen übrigens teils aus aromatischen Aminbasen, teils aus wahren Isochinolinverbindungen. Bei den leichten Übergängen, die bekanntlich zwischen diesen beiden Reihen herrschen, ist ein derartiger Zusammenhang nicht überraschend. So reagieren, wie wir es beim Cotarnin und Hydrastin gesehen haben, diese hydrierten Isochinolinverbindungen in tautomerer Form als aromatische Aminoaldehyde (S. 277). Auch Tetrahydropyridinverbindungen zeigen den ungemein leichten Wechsel zwischen partiell hydrierter Pyridinform und Fettaminen (S. 44).

Von den oben charakterisierten Basen betrachten wir die hauptsächlichsten folgenden:

1. p-Oxyphenyläthylamin.
2. p-Oxyphenyläthyldimethylamin (Hordenin).
3. Ephedrin.
4. Damascenin.
5. Anhaloniumbasen.

1. Para-Oxyphenyläthylamin.

Das *p-Oxyphenyläthylamin* $C_8H_{11}NO$ wurde bei verschiedenen Eiweißzersetzungsvorgängen aufgefunden. Im Mutterkorn, dessen Alkaloide überhaupt zu den Proteinen vielfache Beziehungen haben, wurde es von Barger[1]) nachgewiesen, und in den amerikanischen Misteln von Crawford und Watanabe[2]). Das p-Oxyphenyläthylamin bildet Blättchen, Fp. 161°, Kp. 175—181°, löslich in Äther, in heißem Alkohol, aber weniger in heißem Wasser. Seine Konstitution erwies sich durch seinen Zerfall bei der Kalischmelze, in p-Oxybenzoesäure und Ammoniak, wie auch durch seine Bildung aus dem *Tyrosin* (S. 461), das als *p-Oxyphenyläthylamincarbonsäure* erkannt ist.

Für das p-Oxyphenyläthylamin liegen eine Reihe klarer Synthesen vor.

1. Barger[3]) erhielt die Base aus dem *p-Oxyphenylacetonitril*:

$$CH_2—CH_2—CN$$

$$OH$$

[Pschorr, Wolfes und Buckow[4])] durch Reduktion mit Natrium und Alkohol.

2. *Phenyläthylamin*

$$CH_2—CH_2—NH_2$$

wird zunächst zum Schutz der Aminogruppe benzoyliert, dann nitriert, wobei die Nitrogruppe in die Parastellung eintritt. Diese Nitroverbindung wird über die Aminoverbindung in bekannter Weise in das Phenol $OH—C_6H_4—CH_2—CH_2—NH(C_6H_5CO)$ verwandelt, aus dem durch 20proz. Salzsäure die Benzoylgruppe wieder abgespalten wird [Barger und Walpole[5])].

[1]) Barger, Soc. **95**, 1123.
[2]) Crawford und Watanabe, C. **1915** I, 899.
[3]) Barger, l. c.
[4]) Pschorr, Wolfes und Buckow, B. **33**, 171.
[5]) Barger und Walpole, Soc. **95**, 1720.

3. *p-Methoxyphenylacrylsäure*

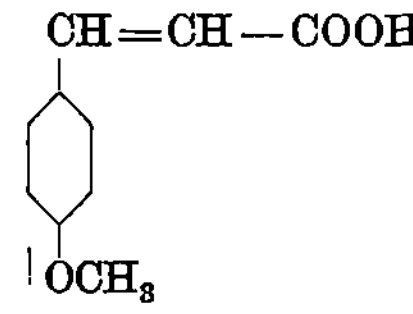

erhalten aus Anisaldehyd und Essigester wird durch Natriumamalgam reduziert zur *p-Methoxyphenylpropionsäure*. Diese wird über das Amid nach der Hofmannschen Reaktion in das Amin übergeführt und schließlich durch Einwirkung von Bromwasserstoffsäure entmethyliert [Bayer & Co.[1])].

4. *Anisaldehyd*

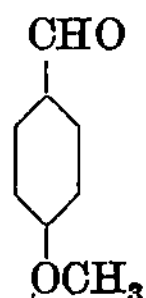

wird durch Nitromethan zum *p-Methoxynitrostyrol* kondensiert $(H_3CO)-C_6H_4-CH = CH-NO_2$ und dieses durch Reduktion über das *p-Methoxyphenylacetaldoxim* $(H_3CO)-C_6H_4-CH_2-CH = NOH$ und Entmethylierung desselben in das p-Oxyphenyläthylamin übergeführt [Rosenmund; Bayer & Co.[2])].

Außer nach den obigen kernsynthetischen Methoden entsteht das Oxyphenyläthylamin, wie schon oben erwähnt, durch Abbau aus dem Tyrosin $HO-C_6H_4-CH_2-CH(COOH)-NH_2$ (*p-Oxyphenyläthylamin-carbonsäure*) durch Kohlensäureabspaltung. Dies gelingt durch Erhitzen mit Glycerin bei 170° bzw. bei gewöhnlichem oder vermindertem Druck [Graciani[3]), F. Ehrlich und Pistschimuka[4])], wie auch fermentativ [Berthelot und Bertrand; Sasaki[5])].

Pharmakologisches. — *p-Oxyphenyläthylamin* macht ebenso wie Suprarenin eine Blutdrucksteigerung durch Kontraktion der peripheren Gefäße, die länger anhält als nach entsprechenden Suprareninmengen; auch die Uterusmuskulatur der Kaninchen wird zu starker Kontraktion gebracht (s. bei Guggenheim, S. 260).

2. Hordenin.

Das Hordenin $C_{10}H_{15}NO$ wurde von Léger[6]) in trockenen Malzkeimen gefunden. Torquati fand den höchsten Hordeningehalt in der keimenden Gerste nach viertägiger Keimung zu 0,45%[7]).

---

[1]) Bayer & Co., D. R. P. 233 551.
[2]) Rosenmund, B. **42**, 4778; vgl. auch Bayer & Co., D. R. P. 230 043.
[3]) Graciani, C. **1916 I**, 923.
[4]) F. Ehrlich und Pistschimuka, B. **45**, 1006.
[5]) Berthelot und Bertrand, C. r. **154**, 1826; Sasaki, Biochem. Z. **59**, 429.
[6]) Léger, C. r. **142**, 108; **143**, 234.
[7]) Torquati, C. **1911 I**, 166.

Das Hordenin findet sich auch im *Anhalonium fissuratum* und erwies sich mit dem dort vorkommenden Anhalin identisch.

Das Hordenin bildet farblose Prismen, Fp. 118°, Kp. 173—174°, sublimiert unzersetzt, leicht löslich in Alkohol, Äther und Chloroform; optisch inaktiv. Starke tertiäre Base, die Ammoniak aus Salzen in Freiheit setzt. Das Sauerstoffatom ist als Phenolhydroxyl enthalten; durch Dimethylsulfat methylierbar [Gäbel[1])]. Dieser Methyläther wird durch Kaliumpermanganat zur *Anissäure* oxydiert [vgl. dagegen Léger[2])]. Analog wird das *Acetylhordenin* zur *Acetylparaoxybenzoesäure* oxydiert, Fp. 185° [Léger[3])]. Dieses Oxydationsergebnis charakterisiert das Hordenin als eine in Parastellung substituierte aromatische Verbindung, die nur eine Seitenkette enthält. Über diese Seitenkette gab der Hofmannsche Abbau des Hordenins Aufschluß, indem dadurch *p-Vinylanisol* $H_3CO-C_6H_4-CH = CH_2$ neben Trimethylamin entsteht, was auf eine Äthylengruppe im Hordenin hinweist [Léger[4])].

Auf Grund der obigen Reaktionen betrachtet Léger das Hordenin als *p-Oxyphenyläthyldimethylamin*. Eine Reihe von durchsichtigen Synthesen bestätigt diese Konstitution.

1. Barger[5]) erhielt das Hordenin vom *Phenyläthylalkohol* $C_6H_5-CH_2-CH_2OH$ aus. Durch Überführung desselben in das α-Chlor-β-Phenyläthan $C_6H_5-CH_2-CH_2Cl$ (mittels Phosphorpentachlorid) und weitere Einwirkung von Dimethylamin geht dieses in das *α-Dimethylamino-β-Phenyläthan* über. Diese Verbindung wird nitriert, und die Nitroverbindung in bekannter Weise in die Oxyverbindung — in das Hordenin — $HO-C_6H_4-CH_2-CH_2-N(CH_3)_2$ verwandelt.

2. *Para-Methoxyphenyläthylamin* $H_3CO-C_6H_4-CH_2-CH_2-NH_2$ wird durch Jodmethyl alkyliert und durch Jodwasserstoffsäureeinwirkung die Methoxygruppe abgespalten [Rosenmund[6])].

3. *Para-Chlormethyl-anisylketon* $H_3CO-C_6H_4-CO-CH_2Cl$ wird durch Dimethylamin in die Dimethylaminobase übergeführt, durch Hydrolyse die Oxymethylgruppe abgespalten und durch Jodwasserstoffsäure und Phosphor zum Hordenin reduziert [Voswinkel[7])].

4. *p-Anisylbromid* $H_3CO-C_6H_4-CH_2Br$ gibt mit Brommethyläther $BrCH_2OCH_3$ und Natrium in ätherischer Lösung (Fittigsche Reaktion) *p-Methoxyphenyl-β-methoxyäthan* $H_3CO-C_6H_4-CH_2-CH_2OCH_3$. Dieses wird durch Erwärmen mit gesättigter Bromwasserstoffsäure in das *p-Oxyphenyl-β-bromäthan* $HO-C_6H_4-CH_2-CH_2Br$ übergeführt, das durch Dimethylamineinwirkung Hordenin liefert [Späth und Sobel[8])]. Diese Synthese erfuhr durch Verwendung von Anisaldehyd als Ausgangsmaterial eine gewisse Modifikation (Späth und Sobel).

---

1) Gäbel, A. **244**, 435.
2) Léger, C. r. **144**, 208.
3) Léger, C. r. **143**, 916.
4) Léger, C. r. **144**, 488.
5) Barger, Soc. **95**, 2193.
6) Rosenmund, B. **43**, 306; Bayer & Co., D. R. P. 233 069.
7) Voswinkel, B. **45**, 1004; D. R. P. 248 385.
8) Späth und Sobel, M. **41**, 77.

Pharmakologisches. — *Hordenin* verursacht im Gegensatz zu p-Oxyphenyläthylamin nur geringe Blutdrucksteigerung[1]; es soll eine Reizung der Vagusendigungen bewirken.

3. Ephedrin und Pseudoephedrin.

In *Ephedra vulgaris* (Meerträubchen) finden sich zwei Basen, das *Ephedrin* und das stereoisomere *Pseudoephedrin*.

Das Ephedrin $C_{10}H_{15}NO$ wurde 1887 von Nagai[2]) entdeckt und von E. Merck[3]) 1893 bearbeitet. Merck fand außer dem Ephedrin in *Ephedra vulgaris* das Pseudoephedrin, das von R. Miller[4]) als einzige Base im *Ephedra vulg. var. helvetica* angetroffen wurde.

Die erste Hauptuntersuchung über das Pseudoephedrin wurde auf Anregung von E. Merck durch Ladenburg und Ölschlägel[5]) durchgeführt. Ladenburg interessierte sich für diese Base wegen ihrer pupillenerweiternden Wirkung, da ein Zusammenhang mit dem Atropin, das er zu jener Zeit bearbeitete, zunächst möglich erschien. Die physiologische Wirkung des Pseudoephedrins ist aber verschieden von der des Atropins, da es bei lokaler Anwendung keine Wirkung zeigt, sondern nur nach innerlicher Einnahme.

Die Arbeit von Ladenburg ließ in klassischer Kürze die Konstitution des Pseudoephedrins erkennen.

Das *Pseudoephedrin*, tafelförmige Krystalle, Fp. 118°, $[\alpha]_D + 51,2°$ [Gadamer[6])]; sekundäre Base bildet eine Nitrosoverbindung. Durch Benzoylierung treten zwei Benzoylgruppen in das Molekül ein, die eine an das sekundäre Stickstoffatom, die andere in eine Hydroxylgruppe, deren alkoholischer Charakter so bewiesen wurde. Das sekundäre Stickstoffatom trägt ferner eine Methylgruppe, die durch Salzsäureeinwirkung als Methylamin abgespalten wird.

Weiter ergab die Oxydation des Pseudoephedrins wichtige Konstitutionsaufschlüsse, da hierbei Benzoesäure entsteht, trotzdem das Pseudoephedrin eine vorgebildete Benzoylgruppe nicht enthält (Salzsäure spaltet keine Benzoylgruppe ab).

Die Bildung der Benzoesäure erklärt sich daher nur so, daß die Phenylgruppe mit einer die alkoholische Hydroxylgruppe tragenden Seitenkette unmittelbar verknüpft ist, so daß sich daraus bei der oxydativen Spaltung die Benzoesäure bilden kann. Schließlich bestimmte Ladenburg die Stellung der im Pseudoephedrin befindlichen $NHCH_3$-Gruppe dahin, daß sie nicht endständig sei, weil bei der oxydativen Spaltung des Pseudoephedrins neben Methylamin auch homologe Amine anscheinend entstanden waren [vgl. Fourneau[7])].

<hr>

1) C. r. **142**, 350.
2) Nagai, Berl. klin. Wochenschr. **1887**, Nr. 38; Chem. Ztg. **1890**, 441.
3) E. Merck, Jahresber. **1893**, 13.
4) R. Miller, A. Pharm. **240**, 481.
5) Ladenburg und Ölschlägel, B. **22**, 1823.
6) Gadamer, A. Pharm. **246**, 566.
7) Fourneau, C. **1907** II, 1086.

Nach diesen Tatsachen erscheint die Konstitution des Pseudo-ephedrins folgendermaßen (1-*Phenyl-2-Methylaminopropan-1-ol*)

$$H_5C_6-CH-----CH-CH_3$$
$$\qquad\ |\qquad\qquad |$$
$$\qquad OH\qquad NHCH_3$$

Diese Konstitutionsauffassung Ladenburgs hat durch alle späteren Arbeiten und schließlich auch durch die Synthese der Base ihre Bestätigung gefunden.

So wurde die Stellung der Hydroxylgruppe an dem der Phenylgruppe benachbarten Kohlenstoffatom weiter dadurch erwiesen, daß bei verschiedenen leichteren Oxydationseinwirkungen auf ps.-Ephedrin Benzaldehyd entsteht [E. Merck[1]); E. Schmidt und Bümming[2])]. Fernerhin ließ sich ein Beweis für diese Stellung der Phenylgruppe erbringen durch das Verhalten des salzsauren Pseudoephedrins bei der Destillation, wodurch der für 1,2-Hydramine charakteristische Spaltungsverlauf in *Propiophenon* und Methylamin eintritt. Die Bildung des Propiophenons ist vorzugsweise nach Rabe[3]) so zu erklären, daß sich zunächst aus dem Pseudoephedrin ein ungesättigter Alkohol

$$H_5C_6-C=CH-CH_3$$
$$\qquad\qquad |$$
$$\qquad\quad OH$$

bildet, der in das optisch-aktive *l-Phenyl-2-Methyläthylenoxyd*

$$H_5C_6-----CH$$
$$\qquad\qquad\quad |\quad \searrow O$$
$$H_3C-----CH$$

(Kp. 201—204°; $[\alpha]_D + 65{,}8°$) übergeht, welches sich weiterhin zum Propiophenon

$$H_5C_6-----CO$$
$$\qquad\qquad\quad |$$
$$H_3C-----CH_2$$

isomerisiert.

Das Pseudoephedrin und das Ephedrin sind Stereoisomere, die leicht ineinander übergehen. Ihr allgemeines chemisches Verhalten ist vollkommen gleich, so daß die bisherigen Ausführungen über das Pseudoephedrin auch das Ephedrin treffen.

Das *Ephedrin* bildet eine weiße krystallinische Masse, Fp. 73—74°, $[\alpha]_D - 6{,}3°$ [Gadamer[4])], Kp. 255°. Das Ephedrin bildet ein Hydrat, Fp. 38—40°. Die Base ist in Wasser, Alkohol und Äther löslich.

Charakteristisch für die Beziehungen des Ephedrins zum Pseudo-ephedrin ist die schon oben erwähnte leichte Überführbarkeit des einen in das andere. So geht das Ephedrin in das Pseudoephedrin durch Einwirkung verschiedener Säuren über; bei der Acetylierung des Ephedrins erhält man *Acetylpseudoephedrin*. Bei der Benzoylierung des Ephedrins findet indes kein derartiger Übergang statt; es bildet sich *Benzoyl-Ephedrin*.

---

[1]) E. Merck, l. c.
[2]) Schmidt und Bümming, A. Pharm. **247**, 141.
[3]) Rabe, B. **44**, 824.
[4]) Gadamer, A. Pharm. **246**, 566.

Der Übergang der beiden Isomeren ineinander läßt sich auch reversibel gestalten, vorzugsweise durch Einwirkung von 25 proz. Salzsäure bei 12 stündigem Erhitzen auf 100° [Flaecher; Emde; Callies; Schmidt; Schmidt und Callies; Eberhard[1])]. Die Ursache des leichten Überganges der beiden Isomeren ineinander dürfte auf eine räumliche Verschiebung des Hydroxyls in der CHOH-Gruppe zurückzuführen sein [Gadamer; Emde; Schmidt[2])], so daß die Konfiguration der beiden Ephedrine folgendermaßen aufzufassen ist:

$$\text{I.}\quad \underset{\displaystyle H_5C_6}{}{-}\overset{\displaystyle OH}{\underset{\displaystyle CH}{|}}\text{———}\overset{\displaystyle H_3CHN}{\underset{\displaystyle CH}{|}}{-}CH_3 \qquad \text{II.}\quad H_5C_6{-}\overset{}{\underset{\displaystyle OH}{\underset{|}{HC}}}\text{———}\overset{\displaystyle H_3CHN}{\underset{\displaystyle CH}{|}}{-}CH_3$$

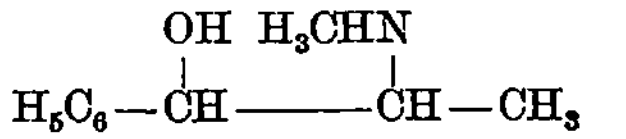

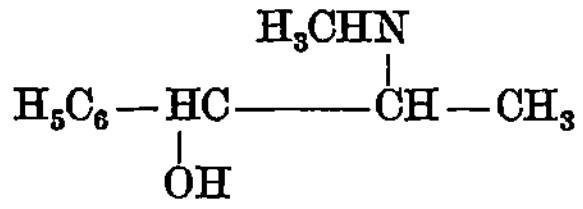

Die optische Aktivität, welche das Ephedrin und das Pseudoephedrin zeigen, wird von den *beiden* asymmetrischen Kohlenstoffatomen des Moleküls veranlaßt, denn bei der Aufhebung der Asymmetrie der CHOH-Gruppe — durch Reduktion und Überführung in die CH_2-Gruppe —, verschwindet die optische Aktivität der Base nicht, also ist jedenfalls an derselben das Kohlenstoffatom beteiligt, das die $NHCH_3$-Gruppe trägt [Schmidt[3])]. Es muß aber auch die CHOH-Gruppe optische Aktivität ausüben, wofür die starke Differenz des optischen Drehungsvermögens zwischen dem Ephedrin und Pseudoephedrin spricht. Im stark rechtsdrehenden Pseudoephedrin dürften die beiden unsymmetrischen Systeme im Molekül rechtsdrehend sein, bei dem schwach linksdrehenden Ephedrin dagegen das eine eine Linksdrehung besitzen [Schmidt[4])].

Das Ephedrin und das Pseudoephedrin wurden in inaktiver Form von Eberhard[5]) synthetisiert: α-*Brompropiophenon* $H_5C_6{-}CO{-}CHBr{-}CH_3$ wurde durch Einwirkung von Methylamin in absolut alkoholischer Lösung in das *Methylamino-Äthylphenylketon* $H_5C_6{-}CO{-}CHNHCH_3{-}CH_3$ übergeführt, das bei der Reduktion (katalytisch oder mit Natriumamalgam in saurer Lösung) *Methylaminoäthylphenylcarbinol* $H_5C_6{-}CHOH{-}CHNHCH_3{-}CH_3$, Fp. 76°, *1-Phenyl-2-Methylamino-propan-1-ol* bildet, das das inaktive Ephedrin vorstellt. Wird dieses acetyliert, so erhält man *Acetylpseudoephedrin*, das nach der Abspaltung der Acetylgruppe inaktives Pseudoephedrin, Fp. 113°, ergibt.

Eine zweite Synthese der Ephedrine stammt von Späth und Göring[6]). α-*Brompropionaldehyd* wird durch methylalkoholische Bromwasserstoffsäure in das *1,2-Dibrom-1-Methoxypropan* übergeführt, das

---

[1]) Flaecher, A. Pharm. **242**, 380; Emde, A. Pharm. **244**, 241; Callies, Apoth.-Ztg. **25**, 677 (1910); Schmidt, Apoth.-Ztg. **26**, 368 (1911); **28**, 154 (1913); Eberhard, A. Pharm. **258**, 97.

[2]) Gadamer, A. Pharm. **246**, 566; Emde, A. Pharm. **245**, 662; **247**, 54; Schmidt, A. Pharm. **251**, 320; **253**, 52.

[3]) Schmidt, A. Pharm. **251**, 320.

[4]) Schmidt, A. Pharm. **252**, 89.

[5]) Eberhard, A. Pharm. **253**, 62; **258**, 97.

[6]) Späth und Göring, M. **41**, 319.

bei der Grignardierung mit Phenylmagnesiumbromid, das *1-Phenyl-1-Methoxy-2-brompropan* liefert.

$$OHC-CHBr-CH_3 \quad \rightarrow \quad {Br \atop H_3CO}{>}CH-CHBr-CH_3 \quad \rightarrow$$

$$ {H_5C_6 \atop H_3CO}{>}CH-CHBr-CH_3$$

Diese Verbindung wird durch Methylamin und Abspaltung der Methoxygruppe mit Hilfe gesättigter Bromwasserstoffsäure in das racemische Pseudoephedrin verwandelt und durch Überführung in das Bitartrat optisch gespalten. Dieses aktive Pseudoephedrin kann durch Salzsäureeinwirkung in vorher besprochener Weise in Ephedrin übergeführt werden.

Pharmakologisches. — Ephedrin besitzt eine erregende Wirkung auf einzelne Gehirnteile; die peripheren Blutgefäße verengern sich und, da infolgedessen die Wärmeabgabe behindert ist, kommt es zu Wärmestauung und Anstieg der Körpertemperatur, die übrigens auf die Antipyretica ebenso wie echtes Fieber reagiert. — Ephedrin und Pseudoephedrin erzeugen lokal und resorptiv eine Mydriasis, die aber im Gegensatz zu der Atropinmydriasis auf einer Reizung des Sympathicus, des die Pupille erweiternden Nerven, beruht[1]).

4. Damascenin.

Das Damascenin wurde 1890 von Schneider[2]) in *Nigella damascena* aufgefunden und später auch von Keller[3]) in *Nigella aristata* angetroffen.

Längere Jahre waren die Angaben über Zusammensetzung und Eigenschaften desselben widersprechend [Pommerehne[4])], bis jetzt vorzugsweise durch die Arbeiten von Ewins[5]) die Frage über das Damascenin klargestellt ist. Auf Grund dieser konstitutionellen Anschauungen sind zwei Synthesen desselben durchgeführt [Ewins[5]): Kaufmann und Rothlin[6])].

Das Damascenin $C_{11}H_{13}NO_3$ bildet eine weiße krystallinische Masse, Fp. 24—26°, Kp. 270°, Kp.$_{15}$ 154°. Leicht löslich in organischen Lösungsmitteln. Die Lösungen fluorescieren blau.

Das Damascenin stellt einen aromatischen Aminosäureester vor; durch Einwirkung von Säuren oder Alkalien findet Verseifung zur *Damasceninsäure* $C_9H_{11}NO_3$ statt, Prismen, Fp. 141°, aus deren Silbersalz durch Jodmethyleinwirkung das Damascenin zurückgebildet wird. Die Damasceninsäure ist auch neben dem Damascenin in der Pflanze angetroffen worden.

---

1) E. Grahe, Therap. Monatsh. **1895**, 482.
2) Schneider, Pharm. Zentralhalle **31**, 177 (1890).
3) Keller, A. Pharm. **242**, 299; **246**, 1.
4) Pommerehne, A. Pharm. **237**, 475; **238**, 531; **239**, 34; **242**, 295.
5) Ewins, Soc. **101**, 544.
6) Kaufmann und Rothlin, B. **49**, 578.

Die Konstitution der Damasceninsäure folgt aus den hydrolytischen Spaltungsstücken, die bei der Einwirkung von Jodwasserstoffsäure und Phosphor sich aus Damasceninsäure bilden [Keller[1])]. Hierbei entstehen die *N-Methylamino-m-Oxybenzoesäure* und die *Amino-m-Oxybenzoesäure*:

$$-COOH \qquad -COOH$$
$$-NHCH_3 \qquad -NH_2$$
$$HO \qquad HO$$

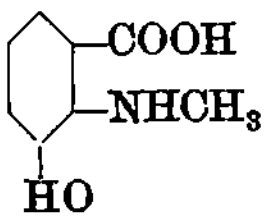

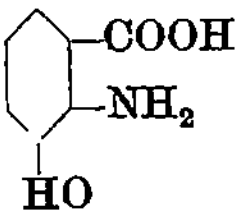

und durch Kohlensäureabspaltung aus letzterer das *o-Aminophenol.* Auch das *N-Methylanisidin*

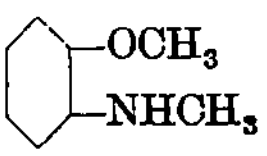

$$-OCH_3$$
$$-NHCH_3$$

wurde bei der Damasceninspaltung gefunden.

Danach erscheint das Damascenin als:

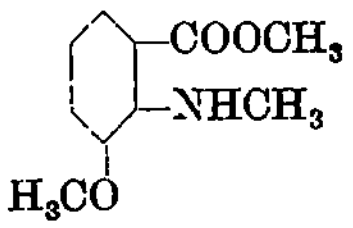

$$-COOCH_3$$
$$-NHCH_3$$
$$H_3CO$$

Damascenin.

Die Damasceninsäure und das Damascenin werden auch in betainartiger Form betrachtet:

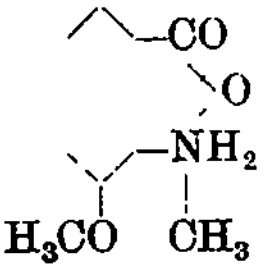

$$-CO \qquad\qquad -CO'$$
$$O \qquad\qquad O$$
$$-NH_2 \qquad\qquad -NH$$
$$H_3CO \quad CH_3 \qquad H_3CO \quad CH_3 \quad CH_3$$

Damasceninsäure. 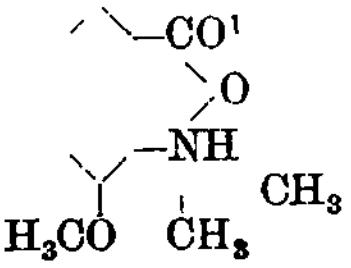   Damascenin.

Die Synthese des Damascenins bewirkte **Ewins**, ausgehend von der *m-Oxybenzoesäure*, deren Verlauf aus den folgenden Formelbildern ersichtlich ist:

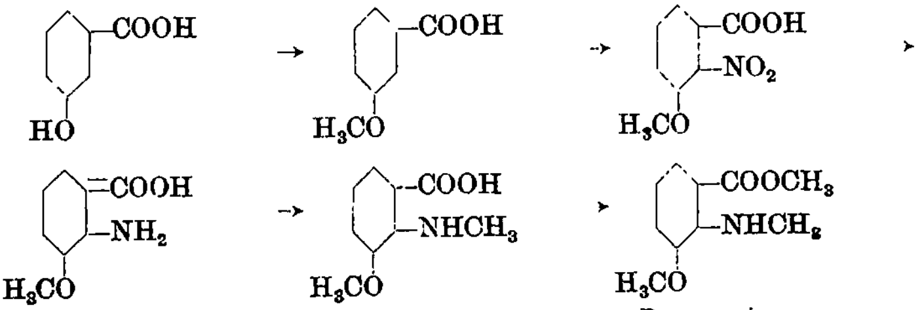

$$-COOH \rightarrow -COOH \rightarrow -COOH$$
$$\qquad\qquad\qquad\qquad\qquad -NO_2$$
$$HO \qquad H_3CO \qquad H_3CO$$

$$=COOH \rightarrow -COOH \rightarrow -COOCH_3$$
$$-NH_2 \qquad -NHCH_3 \qquad -NHCH_2$$
$$H_3CO \qquad H_3CO \qquad H_3CO$$

Damasceninsäure.   Damascenin.

Eine zweite Synthese des Damascenins ist von **Kaufmann** und **Rothlin**[2]) bewirkt.

[1]) **Keller,** l. c.
[2]) **Kaufmann** und **Rothlin,** l. c.

o-Methoxychinolin wird durch Dimethylsulfat in das Methosulfat übergeführt und dieses durch Kaliumpermanganat in neutraler Lösung zur *Formyldamasceninsäure* oxydiert.

o-Methoxychinolin. — Methosulfat. — Formyldamasceninsäure.

Durch Kochen mit methylalkoholischer Salzsäure spaltet diese die Formylgruppe ab, zugleich wird die Carboxylgruppe verestert und so das Damascenin gebildet.

Das Damascenin zeigt narkotische Wirkungen.

5. Anhaloniumbasen.

In verschiedenen Arten der Gattung Anhalonium (Fam. Cacteen); in *Anhalonium Lewinii, A. Williamsii, A. fissuratum, A. Jourdanianum* finden sich verschiedene Alkaloide:

1. Anhalin . . . . $C_{10}H_{17}NO$
2. Mezcalin . . . . $C_{11}H_{17}NO_3$
3. Pellotin . . . . $C_{13}H_{19}NO_3$
4. Anhalonidin . . . . . . $C_{12}H_{17}NO_3$
5. Anhalamin . . . . $C_{11}H_{15}NO_3$
6. Anhalonin . . . . $C_{12}H_{15}NO_3$
7. Lophophorin . . . . . . $C_{13}H_{17}NO_3$

Diese Alkaloide sind von Lewin[1]), vornehmlich von Heffter[2]) und neuerdings von Späth[3]) untersucht worden und z. T. in ihrer Konstitution weitgehend erkannt.

1. Das *Anhalin*, das sich in Anhalonium fissuratum findet, erwies sich mit dem Hordenin (S. 476) identisch (Späth).

2. Das *Mezcalin* ist das Hauptalkaloid der Anhaloniumbasen; es findet sich in A. Lewinii. Unter der Bezeichnung Mescal buttons kommen die Blütenköpfe dieser in den Handel. Das Mezcalin bildet ein farbloses Öl, stark basisch, löslich in organischen Solventien, aber unlöslich in Äther und Petroläther; absorbiert Kohlensäure aus der Luft und bildet ein krystallisiertes Carbonat. Das Mezcalin ist in seiner Konstitution erkannt und synthetisiert.

Den Haupteinblick in seine Konstitution ergab die Bildung von *Trimethoxygallussäure* $(OCH_3)_3-C_6H_3-COOH$, die bei der Oxydation des Mezcalins mit Kaliumpermanganat entsteht. Aus dieser Reaktion und dem allgemeinen Verhalten des Mezcalins, wie auch aus seiner Zusammensetzung nahm Heffter folgende Konstitution für das Mezcalin an $(OCH_3)_3-C_6H_3-CH_2-NH-CH_3$, aber die dementsprechend synthetisch dargestellte Verbindung (Heffter und Kapellmann) unterschied sich vom Mezcalin.

---

[1]) Lewin, Arch. f. exp. Pathol. u. Pharm. **24**, 401; **34**, 374; Kauder, A. Pharm. **37**, 190.

[2]) Heffter, B. **27**, 2975; **29**, 216; **31**, 1193; **34**, 3004: Heffter und Kapellmann **38**, 3634.

[3]) Späth, M. **40**, 129; **42**, 97, 263.

Darauf stellte S p ä t h für das Mezcalin folgende ähnliche Formel,
aber mit primärer Stickstoffgruppe. auf:

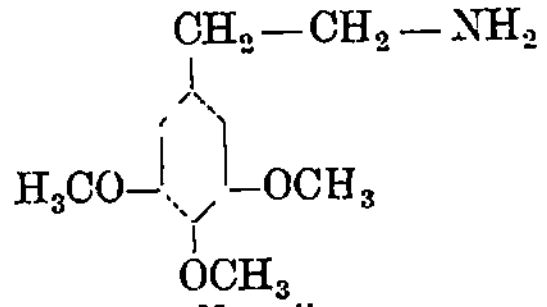

$$CH_2-CH_2-NH_2$$

$$H_3CO-\!\!\bigcirc\!\!-OCH_3$$

$$OCH_3$$

Mezcalin

Diese Verbindung wurde synthetisiert:

Trimethylgallussäure wurde über das Chlorid in den Aldehyd übergeführt, mit Nitromethan zum *3, 4, 5-Trimethoxy-ω-nitrostyrol* übergeführt, das bei der Reduktion das erwartete Mezcalin das *α-(3, 4, 5-Tri-
methoxyphenyl)-β-aminoäthan* liefert, Kp.$_{12}$ 180°.

Die beiden bisher besprochenen Basen stellen aromatische Aminbasen vor, die folgenden drei Alkaloide sind Isochinolinderivate.

3. Das *Pellotin* findet sich zu etwa 3,5% in A. Williamsii, krystallisiert in Nadeln, Fp. 110°, schmeckt bitter. Es ist eine tertiäre Base,
die 2 OCH$_3$-Gruppen enthält, 1 NCH$_3$ und 1 OH. Das Pellotin ist
leicht löslich in organischen Lösungsmitteln, kaum löslich in Wasser.

Die synthetischen Bemühungen zur Darstellung des Pellotins gingen
von der obigen gut erkannten aromatischen Aminbase. dem Mezcalin
aus, das zur Überführung in die Isochinolinverbindung mit Essigsäureanhydrid kondensiert wurde und durch Einwirkung von Phosphorpentoxyd den Isochinolinringschluß erhielt.

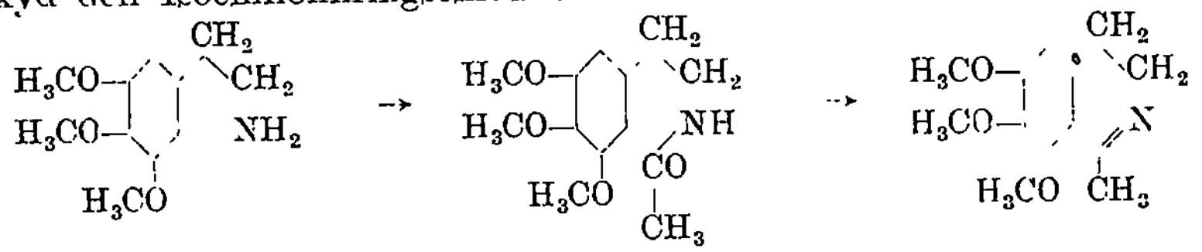

$$
\begin{array}{ccc}
\text{H}_3\text{CO}-\!\!\bigcirc\!\!-\text{CH}_2\text{—CH}_2\text{—NH}_2 &
\rightarrow &
\text{H}_3\text{CO}-\!\!\bigcirc\!\!-\text{CH}_2\text{—CH}_2\text{—NH—CO—CH}_3 &
\rightarrow &
\text{H}_3\text{CO}-\!\!\bigcirc\!\!-\text{Isochinolin}
\end{array}
$$

Das so erhaltene *α-Methyl, o, m, p-trimethoxydihydroisochinolin* läßt sich
zur Tetrahydroverbindung reduzieren, deren Jodmethylat

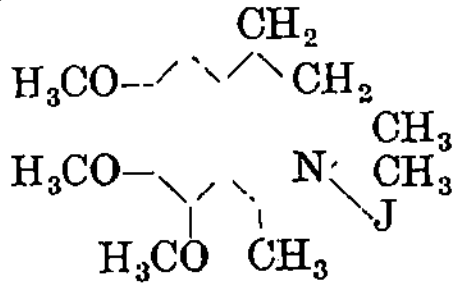

$$\text{H}_3\text{CO}-\!\!\bigcirc\!\!-\text{N(CH}_3)_2\cdot\text{J}$$

sich mit dem *Methylpellotinjodmethylat* identisch erwies. Dadurch ist sowohl der Zusammenhang zwischen Mezcalin und Pellotin hergestellt, wie
auch die allgemeine Konstitutionsanordnung des Pellotins nachgewiesen.
wobei allerdings die Stellung der freien OH-Gruppe, die das Pellotin
besitzt, noch unbestimmt ist.

4. Das *Anhalonidin* aus A. Lewinii ist eine sekundäre Base, optisch
inaktiv, leicht löslich in Chloroform, Alkohol, Wasser, unlöslich in
Petroläther und Äther; starke Base, die aus Salzen Ammoniak in Freiheit setzen kann. Fp. 154°. Anhalonidin enthält 2 Methoxyle, 1 OH-
Gruppe; bildet Benzoylverbindung, durch Jodmethyl entsteht Methylanhalonidin.

Der Zusammenhang zwischen dem tertiären Pellotin und dem sekundären Anhalonidin ergab sich aus der Identität der Jodmethylate der beiden vollständig methylierten Basen, bei denen also die freie fragliche OH-Gruppe beider Alkaloide, die noch ein unsicheres Moment in die Konstitutionsbestimmung hineinbringt, ausgeschaltet ist.

Danach besitzt das *o-Methylanhalonidin* folgende Konstitution:

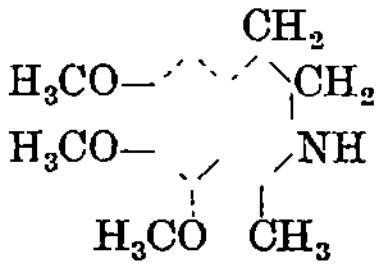

$$H_3CO- \quad H_3CO- \quad CH_2 \quad CH_2 \quad NH \quad H_3CO \quad CH_3$$

5. *Anhalamin* aus A. Lewinii. Mikroskopische Nädelchen, Fp. 185,5°, enthält 2 OCH$_3$-Gruppen, wahrscheinlich OH-Gruppe, bildet ein Dibenzoylderivat; das Monobenzoylderivat ist in Alkali löslich.

Die Konstitution des Anhalamins als Isochinolinverbindung ergab sich aus seiner Synthese aus dem Mezcalin nach dem allgemeinen Reaktionsverlauf mittels Formaldehyd:

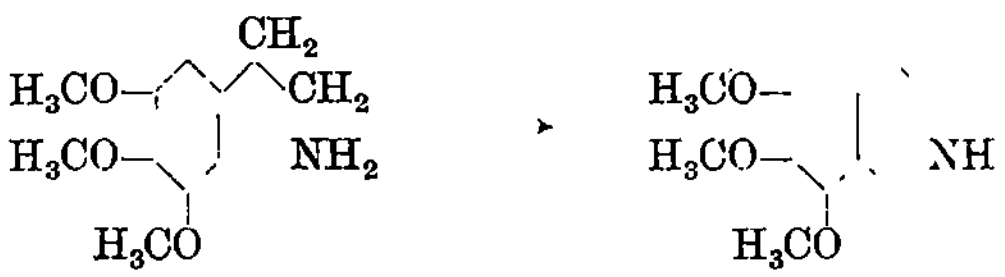

$$H_3CO- \quad CH_2 \quad CH_2 \quad NH_2 \quad H_3CO \qquad \longrightarrow \qquad H_3CO- \quad H_3CO- \quad NH \quad H_3CO$$

Mezcalin.   Methylanhalamin.

6. Das *Anhalonin* aus A. Jourdanianum. Lange Nadeln, Fp. 85°. linksdrehend, löslich in Wasser, Alkohol und Äther, enthält eine OCH$_3$-Gruppe, ist eine sekundäre Base (Nitrosoderivat), bildet mit Jodmethyl ein Halonin.

7. *Lophophorin* aus A. Lewinii. Farbloser Sirup, leicht löslich in organischen Lösungsmitteln, unlöslich in Wasser, enthält eine OCH$_3$-Gruppe, ist isomer mit Methylanhalonin und Methylanhalonidin.

Pharmakologisches. — Die Stammpflanzen der Anhaloniumalkaloide waren bei den Ureinwohnern Mexikos als berauschendes Genußmittel, das besonders angenehme Farbenvisionen erzeugte, in Gebrauch. — Über die Wirkung der isolierten Alkaloide ist folgendes bekannt[1]: *Anhalin* (identisch mit Hordenin) hat bei Fröschen eine schwache narkotische Wirkung, bei Säugetieren nicht. — *Mezcalin* ruft beim Menschen Kopf- und Gliederschwere und Farbenvisionen hervor. — Nach *Anhalonin* sieht man bei Tieren zuerst eine gewisse Lähmung, dann Übererregbarkeit und Krämpfe. Beim Menschen erzeugt das Alkaloid nur eine geringe Müdigkeit. — *Lophophorin* wirkt ebenfalls erregend und Krämpfe erzeugend; bei brechfähigen Tieren tritt Erbrechen ein; fast ebenso wirkt *Pellotin*. — Die Alkaloide aus Anhalonium Levinii (Mezcalin, Anhalonin, Anhalonidin und Lophophorin) bewirken bei Katze und Mensch Durchfall. Die großen Dosen töten die Tiere durch Atmungslähmung.

[1] A. Heffter, Arch. f. exp. Pathol. u. Pharm. **36**, 65; **40**, 385.

Nachträge und Berichtigungen.

S. 7 u. 135. Luigi, C. **1921.** I, 1001.

Das *Nicotin* wird in der Pflanze anscheinend aus den Abfallprodukten gebildet, die sich beim Stoffwechselumsatz vegetabilischen, stickstoffhaltigen Materials vorfinden (vgl. hierzu Ciamician u. Ravenna, C. **1921**, I, 1002).

S. 8. Pringsheim, B. **53.** 1372.

Der Aufbau optischer Antipoden in der Pflanze unter dem Einfluß von Enzymen steht nicht im Zusammenhang mit der asymmetrischen Form der Enzyme selber (vgl. hierzu Heß, B. **53.** 1375).

S. 22. Tschitschibabin u. Mitarbeiter. B. **54,** 814, 822.

α-Aminopyridin reagiert bei der Einwirkung von Jodmethyl in tautomerer Form unter Bildung von *N-Methylpyridonimid*, das durch starkes Alkali in N-Methyl-α-pyridon und Ammoniak zerfällt. Starke Base, zerfließlich, Kp.$_{16}$ 108°.

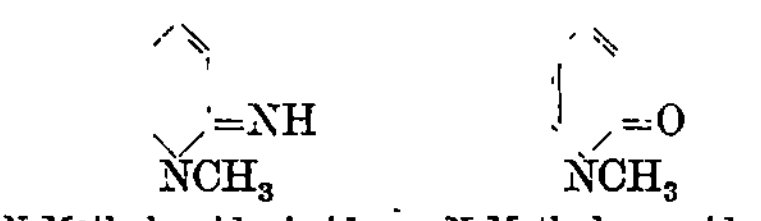

S. 35. Zeile 3 von unten soll heißen: „n-alkylierten" statt „n-akylierten".

S. 49 u. 216. Rabe u. Jantzen, B. **54.** 925.

Das β-Collidin (β-Äthyl-γ-methylpyridin) entsteht auch aus Homonicotinsäureäthylester durch Kondensation mit Essigester nach Claisen. Das hierbei entstehende Kondensationsprodukt wird durch Salzsäure zum *β-Acetyl-γ-methylpyridin*

$$CH_3 \quad -CO-CH_3$$

gespalten, und das Hydrazon dieser Verbindung ergibt mit Alkali auf 180° erhitzt β-Collidin. Kp.$_{12}$ 76°.

S. 78. Vor dem dritten Absatz ist das Wort „Pharmakologisches" zu setzen.

S. 97. **Halberkann**, B. **54**, 3079, 3090.

Synthese der *Chininsäure* aus Methoxyisatin und Brenztrauben-säure (vgl. hierzu **Kaufmann**, B. **55**, 614).

S. 113. **Heß** u. **Anselm**, B. **54**, 2310.

Auf Grund früherer Arbeiten (B. **53**, 781) betrachtet **Heß** das *Cuskhygrin* als Derivat eines *Di-(N-Methyl-α-Pyrrolidyl)methans*.

Das Di-(α-Pyrrolidyl)methan

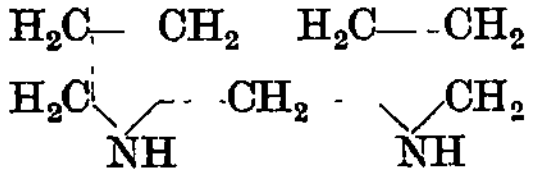

$$H_2C \text{—} CH_2 \quad H_2C \text{—} CH_2$$
$$H_2C \diagdown_{NH}\diagup \text{—} CH_2 \cdot \diagdown_{NH}\diagup CH_2$$

wurde jetzt synthetisiert mit dem allerdings langgezogenem Siedepunkt, $Kp._{15}$ 112—122° und methyliert. Diese synthetische Base erwies sich indes nicht identisch mit der aus Cuskhygrin durch Abbau erhaltenen. —

Das Cuskhygrin läßt sich nicht allein durch Alkali, sondern auch durch Salzsäureeinwirkung bei 170—180° teilweise in *Hygrin* überführen.

S. 126. **Ott** u. **Zimmermann**, A. **425**, 314.

Über die Beziehung natürlicher und künstlicher *Pfefferstoffe* zu ihrer chemischen Konstitution.

S. 168. **Willstätter** u. **Bommer**, A. **422**, 15.

Der *N-Methylpyrrolidin-αα₁-diessigsäureäthylester*

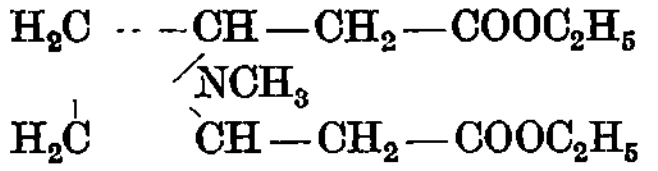

$$H_2C \text{—} CH \text{—} CH_2 \text{—} COOC_2H_5$$
$$\diagup NCH_3$$
$$H_2C \quad CH \text{—} CH_2 \text{—} COOC_2H_5$$

erfährt durch Natriumäthylat intramolekulare Kondensation zum *Tropinoncarbonsäureester*

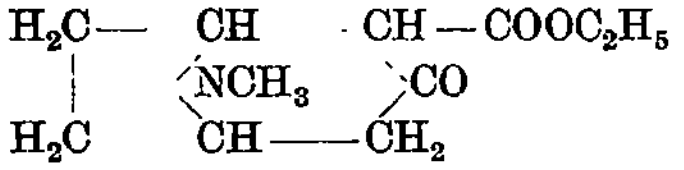

$$H_2C \text{—} CH \quad CH \text{—} COOC_2H_5$$
$$\mid \quad \diagup NCH_3 \quad \diagdown CO$$
$$H_2C \quad CH \text{——} CH_2$$

Dieser wird durch Erhitzen mit verdünnter Schwefelsäure in Tropinon (S. 161) gespalten, andererseits läßt er sich durch Reduktion in *r-ψ-Ecgoninester* überführen. Das so entstehende Ecgonin ist identisch mit dem früher von **Willstätter** u. **Bode** (S. 183) erhaltenen, aber sterisch unterschieden von dem aus der Pflanze stammenden (vgl. auch die sterischen Unterschiede zwischen Tropin und ψ-Tropin [S. 184, 188, 191]). Das aus dem *r-ψ-Ecgonin* dargestellte Cocaïn wirkt anästhetisch.

Das zur obigen *r-ψ-Cocainsynthese* dienende Ausgangsmaterial, der N-Methylpyrrol-αα₁-diessigester, wurde von **Willstätter** u. **Pfannenstiel** (A. **422**, 1) aus Succinyldiessigester und Methylaminacetat erhalten:

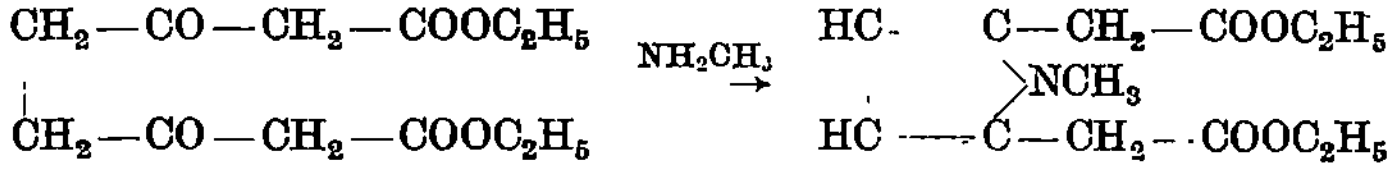

$$CH_2 \text{—} CO \text{—} CH_2 \text{—} COOC_2H_5$$
$$\mid \qquad\qquad\qquad\qquad\qquad \xrightarrow{NH_2CH_3} \qquad HC \text{—} C \text{—} CH_2 \text{—} COOC_2H_5$$
$$CH_2 \text{—} CO \text{—} CH_2 \text{—} COOC_2H_5 \qquad\qquad HC \text{——} C \text{—} CH_2 \text{—} COOC_2H_5$$
$$\diagup NCH_3$$

S. 168. **E. Merck**, D. R. P. 344 031.

Tropinoncarbonsäureäthylester (vgl. auch vorstehende Arbeit von **Willstätter** u. **Bommer**) wird gewonnen aus Succindialdehyd, Methylamin und dem Monocalciumsalz der Acetondicarbonäthylestersäure.[1] Öl, das beim Stehen an der Luft unter Wasseraufnahme fest wird. Fp. $57-58°$. Durch Kochen mit verdünnter Schwefelsäure entsteht daraus Tropinon (vgl. Merck, C. 1921, II, 409); durch Reduktion ein *Ecgoninester*.

S. 172. Gadamer u. Hammer, A. Pharm. **259**, 110.

Es wird für das *Scopolin* folgende Formel angenommen, die eingehend begründet wird (vgl. Heß u. Wahl, Zeitschr. f. angew. Chem. **34**, 393 [1921]:

$$\begin{array}{ccc}
& \text{CH} & \\
\text{H}_2\text{C} & \text{O} & \text{CH}_2 \\
\text{HC} & \text{N} & \text{CH} \\
& \text{CH}_3 & \\
\text{HC} & \cdots & \text{CHOH}
\end{array}$$

Scopolin.

S. 179. Stoermer u. Laage, B. **54**, 77, 85, 96.

Über *Truxillsäuren* und *Isotruxillsäuren* — jetzt wegen ihrer von den Truxillsäuren abweichenden Konstitution *Truxinsäuren* benannt — wird in Fortsetzung früherer Arbeiten berichtet.

S. 184. Zeile 4 soll heißen: „Torpinoncarbonsäure" statt „Tropincarbonsäure".

S. 199. Im Literaturnachweis 4. Zeile von unten ist zu setzen statt A. Pharm. **235**, 192; **218**, 229: A. Pharm. **235**, 192, 218, 229.

S. 200. Molander, B. Pharm. **31**, 265.

Molander stimmt mit Beckel darin überein, daß keine Spaltung des *Rechtslupanins* durch Bromeinwirkung in Gegenwart von Alkohol stattfindet.

Dagegen bestreitet Molander die von Beckel hierbei angegebene Bildung von *Äthoxylupanin*.

S. 225. Im 4. Absatz, letzte Zeile statt „Monojod*methylate*": „Monojod*äthylate*".

S. 234. Giemsa u. Halberkann, B. **54**, 1167, 1189.

Angabe einer Reihe von Derivaten der *Chinaalkaloide*, die im aromatischen Kern substituiert sind.

S. 244. Ciusa, C. 1922, I, 1041.

Über Isostrychnin.

S. 252. Leuchs u. Mitarbeiter, B. **55**, 564, 724.

Fortsetzung der Untersuchung über *Strychnosalkaloide*, vorzugsweise über das Kakothelin.

S. 258. Jitendra Nath Rakshit, Soc. **115**, 455.

Aus indischem Opiumpulver wurde das von Merck schon früher beobachtete *Porphyroxin* $C_{19}H_{23}NO_4$ — das Veranlassung zur Rotfärbung der sauren Lösungen gibt — rein dargestellt. Prismen. Fp. 134—135° $[\alpha]_D^{32}$ — 139,9° in Chloroform.

S. 268. In 4. Zeile von unten statt „S. 120": „S. 102".

S. 269 u. 340. Schneider u. Böger, B. **54.** 2021; Schneider u. Köhler, B. **54.** 2031.

Das aus Papaverin erhaltene *Coralyn* von Schneider u. Schröter (S. 269) mit corydalisähnlichem Charakter ließ sich durch Reduktion in das *α-Coralydin* von Pictet u. Malinowski (S. 340) überführen, so daß die genetischen Zusammenhänge dieser Basengruppe sichergestellt sind.

S. 270. Späth u. Lang, M. **42, 273.**

Das *Laudanin* $C_{17}H_{15}N(OH)(OCH_3)_3$ wurde entsprechend der Synthese des *Laudanosins* $C_{17}H_{15}N(OCH_3)_4$ dargestellt aus *Homoveratrylamin* mit *Homoisovanylloylchlorid* (Carbäthoxyverbindung).

S. 291 (vgl. S. 289). Speyer u. Wieters, B. **54.** 2976.

Die durch Wasserstoffsuperoxyd aus Codein und Codeinverbindungen entstehenden *Aminoxyde* werden zum Ausgangspunkt einer Reihe von Derivaten benutzt.

S. 299 u. 302. Dieselben Autoren, B. **54,** 2647.

Das Isocodein geht bei der Hydrierung in *Dihydroisocodein* über; das Pseudocodein in *Tetrahydropseudocodein.*

S. 302. Mannich u. Löwenheim, A. Pharm. **258,** 295.

Über einige Reduktionsprodukte des Codeins (*Dihydrocodein*), des Codeinons (*Dihydrocodeinon*) und des β-Chlorocodids (*Dehydroxydihydrocodein. Dehydroxytetrahydrocodein*).

S. 306. Skita, Nord, Reichert u. Stukart, B. **54,** 1560 berichten über die Reduktion des Thebains mit colloidalem Palladium und Platin unter den verschiedensten Reaktionsbedingungen (Bildung von *Di-* und *Tetrahydrothebain, Dihydrothebainon* und *Dihydrothebainol*). Vgl. hierzu Freund u. Speyer, B. **53.** 2250 und Speyer u. Siebert, B. **54.** 1519.

S. 309. Speyer u. Siebert, B. **54,** 1519.

Es wird über Reduktionsprodukte des *Dihydrothebainons* berichtet.

Das Thebainon selber war früher von Pschorr, Pfaff u. Herrschmann (B. **38,** 3160) durch Einwirkung von Zinnchlorür und Salzsäure auf Thebain erhalten.

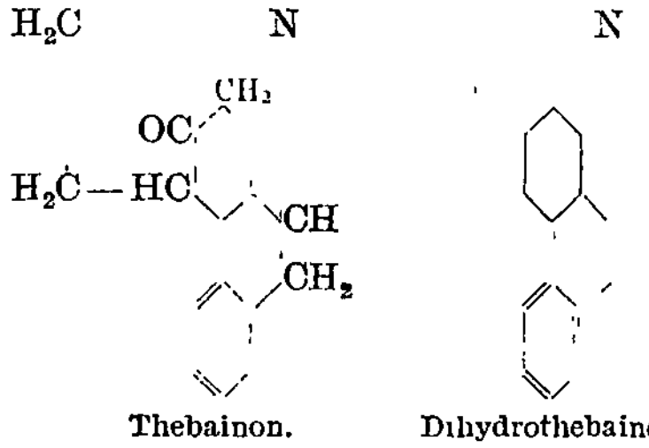

Thebainon.   Dihydrothebainon.

S. 316. Kapitel „Rheadin", Zeile 6 soll heißen: „geht das Rheadin in das isonere Rheagenin über".

S. 319. Zeile 6 von unten soll heißen: „Äthylmorphin" statt „Äthylcodein".

S. 351. Karrer.

Zur Kenntnis des *Chelerythrins*. Helv. Chim. Acta 4, 703 (vgl. Gadamer, A. Pharm. 258, 148).

S. 354. Späth u. Lang, B. 54, 3064.

Das *Tetrahydroberberin* (s. Formel S. 334) läßt sich in *Tetrahydropalmatin* verwandeln durch Abspaltung des Methylens aus der Dioxymethylengruppe mittels methylalkoholischen Kalis auf 180° und Alkylierung der so bloßgelegten Phenolgruppen mittels Dimethylsulfat!

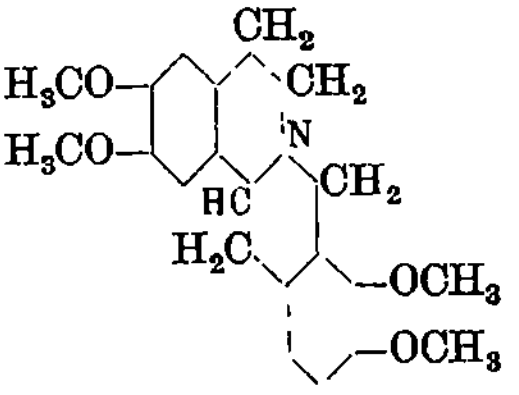

Tetrahydropalmatin.

Nach diesem Befund würde das Palmitin betreffs der Stellung der OCH_3-Gruppen dem Berberin und nicht dem Corydalin zugehören, dessen OCH_3-Gruppen wahrscheinlich andere Stellungen aufweisen (vgl. Corydalin S. 338 und Späth u. Lang, B. 54, 3074).

S. 414. Faltis u. Neumann, M. 42, 311.

Die Zusammensetzung des Bebirins wird zu $C_{18}H_{19}NO_3$ angegeben; es enthält also zwei Wasserstoffatome weniger wie bisher angenommen.

Das weniger genau untersuchte „*Alkaloid B*" wird als salzartige Verbindung von Bebirin mit *Chondrodin*, das zwei phenolische OH-Gruppen hat, aufgefaßt.

Für das *Isobebirin* $[\alpha]_D$ +50° (in Pyridinlösung) wird nach eingehenden Abbauversuchen folgende Konstitution abgeleitet.

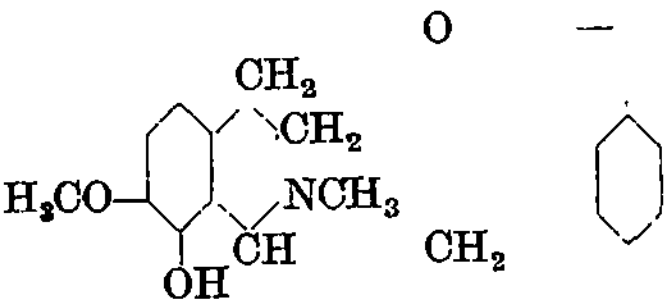

Isobebirin.

Die Bebirinverbindungen, aus der Familie Chondodendron gewonnen, erhalten die Bezeichnung *Chondodendrine*.

S. 438. Asahina u. Fujita, C. **1922**, I. 357.

Die Konstitutionsformeln des *Isoevodiamins*, des *Evodiamins* und des *Rutaecarpins* werden nach ihren Spaltstücken, dem Aminoäthylindol und der N-Methylanthranilsäure bzw. Anthranilsäure, folgendermaßen angenommen:

$$H_3CN \quad HOHC \quad CO \quad CH \quad N \quad CH_2 \quad NH \; CH_3$$

Isoevodiamin.

$$H_3CN \quad HC \quad CO \quad N \quad CH_2 \quad NH \; CH_2$$

Evodiamin.

$$N \quad C \quad CO \quad N \quad CH_2 \quad NH \; CH_2$$

Rutaecarpin.

S. 474. Gadamer u. Knoch, A. Pharm. **259**, 135.

Das *Tetrahydroisochinolin* und seine Derivate erfahren durch *chlorkohlensaures Äthyl* Ringaufspaltung, ähnlich wie durch Bromcyan. Der Piperidin-, der Pyrrolidin- und der Tetrahydrochinolinring sind gegen dieses Reagens dagegen beständig.

S. 485. Späth u. Röder, M. **43**, 93.

Das Anhalamin erscheint nach seiner Synthese von folgender Konstitution:

$$CH_2 \quad HO \quad CH_2 \quad H_3CO \quad NH \quad CH_2 \quad H_3CO$$

Anhalamin.

Handbuch der experimentellen Pharmakologie. Unter Mitwirkung von

J. Bock-Kopenhagen, R. Boehm-Leipzig, E. Bürgi-Bern, M. Cremer-Berlin, Arthur R. Cushny-London, Walter G. Dixon-Cambridge, A. Ellinger-Frankfurt a. M., Ph. Ellinger-Heidelberg, E. St. Faust-Basel, Alfred Fröhlich-Wien, H. Fühner-Leipzig, R. Gottlieb-Heidelberg, O. Gros, Halle a. S., A. Heffter-Berlin, L. J. Henderson-Cambridge, W. Heubner-Göttingen, R. Höber-Kiel, Reid Hunt-Washington, Martin Jacoby-Berlin, G. Joachimoglu-Berlin, A. Jodlbauer-München, R. Kobert-Rostock†, M. Kochmann-Halle a. S., A. Loewy-Berlin, R. Magnus-Utrecht, J. Pohl-Breslau, E. Poulsson-Christiania, E. Rohde-Heidelberg†, E. Rost-Berlin, K. Spiro-Liestal, W. Straub-Freiburg i. Br., P. Trendelenburg-Rostock, W. Wiechowski-Prag, herausgegeben von A. Heffter, Professor der Pharmakologie an der Universität Berlin. In drei Bänden.

Zunächst ist erschienen: Zweiter Band, 1. Hälfte. Inhaltsverzeichnis: Erwin Rohde, Pyridin, Chinolin, Chinin, Chininderivate. — E. Poulsson, Cocaingruppe Yohimbin. — R. Boehm, Curare und Curarealkaloide. — R. Boehm, Veratrin und Protoveratrin. — R. Boehm, Aconitingruppe. — R. Boehm, Pelletierin. — E. Poulsson, Strychningruppe. — Paul Trendelenburg, Santonin. — Paul Trendelenburg, Pikrotoxin und verwandte Körper. — R. Magnus, Apomorphin, Apocodein, Ipecacuanha-Alkaloide. — H. Fühner, Colchicingruppe. — Johannes Bock, Purinderivate. Mit 98 Textabbildungen. 1920. GZ. 21

Erster Band: Inhaltsverzeichnis: J. C. Bock, Kohlenoxyd. — A. Loewy, Kohlensäure. — J. C. Bock, Stickstoffoxydul. — Kochmann, Narkotica der aliphatischen Reihe. — P. Trendelenburg, Ammoniak, Ammoniumsalze, Amine, Ammoniakderivate (ausgenommen Muscarin). — H. Fühner, Muscaringruppe. — A. R. Cushny, Amylnitrit, Nitroglyzerin, Nitrite. — Reid Hunt, Cyanwasserstoff, Nitrilglukoside, Nitrile, Rhodanwasserstoff. — J. Pohl, Oxalsäure, Glyoxylsäure, Ricinolsäure, Crotonolsäure. — A. Ellinger, Kohlenwasserstoffe, Phenole, Chinone, Säuren, Aldehyde und Alkohole der Benzolreihe, Nitroverbindungen der Benzolreihe. — R. Gottlieb, Armat, Monamine (Anilin-Abkömmlinge), Aminophenole. — R. Gottlieb, Kampfer und Terpene. — H. Fühner, Organische Farbstoffe. — G. Joachimoglu, Diamine der Benzolreihe. Erscheint Anfang 1923

Zweiter Band, 2. Hälfte. Erscheint 1923

Beilsteins Handbuch der organischen Chemie. Vierte Auflage, die

Literatur bis 1. Januar 1910 umfassend. Herausgegeben von der Deutschen Chemischen Gesellschaft. Bearbeitet von Bernhard Prager und Paul Jacobson. Unter ständiger Mitwirkung von Paul Schmidt und Dora Stern.

Erster Band: Leitsätze für die systematische Anordnung. — Acyclische Kohlenwasserstoffe, Oxy- und Oxo-Verbindungen. 1918. Preis $ 6; gebunden $ 10

Zweiter Band: Acyclische Monocarbonsäuren und Polycarbonsäuren. 1920. Preis $ 6; gebunden $ 10

Dritter Band: Acyclische Oxy-Carbonsäuren und Oxo-Carbonsäuren. 1921. Preis $ 24; gebunden $ 27

Vierter Band: Acyclische Sulfinsäuren und Sulfonsäuren. — Acyclische Amine, Hydroxylamine, Hydrazine und weitere Verbindungen mit Stickstoff-Funktionen. — Acyclische C-Phosphor-, C-Arsen-, C-Antimon-, C-Wismut-, C-Silicium-Verbindungen und metallorganische Verbindungen. 1922. Preis $ 25; gebunden $ 28

Fünfter Band: Cyclische Kohlenwasserstoffe. Erscheint Ende 1922

Die Inlandspreise sind bei dem Verlag zu erfragen.

Literatur-Register der Organischen Chemie geordnet nach M. M. Richters

Formelsystem. Herausgegeben von der Deutschen Chemischen Gesellschaft, redigiert von Robert Stelzner. Dritter Band, umfassend die Literatur der Jahre 1914 und 1915. 1921. Preis $ 28; gebunden $ 30

Die Inlandspreise sind bei dem Verlag zu erfragen.

Die eingesetzte Grundzahl (GZ.) entspricht dem ungefähren Goldmarkwert und ergibt mit dem Umrechnungsschlüssel(Entwertungsfaktor), Mitte Oktober 1922: 80, vervielfacht, den Verkaufspreis.

Untersuchungen über Kohlenhydrate und Fermente I. (1884—1908.) Von
Emil Fischer. 1909.   GZ. 22; gebunden GZ. 26

Untersuchungen über Kohlenhydrate und Fermente II. (1908—1919.)
Von Emil Fischer. (Emil Fischer, Gesammelte Werke. Herausgegeben von M. Bergmann.)
1922.   GZ. 17; gebunden GZ. 21

Untersuchungen über Aminosäuren, Polypeptide und Proteïne I.
(1899—1906.) Von Emil Fischer. 1906.   GZ. 16; gebunden GZ. 20

Untersuchungen über Aminosäuren, Polypeptide und Proteïne II.
(1906—1919.) Mit etwa 8 Textabbildungen. (Emil Fischer, Gesammelte Werke. Herausgegeben von M. Bergmann.)   Erscheint im Herbst 1922

Untersuchungen in der Puringruppe. (1882—1906.) Von Emil Fischer. 1907.
                                                             GZ. 15; gebunden GZ. 19

Untersuchungen über Depside und Gerbstoffe. (1908—1919.) Von Emil
Fischer. 1919.   GZ. 16; gebunden GZ. 20

Organische Synthese und Biologie. Von Emil Fischer. Z w e i t e , unveränderte
Auflage. 1912.   GZ. 1

Neuere Erfolge und Probleme der Chemie. Von Emil Fischer. 1911.
                                                                            GZ. 0.8

Aus meinem Leben. Von Emil Fischer. (Emil Fischer, Gesammelte Werke. Herausgegeben von M. Bergmann.) Mit 8 Bildnissen. 1922.   Gebunden GZ. 9.2
                                                   In Geschenkband gebunden GZ. 7.2

Festschrift der Kaiser Wilhelm-Gesellschaft zur Förderung der Wissenschaften.
Zu ihrem 10 jährigen Jubiläum dargebracht von ihren Instituten. Mit 19 Textabbildungen
und einer Tafel. 1921.   GZ. 12; gebunden GZ. 15

Untersuchungen über die Assimilation der Kohlensäure. Sieben Ab-
handlungen. Aus dem chemischen Laboratorium der Akademie der Wissenschaften in
München. Von Richard Willstätter und Arthur Stoll. Mit 16 Textabbildungen und einer
Tafel. 1918.   GZ. 28

**Untersuchungen über das Ozon und seine Einwirkung auf orga-
nische Verbindungen.** (1903—1916) Von Carl Dietrich Harries. Mit 18 Textfiguren.
1916.   GZ. 24; gebunden GZ. 27.8

**Untersuchungen über die natürlichen und künstlichen Kautschuk-
arten.** Von Carl Dietrich Harries. Mit 9 Textfiguren. 1919.   GZ. 12; gebunden GZ. 15

Geschichte der organischen Chemie. Erster Band. Von Geh. Regierungsrat
Professor Dr. Carl Graebe, Frankfurt a. M. 1920.   GZ. 10; gebunden GZ. 15

Die eingesetzten Grundzahlen (GZ.) entsprechen dem ungefähren Goldmarkwert und ergeben
mit dem Umrechnungsschlüssel (Entwertungsfaktor), Mitte Oktober 1922: 80, vervielfacht,
den Verkaufspreis.